太阳磁流体力学

毛信杰　编著

科学出版社

北　京

内 容 简 介

本书主要介绍太阳磁流体力学的基本原理,讨论太阳磁场的产生、磁场的不稳定性、磁力线的重联，并介绍太阳大气的磁流体力学波动和 Alfvén 波，进而介绍磁流体的激波，也涉及太阳的黑子和爆发过程.

本书可作为太阳物理专业的研究生教材,对天体物理感兴趣的学生和研究人员有参考意义.

图书在版编目(CIP)数据

太阳磁流体力学/毛信杰编著. —北京：科学出版社, 2024.5

ISBN 978-7-03-077455-2

Ⅰ. ①太…　Ⅱ. ①毛…　Ⅲ. ①太阳磁场-磁流体力学　Ⅳ. ①P182.7

中国国家版本馆 CIP 数据核字(2024) 第 009180 号

责任编辑：胡庆家　李　萍／责任校对：彭珍珍

责任印制：吴兆东／封面设计：无极书装

科学出版社 出版

北京东黄城根北街 16 号

邮政编码: 100717

http://www.sciencep.com

北京中科印刷有限公司印刷

科学出版社发行　各地新华书店经销

*

2024 年 5 月第　一　版　　开本: 720 × 1000　1/16

2025 年 1 月第二次印刷　　印张: 42 1/4

字数：850 000

定价: 268.00 元

(如有印装质量问题，我社负责调换)

作 者 简 介

毛信杰，籍贯浙江，毕业于复旦大学物理系，在北京师范大学天文系从事磁流体力学、等离子体物理、流体力学的讲授工作. 2009—2016 年为中国科学院国家天文台怀柔太阳观测基地的天文学家和学生讲授太阳磁流体力学.

前　　言

磁流体力学诞生于 20 世纪四五十年代, 现正处于发展期, 在受控热核聚变、天体物理中有广泛的应用. 磁流体力学应用于太阳物理, 就是太阳磁流体力学. 太阳磁流体力学描述太阳等离子体和太阳磁场之间的复杂的相互作用, 因此可作为理解发生在太阳上的动力学过程的有力理论工具, 进而探索太阳物理中现存的疑难问题. 它已成为太阳物理的核心之一, 从而使太阳物理成为天文学最充满生机的学科之一.

2009 年下半年起, 我有幸与国家天文台怀柔太阳观测基地的天文学家和同学们一起学习切磋太阳磁流体力学, 每周约 2 小时, 持续了有六七年之久. 我们以 Priest 教授所著的《太阳磁流体力学》(1982 年版和 2014 年版) 为纲展开. 期间的讲稿结合自己以前所用的教材、部分原始文献以及其他参考资料汇编成册. 为便于自学, 对于一些基本物理概念的阐释不嫌浅显重复, 数学推导相对详细, 这有助于对基础理论的深入理解, 掌握用磁流体力学分析太阳活动的方法. 本书可以作为学习和研究磁流体力学的参考.

全书共十一章. 第 1 章简单介绍本学科发展史，粗略描述太阳; 第 2 章和第 3 章介绍磁流体力学的基本概念; 第 4 章 (波)、第 5 章 (激波) 和第 7 章 (不稳定性) 是等离子体中的重要物理现象; 其余各章涉及太阳大气加热 (第 6 章)、黑子 (第 8 章)、发电机 (第 9 章)、耀斑 (第 10 章) 和日珥 (第 11 章), 是太阳中的物理过程, 进入专题范围, 是磁流体力学理论的应用. 当代许多太阳物理学家在这些领域孜孜耕耘, 论文数量浩如烟海. 本书罗列的一些物理模型可能早已过时, 不过可以作为读者的习题, 从中体会前辈物理学家如何考虑分析物理问题、构造模型, 这不失为一种借鉴和练习.

由于作者水平有限, 疏漏在所难免, 希望读者不吝赐教.

毛信杰

2023 年 6 月于北京

目　　录

前言
第 1 章　太阳及其磁场简介 …… 1
1.1　磁流体力学 …… 1
1.2　发展简史 …… 1
1.3　太阳的基本参数 …… 3
1.4　太阳的分层结构 …… 3
1.5　宁静太阳、太阳活动区 …… 5
1.6　太阳磁场 …… 5
第 2 章　磁流体力学的基本方程 …… 7
2.1　电磁方程 …… 7
2.1.1　Maxwell 方程组 …… 7
2.1.2　欧姆定律 …… 9
2.1.3　感应方程 …… 15
2.1.4　电导率 …… 17
2.2　等离子体方程 …… 26
2.2.1　质量守恒 …… 26
2.2.2　运动方程 …… 26
2.2.3　完全气体定律 …… 32
2.3　能量方程 …… 32
2.3.1　能量方程的不同形式 …… 32
2.3.2　热传导 …… 35
2.3.3　辐射 …… 42
2.3.4　加热 …… 44
2.3.5　能量及其转换的物理过程 …… 49
2.4　总结 …… 51
2.4.1　假设 …… 51
2.4.2　方程的简化形式 …… 52
2.5　感应方程的求解 …… 53
2.5.1　扩散 …… 54

2.5.2 理想导电 ······ 59
2.6 Lorentz 力 ······ 62
2.7 若干定理 ······ 69
2.8 磁通管行为的总结 ······ 74
2.9 电流片行为的总结 ······ 80
2.9.1 电流片的形成过程 ······ 82
2.9.2 电流片的性质 ······ 82
第 3 章 磁流体静力学 ······ 84
3.1 静力学方程组 ······ 84
3.2 磁场中的等离子体结构 ······ 86
3.3 磁通管的结构 (柱对称) ······ 89
3.3.1 纯轴向场 ······ 91
3.3.2 纯环向场 ······ 91
3.3.3 无力场 ······ 94
3.4 无电流场 ······ 113
3.5 无力场 ······ 115
3.5.1 一般原理 ······ 116
3.5.2 简单的 $\alpha = \text{const}$ 解 ······ 120
3.5.3 常 α 无力场的一般解 ······ 125
3.5.4 α 不为常数 (非线性) 解 ······ 130
3.5.5 无力场的扩散 ······ 132
3.6 磁流体静力场 ······ 134
第 4 章 波 ······ 141
4.1 波的模式和基本方程 ······ 141
4.1.1 基本模式 ······ 141
4.1.2 基本方程 ······ 142
4.2 声波 ······ 145
4.3 磁波 ······ 146
4.3.1 剪切或扭转 Alfvén 波 ······ 148
4.3.2 压缩 Alfvén 波 ······ 153
4.4 内重力波 ······ 154
4.5 惯性波 ······ 162
4.6 磁声波 ······ 168
4.7 声-重力波 ······ 177
4.8 磁声-重力波 (总结) ······ 183

4.9　5 分钟振荡 ······ 189
4.10　不均匀介质中的波和磁界面的表面波 ······ 190
第 5 章　激波 ······ 206
5.1　激波的基本理论 ······ 206
5.1.1　流体力学激波的形成 ······ 206
5.1.2　磁场的作用 ······ 214
5.2　流体力学激波 ······ 215
5.3　磁流体力学激波 ······ 234
5.3.1　间断条件 ······ 234
5.3.2　接触间断 ······ 239
5.3.3　切向间断 ······ 240
5.3.4　旋转间断 ······ 240
5.3.5　激波二侧压强和密度的关系 ······ 242
5.3.6　快激波和慢激波 ······ 246
5.4　斜激波 ······ 249
5.4.1　跃变关系 ······ 249
5.4.2　快、慢激波小结 ······ 255
5.4.3　中间波 ······ 257
5.5　平行和垂直于磁场方向的激波传播 ······ 259
第 6 章　太阳上层大气加热 ······ 264
6.1　日冕的加热 ······ 264
6.1.1　色球和日冕的特征 ······ 266
6.1.2　色球环和日冕环以及观测特征 ······ 267
6.2　冕环模型的物理特征 ······ 270
6.2.1　冕环能量平衡的静态模型 ······ 272
6.2.2　压强均匀的环: 定标定律 ······ 273
6.2.3　色球环和冕环的动力学模型 ······ 274
6.3　MHD 波加热 ······ 283
6.3.1　边缘和足点驱动的共振吸收 ······ 283
6.3.2　均匀介质中 Alfvén 波的衰减 ······ 285
6.3.3　相位混合加热色球和日冕 ······ 286
6.4　磁重联加热 ······ 293
6.5　Alfvén 波的非线性耦合 ······ 294
6.6　日冕加热研究的展望 ······ 295

第 7 章 不稳定性 …… 297
7.1 分析方法 …… 297
7.2 方程的线性化 …… 300
7.3 简正模方法 …… 304
7.4 能量原理 …… 313
7.5 不稳定性例 …… 329
7.5.1 交换不稳定性 …… 329
7.5.2 撕裂不稳定性 …… 347
7.5.3 电阻不稳定性 …… 354
7.5.4 电流对流不稳定性 …… 371
7.5.5 辐射驱动的热不稳定性 …… 373
7.5.6 Kelvin-Helmholtz 不稳定性 …… 374
第 8 章 黑子 …… 380
8.1 磁对流 …… 380
8.1.1 物理效应 …… 380
8.1.2 线性稳定性分析 …… 386
8.1.3 磁通量的排挤及集中 …… 395
8.2 磁浮力 …… 409
8.2.1 定性描述 …… 409
8.2.2 磁浮力不稳定 …… 410
8.2.3 太阳磁通管的上升 …… 431
8.3 黑子的冷却 …… 433
8.4 黑子的平衡结构 …… 436
8.4.1 磁流体静力学平衡 …… 436
8.4.2 黑子的稳定性 …… 447
8.5 黑子半影 …… 453
8.6 黑子的演化 …… 454
8.6.1 黑子的形成 …… 454
8.6.2 黑子的衰减 …… 460
8.7 强磁通管 …… 463
8.7.1 细磁通管的平衡 …… 464
8.7.2 强磁场不稳定性 …… 466
8.7.3 针状体的产生 …… 477
8.7.4 管波 …… 487

第 9 章 发电机理论 …… 498
9.1 磁场的维持 …… 498
9.2 Cowling 定理 …… 499
9.2.1 无发电机定理 …… 499
9.2.2 发电机效应简例——盘单极发电机 …… 500
9.2.3 自持发电机的特性 …… 502
9.3 运动学发电机 …… 508
9.3.1 平均场和涨落场方程 …… 508
9.3.2 一阶平滑近似 …… 510
9.3.3 α 效应和 β 效应 …… 512
9.3.4 Braginsky 的弱非轴对称理论 …… 515
9.3.5 平均场电动力学, 湍流发电机 …… 517
9.3.6 平均场电动力学的 α^2 发电机 …… 527
9.3.7 发电机波 …… 528
9.3.8 太阳活动周模型——α-ω 发电机 …… 536
9.3.9 α-ω 发电机的发电机波 …… 538
9.4 发电机理论的困难 …… 544
9.5 将来需要研究的问题 …… 545
第 10 章 太阳耀斑 …… 546
10.1 磁重联的概述 …… 546
10.2 重联概念的总观 …… 546
10.3 二维零点 …… 547
10.4 电流片的形成 …… 547
10.5 磁重联 …… 549
10.5.1 单向场 …… 549
10.5.2 扩散区 …… 551
10.5.3 Petscheck 机制 …… 554
10.6 简单磁环耀斑 …… 568
10.6.1 磁通浮现模型 …… 568
10.6.2 热不平衡 …… 570
10.6.3 扭折不稳定性 …… 572
10.6.4 电阻扭折不稳定性 …… 575
10.7 双带耀斑 …… 576
10.7.1 无力平衡解的存在及解的多重性 …… 577
10.7.2 爆发不稳定性 …… 578

10.7.3 主相: 耀斑后环 581
第 11 章 日珥 (暗条) 585
11.1 宁静日珥的观测特征 585
11.2 形成 587
11.2.1 活动区暗条在环中的形成 590
11.2.2 冕拱中形成的暗条 592
11.2.3 在电流片中形成的暗条 596
11.2.4 热不平衡 597
11.3 简单磁拱的静力学支撑 601
11.3.1 Kippenhahn-Schlüter 模型 601
11.3.2 Kippenhahn-Schlüter 的普遍模型 603
11.3.3 外场 613
11.3.4 磁流体力学稳定性 616
11.3.5 螺旋结构 617
11.4 对有螺旋场的磁位形的支撑 621
11.4.1 电流片的支撑 621
11.4.2 在水平场中的支撑 626
11.5 日冕瞬变现象 629
11.5.1 扭转环模型 631
11.5.2 无扭转环模型 638
11.5.3 数值模型 643
11.5.4 模型的比较和展望 643
参考文献 645
后记 651

表 目 录

表 2.1 $\ln \Lambda$ 随 T 和 n 变化 ······ 18
表 2.2 λ_D 与 n_e 在太阳高层大气中的典型数值 (Zombeck, 1982) ······ 38
表 4.1 波的驱动力 ······ 141
表 4.2 斜 Alfvén 波与慢磁声波性质对比 ······ 172
表 4.3 不在垂直方向传播的波动解 ······ 179
表 5.1 激波后物理量的定性变化 ······ 228
表 5.2 由不同 $\Delta p/p_1$ 算出的相关物理量 ······ 232
表 5.3 快、慢激波的对比 ······ 249
表 5.4 三种波演化的比较 ······ 258
表 6.1 上层大气的能耗 (1 W·m^{-2} = 10^3 erg·cm^{-2}·s^{-1})(Withbroe and Noyes, 1977) ······ 271
表 8.1 磁通管浮出时间 ······ 432
表 8.2 腊肠型和扭折型管内外波动的比较 ($\hat{v}_x$ 为振幅) ······ 491
表 8.3 m_0^2 和 m_e^2 与磁通管内外波的关系 ······ 492
表 11.1 宁静暗条和活动区暗条的形成高度 ······ 612
表 11.2 解析模型和数值模型的比较 ······ 644

图 目 录

图 1.1 太阳球体分层结构 ······ 4

图 1.2 太阳表面大气中温度和质量密度随高度的变化 ······ 4

图 2.1 与离子发生库仑碰撞的电子轨道 ······ 17

图 2.2 等离子体薄片 ······ 19

图 2.3 Landau 阻尼使波损失能量, 加速粒子 ······ 22

图 2.4 离子声波受到阻尼 ······ 23

图 2.5 (a) 离子声波受到阻尼小, 波可以稳定存在; (b) 离子声波不稳定性与分布函数 ······ 23

图 2.6 碰撞截面 ······ 37

图 2.7 光学薄辐射损失中的 $Q(T)$ 函数上方曲线对应日冕丰度, 下方为光球丰度. [取自 CHIANTI 原子数据库, Dere 等 (2009) 推导.] ($1\ \text{erg}\cdot\text{s}^{-1}\cdot\text{cm}^3 = 10^{-13}\ \text{W}\cdot\text{m}^3$) ······ 43

图 2.8 磁扩散. (a) 磁场强度随时间的变化; (b) 磁力线在三个时刻的分布 ······ 55

图 2.9 磁通量守恒: 假如封闭曲线 C_1 因等离子体运动变为 C_2, t_1 时刻通过 C_1 的通量等于 t_2 时刻通过 C_2 的通量 ······ 61

图 2.10 磁力线守恒: 假如等离子体流体元 P_1 和 P_2, 在时刻 t_1 位于一根磁力线上, 则在以后时刻 t_2 总位于同一根磁力线上 ······ 61

图 2.11 张力的方向 ······ 64

图 2.12 (a) 均匀磁场中, 磁压力 P 和张力 T 平衡; (b) 磁场 $B(x)\hat{\boldsymbol{y}}$, $\mathrm{d}B/\mathrm{d}x > 0$. 磁压强不平衡 ($P_2 > P_1$) ······ 65

图 2.13 对称的弯曲磁场产生的合力 (R) (方程 (2.6-4)) ······ 67

图 2.14 X 型中性点附近的磁力线. (a) 处于平衡态 ($\alpha = 1$); (b) 不平衡态 ($\alpha^2 > 1$). x 轴上合力 (压力) R 向着原点, y 轴上合力 (张力) R 向外 ······ 68

图 2.15 磁通管的两端面分别为 S_1 和 S_2, 分别有磁通量 F_1 和 F_2 ······ 75

图 2.16 磁通管磁场强度 $B_0 \to B$, 等离子体密度 $\rho_0 \to \rho$, 尺度

变化因子 λ, λ^* ········ 76
图 2.17 (a) yz 平面上的电流片, 磁场 $\boldsymbol{B}_1$ 跨过该平面旋转, 变为 $\boldsymbol{B}_2$; (b) 跨越中性电流片的平面 (xz 平面), 磁场在中心部位消失, 等离子体压强为 p_0; (c) 磁力线通过电流片时, 发生磁重联, 中心部分的电流片分叉成两对慢激波 ········ 81
图 2.18 电流片示意图 ········ 83
图 3.1 磁力线与 $\hat{\boldsymbol{z}}$ 方向夹角为 θ, s 量度沿磁力线的距离 ········ 85
图 3.2 等离子体位于垂直磁场中, 等密度线位于水平方向, 等压线 (虚线) 为斜线, 1, 2, 3 压强顺次下降 ········ 88
图 3.3 线箍缩 ········ 93
图 3.4 均匀扭转磁场在两个半径上的磁力线 ········ 97
图 3.5 (a) 扭转的磁通管从半径 a 径向膨胀至半径 $\bar{a}$; (b) 角向磁通量在磁通管最粗的部分聚合 ········ 99
图 3.6 (3.5-8) 式描述的冕拱模型的垂直和水平方向截面图, 取 $B_0 < 0$, 阴影的磁环在冕拱底部, 受有压力, 因此影响到整个高度 ········ 122
图 3.7 一个扭转黑子上方的磁场模型, 由 (3.5-9) 式描述的垂直和水平方向的截面图 ········ 124
图 3.8 静力场磁拱模型. 实线为磁力线, 短划线为等压线, (a), (b) 二例中的磁拱宽为 $L = (2\pi/3)\Lambda$, Λ 是标高 (a) $2\alpha\Lambda = 3$; (b) $2\alpha\Lambda = 5$. (Zweibel and Hundhausen, 1982) ········ 139
图 4.1 (a) Alfvén 横波沿磁力线方向 $\boldsymbol{k}$ 传播; (b) 磁力线的压缩和膨胀引起压缩 Alfvén 波, 传播方向 $\boldsymbol{k}$, 跨越磁力线 ········ 146
图 4.2 实线圆为 Alfvén 波, 短划线为压缩 Alfvén 波. 矢径的长度等于沿该方向传播的波的相速度 ω/k ········ 148
图 4.3 扰动速度 ($\boldsymbol{v}_1$) 和磁场 ($\boldsymbol{B}_1$) 与平衡态磁场 ($\boldsymbol{B}_0$) 和波传播方向 ($\boldsymbol{k}$) 之间的关系. (a) Alfvén 波. 矢量 $\boldsymbol{v}_1$ 和 $\boldsymbol{B}_1$ 均垂直 $(\boldsymbol{k}, \boldsymbol{B}_0)$ 平面; (b) 压缩 Alfvén 波, $\boldsymbol{v}_1$ 和 $\boldsymbol{B}_1$ 与 $(\boldsymbol{k}, \boldsymbol{B}_0)$ 共面 ········ 150
图 4.4 长度为 π/k 的磁通管因扭转 Alfvén 波而振荡 ········ 151
图 4.5 等离子流体元反抗重力从高度 z 垂直移动至 $z + \delta z$ 处. 两个位置上流体元外的密度分别是 ρ_0 和 $\rho_0 + \delta\rho_0$ ········ 154
图 4.6 内重力波的群速度 ($v_g^2 = v_{gx}^2 + v_{gz}^2$) 的方向垂直于锥面. 锥面由与 z 轴的夹角为 θ_g 的波矢环绕 z 轴生成 ········ 161

图 4.7 转动轴和传播方向间的关系 ······ 163

图 4.8 速度矢量 $\boldsymbol{v}_1$ 的方向. 频率 $2\Omega\cos\theta_\Omega$ 的惯性波沿 $\boldsymbol{k}$ 方向传播, 每一点 $\boldsymbol{v}_1 \perp \boldsymbol{k}$, $\boldsymbol{k}$ 矢量本身以角速度 $\boldsymbol{\Omega}$ 绕转轴转动 ······ 164

图 4.9 波矢 $\boldsymbol{k}$ 和转动角速度 $\boldsymbol{\Omega}$ 的关系图 ······ 165

图 4.10 斜 Alfvén 波 ······ 169

图 4.11 磁流体力学波的相速度与 θ_B 的关系: (a) $c_s > v_A$; (b) $c_s < v_A$ ······ 170

图 4.12 沿偏离磁场 θ_B 角度传播的快、慢磁声波, u_s 和 u_f 分别代表慢波和快波. v_A 是 Alfvén 速度, c_s 是声速. (a) 相速度; (b) 群速度 ······ 171

图 4.13 低频区中 $\boldsymbol{k} \parallel \boldsymbol{B}$ 的横波色散图 ($\omega \lesssim \Omega_i$) ······ 175

图 4.14 诊断图. 频率 ω 的声重力波传播区域. 阴影区域中扰动不能传播. (a) 角度 θ_g 的垂直方向的传播; (b) 水平波数 k_x 的波在垂直方向的传播. $\omega = N$ 和 $\omega = k_x c_s$ 的渐近线由虚线表示 ······ 181

图 4.15 光球多处观测的垂直速度作为时间的函数, 曲线之间的间隔为 3 角秒 (约 2200 公里), 相邻曲线间速度差为 0.4 km·s^{-1} ······ 189

图 5.1 激波的形成 ······ 207

图 5.2 有限振幅的声波, 初始为正弦波, 在均匀未扰介质中传播, 变陡 ······ 212

图 5.3 非线性的波形变陡的倾向, 使流体的物理量 (如密度、速度等) 变为多值. 因此必须考虑到粘滞. 粘滞力与变陡倾向的平衡, 产生激波, 近似为流体物理量的间断面 ······ 213

图 5.4 激波相对于激波前流体超声速前进, 超越原始正弦波的波谷, 也在后面留下了尾部, 激波形成后, 初始正弦波变形为三角形 ······ 213

图 5.5 消去激波和诱生激波 ······ 214

图 5.6 激波前后物理量 ······ 217

图 5.7 S 为体积 τ 的界面, $\boldsymbol{n}$ 是外法向单位矢量 ······ 218

图 5.8 激波两侧熵的变化 ΔS 和 Mach 数 M_1 间的关系 ······ 226

图 5.9 静止坐标系中的速度关系 ······ 230

图 5.10 活塞以 $v_{气}$ 运动 ······ 232

图 5.11 旋转间断 ······ 241

图 5.12 激波前后的磁场分量 ······ 242

图 5.13 磁流体激波后, 熵增加 ······ 245

图 5.14 等离子体流速 $\boldsymbol{v}_1$ 取得与磁场平行 ······ 250

图 5.15 三种斜激波引起磁场方向的变化 ······ 254

图 5.16 垂直激波 ··· 256
图 5.17 激波参考系中, 磁场平行波前, 垂直流动速度 ··· 259
图 6.1 磁力线滞后于水平运动的足点, B_v 和 B_h 分别为磁场的垂直和水平分量, v_h 为水平速度分量 ··· 265
图 6.2 宁静太阳中的磁力线 ··· 267
图 6.3 半个超米粒元胞上方的磁力线. (a) Gabriel 模型: 来自光球的磁通量集中于左下角, 位于网络边界; (b) 改造的模型: 光球磁通量的一半位于元胞内部. 磁力线从底部的正极出发, 终止于顶部的负极 ··· 267
图 6.4 太阳上层大气静态模型温度结构, 传导、辐射和加热在不同高度的作用 ··· 271
图 6.5 对称冕环的记号, 长为 $2L$, 足点 $(s=0)$ 的温度为 T_0、密度为 n_0, 环顶 $(s=L)$ 的温度和密度分别为 $T_{\max}$ 和 $n_{\max}$, r 是环高和基线一半长度 D 之比, d 是顶部和足点部分环截面直径之比 ··· 272
图 6.6 冕环中主要的流动: (a) 虹吸; (b) 针状体; (c) 漏泄; (d) 蒸发 ··· 275
图 6.7 冕环长度 100 Mm, 沿着会聚的冕环不同位置处的虹吸流速度 (Cargill and Priest, 1980) ··· 276
图 6.8 冕环通过蒸发或漏泄从一个平衡态演变至另一个平衡态, 取决于加热率 (或环长度) 的增加或减少 ··· 276
图 6.9 (a) 速度 v_{1x} 的快波, 由右向左传播, 在 $x=x_r$ 处共振吸收; (b) 足点驱动的 Alfvén 波, 有大的频率范围, 仅与共振频率相关的波在 $x=x_r$ 处被吸收 ··· 285
图 6.10 磁场的基本几何结构在 $\hat{\boldsymbol{y}}$ 方向运动的足点激发剪切 Alfvén 波. Alfvén 波速度随 x 而变 (Heyvaerts and Priest, 1983) ··· 287
图 7.1 一维系统的势能 $W(x)$, $x=0$ 为平衡位置 ··· 298
图 7.2 等离子流体元从平衡位置 $\boldsymbol{r}_0$ 移动至 $\boldsymbol{r}$, 位移用 $\boldsymbol{\xi}$ 表示 ··· 302
图 7.3 扰动前重力场和磁场间的边界 ··· 305
图 7.4 扰动后重力场和磁场间的边界 ··· 306
图 7.5 两种均匀等离子体界面间的 (a) 初态; (b) 扰动态 ··· 306
图 7.6 磁场 $B_0^{(-)}\hat{\boldsymbol{x}}$ 支撑等离子体 (阴影区), (a) 平衡位形; (b) $\hat{\boldsymbol{y}}$ 方向脉动; (c) $\hat{\boldsymbol{x}}$ 方向脉动 ··· 307
图 7.7 (a) 磁力线环绕平衡的等离子体柱; (b) 柱体受到扭折扰动 ··· 316

图 7.8 扭折不稳定性 ······ 317
图 7.9 径向分量 ξ^R 作为半径 R 的函数. 磁通管的 Euler-Lagrange 方程 (7.4-34) 的典型解 ······ 326
图 7.10 螺旋扭折不稳定性图. 均匀扭转无力场磁通管两端固定, 长为 $2L$, 等效宽度 a, 沿磁通管的扰动波数为 k, Φ 是扭转角度 ······ 326
图 7.11 (a) 磁镜; (b) 交换扰动 ······ 329
图 7.12 简单磁镜位形的交换不稳定性 ······ 331
图 7.13 (a) 磁场约束等离子体, 磁场凹向等离子体; (b) 磁界面上的槽形位移 ······ 332
图 7.14 磁约束中的凹槽形不稳定性 ······ 333
图 7.15 界面方向垂直磁场, 磁通管两端的固定能稳定长波扰动 ······ 334
图 7.16 (a) 线箍缩. 等离子体压强 p_0. 磁场 $B_{0z}\hat{\boldsymbol{z}}$. 电流 j$\hat{\boldsymbol{z}}$ 沿表面流动产生磁场 $B_\varphi\widehat{\varphi}$. (b) 界面上的腊肠扰动 ······ 335
图 7.17 虚宗量 Bessel 方程的两个线性无关的解 $I_m(x)$ 和 $K_m(x)$ ······ 343
图 7.18 撕裂不稳定性 ······ 347
图 7.19 非均匀电流片 $B_0''/B_0<0$ 的示意图 ······ 349
图 7.20 推导 (7.5-47) 的示意图 ······ 350
图 7.21 电流片中的电阻不稳定性. 驱动力 F_d 大于恢复力 F_L. 电流片宽度 l. 明显的扩散发生在 εl 部分. 图中仅显示众多波长中的一个波长 ······ 355
图 7.22 (a) $\sigma\to\infty$, 稳定位形; (b) $\sigma\neq\infty$, 磁扩散; (c) $\sigma\neq\infty$, 磁耗散, 重联 ······ 364
图 7.23 撕裂模的色散关系 $\omega=\omega(k)$ ($kl\ll 1$, l 是电流片的半宽度). Lu 是 Lundquist 数 ······ 371
图 7.24 电流对流不稳定性 (current convective instability) 的形变增长 ······ 372
图 7.25 流体 Kelvin-Helmholtz 不稳定性 ······ 374
图 7.26 磁流体 Kelvin-Helmholtz 不稳定性 ······ 378
图 8.1 等离子流体元从 r 移动至 $r+\delta r$, 流体元内部密度减少 $-\delta\rho_i$, 流体元外减少 $-\delta\rho$ ······ 380
图 8.2 等离子体底部加热, 磁场均匀 ······ 384
图 8.3 过稳定振荡. (a) 等离子体上升时, 恢复力 (张力) 超过浮力

(浮力起减稳作用); (b) 等离子体向下运动时, 张力和浮力都因扩散减小, 但合力增加 (因为 $\kappa > \eta_m$); (c) 显示下半周的振荡 II 的振幅超过上半周 I 的振幅, 这样的过程继续进行 ······ 386
图 8.4 磁场均匀, 对流稳定曲线边缘的形状. k 为波数, Ra 为 Rayleigh 数 ······ 391
图 8.5 不可压缩流体上涌的流线 ······ 398
图 8.6 图 8.5 的上涌流体中垂直的磁通量密度在流体元边缘逐渐聚集 ·· 402
图 8.7 磁通从涡元中心排挤. $R_m = UL/\eta = 250$, 经过时间 $t/\tau = 1 - 10$ 后的磁力线分布. 式中 $\tau = 5L/8U$ ······ 405
图 8.8 (a) 磁力线; (b) 流线; (c) 轴对称磁对流非线性定态的等温线. 流体元中大部分磁通量已被排除, 集中于以轴为中心的磁通管内 ······ 408
图 8.9 对流区的磁绳因磁浮力上升, 穿过光球形成一对黑子 ······ 409
图 8.10 磁浮力效应的磁力线: (a) 竖直平面上, 场处于平衡态; (b) 某一高度处, 受到扰动的磁力线 ······ 411
图 8.11 无量纲稳定性图. 轮廓线是上升率. 虚线代表最不稳定的波长 ······ 426
图 8.12 Coriolis 力的方向 ······ 431
图 8.13 倾角分析 ······ 432
图 8.14 垂直方向通过分层大气的磁场 ······ 436
图 8.15 黑子 (单一磁通管) 的磁力线 ······ 438
图 8.16 等离子体包围的磁绳. 等离子体中没有磁场 ······ 444
图 8.17 Parker 模型. 黑子由磁通管束组成. 磁浮力和黑子下方的下沉气流 (虚线所示) 的作用维持这种位形 ······ 446
图 8.18 (a) 黑子的增长阶段; (b) 长寿命黑子的缓慢衰减 ······ 454
图 8.19 两根磁通管的流体力学吸引. (a) 并排上升, 速度为 u; (b) 前后相随 ······ 455
图 8.20 流体中两个圆截面的平行磁通管, 同沿 x 方向运动时的相互吸引 ······ 456
图 8.21 α 作为 h/a 的函数图 ······ 456
图 8.22 (a) 相邻磁棒的顶端有相互作用; (b) 两相邻磁通管上升, 通过表面后扩张 ······ 459
图 8.23 光球下磁扩散率 η_m (单位为 $m^2 \cdot s^{-1}$) 和导热率 κ 随深度

($-h$, 单位为 Mm) 的变化. 作为比较, 光球上的涡流磁扩散率为 10^7—10^9 $m^2 \cdot s^{-1}$ ······ 461
图 8.24 磁场强度极大值 (实线) 和大黑子的面积 (虚线) 随时间的典型变化. 场强的峰值位于 3 kG. 面积极大值是太阳半球的 4×10^{-4} (Cowling, 1946) ······ 463
图 8.25 细磁通管由外界压强 (p_e) 界定 ······ 464
图 8.26 千高斯量级的磁通管是通过对流压缩以及因辐射冷却气流下沉导致对流坍缩而形成的 ······ 467
图 8.27 光球上方磁通管扩张. 米粒组织的湍动压迫磁通管 (由图中符号 $\leftrightarrow$ 表示) 驱动流动沿管上升 $z > 0$ 和下沉 $z < 0$ ······ 487
图 8.28 (a) 磁薄层 (磁通管) 被无磁场的介质包围; (b) 沿磁通管传播的腊肠型扰动; (c) 扭折型扰动的传播 ······ 488
图 8.29 宽度 $2a$ 的薄层 (磁通管) 内的管波. 当 $c_e > c_0 > v_A$ 时, 相速度 (ω/k) 作为波数 k 的函数. 实线为腊肠模式, 短划线为扭折模式, 阴影区域 (薄层之外) 不存在波模式 ······ 493
图 8.30 薄片示意图 ······ 497
图 9.1 等离子体和磁场的相互作用 ······ 499
图 9.2 轴对称磁场子午面内的磁力线 ······ 500
图 9.3 过 N 点的封闭磁力线积分 ······ 500
图 9.4 盘单极发电机 ······ 501
图 9.5 镜像对称示意图 ······ 501
图 9.6 (a) 初始极向场的磁力线 (标注为 0) 因较差转动拉伸至 1 和 2 的位置 (实线箭头); (b) 磁力线上升和扭转使环向场变成极向场 ··· 503
图 9.7 相互垂直磁环的坐标示图 ······ 529
图 10.1 (a) X 型中性点附近的磁场, 演化为有电流片的场, 其端点如 (b) Y 型, 或者如 (c) 反向电流和奇点 ······ 548
图 10.2 电流片中的磁湮灭. (a) 驻点流动 (– – –) 将方向相反的磁力线 (——) 从两侧带入电流片. 扩散区 (阴影区) 内磁场不再冻结, 磁能通过欧姆耗散转换为热能; (b) 磁场强度 B 作为 x 的函数, $k = v_0/a$ 归入单位中. 虚线表示 $\eta_m = 0$ 时, B 与 x 的关系 ···· 551
图 10.3 定态磁重联位形. 强度 B_e 方向相反的磁力线因冻结在等离子流体被速度 v_e 的汇聚流动带动, 相互靠拢, 进入尺度为 l 和 L

的扩散区, 在中性点 N 重联, 然后从两端抛射出去 ············ 552
图 10.4 扩散区 (阴影区) 位形图 ······································ 554
图 10.5 Petscheck 模型. 实线为磁力线, 长划线为流线, 点线为慢激波 ··· 555
图 10.6 扩散区示意图 ·· 556
图 10.7 反转区示意图 ·· 561
图 10.8 计算的厚度 Z 和 B_z 作为距中心线的距离 x 的函数 (计入电子惯性). 虚线是 Petscheck 得到的对于 x 大和 x 小的渐近结果. 上图 Z 用 λ_e 归一成为 Z/λ_e, 下图对于 x 大的情况, B_z 和 v_x 分别用它们的渐近值归一 ·· 567
图 10.9 简单磁环耀斑 (小耀斑) 磁通浮现机制 ·························· 569
图 10.10 环顶的平衡温度 T_1 作为加热项 H 的函数 (H 以 $T = 2 \times 10^4$ K 和 $n_e = 5 \times 10^4\ \mathrm{m}^{-3}$ 时的辐射损失为单位). 不同数值的无量纲半长度 ($\overline{L} = [Q/(\kappa_0 T^{7/2})]^{1/2} n_e L$) 作为参数 (Hood and Priest, 1981) ·· 571
图 10.11 不同扭转 (Φ) 磁场的扭折不稳定性 ($m = 1$), $\beta = 2\mu p_\infty/B_0^2$, p_∞ 是日冕压强, B_0 是沿轴的均匀场. (a) $\beta = 0$ 和环的纵横比 L/a 不同的稳定图. 在 (10.6-3) 式所示的扰动下, 每根曲线的左边是稳定的, 右边不稳定. 当 $R = a$ (在环的边缘) 时扭转是 $\frac{1}{2}\Phi(0)$. (b) 当 $R = a$ 时, L/a 和 β 改变时的临界 Φ_{crit} 的变化 ········ 574
图 10.12 磁拱演变成双带耀斑的全过程. 说明见正文 ···················· 577
图 10.13 无力场磁力线足点在光球 xy 平面上的位移 $d(x)$. 原先磁力线位于 xz 平面, $d = 0$ ······································ 578
图 10.14 对称的圆柱磁拱. 对称轴 z 位于: (a) 光球 ($y = 0$) 以下 h 处; (b) 光球以上 h 处. 磁力线在垂直的 xy 平面上的投影是圆弧 (根据 (Priest and Milne, 1980)) ································ 579
图 10.15 耀斑前兆可能的磁位形, 假设耀斑纤维沿磁通管分布. 弱扭转的磁通管位于磁拱内, 锚定在它的端点上 ···· 579
图 10.16 发生不稳定性的充分条件. 磁通管位于磁拱内, 产生不稳定性所需之扭转量 $\Phi = 2L/b$. 磁通管长为 $2L$, 轴位于光球上方高度 d 处. Φ 大于临界值 (即每根曲线的右方) 就有一组波数对应不稳定 ··· 581
图 10.17 耀斑爆发后的磁场位形 (磁位形). (a) 正负两极开放的磁力线, 中间 (虚线) 为中性片; (b) 耀斑后, 磁重联期间, 磁环上升. v_s: 沿开

放磁力线的太阳风速度; v_n: 磁力线本身向中性片运动速度. 中性片隔开了方向相反的磁场 ······ 582
图 10.18 冷物质的凝聚和下落 ······ 584
图 11.1 日珥的磁位形. (a) Kippenhahn-Schlüter 模型, 磁力线的凹陷产生的张力支撑日珥; (b) Kuperus-Raadu 模型. 支撑日珥的力来自磁场垂直方向的梯度 ······ 586
图 11.2 静态冕环顶的温度 T_1 作为压强 (p) 的函数. 当达到 p_{crit} 时, 等离子体沿虚线冷却至一个新平衡态, 温度远低于 T_{crit} ······ 591
图 11.3 暗条的动力学模型. 日冕等离子体密度 n_c 从两边进入速度 V_c 暗条, 然后沿磁场逐渐慢慢落下 ······ 592
图 11.4 左边为 f 和 g 的略图; 右边为磁拱顶部温度 (T_1) 作为高度 (H) 的函数 ······ 596
图 11.5 长度 L 和宽度 l 的处于平衡态的中性片的符号图 ······ 597
图 11.6 中性片中的暗条形成. (a) 外场 B (G) 取不同值时, 处于平衡态的中性片长度 (m) 作为温度 (T_{20}) 的函数; (b) 暗条形成过程中, 中性片温度 T_2 的时间演化. 中性片长度为 $L(1+\varepsilon)$, 磁场强度为 0.8 G, T_1 (10^6 K) 是周围环境的日冕温度 ······ 598
图 11.7 Z 轴垂直太阳表面, Y 轴沿着暗条走向. Kippenhahn-Schlüter 模型令温度均匀 ($T_1=T_0$), Z 轴和 Y 轴之间的剪切角为零 ······ 601
图 11.8 Kippenhahn-Schlüter 模型. 垂直方向的磁场 (B_z) 和等离子体压强 (p) 作为 x (横跨暗条的距离) 的函数. 定义 $\overline{B}_z=B_z/B_{z\infty}$, $\overline{p}=2\mu p/B_{z\infty}^2$ 和 $\overline{x}=xB_{z\infty}/(B_x\Lambda)$ ······ 603
图 11.9 $\overline{T}$ 为 1.0, 0.9, 0.8, $\cdots$ 时, $\overline{x}$ 作为中心温度 $\overline{T}_0$ 的函数 (对于特例 $\beta=0$ 和 $\overline{B}_y=0$). $\overline{T}$ 定义为 T/T_1, T_1 是日冕温度 $T_1=2\times10^6$ K ······ 612
图 11.10 宁静暗条附近磁场的二维模型 ······ 613
图 11.11 半平面 (保角) 变换成四角形 ······ 615
图 11.12 Anzer 处理的暗条 ······ 615
图 11.13 位于 xz 平面的暗条模型 (粗黑线的圆) 内和附近的磁力线投影, 参数 C 取不同的值 ······ 621
图 11.14 电流片内生成的暗条的支撑. (a) 中性片内电流暗条的磁位形; (b) 光球上方 h 处暗条产生的磁场 (实线) ······ 622
图 11.15 两根线电流之间的排斥力 ······ 623

图 11.16 电流片内暗条的形成, 活动区上方有磁场, 活动过程中磁场形态. (a) 活动早期; (b) 主相; (c) 后期 ······ 624
图 11.17 (a) 反向磁通量从光球上浮现; (b) 新磁通上升至日冕形成电流片; (c) 电流片中出现撕裂, 并合 ······ 626
图 11.18 背景场为水平、均匀, 图上显示的是背景场, 暗条电流及镜像电流场的叠加 ······ 626
图 11.19 柱状暗条模型. (a) 中性点在暗条上方 ($B_0R_0/F_* < -1$); (b) ($-1<B_0R_0/F_*<0$) 在柱状暗条之上, 无中性点 (中性点满足 $\frac{\partial A}{\partial x} = 0 = \frac{\partial A}{\partial z}$, 位于垂直于光球面, 通过等离子体圆柱中心的线上); (c) 中性点 ($0 < B_0R_0/F_* < 1$) 在暗条之下; ($1 < B_0R_0/F_*$ 或者小于 0) 暗条之下无中性点 ······ 628
图 11.20 瞬变的几何位形. (a) Mouschovias 和 Poland (1978) 模型; (b) Pneuman (1980) 模型 ······ 631
图 11.21 Anzer 模型的几何示意图. 初始时刻环为半径 r_0 的半圆, 渐渐变大, 直至占半径为 r 的大圆. 图中 $R = 2.5R_\odot$ ······ 635
图 11.22 日冕上的暗条和日盔位形. 左边是暗条在日面上的形态, 右边是日面边缘的形态 ······ 639
图 11.23 B, ρ 和 P 是磁通管内的磁场、密度和气体压强. 磁通管上方和下方用下标 "1" 和 "2" 表示相应的物理量. r_1 和 r_2 表示层 (1) 和层 (2) 磁力线的位移 ······ 639
图 11.24 瞬变的速度-径向距离 ($r/R_\odot$) 图. 实线是磁拱的图. 虚线是磁环. 速度在光球附近随高度快速增加, 很快接近常值 ······ 641
图 11.25 归一化的宽度 (D/D_0)-径向距离 ($r/R_\odot$) 图. 实线对应磁拱, 虚线是磁环. 初始的振荡是因为驱动力的变换不连续所致. 宽度随高度很快变得几乎线性增长 ······ 642
图 11.26 归一化气体密度 (ρ/ρ_0)-径向距离 ($r/R_\odot$) 图. 密度下降 $\sim 1/r^2$ 比周围的太阳风下降快, 因此地球附近瞬变物质密度低于太阳风的密度 ······ 642
图 11.27 磁场 (B/B_0)-径向距离 ($r/R_\odot$) 图. 磁场衰减 $\sim 1/r^2$ ······ 643

第 1 章　太阳及其磁场简介

1.1　磁流体力学

太阳由转动的分子云坍缩而形成, 现处于主星序, 正值中年期, 生命的最后阶段成为白矮星. 构成太阳的物质大多数处于等离子体状态. 磁流体力学 (Magneto hydro dynamics, MHD) 研究等离子体和磁场的相互作用. 太阳磁流体力学是理解许多太阳现象的重要工具. 因为很多太阳现象与磁场有关, 如: 光球上除黑子有强磁场外, 还有小尺度的磁场; 色球上层有许多针状体, 内有向上喷射的炽热气流并包含磁场; 日冕由大量磁场构成, 小尺度上的 X 射线亮点, 认为是上浮的新磁通量产生的微耀斑; 日冕的加热认为也与磁场有关. 其他诸如太阳耀斑、日珥的形成与演化、太阳活动周的解释等, 本质上与磁场、等离子体间的作用有关.

太阳作为自然实验室, 可用以解释磁场和等离子体的众多物理行为, 与地球实验室相比, 区别在于: 边界条件、能量平衡、引力影响、磁雷诺数的大小等.

1.2　发 展 简 史

公元前 2137 年	中国人记录了日食, 公元前 585 年起, 希腊人也有记录.
公元前 325 年	雅典人 Theophrastus 提到了太阳上的黑色斑点.
公元前 165 年	中国人记录了肉眼观测到的太阳黑子.
公元前 28 年	中国人开始观测黑子.
1609 年	Kepler 利用 Tycho Brahe 的观测资料提出行星运动规律, 算出日地距离约为 2.25 千万公里, 还提出太阳可能有磁场以维持行星的轨道运动.
1610 年	长时期内西方人忘记了黑子, 伽利略 (Galileo Galilei) 等用新发明的望远镜精确地观测了黑子, 并从中推算出太阳自转和地球公转的周期. 有些相信有黑子的人认为这是行星, 另一些人认为黑子是太阳燃烧后的熔渣, 或是暗的烟云.
1842 年	中世纪俄罗斯的记录中, 提及 1733 年 Vassenius 观测到日珥, 这一年在一次日食中再次发现日珥, 而且清楚地看到太阳大气的外层, 即色球和日冕.
1843 年	Schwabe 提出黑子的出现存在约 11 年的周期.

1851 年	在日食事件中, 第一次得到日冕的照片, 形如薄晕, 环绕着太阳.
1852 年	Sabine, Wolf 和 Gautier 发现黑子周期与地磁暴有关.
1858 年	Carrington 发现随太阳周的进程黑子向低纬度漂移.
1859 年	可能是 Carrington 和 Hodgson 第一次观测到太阳耀斑.
1861 年	Spörer 发现黑子分布定律.
1868 年	Secchi 在日食过程中探测到氦的发射线.
1874 年	Langley 详细描述了太阳表面 (光球) 上的精细结构, 称之为米粒.
1877 年	Secchi 把针状体描述成燃烧的草原.
1908 年	Hale 发现黑子具有强磁场.
1909 年	Evershed 观测到黑子半影的外向流.
1919 年	Hale 和 Joy 发现黑子对倾向于有相反的极性, 与纬度斜交, 南北半球的前导黑子极性相反.
20 世纪 20 年代	确认太阳大气和太阳内部的主体是氢和氦.
1930 年	Lyot 发明日冕仪.
1934 年	Cowling 提出黑子理论, 以及无发电机定理.
1938 年	Bethe 提出碳-氮循环和质子-质子反应链是太阳的能源.
1941 年	Biermann 认识到因为对流抑制, 黑子是冷的.
1942 年	Alfvén 建立磁波理论. 另外, 这一年探测到太阳的射电辐射.
1945 年	Roberts 命名并详细描述了针状体.
1948 年	Biermann 和 Schwarzschild 提出外层太阳大气由声波加热, 声波从对流区向外传播.
1952 年	Babcock 发明磁像仪, 揭示光球磁场的性质.
1956 年	Cowling 总结了磁流体力学的基本理论.
1958 年	Babcock 和 Livingston 观测到在太阳活动极大年附近极区磁场的极性反转. Parker 预言太阳风的存在, 提出了他的模型.
1960 年	Leighton 发现光球上的 5 分钟振荡.
1962 年	Leighton, Noyes 和 Simon 发现网络, 勾画出超米粒元胞的轮廓.
1970 年	Ulrich 提出声波总体被俘获在太阳表面之下.
1972 年	Tousey 和 Koomen 观测到日冕物质抛射.
1973 年	天空实验室 (Skylab) 在软 X 射线波段详细地探索了冕洞、冕环和 X 射线亮点.
	Stenflo 发现网络中的千高斯量级的磁场.
1980 年	Hickey 等发现太阳辐照的变化, 太阳常数不是常数.
20 世纪 80 年代	磁流体力学理论在平衡、波、不稳定性和磁重联方面取得重要

	进展. 中国科学院国家天文台怀柔太阳观测站 (HSOS) 成立, 中国的太阳磁场望远镜投入运行 (1987 年).
20 世纪 90 年代	Yohkoh 揭示了日冕的动力学性质和耀斑中存在磁重联.
1998 年	TRACE (太阳过渡区与日冕探测器) 的高分辨观测, 彻底改变了对日冕的认识.
2002 年	RHESSI (高能太阳光谱成像仪) 改变了对太阳耀斑的认识.
21 世纪初	STEREO (日地关系观测台) 日冕物质抛射的三维观测. Hinode (日出卫星) 研究光球和日冕间的联系, 改变了光球磁场的图像.
2010 年	SDO (太阳动力学天文台) 运行.

20 世纪 70 年代以后, 磁流体力学理论在太阳物理领域中得到进一步的发展和应用, 地面和空间太阳望远镜的高分辨率观测披露了光球、色球和日冕新的特征, 为理论的发展提供了新的机遇.

1.3 太阳的基本参数

年龄	4.6×10^9 yr
质量	$M_\odot = 1.99 \times 10^{30}$ kg
半径	$R_\odot = 6.96 \times 10^8$ m
平均密度	1.4×10^3 kg·m^{-3} (= 1.4 g·cm^{-3})
离地球的平均距离	1 AU = 1.496×10^{11} m (= $215R_\odot$)
表面重力加速度	$g_\odot = 274$ m·s^{-2}
表面逃逸速度	618 km·s^{-1}
辐射 (光度)	$L_\odot = 3.86 \times 10^{26}$ W (= 3.86×10^{33} erg·s^{-1}) (1 erg=10^{-7} J)
赤道转动会合周期	26.24 d
角动量	1.7×10^{41} kg·m^2·s^{-1}
质量损失率	10^9 kg·s^{-1}
有效温度	5785 K
1 角秒 (= 1″)	726 km

1.4 太阳的分层结构

太阳本质上是炽热的气体球, 按物理性质可明显地分成几个球层, 如图 1.1 所示. 其中所见的明亮日轮为光球, 厚约 500 km. 光球之下为对流层, 其上为色球, 厚约 2500 km. 色球上层充满针状体. 色球之上为日冕, 形状不规则, 无明显边界,可以延伸至太阳系边缘. 通常把光球、色球和日冕称为太阳大气, 它们的辐射可以达到地球, 提供了许多相关的信息. 太阳大气的温度随高度的变化示于图 1.2.

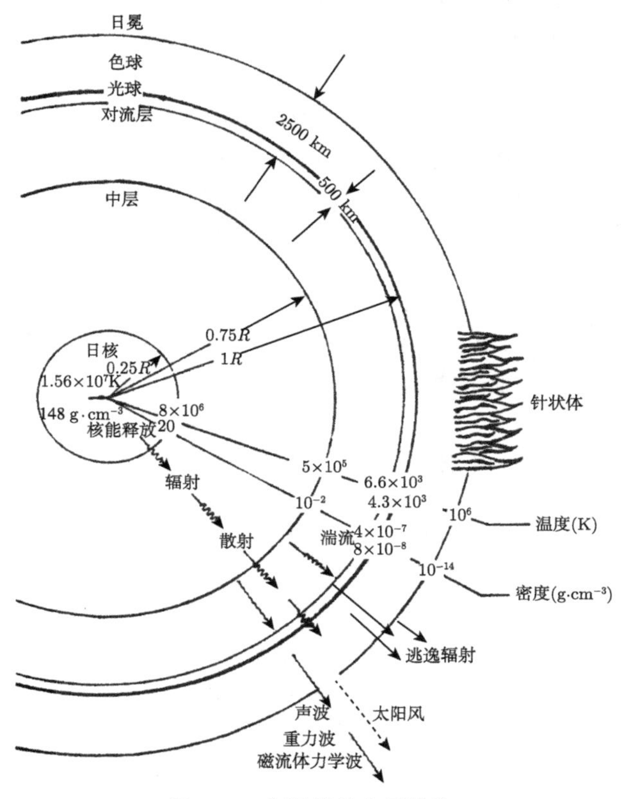

图 1.1　太阳球体分层结构

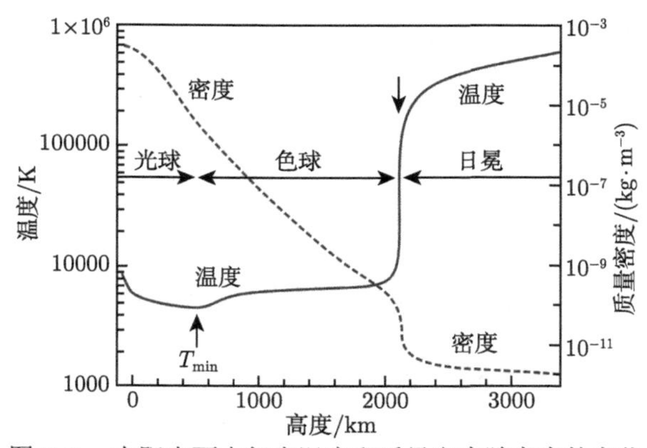

图 1.2　太阳表面大气中温度和质量密度随高度的变化

对流层、中层和日核称为太阳内部. 它们的辐射被上层气体物质所吸收, 不能达到地球, 有关的知识则以太阳大气的观测作为边值, 主要依靠理论推测.

1.5 宁静太阳、太阳活动区

宁静太阳是静态、球对称和均匀辐射的等离子体球, 一级近似下, 它的物理性质仅与离开核心的径向距离有关, 磁场可以忽略. 活动太阳由瞬态现象组成, 如黑子、暗条、耀斑和日冕物质抛射等, 叠加于宁静大气之上, 大部分与磁场有关.

上述的划分并非完美, 事实上宁静大气明显受到磁场影响, 如米粒和超米粒组织周围及上方有磁网络构造, 又如外层大气的磁加热等.

1.6 太 阳 磁 场

目前仅光球层的磁场分布, 可用光学方法进行比较精确的测量, 对色球的磁场测量精度较差, 日冕磁场只能用射电方法粗略估计, 通常以光球磁场作为边值, 按某种理论模型外推, 以估计光球以上太阳大气的磁场.

太阳磁场可分为以下类型.

1. *活动区磁场*

太阳上最强的磁场出现在以黑子为中心的活动区中, 黑子的磁场强度约 1000 至 4000 G, 多数为双极结构. 黑子附近的谱斑区中, 强度一般为几百 G. 活动区上空日珥和日冕中的磁场约为几 G 至几十 G. 活动区在日面上延伸的范围为几百至十几万公里.

2. *极区磁场*

太阳两极的磁场约为 1—2 G. 南北两极的磁场极性相反, 在太阳活动极大期附近会发生极性转换. 极区磁场只限于极区附近, 与真正的偶极场不同, 并不起源于太阳内部的偶极场, 但与活动区磁场关系密切.

3. *宁静区磁场*

宁静区中有弱磁场分布, 形成网络磁场, 与超米粒边界和色球网络对应, 网络大小约 3×10^4 km, 常沿超米粒边界延伸成链状, 强度为 20—200 G, 寿命可超过一天, 网络内部磁场也不为零, 存在许多离散小岛, 称为网络内磁场, 强度约为 2—25 G, 最小尺度几百公里, 寿命几分钟至几十分钟.

4. 日地空间的大尺度磁场

黄道面上行星际磁场呈扇形结构, 每一扇形区中磁场极性相同, 相邻扇形区极性相反, 一为指向太阳, 另一为背离太阳. 扇形磁场由太阳风输送到行星际空间, 是太阳磁场的延伸. 在地球轨道附近磁场强度量级为 10^{-4}—10^{-5} G, 扇形边界厚度小于 1.5×10^5 km. 扇形磁场变化很大, 有时结构明显, 有时不明显, 有时一个太阳自转周有 4 个扇形区, 有时仅有 2 个.

第 2 章　磁流体力学的基本方程

等离子体的行为由 Maxwell 方程组、欧姆定律和流体力学方程组 (包括气体定律即状态方程、连续性方程、运动方程以及能量方程) 来描述. 当然也可以从 Vlasov 方程出发, 求得矩方程, 从而推出磁流体力学方程组. 为取代 Maxwell 方程组, 我们导出磁感应方程, 简化了磁流体力学方程组.

2.1　电 磁 方 程

2.1.1　Maxwell 方程组

$$\nabla\times\boldsymbol{B}=\mu\boldsymbol{j}+\frac{1}{c^2}\frac{\partial\boldsymbol{E}}{\partial t}\tag{2.1-1}$$

$$\nabla\cdot\boldsymbol{B}=0\tag{2.1-2}$$

$$\nabla\times\boldsymbol{E}=-\frac{\partial\boldsymbol{B}}{\partial t}\tag{2.1-3}$$

$$\nabla\cdot\boldsymbol{E}=\frac{1}{\varepsilon}\rho^*\quad(\rho^*\text{: 电荷密度})\tag{2.1-4}$$

已利用了本构方程 $\boldsymbol{H}=\boldsymbol{B}/\mu$, $\boldsymbol{D}=\varepsilon\boldsymbol{E}$. 因此方程中不再出现磁场强度 $\boldsymbol{H}$ 和电位移矢量 $\boldsymbol{D}$.

对于等离子体这种介质, 因为电荷的复杂运动, 无法引入 $\boldsymbol{H}$, $\boldsymbol{D}$. 因此用真空中的 Maxwell 方程, 式中的电荷和电流则包括所有的电荷和电流. 但对于太阳等离子体, μ, ε 总是近似地用真空值 μ_0, ε_0 替代. $\mu_0=4\pi\times10^{-7}\ \mathrm{H\cdot m^{-1}}$, $\varepsilon_0=8.854\times10^{-12}\ \mathrm{F\cdot m^{-1}}$. 真空中的光速 $c=(\mu_0\varepsilon_0)^{-1/2}\approx2.998\times10^8\ \mathrm{m\cdot s^{-1}}$. 以后为书写方便起见, 省略下标 “0”. $\boldsymbol{E}$: $\mathrm{V\cdot m^{-1}}$ (伏每米), $\boldsymbol{B}$: T 或 $\mathrm{Wb\cdot m^{-2}}$ (特斯拉或韦伯每平方米). $\boldsymbol{j}$: $\mathrm{A\cdot m^{-2}}$ (安每平方米). 磁感应强度 $\boldsymbol{B}$ 用 T 量度, 但在本书中经常用高斯 $1\ \mathrm{G}=10^{-4}\ \mathrm{T}$. 长度常用 $1\ \mathrm{Mm}=10^6\ \mathrm{m}$, $1''\approx0.7\ \mathrm{Mm}$. 暗条宽度典型值为 5 Mm, 米粒组织直径 ~1 Mm, 超米粒组织直径 ~30 Mm.

磁流体力学的基本假定:

$$\text{非相对论, 即}\quad V_0\ll c\tag{2.1-5}$$

这里 $V_0 = l_0/t_0$, l_0 和 t_0 分别是典型长度和典型时间, V_0 是等离子体的典型速度.

由方程 (2.1-3) 用典型值来代替微商,

$$\frac{E_0}{l_0} = \frac{B_0}{t_0} \tag{2.1-6}$$

E_0, B_0 为典型值. 同样方法来处理 (2.1-1), 可以发现位移电流项

$$\frac{E_0}{c^2 t_0} \approx \frac{B_0 l_0}{c^2 t_0^2} = \frac{V_0^2}{c^2}\frac{B_0}{l_0} \approx \frac{V_0^2}{c^2}|\boldsymbol{\nabla}\times\boldsymbol{B}| \quad (\text{已利用了 (2.1-6) 式})$$

相比于 (2.1-1) 式的左边, 位移电流项要小得多. 因此, 在基本假定 (2.1-5) 下, ① $c^{-2}\partial\boldsymbol{E}/\partial t$ 可以忽略; ② 因为忽略了位移电流, (2.1-1) 式两边取散度, 电荷守恒定律变成 $\boldsymbol{\nabla}\cdot\boldsymbol{j} = 0$, 这意味着局部的电荷累积最终是可以忽略的, 电流构成回路.

从 (2.1-6) 式可见静电能密度 $\left(\dfrac{1}{2}\varepsilon_0 E^2\right)$ 与磁能 $(B^2/2\mu_0)$ 之比

$$\frac{\varepsilon_0 E_0^2}{\dfrac{1}{\mu_0}B_0^2} \approx \frac{l_0^2}{t_0^2 c^2} = \frac{V_0^2}{c_2} \ll 1 \quad (\text{利用了 (2.1-6) 式})$$

因而可以忽略电场.

太阳大气中等离子体处于很接近电中性状态,

$$n_+ - n_- \ll n \tag{2.1-7}$$

假设稀薄等离子体中 n 约 10^{11}cm^{-3}, 正负电荷偏离电中性 1%. 引起的场强为 $|\boldsymbol{E}| = \dfrac{4}{3}\pi r^3(n/100)e/r^2 \approx 2r\ \text{statvolt·cm}^{-1} = 6\times10^4 r\ \text{V·m}^{-1} \approx 600r\ \text{V·cm}^{-1}$ (statvolt 为静电伏特). 取 $r = 1$ cm, $a = eE/m = 4.8\times10^{-10}\cdot 2/(9.1\times10^{-28}) \sim 1\times10^{18}\ \text{cm·s}^{-2}$, 电子的加速度如此之大, 以致很快就中和了.

不平衡的电荷密度 $\rho = (n_+ - n_-)e$. 根据 (2.1-4) 式,

$$\rho \approx \frac{\varepsilon E_0}{l_0}$$

E_0 用 (2.1-6) 代入, $t_0 = l_0/V_0$,

$$\rho \approx \frac{\varepsilon V_0 B_0}{l_0}$$

$$\frac{\varepsilon V_0 B_0}{e l_0} \approx n_+ - n_- \ll n \qquad (\text{表示几乎电中性})$$

$\varepsilon = 8.8 \times 10^{-12}\ \mathrm{F \cdot m^{-1}}$, $e = 1.6 \times 10^{-19}$ C (库仑), B_0: T,

$$6 \times 10^7 \frac{V_0 B_0}{l_0} \ll n \tag{2.1-8}$$

(2.1-5) 和 (2.1-8) 式在太阳物理中均能很好地满足. 例如: 光球上黑子附近, 观测到的运动速度 $V_0 \approx 10^4\ \mathrm{m \cdot s^{-1}} \ll c = 3 \times 10^8\ \mathrm{m \cdot s^{-1}}$, 那里的磁场典型值 $B_0 \approx 0.1$ T (10^3 G), 长度典型值 $l_0 \approx 10^5$ m, $n = 10^{20}\ \mathrm{m^{-3}}$, 代入 (2.1-8), $6 \times 10^5 \ll 10^{20}$. 实际上, 电荷不平衡只发生在小于 Debye 长度的尺度内.

2.1.2 欧姆定律

1. 通过二元流体模型导出广义欧姆定律

(1) 假设: ① 等离子体是电中性的, $n_e = n_i = n$; ② 特征时间比粒子的平均碰撞时间大得多, 即等离子体处于局部热动平衡态, $p_e \approx p_i$, $m_e v_e^2 \approx m_i v_i^2$; ③ 单流体描述要求离子和电子的局部平均速度 $\boldsymbol{u}_i \approx \boldsymbol{u}_e$, 而局部质心速度 (即速度) $\boldsymbol{u} \sim \boldsymbol{u}_i \sim \boldsymbol{u}_e$, 流速 $\boldsymbol{u}$ 以及 $\boldsymbol{u}_i$, $\boldsymbol{u}_e$ 相比于粒子热运动速度均为小量, 它们的二次项可以忽略; ④ $m_e \ll m_i$, 含 m_e/m_i 的项可以略去; ⑤ 无粘性, 压强为标量; ⑥ 碰撞按二体刚球模型处理.

(2) 二元流体的运动方程为

$$n m_e \left[\frac{\partial \boldsymbol{u}_e}{\partial t} + (\boldsymbol{u}_e \cdot \boldsymbol{\nabla})\boldsymbol{u}_e\right] = -\boldsymbol{\nabla} p_e - ne(\boldsymbol{E} + \boldsymbol{u}_e \times \boldsymbol{B}) + \boldsymbol{M}_{ei} \tag{2.1-9}$$

$$n m_i \left[\frac{\partial \boldsymbol{u}_i}{\partial t} + (\boldsymbol{u}_i \cdot \boldsymbol{\nabla})\boldsymbol{u}_i\right] = -\boldsymbol{\nabla} p_i + ne(\boldsymbol{E} + \boldsymbol{u}_i \times \boldsymbol{B}) + \boldsymbol{M}_{ie} \tag{2.1-10}$$

$\boldsymbol{M}_{ei}$ 为单位时间内离子流体传递给单位体积电子流体的动量. $\boldsymbol{M}_{ie}$ 则为相反过程. $\boldsymbol{M}_{ei}$, $\boldsymbol{M}_{ie}$ 显然是力, 由牛顿定律 $\boldsymbol{M}_{ei} = -\boldsymbol{M}_{ie}$.

质量为 m_1, m_2 且速度为 $\boldsymbol{u}_1$, $\boldsymbol{u}_2$ 的两个粒子做弹性碰撞时, 动量变化的平均值是 $\boldsymbol{M}_{12} = [m_1 m_2/(m_1 + m_2)](\boldsymbol{u}_2 - \boldsymbol{u}_1)$. 其中已假定粒子由于碰撞而偏转至任何角度的概率相等. 因此, $\boldsymbol{M}_{ei} = -\boldsymbol{M}_{ie} = \nu_{ei} n [m_e m_i/(m_e + m_i)](\boldsymbol{u}_i - \boldsymbol{u}_e)$. ν_{ei} 为电子-离子 (质子) 的平均碰撞频率.

用 e/m_e 乘 (2.1-9) 式, e/m_i 乘 (2.1-10) 式, 注意 e 大于零、不带正负号,

$$ne \left[\frac{\partial \boldsymbol{u}_e}{\partial t} + (\boldsymbol{u}_e \cdot \boldsymbol{\nabla})\boldsymbol{u}_e\right] = -\frac{e}{m_e}\boldsymbol{\nabla} p_e - \frac{ne^2}{m_e}(\boldsymbol{E} + \boldsymbol{u}_e \times \boldsymbol{B}) + \frac{e}{m_e}\boldsymbol{M}_{ei}$$

$$ne\left[\frac{\partial \boldsymbol{u}_i}{\partial t}+(\boldsymbol{u}_i\cdot\boldsymbol{\nabla})\boldsymbol{u}_i\right]=-\frac{e}{m_i}\boldsymbol{\nabla}p_i+\frac{ne^2}{m_i}(\boldsymbol{E}+\boldsymbol{u}_i\times\boldsymbol{B})+\frac{e}{m_i}\boldsymbol{M}_{ie}$$

$\boldsymbol{M}_{ie}=-\boldsymbol{M}_{ei}$, 两式相减,

$$\begin{aligned}&ne\frac{\partial}{\partial t}(\boldsymbol{u}_i-\boldsymbol{u}_e)+ne[(\boldsymbol{u}_i\cdot\boldsymbol{\nabla})\boldsymbol{u}_i-(\boldsymbol{u}_e\cdot\boldsymbol{\nabla})\boldsymbol{u}_e]\\=&-\frac{e}{m_i}\boldsymbol{\nabla}p_i+\frac{e}{m_e}\boldsymbol{\nabla}p_e+ne^2\left(\frac{1}{m_i}+\frac{1}{m_e}\right)\boldsymbol{E}\\&+ne^2\left[\frac{1}{m_i}\boldsymbol{u}_i\times\boldsymbol{B}+\frac{1}{m_e}\boldsymbol{u}_e\times\boldsymbol{B}\right]-e\left(\frac{1}{m_i}+\frac{1}{m_e}\right)\boldsymbol{M}_{ei}\end{aligned}\tag{2.1-11}$$

因为局部热动平衡 (假设 ②) $p_i\approx p_e=\frac{1}{2}p$ (其中 $p=p_i+p_e$), $m_e/m_i\ll 1$. (2.1-11) 右边前两项简化为

$$\frac{e}{2m_e}\boldsymbol{\nabla}p$$

右边第三项:

$$ne^2\frac{1}{m_e}\boldsymbol{E}$$

右边第四项:

$$\begin{aligned}m_e\boldsymbol{u}_i+m_i\boldsymbol{u}_e&=(m_i\boldsymbol{u}_i+m_e\boldsymbol{u}_e)-(m_i-m_e)(\boldsymbol{u}_i-\boldsymbol{u}_e)\\&\approx m_i\boldsymbol{u}-\frac{m_i}{ne}\boldsymbol{j}\end{aligned}$$

这里 $\boldsymbol{u}=(m_e\boldsymbol{u}_e+m_i\boldsymbol{u}_i)/(m_e+m_i)\approx(m_e\boldsymbol{u}_e+m_i\boldsymbol{u}_i)/m_i\sim\boldsymbol{u}_i$ 是质心 (电子-离子对) 速度; $\boldsymbol{j}=\sum_\alpha n_\alpha q_\alpha\boldsymbol{u}_\alpha=ne(\boldsymbol{u}_i-\boldsymbol{u}_e)$, $\boldsymbol{u}_i-\boldsymbol{u}_e=\boldsymbol{j}/ne$ (已利用 $n_e=n_i=n$).

第四项最终变为

$$ne^2\cdot\frac{m_i\boldsymbol{u}-(m_i/ne)\boldsymbol{j}}{m_im_e}\times\boldsymbol{B}=\left(ne^2\cdot\frac{1}{m_e}\boldsymbol{u}-\frac{e}{m_e}\boldsymbol{j}\right)\times\boldsymbol{B}$$

第五项:

$$\begin{aligned}\boldsymbol{M}_{ei}&=\nu_{ei}n\frac{m_em_i}{m_e+m_i}(\boldsymbol{u}_i-\boldsymbol{u}_e)\\&\approx\nu_{ei}\frac{m_e}{e}\boldsymbol{j}\end{aligned}$$

最终第五项为

$$-\frac{e}{m_e}\cdot\nu_{ei}\frac{m_e}{e}\boldsymbol{j}=-\nu_{ei}\boldsymbol{j}$$

(2.1-11) 式左边第二项 $\boldsymbol{u}_i$, $\boldsymbol{u}_e$ 的二次项出现, 按假定 ③ 可以忽略,

$$\text{左边} = ne\frac{\partial}{\partial t}(\boldsymbol{u}_i - \boldsymbol{u}_e) = ne\frac{\partial}{\partial t}\frac{\boldsymbol{j}}{ne} = \frac{\partial \boldsymbol{j}}{\partial t}$$

将上述简化代入 (2.1-11), 两边再乘 m_e/ne^2, 并利用 $\sigma = ne^2/m_e\nu_{ei}$,

$$\underset{①}{\frac{m_e}{ne^2}\frac{\partial \boldsymbol{j}}{\partial t}} = \underset{②}{\frac{1}{2ne}\boldsymbol{\nabla} p} + \underset{③}{\boldsymbol{E}} + \left(\underset{④}{\boldsymbol{u}} - \underset{⑤}{\frac{\boldsymbol{j}}{ne}}\right) \times \boldsymbol{B} - \underset{⑥}{\frac{\boldsymbol{j}}{\sigma}} \tag{2.1-12}$$

各项的物理意义:

① 惯性力引起的电流. $(m_e/ne^2)(\partial/\partial t)ne(\boldsymbol{u}_i - \boldsymbol{u}_e) \sim m_e(\partial/\partial t)(\boldsymbol{u}_i - \boldsymbol{u}_e)$, 此为惯性力. 仅当时标与电子-离子碰撞时间 $1/\nu_{ei}$ 相当时该项比较重要.

② 压强梯度 $\boldsymbol{\nabla} p$ 引起的热电效应.

③ 电场 $\boldsymbol{E}$ 引起的电流. 因为电导率 $\sigma = ne^2/m_e\nu_{ei}$, $(m_e/ne^2)\partial j/\partial t \sim (m_e/ne^2)\nu_{ei}\boldsymbol{j} = \boldsymbol{j}/\sigma \sim \boldsymbol{E}$, $\boldsymbol{j} \sim \sigma\boldsymbol{E}$.

④ 导电流体在磁场中运动产生动生电场, 从而有感生电流.

⑤ Hall 电流.

⑥ 电阻耗散.

2. 广义欧姆定律的近似形式

一般情况下, 等离子体中的电流不仅与等离子体本身的物理性质 (如电导率) 和电场强度有关, 而且还取决于被研究问题的力学特征 (如速度、压强等) 以及磁场强度的大小. 但对于

(1) 高密度等离子体 (在磁流体力学中常采用), 质量密度 $\rho\ (= m_i n_i + m_e n_e)$ 大, 反映在 (2.1-12) 式中即 n 大, 可以略去与 n 相关诸项 ①, ②和⑤, $\boldsymbol{j} = \sigma(\boldsymbol{E} + \boldsymbol{u}\times\boldsymbol{B})$. 式中第 ⑥ 项未忽略是因为 n 大, 碰撞频率 ν_{ei} 也大 $[(m_e/ne^2)n(\pi r_0^2)v\boldsymbol{j} \sim \boldsymbol{j}/\sigma]$.

(2) 理想导体 $\sigma \to \infty$, 第 ⑥ 项变为 $\boldsymbol{j}/\sigma \to 0$, 可以忽略. 如果既是理想导体又是高密度等离子体, 则有 $\boldsymbol{E} + \boldsymbol{u} \times \boldsymbol{B} = 0$.

(3) 冷等离子体则压强 $p = 0$ (所谓冷等离子体即温度很低, 因此可以忽略无规运动, 所以压强、温度均可忽略. 当波的相速度 $\gg$ 热运动速度时, 尽管温度可以不低, 冷等离子体近似仍然成立). 略去第 ② 项, 再加上理想导电条件 $\sigma \to \infty$, 则 (2.1-12) 简化为

$$\frac{m_e}{ne^2}\frac{\partial \boldsymbol{j}}{\partial t} = \boldsymbol{E} + \boldsymbol{u} \times \boldsymbol{B} - \frac{1}{ne}\boldsymbol{j} \times \boldsymbol{B}$$

或者引入质量密度 $\rho = n(m_e + m_i) \approx nm_i$,

$$\frac{m_i m_e}{\rho e^2}\frac{\partial \boldsymbol{j}}{\partial t} = \boldsymbol{E} + \boldsymbol{u} \times \boldsymbol{B} - \frac{m_i}{\rho e}\boldsymbol{j} \times \boldsymbol{B}$$

(4) 稳恒态 $\partial/\partial t = 0$, 且 $\boldsymbol{B} = 0$, $\boldsymbol{\nabla} p = 0$, 则有 $\boldsymbol{j} = \sigma \boldsymbol{E}$.

3. 等离子体近似

(1) 注意到方程 (2.1-4) $\boldsymbol{\nabla} \cdot \boldsymbol{E} = \rho/\varepsilon$ (电荷产生电场), 式中 $\rho^* = (n_+ - n_-)e$, 同时我们知道等离子体处于电中性, 即 $n_+ = n_- = n$, 于是我们看到 $\rho^* = 0$.

等离子体近似: 假定 $n_i = n_e$ 和 $\boldsymbol{\nabla} \cdot \boldsymbol{E} \neq 0$ 同时成立. 一般情况下, 总是从给定的电荷密度 ρ, 通过泊松方程 $\boldsymbol{\nabla} \cdot \boldsymbol{E} = -\nabla^2 \varphi = \rho/\varepsilon$ 求出 $\boldsymbol{E}$. 但是在等离子体中一般用相反的程序: 从运动方程求出 $\boldsymbol{E}$, 泊松方程用来求出电荷密度 ρ. 原因是等离子体具有强烈的保持中性的倾向. 所以在运动过程中, $\boldsymbol{E}$ 和正负粒子不断调节以满足泊松方程 (当然仅对于低频运动才是如此, 因为可以不必考虑电子的惯性). 所以通常我们不用泊松方程求解 $\boldsymbol{E}$. 在磁流体方程中可以不列入 $\boldsymbol{\nabla} \cdot \boldsymbol{E} = \rho^*/\varepsilon$, 而用 $n_i = n_e = n$ 来减少未知数. (通过运动方程求出 $\boldsymbol{E}$, 但我们不需要通过 $\boldsymbol{E}$ 求出 ρ^* 的分布. 因为已经假定 $n_i = n_e = n$, 所以可不列 $\boldsymbol{\nabla} \cdot \boldsymbol{E} = \rho^*/\varepsilon$.)

(2) 等离子体近似引入的误差, 可以证明为 $k^2\lambda_D^2$ 量级. $k = 2\pi/\lambda$, λ_D 为 Debye 长度. 大多数情况下 λ_D 是很小的, λ_D (米) $= (\varepsilon k_B T_e/n_e e^2)^{1/2} = 0.69 \times 10^2 T_e^{1/2} n_e^{-1/2}$. 除了极短的短波外, 等离子体近似是正确的.

(3) 磁流体力学中, 通常的求解程序是: 流体的 $\boldsymbol{v} \to \boldsymbol{B} \to \boldsymbol{j} \to \boldsymbol{E}$. 实验室中则为 $\boldsymbol{E} \to$ 产生电流 $\boldsymbol{j} \to \boldsymbol{B} \to$ 影响流体的 $\boldsymbol{v}$.

4. 根据三元流体模型提出广义欧姆定律

n_e: 电子密度, n_i: 质子密度, n_a: 中性原子密度,

$$n_e e\left(\boldsymbol{E}_0 + \frac{\boldsymbol{\nabla} p_e}{n_e e}\right) = \frac{m_e}{e}\left(\frac{\partial \boldsymbol{j}}{\partial t} + \boldsymbol{\nabla} \cdot (\boldsymbol{vj} + \boldsymbol{jv})\right) + \left(\frac{1}{\Omega \tau_{ei}} + \frac{1}{\Omega \tau_{en}}\right) B\boldsymbol{j}$$
$$+ \boldsymbol{j} \times \boldsymbol{B} + \frac{f^2 \Omega \tau_{in}}{B}[\boldsymbol{\nabla} p_e \times \boldsymbol{B} - (\boldsymbol{j} \times \boldsymbol{B}) \times \boldsymbol{B}] \qquad (2.1\text{-}13)$$

其中, $\boldsymbol{v}$ 为质心速度, $\boldsymbol{E}_0 = \boldsymbol{E} + \boldsymbol{v} \times \boldsymbol{B}$, $\Omega = eB/m_e$ 为电子回旋频率, τ_{ei} 为电子-离子碰撞时间, τ_{en} 和 τ_{in} 则为电子-中性原子、离子-中性原子碰撞时间, $f = n_a/(n_a + n_e)$ 为未电离的份额 (Cowling, 1976).

推导中已忽略 m_e/m_i 项, 实际应用中, 电子的惯性 m_e 及电子压强梯度 $\boldsymbol{\nabla} p_e$ 可忽略. (2.1-13) 简化为

$$\sigma \boldsymbol{E}_0 = \boldsymbol{j} + \frac{\sigma}{n_e e}\boldsymbol{j} \times \boldsymbol{B} - \frac{\sigma}{n_e e}\frac{f^2 \Omega \tau_{in}}{B}(\boldsymbol{j} \times \boldsymbol{B}) \times \boldsymbol{B} \qquad (2.1\text{-}14)$$

推导 (2.1-14) 式, 利用碰撞频率为两种碰撞频率之和, $1/\tau_{ei}+1/\tau_{en}=n_e e^2/m_e\sigma$,

$$\sigma=\frac{n_e e^2 m_e^{-1}}{\tau_{ei}^{-1}+\tau_{en}^{-1}} \tag{2.1-15}$$

(2.1-13) 右边第一项全部略去, 对右边第二项利用 (2.1-15) 式得到

$$\frac{1}{\Omega}\left(\frac{1}{\tau_{ei}}+\frac{1}{\tau_{en}}\right)B\boldsymbol{j}=\frac{m_e}{eB}\frac{n_e e^2}{m_e\sigma}B\boldsymbol{j}=\frac{n_e e}{\sigma}\boldsymbol{j}$$

两边乘 $\sigma/n_e e$, (2.1-13) 式右边第二项成为 $\boldsymbol{j}$.

特别情形下:

(1) $\boldsymbol{j}\parallel\boldsymbol{B}$.

(2.1-14) 式简化为 $\boldsymbol{j}=\sigma\boldsymbol{E}_0=\sigma(\boldsymbol{E}+\boldsymbol{v}\times\boldsymbol{B})$.

(2) $\boldsymbol{j}\perp\boldsymbol{B}$.

$$\begin{aligned}\sigma\boldsymbol{E}_0&=\boldsymbol{j}+\frac{\sigma}{n_e e}\boldsymbol{j}\times\boldsymbol{B}-\frac{\sigma}{n_e e}\frac{f^2\Omega\tau_{in}}{B}jB^2\left(-\frac{\boldsymbol{j}}{j}\right)\\&=\boldsymbol{j}+\frac{\sigma}{n_e e}\boldsymbol{j}\times\boldsymbol{B}+\frac{\sigma}{n_e e}f^2\Omega\tau_{in}B\boldsymbol{j}\\&=\left(1+\frac{\sigma}{n_e e}f^2\Omega\tau_{in}B\right)\boldsymbol{j}+\frac{\sigma}{n_e e}\boldsymbol{j}\times\boldsymbol{B}\end{aligned}$$

令 $\sigma_3=\sigma/[1+f^2B\sigma\Omega\tau_{in}/(n_e e)]$, Cowling 电导率可解释为垂直于磁场的电导率, 因此上式变为

$$\sigma_3\boldsymbol{E}_0=\boldsymbol{j}+\frac{\sigma_3}{n_e e}\boldsymbol{j}\times\boldsymbol{B} \tag{2.1-16}$$

$\boldsymbol{E}_0$ 为矢量, 位于 $\boldsymbol{j}$ 和 $\boldsymbol{j}\times\boldsymbol{B}$ 构成的 $(\boldsymbol{j},\boldsymbol{j}\times\boldsymbol{B})$ 平面内, 垂直于 $\boldsymbol{B}$, (2.1-16) 两边点乘 $\boldsymbol{j}$ 得 $\sigma_3\boldsymbol{E}_0\cdot\boldsymbol{j}=j^2$, 可见 $\sigma_3=j/(\boldsymbol{E}_0\cdot\boldsymbol{j}/j)$, 分母为 $\boldsymbol{E}_0$ 在 $\boldsymbol{j}$ 方向的分量, 也即 $j=(\boldsymbol{E}_0\cdot\boldsymbol{j}/j)\sigma_3$.

现在从 (2.1-16) 求 $\boldsymbol{j}$, 用 $\boldsymbol{B}$ 乘 (2.1-16) 两边,

$$\begin{aligned}\sigma_3(\boldsymbol{B}\times\boldsymbol{E}_0)&=\boldsymbol{B}\times\boldsymbol{j}+\frac{\sigma_3}{n_e e}\boldsymbol{B}\times(\boldsymbol{j}\times\boldsymbol{B})\\&=\boldsymbol{B}\times\boldsymbol{j}+\frac{\sigma_3}{n_e e}(B^2\boldsymbol{j}-\boldsymbol{B}(\boldsymbol{B}\cdot\boldsymbol{j}))\quad(\boldsymbol{B}\cdot\boldsymbol{j}=0,\ \text{因为}\ \boldsymbol{j}\perp\boldsymbol{B})\\&=\boldsymbol{B}\times\boldsymbol{j}+\frac{\sigma_3}{n_e e}B^2\boldsymbol{j}\end{aligned}$$

从 (2.1-16) 求出 $\boldsymbol{B}\times\boldsymbol{j}=(n_e e/\sigma_3)(\boldsymbol{j}-\sigma_3\boldsymbol{E}_0)$, 代入上式,

$$\sigma_3(\boldsymbol{B}\times\boldsymbol{E}_0)=\frac{n_e e}{\sigma_3}(\boldsymbol{j}-\sigma_3\boldsymbol{E}_0)+\frac{\sigma_3}{n_e e}B^2\boldsymbol{j}$$

$$
\begin{aligned}
&= \left(\frac{n_e e}{\sigma_3} + \frac{\sigma_3}{n_e e}B^2\right)\boldsymbol{j} - n_e e\boldsymbol{E}_0, \\
\boldsymbol{j} &= \frac{n_e e\boldsymbol{E}_0 + \sigma_3(\boldsymbol{B}\times\boldsymbol{E}_0)}{n_e e/\sigma_3 + \sigma_3 B^2/n_e e} \\
&= \frac{\sigma_3}{1+[\sigma_3 B/(n_e e)]^2}\boldsymbol{E}_0 + \frac{\sigma_3}{n_e e}\sigma_1\boldsymbol{B}\times\boldsymbol{E}_0 \\
&= \sigma_1\boldsymbol{E}_0 + \sigma_2\frac{\boldsymbol{B}\times\boldsymbol{E}_0}{B}
\end{aligned}
$$

式中

$$
\sigma_1 = \frac{\sigma_3}{1+[\sigma_3 B/(n_e e)]^2}, \qquad \text{定向电导率}
$$

$$
\sigma_2 = \frac{\sigma_3 B}{n_e e}\sigma_1, \qquad \text{Hall 电导率}
$$

5. 根据 (2.1-16) 求出能耗率: $\boldsymbol{E}_0\cdot\boldsymbol{j} = j^2/\sigma_3$

σ_3 中包含中性粒子的贡献, 当全部电离时, $f=0$, $\sigma_3\to\sigma$, 这时的能耗率变为 j^2/σ. 由于中性粒子与带电粒子碰撞, 增加了总碰撞, 电导率应该下降. 所以 $\sigma_3<\sigma$ (在 σ_3 表达式中, 分母中增加了一个非零的正项). 因此, $j^2/\sigma_3 > j^2/\sigma$. $\sigma = n_e e^2 m_e^{-1}/(\tau_{ei}^{-1}+\tau_{en}^{-1})$ (包括电子和离子与中性粒子的碰撞), $\sigma_3 = \sigma/[1+f^2 B\sigma\Omega\tau_{in}/(n_e e)]$ (除以上碰撞外, 再加上离子与中性粒子的碰撞). 光球上, σ_3 可能比 σ 小很多 (说明有足够多的中性粒子), 可能存在着重要的双极扩散 (ambipolar diffusion): 带电粒子相对中性粒子的扩散.

6. 当气体完全电离时, $n_a=0$, 电导率的简化

$$
\sigma = \frac{n_e e^2}{m_e}\tau_{ei}
$$

($=\sigma_\parallel$, 平行于磁场, 纵向电导率, σ 表达式中无 B, 即为沿磁力线运动)

$$
\sigma_3 = \sigma
$$

$$
\begin{aligned}
\sigma_1 &= \frac{\sigma_3}{1+\left(\dfrac{\sigma_3 B}{n_e e}\right)^2} = \frac{\sigma}{1+\left(\dfrac{n_e e^2}{m_e}\tau_{ei}\dfrac{B}{n_e e}\right)^2} \\
&= \frac{\sigma}{1+\Omega^2\tau_{ei}^2} \qquad (=\sigma_\perp, \text{横向电导率}, \Omega \text{ 以 } B \text{ 为轴旋转})
\end{aligned}
$$

$$
\sigma_2 = \frac{\sigma_3 B}{n_e e}\sigma_1 = \frac{\sigma B}{n_e e}\sigma_1 = \frac{n_e e^2}{m_e}\tau_{ei}\frac{B}{n_e e}\sigma_1 = \Omega\tau_{ei}\sigma_1
$$

$$= \Omega\tau_{ei}\frac{\sigma}{1+\Omega^2\tau_{ei}^2} = \frac{\sigma\Omega v_{ei}}{\nu_{ei}^2+\Omega^2} \qquad (= \sigma_{\mathrm{H}}, \text{Hall 电导率})$$

磁场的作用减小了平行 $\boldsymbol{E}_0$ 的电流, 产生额外的 Hall 电流 (垂直于 $\boldsymbol{E}_0$ 和 $\boldsymbol{B}$). 电导率张量

$$\boldsymbol{\sigma} = \begin{pmatrix} \sigma_{\perp} & \sigma_{\mathrm{H}} & 0 \\ \sigma_{\mathrm{H}} & \sigma_{\perp} & 0 \\ 0 & 0 & \sigma_{\parallel} \end{pmatrix}$$

Hall 电流垂直于 $\boldsymbol{E}_0$，$\boldsymbol{B}$, 不引入附加的耗散 ($\boldsymbol{j}_{\mathrm{Hall}} \cdot \boldsymbol{E} = 0 = j^2/\sigma$). Hall 项的产生是由于带电粒子穿过磁场的漂移. 当 $\Omega\tau_{ei} \gg 1$, 即在带电粒子的二次碰撞之间时, 电子可以自由地做多次拉莫尔运动, Hall 项占主导作用. 当 $\Omega\tau_{ei} \ll 1$ 时, 该项就不重要 (相比于 $\sigma_{\perp}$).

当大电流集中于极薄 (σ 不是 ∞) 的区域, 欧姆定律就完全偏离 $\boldsymbol{E}+\boldsymbol{v}\times\boldsymbol{B}=0$, 也即必须计入电阻.

2.1.3 感应方程

利用 $\nabla \times \boldsymbol{E} = -\partial \boldsymbol{B}/\partial t$, $\nabla \times \boldsymbol{B} = \mu \boldsymbol{j}$, $\boldsymbol{j} = \sigma(\boldsymbol{E} + \boldsymbol{v} \times \boldsymbol{B})$ (高密度等离子体适用) 导出感应方程.

由欧姆定律解出 $\boldsymbol{E} = \boldsymbol{j}/\sigma - \boldsymbol{v} \times \boldsymbol{B}$, 代入 Faraday 公式,

$$\frac{\partial \boldsymbol{B}}{\partial t} = -\nabla \times (\boldsymbol{j}/\sigma - \boldsymbol{v} \times \boldsymbol{B})$$

$\boldsymbol{j} = \nabla \times \boldsymbol{B}/\mu$ 代入上式,

$$\frac{\partial \boldsymbol{B}}{\partial t} = \nabla \times (\boldsymbol{v} \times \boldsymbol{B}) - \nabla \times (\eta_m \nabla \times \boldsymbol{B})$$

这里 $\eta_m = 1/\mu\sigma$, 称为磁扩散系数 (magnetic diffusivity), σ: 电导率,

$$\nabla \times (\nabla \times \boldsymbol{B}) = \nabla(\nabla \cdot \boldsymbol{B}) - (\nabla \cdot \nabla)\boldsymbol{B}$$

最后得到

$$\frac{\partial \boldsymbol{B}}{\partial t} = \nabla \times (\boldsymbol{v} \times \boldsymbol{B}) + \eta_m \nabla^2 \boldsymbol{B} \tag{2.1-17}$$

这就是要求的感应方程. 注意这里已假定 η_m 为标量、常数. (感应方程的推导中已利用了欧姆定律、Maxwell 方程组中的三个方程. $\nabla \cdot \boldsymbol{E} = \rho/\varepsilon$. 根据等离子体近似, $n^+ = n^- = n$ 不必列入.)

当 $\boldsymbol{v}$ 已知时 ($\boldsymbol{v}$ 为流速), 可求解 $\boldsymbol{B}$. 当然要满足

$$\nabla \cdot \boldsymbol{B} = 0 \tag{2.1-18}$$

然后可求出

$$\boldsymbol{j} = \frac{1}{\mu} \nabla \times \boldsymbol{B} \tag{2.1-19}$$

再由

$$\boldsymbol{E} = -\boldsymbol{v} \times \boldsymbol{B} + \boldsymbol{j}/\sigma \tag{2.1-20}$$

通过 (2.1-4) 式 $\nabla \cdot \boldsymbol{E} = \rho^*/\varepsilon$ 求出电荷密度.

磁流体力学中并不遵循所谓从“源”求 $\boldsymbol{B}$ 或 $\boldsymbol{E}$ 的说法. 在等离子体近似中已提过, 我们用求得的 $\boldsymbol{E}$ 得出电荷分布.

这里磁场是第一位的, 电流和电场则位居其次. 注意, 与 (2.1-20) 相比, 宁可用 (2.1-19) 来求电流.

太阳物理中, 特征长度很长, 所以从 (2.1-19) 可见, $\boldsymbol{j}$ 很小, 因此 (2.1-20) 中的 $\boldsymbol{j}$ 可以忽略 (高电流密度区除外, 如电流片), 从而有 $\boldsymbol{E} \approx -\boldsymbol{v} \times \boldsymbol{B}$.

当流体不运动时 (即质心速度为零, 但 $\boldsymbol{u}_e$, $\boldsymbol{u}_i$ 不为零, 电流仍然存在), 电流和电场由 (2.1-19) 和 (2.1-20) 确定. 由于特征长度长, 电场和电流非常小. 例如, 典型活动区的磁场 100 G, 等离子体速度 10^3 m·s^{-1}, 有 $E_0 \approx v_0 B_0 \approx 10$ V·m^{-1}.

但是当流体不运动时, $\boldsymbol{v} = 0$, 特征长度 $l_0 = 10$ Mm ($= 10^7$ m),

$$j_0 \approx \frac{B_0}{\mu l_0} \approx 8 \times 10^{-4}\ \mathrm{A{\cdot}m^{-2}}$$

$$\sigma = 10^3\ \mathrm{S{\cdot}m^{-1}}$$

$$E_0 \approx \frac{j_0}{\sigma} \approx 8 \times 10^{-7}\ \mathrm{V{\cdot}m^{-1}}, \qquad \text{估计的 } E_0 \text{ 比典型活动区中的 } E_0 \text{ 低 } 10^7 \text{ 倍}$$

这里要提醒的是, 流速就是局部质心速度 $\boldsymbol{v} = (m_e n_e \boldsymbol{u}_e + m_i n_i \boldsymbol{u}_i)/(m_e n_e + m_i n_i)$. $\boldsymbol{j} = ne(\boldsymbol{u}_i - \boldsymbol{u}_e)$. ① 当 $\boldsymbol{v} = 0$ 时, $m_e \boldsymbol{u}_e + m_i \boldsymbol{u}_i = 0$, $\boldsymbol{j} = ne[-(m_e/m_i)\boldsymbol{u}_e - \boldsymbol{u}_e] \approx -ne\boldsymbol{u}_e$. ② 当 $\boldsymbol{v} \neq 0$ 时, $\boldsymbol{j} = ne(\boldsymbol{u}_i - \boldsymbol{u}_e)$. ③ $\boldsymbol{u}_i$, $\boldsymbol{u}_e$ 为局部平均速度, $\boldsymbol{u}_i = \langle \boldsymbol{v}_i \rangle = (1/n)\displaystyle\int \boldsymbol{v}_i f \mathrm{d}\boldsymbol{v}$, $\mathrm{d}\boldsymbol{v}$ 为速度空间. ④ 无规速度 (粒子相对于质心速度) $\boldsymbol{w}_i = \boldsymbol{v}_i - \boldsymbol{v}$ ($\boldsymbol{v}_i$ 为无规速度) 用以定义压力张量 $p_{ij} = mn\langle w_i w_j \rangle = m\displaystyle\int w_i w_j f \mathrm{d}\boldsymbol{v} = p_{ji}$, 热张量 $q_{ijk} = mn\langle w_i w_j w_k \rangle = m\displaystyle\int w_i w_j w_k f \mathrm{d}\boldsymbol{v}$.

2.1.4 电导率

完全电离 $\tau_{en} \to \infty$, 碰撞所致的电导率由 (2.1-15) 给出,

$$\sigma = \frac{n_e e^2 \tau_{ei}}{m_e}$$

现在我们估计碰撞时间 τ_{ei}.

当电子和中性原子碰撞时, 电子运动向原子靠近, 在达到原子大小的尺度之前, 它并不受到力 (可忽略引力), 这种碰撞相当于两个中性球的碰撞. 当电子和离子相碰时, 由于离子的长程库仑力作用, 电子逐渐地偏转, 我们估算碰撞截面的大小.

在图 2.1 中, 速度为 v 的电子接近电荷为 e 的固定离子. 在没有库仑力的情况下, 当电子运动时, 有一个离开离子最近的距离称为碰撞参量 r_0 (也称瞄准距离). 当有库仑力作用时, 则有偏转角 χ. 以下讨论采用高斯单位制. 库仑力 $F=-e^2/r^2$, 负号对应于引力. 电子在离子附近时, 才明显地感受到这个力. 受力时间约 $T \approx r_0/v$. 这时电子动量变化为 $\Delta(m_e v)=|FT| \approx e^2/r_0 v$. 我们要估计大角度碰撞 ($\chi \geqslant 90°$) 的截面. 当散射角 χ 为 $90°$ 时, 动量 mv 的变化具有本身的量级 (散射角为 $180°$ 时, 动量变化为 $\Delta(mv)=2mv$, 类比于弹性碰撞),

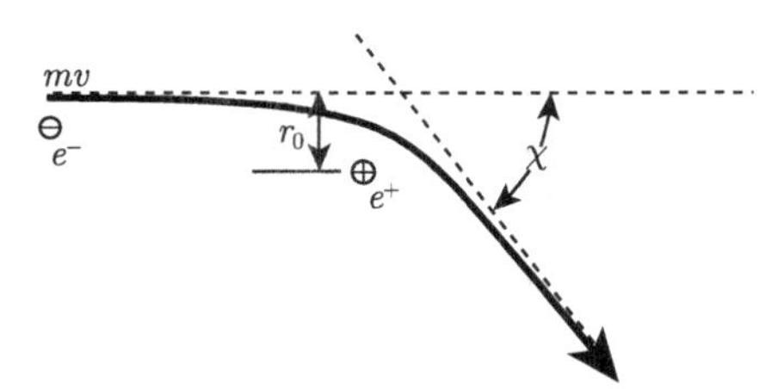

图 2.1 与离子发生库仑碰撞的电子轨道

$$\Delta(m_e v) \approx m_e v \approx \frac{e^2}{r_0 v}, \quad \therefore\ r_0 \approx \frac{e^2}{m_e v^2}$$

碰撞截面 $S=\pi r_0^2=\pi e^4/(m_e^2 v^4)$, 碰撞频率 $\nu_{ei}=nSv=n\pi e^4/(m_e^2 v^3)$, 式中 v 为电子速度, n 为离子密度, 电阻率 $\eta_e=1/\sigma=(m_e/ne^2)\nu_{ei}$, 下标以区别磁扩散系数, 所以

$$\eta_e=\frac{m_e}{ne^2}\nu_{ei}=\frac{\pi e^2}{m_e v^3}$$

对于 Maxwell 分布的电子, 有 $v^2 \sim k_B T_e/m$,

$$\nu_{ei} = \frac{n\pi e^4}{m_e^2(k_B T_e/m_e)^{3/2}} = \frac{n\pi e^4}{m_e^{1/2}(k_B T_e)^{3/2}}$$

$$\eta_e = \frac{\pi e^2 m_e^{1/2}}{(k_B T_e)^{3/2}}$$

上式中的电阻率 η_e 是基于大角碰撞导出的. 实际上因为库仑力是长程力, 小角碰撞更加频繁, 结果是许多小角碰撞的累积, 其影响大于大角度碰撞的影响. Spitzer 证明了 η_e 的表达式中应乘上库仑对数 $\ln \Lambda$.

$$\eta_e = \frac{\pi e^2 m_e^{1/2}}{(k_B T_e)^{3/2}} \ln \Lambda$$

$$\therefore \ \text{碰撞时间}\ \tau_{ei} = \nu_{ei}^{-1} = \frac{m_e^{1/2}(k_B T_e)^{3/2}}{n\pi e^4 \ln \Lambda}$$

式中 n 的单位为 $1/\mathrm{cm}^3$, $\Lambda = \overline{\lambda_D/r_0}$ (对 Maxwell 分布的平均), λ_D 为 Debye 波长. 库仑对数对温度 T_e 和密度 n 有弱的依赖关系, 因为 $\lambda_D \sim (T_e/n)^{1/2}$, $r_0 \sim 1/T_e$, $\Lambda = \lambda_D/r_0 \sim T_e^{3/2}/n^{1/2}$. 但对于等离子体参量的确切值是不敏感的.

氢等离子体的 $\ln \Lambda$ 值如表 2.1 所示.

表 2.1　$\ln \Lambda$ 随 T 和 n 的变化

T/K	n/m^{-3}					
	10^{12}	10^{13}	10^{18}	10^{21}	10^{24}	10^{27}
10^4	16.3	12.8	9.43	5.97	—	—
10^5	19.7	16.3	12.8	9.43	5.97	—
10^6	22.8	19.3	15.9	12.4	8.96	5.54
10^7	25.1	21.6	18.1	14.7	11.2	7.85

等离子体参量变化许多量级, $\ln \Lambda$ 变化小于 5 倍, 一般取 $\ln \Lambda = 10$. 相应的磁扩散系数

$$\eta_m = \frac{1}{\mu\sigma} = \frac{m_e}{\mu n e^2 \tau_{ei}} \tag{2.1-21}$$

色球和日冕中 η_m 分别为 $8 \times 10^8 T^{-3/2}$ 和 $10^9 T^{-3/2}$ $\mathrm{m^2 \cdot s^{-1}}$ (假设完全电离).

当太阳大气中的氢仅部分电离时, 有中性粒子密度. 根据 (2.1-15) 式,

$$\sigma = \frac{n_e e^2 m_e^{-1}}{\tau_{ei}^{-1} + \tau_{en}^{-1}} = \frac{n_e e^2}{m_e} \tau_{ei} \frac{1}{1 + \tau_{ei}/\tau_{en}}$$

可见 (2.1-21) 的磁扩散系数要乘一个因子 $(1+\tau_{ei}/\tau_{en})$. $\tau_{en}=(n_n S_H v_e)^{-1}$, n_n: 中性粒子密度, S_H: 中性原子的截面积, v_e: 电子热运动速度.

$$\frac{\tau_{ei}}{\tau_{en}}=\frac{m_e^{1/2}(k_B T_e)^{3/2}}{n_e\pi e^4\ln\Lambda}\cdot n_n S_H v_e\sim\frac{n_n T^2}{n_e\ln\Lambda}$$

已假定热平衡 $T_e=T_n=T$.

对于湍动等离子体 (turbulent plasma), 碰撞时间及相应的电导率比 Spitzer 的值小很多.

讨论湍动等离子体之前, 先介绍下列概念.

1. 等离子体振荡频率

假设等离子体的电子相对于均匀的离子体底有一个位移, 则有电场产生, 要把电子拉回至原先的位置, 以恢复等离子体的电中性. 由于电子的惯性, 它们将冲过平衡位置, 围绕平衡位置以特征频率振荡, 这个特征振荡频率即等离子体频率.

现在来求振荡频率.

设厚为 l 的等离子体薄片 (图 2.2), 电子相对离子移动 x, 在薄片两个侧面上形成密度为 $\pm n_e ex$ 的面电荷. 这时片内产生强度为 $n_e ex/\varepsilon_0$ 的电场, 试图把电子拉回原处. 电子质量为 m_e, 每个电子的运动方程为

$$m_e\frac{\mathrm{d}^2x}{\mathrm{d}t^2}=-eE=-e\frac{n_e ex}{\varepsilon_0}=-\frac{n_e e^2}{\varepsilon_0}x$$

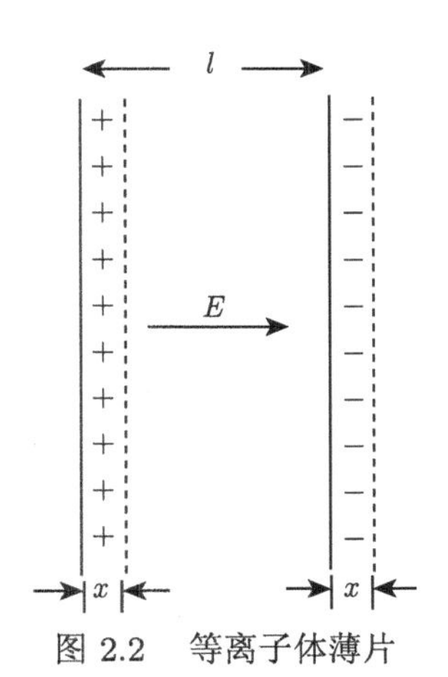

图 2.2 等离子体薄片

这是振荡方程, 频率为 $\omega_{pe}=(n_e e^2/m_e\varepsilon_0)^{1/2}$. 相应地, 可导出离子振荡频率 $\omega_{pi}=(n_i e^2/m_i\varepsilon_0)^{1/2}$. 以折合质量 $m=m_e m_i/(m_e+m_i)$ 代替 m_e, 可以推得 $\omega_p^2=$

$\omega_{pe}^2+\omega_{pi}^2$. 因为 $\omega_{pi}\ll\omega_{pe}$, 所以 $\omega_p\approx\omega_{pe}$. 上述讨论不计热运动, 没有磁场. (实际上电子、离子都在运动, 是二体问题. 认为离子不动, 则电子质量变为折合质量 $m=m_em_i/(m_e+m_i)$ 代入频率表达式 $\omega_p^2=n_ee^2/m\varepsilon_0=(1/m_i+1/m_e)ne^2/\varepsilon_0=\omega_{pe}^2+\omega_{pi}^2$.)

2. 离子声波

低频情况下 $\omega\leqslant\omega_{pi}$, 离子的运动起主要作用. 当然电子也跟随离子一起运动, 以保持电中性. 因此, 低频波涉及电子和离子的运动需要用二元流的方程来描述.

电子

$$\partial n_e/\partial t+\boldsymbol{\nabla}\cdot(n_e\boldsymbol{v}_e)=0$$
$$m_en_e[\partial\boldsymbol{v}_e/\partial t+(\boldsymbol{v}_e\cdot\boldsymbol{\nabla})\boldsymbol{v}_e]=-\gamma_ek_BT_e\boldsymbol{\nabla}n_e-en_e\boldsymbol{E}$$

离子

$$\partial n_i/\partial t+\boldsymbol{\nabla}\cdot(n_i\boldsymbol{v}_i)=0$$
$$m_in_i[\partial\boldsymbol{v}_i/\partial t+(\boldsymbol{v}_i\cdot\boldsymbol{\nabla})\boldsymbol{v}_i]=-\gamma_ik_BT_i\boldsymbol{\nabla}n_i+en_i\boldsymbol{E}$$

$n_i=n_e=n$, 不再使用泊松方程 $\boldsymbol{\nabla}\cdot\boldsymbol{E}=e(n_i-n_e)/\varepsilon_0$. 式中 $\gamma k_BT\boldsymbol{\nabla}n$ 根据理想绝热条件下的关系 $(\mathrm{d}/\mathrm{d}t)(p\rho^{-\gamma})=0$ 推得. 受小扰动后, 物理量变为平衡态量 (下标 “0” 表示) 和扰动量 (下标 “1” 表示) 之和. 平衡时 $\boldsymbol{E}_0=0$, $\boldsymbol{v}_{e0}=\boldsymbol{v}_{i0}=0$, 不计磁场, $n_i=n_e=n_0$. 线性化方程:

$$\frac{\partial n_{e1}}{\partial t}+n_0\boldsymbol{\nabla}\cdot\boldsymbol{v}_{e1}=0$$
$$m_en_0\frac{\partial\boldsymbol{v}_{e1}}{\partial t}=-\gamma_ek_BT_e\boldsymbol{\nabla}n_{e1}-en_0\boldsymbol{E}_1$$
$$\frac{\partial n_{i1}}{\partial t}+n_0\boldsymbol{\nabla}\cdot\boldsymbol{v}_{i1}=0$$
$$m_in_0\frac{\partial\boldsymbol{v}_{i1}}{\partial t}=-\gamma_ik_BT_i\boldsymbol{\nabla}n_{i1}+en_0\boldsymbol{E}_1$$

可以认为 $n_{i1}=n_{e1}$, 仍可以不用泊松方程 $\boldsymbol{\nabla}\cdot\boldsymbol{E}_1=e(n_{i1}-n_{e1})/\varepsilon_0$. 电子质量小, 对于低频波可以忽略其惯性, 令 $m_e\to0$, 于是有

$$\frac{\partial n_{e1}}{\partial t}+n_0\boldsymbol{\nabla}\cdot\boldsymbol{v}_{e1}=0 \tag{1}$$
$$\gamma_ek_BT_e\boldsymbol{\nabla}n_{e1}+en_0E_1=0 \tag{2}$$
$$\frac{n_{i1}}{\partial t}+n_0\boldsymbol{\nabla}\cdot\boldsymbol{v}_{i1}=0 \tag{3}$$

$$m_i n_0 \frac{\partial \boldsymbol{v}_{i1}}{\partial t} = -\gamma_i k_B T_i \boldsymbol{\nabla} n_{i1} + e n_0 \boldsymbol{E}_1 \tag{4}$$

$$n_{e1} = n_{i1} \tag{5}$$

扰动形式 $\sim \mathrm{e}^{-i(\omega t - kx)}$, 一维, 在 $\hat{\boldsymbol{x}}$ 方向. 代入 (1), (3) 式, 考虑到 (5), 得到 $v_{e1} = v_{i1}$. 低频情况下, 电子能随同离子一起运动, 二者扰动速度应该相同. 扰动量代入 (2)—(4):

$$i\gamma_e k_B T_e k n_{e1} + e n_0 E_1 = 0 \tag{6}$$

$$-i\omega n_{i1} + i n_0 k v_{i1} = 0 \tag{7}$$

$$-i m_i n_0 \omega v_{i1} = -i\gamma_i k_B T_i k n_{i1} + e n_0 E_1 \tag{8}$$

从 (6) 解出

$$E_1 = -i\frac{\gamma_e k_B T_e k n_{e1}}{e n_0}$$

从 (7) 解出

$$v_{i1} = \frac{\omega}{n_0 k} n_{i1}$$

将 E_1, v_{i1} 代入 (8), 并利用 $n_{i1} = n_{e1}$, 得

$$\omega^2 - \frac{\gamma_i k_B T_i + \gamma_e k_B T_e}{m_i} k^2 = 0$$

定义:

$$v_s = \left(\frac{\gamma_e k_B T_e + \gamma_i k_B T_i}{m_i}\right)^{\frac{1}{2}}$$

称为离子声速. 则有 $\omega^2 = k^2 v_s^2$.

(i) 与气体中的声速很相似, 但气体温度为零时, 声波便不存在. 但是离子温度为零时, 离子声速依然存在.

(ii) 离子声波 (ion acoustic waves) 的群速度等于相速度.

(iii) 离子声波是低频波 (因为质量大的离子在振荡), 电子几乎可无惯性地跟随运动, 因为电子运动速度快, 以至于有时间使各处的电子温度相同. 因此电子是等温的, $\gamma_e = 1$, 离子做一维运动, 所以 $\gamma_i = 3$,

$$v_s = \left(\frac{k_B T_e + 3 k_B T_i}{m_i}\right)^{\frac{1}{2}}$$

(iv) 驱动离子声波有两种力: 离子的热压力和漏泄的电场作用. 当等离子体受到低频扰动形成稠密区和稀疏区时, 离子的热压力使离子向稀疏区扩展, 对应于 v_s 表达式的第二项; 同时由于扰动离子的聚集, 即正电荷的聚集, 有分散的趋向, 但是离子受到周围电子的屏蔽, 因为电子的热运动屏蔽并不完全, 有量级为 k_BT_e/e 的电势漏泄, 漏泄的电势对聚集的正离子有作用, 引起的速度为 $(e\phi/m_i)^{1/2} = (k_BT_e/m_i)^{1/2}$, 这对应于 v_s 中的第一项. 这个漏泄电场作用在离子上使离子由稠密区向稀疏区扩展, 中性气体不具备这种性质, 所以等离子体中即使离子温度为零, 在电场力作用下, 仍有离子声波, $v_s = (k_BT_e/m_i)^{1/2}$.

(v) 动力论证明 $T_i \sim T_e$ 时, $\omega/k = v_s \sim (k_BT_i/m_i)^{1/2}$, 相速度和离子的热运动速度相近, 离子声波受到强阻尼. 仅当 $T_e \gg T_i$ 时, 离子声波存在.

3. Landau 阻尼的物理机制

从 Vlasov 方程出发, 通过理论计算, 推得 Landau 阻尼 $\gamma \sim -F_0'(\omega/k)$ (对于朗缪尔纵波). 其中 ω/k 是朗缪尔波的相速, $F_0'(\omega/k)$ 是一维的速度分布函数 $F(u)$ 在电子速度 u 等于波的相速处的斜率. 因为 Maxwell 分布 $F_0'(\omega/k) < 0$, 所以 $\gamma > 0$, 有阻尼存在. Landau 阻尼可以理解为电子与波的共振效应. 电子位于波动参照系中 (即以相速 ω/k 与波一起行进的参照系), 等离子体波的电场是以 $\lambda = k/2\pi$ 为空间周期的静态分布, 共振粒子在此参照系中基本不动, 因此与波之间交换能量最为充分有效. 非共振粒子以较大 (或小) 的速度运动, 电场对它们做功的平均值几乎为零, 交换的能量很小. 可以证明共振粒子中, u 略小于 ω/k 的粒子从电场 (即为波) 获得能量, u 略大于 ω/k 的粒子则向电场释放能量. $F'(u) < 0$ 表示得到能量的粒子 (前一种粒子) 多于失去能量的粒子 (后一种粒子) (图 2.3), 总的效果是波因损失能量而衰减, 这就是 Landau 阻尼.

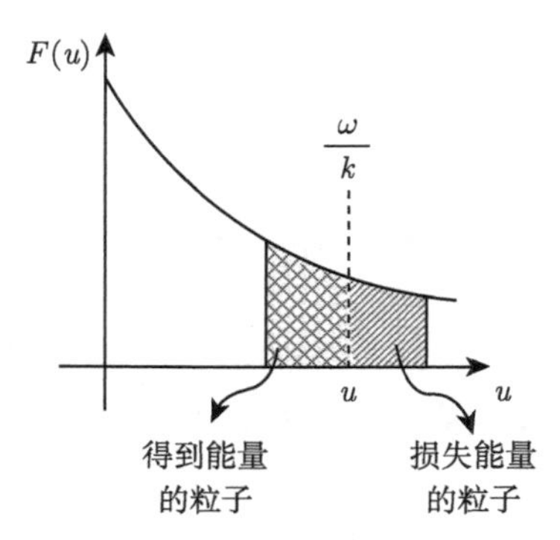

图 2.3　Landau 阻尼使波损失能量, 加速粒子

需要指出的是, 当 $u > \omega/k$ 时, 粒子损失能量, 波则因获得能量而增强, 这相

当于发射等离子体波, 这与切伦科夫辐射相似. 不同之处在于, 现在是超相速的粒子发射等离子体纵波, 不是电磁横波, 是一种广义的切伦科夫辐射.

等离子体中的电磁横波相速大于光速, 因此不可能与粒子共振, 也没有 Landau 阻尼.

4. 离子声波不稳定性

当 $T_e \gg T_i$ 时, 有离子声波 $v_s \approx (k_B T_e/m_i)^{1/2}$.

当 $T_e \lesssim T_i$ 时, 离子声波的相速度 ω/k 接近于离子热运动速度 $v_{T_i} \sim (k_B T_i/m_i)^{1/2}$. 从分布函数看, 有较多的粒子分布在 v_{T_i} 附近 (图 2.4), 波被共振离子强烈阻尼. 所以离子声波存在的条件是 $T_e \gg T_i$, 这时离子声波的相速度 $v_s = \omega/k$ 落在离子分布函数远端, 斜率很小, 由离子引起的阻尼可以忽略, 对电子分布函数而言, ω/k 落在较平坦的部分, 从而电子引起的阻尼也很小 (图 2.5(a)), 所以波可以稳定存在.

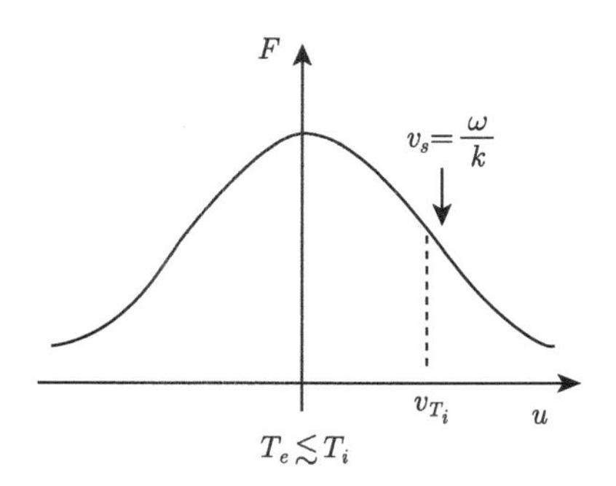

图 2.4 离子声波受到阻尼

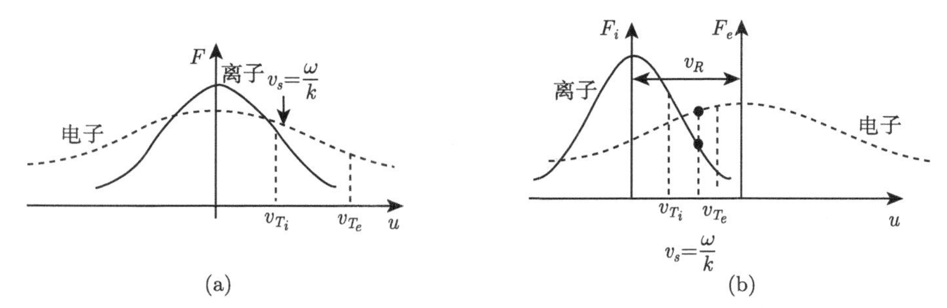

图 2.5 (a) 离子声波受到阻尼小, 波可以稳定存在; (b) 离子声波不稳定性与分布函数

如果由于某种原因使等离子体中的电子成分相对于离子成分有一个相对速度 v_R (图 2.5(b)), 当相对速度超过某个临界值时, 就变为不稳定. 由图可见, 相速度 ω/k 处在下列范围

$$\left(\frac{k_BT_i}{m_i}\right)^{\frac{1}{2}} \ll \frac{\omega}{k} \ll \left(\frac{k_BT_e}{m_e}\right)^{\frac{1}{2}}$$

的离子声波与之共振的离子数很少, 不引起明显的 Landau 阻尼, 但与之共振的电子数却比较多, 而且向波提供能量的电子数 $(u > \omega/k)$ 比吸收波能的电子数 $(u < \omega/k)$ 要多, 所以波增长, 即不稳定.

令增长率 $\gamma = 0$, 即可求出 v_R (相对速度) 的临界值

$$\gamma = -\left(\frac{\pi}{8}\right)^{\frac{1}{2}}\left(\frac{m_e}{m_i}\right)^{\frac{1}{2}} k\left[(v_s - v_R) + v_s\left(\frac{m_i}{m_e}\right)^{\frac{1}{2}}\left(\frac{T_e}{T_i}\right)^{\frac{3}{2}}\exp\left(-\frac{T_e}{2T_i}\right)\right]$$

v_s: 离子声速, $v_R > v_s$ 就是 $\gamma > 0$, 波增长即不稳定.

$\gamma = 0$, 求得相对速度 v_R 的下限

$$v_R = v_s\left[1 + \left(\frac{m_i}{m_e}\right)^{\frac{1}{2}}\left(\frac{T_e}{T_i}\right)^{\frac{3}{2}}\exp\left(-\frac{T_e}{2T_i}\right)\right]$$

5. 湍动等离子体

(i) 由不稳定性引起.

(ii) 等离子体中, 一种或几种模式的波在一个宽的频率和波数范围内被激发, 这种状态称为等离子体湍动.

激发态由湍动能源维持, 也即要维持湍动, 等离子体不稳定性要不断产生.

(iii) 能量按可能模式和频率重新分配, 按自由度均分. 这种波-粒相互作用相当于粒子的碰撞, 用带电粒子在不同能级间的跃迁来描述.

(iv) 波与粒子的相互作用会产生反常电阻、电磁波的辐射、粒子的加速等物理现象, 离子声波不稳定性产生离子声湍动, 与反常电阻率有很大的关系.

(v) 湍动状态的各种波称为等离激元 (plasmon), 引进谱激元数 $N_{\boldsymbol{k}}$ 和波的谱能量密度 $w_{\boldsymbol{k}}$,

$$w_{\boldsymbol{k}} = \frac{1}{(2\pi)^3}\hbar\omega(\boldsymbol{k})N_{\boldsymbol{k}}$$

$(2\pi)^{-3}$ 是归一化因子, 波能量密度 $W = \int w_{\boldsymbol{k}}\mathrm{d}\boldsymbol{k} = \int \hbar\omega(\boldsymbol{k})N_{\boldsymbol{k}}\mathrm{d}\boldsymbol{k}/(2\pi)^3$.

(vi) 用相关函数描写湍动场 (如速度场、电场、磁场等)

$$\boldsymbol{A}(\boldsymbol{r},t) = \langle\boldsymbol{A}(\boldsymbol{r},t)\rangle + \boldsymbol{A}^T(\boldsymbol{r},t)$$

$\langle\ \rangle$: 对场的随机位相的平均, $\boldsymbol{A}^T$: 场的随机部分. 因为湍动 $\langle\boldsymbol{A}^T(\boldsymbol{r},t)\rangle = 0$, 湍动场的强度定义为 $\langle A_i^T(\boldsymbol{r},t)A_j^T(\boldsymbol{r}',t')\rangle = A_{ij}$ (张量), 度量了不同时空点湍动脉动的相关程度.

(vii) 弱湍动与强湍动,

$$\eta = \frac{w}{nk_BT}$$

w: 单位体积湍动波能量, nk_BT: 热能. $\eta \ll 1$: 弱湍动, $\eta \sim 1$: 强湍动.

我们再回到湍动时的碰撞时间和电导率的讨论. 因为很多波, 即等离激元起着粒子作用, 所以碰撞时间要缩短, 电导率要减小. 如有低频离子声湍动时 (天体物理条件下与反常电阻关系密切), 反常碰撞时间

$$\tau^* \approx \omega_{pe}^{-1} \frac{nk_BT}{w}$$

w: 湍动能密度, ω_{pe}: 电子等离子体振荡频率.

反常电阻率:

$$\sigma^* = \frac{n_e e^2 \tau^*}{m_e}$$

对于弱湍动 $w \approx 0.01nk_BT$,

$$\tau^* \approx 1.8n_e^{-1/2}\ \text{s} \qquad (n_e\ \text{的单位为}\ \text{m}^{-3})$$

$$\sigma^* \approx 5.0 \times 10^{-8} n_e^{1/2}\ \text{S·m}^{-1}$$

不考虑湍动

$$\tau_{ei} = 0.266 \times 10^6 \frac{T^{3/2}}{n_e \ln \Lambda}$$

$$\sigma = 1.53 \times 10^{-2} \frac{T^{3/2}}{\ln \Lambda}$$

6. 湍动状态

湍动的产生, 起因于极大的电流密度和磁场的特征尺度小. 当电流大时, 电子相对于离子的漂移速度就大. 当漂移速度 u (即离子声波不稳定性中的电子相对于离子的相对速度 v_R) 大于声速 v_s (相速) 时, 就有切伦科夫辐射激发离子声湍动, 漂移速度 u 可用电流密度表示 $u = j/ne$. 用电子与离子声波的"碰撞"来代替电子与其他粒子的碰撞频率 $j = \sigma E = \varepsilon_0(\omega_{pe}^2/\nu_{\text{eff}})E$, ν_{eff}, 是电子-离子声波等效碰撞频率, 代入 $u = j/n_e e$ 可求出漂移速度 u. 当 $v_s < u < v_{T_e}$ 就发生离子声湍动的激发. 漂移速度 $u > v_{T_e}$, 即 $u > (k_BT_e/m_e)^{1/2}$ 引起 Buneman 不稳定性, 增长率很大 $\gamma \approx \dfrac{\sqrt{3}}{2}(m_e/2m_i)^{1/3}\omega_{ep}$. 激发湍动后, 湍动能迅速变成热能, 增大 v_{T_e}, 系统变为 $T_e \gg T_i$ 和 $u \leqslant v_{T_e}$ 的离子声湍动状态.

2.2　等离子体方程

2.2.1　质量守恒

由感应方程描述的磁场行为, 通过方程 (2.1-17) 中的速度项 $\nabla\times(\boldsymbol{v}\times\boldsymbol{B})$ 与等离子流体相联系, 等离子体运动则由连续性方程、运动方程和能量方程确定. 质量守恒方程:

$$\frac{\mathrm{D}\rho}{\mathrm{D}t}+\rho\nabla\cdot\boldsymbol{v}=0 \tag{2.2-1}$$

$$\text{或 } \frac{\partial\rho}{\partial t}+\nabla\cdot(\rho\boldsymbol{v})=0 \tag{2.2-2}$$

式中随体导数 $\mathrm{D}/\mathrm{D}t=\partial/\partial t+\boldsymbol{v}\cdot\nabla$. (2.2-2) 表示某点密度的增加 $\partial\rho/\partial t>0$, 是因为质量流入该点附近区域, $\nabla\cdot(\rho\boldsymbol{v})<0$.

$\cos(\boldsymbol{v}\cdot\boldsymbol{n})<0$ 为流入 ($\boldsymbol{n}$ 为界面的法向), 即 $\nabla\cdot(\rho\boldsymbol{v})<0$ 为流入.

2.2.2　运动方程

体积为 τ 的流体由界面 S 包围. 根据牛顿第二定律, τ 中流体动量变化率等于作用在该体积及其表面上所有力之和. 设 $\boldsymbol{a}$ 为由力的作用而产生的加速度, $\boldsymbol{p}_n$ 为作用在单位面积上的面力, $\boldsymbol{n}$ 为该单位面积的法向 (由于粘性作用, $\boldsymbol{p}_n$ 一般不垂直于作用面, 因此 $\boldsymbol{p}_n$ 在法向、切向分别有投影 $p_{nn}, p_{n\tau}$), $\boldsymbol{p}_n=\mathsf{P}\cdot\boldsymbol{n}$, P 为应力张量.

$$\frac{\mathrm{D}}{\mathrm{D}t}\int_\tau\rho\boldsymbol{v}\mathrm{d}\tau=\int_\tau\rho\boldsymbol{a}\mathrm{d}\tau+\int_S\boldsymbol{p}_n\mathrm{d}S$$

$$\frac{\mathrm{D}}{\mathrm{D}t}\int_\tau\rho\boldsymbol{v}\mathrm{d}\tau=\int_\tau\frac{\mathrm{D}}{\mathrm{D}t}(\rho\boldsymbol{v})\cdot\mathrm{d}\tau+\int_\tau\rho\boldsymbol{v}\frac{\mathrm{D}}{\mathrm{D}t}\mathrm{d}\tau$$

$$\nabla\cdot\boldsymbol{v}=\frac{1}{\mathrm{d}\tau}\frac{\mathrm{D}}{\mathrm{D}t}(\mathrm{d}\tau)$$

$$\begin{aligned}\frac{\mathrm{D}}{\mathrm{D}t}\int_\tau\rho\boldsymbol{v}\mathrm{d}\tau&=\int_\tau\left(\boldsymbol{v}\frac{\mathrm{D}\rho}{\mathrm{D}t}+\rho\frac{\mathrm{D}\boldsymbol{v}}{\mathrm{D}t}+\rho\boldsymbol{v}\nabla\cdot\boldsymbol{v}\right)\mathrm{d}\tau\\&=\int_\tau\left\{\left[\boldsymbol{v}\left(\frac{\partial\rho}{\partial t}+\boldsymbol{v}\cdot\nabla\rho+\rho\nabla\cdot\boldsymbol{v}\right)\right]+\rho\frac{\mathrm{D}\boldsymbol{v}}{\mathrm{D}t}\right\}\mathrm{d}\tau\\&=\int\rho\frac{\mathrm{D}\boldsymbol{v}}{\mathrm{D}t}\mathrm{d}\tau\\&=\int\rho\boldsymbol{a}\mathrm{d}\tau+\int\mathsf{P}\cdot\boldsymbol{n}\mathrm{d}S\end{aligned}$$

运动方程变成

$$\int \rho \frac{\mathrm{D}\boldsymbol{v}}{\mathrm{D}t}\mathrm{d}\tau = \int \rho \boldsymbol{a}\mathrm{d}\tau + \int \boldsymbol{\nabla}\cdot\mathsf{P}\mathrm{d}\tau$$

$$\therefore\ \rho\frac{\mathrm{D}\boldsymbol{v}}{\mathrm{D}t} = \boldsymbol{F} + \boldsymbol{\nabla}\cdot\mathsf{P},\quad \boldsymbol{F} = \rho\boldsymbol{a}$$

等离子体中, 在电中性条件下, 运动方程为

$$\rho\frac{\mathrm{D}\boldsymbol{v}}{\mathrm{D}t} = -\boldsymbol{\nabla}p + \boldsymbol{j}\times\boldsymbol{B} + \boldsymbol{F} \tag{2.2-3}$$

式中 p 为标量, $\boldsymbol{F} = \boldsymbol{F}_g + \boldsymbol{F}_v$, 引力和粘滞力之和.

$$\boldsymbol{F}_g = -\rho g(r)\hat{\boldsymbol{r}} \tag{2.2-4a}$$

$\hat{\boldsymbol{r}}$ 为单位矢量, 从太阳中心径向向外.

$$g(r) = \frac{GM(r)}{r^2} \tag{2.2-4b}$$

$M(r)$ 为 r 之内的太阳质量, G: 引力常数. 太阳表面 (光球表面), $r = R_\odot = 6.96\times10^8$ m, $M = M_\odot = 1.99\times10^{30}$ kg, $g_\odot = 274$ m·s^{-2}. 粘滞力

$$\boldsymbol{F}_v = \rho\nu'\left(\nabla^2\boldsymbol{v} + \frac{1}{3}\boldsymbol{\nabla}(\boldsymbol{\nabla}\cdot\boldsymbol{v})\right) \tag{2.2-5}$$

为理解粘滞力公式 (2.2-5), 我们回顾一下流体力学的相关部分 (吴望一, 1982).

1. *流体速度分解*

(1) 将流体速度 $\boldsymbol{v}$ 在 M_0 点邻域内展开成 Taylor 级数, 略去二阶及以上小量

$$\boldsymbol{v} = \boldsymbol{v}_0 + \frac{\partial\boldsymbol{v}}{\partial x}\delta x + \frac{\partial\boldsymbol{v}}{\partial y}\delta y + \frac{\partial\boldsymbol{v}}{\partial z}\delta z$$

或写成

$$v_i = v_{0i} + \frac{\partial v_i}{\partial x_j}\delta x_j$$

v_i, v_{0i}, δx_j 为矢量, $\partial v_i/\partial x_j$ 为二阶张量.

(2) 任一二阶张量可分解为反对称张量 A 和对称张量 S 之和

$$\frac{\partial v_i}{\partial x_j} = \frac{1}{2}\left(\frac{\partial v_i}{\partial x_j} - \frac{\partial v_j}{\partial x_i}\right) + \frac{1}{2}\left(\frac{\partial v_i}{\partial x_j} + \frac{\partial v_j}{\partial x_i}\right)$$

$$
\begin{aligned}
&= a_{ij} + s_{ij} \\
&= A + S
\end{aligned}
$$

反对称张量 $a_{ij} = -a_{ji}$; 对称张量 $s_{ij} = s_{ji}$. 记 $\boldsymbol{v} = (u, v, w)$.

$$
s_{ij} = \begin{pmatrix}
\dfrac{\partial u}{\partial x} & \dfrac{1}{2}\left(\dfrac{\partial v}{\partial x} + \dfrac{\partial u}{\partial y}\right) & \dfrac{1}{2}\left(\dfrac{\partial u}{\partial z} + \dfrac{\partial w}{\partial x}\right) \\
\dfrac{1}{2}\left(\dfrac{\partial v}{\partial x} + \dfrac{\partial u}{\partial y}\right) & \dfrac{\partial v}{\partial y} & \dfrac{1}{2}\left(\dfrac{\partial w}{\partial y} + \dfrac{\partial v}{\partial z}\right) \\
\dfrac{1}{2}\left(\dfrac{\partial u}{\partial z} + \dfrac{\partial w}{\partial x}\right) & \dfrac{1}{2}\left(\dfrac{\partial w}{\partial y} + \dfrac{\partial v}{\partial z}\right) & \dfrac{\partial w}{\partial z}
\end{pmatrix}
$$

$$
a_{ij} = \begin{pmatrix}
0 & \omega_3 & -\omega_2 \\
-\omega_3 & 0 & \omega_1 \\
\omega_2 & -\omega_1 & 0
\end{pmatrix}
$$

$$
\omega_1 = \frac{1}{2}\left(\frac{\partial w}{\partial y} - \frac{\partial v}{\partial z}\right); \quad \omega_2 = \frac{1}{2}\left(\frac{\partial u}{\partial z} - \frac{\partial w}{\partial x}\right); \quad \omega_3 = \frac{1}{2}\left(\frac{\partial v}{\partial x} - \frac{\partial u}{\partial y}\right)
$$

反对称张量三个分量构成一个矢量, 即 $\boldsymbol{\omega} = \dfrac{1}{2}\boldsymbol{\nabla} \times \boldsymbol{v}$.

2. 本构方程——应力张量和变形速度张量之间的关系

假设: (1) 运动流体的应力张量在运动停止后, 应趋于静止流体的应力张量, 应力张量 $\mathbf{P}$ 可写成各向同性部分 $-p\mathbf{I}$ (负号是因为压强作用与面的法线方向相反) 和各向异性部分之和, $\mathbf{I}$ 为单位张量.

$$
\mathbf{P} = -p\mathbf{I} + \mathbf{P}' \qquad \text{或} \qquad p_{ij} = -p\delta_{ij} + \tau_{ij}
$$

$$
\begin{pmatrix}
p_{xx} & p_{yx} & p_{zx} \\
p_{xy} & p_{yy} & p_{zy} \\
p_{xz} & p_{yz} & p_{zz}
\end{pmatrix} = \begin{pmatrix}
-p & 0 & 0 \\
0 & -p & 0 \\
0 & 0 & -p
\end{pmatrix} + \begin{pmatrix}
\tau_{xx} & \tau_{yx} & \tau_{zx} \\
\tau_{xy} & \tau_{yy} & \tau_{zy} \\
\tau_{xz} & \tau_{yz} & \tau_{zz}
\end{pmatrix}
$$

(2) 偏应力张量 τ_{ij} 的分量是局部速度梯度张量 $\partial u_i/\partial x_j$ 分量的线性齐次函数, 当速度在空间均匀分布时, 偏应力张量为零.

(3) 流体各向同性, 即流体所有性质 (如粘性、热传导等), 在每点的各个方向上相同, 流体的性质不依赖方向或坐标系转换.

根据假设 (2), 有

$$
\tau_{ij} = c_{ijkl}\frac{\partial u_k}{\partial x_l}
$$

c_{ijkl} 表征流体粘性的常数, 共 $3^4 = 81$ 个. 当流体各向同性时, 降至 2 个, $\partial u_k/\partial x_l$ 可写成变形速度对称与反对称张量之和

$$\frac{\partial u_k}{\partial x_l} = s_{kl} - \varepsilon_{klm}\omega_m$$

置换张量:

$$\varepsilon_{klm} = \begin{cases} 1, & klm \text{ 以 } 1, 2, 3 \text{ 的顺序置换} \\ -1, & \text{不以 } 1, 2, 3 \text{ 的顺序置换} \\ 0, & \text{任何两个下标相同} \end{cases}$$

$$\tau_{ij} = c_{ijkl}s_{kl} - c_{ijkl}\varepsilon_{klm}\omega_m \tag{2.2-6}$$

根据假定 (3), c_{ijkl} 是各向同性张量, 且对指标 ij 对称 (因为 τ_{ij} 是对称张量), 有性质

$$c_{ijkl} = \lambda\delta_{ij}\delta_{kl} + \mu'(\delta_{ik}\delta_{jl} + \delta_{il}\delta_{jk})$$

现在独立常数只有 λ, μ' 两个. 容易证明 c_{ijkl} 对 k, l 也对称

$$c_{ijkl} = c_{ijlk}, \quad s_{kl} = s_{lk}, \quad \text{而} \ -\varepsilon_{klm} = \varepsilon_{lkm}$$

变换 k, l 指标,

$$\tau_{ij} = c_{ijlk}s_{lk} - c_{ijlk}\varepsilon_{lkm}\omega_m = c_{ijkl}s_{kl} + c_{ijkl}\varepsilon_{klm}\omega_m \tag{2.2-7}$$

(已利用了上一行的关系式). 比较 (2.2-6)、(2.2-7) 式, 可见 (2.2-6) 右边第二项为零, 即证明了偏应力与旋转无关, 只和变形有关.

$$\begin{aligned} \tau_{ij} &= \lambda\delta_{ij}\delta_{kl}s_{kl} + \mu'(\delta_{ik}\delta_{jl} + \delta_{il}\delta_{jk})s_{kl} \\ &= \lambda s_{kk}\delta_{ij} + 2\mu' s_{ij} \\ p_{ij} &= (-p + \lambda s_{kk})\delta_{ij} + 2\mu' s_{ij} \end{aligned}$$

引进 $\mu'' = \lambda + \dfrac{2}{3}\mu'$,

$$p_{ij} = -p\delta_{ij} + 2\mu'\left(s_{ij} - \frac{1}{3}s_{kk}\delta_{ij}\right) + \mu'' s_{kk}\delta_{ij}$$

除了高温或高频声波等极端情况, 对于一般的气体运动, $\mu'' = 0$. 当 μ'' 是气体膨胀压缩时, 会引起内耗, μ'' 量度内耗大小. μ' 是流体抗拒变形的内摩擦的量度.

$$p_{ij} = -p\delta_{ij} + 2\mu'\left(s_{ij} - \frac{1}{3}s_{kk}\delta_{ij}\right)$$

$$s_{ij} = \frac{1}{2}\left(\frac{\partial v_i}{\partial x_j} + \frac{\partial v_j}{\partial x_i}\right), \quad s_{kk} = \frac{1}{2}\left(\frac{\partial v_k}{\partial x_k} + \frac{\partial v_k}{\partial x_k}\right)$$

$$p_{ij} = -p\delta_{ij} + \mu'\left(\frac{\partial v_i}{\partial x_j} + \frac{\partial v_j}{\partial x_i} - \frac{2}{3}\frac{\partial v_k}{\partial x_k}\delta_{ij}\right)$$

$$\begin{aligned}\nabla \cdot \mathsf{P} = \frac{\partial p_{ij}}{\partial x_j} &= -\frac{\partial p}{\partial x_j}\delta_{ij} + \mu'\left[\frac{\partial^2 v_i}{\partial x_j^2} + \frac{\partial}{\partial x_j}\frac{\partial v_j}{\partial x_i} - \frac{2}{3}\frac{\partial}{\partial x_j}\left(\frac{\partial v_k}{\partial x_k}\delta_{ij}\right)\right] \\ &= -\frac{\partial p}{\partial x_i} + \mu'\left[\nabla^2 \boldsymbol{v} + \frac{\partial}{\partial x_i}\left(\frac{\partial v_j}{\partial x_j} - \frac{2}{3}\frac{\partial v_k}{\partial x_k}\right)\right] \\ &= -\frac{\partial p}{\partial x_i} + \mu'\left[\nabla^2 \boldsymbol{v} + \frac{1}{3}\boldsymbol{\nabla}(\boldsymbol{\nabla} \cdot \boldsymbol{v})\right]\end{aligned}$$

$$\therefore \quad \boldsymbol{\nabla} \cdot \mathsf{P} = -\boldsymbol{\nabla} p + \rho\nu'\left[\nabla^2 \boldsymbol{v} + \frac{1}{3}\boldsymbol{\nabla}(\boldsymbol{\nabla} \cdot \boldsymbol{v})\right] \tag{2.2-8}$$

运动学粘性系数 $\nu' = \mu'/\rho$, μ' 为动力学粘性系数.

各向同性的压强梯度引起的力为 $-\boldsymbol{\nabla} p$.

粘性力则为 $\rho\nu'\left[\nabla^2 \boldsymbol{v} + \frac{1}{3}\boldsymbol{\nabla}(\boldsymbol{\nabla} \cdot \boldsymbol{v})\right]$.

对于不可压缩流体

$$\boldsymbol{F}_v = \rho\nu'\nabla^2 \boldsymbol{v} \tag{2.2-9}$$

对于完全电离的氢原子等离子体, Spitzer (1962) 给出 $\rho\nu' = 2.21\times10^{-16}T^{5/2}/\ln\Lambda\ \mathrm{kg\cdot m^{-1}\cdot s^{-1}}$.

相对于惯性系以瞬时角速度 $\boldsymbol{\Omega}$ 转动的转动参考系, 离转轴 $\boldsymbol{r}$ 处, (2.2-3) 式修正为

$$\rho\left(\frac{\mathrm{D}\boldsymbol{v}}{\mathrm{D}t} + 2\boldsymbol{\Omega} \times \boldsymbol{v}\right) = -\boldsymbol{\nabla} p + \boldsymbol{j} \times \boldsymbol{B} + \boldsymbol{F} + \rho\boldsymbol{r} \times \frac{\mathrm{D}\boldsymbol{\Omega}}{\mathrm{D}t} + \frac{1}{2}\rho\boldsymbol{\nabla}|\boldsymbol{\Omega} \times \boldsymbol{r}|^2 \tag{2.2-10}$$

上式的推导是根据理论力学, 绝对速度 $\boldsymbol{v}_a$ 和相对速度 $\boldsymbol{v}$ 之间的关系为 $\boldsymbol{v}_a = \boldsymbol{v}_e + \boldsymbol{v}$, 其中 $\boldsymbol{v}_e$ 是牵引速度, $\boldsymbol{v}_e = \boldsymbol{v}_0 + \boldsymbol{\Omega} \times \boldsymbol{r}$. $\boldsymbol{v}_0$ 是运动系相对于惯性系的速度, $\boldsymbol{\Omega}$ 为运动系绕自身轴的转动角速度. 绝对加速度和相对加速度之间的关系为

$$\boldsymbol{a}_a = \boldsymbol{a}_e + \boldsymbol{a} + \boldsymbol{a}_c$$

$\boldsymbol{a}_a$ 为绝对加速度, $\boldsymbol{a}_e = \boldsymbol{a}_0 + \mathrm{D}\boldsymbol{\Omega}/\mathrm{D}t \times \boldsymbol{r} + \boldsymbol{\Omega} \times (\boldsymbol{\Omega} \times \boldsymbol{r})$ 是牵引加速度, 其中 $\boldsymbol{a}_0$ 是运动坐标系的原点在静止坐标系中的加速度; $\boldsymbol{a}_c = 2\boldsymbol{\Omega} \times \boldsymbol{r}$ 称为 Coriolis 加速度; $\boldsymbol{a}$ 是相对加速度.

设质点 ρ 受到的合外力为 $\boldsymbol{F}' = -\nabla p + \boldsymbol{j}\times\boldsymbol{B} + \boldsymbol{F}$, 则

$$\boldsymbol{F}' = \rho\boldsymbol{a}_a$$

$$\begin{aligned}\rho\boldsymbol{a} &= \boldsymbol{F}' - \rho\boldsymbol{a}_e - \rho\boldsymbol{a}_c \\ &= -\nabla p + \boldsymbol{j}\times\boldsymbol{B} + \boldsymbol{F} + \rho\boldsymbol{r} \\ &\quad \times \frac{\mathrm{D}\boldsymbol{\Omega}}{\mathrm{D}t} + \rho(\boldsymbol{\Omega}\times\boldsymbol{r})\times\boldsymbol{\Omega} - 2\rho\boldsymbol{\Omega}\times\boldsymbol{v} \quad (\text{已设 } \boldsymbol{v}_0 = \boldsymbol{a}_0 = 0)\end{aligned}$$

$$\rho\boldsymbol{a} = \rho\frac{\mathrm{D}\boldsymbol{v}}{\mathrm{D}t} \quad (\boldsymbol{a}, \boldsymbol{v} \text{ 均为运动系内流体的物理量})$$

$$\rho\left(\frac{\mathrm{D}\boldsymbol{v}}{\mathrm{D}t} + 2\boldsymbol{\Omega}\times\boldsymbol{v}\right) = -\nabla p + \boldsymbol{j}\times\boldsymbol{B} + \boldsymbol{F} + \rho\boldsymbol{r}\times\frac{\mathrm{D}\boldsymbol{\Omega}}{\mathrm{D}t} + \rho(\boldsymbol{\Omega}\times\boldsymbol{r})\times\boldsymbol{\Omega}$$

设 $\boldsymbol{\Omega}\perp\boldsymbol{r}$ 且 $\boldsymbol{\Omega}$ 与坐标无关, 则 $(\boldsymbol{\Omega}\times\boldsymbol{r})\times\boldsymbol{\Omega} = \Omega^2\boldsymbol{r} - \boldsymbol{\Omega}(\boldsymbol{\Omega}\cdot\boldsymbol{r}) = \Omega^2\boldsymbol{r} = \frac{1}{2}\nabla|\boldsymbol{\Omega}\times\boldsymbol{r}|^2$,

$$\rho\left(\frac{\mathrm{D}\boldsymbol{v}}{\mathrm{D}t} + 2\boldsymbol{\Omega}\times\boldsymbol{v}\right) = -\nabla p + \boldsymbol{j}\times\boldsymbol{B} + \boldsymbol{F} + \rho\boldsymbol{r}\times\frac{\mathrm{D}\boldsymbol{\Omega}}{\mathrm{D}t} + \frac{1}{2}\rho\nabla|\boldsymbol{\Omega}\times\boldsymbol{r}|^2 \quad (2.2\text{-}10)$$

相对速度 $\boldsymbol{v}$ 为流体质点速度, 在转动坐标系内, 显然有 $\boldsymbol{\omega} = \nabla\times\boldsymbol{v}$ (涡量).

当 $\boldsymbol{\Omega}$ 和 ρ 为常数时, (2.2-10) 两边取旋度, 左边第一项:

$$\rho\frac{\mathrm{D}\boldsymbol{v}}{\mathrm{D}t} = \rho\left(\frac{\partial\boldsymbol{v}}{\partial t} + \nabla\frac{v^2}{2} + \boldsymbol{\omega}\times\boldsymbol{v}\right)$$

取旋度后成为

$$\rho\left(\frac{\partial\boldsymbol{\omega}}{\partial t} + \nabla\times(\boldsymbol{\omega}\times\boldsymbol{v})\right) = \rho\left(\frac{\mathrm{D}\boldsymbol{\omega}}{\mathrm{D}t} - (\boldsymbol{\omega}\cdot\nabla)\boldsymbol{v} + \boldsymbol{\omega}\nabla\cdot\boldsymbol{v}\right)$$

已考虑到 $\nabla\cdot\boldsymbol{\omega} = 0$.

(2.2-10) 式左边第二项:

$$\begin{aligned}\nabla\times(2\boldsymbol{\Omega}\times\boldsymbol{v}) &= 2\boldsymbol{\Omega}\nabla\cdot\boldsymbol{v} - 2\boldsymbol{v}\nabla\cdot\boldsymbol{\Omega} + (\boldsymbol{v}\cdot\nabla)2\boldsymbol{\Omega} - 2(\boldsymbol{\Omega}\cdot\nabla)\boldsymbol{v} \\ &= -2(\boldsymbol{\Omega}\cdot\nabla)\boldsymbol{v}\end{aligned}$$

$2\boldsymbol{v}\nabla\cdot\boldsymbol{\Omega} = 0$, $(\boldsymbol{v}\cdot\nabla)2\boldsymbol{\Omega} = 0$, $\boldsymbol{\Omega}$ 为常向量. 对于不可压缩流体 $\nabla\cdot\boldsymbol{v} = 0$.

(2.2-10) 式变为

$$\rho\frac{\mathrm{D}\boldsymbol{\omega}}{\mathrm{D}t} = \rho[(\boldsymbol{\omega} + 2\boldsymbol{\Omega})\cdot\nabla\boldsymbol{v}] + \nabla\times(\boldsymbol{j}\times\boldsymbol{B}) + \nabla\times\boldsymbol{F} \quad (2.2\text{-}11\text{a})$$

也可写成另一种形式. 利用公式

$$\nabla\times(\boldsymbol{v}\times\boldsymbol{\omega})=\boldsymbol{v}\nabla\cdot\boldsymbol{\omega}-\boldsymbol{\omega}\nabla\cdot\boldsymbol{v}+(\boldsymbol{\omega}\cdot\nabla)\boldsymbol{v}-(\boldsymbol{v}\cdot\nabla)\boldsymbol{\omega}$$

$$=(\boldsymbol{\omega}\cdot\nabla)\boldsymbol{v}-(\boldsymbol{v}\cdot\nabla)\boldsymbol{\omega}$$

$$\frac{\mathrm{D}\boldsymbol{\omega}}{\mathrm{D}t}=\frac{\partial\boldsymbol{\omega}}{\partial t}+(\boldsymbol{v}\cdot\nabla)\boldsymbol{\omega}$$

代入 (2.2-11a), 并将其中的 $\boldsymbol{\omega}\cdot\nabla\boldsymbol{v}$ 项用 $\nabla\times(\boldsymbol{v}\times\boldsymbol{\omega})+(\boldsymbol{v}\cdot\nabla)\boldsymbol{\omega}$ 表示, 移至左边

$$\rho\frac{\partial\boldsymbol{\omega}}{\partial t}-\rho\nabla\times(\boldsymbol{v}\times\boldsymbol{\omega})=2\rho(\boldsymbol{\Omega}\cdot\nabla)\boldsymbol{v}+(\boldsymbol{B}\cdot\nabla)\boldsymbol{j}-(\boldsymbol{j}\cdot\nabla)\boldsymbol{B}+\nabla\times\boldsymbol{F} \quad (2.2\text{-}11\text{b})$$

$$(\nabla\cdot\boldsymbol{j}=0)$$

2.2.3 完全气体定律

完全遵守玻意耳定律和焦耳定律 (内能只是温度的函数) 的气体称为完全气体.

$$pV_0=RT \quad (2.2\text{-}12)$$

对于一摩尔的气体正确, V_0 为摩尔体积, 量纲为 L^3/M. 对于 m 克气体则化为摩尔数 m/μ, μ 为气体分子量. $pV_0=RT\Rightarrow pV=(m/\mu)RT$. R 是气体常数 [焦/(摩尔 · 开)].

引入 Boltzmann 常数, $k_B=R/N$, N 是阿伏伽德罗常量, 可以得到完全气体定律 (perfect gas law)

$$p=nk_BT \quad (2.2\text{-}13)$$

全部电离 H 等离子体, 有两种粒子: 质子、电子 (设电中性成立). $\tilde{\mu}$ 为平均原子量, $\tilde{\mu}=\dfrac{1}{2}(m_p+m_e)/m_p\approx\dfrac{1}{2}$ (原子量无量纲). $n=n_p+n_e=2n_e$, $\rho=n_pm_p+n_em_e\approx n_em_p$. 太阳大气中还有其他元素, 所以 $\tilde{\mu}=\dfrac{1}{N}(m_p+m_e+\cdots+m_N)/m_p\approx0.6$. $n\approx1.9n_e$. 光球及其近旁 (H, He 没有完全电离), 太阳核心 (组分不同) 不能用上述公式表达.

2.3 能 量 方 程

2.3.1 能量方程的不同形式

(1) 基本方程——热量方程

$$\rho T\frac{\mathrm{D}S}{\mathrm{D}t}=-\mathscr{L} \quad (2.3\text{-}1\text{a})$$

$\mathscr{L}$: 能量损失函数, 是热吸收和热释放总效果的净值.

S: 熵 $\mathrm{d}S = Q/T$ 热量转变为功的本领. (2.3-1a) 中的 S 为单位质量的熵. Q: 微小的可逆过程中从外界吸收的热量. T: 体系温度 (等于周围温度).

其他形式:

(2)

$$\rho\left[\frac{\mathrm{D}e}{\mathrm{D}t}+p\frac{\mathrm{D}}{\mathrm{D}t}\left(\frac{1}{\rho}\right)\right]=-\mathscr{L} \tag{2.3-1b}$$

或

(3)

$$\rho\frac{\mathrm{D}e}{\mathrm{D}t}-\frac{p}{\rho}\frac{\mathrm{D}\rho}{\mathrm{D}t}=-\mathscr{L} \tag{2.3-1c}$$

e: 单位质量的内能. 传给单位质量流体的总热量 $\delta Q = T\mathrm{d}S = \mathrm{d}e + p\mathrm{d}V$, 注意 $V = 1/\rho$, 代入 (2.3-1a)

$$\begin{aligned}\rho T\frac{\mathrm{D}S}{\mathrm{D}t}&=\rho\left(\frac{\mathrm{D}e}{\mathrm{D}t}+p\frac{\mathrm{D}V}{\mathrm{D}t}\right)=\rho\left[\frac{\mathrm{D}e}{\mathrm{D}t}+p\frac{\mathrm{D}}{\mathrm{D}t}\left(\frac{1}{\rho}\right)\right]\\&=\rho\frac{\mathrm{D}e}{\mathrm{D}t}-\frac{p}{\rho}\frac{\mathrm{D}\rho}{\mathrm{D}t}=-\mathscr{L}\end{aligned}$$

下面罗列一些简单的关系式, 推导不同形式的能量方程会用到.

(4)

$$\frac{\rho^{\gamma}}{\gamma-1}\frac{\mathrm{D}}{\mathrm{D}t}\left(\frac{p}{\rho^{\gamma}}\right)=-\mathscr{L} \tag{2.3-1d}$$

将单位质量的内能 $e=(\gamma-1)^{-1}p/\rho$ 代入 (2.3-1c)

$$\begin{aligned}\rho\frac{\mathrm{D}e}{\mathrm{D}t}-\frac{p}{\rho}\frac{\mathrm{D}\rho}{\mathrm{D}t}&=\rho\frac{\mathrm{D}}{\mathrm{D}t}\left[\frac{p}{(\gamma-1)\rho}\right]-\frac{p}{\rho}\frac{\mathrm{D}\rho}{\mathrm{D}t}\\&=\frac{1}{\gamma-1}\frac{\mathrm{D}p}{\mathrm{D}t}-\frac{\gamma p}{(\gamma-1)\rho}\frac{\mathrm{D}\rho}{\mathrm{D}t}\\&=\frac{\rho^{\gamma}}{\gamma-1}\frac{\mathrm{D}}{\mathrm{D}t}\left(\frac{p}{\rho^{\gamma}}\right)=-\mathscr{L}\end{aligned}$$

(5)

$$\rho c_V T\frac{\mathrm{D}}{\mathrm{D}t}\ln\frac{p}{\rho^{\gamma}}=-\mathscr{L} \tag{2.3-1e}$$

将 $c_V T = e = p/[(\gamma-1)\rho]$ 代入上式

$$\rho\frac{p}{(\gamma-1)\rho}\cdot\frac{\rho^\gamma}{p}\frac{\mathrm{D}}{\mathrm{D}t}\left(\frac{p}{\rho^\gamma}\right)=\frac{\rho^\gamma}{\gamma-1}\frac{\mathrm{D}}{\mathrm{D}t}\left(\frac{p}{\rho^\gamma}\right)=-\mathscr{L}=(2.3\text{-}1\mathrm{d})$$

(6)

$$\frac{\mathrm{D}p}{\mathrm{D}t}-\frac{\gamma p}{\rho}\frac{\mathrm{D}\rho}{\mathrm{D}t}=-(\gamma-1)\mathscr{L} \tag{2.3-1f}$$

由 (2.3-1d)

$$\rho^\gamma\frac{\mathrm{D}}{\mathrm{D}t}\left(\frac{p}{\rho^\gamma}\right)=-(\gamma-1)\mathscr{L}$$

左边 $=\rho^\gamma\left(\frac{1}{\rho^\gamma}\frac{\mathrm{D}p}{\mathrm{D}t}-\frac{\gamma p}{\rho^{\gamma+1}}\frac{\mathrm{D}\rho}{\mathrm{D}t}\right)=\frac{\mathrm{D}p}{\mathrm{D}t}-\frac{\gamma p}{\rho}\frac{\mathrm{D}p}{\mathrm{D}t}$, 此即 (2.3-1f) 的左边.

(7)

$$\rho\frac{\mathrm{D}}{\mathrm{D}t}(c_pT)-\frac{\mathrm{D}p}{\mathrm{D}t}=-\mathscr{L} \tag{2.3-1g}$$

$$c_pT=c_VT+\frac{k_B}{m}T=e+\frac{p}{\rho}$$

$$\rho\frac{\mathrm{D}}{\mathrm{D}t}\left(e+\frac{p}{\rho}\right)-\frac{\mathrm{D}p}{\mathrm{D}t}=\rho\frac{\mathrm{D}e}{\mathrm{D}t}-\frac{p}{\rho}\frac{\mathrm{D}\rho}{\mathrm{D}t}=-\mathscr{L}\quad(\text{利用 (2.3-1c) 式})$$

(8)

$$\rho\frac{\mathrm{D}e}{\mathrm{D}t}+p\boldsymbol{\nabla}\cdot\boldsymbol{v}=-\mathscr{L} \tag{2.3-1h}$$

连续性方程 (2.2-1) $\mathrm{D}\rho/\mathrm{D}t=-\rho\boldsymbol{\nabla}\cdot\boldsymbol{v}$ 代入 (2.3-1c) 即为 (2.3-1h).

(9) 压强保持为常数时

$$\rho c_p\frac{\mathrm{D}T}{\mathrm{D}t}=-\mathscr{L} \tag{2.3-2}$$

$e=c_VT=c_pT-RT$ 代入 (2.3-1c)

$$\begin{aligned}\rho\frac{\mathrm{D}e}{\mathrm{D}t}-\frac{p}{\rho}\frac{\mathrm{D}\rho}{\mathrm{D}t}&=\rho\frac{\mathrm{D}}{\mathrm{D}t}(c_pT-RT)-RT\frac{\mathrm{D}\rho}{\mathrm{D}t}\\&=\rho c_p\frac{\mathrm{D}T}{\mathrm{D}t}-\rho R\frac{\mathrm{D}T}{\mathrm{D}t}-RT\frac{\mathrm{D}\rho}{\mathrm{D}t}\\&=\rho c_p\frac{\mathrm{D}T}{\mathrm{D}t}-R\frac{\mathrm{D}}{\mathrm{D}t}(T\rho)\end{aligned}$$

将 $p=\rho RT$, $T\rho=p/R$ 代入上式

$$\rho c_p\frac{\mathrm{D}T}{\mathrm{D}t}-\frac{\mathrm{D}p}{\mathrm{D}t}=-\mathscr{L}$$

p 保持不变, 所以 $\rho c_p(\mathrm{D}T/\mathrm{D}t) = -\mathscr{L}$.

当等离子体处于绝热状态, 即没有热交换 ($\mathscr{L} = 0$) 时, 则状态的变化称为绝热过程. 由 (2.3-1d) 可得 $p/\rho^\gamma = \mathrm{const}$. 绝热常常指的是通过边界的热流量为零. 对于理想流体, 表示熵也不变.

由 (2.3-1a) = (2.3-1e), 可推得

$$\rho T \frac{\mathrm{D}S}{\mathrm{D}t} = \rho c_V T \frac{\mathrm{D}}{\mathrm{D}t} \ln \frac{p}{\rho^\gamma}$$

$$S = c_V \ln \frac{p}{\rho^\gamma} + \mathrm{const} \quad (c_V \text{ 设为常数})$$

当 p, ρ, T 变化的时标比辐射、传导和加热的时标小得多时, $\mathscr{L}$ 可以忽略. 对于快变过程, 如波动或不稳定性, 上述条件常能成立. (2.3-1d) 式的推导过程中, 利用了 $e = p/[(\gamma-1)\rho]$, 包含了完全气体的条件, 所以能量方程 $p\rho^{-\gamma} = \mathrm{const}$, 意味着理想、绝热, 所以是等熵.

2.3.2 热传导

依次考虑能耗函数 $\mathscr{L}$ 的各项. 能耗函数写成能量损失率减去能量增加率

$$\mathscr{L} = \nabla \cdot \boldsymbol{q} + L_r - j^2/\sigma - H \tag{2.3-3}$$

$\boldsymbol{q}$: 热流矢量, 起因于粒子的传导.

L_r: 净辐射.

j^2/σ: 欧姆损耗.

H: 其他加热源的总和 (能量增加部分有负号).

热流矢量可以写成

$$\boldsymbol{q} = -\boldsymbol{\kappa} \cdot \nabla T \tag{2.3-4}$$

$\boldsymbol{\kappa}$ 是热传导张量. 有磁场的情况下, 简单起见, 热导率分解成沿磁场方向的 $\kappa_\parallel$ 和垂直磁场的 $\kappa_\perp$, $\kappa_\parallel$ 和 $\kappa_\perp$ 为标量.

$$\nabla \cdot \boldsymbol{q} = -\nabla_\parallel \cdot (\kappa_\parallel \nabla_\parallel T) - \nabla_\perp \cdot (\kappa_\perp \nabla_\perp T)$$

沿着磁场方向的热传导, 从微观上来讲, 主要依靠电子, 对于完全电离的 H 等离子体, Spitzer (1962) 给出

$$\kappa_\parallel = \kappa_0 T^{5/2} = 1.8 \times 10^{-10} \frac{T^{5/2}}{\ln \Lambda} \ \mathrm{W \cdot m^{-1} \cdot K^{-1}}$$

因为库仑对数中的 $\Lambda = \overline{(\lambda_D/r_0)}$, Debye 半径 λ_D 显然与带电粒子密度与粒子温度有关.

典型的热导率值 ($\kappa_{\|}$):

光球	$4 \times 10^{-11} T^{5/2}$
色球	$10^{-11} T^{5/2}$
日冕	$9 \times 10^{-12} T^{5/2}$

横越磁场的导热主要依靠质子, 对于完全电离的 H 等离子体, $\kappa_{\perp}$ 依赖于

$$\Omega_i \tau_{ii} = 1.63 \times 10^{15} \frac{BT^{3/2}}{\ln \Lambda \cdot n}$$

Ω_i: 离子回旋频率; τ_{ii}: 离子-离子碰撞时间. τ_{ii} 等于 $(m_i/m_e)^{1/2}\tau_{ei}$, 现在我们求 τ_{ii}, 从物理上得到一个完整的了解.

等离子体物理中, 非平衡态向平衡态过渡的过程叫做弛豫过程, 弛豫过程的特征时间叫做弛豫时间.

假定等离子体中, 除了一个试探粒子外, 其余粒子达到热平衡, 形成 Maxwell 分布, 通过试探粒子与这些达到 Maxwell 分布的场粒子相互作用求出弛豫时间.

我们知道大角度偏转主要是由多次远碰撞 (小角度碰撞) 积累而成. 我们可以求出一个试探粒子为积累 90° 偏转角, 需要在等离子体内走过的 "有效自由程".

用二体库仑碰撞的详细计算, 可求得 $\tan(\theta/2) = b_0/b$ (碰撞参数 b 与偏转角之间的关系), θ 是试探粒子轨道两渐近线之间的夹角, b 为碰撞参数 (瞄准距离), b_0 为偏转 90° 时的碰撞参数, 由于偏转角小, 所以 $\tan(\theta/2) = b_0/b \approx \Delta\theta/2$. 一个粒子与多个粒子相互作用时, 多体碰撞可近似看作一系列二体碰撞的线性叠加. 由于一个试探粒子每次偏转的大小和方向是无规的, 因此系综平均后

$$\begin{aligned}\langle\theta\rangle &= \langle\Delta\theta_1 + \Delta\theta_2 + \cdots + \Delta\theta_N\rangle \\ &= \langle\Delta\theta_1\rangle + \langle\Delta\theta_2\rangle + \cdots + \langle\Delta\theta_N\rangle \\ &= 0\end{aligned}$$

理由是每次偏转的平均 $\langle\Delta\theta_i\rangle = 0$, 但是均方偏转 $\langle\theta^2\rangle$ 不为零. 因为

$$\begin{aligned}\theta^2 &= (\Delta\theta_1 + \Delta\theta_2 + \cdots + \Delta\theta_N)(\Delta\theta_1 + \Delta\theta_2 + \cdots + \Delta\theta_N) \\ &= \sum_{i=1}^{N}(\Delta\theta_i)^2 + \sum_{i\neq j}\Delta\theta_i\Delta\theta_j\end{aligned}$$

系综平均

$$\langle\theta^2\rangle = \sum_{i=1}^{N}\langle(\Delta\theta_i)^2\rangle + \sum_{i\neq j}\langle\Delta\theta_i\Delta\theta_j\rangle = N\langle(\Delta\theta)^2\rangle$$

$$\because \langle(\Delta\theta_1)^2\rangle = \langle(\Delta\theta_2)^2\rangle = \cdots = \langle(\Delta\theta_N)^2\rangle = \langle(\Delta\theta)^2\rangle$$

$$\sum_{i\neq j}\langle\Delta\theta_i\Delta\theta_j\rangle = \sum_{i\neq j}\langle\Delta\theta_i\rangle\langle\Delta\theta_j\rangle = 0 \quad (\because \text{没有关联})$$

上式中 N 为碰撞次数. 这是无规行走问题.

现在求 $\langle(\Delta\theta)^2\rangle$.

(1) 近碰撞是指 $\pi/2 \leqslant \theta \leqslant \pi$, 碰撞参数 b 在 $0 \leqslant b \leqslant \langle b_0\rangle$ 范围

$$b_0 = \frac{e^2}{4\pi\varepsilon m_{\alpha\beta}v_{\alpha\beta}^2}$$

对 Maxwell 分布求平均 (参见 2.1.4 节电导率中的 $r_0 \approx e^2/m_e v^2$)

$$\begin{aligned}\langle b_0\rangle &= \frac{e^2}{4\pi\varepsilon m_{\alpha\beta}\langle v_{\alpha\beta}^2\rangle} \quad (m_{\alpha\beta}\langle v_{\alpha\beta}^2\rangle \approx k_B T)\\ &= \frac{e^2}{4\pi\varepsilon k_B T}\\ &= \lambda_L\end{aligned}$$

b_0: 偏转 90° 时的碰撞参数. λ_L: Landau 长度 (α 类粒子和 β 类粒子碰撞时的最近距离, 该距离下, 二类粒子库仑相互作用势能等于热运动动能 $e^2/4\pi\varepsilon\lambda_L = k_B T$).

近碰撞截面近似为 $\sigma_{\alpha\beta,\text{近}}^{(t)} = \pi\langle b_0\rangle^2 = \pi\lambda_L^2$.

(2) 远碰撞指 $\theta < \pi/2$ 的碰撞, $\langle b_0\rangle < b \leqslant \lambda_D$.

λ_D 是瞄准距离的最大值 (上限). 大于 λ_D, 等离子体为电中性, 没有库仑散射.

$$\text{截面 } \sigma_{\alpha\beta,\text{远}}^{(t)} = 2\pi\int_{\langle b_0\rangle}^{\lambda_D} b\mathrm{d}b = \pi(\lambda_D^2 - \langle b_0\rangle^2)$$

如图 2.6 所示.

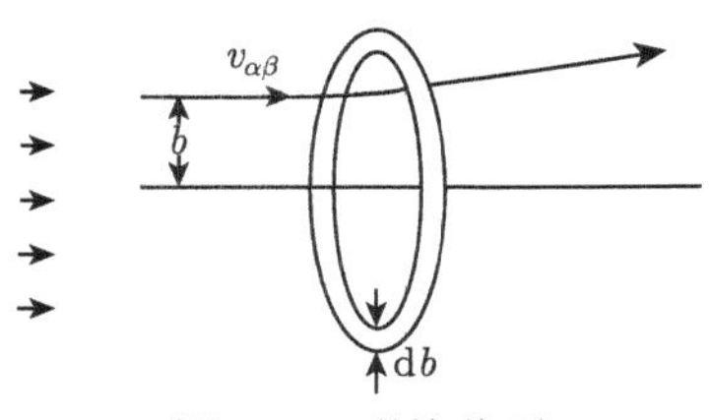

图 2.6 碰撞截面

$$\frac{\sigma^{(t)}_{\alpha\beta,远}}{\sigma^{(t)}_{\alpha\beta,近}} = \left(\frac{\lambda_D}{\langle b_0\rangle}\right)^2 - 1 \approx \left(\frac{\lambda_D}{\langle b_0\rangle}\right)^2 = \Lambda^2$$

这里

$$\Lambda = \frac{\lambda_D}{\langle b_0\rangle} = \frac{\lambda_D}{\lambda_L} = \frac{\left(\varepsilon\dfrac{k_BT_e}{n_ee^2}\right)^{1/2}}{e^2/4\pi\varepsilon k_BT} \approx n_e\lambda_D^3 \gg 1$$

是库仑对数 $\ln\Lambda$ 中的 Λ, 热平衡时, $T_e = T$, λ_D 和 n_e 可参考表 2.2.

表 2.2　λ_D 与 n_e 在太阳高层大气中的典型数值 (Zombeck, 1982)

	λ_D/cm	n_e/cm^{-3}
日冕	$10^2 - 2$	$10^8 - 10^{12}$ (耀斑)
色球	10^{-3}	10^{12}

可见远碰撞的机会比近碰撞的机会大得多. 所以

$$\langle(\Delta\theta)^2\rangle = \frac{\displaystyle\int_{\langle b_0\rangle}^{\lambda_D}(\Delta\theta)^2\cdot 2\pi b\mathrm{d}b}{\displaystyle\int_{\langle b_0\rangle}^{\lambda_D}2\pi b\mathrm{d}b}$$

每一个试探粒子走过单位长度碰到的场粒子个数是

$$N' = n_\beta\int_{\langle b_0\rangle}^{\lambda_D}2\pi b\mathrm{d}b$$

n_β 是场粒子密度.

一个试探粒子走过 λ 长度产生的均方根偏转为

$$\langle\theta^2\rangle = \lambda N'\langle(\Delta\theta)^2\rangle = \lambda n_\beta\int_{\langle b_0\rangle}^{\lambda_D}(\Delta\theta)^2\cdot 2\pi b\mathrm{d}b$$

库仑碰撞的偏转角 θ 有关系式 $\tan(\theta/2) = b_0/b \approx \Delta\theta/2$, 代入上式

$$\begin{aligned}\langle\theta^2\rangle &= \lambda n_\beta\int_{\langle b_0\rangle}^{\lambda_D}\left(\frac{2b_0}{b}\right)^2\cdot 2\pi b\mathrm{d}b\\ &= 8\lambda n_\beta\pi b_0^2\ln\frac{\lambda_D}{\langle b_0\rangle}\\ &= 8\lambda n_\beta\pi b_0^2\ln\Lambda\end{aligned}$$

令 $\lambda_{90^\circ,远}$ 为试探粒子偏转 90° 在等离子体中走过的距离，并粗略地令 $\langle\theta^2\rangle_{\lambda=\lambda_{90^\circ,远}}=2$, 代入 $\langle\theta^2\rangle$ 表达式, 则有

$$\lambda_{90^\circ,远}=\frac{1}{4\pi n_\beta b_0^2\ln\Lambda}$$

可看作库仑远碰撞的"有效自由程", 由此可定义远碰撞积累出 90° 偏转角的"有效碰撞截面"

$$\sigma_{\alpha\beta(90^\circ,远)}^{(t)}=\frac{1}{n_\beta\lambda_{90^\circ,远}}=4\pi b_0^2\ln\Lambda=4\ln\Lambda\sigma_{\alpha\beta,近}^{(t)}$$

(碰撞频率 $\nu=n\sigma v=v/\lambda_m$, 所以自由程 $\lambda_m=1/n\sigma$, $\sigma=1/n\lambda_m$.)

一个试探粒子逐渐偏转到 90° 所需的时间称为角弛豫时间或偏转时间 τ (利用 b_0 表达式),

$$\tau=\frac{1}{n_\beta\sigma_{\alpha\beta(90^\circ,远)}^{(t)}v_{\alpha\beta}}=\frac{4\pi\varepsilon^2m_{\alpha\beta}^2v_{\alpha\beta}^3}{n_\beta e^4\ln\Lambda}$$

式中 $m_{\alpha\beta}=m_\alpha m_\beta/(m_\alpha+m_\beta)$ 为折合质量, $v_{\alpha\beta}$ 用 $(k_BT/m_{\alpha\beta})^{1/2}$ 代入. $\boldsymbol{v}_{\alpha\beta}=\boldsymbol{v}_\alpha-\boldsymbol{v}_\beta$ 是 α 类粒子相对于 β 类粒子的相对速度, $v_{\alpha\beta}^3$ 应该对速度分布求平均, 根据试探粒子给的基本假设, α, β 类粒子处于同一温度 T 的 Maxwell 分布, $v_{\alpha\beta}^3=|\boldsymbol{v}_\alpha-\boldsymbol{v}_\beta|^3$,

$$\langle v_{\alpha\beta}^3\rangle=\left(\frac{m_\alpha}{2\pi k_BT}\right)^{\frac{3}{2}}\left(\frac{m_\beta}{2\pi k_BT}\right)^{\frac{3}{2}}\int_{-\infty}^{+\infty}v_{\alpha\beta}^3\exp\left(-\frac{m_\alpha v_\alpha^2+m_\beta v_\beta^2}{2k_BT}\right)\mathrm{d}\boldsymbol{v}_\alpha\mathrm{d}\boldsymbol{v}_\beta$$

$$\mathrm{d}\boldsymbol{v}_\alpha\mathrm{d}\boldsymbol{v}_\beta=\mathrm{d}v_{\alpha x}\mathrm{d}v_{\alpha y}\mathrm{d}v_{\alpha z}\mathrm{d}v_{\beta x}\mathrm{d}v_{\beta y}\mathrm{d}v_{\beta z}$$

通过质心速度 $\boldsymbol{v}$ 及相对速度代换

$$\boldsymbol{v}_\alpha=\boldsymbol{v}+\frac{m_\beta}{m_\alpha+m_\beta}\boldsymbol{v}_{\alpha\beta}$$

$$\boldsymbol{v}_\beta=\boldsymbol{v}-\frac{m_\alpha}{m_\alpha+m_\beta}\boldsymbol{v}_{\alpha\beta}$$

(徐家鸾和金尚宪, 1981), 最终有

$$\langle v_{\alpha\beta}^3\rangle=\frac{8\sqrt{2}}{\sqrt{\pi}}\left(\frac{k_BT}{m_{\alpha\beta}}\right)^{\frac{3}{2}}\quad(\beta\neq\alpha)$$

当 $\beta=\alpha$ 时, 上述积分中, 对每一对粒子所作的贡献计算了两遍, 而且 $m_{\alpha\alpha}=\frac{1}{2}m_\alpha$, 所以 $\langle v_{\alpha\beta}^3\rangle=(16/\sqrt{\pi})(k_BT_\alpha/m_\alpha)^{3/2}$. 将 $\langle v_{\alpha\beta}^3\rangle$ 代入 τ 的表达式

$$\tau=\frac{4\pi\varepsilon^2m_{\alpha\beta}^2v_{\alpha\beta}^3}{n_\beta e^4\ln\Lambda}=\frac{4\pi\varepsilon^2\cdot\dfrac{1}{4}m_e^2\cdot\dfrac{16}{\sqrt{\pi}}\left(\dfrac{k_BT_e}{m_e}\right)^{3/2}}{n_ee^4\ln\Lambda}\quad(\alpha=\beta=e)$$

$$\tau_{ee}=\frac{16\sqrt{\pi}\varepsilon^2m_e^{1/2}(k_BT_e)^{3/2}}{n_ee^4\ln\Lambda}$$

同理,

$$\tau_{ii}=\frac{16\sqrt{\pi}\varepsilon^2m_i^{1/2}(k_BT_i)^{3/2}}{n_ie^4\ln\Lambda}$$

对于电子碰离子的过程, $m_{ei}\approx m_e$, $v_{ei}\approx v_e$, 则 $\langle v_{ei}^3\rangle=(8\sqrt{2}/\sqrt{\pi})(T/m_e)^{3/2}$, 代入 τ 表达式, 得到

$$\tau_{ei}=\frac{32\sqrt{2\pi}\varepsilon^2m_e^{1/2}(k_BT)^{3/2}}{e^4n_i\ln\Lambda}$$

$n_i=n_e$, 热平衡时 $T_i=T_e=T$, 则

$$\frac{\tau_{ii}}{\tau_{ee}}=\left(\frac{m_i}{m_e}\right)^{\frac{1}{2}},\quad\frac{\tau_{ei}}{\tau_{ii}}=2\sqrt{2}\left(\frac{m_e}{m_i}\right)^{\frac{1}{2}}$$

$$\tau_{ei}\cdot2^{-3/2}\cdot\left(\frac{m_i}{m_e}\right)^{\frac{1}{2}}=\tau_{ii}$$

[在 2.1.4 节中已导出 τ_{ei} (用的是高斯单位制), $\tau_{ei}=m_e^{1/2}(k_BT_e)^{3/2}/(n_e\pi e^4\ln\Lambda)$, 可见乘上 $(m_i/m_e)^{1/2}$ 后, $\tau_{ei}(m_i/m_e)^{1/2}=m_i^{1/2}(k_BT_e)^{3/2}/(n_e\pi e^4\ln\Lambda)=\tau_{ii}$ ($T_e=T_i$, 处于同一温度的 Maxwell 分布).]

以上求得 τ_{ii}, 现在我们继续热导率的讨论. 太阳物理中, 大多数情况是碰撞时间内离子已回旋许多次, 也即符合强场条件 $\Omega_i\tau_{ii}\gg1$, Spitzer 给出

$$\frac{\kappa_\perp}{\kappa_\parallel}=2\times10^{-31}\frac{n^2}{T^3B^2}$$

B 的单位是特斯拉, Ω_i 是离子回旋频率.

对于热传导, 同种粒子的碰撞起主导作用, 因为弹性碰撞中动能的传递以质量相同的粒子相碰最为有效. ① 沿磁场方向, 电子相碰为主, $\kappa_\parallel^e=3.16n_ek_BT_e\tau_{ee}/$

$m_e \sim T^{5/2}/\ln\Lambda$. ② 横向, 离子相碰为主, $\kappa_\perp^i = 2n_i k_B T_i/(m_i\Omega_i^2\tau_{ii}) \sim n_i^2 T^{-1/2}/B^2$. ③ $\kappa_\perp/\kappa_\parallel \sim n^2/(T^3B^2)$. (徐家鸾和金尚宪, 1981)

当磁场足够强, 以至于 $\kappa_\perp \ll \kappa_\parallel$ 时, 热传导主要沿着磁场方向, 近似有 $\nabla\cdot\boldsymbol{q} = -\nabla\cdot(\kappa_\parallel\nabla_\parallel T)$, 或者写成 $-\nabla_s\cdot(\kappa_\parallel\nabla_s T)$, $\boldsymbol{s}$ 沿磁力线方向.

$$\nabla_s\cdot(\kappa_\parallel\nabla_s T) = \nabla_s\cdot\left(\kappa_\parallel\frac{\partial T}{\partial s}\right) = \boldsymbol{s}\cdot\frac{\partial}{\partial s}\left(\kappa_\parallel\frac{\partial T}{\partial s}\boldsymbol{s}\right)$$
$$= \boldsymbol{s}\cdot\left[\frac{\partial}{\partial s}\left(\kappa_\parallel\frac{\partial T}{\partial s}\right)\right]\boldsymbol{s} + \kappa_\parallel\frac{\partial T}{\partial s}\boldsymbol{s}\cdot\frac{\partial \boldsymbol{s}}{\partial s}$$

式中 $\boldsymbol{s} = \boldsymbol{B}/B$ 为沿 $\boldsymbol{B}$ 方向单位矢量. 所以

$$\kappa_\parallel\frac{\partial T}{\partial s}\boldsymbol{s}\cdot\frac{\partial}{\partial s}\left(\frac{\boldsymbol{B}}{B}\right) = \kappa_\parallel\frac{\partial T}{\partial s}\boldsymbol{s}\cdot\left(\frac{1}{B}\frac{\partial \boldsymbol{B}}{\partial s} - \frac{\boldsymbol{B}}{B^2}\frac{\partial B}{\partial s}\right)$$

$\partial\boldsymbol{B}/\partial s$ 与曲线 s 的曲率半径方向平行, 所以 $\boldsymbol{s}\cdot(\partial\boldsymbol{B}/\partial s) = 0$. 因此

$$\nabla_s\cdot(\kappa_\parallel\nabla_s T) = \frac{\partial}{\partial s}\left(\kappa_\parallel\frac{\partial T}{\partial s}\right) - \kappa_\parallel\frac{\partial T}{\partial s}\cdot\frac{1}{B}\frac{\partial B}{\partial s} \tag{2.3-5}$$

(2.3-5) 式右边第二项起因于 $\boldsymbol{B}$ 沿 $\boldsymbol{s}$ 方向有变化 (方向或大小, 或二者兼有). 也可用另一种方法表示

$$\nabla_s\cdot\left(\kappa_\parallel\frac{\partial T}{\partial s}\right) = \frac{1}{A}\frac{\partial}{\partial s}\left(\kappa_\parallel\frac{\partial T}{\partial s}A\right) \tag{2.3-6}$$

A 表示磁通管的截面.

证明

$$\text{上式右边展开} = \frac{1}{A}\left[\frac{\partial}{\partial s}\left(\kappa_\parallel\frac{\partial T}{\partial s}\right)\cdot A + \kappa_\parallel\frac{\partial T}{\partial s}\frac{\partial A}{\partial s}\right]$$
$$= \frac{\partial}{\partial s}\left(\kappa_\parallel\frac{\partial T}{\partial s}\right) + \frac{\kappa_\parallel}{A}\frac{\partial T}{\partial s}\frac{\partial A}{\partial s}$$

沿 $\boldsymbol{s}$ 方向磁通管的通量不变, $(\partial/\partial s)(BA) = 0$, 所以将 $(1/A)\partial A/\partial s = -(1/B)\partial B/\partial s$ 代入上式

$$\frac{1}{A}\frac{\partial}{\partial s}\left(\kappa_\parallel\frac{\partial T}{\partial s}A\right) = \frac{\partial}{\partial s}\left(\kappa_\parallel\frac{\partial T}{\partial s}\right) - \frac{\kappa_\parallel}{B}\frac{\partial B}{\partial s}\frac{\partial T}{\partial s}$$

与 (2.3-5) 右边相等.

特别在径向对称 (radial symmetry) 条件下, 热传导项变为

$$\boldsymbol{\nabla}\cdot\boldsymbol{q}=-\boldsymbol{\nabla}\cdot(\kappa\boldsymbol{\nabla}T)=-\boldsymbol{\nabla}_s\cdot\left(\kappa_{\parallel}\frac{\partial T}{\partial\boldsymbol{s}}\right)=-\frac{1}{r^2}\frac{\partial}{\partial r}\left(\kappa_{\parallel}\frac{\partial T}{\partial r}r^2\right)$$

这时, $A=\pi r^2$.

2.3.3 辐射

太阳内部主要通过辐射 (或对流) 输送能量, 而不是依靠粒子导热. 净辐射为

$$L_r=-\boldsymbol{\nabla}\cdot\boldsymbol{q}_r \tag{2.3-7a}$$

$\boldsymbol{q}_r$: 辐射通量, $\boldsymbol{q}_r=-\kappa_r\boldsymbol{\nabla}T$, $\kappa_r=16\sigma_sT^3/3\tilde{\kappa}\rho$ 为辐射传导系数.

σ_s: Stefan-Boltzmann 常数.

$\tilde{\kappa}$: 不透明度或质量吸收系数.

$\tilde{\kappa}\rho$: 吸收系数.

当 κ_r 是局部均匀时, 辐射损失的表达形式变得简单

$$L_r=-\kappa_r\nabla^2T \tag{2.3-7b}$$

方便起见, 引入热扩散率 (thermal diffusivity) $\kappa=\kappa_r/(\rho c_p)$, c_p: 定压比热. 于是能量方程 (2.3-2) $\rho c_p(\mathrm{D}T/\mathrm{D}t)=-\mathscr{L}=\kappa_r\nabla^2T$ 可写成

$$\frac{\mathrm{D}T}{\mathrm{D}t}=\kappa\nabla^2T \tag{2.3-7c}$$

在时标 τ 内发生波或不稳定性时, 通常可以假定扰动是绝热. 然而在光球和色球中, 辐射阻尼的影响必须考虑, 它的时标是辐射弛豫时标 (radiative relaxation time-scale)τ_R. 因此当 $\tau_R>\tau$ 时, 则等离子体的变化近似绝热; 当 $\tau_R<\tau$ 时, 则不再绝热, 等离子流体元很快与周围达到热平衡.

对于长波 $\lambda\gg(\tilde{\kappa}\rho)^{-1}$, 等离子体相对于扰动是光学厚 [$(\tilde{\kappa}\rho)^{-1}$ 看作吸收的特征长度, 大于 $(\tilde{\kappa}\rho)^{-1}$, 吸收已发生作用]. (2.3-7a) 或 (2.3-7b) 适用于光学厚的情形. ((2.3-7a) 或 (2.3-7b) 应用于太阳内部, 光学厚.)

对于 $\lambda\ll(\tilde{\kappa}\rho)^{-1}$, 等离子体光学薄. Spiegel (1957) 给出 $\tau_R=c_V/(16\sigma_s\tilde{\kappa}T^3)$, 记 $l=1/\tilde{\kappa}\rho$ 为吸收的特征长度, $\tau_R=[c_V\rho/(3\kappa_r)]l^2$, $l^2=[3\kappa_r/(c_V\rho)]\tau_R$.

能量方程 (2.3-1c)

$$\rho\frac{\mathrm{D}e}{\mathrm{D}t}-\frac{p}{\rho}\frac{\mathrm{D}\rho}{\mathrm{D}t}=-L_r=\kappa_r\nabla^2T\quad(L=L_r)\quad(\text{光学厚})$$

平衡态的物理量以下标 “0” 标记, 扰动量的下标记为 “1”

$$(\rho_0+\rho_1)\frac{\mathrm{D}(e_0+e_1)}{\mathrm{D}t}-\frac{p_0+p_1}{\rho_0+\rho_1}\frac{\mathrm{D}}{\mathrm{D}t}(\rho_0+\rho_1)=\kappa_r\nabla^2(T_0+T_1)$$

平衡态时, T_0 为常数, 并设 ρ_0 均匀

$$\rho_0\frac{\partial e_1}{\partial t}-\frac{p_0}{\rho_0}\frac{\partial\rho_1}{\partial t}=\kappa_r\nabla^2T_1\approx\kappa_r\frac{T_1}{l^2}=\kappa_r\frac{c_V\rho_0(1+\rho_1/\rho_0)}{3\kappa_r\tau_R}\cdot T_1\approx\frac{c_V\rho_0}{3\tau_R}T_1$$

$$e=c_VT,\quad p_0=\rho_0RT_0$$

$$\rho_0c_V\frac{\partial T_1}{\partial t}-RT_0\frac{\partial\rho_1}{\partial t}\approx-\frac{\rho_0c_V}{3\tau_R}T_1$$

(该方程类似于扩散方程, T_1 作变量分离变换, 与时间有关的方程, 右边有负号)

$$\frac{\partial T_1}{\partial t}-(\gamma-1)\frac{T_0}{\rho_0}\frac{\partial\rho_1}{\partial t}\approx-\frac{T_1}{\tau_R}$$

因此当密度不变时, 温度的变化遵循牛顿冷却定律 (牛顿冷却定律即 $\partial T_1/\partial t$ 正比于温差 T_1, $\mathrm{d}T/\mathrm{d}t=-\kappa(T-T_R)$).

色球和日冕中光学薄的大气部分, $T\geqslant2\times10^4$ K, 辐射损失 L_r 不再与辐射场有联系 (辐射场则由辐射转移方程来描述), 而是由下式表示

$$L_r=n_en_{\mathrm{H}}Q(T)\tag{2.3-8}$$

n_e: 电子密度, n_{H}: 氢原子或质子密度, 对于完全电离的等离子体 $n_{\mathrm{H}}=n_e$, 式中 $Q(T)$ 已有多个作者估计过 (Cox and Tucker, 1969; Rosner et al., 1978; Martens et al., 2000), 主要的区别在于对元素丰度的假设, 如图 2.7 所示.

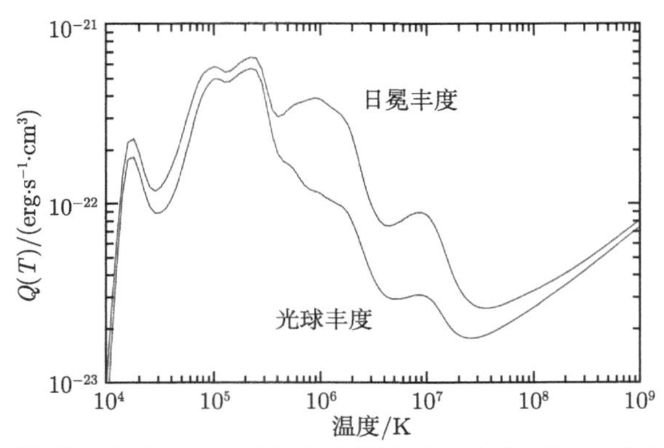

图 2.7　光学薄辐射损失中的 $Q(T)$ 函数上方曲线对应日冕丰度, 下方为光球丰度. [取自 CHIANTI 原子数据库, Dere 等 (2009) 推导.] ($1\ \mathrm{erg\cdot s^{-1}\cdot cm^3}=10^{-13}\ \mathrm{W\cdot m^3}$)

最重要的特征是 2×10^5 K 附近有最大值, 10^7 K 附近有最小值. 近似的解析表达为

$$Q(T)=\chi T^{-1/2}\ \mathrm{W\cdot m^3}$$

$\chi=10^{-32}$, 适用的温度范围为 $2\times10^4\ \mathrm{K}<T<10^7\ \mathrm{K}$ (对于日冕丰度).

较为正确的线性分段近似表达为 (Klimchuk et al., 2008):

$$Q(T)=\begin{cases}1.09\times10^{-31}T^2 & (T\leqslant10^{4.97})\\ 8.87\times10^{-17}T^{-1} & (10^{4.97}<T\leqslant10^{5.67})\\ 1.90\times10^{-22} & (10^{5.67}<T\leqslant10^{6.18})\\ 3.53\times10^{-13}T^{-3/2} & (10^{6.18}<T\leqslant10^{6.55})\\ 3.46\times10^{-25}T^{1/3} & (10^{6.55}<T\leqslant10^{6.90})\\ 5.49\times10^{-16}T^{-1} & (10^{6.90}<T\leqslant10^{7.63})\\ 1.96\times10^{-27}T^{1/2} & (10^{7.63}<T)\end{cases}$$

2.3.4　加热

方程 (2.3-3) 中的加热项 H 可写成

$$H=\rho\varepsilon+H_\nu+H_c$$

ε: 太阳内部每单位质量的核能产生率.

H_ν: 粘滞耗散率 (对于强流动重要).

H_c: 日冕 (或色球) 加热项 (对于外层大气).

A. 粘滞加热

$$H_{\nu'}=\rho\nu'\left[\frac{1}{2}e_{ij}e_{ij}-\frac{2}{3}(\boldsymbol{\nabla}\cdot\boldsymbol{v})^2\right]\tag{2.3-9}$$

式中 $e_{ij}=\partial v_i/\partial x_j+\partial v_j/\partial x_i$ 为变形速度张量, ν' 为运动学粘性系数.

为证实上式分以下步骤.

步骤 1. 理想流体的能量通量.

在流体中选取某个固定体元, 我们求该体积内流体能量随时间的变化, 单位体积内流体的能量为 $\dfrac{1}{2}\rho v^2+\rho e$, 其中 e 是单位质量流体的内能, 第一项是动能. 能量随时间的变化为 $(\partial/\partial t)\left(\dfrac{1}{2}\rho v^2+\rho e\right)$.

(1) 式中 $(\partial/\partial t)\left(\frac{1}{2}\rho v^2\right)=\frac{1}{2}v^2(\partial\rho/\partial t)+\rho\boldsymbol{v}\cdot(\partial\boldsymbol{v}/\partial t)$. 连续性方程 $\partial\rho/\partial t+\nabla\cdot(\rho\boldsymbol{v})=0$, 运动方程 $\partial\boldsymbol{v}/\partial t+(\boldsymbol{v}\cdot\nabla)\boldsymbol{v}=(1/\rho)\nabla p$, 代入上式

$$\frac{\partial}{\partial t}\left(\frac{1}{2}\rho v^2\right)=-\frac{1}{2}v^2\nabla\cdot(\rho\boldsymbol{v})-\boldsymbol{v}\cdot\nabla p-\rho\boldsymbol{v}\cdot(\boldsymbol{v}\cdot\nabla)\boldsymbol{v} \tag{2.3-10}$$

其中

$$\rho\boldsymbol{v}\cdot(\boldsymbol{v}\cdot\nabla)\boldsymbol{v}=\rho v_j v_i\frac{\partial}{\partial x_i}v_j=\frac{1}{2}\rho v_i\frac{\partial}{\partial x_i}v_j^2=\frac{1}{2}\rho\boldsymbol{v}\cdot\nabla v^2 \tag{2.3-11}$$

由热力学关系

$$\mathrm{d}S=\frac{\mathrm{d}Q}{T}=\frac{\mathrm{d}e+p\mathrm{d}V}{T}$$

$$\mathrm{d}e=T\mathrm{d}S-p\mathrm{d}V$$

$$\text{焓 } H=e+pV$$

$$\mathrm{d}H=\mathrm{d}(e+pV)=T\mathrm{d}S+V\mathrm{d}p$$

$$\therefore\ V\mathrm{d}p=\mathrm{d}H-T\mathrm{d}S$$

$$\nabla p=\rho\nabla H-\rho T\nabla S \tag{2.3-12}$$

将 (2.3-11) 和 (2.3-12) 代入 (2.3-10),

$$\begin{aligned}\frac{\partial}{\partial t}\left(\frac{1}{2}\rho v^2\right)&=-\frac{1}{2}v^2\nabla\cdot(\rho\boldsymbol{v})-\boldsymbol{v}\cdot\rho\nabla H+\rho T\boldsymbol{v}\cdot\nabla S-\frac{1}{2}\rho\boldsymbol{v}\cdot\nabla v^2\\&=-\frac{1}{2}v^2\nabla\cdot(\rho\boldsymbol{v})-\rho\boldsymbol{v}\cdot\nabla\left(H+\frac{1}{2}v^2\right)+\rho T\boldsymbol{v}\cdot\nabla S\end{aligned} \tag{2.3-13}$$

(2) 关于 $(\partial/\partial t)(\rho e)$ 的形式, 利用热力学关系

$$\mathrm{d}(\rho e)=e\mathrm{d}\rho+\rho\mathrm{d}e$$

$$\mathrm{d}e=T\mathrm{d}S-p\mathrm{d}V=T\mathrm{d}S+\frac{p}{\rho^2}\mathrm{d}\rho\qquad\left(\mathrm{d}V=\mathrm{d}\left(\frac{1}{\rho}\right)\right)$$

$$e+p/\rho=e+pV=H,\qquad e\mathrm{d}\rho=H\mathrm{d}\rho-p/\rho\mathrm{d}\rho$$

$$\mathrm{d}(\rho e)=H\mathrm{d}\rho+\rho T\mathrm{d}S$$

所以

$$\frac{\partial(\rho e)}{\partial t}=H\frac{\partial\rho}{\partial t}+\rho T\frac{\partial S}{\partial t}=-H\nabla\cdot(\rho\boldsymbol{v})+\rho T\frac{\partial S}{\partial t}$$

理想绝热过程 $\mathrm{D}S/\mathrm{D}t=0$, 所以 $\partial S/\partial t=-\boldsymbol{v}\cdot\nabla S$,

$$\frac{\partial(\rho e)}{\partial t}=-H\nabla\cdot(\rho\boldsymbol{v})-\rho T\boldsymbol{v}\cdot\nabla S \tag{2.3-14}$$

(2.3-13) 与 (2.3-14) 相加,

$$\begin{aligned}\frac{\partial}{\partial t}\left(\frac{1}{2}\rho v^2+\rho e\right)&=-\rho\boldsymbol{v}\cdot\nabla\left(H+\frac{1}{2}v^2\right)-\left(\frac{1}{2}v^2+H\right)\nabla\cdot(\rho\boldsymbol{v})\\&=-\nabla\cdot\left[\rho\boldsymbol{v}\left(\frac{1}{2}v^2+H\right)\right]\end{aligned} \tag{2.3-15}$$

$$\frac{\partial}{\partial t}\int\left(\frac{1}{2}\rho v^2+\rho e\right)\mathrm{d}\tau=-\oint\rho\boldsymbol{v}\left(\frac{1}{2}v^2+H\right)\cdot\mathrm{d}\boldsymbol{S}$$

某体积内流体能量在单位时间的变化为单位时间内从该体积表面流出的能量 ($\boldsymbol{v}$ 与 $\mathrm{d}\boldsymbol{S}$ 法向夹角 $\leqslant\pi/2$). $\rho\boldsymbol{v}\left(\frac{1}{2}v^2+H\right)$ 称为能量通量密度矢量.

步骤 2. 粘性流体 (参见 2.2.2 节).

应力张量

$$p_{ij}=-p\delta_{ij}+\mu'\left(\frac{\partial v_i}{\partial x_j}+\frac{\partial v_j}{\partial x_i}-\frac{2}{3}\frac{\partial v_k}{\partial x_k}\delta_{ij}\right)+\mu''\frac{\partial v_k}{\partial x_k}\delta_{ij}$$

记偏应力张量

$$\boldsymbol{\Sigma}=\sigma'_{ij}=\mu'\left(\frac{\partial v_i}{\partial x_j}+\frac{\partial v_j}{\partial x_i}-\frac{2}{3}\frac{\partial v_k}{\partial x_k}\delta_{ij}\right)+\mu''\frac{\partial v_k}{\partial x_k}\delta_{ij}$$

μ': 动力学粘性系数; μ'': 膨胀粘性系数, 量度流体膨胀或压缩引起的内耗.

理想流体的运动方程

$$\frac{\partial\boldsymbol{v}}{\partial t}+(\boldsymbol{v}\cdot\nabla)\boldsymbol{v}=-\frac{1}{\rho}\nabla p$$

加入偏应力, 成为粘性流体运动方程

$$\rho\left(\frac{\partial v_i}{\partial t}+v_j\frac{\partial v_i}{\partial x_j}\right)=-\frac{\partial p}{\partial x_i}+\frac{\partial\sigma'_{ij}}{\partial x_j}$$

$$= -\frac{\partial p}{\partial x_i} + \frac{\partial}{\partial x_j}\left[\mu\ \left(\frac{\partial v_i}{\partial x_j} + \frac{\partial v_j}{\partial x_i}\right) - \frac{2}{3}\frac{\partial v_k}{\partial x_k}\delta_{ij}\right] + \frac{\partial}{\partial x_j}\left(\mu'\frac{\partial v_k}{\partial x_k}\delta_{ij}\right)$$

$$\rho\left[\frac{\partial \boldsymbol{v}}{\partial t} + (\boldsymbol{v}\cdot\boldsymbol{\nabla})\boldsymbol{v}\right] = -\boldsymbol{\nabla}p + \boldsymbol{\nabla}\cdot\boldsymbol{\Sigma} \tag{2.3-16}$$

步骤 3. 粘性引起能量耗散, 转变为热.

对于理想流体, 我们已导出 $(\partial/\partial t)\left(\frac{1}{2}\rho v^2 + \rho e\right) = -\boldsymbol{\nabla}\cdot\left[\rho\boldsymbol{v}\left(\frac{1}{2}v^2 + H\right)\right]$, 如果流体内部:

(i) 有温度梯度, 则需考虑热传导 $\boldsymbol{q} = -\boldsymbol{\kappa}\cdot\boldsymbol{\nabla}T$.

(ii) 粘性, 应加入偏应力部分的影响 $\boldsymbol{v}\cdot\boldsymbol{\Sigma}$, 应力张量各向同性部分 $p\delta_{ij}$ 在 H 中已经考虑过了. $\rho\boldsymbol{v}(e + p/\rho)$ 中的 p 即是 $p\delta_{ij}$.

(2.3-15) 变为

$$\frac{\partial}{\partial t}\left(\frac{1}{2}\rho v^2 + \rho e\right) = -\boldsymbol{\nabla}\cdot\left[\rho\boldsymbol{v}\left(\frac{1}{2}v^2 + H\right) - \boldsymbol{v}\cdot\boldsymbol{\Sigma} - \boldsymbol{\kappa}\cdot\boldsymbol{\nabla}T\right] \tag{2.3-17}$$

上式左边写成

$$\frac{\partial}{\partial t}\left(\frac{1}{2}\rho v^2 + \rho e\right) = \frac{1}{2}v^2\frac{\partial \rho}{\partial t} + \rho\boldsymbol{v}\cdot\frac{\partial \boldsymbol{v}}{\partial t} + \rho\frac{\partial e}{\partial t} + e\frac{\partial \rho}{\partial t}$$

通过连续性方程求出 $\rho\boldsymbol{v}\cdot(\partial\boldsymbol{v}/\partial t)$, 连同 (2.3-16) 式代入 (2.3-17) 式, 得到

$$\frac{\partial}{\partial t}\left(\frac{1}{2}\rho v^2 + \rho e\right) = -\frac{1}{2}v^2\boldsymbol{\nabla}\cdot(\rho\boldsymbol{v}) - \rho\boldsymbol{v}\cdot(\boldsymbol{v}\cdot\boldsymbol{\nabla})\boldsymbol{v} - \boldsymbol{v}\cdot\boldsymbol{\nabla}p + \boldsymbol{v}\cdot\boldsymbol{\nabla}\cdot\boldsymbol{\Sigma} + \rho\frac{\partial e}{\partial t} - e\boldsymbol{\nabla}\cdot(\rho\boldsymbol{v}) \tag{2.3-18}$$

已求得 $\mathrm{d}e = T\mathrm{d}S + (p/\rho^2)\mathrm{d}\rho$, 两边除以 $\mathrm{d}t$,

$$\begin{aligned}\frac{\partial e}{\partial t} &= T\frac{\partial S}{\partial t} + \frac{p}{\rho^2}\frac{\partial \rho}{\partial t} \\ &= T\frac{\partial S}{\partial t} - \frac{p}{\rho^2}\boldsymbol{\nabla}\cdot(\rho\boldsymbol{v})\end{aligned}$$

已知 $H = e + p/\rho$ 及 $\partial e/\partial t$, 代入 (2.3-18)

$$\frac{\partial}{\partial t}\left(\frac{1}{2}\rho v^2 + \rho e\right) = -\left(\frac{1}{2}v^2 + H\right)\boldsymbol{\nabla}\cdot(\rho\boldsymbol{v}) - \rho\boldsymbol{v}\cdot\boldsymbol{\nabla}\left(\frac{1}{2}v^2\right) - \boldsymbol{v}\cdot\boldsymbol{\nabla}p + \rho T\frac{\partial S}{\partial t} + \boldsymbol{v}\cdot\boldsymbol{\nabla}\cdot\boldsymbol{\Sigma}$$

利用 $\nabla p=\rho\nabla H-\rho T\nabla S$, 上式右边第二、三项合并为 $-\rho\boldsymbol{v}\cdot\nabla\left(\frac{1}{2}v^2+H\right)+\rho T\boldsymbol{v}\cdot\nabla S$,

$$\frac{\partial}{\partial t}\left(\frac{1}{2}\rho v^2+\rho e\right)=-\nabla\cdot\left[\rho\boldsymbol{v}\left(\frac{1}{2}v^2+H\right)\right]+\boldsymbol{v}\cdot\nabla\cdot\boldsymbol{\Sigma}+\rho T\left[\frac{\partial S}{\partial t}+\boldsymbol{v}\cdot\nabla S\right]$$

其中

$$\boldsymbol{v}\cdot\nabla\cdot\boldsymbol{\Sigma}=v_i\frac{\partial\sigma'_{ij}}{\partial x_j}=\frac{\partial}{\partial x_j}(v_i\sigma'_{ij})-\sigma'_{ij}\frac{\partial v_i}{\partial x_j}=\nabla\cdot(\boldsymbol{v}\cdot\boldsymbol{\Sigma})-\boldsymbol{\Sigma}:\nabla\boldsymbol{v}$$

$$\frac{\partial}{\partial t}\left(\frac{1}{2}\rho v^2+\rho e\right)=-\nabla\cdot\left[\rho\boldsymbol{v}\left(\frac{1}{2}v^2+H\right)-\boldsymbol{v}\cdot\boldsymbol{\Sigma}\right]-\boldsymbol{\Sigma}:\nabla\boldsymbol{v}+\rho T\left[\frac{\partial S}{\partial t}+(\boldsymbol{v}\cdot\nabla)S\right] \tag{2.3-19}$$

再回到 (2.3-17), (2.3-19) 式应等于 (2.3-17) 式的右边, 可得到

$$\begin{aligned}\rho T\frac{\mathrm{D}S}{\mathrm{D}t}&=\boldsymbol{\Sigma}:\nabla\boldsymbol{v}+\nabla\cdot(\kappa\nabla T)\\&=\sigma'_{ij}\frac{\partial v_i}{\partial x_j}+\nabla\cdot(\kappa\nabla T)\end{aligned}$$

可见 $\sigma'_{ij}(\partial v_i/\partial x_j)$ 为损耗的热量

$$\begin{aligned}\sigma'_{ij}\frac{\partial v_i}{\partial x_j}&=\mu'\frac{\partial v_i}{\partial x_j}\left(\frac{\partial v_i}{\partial x_j}+\frac{\partial v_j}{\partial x_i}\right)-\mu'\frac{2}{3}\frac{\partial v_i}{\partial x_i}\frac{\partial v_k}{\partial x_k}+\mu''\frac{\partial v_i}{\partial x_i}\frac{\partial v_k}{\partial x_k}\\&=\frac{\mu'}{2}\left(\frac{\partial v_i}{\partial x_j}+\frac{\partial v_j}{\partial x_i}\right)^2-\frac{2}{3}\mu'(\nabla\cdot\boldsymbol{v})^2+\mu''(\nabla\cdot\boldsymbol{v})^2\end{aligned}$$

忽略 μ'', 并用 $\mu'=\rho\nu'$ 代入. 耗散的热量

$$\begin{aligned}\sigma'_{ij}\frac{\partial v_i}{\partial x_j}&=\rho\nu'\left[\frac{1}{2}\left(\frac{\partial v_i}{\partial x_j}+\frac{\partial v_j}{\partial x_i}\right)^2-\frac{2}{3}(\nabla\cdot\boldsymbol{v})^2\right]\\&=\rho\nu'\left[\frac{1}{2}e_{ij}e_{ij}-\frac{2}{3}(\nabla\cdot\boldsymbol{v})^2\right]\end{aligned}$$

B. 波加热并非众所周知, 常假定为均匀或是与密度成正比

$$H_c=\text{const}\ \times n \tag{2.3-20}$$

对于许多应用的实例, 其他的能源和能量吸收形式也应包括在方程 $\rho T(\mathrm{D}S/\mathrm{D}t)=-\mathscr{L}$ (2.3-1a) 的右边. 如小尺度的针状体运动可能影响到大尺度日冕能量

的平衡; 冷物质喷入日冕受到加热以及物质的回落, 对于低层日冕是附加的吸热因素, 对于色球则是一个热源 (增加能量). Raadu 和 Kuperus (1973) 指出: 宁静日珥在小尺度上有连续的等离子体下落, 速度远比自由落体速度小, 因此在大尺度结构上因引力能的释放存在着额外的热源.

2.3.5 能量及其转换的物理过程

我们已建立了许多方程, 表达了不同形式能量如热、电和机械能间的关系.

(1) 能量方程

$$\rho T\frac{\mathrm{D}S}{\mathrm{D}t} = -\mathscr{L} = -\boldsymbol{\nabla}\cdot\boldsymbol{q} - L_r + j^2/\sigma + H$$

表示: 熵的增加是由于热流 (的流出) 减去辐射, 加上热源 (欧姆耗散加热以及其他热源 H) 的贡献.

(2) Poynting 矢量 (能量流) $\boldsymbol{E}\times\boldsymbol{H}$ 可以写成 $\left(\boldsymbol{S} = \boldsymbol{E}\times\boldsymbol{H},\ \int \boldsymbol{S}\cdot\mathrm{d}\boldsymbol{s} = \int \boldsymbol{\nabla}\cdot\boldsymbol{S}\mathrm{d}\tau\right)$

$$\boldsymbol{\nabla}\cdot(\boldsymbol{E}\times\boldsymbol{H}) = -\boldsymbol{E}\cdot\boldsymbol{\nabla}\times\boldsymbol{H} + \boldsymbol{H}\cdot\boldsymbol{\nabla}\times\boldsymbol{E}$$

$$\because\ \boldsymbol{j} = \boldsymbol{\nabla}\times\boldsymbol{B}/\mu,\quad \boldsymbol{\nabla}\times\boldsymbol{E} = -\frac{\partial\boldsymbol{B}}{\partial t},\quad \boldsymbol{H} = \frac{1}{\mu}\boldsymbol{B}$$

$$-\boldsymbol{E}\cdot\boldsymbol{\nabla}\times\boldsymbol{H} = -\boldsymbol{E}\cdot\boldsymbol{j}$$

$$\boldsymbol{H}\cdot\boldsymbol{\nabla}\times\boldsymbol{E} = -\frac{\partial}{\partial t}\left(\frac{B^2}{2\mu}\right)$$

$$\therefore\ -\boldsymbol{\nabla}\cdot(\boldsymbol{E}\times\boldsymbol{H}) = \boldsymbol{E}\cdot\boldsymbol{j} + \frac{\partial}{\partial t}\left(\frac{B^2}{2\mu}\right) \tag{2.3-21}$$

物理含义是: 流入的电磁能 $\boldsymbol{E}\times\boldsymbol{H}$ 增加了等离子体中的电能 ($\boldsymbol{E}\cdot\boldsymbol{j}$) 和磁能.

(3)

$$\boldsymbol{j} = \sigma(\boldsymbol{E} + \boldsymbol{v}\times\boldsymbol{B})$$

$$\boldsymbol{E} = \frac{\boldsymbol{j}}{\sigma} - \boldsymbol{v}\times\boldsymbol{B}$$

$$\boldsymbol{E}\cdot\boldsymbol{j} = \frac{j^2}{\sigma} - (\boldsymbol{v}\times\boldsymbol{B})\cdot\boldsymbol{j} = \frac{j^2}{\sigma} + \boldsymbol{v}\cdot(\boldsymbol{j}\times\boldsymbol{B}) \tag{2.3-22}$$

电能等于欧姆耗散的热能加 Lorentz 力 ($\boldsymbol{j}\times\boldsymbol{B}$) 做功 (单位时间).

(4) 用 $\boldsymbol{v}$ 点乘 $\rho\dfrac{\mathrm{D}\boldsymbol{v}}{\mathrm{D}t}=-\nabla p+\boldsymbol{j}\times\boldsymbol{B}+\boldsymbol{F}$　　(2.2-3)

$$\rho\frac{\mathrm{D}}{\mathrm{D}t}\left(\frac{1}{2}v^2\right)=-\boldsymbol{v}\cdot\nabla p+\boldsymbol{v}\cdot(\boldsymbol{j}\times\boldsymbol{B})+\boldsymbol{v}\cdot\boldsymbol{F} \tag{2.3-23}$$

这是所谓机械能方程, 表示速度的增加 (即动能的增加) 是由于力 ($-\nabla p$, $\boldsymbol{j}\times\boldsymbol{B}$ 及 $\boldsymbol{F}$) 做功.

(5) 方程 (2.3-22), (2.3-23) 与 (2.3-1h) $[\rho(\mathrm{D}e/\mathrm{D}t)+p\nabla\cdot\boldsymbol{v}=-\mathscr{L}]$ 结合, 给出能量方程的另一形式

$$\rho\frac{\mathrm{D}}{\mathrm{D}t}\left(e+\frac{1}{2}v^2\right)=-\left(\mathscr{L}+\frac{j^2}{\sigma}\right)+\boldsymbol{E}\cdot\boldsymbol{j}-\nabla\cdot(p\boldsymbol{v})+\boldsymbol{v}\cdot\boldsymbol{F} \tag{2.3-24a}$$

或者利用连续性方程 $\mathrm{D}\rho/\mathrm{D}t+\rho\nabla\cdot\boldsymbol{v}=0$ 可得

$$\frac{\partial}{\partial t}\left(\rho e+\frac{1}{2}\rho v^2\right)+\nabla\cdot\left[\left(\rho e+\frac{1}{2}\rho v^2\right)\boldsymbol{v}\right]=-\left(\mathscr{L}+\frac{j^2}{\sigma}\right)+\boldsymbol{E}\cdot\boldsymbol{j}-\nabla\cdot(p\boldsymbol{v})+\boldsymbol{v}\cdot\boldsymbol{F} \tag{2.3-24b}$$

式中

$$-\left(\mathscr{L}+\frac{j^2}{\sigma}\right)=-\left(\nabla\cdot\boldsymbol{q}+L_r-\frac{j^2}{\sigma}-H+\frac{j^2}{\sigma}\right)=\nabla\cdot\boldsymbol{q}-L_r+H$$

方程 (2.3-24a) 和 (2.3-24b) 表示物质能量 (内能加动能) 的增加起因于热流、辐射、粘滞损耗、热源的加热 (H)、电能以及在外推和压缩过程中压力 (和其他力) 所做的功.

定态时: (2.3-24b) 变为

$$\nabla\cdot\left[\left(\rho e+\frac{1}{2}\rho v^2\right)\boldsymbol{v}\right]=-\left(\mathscr{L}+\frac{j^2}{\sigma}\right)+\boldsymbol{E}\cdot\boldsymbol{j}-\nabla\cdot(p\boldsymbol{v})+\boldsymbol{v}\cdot\boldsymbol{F}$$

$$\nabla\cdot\left[\left(\rho e+\frac{1}{2}\rho v^2+p\right)\boldsymbol{v}\right]=-\left(\mathscr{L}+\frac{j^2}{\sigma}\right)+\boldsymbol{E}\cdot\boldsymbol{j}+\boldsymbol{v}\cdot\boldsymbol{F}$$

$$\rho e=\rho c_V T=\frac{p}{\gamma-1}$$

$$\nabla\cdot\left[\left(\frac{\gamma p}{\gamma-1}+\frac{1}{2}\rho v^2\right)\boldsymbol{v}\right]=-\left(\mathscr{L}+\frac{j^2}{\sigma}\right)+\boldsymbol{E}\cdot\boldsymbol{j}+\boldsymbol{v}\cdot\boldsymbol{F}$$

如果加热项只计入 H_ν (粘滞加热), $\boldsymbol{F}$ 只计入 $\boldsymbol{F}_\nu$ (粘滞力), 则 H_ν, $-\boldsymbol{\nabla}\cdot(p\boldsymbol{v})$ 及 $\boldsymbol{v}\cdot\boldsymbol{F}_\nu$ 可简洁地写成 $-(\partial/\partial x_j)(p_{ij}v_i)$.

$$\because\ \boldsymbol{F}_\nu \approx \rho\nu'\nabla^2\boldsymbol{v} \sim \nabla^2\boldsymbol{v} \sim \frac{\partial^2 v_i}{\partial x_j\partial x_j},\quad \boldsymbol{F}_\nu\cdot\boldsymbol{v} \sim \frac{\partial^2 v_i}{\partial x_j\partial x_j}v_i$$

$$H_\nu \sim \left(\frac{\partial v_i}{\partial x_j}+\frac{\partial v_j}{\partial x_i}\right)^2 \sim \frac{\partial v_i}{\partial x_j}\frac{\partial v_j}{\partial x_i}$$

$$\boldsymbol{\nabla}\cdot(p\boldsymbol{v}) \sim \frac{\partial}{\partial x_i}\left(\frac{\partial v_i}{\partial x_j}\cdot v_j\right) \sim \frac{\partial^2 v_i}{\partial x_i\partial x_j}\cdot v_j+\frac{\partial v_i}{\partial x_j}\frac{\partial v_j}{\partial x_i},\quad p_{ij} \sim \left(\frac{\partial v_i}{\partial x_j}+\frac{\partial v_j}{\partial x_i}\right)$$

2.4 总　结

磁流体力学基本方程组

$$\begin{cases}\dfrac{\partial\boldsymbol{B}}{\partial t} = \boldsymbol{\nabla}\times(\boldsymbol{v}\times\boldsymbol{B})+\eta_m\nabla^2\boldsymbol{B} & (2.1\text{-}17)\\[2mm] \dfrac{\mathrm{D}\rho}{\mathrm{D}t}+\rho\boldsymbol{\nabla}\cdot\boldsymbol{v}=0 & (2.2\text{-}1)\\[2mm] \rho\dfrac{\mathrm{D}\boldsymbol{v}}{\mathrm{D}t} = -\boldsymbol{\nabla}p+\boldsymbol{j}\times\boldsymbol{B}+\boldsymbol{F} & (2.2\text{-}3)\\[2mm] (2.2\text{-}3)\text{ 式中的 }\boldsymbol{j}=\dfrac{1}{\mu}\boldsymbol{\nabla}\times\boldsymbol{B} & (2.1\text{-}19)\\[2mm] \dfrac{\rho^\gamma}{\gamma-1}\dfrac{\mathrm{D}}{\mathrm{D}t}\left(\dfrac{p}{\rho^\gamma}\right) = -\boldsymbol{\nabla}\cdot\boldsymbol{q}-L_r+\dfrac{j^2}{\sigma}+H & (2.3\text{-}1\mathrm{d})\\[2mm] p=nk_BT & (2.2\text{-}13)\end{cases}$$

绝热的完全气体, 能量方程简化为 $p\rho^{-\gamma}=\text{const}$. 未知量为 $\boldsymbol{v}$, $\boldsymbol{B}$, ρ, p 和 T. 9 个未知数对应 9 个方程. 式中 $\boldsymbol{F}=\boldsymbol{F}_g+\boldsymbol{F}_v$, $\boldsymbol{F}_g=-\rho g(r)\hat{\boldsymbol{r}}$, g 为已知, $\boldsymbol{F}_\nu=\rho\nu'\left[\nabla^2\boldsymbol{v}+\dfrac{1}{3}\boldsymbol{\nabla}(\boldsymbol{\nabla}\cdot\boldsymbol{v})\right]$, 可用 ρ, $\boldsymbol{v}$ 表示. $\boldsymbol{q}=-\boldsymbol{\kappa}\cdot\boldsymbol{\nabla}T$, 用 T 表示, H 中的核能 ε 设为已知, $L_r=-\boldsymbol{\nabla}\cdot(\kappa_r\boldsymbol{\nabla}T)$ 亦可用 T 表示. H_ν 为 $\partial v_i/\partial x_j$ 的函数, H_c 表为 ρ 的函数. 求得 $\boldsymbol{v}$, $\boldsymbol{B}$ 和 $\boldsymbol{j}$ 后, 可求出 $\boldsymbol{E}=-\boldsymbol{v}\times\boldsymbol{B}+\boldsymbol{j}/\sigma$. 当然 $\boldsymbol{B}$ 要满足 $\boldsymbol{\nabla}\cdot\boldsymbol{B}=0$.

2.4.1 假设

推导上述方程组采用的假设:

(1) 假如 Debye 球内带电粒子的数密度大, 等离子体就是粒子的集合, 大于 Debye 半径的区域内, 等离子体近似电中性.

(2) 等离子体作为连续介质处理, 只要物理量变化的特征长度大大超过等离子体内部的长度, 比如回旋半径, 就能成立.

(3) 等离子体处于热力学平衡, 分布函数接近于 Maxwell 分布. 只要物理问题的时标大于碰撞时间, 特征长度大于平均自由程, 假设就能成立.

(4) 磁场扩散系数 η_m, 磁导率 μ 设为均匀. 大部分等离子体的性质设为各向同性. 热导率是例外. 粒子沿着和垂直磁场方向有很大不同. 普遍理论中的输运系数则采用张量形式.

(5) 方程采用惯性系. 由于参考系与太阳一起转动, 从而产生额外的项. 这些项对于大尺度过程是重要的.

(6) 忽略相对论效应. 因为流速、声速、Alfvén 速度都假定远小于光速.

(7) 大多数情况, 采用简单形式的欧姆定律 $\boldsymbol{E} = -\boldsymbol{v} \times \boldsymbol{B} + \boldsymbol{j}/\sigma$.

(8) 虽然二元或三元流体模型更适用太阳大气最冷的部分或最稀薄的部分, 一般等离子体按单流体模型处理.

2.4.2 方程的简化形式

(1) 感应方程的简化、冻结或扩散.

(2) 假定温度均匀, 与时间无关, 能量方程就不需要.

(3) 假如密度变化可忽略 $\mathrm{D}\rho/\mathrm{D}t = 0$, 连续性方程 $\mathrm{D}\rho/\mathrm{D}t + \rho\boldsymbol{\nabla}\cdot\boldsymbol{v} = 0$ 简化为 $\boldsymbol{\nabla}\cdot\boldsymbol{v} = 0$ (不可压缩), 于是仅需从方程 (2.1-17) 和 (2.2-3) 求出 $\boldsymbol{v}$ 和 $\boldsymbol{B}$. 磁流体力学中相比于压缩, 我们更感兴趣于其他效应, 因此经常采用不可压缩的简化. 但该假设成立的条件是仅当声速远大于等离子体的典型速度. 因为等离子体速度常是 Alfvén 速度量级或是小于 Alfvén 速度, 因此不可压缩条件变成 $c_s \gg v_A$, 也即 $\beta = 2\mu p/B^2 \gg 1$. c_s 很大, 则 Mach 数小, 可认为不可压缩.

总之, 下述条件之一成立即认为是不可压缩:

(i) $\mathrm{D}\rho/\mathrm{D}t = 0$;

(ii) $c_s \gg v_A \sim v$;

① 气体低速时, Mach 数小, 可认为不可压缩;

② $\beta \gg 1$, 表示 $c_s \gg v_A$;

③ $c_s \to \infty$, $c_s^2 = \mathrm{d}p/\mathrm{d}\rho \to \infty$;

④ 形式上 $\gamma \to \infty$, $c_s^2 = \gamma p/\rho \underset{\gamma\to\infty}{\longrightarrow} \infty$ $(\gamma = (i+2)/i$, $\gamma \to \infty$ 即 $i \to 0$, 没有自由度等于不可压缩).

(4) 当磁场很小, 以至 $\beta \gg 1$ 时, 压强梯度的作用超过 Lorentz 力, 流体速度设定. 忽略运动方程 (2.2-3), 只要考虑流体运动对磁场的影响 $(\partial\boldsymbol{B}/\partial t =$

$\nabla \times (\boldsymbol{v} \times \boldsymbol{B}) + \eta_m \nabla^2 \boldsymbol{B}$), 忽略磁场对运动流体的作用. 这就是磁流体力学的运动学问题.

(5) 其他简化方程的方法.

(i) 当流体速度 $v \ll v_A$, 以及 $v \ll c_s$, (2.2-3) 式 $\rho(\mathrm{D}\boldsymbol{v}/\mathrm{D}t) = -\nabla p + \boldsymbol{j} \times \boldsymbol{B} + \boldsymbol{F}$ 左边惯性项可忽略, 从而有静力学平衡.

(ii) 当 $\beta \ll 1$ 时, 这是无力场, 磁场由 $\boldsymbol{j} \times \boldsymbol{B} = 0$, $\nabla \times \boldsymbol{B} = \alpha \boldsymbol{B}$ 确定. 特别是 $\boldsymbol{j} = 0$, $\boldsymbol{B}$ 是势场. 这时等离子体在磁场中沿磁力线运动 (因为 $\boldsymbol{j} \parallel \boldsymbol{B}$), 由 $\rho(\mathrm{D}\boldsymbol{v}/\mathrm{D}t) = -\nabla p + \boldsymbol{F}$ 确定 (因为 $\boldsymbol{j} \times \boldsymbol{B} = 0$).

(6) 当物理过程的能量不是主要问题时, 能量方程可用 ① $T = \text{const}$ 近似, 或者更一般地, ② 多方过程近似 $p/\rho^\alpha = \text{const}$, α 为常数. 这种多方过程近似只是粗略地表述温度的变化, 这可从能量方程 $\rho T(\mathrm{D}S/\mathrm{D}t) = -\mathscr{L}$ 导出. 条件是只有热传导项对 $\mathscr{L}$ 有贡献, 热传导 $\nabla \cdot \boldsymbol{q} = -\kappa \nabla^2 T = \rho_T (\mathrm{d}S/\mathrm{d}t) = \mathscr{L}$, 与功率 $\boldsymbol{v} \cdot \nabla p$ 有关. 所以

$$-\kappa \nabla^2 T = -\varepsilon \boldsymbol{v} \cdot \nabla p$$

ε 表示比例系数, 由 (2.3-1f) 得到

$$\frac{\mathrm{D}p}{\mathrm{D}t} - \frac{\gamma p}{\rho}\frac{\mathrm{D}\rho}{\mathrm{D}t} = -(\gamma - 1)\mathscr{L} \approx \varepsilon(\gamma - 1)\nabla p \cdot \boldsymbol{v} \tag{2.3-1f}$$

$$\mathrm{d}p - \frac{\gamma p}{\rho}\mathrm{d}\rho \approx \varepsilon(\gamma - 1)\mathrm{d}p$$

$$\frac{1 - \varepsilon(\gamma - 1)}{\gamma}\frac{\mathrm{d}p}{p} = \frac{\mathrm{d}\rho}{\rho}$$

$$p = \text{const}\ \rho^\alpha$$

$$\alpha = \frac{\gamma}{1 - \varepsilon(\gamma - 1)}, \quad \frac{p}{\rho^\alpha} = \text{const}$$

2.5 感应方程的求解

感应方程

$$\frac{\partial \boldsymbol{B}}{\partial t} = \nabla \times (\boldsymbol{v} \times \boldsymbol{B}) + \eta_m \nabla^2 \boldsymbol{B} \tag{2.1-17}$$

当 $\boldsymbol{v}$ 已知时, 磁场的行为就可通过该方程确定, 磁场的行为又与磁雷诺数大小紧密相关. 磁雷诺数表征冻结项与扩散项之比为

$$R_m = \frac{\nabla \times (\boldsymbol{v} \times \boldsymbol{B})}{\eta_m \nabla^2 \boldsymbol{B}} \approx \frac{l_0 v_0}{\eta_m}$$

为简化 (2.1-17) 式利用矢量公式

$$\begin{aligned}\nabla\times(\boldsymbol{v}\times\boldsymbol{B}) &= \boldsymbol{v}(\nabla\cdot\boldsymbol{B})-\boldsymbol{B}(\nabla\cdot\boldsymbol{v})+(\boldsymbol{B}\cdot\nabla)\boldsymbol{v}-(\boldsymbol{v}\cdot\nabla)\boldsymbol{B}\\ &= (\boldsymbol{B}\cdot\nabla)\boldsymbol{v}-(\boldsymbol{v}\cdot\nabla)\boldsymbol{B}\end{aligned}$$

上式中已利用了不可压缩条件.

$$\frac{\mathrm{D}}{\mathrm{D}t}=\frac{\partial}{\partial t}+\boldsymbol{v}\cdot\nabla$$

简化为

$$\frac{\mathrm{D}\boldsymbol{B}}{\mathrm{D}t}=(\boldsymbol{B}\cdot\nabla)\boldsymbol{v}+\eta_m\nabla^2\boldsymbol{B}$$

上式类同于流体力学的涡量方程,

$$\frac{\mathrm{D}\boldsymbol{\Omega}}{\mathrm{D}t}=(\boldsymbol{\Omega}\cdot\nabla)\boldsymbol{v}+\nu'\nabla^2\boldsymbol{\Omega}$$

其中 $\boldsymbol{\Omega}=\nabla\times\boldsymbol{v}$, $\nabla\cdot\boldsymbol{\Omega}=0$, ν' 为运动学粘性系数, 对于不可压缩流体上式成立. 这就是所谓涡量和磁场相似的基础. 也即磁力线与涡线的行为相当. 磁力线一般而言是部分随流动迁移, 部分通过流体扩散. 磁力线可以拉伸从而增加磁场强度. 需要注意的是, 这种相似性的成立仅当流体不可压缩时成立. 而且这种相似性也不是确切成立的. 因为对于磁场并没有 $\boldsymbol{\Omega}=\nabla\times\boldsymbol{v}$ 这样的关系.

2.5.1 扩散

假如 $R_m\ll 1$, 感应方程 (2.1-17) 简化为扩散方程

$$\frac{\partial\boldsymbol{B}}{\partial t}=\eta_m\nabla^2\boldsymbol{B}\tag{2.5-1}$$

场发生明显变化的扩散时标 $\tau_d=l_0^2/\eta_m$, l_0 为特征长度,

$$\eta_m=\frac{m_e}{\mu ne^2\tau_{ei}}=\frac{1}{\mu\sigma}=5.2\times10^7\ln\varLambda T^{-\frac{3}{2}}\ \mathrm{m^2\cdot s^{-1}}\tag{2.1-21}$$

对于完全电离的等离子体, 由 η_m 的表达式 (2.1-21) 可得

$$\tau_d=1.9\times10^{-8}l_0^2T^{\frac{3}{2}}/\ln\varLambda\ \mathrm{s}.$$

所以当 $T=10^6$ K, $n=10^{15}\ \mathrm{m^{-3}}$, $l_0=10$ Mm $(=10^7$ m) 时, $\tau_d=10^{14}$ s, 当 $l_0=1$ m, 则 $\tau_d=1$ s. 耀斑爆发时, 磁能释放的时标是 100 s 或 1000 s, 因此特征长度似乎需要小至 100 m 或 1000 m.

特征长度越小, 磁场的扩散越快. 作为一个例子, 考虑单向磁场的扩散, $\boldsymbol{B} = B(x,t)\hat{\boldsymbol{y}}$, 初始位形是阶梯函数

$$B(x,0) = \begin{cases} +B_0, & x > 0 \\ -B_0, & x < 0 \ (\text{当 } t = 0 \text{ 时}) \end{cases}$$

如图 2.8 所示, B_0 为常数. 假设等离子体初始时, 在这无限薄的电流片里保持静止, 磁场保持单向. 方程 (2.5-1) 简化为

$$\frac{\partial B}{\partial t} = \eta_m \frac{\partial^2 B}{\partial x^2} \tag{2.5-2}$$

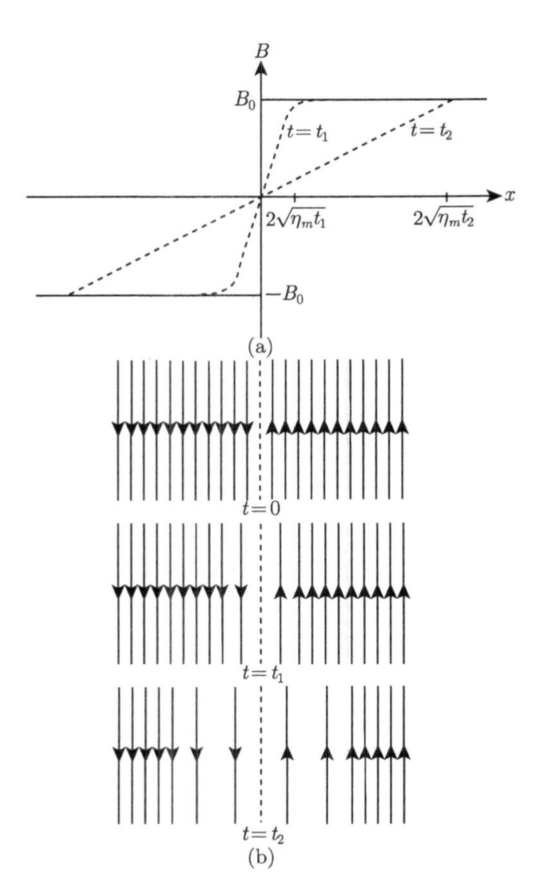

图 2.8　磁扩散. (a) 磁场强度随时间的变化; (b) 磁力线在三个时刻的分布

求解该方程.

初始条件

$$B|_{t=0} = f(x) \tag{2.5-3}$$

(对于我们的特例, 实际上 $t=0$, $x=0$ 处 $B=0$, $x \neq 0$ 处 $f(x)=|B|=\text{const}$). 考虑无界的情况, 仅需满足初始条件即可.

分离变量法

$$B(x,t) = T(t)X(x)$$

$$T'(t)X(x) = \eta_m T(t)X''(x)$$

$$\frac{T'(t)}{\eta_m T(t)} = \frac{X''(x)}{X(x)} = -\lambda^2$$

因此有

$$T'(t) + \lambda^2 \eta_m T(t) = 0$$

$$X''(x) + \lambda^2 X(x) = 0$$

解为

$$T(t) = \mathrm{e}^{-\lambda^2 \eta_m t} \quad (\text{常数因子设为 } 1)$$

$$X(x) = A_1 \cos \lambda x + A_2 \sin \lambda x$$

常数 A_1 和 A_2 可能依赖于 λ.

由于没有任何边值条件, 所以参量 λ 是完全任意的 (在有边界条件的情形下, λ 可能取一组特定值, 归结为本征值问题). 于是函数 $B(x,t)$ 可写成下述形式

$$\sum_{\lambda} \mathrm{e}^{-\lambda^2 \eta_m t}[A_1(\lambda) \cos \lambda x + A_2(\lambda) \sin \lambda x]$$

λ 所有的值具有同等意义.

从 $-\infty$ 到 $+\infty$ 对参量 λ 积分, 以取代对 λ 的求和

$$B(x,t) = \int_{-\infty}^{+\infty} \mathrm{e}^{-\lambda^2 \eta_m t}[A_1(\lambda) \cos \lambda x + A_2(\lambda) \sin \lambda x] \mathrm{d}\lambda \tag{2.5-4}$$

应用在定积分号下求导数的公式, 很容易验证上述表达式就是扩散方程的解.

初始条件 (2.5-3) 式可以写成

$$B|_{t=0} = f(x) = \int_{-\infty}^{+\infty} [A_1(\lambda) \cos \lambda x + A_2(\lambda) \sin \lambda x] \mathrm{d}\lambda \tag{2.5-5}$$

从 (2.5-5) 式可求出系数

$$A_1(\lambda) = \frac{1}{2\pi}\int_{-\infty}^{+\infty} f(\xi)\cos\lambda\xi \mathrm{d}\xi$$

$$A_2(\lambda) = \frac{1}{2\pi}\int_{-\infty}^{+\infty} f(\xi)\sin\lambda\xi \mathrm{d}\xi$$

(即由初值条件确定系数 $A_1(\lambda)$, $A_2(\lambda)$).

把 $A_1(\lambda)$, $A_2(\lambda)$ 的表达式代入 (2.5-4) 式中

$$\begin{aligned}B(x,t) &= \frac{1}{2\pi}\int_{-\infty}^{+\infty} f(\xi)\mathrm{d}\xi \int_{-\infty}^{+\infty} \mathrm{e}^{-\lambda^2\eta_m t}(\cos\lambda\xi\cos\lambda x + \sin\lambda\xi\sin\lambda x)\mathrm{d}\lambda \\ &= \frac{1}{2\pi}\int_{-\infty}^{+\infty} f(\xi)\mathrm{d}\xi \int_{-\infty}^{+\infty} \mathrm{e}^{-\lambda^2\eta_m t}\cos\lambda(\xi - x)\mathrm{d}\lambda \\ &= \frac{1}{\pi}\int_{-\infty}^{+\infty} f(\xi)\mathrm{d}\xi \int_{0}^{+\infty} \mathrm{e}^{-\lambda^2\eta_m t}\cos\lambda(\xi - x)\mathrm{d}\lambda\end{aligned}$$

上式中已利用了 $\mathrm{e}^{-\lambda^2\eta_m t}\cos\lambda(\xi - x)$ 是 λ 的偶函数的性质.

有公式:

$$\int_0^{\infty} \mathrm{e}^{-\alpha^2\lambda^2}\cos\beta\lambda \mathrm{d}\lambda = \frac{\sqrt{\pi}}{2\alpha}\mathrm{e}^{-\frac{\beta^2}{4\alpha^2}}$$

$$\therefore \quad \frac{1}{\pi}\int_0^{\infty} \mathrm{e}^{-\lambda^2\eta_m t}\cos\lambda(\xi - x)\mathrm{d}\lambda = \frac{1}{2\sqrt{\pi\eta_m t}}\mathrm{e}^{-\frac{(\xi-x)^2}{4\eta_m t}}$$

$$B(x,t) = \int_{-\infty}^{+\infty} f(\xi)\cdot\frac{1}{2\sqrt{\pi\eta_m t}}\mathrm{e}^{-\frac{(\xi-x)^2}{4\eta_m t}}\mathrm{d}\xi \tag{2.5-6}$$

令 $u = (\xi - x)/(2\sqrt{\eta_m t})$,

$$\mathrm{d}u = \frac{\mathrm{d}(\xi - x)}{2\sqrt{\eta_m t}} = \frac{\mathrm{d}\xi}{2\sqrt{\eta_m t}}$$

$$f(\xi) = f(2u\sqrt{\eta_m t} + x) = \begin{cases} B_0, & x > 0 \\ -B_0, & x < 0 \end{cases}$$

$$\begin{aligned}B(x,t) &= \frac{1}{\sqrt{\pi}}\int_{-\infty}^{0}(-B_0)\frac{1}{2\sqrt{\eta_m t}}\mathrm{e}^{-\frac{(\xi-x)^2}{4\eta_m t}}\mathrm{d}\xi + \frac{1}{\sqrt{\pi}}\int_0^{\infty} B_0\frac{1}{2\sqrt{\eta_m t}}\mathrm{e}^{-\frac{(\xi-x)^2}{4\eta_m t}}\mathrm{d}\xi \\ &= -\frac{B_0}{\sqrt{\pi}}\int_{-\infty}^{-\frac{x}{2\sqrt{\eta_m t}}}\mathrm{e}^{-u^2}\mathrm{d}u + \frac{B_0}{\sqrt{\pi}}\int_{-\frac{x}{2\sqrt{\eta_m t}}}^{\infty}\mathrm{e}^{-u^2}\mathrm{d}u\end{aligned}$$

右边第一个积分, 作变量变换, 令 $u' = -u$, 有

$$
\begin{aligned}
&= \frac{B_0}{\sqrt{\pi}} \int_{+\infty}^{+\frac{x}{2\sqrt{\eta_m t}}} \mathrm{e}^{-u'^2} \mathrm{d}u' + \frac{B_0}{\sqrt{\pi}} \int_{-\frac{x}{2\sqrt{\eta_m t}}}^{\infty} \mathrm{e}^{-u^2} \mathrm{d}u \\
&= \frac{B_0}{\sqrt{\pi}} \int_{-\frac{x}{2\sqrt{\eta_m t}}}^{\frac{x}{2\sqrt{\eta_m t}}} \mathrm{e}^{-u^2} \mathrm{d}u \\
&= \frac{B_0 \cdot 2}{\sqrt{\pi}} \int_{0}^{\frac{x}{2\sqrt{\eta_m t}}} \mathrm{e}^{-u^2} \mathrm{d}u \\
&= B_0 \operatorname{erf}(\zeta)
\end{aligned}
$$

误差函数定义为

$$
\operatorname{erf}(x) = \frac{2}{\sqrt{\pi}} \int_0^x \mathrm{e}^{-u^2} \mathrm{d}u
$$

$$
\therefore \ \zeta = \frac{x}{(4\eta_m t)^{\frac{1}{2}}}
$$

当 $\zeta \to +\infty$ 时, 因为 $\displaystyle\int_0^{\infty} \mathrm{e}^{-\lambda u^2} \mathrm{d}u = \frac{1}{2}\sqrt{\pi/\lambda}$, 当 $\lambda = 1$ 可得到 $x \to \infty$ 时 $\operatorname{erf}(x)$ 的值, 代入 $\operatorname{erf}(x)$ 的表达式, 有 $B(x,t) = B(x \to \infty, t) = B_0$.

当 $\zeta \to -\infty$, 即 $x \to -\infty$ 时, 对 u 作变换 $u' = -u$, $B(x \to -\infty, t) = -B_0$, 符合初始条件. 所以, 扩散方程的解 (对于上述初值条件) 为

$$
B(x,t) = B_0 \operatorname{erf}(\zeta)
$$

讨论:

(1) 当 $|x| \ll (4\eta_m t)^{1/2}$, 即 $\zeta \to 0$ 时, $B(x,t) = B_0(2/\sqrt{\pi}) \displaystyle\int_0^{\zeta} \mathrm{e}^{-u^2} \mathrm{d}u \approx B_0(2/\sqrt{\pi})\mathrm{e}^{-\zeta^2} \cdot u\Big|_{u=\zeta} \approx B_0 x(\pi\eta_m t)^{-1/2}$, 对于确定的时刻 t, $B(x,t)$ 的轮廓 ($B(x,t)$ 关于 x 的函数) 是线性的.

(2) 当 $|x| \gg (4\eta_m t)^{1/2}$, 相当于 $\zeta \to \pm\infty$ 时, $|B(x,t)| \approx B_0$, $B(x,t)$ 的轮廓仍为初始时的轮廓.

t_1, t_2 二时刻的 $B(x,t)$ 轮廓见图 2.8(a), 磁力线分布见图 2.8(b).

(3) 电流片的宽度.

表达式 (2.5-6) 在某种意义上可理解为 x 处, t 时刻磁场强度 B 的分布 $[f(\xi)/2\sqrt{\pi\eta_m t}]\exp[-(\xi - x)^2/4\eta_m t]$ 的集合. 初始分布 $f(\xi)$ 为已知, 设 $\xi = 0$, 当 $x =$

$(4\eta_m t)^{1/2}$ 时,

$$\mathrm{erf}(\zeta)=\frac{2}{\pi^{1/2}}\int_0^{\frac{x}{(4\eta_m t)^{1/2}}}\mathrm{e}^{-1}\mathrm{d}u=\frac{2}{\pi^{1/2}}\int_0^1\mathrm{e}^{-1}\mathrm{d}u=\frac{2}{\pi^{1/2}}\cdot\mathrm{e}^{-1}$$

也就是当 $x=(4\eta_m t)^{1/2}$ 时, 函数 $\mathrm{erf}(\zeta)$ 降至最大值的 e^{-1}. 可定义半宽度 $l_{1/2}=2(\eta_m t)^{1/2}$, 总宽度 $l=4(\eta_m t)^{1/2}$ 大致就是电流片的宽度. 可以看出 l 随 t 增加而增大. 宽度的时间变化率 $\mathrm{d}l/\mathrm{d}t=2(\eta_m/t)^{1/2}$ 随时间连续减少 (即宽度随时间增加而增大, 但增加率连续减少).

(4) 当 $x\gg(4\eta_m t)^{1/2}$, 也即离中心很远的地方时, 磁场强度保持不变 (可以理解为 $\zeta\to\pm\infty$). 离中心不远处, 则单调减小.

(5) 由于远处的磁力线没有受到影响, 可见电流片中的磁力线没有向外运动, 它们只在电流片中扩散, 湮灭. 磁能通过欧姆耗散转换成热能.

(6) 电流密度 $j_z=(1/\mu)\mathrm{d}B/\mathrm{d}x$, 在所有位置上都发生变化. 但有意思的是电流片内的总面电流保持不变

$$J=\int_{-\infty}^{+\infty}j_z\mathrm{d}x=\left[\frac{B}{\mu}\right]_{-\infty}^{+\infty}=\frac{2B_0}{\mu}$$

(7) 实际上, 简单的一维磁扩散在好几个地方需要修正. 例如, 中性线附近的磁场强度的减小, 导致磁压强梯度引起的力指向中心, 从而驱动流体由两侧向中性线运动, 再沿着中性线流体向外运动. 因此要把感应方程中的输运项 $\boldsymbol{\nabla}\times(\boldsymbol{v}\times\boldsymbol{B})$ 包括进来. 该项中出现速度 $\boldsymbol{v}$, 需要与运动方程耦合. 问题变得复杂. 另外, 一维电流片可能因撕裂模不稳定性而遭到破坏. 一维电流片能否长期稳定地存在受到挑战.

2.5.2 理想导电

当 $R_m\gg1$ 时, 方程 (2.1-17) 可近似为

$$\frac{\partial\boldsymbol{B}}{\partial t}=\boldsymbol{\nabla}\times(\boldsymbol{v}\times\boldsymbol{B})\tag{2.5-7}$$

欧姆定律简化为

$$\boldsymbol{E}+\boldsymbol{v}\times\boldsymbol{B}=0\tag{2.5-8}$$

显然, (2.5-8) 式写成 $\boldsymbol{E}=-\boldsymbol{v}\times\boldsymbol{B}$, 两边取旋度, 利用 $\boldsymbol{\nabla}\times\boldsymbol{E}=-\partial\boldsymbol{B}/\partial t$, 即为 (2.5-7) 式. 需要强调指出的是, 虽然总电场 (电场 $\boldsymbol{E}$ 及因运动产生的电场 $\boldsymbol{v}\times\boldsymbol{B}$) 根据 (2.5-8) 式为零, 但电流仍可以存在, $\boldsymbol{j}=\boldsymbol{\nabla}\times\boldsymbol{B}/\mu$. 我们还可以这样理解 $\boldsymbol{j}=\sigma(\boldsymbol{E}+\boldsymbol{v}\times\boldsymbol{B})$, 当 $\sigma\to\infty$ 时, $\boldsymbol{E}+\boldsymbol{v}\times\boldsymbol{B}\to0$, 从而 $\boldsymbol{j}$ 为有限值, 并不一

定为零. 或者, 在太阳物理中, 特征长度很长, 从而有 $\boldsymbol{j}$ 很小. 因此由 (2.1-20) 式 $\boldsymbol{E} = -\boldsymbol{v} \times \boldsymbol{B} + \boldsymbol{j}/\sigma \approx -\boldsymbol{v} \times \boldsymbol{B}$, 得到 (2.5-8), $\boldsymbol{j}$ 只是值小而已.

在大雷诺数的极限下, Alfvén 的磁通冻结定理认为: 在理想导电的等离子体中, 磁力线随等离子体一起运动. 这可直接与经典的 Helmholtz 和 Kelvin 涡旋定理相类比.

冻结方程 (2.5-7) 可表示为以下三个定理.

(1) 理想导电流体中, 通过和流体一起运动的任意曲面的磁通量不随时间而改变 (磁通量守恒).

(2) 理想导电流体中, 起初位于磁力线上的流体元以后一直位于磁力线上 (磁力线守恒).

(3) 磁场的拓扑守恒.

磁场可能因为流动的影响而拉伸、变形, 结构会发生变化但拓扑保持不变.

证明 (1) 和 (2) 的证明如下.

(1) 表面 S 的边界为封闭曲线 C, 随等离子体一起运动. 经过 Δt 时间, 曲线 C 上的线元 $\mathrm{d}\boldsymbol{l}$ 扫过的面积为 $\boldsymbol{v}\Delta t \times \mathrm{d}\boldsymbol{l}$, 通过该面积的磁通量为 $\boldsymbol{B} \cdot (\boldsymbol{v}\Delta t \times \mathrm{d}\boldsymbol{l})$.

通过面 S 的磁通量 $F = \iint \boldsymbol{B} \cdot \mathrm{d}\boldsymbol{S}$, 它的变化率即为 F 的随体导数 $\mathrm{D}F/\mathrm{D}t$,

$$\frac{\mathrm{D}F}{\mathrm{D}t} = \frac{\mathrm{D}}{\mathrm{D}t}\int_S \boldsymbol{B} \cdot \mathrm{d}\boldsymbol{S} = \int_S \frac{\partial \boldsymbol{B}}{\partial t} \cdot \mathrm{d}\boldsymbol{S} + \oint_C \boldsymbol{B} \cdot \boldsymbol{v} \times \mathrm{d}\boldsymbol{l}$$

右边第一项起因于磁场随时间变化, 第二项是边界的空间运动引起磁通量的变化, 式中 $\boldsymbol{B} \cdot \boldsymbol{v} \times \mathrm{d}\boldsymbol{l} = -\boldsymbol{v} \times \boldsymbol{B} \cdot \mathrm{d}\boldsymbol{l}$, 利用 Stokes 定理, 上式可写成

$$\frac{\mathrm{D}}{\mathrm{D}t}\int_S \boldsymbol{B} \cdot \mathrm{d}\boldsymbol{S} = \int_S \left[\frac{\partial \boldsymbol{B}}{\partial t} - \nabla \times (\boldsymbol{v} \times \boldsymbol{B})\right] \cdot \mathrm{d}\boldsymbol{S}$$

根据 (2.5-7) 式, $(\mathrm{D}/\mathrm{D}t)\displaystyle\int_S \boldsymbol{B} \cdot \mathrm{d}\boldsymbol{S} = 0$, 封闭曲线 C 是任意的, 所以运动过程中, 通过曲线 C 包围的表面 S 的总磁通量为常数. 换言之, 证明了最初构成磁通管的等离子流体元在以后时刻继续组成该磁通管 (图 2.9).

(2) 假设 $t = t_1$ 时刻, 流体元 P_1 和 P_2 位于磁力线上 (图 2.10), 磁力线也可以定义为两个磁面的交线. 在以后的时刻 $t = t_2$, 根据磁通守恒, P_1 和 P_2 仍在该两个磁面上, 所以仍在这两个磁面的交线上. 如果 (2.5-8) 式正确, 就有冻结方程 (2.5-7), 从而有磁通量守恒, 磁力线守恒. 也可利用方程 (2.5-7) 和连续性方程 (2.2-2) 证明磁力线守恒.

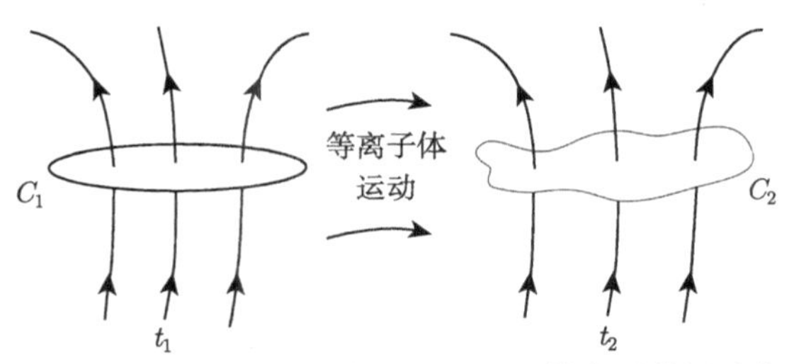

图 2.9 磁通量守恒: 假如封闭曲线 C_1 因等离子体运动变为 C_2, t_1 时刻通过 C_1 的通量等于 t_2 时刻通过 C_2 的通量

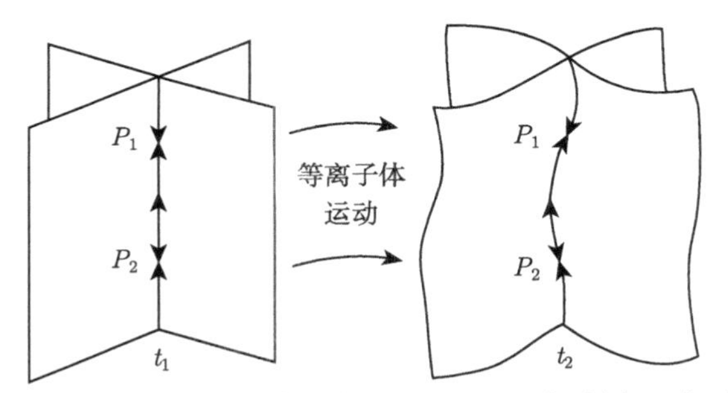

图 2.10 磁力线守恒: 假如等离子体流体元 P_1 和 P_2, 在时刻 t_1 位于一根磁力线上, 则在以后时刻 t_2 总位于同一根磁力线上

感应方程可以改写成另一种形式

$$\begin{aligned}\frac{\partial \boldsymbol{B}}{\partial t} &= \boldsymbol{\nabla} \times (\boldsymbol{v} \times \boldsymbol{B}) \\ &= \boldsymbol{v}(\boldsymbol{\nabla} \cdot \boldsymbol{B}) - \boldsymbol{B}(\boldsymbol{\nabla} \cdot \boldsymbol{v}) + (\boldsymbol{B} \cdot \boldsymbol{\nabla})\boldsymbol{v} - (\boldsymbol{v} \cdot \boldsymbol{\nabla})\boldsymbol{B}\end{aligned}$$

$$\frac{\mathrm{D}\boldsymbol{B}}{\mathrm{D}t} = (\boldsymbol{B} \cdot \boldsymbol{\nabla})\boldsymbol{v} - \boldsymbol{B}(\boldsymbol{\nabla} \cdot \boldsymbol{v}) \tag{2.5-9}$$

(2.5-9) 式表示磁场随时间的变化 (由随体导数 $\mathrm{D}\boldsymbol{B}/\mathrm{D}t$ 表示) 是由磁通管的拉伸、剪切或扩张所致的. (2.5-9) 式右边第一项可写成 $(\boldsymbol{B}\cdot\boldsymbol{\nabla})\boldsymbol{v} = \boldsymbol{B}\cdot\boldsymbol{\nabla}(\boldsymbol{v}_\parallel + \boldsymbol{v}_\perp)$ (平行与垂直均相对于磁力线), 可以看出沿磁力线方向的加速运动 (拉伸) (由 $\boldsymbol{v}_\parallel$ 沿 $\boldsymbol{B}$ 方向的方向导数 $(\boldsymbol{B}\cdot\boldsymbol{\nabla})\boldsymbol{v}_\parallel$ 表示, 只要方向导数不为零, 则 $\boldsymbol{v}_\parallel$ 不是常数), 引起磁场强度的增加. 垂直于磁力线方向的剪切运动 $(\boldsymbol{B}\cdot\boldsymbol{\nabla})\boldsymbol{v}_\perp$, 引起磁场的方向发生变化.

(2.5-9) 右边第二项表示磁通管的扩张. 因为 $\boldsymbol{\nabla}\cdot\boldsymbol{v}$ 表示相对体积膨胀率, $\boldsymbol{\nabla}\cdot\boldsymbol{v} > 0$ 导致磁场强度减小, 反之则增加.

由连续性方程 $\mathrm{D}\rho/\mathrm{D}t = -\rho\boldsymbol{\nabla}\cdot\boldsymbol{v}$, 解出 $\boldsymbol{\nabla}\cdot\boldsymbol{v} = -(1/\rho)(\mathrm{D}\rho/\mathrm{D}t)$, 代入 (2.5-9) 式

$$\frac{\mathrm{D}\boldsymbol{B}}{\mathrm{D}t} = (\boldsymbol{B}\cdot\boldsymbol{\nabla})\boldsymbol{v} + \frac{\boldsymbol{B}}{\rho}\frac{\mathrm{D}\rho}{\mathrm{D}t}$$

$$\frac{\mathrm{D}}{\mathrm{D}t}\left(\frac{\boldsymbol{B}}{\rho}\right) = \left(\frac{\boldsymbol{B}}{\rho}\cdot\boldsymbol{\nabla}\right)\boldsymbol{v} \tag{2.5-10}$$

另一方面, 考虑某一流线上的长度元 $\delta\boldsymbol{l}$ 随时间的变化. 设 $\boldsymbol{v}$ 为线元 $\delta\boldsymbol{l}$ 一端的等离子流体速度, 则另一端的速度为 $\boldsymbol{v}+\delta\boldsymbol{v}$, 两端的速度差 $\delta\boldsymbol{v} = (\delta\boldsymbol{l}\cdot\boldsymbol{\nabla})\boldsymbol{v}$, 在时间 $\mathrm{d}t$ 内, 线元 $\delta\boldsymbol{l}$ 的改变为 $\mathrm{d}\delta\boldsymbol{l} = \mathrm{d}t(\delta\boldsymbol{l}\cdot\boldsymbol{\nabla})\boldsymbol{v}$, $\mathrm{d}/\mathrm{d}t$ 为全导数, 等同于 $\mathrm{D}/\mathrm{D}t$.

$$\frac{\mathrm{D}}{\mathrm{D}t}\delta\boldsymbol{l} = (\delta\boldsymbol{l}\cdot\boldsymbol{\nabla})\boldsymbol{v} \tag{2.5-11}$$

上式表示流体质点所在的流线元满足的方程与 $\boldsymbol{B}/\rho$ 满足的是同一个方程, 这表明如果这两个矢量起初是平行的, 则以后也保持平行. 若 $t=0$ 时, $\delta\boldsymbol{l}_0 \parallel \boldsymbol{B}_0$ 且 $\delta\boldsymbol{l}_0$ 就在磁力线上, 我们可写成 $\delta\boldsymbol{l}_0 = \varepsilon(\boldsymbol{B}_0/\rho_0)$, 则 t 时刻该流体元仍位于这根磁力线上, 即 $\delta\boldsymbol{l} = \varepsilon(\boldsymbol{B}/\rho)$. 理想导电流体任何两相邻等离子流体元起初位于一根磁力线上, 以后一直位于同一根磁力线上, 两流体元的距离正比于 $\boldsymbol{B}/\rho$. 磁力线 "冻结" 在和它一起运动的流体上. 等离子体可以沿着磁力线自由运动. 但是垂直于磁力线运动时, 等离子体拉着磁力线一起运动或是磁力线拉着等离子体一起运动. 如果 $|\delta\boldsymbol{l}| = |\delta\boldsymbol{l}_0|$, 则沿流体元的运动轨道上量 $|\boldsymbol{B}/\rho|$ 保持不变. 如果在运动过程中流体元伸长 $|\delta\boldsymbol{l}| > |\delta\boldsymbol{l}_0|$, 则 $\boldsymbol{B}/\rho > \boldsymbol{B}_0/\rho_0$, 对于不可压缩流体有 $\boldsymbol{B} > \boldsymbol{B}_0$.

磁雷诺数的大小决定了磁场的行为. 当 $R_m \ll 1$ 时, 磁力线可在等离子体中移动. 当 $R_m \gg 1$ 时, 磁力线则冻结在等离子体上. 太阳大气中有些物理现象的特征长度很小, 例如电流片, 宽度约为 1 公里量级, $R_m \sim 1$. 不过大多数情况 $R_m \gg 1$. 例如典型的黑子运动速度 $v_0 \approx 10^3\ \mathrm{m\cdot s^{-1}}$, 特征长度 $l_0 \approx 10^7$ m. 当磁扩散系数 $\eta_m \approx 10^4\ \mathrm{m^2\cdot s^{-1}}$ 时, $R_m \sim 10^6$, 磁场冻结在等离子体上. 磁扩散时标 $\tau_d = l_0^2/\eta_m$. 前已计算过, 对于完全电离时的 η_m, 代入 τ_d 表达式, 得到 $\tau_d = 1.9\times10^{-8} l_0^2 T^{\frac{3}{2}}/\ln\varLambda$ s. 如果取黑子温度为 4×10^3 K, $\ln\varLambda \approx 10$, 则 $\tau_d \sim 1.6\times10^3$ yrs. 实际观测黑子磁场的衰减只有一百多天. 显然磁场的衰减不可能起因于传统的欧姆耗散, 需要借助于湍流扩散系数, 它是传统值的 10^3 倍.

2.6 Lorentz 力

1. 电磁力

静止电荷受静电场的作用, 力密度为

$$\boldsymbol{f} = \rho^* \boldsymbol{E}$$

ρ^* 为电荷密度.

稳定电流受静磁场的作用, 力密度为

$$\boldsymbol{f} = \boldsymbol{j} \times \boldsymbol{B}$$

Lorentz 把上述力的公式推广到真空中运动的带电体的普遍情况. 运动的带电体因为电荷和电流同时存在, 所以同时受到电场和磁场的作用力. Lorentz 假定不论带电体的运动状态如何, 力密度都由下式决定

$$\boldsymbol{f} = \rho^* \boldsymbol{E} + \rho \boldsymbol{v} \times \boldsymbol{B}$$

此即 Lorentz 力公式. 需要注意的是, 式中 $\boldsymbol{E}$ 和 $\boldsymbol{B}$ 为该单位体积处总的电场和磁场, 包括带电体自己所激发的在内. 实践证明该公式是正确的.

2. 电流密度 $\boldsymbol{j}$ 在磁场 $\boldsymbol{B}$ 中受到的力密度

(i) $\boldsymbol{F} = \boldsymbol{j} \times \boldsymbol{B}$.

只要有电荷运动 ($\boldsymbol{j} \neq 0$), 且 $\boldsymbol{j}$ 不平行于 $\boldsymbol{B}$, 力就不等于零.

(ii) 从电子论的观点, 电磁场中的力应归结为作用在电荷上的力

$$\boldsymbol{j} = ne\boldsymbol{u}, \quad \boldsymbol{F} = ne(\boldsymbol{u} \times \boldsymbol{B})$$

式中 $\boldsymbol{u}$ 为 n 个电子的平均速度.

作用在其中一个电子上的力为 $\boldsymbol{F} = e\boldsymbol{v} \times \boldsymbol{B}$. $\boldsymbol{v}$ 是电子的真正速度, 如果电流为 0, 则平均速度 $\boldsymbol{u} = 0$, 电子处于无规运动状态.

(iii) 如果电流不等于零, 电子受到力的作用, 动量相应增加, 所增加的动量在电子和导体原子 (或离子) 相碰时, 传递给导体, 使导体在磁场中发生运动. 如果导体是固定的, 则力图使导体在磁场中运动, 作为宏观理论, 不研究现象的内部机构, 这就意味着导体受到有质动力的作用.

(iv) 电荷 e 在任意电磁场中的总受力 $\boldsymbol{F} = e(\boldsymbol{E} + \boldsymbol{v} \times \boldsymbol{B})$.

假定该式正确的话, 电场强度 E 的定义 (场中单位正试探电荷所受的力) 要附加条件: 试探电荷不动 ($v = 0$).

(v) Lorentz 力不做机械功.

3. Lorentz 力的方向垂直磁场

沿着磁力线的任何运动或者密度变化, 需要借助于其他力如引力或是压强梯度.

4. Lorentz 力可分解为磁张力和磁压力 (磁压强梯度)

$$\begin{aligned}\boldsymbol{j}\times\boldsymbol{B}&=(\boldsymbol{\nabla}\times\boldsymbol{B})\times\boldsymbol{B}/\mu\\&=\boldsymbol{B}\cdot\boldsymbol{\nabla}\boldsymbol{B}/\mu-\boldsymbol{\nabla}\left(\frac{1}{2\mu}B^2\right)\end{aligned}\tag{2.6-1}$$

假如 $\boldsymbol{B}$ 沿着 $\boldsymbol{B}$ 的方向有变化, 则沿 $\boldsymbol{B}$ 方向的方向导数不为零, 则上式右边第一项张力不为零, 令 $\boldsymbol{B}=B\boldsymbol{s}$, $\boldsymbol{s}$ 为沿着磁场方向的单位矢量, 张力项可以分解:

$$\begin{aligned}\boldsymbol{B}\cdot\boldsymbol{\nabla}\boldsymbol{B}/\mu&=\frac{1}{\mu}B\boldsymbol{s}\cdot\boldsymbol{s}\frac{\mathrm{d}}{\mathrm{d}s}(B\boldsymbol{s})\\&=\frac{1}{\mu}B\frac{\mathrm{d}B}{\mathrm{d}s}\boldsymbol{s}+\frac{1}{\mu}B^2\frac{\mathrm{d}\boldsymbol{s}}{\mathrm{d}s}\quad\left(\frac{\mathrm{d}\boldsymbol{s}}{\mathrm{d}s}=\boldsymbol{N}\ \text{曲率矢量}\right)\\&=\frac{\mathrm{d}}{\mathrm{d}s}\left(\frac{1}{2\mu}B^2\right)\boldsymbol{s}+\frac{1}{\mu}B^2\frac{\boldsymbol{n}}{R_c}\end{aligned}\tag{2.6-2}$$

我们对 $\mathrm{d}\boldsymbol{s}/\mathrm{d}s$ 的方向作一些说明.

张力的方向趋向于将曲线 s 拉直. 合力的方向应在 $\boldsymbol{n}$ (图 2.11). 单位矢量 $\widehat{\boldsymbol{R}}$, 从曲率半径中心出发, 沿半径方向. $\widehat{\boldsymbol{R}}=-\boldsymbol{n}$, 这样设定的 $\boldsymbol{n}$ 方向符合数学定义. (2.6-2) 式中 $\boldsymbol{n}$ 为主法线, 是曲率 (矢量) 的方向. R_c 是曲率半径.

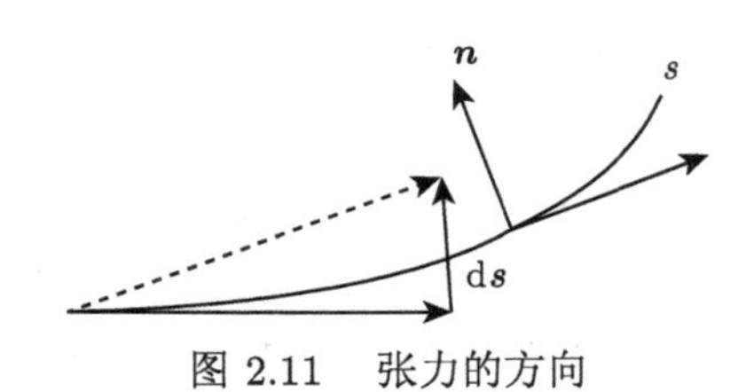

图 2.11 张力的方向

从 (2.6-2) 式可以看出, 半径越小, 张力越大. 这里需要指出的是张力项 $(\boldsymbol{B}\cdot\boldsymbol{\nabla})\boldsymbol{B}/\mu$ 分解成两项: 第一项是沿 $\boldsymbol{s}$ 方向的磁压力项, 用以抵消 $-\boldsymbol{s}$ 方向的磁压力 (由 (2.6-2) 式第一项表示); 第二项才是净张力.

(2.6-1) 式的第二项表示的是磁压力 (磁压强的梯度), 式中的磁压强是标量, 在所有方向上都是同一值, 也即磁压强是各向同性的. (可参考第 7 章不稳定性的最后部分). 其中平行于磁场方向的磁压力 (即平行于 $\boldsymbol{s}$) 抵消了张力项中相应的压力分量, 即 (2.6-2) 式右边第一项.

因此 Lorentz 力有两个作用: 一方面通过张力作用使磁力线拉直变短; 另一方面通过压力项压缩等离子体. Lorentz 力最终分解为垂直于 $\boldsymbol{B}$、大小为 $\boldsymbol{\nabla}(B^2/2\mu)$

的压力和沿着 $\boldsymbol{B}$ 的拉伸力 $B^2(\boldsymbol{n}/R_c)/\mu$, 相应的应力张量大小也为 $B^2/2\mu$ (这是一部分张力已用以抵消磁压力 $\nabla(B^2/2\mu)$, 由 (2.6-2) 式右边第一项表示), 当磁力线弯曲时这个拉伸力就会产生一个合力.

5. 考虑几个简单例子

(1) 均匀磁场 $B_0\hat{\boldsymbol{y}}$, $\boldsymbol{B}_0$ 为直线, 且磁场强度大小相等, 电流为零, 则 Lorentz 力等于零, 等离子体单元不受力, 因为 Lorentz 力为零, 也就无所谓有磁压力和磁张力.

也可以这样理解. $\boldsymbol{j}\times\boldsymbol{B}=-\nabla(B_0^2/2\mu)+(\mathrm{d}/\mathrm{d}s)(B_0^2/2\mu)\boldsymbol{s}+(B_0^2/\mu)\boldsymbol{n}/R_c$, 因为 B_0 是常数, 且是 $\hat{\boldsymbol{y}}$ 方向的直线, $R_c\to\infty$, 上式右方三项均为零. 二维情况下, 上式右方可写成 $-(\mathrm{d}/\mathrm{d}x)(B_0^2/2\mu)\hat{\boldsymbol{x}}-(\mathrm{d}/\mathrm{d}y)(B_0^2/2\mu)\hat{\boldsymbol{y}}+(\mathrm{d}/\mathrm{d}y)(B_0^2/2\mu)\hat{\boldsymbol{y}}+(B_0^2/\mu)[\boldsymbol{n}/(R_c\to\infty)]=0$, 或 $-(\mathrm{d}/\mathrm{d}x)(B_0^2/2\mu)\hat{\boldsymbol{x}}=0$, 即在 $\hat{\boldsymbol{x}}$ 方向和 $-\hat{\boldsymbol{x}}$ 方向磁压强没有梯度, 即没有力的作用 (图 2.12(a)).

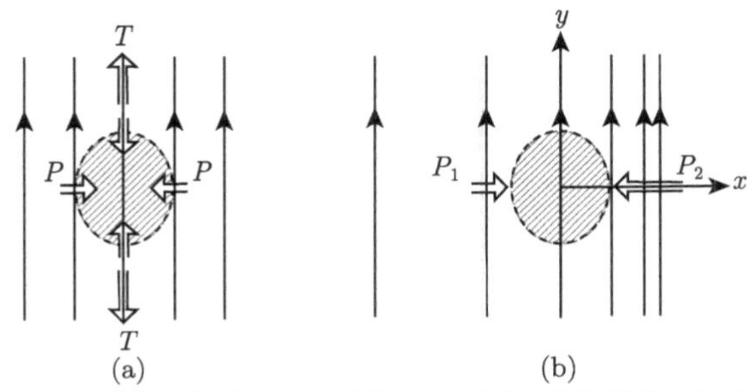

图 2.12 (a) 均匀磁场中, 磁压力 P 和张力 T 平衡; (b) 磁场 $B(x)\hat{\boldsymbol{y}}$, $\mathrm{d}B/\mathrm{d}x>0$. 磁压强不平衡 ($P_2>P_1$)

(2) 设磁场

$$\boldsymbol{B}=B_0\mathrm{e}^x\hat{\boldsymbol{y}} \tag{2.6-3}$$

相应的电流密度

$$\boldsymbol{j}=\frac{1}{\mu}\nabla\times\boldsymbol{B}=\frac{1}{\mu}\frac{\mathrm{d}B_y}{\mathrm{d}x}\hat{\boldsymbol{z}}=\frac{1}{\mu}B_0\mathrm{e}^x\hat{\boldsymbol{z}}$$

Lorentz 力:

$$\boldsymbol{j}\times\boldsymbol{B}=-\frac{1}{\mu}B_0^2\mathrm{e}^{2x}\hat{\boldsymbol{x}}$$

等离子体单元在 $-\hat{\boldsymbol{x}}$ 方向受到力的作用.

或者，有磁压力 $= -\boldsymbol{\nabla}(B_0^2 \mathrm{e}^{2x}/2\mu) = -(\mathrm{d}/\mathrm{d}x)(B_0^2\mathrm{e}^{2x}/2\mu)\hat{\boldsymbol{x}}$ (其中 $\alpha/\alpha y = \alpha/\alpha z = 0$)

$$
\begin{aligned}
\text{磁压力} &= -\nabla\left(\frac{1}{2\mu}B_0^2\mathrm{e}^{2x}\hat{\boldsymbol{x}}\right) = \frac{1}{\mu}B_0^2\mathrm{e}^{2x}\hat{\boldsymbol{x}} \\
\text{磁张力} &= \frac{\mathrm{d}}{\mathrm{d}s}\left(\frac{B_0^2}{2\mu}\mathrm{e}^{2x}\right)\hat{\boldsymbol{s}} + \frac{1}{\mu}B_0^2\mathrm{e}^{2x}\cdot\frac{\boldsymbol{n}}{R_c} \\
&= \frac{\mathrm{d}}{\mathrm{d}y}\left(\frac{B_0^2}{2\mu}\mathrm{e}^{2x}\right)\hat{\boldsymbol{y}} + \frac{1}{\mu}B_0^2\mathrm{e}^{2x}\frac{\boldsymbol{n}}{R_c = \infty} \\
&= 0
\end{aligned}
$$

可见 Lorentz 力对等离子单元的作用来自磁压力的贡献.

从图 2.12(b) 可以看出等离子体单元 $\hat{\boldsymbol{x}}$ 方向受力情况, 左边磁压强 P_1, 小于右边的 P_2, 因为场强是 e^{2x} 的函数, 以至于有 $-\hat{\boldsymbol{x}}$ 方向的作用力.

(3) 设磁场

$$
\boldsymbol{B} = -y\hat{\boldsymbol{x}} + \hat{\boldsymbol{y}} \tag{2.6-4}
$$

产生这个磁场的电流为

$$
\boldsymbol{j} = -\frac{\mathrm{d}B_x}{\mathrm{d}y}\cdot\frac{1}{\mu}\hat{\boldsymbol{z}} = \frac{1}{\mu}\hat{\boldsymbol{z}}
$$

Lorentz 力:

$$
\begin{aligned}
\boldsymbol{F} = \boldsymbol{j}\times\boldsymbol{B} &= \frac{1}{\mu}\hat{\boldsymbol{z}}\times(-y\hat{\boldsymbol{x}} + \hat{\boldsymbol{y}}) \\
&= -\frac{1}{\mu}y\hat{\boldsymbol{y}} - \frac{1}{\mu}\hat{\boldsymbol{x}}
\end{aligned}
$$

$\hat{\boldsymbol{x}}$ 方向的力

$$
(\boldsymbol{j}\times\boldsymbol{B})_x = -\frac{1}{\mu}\hat{\boldsymbol{x}} \tag{2.6-5}
$$

磁力线方程

$$
\frac{\mathrm{d}y}{\mathrm{d}x} = \frac{B_y}{B_x} = -\frac{1}{y} \quad (\mathrm{d}\boldsymbol{r}\times\boldsymbol{B} = 0),
$$

$$
x = -\frac{1}{2}y^2 + c \quad (\text{图 } 2.13) \tag{2.6-6}
$$

$$
\text{磁压力} = -\boldsymbol{\nabla}\frac{1}{2\mu}B^2 = -\frac{1}{2\mu}\boldsymbol{\nabla}(y^2+1) = -\frac{1}{\mu}y\hat{\boldsymbol{y}}
$$

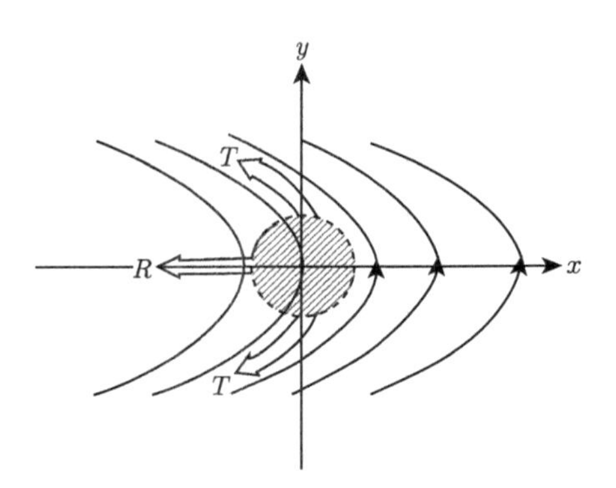

图 2.13 对称的弯曲磁场产生的合力 (R) (方程 (2.6-4))

在 $y=0$ 处, 磁压力为零, 但 Lorentz 力 $(\boldsymbol{j}\times\boldsymbol{B})_{y=0}=-\hat{\boldsymbol{x}}/\mu\neq 0$, 纯由张力所致 (即通过 Lorentz 力表达式, 可知张力大小为 $1/\mu$, 方向在 $-\hat{\boldsymbol{x}}$).

现在计算张力的大小. 沿曲线方向的张力, 其中一部分用以抵消磁压力. 剩下的净张力为 $(B^2/\mu)(\boldsymbol{n}/R_c)$, $\boldsymbol{n}$ 指向凹侧.

$$\text{净张力}=\frac{B^2}{\mu}\frac{\boldsymbol{n}}{R_c}=\frac{1}{\mu}(y^2+1)\frac{\boldsymbol{n}}{R_c} \tag{2.6-7}$$

$$\begin{aligned}\frac{1}{R_c}&=\left|\frac{y''}{(1+y'^2)^{\frac{3}{2}}}\right|\\&=\left|\frac{1}{y^3\left(1+\dfrac{1}{y^2}\right)^{\frac{3}{2}}}\right|\\&=\left|\frac{1}{(1+y^2)^{\frac{3}{2}}}\right|\end{aligned}$$

式中 $y'=-1/y$, $y''=-1/y^3$ [从 (2.6-6) 式对 x 求导].

在 $y=0$ 处, $1/R_c=1$, 代入 (2.6-7) 式, 得净张力 $=(1/\mu)\boldsymbol{n}$, $\boldsymbol{n}$ 指向凹侧.

(4) 设

$$\boldsymbol{B}_0=y\hat{\boldsymbol{x}}+x\hat{\boldsymbol{y}} \tag{2.6-8}$$

$\boldsymbol{\nabla}\times\boldsymbol{B}_0=0$, 所以 $\boldsymbol{j}=0$ (势场). Lorentz 力 $=0$, 磁力线如图 2.14(a) 所示, 原点称为 X 型磁中性点.

磁力线方程 $\mathrm{d}y/\mathrm{d}x=B_y/B_x=x/y$, $y^2-x^2=\text{const}$, 双曲线 (双曲线的标准方程 $x^2/a^2-y^2/b^2=1$, 对于本例即 $a=b$). 从 (2.6-8) 式可以看出磁场强度随着

离开原点的距离增大而增大 ($|\boldsymbol{B}| = \sqrt{y^2 + x^2}$), 对于不同的 const 有不同的一组双曲线对应. 随离原点距离的增加, 双曲线之间越来越靠拢. 如图 2.14(a) 所示, x 轴附近的等离子体单元, 因磁力线向外弯曲, 有张力 T 作用其上. 张力自原点向外, 被磁压力 P 平衡, 因为靠近原点处磁场弱, 磁压强的梯度从原点向外, 磁压力则由外向内.

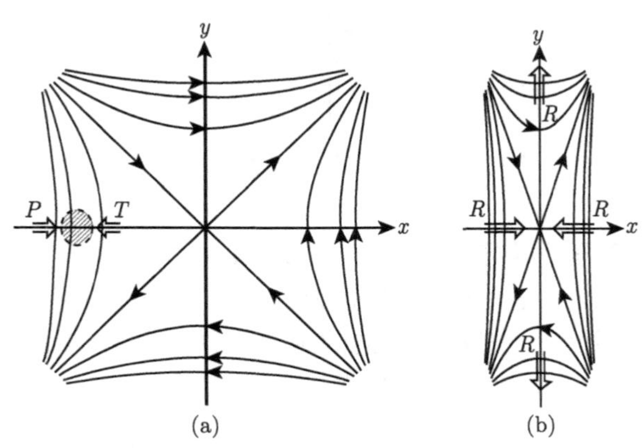

图 2.14　X 型中性点附近的磁力线. (a) 处于平衡态 ($\alpha = 1$); (b) 不平衡态 ($\alpha^2 > 1$). x 轴上合力 (压力) R 向着原点, y 轴上合力 (张力) R 向外

(5) 设

$$\boldsymbol{B}_1 = y\hat{\boldsymbol{x}} + \alpha^2 x\hat{\boldsymbol{y}} \tag{2.6-9}$$

这里 $\alpha^2 > 1$, 从磁力线方程可得到 $y^2 - \alpha^2 x^2 = \text{const}$, 如图 2.14(b) 所示, 仍有 X 型磁中性点, 但是通过中性点的磁力线 $y = \pm\alpha x$ 不再以 $\pi/2$ 的夹角相交. 在 x 轴上, 磁力线在空间上 (与例 (4) 的图 2.14(a) 相比较) 更靠拢一些, 磁压力更强, 但磁力线的曲率比图 2.14(a) 小, 因此磁张力的增加不如磁压力增加得多. 于是磁压力起主导作用, 产生的合力 R, 向着原点方向. 在 y 轴上, 磁力线间的空间间隔与例 (4) (图 2.14(a)) 一样, 但是更弯曲. 所以磁压力与例 (4) 相同, 而张力有所增加, 合力 R 的作用方向向外 (离开原点方向).

通过 Lorentz 力的计算可进一步证实这一点.

$$\frac{1}{\mu}\boldsymbol{\nabla} \times \boldsymbol{B}_1 = \boldsymbol{j}_1, \quad j_{1z} = \frac{1}{\mu}(\alpha^2 - 1)$$

Lorentz 力:

$$\boldsymbol{j}_1 \times \boldsymbol{B}_1 = -\frac{1}{\mu}(\alpha^2 - 1)\alpha^2 x\hat{\boldsymbol{x}} + \frac{1}{\mu}(\alpha^2 - 1)y\hat{\boldsymbol{y}} \tag{2.6-10}$$

右边第一项指向原点, 第二项指向 $|y|$ 增大方向. Dungey (1953) 指出这种磁场位形, 也即由 (2.6-8) 式表示的 $\boldsymbol{B}_0$ 因扰动变成 (2.6-9) 式的 $\boldsymbol{B}_1$ 时, 磁力的作用是增加扰动. 在例 (4) 的情形中磁力 (Lorentz 力) 等于零不起作用. 本例中因扰动, y 方向的磁场由 $\boldsymbol{B}_0$ 时的 x $(\alpha^2 = 1)$ (2.6-8 式) 变成 $\boldsymbol{B}_1$ 时的 $\alpha^2 x$, 且 $\alpha^2 > 1$, Lorentz 力不再为零, 它的 y 方向分量 $(\alpha^2 - 1)y/\mu$ 会继续增加扰动, 表现为 α 不断增加, 所以图 2.14(a) 的 X 型中性点是不稳定的. 随着不稳定性的发展, α 增加, 通过原点的磁力线将会不断靠拢 (这可从图 2.14(a) $\alpha = 1$, 图 2.14(b) $\alpha^2 > 1$ 判断, α 增加, 图形靠拢), 因此电流密度 j_{1z} 和欧姆加热 j^2/σ 也不断增加.

Syrovatskii (1966) 在太阳耀斑模型中已利用了这个想法.

Imshennik 和 Syrovatskii (1967) 提出了位形坍缩的相似解. 从图 2.14(b) 的磁位形可获得很多定性知识, 可以看到每一点的磁场方向. 通过比较磁力线之间的空间间隔, 可得到不同点的相对磁场强度. 通过磁场强度的空间变化和磁力线的曲率, 还可估计磁场强度的梯度方向和张力的方向.

2.7 若 干 定 理

1. Alfvén 磁冻结定理

当磁雷诺数大于 1 时, 通过随等离子体运动的曲线所围的面积的磁通量守恒.

2. 势场有最小能量定理

当封闭表面的磁场法向分量给定时, 该表面包围的空间中, 势场的能量最小. (参见第 3 章)

3. 无力场有最小能量定理

当封闭表面上的磁通量及其联结的拓扑结构给定时, 该表面包围的空间中, 具有最小的能量场是无力场. 但是无力场不必定是能量最小的场.

4. Wolfjer 最小能量定理

当封闭表面上的磁场法向分量以及该表面包围的空间中的磁螺度确定时, 线性无力场的能量为极小.

5. Cowling 无发电机定理 (antidynamo theorem)

等离子体的定态流动不能维持确定于空间有限区域的轴对称磁场, 实质上就是: 定态的轴对称磁场不能维持 (Cowling, 1933).

6. Taylor-Proudman 定理

理想导电等离子体, 其中充满均匀的磁场 $\boldsymbol{B}_0$, 定态的慢速流动必是二维的, 且沿 $\boldsymbol{B}_0$ 方向不会改变.

证明 因为理想导电流体 $\eta_m = 0$, 定态, 感应方程简化为

$$\nabla \times (\boldsymbol{v} \times \boldsymbol{B}) = 0 \tag{2.7-1}$$

连续性方程变为

$$\nabla \cdot (\rho \boldsymbol{v}) = 0 \tag{2.7-2}$$

考虑均匀 (密度为 ρ_0), 处于静止状态 ($\boldsymbol{v}_0 = 0$) 的等离子体的小偏移

$$\rho = \rho_0 + \rho_1, \quad \boldsymbol{v} = \boldsymbol{v}_1, \quad \boldsymbol{B} = \boldsymbol{B}_0 + \boldsymbol{B}_1$$

下标 “0” 表示定态值, “1” 为扰动量. 线性化方程 (2.7-1), (2.7-2).

(2.7-2) 式变为

$$\nabla \cdot (\rho_0 \boldsymbol{v}_1) = 0 \tag{2.7-3}$$

(2.7-1) 式变为

$$\nabla \times (\boldsymbol{v}_1 \times \boldsymbol{B}_0) = 0$$

$$\nabla \times (\boldsymbol{v}_1 \times \boldsymbol{B}_0) = \boldsymbol{v}_1(\nabla \cdot \boldsymbol{B}_0) - \boldsymbol{B}_0(\nabla \cdot \boldsymbol{v}_1) + (\boldsymbol{B}_0 \cdot \nabla)\boldsymbol{v}_1 - (\boldsymbol{v}_1 \cdot \nabla)\boldsymbol{B}_0$$

因为 ρ_0 均匀, 从 (2.7-3) 式可得到 $\nabla \cdot \boldsymbol{v}_1 = 0$, 已知 $\boldsymbol{B}_0$ 为均匀磁场. 于是有

$$\nabla \times (\boldsymbol{v}_1 \times \boldsymbol{B}_0) = (\boldsymbol{B}_0 \cdot \nabla)\boldsymbol{v}_1 = 0$$

可见 $\boldsymbol{v}_1$ 沿 $\boldsymbol{B}_0$ 方向不会改变.

设 $\boldsymbol{v}_1 = \boldsymbol{v}_\perp + \boldsymbol{v}_\parallel$ ($\perp, \parallel$ 均相对于 $\boldsymbol{B}_0$ 方向), 则有 $(\boldsymbol{B}_0 \cdot \nabla)\boldsymbol{v}_\perp = 0$, $(\boldsymbol{B}_0 \cdot \nabla)\boldsymbol{v}_\parallel = 0$, 即 $\boldsymbol{v}_\perp$ 和 $\boldsymbol{v}_\parallel$ 都不沿 $\boldsymbol{B}_0$ 方向改变. $\boldsymbol{v}_1$ 一般为二维量.

7. Ferraro 共转定律

定态、轴对称的磁场和流动, 角速度 (柱坐标中为 v_ϕ/R) 在沿磁力线方向是常量.

对于理想导电的等离子体 $\eta_m = 0$, 围绕 z 轴运动 $\boldsymbol{v} = v_\varphi(R, z)\hat{\boldsymbol{\varphi}}$ 的特例, 证明特别简单: 轴对称的磁场可表达为 $\boldsymbol{B} = B_R(R, z)\hat{\boldsymbol{R}} + B_z(R, z)\hat{\boldsymbol{z}}$. 因为 $\boldsymbol{B}$, $\boldsymbol{v}$ 轴对称, 所以 $\hat{\boldsymbol{\varphi}}$ 分量为常量, 定态时的感应方程: $\nabla \times (\boldsymbol{v} \times \boldsymbol{B}) = 0$.

$$\nabla \times (\boldsymbol{v} \times \boldsymbol{B}) = -\boldsymbol{B}\left[\frac{1}{R}\frac{\partial}{\partial \varphi}v_\varphi(R, z)\right] + (\boldsymbol{B} \cdot \nabla)\boldsymbol{v} - v_\varphi \frac{1}{R}\frac{\partial}{\partial \varphi}\boldsymbol{B}$$

$$= (\boldsymbol{B} \cdot \boldsymbol{\nabla})\boldsymbol{v} = 0$$

$$\boldsymbol{v} = v_\varphi \widehat{\boldsymbol{\varphi}} = \boldsymbol{\omega} \times \boldsymbol{R},$$

$$(\boldsymbol{B} \cdot \boldsymbol{\nabla})\boldsymbol{v} = (\boldsymbol{B} \cdot \boldsymbol{\nabla})(\boldsymbol{\omega} \times \boldsymbol{R}) = \left(B_R \frac{\partial}{\partial R} + B_z \frac{\partial}{\partial z}\right)(\boldsymbol{\omega} \times \boldsymbol{R})$$
$$= B_R \frac{\partial \boldsymbol{\omega}}{\partial R} \times \boldsymbol{R} + B_R \boldsymbol{\omega} \times \frac{\partial \boldsymbol{R}}{\partial R} + B_z \frac{\partial \boldsymbol{\omega}}{\partial z} \times \boldsymbol{R} + B_z \boldsymbol{\omega} \times \frac{\partial \boldsymbol{R}}{\partial z}$$
$$= [(\boldsymbol{B} \cdot \boldsymbol{\nabla})\boldsymbol{\omega}] \times \boldsymbol{R} + B_R \boldsymbol{\omega} \times \widehat{\boldsymbol{R}} = 0$$

右边第一项中有沿 $\boldsymbol{B}$ 方向的方向导数.

$\mathrm{d}\boldsymbol{\omega}$ 的方向一般不平行于 $\boldsymbol{\omega}$, 所以 $[(\boldsymbol{B} \cdot \boldsymbol{\nabla})\boldsymbol{\omega}] \times \boldsymbol{R}$ 一般不与 $B_R \boldsymbol{\omega} \times \widehat{\boldsymbol{R}}$ 平行, $\boldsymbol{B} \cdot \boldsymbol{\nabla} \boldsymbol{v}$ 的二项分别为零, 所以 $[(\boldsymbol{B} \cdot \boldsymbol{\nabla})\boldsymbol{\omega}] \times \boldsymbol{R} = 0$, $(\boldsymbol{B} \cdot \boldsymbol{\nabla})\boldsymbol{\omega}$ 一般不平行于 $\boldsymbol{R}$, 所以 $(\boldsymbol{B} \cdot \boldsymbol{\nabla})\boldsymbol{\omega} = 0$, $v_\varphi = \omega R$, $\boldsymbol{\omega} = (v_\varphi / R)\hat{\boldsymbol{z}}$, $\boldsymbol{B} \cdot \boldsymbol{\nabla}(v_\varphi / R)\hat{\boldsymbol{z}} = 0$, 由上式可知角速度 $\boldsymbol{\omega}$ 沿 $\boldsymbol{B}$ 方向不变, 即 v_φ / R 沿 $\boldsymbol{B}$ 方向不变.

8. 维里 (位力) 定理 (virial theorem)

运动方程 $\rho \dfrac{\mathrm{D}\boldsymbol{v}}{\mathrm{D}t} = -\boldsymbol{\nabla} p + \boldsymbol{j} \times \boldsymbol{B} + \rho \boldsymbol{g}$, 式中的 $\boldsymbol{g}$ 可用引力势表示 $\boldsymbol{g} = -\boldsymbol{\nabla} \Phi$.

运动方程在等离子体中每一点均成立, 方程两边点乘 $\boldsymbol{r}$ (标积) 对整个等离子体所在空间积分. 结果就是 virial 定理, 描述了总的机械能之间的关系. 现在进行推导. 位置矢量 $\boldsymbol{r}$, 从坐标系原点出发, 点乘运动方程左边, 对体积积分, 得

$$\int \rho \boldsymbol{r} \cdot \frac{\mathrm{D}\boldsymbol{v}}{\mathrm{D}t} \mathrm{d}\tau = \int \rho \frac{\mathrm{D}}{\mathrm{D}t}(\boldsymbol{r} \cdot \boldsymbol{v}) \mathrm{d}\tau - \int \rho \boldsymbol{v} \cdot \frac{\mathrm{D}\boldsymbol{r}}{\mathrm{D}t} \mathrm{d}\tau$$
$$= \int \rho \frac{\mathrm{D}}{\mathrm{D}t}\left(\boldsymbol{r} \cdot \frac{\mathrm{D}\boldsymbol{r}}{\mathrm{D}t}\right) \mathrm{d}\tau - \int \rho v^2 \mathrm{d}\tau$$
$$= \frac{1}{2} \int \rho \frac{\mathrm{D}^2 r^2}{\mathrm{D}t^2} \mathrm{d}\tau - 2\mathscr{T} \tag{2.7-4}$$

式中 $\mathscr{T} = \dfrac{1}{2} \displaystyle\int \rho v^2 \mathrm{d}\tau$.

根据 $\dfrac{\mathrm{D}^2}{\mathrm{D}t^2} \displaystyle\int \rho r^2 \mathrm{d}\tau = \dfrac{\mathrm{D}}{\mathrm{D}t}\left[\int \dfrac{\mathrm{D}\rho}{\mathrm{D}t} r^2 \mathrm{d}\tau + \int \rho \cdot 2\boldsymbol{r} \cdot \dfrac{\mathrm{D}\boldsymbol{r}}{\mathrm{D}t} \mathrm{d}\tau + \int \rho r^2 \boldsymbol{\nabla} \cdot \boldsymbol{v} \mathrm{d}\tau\right]$,

式中 $\dfrac{\mathrm{D}}{\mathrm{D}t}(\mathrm{d}\tau) = \boldsymbol{\nabla} \cdot \boldsymbol{v} \mathrm{d}\tau$.

利用连续性方程 $\dfrac{\mathrm{D}\rho}{\mathrm{D}t} + \rho \boldsymbol{\nabla} \cdot \boldsymbol{v} = 0$. 上式右边第一、三项之和为零. 得到

$$\frac{\mathrm{D}^2}{\mathrm{D}t^2} \int \rho r^2 \mathrm{d}\tau = \frac{\mathrm{D}}{\mathrm{D}t} \int \rho \frac{\mathrm{D}r^2}{\mathrm{D}t} \mathrm{d}\tau$$

$$
\begin{aligned}
&= \int \frac{\mathrm{D}\rho}{\mathrm{D}t}\frac{\mathrm{D}r^2}{\mathrm{D}t}\mathrm{d}\tau + \int \rho\frac{\mathrm{D}^2 r^2}{\mathrm{D}t^2}\mathrm{d}\tau + \int \rho\frac{\mathrm{D}r^2}{\mathrm{D}t}\boldsymbol{\nabla}\cdot\boldsymbol{v}\mathrm{d}\tau \\
&= \int \rho\frac{\mathrm{D}^2 r^2}{\mathrm{D}t^2}\mathrm{d}\tau
\end{aligned} \tag{2.7-5}
$$

(又一次利用了连续性方程).

将 (2.7-5) 代入 (2.7-4)

$$
\int \rho\boldsymbol{r}\cdot\frac{\mathrm{D}\boldsymbol{v}}{\mathrm{D}t}\mathrm{d}\tau = \frac{1}{2}\frac{\mathrm{D}^2}{\mathrm{D}t^2}\int \rho r^2\mathrm{d}\tau - 2\mathscr{T}
$$

令关于坐标系原点的转动惯量 $\mathscr{I} = \int \rho r^2\mathrm{d}\tau$,

$$
\int \rho\boldsymbol{r}\cdot\frac{\mathrm{D}\boldsymbol{v}}{\mathrm{D}t}\mathrm{d}\tau = \frac{1}{2}\frac{\mathrm{D}^2\mathscr{I}}{\mathrm{D}t^2} - 2\mathscr{T} \tag{2.7-6}
$$

运动方程右边第一、二项可以写成

$$
-\boldsymbol{\nabla}p + \frac{(\boldsymbol{\nabla}\times\boldsymbol{B})\times\boldsymbol{B}}{\mu} = -\boldsymbol{\nabla}\left(p + \frac{1}{2\mu}B^2\right) + \boldsymbol{\nabla}\cdot\left(\frac{1}{\mu}\boldsymbol{B}\boldsymbol{B}\right) \tag{2.7-7}
$$

位置矢量 $\boldsymbol{r}$ 点乘上式右边第一项, 并对体积积分,

$$
\begin{aligned}
& -\int \boldsymbol{r}\cdot\boldsymbol{\nabla}\left(p + \frac{1}{2\mu}B^2\right)\mathrm{d}\tau \\
&= -\int \boldsymbol{\nabla}\cdot\left[\boldsymbol{r}\left(p + \frac{1}{\mu}B^2\right)\right]\mathrm{d}\tau + \int\left(p + \frac{1}{2\mu}B^2\right)\boldsymbol{\nabla}\cdot\boldsymbol{r}\mathrm{d}\tau \\
&= -\int\left(p + \frac{1}{2\mu}B^2\right)\boldsymbol{r}\cdot\mathrm{d}\boldsymbol{s} + 3\int p\mathrm{d}\tau + \frac{3}{2\mu}\int B^2\mathrm{d}\tau \\
&= -\int\left(p + \frac{1}{2\mu}B^2\right)\boldsymbol{r}\cdot\mathrm{d}\boldsymbol{s} + 3(\gamma - 1)\int\frac{p}{\gamma - 1}\mathrm{d}\tau + \frac{3}{2\mu}\int B^2\mathrm{d}\tau
\end{aligned} \tag{2.7-8}
$$

对 (2.7-7) 式右边第二项作同样的操作和运算,

$$
\frac{1}{\mu}\int \boldsymbol{r}\cdot\boldsymbol{\nabla}\cdot(\boldsymbol{B}\boldsymbol{B})\mathrm{d}\tau = \frac{1}{\mu}\int\boldsymbol{\nabla}\cdot[(\boldsymbol{B}\boldsymbol{B})\cdot\boldsymbol{r}]\mathrm{d}\tau - \frac{1}{\mu}\int\boldsymbol{B}\boldsymbol{B}:\boldsymbol{\nabla}\boldsymbol{r}\mathrm{d}\tau
$$

(对于对称张量 P 有 $\mathsf{P}\cdot\boldsymbol{a} = \boldsymbol{a}\cdot\mathsf{P}$). $\boldsymbol{\nabla}\boldsymbol{r} = \partial x_j/\partial x_i = \mathbf{I}$ (单位张量),

$$
\text{上式} = \frac{1}{\mu}\int(\boldsymbol{B}\boldsymbol{B}\cdot\boldsymbol{r})\cdot\mathrm{d}\boldsymbol{s} - \frac{1}{\mu}\int\boldsymbol{B}\boldsymbol{B}:\mathsf{I}\mathrm{d}\tau
$$

$$\boldsymbol{BB}:\mathsf{I}=\mathrm{trace}(\boldsymbol{BB})=B_x^2+B_y^2+B_z^2=B^2$$

$$上式=\frac{1}{\mu}\int(\boldsymbol{r}\cdot\boldsymbol{B})\boldsymbol{B}\cdot\mathrm{d}\boldsymbol{s}-\frac{1}{\mu}B^2\mathrm{d}\tau \tag{2.7-9}$$

运动方程右边第三项写成 $\rho\boldsymbol{g}=-\rho\boldsymbol{\nabla}\Phi$.

$\mathscr{W}=-\int\rho\boldsymbol{r}\cdot\boldsymbol{\nabla}\Phi\mathrm{d}\tau$ 称为克劳修斯维里 (virial of Clausius), 量纲分析是力乘距离 (功), 是能量量纲. 因此可用系统的总势能来表示. 如果在计算势能时可忽略不计曲面 S (包围体积 V 的面) 外的任何质量, $\mathscr{W}$ 便等于系统总的引力能

$$\mathscr{W}=-\sum_j m_j\boldsymbol{r}_j\cdot\sum_k\frac{Gm_k(\boldsymbol{r}_j-\boldsymbol{r}_k)}{|(\boldsymbol{r}_j-\boldsymbol{r}_k)|^3}$$

下标 j 是对系统内所有质量求和, k 是对所有受到 m_j 引力作用的质量求和, 在二重求和中, 下标 j 和 k 互换时每对相互作用被计算两次. 所以

$$\begin{aligned}\mathscr{W}&=-\frac{1}{2}\left[\sum_{j<k}m_j\boldsymbol{r}_j\cdot\sum_k\frac{Gm_k(\boldsymbol{r}_j-\boldsymbol{r}_k)}{|\boldsymbol{r}_j-\boldsymbol{r}_k|^3}+\sum_{k<j}m_k\boldsymbol{r}_k\cdot\sum_j\frac{Gm_j(\boldsymbol{r}_k-\boldsymbol{r}_j)}{|\boldsymbol{r}_k-\boldsymbol{r}_j|^3}\right]\\&=-\frac{1}{2}\sum\sum_{j<k}\frac{Gm_jm_k(r_j^2-\boldsymbol{r}_j\cdot\boldsymbol{r}_k+r_k^2-\boldsymbol{r}_k\cdot\boldsymbol{r}_j)}{|\boldsymbol{r}_j-\boldsymbol{r}_k|^3}\\&=-\frac{1}{2}\sum\sum_{j<k}\frac{Gm_jm_k(\boldsymbol{r}_j-\boldsymbol{r}_k)^2}{|\boldsymbol{r}_j-\boldsymbol{r}_k|^3}\\&=-\frac{1}{2}\sum\sum_{j<k}\frac{Gm_jm_k}{|\boldsymbol{r}_j-\boldsymbol{r}_k|}\end{aligned}$$

$$m_j=\rho(\boldsymbol{r})\mathrm{d}\tau,\quad m_k=\rho(\boldsymbol{r}')\mathrm{d}\tau'$$

$$\begin{aligned}\mathscr{W}&=-\frac{1}{2}G\int\rho(\boldsymbol{r})\int\frac{\rho(\boldsymbol{r}')}{|\boldsymbol{r}-\boldsymbol{r}'|}\mathrm{d}\tau'\mathrm{d}\tau\\&=-\frac{1}{2}G\iint\rho(\boldsymbol{r})\rho(\boldsymbol{r}')(\boldsymbol{r}-\boldsymbol{r}')^{-1}\mathrm{d}\tau'\mathrm{d}\tau\end{aligned} \tag{2.7-10}$$

整理 (2.7-6) 至 (2.7-10) 得到

$$\frac{1}{2}\frac{\mathrm{D}^2\mathscr{I}}{\mathrm{D}t^2}=2\mathscr{T}+3(\gamma-1)\mathscr{U}+\mathscr{M}+\mathscr{W}+\mathscr{S} \tag{2.7-11}$$

式中

$$\mathscr{I} = \int \rho r^2 \mathrm{d}\tau \qquad \text{转动惯量}$$

$$\mathscr{T} = \int \frac{1}{2}\rho v^2 \mathrm{d}\tau \qquad \text{动能}$$

$$\mathscr{U} = \int \frac{p}{\gamma - 1} \mathrm{d}\tau \qquad \text{内能}$$

$$\mathscr{M} = \int \frac{1}{2\mu} B^2 \mathrm{d}\tau \qquad \text{磁能}$$

$$\mathscr{W} = -\frac{1}{2} G \iint \rho(\boldsymbol{r})\rho(\boldsymbol{r}')|\boldsymbol{r} - \boldsymbol{r}'|^{-1} \mathrm{d}\tau' \mathrm{d}\tau \qquad \text{引力能}$$

$$\mathscr{S} = \frac{1}{\mu} \int_S (\boldsymbol{r} \cdot \boldsymbol{B})\boldsymbol{B} \cdot \mathrm{d}\boldsymbol{S} - \int_S \left(p + \frac{1}{2\mu} B^2\right) \boldsymbol{r} \cdot \mathrm{d}\boldsymbol{S} \qquad \text{表面的贡献}$$

(2.7-11) 式右边 $\mathscr{W}$ 总是为负, $\mathscr{S}$ 经常为负. 没有这两项, 则系统不可能处于平衡态 (即 $\mathrm{D}^2\mathscr{I}/\mathrm{D}t^2 = 0$), 或者处于减速状态 ($\mathrm{D}^2\mathscr{I}/\mathrm{D}t^2 < 0$).

当系统处于平衡态, 或至少处于定态时, 则方程的时间平均为零, 即令 (2.7-11) 左边的加速项为零.

$$2\langle \mathscr{T} \rangle + 3(\gamma - 1)\langle \mathscr{U} \rangle + \langle \mathscr{M} \rangle + \langle \mathscr{W} \rangle + \langle \mathscr{S} \rangle = 0$$

天文学中 virial 定理的应用常是用系综平均代替时间平均, 即以系综平均替代各态历经 (ergodic), 对于由大量粒子组成的系统这种替代是合理的, 但对于仅有几个组成部分的系统须小心审视.

2.8　磁通管行为的总结

磁位形基本上为两种: 磁通管和电流片. 为了研究它们的性质, 常把它们看作孤立的实体. 不过应该记得的是, 实际上它们并不孤立, 而且与周围磁场有密切的相互作用.

磁通管最重要的例子可能就是太阳黑子, 光球上的大磁通管穿出太阳表面. 另一个例子便是极细的强磁通管, 位于米粒和超米粒组织的边界. 此外还有暗条和充满太阳大气外层的大量冕环.

1. 定义

磁力线即线上任一点的切线是 $\boldsymbol{B}$ 的方向, 因此在直角坐标系中磁力线就是下面方程的解, 对于二维问题,

$$\frac{\mathrm{d}y}{\mathrm{d}x} = \frac{B_y}{B_x}$$

对于三维问题,

$$\frac{\mathrm{d}x}{B_x}=\frac{\mathrm{d}y}{B_y}=\frac{\mathrm{d}z}{B_z}$$

对于柱坐标和球坐标, 磁力线方程分别为

$$\frac{\mathrm{d}R}{B_R}=\frac{R\mathrm{d}\phi}{B_\phi}=\frac{\mathrm{d}z}{B_z};\qquad \frac{\mathrm{d}r}{B_r}=\frac{r\mathrm{d}\theta}{B_\theta}=\frac{r\sin\theta\mathrm{d}\phi}{B_\phi}$$

磁通管是由磁力线束围成的体积, 相交于简单的封闭曲线 (图 2.15).

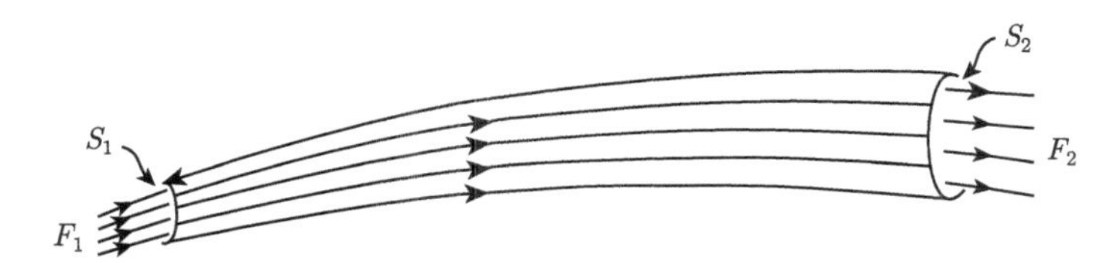

图 2.15 磁通管的两端面分别为 S_1 和 S_2, 分别有磁通量 F_1 和 F_2

磁通管的强度 F 可定义为穿过截面 S 的通量

$$F=\int \boldsymbol{B}\cdot\mathrm{d}\boldsymbol{S} \tag{2.8-1}$$

$\mathrm{d}\boldsymbol{S}$ 取 $\boldsymbol{B}$ 的指向, 所以 F 总为正.

磁绳定义为扭转的磁通管. 孤立的磁通管的外部, 磁场为零.

2. 一般性质

(1) 沿磁通管的长度方向, 磁通管的强度 (由 (2.8-1) 式定义) 保持不变.

参照图 2.15, 对于包围体积 V 的封闭面 S, 求 (2.8-1) 式的积分

$$\int_S \boldsymbol{B}\cdot\mathrm{d}\boldsymbol{S}=\int_{S_1}\boldsymbol{B}\cdot\mathrm{d}\boldsymbol{S}+\int_{S_2}\boldsymbol{B}\cdot\mathrm{d}\boldsymbol{S}+\int_{\text{侧面}}\boldsymbol{B}\cdot\mathrm{d}\boldsymbol{S}$$

对侧面的积分, 因为 $\boldsymbol{B}\perp\mathrm{d}\boldsymbol{S}$, 所以为零.

由

$$\int_S \boldsymbol{B}\cdot\mathrm{d}\boldsymbol{S}=\int \nabla\cdot\boldsymbol{B}\mathrm{d}V \quad 及 \quad \nabla\cdot\boldsymbol{B}=0$$

得

$$\int_{S_1}\boldsymbol{B}\cdot\mathrm{d}\boldsymbol{S}=-\int_{S_2}\boldsymbol{B}\cdot\mathrm{d}\boldsymbol{S}$$

(S_1 和 S_2 的外法线方向相反).

换言之, 磁通管强度 $F = \int \boldsymbol{B} \cdot \mathrm{d}\boldsymbol{S}$ 沿长度方向保持不变.

(2) 当磁通管缩小时, 平均场强增加, 扩大时场强则减小.

可以利用通过管子的平均场 $\overline{B}$ 来改写 (2.8-1) 式, $F = \overline{B}A$. A 是磁通管的截面积. 因为磁通管强度不变, 沿磁通管前进, 截面积 A 变小时, $\overline{B}$ 增加. 反之亦然. 磁场强的区域磁力线密集靠拢, 弱的区域则磁力线分散. 这是 $\boldsymbol{\nabla} \cdot \boldsymbol{B} = 0$ 的直接结果.

(3) 对于理想磁流体, 当磁通管压缩时, B 和 ρ 以相同比例增加.

考虑柱状磁通管, 尺度从 l_0 和 L_0 变成 λl_0 和 $\lambda^* L_0$ (图 2.16).

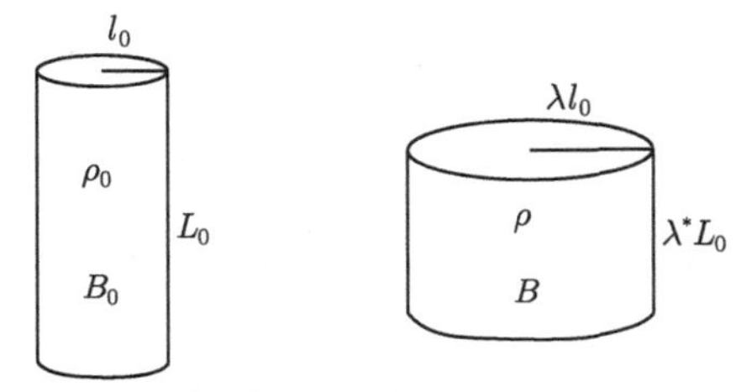

图 2.16　磁通管磁场强度 $B_0 \to B$, 等离子体密度 $\rho_0 \to \rho$, 尺度变化因子 λ, λ^*

初始密度和磁场强度为均匀 ρ_0, B_0, 等离子体中的磁场处于冻结状态. 因质量守恒有

$$\rho\pi(\lambda l_0)^2(\lambda^* L_0) = \rho_0 \pi l_0^2 L_0$$

发生变化后的密度

$$\rho = \frac{\rho_0}{\lambda^2 \lambda^*} \tag{2.8-2}$$

磁通量守恒 $B\pi(\lambda l_0)^2 = B_0 \pi l_0^2$.

变化后的磁场强度

$$B = \frac{B_0}{\lambda^2} \tag{2.8-3}$$

因此假如磁通管的长度保持不变, 即 $\lambda^* = 1$, 则有 $B/\rho(= B_0/\rho_0) = \text{const}$. 横向的压缩 ($\lambda < 1$) 会以同样的比例增加 B 和 ρ. 横向的扩张, 会使 B 和 ρ 均减小. 上述结论仅当等离子体的长度不变时成立. 因此该结论不能应用于冕环. 观测到的冕环磁场的增强不能归因于环的横向压缩, 因为等离子体可能从环的足点流入或流出.

(4) 没有压缩的情况下, 磁通管的伸长使磁场强度增强.

假如等离子体不受压缩, 而且它的密度不变, 从 (2.8-2) 可知 $\lambda^2\lambda^* = 1$, 代入 (2.8-3) 式, 得 $B = \lambda^* B_0$. 因此管子伸长 ($\lambda^* > 1$) 磁场相应增强; 磁通管缩短 B 就减弱. 磁通管长度的增加在太阳中是会发生的. 例如对流层中的剪切运动或是较差旋转.

(5) 当柱状磁通管处于磁流体静力学平衡时, 等离子体压强 $p(R)$ 和磁场强度分量 $B_\phi(R)$, $B_z(R)$ 之间有关系

$$
\begin{aligned}
0 &= -\boldsymbol{\nabla} p + \frac{1}{\mu}\boldsymbol{\nabla} \times \boldsymbol{B} \times \boldsymbol{B} \\
&= -\boldsymbol{\nabla} p - \boldsymbol{\nabla}\left(\frac{1}{2\mu}B^2\right) + \frac{1}{\mu}(\boldsymbol{B}\cdot\boldsymbol{\nabla})\boldsymbol{B} \\
\boldsymbol{B}\cdot\boldsymbol{\nabla}\boldsymbol{B} &= (B_\phi\widehat{\boldsymbol{\phi}} + B_z\hat{\boldsymbol{z}})\cdot\left(\frac{1}{R}\frac{\partial}{\partial\varphi}\widehat{\boldsymbol{\phi}} + \frac{\partial}{\partial z}\hat{\boldsymbol{z}}\right)(B_\phi\widehat{\boldsymbol{\phi}} + B_z\hat{\boldsymbol{z}}) \\
&= \frac{B_\phi^2}{R}(-\widehat{\boldsymbol{R}})
\end{aligned}
$$

p, B 只是 R 的函数, (力的作用方向在 $-\widehat{\boldsymbol{R}}$ 方向)

$$
0 = \frac{\mathrm{d}p}{\mathrm{d}R} + \frac{\mathrm{d}}{\mathrm{d}R}\left[\frac{1}{2\mu}(B_\phi^2 + B_z^2)\right] + \frac{1}{\mu R}B_\phi^2 \tag{2.8-4}
$$

在磁力线方向上 $\boldsymbol{B}\cdot\boldsymbol{\nabla}\boldsymbol{B}$ 有一部分抵消磁压力, 现在讨论的是在 $\widehat{\boldsymbol{R}}$ 方向 (不在磁力线方向).

右边第二项代表磁压力, 假如 $B^2/2\mu$ 随 R 增加而减小, 说明梯度方向由外向内, 则磁压力的作用方向向外. 第三项为张力, 作用方向在 $-\widehat{\boldsymbol{R}}$ 方向, 由磁力线绕转的角分量 B_ϕ 引起. 磁力线从长为 $2L$ 的管子一端绕至另一端的绕转为 $\varPhi(R) = [2LB_\phi(R)]/[RB_z(R)]$.

对 $\varPhi(R)$ 作进一步说明.

柱坐标下, 磁力线方程为 $R\mathrm{d}\phi/B_\phi = \mathrm{d}z/B_z$. 现在磁力线绕在柱体表面, 所以 $\mathrm{d}R = 0$, 一根磁力线绕管子的轴 (长为 $2L$) 从一端至另一端. 绕转的总角度

$$
\varPhi = \int \mathrm{d}\phi = \int_0^{2L} \frac{1}{R}\frac{B_\phi}{B_z}\mathrm{d}z
$$

B_ϕ, B_z 仅是 R 的函数. 柱半径 R 与 z 无关

$$
\varPhi(R) = \frac{2LB_\phi(R)}{RB_z(R)}
$$

$4\pi L/\Phi$ 即磁力线的螺距 (磁力线绕轴一圈, 投影在轴上的长度).

记螺距

$$h = \frac{4\pi L}{\Phi} = \frac{4\pi LRB_z(R)}{2LB_\phi(R)} = 2\pi R\frac{B_z(R)}{B_\phi(R)}$$

实际上 $|B_z| = h(\phi/2\pi)$, 式中 h 为螺距 (pitch), ϕ 为转角, $|B_z|$ 为磁力线 z 分量的长度.

螺距 $h = 2\pi|B_z|/\phi$, 柱坐标中 $R\phi = |B_\phi|$, $\phi = |B_\phi/R|$, 代入 h 的表达式 $h = 2\pi R(B_z/B_\phi)$.

圆柱长为 $2L$, $m = 2L/h$ 即为绕转的圈数, 例如: 当 $h = 2L$ (螺距长 = 圆柱长), $m = 1$ 时, 则只能绕一圈. 当 $h < 2L$, $m > 1$ 时, 则多于一圈. $m = 2L/h = 2L/(4\pi L/\Phi) = \Phi/2\pi$, 当 $h = 2L$ 时, $m = 1$, 即 $\Phi = 2\pi$, 当 $h < 2L$ 时, $m > 1$, 则 $\Phi > 2\pi$.

Φ 是绕转的总角度, 是绕转的度量.

(6) 两端自由的柱状磁通管, 处于无力场平衡, 有如下性质:

(i) 柱状, 设 $R = a$, 磁场 $B(a)$ 为固定值, 则跨越磁通管径向的 B_z 的均方值 $\langle B_z^2\rangle = B^2(a)$, 相对于绕转而言, 是一个不变量.

证明 前已求得磁流体静力学平衡关系, (2.8-4) 式:

$$0 = \frac{\mathrm{d}p}{\mathrm{d}R} + \frac{\mathrm{d}}{\mathrm{d}R}\left[\frac{1}{2\mu}(B_\phi^2 + B_z^2)\right] + \frac{1}{\mu R}B_\phi^2$$

不计流体压力时, 有无力场平衡方程:

$$\frac{\mathrm{d}}{\mathrm{d}R}\left(\frac{1}{2\mu}[B_\phi^2 + B_z^2]\right) + \frac{1}{\mu R}B_\phi^2 = 0 \tag{2.8-5}$$

设

$$B^2 = f(R) \tag{2.8-6}$$

式中 $B^2 = B_\phi^2 + B_z^2$. 代入 (2.8-4) 式, 可解出

$$B_\phi^2 = -\frac{1}{2}R\frac{\mathrm{d}f}{\mathrm{d}R} \tag{2.8-7}$$

(柱内压强 = 柱外压强, 有平衡态 $p + B^2/2\mu = f'$, 无力场 $p \approx 0$, 所以 $B^2 = f$, 可以看出 f 的物理意义).

考虑有限半径 a, 扭转对无力的磁通管的影响. 假设扭转时, 磁场保持柱状对称, 扭转不影响轴向场 B_z 的均方值, 即 $\langle B_z^2\rangle$ 不变. 因为

$$\langle B_z^2\rangle = \frac{1}{\pi a^2}\int_0^a \cdot B_z^2 \cdot 2\pi R\mathrm{d}R$$

$$= \frac{2}{a^2}\int_0^a R(B^2 - B_\phi^2)\mathrm{d}R$$

将式 (2.8-6), 式 (2.8-7) 代入上式, 得

$$\begin{aligned}
\text{上式} &= \frac{2}{a^2}\int_0^a \left(Rf + \frac{1}{2}R^2\frac{\mathrm{d}f}{\mathrm{d}R}\right)\mathrm{d}R \\
&= \frac{1}{a^2}\int_0^a \frac{\mathrm{d}}{\mathrm{d}R}(R^2 f)\mathrm{d}R \\
&= f(a)
\end{aligned}$$

或根据 (2.8-6) 式 $\langle B_z^2\rangle = B^2(a)$, $\langle B_z^2\rangle$ 相对于绕转而言是一个不变量.

当磁通管扭转时, B_z 在整个磁通管上的平均值变小, 而且常小于 $B(a)$, 因为一部分磁场转为 B_ϕ. 事实上, 求均方值 $\langle B_z^2\rangle$ 的平均过程中, 与 ϕ 有关的量因为绕转平均后, 效果为零.

(ii) 假定磁通管扩张, 轴向 (B_z) 和角向 (B_ϕ) 磁通量保持不变. 管子绕轴的扭转就越来越厉害 (圈数增加). 因为磁通管扩张. z 方向磁通量不变, 则 B_z 变小. $B^2 = B_z^2 + B_\phi^2$ 总能量不变. B_ϕ 增大. 由式 $\varPhi(R) = [2LB_\phi(R)]/[RB_z(R)]$, $\varPhi$ 增大, 即绕轴的圈数要增加. 最终当 ϕ 方向的磁压力超过轴方向的张力 (与 B_z 有关) 时, 磁通管不再能处于拉紧状态, 而是扭曲状态. (假定不稳定性还没有开始)

(iii) 设磁通管只有一段扩张, 而且轴向磁通量及角向扭力矩保持固定, 绕转的磁力线就转移到扩张段, 结果比起磁通管的其余部分, 这段管子环绕更多的磁力线.

z 方向磁通量保持不变. 因为扩张, B_ϕ 增大 (参考 (ii) 的结论) 则 $\varPhi$ 增大.

(7) 两端自由、扭转的磁通管是螺旋扭折不稳定的. 根据 Kruskal-Shafranov-Taylor 判据, 当轴向波长 $(-2\pi/k)$ 满足 $-k\cdot 2L \ll \varPhi$ 时, 所有螺旋扭折扰动是不稳定的. 长度为 $2L$、两端固定的磁通管是稳定. 例如: 均匀扭转的无力场磁通管, 绕转量 $\varPhi > 2.6\pi$, 才不稳定. 等离子体压强离轴越远则越大也是趋稳因素.

(8) 均匀等离子体中, 波的基本模式, 当它们在磁通管中传播时, 因几何形状的影响而改变. 扭转 (torsional) 的 Alfvén 波以 Alfvén 速度传播 (第 4 章), 磁声管波 (magnetoacoustic tube waves) 的振幅与径向有关, 慢 (腊肠) 表面波波速小于管波速度 c_T (第 4 章), c_T 既小于声速也小于 Alfvén 速度, $c_T^2 = c_s^2 v_A^2/(c_s^2 + v_A^2)$. 慢 (扭折) 表面波速为 $v_A/\sqrt{2}$, 慢 (扭折和腊肠) 体波波速为 c_T, 快 (体波或表面波) 波速为管外声速. 在有些半径距离处, 有 Alfvén 或者会切点 (cusp) 共振, 波可能被吸收, 从而加热等离子体.

(9) 孤立磁绳的轴向电流为零. 沿包围磁绳的闭合回路积分, 磁绳外磁场为零,

根据 Stokes 定理, $\int \boldsymbol{B}\cdot \mathrm{d}\boldsymbol{l} = \int \boldsymbol{\nabla}\times\boldsymbol{B}\cdot\mathrm{d}\boldsymbol{s} = \int \mu\boldsymbol{j}\cdot\mathrm{d}\boldsymbol{s} = 0$, 式中的电流是沿磁绳的总电流. 特别地, 如果磁绳内部有单向电流, 则必有等量反向的沿磁绳的表面电流.

3. 太阳大气中的磁通管

(1) 对流活动会排挤参与对流的涡旋的内部磁场, 使磁场集中于边上, 形成纵向磁通管. 其中的磁场强度超过光球, 根据能量均分求得的磁场强度, 典型值为几百高斯 (见第 8 章).

(2) 处于受引力作用而分层的介质中的水平磁通管, 受到磁浮力的作用, 有上升的趋势. 假如磁拱的足点固定, 相隔距离小于几个标高 (第 8 章), 则磁通管能处于平衡态. 如果磁场强度随高度减小太快, 磁浮力也能使处于平衡态的磁场不稳定. 最终的上升速率在第 8 章作了估计.

(3) 太阳黑子比较冷, 因为对流受到阻止.

(4) 一个太阳黑子可能是由一个处于平衡态的单独的大磁通管构成的, 它的直径随深度增加而单调减小, 只要它的磁通量大约超过 10^{11} Wb (10^{19} Mx) 就是磁流体力学稳定的, 对于细磁通管, 磁通量小于上述值, 会发生槽形不稳定性 (第 8 章).

(5) 假如几百高斯静态光球的磁通管处于不稳定条件下, 有可能形成强磁通管. 因为不稳定性引起等离子体向下流动和磁场的聚合达到一个新的平衡态. 典型的场强为 1—2 kG (第 8 章).

(6) 位于光球下, 处于静力学和热平衡的细磁通管随高度增加而变粗 (第 8 章). 假如磁通管的温度比周围环境低, 超过几个标高后, 管内物质被排空 (第 8 章).

(7) 冕环的静力平衡一般由下式表述

$$\boldsymbol{j}\times\boldsymbol{B} - \boldsymbol{\nabla}p + \rho\boldsymbol{g} = 0$$

在活动区, 磁场近似为无力场, $\boldsymbol{B}$ 满足 $\boldsymbol{j}\times\boldsymbol{B}=0$. 沿着每根磁力线的等离子体结构可依据 $-\boldsymbol{\nabla}p+\rho\boldsymbol{g}=0$ 及能量方程得到 (第 6 章).

(8) 引入压强差可驱动沿光球的环和冕环的虹吸流, 向下和向上的流动则有多种方法使之产生 (第 6 章).

2.9　电流片行为的总结

太阳大气的大部分区域, 磁场的特征长度 L 是相当大的, 典型值为 1000 至 10000 公里, 因此相应的电流密度

$$j \approx \frac{B}{\mu L} \tag{2.9-1}$$

很小. 但是我们相信可能存在电流片, 厚度远小于 L, 相应的电流密度远大于 (2.9-1) 式给出的值. 电流片可能是一个暂态过程, 从中释放的能量能加热日冕 (第 6 章). 在耀斑过程中可能起主要作用 (第 10 章). 日冕上显示为大尺度的暗条 (第 11 章). 另外, 它们可能存在于磁通管 (如黑子) 表面以及封闭场和开放场边界上的盔状流的边缘.

电流片可定义为两个等离子体区域间的不动 (non-propagating) 边界. 磁场与边界相切. 可看作切向间断 (第 5 章), 没有穿越间断的流动. 场的切向分量大小和方向均为任意, 只要求总压强连续,

$$p_2 + \frac{1}{2\mu}B_2^2 = p_1 + \frac{1}{2\mu}B_1^2 \tag{2.9-2}$$

下标 "1" 和 "2" 分别表示电流片的两边.

上式即使对于弯曲的电流片也成立, 因为磁张力不会产生额外的项.

(1) 活动区内磁场很强. 因此电流片之外的等离子体压强 (p_1, p_2) 可以忽略. 于是 (2.9-2) 式表示电流片两侧的磁场强度相等. 但方向可以不同. 如图 2.17(a) 所示.

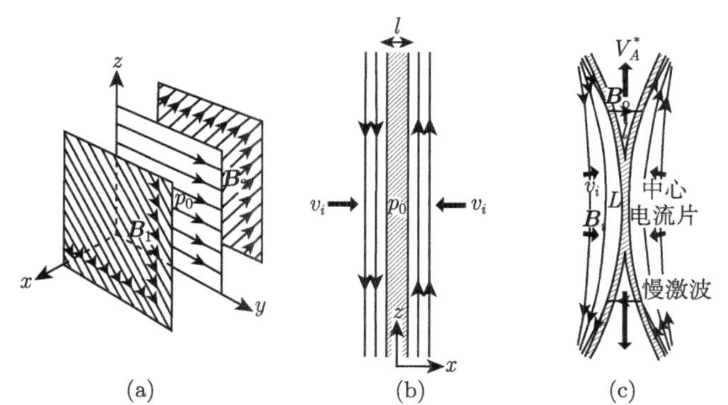

图 2.17 (a) yz 平面上的电流片, 磁场 $\boldsymbol{B}_1$ 跨过该平面旋转, 变为 $\boldsymbol{B}_2$;
(b) 跨越中性电流片的平面 (xz 平面), 磁场在中心部位消失, 等离子体压强为 p_0;
(c) 磁力线通过电流片时, 发生磁重联, 中心部分的电流片分叉成两对慢激波

(2) 假定 x 轴垂直于电流片所在平面, y 轴把电流片两侧的磁场方向之间的夹角二等分. 当从 $+x$ 穿过电流片进入 $-x$ 范围时, 电流片两边磁场的 y 分量在间断面上保持不变, B_z 则反向. 两侧的压强相等. 电流片中心, 等离子体压强增强为

$$p_0 = \frac{1}{2\mu}B_{z1}^2 = \frac{1}{2\mu}B_{z2}^2$$

特别是当 $B_y = 0$ 时, 就是一个中性电流片. 中性片的中心部位, 磁场完全消失. 中性片两侧的磁场是反向的 (图 2.17(b)), 研究最多的就是这种中性电流片.

(3) 从间断面的角度看, 电流片很像激波, 间断面两侧理想磁流体力学方程组成立. 间断面的宽度及内部结构由扩散过程决定. 与激波的相似仅此而已. 电流片不能像激波那样可以传播, 它们最终倾向于扩散, 等离子体则以 Alfvén 速度从两端喷射出去. 如图 2.17(c) 所示.

2.9.1 电流片的形成过程

有三种方法形成电流片.

(1) X 型中性点附近区域的坍缩 (2.6 节).

(2) 磁位形拓扑上分离的部分相互靠拢或剪切, 它们之间的边界上能产生电流片.

(3) 当磁流体力学平衡变得不稳定, 或者甚至平衡态不存在 (即非平衡态) 时, 电流片可能会产生. 特别是当一个复杂的日冕无力场的光球足点移动时, 日冕磁场总是不能调节至新的无力平衡, 结果形成电流片.

2.9.2 电流片的性质

(1) 没有流动时, 电流片的扩散速度为 η_m/l, η_m 是磁扩散率. 磁场湮没, 磁能通过欧姆耗散转换成热能.

(2) 电流片外面的区域是磁冻结的. 等离子体和磁通量一起以速度 v_i 向电流片运动, 如果 $v_i < \eta_m/l$, 电流片就扩张. 如果 $v_i > \eta_m/l$, 电流片就变薄, $v_i = \eta_m/l$ 就维持住一个定态.

(3) 电流片中心部位等离子体压力的增强驱动物质从电流片端点以 Alfvén 速度喷出. Alfvén 速度 v_A^* 由外磁场 (电流片外) 和内部物质密度 (电流片内) 确定. $B_{\text{out}}^2/2\mu = \frac{1}{2}\rho_{\text{in}}v^2$, $v_A^{*2} = v^2 = B_{\text{out}}^2/(\mu\rho_{\text{in}})$, 电流片内产生磁重联 (图 2.17(c)), 磁通量与物质一起喷出. 电流片的中心是 X 型中性点. 对于定态流动, 输运磁通量的速率保持不变, 也即磁通量进入电流片的速率 v_iB_i 等于离开的速率 $v_A^*B_o$. 下标 “i”“o” 分别表示输入和输出值. 因此当流入速度是亚 Alfvén 速度时 (即 $v_i < v_A^*$), 外流的场强为

$$B_o = \frac{v_i}{v_A^*}B_i$$

外流场强 $B_o < B_i$ (流入电流片的场强). 电流片的一个重要作用是把磁能转变为热能和流动能.

(4) 成对的慢磁流体力学激波从电流片两端向外传播, 在定态流动中慢激波是驻定的. 电流片的尺度如图 2.18 所示. v_i 是流入速度. v_A^* 是等离子体流出速度 (喷射) ρ_i 流入等离子体密度, ρ_o 为流出密度,

$$l = \frac{\eta_m}{v_i}, \quad L = \frac{\rho_o v_A^*}{\rho_i v_i} l \quad (\text{根据质量守恒求得})$$

在一个大的内流速度 (v_i) 的范围内, 可以发生磁重联. 电流片的尺度 (l, L) 随 v_i 而变. v_i 有一个极大值, 位于 $0.01v_{Ae}$ 和 $0.1v_{Ae}$ 之间, 仅轻度依赖于磁雷诺数 (第 10 章). v_{Ae} 是离电流片远处外部的 Alfvén 速度.

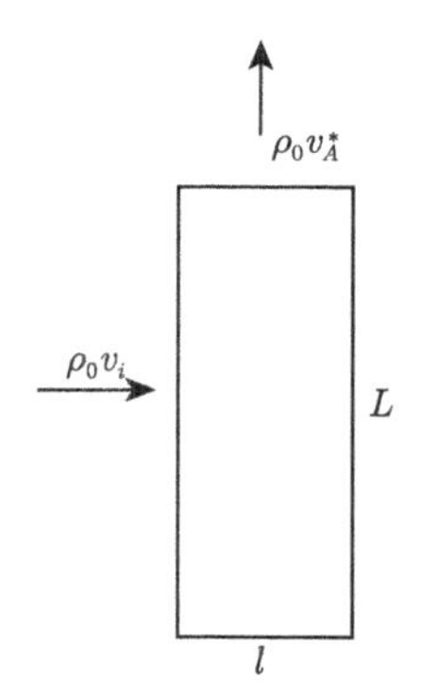

图 2.18 电流片示意图

(5) 考虑平衡态的电流片, 单向磁场 $B(x)\hat{\boldsymbol{y}}$ 在 $x=0$ 处方向反转, 总压强

$$p(x) + \frac{1}{2\mu}B^2(x) = \text{const}$$

这样的电流片可以发生撕裂模不稳定, 不稳定性的时标 (增长率的倒数) 是 $(\tau_d \tau_A)^{1/2}$. τ_d: 扩散时间, τ_A: Alfvén 波的渡越时间 (第 7 章). 在非线性增长中, 电流片根据不同的边界条件有时发展成准定态的快重联状态.

第 3 章　磁流体静力学

3.1　静力学方程组

运动方程

$$\rho\frac{\mathrm{D}\boldsymbol{v}}{\mathrm{D}t}=-\nabla p+\boldsymbol{j}\times\boldsymbol{B}+\rho\boldsymbol{g}$$

左边的惯性项在下列条件下可忽略: 流速远小于声速 $(\gamma p_0/\rho_0)^{1/2}$, Alfvén 速度 $B_0/(\mu\rho_0)^{1/2}$ 和自由落体速度 $(2gl_0)^{1/2}$, 式中 l_0 为标高 $\left(l_0=\dfrac{1}{2}gt^2\right.$, 自由落体速度 $\left.v_f=gt=g(2l_0/g)^{1/2}=(2gl_0)^{1/2}\right)$. 结果得到磁流体静力学平衡条件

$$0=-\nabla p+\boldsymbol{j}\times\boldsymbol{B}+\rho\boldsymbol{g}\tag{3.1-1}$$

本章的目的是求解联立方程组

$$\begin{cases}-\nabla p+\boldsymbol{j}\times\boldsymbol{B}+\rho\boldsymbol{g}=0\\ \boldsymbol{j}=\dfrac{1}{\mu}\nabla\times\boldsymbol{B} & (3.1\text{-}2)\\ \nabla\cdot\boldsymbol{B}=0 & (3.1\text{-}3)\\ \rho=\dfrac{mp}{k_BT}\quad(\text{状态方程}) & (3.1\text{-}4)\\ \text{能量方程}\end{cases}$$

假设引力在 $-\hat{\boldsymbol{z}}$ 方向, s 量度沿磁力线的距离, 磁力线与 $\hat{\boldsymbol{z}}$ 方向的夹角为 θ, 则 (3.1-1) 式与 $\boldsymbol{B}$ 平行方向的分量式为

$$0=-\frac{\mathrm{d}p}{\mathrm{d}s}-\rho g\cos\theta$$

Lorentz 力没有贡献, 因为 $(\boldsymbol{j}\times\boldsymbol{B})\perp\boldsymbol{B}$.

$$\delta s\cos\theta=\delta z\quad(\text{图 } 3.1)$$

$$0=-\frac{\mathrm{d}p}{\mathrm{d}z}-\rho g\tag{3.1-5}$$

p, ρ 是在一根磁力线上的值, 是 z 的函数.

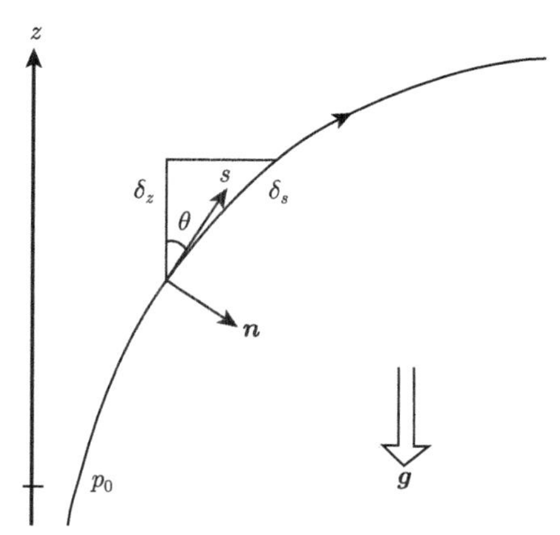

图 3.1 磁力线与 $\hat{z}$ 方向夹角为 θ, s 量度沿磁力线的距离

将 (3.1-4) 式中的 ρ 代入 (3.1-5), 积分

$$p = p_0 \exp\left(-\int_0^z \frac{1}{\Lambda(z)} \mathrm{d}z\right) \tag{3.1-6}$$

式中 p_0 为 $z=0$ 处的压强, 不同的磁力线上可以有不同的 p_0 值.

$$\Lambda(z) = \frac{k_B T(z)}{mg} \quad \left(= \frac{p}{\rho g} = R\frac{T(z)}{g}\right) \tag{3.1-7}$$

$\Lambda(z)$ 为标高.

$$\frac{\rho}{\rho_0} = \frac{T(0)}{T(z)} \exp\left(-\int_0^z \frac{1}{\Lambda(z)} \mathrm{d}z\right) \tag{3.1-8}$$

(状态方程 $p = \rho RT(z)$, $p_0 = \rho_0 RT_0$, 代入 (3.1-6), 即可得 (3.1-8) 式).

(3.1-6) 式表示沿磁力线向高处运动 (z 增大), 压强减小, 压强减小的速率取决于温度结构, 温度结构则由能量方程确定, 因此温度结构与磁场有关, 因为磁力线长度与磁结构有关, 从而对能量方程中的传导和加热项有影响.

密度的变化由 (3.1-8) 式表达, 当温度随高度增加时, 密度的减少快于压强的减少

$$\begin{aligned}
\rho &= \frac{\rho_0 T(0)}{T(z)} \exp\left(-\int_0^z \frac{1}{\Lambda(z)} \mathrm{d}z\right) \\
&= p_0 \left(\frac{1}{RT(z)}\right) \exp\left(-\int_0^z \frac{1}{\Lambda(z)} \mathrm{d}z\right) = \frac{1}{RT(z)} p
\end{aligned}$$

相比于压强表达式, 分母多一个随 z 增加而增加的 $T(z)$. 但是当温度随高度增高而下降时, 密度的增或减取决于 T^{-1} 与指数项的比较.

当温度沿磁力线为均匀时, Λ 为常数, (3.1-6) 式简化为

$$p = p_0 \mathrm{e}^{-z/\Lambda} \tag{3.1-9}$$

Λ 表达式中的 g 为引力加速度, 随离太阳中心的距离而变, $g = g_\odot (r_\odot / r)^2$, $\odot$ 指的是光球上的值.

$g_\odot \approx 274\ \mathrm{m{\cdot}s^{-2}}$, 太阳中心至光球顶 $r_\odot \approx 6.96 \times 10^8$ m, 设 $\mu = 0.6$ (平均分子量), 粒子质量 $m = \mu/N$, 阿伏伽德罗常量 $N = 6.023 \times 10^{23}$ ($\mathrm{mol^{-1}}$), 可得标高 $\Lambda = 50T(r/r_\odot)^2$ m.

如温度 $T = 10^4$ K, $r \approx r_\odot$, $\Lambda \approx 500$ km. 当 $T = 10^6$ K 时, $\Lambda = 5 \times 10^7 (r/r_\odot)^2$ m.

(3.1-1) 式中各项, 根据具体问题, 有的项可忽略, 例如:

(i) 当高度 $\ll$ 标高时, 与压强的梯度相比, 引力项可以忽略.

因为高度 $\ll \Lambda$ 时, 压强 $p = p_0 \mathrm{e}^{-z/\Lambda} \approx p_0$ 近似为常数, $p_0 = \rho_0 k_B T/m$, $\Lambda \gg z$, $k_B T/mg \gg z$, $(1/z) k_B T/m \gg g$, 即 $\boldsymbol{\nabla} p_0 \gg \rho g$.

(ii) 当高度 $\ll$ 标高, 而且

$$\beta = \frac{2\mu P_0}{B_0^2} \ll 1$$

时, 则 Lorentz 力起主导作用. (3.1-1) 式简化为

$$\boldsymbol{j} \times \boldsymbol{B} = 0 \tag{3.1-10}$$

这是无力场.

(iii) 当电流 $\boldsymbol{j} = 0$ 时, 即为势场.

磁流体静力学处理的是长时间内各种太阳结构处于静止状态的平衡问题, 已经应用于太阳黑子、暗条的结构、大尺度日冕磁场的结构 (时标比 Alfvén 波传播时间长, 大尺度结构可作为定态处理).

3.2　磁场中的等离子体结构

(1) 当 $\beta \ll 1$ 及高度 $\ll \Lambda$ 时, 磁场结构为无力场, 等离子体结构可通过求解方程 (3.1-5) 以及能量方程 (包含温度和密度) 得到.

对于等温过程, 温度为常数, 沿每一根磁力线的压强为

$$p = p_0(x, y) e^{-z/\Lambda} \qquad (\text{因为 } T = \text{ const},\ \Lambda \text{ 可从积分号下提出})$$

假如基底的压强 p_0 均匀 (与 x, y 坐标无关), 我们处理的就是一个简单的平行平面层问题, 磁场对于等离子体的结构没有影响.

(2) β 不再小于 1, g 均匀, 磁场为垂直方向或水平方向.

(i) 纯垂直磁场 $\boldsymbol{B} = B(x)\hat{\boldsymbol{z}}$, 与 y 无关.

(3.1-1) 式的 $\hat{\boldsymbol{z}}$ 分量, 即为 (3.1-5) 式, 解就是 (3.1-6) 式, 基底压强 $p_0(x)$, 温度则随不同的磁力线而改变.

$\hat{\boldsymbol{x}}$ 分量:

$$\begin{aligned} 0 &= -\boldsymbol{\nabla} p + \boldsymbol{j} \times \boldsymbol{B} \\ &= -\boldsymbol{\nabla}\left(p + \frac{1}{2\mu}B^2\right) + \boldsymbol{B} \cdot \boldsymbol{\nabla}\boldsymbol{B} \end{aligned}$$

因为 $\boldsymbol{B} = B(x)\hat{\boldsymbol{z}}$, 所以 $\boldsymbol{B} \cdot \boldsymbol{\nabla}\boldsymbol{B} = B(x)(\partial/\partial z)[B(x)\hat{\boldsymbol{z}}] = 0$,

$$0 = -\frac{\partial}{\partial x}\left(p + \frac{1}{2\mu}B^2\right)$$

$$p + \frac{1}{2\mu}B^2 = f(z) \tag{3.2-1}$$

$f(z)$ 表示对于某一位置 x, 压强随高度 z 的变化.

(3.2-1) 式对 z 求导, $\partial p/\partial z = \mathrm{d}f/\mathrm{d}z$, 与 x 无关. 由 (3.1-5) 式, $\rho = -(1/g)\mathrm{d}p/\mathrm{d}z$, g 只与 z (即 r) 有关, 所以 ρ 与 x 无关. 而 B 是 x 的函数.

结论: 对于 $\boldsymbol{B} = B(x)\hat{\boldsymbol{z}}$, 密度 ρ 与 x 无关, 不因磁场的存在而受影响. 这个结论与黑子理论有关, 同一高度上黑子内外密度相等. (第 8 章)

另外, 从 (3.2-1) 式可知, 对于确定的高度 z, 磁场最弱处, 压强最高, 从而温度也最高. (因为密度内外相同, 图 3.2)

(ii) 纯水平方向磁场 (与 y 无关)$\boldsymbol{B} = B(z)\hat{\boldsymbol{x}}$.

(3.1-1) 式的 $\hat{\boldsymbol{x}}$ 分量:

$$\begin{aligned} 0 &= (\boldsymbol{B} \cdot \boldsymbol{\nabla})\boldsymbol{B} - \boldsymbol{\nabla}\left(p + \frac{1}{2\mu}B^2\right) + \rho\boldsymbol{g} \\ &= B(z)\frac{\partial}{\partial x}[B(z)\hat{\boldsymbol{x}}] - \boldsymbol{\nabla}\left(p + \frac{1}{2\mu}B^2\right) \end{aligned}$$

$\hat{\boldsymbol{x}}$ 分量:

$$0 = -\frac{\partial p}{\partial x}$$

压强 p 仅为 z 的函数.

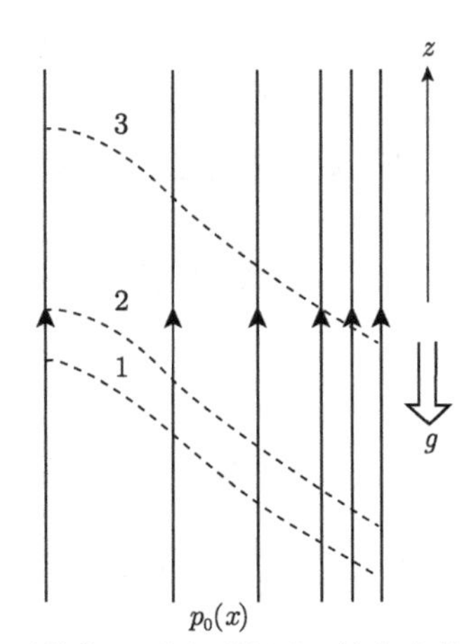

图 3.2　等离子体位于垂直磁场中, 等密度线位于水平方向,
等压线 (虚线) 为斜线, 1, 2, 3 压强顺次下降

$\hat{\boldsymbol{z}}$ 分量:

$$0=-\frac{\mathrm{d}}{\mathrm{d}z}\left[p+\frac{1}{2\mu}B(z)^2\right]-\rho g \tag{3.2-2}$$

因为 $[B(z)\hat{\boldsymbol{x}}\cdot\hat{\boldsymbol{x}}(\partial/\partial x)]B(z)\hat{\boldsymbol{x}}=0$, 磁力线为直线无张力, Lorentz 力的贡献仅为磁压力. 一般 ρ 和 T 沿磁力线可以变化, 从而在确定高度 (z) 上, 压强 p 为常数. 从 (3.1-6) 式也可看出 p 只是 z 的函数, 沿 $\hat{\boldsymbol{x}}$ 方向为常数.

假设 $B(z)$ 和 T 为已知函数, 利用 $\rho=pm/k_BT$ 可对 (3.2-2) 式积分, 而求出 p. 作为特例, 设 T 为均匀, 根据 Λ 的定义 (3.2-2) 可写成

$$0=-\frac{\mathrm{d}}{\mathrm{d}z}\left(p+\frac{1}{2\mu}B^2\right)-\frac{p}{\Lambda}$$

现在要求出 p,

$$\frac{\mathrm{d}p}{\mathrm{d}z}+\frac{1}{\Lambda}p=-\frac{\mathrm{d}}{\mathrm{d}z}\left(\frac{1}{2\mu}B^2\right)$$

因为 B 设为已知函数, 上式为线性一阶常微分方程, 形如:

$$y'+R(x)y=Q(x)$$

$$y'=\frac{\mathrm{d}p}{\mathrm{d}z},\quad R(x)=\frac{1}{\Lambda},\quad Q(x)=-\frac{\mathrm{d}}{\mathrm{d}z}\left(\frac{1}{2\mu}B^2\right)$$

解为

$$y\mathrm{e}^{\int R\mathrm{d}x}=\int Q\mathrm{e}^{\int R\mathrm{d}x}\mathrm{d}x+C$$

所以

$$p\mathrm{e}^{\int_0^z \frac{1}{\Lambda}\mathrm{d}z} = \int_0^z \left[-\frac{\mathrm{d}}{\mathrm{d}z}\left(\frac{1}{2\mu}B^2\right)\right]\mathrm{e}^{\int_0^z \frac{1}{\Lambda}\mathrm{d}z}\mathrm{d}z + C$$

$\Lambda = k_B T(z)/mg$, 已设 $T(z)$ 均匀, 所以 Λ 为常数.

$$p\mathrm{e}^{z/\Lambda} = \int_0^z \left[-\frac{\mathrm{d}}{\mathrm{d}z}\left(\frac{1}{2\mu}B^2\right)\right]\mathrm{e}^{z/\Lambda}\mathrm{d}z + C$$

当 $z=0$ 时, $p=p_0$, 所以

$$p = \left[p_0 - \int_0^z \mathrm{e}^{z/\Lambda}\frac{\mathrm{d}}{\mathrm{d}z}\left(\frac{1}{2\mu}B^2\right)\mathrm{d}z\right]\mathrm{e}^{-z/\Lambda}$$

反映了磁压随高度 (z) 变化, 对等离子体压强的影响.

当声速和 Alfvén 波速度均为均匀时, 平衡态的方程为

$$0 = -\frac{\mathrm{d}}{\mathrm{d}z}\left(p + \frac{1}{2\mu}B^2\right) - \rho g$$

$$\frac{\mathrm{d}\left(p + \dfrac{1}{2\mu}B^2\right)}{p + \dfrac{1}{2\mu}B^2} = -\frac{\rho g}{p + \dfrac{1}{2\mu}B^2}\mathrm{d}z$$

定义 $\Lambda_B = \left(p_0 + \dfrac{1}{2\mu}B_0^2\right)/\rho_0 g$ 为有磁场时的标高, 上式简化为

$$\frac{\mathrm{d}\left(p + \dfrac{1}{2\mu}B^2\right)}{p + \dfrac{1}{2\mu}B^2} = -\frac{1}{\Lambda_B}\mathrm{d}z$$

$$p + \frac{1}{2\mu}B^2 = \left(p_0 + \frac{1}{2\mu}B_0^2\right)\mathrm{e}^{-\int \frac{\mathrm{d}z}{\Lambda_B}} = \left(p_0 + \frac{1}{2\mu}B_0^2\right)\mathrm{e}^{-z/\Lambda_B}$$

当 $B^2 \ll p$ $(\beta > 1)$ 时有 $p = p_0\mathrm{e}^{-z/\Lambda_B}$, $\rho = \rho_0\mathrm{e}^{-z/\Lambda_B}$ (设 T 为均匀).

当 $B^2 \gg p$ $(\beta < 1)$ 时有 $B = B_0\mathrm{e}^{-z/\Lambda_B}$.

3.3 磁通管的结构 (柱对称)

考虑柱对称磁通管, 柱坐标中的磁场分量为

$$(0, B_\phi(R), B_z(R)) \tag{3.3-1}$$

只是 R 的函数, 磁力线呈螺旋形盘于柱面上, 从 (3.1-2) 式 $\boldsymbol{j}=\dfrac{1}{\mu}\boldsymbol{\nabla}\times\boldsymbol{B}$ 可得电流分量

$$\left(0,-\frac{1}{\mu}\frac{\mathrm{d}B_z}{\mathrm{d}R},\frac{1}{\mu R}\frac{\mathrm{d}}{\mathrm{d}R}(RB_\phi)\right) \tag{3.3-2}$$

忽略引力, 力平衡方程简化为

$$\boldsymbol{\nabla}p+\boldsymbol{\nabla}\frac{1}{2\mu}B^2-\frac{1}{\mu}\boldsymbol{B}\cdot\boldsymbol{\nabla}\boldsymbol{B}=0$$

式中 $B^2=B_\phi^2+B_z^2$, $B_R=0$. 由 (3.3-1) 式, $B^2=B_\phi^2+B_z^2$, $B_R=0$, 那么上式中左侧第三项为

$$\begin{aligned}\boldsymbol{B}\cdot\boldsymbol{\nabla}\boldsymbol{B}&=(B_\phi\hat{\boldsymbol{\phi}}+B_z\hat{\boldsymbol{z}})\cdot\left(\frac{1}{R}\hat{\boldsymbol{\phi}}\frac{\partial}{\partial\phi}+\hat{\boldsymbol{z}}\frac{\partial}{\partial z}\right)(B_\phi\hat{\boldsymbol{\phi}}+B_z\hat{\boldsymbol{z}})\\&=\frac{B_\phi^2}{R}\frac{\partial\hat{\boldsymbol{\phi}}}{\partial\phi}=-\frac{B_\phi^2}{R}\widehat{\boldsymbol{R}}\end{aligned}$$

(B_ϕ,B_z 不是 z 的函数).

平衡方程的 $\widehat{\boldsymbol{R}}$ 分量为

$$\frac{\mathrm{d}p}{\mathrm{d}R}+\frac{\mathrm{d}}{\mathrm{d}R}\left[\frac{1}{2\mu}(B_\phi^2+B_z^2)\right]+\frac{1}{\mu R}B_\phi^2=0 \tag{3.3-3}$$

第二项为磁压力, 第三项为磁张力, 起因于磁力线绕轴行走, 有环向分量.

磁力线方程为

$$\frac{R\mathrm{d}\phi}{B_\phi}=\frac{\mathrm{d}z}{B_z}$$

$$\mathrm{d}\phi=\frac{B_\phi}{RB_z}\mathrm{d}z$$

一根磁力线从长为 $2L$ 的柱体一端绕至另一端的总的绕转角度为

$$\varPhi=\int\mathrm{d}\phi=\int_0^{2L}\frac{B_\phi}{RB_z}\mathrm{d}z$$

已知 B_ϕ, B_z 仅为 R 的函数, 所以

$$\varPhi(R)=\frac{2LB_\phi(R)}{RB_z(R)} \tag{3.3-4}$$

设磁力线的螺距为 h, 设磁场强度 B 即为磁力线长度, 则有

$$B_z = h\frac{\phi}{2\pi}, \quad h = \frac{2\pi B_z}{\phi}, \quad R\phi = B_\phi, \quad \phi = \frac{B_\phi}{R}$$

$$\therefore\ h = 2\pi R\frac{B_z}{B_\phi}$$

从 (3.3-4) 式中解出

$$\frac{B_z}{B_\phi} = \frac{2L}{R\Phi}$$

$$\therefore\ \text{螺距}\ h = \frac{4\pi L}{\Phi}$$

柱体的长度取为 $2L$.

方程 (3.3-3) 包含三个变量 p, B_ϕ, B_z. 在实际应用中, 通常 B_z 和 Φ (或 B_ϕ) 给定, 从而求出 p, 有时也可以从观测上确定 B_z 和 p, 然后求出 B_ϕ.

3.3.1 纯轴向场

环向分量 $B_\phi = 0$, $B = B_z$, (3.3-3) 式简化为

$$\frac{\mathrm{d}}{\mathrm{d}R}\left(p + \frac{1}{2\mu}B^2\right) = 0$$

$$p + \frac{1}{2\mu}B^2 = \text{const} \quad (\text{总压强保持不变})$$

3.3.2 纯环向场

$B_z = 0$, (3.3-3) 式变为

$$\frac{\mathrm{d}p}{\mathrm{d}R} + \frac{\mathrm{d}}{\mathrm{d}R}\left(\frac{1}{2\mu}B_\phi^2\right) + \frac{B_\phi^2}{\mu R} = 0 \tag{3.3-5}$$

根据 (3.1-2) 式: $\boldsymbol{j} = \boldsymbol{\nabla} \times \boldsymbol{B}/\mu$, B_ϕ 与 j_z 的关系, 就是 (3.3-2) 式的第三项:

$$j_z = \frac{1}{\mu R}\frac{\mathrm{d}}{\mathrm{d}R}(RB_\phi) \tag{3.3-6}$$

假设半径为 a 的柱体内, 总电流 I 均匀保持不变, 并设 B_ϕ 有限、连续, 对 (3.3-6) 式积分, 有

$$\mathrm{d}(RB_\phi) = \mu R j_z \mathrm{d}R = \mu\frac{I}{\pi a^2}R\,\mathrm{d}R$$

$$B_\phi = \frac{\mu I}{2\pi a^2} R \quad (R < a)$$

当 $R > a$ 时,

$$\int \mathrm{d}(RB_\phi) = \int_0^R \mu R j_z \mathrm{d}R$$

$$RB_\phi = \frac{\mu}{2\pi}\int_0^a j_z \cdot 2\pi R \mathrm{d}R + \frac{\mu}{2\pi}\int_a^R j_z 2\pi R \mathrm{d}R = \frac{\mu I}{2\pi}$$

$$\left(当\ R > a\ 时,\ j_z = 0,\ \therefore\ \int_a^R j_z 2\pi R \mathrm{d}R = 0\right)$$

$$B_\phi = \frac{\mu I}{2\pi R} \quad (R > a)$$

$$B_\phi = \begin{cases} \dfrac{\mu I R}{2\pi a^2} & (R < a) \\ \dfrac{\mu I}{2\pi R} & (R > a) \end{cases} \tag{3.3-7}$$

等离子体的压强可以通过积分 (3.3-5) 求得, 设电流柱外的压强为 p_∞, 积分 (3.3-5):

$$\mathrm{d}p = -\frac{1}{2\mu}\mathrm{d}B_\phi^2 - \frac{1}{\mu R}B_\phi^2 \mathrm{d}R$$

(i) 当 $R < a$ 时, 利用 (3.3-7) 式,

$$\mathrm{d}p = -\frac{1}{2\mu}\mathrm{d}\left(\frac{\mu I R}{2\pi a^2}\right)^2 - \frac{1}{\mu R}\left(\frac{\mu I}{2\pi a^2}\right)^2 \cdot R^2 \mathrm{d}R$$

$$p = -\frac{1}{\mu}\left(\frac{\mu I}{2\pi a^2}\right)^2 R^2 + C$$

确定积分常数 C: 当 $R = a$ 时, $p = p_\infty$

$$C = p_\infty + \frac{\mu}{4}\left(\frac{I}{\pi a^2}\right)^2 a^2$$

$$\therefore\ p = p_\infty + \frac{\mu}{4}\left(\frac{I}{\pi a^2}\right)^2 (a^2 - R^2) \quad (R < a)$$

(ii) 当 $R > a$ 时, 已设 $p = p_\infty$,

$$p = \begin{cases} p_\infty + \dfrac{\mu}{4}\left(\dfrac{I}{\pi a^2}\right)^2 (a^2 - R^2) & (R < a) \\ P_\infty & (R > a) \end{cases} \tag{3.3-8}$$

在半径为 a 的柱体内, 从 (3.3-7) 式可见, B_ϕ 随 R 增加线性增加, 而气体压强随 R 增加线性减少 [见 (3.3-8) 式], 结果向外的气体压力 $(-\boldsymbol{\nabla}p)$ 被向内的磁压力 $-\boldsymbol{\nabla}(B_\phi^2/2\mu)$ 和张力所平衡.

柱外的气体压强 p_∞ 均匀, 压强梯度为零, 从而气体压力为零, 柱外磁场为势场, B_ϕ 随 R 增加而减小 [见 (3.3-7) 式], 所以 $-\boldsymbol{\nabla}(B_\phi^2/2\mu)$ 在 $\widehat{\boldsymbol{R}}$ 方向, 张力方向指向柱中心, 二者达到平衡. 或者说, 因为没有电流, 柱外的 Lorentz 力为零.

线箍缩: 电流在轴向, 磁场在环向, 称为线箍缩 (linear pinch) (图 3.3).

$$I=\int_0^{R_0} j_z 2\pi R\mathrm{d}R \tag{3.3-9}$$

R_0 为柱半径. 单位长度粒子数:

$$N=\int_0^{R_0} n2\pi R\mathrm{d}R \tag{3.3-10}$$

n 为粒子的数密度.

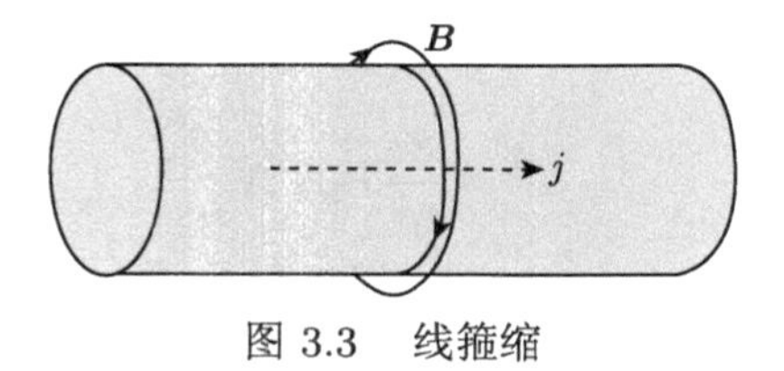

图 3.3 线箍缩

(3.3-5) 式两边乘 R^2:

$$R^2\frac{\mathrm{d}p}{\mathrm{d}R}+R^2\frac{\mathrm{d}}{\mathrm{d}R}\left(\frac{1}{2\mu}B_\phi^2\right)+R\cdot\frac{1}{\mu}B_\phi^2=0$$

$$R^2\frac{\mathrm{d}p}{\mathrm{d}R}+\frac{1}{2\mu}\frac{\mathrm{d}}{\mathrm{d}R}(RB_\phi)^2=0$$

$$\int_0^{R_0}R^2\mathrm{d}p=-\frac{1}{2\mu}\int_0^{R_0}\mathrm{d}(RB_\phi)^2$$

设 $R=R_0$ 时, $p=0$. 上式左边积分:

$$R^2p\Big|_0^{R_0}-\int_0^{R_0}2Rp\mathrm{d}R=-\frac{1}{2\mu}(RB_\phi)^2\Big|_0^{R_0}$$

$$\int_0^{R_0}2Rp\mathrm{d}R=\frac{1}{2\mu}(R_0B_\phi)^2 \tag{3.3-11}$$

$p = nk_BT$, k_B 为 Boltzmann 常数, 设柱体截面上 T 为常数, 即 T 不是半径 R 的函数.

$$(3.3\text{-}11)\ \text{左边} = 2k_BT\int_0^{R_0} nR\mathrm{d}R$$

由 (3.3-6):

$$j_z = \frac{1}{\mu R}\frac{\mathrm{d}}{\mathrm{d}R}(RB_\phi)$$

$$\int_0^{R_0} \mu Rj_z\mathrm{d}R = \int_0^{R_0} \mathrm{d}(RB_\phi) = R_0B_\phi$$

将上式代入 (3.3-11) 的右边:

$$2k_BT\int_0^{R_0} nR\mathrm{d}R = \frac{1}{2\mu}\left[\int_0^{R_0} \mu Rj_z\mathrm{d}R\right]^2 \tag{3.3-12}$$

(3.3-10) 式关于单位长度粒子数 N 的表达式代入上式左边, 电流 I 的表达式 [(3.3-9) 式] 代入上式右边, 得

$$I^2 = \frac{8\pi}{\mu}k_BTN \tag{3.3-13}$$

此即 Bennett 关系, 表示对于稳定的箍缩结构, 等离子体温度正比于放电电流的平方, 反比于单位长度的粒子数.

顺便指出简单的线箍缩是不稳定的.

3.3.3　无力场

1. 线性无力场

气体压力可忽略时, (3.3-3) 式简化为

$$\frac{\mathrm{d}}{\mathrm{d}R}\left[\frac{1}{2\mu}(B_\phi^2 + B_z^2)\right] + \frac{1}{\mu R}B_\phi^2 = 0 \tag{3.3-14}$$

若 B_ϕ, B_z 中有一个已知, 就可推出另一个, 其中 B_ϕ, B_z 均为 R 的函数. 当气体压力及引力忽略时, 有 $\boldsymbol{j}\times\boldsymbol{B} = 0$, 即 $\boldsymbol{j}\|\boldsymbol{B}$, $\mu\boldsymbol{j} = \alpha\boldsymbol{B}$, $\nabla\times\boldsymbol{B} = \alpha\boldsymbol{B}$, 当 $\alpha = \text{const}$ 时, 就是线性无力场, 柱坐标下, 考虑线性无力场 $\hat{\boldsymbol{\phi}}$ 分量的方程, $\nabla\times\boldsymbol{B}$ 的 $\hat{\boldsymbol{\phi}}$ 分量为

$$\frac{\partial B_R}{\partial z} - \frac{\partial B_z}{\partial R} = -\frac{\partial B_z}{\partial R}$$

$$\therefore\ -\frac{\mathrm{d}B_z}{\mathrm{d}R}=\alpha B_\phi \tag{3.3-15}$$

$$B_\phi=-\frac{1}{\alpha}\frac{\mathrm{d}B_z}{\mathrm{d}R}\qquad \text{代入 (3.3-14) 式}$$

$$\frac{1}{2}\frac{\mathrm{d}}{\mathrm{d}R}\left[\frac{1}{\alpha^2}\left(\frac{\mathrm{d}B_z}{\mathrm{d}R}\right)^2\right]+B_z\frac{\mathrm{d}B_z}{\mathrm{d}R}+\frac{1}{\alpha^2 R}\left(\frac{\mathrm{d}B_z}{\mathrm{d}R}\right)^2=0$$

$$\frac{1}{\alpha^2}\frac{\mathrm{d}B_z}{\mathrm{d}R}\frac{\mathrm{d}^2B_z}{dR^2}+\frac{1}{\alpha^2 R}\left(\frac{\mathrm{d}B_z}{\mathrm{d}R}\right)^2+B_z\frac{\mathrm{d}B_z}{\mathrm{d}R}=0$$

$$\frac{\mathrm{d}^2B_z}{\mathrm{d}(\alpha R)^2}+\frac{1}{\alpha R}\frac{\mathrm{d}B_z}{\mathrm{d}(\alpha R)}+B_z=0 \tag{3.3-16}$$

Bessel 方程形如

$$x^2\frac{\mathrm{d}^2R}{\mathrm{d}x^2}+x\frac{\mathrm{d}R}{\mathrm{d}x}+(x^2-m^2)R=0$$

可见方程 (3.3-16) 式为零阶 Bessel 方程. $(m=0)$

$B_z=AJ_0(\alpha R)$. 圆柱内的定解问题只要用阶数为正的 Bessel 函数, 另一个线性独立的解在 $R=0$ 时就会变为无限大 (可令系数为零). $R=0$, $B_z=B_0$, $J_0(\alpha R)=J_0(0)=1$, 所以待定常数 $A=B_0$.

$$\begin{aligned}B_z&=B_0J_0(\alpha R)\\ B_\phi&=-\frac{1}{\alpha}\frac{\mathrm{d}B_z}{\mathrm{d}R}=-\frac{B_0}{\alpha}\frac{\mathrm{d}}{\mathrm{d}R}J_0(\alpha R)\\ &=-B_0J_0'(\alpha R)\end{aligned}$$

根据递推公式,

$$J_{\nu+1}(z)=\frac{\nu}{z}J_\nu(z)-J_\nu'(z)$$

ν 为 Bessel 函数的阶数, 现在 $\nu=0$. 所以 $J_0'(z)=-J_1(z)$.

$$\begin{cases}B_\phi=B_0J_1(\alpha R)\\ B_z=B_0J_0(\alpha R)\end{cases} \tag{3.3-17}$$

解 (3.3-17) 应用于太阳物理, 有一个不希望有的性质, 在零点附近 J_0 改变符号, 也即轴向磁场在零点 $\alpha R=0$ 附近反号.

2. 非线性场

(1) 有一个方便的方法求解方程 (3.3-14),

$$\frac{\mathrm{d}}{\mathrm{d}R}\left[\frac{1}{2\mu}\left(B_\phi^2+B_z^2\right)\right]+\frac{1}{\mu R}B_\phi^2=0 \tag{3.3-14}$$

令 $B^2=f(R)$(Lüst and Schlüter, 1954), 式中

$$B^2=B_\phi^2+B_z^2 \tag{3.3-18}$$

(3.3-14) 式改写为

$$\frac{1}{2\mu}\frac{\mathrm{d}}{\mathrm{d}R}B^2+\frac{1}{\mu R}B_\phi^2=0$$

$$B_\phi^2=-\frac{1}{2}R\frac{\mathrm{d}B^2}{\mathrm{d}R}=-\frac{1}{2}R\frac{\mathrm{d}f}{\mathrm{d}R}$$

$$B_z^2=B^2-B_\phi^2$$

B_ϕ^2, B_z^2 为正, 意味着 $\mathrm{d}f/\mathrm{d}R<0$, 即 B^2 是 R 的减函数, 当 R 增加时, B^2 减小.

特例: 当 $f=1/R^2$ 时, 则

$$B_\phi^2=\frac{1}{R^2},\quad \boldsymbol{B}_\phi=\frac{1}{R}\hat{\boldsymbol{\phi}},\quad B_z^2=\frac{1}{R^2}-\frac{1}{R^2}=0$$

因此有一个纯环向场.

(2) 无力场的简单例子: 磁力线均匀扭转场的磁场定义为 (扭转角度 $\varPhi(R)$ 为常数, $\varPhi(R)$ 按式 (3.3-4) 确定.), 磁力线扭转前, 半径为 $a^{(0)}$, 因磁力线扭转半径变为 a, $R=(x^2+y^2)^{1/2}$ 是离开轴的距离, 磁力线扭转时, 柱表面即 $R=a$, 生成函数

$$f(R)=B^{(0)^2}\frac{1+a^2\varPhi^2/(2L)^2}{1+R^2\varPhi^2/(2L)^2}$$

(Parker, 1977). $B^2=f(R)$, 是 R 处的总能量, 扭转角度 $\varPhi$ 由 (3.3-4) 式表示, 是常量. 磁场的分量为

$$B_\phi^2=-\frac{1}{2}R\frac{\mathrm{d}f}{\mathrm{d}R}=\frac{R^2\varPhi^2}{(2L)^2}B^{(0)^2}\frac{1+a^2\varPhi^2/(2L)^2}{\left[1+R^2\varPhi^2/(2L)^2\right]^2}=\frac{R^2\varPhi^2/(2L)^2}{1+R^2\varPhi^2/(2L)^2}\cdot f$$

$$B_z^2=B^2-B_\phi^2=f\cdot\frac{1}{1+R^2\varPhi^2/(2L)^2}$$

$$B_z = \frac{B_0}{1 + R^2\Phi^2/(2L)^2}, \qquad B_\phi = \frac{B_0 \Phi R/(2L)}{1 + R^2\Phi^2/(2L)^2} \tag{3.3-19}$$

式中

$$B_0 = B^{(0)}\left[1 + \frac{a^2\Phi^2}{(2L)^2}\right]^{1/2}$$

B_0 即为 $R = 0$ 处 (轴上) 的 $B_z = B_z(0)$, 也即 $R = 0$ 处的 $B(0)$, 其时 $B_\phi = 0$, $B^{(0)}$ 即为 $R = a$ 处的 B (B, B_z, B_ϕ 均为 R 的函数).

磁力线在不同半径的柱壳上缠绕, 扭转角相同 (与半径无关), 如图 3.4 所示, 因此整个磁通管的扭转如同刚体.

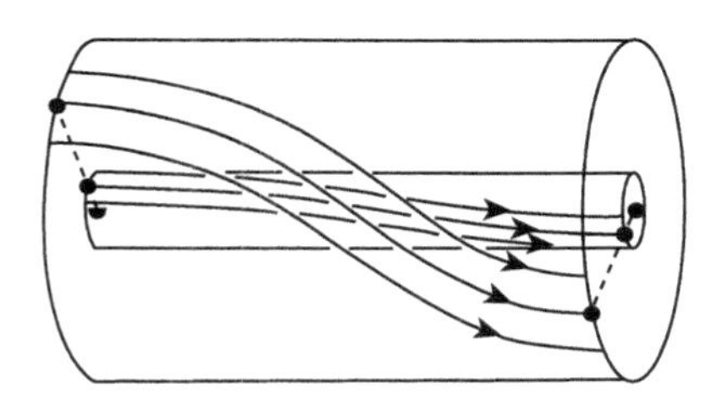

图 3.4 均匀扭转磁场在两个半径上的磁力线

3. *磁通管扭转的影响*

Parker (1977) 考虑无力场磁通管扭转的影响, 该磁通管的半径为有限值 a, 周围等离子体压强 $= B^2(a)/2\mu$.

假定磁通管扭转过程中, 磁场保持柱对称, 柱半径可以改变, 即半径 a 为变量, a 的初值为 $a^{(0)}$, 扭转过程中轴向场的均方值不受影响, 因为

$$\begin{aligned}
\langle B_z^2 \rangle &= \frac{1}{\pi a^2}\int_0^a B_z^2 \cdot 2\pi R \mathrm{d}R \\
&= \frac{2}{a^2}\int_0^a R(B^2 - B_\phi^2)\mathrm{d}R \\
&= \frac{2}{a^2}\int_0^a \left(Rf + \frac{1}{2}R^2\frac{\mathrm{d}f}{\mathrm{d}R}\right)\mathrm{d}R \\
&= \frac{1}{a^2}\int_0^a \frac{\mathrm{d}}{\mathrm{d}R}(R^2 f)\mathrm{d}R \\
&= f(a) \\
\therefore\ \langle B_z^2 \rangle &= B^2(a) \quad (= f(a))
\end{aligned}$$

对于均匀扭转场 (3.3-19), 在轴上, 即 $R=0$ 处, 有

$$B_z(0)=B_0=B(R=0)$$

$$B_0=B^{(0)}\left(1+\frac{a^2\Phi^2}{(2L)^2}\right)^{1/2} \tag{3.3-20}$$

$B^{(0)}$ 是初始无扭转时的均匀轴向场强 [$B_0=B^{(0)}$, 因为 $B_0=B_z(0)=B(R=0)=B(R=a)$ (因为均匀) $=B^{(0)}$].

B_0 是不同半径 a 的柱体在 $R=0$ 处的 B (因为扭转, 使 a 偏离 $a^{(0)}$).

上式表示对于长度确定的柱体 $(2L)$, 在不同的扭转角度 Φ, B_0 是会变化的. 但磁通管边上

$$R=a$$

$$B_z(a)=\frac{B_0}{1+a^2\Phi^2/(2L)^2}=\frac{B^{(0)}}{[1+a^2\Phi^2/(2L)^2]^{1/2}}$$

$$B_\phi(a)=\frac{B^{(0)}\Phi a/(2L)}{[1+a^2\Phi^2/(2L)^2]^{1/2}}$$

总磁场强度 $B^2=B_z^2+B_\phi^2=B^{(0)^2}$ 保持不变. 因为扭转, 磁通管半径的变化由下述条件确定: 通过磁通管的纵向总磁通守恒, 即

$$2\pi\int_0^a RB_z\mathrm{d}R=\pi a^{(0)2}\cdot B^{(0)} \tag{3.3-21}$$

将 (3.3-19) 代入 (3.3-21) 左边,

$$2\pi\int_0^a R\frac{B_0}{1+R^2\Phi^2/(2L)^2}\mathrm{d}R=\frac{\pi B_0(2L)^2}{\Phi^2}\ln\left[1+\frac{a^2\Phi^2}{(2L)^2}\right]$$

$$=\frac{\pi(2L)^2}{\Phi^2}B^{(0)}\left[1+\frac{a^2\Phi^2}{(2L)^2}\right]^{1/2}\ln\left[1+\frac{a^2\Phi^2}{(2L)^2}\right]=\pi a^{(0)^2}B^{(0)}$$

$$\left[1+\frac{a^2\Phi^2}{(2L)^2}\right]^{1/2}\ln\left[1+\frac{a^2\Phi^2}{(2L)^2}\right]=\frac{a^{(0)2}\Phi^2}{(2L)^2} \tag{3.3-22}$$

从上式可以看到, Φ (绕转的角度) 增加, Φa 增加, 而且 a 增加. 同时 $B_z(0)=B_0=B^{(0)}[1+a^2\Phi^2/(2L)^2]^{1/2}$, Φ 增加, $B_z(0)$ 增加, 即轴中心处 B_z 增加, 以平衡因 Φ 增加而增大的张力.

但是

$$B_z = \frac{B_0}{1+\Phi^2 R^2/(2L)^2} \Rightarrow B_z(a) = \frac{B_0}{1+\Phi^2 a^2/(2L)^2} = \frac{B^{(0)}}{\left[1+\Phi^2 a^2/(2L)^2\right]^{1/2}} \tag{3.3-23}$$

$B_z(a)$ 的推导中, 已利用 (3.3-20) 式. 从 (3.3-23) 式可见, Φ 增大, $B_z(a)$ 减小, 即边缘处的 B_z 下降, 因为一部分磁能转化为环向能.

总之, 扭转的影响是: ① Φ 的增大, 导致 a 增大; ② $B_z(0)$ 增加, 以平衡增大的张力; ③ $B_z(a)$ 下降, 转化成环向磁场.

4. 磁通管膨胀的影响

Parker (1974a) 证明磁通管径向膨胀, 使得 B_ϕ/B_z 增加. 因为当 R 增大时, 扭转 $\Phi = 2LB_\phi/RB_z$ 保持常数, 显见 B_ϕ/B_z 必须增加, 下面进一步证明:

柱体半径为 a, 磁场为 $(B_\phi(R), B_z(R))$, 设作用于磁通管柱体表面的压强减小, 结果引起磁通管膨胀, 至半径 $\bar{a}$, R 变为 $\bar{R}$, 磁场变成 $(\bar{B}_\phi(\bar{R}), \bar{B}_z(\bar{R}))$, 如图 3.5(a) 所示.

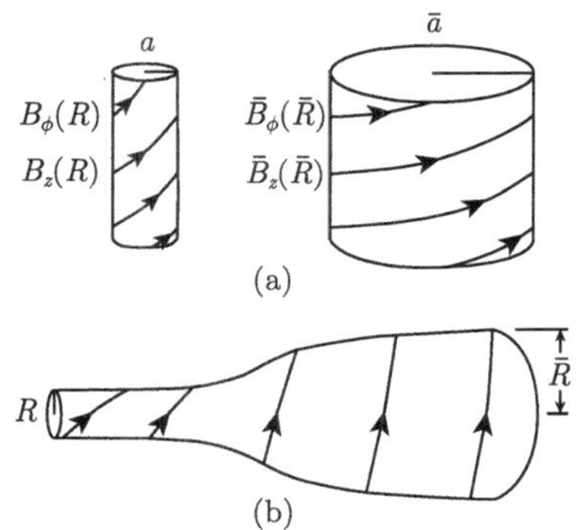

图 3.5 (a) 扭转的磁通管从半径 a 径向膨胀至半径 $\bar{a}$;
(b) 角向磁通量在磁通管最粗的部分聚合

设等离子体压强可忽略 (或均匀), 初始场及终态场均用生成函数 (generating function) f 和 $\bar{f}$ 表示. ($B^2 = f(R)$)

纵向磁通量守恒, 起初磁通穿过的环为 $(R, R+\mathrm{d}R)$, 以后变为 $(\bar{R}, \bar{R}+\mathrm{d}\bar{R})$.

$$B_z 2\pi R \mathrm{d}R = \bar{B}_z 2\pi \bar{R} \mathrm{d}\bar{R} \tag{3.3-24}$$

环向磁通量也守恒, 即单位长度的磁力线绕转数 (B_ϕ) 乘 $\mathrm{d}R$, 等于 $\bar{B}_\phi \mathrm{d}\bar{R}$,

$$B_\phi(R)\mathrm{d}R = \bar{B}_\phi(\bar{R})\mathrm{d}\bar{R} \tag{3.3-25}$$

利用生成函数改写上式,

$$\bar{B}_z^2 = \bar{B}^2 - \bar{B}_\phi^2 = \bar{f}(\bar{R}) + \frac{1}{2}\bar{R}\frac{\mathrm{d}\bar{f}}{\mathrm{d}\bar{R}}$$

$$\bar{B}_\phi^2 = -\frac{1}{2}\bar{R}\frac{\mathrm{d}\bar{f}}{\mathrm{d}\bar{R}}$$

(3.3-24) 两边平方,

$$R^2\left[f + \frac{1}{2}R\frac{\mathrm{d}f}{\mathrm{d}R}\right] = \bar{R}^2\left[\bar{f} + \frac{1}{2}\bar{R}\frac{\mathrm{d}\bar{f}}{\mathrm{d}\bar{R}}\right]\left(\frac{\mathrm{d}\bar{R}}{\mathrm{d}R}\right)^2 \tag{3.3-26}$$

(3.3-25) 两边平方,

$$R\frac{\mathrm{d}f}{\mathrm{d}R} = \bar{R}\frac{\mathrm{d}\bar{f}}{\mathrm{d}\bar{R}}\left(\frac{\mathrm{d}\bar{R}}{\mathrm{d}R}\right)^2 \tag{3.3-27}$$

(3.3-26) 和 (3.3-27) 联立, 对于任何给定的 $f(R)$, 可求出 $\bar{f}(\bar{R})$ 和 $R(\bar{R})$.

令 $u = R^2$, $\bar{u} = \bar{R}^2$. 由 (3.3-27):

$$\frac{\mathrm{d}\bar{f}}{\mathrm{d}f} = \frac{R}{\bar{R}}\frac{\mathrm{d}R}{\mathrm{d}\bar{R}} = \frac{\mathrm{d}R^2}{\mathrm{d}\bar{R}^2} = \frac{\mathrm{d}u}{\mathrm{d}\bar{u}}$$

$$\frac{\mathrm{d}\bar{f}}{\mathrm{d}f}\cdot\frac{\mathrm{d}u}{\mathrm{d}\bar{u}} = \left(\frac{\mathrm{d}u}{\mathrm{d}\bar{u}}\right)^2$$

$$\frac{\mathrm{d}\bar{f}}{\mathrm{d}\bar{u}}\cdot\frac{\mathrm{d}u}{\mathrm{d}f} = \left(\frac{\mathrm{d}u}{\mathrm{d}\bar{u}}\right)^2$$

$$\therefore\ \frac{\mathrm{d}\bar{f}}{\mathrm{d}\bar{u}} = \left(\frac{\mathrm{d}u}{\mathrm{d}\bar{u}}\right)^2\frac{\mathrm{d}f}{\mathrm{d}u} \tag{3.3-28}$$

$$f + \frac{1}{2}R\frac{\mathrm{d}f}{\mathrm{d}R} = f + \frac{1}{2}R^2\frac{\mathrm{d}f}{R\mathrm{d}R} = f + u\frac{\mathrm{d}f}{\mathrm{d}u}$$

$$\bar{f} + \frac{1}{2}\bar{R}\frac{\mathrm{d}\bar{f}}{\mathrm{d}\bar{R}} = \bar{f} + \bar{u}\frac{\mathrm{d}\bar{f}}{\mathrm{d}\bar{u}}$$

(3.3-26) 式可写成

$$\bar{f} + \bar{u}\frac{\mathrm{d}\bar{f}}{\mathrm{d}\bar{u}} = \frac{R^2}{\bar{R}^2}\left(\frac{\mathrm{d}R}{\mathrm{d}\bar{R}}\right)^2\left(f + u\frac{\mathrm{d}f}{\mathrm{d}u}\right) = \left(\frac{\mathrm{d}u}{\mathrm{d}\bar{u}}\right)^2\left(f + u\frac{\mathrm{d}f}{\mathrm{d}u}\right) \tag{3.3-29}$$

(3.3-28), (3.3-29) 两式中消去 $\mathrm{d}\bar{f}/\mathrm{d}\bar{u}$, 解出

$$\bar{f} = \left(\frac{\mathrm{d}u}{\mathrm{d}\bar{u}}\right)^2\left[f + u\frac{\mathrm{d}f}{\mathrm{d}u}\right] - \bar{u}\frac{\mathrm{d}\bar{f}}{\mathrm{d}\bar{u}}$$

$$
\begin{aligned}
&= \left(\frac{\mathrm{d}u}{\mathrm{d}\bar{u}}\right)^2 \left[f + u\frac{\mathrm{d}f}{\mathrm{d}u}\right] - \bar{u}\left(\frac{\mathrm{d}u}{\mathrm{d}\bar{u}}\right)^2 \frac{\mathrm{d}f}{\mathrm{d}u} \\
&= \left(\frac{\mathrm{d}u}{\mathrm{d}\bar{u}}\right)^2 \left[f + (u-\bar{u})\frac{\mathrm{d}f}{\mathrm{d}u}\right] \qquad (3.3\text{-}30)
\end{aligned}
$$

(3.3-30) 两边对 $\bar{u}$ 求导, 并将 (3.3-28) 代入左边. 整理后, 有

$$
\frac{\mathrm{d}u}{\mathrm{d}\bar{u}}\left\{\frac{\mathrm{d}^2u}{\mathrm{d}\bar{u}^2}\left[f + (u-\bar{u})\frac{\mathrm{d}f}{\mathrm{d}u}\right] - \frac{\mathrm{d}f}{\mathrm{d}u}\left(\frac{\mathrm{d}u}{\mathrm{d}\bar{u}}\right) + \left(\frac{\mathrm{d}u}{\mathrm{d}\bar{u}}\right)^2\left[\frac{\mathrm{d}f}{\mathrm{d}u} + \frac{1}{2}(u-\bar{u})\frac{\mathrm{d}^2f}{\mathrm{d}u^2}\right]\right\} = 0
$$

$$
\frac{\mathrm{d}u}{\mathrm{d}\bar{u}}\left\{\frac{\mathrm{d}^2u}{\mathrm{d}\bar{u}^2}\left(\frac{\mathrm{d}(uf)}{\mathrm{d}u} - \bar{u}\frac{\mathrm{d}f}{\mathrm{d}u}\right) + \frac{1}{2}\left(\frac{\mathrm{d}u}{\mathrm{d}\bar{u}}\right)^2\left[\frac{\mathrm{d}^2(uf)}{\mathrm{d}u^2} - \bar{u}\frac{\mathrm{d}^2f}{\mathrm{d}u^2}\right] - \frac{\mathrm{d}f}{\mathrm{d}u}\frac{\mathrm{d}u}{\mathrm{d}\bar{u}}\right\} = 0 \qquad (3.3\text{-}31)
$$

当初始生成函数 f 给定时, 通过上述方程可解出 $u = u(\bar{u})$, 即 $R = R(\bar{R})$.

例 $f(R)/2\mu = 1 - R^2$, 令半径 $a^2 = \dfrac{1}{2}$, $0 \leqslant R^2 \leqslant \dfrac{1}{2}$, 求解 $u = u(\bar{u})$.

$$
\begin{aligned}
&f = 2\mu(1 - R^2), \quad \frac{\mathrm{d}f}{\mathrm{d}R} = -4\mu R \\
&B_z^2 = f(R) + \frac{1}{2}R\frac{\mathrm{d}f}{\mathrm{d}R} = 2\mu(1 - 2R^2) \\
&B_\phi^2 = -\frac{1}{2}R\frac{\mathrm{d}f}{\mathrm{d}R} = 2\mu R^2 \\
&\therefore\ \frac{B_z^2}{2\mu} = 1 - 2R^2, \quad \frac{B_\phi^2}{2\mu} = R^2
\end{aligned}
$$

将 $f = 2\mu(1 - R^2) = 2\mu(1 - u)$, $\mathrm{d}f/\mathrm{d}u = -2\mu$, $\mathrm{d}^2f/\mathrm{d}u^2 = 0$ 代入 (3.3-31), 得

$$
\frac{\mathrm{d}^2u}{\mathrm{d}\bar{u}^2}[2\mu(1-u) + (u-\bar{u})(-2\mu)] + 2\mu\frac{\mathrm{d}u}{\mathrm{d}\bar{u}} + \left(\frac{\mathrm{d}u}{\mathrm{d}\bar{u}}\right)^2(-2\mu) = 0
$$

$$
\frac{\mathrm{d}^2u}{\mathrm{d}\bar{u}^2}[1 - 2u + \bar{u}] + \frac{\mathrm{d}u}{\mathrm{d}\bar{u}} - \left(\frac{\mathrm{d}u}{\mathrm{d}\bar{u}}\right)^2 = 0 \qquad (3.3\text{-}32)
$$

求解非线性二阶常微分方程, 令 $\varphi = 1 - 2u + \bar{u}$, 则 $\mathrm{d}\varphi = -2\mathrm{d}u + \mathrm{d}\bar{u}$,

$$
\frac{\mathrm{d}\varphi}{\mathrm{d}\bar{u}} = -2\frac{\mathrm{d}u}{\mathrm{d}\bar{u}} + 1, \quad \frac{\mathrm{d}^2\varphi}{\mathrm{d}\bar{u}^2} = -2\frac{\mathrm{d}^2u}{\mathrm{d}\bar{u}^2}
$$

代入 (3.3-32),

$$
2\varphi\frac{\mathrm{d}^2\varphi}{\mathrm{d}\bar{u}^2} + \left(\frac{\mathrm{d}\varphi}{\mathrm{d}\bar{u}}\right)^2 - 1 = 0
$$

$$\left(\frac{\mathrm{d}\varphi}{\mathrm{d}\bar{u}}\right)^2 = 1 + \frac{C}{\varphi} \tag{3.3-33}$$

C 为积分常数, 现在要确定 C 的符号.

因为 $u = R^2$, $0 \leqslant R^2 \leqslant \dfrac{1}{2}$, 所以 $0 \leqslant u \leqslant \dfrac{1}{2}$, $\bar{u} = \bar{R}^2$, $\bar{u} \geqslant 0$. $\varphi = 1 - 2u + \bar{u}$, $\varphi > 0$. 当 $|\mathrm{d}\varphi/\mathrm{d}\bar{u}| > 1$ 时, $C > 0$; 当 $|\mathrm{d}\varphi/\mathrm{d}\bar{u}| < 1$ 时, $C < 0$. $C > 0$ 表示磁绳压缩, $C < 0$ 为膨胀, 以下为对此结论的证明.

$$\frac{\mathrm{d}\varphi}{\mathrm{d}\bar{u}} = 1 - 2\frac{\mathrm{d}u}{\mathrm{d}\bar{u}}$$

设磁通管压缩, $u = R^2$, $\mathrm{d}u = 2R\mathrm{d}R$, $\bar{u} = \bar{R}^2 = (R-\delta)^2$, $\mathrm{d}\bar{u} = 2(R-\delta)\mathrm{d}R$ $(\delta > 0)$, 所以 $\mathrm{d}u/\mathrm{d}\bar{u} = R/(R-\delta) > 1$. 因此 $\mathrm{d}\varphi/\mathrm{d}\bar{u} < -1$ 或 $(\mathrm{d}\varphi/\mathrm{d}\bar{u})^2 > 1$, 即 $|\mathrm{d}\varphi/\mathrm{d}\bar{u}| > 1$. 由 (3.3-33) 可知, $C > 0$.

设磁通管膨胀, $\bar{u} = \bar{R}^2 = (R+\delta)^2$, $\mathrm{d}\bar{u} = 2(R+\delta)\mathrm{d}R$. $0 < \mathrm{d}u/\mathrm{d}\bar{u} = R/(R+\delta) < 1$, $-1 < \mathrm{d}\varphi/\mathrm{d}\bar{u} < 1$, 所以 $C < 0$.

附　方程 $2\varphi(\mathrm{d}^2\varphi/\mathrm{d}\bar{u}^2) + (\mathrm{d}\varphi/\mathrm{d}\bar{u})^2 - 1 = 0$ 的求解.

该方程属于类型 $y'' + P(y)y'^2 + Q(y) = 0$.

$y = \varphi$, $x = \bar{u}$, $P(y) = 1/2\varphi$, $Q(y) = -1/2\varphi$, 解为

$$x = \int \mathrm{e}^{\int P\mathrm{d}y}\left[2\int Q\ \mathrm{e}^{2\int P\mathrm{d}y}\mathrm{d}y + C_1\right]^{-1/2}\mathrm{d}y + C_2$$

即

$$\begin{aligned}
\bar{u} &= \int \mathrm{e}^{\frac{1}{2}\ln\varphi}\left[2\int\left(-\frac{1}{2\varphi}\right)\mathrm{e}^{\ln\varphi}\mathrm{d}\varphi + C_1\right]^{-1/2}\mathrm{d}\varphi + C_2 \\
&= \int \varphi^{1/2}\left[\int\left(-\frac{1}{\varphi}\right)\varphi\mathrm{d}\varphi + C_1\right]^{-1/2}\mathrm{d}\varphi + C_2 \\
&= \int \varphi^{1/2}(-\varphi - C_1')^{-1/2}\mathrm{d}\varphi + C_2 \\
&= \int\left(\frac{\varphi}{-\varphi - C_1'}\right)^{1/2}\mathrm{d}\varphi + C_2
\end{aligned}$$

所以

$$\frac{\mathrm{d}\bar{u}}{\mathrm{d}\varphi}=\left(\frac{\varphi}{-\varphi-C_1'}\right)^{1/2}$$

$$\left(\frac{\mathrm{d}\varphi}{\mathrm{d}\bar{u}}\right)^2=\frac{\varphi+C_1'}{\varphi}=1+\frac{C}{\varphi}$$

由 (3.3-33) 式得: $\pm\mathrm{d}\bar{u}=\mathrm{d}\varphi/(1+C/\varphi)^{1/2}$, $C>0$, 对应压缩; $C<0$, 膨胀.

上述方程不难求解. 详细过程可参考 (Parker, 1974a).

结果是:

(1) B_ϕ 随 R 增加而增加, B_z 在轴附近均匀, 在表面 $R=a$ 处降为零, 最后磁场在大部分半径范围 ($1<\bar{R}<\bar{a}$) 主要是环向场.

(2) 沿轴方向压缩, B_ϕ/B_z 增加 (因为 B_z 减小); 沿径向方向压缩, 或者沿轴向拉伸, B_ϕ/B_z 减小 (因为 B_z 增加).

(3) 膨胀时, 三种场不发生改变: 纯轴向场, 纯环向场, 均匀扭曲场.

5. 非均匀半径的磁通管

Parker (1974a) 考虑磁通管, 它的半径随轴向 z 增加而增大, 这种情况当管外的气压有变化时就会发生.

假设无力场磁通管, 长为 s, 其中一段 l 膨胀, $s\gg l$, 没有膨胀部分的半径为 a, 场为 $(B_\phi(R),B_z(R))$, 生成函数 f. 膨胀部分相应地有 $\bar{a}$, $(\bar{B}_\phi(\bar{R}),\bar{B}_z(\bar{R}))$ 以及 $\bar{f}$. 如图 3.5(b) 所示. 与上节相似, 我们有 $u=R^2$, 半径处 $R=a$, 所以 $u_1=a^2$. 膨胀部分 $\bar{u}=\bar{R}^2$, $\bar{u}_1=\bar{a}^2$. 有下列关系式:

(1) $\hat{\boldsymbol{z}}$ 方向磁通量守恒

$$B_z(R)R\mathrm{d}R=\bar{B}_z(\bar{R})\bar{R}\mathrm{d}\bar{R} \tag{3.3-34}$$

用生成函数表示, 上式两边平方,

$$R^2\left(f+\frac{1}{2}R\frac{\mathrm{d}f}{\mathrm{d}R}\right)=\bar{R}^2\left(\bar{f}+\frac{1}{2}\bar{R}\frac{\mathrm{d}\bar{f}}{\mathrm{d}\bar{R}}\right)\left(\frac{\mathrm{d}\bar{R}}{\mathrm{d}R}\right)^2 \tag{3.3-35}$$

(2) Parker 认为作用在壳层 $(R,R+\mathrm{d}R)$ 上的力矩沿磁通管均匀 (而不是环向磁通量守恒, 因为环向的磁通量在某些位置增加).

力的表示: 作用在单位体积上的力, 即为 Lorentz 力 $\boldsymbol{f}$, 作用在单位面积上的力为磁应力张量 $\mathbf{T}$.

有关系:

$$\boldsymbol{f} = \boldsymbol{\nabla} \cdot \mathbf{T}$$

$$\boldsymbol{f} = \boldsymbol{j} \times \boldsymbol{B} = -\frac{1}{2\mu}\boldsymbol{\nabla} B^2 + \frac{1}{\mu}(\boldsymbol{B} \cdot \boldsymbol{\nabla})\boldsymbol{B}$$

因为 $\boldsymbol{\nabla} \cdot (\boldsymbol{BB}) = (\boldsymbol{B} \cdot \boldsymbol{\nabla})\boldsymbol{B} + (\boldsymbol{\nabla} \cdot \boldsymbol{B})\boldsymbol{B} = (\boldsymbol{B} \cdot \boldsymbol{\nabla})\boldsymbol{B}$

所以 $\boldsymbol{f} = \frac{1}{\mu}\boldsymbol{\nabla} \cdot \left[(\boldsymbol{BB}) - \frac{1}{2}B^2\mathbf{I}\right]$

令 $\mathbf{T} = \frac{1}{\mu}\left(\boldsymbol{BB} - \frac{1}{2}B^2\mathbf{I}\right)$, 式中 $\mathbf{I}$ 是单位张量. $\mathbf{T}$ 是磁应力张量. 其中 $\frac{1}{2}B^2\mathbf{I}$ 是各向同性的磁压强, $\boldsymbol{BB} = \begin{pmatrix} 0 \\ B_\phi \\ B_z \end{pmatrix}\begin{pmatrix} 0 & B_\phi & B_z \end{pmatrix}$, $\mathbf{T}$ 是面力.

$$\mathbf{T} = \frac{1}{\mu}\begin{pmatrix} 0 & 0 & 0 \\ 0 & B_\phi^2 - \frac{1}{2}B^2 & B_\phi B_z \\ 0 & B_z B_\phi & B_z^2 - \frac{1}{2}B^2 \end{pmatrix}$$

现在我们需要确定膨胀和不膨胀两部分之间磁场的关系. 由于环向磁通量在磁通管的某些区域可能会集中, 环向磁通不再守恒.

若 $I_s\boldsymbol{\omega}_s = I_l\boldsymbol{\omega}_l$, 则有 $I_s\dot{\boldsymbol{\omega}}_s = I_l\dot{\boldsymbol{\omega}}_l$. I_s 和 I_l 为 s 和 l 段的转动惯量, $\boldsymbol{\omega}_s$ 和 $\boldsymbol{\omega}_l$ 为相应的角速度. 如上述条件满足, 要求作用在 s 上的力矩 $\boldsymbol{L}_s$ 与作用在 l 上的力矩 $\boldsymbol{L}_l$ 相等, $\boldsymbol{L}_s = \boldsymbol{L}_l$.

沿磁通管方向 $\hat{\boldsymbol{z}}$ 的力矩分量:

$$\begin{aligned} \boldsymbol{L}_s = \boldsymbol{R} \times (\boldsymbol{BB} \cdot 2\pi R\mathrm{d}R\hat{\boldsymbol{z}}) &= 2\pi R^2\hat{\boldsymbol{r}} \times (\hat{\boldsymbol{\phi}}B_\phi B_z\hat{\boldsymbol{z}} \cdot \hat{\boldsymbol{z}})\mathrm{d}R \\ &= 2\pi R^2 B_\phi B_z \mathrm{d}R\hat{\boldsymbol{z}} \end{aligned}$$

$$\boldsymbol{L}_l = 2\pi\bar{R}^2\bar{B}_\phi\bar{B}_z\mathrm{d}\bar{R}\hat{\boldsymbol{z}}$$

其中 $R\hat{\boldsymbol{r}} \times (\hat{\boldsymbol{z}}B_z B_\phi\hat{\boldsymbol{\phi}} \cdot 2\pi R\mathrm{d}R\hat{\boldsymbol{z}}) = 0$, $\hat{\boldsymbol{r}} \times \left[\hat{\boldsymbol{\phi}}\left(B_\phi^2 - \frac{1}{2}B^2\right)\hat{\boldsymbol{\phi}} \cdot 2\pi RdR\hat{\boldsymbol{z}}\right] = 0$ 和 $\hat{r} \times \hat{\boldsymbol{z}}\left(B_z^2 - \frac{1}{2}B^2\right)\hat{\boldsymbol{z}} \cdot 2\pi RdR\hat{\boldsymbol{z}}$ 不在 $\hat{\boldsymbol{z}}$ 方向 (无论 $B, \bar{B}, B_z, \bar{B}_z, B_\phi$ 和 $\hat{B}_\varphi$ 对上三式成立) 对 $\boldsymbol{L}_e$ 没有贡献. 所以

$$B_\phi B_z R^2\mathrm{d}R = \bar{B}_\phi\bar{B}_z\bar{R}^2\mathrm{d}\bar{R} \tag{3.3-36}$$

(3.3-36) 式两边除以 (3.3-34) 得 $B_\phi R = \bar{B}_\phi \bar{R}$. 两边平方, 并用 $B_\phi^2 = -\dfrac{1}{2}R(\mathrm{d}f/\mathrm{d}R)$ 及 $\bar{B}_\phi^2$ 的相应表达式代入 $B_\phi^2 R^2 = \bar{B}_\phi^2 \bar{R}^2$, 有

$$u^2\frac{\mathrm{d}f}{\mathrm{d}u} = \bar{u}^2\frac{\mathrm{d}\bar{f}}{\mathrm{d}\bar{u}} \tag{3.3-37}$$

(3.3-35) 改写为

$$\bar{f} + \bar{u}\frac{\mathrm{d}\bar{f}}{\mathrm{d}\bar{u}} = \left(\frac{\mathrm{d}u}{\mathrm{d}\bar{u}}\right)^2 \left(f + u\frac{\mathrm{d}f}{\mathrm{d}u}\right) \tag{3.3-38}$$

解出

$$\bar{f} = \left(\frac{\mathrm{d}u}{\mathrm{d}\bar{u}}\right)^2 \frac{\mathrm{d}}{\mathrm{d}u}(fu) - \bar{u}\frac{\mathrm{d}\bar{f}}{\mathrm{d}\bar{u}} \tag{3.3-39}$$

从 (3.3-37) 式解出

$$\frac{\mathrm{d}\bar{f}}{\mathrm{d}\bar{u}} = \frac{u^2}{\bar{u}^2}\frac{\mathrm{d}f}{\mathrm{d}u}$$

代入 (3.3-39) 得

$$\bar{f} = \left(\frac{\mathrm{d}u}{\mathrm{d}\bar{u}}\right)^2 \frac{\mathrm{d}}{\mathrm{d}u}(fu) - \frac{u^2}{\bar{u}}\frac{\mathrm{d}f}{\mathrm{d}u} \tag{3.3-40}$$

两边对 $\bar{u}$ 求导:

$$\frac{\mathrm{d}\bar{f}}{\mathrm{d}\bar{u}} = \frac{\mathrm{d}}{\mathrm{d}\bar{u}}\left[\left(\frac{\mathrm{d}u}{\mathrm{d}\bar{u}}\right)^2 \cdot \frac{\mathrm{d}}{\mathrm{d}u}(fu)\right] - \frac{\mathrm{d}}{\mathrm{d}\bar{u}}\left[\frac{u^2}{\bar{u}}\frac{\mathrm{d}f}{\mathrm{d}u}\right]$$

将 (3.3-37) 式代入上式左边,

$$\begin{aligned}\frac{u^2}{\bar{u}^2}\frac{\mathrm{d}f}{\mathrm{d}u} = {} & 2\frac{\mathrm{d}u}{\mathrm{d}\bar{u}}\frac{\mathrm{d}^2u}{\mathrm{d}\bar{u}^2}\frac{\mathrm{d}}{\mathrm{d}u}(fu) + \left(\frac{\mathrm{d}u}{\mathrm{d}\bar{u}}\right)^2\frac{\mathrm{d}^2}{\mathrm{d}u^2}(fu)\frac{\mathrm{d}u}{\mathrm{d}\bar{u}} \\ & - \frac{\mathrm{d}}{\mathrm{d}\bar{u}}\left(\frac{u^2}{\bar{u}}\right)\frac{\mathrm{d}f}{\mathrm{d}u} - \frac{u^2}{\bar{u}}\frac{\mathrm{d}^2f}{\mathrm{d}u^2}\frac{\mathrm{d}u}{\mathrm{d}\bar{u}}\end{aligned}$$

上式右边第三项 $= (2u/\bar{u})(\mathrm{d}u/\mathrm{d}\bar{u})(\mathrm{d}f/\mathrm{d}u) - (u^2/\bar{u}^2)(\mathrm{d}f/\mathrm{d}u)$, 与左边项相同的项可消去,

$$0 = \left\{2\frac{\mathrm{d}^2u}{\mathrm{d}\bar{u}^2}\frac{\mathrm{d}}{\mathrm{d}u}(fu) + \left(\frac{\mathrm{d}u}{\mathrm{d}\bar{u}}\right)^2\frac{\mathrm{d}^2}{\mathrm{d}u^2}(fu) - \frac{1}{\bar{u}}\frac{\mathrm{d}}{\mathrm{d}u}\left(u^2\frac{\mathrm{d}f}{\mathrm{d}u}\right)\right\}\frac{\mathrm{d}u}{\mathrm{d}\bar{u}} \tag{3.3-41}$$

仍处理以前之特例, 即生成函数 $f/2\mu = 1 - R^2$, $0 \leqslant R^2 \leqslant \frac{1}{2}$, 磁通管半径 $a^2 = \frac{1}{2}(= u_1)$, $u = R^2$, $\bar{u} = \bar{R}^2$, $\bar{a}^2 = \bar{u}_1$.

$$\frac{\mathrm{d}}{\mathrm{d}u}(uf) = 2\mu\frac{\mathrm{d}}{\mathrm{d}u}[u(1-u)] = 2\mu(1-2u)$$

$$\frac{\mathrm{d}^2}{\mathrm{d}u^2}(uf) = -4\mu, \quad \frac{\mathrm{d}f}{\mathrm{d}u} = -2\mu$$

上列各项代入 (3.3-41) 有

$$0 = \left\{\frac{\mathrm{d}^2 u}{\mathrm{d}\bar{u}^2}(1-2u) - \left(\frac{\mathrm{d}u}{\mathrm{d}\bar{u}}\right)^2 + \frac{u}{\bar{u}}\right\}\frac{\mathrm{d}u}{\mathrm{d}\bar{u}} \tag{3.3-42}$$

求解非线性二阶常微分方程, 显然不能归类于基本求解方法. 假设膨胀后磁通管半径 $\bar{a} \gg a$ (a 为膨胀前半径), 我们前面已证得膨胀后的 $\mathrm{d}u/\mathrm{d}\bar{u} < 1$ (见上一节 4. 关于 (3.3-33) 中积分常数 C 的讨论, 分为两种情况: 磁通管压缩和膨胀), 求方程的渐近解.

因为 $u = R^2 \leqslant \frac{1}{2}$, 所以 $1 - 2u \approx 1$, 方程简化为

$$\frac{\mathrm{d}^2 u}{\mathrm{d}\bar{u}^2} + \frac{u}{\bar{u}} = 0 \tag{3.3-43}$$

边界条件是:

$u(0) = 0$ (轴心处半径为 0),

$u(\bar{u}_1 = \bar{a}^2) = u_1(= a^2)$ (磁通管表面处半径 $= a$). (磁通管膨胀至 $\bar{u}_1 = \bar{a}^2$ 时, 未胀部分半径为 a, $u = u_1 = a^2$.)

考察方程

$$z^2\frac{\mathrm{d}^2 u}{\mathrm{d}z^2} + (1-2\alpha)z\frac{\mathrm{d}u}{\mathrm{d}z} + [\lambda^2\beta^2 z^{2\beta} + (\alpha^2 - \nu^2\beta^2)]u = 0$$

由此可推出 Bessel 方程的不同形式 (郭敦仁, 1977, 第 327 页),

$$\frac{\mathrm{d}^2 u}{\mathrm{d}\bar{u}^2} + \frac{u}{\bar{u}} = 0 \tag{3.3-44}$$

令 $1 - 2\alpha = 0$, $2\beta - 2 = -1$, $\lambda^2\beta^2 = 1$, $\alpha^2 - \nu^2\beta^2 = 0$, 解出 $\alpha = \frac{1}{2}$, $\beta = \frac{1}{2}$, $\lambda^2 = 4$, $\nu^2 = 1$. 即可得到上述 (3.3-44) 式.

Bessel 方程的解为

$$u(z)=z^{\alpha}Z_{\nu}(\lambda z^{\beta})$$

Z_ν 为 ν 阶 Bessel 方程的解, ν 阶的 Bessel 方程为

$$x^2\frac{\mathrm{d}^2y}{\mathrm{d}x^2}+x\frac{\mathrm{d}y}{\mathrm{d}x}+(x^2-\nu^2)y=0$$

我们考虑的是圆柱问题 (ν 为负数, 会使 $u(0)$ 发散), 所以取 $\nu=1,\ \lambda=2$ (圆柱内的问题, 只需要正数阶的 Bessel 函数).

$u(z)=z^{1/2}Z_1(2z^{1/2})$, 也即 (3.3-42) 的解为

$$u=A\bar{u}^{1/2}Z_1(2\bar{u}^{1/2})=A\bar{u}^{1/2}J_1(2\bar{u}^{1/2})=A\bar{R}J_1(2\bar{R})$$

A: 待定常数, $u(\bar{u}_1)=u_1$, 即当 $\bar{u}_1=\bar{a}^2$ 时, $u_1=a^2=\dfrac{1}{2}$ $\left(当\ \bar{R}=\bar{a}\ 时,\ R=a=\dfrac{1}{\sqrt{2}}\right)$

$$A=\frac{a^2}{\bar{a}J_1(2\bar{a})}=\frac{1}{2\bar{a}J_1(2\bar{a})}$$

将定得的常数 A 代回 u 的表达式, 得

$$R^2=a^2\frac{\bar{R}J_1(2\bar{R})}{\bar{a}J_1(2\bar{a})}\quad\left(u=u_1\frac{\bar{u}^{1/2}J_1(2\bar{u}^{1/2})}{\bar{u}_1^{1/2}J_1(2\bar{u}_1^{1/2})},\ \text{Parker 的解}\right)\tag{3.3-45}$$

从上式可求出

$$\frac{\mathrm{d}u}{\mathrm{d}\bar{u}}=\frac{a^2}{\bar{a}J_1(2\bar{a})}\left[\frac{1}{2}\bar{u}^{-1/2}J_1(2\bar{u}^{1/2})+\bar{u}^{1/2}J_1'(2\bar{u}^{1/2})\cdot\bar{u}^{-1/2}\right]$$

$$J_1'=J_0-\frac{1}{2\bar{u}^{1/2}}J_1\quad\left(\text{递推公式}\ \frac{\mathrm{d}}{\mathrm{d}x}[x^{\nu}Z(x)]=x^{\nu}Z_{\nu-1}(x),\ \text{令}\ \nu=1\right)$$

$$\frac{\mathrm{d}u}{\mathrm{d}\bar{u}}=\frac{a^2}{\bar{a}J_1(2\bar{a})}J_0(2\bar{u}^{1/2})\quad\left(=\frac{u_1}{\bar{u}_1^{1/2}}\frac{J_0(2\bar{u}^{1/2})}{J_1(2\bar{u}_1^{1/2})},\ u_1=a^2,\ \bar{u}_1=\bar{a}^2\right)\tag{3.3-46}$$

以前我们已经证明 $0<\mathrm{d}u/\mathrm{d}\bar{u}<1$, 要求 $\mathrm{d}u/\mathrm{d}\bar{u}>0$. 即 $\bar{u}$ 增加, u 增加. J_0 的宗量 $2\bar{u}^{1/2}$ 小于第一个零点时, $J_0>0$. 第一个零点是 $2\bar{u}_0^{1/2}=2.4048$, $\bar{u}_0=1.4458$, 超过该零点, $J_0<0$. 不符合 $\mathrm{d}u/\mathrm{d}\bar{u}>0$ 的要求. 如果 $\bar{u}_1<\bar{u}_0$ (零点), 即膨胀后, 磁通管的半径小于由 $\bar{u}_0\ (=\bar{\alpha}_0^2)$ 所代表的半径, 包含 J_1 的 (3.3-45) 式作为方程的解是正确的. 但从物理的观点看, 磁通管的膨胀并无限制, 可以有

$\bar{u}_1 > \bar{u}_0$. Parker 证明问题与简化 (3.3-42) 式的过程无关. 解 (3.3-45) 式从零随 $\bar{u}$ 增加, 达到极大, 随后再减小, 方程的解在 $0 \leqslant \bar{u} \leqslant \bar{u}_0$ (J_0 的第一零点) 区间内成立, 超出 $\bar{u}_0$ 则不符合物理实际.

但是我们注意方程 (3.3-42), $\mathrm{d}u/\mathrm{d}\bar{u} = 0$ 也可使方程成立, 表示 $u = \text{const}$, 也即磁通管膨胀 ($\bar{u}$ 增大) 时, 未膨胀部分, 半径不变. 令仍为原来的半径 a, 所以 $u = u_1$ ($= a^2$), 即 $\bar{u} > \bar{u}_0$ 时, $u = u_1$ (不随 $\bar{u}$ 而变化). 同时需修改边界条件, 原来的条件是 $u(\bar{u}_1 = \bar{a}^2) = u_1(= a^2)$, 改为 $u(\bar{u}_0) = u_1(= a^2)$.

方程 (3.3-43) 的解的待定常数现变为

$$A = \frac{u_1}{\bar{u}_0^{1/2} J_1(2\bar{u}_0^{1/2})}$$

式中 $u_1 = a^2$, $\bar{u}_0 = 1.4458$.

$$\begin{cases} u = u_1 \dfrac{\bar{u}^{1/2} J_1(2\bar{u}^{1/2})}{\bar{u}_0^{1/2} J_1(2\bar{u}_0^{1/2})} \quad (0 < \bar{u} < \bar{u}_0) \\ \text{与 (3.3-45) 相比, 原来的 } \bar{a} \text{ 变为零点 } \bar{u}_0^{1/2} \\ u = u_1 \quad (\bar{u} > \bar{u}_0) \end{cases} \tag{3.3-47}$$

现在我们求 $\bar{B}_z$ 和 $\bar{B}_\phi$, 假定 $\bar{u}_1 \leqslant \bar{u}_0$ (第一零点), 生成函数 $\bar{f}$ 由 (3.3-40) 表示

$$\bar{f} = \left(\frac{\mathrm{d}u}{\mathrm{d}\bar{u}}\right)^2 \frac{\mathrm{d}}{\mathrm{d}u}(fu) - \frac{u^2}{\bar{u}}\frac{\mathrm{d}f}{\mathrm{d}u}$$

仍考虑 4. 小节中的特例, 已求得

$$\frac{\mathrm{d}}{\mathrm{d}u}(fu) = 2\mu(1-2\mu) \approx 2\mu$$

$$\frac{\mathrm{d}f}{\mathrm{d}u} = -2\mu$$

$$\therefore\ \bar{f} = \left(\frac{\mathrm{d}u}{\mathrm{d}\bar{u}}\right)^2 \cdot 2\mu + \frac{u^2}{\bar{u}} 2\mu$$

由 (3.3-46) 式,

$$\frac{\mathrm{d}u}{\mathrm{d}\bar{u}} = \frac{u_1}{\bar{u}_1^{1/2}} \frac{J_0(2\bar{u}^{1/2})}{J_1(2\bar{u}_1{}^{1/2})}$$

由 (3.3-45) 式,

$$u = u_1 \frac{\bar{u}^{1/2} J_1(2\bar{u}^{1/2})}{\bar{u}_1^{1/2} J_1(2\bar{u}_1^{1/2})}$$

两边平方:

$$\frac{u^2}{\bar{u}} = \frac{u_1^2 J_1^2(2\bar{u}^{1/2})}{\bar{u}_1 J_1^2(2\bar{u}_1^{1/2})}$$

由 (3.3-46) 式:

$$\left(\frac{\mathrm{d}u}{\mathrm{d}\bar{u}}\right)^2 = \frac{u_1^2 J_0^2(2\bar{u}^{1/2})}{\bar{u}_1 J_1^2(2\bar{u}_1^{1/2})}$$

将 $u^2/\bar{u}$ 和 $(\mathrm{d}u/\mathrm{d}\bar{u})^2$ 表达式代入生成函数,

$$\bar{f} = 2\mu u_1^2 \frac{J_0^2(2\bar{u}^{1/2}) + J_1^2(2\bar{u}^{1/2})}{\bar{u}_1 J_1^2(2\bar{u}_1^{1/2})}$$

$$\begin{aligned}\bar{B}_\Phi^2 &= -\frac{1}{2}\bar{R}\frac{\mathrm{d}\bar{f}}{\mathrm{d}\bar{R}} = -\bar{u}\frac{\mathrm{d}\bar{f}}{\mathrm{d}\bar{u}} \\ &= -2\mu\bar{u}\frac{u_1^2}{\bar{u}_1 J_1^2(2\bar{u}_1^{1/2})} \cdot 2\bar{u}^{-1/2}[-J_0(2\bar{u}^{1/2})J_1(2\bar{u}^{1/2}) \\ &\quad + J_1(2\bar{u}^{1/2})J_1'(2\bar{u}^{1/2})]\end{aligned}$$

已利用关系式 $J_0' = -J_1$,

$$\frac{\bar{B}_\phi^2}{2\mu} = -\frac{2\bar{u}u_1^2\bar{u}^{-1/2}}{\bar{u}_1 J_1^2(2\bar{u}_1^{1/2})} \cdot J_1(2\bar{u}^{1/2})[-J_0(2\bar{u}^{1/2}) + J_1'(2\bar{u}^{1/2})]$$

利用

$$J_1'(2\bar{u}^{1/2}) = J_0(2\bar{u}^{1/2}) - \frac{1}{2\bar{u}^{1/2}} J_1(2\bar{u}^{1/2})$$

得出

$$\frac{\bar{B}_\phi^2}{2\mu} = \frac{u_1^2}{\bar{u}_1 J_1^2(2\bar{u}_1^{1/2})} J_1^2(2\bar{u}^{1/2}) \quad \text{((Parker, 1974a) 的 (45) 式)}$$

$$\bar{u}_1 = \bar{a}^2, \quad u_1^2 = a^4 = \left(\frac{1}{2}\right)^2 = \frac{1}{4}$$

$$\left[\frac{\bar{B}_\phi^2}{2\mu} = \frac{J_1^2(2\bar{R})}{4\bar{a}^2 J_1^2(2\bar{a})}\right] \quad \text{(Priest, 1982)}$$

$$\bar{B}_z^2 = \bar{B}^2 - \bar{B}_\phi^2 = \bar{f} - 2\mu\frac{u_1^2}{\bar{u}_1 J_1^2(2\bar{u}_1^{1/2})} \cdot J_1^2(2\bar{u}^{1/2})$$

$$\therefore \ \frac{\bar{B}_z^2}{2\mu} = \frac{u_1^2}{\bar{u}_1 J_1^2(2\bar{u}_1^{1/2})} \cdot J_0^2(2\bar{u}^{1/2}) \quad ((\text{Parker, 1974a}) \text{ 的 } (44) \text{ 式})$$

总之:

(1) 假如 $\bar{u}_1$ (膨胀后的管半径) 小于等于 $\bar{u}_0$ (第一零点), 即 $\bar{u}_1 \leqslant \bar{u}_0$, 则在范围 $0 \leqslant \bar{u} \leqslant \bar{u}_1$ 内, 有

$$\bar{f}(\bar{u}) = 2\mu u_1^2 \frac{J_0^2(2\bar{u}^{1/2}) + J_1^2(2\bar{u}^{1/2})}{\bar{u}_1 J_1^2(2\bar{u}_1^{1/2})}$$

$$\frac{\bar{B}_\phi^2}{2\mu} = u_1^2 \frac{J_1^2(2\bar{u}^{1/2})}{\bar{u}_1 J_1^2(2\bar{u}_1^{1/2})}$$

$$\frac{\bar{B}_z^2}{2\mu} = u_1^2 \frac{J_0^2(2\bar{u}^{1/2})}{\bar{u}_1 J_1^2(2\bar{u}_1^{1/2})}$$

(2) 假如 $\bar{u} > \bar{u}_0$, 则要用 (3.3-47) 替换 (3.3-45) 式,

(i) 在 (1) 中, 若 $0 \leqslant \bar{u} \leqslant \bar{u}_1 = \bar{u}_0$ 的情况, (1) 中的表达式变成

$$\begin{cases} \dfrac{\bar{B}_\phi^2}{2\mu} = u_1^2 \dfrac{J_1^2(2\bar{u}^{1/2})}{\bar{u}_0 J_1^2(2\bar{u}_0^{1/2})} \\ \dfrac{\bar{B}_z^2}{2\mu} = u_1^2 \dfrac{J_0^2(2\bar{u}^{1/2})}{\bar{u}_0 J_1^2(2\bar{u}_0^{1/2})} \end{cases}$$

在 $\bar{u} = \bar{u}_0$ (J_0 的第一零点位于 $2\bar{u}_0^{1/2}$) 时, $\bar{B}_z = 0$.

(ii) 当 $\bar{u} > \bar{u}_0$ 时, 有 $u = u_1$ (未膨胀部分半径不变), 生成函数 $\bar{f} = 2\mu(u_1^2/\bar{u})$.

$\left(\text{因为 } u = u_1\text{, 所以 } (\mathrm{d}u/\mathrm{d}\bar{u})^2 2\mu = 0\text{, 而 } \dfrac{\mathrm{d}f}{\mathrm{d}\mu} = -2\mu\right)$

$$\begin{cases} \dfrac{\bar{B}_\phi^2}{2\mu} = \dfrac{u_1^2}{\bar{u}} \quad \left(= -\dfrac{1}{2}\bar{R}\dfrac{\mathrm{d}\bar{f}}{\mathrm{d}\bar{R}} = -\bar{u}\dfrac{\mathrm{d}\bar{f}}{\mathrm{d}\bar{u}}\right) \\ \bar{B}_z^2 = \bar{f} - 2\mu\dfrac{u_1^2}{\bar{u}} = 0 \end{cases}$$

在范围 $\bar{u}_0 \leqslant \bar{u} \leqslant \bar{u}_1$, 在 J_0 的第一零点和膨胀后的磁通管半径 $\bar{a}$ 之间, 仅有环向场 $\bar{B}_\phi^2 = \mu/2\bar{R}^2$, 中间有线电流.

上述情况中的 (1), 当 $\bar{a}^2(=\bar{u}_1)$ 小于第一零点值, 在 $0 \leqslant \bar{R}^2 \leqslant \bar{a}^2$ 时, $\bar{B}_\phi$ 随 $\bar{R}$ 增加而增加 (J_1 的峰值在第一零点附近), $\bar{B}_z$ 随 $\bar{R}$ 增加而减小 (J_0 为减函数). (2) 当 $\bar{u} > \bar{u}_0$ 时, 仅有环向场, $B_z = 0$.

Priest 认为上述 (1) 中的解仅在 $\bar{u} \leqslant \bar{u}_0$ ($\bar{u} = \bar{R}^2$, $\bar{u}_0 = 1.4458$) 有效. 即 $\bar{R} < 1.2$. 超过此范围, $\bar{R} = \bar{R}(R)$ 不再单值, $\bar{R}$ 很不确定. 而 Parker 认为, 磁场变成纯角向场. Browning 和 Priest (1982) 在计算中加入了 B_R 分量, 他们认为内部气体压强超过外部气压时, 磁通管爆裂, 外层剥离.

6. **静力学磁场**

方程 (3.3-3):

$$\frac{\mathrm{d}p}{\mathrm{d}R} + \frac{\mathrm{d}}{\mathrm{d}R}\frac{1}{2\mu}(B_\phi^2 + B_z^2) + \frac{B_\phi^2}{\mu R} = 0$$

(1) 有简单解, 选为

$$B_z = \frac{B_0}{1 + R^2/a^2}$$

在轴上 ($R = 0$) 有极大值, 随 R 增大而衰减, 有特征长度 a. 因为 $\Phi = 2LB_\phi/RB_z$, 所以环向场选为

$$B_\phi = \frac{\Phi R B_z}{2L}$$

令扭转角度 Φ 均匀 (= 常数). (比较均匀扭转无力场的解 (3.3-19)

$$B_z = \frac{B_0}{1 + \Phi^2 R^2/(2L)^2}, \qquad B_\phi = \frac{B_0 \Phi R/(2L)}{1 + \Phi^2 R^2/(2L)^2}\Bigg)$$

从方程 (3.3-3), 可以求出气体压强 p,

$$\begin{aligned} p + \frac{1}{2\mu}(B_\phi^2 + B_z^2) &= -\frac{1}{\mu}\int \frac{B_\phi^2}{R}\mathrm{d}R + C \\ &= -\frac{1}{\mu}\left(\frac{\Phi}{2L}\right)^2 \int RB_z^2 \mathrm{d}R + C \\ &= \frac{\Phi^2 a^2 B_0^2}{8\mu L^2} \cdot \frac{1}{1 + R^2/a^2} + C \end{aligned}$$

$$\frac{1}{2\mu}(B_\phi^2 + B_z^2) = \frac{1}{2\mu}\left[1 + \left(\frac{\Phi R}{2L}\right)^2\right]\frac{B_0^2}{(1 + R^2/a^2)^2}$$

$$p = \frac{1}{2\mu}\frac{B_0^2}{(1 + R^2/a^2)^2}\left[\frac{\Phi^2 a^2}{4L^2} - 1\right] + C$$

当 $R \to \infty$ 时, $p \to p_\infty$, 所以 $C = p_\infty$,

$$p = p_\infty + \frac{(\Phi^2 a^2/(2L)^2 - 1)B_0^2}{2\mu(1 + R^2/a^2)^2}$$

(式中 $2L$ 为磁通管长度).

对于没有扭转的磁通管, $\Phi = 0$, 在 $R = 0$ 处 (轴上) p 有极小,

$$p_{\min} = p_\infty - \frac{B_0^2}{2\mu}$$

当扭转增加, 即 Φ 增大时, p 也随之增大, 当 $\Phi > 2L/a$ 时, 会出现很大的值.

(2) 另一个简单解.

令轴向场均匀, 即 $B_z = B_0$, 扭转角

$$\Phi(R) = \frac{2LB_\phi}{RB_z} = \frac{2LB_\phi}{RB_0} = \frac{\Phi_0}{1 + R^2/a^2} \tag{3.3-48}$$

扭转角在轴上 ($R = 0$) 有极大值 Φ_0, 随 R 增大, 扭转角减小 (不是均匀扭转). 由此推出

$$B_\phi = \frac{\Phi_0 R}{2L} \cdot \frac{B_0}{1 + R^2/a^2}$$

重复 (1) 中的运算, 得到

$$p + \frac{1}{2\mu}(B_z^2 + B_\phi^2) = \frac{\Phi_0^2 B_0^2 a^2}{8\mu L^2} \cdot \frac{1}{1 + R^2/a^2} + C'$$

$$\frac{1}{2\mu}(B_0^2 + B_\phi^2) = \frac{1}{2\mu}\left[B_0^2 + B_0^2\left(\frac{\Phi_0 R}{2L}\right)^2 \cdot \frac{1}{(1 + R^2/a^2)^2}\right]$$

$$\begin{aligned} p &= \frac{B_0^2}{8\mu L^2} \cdot \frac{\Phi_0^2 a^2}{(1 + R^2/a^2)^2} - \frac{B_0^2}{2\mu} + C' \\ &= \frac{B_0^2 a^2}{8\mu L^2}\Phi^2(R) + C'' \qquad [\text{将 (3.3-48) 式代入}] \end{aligned}$$

当 $R \to \infty$ 时, $\Phi(R) \to 0$, 有 $p = p_\infty$, 所以

$$p = p_\infty + \frac{\Phi^2(R) B_0^2 a^2}{8\mu L^2}$$

当扭转角为零 ($\Phi = 0$) 时, p 均匀 (= 常数). p 的极大值在轴上 $R = 0$ 处产生. 压强 p 的极大值的数值随 Φ_0 (最大扭转角) 而改变.

将来有必要研究横截面变化的弯曲磁通管的影响.

3.4 无电流场

任何位置电流密度为零, 则有

$$\nabla \times \boldsymbol{B} = 0, \quad \boldsymbol{B} = \nabla \psi \tag{3.4-1}$$

磁场是一个势场, ψ 称为磁标势 (scalar magnetic potential), ψ 满足 Laplace 方程

$$\nabla^2 \psi = 0 \tag{3.4-2}$$

(1) 在一个封闭体积内, 边界上的 ψ 或 $\partial\psi/\partial n = B_n$ 已知 ($\boldsymbol{n}$ 的方向垂直于界面), 则解是唯一的. 一旦求出 ψ, 从方程 (3.4-1) 可求出 $\boldsymbol{B}$, 满足 $\nabla \cdot \boldsymbol{B} = 0$ 和 $\nabla \times \boldsymbol{B} = 0$. 势场常作为一级近似, 找出真实的非势场比较困难.

(2) 假如界面上的 B_n 已知, 那么相应的势场处于能量最低态, $W = W_{\min} = \int B^2/2\mu \mathrm{d}V$. 因此电流不为零的磁场, 尽管界面上的 B_n 相同, 能量必大于势场所具有的能量. 上述结论对于太阳大气这样的半无限空间也正确, 只要在无限远处无源 (无电流), 而磁场的衰减快于 $1/L^2$. 磁标势场能量最小的证明如下: 磁标势磁场 $\boldsymbol{B}_0$. 设另有一个磁场 $\boldsymbol{B}$, 在边界上有与 $\boldsymbol{B}_0$ 同样的法向量. $\boldsymbol{B} = \boldsymbol{B}_0 + \boldsymbol{B}_1$, $\boldsymbol{B}_1$ 不一定是小量, 但因为 $B_{0n} = B_n$, 所以 $B_{1n} = 0$. 磁能 $W = \int B^2/2\mu \mathrm{d}V = \int (\boldsymbol{B}_0 + \boldsymbol{B}_1)/2\mu \cdot (\boldsymbol{B}_0 + \boldsymbol{B}_1)\mathrm{d}V = \int (B_0^2 + 2\boldsymbol{B}_0 \cdot \boldsymbol{B}_1 + B_1^2)/2\mu \mathrm{d}V$. $\boldsymbol{B}_0$ 是势场, $\boldsymbol{B}_0 = \nabla\psi_0$, 所以 $\int \boldsymbol{B}_0 \cdot \boldsymbol{B}_1 \mathrm{d}V = \int (\nabla\psi_0 \cdot \boldsymbol{B}_1)\mathrm{d}V = \int [\nabla \cdot (\psi_0 \boldsymbol{B}_1) - \psi_0 \nabla \cdot \boldsymbol{B}_1]\mathrm{d}V = \int \boldsymbol{n} \cdot \psi_0 \boldsymbol{B}_1 \mathrm{d}S = \int \psi_0 B_{1n} \mathrm{d}S = 0$. 因此磁能 $W = \int (B_0^2 + B_1^2)/2\mu \mathrm{d}V > \int B_0^2/2\mu \mathrm{d}V$.

(3) 假如一部分边界面上的 B_n 未知, 但 $\boldsymbol{B}$ 的切向分量等于零, 上述结论: 势场能量最低, 依然正确. 因为边界面上的 $\boldsymbol{B}$ 切向分量为: $\boldsymbol{n} \times (\boldsymbol{B}_2 - \boldsymbol{B}_1) = \mu\boldsymbol{\sigma}$, $\boldsymbol{\sigma}$ 为面电流密度. 当 $\boldsymbol{B}$ 的切向分量连续或切向分量为零时, 有 $\boldsymbol{\sigma} = 0$, 则整个系统连同界面仍是无电流系统, 是势场.

利用分离变量法可求出 (3.4-2) 的解.

(a) 对于球坐标 (r, θ, ϕ), 解为

$$\psi = \sum_{l=0}^{\infty} \sum_{m=-l}^{l} (a_{lm} r^l + b_{lm} r^{-(l+1)}) P_l^m(\cos\theta) \mathrm{e}^{im\phi}$$

一般地, $P_l^m(x)=(1-x^2)^{\frac{m}{2}}P_l^{[m]}(x)$, 称为缔合 Legendre 函数 (associated Legendre polynomial).

特殊情况, 势 ψ 与 ϕ 无关,

$$\psi=\sum_{l=0}^{\infty}(a_l r^l+b_l r^{-(l+1)})P_l(\cos\theta)$$

$P_l(x)$ 是 Legendre 多项式.

(b) 对于柱坐标中 (R,ϕ,z), 解为

$$\psi=\sum_{n=-\infty}^{\infty}[c_nJ_n(kR)+d_nY_n(kR)]\mathrm{e}^{in\phi\pm kz}$$

Y_n 和 J_n 为 Bessel 函数.

当 ψ 与 z 无关时, 分离变量 $\psi=D(R)\Phi(\phi)$. 代入 Laplace 方程, 解得

$$\Phi(\phi)=A_1\sin m\phi+A_2\cos m\phi$$

设 $D=D(R)$, 与 R 有关的方程为

$$\frac{1}{R}\frac{\mathrm{d}}{\mathrm{d}R}\left(R\frac{\mathrm{d}D}{\mathrm{d}R}\right)-\frac{m^2}{R^2}D=0$$

$$R^2D''-RD'-m^2D=0$$

此为 Euler 型方程, 作变量代换, $t=\ln R$, 方程化为

$$\frac{\mathrm{d}^2D}{\mathrm{d}t^2}-m^2D=0$$

当 m 为整数时, 方程的解是

$$D_0=A_0+B_0t=A_0+B_0\ln R\quad(m=0)$$

$$D_m=A_m\mathrm{e}^{mt}+B_m\mathrm{e}^{-mt}=A_mR^m+B_mR^{-m}\quad(m\geqslant 1)$$

所以 ψ 与 z 无关时的解为

$$\psi=C\ln R+\sum_{m=-\infty}^{\infty}(C_nR^m+D_nR^{-m})\mathrm{e}^{im\phi}$$

上述各种解的常数由边界条件确定.

当下述三个条件满足时, 可以期望日冕磁场是势场: $j \approx 0$; 无磁螺度; 光球上的源长时期处于稳定态以至于磁场已处于能量最小的位形. 如果没有磁螺度的区域演化速度远小于 Alfvén 速度, 则可以认为演化是通过一系列的磁势场状态进行的.

太阳大气的下述区域用势场近似并不恰当:

(i) 高度剪切或扭转的活动区, 用无力场描写较好.

(ii) 日冕底部以下的光球、色球和过渡区, 压力和引力起作用, 因此需要完整的静力学模型描述磁场的定态.

(iii) 日冕上部压力和惯性项变得重要, 不能忽略.

(iv) 需要顾及时间因素, 如耀斑早期磁场演变迅速.

有几种方法找到势场解. 如果认为日冕底部为平面, 可采用 Green 函数法 (Schmidt, 1964) 和 Fourier 展开的方法; 如果认为日冕底部为球体, 则计算球面上的 Green 函数 (Sakurai, 1982), 也可以利用级数近似总体磁场 (Altschuler and Newkirk, 1969).

3.5 无 力 场

在方程 $0 = -\nabla p + \boldsymbol{j} \times \boldsymbol{B} + \rho \boldsymbol{g}$ 中, 如果 Lorentz 力占据主导地位, 也即等离子体的: ① $\beta \ll 1$; ② 垂直尺度 $H \ll \Lambda/\beta$, 就有无力场

$$\boldsymbol{j} \times \boldsymbol{B} = 0 \tag{3.1-10}$$

式中 Λ 为标高, $\Lambda = p/\rho g$, $\beta = 2\mu p/B^2$, 所以 $\Lambda/\beta = (1/\rho g) \cdot (B^2/2\mu)$, 量纲为长度. 从 $\nabla(B^2/2\mu) \gg \rho g$ 可看出 $H \ll \Lambda/\beta$, 即引力项可以忽略, 在活动区上方, 这些条件可以满足. 太阳黑子的磁压不超过气压, 是有力场区域, 上层日冕, 气体温度很高, 磁场也不强, 也是有力场区域, 色球和低层日冕则为无力场区域.

根据 (3.1-10) 式, 有 $\boldsymbol{j} \parallel \boldsymbol{B}$, 进一步可写成

$$\nabla \times \boldsymbol{B} = \alpha \boldsymbol{B} \tag{3.5-1}$$

α 是位置的函数, α 在各根磁力线上分别是常数, 从下边的运算可以看出, 对式 (3.5-1) 取散度, 左边为零

$$(\boldsymbol{B} \cdot \nabla)\alpha = 0 \tag{3.5-2}$$

该式表示沿 $\boldsymbol{B}$ 方向, α 为常数, 或者 $\boldsymbol{B}$ 位于 α 等于常数的面上. 因为方向导数即为梯度在该方向上的投影.

由 (3.5-2), $\boldsymbol{B} \perp \nabla\alpha$, 所以 $\boldsymbol{B}$ 在 $\alpha =$ 常数 的面上. 因为 $\boldsymbol{j} \parallel \boldsymbol{B}$, 所以 $\boldsymbol{j}$ 也位于 $\alpha =$ 常数 的面上.

当每一根磁力线上的 α 都相等时，就是线性或者称为常 α 无力场. (3.5-1) 两边取旋度

$$\boldsymbol{\nabla}\times\boldsymbol{\nabla}\times\boldsymbol{B}=-\nabla^2\boldsymbol{B}=\alpha\boldsymbol{\nabla}\times\boldsymbol{B}=\alpha^2\boldsymbol{B}$$

$$\therefore\ (\nabla^2+\alpha^2)\boldsymbol{B}=0 \tag{3.5-3}$$

这是线性方程，但一般情况下，α 不是常数，方程是非线性的. 因为求解非线性方程 $\boldsymbol{j}\times\boldsymbol{B}=0$ 困难，所以重点就着眼于线性方程的求解.

3.5.1　一般原理

由 (3.1-10) 式给出的方程，本身是非线性的，因此对无力场的性质迄今尚未完全理解.

(i) 势场具有最小能量定理的推广：假如有体积为 V，其边界面为 S 的空间，边界面上的 B_n 已知，而且 S 面上磁力线足点位置固定，从而矢势 $\boldsymbol{A}$ 确定. 则体积 V 中，磁场能量有极值的话，必为无力场.

(ii) 进而可推论：S 面上磁通量和拓扑连接给定，以及场的能量为最小，则场是无力场，反之不然，无力场不必定具有最小能量.

(iii) 孤立的导电流体系，与外界无能量交流，所以 Poynting 矢量为零，则 $\boldsymbol{E}=0$. 因此 $\boldsymbol{A}$ 有确定值，也即磁力线足点固定. 该场能量有极小值的话，必为无力场.

(iv) 或者对于封闭体积，因为 $0=\int\boldsymbol{B}\cdot\mathrm{d}\boldsymbol{s}=\int\boldsymbol{\nabla}\times\boldsymbol{A}\cdot\mathrm{d}\boldsymbol{s}=\int_l\boldsymbol{A}\cdot\mathrm{d}\boldsymbol{l}$，$l$ 为沿边界的回路，可推出 $A_{l_1}=A_{l_2}$ 或 $\boldsymbol{n}\times(\boldsymbol{A}_2-\boldsymbol{A}_1)=0$，$\boldsymbol{n}$ 为边界面的法线方向，即 $\boldsymbol{A}$ 在边界上切向连续，$\delta\boldsymbol{A}=0$，任何时刻成立，所以 $\partial\boldsymbol{A}/\partial t=0$，$\boldsymbol{A}$ 有确定值，回到 (i) 的结论.

(v) 事实上孤立的无力场并不存在，下面就来证明这一点，计算 Lorentz 力与 $\boldsymbol{r}$ (位矢) 点乘的积分，在 virial 定理的推导过程中已用到过. 位矢 $\boldsymbol{r}$ 从坐标系原点出发.

$$\begin{aligned}\int\boldsymbol{r}\cdot(\boldsymbol{j}\times\boldsymbol{B})\mathrm{d}V&=\int\boldsymbol{r}\cdot\left(-\boldsymbol{\nabla}\frac{1}{2\mu}B^2+\boldsymbol{\nabla}\cdot\frac{\boldsymbol{BB}}{\mu}\right)\mathrm{d}V\\&=\int\left[-\boldsymbol{\nabla}\cdot\left(\boldsymbol{r}\frac{1}{2\mu}B^2\right)+\frac{1}{2\mu}B^2\boldsymbol{\nabla}\cdot\boldsymbol{r}\right]\mathrm{d}V\\&\quad+\frac{1}{\mu}\int\boldsymbol{\nabla}\cdot[(\boldsymbol{BB})\cdot\boldsymbol{r}]\mathrm{d}V\\&\quad-\frac{1}{\mu}\int\boldsymbol{BB}:\boldsymbol{\nabla r}\mathrm{d}V\end{aligned}$$

利用公式 $\nabla\cdot(\varphi\boldsymbol{a})=\varphi\nabla\cdot\boldsymbol{a}+\nabla\varphi\cdot\boldsymbol{a}$, φ 为标量,

$$\nabla\cdot(\mathbf{A}\cdot\boldsymbol{a})=(\nabla\cdot\mathbf{A})\cdot\boldsymbol{a}+\mathbf{A}:(\nabla\boldsymbol{a})\qquad(\mathbf{A}\text{ 为张量})$$

$$\begin{aligned}\text{上式}&=\int-\frac{1}{2\mu}B^2\boldsymbol{r}\cdot\mathrm{d}\boldsymbol{S}+\frac{3}{2\mu}\int B^2\mathrm{d}V+\frac{1}{\mu}\int(\boldsymbol{BB}\cdot\boldsymbol{r})\cdot\mathrm{d}\boldsymbol{S}-\frac{1}{\mu}\int\boldsymbol{BB}:\mathbf{I}\mathrm{d}V\\&=\int-\frac{1}{2\mu}B^2\boldsymbol{r}\cdot\mathrm{d}\boldsymbol{S}+\frac{1}{2\mu}\int B^2\mathrm{d}V+\frac{1}{\mu}\int(\boldsymbol{r}\cdot\boldsymbol{B})\boldsymbol{B}\cdot\mathrm{d}\boldsymbol{S}\end{aligned}$$

因为无力场, 上式左边为零, 所以

$$\int B^2\mathrm{d}V=\int B^2\boldsymbol{r}\cdot\mathrm{d}\boldsymbol{S}-2\int(\boldsymbol{r}\cdot\boldsymbol{B})\boldsymbol{B}\cdot\mathrm{d}\boldsymbol{S}$$

当区域边界面无限增大时, 上式右边等于零. 体积 V 中的 $\boldsymbol{B}$ 处处为零, 于是体积 V 内 $\boldsymbol{B}\neq0$ 的无力场在 S 面上某点必须有力作用, 即 $\boldsymbol{j}\times\boldsymbol{B}\neq0$; 换言之, 无力场是可能存在的, 但必须固植于边界某处, 即欲构成 $\boldsymbol{B}\neq0$ 的无力场, 条件 $\boldsymbol{j}\times\boldsymbol{B}=0$ 在界面 S 上不能全成立, 有些位置应该不等于零. 因此试图从一个完全位于 V 内的闭合的电流来构造无力场注定要失败.

无力场与有力场交接, 无力场的边界不满足封闭系统的条件, 但在无力场区域内的局部空间可能有封闭体系.

(vi) 还有一个类似的定理: 具有有限能量的磁场不可能处处为无力场. 因为假如磁场以 $1/r^2$ 随距离衰减 (或者比 $1/r^2$ 衰减更快), 能量

$$W=\int\frac{1}{2\mu}B^2\mathrm{d}V$$

可转换成

$$W=\int\boldsymbol{r}\cdot\boldsymbol{j}\times\boldsymbol{B}\mathrm{d}V$$

对于处处都是无力场的情况, 上式为零, 也即能量为零. 因此对于有限能量的磁场, 必须有奇点, 也即不可能处处都是无力场.

(vii) 轴对称、无力的极向场, 电流必等于零.

极向场 $\boldsymbol{B}=B_R\widehat{\boldsymbol{R}}+B_z\hat{\boldsymbol{z}}$, 无环向分量 (轴对称表示与环向 ϕ 无关),

$$\boldsymbol{j}=\frac{1}{\mu}\nabla\times\boldsymbol{B}=\frac{1}{\mu}\left(\frac{\partial B_R}{\partial z}-\frac{\partial B_z}{\partial R}\right)\hat{\boldsymbol{\phi}}$$

$$\boldsymbol{j}\times\boldsymbol{B}=j(B_z\widehat{\boldsymbol{R}}-B_R\hat{\boldsymbol{z}})$$

如果是无力场 $\boldsymbol{j}\times\boldsymbol{B}=0$, 则必须 $j=0$.

(viii) Woltjer (1958) 证明了封闭体系内 (V_0), 理想导电等离子体中的磁螺度保持不变

$$\int_{V_0}\boldsymbol{A}\cdot\boldsymbol{B}\mathrm{d}V=K_0 \tag{3.5-4}$$

对于给定的磁螺度, 体系中磁能极小的状态是一个线性无力场, 即 $\alpha=$ 常数.

证明　(1) 理想导电等离子体的磁感应方程

$$\frac{\partial\boldsymbol{B}}{\partial t}=\boldsymbol{\nabla}\times(\boldsymbol{v}\times\boldsymbol{B})$$

引用磁矢势 $\boldsymbol{A}$, $\boldsymbol{B}=\boldsymbol{\nabla}\times\boldsymbol{A}$ (已令纵场部分 $\boldsymbol{\nabla}\psi=0$), 代入上式, 有

$$\frac{\partial\boldsymbol{A}}{\partial t}=\boldsymbol{v}\times\boldsymbol{B} \tag{3.5-5}$$

$$\begin{aligned}\frac{\partial}{\partial t}\int\boldsymbol{A}\cdot\boldsymbol{B}\mathrm{d}V&=\int\boldsymbol{A}\cdot\frac{\partial\boldsymbol{B}}{\partial t}\mathrm{d}V+\int\frac{\partial\boldsymbol{A}}{\partial t}\cdot\boldsymbol{B}\mathrm{d}V\\&=\int\boldsymbol{A}\cdot\frac{\partial}{\partial t}\boldsymbol{\nabla}\times\boldsymbol{A}\mathrm{d}V+\int\frac{\partial\boldsymbol{A}}{\partial t}\cdot\boldsymbol{\nabla}\times\boldsymbol{A}\mathrm{d}V\end{aligned}$$

$$\boldsymbol{\nabla}\cdot(\boldsymbol{a}\times\boldsymbol{b})=\boldsymbol{b}\cdot\boldsymbol{\nabla}\times\boldsymbol{a}-\boldsymbol{a}\cdot\boldsymbol{\nabla}\times\boldsymbol{b},\quad \text{式中 }\boldsymbol{a}=\boldsymbol{A},\quad \boldsymbol{b}=\frac{\partial\boldsymbol{A}}{\partial t}$$

$$\frac{\partial}{\partial t}\int\boldsymbol{A}\cdot\boldsymbol{B}\mathrm{d}V=\int\left[-\boldsymbol{\nabla}\cdot\left(\boldsymbol{A}\times\frac{\partial\boldsymbol{A}}{\partial t}\right)+2\frac{\partial\boldsymbol{A}}{\partial t}\cdot\boldsymbol{\nabla}\times\boldsymbol{A}\right]\mathrm{d}V$$

$$\frac{\partial\boldsymbol{A}}{\partial t}\cdot\boldsymbol{\nabla}\times\boldsymbol{A}=(\boldsymbol{v}\times\boldsymbol{B})\cdot\boldsymbol{B}=0$$

$$\frac{\partial}{\partial t}\int\boldsymbol{A}\cdot\boldsymbol{B}\mathrm{d}V=\int_{V_0}-\boldsymbol{\nabla}\cdot\left(\boldsymbol{A}\times\frac{\partial\boldsymbol{A}}{\partial t}\right)\mathrm{d}V=-\int\boldsymbol{A}\times\frac{\partial\boldsymbol{A}}{\partial t}\cdot\mathrm{d}\boldsymbol{S}$$

3.5.1 节中已说明对于封闭体系界面上 $\boldsymbol{E}=0$, 即 $\partial\boldsymbol{A}/\partial t=0$.

证得

$$\frac{\partial}{\partial t}\int\boldsymbol{A}\cdot\boldsymbol{B}\mathrm{d}V=0$$

$$\int\boldsymbol{A}\cdot\boldsymbol{B}\mathrm{d}V=K_0$$

(2) 体系 V_0 内的磁能

$$W=\frac{1}{2\mu}\int_{V_0}B^2\mathrm{d}V$$

对 $\boldsymbol{A}$ 和 $\boldsymbol{B}$ 作小的变更

$$\boldsymbol{A}\to\boldsymbol{A}+\delta\boldsymbol{A},\qquad \boldsymbol{B}\to\boldsymbol{B}+\delta\boldsymbol{B}$$

(我们只是说 $\boldsymbol{A}$ 在界面上为常数, 体系 V_0 内 $\delta\boldsymbol{A}$ 可以不为零).

求能量的极值, 但必须满足 (3.5-4) 式, 利用 Lagrange 乘子法. 令乘子为 α_0, 则

$$\begin{aligned}2\mu\delta W&=\int[2\boldsymbol{B}\cdot\delta\boldsymbol{B}-\alpha_0\delta(\boldsymbol{A}\cdot\boldsymbol{B})]\mathrm{d}V\\&=\int[2\boldsymbol{B}\cdot\delta\boldsymbol{B}-\alpha_0(\delta\boldsymbol{A}\cdot\boldsymbol{B}+\boldsymbol{A}\cdot\delta\boldsymbol{B})]\mathrm{d}V\end{aligned}$$

仍利用 (1) 中的矢量公式,

上式右边第一项: $2\boldsymbol{B}\cdot\delta\boldsymbol{B}=2\boldsymbol{B}\cdot\nabla\times\delta\boldsymbol{A}=2\nabla\cdot(\delta\boldsymbol{A}\times\boldsymbol{B})+2(\nabla\times\boldsymbol{B})\cdot\delta\boldsymbol{A}$

上式右边第二项: $\boldsymbol{A}\cdot\delta\boldsymbol{B}=\boldsymbol{A}\cdot\nabla\times\delta\boldsymbol{A}=\nabla\cdot(\delta\boldsymbol{A}\times\boldsymbol{A})+(\nabla\times\boldsymbol{A})\cdot\delta\boldsymbol{A}$

$$\begin{aligned}2\mu\delta W=&\int_{V_0}[2\nabla\cdot(\delta\boldsymbol{A}\times\boldsymbol{B})-\alpha_0\nabla\cdot(\delta\boldsymbol{A}\times\boldsymbol{A})+2(\nabla\times\boldsymbol{B})\cdot\delta\boldsymbol{A}\\&-\alpha_0(\nabla\times\boldsymbol{A})\cdot\delta\boldsymbol{A}-\alpha_0\delta\boldsymbol{A}\cdot\boldsymbol{B}]\mathrm{d}V\\=&\int_{V_0}\{\nabla\cdot[-2\boldsymbol{B}\times\delta\boldsymbol{A}+\alpha_0\boldsymbol{A}\times\delta\boldsymbol{A}]+2[(\nabla\times\boldsymbol{B}-\alpha_0\boldsymbol{B})\cdot\delta\boldsymbol{A}]\}\mathrm{d}V\\=&\int_{S_0}(-2\boldsymbol{B}+\alpha_0\boldsymbol{A})\times\delta\boldsymbol{A}\cdot\mathrm{d}\boldsymbol{S}+2\int(\nabla\times\boldsymbol{B}-\alpha_0\boldsymbol{B})\cdot\delta\boldsymbol{A}\mathrm{d}V\end{aligned}$$

封闭系统界面上, $\boldsymbol{A}=\mathrm{const}$, $\delta\boldsymbol{A}=0$.

当磁场是线性无力场时, $\nabla\times\boldsymbol{B}=\alpha_0\boldsymbol{B}$, 有

$$\delta W=0\tag{3.5-6}$$

$\delta W=0$ 表示磁能有极值 (未必为极小). 如果磁能为极大值, 系统处于不稳定状态, 要对外做功. 现在 Lorentz 力为零, 做的功只能为零, 磁能是极小值.

$$\nabla\times\boldsymbol{B}=\alpha\boldsymbol{B}$$

$$\nabla\times(\nabla\times\boldsymbol{A})=\alpha\nabla\times\boldsymbol{A}$$

$$\therefore\ \nabla\times\boldsymbol{A}=\alpha\boldsymbol{A}+\nabla\psi$$

磁螺度密度:

$$h_m=\boldsymbol{A}\cdot\boldsymbol{B}=\frac{\nabla\times\boldsymbol{A}-\nabla\psi}{\alpha}\cdot\boldsymbol{B}=\frac{B^2-\nabla\cdot(\psi\boldsymbol{B})}{\alpha}$$

对体积积分,

$$h_m=\frac{B^2}{\alpha}$$

(ψ 在导体应为常数).

由此可得出 K_0 和 α 的关系. 当边界 (S) 上的磁场法向分量 B_n 给定 (不一定等于零) 时, 则界面上 $\partial\boldsymbol{A}/\partial t$ 和 $\delta\boldsymbol{A}$ 为零, 该定理仍然成立.

3.5.2 简单的 $\alpha=\text{const}$ 解

(1) 最简单的解有形式 $\boldsymbol{B}=(0,B_y(x),B_z(x))$.

$$\because\ \boldsymbol{j}\times\boldsymbol{B}=\frac{1}{\mu}\nabla\times\boldsymbol{B}\times\boldsymbol{B}=-\frac{1}{2\mu}\nabla B^2+\frac{\boldsymbol{B}}{\mu}\cdot\nabla\boldsymbol{B}=0$$

$$\boldsymbol{B}\cdot\nabla\boldsymbol{B}=B_x\cdot\frac{\mathrm{d}}{\mathrm{d}x}\boldsymbol{B}(x)=0$$

因为 $B_x=0$, $\boldsymbol{B}$ 只是 x 的函数,

$$\therefore\ \frac{\mathrm{d}}{\mathrm{d}x}(B_y^2+B_z^2)=0$$

对 x 积分: $B_y^2+B_z^2=B_0^2$, 有

$$\boldsymbol{B}=(0,B_y,(B_0^2-B_y^2)^{1/2}),\quad B_0\ \text{为常数}.$$

对于 $\alpha=$ 常数的无力场 $\nabla\times\boldsymbol{B}=\alpha\boldsymbol{B}$ 的 $\hat{\boldsymbol{z}}$ 分量:

$$\frac{\mathrm{d}B_y}{\mathrm{d}x}=\alpha(B_0^2-B_y^2)^{1/2}\quad(B_x=0)$$

积分得

$$\arcsin\frac{B_y}{B_0}=\alpha x \tag{3.5-7}$$

所以 $B_y=B_0\sin\alpha x$, $B_z=B_0\cos\alpha x$.

(2) 二维解, 冕拱模型.

(i) 在直角坐标系中, 设

$$B_x = A_1 \cos kx \ \mathrm{e}^{-lz}$$
$$B_y = A_2 \cos kx \ \mathrm{e}^{-lz} \tag{3.5-8}$$
$$B_z = B_0 \sin kx \ \mathrm{e}^{-lz}$$

已知 $\boldsymbol{j} \times \boldsymbol{B} = 0$,

$$\boldsymbol{j} \times \boldsymbol{B} = -\frac{1}{2\mu}\boldsymbol{\nabla} B^2 + \frac{1}{\mu}\boldsymbol{B} \cdot \boldsymbol{\nabla} \boldsymbol{B} = 0$$

$$\therefore \ \frac{1}{2}\boldsymbol{\nabla} B^2 = \boldsymbol{B} \cdot \boldsymbol{\nabla} \boldsymbol{B}$$

$\hat{\boldsymbol{x}}$ 分量:

$$\frac{1}{2}\frac{\mathrm{d}}{\mathrm{d}x}(B_x^2 + B_y^2 + B_z^2)$$
$$= \left[B_x \frac{\mathrm{d}}{\mathrm{d}x} B_x + B_z \frac{\mathrm{d}}{\mathrm{d}z} B_x\right] - \frac{1}{2}(A_1^2 + A_2^2 - B_0^2) k \sin 2kx \ \mathrm{e}^{-2lz}$$
$$= -\frac{1}{2}A_1^2 k \sin 2kx \ \mathrm{e}^{-2lz} + B_0 \sin kx \ \mathrm{e}^{-lz} \cdot (-l) \cdot A_1 \cos kx \ \mathrm{e}^{-lz}$$
$$k(A_1^2 + A_2^2 - B_0^2) = \left(A_1^2 + \frac{l}{k} A_1 B_0\right) k$$
$$A_2^2 = B_0^2 + \frac{l}{k} A_1 B_0 = B_0^2 \left(1 + \frac{l}{k}\frac{A_1}{B_0}\right) \tag{3.5-9}$$

$\boldsymbol{\nabla} \cdot \boldsymbol{B} = 0$ 写成

$$\frac{\partial B_x}{\partial x} + \frac{\partial B_z}{\partial z} = 0$$

(因为 $\boldsymbol{B}$ 是 (x, z) 的函数, 所以 $\partial/\partial y = 0$)

$$-A_1 k \sin kx - B_0 l \sin kx = 0$$

$A_1 = -(l/k) B_0$, 代入 (3.5-9) 式, 有

$$A_2 = \pm B_0 \left(1 - \frac{l^2}{k^2}\right)^{1/2}$$

取 $B_0 < 0$

$$A_2 = -\left(1 - \frac{l^2}{k^2}\right)^{1/2} B_0$$

磁力线对 x 轴的倾角为

$$\tan\gamma = \frac{B_y}{B_x} = \frac{A_2}{A_1} = \left(\frac{k^2}{l^2} - 1\right)^{1/2}$$

$$\gamma = \arctan\left(\frac{k^2}{l^2} - 1\right)^{1/2}$$

当 $l = k$ 时, 则 $\gamma = 0$.

以上结果可构造一个简单的冕拱模型 (图 3.6). 磁位形的说明如下.

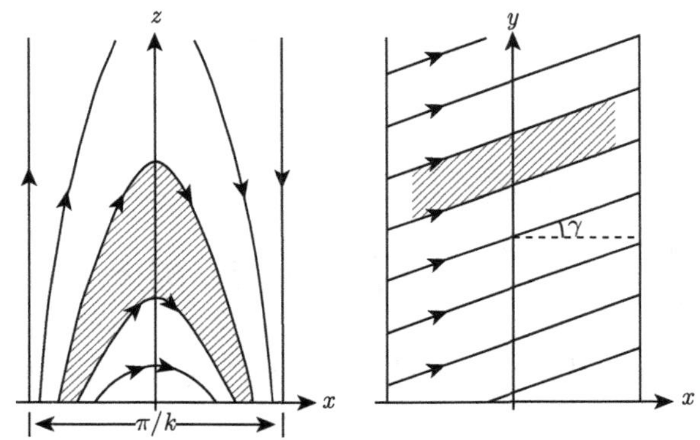

图 3.6 (3.5-8) 式描述的冕拱模型的垂直和水平方向截面图, 取 $B_0 < 0$, 阴影的磁环在冕拱底部, 受有压力, 因此影响到整个高度

xy 平面上, 磁力线形状:

$$\frac{\mathrm{d}y}{\mathrm{d}x} = \frac{B_y}{B_x} = \frac{A_2}{A_1} = \left(\frac{k^2}{l^2} - 1\right)^{1/2}$$

$$y = \left(\frac{k^2}{l^2} - 1\right)^{1/2} x + C_1$$

$$\text{斜率}\ \tan\gamma = \left(\frac{k^2}{l^2} - 1\right)^{1/2}$$

xz 平面上:

$$\frac{\mathrm{d}z}{\mathrm{d}x} = \frac{B_z}{B_x} = -\frac{k}{l}\tan kx$$

$$z = \frac{1}{l}\ln\cos(kx) + C_2, \quad -\frac{\pi}{2} < kx < \frac{\pi}{2}$$

(ii) 当 $l=k$ 时, 有 $\gamma=0$, 是一个势场,

$$B_x=-\frac{l}{k}B_0\cos kx\ \mathrm{e}^{-lz}=-B_0\cos kx\ \mathrm{e}^{-kz}$$

$$B_y=0$$

$$B_z=B_0\sin kx\ \mathrm{e}^{-kz}$$

B_x, B_y 及 B_z 表达式代入 $\boldsymbol{\nabla}\times\boldsymbol{B}$, 得到

$$\begin{aligned}(\boldsymbol{\nabla}\times\boldsymbol{B})_y&=\left(\frac{\partial B_x}{\partial z}-\frac{\partial B_z}{\partial x}\right)\\&=(B_0k\cos kx\ \mathrm{e}^{-kz}-B_0k\cos kx\ \mathrm{e}^{-kz})=0\end{aligned}$$

$\boldsymbol{\nabla}\times\boldsymbol{B}$ 的 $\hat{\boldsymbol{x}}$, $\hat{\boldsymbol{z}}$ 分量均为零, 得到最后表达式 $\boldsymbol{\nabla}\times\boldsymbol{B}=0$, 所以为势场.

当 l 从等于 k 开始, 减少至零时, 剪切角从零增至 $\pi/2$.

(iii) 当 $l\neq k$ 时,

$$B_x=-\frac{l}{k}B_0\cos kx\ \mathrm{e}^{-lz}$$

$$B_y=-\left(1-\frac{l^2}{k^2}\right)^{1/2}B_0\cos kx\ \mathrm{e}^{-lz}$$

$$B_z=B_0\sin kx\ \mathrm{e}^{-lz}$$

B_x, B_y 及 B_z 表达式代入 $\boldsymbol{\nabla}\times\boldsymbol{B}$, 得到

$$\begin{aligned}\boldsymbol{\nabla}\times\boldsymbol{B}=&-l\left(1-\frac{l^2}{k^2}\right)B_0\cos kx\ \mathrm{e}^{-lz}\boldsymbol{i}-k\left(1-\frac{l^2}{k^2}\right)^{1/2}B_0\cos kx\ \mathrm{e}^{-lz}\boldsymbol{j}\\&+k\left(1-\frac{l^2}{k^2}\right)^{1/2}B_0\sin kx\ \mathrm{e}^{-lz}\boldsymbol{k}\\=&\,k\left(1-\frac{l^2}{k^2}\right)^{1/2}B_x\boldsymbol{i}+k\left(1-\frac{l^2}{k^2}\right)^{1/2}B_y\boldsymbol{j}+k\left(1-\frac{l^2}{k^2}\right)^{\frac{1}{2}}B_z\boldsymbol{k}\end{aligned}$$

$$\boldsymbol{\nabla}\times\boldsymbol{B}=\alpha\boldsymbol{B}=\alpha(B_x\boldsymbol{i}+B_y\boldsymbol{j}+B_z\boldsymbol{k})$$

从上两式可得出 $\alpha=(k^2-l^2)^{1/2}$.

(3) 柱坐标 (R,ϕ,z) 下的解. 黑子模型.

在 3.3.3 节中, 对于线性无力场已求得 $B_\phi=B_0J_1(\alpha R)$, $B_z=B_0J_0(\alpha R)$ (在 3.3.3 节中 $B_R=0$). 类似于直角坐标的 (3.5-8) 式, 柱坐标中也有

$$B_R=\frac{l}{k}B_0J_1(kR)\mathrm{e}^{-lz}$$

$$B_\phi = \left(1 - \frac{l^2}{k^2}\right)^{1/2} B_0 J_1(kR)\mathrm{e}^{-lz}$$

$$B_z = B_0 J_0(kR)\mathrm{e}^{-lz}$$

当 R 增加时, 为避免磁场方向的反转, Bessel 函数的宗量限于 J_1 的第一个零点之前 (J_0 的第一个零点位置小于 J_1 的第一个零点, 但运算的最后结果 J_0 不出现).

根据上述的表达式, 可用以构造光球之上的简单黑子模型,

$$\frac{\mathrm{d}z}{\mathrm{d}R} = \frac{B_z}{B_R} = \frac{k}{l} \cdot \frac{J_0(kR)}{J_1(kR)}$$

利用关系式 $Z_\nu = [(\nu+1)/x]Z_{\nu+1} + Z'_{\nu+1}$, $\nu = 0$, 有 $J_0 = (1/kR)J_1 + J'_1$.

$$\begin{aligned}
\mathrm{d}z &= \frac{k}{l}\left[\frac{1}{kR}J_1 + J'_1\right] \cdot \frac{1}{J_1}\mathrm{d}R \\
&= \frac{1}{l}\left[\frac{1}{kR} + \frac{J'_1}{J_1}\right]\mathrm{d}(kR) \\
&= \frac{1}{l} \cdot \frac{1}{kR}\mathrm{d}(kR) + \frac{1}{l}\frac{1}{J_1}\mathrm{d}J_1(kR) \\
\therefore\ z &= \frac{1}{l}\ln(kR) + \frac{1}{l}\ln J_1(kR) + C_3 \\
&= \frac{1}{l}\ln[(kR)J_1(kR)] + C_3
\end{aligned}$$

可得图 3.7.

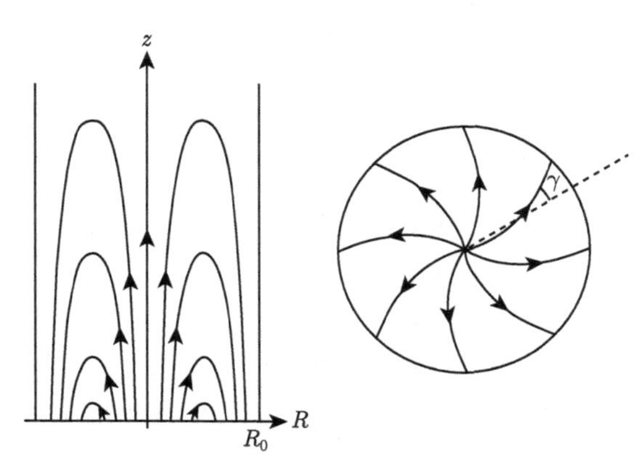

图 3.7 一个扭转黑子上方的磁场模型, 由 (3.5-9) 式描述的垂直和水平方向的截面图

转角

$$\gamma = \arctan\frac{B_\phi}{B_R} = \arctan\left(\frac{k^2}{l^2}-1\right)^{1/2}$$

当 $l=k$ 时, 有

$$B_R = B_0 J_1(kR)\mathrm{e}^{-kz}, \qquad B_z = B_0 J_0(kR)\mathrm{e}^{-kz}, \qquad B_\Phi = 0$$

将 B_R, B_z 及 B_Φ 表达式代入磁场旋度中

$$\begin{aligned}\nabla\times\boldsymbol{B} &= \left(\frac{\partial B_R}{\partial z}-\frac{\partial B_z}{\partial R}\right)\hat{\boldsymbol{\phi}} \quad (\widehat{\boldsymbol{R}}, \hat{\boldsymbol{z}}\ \text{分量为零})\\ &= -kB_R - B_0 J_0' k\mathrm{e}^{-kz} = -kB_R + kB_0 J_1 \mathrm{e}^{-kz}\end{aligned}$$

利用 $J_0' = -J_1$ 代入上式,

$$\nabla\times\boldsymbol{B} = -kB_R + kB_0 J_1\mathrm{e}^{-kz} = 0$$

可见 $l=k$ 时, 磁场成为势场.

当 l 从 k 减至零时, 则 γ 从零增至 $\pi/2$, 磁力线绕转角增大.

3.5.3 常 α 无力场的一般解

(1) 求解方程 $(\nabla^2+\alpha^2)\boldsymbol{B}=0$, 要满足 $\nabla\cdot\boldsymbol{B}=0$, 无源场 $\boldsymbol{B}$ 总可写成 $\boldsymbol{B}=\boldsymbol{B}_\mathrm{T}+\boldsymbol{B}_\mathrm{P}$, $\boldsymbol{B}_\mathrm{T}$, $\boldsymbol{B}_\mathrm{P}$ 分别为环向场和极向场. 一般

$$\boldsymbol{B}_\mathrm{T} = \nabla\times(\boldsymbol{r}T(\boldsymbol{r})), \quad \boldsymbol{B}_\mathrm{P} = \nabla\times\nabla\times(\boldsymbol{r}P(\boldsymbol{r}))$$

$\boldsymbol{r}$ 为径向矢量. $\boldsymbol{r}T(\boldsymbol{r})$ 相当于矢势, 有 $\nabla\cdot(\boldsymbol{r}T(\boldsymbol{r}))=0$, $\nabla\cdot(\boldsymbol{r}P(\boldsymbol{r}))=0$. 极向场的旋度是环向场, 反之亦然. 下面来证明这一点. 取 $\boldsymbol{B}_\mathrm{P}$ 的旋度, 如果最后成为 $\boldsymbol{B}_\mathrm{T}$ 的表达式, 便得到证明.

$$\begin{aligned}\nabla\times\boldsymbol{B}_\mathrm{P} &= \nabla\times[\nabla\times\nabla\times(\boldsymbol{r}P(\boldsymbol{r}))]\\ &= \nabla\times[\nabla(\nabla\cdot(\boldsymbol{r}P(\boldsymbol{r}))) - \nabla^2(\boldsymbol{r}P(\boldsymbol{r}))]\\ &= -\nabla\times\nabla^2(\boldsymbol{r}P(\boldsymbol{r}))\end{aligned}$$

式中

$$\nabla^2[P(\boldsymbol{r})\boldsymbol{r}] = \frac{\partial}{\partial x_i}\left[\frac{\partial}{\partial x_i}(P(\boldsymbol{r})\boldsymbol{r})\right] = \frac{\partial}{\partial x_i}\left(\frac{\partial P}{\partial x_i}\boldsymbol{r} + P\frac{\partial \boldsymbol{r}}{\partial x_i}\right)$$

$$= \frac{\partial^2 P}{\partial x_i^2}\boldsymbol{r} + \frac{\partial P}{\partial x_i}\frac{\partial \boldsymbol{r}}{\partial x_i} + \frac{\partial P}{\partial x_i}\frac{\partial \boldsymbol{r}}{\partial x_i} + P\frac{\partial^2 \boldsymbol{r}}{\partial x_i^2}$$

$$\frac{\partial \boldsymbol{r}}{\partial x_i} = \frac{\partial x}{\partial x}\boldsymbol{ii} + \frac{\partial y}{\partial y}\boldsymbol{jj} + \frac{\partial z}{\partial z}\boldsymbol{kk} = \boldsymbol{ii} + \boldsymbol{jj} + \boldsymbol{kk} = \mathsf{I}$$

$$\nabla^2[P(\boldsymbol{r})\boldsymbol{r}] = \boldsymbol{r}\nabla^2 P + 2\boldsymbol{\nabla} P \cdot \mathsf{I} = \boldsymbol{r}\nabla^2 P + 2\boldsymbol{\nabla} P$$

$$\boldsymbol{\nabla} \times \boldsymbol{B}_{\mathrm{P}} = -\boldsymbol{\nabla} \times (\boldsymbol{r}\nabla^2 P + 2\boldsymbol{\nabla} P) = -\boldsymbol{\nabla} \times (\boldsymbol{r}\nabla^2 P) \tag{3.5-10}$$

$\nabla^2 P$ 为标量函数, 所以 $\boldsymbol{\nabla} \times \boldsymbol{B}_{\mathrm{P}}$ 的形式与 $\boldsymbol{B}_T$ 一样.

如果我们记 $\boldsymbol{B}_{\mathrm{P}} = (1/\alpha)\boldsymbol{\nabla} \times \boldsymbol{B}_{\mathrm{T}}$,

$$\boldsymbol{B}_{\mathrm{T}} = \boldsymbol{\nabla} \times (\psi \boldsymbol{a}), \quad \boldsymbol{B}_{\mathrm{P}} = \frac{1}{\alpha}\boldsymbol{\nabla} \times \boldsymbol{\nabla} \times (\psi \boldsymbol{a})$$

$\boldsymbol{a}$ 为常矢量, 则

$$\boldsymbol{B} = \boldsymbol{\nabla} \times (\psi \boldsymbol{a}) + \frac{1}{\alpha}\boldsymbol{\nabla} \times \boldsymbol{\nabla} \times (\psi \boldsymbol{a}) \tag{3.5-11}$$

(2) 证明标量函数 ψ 满足

$$(\nabla^2 + \alpha^2)\psi = 0 \tag{3.5-12}$$

(i) 当磁场给定时, 可用两个标量函数 P, T 来表示

$$\boldsymbol{B} = \boldsymbol{\nabla} \times \boldsymbol{\nabla} \times (P\hat{\boldsymbol{r}}) + \boldsymbol{\nabla} \times (T\hat{\boldsymbol{r}}) \tag{3.5-13}$$

右边第一项相当于 $\boldsymbol{B}_{\mathrm{P}}$, 第二项相当于 $\boldsymbol{B}_{\mathrm{T}}$, $\hat{\boldsymbol{r}}$ 为单位矢量, $P\hat{\boldsymbol{r}}$ 和 $T\hat{\boldsymbol{r}}$ 相当于矢势 $\boldsymbol{A}$, 所以并不唯一确定, 设 $P + \phi$ 和 $T + \theta$ 也可给出同一 $\boldsymbol{B}$, 则

$$\boldsymbol{\nabla} \times \boldsymbol{\nabla} \times (\phi\hat{\boldsymbol{r}}) + \boldsymbol{\nabla} \times (\theta\hat{\boldsymbol{r}}) = 0 \tag{3.5-14}$$

(ii) 设 $\boldsymbol{B}_{\mathrm{P}} = (1/\alpha)\boldsymbol{\nabla} \times \boldsymbol{B}_{\mathrm{T}}$,

$$\boldsymbol{\nabla} \times \boldsymbol{B} = \boldsymbol{\nabla} \times (\boldsymbol{B}_{\mathrm{P}} + \boldsymbol{B}_{\mathrm{T}})$$

$$\boldsymbol{\nabla} \times \boldsymbol{B}_{\mathrm{P}} + \boldsymbol{\nabla} \times \boldsymbol{B}_{\mathrm{T}} = \alpha \boldsymbol{B}_{\mathrm{P}} + \alpha \boldsymbol{B}_{\mathrm{T}} \quad (\text{无力场条件}),$$

$$\boldsymbol{\nabla} \times \boldsymbol{B}_{\mathrm{P}} = \alpha \boldsymbol{B}_{\mathrm{T}}$$

$$(\text{因为已设} \quad \boldsymbol{\nabla} \times \boldsymbol{B}_{\mathrm{T}} = \alpha \boldsymbol{B}_{\mathrm{P}})$$

(iii) (3.5-13) 式两边取旋度, 前已求得 $\boldsymbol{\nabla} \times \boldsymbol{B}_{\mathrm{P}} = -\boldsymbol{\nabla} \times (\boldsymbol{r}\nabla^2 P)$,

$$\boldsymbol{\nabla} \times \boldsymbol{B} = \boldsymbol{\nabla} \times \boldsymbol{\nabla} \times (T\boldsymbol{r}) + \boldsymbol{\nabla} \times (-\nabla^2 P\boldsymbol{r})$$

$$\nabla\times\nabla\times(T\boldsymbol{r})-\nabla\times\boldsymbol{B}_{\mathrm{T}}=0\quad(\text{因为 }\boldsymbol{B}_{\mathrm{T}}=\nabla\times(T\boldsymbol{r}))$$

$$\nabla\times\nabla\times(T\boldsymbol{r})-\alpha\boldsymbol{B}_{\mathrm{P}}=0\quad\left(\text{因为 }\boldsymbol{B}_{\mathrm{P}}=\frac{1}{\alpha}\nabla\times\boldsymbol{B}_{\mathrm{T}}\right)$$

利用 $\boldsymbol{B}_{\mathrm{P}}=\nabla\times\nabla\times(P\boldsymbol{r})$ 代入 $\nabla\times\nabla\times(T\boldsymbol{r})-\alpha\boldsymbol{B}_{\mathrm{P}}=0$, 有

$$\nabla\times\nabla\times(T\boldsymbol{r})-\alpha\nabla\times\nabla\times(P\boldsymbol{r})=0$$

$$\nabla\times\nabla\times[(T-\alpha P)\boldsymbol{r}]=0 \tag{3.5-15}$$

同样

$$\nabla\times(-\boldsymbol{r}\nabla^2P)-\nabla\times\boldsymbol{B}_{\mathrm{P}}=0 \tag{3.5-10}$$

$$\nabla\times\boldsymbol{B}_{\mathrm{P}}=\alpha\boldsymbol{B}_{\mathrm{T}}=\alpha\nabla\times(T\boldsymbol{r})$$

代入左式, 有

$$\nabla\times[(-\nabla^2P-\alpha T)\boldsymbol{r}]=0 \tag{3.5-16}$$

(3.5-15) + (3.5-16) = 0,

$$\nabla\times\nabla\times[(T-\alpha P)\boldsymbol{r}]+\nabla\times[(-\nabla^2P-\alpha T)\boldsymbol{r}]=0 \tag{3.5-17}$$

与 (3.5-14) 式比较,

$$T-\alpha P=\phi$$

$$-\alpha T-\nabla^2P=\theta$$

特别地, 选 $\phi=\theta=0$, 所以 $T=\alpha P$,

$$\nabla^2P+\alpha T=0$$

$$\nabla^2P+\alpha^2P=0$$

$$(\nabla^2+\alpha^2)P=0$$

(Nakagawa and Raadu, 1972). 以上分析对 $\alpha=$ 常数正确. 如果 α 是变量, 方程 $\nabla\times\boldsymbol{B}=\alpha\boldsymbol{B}$ 不能直接写成极向和环向分量之和, 不能按上式线性无力场处理. 方程 (3.5-17) 分为极向和环向两部分, 分别等于零, 是特别选择 θ 和 ϕ 的结果.

现在求解 $(\nabla^2+\alpha^2)\psi=0$.

分离变量, 令 $\psi=XYZ$, 得

$$\frac{1}{X}\frac{\mathrm{d}^2X}{\mathrm{d}x^2}+\frac{1}{Y}\frac{\mathrm{d}^2Y}{\mathrm{d}y^2}+\frac{1}{Z}\frac{\mathrm{d}^2Z}{\mathrm{d}z^2}=-\alpha^2$$

$$\frac{1}{X}\frac{\mathrm{d}^2X}{\mathrm{d}x^2} = -k_x^2$$

$$X = C_1\mathrm{e}^{ik_xx} + C_2\mathrm{e}^{-ik_xx}$$

同理

$$Y = D_1\mathrm{e}^{ik_yy} + D_2\mathrm{e}^{-ik_yy}$$

$$\frac{\mathrm{d}^2Z}{\mathrm{d}z^2} = (k^2-\alpha^2)Z$$

式中, $k^2 = k_x^2 + k_y^2$, 令 $l = (k^2-\alpha^2)^{1/2}$,

$$Z = E_1\mathrm{e}^{lz} + E_2\mathrm{e}^{-lz}$$

当 $z \to \infty$, $\psi \to 0$ 时,

$$Z = E_2\mathrm{e}^{-lz}$$

从以上求解可见

$$XY \sim \mathrm{e}^{i\boldsymbol{k}\cdot\boldsymbol{r}}$$

因此所有 k_x 和 k_y 的累加也是解.

设 $A' = X_iY_i$, 写成积分式

$$A' = \int_0^\infty\int_0^\infty A'(k_x,k_y)\mathrm{e}^{i\boldsymbol{k}\cdot\boldsymbol{r}}\mathrm{d}k_x\mathrm{d}k_y$$

$$\begin{aligned}\psi &= A\mathrm{e}^{-lz} \quad (A \text{ 已包含了 } A',\ E_2)\\ &= \int_0^\infty\int_0^\infty A(k_x,k_y)\mathrm{e}^{i\boldsymbol{k}\cdot\boldsymbol{r}-lz}\mathrm{d}k_x\mathrm{d}k_y\end{aligned}$$

$$\boldsymbol{B} = \boldsymbol{\nabla}\times(\psi\boldsymbol{r}) + \frac{1}{\alpha}\boldsymbol{\nabla}\times\boldsymbol{\nabla}\times(\psi\boldsymbol{r})$$

令 $\boldsymbol{r} = \hat{\boldsymbol{z}}$, $\hat{\boldsymbol{z}}$ 为单位矢量,

$$\boldsymbol{\nabla}\times(\psi\hat{\boldsymbol{z}}) = \frac{\partial\psi}{\partial y}\boldsymbol{i} - \frac{\partial\psi}{\partial x}\boldsymbol{j}$$

$\psi\hat{\boldsymbol{z}}$ 表示只有 $\hat{\boldsymbol{z}}$ 分量不为零.

$$\boldsymbol{\nabla}\times\boldsymbol{\nabla}\times(\psi\hat{\boldsymbol{z}}) = \frac{\partial^2\psi}{\partial x\partial z}\boldsymbol{i} + \frac{\partial^2\psi}{\partial y\partial z}\boldsymbol{j} - \left(\frac{\partial^2\psi}{\partial x^2} + \frac{\partial^2\psi}{\partial y^2}\right)\boldsymbol{k}$$

$$B_x = \frac{1}{\alpha}\frac{\partial^2\psi}{\partial x\partial z} + \frac{\partial\psi}{\partial y}$$

$$B_y = \frac{1}{\alpha}\frac{\partial^2\psi}{\partial y\partial z} - \frac{\partial\psi}{\partial x}$$

$$B_z = -\frac{1}{\alpha}\left(\frac{\partial^2\psi}{\partial x^2} + \frac{\partial^2\psi}{\partial y^2}\right)$$

再求 ψ 的各阶偏导数,

$$\frac{\partial\psi}{\partial y} = \int_0^\infty\int_0^\infty A(k_x,k_y)ik_y\mathrm{e}^{i\boldsymbol{k}\cdot\boldsymbol{r}-lz}\mathrm{d}k_x\mathrm{d}k_y$$

$$\frac{\partial\psi}{\partial x} = \int_0^\infty\int_0^\infty A(k_x,k_y)ik_x\mathrm{e}^{i\boldsymbol{k}\cdot\boldsymbol{r}-lz}\mathrm{d}k_x\mathrm{d}k_y$$

$$\frac{\partial^2\psi}{\partial x\partial z} = \int_0^\infty\int_0^\infty A(k_x,k_y)(-ik_xl)\mathrm{e}^{i\boldsymbol{k}\cdot\boldsymbol{r}-lz}\mathrm{d}k_x\mathrm{d}k_y$$

$$\frac{\partial^2\psi}{\partial y\partial z} = \int_0^\infty\int_0^\infty A(k_x,k_y)(-ik_yl)\mathrm{e}^{i\boldsymbol{k}\cdot\boldsymbol{r}-lz}\mathrm{d}k_x\mathrm{d}k_y$$

$$\frac{\partial^2\psi}{\partial x^2} = \int_0^\infty\int_0^\infty A(k_x,k_y)(-k_x^2)\mathrm{e}^{i\boldsymbol{k}\cdot\boldsymbol{r}-lz}\mathrm{d}k_x\mathrm{d}k_y$$

$$\frac{\partial^2\psi}{\partial y^2} = \int_0^\infty\int_0^\infty A(k_x,k_y)(-k_y^2)\mathrm{e}^{i\boldsymbol{k}\cdot\boldsymbol{r}-lz}\mathrm{d}k_x\mathrm{d}k_y$$

$$\left.\begin{aligned}
B_x &= \int_0^\infty\int_0^\infty i\left(k_y - \frac{1}{\alpha}k_xl\right)A(k_x,k_y)\mathrm{e}^{i\boldsymbol{k}\cdot\boldsymbol{r}-lz}\mathrm{d}k_x\mathrm{d}k_y \\
B_y &= -\int_0^\infty\int_0^\infty i\left(k_x + \frac{1}{\alpha}k_yl\right)A(k_x,k_y)\mathrm{e}^{i\boldsymbol{k}\cdot\boldsymbol{r}-lz}\mathrm{d}k_x\mathrm{d}k_y \\
B_z &= \int_0^\infty\int_0^\infty k^2A(k_x,k_y)\mathrm{e}^{i\boldsymbol{k}\cdot\boldsymbol{r}-lz}\mathrm{d}k_x\mathrm{d}k_y
\end{aligned}\right\} \tag{3.5-18}$$

当 $k_y = 0$ 时, 就可回归到 (3.5-8),

$$B \sim \begin{Bmatrix} \cos k_x \\ \sin k_x \end{Bmatrix}\mathrm{e}^{-lz}$$

上述结果与 Hα 的观测大致符合, 缺点是磁场在 x, y 方向上出现周期性, 另外 l 为实数, 表示 α 有上限 $[l = (k^2 - \alpha^2)^{1/2}]$. 取球坐标、极坐标时, 处理方法类似, 不再细述. Green 函数求解 $\boldsymbol{B}$ 的方法可参阅有关文献. 不论用 Green 函数或 Fourier 级数期望求得物理上能接受的解仍有不少困难和不当之处.

3.5.4 α 不为常数 (非线性) 解

α 不是常数, 求解 $\boldsymbol{j}\times\boldsymbol{B}=0$, 在三个坐标中即使寻找与其中的一个坐标无关的解也比常 α 解困难得多.

(1) 直角坐标系, $\boldsymbol{B}$ 与 y 无关, $\boldsymbol{B}(x,z)$ 有三个分量, 只依赖于 (x,z), 称之为 "2.5D" 场.

$$\boldsymbol{B}=\boldsymbol{\nabla}\times\boldsymbol{A}$$

$$B_x=\frac{\partial A_z}{\partial y}-\frac{\partial A_y}{\partial z}=-\frac{\partial A_y}{\partial z},$$

$$B_y=\frac{\partial A_x}{\partial z}-\frac{\partial A_z}{\partial x},$$

$$B_z=\frac{\partial A_y}{\partial x}-\frac{\partial A_x}{\partial y}=\frac{\partial A_y}{\partial x}$$

记 $A=-A_y$, 称作通量函数, $B_x=\partial A/\partial z$, B_y, $B_z=-\partial A/\partial x$, 自动满足 $\boldsymbol{\nabla}\cdot\boldsymbol{B}=0$. $\boldsymbol{j}\times\boldsymbol{B}=0$ 写成分量式,

$\hat{\boldsymbol{x}}$:

$$j_yB_z-j_zB_y=\left(\frac{\partial B_x}{\partial z}-\frac{\partial B_z}{\partial x}\right)B_z-\left(\frac{\partial B_y}{\partial x}-\frac{\partial B_x}{\partial y}\right)B_y$$
$$=\left(\frac{\partial^2 A}{\partial z^2}+\frac{\partial^2 A}{\partial x^2}\right)\left(-\frac{\partial A}{\partial x}\right)-\frac{\partial B_y}{\partial x}B_y$$

$$\text{记 }\nabla^2=\frac{\partial^2}{\partial x^2}+\frac{\partial^2}{\partial z^2}$$

$$\nabla^2 A\cdot\frac{\partial A}{\partial x}+B_y\frac{\partial B_y}{\partial x}=0 \tag{3.5-19}$$

$\hat{\boldsymbol{y}}$:

$$j_zB_x-j_xB_z=\left(\frac{\partial B_y}{\partial x}-\frac{\partial B_x}{\partial y}\right)B_x-\left(\frac{\partial B_z}{\partial y}-\frac{\partial B_y}{\partial z}\right)B_z=0$$

$$\frac{\partial B_y}{\partial z}\frac{\partial A}{\partial x}-\frac{\partial B_y}{\partial x}\frac{\partial A}{\partial z}=0 \tag{3.5-20}$$

$\hat{\boldsymbol{z}}$:

$$j_xB_y-j_yB_x=\left(\frac{\partial B_z}{\partial y}-\frac{\partial B_y}{\partial z}\right)B_y-\left(\frac{\partial B_x}{\partial z}-\frac{\partial B_z}{\partial x}\right)B_x$$

$$= -\frac{\partial B_y}{\partial z}B_y - \frac{\partial^2 A}{\partial z^2}\frac{\partial A}{\partial z} - \frac{\partial^2 A}{\partial x^2}\frac{\partial A}{\partial z} = 0$$

$$\nabla^2 A \cdot \frac{\partial A}{\partial z} + B_y\frac{\partial B_y}{\partial z} = 0 \tag{3.5-21}$$

由 (3.5-20) 式,

$$因为\ \mathrm{d}B_y = \frac{\partial B_y}{\partial x}\mathrm{d}x + \frac{\partial B_y}{\partial z}\mathrm{d}z,$$

$$可推得\ \frac{\mathrm{d}B_y}{\mathrm{d}z} = \frac{\partial B_y}{\partial z}, \qquad 同理\ \frac{\mathrm{d}A}{\mathrm{d}z} = \frac{\partial A}{\partial z}$$

$$\therefore\ \frac{\mathrm{d}B_y}{\mathrm{d}A} = \frac{\partial B_y}{\partial A}, \qquad 可见\ B_y = B_y(A)$$

B_y 仅是通量函数 A 的函数, B_y 在 A = 常数的面上, 沿一根磁力线为常数, (3.5-19) 乘 $\mathrm{d}x/\mathrm{d}A$:

$$\nabla^2 A + \frac{\mathrm{d}}{\mathrm{d}A}\left(\frac{1}{2}B_y^2\right) = 0 \tag{3.5-22}$$

[(3.5-21) 乘 $\mathrm{d}z/\mathrm{d}A$ 也可得此式]. 也可写成 $\nabla^2 A = -(\mathrm{d}/\mathrm{d}A)\left(\frac{1}{2}B_y^2\right) = -\mu J_y(A)$, 称为 Grad-Shafranov 方程, 式中 $J_y(A)$ 是电流的 $\hat{\boldsymbol{y}}$ 分量. 当 $B_y(A)$ 或者 $J_y(A)$ 以及相应的边界条件已知时, 可以求出 A 以及 B_x 和 B_z.

当 j_y = 常数时, 给出一个电流等于常数的场; 当 $j_y = 0$ 时, $\nabla^2 A = 0$, 给出一个势场; 当 $J_y = \alpha A$ (α 为常数) 时, 则有 $\nabla^2 A + \alpha^2 A = (\nabla^2 + \alpha^2)A$, 是一个 α 为常数的无力场.

将 $\boldsymbol{\nabla} \cdot \boldsymbol{A} = 0$ 代入无力场表达式 $\boldsymbol{\nabla} \times \boldsymbol{B} = \alpha \boldsymbol{B}$ 中, 得 $\nabla^2 \boldsymbol{A} = -\alpha \boldsymbol{B}$. 对于 $\hat{\boldsymbol{y}}$ 分量, $\nabla^2 A_y = -\alpha B_y$, $-A_y = A$, 也即 $\nabla^2 A = \alpha B_y$.

从 (3.5-22) 可得

$$\nabla^2 A = -B_y\frac{\mathrm{d}B_y}{\mathrm{d}A}$$

$-\mathrm{d}B_y/\mathrm{d}A$ 与 α 相当, 但它只是 A 的函数. 当然也可令 J_y 为其他函数求解. 一般而言, (3.5-22) 是一个非线性方程, 可能会出现多个解. 假如要求 (3.5-22) 的解为单一, 则对于所有的 A, 有

$$\frac{\mathrm{d}^2}{\mathrm{d}A^2}\left(\frac{1}{2}B_y^2\right) \leqslant 0$$

(Courant and Hilbert, 1963).

(2) 柱坐标 (R, ϕ, z), 轴对称 $(\partial/\partial\phi = 0)$.

$$\begin{aligned}
\boldsymbol{B} &= \nabla \times \boldsymbol{A} \\
&= \left(\frac{1}{R}\frac{\partial A_z}{\partial \phi} - \frac{\partial A_\phi}{\partial z}\right)\widehat{\boldsymbol{R}} + \left(\frac{\partial A_R}{\partial z} - \frac{\partial A_z}{\partial R}\right)\hat{\boldsymbol{\phi}} + \left[\frac{1}{R}\frac{\partial}{\partial R}(RA_\phi) - \frac{1}{R}\frac{\partial A_R}{\partial \phi}\right]\hat{\boldsymbol{z}} \\
&= -\frac{\partial A_\phi}{\partial z}\widehat{\boldsymbol{R}} + \left(\frac{\partial A_R}{\partial z} - \frac{\partial A_z}{\partial R}\right)\hat{\boldsymbol{\phi}} + \frac{1}{R}\frac{\partial}{\partial R}(RA_\phi)\hat{\boldsymbol{z}}
\end{aligned}$$

记 $A = RA_\phi$, $B_R = -(1/R)(\partial A/\partial z)$, $B_z = (1/R)(\partial A/\partial R)$, 令 $B_\phi = b_\phi/R$, 可以证明 b_ϕ 只是 A 的函数. 将 B_R, B_ϕ 及 B_z 表达式代入 $\boldsymbol{j} \times \boldsymbol{B}$ 中, 得到 $\boldsymbol{j} \times \boldsymbol{B} = 0$, 也即 $\nabla \times \boldsymbol{B} \times \boldsymbol{B} = 0$.

$\widehat{\boldsymbol{R}}$ 分量:

$$\left(\frac{\partial B_R}{\partial z} - \frac{\partial B_z}{\partial R}\right)B_z - \left[\frac{1}{R}\frac{\partial}{\partial R}(B_\phi R)\right]B_\phi = 0$$

$$-\frac{1}{R^2}\frac{\partial A}{\partial R}\left(\frac{\partial^2 A}{\partial z^2} - \frac{1}{R}\frac{\partial A}{\partial R} + \frac{\partial^2 A}{\partial R^2}\right) - \frac{1}{R^2}b_\phi\frac{\partial b_\phi}{\partial R} = 0$$

令 $\Delta_1 = \dfrac{\partial^2}{\partial R^2} - \dfrac{1}{R}\dfrac{\partial}{\partial R} + \dfrac{\partial^2}{\partial z^2}$

$$\frac{\partial A}{\partial R}\cdot\Delta_1 A + b_\phi\frac{\partial b_\phi}{\partial R} = 0$$

$$\Delta_1 A + \frac{\mathrm{d}}{\mathrm{d}A}\left(\frac{1}{2}b_\phi^2\right) = 0 \tag{3.5-23}$$

或 $\Delta_1 A = -\dfrac{\mathrm{d}}{\mathrm{d}A}\left(\dfrac{1}{2}b_\phi^2\right) = -\mu R J_\phi$

(从 $\hat{\boldsymbol{z}}$ 分量式, 同样可以得到 (3.5-23)).

$\hat{\boldsymbol{\phi}}$ 分量式:

$$\frac{\partial b_\phi}{\partial z}\cdot\frac{\partial A}{\partial R} - \frac{\partial b_\phi}{\partial R}\cdot\frac{\partial A}{\partial z} = 0$$

仿照 (3.5-20) 可推出 $b_\phi = b_\phi(A)$.

3.5.5 无力场的扩散

磁场经一系列平衡的无力场, 通过电阻而扩散, 由下列方程描述:

$$\frac{\partial \boldsymbol{B}}{\partial t} = \nabla \times (\boldsymbol{v} \times \boldsymbol{B}) + \eta_m \nabla^2 \boldsymbol{B} \tag{3.5-24}$$

$$\nabla \times \boldsymbol{B} = \alpha \boldsymbol{B} \tag{3.5-25}$$

$$\nabla \cdot \boldsymbol{B} = 0, \quad (\boldsymbol{B} \cdot \nabla)\alpha = 0 \tag{3.5-26}$$

假如介质静止, $\boldsymbol{v} = 0$, 并假设 $\alpha = \text{const}$, 则初始时刻的无力场的扩散保持无力状态.

证明 (3.5-25) 式取旋度, 得 $\nabla^2 \boldsymbol{B} = -\alpha^2 \boldsymbol{B}$, (3.5-24) 式可改写成

$$\frac{\partial \boldsymbol{B}}{\partial t} = -\eta_m \alpha^2 \boldsymbol{B}$$

$$\boldsymbol{B} = \boldsymbol{B}_0 \mathrm{e}^{-\eta_m \alpha^2 t} \quad \text{(磁场形状不变, 但在衰减)}$$

$$\boldsymbol{j} = \frac{1}{\mu} \nabla \times \boldsymbol{B} = \frac{\alpha}{\mu} \boldsymbol{B} = \frac{\alpha}{\mu} \boldsymbol{B}_0 \mathrm{e}^{-\eta_m \alpha^2 t} = \boldsymbol{j}_0 \mathrm{e}^{-\eta_m \alpha^2 t} \quad \left(\boldsymbol{j}_0 = \frac{\alpha}{\mu} \boldsymbol{B}_0 \right)$$

因此当初始磁场 $\boldsymbol{B}_0$ 和初始电流密度 $\boldsymbol{j}_0$ 已知且为平行时, 则扩散过程中场和电流总保持平行. 对于静止介质, 反之亦然, 也即扩散时, 场保持无力, 则 α 必为常数 (Wilmot-Smith et al., 2005).

Low (1973, 1974) 寻找非常数 α 的 $\boldsymbol{B}$ 的解, 然后由 (3.5-24) 确定等离子体的速度, 他考虑一维解 [类似于 (3.5-7): $B_y = B_0 \sin \alpha x$, $B_z = B_0 \cos \alpha x$]

$$B_y = B_0 \cos \phi, \quad B_z = B_0 \sin \phi \qquad (B_x \text{ 设为零})$$

因为 $\nabla \times \boldsymbol{B} = \alpha \boldsymbol{B}$, $\hat{\boldsymbol{y}}$ 分量: $\partial B_x/\partial z - \partial B_z/\partial x = \alpha B_y$. 设 $B_x = 0$, $-B_0 \cos \phi\, (\partial \phi/\partial x) = \alpha B_0 \cos \phi$, $\alpha = -\partial \phi/\partial x$. 利用 $\hat{\boldsymbol{z}}$ 分量, 同样可得 α 表式.

目的是求出 (3.5-24) 中等离子体的速度 $\boldsymbol{v}$, 一维问题: 求 $\boldsymbol{v} = v_x(x,t)\hat{\boldsymbol{x}}$.

$$\begin{aligned}
(3.5\text{-}24) \Rightarrow \frac{\partial \boldsymbol{B}}{\partial t} &= \nabla \times (\boldsymbol{v} \times \boldsymbol{B}) + \eta_m \nabla^2 \boldsymbol{B} \\
&= -\boldsymbol{B} \nabla \cdot \boldsymbol{v} + (\boldsymbol{B} \cdot \nabla)\boldsymbol{v} - (\boldsymbol{v} \cdot \nabla)\boldsymbol{B} + \eta_m \nabla^2 \boldsymbol{B}
\end{aligned}$$

$$\boldsymbol{B} = (0, B_y, B_z) = (0, B_0 \cos \phi, B_0 \sin \phi)$$

$$\phi = \phi(x,t), \quad \boldsymbol{v} = v_x(x,t)\hat{\boldsymbol{x}}$$

$$\begin{aligned}
\frac{\partial \boldsymbol{B}}{\partial t} &= -\boldsymbol{B} \frac{\partial v_x}{\partial x} + \left(B_y \frac{\partial}{\partial y} + B_z \frac{\partial}{\partial z} \right) v_x \hat{\boldsymbol{x}} - v_x \frac{\partial \boldsymbol{B}}{\partial x} + \eta_m \nabla^2 \boldsymbol{B} \\
&= -\boldsymbol{B} \frac{\partial v_x}{\partial x} - v_x \frac{\partial \boldsymbol{B}}{\partial x} + \eta_m \frac{\partial^2}{\partial x^2} \boldsymbol{B}
\end{aligned} \tag{3.5-27}$$

$\boldsymbol{B}$, φ 仅为 (x,t) 的函数.

将 $B_y = B_0 \cos\phi$ 代入式 (3.5-27), 得

$$\hat{\boldsymbol{y}} \text{ 分量:} \qquad \frac{\partial \phi}{\partial t} + v_x \frac{\partial \phi}{\partial x} - \eta_m \frac{\partial^2 \phi}{\partial x^2} = \cot\phi \left[\frac{\partial v_x}{\partial x} + \eta_m \left(\frac{\partial \phi}{\partial x} \right)^2 \right]$$

$$\hat{\boldsymbol{z}} \text{ 分量:} \qquad \frac{\partial \phi}{\partial t} + v_x \frac{\partial \phi}{\partial x} - \eta_m \frac{\partial^2 \phi}{\partial x^2} = -\tan\phi \left[\frac{\partial v_x}{\partial x} + \eta_m \left(\frac{\partial \phi}{\partial x} \right)^2 \right]$$

两式右边相等:

$$\cot\phi \left[\frac{\partial v_x}{\partial x} + \eta_m \left(\frac{\partial \phi}{\partial x} \right)^2 \right] = -\tan\phi \left[\frac{\partial v_x}{\partial x} + \eta_m \left(\frac{\partial \phi}{\partial x} \right)^2 \right]$$

一般 $\cot\phi \neq -\tan\phi$, 即 $\tan^2\phi \neq -1$, 所以

$$\begin{cases} \dfrac{\partial v_x}{\partial x} + \eta_m \left(\dfrac{\partial \phi}{\partial x} \right)^2 = 0 \\ \dfrac{\partial \phi}{\partial t} + v_x \dfrac{\partial \phi}{\partial x} - \eta_m \dfrac{\partial^2 \phi}{\partial x^2} = 0 \end{cases}$$

这组非线性方程有定态解, 对于解 $\boldsymbol{B}(x,t)$, $v_x(x,t)$ 给小扰动, 解是线性不稳定的, 有奇点, 也可求得最简单的非定态 $(\partial/\partial t \neq 0)$ 的自相似解.

在 (Low, 1973) 中, 有以下几点值得注意.

(1) 无力场的 α 如果不是常数, 在扩散时, 场的形状会改变.

(2) 稀薄、可压缩介质中, 无力场的扩散是非线性过程.

(3) 无力场在长时间内演化缓慢, 然后突然磁场梯度增加, 进入爆发相 (耀斑爆发).

3.6　磁流体静力场

1. 压力的影响

力平衡方程

$$0 = -\boldsymbol{\nabla} p + \boldsymbol{j} \times \boldsymbol{B} - \rho g \hat{\boldsymbol{z}} \tag{3.1-1}$$

沿磁力线方向, 因为 $(\boldsymbol{j} \times \boldsymbol{B}) \perp \boldsymbol{B}$, 就不必考虑该项, 可以解出

$$p(\boldsymbol{A}, z) = p_0(\boldsymbol{A}) \exp\left[-\int_0^z \frac{1}{\Lambda(z)} \mathrm{d}z \right] \tag{3.1-6}$$

磁场由矢势 $\boldsymbol{A}$ 表示, 当垂直方向的尺度小于标高 Λ 时, 指数部分近似为 1.

引力可以不计, 因此沿着一根特定的磁力线, 压强为常数, 只与磁场 ($\boldsymbol{A}$) 有关 $p = p(\boldsymbol{A})$.

$\Lambda \gg z$, 即 $\boldsymbol{\nabla} p \gg \rho g$ (参考 3.1), (3.1-1) 式简化为

$$0 = -\boldsymbol{\nabla} p + \boldsymbol{j} \times \boldsymbol{B} \tag{3.6-1}$$

容易看到下式成立

$$\boldsymbol{B} \cdot \boldsymbol{\nabla} p = \boldsymbol{j} \cdot \boldsymbol{\nabla} p = 0 \tag{3.6-2}$$

说明磁场和电流均位于等压面上, 换言之, 压强 p 沿磁力线和电流线均为常数.

3.2 节和 3.3 节分别处理指向一致 (如水平或垂直方向) 或圆柱对称的磁场, 处理无力场的许多方法可方便地扩展, 从而可以包括压强梯度 (压力) 项. 例如轴对称磁场, 极坐标中的分量可写成

$$B_R = -\frac{1}{R}\frac{\partial A}{\partial z}, \quad B_\phi = \frac{b_\phi}{R}, \quad B_z = \frac{1}{R}\frac{\partial A}{\partial R}$$

$\boldsymbol{j} = \dfrac{1}{\mu}\boldsymbol{\nabla} \times \boldsymbol{B}$, 写出电流分量

$$\begin{aligned}
\boldsymbol{j} = \frac{1}{\mu}\Bigg\{&\left[\frac{1}{R}\frac{\partial B_z}{\partial \phi} - \frac{\partial B_\phi}{\partial z}\right]\hat{\boldsymbol{R}} + \left(\frac{\partial B_R}{\partial z} - \frac{\partial B_z}{\partial R}\right)\hat{\boldsymbol{\phi}} \\
&+ \left[\frac{1}{R}\frac{\partial}{\partial R}(RB_\phi) - \frac{1}{R}\frac{\partial B_R}{\partial \phi}\right]\hat{\boldsymbol{z}}\Bigg\}
\end{aligned}$$

$$j_R = -\frac{1}{\mu R}\frac{\partial b_\phi}{\partial z}$$

$$j_\phi = \frac{1}{\mu}\left[-\frac{1}{R}\frac{\partial^2 A}{\partial z^2} + \frac{1}{R^2}\frac{\partial A}{\partial R} - \frac{1}{R}\frac{\partial^2 A}{\partial R^2}\right] = -\frac{1}{\mu R}\Delta_1 A$$

$$j_z = \frac{1}{\mu R}\frac{\partial b_\phi}{\partial R}$$

轴对称时 $\partial p/\partial\phi = 0$, (3.6-1) 式中 $\boldsymbol{j} \times \boldsymbol{B}$ 的 ϕ 分量:

$$\frac{\partial b_\phi}{\partial R}\frac{\partial A}{\partial z} - \frac{\partial b_\phi}{\partial z}\frac{\partial A}{\partial R} = 0$$

(参见 (3.5-20) 式) 表示 $b_\phi = b_\phi(A)$.

$\boldsymbol{B} \cdot \boldsymbol{\nabla} p = 0$, 式中 $\boldsymbol{\nabla} p = (\partial p/\partial R)\hat{\boldsymbol{R}} + (\partial p/\partial z)\hat{\boldsymbol{z}}$, 将上面的 B_R, B_z 代入

$$\boldsymbol{B} \cdot \boldsymbol{\nabla} p = -\frac{1}{R}\frac{\partial A}{\partial z} \cdot \frac{\partial p}{\partial R} + \frac{1}{R}\frac{\partial A}{\partial R} \cdot \frac{\partial p}{\partial z} = 0$$

$$\frac{\partial p}{\partial R}\cdot\frac{\partial A}{\partial z}-\frac{\partial p}{\partial z}\cdot\frac{\partial A}{\partial R}=0$$

按 b_ϕ 的处理, 可推得 $p=p(A)$, p 只是 A 的函数.

无力场 $(\boldsymbol{j}\times\boldsymbol{B}=0)$、极坐标、轴对称时的 $\widehat{\boldsymbol{R}}$ 分量前已求得: $(\partial A/\partial R)\Delta_1 A+b_\phi(\partial b_\phi/\partial R)=0$, 现在计入压力 $\boldsymbol{\nabla}p$,

$$\frac{\partial A}{\partial R}\Delta_1 A+b_\phi\frac{\partial b_\phi}{\partial R}=-\mu R^2\frac{\partial p}{\partial R}$$

$$\Delta_1 A+\frac{\mathrm{d}}{\mathrm{d}A}\left(\frac{1}{2}b_\phi^2\right)=-\mu R^2\frac{\mathrm{d}p}{\mathrm{d}A} \tag{3.6-3}$$

现在考虑了 p, 不再是无力场, p 与温度有关, 一般地讲, 解 (3.6-3) 要结合能量方程. 当 T 沿一根磁力线为常数时, 标高 $\Lambda=\Lambda(A)=k_BT(A)/mg$, 不同磁力线 $\Lambda(A)$ 不同. 当 $z\ll\Lambda$ 时, $p(\boldsymbol{A},z)=p(\boldsymbol{A})=p_0(\boldsymbol{A})$. 当每根磁力线上的总压强 $[p_0(A)+B_y^2(A)/2\mu]$ 已知时, 可由 (3.6-3) 式确定 $A(R,z)$. 目前已解出等温等离子体, 标高 $\Lambda=\text{const}$, 无剪切的磁拱 $(B_y(A)=0)$ 的线性解.

Zweibel 和 Hundhausen (1982) 利用方程

$$\nabla^2 A+\frac{\mathrm{d}}{\mathrm{d}A}\left(\frac{1}{2}B_y^2(A)\right)=-\mu\frac{\partial}{\partial A}p(A,z) \tag{3.6-4}$$

对于无剪切的情况, $B_y(A)=0$, 所以 $\nabla^2 A=-\mu(\partial/\partial A)p(A,z)$.

特例: 令 $\mu p(A,z)=\dfrac{1}{2}\ \alpha^2A^2\mathrm{e}^{-z/\Lambda}+\text{const}$, 代入 (3.6-4) 式

$$\nabla^2 A=-\alpha^2 A\mathrm{e}^{-z/\Lambda}$$

作变换, $w=\mathrm{e}^{-z/2\Lambda}$, A 仅为 (x,z) 的函数,

$$\frac{\partial^2 A}{\partial x^2}+\frac{\partial^2 A}{\partial z^2}=-\alpha^2 Aw^2 \tag{3.6-5}$$

$$\frac{\partial A}{\partial z}=\frac{\partial A}{\partial w}\cdot\frac{\partial w}{\partial z}=\frac{\partial A}{\partial w}\left(-\frac{1}{2\Lambda}\right)w$$

$$\frac{\partial^2 A}{\partial z^2}=\frac{\partial}{\partial w}\left(\frac{\partial A}{\partial z}\right)\cdot\frac{\partial w}{\partial z}=-\frac{1}{2\Lambda}\frac{\partial}{\partial w}\left(w\frac{\partial A}{\partial w}\right)\cdot\left(-\frac{1}{2\Lambda}w\right)$$

$$=\frac{1}{4\Lambda^2}w\frac{\partial}{\partial w}\left(w\frac{\partial A}{\partial w}\right)$$

代入 (3.6-5):

$$\frac{\partial^2 A}{\partial x^2}+\frac{w}{4\Lambda^2}\frac{\partial}{\partial w}\left(w\frac{\partial A}{\partial w}\right)+\alpha^2 w^2 A=0 \tag{3.6-6}$$

分离变量 $A(x,z)=W(w)X(x)$,

$$\frac{1}{X}\frac{\mathrm{d}^2 X}{\mathrm{d}x^2}=-\frac{w}{4\Lambda^2}\frac{1}{W}\frac{\mathrm{d}}{\mathrm{d}w}\left(w\frac{\mathrm{d}W}{\mathrm{d}w}\right)-\alpha^2 w^2=-k^2$$

k^2 为分离常数, 考虑 x 方向为周期解, $k^2>0$,

$$\frac{\mathrm{d}^2 X}{\mathrm{d}x^2}+k^2 X=0 \tag{3.6-7}$$

$$w^2\frac{\mathrm{d}^2 W}{\mathrm{d}w^2}+w\frac{\mathrm{d}W}{\mathrm{d}w}+4\Lambda^2(\alpha^2 w^2-k^2)W=0$$

$$\frac{\mathrm{d}^2 W}{\mathrm{d}w^2}+\frac{1}{w}\frac{\mathrm{d}W}{\mathrm{d}w}+4\Lambda^2\alpha^2\left(1-\frac{k^2}{(\alpha w)^2}\right)W=0 \tag{3.6-8}$$

设 $\xi=2\Lambda\alpha w$, 代入 (3.6-8) 式得到

$$\frac{\mathrm{d}^2 W}{\mathrm{d}\xi^2}+\frac{1}{\xi}\frac{\mathrm{d}W}{\mathrm{d}\xi}+\left(1-\frac{4\Lambda^2 k^2}{\xi^2}\right)W=0 \tag{3.6-9}$$

令 $k'=2\Lambda k$, 有

$$\frac{\mathrm{d}^2 W}{\mathrm{d}\xi^2}+\frac{1}{\xi}\frac{\mathrm{d}W}{\mathrm{d}\xi}+\left(1-\frac{k'^2}{\xi^2}\right)W=0 \tag{3.6-10}$$

(3.6-10) 式为 k' 阶 Bessel 方程. 其解为

当 $\alpha^2>0$ 时,

$$W(w)=J_{k'}(2\alpha\Lambda w)$$

当 $\alpha^2<0$ 时, (3.6-8) 式变成

$$w^2\frac{\mathrm{d}^2 W}{\mathrm{d}w^2}+w\frac{\mathrm{d}W}{\mathrm{d}w}-4\Lambda^2|\alpha^2|\left(w^2+\frac{k^2}{|\alpha^2|}\right)W=0$$

$$\frac{\mathrm{d}^2 W}{\mathrm{d}\xi^2}+\frac{1}{\xi}\frac{\mathrm{d}W}{\mathrm{d}\xi}-\left(1+\frac{k'^2}{\xi^2}\right)W=0$$

这是虚宗量 Bessel 方程, 解为

$$W(w)=K_{k'}(2|\alpha|\Lambda w)$$

(因为本例中 k' 设为整数, 因此选第二类虚宗量 Bessel 函数, $w \to \infty$, K 有界).

(3.6-7) 式的解为: $X = C\cos kx$.

方程 (3.6-6) 式, 要满足条件: 当 $z \to 0$ 或者 $w \to \infty$ 时, $A(x,z)$ 有限. 因为 $A(x,z) = WX$, 所以 $W(w)$ 也有限. (我们限于讨论 z (垂直方向) 任意大的范围内的解) (3.6-6) 式的解最后有形式

$$A(x,z) = A_0 \cos kx Z_{k'}(2|\alpha|\Lambda \mathrm{e}^{-z/2\Lambda}) \tag{3.6-11}$$

A_0 为常数, $Z_{k'}$ 由 α^2 的符号确定为 Bessel 函数或为虚宗量 Bessel 函数.

取边界条件

$$B_z(x,0) = B_0 \sin\frac{\pi x}{L} \qquad \left(-\frac{L}{2} \leqslant x \leqslant \frac{L}{2}\right)$$

$$B_z(x,0) = -\left.\frac{\partial A}{\partial x}\right|_{z=0} = kA_0 \sin kx Z_{k'}(2|\alpha|\Lambda) \tag{3.6-12}$$

令 $k = \pi/L$, 利用边界条件, 确定 $A(x,z)$ 中的常数 A_0

$$B_0 \sin\frac{\pi x}{L} = \frac{\pi}{L} A_0 \sin\frac{\pi x}{L} Z_{k'}(2|\alpha|\Lambda)$$

$$A_0 = \frac{LB_0}{\pi Z_{k'}(2|\alpha|\Lambda)}$$

最后求出 B_x $(= \partial A/\partial z)$, B_z $(= -\partial A/\partial x)$.

Zweibel 和 Hundhausen (1982) 得到:

当 $\alpha = 0$ 时, 磁场为势场, 等压线呈水平方向, 当 $2\alpha\Lambda$ 小于 Bessel 函数的第一极大值时, 磁力线和等压线略为向上膨胀, 见图 3.8(a). 当 $2\alpha\Lambda$ 位于 Bessel 函数第一极点和第一零点之间时, 磁场中出现一个磁岛, 磁岛之下, 压强极大, 图 3.8(b).

将来应将此工作扩展至极坐标, 作出单一黑子上方的模型. 球坐标下整个太阳大气的模型已经有人提出, 赤道区气压的增强, 引起磁力线向外膨胀.

2. 引力的影响

静力学平衡方程

$$0 = -\nabla p + \boldsymbol{j} \times \boldsymbol{B} - \rho g \hat{\boldsymbol{z}} \tag{3.1-1}$$

式中 $\boldsymbol{B}$ 满足 $\nabla \cdot \boldsymbol{B} = 0$, $p = (k_B/m)\rho T$, 其中温度 T 由能量方程确定. 方程组的求解显然是相当困难的. Low (1982) 忽略能量方程而设定 p 的函数形式, 旨

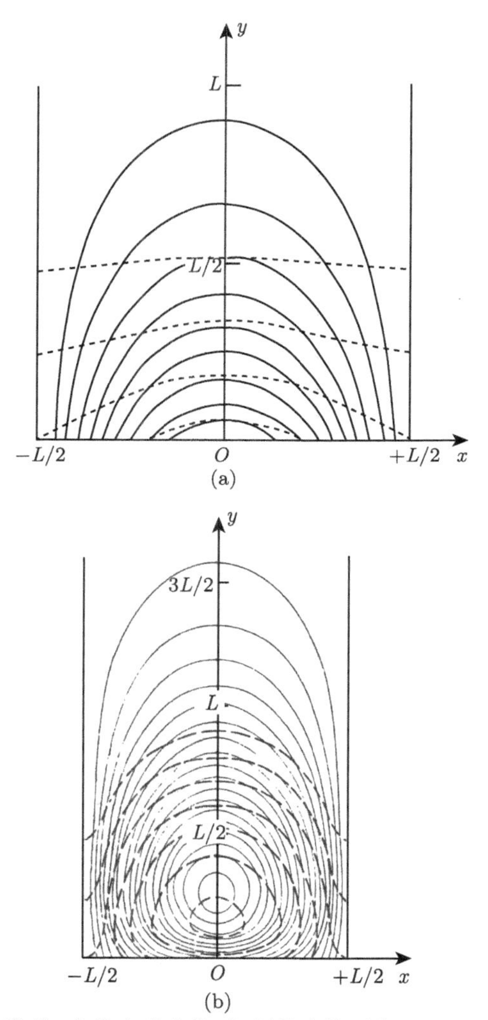

图 3.8 静力场磁拱模型. 实线为磁力线, 短划线为等压线, (a), (b) 二例中的磁拱宽为 $L=(2\pi/3)\varLambda$, $\varLambda$ 是标高 (a) $2\alpha\varLambda=3$; (b) $2\alpha\varLambda=5$. (Zweibel and Hundhausen, 1982)

在探寻平衡系统的一些特性. 他的重要想法之一是设磁场仅位于 yz 平面. 也即 $\boldsymbol{B}=\boldsymbol{B}(y,z)$, 寻求分层解. 因此有通量函数 $A=A_x(y,z)$, $B_x=0$,

$$(B_x,B_y,B_z)=\left(0,\frac{\partial A}{\partial z},-\frac{\partial A}{\partial y}\right) \tag{3.6-13}$$

张力 $\boldsymbol{B}\cdot\boldsymbol{\nabla}\boldsymbol{B}/\mu$ 在 $\hat{\boldsymbol{x}}$ 方向没有分量, 引力也没有 $\hat{\boldsymbol{x}}$ 分量, 因此总压强 $\partial p_T/\partial x=0$,

$$p+\frac{1}{2\mu}B^2=p_T(y,z) \tag{3.6-14}$$

虽然 B^2 和 p 可以允许随 x 变化, 但总压强在每个 yz 平面上必须相等.

参照 3.5.6 节, 可得到

$$(\nabla_\perp^2 A)\frac{\partial A}{\partial y}+\mu\frac{\partial p}{\partial y}=0,\qquad (\nabla_\perp^2 A)\frac{\partial A}{\partial z}+\mu\frac{\partial p}{\partial z}+\mu\rho g=0 \tag{3.6-15}$$

式中 $\nabla_\perp^2=\partial^2/\partial y^2+\partial^2/\partial z^2$. (3.6-14) 式中的 p 代入上式, 有

$$\left(\frac{\partial^2}{\partial y^2}+\frac{\partial^2}{\partial z^2}\right)A\cdot\frac{\partial A}{\partial y}+\mu\frac{\partial}{\partial y}\left(p_T-\frac{1}{2\mu}B^2\right)=0$$

$B^2=B_y^2+B_z^2=(\partial A/\partial z)^2+(\partial A/\partial y)^2$, 代入后有

$$\frac{\partial^2 A}{\partial y\partial z}\cdot\frac{\partial A}{\partial z}-\frac{\partial^2 A}{\partial z^2}\frac{\partial A}{\partial y}=\mu\frac{\partial p_T}{\partial y} \tag{3.6-16}$$

假如设 $p_T=p_T(z)$, 仅是 z 的函数, (3.6-16) 右边为零, $\partial A/\partial z=S(A,x)$, S 是 (A,x) 的任意函数. 因此 A 可以是 x 和 ζ 的任意函数, $A=A(x,\zeta)$, 其中 $\zeta=z+\xi(x,y)$, $\xi(x,y)$ 是任意函数. 当 A 已知时, 可求得 $\boldsymbol{B}$, 根据 (3.6-14) 和 (3.6-15) 就可确定 p 和 ρ.

Low 列举四个例子:

(i) 不随高度变化的暗条. 设 $A(x,y,z)=B_0\cos f(x)[Z+\xi(y)\tan f(x)]$, $B_y=B_0\cos f(x)$, $B_z=-B_0(\mathrm{d}\xi/\mathrm{d}y)\sin f(x)$.

(ii) $A=-B_0\mathrm{e}^{-\zeta}$, 式中 $\zeta=z-\ln[2+\cos(y+L(x))]$, $L(x)$ 是 x 的任意函数, 求得磁场为 $(B_x,B_y,B_z)=B_0\mathrm{e}^{-z}[0,2+\cos(y+L),-\sin y+L]$, 水平方向 $(\hat{\boldsymbol{y}})$ 的场随 x 和高度 z 变化.

(iii) 冕拱模型, $A=-B_0\mathrm{e}^{-\zeta}$, $\zeta=z-\ln[a_0\exp(-x^2/l^2)+\cos(y+L(x))]$, 磁场为 $(B_x,B_y,B_z)=B_0\mathrm{e}^{-z}[0,a_0\exp(-x^2/l^2)+\cos(y+L),-\sin(y+L)]$.

(iv) 弯曲冕环磁力线位于垂直平面上, $A=-B_0y_0\exp(-z)\cos(y/y_0)$, 有 $(B_x,B_y,B_z)=B_e\mathrm{e}^{-z}[0,y_0\cos(y/y_0),-\sin(y/y_0)]$, 式中 y_0 是常参数.

第 4 章 波

4.1 波的模式和基本方程

4.1.1 基本模式

(1) 声波是以气体压力作为恢复力的. 气体因局部压缩或稀疏建立压强梯度, 于是就产生力的作用, 试图使气体恢复到原来的平衡状态.

(2) 假如气体均匀, 声波在所有方向上的传播速度相同, 把能量带走, 但振幅很小, 也即对周围气体的扰动很小. 如果振幅足够大, 波就可能变陡, 形成激波.

(3) 等离子体, 如太阳大气、各种模式的波、各有恢复力的单独作用或是几种恢复力耦合的作用 (见表 4.1).

表 4.1 波的驱动力

波	驱动力
(1) Alfvén 波	磁张力
(2) 惯性 (inertial) 波	Coriolis 力
(3) 压缩 (compressional) Alfvén 波	磁压力
(4) 声波	等离子体压力
(5) 重力波	重力
(6) 二种磁声重力波	磁压力、等离子体压力、重力一起作用
(7) 磁声波	磁压力、等离子体压力一起作用
(8) 声重力波	等离子体压力、重力一起作用

(4) 太阳大气中的波.

(i) 移动半影波 (running penumbral waves), 从本影向外传播.

(ii) 大耀斑发生后, 由耀斑触发的莫尔顿 (Moreton) 波常从耀斑位置发射, 快速越过日面.

(iii) 对流区的湍动激发声波, 局限在太阳内部, 光球上观测到的就是 5 分钟振荡.

(iv) 小尺度动力学现象 (如米粒组织、针状体和微耀斑等) 产生各种模式的波, 对大气加热有贡献.

(5) 数学处理.

(i) 对平衡态用小扰动作用, 考察最终的扰动是否以波的形式传播.

(ii) 基本方程作小扰动线性化处理, 设扰动量形如 $\mathrm{e}^{i(\boldsymbol{k}\cdot\boldsymbol{r}-\omega t)}$, 旨在找到色散关系 $\omega=\omega(\boldsymbol{k})$.

4.1.2 基本方程

用来讨论波的基本方程是连续性方程、动量方程、能量方程以及感应方程.

$$\frac{\mathrm{D}\rho}{\mathrm{D}t}+\rho\nabla\cdot\boldsymbol{v}=0 \tag{4.1-1}$$

$$\rho\frac{\mathrm{D}\boldsymbol{v}}{\mathrm{D}t}=-\nabla p+(\nabla\times\boldsymbol{B})\times\boldsymbol{B}/\mu-\rho g\hat{\boldsymbol{z}}-2\rho\boldsymbol{\Omega}\times\boldsymbol{v} \tag{4.1-2}$$

$$\frac{\mathrm{D}}{\mathrm{D}t}\left(\frac{p}{\rho^{\gamma}}\right)=0 \tag{4.1-3}$$

$$\frac{\partial\boldsymbol{B}}{\partial t}=\nabla\times(\boldsymbol{v}\times\boldsymbol{B}) \tag{4.1-4}$$

$$\nabla\cdot\boldsymbol{B}=0 \tag{4.1-5}$$

电流和温度由下式确定

$$\boldsymbol{j}=\nabla\times\boldsymbol{B}/\mu,\qquad T=\frac{mp}{k_{B}\rho}$$

上述方程组是在随太阳一起转动的参考系中建立的, 转动角速度 $\boldsymbol{\Omega}=\mathrm{const}$ (相对于惯性系). 假如速度 $|\boldsymbol{\Omega}\times\boldsymbol{r}+\boldsymbol{v}|\ll$ 光速, Maxwell 方程组中可忽略转动效应. 因为转动, 所以有 Coriolis 力 $-2\rho\boldsymbol{\Omega}\times\boldsymbol{v}$, 负号是因为在转动参考系中, 将该项作为惯性力处理, 使牛顿第二定律形式上继续适用. 惯性离心力 $\omega^2 r\hat{\boldsymbol{r}}$ 可忽略, 该项可结合到重力项内 $\left[\frac{1}{2}\rho\nabla|\boldsymbol{\Omega}\times\boldsymbol{r}|^2\left(=\frac{1}{2}\rho\nabla\boldsymbol{v}^2=\rho\omega^2 r\nabla r=\rho\omega^2 r\hat{\boldsymbol{r}}\right)\right]$. 引力为 $-\rho g\hat{\boldsymbol{z}}$, g 设为常数, z 轴垂直太阳表面向外 (即 $\hat{\boldsymbol{r}}$ 方向). 简单起见, 设等离子体与磁场冻结, 等熵, 所以 $p\rho^{-\gamma}=\mathrm{const}$. 要求等熵成立, 则要求 $\tau\ll p/\mathscr{L}$, τ 是波的周期, $\mathscr{L}$ 为能量损失函数, 量纲为功率 (单位体积).

(根据能量方程, $[\rho^{\gamma}/(\gamma-1)](\mathrm{D}/\mathrm{D}t)(p\rho^{-\gamma})=-\mathscr{L}$, 近似为 $\rho^{\gamma}(p\rho^{-\gamma})/\tau=-\mathscr{L}$, 所以 $\tau\mathscr{L}\ll p$ 表示一个周期内能量的耗损远小于压力能.)

$\mathscr{L}$ 可以包括热传导、欧姆加热、辐射冷却 (L_r) 以及小尺度范围的波加热. 例如: p/L_r 在低层光球约 1 秒, 高层色球约 1 小时, L_r 为因辐射而导致的能耗, 对于特征长度 1 Mm (10^6 m), 由热传导而得到的 $p/\mathscr{L}$ 约 500 秒 (这些值可与波的周期 τ 相比较, 而决定取舍).

设磁场 $\boldsymbol{B}_0$ 平衡态、均匀, 充满垂直方向分层的等离子体内, 等离子体温度均匀, 为 T_0, 密度分层

$$\rho_0(z)=\mathrm{const}\times\mathrm{e}^{-z/\Lambda},\quad 压强\ \ p_0(z)=\mathrm{const}\times\mathrm{e}^{-z/\Lambda}, \tag{4.1-6}$$

$$\Lambda = p_0/\rho_0 g \tag{4.1-7}$$

这里 Λ 为标高 (一般而言, 是高度 z 的函数, 因为 $T = T(z)$), 光球上的典型值为 150 公里, 日冕中 10 万公里 (10^8 m).

平衡态, ρ_0 和 p_0 满足

$$0 = -\frac{\mathrm{d}p_0}{\mathrm{d}z} - \rho_0 g$$

考虑偏离平衡态的小扰动

$$\rho = \rho_0 + \rho_1, \quad \boldsymbol{v} = \boldsymbol{v}_1 \ (\boldsymbol{v}_0 = 0), \quad p = p_0 + p_1, \quad \boldsymbol{B} = \boldsymbol{B}_0 + \boldsymbol{B}_1$$

ρ_0, p_0 和 $\boldsymbol{B}_0$ 是 $\boldsymbol{r}$ 的函数, 扰动量是 $(\boldsymbol{r}, t)$ 的函数.

线性化方程组 ((4.1-1)—(4.1-5) 式), 忽略二阶小量. (4.1-1) 式为

$$\frac{\partial \rho}{\partial t} + \boldsymbol{v} \cdot \boldsymbol{\nabla} \rho + \rho \boldsymbol{\nabla} \cdot \boldsymbol{v} = 0$$

$$\frac{\partial \rho_1}{\partial t} + \boldsymbol{v}_1 \cdot \boldsymbol{\nabla} \rho_0 + \rho_0 \boldsymbol{\nabla} \cdot \boldsymbol{v}_1 = 0 \tag{4.1-8}$$

(4.1-2) 式:

$$\begin{aligned} \text{左边} = \rho \frac{\mathrm{D}\boldsymbol{v}}{\mathrm{D}t} &= (\rho_0 + \rho_1) \left[\frac{\partial \boldsymbol{v}_1}{\partial t} + \boldsymbol{v}_1 \cdot \boldsymbol{\nabla} \boldsymbol{v}_1 \right] \\ &= \rho_0 \frac{\partial \boldsymbol{v}_1}{\partial t} \end{aligned}$$

$$\rho_0 \frac{\partial \boldsymbol{v}_1}{\partial t} = -\boldsymbol{\nabla} p_1 + (\boldsymbol{\nabla} \times \boldsymbol{B}_1) \times \boldsymbol{B}_0 / \mu - \rho_1 g \hat{\boldsymbol{z}} - 2\rho_0 \boldsymbol{\Omega} \times \boldsymbol{v}_1 \tag{4.1-9}$$

$\hat{\boldsymbol{z}}$ 为 z 方向单位矢量.

(4.1-3) 式:

$$\frac{\mathrm{D}}{\mathrm{D}t} \left(\frac{p}{\rho^\gamma} \right) = \frac{\partial}{\partial t} \left(\frac{p}{\rho^\gamma} \right) + \boldsymbol{v} \cdot \boldsymbol{\nabla} \left(\frac{p}{\rho^\gamma} \right)$$

将 $p = p_0 + p_1$, $\rho = \rho_0 + \rho_1$ 代入上式, 注意 p_0, ρ_0 仅是坐标的函数, 不是 t 的函数,

$$\frac{\partial p_1}{\partial t} + \boldsymbol{v}_1 \cdot \boldsymbol{\nabla} p_0 - c_s^2 \left(\frac{\partial \rho_1}{\partial t} + \boldsymbol{v}_1 \cdot \boldsymbol{\nabla} \rho_0 \right) = 0 \tag{4.1-10}$$

式中

$$c_s^2 = \frac{\gamma p_0}{\rho_0} = \frac{\gamma k_B T_0}{m} \tag{4.1-11}$$

$$\frac{\partial \boldsymbol{B}_1}{\partial t} = \nabla \times (\boldsymbol{v}_1 \times \boldsymbol{B}_0) \tag{4.1-12}$$

$$\nabla \cdot \boldsymbol{B}_1 = 0 \tag{4.1-13}$$

方程 ((4.1-8)—(4.1-13) 式) 可以合并为一个方程.

(4.1-9) 式对 t 求导数:

$$\rho_0 \frac{\partial^2 \boldsymbol{v}_1}{\partial t^2} = -\nabla \frac{\partial p_1}{\partial t} + \left(\nabla \times \frac{\partial \boldsymbol{B}_1}{\partial t}\right) \times \boldsymbol{B}_0/\mu - g\frac{\partial \rho_1}{\partial t}\hat{\boldsymbol{z}} - 2\rho_0 \boldsymbol{\Omega} \times \frac{\partial \boldsymbol{v}_1}{\partial t}$$

分别以 (4.1-8), (4.1-10) 和 (4.1-12) 代入上式. 其中 (4.1-10) 中的 $\partial\rho_1/\partial t$ 再用 (4.1-8) 式代入

$$\begin{aligned}\rho_0 \frac{\partial^2 \boldsymbol{v}_1}{\partial t^2} = &\nabla[(\boldsymbol{v}_1 \cdot \nabla)p_0] + c_s^2 \nabla(\rho_0 \nabla \cdot \boldsymbol{v}_1) + g[(\boldsymbol{v}_1 \cdot \nabla)\rho_0 + \rho_0 \nabla \cdot \boldsymbol{v}_1]\hat{\boldsymbol{z}} \\ &+ \nabla \times [\nabla \times (\boldsymbol{v}_1 \times \boldsymbol{B}_0)] \times \boldsymbol{B}_0/\mu - 2\rho_0 \boldsymbol{\Omega} \times \frac{\partial \boldsymbol{v}_1}{\partial t}\end{aligned} \tag{4.1-14}$$

(4.1-6) 式显示 p_0, ρ_0 只是 z 的函数, 其中

$$\begin{aligned}\nabla[(\boldsymbol{v}_1 \cdot \nabla)p_0] &= \nabla\left(v_{1z}\frac{\mathrm{d}}{\mathrm{d}z}p_0\right) \\ &= -g\rho_0 \nabla v_{1z} - g(\boldsymbol{v} \cdot \nabla)\rho_0 \hat{\boldsymbol{z}}\end{aligned}$$

$$c_s^2 \nabla(\rho_0 \nabla \cdot \boldsymbol{v}_1) = -\gamma \rho_0 g \nabla \cdot \boldsymbol{v}_1 \hat{\boldsymbol{z}} + c_s^2 \rho_0 \nabla(\nabla \cdot \boldsymbol{v}_1)$$

上面两个式子代回 (4.1-14) 式, 得到关于扰动速度 $\boldsymbol{v}_1$ 的波方程:

$$\begin{aligned}\frac{\partial^2 \boldsymbol{v}_1}{\partial t^2} = &c_s^2 \nabla(\nabla \cdot \boldsymbol{v}_1) - (\gamma - 1)g(\nabla \cdot \boldsymbol{v}_1)\hat{\boldsymbol{z}} - g\nabla v_{1z} - 2\boldsymbol{\Omega} \times \frac{\partial \boldsymbol{v}_1}{\partial t} \\ &+ \nabla \times [\nabla \times (\boldsymbol{v}_1 \times \boldsymbol{B}_0)] \times \frac{\boldsymbol{B}_0}{\mu\rho_0}\end{aligned} \tag{4.1-15}$$

设 $\boldsymbol{v}_1(\boldsymbol{r}, t) = \boldsymbol{v}_1 \mathrm{e}^{i(\boldsymbol{k}\cdot\boldsymbol{r} - \omega t)}$, 因此可以有替代: $\partial/\partial t \to -i\omega$, $\nabla \to i\boldsymbol{k}$.

对于 $\boldsymbol{B}_0 = 0$ 的情形, (4.1-15) 式简化为

$$\omega^2 \boldsymbol{v}_1 = c_s^2 \boldsymbol{k}(\boldsymbol{k} \cdot \boldsymbol{v}_1) + i(\gamma - 1)g(\boldsymbol{k} \cdot \boldsymbol{v}_1)\hat{\boldsymbol{z}} + igv_{1z}\boldsymbol{k} - 2i\omega \boldsymbol{\Omega} \times \boldsymbol{v}_1 \tag{4.1-16}$$

当 $\boldsymbol{B}_0 \neq 0$ 时, 则 (4.1-15) 式最后一项, 因为分母中的 ρ_0, 显然有系数 $\mathrm{e}^{z/\Lambda}$. 假如扰动波长 $\lambda\ (= 2\pi/k) < \Lambda$ (标高), $\Lambda = p_0/\rho_0 g = c_s^2/\gamma g$. 因扰动引起的 z 的变化很小, ρ_0 可看作局部常数 (短波长近似), 这样 (4.1-15) 式在 $\boldsymbol{B}_0 \neq 0$ 时变成

$$\omega^2 \boldsymbol{v}_1 = c_s^2 \boldsymbol{k}(\boldsymbol{k} \cdot \boldsymbol{v}_1) + i(\gamma - 1)g(\boldsymbol{k} \cdot \boldsymbol{v}_1)\hat{\boldsymbol{z}} + igv_{1z}\boldsymbol{k} - 2i\omega \boldsymbol{\Omega} \times \boldsymbol{v}_1$$

$$+\{\boldsymbol{k}\times[\boldsymbol{k}\times(\boldsymbol{v}_1\times\boldsymbol{B}_0)]\}\times\frac{\boldsymbol{B}_0}{\mu\rho_0} \tag{4.1-17}$$

方程 (4.1-16) 和 (4.1-17) 是本章讨论均匀介质中波模式的基础. 主要目的就是寻找色散关系 $\omega=\omega(\boldsymbol{k})$. 频率是波数 $\boldsymbol{k}$ 大小和波矢 $\boldsymbol{k}$ 与重力方向的夹角以及波矢与磁场方向夹角的函数. 方程 (4.1-16), (4.1-17) 中, 因为 $\boldsymbol{v}_1$ 有三个分量, 所以可得到三个齐次方程. 令系数行列式为零, 原则上即可找到色散关系.

通过色散关系可以得到: ① 相速度 $\boldsymbol{v}_p=(\omega/k)\hat{\boldsymbol{k}}$, 在 $\hat{\boldsymbol{k}}$ (单位矢量) 方向传播; ② 群速度 $\boldsymbol{v}_g=\mathrm{d}\omega/\mathrm{d}\boldsymbol{k}$, 直角坐标系下,

$$v_{gx}=\frac{\partial\omega}{\partial k_x},\quad v_{gy}=\frac{\partial\omega}{\partial k_y},\quad v_{gz}=\frac{\partial\omega}{\partial k_z} \tag{4.1-18}$$

由一组波数构成波包, 波包的传播速度即为群速度.

群速度是能量传输的速度, 一般在大小和方向上与相速度不同.

相速度随波长而变, 称为色散. 当 ω 线性正比于 k 时, 为非色散. 这时相速度等于群速度. 波在各向异性介质中传播, 相速度随传播方向的不同而不同. 有三个方向值得注意: 磁场、重力和转动, 从而使问题变得复杂.

4.2 声　　波

当 $g=B_0=\Omega=0$ 时, 仅有压强梯度作为恢复力, 用扰动速度 $\boldsymbol{v}_1$ 表达的 (4.1-16) 式简化为

$$\omega^2\boldsymbol{v}_1=c_s^2\boldsymbol{k}(\boldsymbol{k}\cdot\boldsymbol{v}_1) \tag{4.2-1}$$

两边标乘 $\boldsymbol{k}$, 并假定 $\boldsymbol{k}\parallel\boldsymbol{v}_1$, 则有

$$\omega^2=k^2c_s^2$$

这就是声波的色散关系. 根据上面的叙述, 显然声波是非色散的.

$$\omega=kc_s \tag{4.2-2}$$

声波在所有方向上以同一相速度传播, 相速度 $v_p=\omega/k=c_s$.

群速度 $v_g=\mathrm{d}\omega/\mathrm{d}k=c_s$, 沿 $\boldsymbol{k}$ 方向传播.

声速 $c_s^2=\gamma p_0/\rho_0=\gamma k_BT_0/m$, 作数值估算,

$\gamma=5/3$, $m=0.5m_p$ ($\tilde{\mu}=0.5$, $\tilde{\mu}$ 为太阳的平均原子量, 以 m_p 为单位),

$c_s\approx166T_0^{1/2}\ \mathrm{m\cdot s^{-1}}$.

从光球至日冕, 声速从 10 $\mathrm{km\cdot s^{-1}}$ 增至约 200 $\mathrm{km\cdot s^{-1}}$.

$\boldsymbol{k}\cdot\boldsymbol{v}_1\neq0$ 意味着 $\boldsymbol{\nabla}\cdot\boldsymbol{v}_1\neq0$, 即等离子体可压缩, 由于可压缩所以有声波, 声波是纵波. 根据 (4.2-1) 式, 速度扰动 $\boldsymbol{v}_1$ 在 $\boldsymbol{k}$ 方向.

4.3 磁　　波

Lorentz 力可以看作由单位面积的磁应力张量 B_0^2/μ 和磁压强 $B_0^2/2\mu$ 所贡献. 固体中因为能发生切变, 所以可以传递横波. 根据胡克定律, 形变的大小 Δx 与作用力 f 成正比, $\Delta x = kf$ (k 对于一定固体的形变为常数). 发生切变时, 切变角 $\psi = nf_t/S$ (根据胡克定律), f_{t} 为切向力, S 为力 f_t 作用的表面积, n 为切变系数. 引入胁强 $p_t = f_t/S$, 切变模量 $N = 1/n$, 有 $\psi = p_t/N$. 横波传播速度与切变模量有关 $c_s^2 = N/\rho$, ρ 为媒质密度, N 的量纲为压强.

(1) 通过类比, 磁应力张量也会产生沿磁场 $\boldsymbol{B}_0$ 方向的横波, 波速是 $(B_0^2/\mu\rho)^{1/2}$, 这就是 Alfvén 波

$$v_A = \frac{B_0}{(\mu\rho_0)^{1/2}} = 2.8 \times 10^{16} \frac{B_0}{n_0^{1/2}}\ \mathrm{m \cdot s^{-1}}$$

$\mu = \mu_0 = 4\pi \times 10^{-7}\ \mathrm{H \cdot m^{-1}}$, $\rho_0 = mn = 0.6m_p n_0$, B_0 单位 $\mathrm{T} = 10^4\ \mathrm{G}$. 如图 4.1(a) 所示.

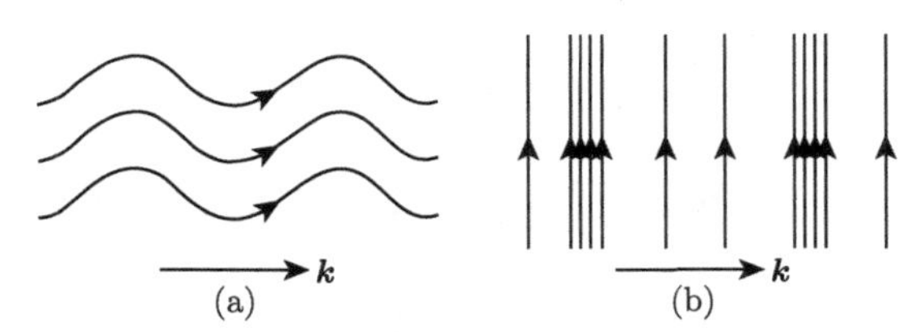

图 4.1　(a) Alfvén 横波沿磁力线方向 $\boldsymbol{k}$ 传播; (b) 磁力线的压缩和膨胀引起压缩 Alfvén 波, 传播方向 $\boldsymbol{k}$, 跨越磁力线

活动区上方的日冕, $B_0 \approx 100$ G, $n_0 \approx 10^{16}\ \mathrm{m^{-3}}$, $v_A \approx 3,000\ \mathrm{km \cdot s^{-1}}$.

光球网络, $B_0 \approx 10^3$ G, $n_0 \approx 10^{23}\ \mathrm{m^{-3}}$, $v_A \approx 10\ \mathrm{km \cdot s^{-1}}$.

(2) 气体压强服从绝热定律 $p\rho^{-\gamma} = \mathrm{const}$, 产生声波, 声速为 $(\gamma p_0/\rho_0)^{1/2}$, 是纵波. 通过类比, 磁压强 $p_m = B_0^2/2\mu$ 会产生纵的磁波跨越磁场传播 (图 4.1(b)).

若磁场冻结在等离子体上, 场强和等离子体密度之间有关系 $B/\rho = \mathrm{const}$. 因此有 $B^2/\rho^2 = \mathrm{const}$. 用磁压强表示 B^2, 则有 $p_m/\rho^2 = \mathrm{const}$. 与绝热定律相比较 p/ρ^γ, 可见这时 $\gamma = 2$.

$$\frac{p}{\rho^\gamma} \Rightarrow \frac{\gamma p_0}{\rho_0} = c_s^2; \quad \frac{p_m}{\rho^2} \Rightarrow \frac{2p_m}{\rho_0} = v_A^2 = \frac{2 \cdot \dfrac{1}{2\mu} B_0^2}{\rho_0} = \frac{B_0^2}{\mu\rho_0}$$

结论: 纵磁波的波速也是 Alfvén 速度.

可以期望磁波是存在的, 驱动力是 $\boldsymbol{j} \times \boldsymbol{B}$ (声波的驱动力是流体或固体的压力), 是纵波也可以是横波.

(3) 通过数学分析也可支持上述的直观理解. 二类磁波是不同的, 可以沿磁场方向, 可以跨越磁场以及与磁场成一角度 (斜) 传播.

当处于平衡态, 磁场起主导作用时, 也即我们可令 p_0 (压强, 从而 c_s)、Ω 和 g 为零, 方程 (4.1-17) 简化为

$$\omega^2 \boldsymbol{v}_1 = \{\boldsymbol{k} \times [\boldsymbol{k} \times (\boldsymbol{v}_1 \times \widehat{\boldsymbol{B}}_0)]\} \times \widehat{\boldsymbol{B}}_0 v_A^2 \tag{4.3-1}$$

式中 $\widehat{\boldsymbol{B}}_0 = \boldsymbol{B}_0/B_0$ 为 $\boldsymbol{B}_0$ 方向单位矢量, $v_A^2 = B_0^2/\mu\rho_0$.

利用矢量运算公式展开 (4.3-1) 右边

$$\omega^2 \boldsymbol{v}_1/v_A^2 = (\boldsymbol{k} \cdot \widehat{\boldsymbol{B}}_0)^2 \boldsymbol{v}_1 - (\boldsymbol{k} \cdot \boldsymbol{v}_1)(\boldsymbol{k} \cdot \widehat{\boldsymbol{B}}_0)\widehat{\boldsymbol{B}}_0 + [(\boldsymbol{k} \cdot \boldsymbol{v}_1) - (\boldsymbol{k} \cdot \widehat{\boldsymbol{B}}_0)(\widehat{\boldsymbol{B}}_0 \cdot \boldsymbol{v}_1)]\boldsymbol{k} \tag{4.3-2}$$

引入 θ_B (波传播方向 $\boldsymbol{k}$ 与平衡态磁场 $\boldsymbol{B}_0$ 的夹角),

$$\omega^2 \boldsymbol{v}_1/v_A^2 = k^2 \cos^2\theta_B \boldsymbol{v}_1 - (\boldsymbol{k} \cdot \boldsymbol{v}_1) k \cos\theta_B \widehat{\boldsymbol{B}}_0 + [\boldsymbol{k} \cdot \boldsymbol{v}_1 - k \cos\theta_B (\widehat{\boldsymbol{B}}_0 \cdot \boldsymbol{v}_1)]\boldsymbol{k} \tag{4.3-3}$$

磁波有以下特点:

(1) 从 (4.1-13) 式: $\nabla \cdot \boldsymbol{B}_1 = 0$ ($\boldsymbol{B}_1$ 为扰动量) 可推出 $\boldsymbol{k} \cdot \boldsymbol{B}_1 = 0$. 因此磁场扰动垂直于波的传播方向.

(2) 方程 (4.3-2) 标乘 $\widehat{\boldsymbol{B}}_0$,

$$\frac{\omega^2}{v_A^2}(\boldsymbol{v}_1 \cdot \widehat{\boldsymbol{B}}_0) = (\boldsymbol{k} \cdot \widehat{\boldsymbol{B}}_0)^2 (\boldsymbol{v}_1 \cdot \widehat{\boldsymbol{B}}_0) - (\boldsymbol{k} \cdot \boldsymbol{v}_1)(\boldsymbol{k} \cdot \widehat{\boldsymbol{B}}_0) + (\boldsymbol{k} \cdot \boldsymbol{v}_1)(\boldsymbol{k} \cdot \widehat{\boldsymbol{B}}_0) - (\boldsymbol{k} \cdot \widehat{\boldsymbol{B}}_0)^2 (\widehat{\boldsymbol{B}}_0 \cdot \boldsymbol{v}_1) = 0$$

$$\therefore\ \widehat{\boldsymbol{B}}_0 \cdot \boldsymbol{v}_1 = 0 \tag{4.3-4}$$

扰动速度 $\boldsymbol{v}_1$ 垂直于磁场 $\boldsymbol{B}_0$. $\boldsymbol{j}_1 \sim ne\boldsymbol{v}_1$, 因此 Lorentz 力 $\boldsymbol{j} \times \boldsymbol{B} \neq 0$, 可以作为波动的驱动力.

(3) (4.3-2) 标乘 $\boldsymbol{k}$,

$$\frac{\omega^2}{v_A^2}(\boldsymbol{v}_1 \cdot \boldsymbol{k}) = (\boldsymbol{k} \cdot \widehat{\boldsymbol{B}}_0)^2 (\boldsymbol{v}_1 \cdot \boldsymbol{k}) - (\boldsymbol{k} \cdot \boldsymbol{v}_1)(\boldsymbol{k} \cdot \widehat{\boldsymbol{B}}_0)^2 + k^2 (\boldsymbol{k} \cdot \boldsymbol{v}_1) - k^2 (\boldsymbol{k} \cdot \widehat{\boldsymbol{B}}_0)(\widehat{\boldsymbol{B}}_0 \cdot \boldsymbol{v}_1)$$

利用 (4.3-4) 式,

$$(\omega^2 - k^2 v_A^2)\boldsymbol{k} \cdot \boldsymbol{v}_1 = 0 \tag{4.3-5}$$

根据 (4.3-5) 式, 可得到两个明显不同的解, 我们在后面的章节中讨论.

4.3.1　剪切或扭转 Alfvén 波

(1) 假如扰动是不可压缩的, $\nabla \cdot \boldsymbol{v}_1 = 0$, 于是有

$$\boldsymbol{k} \cdot \boldsymbol{v}_1 = 0 \tag{4.3-6}$$

同时利用条件 (4.3-4) 式, 则 (4.3-3) 式可以简化, 取正根后有

$$\omega = k v_A \cos\theta_B \tag{4.3-7}$$

这种 Alfvén 波常称为剪切 Alfvén 波 (shear Alfvén waves), 正根代表波沿磁场方向传播. 若取负根则波的传播方向与磁场方向相反.

剪切 Alfvén 波的相速度为 $v_A \cos\theta_B$, θ_B 是传播方向 $\boldsymbol{k}$ 与磁场方向 $\boldsymbol{B}_0$ 的夹角. 当沿磁场方向传播时, $\theta_B = 0$, 正好就是 Alfvén 速度. 相速度随 θ_B 的变化可用极坐标图 4.2 表示. 波沿磁场方向最快, 垂直于磁场则不传播.

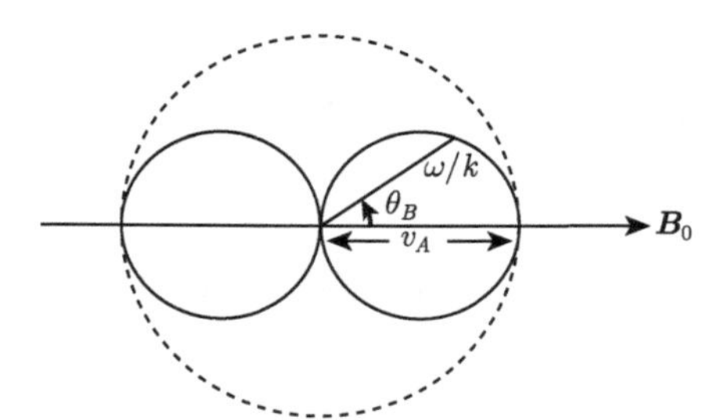

图 4.2　实线圆为 Alfvén 波, 短划线为压缩 Alfvén 波. 矢径的长度等于沿该方向传播的波的相速度 ω/k

(2) 取 z 轴沿 $\boldsymbol{B}_0$ 方向, (4.3-7) 式改写为

$$\omega = k_z v_A$$

群速度 $\boldsymbol{v}_g = \mathrm{d}\omega/\mathrm{d}\boldsymbol{k}$, ω 只是 k_z, v_A 的函数 (与 k_x, k_y 无关),

$$\boldsymbol{v}_g = \frac{\partial\omega}{\partial k_z}\widehat{\boldsymbol{B}}_0 = v_A\widehat{\boldsymbol{B}}_0 \quad \left(\frac{\partial\omega}{\partial k_x} = \frac{\partial\omega}{\partial k_y} = 0\right)$$

群速度 v_g 在 $\boldsymbol{z}$ 即 $\widehat{\boldsymbol{B}}_0$ 方向 (x, y 方向的分量为零).

尽管波可以与磁场方向呈任意角度 ($\pi/2$ 除外) 传播, 但是能量以 Alfvén 速度沿磁场方向传播.

(4.3-6) 式说明 Alfvén 波是横波, 因为扰动 $\boldsymbol{v}_1$ 垂直于传播方向 $\boldsymbol{k}$. 注意: 不可压缩流体 [(4.3-6) 式在此条件下得到] 没有声波, 但可以有 Alfvén 波.

如果 ρ_0, p_0 在空间均匀 (即不随坐标变化), 从 (4.1-8) 和 (4.1-10) 式, 可以看出当 $\nabla\cdot\boldsymbol{v}_1=0$ 时, 有 $\partial\rho_1/\partial t=\partial p_1/\partial t=0$, 也即有 Alfvén 波时, 不存在密度和压强的变化, 仅有 $\boldsymbol{v}_1$ 和 $\boldsymbol{B}_1$ 的变化.

(3) 根据 (4.3-6) 式, $\boldsymbol{k}\cdot\boldsymbol{v}_1=0$, 所以 $\boldsymbol{v}_1\perp\boldsymbol{k}$, 由 (4.1-13) 式, $\boldsymbol{k}\cdot\boldsymbol{B}_1=0$, 所以 $\boldsymbol{B}_1\perp\boldsymbol{k}$, 但 $\boldsymbol{v}_1$ 和 $\boldsymbol{B}_1$ 之间的关系尚不清楚.

从 (4.1-12) 式 $\partial\boldsymbol{B}_1/\partial t=\nabla\times(\boldsymbol{v}_1\times\boldsymbol{B}_0)$ 可得

$$-\omega\boldsymbol{B}_1=\boldsymbol{k}\times(\boldsymbol{v}_1\times\boldsymbol{B}_0)$$

或

$$-\omega\boldsymbol{B}_1=(\boldsymbol{k}\cdot\boldsymbol{B}_0)\boldsymbol{v}_1-(\boldsymbol{k}\cdot\boldsymbol{v}_1)\boldsymbol{B}_0 \tag{4.3-8}$$

$$\because\ \boldsymbol{k}\cdot\boldsymbol{v}_1=0,\quad \therefore\ \boldsymbol{v}_1=-\frac{\omega}{\boldsymbol{k}\cdot\boldsymbol{B}_0}\boldsymbol{B}_1$$

$\boldsymbol{v}_1$, $\boldsymbol{B}_1$ (扰动量) 均在平行于波前的平面内, 方向平行.

进一步运算 $\boldsymbol{k}\cdot\boldsymbol{B}_0=kB_0\cos\theta_B$, 由 (4.3-7)

$$k\cos\theta_B=\frac{\omega}{v_A}=\frac{\omega}{B_0/(\mu\rho_0)^{1/2}}$$

$$\therefore\ \boldsymbol{v}_1=-\frac{\omega\boldsymbol{B}_1}{B_0\cdot\omega\Big/\dfrac{B_0}{(\mu\rho_0)^{1/2}}}=-\frac{\boldsymbol{B}_1}{(\mu\rho_0)^{1/2}} \tag{4.3-9}$$

表达了扰动的 $\boldsymbol{v}_1$ 与 $\boldsymbol{B}_1$ 的关系.

沿磁场相反方向传播的波则有 $\boldsymbol{v}_1=\boldsymbol{B}_1/(\mu\rho_0)^{1/2}$, 由 $\boldsymbol{k}$ 的方向决定传播方向.

(4.3-4) 式告诉我们 $\widehat{\boldsymbol{B}}_0\cdot\boldsymbol{v}_1=0$, 利用 (4.3-9) 可推得

$$\boldsymbol{B}_0\cdot\boldsymbol{B}_1=0 \tag{4.3-10}$$

即磁场扰动 $\boldsymbol{B}_1$ 垂直于 $\boldsymbol{B}_0$.

小结: 剪切 Alfvén 波

(i) $\boldsymbol{k}\cdot\boldsymbol{v}_1=0$ (4.3-6) 来自不可压缩条件 $\nabla\cdot\boldsymbol{v}_1=0$, $\boldsymbol{v}_1\perp\boldsymbol{k}$.

(ii) $\boldsymbol{k}\cdot\boldsymbol{B}_1=0$ 源于 $\nabla\cdot\boldsymbol{B}_1=0$, $\boldsymbol{B}_1\perp\boldsymbol{k}$.

(iii) $\hat{\boldsymbol{B}}_0\cdot\boldsymbol{v}_1=0$ (4.3-4), $\hat{\boldsymbol{B}}_0\perp\boldsymbol{v}_1$.

(iv) 磁感应方程作小扰动线性化处理

$$\left.\begin{array}{r}\boldsymbol{k}\cdot\boldsymbol{v}_1=0\\ \boldsymbol{k}\cdot\boldsymbol{B}_1=0\end{array}\right\}\Rightarrow\left.\begin{array}{c}\boldsymbol{v}_1\|\boldsymbol{B}_1\\ \boldsymbol{B}_0\cdot\boldsymbol{v}_1=0\end{array}\right\}\Rightarrow\boldsymbol{B}_0\cdot\boldsymbol{B}_1=0,\qquad \boldsymbol{B}_0\perp\boldsymbol{B}_1.$$

(v) 扰动量方向的图解, 见图 4.3, 扰动速度 $\boldsymbol{v}_1$ 和磁场 $\boldsymbol{B}_1$ 相对于平衡态磁场 $\boldsymbol{B}_0$ 和波传播方向 $\boldsymbol{k}$ 的关系.

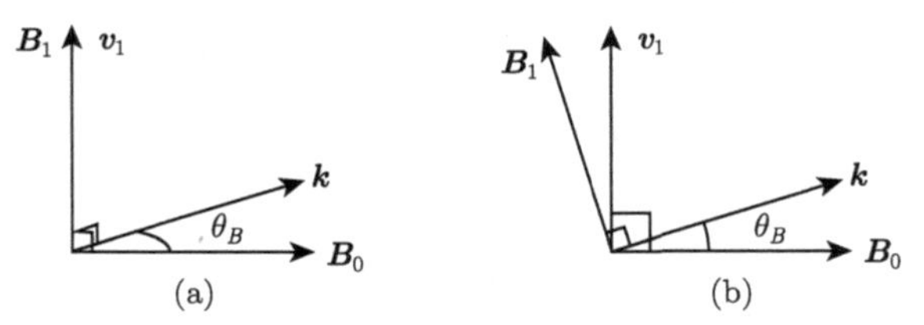

图 4.3　扰动速度 $(\boldsymbol{v}_1)$ 和磁场 $(\boldsymbol{B}_1)$ 与平衡态磁场 $(\boldsymbol{B}_0)$ 和波传播方向 $(\boldsymbol{k})$ 之间的关系. (a) Alfvén 波. 矢量 $\boldsymbol{v}_1$ 和 $\boldsymbol{B}_1$ 均垂直 $(\boldsymbol{k},\boldsymbol{B}_0)$ 平面; (b) 压缩 Alfvén 波, $\boldsymbol{v}_1$ 和 $\boldsymbol{B}_1$ 与 $(\boldsymbol{k},\boldsymbol{B}_0)$ 共面

(4) 受扰动后 Lorentz 力表达式的分解

$$
\begin{aligned}
\boldsymbol{j}_1\times\boldsymbol{B}_0&=(\boldsymbol{k}\times\boldsymbol{B}_1)\times\boldsymbol{B}_0/\mu\\
&=(\boldsymbol{k}\cdot\boldsymbol{B}_0)\boldsymbol{B}_1/\mu-(\boldsymbol{B}_0\cdot\boldsymbol{B}_1)\boldsymbol{k}/\mu
\end{aligned}\tag{4.3-11}
$$

(4.3-11) 右边第一项来自磁张力, 第二项则是磁压力. 利用 (4.3-10) 式, (4.3-11) 式简化为 $\boldsymbol{j}_1\times\boldsymbol{B}_0=(\boldsymbol{k}\cdot\boldsymbol{B}_0)\boldsymbol{B}_1/\mu$, 可见 Alfvén 波的驱动力仅为磁张力. 因为不可压缩, 不会有声波.

(5) 利用 (4.3-9) 式, 可推得磁能/动能比

$$
\frac{\dfrac{1}{2\mu}B_1^2}{\dfrac{1}{2}\rho_0v_1^2}=1\qquad(\text{扰动量之比})
$$

Alfvén 波参与能量分配, 扰动能由磁能和流动能均分.

(6) 柱坐标, 轴对称, 磁场在轴向 $B_0\hat{\boldsymbol{z}}$, 波仅有角向分量 (前已通过 (4.3-10) 证得 $\boldsymbol{B}_1\perp\boldsymbol{B}_0$), $\boldsymbol{B}_1\sim\widehat{\boldsymbol{\phi}}\cos k(v_At\pm z)$, 这种剪切 Alfvén 波称为扭转 Alfvén 波 (torsional Alfvén waves).

正反方向传播的两个波叠加

$$
\widehat{\boldsymbol{\phi}}\cos k(v_At+z)+\widehat{\boldsymbol{\phi}}\cos k(v_At-z)=\widehat{\boldsymbol{\phi}}2\cos kv_At\cos kz\qquad(\text{驻波的数学表达})
$$

得到磁通管的扭转振荡 (图 4.4), 可以说是扰动量 $\boldsymbol{B}_1$ 在 $\widehat{\boldsymbol{\phi}}$ 方向扭转的驻波.

(7) 通常小扰动情况下, 得到的波是小扰动振幅的传播, 振幅不是小量的情况, 大多数的扰动传播不能保持波形不变, 最终要变形. 然而圆偏振 Alfvén 波最不寻常, 即使是大振幅, Alfvén 波仍保持波形不变.

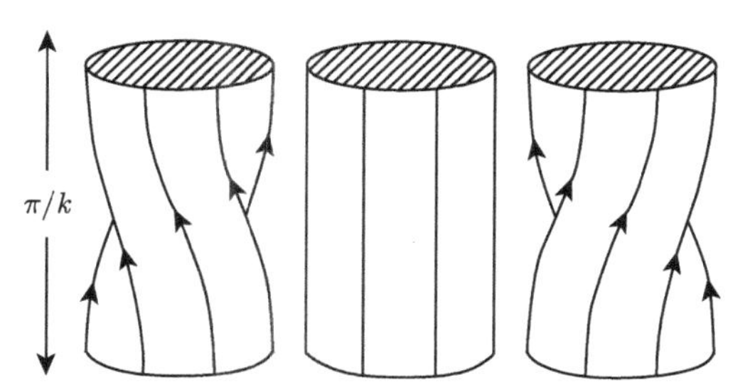

图 4.4　长度为 π/k 的磁通管因扭转 Alfvén 波而振荡

不是小扰动的情况下, 也可得到 Alfvén 波.

(i) 设在平面波扰动下, 定义平面波为: 在给定的 t, 与 x、y 无关, 只与传播方向 z 有关. 现设平面波沿 z 方向传播, 则 $\partial/\partial x=\partial/\partial y=0$, $\boldsymbol{\nabla}\cdot\boldsymbol{B}=0$, 从而有 $B_z=\text{const}=B_{0z}$ $(\partial B_x/\partial x=\partial B_y/\partial y=0)$. 仍设流体不可压缩 $\boldsymbol{\nabla}\cdot\boldsymbol{u}=0$, 因 $\partial/\partial x=\partial/\partial y=0$, 有 $u_z=\text{const}=0$ (不失一般性).

记得 $u_z=0$, $B_{0z}=\text{const}$, 动量方程 $\hat{\boldsymbol{z}}$ 分量:

$$\rho_0\frac{\partial u_z}{\partial t}+\rho_0 u_z\frac{\partial u_z}{\partial z}=-\frac{\partial}{\partial z}\left(p+\frac{1}{2\mu}B^2\right)+\frac{1}{\mu}B_{0z}\frac{\partial B_{0z}}{\partial z}$$

$$\frac{\partial}{\partial z}\left(p+\frac{1}{2\mu}B^2\right)=0$$

$p+\dfrac{1}{2\mu}B^2=\text{const}$

(这是 $\hat{\boldsymbol{z}}$ 分量的结果, 因为无压力变化, 沿传播方向没有纵波) 平面波沿 $\hat{\boldsymbol{z}}$ 方向传播, xy 平面内有 $\boldsymbol{u}_\tau$ 和 $\boldsymbol{B}_\tau$ (即垂直于传播方向的平面内),

$$\boldsymbol{B}=\boldsymbol{B}_{0z}+\boldsymbol{B}_\tau,\qquad \boldsymbol{u}=\boldsymbol{u}_z+\boldsymbol{u}_\tau=\boldsymbol{u}_\tau$$

动量方程 $\hat{\boldsymbol{\tau}}$ 分量

$$\rho_0\frac{\partial \boldsymbol{u}_\tau}{\partial t}+\rho_0\boldsymbol{u}_\tau\cdot\boldsymbol{\nabla}\boldsymbol{u}_\tau=\boldsymbol{B}\cdot\boldsymbol{\nabla}\boldsymbol{B}/\mu\qquad\left(\frac{\partial}{\partial x}=\frac{\partial}{\partial y}=0,\text{即}\ \frac{\partial}{\partial \tau}=0\right)$$

(压力不是 (x,y) 从而不是 τ 的函数).

$$① \ \boldsymbol{B}\cdot\boldsymbol{\nabla}=(B_{0z}\hat{\boldsymbol{z}}+B_\tau\hat{\boldsymbol{\tau}})\cdot\left(\frac{\partial}{\partial z}\hat{\boldsymbol{z}}+\frac{\partial}{\partial \tau}\hat{\boldsymbol{\tau}}\right)=B_{0z}\frac{\partial}{\partial z}$$

$$② \ \boldsymbol{u}_\tau\cdot\boldsymbol{\nabla}\boldsymbol{u}_\tau=0$$

$$\because\ \text{左式}=u_\tau\frac{\partial}{\partial \tau}\boldsymbol{u}_\tau=0\quad\left(\frac{\partial}{\partial \tau}=\frac{\partial}{\partial x}=\frac{\partial}{\partial y}=0\right)$$

$$\therefore\ \rho_0\frac{\partial \boldsymbol{u}_\tau}{\partial t}=\frac{1}{\mu}B_{0z}\frac{\partial \boldsymbol{B}_\tau}{\partial z}\quad\left(\text{其中已利用}\frac{\partial B_{0z}}{\partial z}=0\right)\tag{4.3-12}$$

磁感应方程, 在不可压缩假设下为

$$\frac{\partial \boldsymbol{B}}{\partial t}=(\boldsymbol{B}\cdot\boldsymbol{\nabla})\boldsymbol{u}-(\boldsymbol{u}\cdot\boldsymbol{\nabla})\boldsymbol{B}$$

$\hat{\boldsymbol{\tau}}$ 分量:

$$\frac{\partial \boldsymbol{B}_\tau}{\partial t}=B_{0z}\frac{\partial}{\partial z}\boldsymbol{u}_\tau-u_\tau\frac{\partial}{\partial \tau}\boldsymbol{B}_\tau=0$$

$$\frac{\partial \boldsymbol{B}_\tau}{\partial t}=B_{0z}\frac{\partial}{\partial z}\boldsymbol{u}_\tau\tag{4.3-13}$$

(4.3-12) 式对 t 求导 ($B_{0z}=\text{const}$), 并将 (4.3-13) 代入 (4.3-12),

$$\frac{\partial^2 \boldsymbol{u}_\tau}{\partial t^2}=\frac{B_{0z}^2}{\mu\rho_0}\frac{\partial^2 \boldsymbol{u}_\tau}{\partial z^2}$$

关于 B_τ 也可推得同样形式的波动方程.

以上推导中 $\boldsymbol{u}$ (从而 $\boldsymbol{u}_\tau$)、$\boldsymbol{B}$ (从而 $\boldsymbol{B}_\tau$) 均为有限扰动量.

上式说明沿 $\hat{\boldsymbol{z}}$ 方向有横波传播, 速度为 Alfvén 速度. Alfvén 波是有限振幅的传播, 波形保持不变, 这是 Alfvén 波的特点, 比别的波耗散小, 也不变陡.

(ii) 不可压缩条件下 $\boldsymbol{\nabla}\cdot\boldsymbol{v}=0$, 沿均匀背景磁场 $B_0\hat{\boldsymbol{z}}$ 传播的任意 (有限) 振幅的 Alfvén 波满足线性波动方程, 传播过程中, 有限扰动的波形不变.

根据 (4.3-9) 式, 有能量均分定理

$$\frac{1}{2}\rho v^2=\frac{b^2}{2\mu},\quad \boldsymbol{v}=\pm\frac{\boldsymbol{b}}{\sqrt{\mu\rho}}\tag{4.3-14}$$

理想不可压 MHD 方程是

$$\rho\frac{\mathrm{D}\boldsymbol{u}}{\mathrm{D}t}=-\boldsymbol{\nabla}\left(p+\frac{1}{2\mu}B^2\right)+\frac{1}{\mu}(\boldsymbol{B}\cdot\boldsymbol{\nabla})\boldsymbol{B}$$

$$\frac{\partial \boldsymbol{B}}{\partial t}+(\boldsymbol{u}\cdot\boldsymbol{\nabla})\boldsymbol{B}-(\boldsymbol{B}\cdot\boldsymbol{\nabla})\boldsymbol{u}=0$$

有限扰动 $\boldsymbol{b}$, $\boldsymbol{v}$, 则 $\boldsymbol{B}=\boldsymbol{B}_0+\boldsymbol{b}$, $\boldsymbol{u}=\boldsymbol{u}_0+\boldsymbol{v}=\boldsymbol{v}$ (设 $\boldsymbol{u}_0=0$). 若不可压条件下 $p+B^2/2\mu=\text{const}$ (不可压条件下 p 和磁压不变化, 但有磁张力). Alfvén 波动过程中, 密度不随时间变化. 运动方程和感应方程简化为

$$\frac{\partial \boldsymbol{v}}{\partial t}+(\boldsymbol{v}\cdot\boldsymbol{\nabla})\boldsymbol{v}=\frac{1}{\mu\rho}(\boldsymbol{B}_0\cdot\boldsymbol{\nabla})\boldsymbol{b}+\frac{1}{\mu\rho}(\boldsymbol{b}\cdot\boldsymbol{\nabla})\boldsymbol{b}$$

$$\frac{\partial \boldsymbol{b}}{\partial t}+(\boldsymbol{v}\cdot\boldsymbol{\nabla})\boldsymbol{b}=(\boldsymbol{B}_0\cdot\boldsymbol{\nabla})\boldsymbol{v}+(\boldsymbol{b}\cdot\boldsymbol{\nabla})\boldsymbol{v} \tag{4.3-15}$$

利用 (4.3-14) 式, 上述两个方程归结为

$$\frac{\partial \boldsymbol{b}}{\partial t}=\pm v_A\frac{\partial \boldsymbol{b}}{\partial z} \tag{4.3-16}$$

(4.3-16) 两边对 t 求导, 利用 (4.3-14) 和 (4.3-15) 得到

$$\frac{\partial^2 \boldsymbol{b}}{\partial t^2}-v_A^2\frac{\partial^2 \boldsymbol{b}}{\partial z^2}=0$$

该波动方程为线性, 解为 $\boldsymbol{b}=\boldsymbol{b}_0(x,y,z\pm v_At)$, 传播过程中波形不变.

(8) 对于不可压缩流体有 $\boldsymbol{B}_0\cdot\boldsymbol{B}_1=0$ ((4.3-10) 式), $\boldsymbol{\nabla}\cdot(\boldsymbol{B}_0+\boldsymbol{B}_1)=0$, $|\boldsymbol{B}_0+\boldsymbol{B}_1|=\text{const}$, 也即 $|\boldsymbol{B}_0+\boldsymbol{B}_1|=(B_0^2+B_1^2+2\boldsymbol{B}_0\cdot\boldsymbol{B}_1)^{1/2}=(B_0^2+B_1^2)^{1/2}=\text{const}$. 因为 $\boldsymbol{B}_1$ 为扰动 $\boldsymbol{B}_1\sim \mathrm{e}^{i\omega t}$, 所以波传播过程中保持 $|\boldsymbol{B}_0+\boldsymbol{B}_1|$ 不变, 但可以旋转. Alfvén 波是一种圆偏振波.

(9) 波长为 λ 的 Alfvén 波, 因欧姆扩散而衰减, 衰减时间即扩散时间 λ^2/η_m $(=l^2/\eta_m)$. 其他有限振幅的波衰减要快得多, 因为它们变陡从而特征长度 $\ll\lambda$. 但是非线性相互作用能把 Alfvén 波的能量转变为声波能量, 然后迅速耗散.

上述等离子体性质, 在有等离子体压强, 且压强是绝热变化时依然存在.

(10) Alfvén 波特殊性的小结:

(i) xy 平面上横向磁场 $\boldsymbol{B}_\tau$、流动的横向速度 $\boldsymbol{u}_\tau$ 以有限振幅的波的形式沿 z 轴传播, 速度为 Alfvén 速度.

(ii) 有限振幅扰动, 保持波形不变, 不变陡, 耗散小, 保持 Alfvén 速度.

(iii) 传播过程中, 磁向量旋转, 圆偏振波.

4.3.2 压缩 Alfvén 波

(4.3-5) 式的第二个解是

$$\omega=kv_A \tag{4.3-17}$$

$\boldsymbol{k}\cdot\boldsymbol{v}_1$ 可以不等于零, 一般不再是不可压缩.

(4.3-17) 式表示的是压缩 Alfvén 波 (compressional Alfvén waves), 不论传播方向如何, 相速度为 v_A (如图 4.2 虚线所示), 群速度 $\boldsymbol{v}_g=v_A\hat{\boldsymbol{k}}$ ($\hat{\boldsymbol{k}}$ 为单位向量), 能量的传播各向同性.

(1) 从 (4.3-2) 式可推出 $\boldsymbol{v}_1$ 位于 $(\boldsymbol{k},\boldsymbol{B}_0)$ 平面内. 因为 (4.3-2) 式可归为形如 $A\boldsymbol{v}_1=B\boldsymbol{k}-C\widehat{\boldsymbol{B}}_0$ 的矢量算式.

从 (4.3-4) 式可知 $\boldsymbol{v}_1 \perp \boldsymbol{B}_0$. $\boldsymbol{v}_1$ 在 $(\boldsymbol{k}, \boldsymbol{B}_0)$ 平面内, 且垂直 $\boldsymbol{B}_0$, 所以 $\boldsymbol{v}_1$ 一般具有沿 $\boldsymbol{k}$ 方向的分量和垂直 $\boldsymbol{k}$ 的分量, 也就是既有纵波也有横波分量, 引起密度和压力的变化.

(2) 从 Lorentz 力表达式:

$$\boldsymbol{j}_1 \times \boldsymbol{B}_0 = (\boldsymbol{k} \times \boldsymbol{B}_1) \times \boldsymbol{B}_0/\mu \tag{4.3-11}$$

由冻结方程 (2.5-9) 可推得 $-\omega \boldsymbol{B}_1 = (\boldsymbol{k} \cdot \boldsymbol{B}_0)\boldsymbol{v}_1 - (\boldsymbol{k} \cdot \boldsymbol{v}_1)\boldsymbol{B}_0$ 与 (1) 中的方法一样, 可判定 $\boldsymbol{B}_1$ 位于 $(\boldsymbol{v}_1, \boldsymbol{B}_0)$ 平面, 再根据 4.3 节, 磁波特性 (1), $\nabla \cdot \boldsymbol{B}_1 = 0$, $\boldsymbol{k} \cdot \boldsymbol{B}_1 = 0$, 所以 $\boldsymbol{B}_1$ 垂直 $\boldsymbol{k}$. (参见图 4.3(b))

因此可以看出 Lorentz 力在 $\boldsymbol{v}_1$ 方向. Lorentz 力包括磁张力和磁压力的贡献 (见 (4.3-11) 式).

(i) 当垂直磁场传播 $\theta_B = \pi/2$ 时, 方程 (4.3-3) 表明 $(\omega^2/v_A^2)\boldsymbol{v}_1 = (\boldsymbol{k} \cdot \boldsymbol{v}_1)\boldsymbol{k}$, 可见 $\boldsymbol{v}_1 \| \boldsymbol{k}$. 流体的扰动速度在 $\boldsymbol{k}$ 方向传播, 是纵波, 仅由磁压力驱动.

(ii) 沿磁场方向传播 $\theta_B = 0$, 因此 $\boldsymbol{k} \| \boldsymbol{B}_0$, 已知 $\boldsymbol{v}_1 \perp \boldsymbol{B}_0$, 所以 $\boldsymbol{k} \cdot \boldsymbol{v}_1 = 0$ (扰动 $\boldsymbol{v}_1 \perp \boldsymbol{k}$, 与 (i) 比较) 为横波.

根据磁波特性 (2) (4.3 节), $\boldsymbol{B}_0 \cdot \boldsymbol{v}_1 = 0$ 连同 $\boldsymbol{k} \cdot \boldsymbol{v}_1 = 0$ 一起代入 (4.3-3) 式, 得到 $\omega = kv_A$. 压缩 Alfvén 波成为横波, 等同于普通的 Alfvén 波, 完全由磁张力驱动, 全然没有压缩 (尽管有压缩 Alfvén 波的名字).

4.4 内 重 力 波

考虑一团等离子体 (图 4.5). 从平衡位置垂直移动 δz, 作下列假设:

(1) 这团等离子体与周围环境保持压强平衡.

(2) 内部的密度变化是绝热过程.

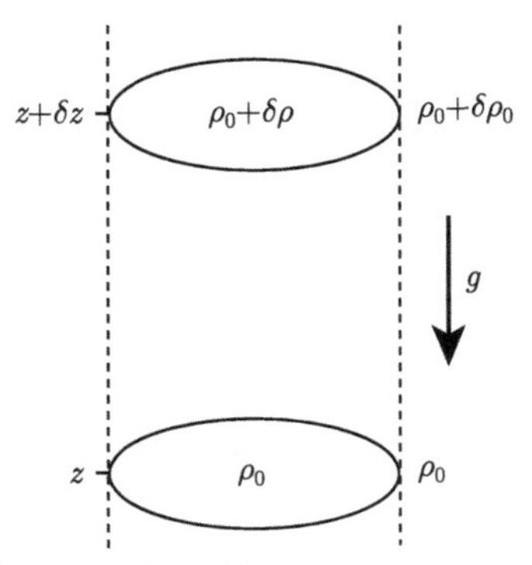

图 4.5 等离子流体元反抗重力从高度 z 垂直移动至 $z + \delta z$ 处. 两个位置上流体元外的密度分别是 ρ_0 和 $\rho_0 + \delta\rho_0$

为使假设 (1) 成立, 则要求运动缓慢以至于声波横越系统的时标比特征时间小得多. 声速是扰动的传播速度, 声速快表示扰动很快在系统中平滑, 移动过程可看作准静态过程.

为使假设 (2) 成立, 则要求运动过程足够快, 以至于熵保持不变. (热量交换的时标远大于运动时标.)

(i) $t = L/c_s \ll T$, L: 系统特征长度, T: 特征时间.

(ii) $t \ll T_Q$, T_Q: 系统与外界热交换时标, t: 运动 (扰动) 过程时标.

位于 z 处的等离子流体元内的压强和密度与流体元外的值相等, 外界的压强记为 p_0, 密度记为 ρ_0, 有

$$\frac{\mathrm{d}p_0}{\mathrm{d}z} = -\rho_0 g \tag{4.4-1}$$

压强梯度与重力平衡.

在 $z + \delta z$ 处, 外界压强为 $p_0 + \delta p_0$, 密度为 $\rho_0 + \delta\rho_0$. 根据 (4.4-1) 式,

$$\delta p_0 = \frac{\mathrm{d}p_0}{\mathrm{d}z}\delta z = -\rho_0 g\delta z, \qquad \delta\rho_0 = \frac{\mathrm{d}\rho_0}{\mathrm{d}z}\delta z \tag{4.4-2}$$

$z + \delta z$ 处等离子流体元内的压强为 $p_0 + \delta p$, 式中 δp 为内部压强的改变 (外界压强 p_0 即为内部压强), 内部的密度为 $\rho_0 + \delta\rho$.

根据假设 (1),

$$\delta p = \delta p_0 = -\rho_0 g\delta z \tag{4.4-3}$$

假设 (2) 表示当等离子流体元上升时, 压强和密度服从准静态绝热过程的关系式 $p\rho^{-\gamma} = \mathrm{const}$, 可以推出 $\delta p = c_s^2\delta\rho$, c_s 为声速.

δp 用 (4.4-3) 式代入, 得

$$\delta\rho = -\frac{\rho_0 g\delta z}{c_s^2} \tag{4.4-4}$$

在新位置 $z + \delta z$, 流体元内的密度与周围环境的密度不同, 如果外界的密度大于内部密度则有浮力产生, 也即 $(\rho_0 + \delta\rho_0) - (\rho_0 + \delta\rho) = \delta\rho_0 - \delta\rho$ (左边第一项为外界密度, 第二项为内部密度) (已设 $\rho_0 = \rho$), 浮力 $= g(\delta\rho_0 - \delta\rho)$.

将 (4.4-2) 式的 $\delta\rho_0$ 表达式及 (4.4-4) 的 $\delta\rho$ 表达式代入下式

$$\begin{aligned}\delta\rho_0 - \delta\rho &= \left(\frac{\mathrm{d}\rho_0}{\mathrm{d}z} + \frac{\rho_0 g}{c_s^2}\right)\delta z \\ &= \left(\frac{1}{\rho_0}\frac{\mathrm{d}\rho_0}{\mathrm{d}z} + \frac{g}{c_s^2}\right)\rho_0\delta z\end{aligned}$$

定义

$$N^2 = -g\left(\frac{1}{\rho_0}\frac{\mathrm{d}\rho_0}{\mathrm{d}z} + \frac{g}{c_s^2}\right), \quad N \text{ 称为 Brunt-Väisälä 频率} \tag{4.4-5}$$

则浮力

$$g(\delta\rho_0 - \delta\rho) = -N^2\rho_0\delta z \tag{4.4-6}$$

Brunt 频率是重力场中稳定分层大气受垂直方向的扰动而偏离平衡态的自然振动频率.

Brunt 频率的另一种表示法, 利用

$$\frac{\mathrm{d}p_0}{\mathrm{d}z} = -\rho_0 g \tag{4.4-1}$$

状态方程 $p_0 = \rho_0 R T_0$ (流体元外部的物理量, 带下标 "0"),

$$\frac{\mathrm{d}p_0}{\mathrm{d}z} = RT_0\frac{\mathrm{d}\rho_0}{\mathrm{d}z} + \rho_0 R\frac{\mathrm{d}T_0}{\mathrm{d}z}$$

用 (4.4-1) 代入上式左边,

$$-\rho_0 g = RT_0\frac{\mathrm{d}\rho_0}{\mathrm{d}z} + \rho_0 R\frac{\mathrm{d}T_0}{\mathrm{d}z}$$

解出

$$\frac{1}{\rho_0}\frac{\mathrm{d}\rho_0}{\mathrm{d}z} = -\frac{g}{RT_0} - \frac{1}{T_0}\frac{\mathrm{d}T_0}{\mathrm{d}z}$$

将上式代入 (4.4-5),

$$N^2 = \frac{g}{T_0}\left(\frac{\mathrm{d}T_0}{\mathrm{d}z} + \frac{g}{R} - \frac{gT_0}{c_s^2}\right)$$

$$c_s^2 = \gamma R T_0, \qquad R = \frac{c_s^2}{\gamma T_0}$$

$$N^2 = \frac{g}{T_0}\left[\frac{\mathrm{d}T_0}{\mathrm{d}z} + (\gamma - 1)\frac{T_0 g}{c_s^2}\right] \tag{4.4-7}$$

准静态绝热过程有关系式 $p_0\rho_0^{-\gamma} = \mathrm{const}$, p_0 用状态方程代入, 有

$$\left(\frac{\mathrm{d}T_0}{\mathrm{d}z}\right)_{\mathrm{ad}} = (\gamma - 1)\frac{T_0}{\rho_0}\frac{\mathrm{d}\rho_0}{\mathrm{d}z} \tag{4.4-8}$$

$$\frac{\mathrm{d}p_0}{\mathrm{d}\rho_0} = c_s^2, \qquad \frac{\mathrm{d}p_0}{\mathrm{d}z} = -\rho_0 g$$

由这二式可推得

$$\mathrm{d}\rho_0 = \frac{\mathrm{d}p_0}{c_s^2} = -\frac{\rho_0 g}{c_s^2}\mathrm{d}z$$

$$\frac{1}{\rho_0}\frac{\mathrm{d}\rho_0}{\mathrm{d}z} = -\frac{g}{c_s^2}$$

将上式代入 (4.4-8),

$$\left(\frac{\mathrm{d}T_0}{\mathrm{d}z}\right)_{\mathrm{ad}} = -(\gamma-1)\frac{T_0 g}{c_s^2}$$

再代入 (4.4-7),

$$N^2 = \frac{g}{T_0}\left[\frac{\mathrm{d}T_0}{\mathrm{d}z} - \left(\frac{\mathrm{d}T_0}{\mathrm{d}z}\right)_{\mathrm{ad}}\right] \tag{4.4-9}$$

$(\mathrm{d}T_0/\mathrm{d}z)_{\mathrm{ad}}$ 是绝热过程中的温度梯度, 因为利用了 $p_0\rho_0^{-\gamma} = C$.

通常 N 随高度 z 而变化, 但当平衡温度 T_0 均匀时, (4.4-9) 式变为

$$N^2 = \frac{(\gamma-1)g^2}{c_s^2} \tag{4.4-10}$$

现在考虑有水平的磁场, 等离子流体元内的压强变化为 $\delta p + \delta p_m$, 磁压强 $p_m = B^2/2\mu$, 冻结时, 有 $B/\rho = \mathrm{const}$, 即 $B^2 = C\rho^2$, C 为常数.

$$p_m = \frac{1}{2\mu}B^2 = \frac{C}{2\mu}\rho^2$$

$$\delta p_m = \frac{C\rho}{\mu}\delta\rho = v_A^2\delta\rho$$

$$\delta p = c_s^2\delta\rho$$

等离子流体元内总的压强改变 $\delta p_{内} = \delta p + \delta p_m = (c_s^2 + v_A^2)\delta\rho$, 流体元内密度改变 $\delta\rho = \delta p_{内}/(c_s^2 + v_A^2)$, 内外压力平衡 (假设 (1))

$$\frac{\mathrm{d}p_0}{\mathrm{d}z} = \frac{\mathrm{d}p_{内}}{\mathrm{d}z} = \frac{\mathrm{d}(p + p_m)}{\mathrm{d}z} = -\rho_0 g \tag{4.4-11}$$

$$\therefore\ \delta p_{内} = -\rho_0 g\delta z$$

$$\delta\rho = -\frac{\rho_0 g}{c_s^2 + v_A^2}\delta z$$

流体元外密度变化 $\delta\rho_0 = (\mathrm{d}\rho_0/\mathrm{d}z)\delta z$,

$$\begin{aligned}
\text{浮力} &= g(\delta\rho_0 - \delta\rho) \\
&= g\left(\frac{\mathrm{d}\rho_0}{\mathrm{d}z} + \frac{\rho_0 g}{c_s^2 + v_A^2}\right)\delta z \\
&= g\rho_0\left(\frac{1}{\rho_0}\frac{\mathrm{d}\rho_0}{\mathrm{d}z} + \frac{g}{c_s^2 + v_A^2}\right)\delta z
\end{aligned}$$

所以水平方向有磁场时的 Brunt 频率是

$$N^2 = -g\left(\frac{1}{\rho_0}\frac{\mathrm{d}\rho_0}{\mathrm{d}z} + \frac{g}{c_s^2 + v_A^2}\right) \tag{4.4-12}$$

$$\text{浮力} = g(\delta\rho_0 - \delta\rho) = -N^2\rho_0\delta z$$

再加上温度均匀条件:

$$p_0 = \rho_0 R T_0, \quad \text{当 } T_0 = \mathrm{const},\ \mathrm{d}p_0 = RT_0\mathrm{d}\rho_0$$

由 (4.4-11) 可推得

$$\frac{\mathrm{d}\rho_0}{\mathrm{d}z} = -\frac{\rho_0 g}{RT_0}$$

$$\begin{aligned}
N^2 &= -g\left(\frac{1}{\rho_0}\frac{\mathrm{d}\rho_0}{\mathrm{d}z} + \frac{g}{c_s^2 + v_A^2}\right) = g^2\left(\frac{1}{RT_0} - \frac{1}{c_s^2 + v_A^2}\right) \\
&= \frac{g^2}{c_s^2}\left(\gamma - \frac{c_s^2}{c_s^2 + v_A^2}\right) \quad \text{(温度均匀、水平方向有磁场时的 Brunt 频率)}
\end{aligned} \tag{4.4-13}$$

Brunt 频率小结:

(1) 两个基本假设.

(2)

$$N^2 = -g\left(\frac{1}{\rho_0}\frac{\mathrm{d}\rho_0}{\mathrm{d}z} + \frac{g}{c_s^2}\right)$$

c_s^2 的引入利用了绝热关系.

$$N^2 = \frac{g}{T_0}\left[\frac{\mathrm{d}T_0}{\mathrm{d}z} - \left(\frac{\mathrm{d}T_0}{\mathrm{d}z}\right)_{\mathrm{ad}}\right]$$

因为利用了 $p\rho^{-\gamma} = \mathrm{const}$, 所以 $(\mathrm{d}T_0/\mathrm{d}z)_{\mathrm{ad}}$ 是绝热过程的温度梯度.

(3) 温度均匀时,

$$N^2 = \frac{(\gamma-1)g^2}{c_s^2}$$

(4) 水平方向有磁场,

$$N^2 = -g\left(\frac{1}{\rho_0}\frac{\mathrm{d}\rho_0}{\mathrm{d}z} + \frac{g}{c_s^2+v_A^2}\right)$$

(5) 水平方向有磁场, 温度均匀,

$$N^2 = \frac{g^2}{c_s^2}\left(\gamma - \frac{c_s^2}{c_s^2+v_A^2}\right)$$

(6) 浮力

$$g(\delta\rho_0 - \delta\rho) = -N^2\rho_0\delta z$$

假如作用在等离子流体元上的合力仅为浮力, 则运动方程成为

$$\rho_0\frac{\mathrm{d}^2}{\mathrm{d}t^2}(\delta z) = -N^2\rho_0\delta z \tag{4.4-14}$$

该流体元就做简谐运动, 频率为

$$\omega = N, \tag{4.4-15}$$

因为 (4.4-14) 式形似 $\ddot{x} = -\omega^2 x$, $\delta z \sim \mathrm{e}^{i\omega t}$.

假如

$$N^2 > 0 \tag{4.4-16}$$

由 (4.4-9) 式可知

$$\frac{\mathrm{d}T_0}{\mathrm{d}z} > \left(\frac{\mathrm{d}T_0}{\mathrm{d}z}\right)_{\mathrm{ad}}, \qquad \therefore\ -\frac{\mathrm{d}T_0}{\mathrm{d}z} < -\left(\frac{\mathrm{d}T_0}{\mathrm{d}z}\right)_{\mathrm{ad}}$$

温度随高度下降比绝热过程慢.

(4.4-16) 式称为对流稳定性的 Schwarzschild 判据. 假如温度随高度的减少比绝热过程快, 那么 (4.4-16) 式就不成立. 方程 (4.4-14) 有指数增长的解

$$\delta z \sim \mathrm{e}^{Nt} + \mathrm{e}^{-Nt} \ \rightarrow\ \mathrm{e}^{Nt}\ (t\rightarrow\infty), \qquad \text{产生对流不稳定性.}$$

当 $N^2 > 0$ 时, 等离子体倾向以频率 N 缓慢振荡, 因此可期望重力波的存在.

从基本方程 (4.1-16) (该式已令 $\boldsymbol{B}_0=0$), 加上条件 $\boldsymbol{\Omega}=0$, 可求得重力波的色散关系. 因为 $\boldsymbol{\Omega}=0$, 方程 (4.1-16) 简化为

$$\omega^2\boldsymbol{v}_1=c_s^2\boldsymbol{k}(\boldsymbol{k}\cdot\boldsymbol{v}_1)+i(\gamma-1)g\hat{\boldsymbol{z}}(\boldsymbol{k}\cdot\boldsymbol{v}_1)+ig\boldsymbol{k}v_{1z} \tag{4.4-17}$$

式中 $\hat{\boldsymbol{z}}$ 为 z 方向单位矢量.

用 $\boldsymbol{k}$ 标乘 (4.4-17),

$$igk^2v_{1z}=[\omega^2-c_s^2k^2-i(\gamma-1)gk_z](\boldsymbol{k}\cdot\boldsymbol{v}_1) \tag{4.4-18}$$

再用单位矢量 $\hat{\boldsymbol{z}}$ 标乘 (4.4-17),

$$(\omega^2-igk_z)v_{1z}=[c_s^2k_z+i(\gamma-1)g](\boldsymbol{k}\cdot\boldsymbol{v}_1) \tag{4.4-19}$$

令 v_{1z}, $(\boldsymbol{k}\cdot\boldsymbol{v}_1)$ 的系数行列式为零,

$$(\omega^2-igk_z)[\omega^2-c_s^2k^2-i(\gamma-1)gk_z]=igk^2[c_s^2k_z+i(\gamma-1)g]$$

$$\omega^2(\omega^2-c_s^2k^2)+(\gamma-1)g^2(k^2-k_z^2)=i\gamma gk_z\omega^2 \tag{4.4-20}$$

我们寻找的波是低频波, 频率为 Brunt 频率量级, 相速远低于声速. 当平衡温度 T_0 均匀时, $N^2=[(\gamma-1)/c_s^2]g^2\sim g^2/c_s^2$, 待求波的频率 $\omega\approx g/c_s$, 因为相速 $\omega/k\ll c_s$, 即 $\omega\ll kc_s$, 所以

$$\frac{g}{c_s}\ll kc_s \tag{4.4-21}$$

$$\text{标高}=\frac{p}{\rho g}=\frac{c_s^2}{\gamma g}\approx\frac{c_s^2}{g}$$

从 (4.4-21) 式可知 $k\gg g/c_s^2$ (k 是待求波的波数), 所以

$$\lambda\ll\frac{c_s^2}{g}\approx\text{标高}\quad\text{(短波近似)}$$

展开 (4.4-20) 式, 因为是低频波, 忽略 ω^4, 得到

$$\omega^2c_s^2+\frac{i\gamma gk_z\omega^2}{k^2}=(\gamma-1)g^2\left(1-\frac{k_z^2}{k^2}\right)$$

$$\text{实部相等}\quad\omega^2c_s^2\approx(\gamma-1)g^2\left(1-\frac{k_z^2}{k^2}\right)$$

将 $\theta_g=\arccos(k_z/k)$ 代入上式,

$$\omega^2=\frac{\gamma-1}{c_s^2}g^2\sin^2\theta_g$$

$$N^2 = \frac{\gamma - 1}{c_s^2} g^2 \quad (\text{温度均匀条件下成立}) \tag{4.4-10}$$

$$\therefore \ \omega = N \sin \theta_g \tag{4.4-22}$$

这即是内重力波 (internal gravity waves) 的色散关系. 冠以 "内", 为区别表面重力波 (表面重力波在两种液体间传播).

内重力波的性质:

(1) N^{-1} 的典型值是 50 秒. 与其他模式的波相比 (除了惯性波), 重力波偏于相当慢的波.

(2) 重力波在垂直方向不传播 ($\theta_g = 0$). 因为分层介质中浮力没有水平分量, 即没有水平方向的恢复力 (类比水平方向传播的水波, 恢复力是垂直方向的重力).

(3) (4.4-22) 式告诉我们 $\omega \leqslant N$, 因此波不会比以 Brunt 频率传播的波传播得更快 (假定波数 k 相同).

(4) 对于给定的 ω 和 N, 重力波沿两个锥面传播, 锥面环绕 z 轴, $\theta_g = \arcsin(\omega/N)$. 向上传播的波 $\omega = N(1 - k_z^2/k^2)^{1/2}$, 群速度的 z 方向分量 $v_{gz} = \partial\omega/\partial k_z = -\omega k_z/k^2$ 是一个负值.

重力波的不寻常性质: 向上传播的重力波, 能量朝下方传送, 反之亦然.

(5) 设 $k^2 = k_x^2 + k_z^2$, x 方向的群速度

$$v_{gx} = \frac{\partial \omega}{\partial k_x} = \frac{\partial}{\partial k_x}\left[N\left(1 - \frac{k_z^2}{k_x^2 + k_z^2}\right)^{1/2}\right] = \frac{\omega}{k^2}\frac{k_z^2}{k_x}$$

$$\tan\alpha = \frac{v_{gz}}{v_{gx}} = -\frac{k_x}{k_z} = -\frac{1}{\tan\beta} \ \Rightarrow \ \alpha + \beta = \frac{\pi}{2}$$

(参见图 4.6).

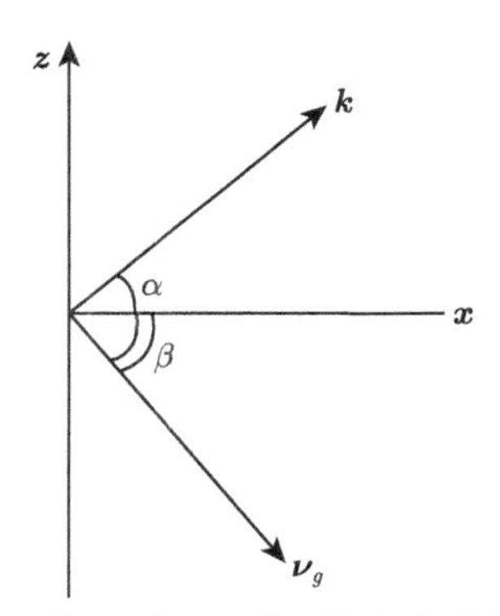

图 4.6 内重力波的群速度 ($v_g^2 = v_{gx}^2 + v_{gz}^2$) 的方向垂直于锥面. 锥面由与 z 轴的夹角为 θ_g 的波矢环绕 z 轴生成

群速度的方向垂直于锥面, 群速度总是垂直于相速度.

(6) 重力波一般不是纵波, 质点运动轨迹呈椭圆形.

4.5 惯 性 波

1. 色散关系

现在只考虑 Coriolis 力的影响, 线性化的运动方程 (4.1-9) 式简化为

$$\frac{\partial \boldsymbol{v}_1}{\partial t}=-2\boldsymbol{\Omega}\times\boldsymbol{v}_1$$

取转动轴为 z 轴, $\boldsymbol{\Omega}=\Omega\hat{\boldsymbol{z}}$ ($\hat{\boldsymbol{z}}$ 为 z 方向的单位矢量), 有分量式:

$$\frac{\partial v_{1x}}{\partial t}=2\Omega v_{1y},\quad \frac{\partial v_{1y}}{\partial t}=-2\Omega v_{1x}$$

$$\frac{\partial^2 v_{1x}}{\partial t^2}=2\Omega\frac{\partial v_{1y}}{\partial t}=-4\Omega^2 v_{1x}$$

设试解为 $A\mathrm{e}^{i(kz-2\Omega t)}$,

$$v_{1x}=A\cos(kz-2\Omega t) \tag{4.5-1}$$

$$v_{1y}=A\sin(kz-2\Omega t) \tag{4.5-2}$$

再积分一次, 有

$$\begin{aligned}x&=A\int\cos(kz-2\Omega t)\mathrm{d}t\\&=\frac{A}{-2\Omega}\sin(kz-2\Omega t)+x_0\\y&=\frac{A}{2\Omega}\cos(kz-2\Omega t)+y_0\end{aligned}$$

取坐标原点为 x_0, y_0, 则 $x^2+y^2=A^2/4\Omega^2$, 这是圆的方程. 在 Coriolis 力的作用下, 在 xy 平面上, 等离子流体元做圆周运动.

惯性波频率为 2Ω, 沿转动轴方向传播, (由方程的解得知) Coriolis 力垂直于运动方向 ($\perp \boldsymbol{v}$), 使等离子流体元在 xy 平面上做圆周运动.

Coriolis 力驱动的波也可以偏离转轴向别的方向传播. 当 $g=B_0=0$ 时, 基本方程式 (4.1-16) 变成

$$\omega^2\boldsymbol{v}_1=c_s^2\boldsymbol{k}(\boldsymbol{k}\cdot\boldsymbol{v}_1)-2i\omega\boldsymbol{\Omega}\times\boldsymbol{v}_1 \tag{4.5-3}$$

$\boldsymbol{k}$ 矢乘 (4.5-3) 式两边, 并两边除以 ω, 有

$$\omega\boldsymbol{k}\times\boldsymbol{v}_1=-2i\boldsymbol{k}\times(\boldsymbol{\Omega}\times\boldsymbol{v}_1)$$

展开右边, 并利用不可压缩条件 $\nabla\cdot\boldsymbol{v}_1=0$, $\boldsymbol{v}_1$ 为扰动量, 取为平面波形式有 $\boldsymbol{k}\cdot\boldsymbol{v}_1=0$, 上式化为

$$\omega\boldsymbol{k}\times\boldsymbol{v}_1=2i(\boldsymbol{k}\cdot\boldsymbol{\Omega})\boldsymbol{v}_1 \tag{4.5-4}$$

记 $\boldsymbol{k}=k\hat{\boldsymbol{k}}$, $\boldsymbol{v}_1=v_1\hat{\boldsymbol{v}}_1$, $\hat{\boldsymbol{k}}$ 和 $\hat{\boldsymbol{v}}_1$ 为单位矢量, 代入 (4.5-4),

$$\omega kv_1(\hat{\boldsymbol{k}}\times\hat{\boldsymbol{v}}_1)=2i(\boldsymbol{k}\cdot\boldsymbol{\Omega})v_1\hat{\boldsymbol{v}}_1\quad(\because\ \boldsymbol{k}\cdot\boldsymbol{v}_1=0,\ \therefore\ \boldsymbol{k}\perp\boldsymbol{v}_1,\ |\hat{\boldsymbol{k}}\times\hat{\boldsymbol{v}}_1|=1)$$

上式两边的模相等, 即

$$\omega^2=\frac{4}{k^2}(\boldsymbol{k}\cdot\boldsymbol{\Omega})^2$$

$$\omega=\pm\frac{2(\boldsymbol{k}\cdot\boldsymbol{\Omega})}{k} \tag{4.5-5}$$

这就是惯性波 (inertial waves) 的色散关系.

引入转动轴与传播方向间的夹角 θ_Ω, 求出波动的频率为

$$\omega=\pm2\Omega\cos\theta_\Omega$$

波传播过程中, 速度矢量 $\boldsymbol{v}_1$ 围绕传播方向 $\boldsymbol{k}$ 旋转, $\boldsymbol{k}\perp\boldsymbol{v}_1$. 前面已经证明, 流体元在垂直于 $\boldsymbol{k}$ 的平面内做圆周运动, 当然 $\boldsymbol{k}$ 矢量本身以角速度 Ω 围绕转轴转动 (图 4.7 和图 4.8).

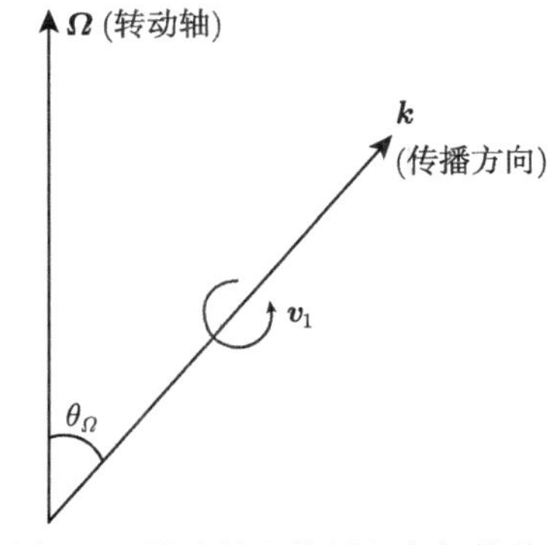

图 4.7 转动轴和传播方向间的关系

惯性波是圆偏振的横波 (扰动 $\boldsymbol{v}_1$ 的传播沿 $\boldsymbol{k}$ 方向, 而 $\boldsymbol{v}_1\perp\boldsymbol{k}$, 且绕 $\boldsymbol{k}$ 做圆周运动, 所以是圆偏振横波).

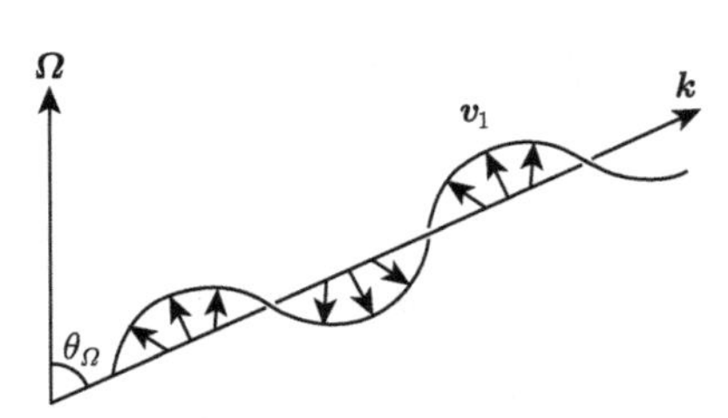

图 4.8 速度矢量 $\boldsymbol{v}_1$ 的方向. 频率 $2\Omega\cos\theta_\Omega$ 的惯性波沿 $\boldsymbol{k}$ 方向传播, 每一点 $\boldsymbol{v}_1 \perp \boldsymbol{k}$, $\boldsymbol{k}$ 矢量本身以角速度 $\boldsymbol{\Omega}$ 绕转轴转动

惯性波有一些不寻常的特性:

(1) 涡量 $\boldsymbol{\nabla}\times\boldsymbol{v}_1$ 平行或反平行 $\boldsymbol{v}_1$,

$$\boldsymbol{\nabla}\times\boldsymbol{v}_1 = i\boldsymbol{k}\times\boldsymbol{v}_1$$

从 (4.5-4) 解出

$$\boldsymbol{k}\times\boldsymbol{v}_1 = 2i\frac{(\boldsymbol{k}\cdot\boldsymbol{\Omega})}{\omega}\boldsymbol{v}_1$$

将 $\boldsymbol{k}\times\boldsymbol{v}_1 = 2i\dfrac{(\boldsymbol{k}\cdot\boldsymbol{\Omega})}{\omega}\boldsymbol{v}_1$ 代入 $\nabla\times\boldsymbol{v}_1$ 式,

$$\boldsymbol{\nabla}\times\boldsymbol{v}_1 = i\cdot 2i\frac{(\boldsymbol{k}\cdot\boldsymbol{\Omega})}{\omega}\boldsymbol{v}_1 = -2\frac{(\boldsymbol{k}\cdot\boldsymbol{\Omega})}{\omega}\boldsymbol{v}_1$$

[$(\boldsymbol{k}\cdot\boldsymbol{\Omega})$ 可有正负].

(2)

$$\boldsymbol{v}_1\cdot\boldsymbol{\nabla}\times\boldsymbol{v}_1 = \boldsymbol{v}_1\cdot\left[-2\frac{(\boldsymbol{k}\cdot\boldsymbol{\Omega})}{\omega}\right]\boldsymbol{v}_1$$

由 (4.5-5) 解出 $\boldsymbol{k}\cdot\boldsymbol{\Omega}$ 代入上式得

$$\boldsymbol{v}_1\cdot\boldsymbol{\nabla}\times\boldsymbol{v}_1 = \mp k v_1^2$$

此为运动学螺度.

2. 群速度

(1) 取 $\boldsymbol{\Omega}$ 在 $\hat{\boldsymbol{z}}$ 方向, (4.5-5) 式可写成

$$\omega = \pm 2\frac{\boldsymbol{k}\cdot\boldsymbol{\Omega}}{k} = \pm 2\frac{k_z\Omega}{k}$$

$$k = (k_x^2 + k_y^2 + k_z^2)^{1/2}$$

根据 (4.1-18) 式,

$$
\begin{aligned}
v_{gx} &= \frac{\partial \omega}{\partial k_x} = \mp \frac{2k_z \varOmega}{k^2}\frac{\partial k}{\partial k_x} = \mp \frac{2k_z \varOmega}{k^3} k_x \\
v_{gy} &= \frac{\partial \omega}{\partial k_y} = \mp \frac{2k_z \varOmega}{k^3} k_y \\
v_{gz} &= \frac{\partial \omega}{\partial k_z} = \pm \frac{2\varOmega}{k} \mp \frac{2k_z \varOmega}{k^3} k_z \\
\boldsymbol{\varOmega} &= \varOmega \hat{\boldsymbol{z}} \\
\boldsymbol{v}_g &= v_{gx}\hat{\boldsymbol{i}} + v_{gy}\hat{\boldsymbol{j}} + v_{gz}\hat{\boldsymbol{z}} \\
&= \mp \frac{2(\boldsymbol{k}\cdot\boldsymbol{\varOmega})}{k^3}\boldsymbol{k} \pm \frac{2\boldsymbol{\varOmega}}{k} \\
&= \pm \frac{\boldsymbol{k}\times(2\boldsymbol{\varOmega}\times\boldsymbol{k})}{k^3}
\end{aligned}
$$

注意: (4.5-1) 和 (4.5-2) 式中, $\boldsymbol{k}$ 在 $\hat{\boldsymbol{z}}$ 方向, $\boldsymbol{\varOmega}$ 在 $\hat{\boldsymbol{z}}$ 方向, 而现在的情况如图 4.9 所示.

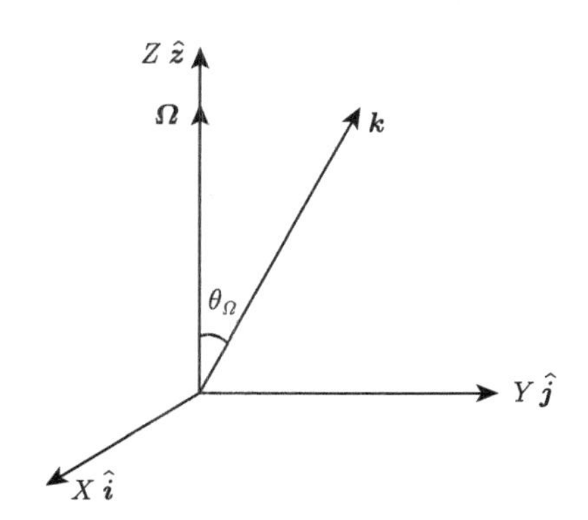

图 4.9 波矢 $\boldsymbol{k}$ 和转动角速度 $\boldsymbol{\varOmega}$ 的关系图

(2) 群速度的模

$$
\boldsymbol{k} \perp (2\boldsymbol{\varOmega}\times\boldsymbol{k})
$$

$$
v_g = |\boldsymbol{v}_g| = \frac{2\varOmega\sin\theta_\varOmega}{k}
$$

(3) 相速度. 由色散关系 (4.5-5) 得

$$
v_p = \frac{\omega}{k} = \pm\frac{2k_z\varOmega}{k}\Big/ k = \pm\frac{2\varOmega}{k}\cos\theta_\varOmega
$$

(4) 群速度 $\boldsymbol{v}_g \perp \boldsymbol{k}$. 相速度按定义 $\boldsymbol{v}_p = (\omega/k)\hat{\boldsymbol{k}}$, 所以能量在垂直于相速度的方向上传播.

相速度的定义: 波面 (同相位的点的集合) 的传播速度, 方向垂直于波面, $\boldsymbol{v}_p = (\omega/k)\hat{\boldsymbol{k}}$.

群速度的定义: $\boldsymbol{v}_g = \nabla_k \omega(\boldsymbol{k})$ $(= \partial\omega/\partial\boldsymbol{k})$, 可见 $\boldsymbol{v}_g$ 正交于 $\omega(\boldsymbol{k}) = C$ 的曲面.

如果媒质是各向同性的, 群速度平行于 $\boldsymbol{k}$, 各向异性体现在群速度对角度 θ 和 ϕ (球坐标) 的依赖. 一般群速度和波矢量不在同一方向. 能量速度 = 群速度. (Yeh et al., 1972)

3. Coriolis 力对 Alfvén 波的影响

令 $g = 0$, 不可压缩 $\boldsymbol{k} \cdot \boldsymbol{v}_1 = 0$, 基本方程 (4.1-17) 简化为

$$\omega^2 \boldsymbol{v}_1 = -2i\omega \boldsymbol{\Omega} \times \boldsymbol{v}_1 + \{\boldsymbol{k} \times [\boldsymbol{k} \times (\boldsymbol{v}_1 \times \widehat{\boldsymbol{B}})]\} \times \widehat{\boldsymbol{B}} v_A^2 \tag{4.5-6}$$

式中 $\widehat{\boldsymbol{B}}$ 为 $\boldsymbol{B}$ 的单位矢量.

先对上式化简, 令

$$\boldsymbol{A} = \boldsymbol{k} \times (\boldsymbol{v}_1 \times \widehat{\boldsymbol{B}}) = \boldsymbol{v}_1(\boldsymbol{k} \cdot \widehat{\boldsymbol{B}}) - \widehat{\boldsymbol{B}}(\boldsymbol{k} \cdot \boldsymbol{v}_1) = \boldsymbol{v}_1(\boldsymbol{k} \cdot \widehat{\boldsymbol{B}})$$

$$\boldsymbol{D} = \boldsymbol{k} \times [\boldsymbol{k} \times (\boldsymbol{v}_1 \times \widehat{\boldsymbol{B}})] = \boldsymbol{k} \times \boldsymbol{A} = \boldsymbol{k} \times \boldsymbol{v}_1(\boldsymbol{k} \cdot \widehat{\boldsymbol{B}})$$

$$\begin{aligned} \boldsymbol{C} &= \{\boldsymbol{k} \times [\boldsymbol{k} \times (\boldsymbol{v}_1 \times \widehat{\boldsymbol{B}})]\} \times \widehat{\boldsymbol{B}} v_A^2 = \boldsymbol{D} \times \widehat{\boldsymbol{B}} v_A^2 \\ &= -\boldsymbol{k} v_A^2 (\widehat{\boldsymbol{B}} \cdot \boldsymbol{v}_1)(\boldsymbol{k} \cdot \widehat{\boldsymbol{B}}) + \boldsymbol{v}_1 v_A^2 (\boldsymbol{k} \cdot \widehat{\boldsymbol{B}})^2 \end{aligned}$$

(4.5-6) 式两边矢乘 $\boldsymbol{k}$,

$$\begin{aligned} \omega^2 \boldsymbol{v}_1 \times \boldsymbol{k} &= -2i\omega(\boldsymbol{\Omega} \times \boldsymbol{v}_1) \times \boldsymbol{k} + \boldsymbol{C} \times \boldsymbol{k} \\ &= -2i\omega(\boldsymbol{k} \cdot \boldsymbol{\Omega})\boldsymbol{v}_1 + v_A^2(\boldsymbol{k} \cdot \widehat{\boldsymbol{B}})^2 \boldsymbol{v}_1 \times \boldsymbol{k} \end{aligned}$$

用单位矢量表示 $\boldsymbol{v}_1$ 和 $\boldsymbol{k}$, $\boldsymbol{v}_1 = v_1 \hat{\boldsymbol{v}}_1$, $\boldsymbol{k} = k\hat{\boldsymbol{k}}$, 则上式写成

$$[\omega^2 - v_A^2(\boldsymbol{k} \cdot \widehat{\boldsymbol{B}})^2](\hat{\boldsymbol{v}}_1 \times \hat{\boldsymbol{k}}) = -2i\omega \frac{(\boldsymbol{k} \cdot \boldsymbol{\Omega})}{k} \hat{\boldsymbol{v}}_1$$

两边模的平方相等,

$$[\omega^2 - v_A^2(\boldsymbol{k} \cdot \widehat{\boldsymbol{B}})^2]^2 \cdot |\hat{\boldsymbol{v}}_1 \times \hat{\boldsymbol{k}}|^2 = 4\frac{\omega^2}{k^2}(\boldsymbol{k} \cdot \boldsymbol{\Omega})^2$$

$$(\because\ \boldsymbol{k} \cdot \boldsymbol{v}_1 = 0,\ \therefore\ \boldsymbol{k} \perp \boldsymbol{v}_1\ \Rightarrow\ |\hat{\boldsymbol{v}}_1 \times \hat{\boldsymbol{k}}|^2 = 1)$$

$$\omega^2 - (\boldsymbol{k} \cdot \widehat{\boldsymbol{B}})^2 v_A^2 = \pm\frac{2\omega}{k}(\boldsymbol{k} \cdot \boldsymbol{\Omega})$$

令 $\omega_I = 2(\boldsymbol{k}\cdot\boldsymbol{\Omega})/k$, $\omega_A = (\boldsymbol{k}\cdot\widehat{\boldsymbol{B}})v_A$,

$$\omega^2 \mp \omega_I\omega - \omega_A^2 = 0 \tag{4.5-7}$$

与 (4.5-5) 比较, ω_I 表示纯惯性波频率,

$$\omega_A = (\boldsymbol{k}\cdot\widehat{\boldsymbol{B}})v_A = k\cos\theta v_A$$

ω_A 表示 Alfvén 波频率.

当 $\boldsymbol{k}$, $\boldsymbol{\Omega}$ 和 $\boldsymbol{B}$ 近似平行时, 有

$$\frac{\omega_A}{\omega_I} \approx \frac{kv_A}{2\Omega}$$

(1) 太阳上 ω_A/ω_I 通常较大, 典型值为 10—10^3.

解方程 (4.5-7),

$$\begin{aligned}\omega &= \frac{\pm\omega_I \pm (\omega_I^2 + 4\omega_A^2)^{1/2}}{2} \\ &\approx \frac{1}{2}(\pm\omega_I \pm 2\omega_A) \\ &= \omega_A\left(1 \pm \frac{\omega_I}{2\omega_A}\right)\end{aligned} \tag{4.5-8}$$

$$\omega^2 \approx \omega_A^2\left(1 \pm \frac{\omega_I}{\omega_A}\right)$$

Coriolis 力使 Alfvén 波的频率 ω_A 产生一个小的劈裂.

(2) 当 $\omega_A/\omega_I \ll 1$ 时, 容易看到 (4.5-8) 右边:

(i) 全取 “+” 号, 有

$$\omega^2 \approx \omega_I^2 \quad (\text{惯性波}) \tag{4.5-9}$$

(ii) 右边第一项取 “−”, 第二项取 “+”,

$$\omega = \frac{-\omega_I + \omega_I(1 + 4\omega_A^2/\omega_I)^{1/2}}{2} \approx \frac{\omega_A^2}{\omega_I}$$

$$\omega^2 \approx \frac{\omega_A^4}{\omega_I^2} \quad (\text{磁流体惯性波}) \tag{4.5-10}$$

比 Alfvén 波慢得多.

4.6 磁 声 波

当磁场和气体压强梯度起主导作用时, g 和 Ω 可以设为零. 我们作短波近似, 即扰动波长小于标高, 从而密度 ρ_0 可看作常数, 得到方程 (4.1-17) 式, 进一步有下列表达式

$$\begin{aligned}\omega^2\boldsymbol{v}_1/v_A^2 &= k^2\cos^2\theta_B\boldsymbol{v}_1-(\boldsymbol{k}\cdot\boldsymbol{v}_1)k\cos\theta_B\widehat{\boldsymbol{B}}\\&\quad+[(1+c_s^2/v_A^2)(\boldsymbol{k}\cdot\boldsymbol{v}_1)-k\cos\theta_B(\widehat{\boldsymbol{B}}\cdot\boldsymbol{v}_1)]\boldsymbol{k}\end{aligned}\tag{4.6-1}$$

(4.6-1) 式通过下述步骤获得:

(4.1-17) 式:
$$\begin{aligned}\omega^2\boldsymbol{v}_1 &= c_s^2\boldsymbol{k}(\boldsymbol{k}\cdot\boldsymbol{v}_1)+i(\gamma-1)g\hat{\boldsymbol{z}}(\boldsymbol{k}\cdot\boldsymbol{v}_1)+ig\boldsymbol{k}v_{1z}-2i\omega\boldsymbol{\Omega}\times\boldsymbol{v}_1\\&\quad+\{\boldsymbol{k}\times[\boldsymbol{k}\times(\boldsymbol{v}_1\times\boldsymbol{B}_0)]\}\times\boldsymbol{B}_0/\mu\rho_0\\&=c_s^2\boldsymbol{k}(\boldsymbol{k}\cdot\boldsymbol{v}_1)+\{\boldsymbol{k}\times[\boldsymbol{k}\times(\boldsymbol{v}_1\times\boldsymbol{B}_0)]\}\times\boldsymbol{B}_0/\mu\rho_0\end{aligned}$$

令

$$\begin{aligned}\boldsymbol{A}' &= \boldsymbol{k}\times(\boldsymbol{v}_1\times\widehat{\boldsymbol{B}})=\boldsymbol{v}_1(\boldsymbol{k}\cdot\widehat{\boldsymbol{B}})-\widehat{\boldsymbol{B}}(\boldsymbol{k}\cdot\boldsymbol{v}_1)\\\boldsymbol{E}' &= \boldsymbol{k}\times[\boldsymbol{k}\times(\boldsymbol{v}_1\times\widehat{\boldsymbol{B}})]=\boldsymbol{k}\times[\boldsymbol{v}_1(\boldsymbol{k}\cdot\widehat{\boldsymbol{B}})-\widehat{\boldsymbol{B}}(\boldsymbol{k}\cdot\boldsymbol{v}_1)]\\&=(\boldsymbol{k}\times\boldsymbol{v}_1)(\boldsymbol{k}\cdot\widehat{\boldsymbol{B}})-\boldsymbol{k}\times\widehat{\boldsymbol{B}}(\boldsymbol{k}\cdot\boldsymbol{v}_1)\\\boldsymbol{C}' &= \boldsymbol{E}'\times\widehat{\boldsymbol{B}}v_A^2\\&=-\boldsymbol{k}(\widehat{\boldsymbol{B}}\cdot\boldsymbol{v}_1)v_A^2(\boldsymbol{k}\cdot\widehat{\boldsymbol{B}})+\boldsymbol{v}_1(\boldsymbol{k}\cdot\widehat{\boldsymbol{B}})^2v_A^2\\&\quad+\boldsymbol{k}(\boldsymbol{k}\cdot\boldsymbol{v}_1)v_A^2-\widehat{\boldsymbol{B}}(\boldsymbol{k}\cdot\widehat{\boldsymbol{B}})(\boldsymbol{k}\cdot\boldsymbol{v}_1)v_A^2\end{aligned}$$

$\boldsymbol{k}\cdot\widehat{\boldsymbol{B}}=k\cos\theta_B$, 代入 (4.1-17),

$$\begin{aligned}\omega^2\boldsymbol{v}_1 &= c_s^2\boldsymbol{k}(\boldsymbol{k}\cdot\boldsymbol{v}_1)-\boldsymbol{k}k\cos\theta_B(\widehat{\boldsymbol{B}}\cdot\boldsymbol{v}_1)v_A^2+\boldsymbol{v}_1v_A^2k^2\cos^2\theta_B\\&\quad+\boldsymbol{k}(\boldsymbol{k}\cdot\boldsymbol{v}_1)v_A^2-\widehat{\boldsymbol{B}}k\cos\theta_B(\boldsymbol{k}\cdot\boldsymbol{v}_1)v_A^2\\\omega^2\boldsymbol{v}_1/v_A^2 &= [(1+c_s^2/v_A^2)(\boldsymbol{k}\cdot\boldsymbol{v}_1)-k\cos\theta_B(\widehat{\boldsymbol{B}}\cdot\boldsymbol{v}_1)]\boldsymbol{k}\\&\quad+k^2\cos^2\theta_B\boldsymbol{v}_1-(\boldsymbol{k}\cdot\boldsymbol{v}_1)k\cos\theta_B\widehat{\boldsymbol{B}}\end{aligned}$$

(4.6-1) 式两边用 $\boldsymbol{k}$ 标乘, 得

$$(-\omega^2+k^2c_s^2+k^2v_A^2)(\boldsymbol{k}\cdot\boldsymbol{v}_1)=k^3v_A^2\cos\theta_B(\widehat{\boldsymbol{B}}\cdot\boldsymbol{v}_1)\tag{4.6-2}$$

再用 $\widehat{\boldsymbol{B}}$ 标乘 (4.6-1) 两边

$$k\cos\theta_Bc_s^2(\boldsymbol{k}\cdot\boldsymbol{v}_1)=\omega^2(\widehat{\boldsymbol{B}}\cdot\boldsymbol{v}_1)\tag{4.6-3}$$

1. 斜 Alfvén 波

假设 $\boldsymbol{k}\cdot\boldsymbol{v}_1=0$, 即不可压缩, 则由 (4.6-1) 式可得

$$\frac{\omega^2}{v_A^2}\boldsymbol{v}_1=k^2\cos^2\theta_B\boldsymbol{v}_1-k\cos\theta_B(\widehat{\boldsymbol{B}}\cdot\boldsymbol{v}_1)\boldsymbol{k}$$

两边标乘 $\boldsymbol{v}_1$, 利用条件 $\boldsymbol{k}\cdot\boldsymbol{v}_1=0$, 有

$$\omega=kv_A\cos\theta_B \tag{4.6-4}$$

此即 (4.3-7) 式, 是斜 Alfvén 波 (剪切 Alfvén 波) 见图 4.10.

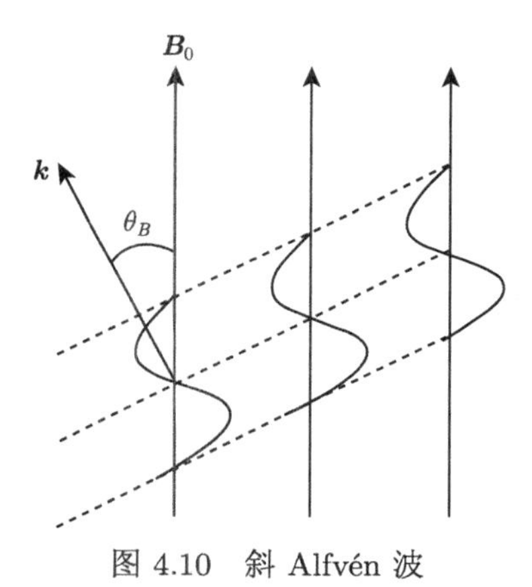

图 4.10 斜 Alfvén 波

2. 磁声波的色散关系

(4.6-3) 式除以 (4.6-2) 式, 消去 $(\boldsymbol{k}\cdot\boldsymbol{v}_1)$ 及 $(\widehat{\boldsymbol{B}}\cdot\boldsymbol{v}_1)$,

$$\frac{k\cos\theta_B c_s^2}{-\omega^2+k^2c_s^2+k^2v_A^2}=\frac{\omega^2}{k^3v_A^2\cos\theta_B}$$

$$\omega^4-\omega^2k^2(c_s^2+v_A^2)+c_s^2v_A^2k^4\cos^2\theta_B=0 \tag{4.6-5}$$

这便是磁声波 (magnetoacoustic waves) 的色散关系

$$\omega^2=k^2\frac{(c_s^2+v_A^2)\pm[(c_s^2+v_A^2)^2-4c_s^2v_A^2\cos^2\theta_B]^{1/2}}{2}$$

对于向外传递的扰动 $\omega/k>0$, 有

$$\frac{\omega}{k}=\left\{\frac{1}{2}(c_s^2+v_A^2)\pm\frac{1}{2}[(c_s^2+v_A^2)^2-4c_s^2v_A^2\cos^2\theta_B]^{1/2}\right\}^{1/2} \tag{4.6-6}$$

式中频率高的波称为快磁声波 (fast magnetoacoustic wave), 低频的波即为慢磁声波 (slow magnetoacoustic wave). Alfvén 波 [(4.6-4) 式] 的相速度位于二者之间, 常称为中间模式 (intermediate mode). 从 (4.6-6) 式可得

$$v_{p\pm}^2=\left(\frac{\omega}{k}\right)^2=\frac{1}{2}(c_s^2+v_A^2)\left\{1\pm\left[1-\frac{4c_s^2v_A^2\cos^2\theta_B}{(c_s^2+v_A^2)^2}\right]^{1/2}\right\} \tag{4.6-7}$$

斜 Alfvén 波模式与声速无关. 根据条件 $\boldsymbol{k}\cdot\boldsymbol{v}_1=0$ 可知 $\boldsymbol{v}_1\perp\boldsymbol{k}$ 是横波. (4.6-7) 式确定的两个模式涉及磁压强及等离子体压强. 可压缩流体内同时也可能激发剪切 Alfvén 波, 一般情况下既不是纯纵波, 也不是纯横波.

当 $\cos\theta_B\ll 1$, 或者 $c_s\ll v_A$, 或者 $v_A\ll c_s$ 时, 有 $c_sv_A\cos\theta_B/(c_s^2+v_A^2)\ll 1$.

$$v_{p\pm}^2=\frac{1}{2}(c_s^2+v_A^2)\left[1\pm\left(1-\frac{2c_s^2v_A^2\cos^2\theta_B}{(c_s^2+v_A^2)^2}\right)\right]$$

(i) 取 "+" 号,

$$v_{p+}^2=\frac{1}{2}(c_s^2+v_A^2)\cdot 2=c_s^2+v_A^2,\quad \text{快波}$$

(ii) 取 "−" 号,

$$v_{p-}^2=\frac{c_s^2v_A^2\cos^2\theta_B}{c_s^2+v_A^2},\quad \text{慢波}$$

(iii) 先前已求得 (4.6-4) 式,

$$\omega=kv_A\cos\theta_B$$

$$v_{pA}=\frac{\omega}{k}=v_A\cos\theta_B,\quad \text{斜 Alfvén 波}$$

三种模式的波均为非色散 (图 4.11(a) 和 4.11(b)). 上述关系图可与图 4.12(a) 对照.

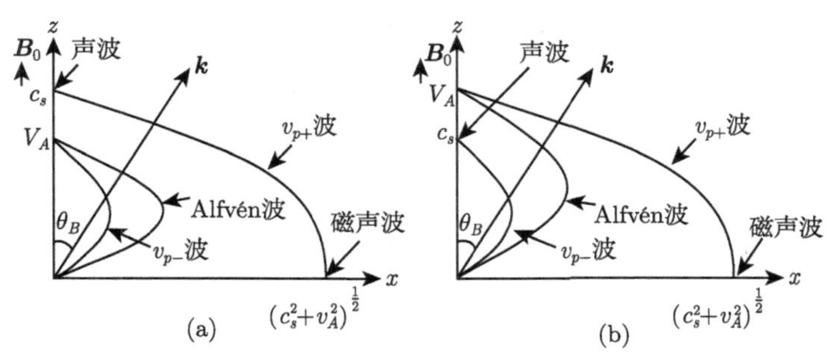

图 4.11 磁流体力学波的相速度与 θ_B 的关系: (a) $c_s>v_A$; (b) $c_s<v_A$

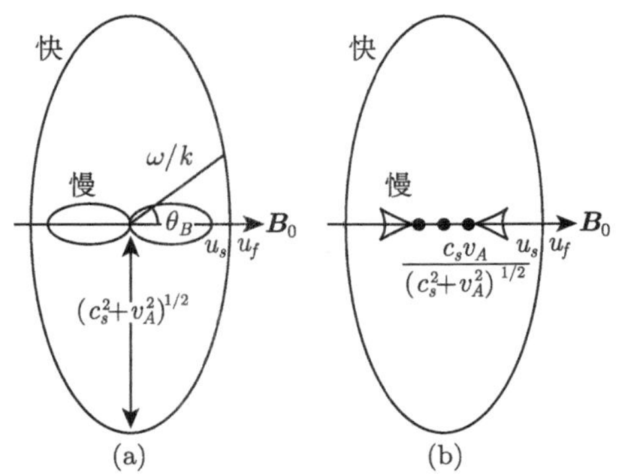

图 4.12 沿偏离磁场 θ_B 角度传播的快、慢磁声波, u_s 和 u_f 分别代表慢波和快波. v_A 是 Alfvén 速度, c_s 是声速. (a) 相速度; (b) 群速度

3. 特例

(i) 平行于磁场方向传播的波, $\theta_B = 0$.

由 (4.6-7) 式得

$$v_{p\pm}^2 = \frac{1}{2}(c_s^2 + v_A^2)\left(1 \pm \frac{c_s^2 - v_A^2}{c_s^2 + v_A^2}\right)$$

$$v_{p+} = \max(c_s, v_A),\ \text{假如}\ v_{p+} = v_A,\ \text{则为横波}$$

$$v_{p-} = \min(c_s, v_A),\ \text{假如}\ v_{p-} = c_s,\ \text{则为纵波}$$

$$v_{pA} = v_A, \quad \text{横波}$$

(ii) 若 $\theta_B = \frac{1}{2}\pi$,

$$v_{pA} = v_{p-} = 0$$

$$v_{p+}^2 = c_s^2 + v_A^2 = v_M^2$$

因为 $\theta_B = \frac{1}{2}\pi$, 所以这种波是垂直于磁场方向传播的纵波, 称为磁声波 (对磁场的扰动垂直于磁场). 当 $\boldsymbol{B}_0 \to 0$ 时, 转为普通声波, 显然有 $v_M > c_s$, 因为磁场使等离子体在垂直于磁场方向附加了弹性力.

4. 对于斜 Alfvén 波和管波

$\omega = kv_A\cos\theta_B$, $v_A = \omega/k\cos\theta_B$, 设 k_B 为沿磁场方向传播的波的波矢, $k_B = k\cos\theta_B$,

$$(v_A =)\ \frac{\omega}{k_B} = \frac{\omega}{k\cos\theta_B} \ \Rightarrow\ \frac{\omega}{k} = v_A\cos\theta_B = \frac{\omega}{k_B}\cos\theta_B \ \to\ 0 \quad \left(\text{当}\ \theta_B \to \frac{\pi}{2}\right)$$

$$\text{慢磁声波或管波:}\quad \frac{\omega}{k}=v_{p-}=\frac{c_s v_A\cos\theta_B}{(c_s^2+v_A^2)^{1/2}}\ \to\ 0\quad \left(\text{当 } \theta_B\to\frac{\pi}{2}\right)$$

$c_T=c_s v_A/(c_s^2+v_A^2)^{1/2}$ 与 ω/k_B 相当 (即为 v_A).

c_T, v_A $(=\omega/k_B)$ 为沿磁场方向的相速 (不同方向相速不同). 沿磁场方向传播的波 (v_A 和 c_T) 的波长远大于沿垂直磁场方向传播的波的波长 ($v_A=c_T=0$, 因为 $k\to\infty$, $\lambda\to 0$), c_T 代表慢波的群速度 (群速度沿磁场方向, 即 $\theta_B=0$) (图 4.12(b)). 斜 Alfvén 波与慢磁声波性质对比见表 4.2.

表 4.2　斜 Alfvén 波与慢磁声波性质对比

斜 Alfvén 波	慢磁声波
$v_{pA}=v_A\cos\theta_B$	$v_{p-}=c_T\cos\theta_B$
$\omega=kv_A\cos\theta_B=v_A k_z$	$\omega=kc_T\cos\theta_B=c_T k_z$
$v_g=\partial\omega/\partial k_z=v_A$	$v_g=\partial\omega/\partial k_z=c_T$
横波	混合

5. 相速度和群速度

尽管斜 Alfvén 波和慢波可以斜向传播 (θ_B), 但是上述的速度均为相速度, 群速度仍沿磁场方向传播.

斜 Alfvén 波 $\omega=kv_A\cos\theta_B=v_A(\boldsymbol{k}\cdot\widehat{\boldsymbol{B}})$.

群速度 $=\partial\omega/\partial\boldsymbol{k}$, 现在只有 $\partial\omega/\partial k_z=v_A$ (沿 $\widehat{\boldsymbol{B}}$ 方向).

慢波 $\omega_{p-}=c_T k\cos\theta_B=c_T(\boldsymbol{k}\cdot\widehat{\boldsymbol{B}})$, 群速度 $=\partial\omega_{p-}/\partial k_z=c_T$ ($\widehat{\boldsymbol{B}}$ 方向).

6. 磁场和等离子气体压强对波的作用

快、慢二种磁声波可以看作受磁场修正的声波, 也可看作压缩的 Alfvén 波受到等离子体压力的修正. 修正的最明显的标志便是传播方向偏离磁场方向. 一旦磁场消失, $v_A=0$, 慢波也消失, 快波成为声波. 若是气体压强消失, $c_s=0$, 慢波消失, 快波成为压缩 Alfvén 波.

7. 波的恢复力

垂直于磁力线方向传播的磁声波, 引起磁力线的疏密变化, 除了压缩引起的热压力作为恢复力外, 还有磁压力作为恢复力. 平行于 $\boldsymbol{B}$ 方向传播的 Alfvén 波, 引起磁力线的横向振荡, 类似于弹性介质中的横波. 当流体质点相对于平衡位置有位移时, 由于冻结效应, 引起磁力线弯曲, 从而产生张力, 形成垂直磁力线方向的恢复力, 因此有流体质点相对平衡位置的振荡.

每根磁力线单位长度的 "质量" 为 ρ/B, 横波速度 $v_A=\sqrt{\dfrac{B/\mu}{\rho/B}}=\dfrac{B}{\sqrt{\mu\rho}}$ (徐家鸾和金尚宪, 1981).

8. β 远大于 1, 则声速成主要因素

$\beta = 2\mu p/B^2$ (气压/磁压) $\gg 1$, 则有 $c_s^2/v_A^2 \gg 1$.

色散关系: 快波 $\omega/k \approx c_s$, 慢波 $\omega/k \approx v_A \cos\theta_B$ $(c_s \gg v_A)$.

对于慢波, 由 (4.6-3) 式得

$$\begin{aligned}\hat{\boldsymbol{k}} \cdot \boldsymbol{v}_1 &= \frac{\omega^2}{k^2 c_s^2 \cos\theta_B}(\widehat{\boldsymbol{B}} \cdot \boldsymbol{v}_1) \quad (\hat{\boldsymbol{k}} \text{ 为单位矢量}) \\ &= \frac{v_A^2}{c_s^2}(\widehat{\boldsymbol{B}} \cdot \boldsymbol{v}_1)\cos\theta_B \ll 1 \quad \left(\frac{\omega}{k} = v_A \cos\theta_B\right)\end{aligned}$$

一般地, 当 $\beta \gg 1$ 时扰动 $\boldsymbol{v}_1$ 及磁场影响很小, 等离子体几乎可看作不可压缩, 因为声速很大, 声波几乎瞬间就传播出去, 磁场没有大的影响.

9. 群速度的极坐标图

图 4.12(b) 为群速度的极坐标图. 慢波的能量在环绕磁场方向狭窄的锥体内传播. 快波能量的传播更近于各向同性.

当 $c_s \gg v_A$ 时,

(1) 慢波

$$v_{p-} = \frac{\omega}{k} = \frac{c_s v_A \cos\theta_B}{(c_s^2 + v_A^2)^{1/2}} \Rightarrow \omega = v_A k \cos\theta_B = v_A k_z$$

$$\boldsymbol{v}_g = \frac{\partial\omega}{\partial\boldsymbol{k}} = \frac{\partial\omega}{\partial k_z}\widehat{\boldsymbol{B}} = v_A\widehat{\boldsymbol{B}} \quad (\text{在 } \widehat{\boldsymbol{B}} \text{ 方向的小锥体内, 见下面 c 部分的说明})$$

(2) 快波

$$v_{p+} = (c_s^2 + v_A^2)^{1/2} \approx c_s \quad \left(= \frac{\omega}{k}\right)$$

$$\boldsymbol{v}_g = \frac{\partial\omega}{\partial\boldsymbol{k}} = c_s\hat{\boldsymbol{k}} \quad (\text{近似为各向同性})$$

(3) Friedrichs 图见图 4.12(b).

磁流体波的色散关系表明这些波的相速度与波矢量 $\boldsymbol{k}$ 的大小无关, 但与 $\boldsymbol{k}$ 的方向密切相关, 即 $v_p = v_p(\hat{\boldsymbol{k}})$, 其中 $\hat{\boldsymbol{k}}$ 为 $\boldsymbol{k}$ 方向的单位矢量, 相应的色散关系可写成 $\omega = k v_p(\hat{\boldsymbol{k}})$. 从而可求出群速度:

$$\boldsymbol{v}_g = \frac{\partial\omega}{\partial\boldsymbol{k}} = \frac{\partial\omega}{\partial k}\hat{\boldsymbol{k}} = \hat{\boldsymbol{k}} v_p(\hat{\boldsymbol{k}}) + k\boldsymbol{\nabla}_{\boldsymbol{k}} v_p \tag{4.6-8}$$

右方第一项代表方向在 $\hat{\boldsymbol{k}}$, 该项大小为相速度, 第二项在垂直于 $\hat{\boldsymbol{k}}$ 的方向上.

(i) 用几何方法求出群速度的图形 (Friedrichs 图).

以磁流体力学波的相速度图为基础, 每个 $\boldsymbol{k}$ 与相速度图的交点即为 $v_p(\boldsymbol{k})$ 的长度, 过交点作垂线截取 $k\boldsymbol{\nabla}_{\boldsymbol{k}}v_p$, 就得到相应 $\boldsymbol{k}$ 方向的群速度. 对应各种 $\boldsymbol{k}$ 的群速度值的集合, 即为图 4.12(b). 外圆的曲线与快磁声波相对应, 与慢磁声波对应的是由三条凹曲线围成的三边形, Alfvén 波对应于横轴上的点.

(ii) 将相速度表达式 (4.6-6) 代入 (4.6-8), 求出群速度的分量 v_{gz} 和 v_{gx}.

$$v_{gz} = v_p\cos\theta \mp \frac{Q\cos\theta\sin^2\theta}{4v_p(p^2 - Q\cos^2\theta)^{1/2}} \qquad (\text{“}-\text{” 为快波, “}+\text{” 为慢波})$$

$$v_{gx} = v_p\sin\theta \pm \frac{Q\cos^2\theta\sin\theta}{4v_p(p^2 - Q\cos^2\theta)^{1/2}} \qquad (\text{“}+\text{” 为快波, “}-\text{” 为慢波})$$

式中 $\cos\theta = k_z/k$, $\sin\theta = k_x/k$, $p = c_s^2 + v_A^2$, $Q = 4c_s^2v_A^2$. 据此可画出 Friedrichs 图 (陈耀, 2016).

(iii) 快波. $\boldsymbol{v}_g \approx c_s\hat{\boldsymbol{k}}$, 近似为圆.

(iv) Alfvén 波对应于横轴上的一个点, $\partial\omega/\partial k_z = v_A$.

10. 附录

1) 冷等离子体中的磁流体力学波

(1) $\boldsymbol{k} \parallel \boldsymbol{B}$, Alfvén 波

$$\frac{k^2c^2}{\omega^2} = 1 + \frac{c^2}{v_A^2}$$

式中 c 为光速. 上式是 $\omega \ll \Omega_i$ (离子回旋频率 $\Omega_i = eB/m_i$) 沿 $\boldsymbol{B}$ 方向传播的横波色散关系, 又名为: 剪切 Alfvén 波或慢 Alfvén 波 (Boyd and Sanderson, 1969).

(2) $\boldsymbol{k} \perp \boldsymbol{B}$, 压缩 Alfvén 波

$$\frac{k^2c^2}{\omega^2} = 1 + \frac{c^2}{v_A^2}$$

流体位移发生在传播方向, 磁压起气压的作用, 类似于声波, 非色散, 有时称为磁声波 (Boyd and Sanderson, 1969).

(3) 当 $\omega \to \Omega_i$ 时,

(i) 剪切 Alfvén 波退化成离子回旋波.

(ii) 磁声波 (压缩 Alfvén 波), 不发生根本变化. 频率低于 Ω_i 时传播, 经过离子回旋共振时还传播. $\omega \lesssim \Omega_i$ 区中, 离子回旋波的色散关系

$$\frac{k^2c^2}{\omega^2} = \frac{2\omega_{p_i}^2}{\Omega_i^2 - \omega^2}$$

$\Omega_i = eB/m_i$, ω_{p_i}: 离子振荡频率 (图 4.13).

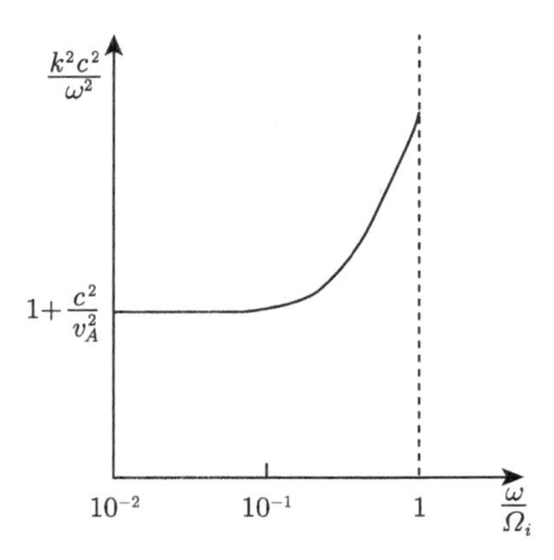

图 4.13 低频区中 $\boldsymbol{k} \parallel \boldsymbol{B}$ 的横波色散图 ($\omega \lesssim \Omega_i$)

2) 热等离子体中的磁流体力学波

(1) 三种模式:

$$\frac{\omega^2}{k^2} = c_s^2 + v_A^2$$

$$\frac{\omega}{k} = v_A \cos\theta_B$$

$$\frac{\omega^2}{k^2} = \frac{c_s^2 v_A^2}{c_s^2 + v_A^2}\cos^2\theta_B$$

(2) 近于 Ω_i 时的行为,

(i) 中间波消失, 代之以离子回旋波 $\omega^2 = \Omega_i^2\cos^2\theta$.

(ii) 有快磁声波和剪切 Alfvén-离子回旋波 (Boyd, 2003).

11. *磁流体力学波是低频波*

本章中, 我们从磁流体力学方程组导出色散关系有一个重要的限制, 即 $\omega < \Omega_i$ ($\Omega_i = eB/m_i$). 事实上方程组中的冻结方程与该条件等价. 由广义欧姆定律

$$\frac{m_e}{ne^2}\frac{\partial \boldsymbol{j}}{\partial t} = \frac{1}{2ne}\boldsymbol{\nabla} p + \boldsymbol{E} + \left(\boldsymbol{u} - \frac{\boldsymbol{j}}{ne}\right) \times \boldsymbol{B} - \frac{m_e}{ne^2}\nu_{ei}\boldsymbol{j}$$

(1)

$$\sigma = \frac{ne^2}{m_e\nu_{ei}},\quad \text{因为冻结, } \sigma \to \infty, \text{ 上式最后一项可忽略}$$

(2)

$$\left|\frac{\frac{m_e}{ne^2}\frac{\partial \boldsymbol{j}}{\partial t}}{\boldsymbol{E}}\right| \sim \frac{\frac{1}{\omega_{pe}^2}\frac{1}{\varepsilon}\frac{B}{\mu L}\omega}{\omega BL} \sim \frac{1}{\omega_{pe}^2}\frac{c^2}{L^2} \sim \left(\frac{\omega}{\omega_{pe}}\right)^2\left(\frac{c}{u}\right)^2$$

$$\left(\boldsymbol{\nabla}\times\boldsymbol{E} = -\frac{\partial \boldsymbol{B}}{\partial t},\ |\boldsymbol{E}| \sim \omega BL,\ u \sim \omega L\right)$$

当 $\omega/\omega_{pe} \ll u/c$ 时, 该项可忽略, 即等离子体密度高.

(3)

$$\left|\frac{\frac{1}{2ne}\boldsymbol{\nabla}p}{\boldsymbol{E}}\right| \sim \frac{p}{\omega BL^2 ne} \sim \frac{p}{\rho}nm^+\frac{\omega}{neB\omega^2L^2} \sim \left(\frac{c_s^2}{u}\right)^2\frac{\omega}{\Omega_i}$$

要忽略压强梯度项, 要求 $\omega/\Omega_i \ll u/c_s$.

(4) Hall 项

$$\frac{\frac{\boldsymbol{j}}{ne}\times\boldsymbol{B}}{|\boldsymbol{E}|} \sim \frac{\frac{1}{ne}\frac{B}{\mu L}B}{\omega BL} = \frac{B}{ne\mu\omega L^2} = \frac{m_i\varepsilon}{ne^2}\frac{e}{\varepsilon m_i}\frac{\omega}{(\omega L)^2}\frac{B}{\mu} = \frac{\omega\Omega_i}{\omega_{pi}^2}\left(\frac{c}{u}\right)^2$$

若 $\omega \ll \Omega_i$, 令 $\omega = \delta\Omega_i$ $(\delta \ll 1)$, 上式成为 $\delta(\Omega_i^2/\omega_{pi}^2)(c/u)^2 \ll 1$, 假如该式成立, Hall 项就可略去. 一般认为 $\omega\Omega_i/\omega_{pi}^2 \ll (u/c)^2 \ll 1$, 所以 Hall 项可略.

(5) 根据太阳物理的参数估算 (参数取自 (Priest, 2014))

$$B = 10^3\ \text{G},\quad u = 10^3\ \text{m}\cdot\text{s}^{-1},\quad n \sim 10^{20}\ \text{m}^{-3}$$

$$\Omega_i = \frac{eB}{m_i} = \frac{1.6\times10^{-19}\times0.1}{1.7\times10^{-27}} \sim 10^7\ \text{s}^{-1}$$

$$\omega_{pi}^2 = \frac{ne^2}{\varepsilon m_i} = \frac{10^{20}\cdot(1.6\times10^{-19})^2}{8.85\times10^{-12}\cdot1.7\times10^{-27}} \approx 4\times10^{20}\ \text{s}^{-1}$$

$$\delta\left(\frac{\Omega_i}{\omega_{pi}}\right)^2 \approx \delta\frac{10^{14}}{4\times10^{20}} \approx 2.5\times10^{-7}\delta$$

$$\left(\frac{u}{c}\right)^2 = \left(\frac{10^3}{3\times10^8}\right)^2 = (3\times10^{-6})^2 \approx 10^{-11}$$

$$2.5\times10^{-7}\delta \ll 10^{-11}$$

当 $\delta \ll 4\times10^{-5}$ 时, 就有 $\omega \leqslant 4\times10^2$ $(\omega = \delta\Omega_i) \Rightarrow \omega \ll \Omega_i$.

(6) 结论: 低频近似 $\omega \ll \Omega_i$, 相当于在广义欧姆定律中略去压强梯度项和 Hall 项. 因为满足 $\omega \ll \Omega_i$, 通常就有 $\omega/\omega_{pe} \ll u/c$, 所以惯性力亦可略去. 广义欧姆定律简化成 $\boldsymbol{E}+\boldsymbol{u}\times\boldsymbol{B}=0$, 这意味着 $\sigma\to\infty$, 于是磁感应方程简化为冻结方程.

4.7 声-重力波

1. 声-重力波的修正

当可压缩性及浮力同时存在时, 出现声波和重力波, 但二者均受到修正.

基本方程 (4.1-16) (该式的获得已设 $\boldsymbol{B}_0=0$)

$$\omega^2\boldsymbol{v}_1=c_s^2\boldsymbol{k}(\boldsymbol{k}\cdot\boldsymbol{v}_1)+i(\gamma-1)g(\boldsymbol{k}\cdot\boldsymbol{v}_1)\hat{\boldsymbol{z}}+igv_{1z}\boldsymbol{k}-2i\omega\boldsymbol{\Omega}\times\boldsymbol{v}_1 \tag{4.1-16}$$

在 4.4 节内重力波的讨论中求得

$$\omega^2(\omega^2-c_s^2k^2)+(\gamma-1)g^2(k^2-k_z^2)=i\gamma gk_z\omega^2 \tag{4.4-20}$$

对 (4.4-20) 两边取模数

$$\omega^2(\omega^2-c_s^2k^2)+(\gamma-1)g^2(k^2-k_z^2)=\gamma gk_z\omega^2$$

$$\omega^4-(c_s^2k^2+\gamma gk_z)\omega^2=-(\gamma-1)g^2(k^2-k_z^2) \tag{4.7-1}$$

式中 $k_z=\gamma g/2c_s^2$, 这可从下面引进 $\boldsymbol{k}'$ 后看出.

2. 引进 $\boldsymbol{k}'$

$$\boldsymbol{k}'=\boldsymbol{k}+i\frac{\gamma g}{2c_s^2}\widehat{\boldsymbol{B}}$$

原来的扰动为 $\boldsymbol{v}_1(\boldsymbol{r},t)=\boldsymbol{v}_1\mathrm{e}^{i(\boldsymbol{k}\cdot\boldsymbol{r}-\omega t)}$, $\boldsymbol{k}=\boldsymbol{k}'-i(\gamma g/2c_s^2)\hat{\boldsymbol{z}}$ 代入扰动表达式,

$$\begin{aligned}\boldsymbol{v}_1(\boldsymbol{r},t)&=\boldsymbol{v}_1\mathrm{e}^{i[\boldsymbol{k}'\cdot\boldsymbol{r}-i(\gamma g/2c_s^2)\hat{\boldsymbol{z}}\cdot\boldsymbol{r}-\omega t]}\\&=\boldsymbol{v}_1\mathrm{e}^{(\gamma g/2c_s^2)z}\mathrm{e}^{i(\boldsymbol{k}'\cdot\boldsymbol{r}-\omega t)}\end{aligned}$$

可以认为 $k_z=\gamma g/2c_s^2$.

3. $\boldsymbol{k}'$, $\boldsymbol{\theta}_g'$ 等的引入, 可使色散关系的表述简洁

$$\omega^2(\omega^2-N_s^2)=(\omega^2-N^2\sin^2\theta_g')k'^2c_s^2 \tag{4.7-2}$$

式中 $N_s=\gamma g/2c_s$ ($\equiv c_s/2\varLambda$, $\varLambda=p/\rho g=c_s^2/\gamma g$)

$$N=\frac{(\gamma-1)^{1/2}g}{c_s},\quad \text{Brunt 频率 (当温度均匀时)}$$

$$\sin^2\theta_g' = 1 - \frac{k_z'^2}{k'^2}$$

$$\boldsymbol{k}' = \boldsymbol{k} + i\frac{\gamma g}{2c_s^2}\hat{\boldsymbol{z}}, \quad k'^2 = k^2 + \frac{\gamma^2 g^2}{4c_s^2} \quad (k'^2:\text{模的平方})$$

$$k_z' = k_z + i\frac{\gamma g}{2c_s^2} \quad (k_z' = \boldsymbol{k}'\cdot\hat{\boldsymbol{z}}), \quad k_z'^2 = k_z^2 + \frac{\gamma^2 g^2}{4c_s^4}$$

$$\sin^2\theta_g' = 1 - \frac{k_z^2 + \dfrac{\gamma^2 g^2}{4c_s^4}}{k^2 + \dfrac{\gamma^2 g^2}{4c_s^4}} = \frac{4c_s^4(k^2 - k_z^2)}{4c_s^4 k^2 + \gamma^2 g^2} \tag{4.7-3}$$

以上表达式代入 (4.7-2) 式, 并展开

$$\begin{aligned}\omega^2\left(\omega^2 - \frac{\gamma^2 g^2}{4c_s^2}\right) &= \left[\omega^2 - \frac{(\gamma-1)g^2}{c_s^2}\frac{4c_s^4(k^2-k_z^2)}{4c_s^4k^2+\gamma^2 g^2}\right]\left(k^2 + \frac{\gamma^2 g^2}{4c_s^4}\right)c_s^2 \\ &= \omega^2\frac{4c_s^4k^2+\gamma^2 g^2}{4c_s^2} - (\gamma-1)g^2(k^2-k_z^2)\end{aligned}$$

整理后得

$$\omega^4 - \left(c_s^2k^2 + \frac{\gamma^2 g^2}{2c_s^2}\right)\omega^2 = -(\gamma-1)g^2(k^2-k_z^2) \tag{4.7-4}$$

此即 (4.7-1) 式, 所以 (4.7-2) = (4.7-1).

4. Brunt 频率 $N \approx N_s$

N 就是 Brunt 频率, 数值上 $N_s \geqslant N$, 当 $\gamma = 2$ 时, $N_s = N$. 通常二者差别相当小, 如 $\gamma = 5/3$, $N_s = 1.02N$.

5. 讨论

(1) 当 $\omega \ll k'c_s$ 时, (4.7-2) 简化为 $\omega = N\sin\theta_g$——重力波, (4.4-22) 式.

证明

$$\begin{aligned}(4.7\text{-}4)\text{式左边} &= \omega^2[\omega^2 - (c_s^2k^2 + \gamma g k_z)] \\ &= \omega^4 - \omega^2 c_s^2 k^2\left(1 + \frac{\gamma g}{c_s^2}\frac{k_z}{k^2}\right) \\ &= \omega^4 - \omega^2 c_s^2 k^2\left(1 + \frac{1}{\varLambda}\frac{k_z}{k^2}\right)\end{aligned}$$

以上推导中已利用 $k_z = \gamma g/2c_s^2$.

$k_z < k^2$, $1/\Lambda \ll 1$. 根据设定的限制条件 $\omega \ll k'c_s$, 可推得

$$\omega^2 \ll \left(k^2 + \frac{\gamma^2 g^2}{4c_s^4}\right) c_s^2 = c_s^2 k^2 + \frac{\gamma^2 g^2}{4c_s^2} = c_s^2 k^2 + \frac{\gamma g}{2} k_z$$

上式两边乘 ω^2, 有

$$\omega^4 \ll \omega^2 \left(c_s^2 k^2 + \frac{1}{2}\gamma g k_z\right) < \omega^2 (c_s^2 k^2 + \gamma g k_z)$$

所以 ω^4 可以忽略.

$$\begin{aligned}(4.7\text{-}4)\ \text{左边} &= -\omega^2 c_s^2 k^2 \left(1 + \frac{1}{\Lambda}\frac{k_z}{k^2}\right) \approx -\omega^2 c_s^2 k^2 \\ &\approx -(\gamma - 1) g^2 (k^2 - k_z^2) = (4.7\text{-}4)\ \text{右边}\end{aligned}$$

$$\omega^2 \approx N^2 \left(1 - \frac{k_z^2}{k^2}\right) = N^2 \sin^2 \theta_g \quad \text{——重力波}$$

式中 $N = (\gamma - 1)^{1/2} g / c_s$, $\sin\theta_g = 1 - k_z^2/k^2$ (注意 $\theta_g \neq \theta_g'$).

(2) 若 $\omega \gg N$, 有 $\omega = k'c_s$, 得到声波.

因为 $N_s \approx N$, 因此 (4.7-2) 式简化为

$$\omega^4 \approx \omega^2 k'^2 c_s^2$$

$$\omega \approx k' c_s$$

(3) 垂直方向传播 $\theta_g = 0$.

$\theta_g = \arccos(k_z/k)$, 当 $\theta_g = 0$ 时, 则 $k_z = k$, 代入 (4.7-3) 式, 有 $\theta_g' = 0$, (4.7-2) 式简化为

$$\omega^2 (\omega^2 - N_s^2) = \omega^2 k'^2 c_s^2$$

$$\omega^2 = N_s^2 + k'^2 c_s^2$$

因此要求有波存在 (即 $\omega^2 > 0$), 必须 $\omega > N_s$.

(4) 不在垂直方向 (即不沿 $\hat{z}$ 方向) 传播的波动解, 只允许两个频率范围 (见表 4.3).

表 4.3 不在垂直方向传播的波动解

低频 $\omega < N\sin\theta_g$	重力波	(1) $\omega/k \ll c_s$; (2) 在频率上限 $N\sin\theta_g$ 时, 相速 $\omega/k \to \infty$, 群速度 $v_g \to 0$
高频 $\omega > N_s$	声波	(1) $\omega/k > c_s$, $v_g < c_s$; (2) 当频率等于下限 N_s 时, 相速 $v_p = \omega/k \to \infty$ 和 $v_g \to 0$

(i) $\omega < N\sin\theta_g$, 频率较低, 基本上是重力波.

对于重力波, 因为 $\sin\theta_g \neq 0$, 但 $\omega < N\sin\theta_g$, 所以 $N\sin\theta_g$ 可认为是 ω 的上限, 称为上截止频率 (upper cut-off) (对于重力波而言), (4.7-2) 式可化成

$$\omega^2 - N_s^2 = \left(1 - \frac{N^2}{\omega^2}\sin^2\theta_g'\right)k'^2c_s^2$$

当 $\omega = N\sin\theta_g$ 时, 将 $\sin^2\theta_g = 1 - \dfrac{k_z^2}{k^2}$ 和 (4.7-3) 式代入上式, 得到

$$\omega^2 - N_S^2 = \left(1 - \frac{\sin^2\theta_g'}{\sin^2\theta_g}\right)k'^2c_s^2 = \frac{N_s^2}{c_s^2k^2 + N_s^2}k'^2c_s^2,$$

前已证得 $k'^2 = k^2 + \dfrac{z^2g^2}{4c_s^2} > k^2$, 因为 $(\omega^2 - N_s^2) \to 0$, 从 $(\omega^2 - N_s^2)$ 的表达式可知 $k' \to 0$, 从而 $k \to 0$ 时相速度 $\omega/k \to \infty$, 容易证明群速度等于零. 截止表示有反射.

(ii) $\omega > N_s$ 基本上为声波.

① 相速度 $\omega/k > c_s$.

证明

$$因为\ N_s \geqslant N, \quad 所以\ \omega > N_s > N,$$

(4.7-2) 可近似为

$$\omega^2 \approx k'^2c_s^2$$

$$k'^2 = k^2 + \frac{\gamma^2g^2}{4c_s^4} > k^2$$

$$\omega^2 > k^2c_s^2$$

所以

$$\frac{\omega}{k} > c_s$$

② 群速度 $v_g < c_s$.

证明　根据条件 $\omega > N_s$, (4.7-2) 式简化为

$$\omega^2 \approx k'^2c_s^2 = \left[k^2 + \left(\frac{\gamma g}{2c_s^2}\right)^2\right]c_s^2$$

$$v_g = \frac{\mathrm{d}\omega}{\mathrm{d}k} = \frac{k}{\omega}c_s^2 = \frac{c_s}{v_p}c_s$$

上面已证得相速度 $\omega/k > c_s$, 所以 $v_g < c_s$. (当 $\omega = N_s$ 时 (下截止频率), 有 $(\omega^2 - N_s^2)/k'^2 \approx c_s^2$, $k'^2 > k^2$, $\omega^2 - N_s^2 \to 0$, 所以 $k' \to 0$, 即 $k \to 0$, 相速度 $\omega/k \to \infty$, 所以群速度 v_g 也为零.)

(5) 当 $N\sin\theta_g < \omega < N_s$ 时, 扰动不会传播.

从 (4.7-3) 式,

$$\sin^2\theta'_g = 1 - \frac{k_z^2 + \gamma^2 g^2/4c_s^4}{k^2 + \gamma^2 g^2/4c_s^4} = 1 - \frac{k_z^2 + 1/(2\Lambda)^2}{k^2 + 1/(2\Lambda)^2}$$

$$\approx 1 - \frac{k_z^2}{k^2} = \sin^2\theta_g \quad \left(\frac{1}{2\Lambda} \ll 1\right)$$

$$(4.7\text{-}2) \ \Rightarrow \ \omega^2(\omega^2 - N_s^2) = (\omega^2 - N^2\sin^2\theta_g)k'^2 c_s^2$$

$\omega^2 - N_s^2 < 0$, 但 $\omega^2 - N^2\sin^2\theta_g > 0$, 所以 k' 为纯虚数.

$$\text{记 } k' = i\frac{2\pi}{\lambda}, \ \boldsymbol{k}' = i\frac{2\pi}{\lambda}\hat{\boldsymbol{k}}'$$

$$\text{扰动 } \boldsymbol{v}_1(\boldsymbol{r},t) = \boldsymbol{v}_1 \mathrm{e}^{\gamma gz/2c_s^2}\mathrm{e}^{i(\boldsymbol{k}'\cdot\boldsymbol{r}-\omega t)}$$

将 $\boldsymbol{k}'$ 代入扰动表达式

$$\boldsymbol{v}_1(\boldsymbol{r},t) = \boldsymbol{v}_1 \mathrm{e}^{\gamma gz/2c_s^2}\mathrm{e}^{i(i\frac{2\pi}{\lambda}\hat{\boldsymbol{k}}'\cdot\boldsymbol{r}-\omega t)}$$

$$= \boldsymbol{v}_1 \mathrm{e}^{\gamma gz/2c_s^2}\mathrm{e}^{-\frac{2\pi}{\lambda}r_k}\mathrm{e}^{-i\omega t}$$

$$r = (x^2+y^2+z^2)^{1/2}, \quad \boldsymbol{k}'\cdot\boldsymbol{r} = r_k \ (\text{是空间位置})$$

由上式可见, 振幅是 λ 的函数, 但与 t 无关, 确定的位置, 有确定的振幅. 这是驻波的表达式, 有驻波存在, 但不传输能量 (图 4.14).

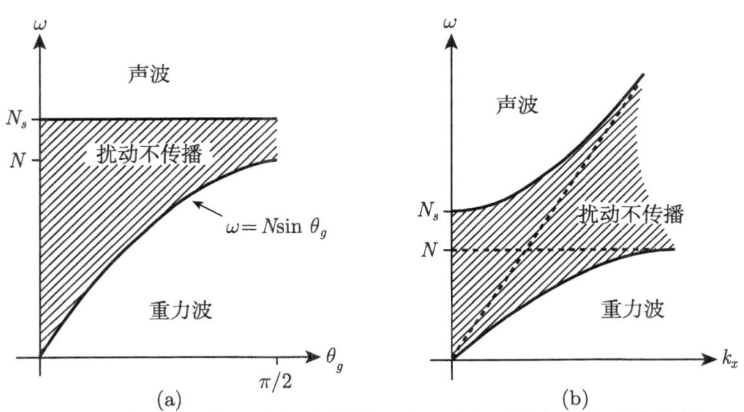

图 4.14 诊断图. 频率 ω 的声重力波传播区域. 阴影区域中扰动不能传播. (a) 角度 θ_g 的垂直方向的传播; (b) 水平波数 k_x 的波在垂直方向的传播. $\omega = N$ 和 $\omega = k_x c_s$ 的渐近线由虚线表示

(6) 有水平方向波数 k_x, 频率 ω 的扰动, 是否会在垂直方向 ($\hat{z}$) 传播? 这时应计入 k_x, $k'^2 = k_z'^2 + k_x^2$, 因为 $k_z = \gamma g/2c_s^2$ 和 $k_z'^2 = k_z^2 + \dfrac{r^2g^2}{4c_s^4}$, 所以 $k_z'^2 = 2k_z^2$, 前已推得 $k'^2 = k^2 + \dfrac{r^2g^2}{4c_5^2} = k^2 + k_z^2$, 则有 $k_z'^2 + \dot{k}_x^2 = k^2 + k_z^2$, 将 $k_z'^2 = 2k_z^2$ 代入, 推出

$$k^2 = k_z^2 + k_x^2,$$

(4.7-1) 式:

$$\omega^4 - (c_s^2k^2 + \gamma g k_z)\omega^2 = -(\gamma - 1)g^2(k^2 - k_z^2)$$

将 $k^2 = k_z^2 + k_x^2$ 代入上式, 得

$$\omega^4 - \omega^2c_s^2k_z^2 - [\omega^2c_s^2 - (\gamma - 1)g^2]k_x^2 - \gamma g k_z\omega^2 = 0$$

因为

$$N_s^2 = \left(\frac{\gamma g}{2c_s}\right)^2 = k_z^2c_s^2 \quad 和 \quad k_z'^2 = 2k_z^2,$$

所以上式简化为

$$k_z'^2\omega^2c_s^2 = \omega^2(\omega^2 - N_s^2) - (\omega^2 - N^2)c_s^2k_x^2$$

若 ω^2, k_x^2 大于零, 只要 $\omega^2(\omega^2 - N_s^2) > (\omega^2 - N^2)k_x^2c_s^2$, 就有 $k_z'^2 > 0$, 垂直方向就有波传播.

根据这个条件可把 ωk_x 平面分成三个区域, 如图 4.14(b) 所示, 称为诊断图.

(i) k_x 很小, 近似有 $\omega^2(\omega^2 - N_s^2) > 0$, 则 $\omega > N_s$, 有声波, N_s 是声波的低频截止. 或者 $\omega \ll N$, 而且垂直方向有波传播的条件依然成立,

$$\omega^2(\omega^2 - N_s^2) > (\omega^2 - N^2)k_x^2c_s^2$$

由于 $N_s^2 \approx N^2$, 忽略 ω^2, 上述不等式变为

$$-\omega^2N_s^2 > -N^2k_x^2c_s^2$$

$$\omega < \frac{N}{N_s}k_xc_s$$

有重力波. 总之, 对于波数 k_x 小的情况. 当频率小于 N_s 时, 声波被重力波抑制; 当频率大于 k_xc_s 时, 重力波被声波抑制. 这已在图 4.14(b) 上表示清楚.

(ii) k_x 大.

① $\omega > N$, 不等式中忽略 N_s, N, 有 $\omega > k_xc_s$ (声波).

② $\omega < N$,

$$\omega^2(\omega^2 - N_s^2) > (\omega^2 - N^2)k_x^2c_s^2$$

$$-\omega^2|\omega^2 - N_s^2| > -|\omega^2 - N^2|k_x^2c_s^2$$

$$\omega^2\frac{|\omega^2 - N_s^2|}{|\omega^2 - N^2|} < k_x^2c_s^2$$

因为 $\omega < N$, 所以重力波近似为 $\omega^2 < k_x^2c_s^2$, 该式表示声波不存在.

6. 声重力波的特点

压缩效应使重力波存在高频截止, 浮力 (重力波的恢复力) 效应使声波出现低频截止.

声波的低频截止是由密度分层产生的, 重力波的高频截止源于气体的可压缩性, 表示太阳大气中的自然共振模式.

7. 磁场对声-重力波的影响

考虑磁场对声-重力波的影响, 使问题更为复杂, 因为引进了新的恢复力, 而且除了重力方向外, 又引入了另一个新的方向, Alfvén 波的传播不受重力影响, 但磁场会影响声-重力波 (acoustic-gravity waves) (或者说重力修正了磁声波), 产生快和慢两个磁声-重力波模式. 详细情况可参考 (Spruit, 1981b).

4.8 磁声-重力波 (总结)

不计 Coriolis 力, 对于均匀磁场, 均匀温度, 密度 $\sim \mathrm{e}^{-z/\Lambda}$, 等离子体的基本波动方程有解

$$\omega^2 = k^2v_A^2\cos\theta_B \qquad (\text{Alfvén 波})$$

以及两支磁声-重力波.

当磁场不存在时, 由 (4.7-2) 式可给出声-重力波二种模式的色散关系. 展开 (4.7-2) 式得

$$\omega^4 - \omega^2(N_s^2 + k'^2c_s^2) + N^2\sin^2\theta'_g k'^2c_s^2 = 0 \tag{4.8-1}$$

式中

$$N_s = \frac{\gamma N}{2(\gamma-1)^{1/2}} \quad \left(= \frac{\gamma g}{2c_s}\right)$$

$$N = (\gamma-1)^{1/2}\frac{g}{c_s}$$

$$\sin^2\theta'_g = 1 - \frac{k'^2_z}{k'^2}$$

$$k'_z = k_z + \frac{i}{2\Lambda} \quad \left(= k_z + i\frac{\gamma g}{2c_s^2},\ \Lambda = \frac{c_s^2}{\gamma g} = \frac{p}{\rho g}\right)$$

$$k'^2 = k^2 + k'^2_z - k_z^2 \quad \left(= k^2 + \frac{\gamma^2 g^2}{4c_s^4}\right)$$

$$\Lambda = \frac{c_s}{2N_s}$$

1. 高频近似

当 $\omega \gg N$ ($\approx N_s$) 时, 重力的影响可忽略 (因为 N 正比于 g), 浮力不起作用. 相比于 ω^4, (4.8-1) 式左边第三项可忽略, 第二项中的 N_s^2 略去, 而 $k'^2 \approx k^2$. (4.8-1) 式简化为

$$\omega^2 = k^2 c_s^2 \quad (声波)$$

2. 低频近似

当 $\omega \ll kc_s$ 和 $N_s \ll kc_s$ (即 $k\Lambda \gg 1$, $\lambda \ll \Lambda$, 短波近似) 时, 是一种低频波 (频率低于声波), 浮力起主导作用, 有

$$\omega^2 = N^2 \sin^2\theta_g \quad (内重力波)$$

3. 短波近似

当有 ① 磁场, ② $(k\Lambda)^{-1} \ll 1$, 或者

$$N_s \ll kc_s \tag{4.8-2}$$

即 $\gamma g/kc_s^2 \ll 1$, 也就是 $g \to 0$ 时, 这是 4.6 节的条件, 磁力和压强梯度为主 (忽略 g 和 Ω), 有磁声波色散关系式

$$\omega^4 - \omega^2 k^2 (c_s^2 + v_A^2) + c_s^2 v_A^2 k^4 \cos^2\theta_B = 0 \tag{4.8-3}$$

根据 $(k\Lambda)^{-1} \ll 1$, 有 $2N_s/kc_s \ll 1$. 从 $k\Lambda \gg 1$ 推出 $\lambda \ll \Lambda$, 波长远小于标高 (短波近似). 光球附近, 标高可能很小. 标高可以写成 $\Lambda = 50T(r/r_\odot)^2$ m. 温度 $T = 1\times10^4$ K, $r = r_\odot$ (光球附近), $\Lambda \sim 500$ km, $\lambda \ll \Lambda$ 的条件不一定能满足, 所以这是一个严格的限制.

4. *磁声-重力波的色散关系*

色散关系为

$$\omega^4 - \omega^2 k^2 (c_s^2 + v_A^2) + k^2 c_s^2 N^2 \sin^2\theta_g + k^4 c_s^2 v_A^2 \cos^2\theta_B = 0 \tag{4.8-4}$$

式中 θ_B 为 $\boldsymbol{k}$ 和磁场 $\boldsymbol{B}_0$ 的夹角; $\theta_g = \arccos(k_z/k)$; $N = (\gamma-1)^{1/2}(g/c_s)$.

讨论:

(1) 当 N 和 v_A 为零时, 声波的色散关系再次出现.

(2) 当 $v_A = 0$ 时, $\omega \ll kc_s$, 是内重力波.

(3) 只是 $v_A = 0$ 时, 声-重力波的色散关系 (4.8-1) 没有能够重现. 因为声波和重力波之间的耦合, 被 (4.8-2) 式所规定的条件排除, 该条件在 (4.8-4) 式的推导中被用到. (4.8-2) 式中, $N_s = \gamma g/2c_s$ 与重力的标志 g 直接相关. $N_s \ll kc_s$ 意味着相比于声波, 重力波可忽略, 也即它们之间的耦合被排除.

(4) 当 $N = c_s = 0$ 时, $\omega^2 = k^2 v_A^2$ (压缩 Alfvén 波).

(5) 当 $N = 0$ 时, (4.8-4) 式简化为

$$\omega^4 - \omega^2 k^2 (c_s^2 + v_A^2) + k^4 c_s^2 v_A^2 \cos^2\theta_B = 0 \quad (\text{磁声波})$$

(注意: 在推导磁声波色散关系时, 利用了短波长近似).

从 (4.8-4) 式回归至磁声波色散关系, 其中 (4.8-4) 式的推导, 也要用到短波近似.

(6) 假设 $c_s^2 \leqslant v_A^2$, $N_s \ll kc_s$, 比较 (4.8-4) 的第三、四项, 可以把第三项忽略, 也回归至磁声波的色散关系, 因为 N_s 的忽略排除了重力, 理由同 (3).

(7) $c_s \to 0$ 的条件下, 认为气体压强对恢复力没有贡献, 仅有压缩 Alfvén 波存在.

(8) 假如 $c_s^2 \gg v_A^2$, 解磁声-重力波的色散关系 (4.8-4) 式, 可得

$$\omega^2 = \frac{1}{2}k^2(c_s^2 + v_A^2) \pm \frac{1}{2}[k^4(c_s^2+v_A^2)^2 - 4k^2c_s^2(N^2\sin^2\theta_g + k^2v_A^2\cos^2\theta_B)]^{1/2}$$

一般 $N^2 \ll k^2 c_s^2$, 可得到 $\omega_1^2 \approx k^2 c_s^2$. 这是声波.

$$\begin{aligned}\omega_2^2 &\approx \frac{1}{2}k^2(c_s^2+v_A^2) - \frac{1}{2}k^2(c_s^2+v_A^2)\left[1 - \frac{2k^2c_s^2(N^2\sin^2\theta_g + k^2v_A^2\cos^2\theta_B)}{k^4(c_s^2+v_A^2)^2}\right] \\ &= N^2\sin^2\theta_g + k^2v_A^2\cos^2\theta_B.\end{aligned}$$

这是磁重力波. 当 $kv_A \ll N$ 的低频时, $\omega_2^2 \approx N^2\sin^2\theta_g$. 这是内重力波. 而 $kv_A \gg N$ 为高频时, $\omega_2^2 \approx k^2v_A^2\cos^2\theta_B$, 成为慢磁声波.

根据条件 $N_s \ll kc_s$, 磁声-重力波的色散关系不会使磁场和重力耦合, 除非 $c_s^2 \gg v_A^2$. 当然还有其他磁场和重力耦合的途径.

5. 磁声-重力波的色散关系的推导

与磁声波的色散关系相比, 仅多了一项 $k^2c_s^2N^2\sin^2\theta_g$. 现在把 θ_g, N 表达式代入 (4.8-4) 式

$$\omega^4-\omega^2k^2(c_s^2+v_A^2)+k^2c_s^2\frac{(\gamma-1)g^2}{c_s^2}\left(1-\frac{k_z^2}{k^2}\right)+k^4c_s^2v_A^2\cos^2\theta_B=0$$

$$\omega^4-\omega^2k^2(c_s^2+v_A^2)+(\gamma-1)g^2(k^2-k_z^2)+k^4c_s^2v_A^2\cos^2\theta_B=0$$

证明 令 $\widehat{\boldsymbol{B}}_0=\boldsymbol{B}_0/B_0$ 为单位矢量, $\hat{\boldsymbol{z}}$ 为 $\boldsymbol{z}$ 方向单位矢量.

不计 Coriolis 力, 即 $\boldsymbol{\Omega}=0$ 时, (4.1-17) 式简化为

$$\begin{aligned}\omega^2\boldsymbol{v}_1&=c_s^2\boldsymbol{k}(\boldsymbol{k}\cdot\boldsymbol{v}_1)+i(\gamma-1)g\hat{\boldsymbol{z}}(\boldsymbol{k}\cdot\boldsymbol{v}_1)+ig\boldsymbol{k}v_{1z}\\&\quad+\{\boldsymbol{k}\times[\boldsymbol{k}\times(\boldsymbol{v}_1\times\widehat{\boldsymbol{B}}_0)]\}\times\widehat{\boldsymbol{B}}_0v_A^2\\&=c_s^2\boldsymbol{k}(\boldsymbol{k}\cdot\boldsymbol{v}_1)+i(\gamma-1)g\hat{\boldsymbol{z}}(\boldsymbol{k}\cdot\boldsymbol{v}_1)\\&\quad+ig\boldsymbol{k}v_{1z}+v_A^2(\boldsymbol{k}\cdot\widehat{\boldsymbol{B}}_0)^2\boldsymbol{v}_1-v_A^2(\boldsymbol{k}\cdot\boldsymbol{v}_1)(\boldsymbol{k}\cdot\widehat{\boldsymbol{B}}_0)\widehat{\boldsymbol{B}}_0\\&\quad+[(\boldsymbol{k}\cdot\boldsymbol{v}_1)-(\boldsymbol{k}\cdot\widehat{\boldsymbol{B}}_0)(\widehat{\boldsymbol{B}}_0\cdot\boldsymbol{v}_1)]\boldsymbol{k}v_A^2\end{aligned}\tag{4.8-5}$$

设法消去 $\boldsymbol{v}_1$, $\boldsymbol{v}_1$ 以 $\boldsymbol{k}\cdot\boldsymbol{v}_1$, $\hat{\boldsymbol{z}}\cdot\boldsymbol{v}_1$, $\widehat{\boldsymbol{B}}_0\cdot\boldsymbol{v}_1$ 的形式出现. 对 (4.8-5) 式分别标乘 $\hat{\boldsymbol{z}}$, $\boldsymbol{k}$, $\widehat{\boldsymbol{B}}_0$ 以期得到联立的齐次方程. 令系数行列式等于零, 求得色散关系.

(i) (4.8-5) 式标乘 $\hat{\boldsymbol{z}}$,

$$\begin{aligned}\omega^2(\boldsymbol{v}_1\cdot\hat{\boldsymbol{z}})&=c_s^2k_z(\boldsymbol{k}\cdot\boldsymbol{v}_1)+i(\gamma-1)g(\boldsymbol{k}\cdot\boldsymbol{v}_1)+igk_z(\boldsymbol{v}_1\cdot\hat{\boldsymbol{z}})\\&\quad+(\boldsymbol{k}\cdot\widehat{\boldsymbol{B}}_0)^2v_A^2(\boldsymbol{v}_1\cdot\hat{\boldsymbol{z}})-(\boldsymbol{k}\cdot\boldsymbol{v}_1)(\boldsymbol{k}\cdot\widehat{\boldsymbol{B}}_0)(\widehat{\boldsymbol{B}}_0\cdot\hat{\boldsymbol{z}})v_A^2\\&\quad+[(\boldsymbol{k}\cdot\boldsymbol{v}_1)-(\boldsymbol{k}\cdot\widehat{\boldsymbol{B}}_0)(\widehat{\boldsymbol{B}}_0\cdot\boldsymbol{v}_1)]v_A^2k_z\end{aligned}$$

式中 $k_z=\boldsymbol{k}\cdot\hat{\boldsymbol{z}}$, $v_{1z}=\boldsymbol{v}_1\cdot\hat{\boldsymbol{z}}$.

$$\begin{aligned}&[\omega^2-igk_z-(\boldsymbol{k}\cdot\widehat{\boldsymbol{B}}_0)^2v_A^2](\boldsymbol{v}_1\cdot\hat{\boldsymbol{z}})-[c_s^2k_z+i(\gamma-1)g\\&-(\boldsymbol{k}\cdot\widehat{\boldsymbol{B}}_0)(\widehat{\boldsymbol{B}}_0\cdot\hat{\boldsymbol{z}})v_A^2+k_zv_A^2](\boldsymbol{k}\cdot\boldsymbol{v}_1)-(\boldsymbol{k}\cdot\widehat{\boldsymbol{B}}_0)k_zv_A^2(\widehat{\boldsymbol{B}}_0\cdot\boldsymbol{v}_1)=0\end{aligned}$$

(ii) (4.8-5) 式标乘 $\boldsymbol{k}$,

$$\begin{aligned}&-igk^2(\boldsymbol{v}_1\cdot\hat{\boldsymbol{z}})+[\omega^2-c_s^2k^2-i(\gamma-1)gk_z-k^2v_A^2](\boldsymbol{k}\cdot\boldsymbol{v}_1)\\&-k^3v_A^2\cos\theta_B(\widehat{\boldsymbol{B}}_0\cdot\boldsymbol{v}_1)=0\end{aligned}$$

式中 $k\cos\theta_B=\boldsymbol{k}\cdot\widehat{\boldsymbol{B}}_0$.

(iii) (4.8-5) 式标乘 $\widehat{\boldsymbol{B}}_0$,

$$ig(\boldsymbol{k}\cdot\widehat{\boldsymbol{B}}_0)(\boldsymbol{v}_1\cdot\hat{\boldsymbol{z}})+[c_s^2k\cos\theta_B+i(\gamma-1)g(\widehat{\boldsymbol{B}}_0\cdot\hat{\boldsymbol{z}})](\boldsymbol{k}\cdot\boldsymbol{v}_1)-\omega^2(\widehat{\boldsymbol{B}}_0\cdot\boldsymbol{v}_1)=0$$

令 $(\boldsymbol{v}_1\cdot\hat{\boldsymbol{z}})$, $(\boldsymbol{k}\cdot\boldsymbol{v}_1)$, $(\widehat{\boldsymbol{B}}_0\cdot\boldsymbol{v}_1)$ 的系数行列式为零,

$$\begin{vmatrix} \omega^2-igk_z-k^2v_A^2\cos^2\theta_B & -[c_s^2k_z+i(\gamma-1)g-kv_A^2\cos\theta_B(\widehat{\boldsymbol{B}}_0\cdot\hat{\boldsymbol{z}})+k_zv_A^2] & -kk_zv_A^2\cos\theta_B \\ -igk^2 & [\omega^2-c_s^2k^2-i(\gamma-1)gk_z-k^2v_A^2] & -k^3v_A^2\cos\theta_B \\ igk\cos\theta_B & c_s^2k\cos\theta_B+i(\gamma-1)g(\widehat{\boldsymbol{B}}_0\cdot\hat{\boldsymbol{z}}) & -\omega^2 \end{vmatrix}=0$$

展开后有

$$\begin{aligned}
&(\omega^2-igk_z-k^2\cos^2\theta_Bv_A^2)[\omega^2-c_s^2k^2-i(\gamma-1)gk_z-k^2v_A^2](-\omega^2) \quad ① \\
&+igk^2[c_s^2k\cos\theta_B+i(\gamma-1)g(\widehat{\boldsymbol{B}}_0\cdot\hat{\boldsymbol{z}})]kk_zv_A^2\cos\theta_B \quad ② \\
&+igk^4v_A^2\cos^2\theta_B[c_s^2k_z+i(\gamma-1)g-kv_A^2\cos\theta_B(\widehat{\boldsymbol{B}}_0\cdot\hat{\boldsymbol{z}})+k_zv_A^2] \quad ③ \\
&+igk^2k_zv_A^2\cos^2\theta_B[\omega^2-c_s^2k^2-i(\gamma-1)gk_z-k^2v_A^2] \quad ④ \\
&+k^3v_A^2\cos\theta_B[c_s^2k\cos\theta_B+i(\gamma-1)g(\widehat{\boldsymbol{B}}_0\cdot\hat{\boldsymbol{z}})](\omega^2-igk_z-k^2v_A^2\cos^2\theta_B) \quad ⑤ \\
&+igk^2\omega^2[c_s^2k_z+i(\gamma-1)g-kv_A^2\cos\theta_B(\widehat{\boldsymbol{B}}_0\cdot\hat{\boldsymbol{z}})+k_zv_A^2] \quad ⑥=0
\end{aligned}$$

其中

$$\begin{aligned}
①=&-\omega^6+\omega^4[k^2v_A^2\cos^2\theta_B+k^2(c_s^2+v_A^2)] \\
&-\omega^2[(c_s^2+v_A^2)k^4v_A^2\cos^2\theta_B-(\gamma-1)g^2k_z^2] \\
&+i\{\gamma gk_z\omega^4-[(\gamma-1)gk_zk^2v_A^2\cos^2\theta_B+gk_zk^2(c_s^2+v_A^2)]\omega^2\}
\end{aligned}$$

$$②=igk^4k_zc_s^2v_A^2\cos^2\theta_B-(\gamma-1)g^2k^3(\widehat{\boldsymbol{B}}_0\cdot\hat{\boldsymbol{z}})k_zv_A^2\cos\theta_B$$

$$\begin{aligned}
③=&-(\gamma-1)g^2k^4v_A^2\cos^2\theta_B+igk^4k_zc_s^2v_A^2\cos^2\theta_B-igk^5v_A^4\cos^3\theta_B(\widehat{\boldsymbol{B}}_0\cdot\hat{\boldsymbol{z}}) \\
&+igk^4k_zv_A^4\cos^2\theta_B
\end{aligned}$$

$$④=(\gamma-1)g^2k^2k_z^2v_A^2\cos^2\theta_B+igk^2k_zv_A^2\cos^2\theta_B(\omega^2-c_s^2k^2-k^2v_A^2)$$

$$\begin{aligned}
⑤=&\,\omega^2c_s^2v_A^2k^4\cos^2\theta_B-k^6c_s^2v_A^4\cos^4\theta_B+(\gamma-1)g^2k^3k_zv_A^2(\widehat{\boldsymbol{B}}_0\cdot\hat{\boldsymbol{z}})\cos\theta_B \\
&-igk^4k_zv_A^2c_s^2\cos^2\theta_B-i(\gamma-1)gk^5v_A^4\cos^3\theta_B(\widehat{\boldsymbol{B}}_0\cdot\hat{\boldsymbol{z}})
\end{aligned}$$

$$+ i(\gamma-1)g(\widehat{\boldsymbol{B}}_0\cdot\hat{\boldsymbol{z}})k^3v_A^2\cos\theta_B\omega^2$$

$$⑥ = -\omega^2(\gamma-1)g^2k^2 + igk^2\omega^2[c_s^2k_z - kv_A^2\cos\theta_B(\widehat{\boldsymbol{B}}_0\cdot\hat{\boldsymbol{z}}) + k_zv_A^2]$$

令上述六项之和的实部为零,

$$-\omega^6+\omega^4[k^2v_A^2\cos^2\theta_B+k^2(c_s^2+v_A^2)]-\underline{\omega^2[(c_s^2+v_A^2)k^4v_A^2\cos^2\theta_B}-\underline{(\gamma-1)g^2k_z^2]}$$

$$+\underline{\omega^2c_s^2v_A^2k^4\cos^2\theta_B}-\underline{\omega^2(\gamma-1)g^2k^2}-\underline{(\gamma-1)g^2k^3k_zv_A^2(\widehat{\boldsymbol{B}}_0\cdot\hat{\boldsymbol{z}})\cos\theta_B}$$

$$-\underline{(\gamma-1)g^2k^4v_A^2\cos^2\theta_B}+\underline{(\gamma-1)g^2k^2k_z^2v_A^2\cos^2\theta_B}-\underline{k^6c_s^2v_A^4\cos^4\theta_B}$$

$$+\underline{(\gamma-1)g^2k^3k_zv_A^2(\widehat{\boldsymbol{B}}_0\cdot\hat{\boldsymbol{z}})\cos\theta_B}=0$$

下划线 (_____) 的三项之和为 A,

$$A=-\omega^2[(c_s^2+v_A^2)k^4v_A^2\cos^2\theta_B-c_s^2v_A^2k^4\cos^2\theta_B+(1/\omega^2)k^6c_s^2v_A^4\cos^4\theta_B]$$

假如近似有 $c_s\approx v_A$, 中括号中的第三项 $(1/\omega^2)k^6c_s^2v_A^4\cos^4\theta_B$, 利用 $\omega=kc_s$ 代入, 有 $k^4v_A^4\cos^4\theta_B\ll$ 前两项. 因为 $\cos^4\theta_B\ll\cos^2\theta_B$, 所以 $A\approx-\omega^2c_s^2k^4v_A^2\cos^2\theta_B$.

波浪线 (~~~~~) 所示各项之和为 B,

$$\begin{aligned}B=&\ \omega^2(\gamma-1)g^2k_z^2-\omega^2(\gamma-1)g^2k^2-(\gamma-1)g^2k^3k_zv_A^2(\widehat{\boldsymbol{B}}_0\cdot\hat{\boldsymbol{z}})\cos\theta_B\\&-(\gamma-1)g^2k^4v_A^2\cos^2\theta_B\\&+(\gamma-1)g^2k^2k_z^2v_A^2\cos^2\theta_B+(\gamma-1)g^2k^3k_zv_A^2(\widehat{\boldsymbol{B}}_0\cdot\hat{\boldsymbol{z}})\cos\theta_B\end{aligned}$$

利用 $\omega/k=c_s\approx v_A$,

$$\begin{aligned}B=&-\omega^2(\gamma-1)g^2(k^2-k_z^2)-\omega^2(\gamma-1)g^2\frac{kk_z}{\omega^2/k^2}v_A^2(\widehat{\boldsymbol{B}}_0\cdot\hat{\boldsymbol{z}})\cos\theta_B\\&-\omega^2(\gamma-1)g^2\frac{k^2}{\omega^2/k^2}v_A^2\cos^2\theta_B+\omega^2(\gamma-1)g^2\frac{k_z^2}{\omega^2/k^2}v_A^2\cos^2\theta_B\\&+\omega^2(\gamma-1)g^2\frac{kk_z}{\omega^2/k^2}v_A^2(\widehat{\boldsymbol{B}}_0\cdot\hat{\boldsymbol{z}})\cos\theta_B\end{aligned}$$

$\widehat{\boldsymbol{B}}_0\cdot\hat{\boldsymbol{z}}=\cos\theta_z$, $\cos^2\theta_B$ 及 $\cos\theta_z\cdot\cos\theta_B\ll1$, 相关项的系数量级为 $\omega^2g^2k^2$, 所以包含 $\cos^2\theta_B$ 及 $\cos\theta_z\cos\theta_B$, 各项相比于 $\omega^2(\gamma-1)g^2(k^2-k_z^2)$ 可忽略,

$$B\approx-\omega^2(\gamma-1)g^2(k^2-k_z^2)$$

最后实数项之和为

$$-\omega^6+\omega^4k^2(c_s^2+v_A^2)-\omega^2c_s^2k^4v_A^2\cos^2\theta_B-\omega^2(\gamma-1)g^2(k^2-k_z^2)=0$$

$$\omega^4 - \omega^2 k^2(c_s^2 + v_A^2) + k^2 c_s^2 N^2 \sin^2\theta_g + k^4 c_s^2 v_A^2 \cos^2\theta_B = 0 \tag{4.8-4}$$

($N = (\gamma - 1)^{1/2} g/c_s$ 为平衡温度均匀时 (不随高度而变) 的 Brunt 频率.)

4.9　5 分钟振荡

(1) Leighton (1960) 发现宁静太阳表面 (光球和低层色球) 区域, 有上下振荡, 周期约为 5 分钟. 这些区域明显不同于米粒组织, 它由正弦波包组成, 典型的情况是有 4—5 个周期 (有时可高达 9 个周期), 波包被振幅较低的噪声间隔分开 (图 4.15). 值得注意的是, 振荡开始和结束时, 振幅是小的. 平均而言, 波包的持续期为 23 分钟, 偶尔可长达 50 分钟. 接连的波包似乎不相关.

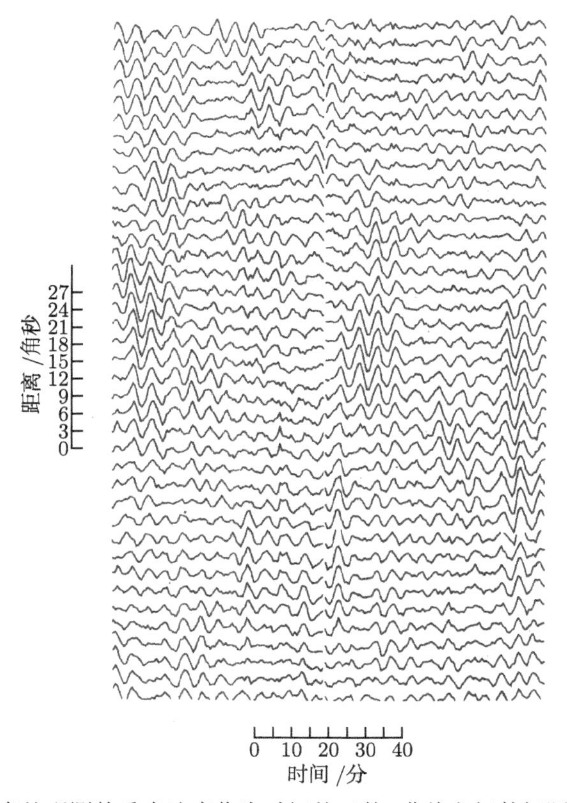

图 4.15　光球多处观测的垂直速度作为时间的函数, 曲线之间的间隔为 3 角秒 (约 2200 公里), 相邻曲线间速度差为 0.4 km·s^{-1}

(2) 振荡区域均匀分布于日面, 大约占日面的 2/3 区域, 任何时候都会出现振荡, 速度振幅约在 0.1—1.6 km·s^{-1}, 光球上的典型值为 0.4 km·s^{-1}. 随高度缓慢增加, 但波能却减少, 接近日面边缘时, 速度振幅减少, 表明振荡主要在垂直方向. 光球上还存在周期只有 15 秒的短周期振荡, 速度振幅为 0.1 至 0.2 $\mathrm{km \cdot s^{-1}}$.

(3) 振荡有一个大的频率范围, 从 150 秒至 400 秒. 但谱的峰值位于 300 秒处. 较高的频率 ($\lesssim$ 150 秒) 可在色球中观测到, 频率随高度增加而且变得重要. (非周期的) 较低的频率在光球中占主导地位. 随高度增加, 低频的重要性相对减弱.

(4) 典型的水平方向波长为 5000 至 10000 公里, 显然大于一个米粒的宽度. 从图 4.15 可清楚看到许多振荡的相位是相同的, 也即一个超米粒大小的区域好像振荡是相干的, 且振幅受到调制. 振幅相干的水平尺度在 5000 至 10000 公里之间, 而相位相干的尺度达 30000 公里.

(5) 观测到的垂直方向向上的相速度 30 至 100 $\mathrm{km \cdot s^{-1}}$. 水平方向的相速度大小与此相同. 也观测到亮度 (从而温度) 的振荡. 当亮度的极大相位超前向上运动的速度极大的相位 $\dfrac{\pi}{2}$ 时, 据此可以作为前进波不存在的理由. 至少在光球上, 不同高度上的速度振荡没有相位差, 这意味着波是驻定的, 而不在行进. 功率谱的分析表明功率集中于脊状区.

(6) 色球上, 太阳表面的不同区域振荡周期不同. 振荡周期有一个大的范围, 从小于 30 秒到大于 400 秒. 但功率集中于 300 秒附近. 虽然光球的 5 分钟振荡明显是不传播的, 但色球上的 $\leqslant$ 5 分钟的振荡看来大致以声速向上传播. 在过渡区有 2 至 3 $\mathrm{km \cdot s^{-1}}$ 的涨落, 没有确定的周期. 不过涨落间的平均时间约为 5 分钟. 这可能表明振荡依然存在, 但通过在不均匀的色球中的传播, 周期性已遭到破坏.

(7) 将来值得研究的课题.

(i) 最令人感兴趣的新课题: 日震.

利用总压力和重力探测太阳内部, 确定对流区的深度、转动随深度的变化, 以及确定巨流体元和大尺度磁场的存在.

(ii) 局域磁场变化的测量.

(iii) 针对磁场有重要作用的区域, 进一步构建合理的模型和发展有关振荡的理论.

4.10 不均匀介质中的波和磁界面的表面波

本章大部分的分析基于波在均匀介质中传播的假设. 当波长 λ 远小于介质中物理量变化的特征长度 l_0 时, 这种假设是合理的, 按均匀介质处理, 数学上的优点是扰动量的偏微分方程组 [从 (4.1-8) 式至 (4.1-13) 式] 可简化为代数方程 [(4.1-16) 式或 (4.1-17) 式], 从而方便地得到色散关系. 但是当 $\lambda \gtrsim l_0$ 时, 介质的不均匀性决定了扰动的结构. 现在扰动不再能假定为正弦形的. 例如, 介质在 z 方向有结构, 扰动方程简化为自变量为 z 的常微分方程, 在一定边界条件下, 确定在 x, y 方向设为正弦变化的色散关系 $\omega=\omega(k_x,k_y)$, 以及扰动在 z 方向的结构. 然而复杂的情况是, 即除了离散谱外, 还出现连续谱的模式. 当微分方程在所考虑的区间出现奇异时, 就会出现上述的复杂性. 不均匀的太阳大气中的长波扰动的研究, 刚刚起步, 但十分重要, 将来很可能受到重视.

在太阳中引起不均匀性的主要因素是重力和磁场. 重力使指向太阳中心的压力增加, 磁场及相关的 Lorentz 力使等离子体在垂直磁场方向上的受力增加, 指向磁通量变小的方向.

不均匀性引入几个新的效应:

(i) 放大——传播过程中波幅可能增大 (或减小).

(ii) 暂态——时间振荡型的扰动, 在一个区域内的振荡可能会有类似波的特征, 但在另一个区域可能变成短暂存在和指数衰减.

(iii) 表面波——基态的不连续性除均匀介质中存在的体波外, 可能引起附加的表面波, 该波从界面起, 随距离而衰减.

(iv) 波的空间梯度的增加可能最终导致衰减.

(v) 不同模式的波可能线性或非线性地耦合.

我们仅对磁界面作一些讨论.

1. *磁流体力学方程*

我们的兴趣在于磁结构对理想气体中传播的波的影响 (Roberts, 1981). 忽略重力, 假定气体的基态有磁场 $B_0(x)\hat{\boldsymbol{z}}$, 取直角坐标系, 磁场依赖于 x, 等离子体静止, $p_0(x)$ 和 $\rho_0(x)$ 即基态的压强、密度, 均与 x 有关 (密度 ρ_0 不是常数).

压力平衡:

$$\frac{\mathrm{d}}{\mathrm{d}x}\left(p_0+\frac{1}{2\mu}B_0^2\right)=0 \tag{4.10-1}$$

下标不为 “0” 的是小扰动量, 是坐标 (x,y,z) 和时间 t 的函数. 由基态方程组可推得小扰动的线性化方程组:

$$\frac{\partial\rho_1}{\partial t}+\boldsymbol{\nabla}\cdot(\rho_0\boldsymbol{v}_1)=0 \tag{4.10-2}$$

$$\rho_0\frac{\partial\boldsymbol{v}_1}{\partial t}=-\boldsymbol{\nabla}\left(p_1+\frac{1}{\mu}\boldsymbol{B}_0\cdot\boldsymbol{b}_1\right)+\frac{1}{\mu}(\boldsymbol{B}_0\cdot\boldsymbol{\nabla})\boldsymbol{b}_1+\frac{1}{\mu}(\boldsymbol{b}_1\cdot\boldsymbol{\nabla})\boldsymbol{B}_0 \tag{4.10-3}$$

$$\frac{\partial\boldsymbol{b}_1}{\partial t}=\boldsymbol{\nabla}\times(\boldsymbol{v}_1\times\boldsymbol{B}_0) \tag{4.10-4}$$

$$\frac{\partial p_1}{\partial t}+\boldsymbol{v}_1\cdot\boldsymbol{\nabla}p_0=c_s^2\left(\frac{\partial\rho_1}{\partial t}+\boldsymbol{v}_1\cdot\boldsymbol{\nabla}\rho_0\right) \tag{4.10-5}$$

(4.10-5) 式从能量方程

$$\frac{\mathrm{D}p}{\mathrm{D}t}-\frac{\gamma p}{\rho}\frac{\mathrm{D}\rho}{\mathrm{D}t}=0$$

得到, 已利用了等熵条件, 即令耗损函数 $\mathscr{L}=0$. 对能量方程组采用小扰动线性化的方法:

$$\frac{\partial p_1}{\partial t}+\boldsymbol{v}_1\cdot\boldsymbol{\nabla}p_0=c_0^2\left(\frac{\partial\rho_1}{\partial t}+\boldsymbol{v}_1\cdot\boldsymbol{\nabla}\rho_0\right)$$

$$c_s(x)^2=\frac{\gamma p_0}{\rho_0},\qquad \text{声速}$$

引入变量 $\Delta=\boldsymbol{\nabla}\cdot\boldsymbol{v}_1$, $\Gamma=\partial v_z/\partial z$,

$$p_T=p_1+\frac{1}{\mu}B_0b_z \tag{4.10-6}$$

这里 $\boldsymbol{v}_1=(v_x,v_y,v_z)$, $\boldsymbol{b}_1=(b_x,b_y,b_z)$.

$$\text{(4.10-2)}\ \Rightarrow\frac{\partial\rho_1}{\partial t}+\rho_0\boldsymbol{\nabla}\cdot\boldsymbol{v}_1+\boldsymbol{v}_1\cdot\boldsymbol{\nabla}\rho_0=\frac{\partial\rho_1}{\partial t}+\rho_0\Delta+\boldsymbol{v}_1\cdot\boldsymbol{\nabla}\rho_0=0$$

$$\Rightarrow\frac{\partial\rho_1}{\partial t}+\boldsymbol{v}_1\cdot\boldsymbol{\nabla}\rho_0=-\rho_0\Delta$$

代到 (4.10-5) 的右边,

$$\frac{\partial p_1}{\partial t}=-c_s^2\rho_0\Delta-v_x\frac{\mathrm{d}p_0(x)}{\mathrm{d}x} \tag{4.10-7}$$

$$\begin{aligned}\text{(4.10-4)}\ \Rightarrow\ \frac{\partial\boldsymbol{b}_1}{\partial t}&=\boldsymbol{\nabla}\times(\boldsymbol{v}_1\times\boldsymbol{B}_0)\\&=\boldsymbol{v}_1\boldsymbol{\nabla}\cdot\boldsymbol{B}_0-\boldsymbol{B}_0\boldsymbol{\nabla}\cdot\boldsymbol{v}_1+(\boldsymbol{B}_0\cdot\boldsymbol{\nabla})\boldsymbol{v}_1-(\boldsymbol{v}_1\cdot\boldsymbol{\nabla})\boldsymbol{B}_0\\&=-\boldsymbol{B}_0\Delta+B_0\frac{\partial\boldsymbol{v}_1}{\partial z}-v_x\frac{\mathrm{d}\boldsymbol{B}_0}{\mathrm{d}x}\end{aligned}$$

写成分量式:

$$\frac{\partial b_x}{\partial t}=B_0\frac{\partial v_x}{\partial z}$$

$$\frac{\partial b_y}{\partial t}=B_0\frac{\partial v_y}{\partial z}$$

$$\frac{\partial b_z}{\partial t}=-B_0\Delta+B_0\frac{\partial v_z}{\partial z}-v_x\frac{\mathrm{d}B_0}{\mathrm{d}x}=B_0(\Gamma-\Delta)-\frac{\mathrm{d}B_0}{\mathrm{d}x}v_x \tag{4.10-8}$$

(4.10-6) 式两边对 t 求偏导数,

$$\frac{\partial p_T}{\partial t}=\frac{\partial p_1}{\partial t}+\frac{1}{\mu}B_0\frac{\partial b_z}{\partial t}$$

将 (4.10-7), (4.10-8) 式代入上式,

$$\begin{aligned}\frac{\partial p_T}{\partial t}&=-c_s^2\rho_0\Delta-v_x\frac{\mathrm{d}p_0(x)}{\mathrm{d}x}+\frac{1}{\mu}B_0\left[B_0(\Gamma-\Delta)-\frac{\mathrm{d}B_0}{\mathrm{d}x}v_x\right]\\&=\rho_0[v_A^2\Gamma-(c_s^2+v_A^2)\Delta]\qquad\text{(已利用了 (4.10-1) 式)}\\v_A^2(x)&=\frac{B_0^2}{\mu\rho_0}\end{aligned}$$

(4.10-3) 式的 x 分量:

$$\rho_0\frac{\partial v_x}{\partial t}=-\frac{\partial}{\partial x}\left(p_1+\frac{1}{\mu}B_0b_z\right)+\frac{1}{\mu}B_0\frac{\partial}{\partial z}b_x\qquad(\boldsymbol{B}_0=B_0(x)\hat{\boldsymbol{z}})$$

对 t 求导,

$$\begin{aligned}\rho_0\frac{\partial^2v_x}{\partial t^2}&=-\frac{\partial}{\partial x}\frac{\partial p_T}{\partial t}+\frac{1}{\mu}B_0\frac{\partial}{\partial z}\frac{\partial b_x}{\partial t}\qquad\text{(已利用了 (4.10-6) 式)}\\&=-\frac{\partial}{\partial x}[\rho_0v_A^2\Gamma-\rho_0(c_s^2+v_A^2)\Delta]\\&\quad+\frac{1}{\mu}B_0\frac{\partial}{\partial z}\left(B_0\frac{\partial v_x}{\partial z}\right)\qquad\text{(利用了 (4.10-8) 式)}\end{aligned}$$

$$\rho_0\left(\frac{\partial^2}{\partial t^2}-v_A^2\frac{\partial^2}{\partial z^2}\right)v_x=\frac{\partial}{\partial x}[\rho_0(c_s^2+v_A^2)\Delta-\rho_0v_A^2\Gamma]\tag{4.10-9}$$

注意: ρ_0, c_s, v_A 均为 x 的函数, Δ 和 Γ 是 (x,y,z,t) 的函数.

同理, 有 y 分量式

$$\rho_0\left(\frac{\partial^2}{\partial t^2}-v_A^2\frac{\partial^2}{\partial z^2}\right)v_y=\frac{\partial}{\partial y}[\rho_0(c_s^2+v_A^2)\Delta-\rho_0v_A^2\Gamma]\tag{4.10-10}$$

z 分量式

$$\begin{aligned}\rho_0\frac{\partial^2v_z}{\partial t^2}&=-\frac{\partial}{\partial z}\frac{\partial p_T}{\partial t}+\frac{1}{\mu}B_0\frac{\partial}{\partial z}\frac{\partial b_z}{\partial t}+\frac{1}{\mu}\frac{\partial b_x}{\partial t}\frac{\mathrm{d}B_0}{\mathrm{d}x}\\&=-\rho_0\left[v_A^2\frac{\partial\Gamma}{\partial z}-v_A^2\frac{\partial\Gamma}{\partial z}\right]+\rho_0c_s^2\frac{\partial\Delta}{\partial z}+\rho_0\left(v_A^2\frac{\partial\Delta}{\partial z}-v_A^2\frac{\partial\Delta}{\partial z}\right)\end{aligned}$$

$$= \rho_0 c_s^2 \frac{\partial \Delta}{\partial z} \tag{4.10-11}$$

扰动量 $\boldsymbol{v}_1 = (v_x, v_y, v_z)$, $\boldsymbol{b}_1 = (b_x, b_y, b_z)$, p_1 均为下列二维平面波形式, 振幅为 x 的函数,

$$v_x = \hat{v}_x(x) \mathrm{e}^{i(\omega t + k_y y + k_z z)}, \quad p_1 = \hat{p}_1(x) \mathrm{e}^{i(\omega t + k_y y + k_z z)}$$

$\hat{v}_x(x)$, $\hat{p}_1(x)$ 为扰动振幅, 振幅只是 x 的函数.

$$\begin{aligned}\Delta = \nabla \cdot \boldsymbol{v}_1 &= \frac{\partial v_x}{\partial x} + \frac{\partial v_y}{\partial y} + \frac{\partial v_z}{\partial z} \\ &= \left[\frac{\mathrm{d}\hat{v}_x(x)}{\mathrm{d}x} + i k_y \hat{v}_y(x) + i k_z \hat{v}_z(x) \right] \mathrm{e}^{i(\omega t + k_y y + k_z z)} \\ \Gamma = \frac{\partial v_z}{\partial z} &= i k_z \hat{v}_z(x) \mathrm{e}^{i(\omega t + k_y y + k_z z)}\end{aligned}$$

代入 (4.10-9),

$$(-\omega^2 + k_z^2 v_A^2) \rho_0 \hat{v}_x(x) = \frac{\partial}{\partial x} \left[\rho_0 (c_s^2 + v_A^2) \left(\frac{\mathrm{d}\hat{v}_x(x)}{\mathrm{d}x} + i k_y \hat{v}_y(x) \right) + i k_z \rho_0 c_s^2 \hat{v}_z(x) \right] \tag{4.10-12}$$

扰动量代入 (4.10-10),

$$(k_z^2 v_A^2 - \omega^2) \hat{v}_y(x) = (c_s^2 + v_A^2) \left(i k_y \frac{\mathrm{d}\hat{v}_x(x)}{\mathrm{d}x} - k_y^2 \hat{v}_y(x) \right) - c_s^2 k_y k_z \hat{v}_z(x) \tag{4.10-13}$$

扰动量代入 (4.10-11),

$$-\omega^2 \hat{v}_z(x) = c_s^2 \left[i k_z \frac{\mathrm{d}\hat{v}_x(x)}{\mathrm{d}x} - k_y k_z \hat{v}_y(x) - k_z^2 \hat{v}_z(x) \right] \tag{4.10-14}$$

从 (4.10-14) 解出

$$\hat{v}_z(x) = \frac{c_s \left[i k_z \frac{\mathrm{d}\hat{v}_x(x)}{\mathrm{d}x} - k_y k_z \hat{v}_y(x) \right]}{c_s^2 k_z^2 - \omega^2} \tag{4.10-15}$$

将 (4.10-15) 代入 (4.10-13),

$$\begin{aligned}&\left[k_z^2 v_A^2 - \omega^2 + k_y^2 (c_s^2 + v_A^2) - \frac{c_s^4 k_y^2 k_z^2}{c_s^2 k_z^2 - \omega^2} \right] \hat{v}_y(x) \\ &= \left[i k_y (c_s^2 + v_A^2) - \frac{i k_y k_z^2 c_s^4}{c_s^2 k_z^2 - \omega^2} \right] \frac{\mathrm{d}\hat{v}_x(x)}{\mathrm{d}x}\end{aligned}$$

解出

$$\hat{v}_y(x)=\frac{ik_y[v_A^2c_s^2k_z^2-(c_s^2+v_A^2)\omega^2]}{(k_z^2v_A^2-\omega^2)(k_z^2c_s^2-\omega^2)+k_y^2[v_A^2c_s^2k_z^2-(c_s^2+v_A^2)\omega^2]}\frac{\mathrm{d}\hat{v}_x(x)}{\mathrm{d}x}$$

令 $c_T^2(x)=\dfrac{c_s^2(x)v_A^2(x)}{c_s^2(x)+v_A^2(x)}$, 则

$$\text{上式}=\frac{ik_y(c_s^2+v_A^2)(k_z^2c_T^2-\omega^2)}{(k_z^2v_A^2-\omega^2)(k_z^2c_s^2-\omega^2)+k_y^2(c_s^2+v_A^2)(k_z^2c_T^2-\omega^2)}\frac{\mathrm{d}\hat{v}_x(x)}{\mathrm{d}x}$$

令 $m_0^2=\dfrac{(k_z^2c_s^2(x)-\omega^2)(k_z^2v_A^2(x)-\omega^2)}{(c_s^2+v_A^2)(k_z^2c_T^2(x)-\omega^2)}$, 则

$$\hat{v}_y(x)=\frac{ik_y}{m_0^2+k_y^2}\frac{\mathrm{d}\hat{v}_x(x)}{\mathrm{d}x}$$

代入 (4.10-15),

$$\hat{v}_z(x)=\frac{ik_zc_s^2}{k_z^2c_s^2-\omega^2}\frac{m_0^2}{m_0^2+k_y^2}\frac{\mathrm{d}\hat{v}_x(x)}{\mathrm{d}x}$$

将 $\hat{v}_y(x)$, $\hat{v}_z(x)$ 代入 (4.10-12),

$$\begin{aligned}(k_z^2v_A^2-\omega^2)\rho_0\hat{v}_x(x)&=\frac{\partial}{\partial x}\left[\rho_0(c_s^2+v_A^2)\left(\frac{\mathrm{d}\hat{v}_x(x)}{\mathrm{d}x}+ik_y\frac{ik_y}{m_0^2+k_y^2}\frac{\mathrm{d}\hat{v}_x(x)}{\mathrm{d}x}\right)\right.\\&\qquad\left.+ik_z\rho_0c_s^2\frac{ik_zc_s^2}{k_z^2c_s^2-\omega^2}\frac{m_0^2}{m_0^2+k_y^2}\frac{\mathrm{d}\hat{v}_x(x)}{\mathrm{d}x}\right]\\&=\frac{\mathrm{d}}{\mathrm{d}x}\left[\rho_0\frac{k_z^2v_A^2-\omega^2}{m_0^2+k_y^2}\frac{\mathrm{d}\hat{v}_x(x)}{\mathrm{d}x}\right]\end{aligned}$$

其中利用了 $m_0^2(c_s^2+v_A^2)(k_z^2c_T^2-\omega^2)=(k_z^2c_s^2-\omega^2)(k_z^2v_A^2-\omega^2)$.

$$\frac{\mathrm{d}}{\mathrm{d}x}\left[\frac{\rho_0(x)(k_z^2v_A^2(x)-\omega^2)}{m_0^2+k_y^2}\frac{\mathrm{d}\hat{v}_x(x)}{\mathrm{d}x}\right]-\rho_0(x)(k_z^2v_A^2(x)-\omega^2)\hat{v}_x(x)=0 \quad (4.10\text{-}16)$$

记 $\rho_0(x)(\omega^2-k_z^2v_A^2(x))=\varepsilon(x)$, $\hat{v}_x(x)=v_{1x}$ (速度扰动的振幅)

$$\frac{\mathrm{d}}{\mathrm{d}x}\left[\frac{\varepsilon(x)}{k_y^2+m_0^2(x)}\frac{\mathrm{d}v_{1x}(x)}{\mathrm{d}x}\right]=\varepsilon(x)v_{1x}(x) \quad (4.10\text{-}17)$$

因为 B_0, ρ_0 和 p_0 均为 x 的函数, 所以 ε, m_0, v_A, c_s 和 c_T 都是 x 的函数. 下面的 (4.10-18) 式为 (4.10-17) 式的另一种表达式. 因为 $k_x=0$, $k^2=k_z^2+k_y^2$,

$\cos\theta_B = k_z/k$, 利用磁声波色散关系式 (4.8-3), (4.10-17) 式可改写为

$$\frac{\mathrm{d}}{\mathrm{d}x}\left[\frac{(\omega^2-\omega_A^2)(\omega^2-\omega_T^2)}{(\omega^2-\omega_+^2)(\omega^2-\omega_-^2)}(c_{s0}^2+v_A^2)\rho_0\frac{\mathrm{d}v_{1x}}{\mathrm{d}x}\right] = -(\omega^2-\omega_A^2)\rho_0 v_{1x} \qquad (4.10\text{-}18)$$

其中 $\omega_A = k_z v_A$, $\omega_T = k_z c_T$; ω_+ 和 ω_- 分别为磁声波的快波和慢波的频率.

磁场不均匀时, 即磁场随 x 而变, 这时, 一般而言, 扰动速度 v_1 不再是 x 的正弦类函数, 扰动振幅满足 (4.10-18) 式. 函数 $m_0^2(x)$ 可正可负, 因为相速度 ω/k_z 在 c_s, v_A 和 c_T 附近, 可能使 m_0^2 变号, c_T 代表沿磁场方向的慢磁声波的相速 ($\theta_B = 0$).

2. 简化方程的两个例子

(1) 基态为均匀, ε 和 m_0 为常数, 可重获以前的结果 (4.3.1 节, 4.6 节).

(i) $\varepsilon = 0$,

$$\rho_0(x)(\omega^2 - k_z^2 v_A^2) = 0$$

$$\omega^2 = k_z^2 v_A^2 = k^2 v_A^2 \cos^2\theta_B$$

(ii) 扰动量 v_{1x}, 设振幅部分 $v_{1x}(x) \sim \mathrm{e}^{ik_x x}$, 代入 (4.10-17) 式:

$$\frac{\mathrm{d}^2 v_{1x}(x)}{\mathrm{d}x^2} = (k_y^2 + m_0^2)v_{1x}(x) \quad (\text{已设 } \varepsilon, m_0 \text{ 为常数})$$

$$k_x^2 + k_y^2 + m_0^2 = 0$$

这正好是磁声波的色散关系 (4.8-3) 式, 证明如下:

$$\omega^4 - \omega^2 k^2(c_s^2 + v_A^2) + c_s^2 v_A^2 k^4 \cos^2\theta_B = 0 \qquad (4.8\text{-}3)$$

$$k_x^2 + k_y^2 = k^2 - k_z^2 = -m_0^2$$

$$m_0^2 = \frac{(k_z^2 c_s^2 - \omega^2)(k_z^2 v_A^2 - \omega^2)}{(c_s^2 + v_A^2)(k_z^2 c_T^2 - \omega^2)} \qquad (= \text{常数})$$

$$(k^2 - k_z^2)(c_s^2 + v_A^2)\left(k_z^2\frac{c_s^2 v_A^2}{c_s^2 + v_A^2} - \omega^2\right) + (k_z^2 c_s^2 - \omega^2)(k_z^2 v_A^2 - \omega^2) = 0$$

$$k^2 k_z^2 c_s^2 v_A^2 - k^2(c_s^2 + v_A^2)\omega^2 + \omega^4 = 0$$

θ_B: $\boldsymbol{B}_0$ 方向与传播方向 $\boldsymbol{k}$ 之间的夹角, $k\cos\theta_B = k_z$,

$$\omega^4 - k^2(c_s^2 + v_A^2)\omega^2 + c_s^2 v_A^2 k^4 \cos^2\theta_B = 0 \qquad (= (4.8\text{-}3) \text{ 式})$$

(2) 横波, ω^2 不是很接近 $k_z^2c_T^2$ (否则 $m_0^2 \to \infty$), 所以 (4.10-17) 式左边不接近零. 对于 Alfvén 和压缩 Alfvén 波扰动, 即 $v_A \gg c_s$, 有 $c_T \sim c_s$, $m_0^2 \approx k_z^2 - \omega^2/v_A^2 \ll k_y^2$. 因为横波 $k_y \gg k_z$, 所以 $k_y \gg m_0$. 方程 (4.10-17) 简化为

$$\frac{\mathrm{d}}{\mathrm{d}x}\left[\frac{\varepsilon(x)}{k_y^2}\frac{\mathrm{d}v_{1x}(x)}{\mathrm{d}x}\right] = \varepsilon(x)v_{1x}(x)$$

3. *磁界面特例*

考虑一个简单的例子, 界面位于 $x=0$ 处, 分隔的两边各为均匀介质

$$B_0(x) = \begin{cases} B_0, & x<0 \\ B_e, & x>0 \end{cases}$$

B_0 和 B_e 均为常数, 假定 $k_y=0$, 则方程 (4.10-17) 简化为: ① $\varepsilon(x)=0$ (显然满足 (4.10-17) 式), 或者 ② 因为均匀介质, c_s, v_A 在 $x<0$ 和 c_e, v_{Ae} 在 $x>0$ 区域内分别为常数, ε, m_0 和 m_e 均匀 (不是 x 的函数), 有

$$\begin{aligned} \frac{\mathrm{d}^2v_{1x}(x)}{\mathrm{d}x^2} &= m_0^2v_{1x}(x) \qquad (x<0) \\ \frac{\mathrm{d}^2v_{1x}(x)}{\mathrm{d}x^2} &= m_e^2v_{1x}(x) \qquad (x>0) \end{aligned} \tag{4.10-19}$$

m_e 的定义类同于 m_0 (仅改变 $c_s \to c_e$, $v_A \to v_{Ae}$, $c_T \to c_{Te}$).

在 $x<0$ 区域, 方程 (4.10-19) 有两类基本解:

(i) 无界状态.

波从负无穷远处传过来 (在界面上会被反射和发射, 现在没有界面). 当 $m_0^2<0$ 时, 有波 $v_{1x} \sim \exp i(-m_0^2)^{1/2}x$ $(x<0)$. 没有界面时, 就是均匀介质中的体波 (通常的波).

(ii) 有界状态.

在 $-\infty$ 处衰减为零, 要求 $m_0^2>0$, 有 $v_{1x} \sim \mathrm{e}^{m_0x}$, 这是表面波, 没有界面就没有表面波.

当 $m_0^2>0$, $m_e^2>0$ 时, (4.10-19) 式存在分离的磁声表面波模式解, 形如

$$v_{1x} \sim \begin{cases} \mathrm{e}^{m_0x}, & x<0 \\ \mathrm{e}^{-m_ex}, & x>0 \end{cases}$$

边界条件: 界面上总压强和 v_{1x} 连续, 由此可导出色散关系.

4. 色散关系

由于 $x<0$ 区域为均匀介质, 于是 ρ_0, c_s, v_A, c_T 均为常数, m_0 不再是 x 的函数, 方程 (4.10-17) 成为

$$(k_z^2v_A^2-\omega^2)\left[\frac{\mathrm{d}^2v_{1x}}{\mathrm{d}x^2}-(m_0^2+k_y^2)v_{1x}\right]=0 \tag{4.10-20}$$

由此解得: $\omega^2=k_z^2v_A^2$, v_{1x} 可取任意值.

Alfvén 波可在 $x<0$ 区域中传播, 除 Alfvén 波外, 还有磁声波, 由下式描述

$$\frac{\mathrm{d}^2v_{1x}(x)}{\mathrm{d}x^2}-(m_0^2+k_y^2)v_{1x}(x)=0 \tag{4.10-21}$$

式中 m_0^2 可正亦可负. 对于 $x>0$, 可定义 m_e^2, 同样用上式描述.

表面波的存在是由于 $B_0(x)$ 的不连续性, 以及 $(k_y^2+m_0^2)$ 和 $(k_y^2+m_e^2)$ 二者均为正. 解 (4.10-21) 式对于 $x<0$ 以及 $x>0$ 处的相应方程:

$$v_{1x}(x)=\begin{cases}\alpha_e\mathrm{e}^{-(m_e^2+k_y^2)^{1/2}x}, & x>0\\ \alpha_0\mathrm{e}^{+(m_0^2+k_y^2)^{1/2}x}, & x<0\end{cases} \tag{4.10-22}$$

$(m_o^2+k_y^2)^{1/2}>0$, $(m_e^2+k_y^2)^{1/2}>0$, (4.10-22) 式中已利用了 $x\to\pm\infty$, $v_{1x}(x)\to 0$, 因此排除了向 $x=\pm\infty$ 处传播的波. 在 $\pm x$ 方向振幅有衰减, 这是表面波. 跨越 $x=0$ 的界面, $v_{1x}(x)$ 和 $\hat{p}_T(x)$ (二者均为扰动振幅) 必须连续 ($p_T(x)=\hat{p}_T(x)\mathrm{e}^{i(\omega t+k_yy+k_zz)}$), 从而有 $\alpha_0=\alpha_e$, 并可得到色散关系.

前已求得 $p_T=p_1+\dfrac{1}{\mu}B_0b_z$ ((4.10-6) 式), (4.10-6) 式两边对时间求导,

$$\frac{\partial p_T}{\partial t}=\rho_0[v_A^2\Gamma-(c_s^2+v_A^2)\Delta] \tag{4.10-1}$$

扰动量代入上式,

$$\begin{aligned}i\omega\hat{p}_T&=\rho_0\left[ik_zv_A^2\hat{v}_z(x)-(c_s^2+v_A^2)\left(\frac{\mathrm{d}\hat{v}_x}{\mathrm{d}x}+ik_y\hat{v}_y+ik_z\hat{v}_z\right)\right]\\&=\rho_0\left[-(c_s^2+v_A^2)\left(\frac{\mathrm{d}\hat{v}_x}{\mathrm{d}x}+ik_y\hat{v}_y\right)-ik_zc_s^2\hat{v}_z\right]\end{aligned}$$

将 $\hat{v}_y=[ik_y/(m_0^2+k_y^2)](\mathrm{d}\hat{v}_x(x)/\mathrm{d}x)$, $\hat{v}_z=[ik_zc_s^2/(k_z^2c_s^2-\omega^2)][m_0^2/(m_0^2+k_y^2)]\mathrm{d}\hat{v}_x(x)/\mathrm{d}x$ 代入上式:

$$i\omega\hat{p}_T=\rho_0\left[-(c_s^2+v_A^2)\left(\frac{\mathrm{d}\hat{v}_x}{\mathrm{d}x}+ik_y\frac{ik_y}{m_0^2+k_y^2}\frac{\mathrm{d}\hat{v}_x}{\mathrm{d}x}\right)-ik_zc_s^2\frac{ik_zc_s^2}{k_z^2c_s^2-\omega^2}\frac{m_0^2}{m_0^2+k_y^2}\frac{\mathrm{d}\hat{v}_x}{\mathrm{d}x}\right]$$

$$= \rho_0 \frac{m_0^2}{m_0^2+k_y^2} \frac{(c_s^2+v_A^2)(\omega^2-k_z^2c_T^2)}{k_z^2c_s^2-\omega^2} \frac{\mathrm{d}\hat{v}_x}{\mathrm{d}x}$$

$$\hat{p}_T(x) = \frac{i\rho_0}{\omega} \frac{m_0^2}{m_0^2+k_y^2}(c_s^2+v_A^2) \frac{k_z^2c_T^2-\omega^2}{k_z^2c_s^2-\omega^2} \frac{\mathrm{d}\hat{v}_x}{\mathrm{d}x}$$

在 $x=0$ 处, 两边 $\hat{p}_T(x)$ 相等 (前面的推导中, 已令 $v_{1x}(x)=\hat{v}_x$), (4.10-22) 式对 x 求导, 代入上式, 有

$$\frac{i\rho_0}{\omega} \frac{m_0^2}{m_0^2+k_y^2}(c_s^2+v_A^2) \frac{k_z^2c_T^2-\omega^2}{k_z^2c_0^2-\omega^2}(m_0^2+k_y^2)^{1/2}$$
$$= -\frac{i\rho_e}{\omega} \frac{m_e^2}{m_e^2+k_y^2}(c_e^2+v_{Ae}^2) \frac{k_z^2c_{Te}^2-\omega^2}{k_z^2c_e^2-\omega^2}(m_e^2+k_y^2)^{1/2}$$

根据 m_0^2 的表达式可得: $m_0^2(c_s^2+v_A^2)(k_z^2c_T^2-\omega^2)=(k_z^2c_s^2-\omega^2)(k_z^2v_A^2-\omega^2)$, m_e^2 也有类似表达式, 一起代入上式得

$$\rho_0 \frac{k_z^2v_A^2-\omega^2}{(m_0^2+k_y^2)^{1/2}} = -\rho_e \frac{k_z^2v_{Ae}^2-\omega^2}{(m_e^2+k_y^2)^{1/2}}$$

$$\rho_0(k_z^2v_A^2-\omega^2)(m_e^2+k_y^2)^{1/2} = -\rho_e(k_z^2v_{Ae}^2-\omega^2)(m_0^2+k_y^2)^{1/2} \tag{4.10-23}$$

(4.10-23) 式可再写成

$$\frac{\omega^2}{k_z^2} = v_A^2 - \frac{R}{R+1}(v_A^2-v_{Ae}^2) = v_{Ae}^2 + \frac{1}{R+1}(v_A^2-v_{Ae}^2) \tag{4.10-24}$$

式中

$$R = \frac{\rho_e}{\rho_0}\left(\frac{m_0^2+k_y^2}{m_e^2+k_y^2}\right)^{1/2}$$

当 $k_y=0$ 时, (4.10-23) 式简化为 (y 方向没有波, 波只在 xz 平面传播)

$$v_{1x}(x) = \begin{cases} \alpha_e \mathrm{e}^{-m_e x}, & x>0 \\ \alpha_0 \mathrm{e}^{m_0 x}, & x<0 \end{cases}$$

(4.10-24) 式成为 $R=(\rho_e/\rho_0)m_0/m_e$, 因为已设 $k_y=0$, 所以 $k=k_z$, 有色散关系

$$\frac{\omega^2}{k^2} = v_A^2 - \frac{\dfrac{\rho_e}{\rho_0}\dfrac{m_0}{m_e}}{\dfrac{\rho_e}{\rho_0}\dfrac{m_0}{m_e}+1}(v_A^2-v_{Ae}^2) = v_A^2 - \frac{\rho_e m_0}{\rho_e m_0+\rho_0 m_e}(v_A^2-v_{Ae}^2) \tag{4.10-25}$$

这时的表面波只在 xz 平面内, x 方向的特征长度为 $1/m_0$ 和 $1/m_e$.

讨论:

(a) 由 (4.10-24) 式 (没有设 $k_y=0$), 可知表面波的相速度

$$v_p^2=\frac{\omega^2}{k_z^2}=v_A^2-\frac{R}{R+1}(v_A^2-v_{Ae}^2)=v_{Ae}^2+\frac{1}{R+1}(v_A^2-v_{Ae}^2)$$

当 $v_A>v_{Ae}$ 时, 有 $v_p<v_A$ 及 $v_p>v_{Ae}$, 所以 $v_{Ae}<v_p<v_A$.

当 $v_A<v_{Ae}$ 时, 有 $v_p>v_A$ 及 $v_p<v_{Ae}$, 所以 $v_A<v_p<v_{Ae}$.

表面波相速度在两种介质中总在 Alfvén 速度 v_A, v_{Ae} 之间.

(b) 当 $x>0$ 处介质 $B_e=0$ 时, (4.10-25) 式简化为

$$\frac{\omega^2}{k_z^2}=\frac{\rho_0 m_e}{\rho_0 m_e+\rho_e m_0}v_A \tag{4.10-26}$$

这时

$$\begin{aligned}
&v_{Ae}=0\\
&m_e^2=\frac{(k_z^2c_e^2-\omega^2)(k_z^2v_{Ae}^2-\omega^2)}{(c_e^2+v_{Ae}^2)(k_z^2c_{Te}^2-\omega^2)}=k_z^2-\frac{\omega^2}{c_e^2}\\
&c_{Te}^2=\frac{c_e^2v_{Ae}^2}{c_e^2+v_{Ae}^2}=0
\end{aligned}$$

(c) 相速度在 v_A 和 v_{Ae} 之间是根据 (4.10-24) 式得出的, 但是并不仅只此一种模式. 在特定条件下, 磁界面会导致快、慢两种模式的表面波. (在后面的讨论中会提及)

5. 色散关系 (4.10-23), (4.10-24) 的特例

(1) 从 (4.10-24) 式出发, 考虑剪切波, 主要沿界面上的 y 轴传播, 因此 $k_y^2\gg k_z^2$. 假设 $k_y^2\gg m_0^2,m_e^2$, 设 $\omega^2\neq k_z^2c_T^2$ (如果 $\omega^2\approx k_z^2c_T^2$, 则 m_0^2 的分母趋于零 $m_0^2\to\infty$), $R\approx\rho_e/\rho_0$, 色散关系简化为

$$\frac{\omega^2}{k_z}\approx\frac{\rho_0v_A^2+\rho_ev_{Ae}^2}{\rho_0+\rho_e} \tag{4.10-27}$$

以上推导中, 并没有用到不可压缩条件 ($\Delta=\boldsymbol{\nabla}\cdot\boldsymbol{v}_1\neq0$), 所以 (4.10-27) 式描述了可压缩磁声表面波.

(4.10-27) 式也是不可压缩流体 ($\gamma\to\infty$) 极限下 (4.10-23) 式的简化, 这可从下述证明中看出. 因为 $\gamma\to\infty$, $c_s=c_e\to\infty$, 所以

$$m_0^2 = \frac{(k_z^2 c_s^2 - \omega^2)(k_z^2 v_A^2 - \omega^2)}{(c_s^2 + v_A^2)(k_z^2 c_T^2 - \omega^2)} \quad \left(\text{式中 } c_T^2 = \frac{c_s^2 v_A^2}{c_s^2 + v_A^2} \to v_A^2 \ (c_s \to \infty)\right)$$
$$\approx \frac{k_z^2 c_s^2 - \omega^2}{c_s^2} \approx k_z^2$$

同理 $m_e^2 \approx k_z^2$, 将 m_0^2, m_e^2 代入 (4.10-23) 式,

$$\rho_0(k_z^2 v_A^2 - \omega^2)(k_z^2 + k_y^2)^{1/2} = -\rho_e(k_z^2 v_{Ae}^2 - \omega^2)(k_z^2 + k_y^2)^{1/2}$$
$$\frac{\omega^2}{k_z^2} = \frac{\rho_0 v_A^2 + \rho_e v_{Ae}^2}{\rho_0 + \rho_e}$$

因此扰动的传播就是不可压缩的 Alfvén 表面波.

总之, ① 设 $k_y \gg k_z$ 沿 y 轴传播, 从而 $k_y \gg m_0$, 从 m_e 可得到可压缩磁声表面波; ② 不可压缩流体 $(\gamma \to \infty)$, 得到不可压缩 Alfvén 表面波, 色散关系相同.

(2) 当界面两侧的介质 β 小时, 有 $v_A \gg c_s$, $v_{Ae} \gg c_e$,

$$m_0^2 = \frac{(k_z^2 c_s^2 - \omega^2)(k_z^2 v_A^2 - \omega^2)}{(c_s^2 + v_A^2)(k_z^2 c_T^2 - \omega^2)} \approx k_z^2 - \frac{\omega^2}{v_A^2}$$
$$m_e^2 \approx k_z^2 - \frac{\omega^2}{v_{Ae}^2}$$

假设 $k_y \gg k_z$, 从而有 $k_y^2 > m_0^2, m_e^2$, 由 (4.10-23) 式得到

$$\frac{\omega^2}{k_z^2} = \frac{\rho_0 v_A^2 + \rho_e v_{Ae}^2}{\rho_0 + \rho_e}$$

(条件是 $k_y^2 \gg k_z^2$, $k_y^2 \gg m_0^2, m_e^2$, 尚未利用 β 小的条件). 界面上压强平衡: $p_0 + B_0^2/2\mu = p_e + B_e^2/2\mu$, 因为 β 小, 所以有 $\rho_0 v_A^2 = \rho_e v_{Ae}^2$,

$$\frac{\omega^2}{k_z^2} = \frac{2\rho_0 v_A^2}{\rho_0 + \rho_e}$$

(3) 从讨论 (a) 中已知表面波的相速度在 v_A 和 v_{Ae} 之间, 可以推得 ω^2 位于 $k_z^2 v_{Ae}^2$ 及 $k_z^2 v_A^2$ 之间时, m_0^2, m_e^2 不能同时为正, 因此不会两侧都有表面波 (参考 (4.10-22) 式, $k_y = 0$ 时).

证明 设 $k_z^2 v_A^2 < \omega^2 < k_z^2 v_{Ae}^2$, 从 $m_0^2 = k_z^2 - \dfrac{\omega^2}{v_A^2}$ 得 $m_0^2 v_A^2 = k_z^2 v_A^2 - \omega^2 < 0$, 以及 $m_e^2 = k_z^2 - \dfrac{\omega^2}{v_{Ae}^2}$ 和 $m_e^2 v_{Ae}^2 = k_z^2 v_{Ae}^2 - \omega^2 > 0$. v_A^2, v_{Ae}^2 恒大于零, 可见 $m_0^2 < 0$, $m_e^2 > 0$, 二者不能同时为正.

(4) 回到 (4.10-23) 式, 当 $k_y = 0$ 时, 有

$$\rho_0(k_z^2 v_A^2 - \omega^2)(m_e^2)^{1/2} = -\rho_e(k_z^2 v_{Ae}^2 - \omega^2)(m_0^2)^{1/2}$$

假设 $m_0^2 < 0$, $m_e^2 > 0$, 则上式右边为虚数, 左边为实数, 上式两边均为零, 因此 $x > 0$ 处, 有 Alfvén 波 $\omega = k_z v_{Ae}$, 同时有表面波, 因为振幅有衰减形式 $\sim \alpha_e \mathrm{e}^{-m_e x}$.

对于 $x < 0$ 处, 因为 m_0 为虚数, $\mathrm{e}^{m_0 x}$ 成为波的空间周期部分, 也即 x 方向有波传播, 不限制在 yz 平面内传播, 不是表面波.

结论:

(i) 界面两侧均为低 β 等离子体, 当 ω/k_z 位于 v_{Ae}, v_A 之间时, 假如 $k_y = 0$, m_0^2, m_e^2 不能同时为正, 界面两侧不会同时有表面波.

(ii) 仅当界面一侧为低 β 时, 结论 (i) 不成立.

证明　设 $x < 0$ 为低 β, 则有

$$m_0^2 = k_z^2 - \frac{\omega^2}{v_A^2}$$

$$m_0^2 v_A^2 = k_z^2 v_A^2 - \omega^2$$

$$m_e^2 = \frac{(k_z^2 c_e^2 - \omega^2)(k_z^2 v_{Ae}^2 - \omega^2)}{(c_e^2 + v_{Ae}^2)(k_z^2 c_{Te}^2 - \omega^2)}$$

$$c_{Te}^2 = \frac{c_e^2 v_{Ae}^2}{c_e^2 + v_{Ae}^2}$$

现在不能假设 $v_{Ae} > c_e$ (该不等式仅当 $x > 0$ 处为低 β 时成立).

设 $v_{Ae} < c_e$, $c_{Te} \to v_{Ae}$, $m_e^2 \approx k_z^2 - \dfrac{\omega^2}{c_e^2}$, $m_e^2 c_e^2 = k_z^2 c_e^2 - \omega^2$.

只要 $k_z^2 c_e^2 > \omega^2$, 以及 $k_z^2 v_A^2 > \omega^2$ 同时满足, m_0^2, m_e^2 就同时为正, 两侧均有表面波.

(iii) 当 $x > 0$ 时区域无磁场, 即 $B_e = 0$, 所以 $v_{Ae} = 0$.

设 $k_y = 0$, (4.10-23) 式简化为

$$(k_z^2 v_A^2 - \omega^2) m_e = \frac{\rho_e}{\rho_0} \omega^2 m_0 \tag{4.10-28}$$

因为 $v_{Ae} = 0$, 所以 $c_{Te} = 0$, $m_e^2 = k_z^2 - \omega^2/c_e^2$. 已设 m_e, m_0 为正, 则界面两边都有表面波.

(a) 对于 $\beta < 1$ $(x < 0)$, 无磁场 $(x > 0)$.

$c_s < v_A$, $c_T \to c_s$, $m_0^2 = k_z^2 - \omega^2/v_A^2$. 当 $k_z^2 v_A^2 > \omega^2$ 时, 有 $m_0^2 > 0$. 无磁场区域已求得 $m_e^2 = k_z^2 - \omega^2/c_e^2$, 当 $k_z^2 c_e^2 > \omega^2$ 时, 有 $m_e^2 > 0$. 因此 $\beta < 1$, 使两边有表面波的条件是

$$\begin{cases} k_z^2 c_e^2 > \omega^2 \\ k_z^2 v_A^2 > \omega^2 \end{cases}$$

m_0^2, m_e^2 同时为正. 注意现在的条件不再是两侧均为低 β.

(b) $\beta > 1$ $(x < 0)$, 无磁场 $(x > 0)$.

$c_s > v_A$, $c_T \to v_A$, $m_0^2 = k_z^2 - \omega^2/c_s^2$, 只要 $k_z^2 c_s^2 > \omega^2$, 就有 $m_0^2 > 0$. 无磁场区仍只要 $k_z^2 c_e^2 > \omega^2$, 就有 $m_e^2 > 0$. 两边有表面波的条件为

$$\begin{cases} k_z^2 c_e^2 > \omega^2 \\ k_z^2 c_s^2 > \omega^2 \end{cases}$$

(5) 现在我们要证明当 $x > 0$ 区域无磁场 $(B_e = 0,\ v_{Ae} = 0,\ c_{Te} = 0)$ 时, 相速度小于 c_T.

假设 $k_y = 0$, (4.10-23) 式简化为

$$(k_z^2 v_A^2 - \omega^2)^2 m_e^2 = \left(\frac{\rho_e}{\rho_0}\right)^2 \omega^4 m_0^2 \tag{4.10-29}$$

式中

$$m_e^2 = \frac{k_z^2 c_e^2 - \omega^2}{c_e^2}, \qquad m_0^2 = \frac{(k_z^2 c_s^2 - \omega^2)(k_z^2 v_A^2 - \omega^2)}{(c_s^2 + v_A^2)(k_z^2 c_T^2 - \omega^2)}$$

代入 (4.10-29),

$$\frac{k_z^2 c_e^2 - \omega^2}{c_e^2}(k_z^2 v_A^2 - \omega^2)^2 = \left(\frac{\rho_e}{\rho_0}\right)^2 \omega^4 \frac{(k_z^2 c_s^2 - \omega^2)(k_z^2 v_A^2 - \omega^2)}{(c_s^2 + v_A^2)(k_z^2 c_T^2 - \omega^2)}$$

$$(k_z^2 c_e^2 - \omega^2)(k_z^2 v_A^2 - \omega^2)(c_s^2 + v_A^2)(k_z^2 c_T^2 - \omega^2) = \left(\frac{\rho_e}{\rho_0}\right)^2 c_e^2 \omega^4 (k_z^2 c_s^2 - \omega^2) \tag{4.10-30}$$

假设界面两边温度相等, $c_e = c_s$,

$$(k_z^2 v_A^2 - \omega^2)(k_z^2 c_T^2 - \omega^2) = \left(\frac{\rho_e}{\rho_0}\right)^2 \frac{c_s^2}{c_s^2 + v_A^2}\omega^4$$

$$c_s^2 \left[c_s^2 + v_A^2 - \left(\frac{\rho_e}{\rho_0}\right)^2 c_s^2\right] \left(\frac{\omega}{k_z c_s}\right)^4 - (2c_s^2 v_A^2 + v_A^4)\left(\frac{\omega}{k_z c_s}\right)^2 + v_A^4 = 0$$

$$\left(\frac{\omega}{k_z c_s}\right)^2 = \frac{(2c_s^2 v_A^2 + v_A^4) \pm \left\{(2c_s^2 v_A^2 + v_A^4)^2 - 4v_A^4 c_s^2 \left[c_s^2 + v_A^2 - \left(\frac{\rho_e}{\rho_0}\right)^2 c_s^2\right]\right\}^{1/2}}{2c_s^2\left[c_s^2 + v_A^2 - \left(\frac{\rho_e}{\rho_0}\right)^2 c_s^2\right]} \tag{4.10-31}$$

边界条件: $p_0 + \frac{1}{2\mu}B_0^2 = p_e$

$$p_0 = \frac{1}{\gamma}\rho_0 c_s^2, \qquad p_e = \frac{1}{\gamma}\rho_e c_e^2$$

$$\frac{\rho_e}{\rho_0} = 1 + \frac{\gamma}{2}\frac{v_A^2}{c_s^2} \qquad \text{(利用两边温度相等的条件).}$$

ρ_e/ρ_0 代入 (4.10-31) 式,

$$\left(\frac{\omega}{k_z c_s}\right)^2 = \frac{-(2c_s^2 + v_A^2) \mp [(2c_s^2 + v_A^2)^2 + \gamma^2 v_A^4 + 4(\gamma - 1)c_s^2 v_A^2]^{1/2}}{\frac{1}{2}\gamma^2 v_A^2 + 2(\gamma - 1)c_s^2}$$

设 $\gamma = 5/3$,

(i) 当 $v_A \gg c_s$ 时,

$$\left(\frac{\omega}{k_z c_s}\right)^2 \approx \frac{(v_A^4 + \gamma^2 v_A^4)^{1/2} - v_A^2}{\frac{1}{2}\gamma^2 v_A^2} = 0.679$$

$$\frac{\omega}{k_z} = 0.824 c_s \qquad c_T \approx c_s \qquad \frac{\omega}{k_z} < c_s \approx c_T$$

(ii) 当 $v_A = c_s$ 时,

$$\frac{\omega}{k_z} = 0.542 c_s \qquad c_T = 0.707 c_s \qquad \frac{\omega}{k_z} < c_T$$

(iii) 当 $v_A \ll c_s$ 时, 令 $c_s = K v_A$, $K \gg 1$,

$$\left(\frac{\omega}{k_z c_s}\right)^2 = \left(\frac{\omega}{k_z v_A}\right)^2 \frac{1}{K^2}$$

$$\left(\frac{\omega}{k_z v_A}\right)^2 \approx \frac{2K^2 + \gamma - 2K^2 - 1}{2(\gamma - 1)} = \frac{1}{2}$$

$\left(分子中忽略 (1+\gamma^4-\gamma^2), 分母中忽略 \dfrac{1}{2}\gamma^2\right)$.

$$\frac{\omega}{k_z v_A} \approx 0.707, \quad \frac{\omega}{k_z} \approx 0.707 v_A, \quad v_A \ll c_s, \quad c_T \approx v_A, \quad \frac{\omega}{k_z} < v_A \approx c_T$$

从以上三个例子均可看到相速度 $v_{ph} = \omega/k_z < c_T$.

6. 快慢表面波

磁场的不连续性, 支持表面波的传播.

(1) 一侧无磁场时, 表面波 (纵波) 相速度小于 $\min(c_T, c_e)$, 不论有磁场区的 c_s 和 v_A 的大小如何, 等离子体中扰动传播是慢表面波.

证明 无磁场时 (设为 $x > 0$ 区域)

$$m_e^2 = k_z^2 - \frac{\omega^2}{c_e^2}, \quad v_{ph}^2 = \frac{\omega^2}{k_z^2} = c_e^2\left(1 - \frac{m_e^2}{k_z^2}\right) < c_e^2 \quad (m_e^2 \text{ 必大于零, 否则无表面波})$$

在 5-(5) 中, 已有结论 $v_{ph} = \omega/k_z < c_T$. 称表面波相速度小于 $\min(c_T, c_e)$ 的为慢表面波, 可以速度 c_e, c_s 和 v_A 传播.

(2) 若有场区的温度 ($x < 0$ 区域) 低于无场区的温度, 结果 $c_e > c_s$, 且 $v_A > c_s$, 则 $c_s < v_{ph} < \min(c_e, v_A)$ 称为快表面波.

一侧无场时, 由 (1) 已得 $v_{ph} < c_e$ (无论 $\beta < 1$ 或 > 1), 由 $v_A > c_s$ 即 $\beta < 1$, 有

$$m_0^2 = k_z^2 - \frac{\omega^2}{v_A^2}, \quad v_{ph}^2 = v_A^2\left(1 - \frac{m_0^2}{k_z^2}\right) < v_A^2, \quad v_{ph} < \min(c_e, v_A)$$

第 5 章　激　　波

5.1　激波的基本理论

不同的磁系统相互挤压, 很可能连续地发生磁重联, 产生磁激波. 伴随宁静的巨暗条爆发的日冕物质抛射 (CME) 可能会产生向前传播的波, 位于 CME 之前通过 II 型射电暴可看到产生的激波. 较小的尺度上, 日浪 (surge)、针状体以及太阳表面连续的米粒运动也可能形成激波. 本章讨论流体力学和磁流体力学激波的基本理论.

5.1.1　流体力学激波的形成

1. 活塞管道中的激波

小扰动以声波形式传播, 传播过程中波形保持不变. 如果波具有有限振幅, 方程中的非线性项 (如运动方程中, 随体导数的运流项) 变得重要. 波峰比起它的前缘和尾部运动得更快, 逐渐赶上它们. 结果波的前部逐渐变陡, 压强、密度、温度和速度等物理量的梯度变得很大, 以至于流体的粘滞性、热传导等不能忽略, 最后达到定态的波形称为激波. 即非线性的运流项的变陡效应与耗散达到平衡, 激波的前进速度超过声速.

设在装有活塞的管道中 (见图 5.1), 使初始静止的活塞以速度 u 开始运动. 这个运动不能使管内静止的气体立刻运动, 为了克服活塞前面气体的阻力, 对活塞施加的压强须由 p_0 (未受扰气体压强) 增加到 p_1, 这个压强使活塞前面邻近的气体密度增加, 达到压强 p_1 和速度 u, 因为这个扰动, 有声波在管中传播, 在未受扰动气体中的声速为 c_s, B 点气体的密度因受压缩, 从未受扰动时的值 ρ_0 增至 ρ_1, $\rho_1 > \rho_0$, 同时因为活塞做功增加了气体内能, 所以 B 点的当地声速为 $c_{s1} > c_s$. 再加上流速 u, B 点的速度显然大于 C 点的速度, B 将追上 C. 波阵面 BC 的倾斜程度将随扰动的移动而逐渐变陡, u, p 和 ρ 对 x 的微商变大, 直至无穷大, 形成流体变量的间断面. 由于耗散效应的存在, 流体变量的梯度不可能任意大. 例如温度梯度, 随波阵面变陡而增大, 热传导也随之增大, 直到建立定常状态. 非导电流体中, 只有通过碰撞才能建立新的平衡态. 因此流体力学激波的厚度约为粒子平均自由程的量级.

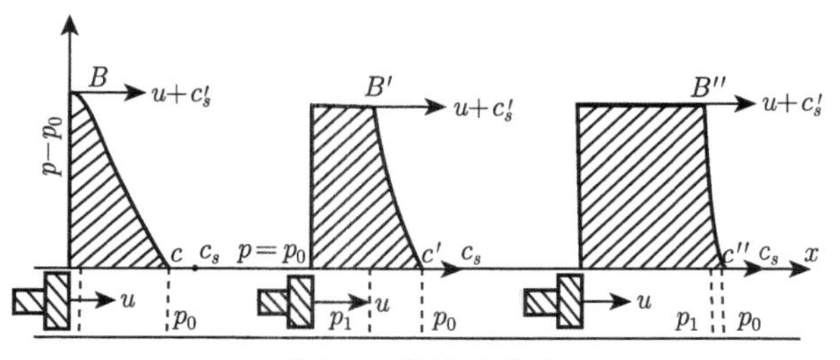

图 5.1 激波的形成

磁流体力学激波一般比流体力学激波复杂, 我们知道磁声波有快、中间、慢三种模式. 中间模式是纯横波, 不会变陡形成激波. 快和慢模式既有横向分量又有纵向分量, 纵分量是压缩波可形成激波. 另外, 磁流体力学激波的结构也比流体力学激波复杂, 电阻引起的焦耳热提供了一种新的耗散机制, 尤其是等离子体中存在 Landau 阻尼, 能形成无碰撞激波, 这种激波的厚度小于粒子的平均自由程.

2. 小振幅声波

(1) 条件: 等熵, 完全气体 (区别于无粘性的理想流体).

因为等熵 $S=\text{const}$, 有关系 $p\rho^{-\gamma}=\text{const}$, 可以将函数 p 写成 $p=p(\rho,S)$, $S=c_V\ln(p/\rho^\gamma)$, 原来静止的流体 p_0 和 ρ_0, 受到小扰动 p_1 和 ρ_1 为一阶小量, 仍符合理想绝热过程, S 不变. 在 p_0 和 ρ_0 附近将函数 p 展开成 Taylor 级数, 忽略二阶及二阶以上小量

$$p=p_0+\left[\left(\frac{\partial p}{\partial\rho}\right)_S\right]_0(\rho-\rho_0)+\cdots$$

亦即

$$p_1=p-p_0=\left[\left(\frac{\partial p}{\partial\rho}\right)_S\right]_0\rho_1,\quad \rho_1=\rho-\rho_0$$

$[(\partial p/\partial\rho)_S]_0$ 的具体形式由方程 $\dfrac{\mathrm{d}}{\mathrm{d}t}(p/\rho^\gamma)=0$, 或从 S 的表达式求微分确定.

记

$$a_{s0}^2=\left[\left(\frac{\partial p}{\partial\rho}\right)_S\right]_0=\frac{\gamma p_0}{\rho_0}$$

a_{s0}^2 是常数由流体处于静态时的物理量 p_0,ρ_0 确定的.

$p_1=a_{s0}^2\rho_1$, $a_{s0}^2=p_1/\rho_1$, 受到小扰动时, 波的传播速度由静态量确定.

对于有限扰动, 因为 $p\sim\rho^\gamma$, 可得到

$$\boldsymbol{\nabla} p=\left(\frac{\partial p}{\partial\rho}\right)_S\boldsymbol{\nabla}\rho=a_s^2\boldsymbol{\nabla}\rho$$

$$a_s^2 = \frac{\partial p}{\partial \rho} \quad (\text{等熵}) \tag{5.1-1}$$

a_s 不由静态量确定, 不再是常数, 称为当地声速.

(2)

$$a_s = a_{s0}\left(\frac{\rho}{\rho_0}\right)^{\frac{\gamma-1}{2}} \tag{5.1-2}$$

证明 等熵流体 $p\rho^{-\gamma} = p_0\rho_0^{-\gamma}$,

$$\frac{p}{p_0} = \left(\frac{\rho}{\rho_0}\right)^{\gamma}$$

由状态方程 $p = \rho RT$, 可得 $p/p_0 = \rho T/\rho_0 T_0$, 因此有 $(\rho/\rho_0)^{\gamma} = \rho T/\rho_0 T_0$,

$$\left(\frac{\rho}{\rho_0}\right)^{\gamma-1} = \frac{T}{T_0}$$

声速 $a_s^2 = (\gamma k_B/m)T$, 所以 $(\rho/\rho_0)^{\gamma-1} = (a_s/a_{s0})^2$, $\rho/\rho_0 = (a_s/a_{s0})^{2/(\gamma-1)}$,

$$a_s = a_{s0}\left(\frac{\rho}{\rho_0}\right)^{\frac{\gamma-1}{2}}$$

ρ_0 和 a_{s0} 为静态流体的密度和声速. 从上式可见, 当地声速 a_s 因 ρ 不同是不一样的. 有限扰动以当地声速传播.

(3) 假设无限小的振幅扰动.

一维线性化的方程为

$$\frac{\partial \rho_1}{\partial t} + \rho_0\frac{\partial u_1}{\partial x} = 0 \qquad (\text{连续性方程}) \tag{5.1-3}$$

$$\rho_0\frac{\partial u_1}{\partial t} = -a_{s0}^2\frac{\partial \rho_1}{\partial x} \qquad (\text{运动方程}) \tag{5.1-4}$$

$$\left(\rho\frac{\mathrm{D}\boldsymbol{v}}{\mathrm{D}t} = -\boldsymbol{\nabla} p, \quad \rho_0\frac{\partial u_1}{\partial t} = -a_{s0}^2\frac{\partial \rho_1}{\partial x}\right)$$

带下标 “1” 的为扰动量.

(5.1-3) 对 t 求导

$$\frac{\partial^2 \rho_1}{\partial t^2} + \rho_0\frac{\partial^2 u_1}{\partial x \partial t} = 0$$

(5.1-4) 对 x 求导

$$\rho_0 \frac{\partial^2 u_1}{\partial t \partial x} = -a_{s0}^2 \frac{\partial^2 \rho_1}{\partial x^2}$$

$$\therefore \quad \frac{\partial^2 \rho_1}{\partial t^2} - a_{s0}^2 \frac{\partial^2 \rho_1}{\partial x^2} = 0$$

有解

$$\rho_1 = f(x - a_{s0}t) + g(x + a_{s0}t)$$

同理, 可推得扰动速度

$$u_1 = [f'(x - a_{s0}t) + g'(x + a_{s0}t)]$$

扰动以波的形式传播, 传播速度为 a_{s0}, 波的形状 f 和 g 保持不变.

(4) (i) 扰动方程为线性, 波在传播过程中, 波形保持不变. 流体力学方程本质上是非线性的, 我们已采取了小扰动线性化的方法.

(ii) 有限振幅的声波, 不论什么形状, 总要变陡 (假如忽略粘滞作用), 成为激波.

(iii) 几乎所有的非线性波有变陡的倾向.

(iv) 非线性变陡倾向被色散倾向 (不同的 Fourier 分量以不同速度行进) 平衡, 有孤粒子解, 行进中保持孤粒子的形状不变.

(v) 激波是非线性变陡倾向与耗散的平衡.

3. 等熵流体一维非定态流动 (Shu, 1992)

不做小扰动假设, 求解非线性方程.

连续性方程:

$$\frac{\partial \rho}{\partial t} + \boldsymbol{\nabla} \cdot (\rho \boldsymbol{u}) = 0$$

$$\frac{1}{\rho}\left(\frac{\partial \rho}{\partial t} + u\frac{\partial \rho}{\partial x}\right) + \frac{\partial u}{\partial x} = 0 \tag{5.1-5}$$

运动方程:

$$\rho \frac{\mathrm{D}\boldsymbol{u}}{\mathrm{D}t} = -\boldsymbol{\nabla} p$$

$$\frac{\partial u}{\partial t} + u\frac{\partial u}{\partial x} = -\frac{a_s^2}{\rho}\frac{\partial \rho}{\partial x} \qquad \text{[已利用 (5.1-1) 式]} \tag{5.1-6}$$

对 (5.1-2) 式两边求微分, 其中 a_{s0}, ρ_0 为常量.

$$\frac{\mathrm{d}\rho}{\rho} = \frac{2}{\gamma - 1}\frac{\mathrm{d}a}{a} \qquad \text{(省却下标 } s\text{)} \tag{5.1-7}$$

(5.1-7) 分别除以 ∂t, ∂x,

$$\frac{1}{\rho}\frac{\partial \rho}{\partial t}=\frac{2}{\gamma-1}\cdot\frac{1}{a}\frac{\partial a}{\partial t}$$

$$\frac{1}{\rho}\frac{\partial \rho}{\partial x}=\frac{2}{\gamma-1}\cdot\frac{1}{a}\frac{\partial a}{\partial x}$$

上两式代入 (5.1-5) 及 (5.1-6) 中, 得

$$\frac{\partial}{\partial t}\left(\frac{2}{\gamma-1}a\right)+u\frac{\partial}{\partial x}\left(\frac{2}{\gamma-1}a\right)+a\frac{\partial u}{\partial x}=0$$

$$\frac{\partial u}{\partial t}+u\frac{\partial u}{\partial x}+a\frac{\partial}{\partial x}\left(\frac{2}{\gamma-1}a\right)=0$$

两式相加:

$$\left[\frac{\partial}{\partial t}+(u+a)\frac{\partial}{\partial x}\right]\left(u+\frac{2}{\gamma-1}a\right)=0 \tag{5.1-8}$$

两式相减:

$$\left[\frac{\partial}{\partial t}+(u-a)\frac{\partial}{\partial x}\right]\left(u-\frac{2}{\gamma-1}a\right)=0 \tag{5.1-9}$$

方程 $(\partial D/\partial\omega)(\partial\omega/\partial t)-(\partial D/\partial k)(\partial\omega/\partial x)=0$, 如果系数 $\partial D/\partial\omega$ 和 $\partial D/\partial k$ 只依赖于 ω, 但不依赖于 $\partial\omega/\partial t$ 和 $\partial\omega/\partial x$, 虽然该方程对 ω 是非线性的, 但对于 ω 的一阶导数是线性的, 称为准线性方程, 可按一般常微分方程求解.

$$\frac{\mathrm{d}t}{\partial D/\partial\omega}=\frac{\mathrm{d}x}{-\partial D/\partial k}=\frac{\mathrm{d}\omega}{0}$$

即 $\mathrm{d}\omega/\mathrm{d}t=0$, 也就是 Riemann 变量 ω 在特征线 $\mathrm{d}x/\mathrm{d}t=(-\partial D/\partial k)(\partial D/\partial\omega)$ 不变, $\omega=\text{const}$.

$$令\ Q=u+\frac{2}{\gamma-1}a,\quad R=u-\frac{2}{\gamma-1}a$$

$$\frac{\mathrm{d}t}{1}=\frac{\mathrm{d}x}{u+a}=\frac{\mathrm{d}Q}{0}$$

$$\frac{\mathrm{d}t}{1}=\frac{\mathrm{d}x}{u-a}=\frac{\mathrm{d}R}{0}$$

也即在正特征线 $\mathrm{d}x/\mathrm{d}t=u+a$ 上, Riemann 变量 $Q=u+[2/(\gamma-1)]a=\text{const}$. 在负特征线 $\mathrm{d}x/\mathrm{d}t=u-a$ 上, Riemann 变量 $R=u-[2/(\gamma-1)]a=\text{const}$.

式中 $a = a_s$ 为当地声速.

特征速度 $\mathrm{d}x/\mathrm{d}t = u \pm a$, (非线性) 声扰动以速度 a 向右或向左在流体中传播, 流体以速度 u 运动.

与小扰动分析法相比, 我们不假设 $u \ll a$, 以致忽略 u, 也不假设 a 近似等于 a_{s0} (因为当小扰动时, $a_s = a_{s0}(\rho/\rho_0)^{(\gamma-1)/2} \approx a_{s0}(1+\rho_1/\rho_0)^{(\gamma-1)/2} \approx a_{s0}$). 对于有限振幅的情况, 扰动以特征速度传播过程中, 保持不变的不再是初始的波形, 而是 Riemann 不变量 Q 和 R.

有限振幅波和小扰动波相比存在着以下两点区别:

(1) 小扰动波相对气体的传播速度是未受扰动气体中的声速 a_{s0}, 是一个常数. 有限振幅波相对气体的传播速度是当地声速 a_s,

$$a_s^2 = \frac{\mathrm{d}p}{\mathrm{d}\rho} = a_{s0}^2\left(\frac{\rho}{\rho_0}\right)^{\frac{\gamma-1}{2}}, \qquad a_{s0}^2 = \left[\left(\frac{\mathrm{d}p}{\mathrm{d}\rho}\right)_s\right]_0$$

当地声速是一个变数 (是位置的函数), 依赖于扰动强度.

(2) 在小扰动波的传播过程中, u, p, ρ, a_{s0} 都是不变的, 有限振幅波的传播过程中, u, p, ρ 和 a_s 等可以改变, 但必须保持 Riemann 变量为常数.

4. 简单波的传播和变陡

(1) 考虑一个简单波的例子

$$R = u - \frac{2}{\gamma-1}a = \text{常数} \quad (\text{整个时空})$$

$$Q = u + \frac{2}{\gamma-1}a = \text{不同的特征线上有不同的常数}$$

u 为流体速度, a 即 a_s 当地声速.

一个有限振幅的声波, 即使初始时为正弦形, 在均匀未受扰的介质中传播, 其波形也不可避免地变陡.

(2) 向右的简单波扰动发生之前, 负特征线发端于均匀静止介质, Riemann 变量 R 在整个时空为同一常数, 因此负特征线不必画出. 这个全时空中的常数可以确定, 因为静止, 所以 $u = 0$.

$$R = u - \frac{2}{\gamma-1}a = -\frac{2}{\gamma-1}a_{s0} \tag{5.1-10}$$

a_{s0} 为未受扰动、静止介质中的声速.

(3) $t=0$, 有一有限振幅的正弦形密度扰动, A, B, C 三点 $\rho=\rho_0$, ρ_0 为未受扰动区域的密度 (见图 5.2), 从这三点发出的正特征线必定以声速 a_{s0} 传播, $\mathrm{d}x/\mathrm{d}t=u+a=a_{s0}$ (因为静止流体 $u=0$), 用三根平行线表示.

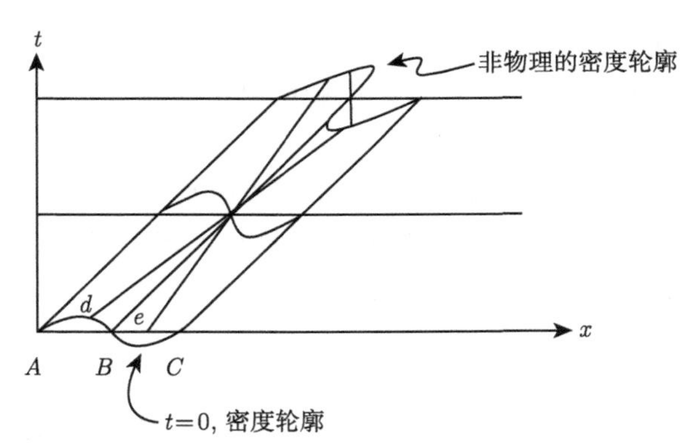

图 5.2　有限振幅的声波, 初始为正弦波, 在均匀未扰介质中传播, 变陡

(4) 考虑密度因扰动变密的部分 (图中的 d), 根据 (5.1-2) 式, $a_s>a_{s0}$ (因为 $\rho>\rho_0$), 因此由 d 发出的正特征线, 速度更大 ($\mathrm{d}x/\mathrm{d}t$ 更大), 特征线的速度项中还有一项 u, 根据 (5.1-10) 式, 注意式中的 a 即为当地声速 a_s, 可得到 $u=2(a_s-a_{s0})/(\gamma-1)$, 因为 $a_s>a_{s0}$, 所以 $u>0$, d 处的速度 $\mathrm{d}x/\mathrm{d}t=u+a_s=2(a_s-a_0)/(\gamma-1)+a_s$ 确实是变得比 A, B, C 发出的特征线的速度大.

(5) 考虑密度变疏的区域 (图中的 e), 由 (5.1-2) 式, $a_s<a_{s0}$, $u=2(a_s-a_{s0})/(\gamma-1)<0$, 因此 e 区发出的正特征线, 速度小.

(6) 结果波峰赶上波谷, 波变陡, 有限振幅的扰动 (本例中为正弦形) 在传播过程中不能保持扰动形状不变.

对于小扰动 $a_s=a_{s0}$, $u=0$, 则从任一点发出的正特征线均平行于从 A,B,C 三点发出的特征线, 波形保持不变.

(7) 波形变陡, 将导致流体的物理量如密度、速度有多重值, 但随之粘滞就起作用. 由于密度梯度的增大, 温度梯度也增大 ($(\rho/\rho_0)^{\gamma-1}=T/T_0$), 热传导就相应增大 ($\sim\kappa\boldsymbol{\nabla}T$), 热能将重新分配, 波前变陡的倾向得到抑制, 多值问题不会产生 (图 5.3).

(8) 激波形成, 特征线分析方法开始失效, 因为物理量的变化与物理量的导数 (梯度) 有关.

(9) 紧贴激波后的高密、高压区必须连续推动波前, 使它的速度高于未扰的声速 a_{s0}, 结果激波的波前完全超过了波谷, 以超声速在未扰介质中传播, 同时波的尾部 (尾部末端以未扰区声速 a_{s0} 传播) 开始滞后于波前, 波形拉长 (图 5.4).

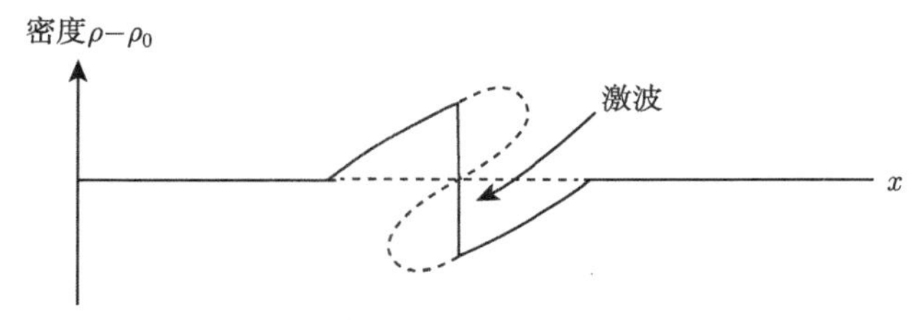

图 5.3 非线性的波形变陡的倾向, 使流体的物理量 (如密度、速度等) 变为多值. 因此必须考虑到粘滞. 粘滞力与变陡倾向的平衡, 产生激波, 近似为流体物理量的间断面

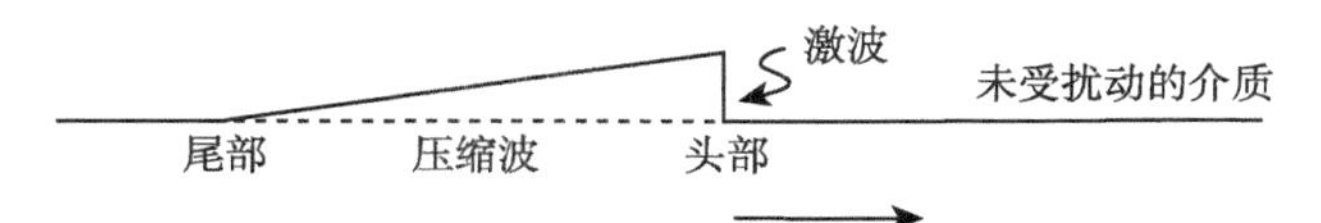

图 5.4 激波相对于激波前流体超声速前进, 超越原始正弦波的波谷, 也在后面留下了尾部, 激波形成后, 初始正弦波变形为三角形

(10) 高密、高压逐渐分布到流体的其余部分, 结果间断面的高度 (激波强度) 随时间逐渐减弱, 最后因耗散成为小振幅的声波.

(11) 上述分析基于只有开始的一个扰动, 当粘滞和热传导起作用时, 不可避免地要衰减. 稳定激波的形成要有一个不变的动量和能量源.

5. *激波的厚度*

假如主要的耗散机制已知, 则激波的厚度可通过量级估计而得出. 比如粘滞耗散是主要的机制, 牛顿定律 (实验结果) 告诉我们切向应力和剪切变形速度成正比, 即压强张量的切向分量与剪切变形速度之间有关系 $p_{yx}=\mu'(\mathrm{d}v/\mathrm{d}x)$, 其中 $v=v(x)$ 表示剪切运动的速度, μ' 是动力学粘性系数 $\mu'=\rho\nu'$, ρ 为密度, ν' 为运动学粘滞系数 (kinematic viscosity), δt 时间内耗散的能量为 δE,

$$\frac{\delta E}{\delta t}\sim\frac{\delta}{\delta t}p$$

随体导数中, 一般 $\partial/\partial t$ 与运流项 $\boldsymbol{v}\cdot\boldsymbol{\nabla}\sim v(\mathrm{d}/\mathrm{d}x)$ 同量级,

$$\frac{\delta}{\delta t}p\sim\delta v\cdot\frac{\mathrm{d}}{\mathrm{d}x}p=\delta v\frac{\mathrm{d}}{\mathrm{d}x}\mu'\left(\frac{\delta v}{\delta x}\right)\approx\rho\nu'\left(\frac{\delta v}{\delta x}\right)^2\sim\frac{\delta E}{\delta t}\tag{5.1-11}$$

$$\delta t\approx\frac{\delta x}{v_1}\tag{5.1-12}$$

激波波前在 δt 时间内前进 δx, 令 $\delta v=v_1-v_2$, 由上式可得出

$$\delta x\approx\frac{\rho\nu'(v_1-v_2)^2}{v_1\delta E}\tag{5.1-13}$$

比较激波两侧的能量, 可得 $\delta E \approx \frac{1}{2}\rho_1 v_1^2 - \frac{1}{2}\rho_2 v_2^2$, 对于强激波 $\delta E \approx \frac{1}{2}\rho_1 v_1^2$, 激波厚度:

$$\delta x \approx \frac{\rho \nu' v_1^2}{v_1 \delta E} \approx \frac{\nu'}{v_1} \tag{5.1-14}$$

雷诺数定义为 Lv/ν', 是压力 (压强的梯度) 与惯性力之比的表征, 在激波层内雷诺数的量级为 1, 因为 $L \approx \delta x$, $v = v_1$, 所以 $R = (\delta x \cdot v_1)/\nu' = [(\nu'/v_1) \cdot v_1]/\nu' = 1$.

5.1.2　磁场的作用

(1) 导电流体中, 磁场与流体有强的相互作用, 磁流体力学激波显然更为复杂, 不过基本原理与非导电流体激波一样, 前已提过, 不考虑转动和重力时, 磁声波有三种模式, 其中的中间模式为 Alfvén 波, 即使是大振幅, 传播过程中, 波形保持不变, 也不会变陡, 因为 Alfvén 波是横波, 而快、慢磁声波会变陡, 分别形成快、慢磁声激波, 当波的传播方向垂直磁场, $\cos\theta_B = 0$, 慢磁声波消失, 只有快模式, 速度为 $(c_{s1}^2 + v_{A1}^2)^{1/2}$, 这时可以有快激波或称为垂直激波, 在其他方向上, 快慢激波都有, 称为斜激波. 波的速度分别超过慢磁声波和快磁声波的速度 (激波的速度要超过磁声速). 慢激波通过时会削弱磁场强度, 并使磁场环绕激波面的法向旋转, 而快激波则相反. 特别是当激波前磁场是斜向穿入, 而激波后的磁场平行法向, 则激波后磁场在激波面上无切向分量, 称为消去激波 (switch-off shock). 若激波前磁场平行法向, 进入激波阵面的速度为 Alfvén 速度, 激波后出现切向分量, 这种快激波称为诱生激波 (switch-on shock) (图 5.5).

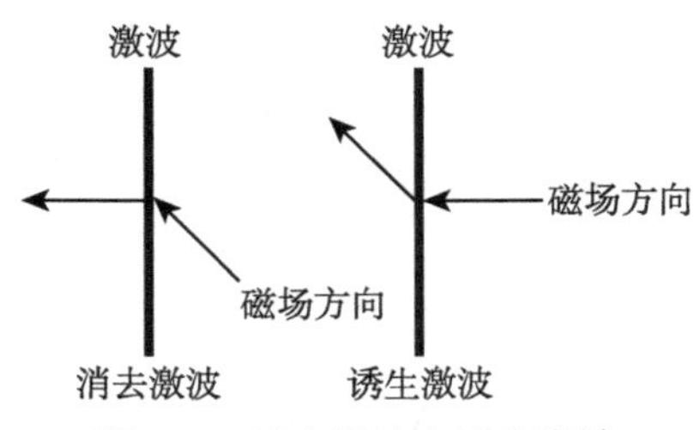

图 5.5　消去激波和诱生激波

(2) 导电流体的另一个作用是多一个耗散机制, 因为有限电导率产生欧姆加热, 使激波的结构更为复杂. 假如激波两侧的欧姆耗散以及因欧姆耗散而引起的磁扩散可以忽略, 那么对于因间断面而跳跃的物理量之间的关系没有影响.

假如欧姆加热在能量过程中起主要作用, 激波厚度 δx 可如下估算 (Boyd and Sanderson, 2003): 能量耗散率是

$$\frac{\delta E}{\delta t} \approx \frac{j^2}{\sigma} \tag{5.1-15}$$

根据安培定律, 激波电流 $\nabla \times \boldsymbol{B} = \mu \boldsymbol{j}$,

$$j \approx \frac{B_{1y} - B_{2y}}{\mu \delta x}$$

上式中 B 的改变用激波前后横向 (y) 分量表示. 下标 “1” 表示激波前 (未受扰动) 物理量, “2” 为激波后 (受到激波作用) 的量. δt 由 (5.1-12) 式表示, 即 $\delta t = \delta x / v_1$, 代入 (5.1-15):

$$\frac{\delta E \cdot v_1}{\delta x} \approx \frac{(B_{1y} - B_{2y})^2}{\mu^2 (\delta x)^2 \sigma}$$

$$\delta x \approx \frac{(B_{1y} - B_{2y})^2}{\mu^2 \sigma v_1 \delta E}$$

式中 δE 可由激波波阵面作为间断面, 由两边物理量跳跃关系确定. 例如垂直于磁场方向传播的强激波 $\delta E \approx \frac{1}{2}\rho_1 v_1^2$, $B_{2y} \approx 4B_{1y} = 4B_1$,

$$\delta x \approx \frac{18 B_1^2}{(\mu \sigma v_1)(\mu \rho_1 v_1^2)} \tag{5.1-16}$$

磁雷诺数定义: $R_m = L v \mu \sigma$ (MKS 制). $L = \delta x$, $v = v_1$ 代入 (激波厚度作为特征长度, 即激波厚度内的 R_m) $R_m = \mu \sigma v_1 \delta x$.

定义 Alfvén Mach 数: $M_{A1} = v_1 / v_{A1} = v_1 (\mu \rho_1)^{1/2} / B_1$. (5.1-16) 式写成

$$1 \approx \frac{18}{(\mu \sigma v_1 \delta x)(\mu \rho_1 v_1^2 / B_1^2)} = \frac{18}{R_m \cdot M_{A1}^2}$$

$$R_m \approx \frac{18}{M_{A1}^2}$$

(3) 电离气体中的激波厚度比碰撞的平均自由程小得多, 是一种无碰撞激波, 用 MHD 理论描述并不恰当, 有序能量转换成无规运动并非由于粒子的碰撞, 而是通过等离子体振荡 (随后便衰减), 或是通过等离子体的微观不稳定性, 进入湍流状态. 在振荡状态中, 受激波作用的等离子体处于振荡中, 并非处于均匀态. 无碰撞激波厚度的典型值为等离子体特征长度的量级, 例如离子回旋半径, 或者是离子和电子回旋半径的几何平均.

5.2 流体力学激波

1. 激波模型

(1) 作为数学上的一个平面间断, 忽略激波厚度, 通过间断面, 物理量发生跳跃.

(2) 间断面两侧, 即激波前后, 仍为理想 (无粘滞)、绝热、完全气体 (符合状态方程 $pV = RT$ 的气体), 比热为常数 (激波两侧的比热相同).

动力论的气体模型是:

(i) 气体是相距很大的分子集合;

(ii) 分子无规运动;

(iii) 除了碰撞瞬间外, 分子间的相互作用很小, 可以忽略;

(iv) 弹性碰撞, 碰撞并不导致能量损失.

(3) 激波前后的气流满足基本物理规律, 即质量、动量、能量守恒, 状态方程及热力学第一、二定律.

激波前的未扰气体, 物理量用下标 "1" 表示, 激波后的用 "2", 静止参考系中, 激波速度为 U, 受激波作用后的气体速度为 U_2 ($< U$). 采取随激波运动的参考系, 因此未扰气体以速度 $v_1 = U$ 进入激波, 受激波作用过的气体以 $v_2 = U - U_2$ 离开激波, 显然 $v_2 \leqslant v_1$, 当没有激波时则相等.

2. *参考系*

(1) 平面激波以常速 v_1 稳定地传入非导电的稳态气体, 密度为 ρ_1, 压强为 p_1, 设参考系与激波一起运动, 受激波作用过的气体, 速度变为 v_2, 压强变为 p_2, 通过质量、动量和能量守恒方程, 利用 ρ_1, v_1, p_1, T_1 (设为已知) 确定受激波作用后的物理量 ρ_2, v_2, p_2, T_2.

(2) 由于存在间断面, 我们只能采用积分形式的流体力学基本方程, 坐标取在激波上, 因此激波看成静止. 如果激波前后整个区域流动状态都是均匀的, 则 ρ_1, v_1, p_1, T_1 及 ρ_2, v_2, p_2, T_2 分别代表激波前后整个区域内的物理量, 如果不均匀, 下标 "1" 和 "2" 的物理量分别代表激波两侧紧贴激波的量值. 激波前后的流动可以是定常, 也可以是不定常.

跨越间断面取小体积元 $\mathrm{d}\tau$, 厚度 $d \to 0$, 底面积为有限, 因此小体积元相比于底面积为小量 (图 5.6), 写出积分形式的理想流体力学方程组.

连续性方程:

$$\frac{\partial \rho}{\partial t} + \boldsymbol{\nabla} \cdot (\rho \boldsymbol{v}) = 0$$

$$\int_\tau \frac{\partial \rho}{\partial t} \mathrm{d}\tau + \int_\tau \boldsymbol{\nabla} \cdot (\rho \boldsymbol{v}) \mathrm{d}\tau = \int_\tau \frac{\partial \rho}{\partial t} \mathrm{d}\tau + \int_S \rho v_n \mathrm{d}S = 0 \tag{5.2-1}$$

运动方程:

$$\rho \frac{\mathrm{D}\boldsymbol{v}}{\mathrm{D}t} = -\boldsymbol{\nabla} p$$

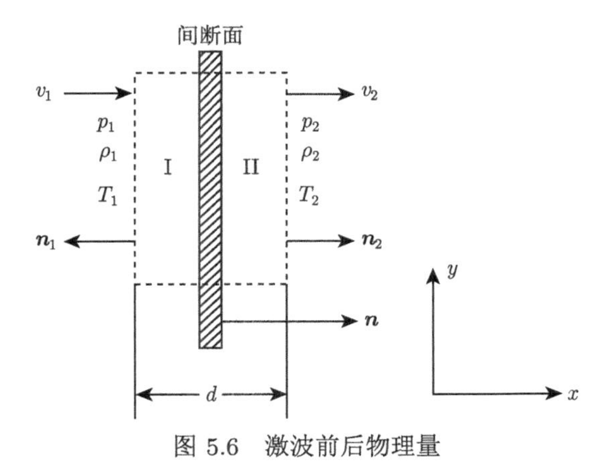

图 5.6 激波前后物理量

先推导一个公式, 利用质量守恒定律

$$\begin{aligned}\frac{\mathrm{D}}{\mathrm{D}t}\int_\tau \rho\varphi\mathrm{d}\tau &= \frac{\mathrm{D}}{\mathrm{D}t}\int_\tau \varphi\mathrm{d}m \quad (\mathrm{d}m=\rho\mathrm{d}\tau)\\ &= \int_\tau \frac{\mathrm{D}\varphi}{\mathrm{D}t}\mathrm{d}m + \int_\tau \varphi\frac{\mathrm{D}}{\mathrm{D}t}\mathrm{d}m \quad \left(\text{质量守恒, 所以 } \frac{\mathrm{D}}{\mathrm{D}t}\mathrm{d}m=0\right)\\ &= \int_\tau \frac{\mathrm{D}\varphi}{\mathrm{D}t}\rho\mathrm{d}\tau\end{aligned}$$

可推广到矢量

$$\frac{\mathrm{D}}{\mathrm{D}t}\int_\tau \rho\boldsymbol{a}\mathrm{d}\tau = \int_\tau \rho\frac{\mathrm{D}\boldsymbol{a}}{\mathrm{D}t}\mathrm{d}\tau$$

$$\begin{aligned}\int \rho\frac{\mathrm{D}\boldsymbol{v}}{\mathrm{D}t}\mathrm{d}\tau = \frac{\mathrm{D}}{\mathrm{D}t}\int \rho\boldsymbol{v}\mathrm{d}\tau &= \int_\tau \left[\frac{\mathrm{D}}{\mathrm{D}t}(\rho\boldsymbol{v}) + \rho\boldsymbol{v}\boldsymbol{\nabla}\cdot\boldsymbol{v}\right]\mathrm{d}\tau\\ &= \int_\tau \left[\frac{\partial(\rho\boldsymbol{v})}{\partial t} + \boldsymbol{v}\cdot\boldsymbol{\nabla}(\rho\boldsymbol{v}) + \rho\boldsymbol{v}\boldsymbol{\nabla}\cdot\boldsymbol{v}\right]\mathrm{d}\tau\\ &= \int_\tau \left[\frac{\partial(\rho\boldsymbol{v})}{\partial t} + \boldsymbol{\nabla}\cdot(\rho\boldsymbol{v}\boldsymbol{v})\right]\mathrm{d}\tau\\ &= -\int \boldsymbol{\nabla}p\mathrm{d}\tau\end{aligned}$$

最后, 运动方程的积分形式为

$$\int_\tau \frac{\partial(\rho\boldsymbol{v})}{\partial t}\mathrm{d}\tau + \int_S \rho\boldsymbol{v}v_n\mathrm{d}S = -\int_S p\boldsymbol{n}\mathrm{d}S \tag{5.2-2}$$

能量方程

一般形式的能量方程的推导.

任取一界面为 S 的流体体积 τ, $\boldsymbol{n}$ 为包围 τ 的界面 S 的外法向单位矢量 (图 5.7), 能量守恒定律是: 体积 τ 内流体的动能和内能之和为 $\rho\left(\varepsilon+\dfrac{1}{2}v^2\right)$, 作用在流体元 τ 上的外力 (如重力、惯性力等) 等于 $\rho\boldsymbol{a}$, 作用在界面上的应力为 $\boldsymbol{p}_n$, $\boldsymbol{p}_n$ 是法线方向单位面积上所受的力 (不同的方向有不同的 $\boldsymbol{p}_n$). 注意理想流体 (其数学表示为 $\eta=0$) 对于切向变形没有抗拒能力, 因此作用在任一表面 $\mathrm{d}S$ 上的应力只有法向分量 $p_{nn}=-p$, 切向分量等于零, p 称为理想流体的压强.

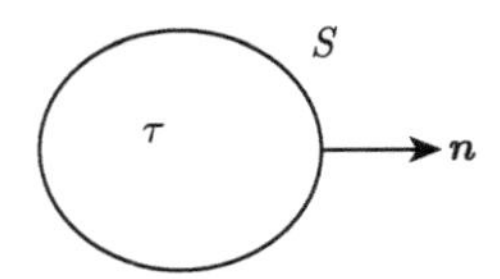

图 5.7　S 为体积 τ 的界面, $\boldsymbol{n}$ 是外法向单位矢量

τ 内的能量变化率等于单位时间内外力所做的功加上单位时间内通过表面 S 传入或传出 τ 的热量 (热传导及辐射)

$$\frac{\mathrm{D}}{\mathrm{D}t}\int_\tau \rho\left(\varepsilon+\frac{1}{2}v^2\right)\mathrm{d}\tau=\int_\tau \rho\boldsymbol{a}\cdot\boldsymbol{v}\mathrm{d}\tau+\int_S \boldsymbol{p}_n\cdot\boldsymbol{v}\mathrm{d}S+\int_S \kappa\frac{\partial T}{\partial n}\mathrm{d}S+\int_\tau \rho q\mathrm{d}\tau$$

式中 κ 为热传导系数, 一般为二阶张量, 对于各向同性流体 (空气、水等) κ 为标量, q 为辐射或其他原因在单位时间内传入 τ 内单位质量的热能, 为叙述方便, 令 $Q=\displaystyle\int_\tau q\rho\mathrm{d}\tau$.

对上式的积分表达式进一步运算

$$\begin{aligned}
\text{左边}&=\int\left\{\frac{\partial}{\partial t}\left[\rho\left(\varepsilon+\frac{1}{2}v^2\right)\right]+\boldsymbol{v}\cdot\boldsymbol{\nabla}\left[\rho\left(\varepsilon+\frac{1}{2}v^2\right)\right]+\rho\left(\varepsilon+\frac{1}{2}v^2\right)\boldsymbol{\nabla}\cdot\boldsymbol{v}\right\}\mathrm{d}\tau\\
&=\int_\tau\left\{\frac{\partial}{\partial t}\left[\rho\left(\varepsilon+\frac{1}{2}v^2\right)\right]+\boldsymbol{\nabla}\cdot\left[\boldsymbol{v}\rho\left(\varepsilon+\frac{1}{2}v^2\right)\right]\right\}\mathrm{d}\tau\\
&=\int_\tau\frac{\partial}{\partial t}\left[\rho\left(\varepsilon+\frac{1}{2}v^2\right)\right]\mathrm{d}\tau+\int_S\rho\left(\varepsilon+\frac{1}{2}v^2\right)v_n\mathrm{d}S
\end{aligned}$$

当不考虑外力作用, 体系处于绝热状态 (忽略外界热量的传入), 内能 $\varepsilon=c_VT$, 代入上式,

$$\text{左边}=\int_\tau\frac{\partial}{\partial t}\left[\rho\left(c_VT+\frac{1}{2}v^2\right)\right]\mathrm{d}\tau+\int_S\rho\left(c_VT+\frac{1}{2}v^2\right)v_n\mathrm{d}S$$

$$
\begin{aligned}
\text{右边} &= \int_S \boldsymbol{p}_n \cdot \boldsymbol{v} \mathrm{d}S = \int_S (\boldsymbol{n} \cdot \mathbf{P}) \cdot \boldsymbol{v} \mathrm{d}S = -\int_S p(\boldsymbol{n} \cdot \mathbf{I}) \cdot \boldsymbol{v} \mathrm{d}S \\
&= -\int_S p\boldsymbol{n} \cdot \boldsymbol{v} \mathrm{d}S = -\int_S p v_n \mathrm{d}S
\end{aligned}
$$

式中 $\mathbf{I}$ 为单位张量, $\mathbf{P}$ 为应力张量. 能量方程的积分形式为

$$
\int_\tau \frac{\partial}{\partial t}\left[\rho\left(c_V T + \frac{1}{2}v^2\right)\right]\mathrm{d}\tau + \int_S \rho\left(c_V T + \frac{1}{2}v^2\right) v_n \mathrm{d}S = -\int_S p v_n \mathrm{d}S \tag{5.2-3}
$$

总结:

$$
\int_\tau \frac{\partial \rho}{\partial t}\mathrm{d}\tau + \int_S \rho v_n \mathrm{d}S = 0 \tag{5.2-1}
$$

$$
\int_\tau \frac{\partial (\rho \boldsymbol{v})}{\partial t}\mathrm{d}\tau + \int_S \rho \boldsymbol{v} v_n \mathrm{d}S = -\int_S p\boldsymbol{n} \mathrm{d}S \tag{5.2-2}
$$

$$
\int_\tau \frac{\partial}{\partial t}\left[\rho\left(c_V T + \frac{1}{2}v^2\right)\right]\mathrm{d}\tau + \int_S \rho\left(c_V T + \frac{1}{2}v^2\right) v_n \mathrm{d}S = -\int_S p v_n \mathrm{d}S \tag{5.2-3}
$$

当小体元厚度 $d \to 0$, $\mathrm{d}\tau \to 0$, 底面积为有限, 上式中体积分为零. 坐标的 x 轴取在与间断面法向平行的方向, 如图 5.6 所示, I 界面的法向在 $-\boldsymbol{n}$, II 界面的法向在 $\boldsymbol{n}$, 即 $\boldsymbol{n}_1 = -\boldsymbol{n}$, $\boldsymbol{n}_2 = \boldsymbol{n}$.

$$
\rho_1 \boldsymbol{v}_1 \cdot (-\boldsymbol{n}) + \rho_2 \boldsymbol{v}_2 \cdot \boldsymbol{n} = 0
$$

$$
\rho_1 v_{1x} = \rho_2 v_{2x} \tag{5.2-4}
$$

$$
\rho_1 \boldsymbol{v}_1 v_{n1} + \rho_2 \boldsymbol{v}_2 v_{n2} = -p_1 \boldsymbol{n}_1 - p_2 \boldsymbol{n}_2
$$

$$
-\rho_1 v_1^2 \boldsymbol{n} + \rho_2 v_2^2 \boldsymbol{n} = p_1 \boldsymbol{n} - p_2 \boldsymbol{n}
$$

$$
p_1 + \rho_1 v_{1x}^2 = p_2 + \rho_2 v_{2x}^2 \tag{5.2-5}
$$

$$
p_1 v_{1x} + \rho_1 v_{1x}\left(c_V T_1 + \frac{1}{2}v_1^2\right) = p_2 v_{2x} + \rho_2 v_{2x}\left(c_V T_2 + \frac{1}{2}v_2^2\right) \tag{5.2-6}
$$

式中内能 $\varepsilon = c_V T$. 利用 $c_V T + p/\rho = c_V T + RT = c_p T$, (5.2-6) 式还可写成

$$
\rho_1 v_{1x}\left(c_p T_1 + \frac{1}{2}v_1^2\right) = \rho_2 v_{2x}\left(c_p T_2 + \frac{1}{2}v_2^2\right) \tag{5.2-7}
$$

将内能 $\varepsilon = c_V T = p/[(\gamma - 1)\rho]$ 代入 (5.2-6), 利用 (5.2-4) 式、(5.2-6) 式可化简为

$$
\frac{\gamma p_1}{(\gamma - 1)\rho_1} + \frac{1}{2}v_1^2 = \frac{\gamma p_2}{(\gamma - 1)\rho_2} + \frac{1}{2}v_2^2 \tag{5.2-8}
$$

(5.2-4)—(5.2-8) 称为跳跃条件.

另外, 利用状态方程可得

$$p_2 - p_1 = R(\rho_2 T_2 - \rho_1 T_1) \tag{5.2-9}$$

(5.2-4) 式中的 ρv 表示单位时间内通过单位面积的质量——质量流. (5.2-5) 式中的 $(\rho v)v$ 表示单位时间内通过单位面积的动量. p 是作用在单位面积上的力. (5.2-6) 式中 $\left(\rho e + \frac{1}{2}\rho v^2\right) v$ (其中 $e = c_v T$) 代表单位时间输运的内能和动能 (能流), pv 是压力能流.

用方括号表示物理量在间断面两侧的差值

$$[\rho v_x] = \rho_2 v_{2x} - \rho_1 v_{1x}$$

上述的跳跃条件可以写成

$$[\rho v_x] = 0 \tag{5.2-10}$$

$$[p + \rho v_x^2] = 0 \tag{5.2-11}$$

$$\left[\rho v_x \left(\frac{v^2}{2} + c_p T\right)\right] = 0 \tag{5.2-12}$$

$$[p] = [R\rho T] \tag{5.2-13}$$

(5.2-11) 为 x 方向的动量流跳跃, 还可求得 y 和 z 分量的跳跃.

从 (5.2-2) 式, 令 $\mathrm{d}\tau \to 0$, 有

$$\rho_1 \boldsymbol{v}_1 \boldsymbol{v}_1 \cdot \boldsymbol{n}_1 + p_1 \boldsymbol{n}_1 + \rho_2 \boldsymbol{v}_2 \boldsymbol{v}_2 \cdot \boldsymbol{n}_2 + p_2 \boldsymbol{n}_2 = 0$$

y 方向:

$$\rho_1 v_{1y}(-v_{1x}) + \rho_2 v_{2y} v_{2x} = 0$$

$$[\rho v_x v_y] = 0 \tag{5.2-14}$$

z 方向:

$$[\rho v_x v_z] = 0 \tag{5.2-15}$$

3. 现在分两种情形进行讨论

(1) 没有物质流过间断面 (切向间断).

也即 $\rho_1 v_{1x} = \rho_2 v_{2x} = 0$. 由于 ρ_1, ρ_2 不等于零, 所以 $v_{1x} = v_{2x} = 0$. (5.2-12), (5.2-14), (5.2-15) 自动满足, (5.2-11) 式给出 $p_1 = p_2$, 沿着切向间断面的法向速度

连续 $v_{1x}=v_{2x}=0$, 压强连续 $[p]=0$, $p_1=p_2$. 速度的切向分量 (即 y, z 分量), 从 (5.2-14), (5.2-15) 可知, v_y, v_z 以及密度, 还包括除压强外的其余热力学量可以任意跃变 (如 (5.2-12) 式, 可见 T 可以任意跃变), 这种间断面称为切向间断面, 切向间断面是不稳定的.

(2) 物质流以及与它相伴的 v_{1x}, v_{2x} 都异于零.

由 (5.2-10) $\rho_1 v_{1x}=\rho_2 v_{2x}$.

由 (5.2-14) $\rho_1 v_{1x}v_{1y}=\rho_2 v_{2x}v_{2y}$.

由 (5.2-15) $\rho_1 v_{1x}v_{1z}=\rho_2 v_{2x}v_{2z}$.

所以 $[v_y]=0$, $[v_z]=0$, 即切向速度在间断面上是连续的, 但密度、压强和其他热力学量及法向速度都有跃变, 跃变大小可由 [(5.2-10)—(5.2-13)] 定.

因为 $\rho_1 v_{1x}=\rho_2 v_{2x}$, $v_{1y}=v_{2y}$, $v_{1z}=v_{2z}$, 所以 (5.2-12) 中的 v^2 可写成

$$v_1^2=v_{1x}^2+v_{1y}^2+v_{1z}^2,\qquad v_2^2=v_{2x}^2+v_{2y}^2+v_{2z}^2$$

代入 (5.2-12) 中,

$$\frac{1}{2}v_{1x}^2+c_pT_1=\frac{1}{2}v_{2x}^2+c_pT_2$$

$$\left[\frac{1}{2}v_x^2+c_pT\right]=0$$

所以间断面上必须满足的条件为

$$[\rho v_x]=0$$

$$\left[\frac{1}{2}v_x^2+c_pT\right]=0$$

$$[p+\rho v_x^2]=0$$

$$[p]=[R\rho T]$$

4. Mach 数

引进无量纲量 $M=v/a_s$, 式中 v: 气体质点的速度, a_s: 当地声速, M 称为 Mach 数, 是可压缩流体中最重要的相似参数之一, 表征可压缩流体的特征.

(1) Mach 数标志气体的压缩程度.

(i) 当气体为理想 ($\eta=0$), 正压 ($\rho=\rho(p)$), 外力有势时, 对于定常运动则从运动方程可得到伯努利 (Bernoulli) 积分.

$$\frac{v^2}{2}+\tilde{v}+\mathit{\Pi}=C(\psi)$$

外力 $\boldsymbol{F}=-\nabla\tilde{v}$, $\tilde{v}$ 为外力势, $\Pi=\int \mathrm{d}p/\rho(p)$, Π 为压力函数. 同一条流线上取同一常数值, 不同流线上常数值不同, C 是流线号码的函数. 对于理想绝热可压缩流体, 压强和密度有如下关系:

$$p\rho^{-\gamma}=\kappa^{\gamma}(\psi),\qquad \psi\ \text{流线号码}$$

$$\frac{1}{\rho}=\frac{\kappa(\psi)}{p^{1/\gamma}}$$

压力函数

$$\Pi=\int\frac{\mathrm{d}p}{\rho(p)}=\int\frac{\kappa(\psi)}{p^{1/\gamma}}\mathrm{d}p=\frac{\gamma}{\gamma-1}\frac{p}{\rho}$$

$$\frac{v^2}{2}+\tilde{v}+\frac{\gamma}{\gamma-1}\frac{p}{\rho}=C(\psi)$$

若外力可忽略, 则有

$$\frac{v^2}{2}+\frac{\gamma}{\gamma-1}\frac{p}{\rho}=C(\psi)$$

[附: 压力函数 Π. 因为运动方程有一项 $(1/\rho)\nabla p$, 希望它等于 $(1/\rho)\nabla p=\nabla\Pi$. 显然 $\Pi=\int \mathrm{d}p/\rho(p)$, 因为 $\rho=\rho(p)$, 所以 $\mathrm{d}\Pi=\mathrm{d}p/\rho$, $\nabla\Pi=(1/\rho)\nabla p$.]

(ii) 气体的压缩性与流速的关系.

当气体的流速不大时, 可以证明实际产生的压缩即密度的变化很小, 因此处理低速流体可近似看作不可压缩.

利用理想、绝热、完全气体作定常运动时的伯努利积分, 能量方程及状态方程求出密度 ρ 和速度 v 的关系:

$$\frac{v^2}{2}+\frac{\gamma}{\gamma-1}\frac{p}{\rho}=C(\varphi)$$

$$p\rho^{-\gamma}=\kappa^{\gamma}$$

$$p=\rho RT$$

每一条流线上取驻点 (速度为零) 处的 p_0, ρ_0, T_0 为参考值, 有

$$\frac{p}{p_0}=\left(\frac{\rho}{\rho_0}\right)^{\gamma},\ \frac{p}{p_0}=\frac{\rho T}{\rho_0 T_0}\quad\Rightarrow\quad\frac{\rho}{\rho_0}=\left(\frac{T}{T_0}\right)^{\frac{1}{\gamma-1}}$$

$$\frac{p}{p_0}=\left(\frac{\rho}{\rho_0}\right)^{\gamma}=\left(\frac{T}{T_0}\right)^{\frac{\gamma}{\gamma-1}}$$

这是热力学函数 p, ρ, T 之间的关系式.

当地声速

$$a_s^2=\frac{\gamma p}{\rho}=\gamma RT \quad (\text{已利用了状态方程})$$

伯努利积分右边为 $C(\psi)$, 当 $v=0$ 时, 有

$$\frac{v^2}{2}+\frac{\gamma}{\gamma-1}RT=\frac{\gamma}{\gamma-1}RT_0$$

式中 T_0 为 $v=0$ 处的温度, 是驻点参考量, 用 $a_s^2/(\gamma-1)$ 除上式左边第一项, 用 $[\gamma/(\gamma-1)]RT\ (=a_s^2/(\gamma-1))$ 除左边第二项和右边的一项,

$$\frac{\gamma-1}{2}\left(\frac{v}{a_s}\right)^2+1=\frac{T_0}{T}$$

引进 Mach 数

$$M=\frac{v}{a_s},\qquad \frac{T}{T_0}=\left(1+\frac{\gamma-1}{2}M^2\right)^{-1}$$

因此

$$\frac{p}{p_0}=\left(\frac{\rho}{\rho_0}\right)^{\gamma}=\left(\frac{T}{T_0}\right)^{\frac{\gamma}{\gamma-1}}=\left(1+\frac{\gamma-1}{2}M^2\right)^{-\frac{\gamma}{\gamma-1}}$$

这是热力学函数与 Mach 数之间的关系.

$$\frac{\rho}{\rho_0}=\left(1+\frac{\gamma-1}{2}M^2\right)^{-\frac{1}{\gamma-1}}$$

粗略考察上述关系式, 当 $\gamma=5/3$ 时, $\rho/\rho_0=1/\{1+[(\gamma-1)/2]M^2\}^{3/2}$. 可见 M 越大, ρ 越小, $M=0$, $\rho=\rho_0$. 运动中的气体密度 ρ 变小. 当 M 是小量时, 对 M 展开成级数

$$\frac{\rho}{\rho_0}=1-\frac{1}{2}M^2+\frac{\gamma}{8}M^4-\cdots$$

密度改变率 $1-\rho/\rho_0=\dfrac{1}{2}M^2$,

$M=0.141,\quad \dfrac{1}{2}M^2=0.01=1-\rho/\rho_0$ 密度改变率 1%, 不可压缩

$M=0.8,\quad \dfrac{1}{2}M^2=0.32$ 密度改变率 32%, 可压缩

Mach 数表示气体的压缩程度, Mach 数小, 气体运动引起的密度改变就很小, 可按不可压缩流体处理.

(2) Mach 数代表气体的动能和内能之比

$$\frac{\text{动能}}{\text{内能}}=\frac{\frac{1}{2}v^2}{c_V T}=\frac{\frac{1}{2}v^2}{[1/(\gamma-1)]p/\rho}=\frac{\gamma(\gamma-1)}{2}M^2$$

注意: c_V 的量纲为 卡/(度 · 摩尔), 与气体常数 R 的量纲相同. $T=0\,^\circ\mathrm{C}$ 即 $T=+273$ K, $p=1$ 气压, 1 摩尔体积 $V_0=22.4$ 升/摩尔, $R\approx 2$卡/(度 · 摩尔), $c_V=\frac{3}{2}R$ (当自由度为 3) ≈ 3. M 数小说明相对于内能, 动能很小, 速度的变化不会引起温度的显著变化, 因此在不可压缩流体中, 一般认为温度是常数, 不必考虑能量方程, 如果 M 数很大, 动能相对于内能很大, 小的速度变化都可以引起温度、压强、密度等热力学量的显著变化, 必须考虑热力学关系及能量方程.

5. 激波两侧物理量的关系

借助 Mach 数来表示完全气体激波前后物理量之间的关系, 现在不考虑速度的 y 及 z 分量, 即 $v_1=v_{1x}$, $v_2=v_{2x}$, 令

$$\Delta v=v_1-v_2,\quad \Delta p=p_2-p_1,\quad \Delta\rho=\rho_2-\rho_1,\quad \Delta T=T_2-T_1 \tag{5.2-16}$$

$$\rho_1 v_1=\rho_2 v_2\ \Rightarrow\ \frac{\rho_2}{\rho_1}=\frac{v_1}{v_2}\ \Rightarrow\ \rho_2-\rho_1=\rho_1(v_1-v_2)/v_2$$

$$\Delta\rho=\frac{\rho_1\Delta v}{v_2}=\frac{\rho_1\Delta v}{v_1-\Delta v}$$

由 (5.2-5): $p_1+\rho_1 v_1^2=p_2+\rho_2 v_2^2$ 可得

$$\begin{aligned}\Delta p=p_2-p_1&=\rho_1 v_1^2-\rho_2 v_2^2\\&=\rho_1 v_1(v_1-v_2)\end{aligned}$$

$$\Delta p=\rho_1 v_1\Delta v$$

(5.2-7) 式可写成

$$c_p T_1+\frac{1}{2}v_1^2=c_p T_2+\frac{1}{2}v_2^2$$

$$c_p(T_2-T_1)=\frac{1}{2}v_1^2-\frac{1}{2}v_2^2=\frac{1}{2}(v_1+v_2)\Delta v$$

$$\Delta T=\frac{\Delta v}{c_p}\left(v_1-\frac{1}{2}\Delta v\right)$$

由 (5.2-9) 得 $p_2 - p_1 = R(\rho_2 T_2 - \rho_1 T_1)$, 右边加 $(T_1\rho_1, T_1\rho_2, T_2\rho_1)$ 三项, 然后再减去这三项. 可求出 $\Delta p = R(T_1\Delta\rho + \rho_1\Delta T + \Delta T\Delta\rho)$. 总结为

$$\begin{cases} \Delta\rho = \dfrac{\rho_1\Delta v}{v_1 - \Delta v} \\ \Delta p = \rho_1 v_1 \Delta v \\ \Delta T = \dfrac{\Delta v}{c_p}\left(v_1 - \dfrac{1}{2}\Delta v\right) \\ \Delta p = R(T_1\Delta\rho + \rho_1\Delta T + \Delta\rho\Delta T) \end{cases} \tag{5.2-17}$$

将 (5.2-17) 前三个式子代入第 4 式, 可解出

$$\Delta v\left[\frac{R}{2c_p} - 1\right] v_1 = RT_1 - \frac{1}{\gamma}v_1^2$$

$$\Delta v = \frac{RT_1 - (1/\gamma)v_1^2}{(R/2c_p - 1)\, v_1}$$

$$a_{s1}^2 = \gamma RT_1, \qquad M_1 = \frac{v_1}{a_{s1}}$$

$$\Delta v = \frac{2a_{s1}^2(M_1^2 - 1)}{(\gamma+1)v_1}$$

$$\frac{\Delta v}{v_1} = \frac{2a_{s1}^2}{v_1^2}\cdot\frac{M_1^2 - 1}{\gamma+1} = \frac{2}{\gamma+1}\cdot\frac{1}{M_1^2}(M_1^2 - 1)$$

将 Δv 表达式代入 (5.2-17) 前三个式子,

$$\frac{\Delta\rho}{\rho_1} = \frac{M_1^2 - 1}{1 + \dfrac{\gamma-1}{2}M_1^2}$$

$$\frac{\Delta p}{p_1} = \frac{2\gamma}{\gamma+1}(M_1^2 - 1)$$

$$\frac{\Delta T}{T_1} = \frac{2(\gamma-1)}{(\gamma+1)^2}\cdot\frac{1}{M_1^2}(M_1^2 - 1)(\gamma M_1^2 + 1)$$

上述表达式中的 Δv, $\Delta\rho$, Δp, ΔT 用 (5.2-16) 式替代,

$$\frac{\Delta v}{v_1} = 1 - \frac{v_2}{v_1}$$

$$\frac{v_2}{v_1}=\frac{\gamma-1}{\gamma+1}+\frac{2}{(\gamma+1)M_1^2}$$

$$\frac{p_2}{p_1}=\frac{2\gamma}{\gamma+1}M_1^2-\frac{\gamma-1}{\gamma+1}$$

$$\frac{\rho_2}{\rho_1}=\frac{\frac{\gamma+1}{2}M_1^2}{1+\frac{\gamma-1}{2}M_1^2}$$

$$\frac{T_2}{T_1}=\frac{2}{\gamma+1}\cdot\frac{1}{M_1^2}\left(\frac{2\gamma}{\gamma+1}M_1^2-\frac{\gamma-1}{\gamma+1}\right)\left(1+\frac{\gamma-1}{2}M_1^2\right)$$

求熵的变化,

$$\begin{aligned}\Delta S=S_2-S_1&=c_V\ln\frac{p_2}{\rho_2^\gamma}-c_V\ln\frac{p_1}{\rho_1^\gamma}\\&=c_V\ln\left[\frac{p_2}{p_1}\left(\frac{\rho_2}{\rho_1}\right)^{-\gamma}\right]\\&=c_V\ln\left[\left(\frac{2\gamma}{\gamma+1}M_1^2-\frac{\gamma-1}{\gamma+1}\right)\cdot\left(\frac{\frac{\gamma+1}{2}M_1^2}{1+\frac{\gamma-1}{2}M_1^2}\right)^{-\gamma}\right]\end{aligned}$$

$$c_V=\frac{R}{\gamma-1}$$

$$\Delta S=R\ln\left[\left(\frac{2\gamma}{\gamma+1}M_1^2-\frac{\gamma-1}{\gamma+1}\right)^{\frac{1}{\gamma-1}}\cdot\left(\frac{\frac{\gamma+1}{2}M_1^2}{1+\frac{\gamma-1}{2}M_1^2}\right)^{-\frac{\gamma}{\gamma-1}}\right]$$

(见图 5.8). 根据热力学第二定律, 孤立系的熵不减少

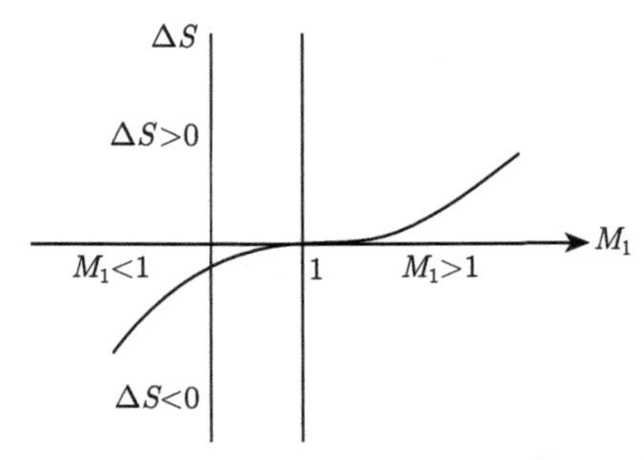

图 5.8　激波两侧熵的变化 ΔS 和 Mach 数 M_1 间的关系

$$S_2 \geqslant S_1 \tag{5.2-18}$$

当激波两侧物理条件相同时, 等号成立.

6. 普朗特 (Prandtl) 公式

定义速度系数 $\lambda = v/a_*$, 当声速等于流速时, 记 $a_* = v_*$, 称为临界声速及临界流速, 显然当 $v = v_*$ 时, 有 $\lambda = 1$. a_* 只依赖于流线号码. 同一条流线取相同的值, 对于均能流体, 整个流场取同一值.

当忽略外力时, 定常的可压缩流体的伯努利积分可写成

$$\frac{v^2}{2} + \frac{\gamma}{\gamma-1}\frac{p}{\rho} = \frac{v^2}{2} + \frac{a_s^2}{\gamma-1} = C(\psi)$$

当 $a_s = v = a_*$ 时, 有

$$\frac{v^2}{2} + \frac{a_s^2}{\gamma-1} = \frac{\gamma+1}{2(\gamma-1)}a_*^2$$

$$a_*^2 = \frac{2(\gamma-1)}{\gamma+1}\left(\frac{v^2}{2} + \frac{a_s^2}{\gamma-1}\right)$$

$$\lambda^2 = \frac{v^2}{a_*^2} = \frac{v^2}{\dfrac{2(\gamma-1)}{\gamma+1}\left(\dfrac{v^2}{2} + \dfrac{a_s^2}{\gamma-1}\right)} = \frac{M^2}{\dfrac{\gamma-1}{\gamma+1}M^2 + \dfrac{2}{\gamma+1}} = \frac{\dfrac{\gamma+1}{2}M^2}{1 + \dfrac{\gamma-1}{2}M^2}$$

激波前速度系数 $\lambda_1 = v_1/a_*$, 激波后 $\lambda_2 = v_2/a_*$,

$$\frac{\lambda_1}{\lambda_2} = \frac{v_1}{v_2} = \frac{\rho_2}{\rho_1} = \frac{\dfrac{\gamma+1}{2}M_1^2}{1 + \dfrac{\gamma-1}{2}M_1^2} = \lambda_1^2$$

因此, 有 $\lambda_1\lambda_2 = 1$, 这就是普朗特公式, 还可以得到 $\lambda_2^2 = [(\gamma+1)/2]M_2^2/[1+(\gamma-1)/2]M_2^2$, $\lambda_2^2 = 1/\lambda_1^2$, 从而可解出

$$M_2^2 = \frac{1 + \dfrac{\gamma-1}{2}M_1^2}{\gamma M_1^2 - \dfrac{\gamma-1}{2}}$$

7. 正激波的结果

(1) 激波速度 v_1 大于激波前的声速 a_{s1}, 因此有 $M_1 \geqslant 1$.

(2) 从普朗特公式可知: ① 激波前是超声速流动, 激波后就成为亚声速流, 同时压强、密度、温度通过激波后都增加, 称为增密跳跃; ② 激波前是亚声速流, 激波后成为超声速流, 压强、密度、温度通过激波后都减小, 成为减密跳跃.

由于激波通过机械能的损耗而增加激波后的压强、密度和温度, 激波速度应该减小. 从超声速降为亚声速符合物理实在. 增密跳跃是实际发生的. 根据热力学第二定律判断: 孤立系熵不减小, $\Delta S \geqslant 0$, 从 ΔS 的表达式得到的 ΔS 和 M_1 的关系图 (图 5.8) 可见, 如果激波前是亚声速, $M_1 < 1$, 则 $\Delta S < 0$, 熵减小, 不符合热力学第二定律, 减密跳跃不可能发生; 如果激波前为超声速, $M_1 > 1$, 由图可见 $\Delta S > 0$, 符合热力学第二定律.

激波一旦产生, 熵一定增加, 不可能保持不变, $\Delta S = 0$ 只有当 $M_1 = 1$, 即不发生间断时才存在.

(3) 因为只有增密跳跃符合实际, 物理量的变化如表 5.1 所示 (定常和不定常均适用). 运动学量下降, 热力学量上升 (表中 h 为焓, e 为内能).

表 5.1 激波后物理量的定性变化

v	M	λ	p	ρ	T	a	h	e	S
↘	↘	↘	↗	↗	↗	↗	↗	↗	↗

(4) 数值.

当 $M_1 = 10$ 时, $\gamma = 1.4$,

$$\frac{\rho_2}{\rho_1} = 5.714, \quad \frac{T_2}{T_1} = 20.39, \quad \frac{p_2}{p_1} = 116.5, \quad M_2 = 0.3876$$

当 $M_1 \to \infty$ 时, $\gamma = \dfrac{5}{3}$,

$$M_2 \to \sqrt{\frac{\gamma - 1}{2\gamma}} = 0.447$$

$$\frac{v_2}{v_1} = \frac{\gamma - 1}{\gamma + 1} = \frac{1}{4}$$

$$\frac{p_2}{p_1} = \frac{2\gamma}{\gamma + 1} M_1^2 \to \infty$$

$$\frac{\rho_2}{\rho_1} = \frac{\gamma + 1}{\gamma - 1} = 4$$

$$\frac{T_2}{T_1} \to \infty$$

文献上对于压强和温度, 当 $M_1 \to \infty$ 时, 还有下列表示:

$$\frac{p_2}{p_1}=\frac{2\gamma}{\gamma+1}M_1^2=\frac{2\gamma}{\gamma+1}\frac{v_1^2}{a_{s1}^2}=\frac{2\gamma}{\gamma+1}\frac{\rho_1 v_1^2}{\gamma p_1}$$

$$p_2 \to \frac{3}{4}\rho_1 v_1^2 \qquad (\text{当 } M_1\to\infty \text{ 时, 即 } v_1\to\infty, \text{所以 } p_2\to\infty)$$

$$\frac{T_2}{T_1}\to\frac{2\gamma(\gamma-1)}{(\gamma+1)^2}M_1^2=\frac{2\gamma(\gamma-1)}{(\gamma+1)^2}\cdot\frac{v_1^2}{\gamma R T_1},\quad a_{s1}^2=\gamma R T_1$$

$$T_2\to\frac{2(\gamma-1)}{(\gamma+1)^2}\frac{v_1^2}{R} \qquad (\text{当 } M_1\to\infty \text{ 时, 即 } v_1\to\infty, \text{有 } T_2\to\infty)$$

$k_B=\dfrac{R}{N}$, k_B: Boltzmann 常数 (尔格/度)

R: 气体常数 (尔格/(度 · 摩尔))

$\dfrac{1}{N}=\mu$, N: 阿伏伽德罗常量 (1/摩尔)

μ: 一个氢原子或质子的质量 (因为氢原子的克原子数为 1)

$$k_B T_2\to\frac{3}{16}\mu v_1^2$$

当 $M_1\to\infty$ 时, 还有

$$\Delta S=R\ln\left(\frac{2\gamma}{\gamma+1}M_1^2\right)^{\frac{1}{\gamma-1}}+R\ln\left(\frac{\gamma+1}{\gamma-1}\right)^{-\frac{\gamma}{\gamma-1}}=\frac{R}{\gamma-1}\ln(M_1^2)$$

$$\frac{\Delta S}{R}\to\frac{2}{\gamma-1}\ln M_1\to\infty$$

可见当 $M_1\to\infty$ 时, p_2/p_1, T_2/T_1, 以及 M_1^2 的量级趋于 ∞, ρ_2/ρ_1, v_2/v_1, M_2 为有限值.

(5) 上述正激波理论的坐标系取在激波上, 也即激波不动, 如果另取一静止坐标系, 激波相对此坐标系以速度 N 向左运动 (图 5.9), 向左运动取为负, 向右为正, 则激波前、后的气流相对静止系的速度分别为 v_1-N 和 v_2-N. v_1 和 v_2 是相对于激波的速度, 激波前后热力学量之比不因坐标改变而改变. 当 $N=v_1$ 时, 表示静止坐标系中, 激波前的气流速度为零, 激波后的气流速度, 相对于静止系为 $v_2-N=v_2-v_1<0$, 表示激波后的气体跟随激波向左运动 ($v_2<v_1$ 可从上述激波前后关系式中得知).

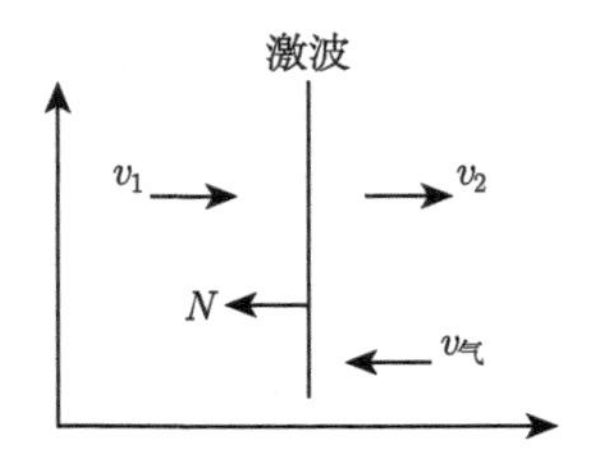

图 5.9 静止坐标系中的速度关系

激波以超声速 N 即 v_1 在静止气体中向左运动 (假如 $N = v_1$), 激波扫过后的气体则从原来的静止态, 变成以 $v_2 - v_1$ 的速度向右运动, 或以 $v_1 - v_2$ 的速度向左运动. 激波相对于激波后的气体是以亚声速运动. 因为按正负的约定, 激波面的速度为 $-N = -v_1$ (假定激波前气体静止), 激波后的速度为 $v_2 + (-v_1) = (v_2 - v_1) < 0$ (相对于静止系), 则激波面相对于激波后气体的速度为 $-v_1 - (v_2 - v_1) = -v_2$, v_2 为亚声速, 向左运动. 也可从普朗特公式判定, v_2 为亚声速.

如果激波前气体相对于激波并不静止, 则 $v_1(= N) \to v_1' = v_1 +$ 气流速度.

(6) 激波强度趋于零时的情形.

设激波前气体在静止坐标系中速度为零, 即 $-N + v_1 = 0$, 激波后气流速度为 $-v_气$ (随激波向左运动), v_2 为相对于激波速度 (向右)

$$-v_气 = v_2 + (-N) = v_2 - N, \qquad v_气 = N - v_2 = v_1 - v_2$$

$$v_1 = N = v_激, \qquad \therefore\ v_2 = v_激 - v_气$$

$\rho_1 v_1 = \rho_2 v_2$, 式中 v_1 和 v_2 为相对于激波的速度.

$$\rho_1 v_激 = \rho_2 (v_激 - v_气) \qquad (静止系中) \tag{5.2-19}$$

$$p_1 + \rho_1 v_1^2 = p_2 + \rho_2 v_2^2 \qquad (激波参考系)$$

$$\begin{aligned} p_2 - p_1 &= \rho_1 v_激^2 - \rho_2 (v_激 - v_气)^2 \\ &= \rho_1 v_激^2 - \rho_2 \left(\frac{\rho_1}{\rho_2} v_激\right)^2 \\ &= \rho_1^2 v_激^2 \left(\frac{1}{\rho_1} - \frac{1}{\rho_2}\right) \\ &= \frac{\rho_1 v_激^2}{\rho_2} (\rho_2 - \rho_1) \end{aligned}$$

$$v_激 = \left(\frac{\rho_2}{\rho_1} \cdot \frac{p_2 - p_1}{\rho_2 - \rho_1}\right)^{1/2}$$

激波强度可以用 (M_1^2-1) 标志, 也可用 p_2/p_1 标志, 当激波强度趋于零时, $p_2 \to p_1$, $\rho_2 \to \rho_1$, 上式变为

$$v_{\text{激}} = \sqrt{\left(\frac{\partial p}{\partial \rho}\right)_s} \qquad \text{成为声速}$$

由 (5.2-19)

$$\frac{v_{\text{激}} - v_{\text{气}}}{v_{\text{激}}} = \frac{\rho_1}{\rho_2}, \qquad \therefore \ \frac{-v_{\text{气}}}{v_{\text{激}}} = \frac{\rho_1 - \rho_2}{\rho_2}$$

$$\frac{v_{\text{气}}}{v_{\text{激}}} = \frac{\rho_2 - \rho_1}{\rho_1}, \qquad \text{当激波强度趋于零时}, \ v_{\text{激}} \to a_s \ (\text{声速})$$

$$\text{当} \ \rho_2 \to \rho_1, \quad \rho_2 - \rho_1 \to \rho', \quad v_{\text{气}} \to v', \quad \therefore \ \frac{v'}{a_s} = \frac{\rho'}{\rho_1}$$

$\rho' \ll \rho_1$, 所以流体质点的运动速度远小于声速, 这是小扰动时的情况, 说明当激波强度趋于零时, 激波退化成小扰动波, 声波可以看作强度无限小的激波.

(7) 我们已知有限振幅的压缩波一定产生激波, 激波产生后, 将以什么速度前进以及激波扫过后物理量将发生什么变化?

前已求出 $p_2/p_1 = [2\gamma/(\gamma+1)]M_1^2 - (\gamma-1)/(\gamma+1)$, 可求出

$$M_1^2 = \frac{\gamma-1}{2\gamma} + \frac{\gamma+1}{2\gamma}\frac{p_2}{p_1}$$

激波速度

$$v_{\text{激}} = v_1 = M_1 a_{s1} = \left(\frac{\gamma-1}{2\gamma} + \frac{\gamma+1}{2\gamma}\frac{p_2}{p_1}\right)^{1/2} a_{s1}$$

已求出

$$\frac{v_2}{v_1} = \frac{\gamma-1}{\gamma+1} + \frac{2}{(\gamma+1)M_1^2}$$

$$v_2 = v_{\text{激}} - v_{\text{气}}, \quad v_1 = v_{\text{激}}$$

$$\frac{v_{\text{激}} - v_{\text{气}}}{v_{\text{激}}} = \frac{\gamma-1}{\gamma+1} + \frac{2}{(\gamma+1)M_1^2}$$

$$\begin{aligned} v_{\text{气}} &= \left[\frac{2}{\gamma+1} - \frac{2}{(\gamma+1)M_1^2}\right] v_{\text{激}} = \frac{2}{\gamma+1}\left[1 - \frac{1}{M_1^2}\right] M_1 a_{s1} \\ &= \sqrt{\frac{2}{\gamma}} \frac{p_2/p_1 - 1}{[(\gamma-1) + (\gamma+1)p_2/p_1]^{1/2}} \cdot a_{s1} \qquad (v_{\text{气}} > a_{s1}) \end{aligned}$$

知道 M_1 后, 激波后其他物理量 ρ_2, T_2 等也可求出. 表 5.2 列出不同 $\dfrac{\Delta p}{p_1}$ 值时 $M_1, v_{激}, v_{气}, \Delta\rho/\rho_1, \Delta T$ 的数据 ($\Delta p = p_2 - p_1$, $\Delta\rho = \rho_2 - \rho_1$, $\Delta T = T_2 - T_1$). 设静止气体的 $\gamma = 1.4$, $p_1 = 1$ 大气压, $T_1 = 288$ K.

表 5.2 由不同 $\Delta p/p_1$ 算出的相关物理量

M_1	$\Delta p/p_1$	$\Delta\rho/\rho_1$	ΔT/°C	$v_{激}/(\mathrm{m \cdot s^{-1}})$	$v_{气}/(\mathrm{m \cdot s^{-1}})$
1	0	0	0	340	0
1.47	1.39	0.81	87	500	224
2.94	9.20	2.77	465	1000	734
5.90	40.3	4.20	1925	2000	1611
8.80	92.3	4.58	5940	3000	2880
11.80	165	4.72	7750	4000	3300

(8) 为了维持激波以不变的强度向右传播 (见图 5.10), 活塞必须以 $v_{气}$ 的速度向右跟随, 这样活塞与之相接触的气体具有完全相同的速度, 对激波后的气体不产生任何扰动, 可使激波以等速度和等强度继续向右传播. 从能量的观点看, 活塞顶着激波后的高压, 以 $v_{气}$ 运动时, 对气体做了功, 增加了被激波扫过气体的能量.

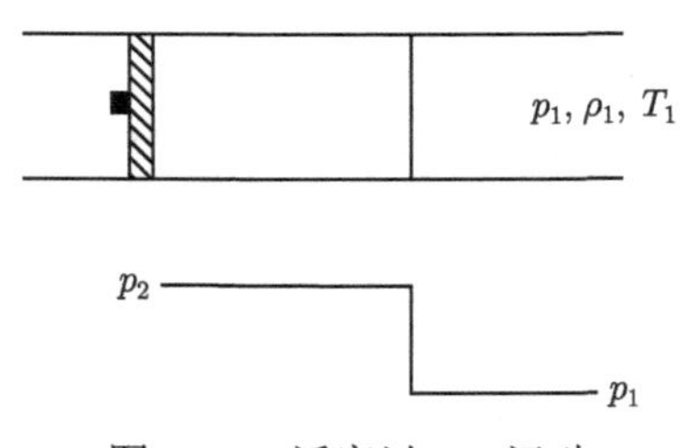

图 5.10 活塞以 $v_{气}$ 运动

(9) 若活塞以大于 $v_{气}$ 的速度向右推动, 则被激波扫过的气体将不断受到压缩. 压缩波相对于激波后运动的流体质点以声速传播. 由于激波面以亚声速相对于激波后气体传播, 压缩波的速度大于激波面的速度, 压缩波将会追上激波, 从而加强激波强度, 激波将以更快的速度向右方静止气体中传播.

(10) 如果活塞以小于 $v_{气}$ 的速度运动, 则激波后的气体不断受到膨胀 (疏松), 膨胀波相对于激波后的气体也以声速传播, 因此也要赶上激波, 从而削弱激波强度, 使激波向右方静止气体中的传播速度减慢. 所以如果活塞自 $v_{气}$ 减速直至停止, 那么一系列的膨胀波使激波不断消减, 最后完全消失.

8. 激波的特点

热力学第二定律: 绝热系统熵不减少, 完全气体

$$S = c_V \ln\left(\frac{p}{\rho^\gamma}\right) + \text{const}$$

前面已求得

$$S_2 \geqslant S_1. \tag{5.2-18}$$

激波有以下特点:

(1) 激波速度 v_1 必大于激波前气体的声速 a_{s1}, 因此

$$M_1 \geqslant 1$$

(2) 激波后气体的速度 $v_2 \leqslant a_{s2}$, 因此在激波参考系中, 激波前是超声速流动, 激波后是亚声速流动.

(3) 激波有压缩作用

$$p_2 \geqslant p_1 \tag{5.2-20}$$

$$\rho_2 \geqslant \rho_1 \tag{5.2-21}$$

因为 $\rho_1 v_1 = \rho_2 v_2$, 所以 $v_2 \leqslant v_1$.

前已求得 $T_2 > T_1$, 激波使流入的气体减速, 但有加热作用, 也就是通过激波的作用把流动能转换成热能.

(4)

$$S_2 - S_1 = c_V \ln\frac{p_2}{p_1} - \gamma c_V \ln\frac{\rho_2}{\rho_1}$$

S_1, p_1, ρ_1 看作确定的常数 (由状态方程, 从而 T_1 也确定, 声速 a_{s1} 也确定). p_2, ρ_2 随 Mach 数 M_1 变化 (也即随 v_1 变化).

对上式微分 (记得下标 “1” 的量为常量)

$$\mathrm{d}S_2 = c_V \frac{\mathrm{d}p_2}{p_2} - \frac{\gamma c_V}{\rho_2}\mathrm{d}\rho_2$$

或者由

$$S_2 - S_1 = c_V \ln\left[\frac{2\gamma}{\gamma+1}M_1^2 - \frac{\gamma-1}{\gamma+1}\right] - \gamma c_V \ln\frac{\dfrac{\gamma+1}{2}M_1^2}{1+\dfrac{\gamma-1}{2}M_1^2}$$

可得

$$\frac{\mathrm{d}S_2}{\mathrm{d}M_1} = \frac{4\gamma(\gamma-1)(M_1^2-1)^2 c_V}{M_1[2\gamma M_1^2-(\gamma-1)][2+(\gamma-1)M_1^2]} \tag{5.2-22}$$

考察 $\mathrm{d}S_2/\mathrm{d}M_1$ 的符号, 因为: ① $\gamma \geqslant 1$; ② $p_2/p_1 = [2\gamma/(\gamma+1)]M_1^2 - (\gamma-1)/(\gamma+1) = [2\gamma M_1^2 - (\gamma-1)]/(\gamma+1) \geqslant 1$, 有 $2\gamma M_1^2 - (\gamma-1) > 0$, 所以

$$\frac{\mathrm{d}S_2}{\mathrm{d}M_1} \geqslant 0 \tag{5.2-23}$$

随着 M_1 增加, 激波后的熵 S_2 也增加. 当 $M_1 = 1$ 时, 有 $p_1 = p_2$, $\rho_2 = \rho_1$, $S_1 = S_2$. 由 (5.2-18) 式, $S_2 \geqslant S_1$, $S_2 - S_1 \geqslant 0$, 所以 $\mathrm{d}S_2 \geqslant 0$, 因此从 (5.2-23) 可知 $\mathrm{d}M_1 \geqslant 0$. 积分该式, 当 $S_2 = S_1$ 时, $M_1 = 1$, 可令积分常数为 1, 有 $M_1 \geqslant 1$.

5.3 磁流体力学激波

5.3.1 间断条件

在流体力学的基础上加入磁场.

质量守恒:

$$\frac{\partial \rho}{\partial t} + \boldsymbol{\nabla} \cdot (\rho \boldsymbol{v}) = 0$$

$$\int_\tau \frac{\partial \rho}{\partial t} \mathrm{d}\tau + \int_S \rho \boldsymbol{v} \cdot \boldsymbol{n} \mathrm{d}S = 0$$

动量守恒:

$$\rho \frac{\mathrm{D}\boldsymbol{v}}{\mathrm{D}t} = -\boldsymbol{\nabla}\left(p + \frac{1}{2\mu}B^2\right) + \frac{1}{\mu}\boldsymbol{\nabla} \cdot (\boldsymbol{BB})$$

$$左边 = \rho \frac{\partial \boldsymbol{v}}{\partial t} + \rho \boldsymbol{v} \cdot \boldsymbol{\nabla} \boldsymbol{v}$$

连续性方程两边乘 $\boldsymbol{v}$ 得

$$\boldsymbol{v}\frac{\partial \rho}{\partial t} + \boldsymbol{v}\boldsymbol{\nabla} \cdot (\rho \boldsymbol{v}) = 0$$

与动量方程相加

$$\rho \frac{\partial \boldsymbol{v}}{\partial t} + \rho \boldsymbol{v} \cdot \boldsymbol{\nabla} \boldsymbol{v} + \boldsymbol{v}\frac{\partial \rho}{\partial t} + \boldsymbol{v}\boldsymbol{\nabla} \cdot (\rho \boldsymbol{v}) = -\boldsymbol{\nabla}\left(p + \frac{1}{2\mu}B^2\right) + \frac{1}{\mu}\boldsymbol{\nabla} \cdot (\boldsymbol{BB})$$

$$\frac{\partial (\rho \boldsymbol{v})}{\partial t} + \boldsymbol{\nabla} \cdot (\rho \boldsymbol{vv}) = -\boldsymbol{\nabla}\left(p + \frac{1}{2\mu}B^2\right) + \frac{1}{\mu}\boldsymbol{\nabla} \cdot (\boldsymbol{BB})$$

$$\int_\tau \frac{\partial (\rho \boldsymbol{v})}{\partial t} \mathrm{d}\tau + \int_S \left(\rho \boldsymbol{vv} - \frac{1}{\mu}\boldsymbol{BB}\right) \cdot \boldsymbol{n} \mathrm{d}S + \int_S \left(p + \frac{1}{2\mu}B^2\right) \boldsymbol{n} \mathrm{d}S = 0$$

能量守恒

我们以前已得到过能量方程

$$\rho\frac{\mathrm{D}e}{\mathrm{D}t}+p\boldsymbol{\nabla}\cdot\boldsymbol{v}=-\mathscr{L} \tag{5.3-1}$$

e 为内能, 已假定 p 为标量, $\mathscr{L}$ 为能耗函数,

$$\mathscr{L}=\boldsymbol{\nabla}\cdot\boldsymbol{q}+L_r-j^2/\sigma-H$$

$\boldsymbol{q}$ 为热流矢量, L_r 为净辐射 (设为零), H 为其他热源贡献之和 (设为零) [$H=\rho\varepsilon+H_\nu+H_w$, ε 为核能, H_ν 为粘滞耗散, H_w 为波加热], 所以

$$\mathscr{L}=\boldsymbol{\nabla}\cdot\boldsymbol{q}-\frac{j^2}{\sigma}$$

j^2/σ 为欧姆损耗, 损耗只在激波层内, 两侧的 $\sigma\to\infty$, 所以能耗函数 $\mathscr{L}=\boldsymbol{\nabla}\cdot\boldsymbol{q}$.

运动方程

$$\rho\frac{\mathrm{D}\boldsymbol{v}}{\mathrm{D}t}=-\boldsymbol{\nabla}p+\boldsymbol{j}\times\boldsymbol{B}+\boldsymbol{F}$$

式中 $\boldsymbol{F}=\boldsymbol{F}_g+\boldsymbol{F}_\nu$, $\boldsymbol{F}_g$: 重力, $\boldsymbol{F}_\nu$: 粘滞力, 现在假设 $\boldsymbol{F}=0$, 运动方程两边点乘 $\boldsymbol{v}$,

$$\rho\frac{\mathrm{D}}{\mathrm{D}t}\left(\frac{1}{2}v^2\right)=-\boldsymbol{v}\cdot\boldsymbol{\nabla}p+\boldsymbol{v}\cdot(\boldsymbol{j}\times\boldsymbol{B}) \tag{5.3-2}$$

(5.3-1) + (5.3-2),

$$\rho\frac{\mathrm{D}}{\mathrm{D}t}\left(e+\frac{1}{2}v^2\right)=-\mathscr{L}+\boldsymbol{v}\cdot(\boldsymbol{j}\times\boldsymbol{B})-\boldsymbol{\nabla}\cdot(p\boldsymbol{v})$$

欧姆定律: $\boldsymbol{E}=-\boldsymbol{v}\times\boldsymbol{B}$ (对于高密度等离子体、理想流体, 广义欧姆定律的简化表达式). 两边点乘 $\boldsymbol{j}$,

$$\begin{aligned}\boldsymbol{E}\cdot\boldsymbol{j}&=-(\boldsymbol{v}\times\boldsymbol{B})\cdot\boldsymbol{j}\\&=\boldsymbol{v}\cdot(\boldsymbol{j}\times\boldsymbol{B})\end{aligned}$$

能量守恒化成

$$\rho\frac{\mathrm{D}}{\mathrm{D}t}\left(e+\frac{1}{2}v^2\right)=-\mathscr{L}+\boldsymbol{E}\cdot\boldsymbol{j}-\boldsymbol{\nabla}\cdot(p\boldsymbol{v})=-\boldsymbol{\nabla}\cdot\boldsymbol{q}+\boldsymbol{E}\cdot\boldsymbol{j}-\boldsymbol{\nabla}\cdot(p\boldsymbol{v})$$

该式的获得已作假设: 不计粘滞, 因此 p 为标量; 不计辐射和其他热源的贡献; 不计重力, 激波两侧为理想导体. 式中的

$$\begin{aligned}\boldsymbol{E}\cdot\boldsymbol{j}=\frac{1}{\mu}(\boldsymbol{\nabla}\times\boldsymbol{B})\cdot\boldsymbol{E}&=\frac{1}{\mu}[-\boldsymbol{\nabla}\cdot(\boldsymbol{E}\times\boldsymbol{B})+\boldsymbol{B}\cdot(\boldsymbol{\nabla}\times\boldsymbol{E})]\\&=-\boldsymbol{\nabla}\cdot\boldsymbol{S}+\frac{1}{\mu}\boldsymbol{B}\cdot\left(-\frac{\partial\boldsymbol{B}}{\partial t}\right)\\&=-\boldsymbol{\nabla}\cdot\boldsymbol{S}-\frac{1}{2\mu}\frac{\partial B^2}{\partial t}\\&=-\boldsymbol{\nabla}\cdot\boldsymbol{S}-\frac{\partial}{\partial t}W\end{aligned}$$

$$S=\frac{1}{\mu}\boldsymbol{E}\times\boldsymbol{B}\quad\text{(Poynting 矢量)}$$

$$W=\frac{1}{2\mu}B^2\quad\text{(磁能密度)}$$

改写能量方程左边:

$$\rho\frac{\mathrm{D}}{\mathrm{D}t}\left(e+\frac{1}{2}v^2\right)=\rho\frac{\mathrm{D}}{\mathrm{D}t}\left(e+\frac{1}{2}v^2\right)-\rho\left(e+\frac{1}{2}v^2\right)\boldsymbol{\nabla}\cdot\boldsymbol{v}+\rho\left(e+\frac{1}{2}v^2\right)\boldsymbol{\nabla}\cdot\boldsymbol{v}$$

利用连续方程 $\mathrm{D}\rho/\mathrm{D}t=-\rho\boldsymbol{\nabla}\cdot\boldsymbol{v}$, 代入右边第二项,

$$\begin{aligned}\rho\frac{\mathrm{D}}{\mathrm{D}t}\left(e+\frac{1}{2}v^2\right)&=\frac{\mathrm{D}}{\mathrm{D}t}\left[\rho\left(e+\frac{1}{2}v^2\right)\right]+\rho\left(e+\frac{1}{2}v^2\right)\boldsymbol{\nabla}\cdot\boldsymbol{v}\\&=\frac{\partial}{\partial t}\left[\rho\left(e+\frac{1}{2}v^2\right)\right]+\boldsymbol{\nabla}\cdot\left[\rho\left(e+\frac{1}{2}v^2\right)\boldsymbol{v}\right]\\&=-\boldsymbol{\nabla}\cdot\boldsymbol{q}-\frac{1}{\mu}\boldsymbol{\nabla}\cdot(\boldsymbol{E}\times\boldsymbol{B})-\frac{\partial}{\partial t}W-\boldsymbol{\nabla}\cdot(p\boldsymbol{v})\end{aligned}$$

设 $\boldsymbol{q}=0$ (绝热激波), 利用 $\boldsymbol{E}+\boldsymbol{v}\times\boldsymbol{B}=0$, 消去方程中的 $\boldsymbol{E}$,

$$\frac{1}{\mu}\boldsymbol{E}\times\boldsymbol{B}=\frac{1}{\mu}(-\boldsymbol{v}\times\boldsymbol{B})\times\boldsymbol{B}=\frac{1}{\mu}[-(\boldsymbol{v}\cdot\boldsymbol{B})\boldsymbol{B}+B^2\boldsymbol{v}]$$

$$\frac{\partial}{\partial t}\left[\rho\left(e+\frac{1}{2}v^2+W\right)\right]+\boldsymbol{\nabla}\cdot\left[\rho\left(e+\frac{1}{2}v^2\right)\boldsymbol{v}-\frac{1}{\mu}(\boldsymbol{v}\cdot\boldsymbol{B})\boldsymbol{B}+\frac{1}{\mu}B^2\boldsymbol{v}+p\boldsymbol{v}\right]=0$$

能量守恒的积分形式

$$\int_\tau\frac{\partial}{\partial t}\left[\rho\left(e+\frac{1}{2}v^2+W\right)\right]\mathrm{d}\tau$$

$$+\int_S\left[\rho\left(e+\frac{1}{2}v^2\right)\boldsymbol{v}-\frac{1}{\mu}(\boldsymbol{v}\cdot\boldsymbol{B})\boldsymbol{B}+\frac{1}{\mu}B^2\boldsymbol{v}+p\boldsymbol{v}\right]\cdot\mathrm{d}\boldsymbol{S}=0$$

跨越间断面的小体元 $\mathrm{d}\tau=\mathrm{d}l\mathrm{d}\sigma$, $\mathrm{d}l$ 为长度, $\mathrm{d}\sigma$ 为有限底面积 (图 5.6), 当 $\mathrm{d}l\to 0$ 时有 $\mathrm{d}\tau\to 0$, 体积分为零, 面积分归结为两个底面上的量, 跨越间断面的守恒定律变为

质量守恒: $[\rho\boldsymbol{v}\cdot\boldsymbol{n}]=(\rho_2\boldsymbol{v}_2-\rho_1\boldsymbol{v}_1)\cdot\boldsymbol{n}=0$

动量守恒: $\left[\rho\boldsymbol{v}\boldsymbol{v}\cdot\boldsymbol{n}+\left(p+\frac{1}{2\mu}B^2\right)\boldsymbol{n}-\frac{1}{\mu}\boldsymbol{B}\boldsymbol{B}\cdot\boldsymbol{n}\right]=0$

能量守恒: $\left[\left\{\rho\left(e+\frac{1}{2}v^2\right)\boldsymbol{v}+\frac{1}{\mu}B^2\boldsymbol{v}-\frac{1}{\mu}(\boldsymbol{v}\cdot\boldsymbol{B})\boldsymbol{B}+p\boldsymbol{v}\right\}\cdot\boldsymbol{n}\right]=0$

再加上电磁场的边界条件: 磁场的法向分量连续, 电场的切向分量连续

$$[B_n]=0$$

$$[\boldsymbol{E}_\tau]=0$$

$\boldsymbol{E}_\tau=\boldsymbol{n}\times\boldsymbol{E}$, $\boldsymbol{n}$ 为间断面的法向. 上述守恒定律可改写为

$$[\rho v_n]=0 \tag{5.3-3}$$

法向动量守恒定律:

$$\left[\rho v_n^2+p+\frac{1}{2\mu}B^2-\frac{1}{\mu}B_n^2\right]=0 \tag{5.3-4}$$

切向动量守恒定律:

$$\left[\rho v_n\boldsymbol{v}_\tau-\frac{1}{\mu}B_n\boldsymbol{B}_\tau\right]=0 \tag{5.3-5}$$

(5.3-5) 式包含两个分量式 $\boldsymbol{\tau}=\hat{\boldsymbol{x}}+\hat{\boldsymbol{y}}$.

能量守恒:

$$\left[\rho v_n\left(e+\frac{1}{2}v^2\right)+pv_n+\frac{1}{\mu}B^2v_n-\frac{1}{\mu}(\boldsymbol{v}\cdot\boldsymbol{B})B_n\right]=0 \tag{5.3-6}$$

(5.3-6) 式中,

$$B^2=B_n^2+B_\tau^2,\quad \boldsymbol{v}\cdot\boldsymbol{B}=(\boldsymbol{v}_n+\boldsymbol{v}_\tau)\cdot(\boldsymbol{B}_n+\boldsymbol{B}_\tau)=\boldsymbol{v}_\tau\cdot\boldsymbol{B}_\tau+\boldsymbol{v}_n\cdot\boldsymbol{B}_n$$

$(\boldsymbol{v}_\tau\cdot\boldsymbol{B}_n=\boldsymbol{v}_n\cdot\boldsymbol{B}_\tau=0)$. 因此 (5.3-6) 可写成

$$\left[\rho v_n\left(e+\frac{1}{2}v^2\right)+pv_n+\frac{1}{\mu}v_nB_\tau^2+\frac{1}{\mu}v_nB_n^2-\frac{1}{\mu}B_n(\boldsymbol{v}_\tau\cdot\boldsymbol{B}_\tau)-\frac{1}{\mu}B_n(\boldsymbol{v}_n\cdot\boldsymbol{B}_n)\right]=0 \tag{5.3-7}$$

$\boldsymbol{v}_n \parallel \boldsymbol{B}_n$, 上式最后一项 $= (1/\mu)v_n B_n^2$,

$$\left[\rho v_n\left(e+\frac{1}{2}v^2\right)+pv_n+\frac{1}{\mu}v_n B_\tau^2-\frac{1}{\mu}B_n(\boldsymbol{v}_\tau\cdot\boldsymbol{B}_\tau)\right]=0 \tag{5.3-8}$$

$$[B_n]=0 \tag{5.3-9}$$

由理想导体条件 $\boldsymbol{E}=-\boldsymbol{v}\times\boldsymbol{B}$,

$$[\boldsymbol{E}_\tau]=[\boldsymbol{n}\times\boldsymbol{E}]=-[\boldsymbol{n}\times(\boldsymbol{v}\times\boldsymbol{B})]=0$$

矢量公式:

$$\boldsymbol{n}\times(\boldsymbol{v}\times\boldsymbol{B})=\boldsymbol{v}(\boldsymbol{n}\cdot\boldsymbol{B})-\boldsymbol{B}(\boldsymbol{v}\cdot\boldsymbol{n})=\boldsymbol{v}B_n-\boldsymbol{B}v_n$$

$$[\boldsymbol{E}_\tau]=[\boldsymbol{v}B_n-\boldsymbol{B}v_n]=0$$

法向分量

$$[v_n B_n-B_n v_n]=0$$

也即间断面两侧 $\boldsymbol{E}_\tau$ 法向分量为零, 这是显然的, 因为 $\boldsymbol{E}_\tau$ 本身是切向分量. 切向分量

$$[\boldsymbol{v}_\tau B_n-\boldsymbol{B}_\tau v_n]=0 \tag{5.3-10}$$

现在共有 8 个方程: (5.3-3), (5.3-4), (5.3-5) [包含两个方程], (5.3-8), (5.3-9), (5.3-10) [包含两个方程], 求解: v_{n2}, B_{n2}, ρ_2, p_2, $\boldsymbol{v}_{\tau2}$ (有两个分量), $\boldsymbol{B}_{\tau2}$ (两个分量) 共 8 个未知量. [内能 e 只在 (5.3-8) 中出现, 可作为参量最后由 p,ρ 的表达式 (可能包含参量 e) 与 $e=[1/(\gamma-1)p/\rho$ 联立, 单独求出.]

下面的运算试图减少未知量, 减少方程数. 令 $j=\rho v_n$, 则由 (5.3-3) 知 $\rho_1 v_{n1}=\rho_2 v_{n2}$, $j_1=j_2=j$ 是一个已知量 (因为 $j_1=\rho_1 v_{n1}$ 已知). 由 (5.3-9) 得 $B_{n1}=B_{n2}$ 也为已知, 因此现在只需求: $\boldsymbol{v}_{\tau2}$, $\boldsymbol{B}_{\tau2}$, p_2, ρ_2 这 6 个量. 记 $\mathbb{V}=1/\rho$, (5.3-4) 式可写成

$$\left[\rho v_n^2+p+\frac{1}{2\mu}B^2-\frac{1}{\mu}B_n^2\right]=\left[j^2\mathbb{V}+p+\frac{1}{2\mu}B_\tau^2-\frac{1}{2\mu}B_n^2\right]$$

$$=j^2[\mathbb{V}]+[p]+\left[\frac{1}{2\mu}B_\tau^2\right]=0 \tag{5.3-11}$$

其中利用了 $B^2=B_\tau^2+B_n^2$, $[B_n^2]=B_{n2}^2-B_{n1}^2=0$, (5.3-11) 式为法向动量的守恒. 切向动量守恒, 从 (5.3-5) 式可知

$$j[\boldsymbol{v}_\tau]-\frac{1}{\mu}B_n[\boldsymbol{B}_\tau]=0 \tag{5.3-12}$$

因为 $\boldsymbol{E}_\tau$ 的连续, 所以由 (5.3-10) 式有

$$B_n[\boldsymbol{v}_\tau]-j[\mathbb{V}\boldsymbol{B}_\tau]=0 \tag{5.3-13}$$

利用 $pv_n=pv_n(\rho/\rho)=j\mathbb{V}p$, (5.3-8) 可写成

$$j\left[e+\frac{1}{2}v^2+p\mathbb{V}\right]+\left[\frac{1}{\mu}v_nB_\tau^2\right]-\frac{1}{\mu}B_n[\boldsymbol{v}_\tau\cdot\boldsymbol{B}_\tau]=0$$

将 $v^2=v_\tau^2+v_n^2$ 代入上式,

$$j\left[e+p\mathbb{V}+\frac{1}{2}v_n^2\frac{\rho^2}{\rho^2}\right]+\left[\frac{1}{\mu}B_\tau^2v_n\frac{\rho}{\rho}\right]+\frac{1}{2}j[v_\tau^2]-jB_n\left[\frac{1}{\mu j}\boldsymbol{v}_\tau\cdot\boldsymbol{B}_\tau\right]=0$$

$$j\left[e+p\mathbb{V}+\frac{1}{2}j^2\mathbb{V}^2\right]+j\left[\frac{1}{\mu}B_\tau^2\mathbb{V}\right]+\frac{1}{2}j\left[\left(\boldsymbol{v}_\tau-\frac{1}{\mu j}B_n\boldsymbol{B}_\tau\right)^2\right]-\left[\frac{B_n^2}{2\mu^2 j}\cdot B_\tau^2\right]=0 \tag{5.3-14}$$

(5.3-12) 式可改写成 $j[\boldsymbol{v}_\tau-(1/\mu j)B_n\boldsymbol{B}_\tau]=0$, 代入 (5.3-14), 得

$$j\left[e+p\mathbb{V}+\frac{1}{2}j^2\mathbb{V}^2\right]+j\left[\frac{1}{\mu}B_\tau^2\mathbb{V}\right]-\frac{B_n^2}{2\mu^2 j}[B_\tau^2]=0 \tag{5.3-15}$$

(5.3-11), (5.3-12), (5.3-13), (5.3-15) 共 6 个方程, 可解出 $\boldsymbol{v}_{\tau 2}$, $\boldsymbol{B}_{\tau 2}$, p_2, ρ_2, 内能 e 仍按上面提到的方法同样处理.

现将间断面两边守恒关系总结如下, 适用于一般情况, 也即可用以描述斜激波.

质量守恒: $j=\rho v_n,\quad \mathbb{V}=\dfrac{1}{\rho},\quad B=B_n$

动量的法向分量守恒: $$j^2[\mathbb{V}]+[p]+\left[\frac{1}{2\mu}B_\tau^2\right]=0 \tag{5.3-11}$$

动量的切向分量守恒: $$j[\boldsymbol{v}_\tau]-\frac{1}{\mu}B_n[\boldsymbol{B}_\tau]=0 \tag{5.3-12}$$

$\boldsymbol{E}_\tau$ 连续: $$B_n[\boldsymbol{v}_\tau]-j[\mathbb{V}\boldsymbol{B}_\tau]=0 \tag{5.3-13}$$

能量守恒: $$j\left[e+p\mathbb{V}+\frac{1}{2}j^2\mathbb{V}^2\right]+j\left[\frac{1}{\mu}B_\tau^2\mathbb{V}\right]-\frac{B_n^2}{2\mu^2 j}[B_\tau^2]=0 \tag{5.3-15}$$

5.3.2 接触间断

$j=0$, 表示没有物质穿过间断面, $B_n\neq 0$.

由 (5.3-12) 式得

$$[\boldsymbol{B}_\tau] = 0 \tag{5.3-16}$$

由 (5.3-13) 式得

$$[\boldsymbol{v}_\tau] = 0$$

由 (5.3-11) 及 (5.3-16) 得

$$[p] = 0$$

以上诸式表示, 切向 $\boldsymbol{B}_{\tau 1} = \boldsymbol{B}_{\tau 2}$, $\boldsymbol{v}_{\tau 1} = \boldsymbol{v}_{\tau 2}$, $p_1 = p_2$, 而密度 ρ 可以跃变, 因为 $\rho_1 v_{n1} = \rho_2 v_{n2} = 0$, 没有物质穿过, 显然 $v_{n1} = v_{n2} = 0$, ρ_1 和 ρ_2 可以取任意值, 相当于间断面两侧的介质静止.

5.3.3 切向间断

$$j = 0, \qquad B_n = 0$$

由 (5.3-11) 式推得

$$\left[p + \frac{1}{2\mu} B_\tau^2\right] = 0$$

与流体力学的切向间断相当, 从 (5.3-12) 式可见, 没有磁场时, $j[\boldsymbol{v}_\tau] = 0$. 因为 $j = 0$, 两边的 $\boldsymbol{v}_\tau$ 可以取任意值. (可参见流体力学激波切向间断的讨论.) 磁流体力学的切向间断也表示间断面两侧可以有相对流动, 但总压强相等, 因为从 (5.3-12) 式可直接推出 $j[\boldsymbol{v}_\tau] = 0$ (因为 $B_n = 0$).

5.3.4 旋转间断

$$j \neq 0, \qquad [\mathbb{V}] = 0$$

因为 $[\mathbb{V}] = 0$, 即 $[1/\rho] = 0$, 意味着密度没有跳跃, 没有激波存在. 从 (5.3-13) 式: $B_n[\boldsymbol{v}_\tau] - j[\mathbb{V}\boldsymbol{B}_\tau] = 0$ 可以推出 $B_n[\boldsymbol{v}_\tau] - j\mathbb{V}[\boldsymbol{B}_\tau] = 0$, 解出 $[\boldsymbol{v}_\tau]$ 代入 (5.3-12): $j[\boldsymbol{v}_\tau] - (1/\mu)B_n[\boldsymbol{B}_\tau] = 0$, 得

$$j^2 = \frac{B_n^2}{\mu \mathbb{V}} \tag{5.3-17}$$

也就是

$$\rho_1^2 v_{n1}^2 = \frac{B_{n1}^2}{\mu \dfrac{1}{\rho_1}}$$

$$v_{n1}^2 = \frac{B_{n1}^2}{\mu \rho_1} = v_{A1}^2$$

因此间断面两侧, $[\mathbb{V}]=0$, 即 $\rho_1=\rho_2$, 因为 $B_{n1}=B_{n2}$, $j\neq 0$, 所以 $v_{A1}=v_{A2}$. 间断面以 Alfvén 速度前进, 并没有激波.

通过 $[\mathbb{V}]=0$ 以及 (5.3-11) 式, 可推得

$$\left[p+\frac{1}{2\mu}B_\tau^2\right]=0 \tag{5.3-18}$$

因此 (5.3-15) 式可化为

$$[e]+\mathbb{V}\left[p+\frac{1}{2\mu}B_\tau^2\right]+\mathbb{V}\left[\frac{1}{2\mu}B_\tau^2\right]-\frac{B_n^2}{2\mu^2 j^2}[B_\tau^2]=0 \tag{5.3-19}$$

其中已利用 $\left[\frac{1}{2}j^2\mathbb{V}^2\right]=\frac{1}{2}j^2[\mathbb{V}^2]=0$.

将 (5.3-17) 和 (5.3-18) 代入 (5.3-19) 得

$$[e]=0 \tag{5.3-20}$$

内能 $e=p/[(\gamma-1)\rho]$, 所以 $[e]=[1/(\gamma-1)][p\mathbb{V}]=[1/(\gamma-1)]\mathbb{V}[p]=0$, 因此 $[p]=0$.

因为 $[\mathbb{V}]=0$, $[p]=0$, 由 (5.3-11) 式可得

$$[B_\tau^2]=0 \tag{5.3-21}$$

(5.3-21) 式表示, B_τ 可以改变方向, 但大小不会改变.

前已提及磁场的法向分量连续 $[B_n]=0$, $\boldsymbol{B}_\tau$ 的方向可变, 大小不变, 所以 $\boldsymbol{B}_2=\boldsymbol{B}_{n2}+\boldsymbol{B}_{\tau 2}$, $\boldsymbol{B}_{n1}=\boldsymbol{B}_{n2}$, $|\boldsymbol{B}_{\tau 1}|=|\boldsymbol{B}_{\tau 2}|$. $\boldsymbol{B}_2$ 总是位于锥面上. $\boldsymbol{B}_\tau$ 的变化即为扰动, 平行于间断面, 间断面以 Alfvén 速度前进 (并无激波), 扰动的结果就体现在间断面后磁场的转动 (图 5.11).

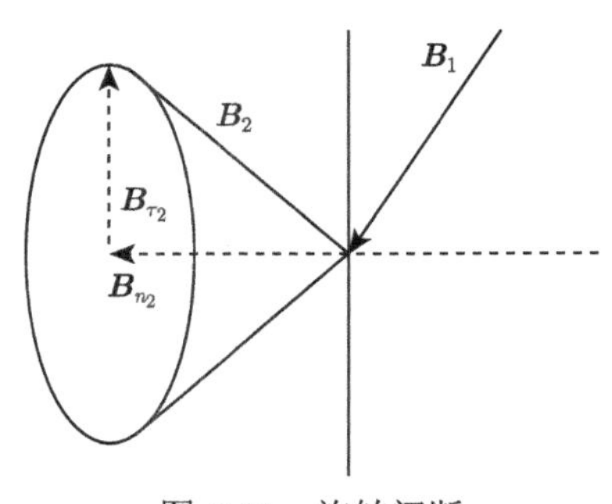

图 5.11 旋转间断

5.3.5 激波二侧压强和密度的关系

$j \neq 0$, $[\mathbb{V}] \neq 0$, 这时就有激波, 其特征是有流体通过间断面, 并有密度跃变.

1. 磁流体力学的 Hugoniot 关系

(5.3-13) 式:

$$B_n[\boldsymbol{v}_\tau] - j[\mathbb{V}\boldsymbol{B}_\tau] = 0$$

$$B_n[\boldsymbol{v}_\tau] = j[\mathbb{V}\boldsymbol{B}_\tau]$$

(5.3-12) 式:

$$j[\boldsymbol{v}_\tau] - \frac{1}{\mu}B_n[\boldsymbol{B}_\tau] = 0$$

$$j[\boldsymbol{v}_\tau] = \frac{1}{\mu}B_n[\boldsymbol{B}_\tau]$$

从上两式推出

$$[\mathbb{V}\boldsymbol{B}_\tau] = \frac{1}{\mu j^2}B_n^2[\boldsymbol{B}_\tau], \qquad [\mathbb{V}\boldsymbol{B}_\tau] \parallel [\boldsymbol{B}_\tau] \tag{5.3-22}$$

即

$$\left(\frac{1}{\mu j^2}B_n^2 - \mathbb{V}_2\right)\boldsymbol{B}_{\tau 2} = \left(\frac{1}{\mu j^2}B_n^2 - \mathbb{V}_1\right)\boldsymbol{B}_{\tau 1} \tag{5.3-23}$$

$$\therefore\ \boldsymbol{B}_{\tau 2} \parallel \boldsymbol{B}_{\tau 1}$$

间断两边, $\boldsymbol{B}$ 的切向分量平行 (图 5.12). 另外, (5.3-12) 式: $j[\boldsymbol{v}_\tau] - \frac{1}{\mu}B_n[\boldsymbol{B}_\tau] = 0$, 可以看出 $[\boldsymbol{v}_\tau] \parallel [\boldsymbol{B}_\tau]$. 从 (5.3-22) 式可看出, 无论 $B_n = 0$ 或是 $B_n \neq 0$, 切向分量平行的结论都正确.

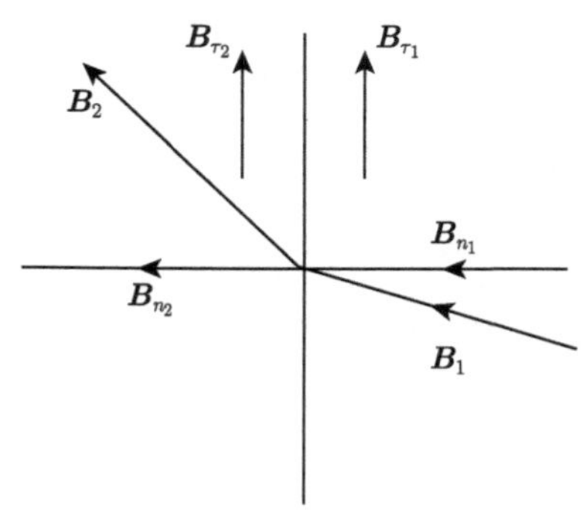

图 5.12 激波前后的磁场分量

由 (5.3-22) 式:

$$j^2[\mathbb{V}\boldsymbol{B}_\tau] = \frac{1}{\mu}B_n^2[\boldsymbol{B}_\tau]$$

因为 $\boldsymbol{B}_{\tau1} \parallel \boldsymbol{B}_{\tau2}$, 可以去掉矢量记号,

$$j^2[\mathbb{V}B_\tau] = \frac{1}{\mu}B_n^2[B_\tau]$$

$$B_n^2 = \mu j^2\frac{[\mathbb{V}B_\tau]}{[B_\tau]} \tag{5.3-24}$$

从动量的法向分量守恒 (5.3-11) 式可解出

$$j^2 = -\frac{[p]+\left[\dfrac{1}{2\mu}B_\tau^2\right]}{[\mathbb{V}]} \tag{5.3-25}$$

将 (5.3-24) 代入能量方程 (5.3-15) 的最后一项, 将 (5.3-25) 代入 (5.3-15) 的第一项, 得到

$$[e+p\mathbb{V}] - \frac{[p]+\left[\dfrac{1}{2\mu}B_\tau^2\right]}{2[\mathbb{V}]}[\mathbb{V}^2] + \left[\frac{1}{\mu}B_\tau^2\mathbb{V}\right] - \frac{1}{2\mu}\frac{[B_\tau^2][\mathbb{V}B_\tau]}{[B_\tau]} = 0 \tag{5.3-26}$$

$$[\mathbb{V}^2] = \mathbb{V}_2^2 - \mathbb{V}_1^2 = (\mathbb{V}_2+\mathbb{V}_1)[\mathbb{V}]$$

最后能量方程变成

$$[e] + \frac{1}{2}\left\{p_1+p_2+\frac{1}{2\mu}[B_\tau]^2\right\}[\mathbb{V}] = 0 \tag{5.3-27}$$

或者写成

$$(e_2-e_1) + \frac{1}{2}(p_1+p_2)(\mathbb{V}_2-\mathbb{V}_1) + \frac{1}{4\mu}(B_{\tau2}-B_{\tau1})^2(\mathbb{V}_2-\mathbb{V}_1) = 0$$

这就是磁流体力学的 Hugoniot 关系, 当磁场为零或者 $\boldsymbol{B}_1$ 和 $\boldsymbol{B}_2$ 都平行于激波传播方向时 $(B_{\tau2}=B_{\tau1}=0)$, 就回到流体力学的 Hugoniot 关系

$$(e_2-e_1) + \frac{1}{2}(p_1+p_2)(\mathbb{V}_2-\mathbb{V}_1) = 0$$

Hugoniot 关系式联系了激波两侧的压强和密度, 它的作用与理想流体绝热变化时压强和密度的关系 $p\rho^{-\gamma}=\text{const}$, 所起的作用相同, 只是对于激波而言, 出现了耗散过程, $p\rho^{-\gamma}=\text{const}$ 不再成立.

2. 磁流体力学激波的压缩性质

从磁流体力学的绝热关系 (Hugoniot 关系) 和熵增加原理来推导激波的压缩性质, 即 $p_2 > p_1$, $\rho_2 > \rho_1$.

将完全气体 $e = p\mathbb{V}/(\gamma-1)$ 代入 (5.3-27) 式, 有

$$\frac{1}{\gamma-1}(p_2\mathbb{V}_2 - p_1\mathbb{V}_1) + \frac{1}{2}(p_1 + p_2 + p_1 b^2)(\mathbb{V}_2 - \mathbb{V}_1) = 0 \tag{5.3-28}$$

式中 $p_1 b^2 = (1/2\mu)[B_\tau]^2 = (1/2\mu)(\boldsymbol{B}_{\tau 2} - \boldsymbol{B}_{\tau 1})^2$. 因为前已推得 $\boldsymbol{B}_{\tau 1} \parallel \boldsymbol{B}_{\tau 2}$, 恢复矢量记号不影响结果. 又, $B_{n2} = B_{n1}$, 也即 $\boldsymbol{B}_{n2} = \boldsymbol{B}_{n1}$, 加入上式中得

$$p_1 b^2 = \frac{1}{2\mu}(\boldsymbol{B}_2 - \boldsymbol{B}_1)^2$$

$$b^2 = \frac{1}{2\mu p_1}(\boldsymbol{B}_2 - \boldsymbol{B}_1)^2$$

令 $R = p_2/p_1$ (激波强度), $x = \rho_2/\rho_1 = \mathbb{V}_1/\mathbb{V}_2$ (激波的压缩比). 将 (5.3-28) 式中的 p_1 和 $\mathbb{V}_2$ 提出括号外,

$$\frac{1}{\gamma-1}(R - x) + \frac{1}{2}(1 + R + b^2)(1 - x) = 0$$

$$R = \frac{(\gamma+1)x - (\gamma-1) + (\gamma-1)(x-1)b^2}{(\gamma+1) - (\gamma-1)x}$$

令 $a = (\gamma+1)/(\gamma-1)$, 代入

$$\begin{aligned} R &= \frac{ax - 1 + (x-1)b^2}{a - x} = \frac{(a+b^2)x - (1+b^2)}{a-x} \\ &= (a+b^2)\frac{x - (1+b^2)/(a+b^2)}{a-x} > 0 \end{aligned} \tag{5.3-29}$$

$R = p_2/p_1 > 0$ 总是成立, 因此 (5.3-29) 的不等式应成立. 为使上述不等式成立, 必须 $(1+b^2)/(a+b^2) < x < a$ (x 满足该条件, 激波就可能有压缩性质, 还需要证明 $x > 1$).

记得 $a > 1$, 所以 $(1+b^2)/(a+b^2) < 1$. 再利用熵增加原理

$$S = c_V \ln\frac{p}{\rho^\gamma} \qquad (\text{令常数为零})$$

激波后熵增加, 即

$$\frac{p_2}{\rho_2^\gamma} - \frac{p_1}{\rho_1^\gamma} > 0$$

$$\frac{p_1}{\rho_2^\gamma}(R - x^\gamma) > 0 \tag{5.3-30}$$

已设 $R = p_2/p_1$ 和 $x = \rho_2/\rho_1$, 作 $f_1(x) = x^\gamma$ 曲线和作 $f_2(x) = R = (a+b^2)[x-(1+b^2)/(a+b^2)]/(a-x)$ 的曲线 (图 5.13).

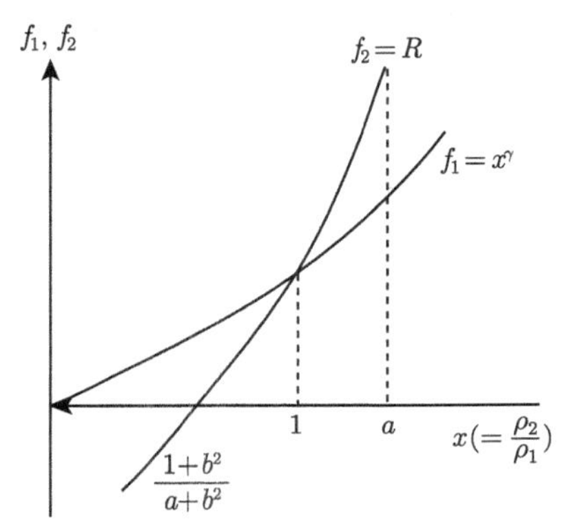

图 5.13 磁流体激波后, 熵增加

当 $x = 1$ 时, $R = x^\gamma = 1$, (5.3-30) 式等于零. 对于气体动力学 $b = 0$, $R = (ax-1)/(a-x)$.

我们要证明的是

$$\begin{aligned} &\text{当 } x > 1 \text{ 时, 有 } \frac{ax-1}{a-x} - x^\gamma > 0 \\ &\text{当 } x < 1 \text{ 时, 有 } \frac{ax-1}{a-x} - x^\gamma < 0 \end{aligned} \tag{5.3-31}$$

大于零的情况即熵增加, $x > 1$ 意味着跃变是压缩的. 小于零的情况为熵减小, $x < 1$ 即跃变使密度稀疏, 显然是违反热力学第二定律 ((5.3-30) 式并未提供 $x > 1$ 或 $x < 1$ 的信息).

证明 当 $x > 1$ 时, 要求

$$\frac{ax-1}{a-x} - x^\gamma = \frac{ax - 1 - x^\gamma(a-x)}{a-x} > 0$$

因为 $x < a$, 所以 $a - x > 0$, 只要证 $ax - 1 - x^\gamma(a-x) > 0$ 或当 $x < 1$ 时, 分子 < 0.

设 $F(x) = ax - 1 - x^\gamma(a-x)$.

当 $x = 1$ 时, $F(x) = 0$.

$$F'(x) = a - a\gamma x^{\gamma-1} + (\gamma+1)x^\gamma$$

$$F'(1) = a - a\gamma + \gamma + 1 = 0$$

$$F''(x) = \gamma x^{\gamma-2}[-a(\gamma-1) + (\gamma+1)x] \quad \left(a = \frac{\gamma+1}{\gamma-1} \text{ 代入}\right)$$
$$= \gamma x^{\gamma-2}[-(1+\gamma) + (\gamma+1)x]$$

当 $x > 1$ 时, 可见 $F''(x) > 0$, 因此 $F'(x)$ 是增函数.

因为 $F'(1) = 0$, 既然 $F'(x)$ 是增函数, 则当 $x > 1$ 时, $F'(x) > 0$, 因此可得到结论: 当 $x > 1$ 时, $F(x)$ 为增函数, 所以当 $x < 1$ 时, $F(x) < F(1)$.

$$\frac{ax-1}{a-x} - x^\gamma > 0, \quad \text{当 } x > 1 \text{ 时}; \quad \frac{ax-1}{a-x} - x^\gamma < 0, \quad \text{当 } x < 1 \text{ 时},$$

实际上我们需要求证的是 $R - x^\gamma > 0$. 与 (5.3-31) 相比, 多一项 $b^2(x-1)/(a-x)$ (见 (5.3-29) 式), 当 $x > 1$ 时, 该项大于零, 当 $x < 1$ 时该项小于零, 所以现在的 $R - x^\gamma > 0$ 应该是 $(ax-1)/(a-x) - x^\gamma$ 与 $b^2(x-1)/(a-x)$ 相加的结果. 因此我们有结论:

$$R - x^\gamma = (a+b^2)\frac{x - (1+b^2)/(a+b^2)}{a-x} - x^\gamma$$

(1) 当 $x = 1$ 时, 上式 $= 0$, 熵不变, $\rho_2/\rho_1 = 1$, 没有激波.

(2) 当 $x > 1$ 时, $R > x^\gamma$, 熵增加, $1 < x < a$, 有激波, 有压缩, $x = \rho_2/\rho_1 > 1$.

(3) 当 $x < 1$ 时, $R < x^\gamma$, 熵减少, $\rho_2/\rho_1 < 1$, 违反热力学第二定律.

事实上, 从图 5.13 上的函数图上就可得到上述结论, 以上的运算只是用解析的方法进一步求证.

5.3.6　快激波和慢激波

我们列出下面要用到的关系式:

$$[\mathbb{V}\boldsymbol{B}_\tau] = \frac{B_n^2}{\mu j^2}[\boldsymbol{B}_\tau] \qquad \text{磁场切向分量间的关系} \tag{5.3-22}$$

$$[\boldsymbol{v}_\tau] = \frac{B_n}{\mu j}[\boldsymbol{B}_\tau] \qquad \text{动量切向分量守恒} \tag{5.3-12}$$

$$j^2[\mathbb{V}] + [p] + \left[\frac{1}{2\mu}B_\tau^2\right] = 0 \qquad \text{动量法向分量守恒} \tag{5.3-11}$$

$$[e + p\mathbb{V}] + j^2\left[\frac{1}{2}\mathbb{V}^2\right] + \left[\frac{1}{\mu}B_\tau^2\mathbb{V}\right] - \frac{[\mathbb{V}B_\tau][B_\tau^2]}{2\mu[B_\tau]} = 0 \quad \text{(利用 (5.3-25) 式) 能量守恒} \tag{5.3-26}$$

$$[e]+\frac{1}{2}\left\{p_1+p_2+\frac{1}{2\mu}[B_\tau^2]\right\}[\mathbb{V}]=0 \qquad \text{Hugoniot 关系} \tag{5.3-27}$$

法向速度 v_{n1}, v_{n2},

$$\rho_1 v_{n1}=\rho_2 v_{n2}$$

$$\text{记 } \frac{v_{n1}}{v_{n2}}=\frac{\rho_2}{\rho_1}=x$$

激波前的法向速度 v_{n1} 大, 激波后的 $v_{n2}<v_{n1}$.

$$\begin{aligned}[\mathbb{V}B_\tau]&=\mathbb{V}_2 B_{\tau2}-\mathbb{V}_1 B_{\tau1}+\mathbb{V}_2 B_{\tau1}-\mathbb{V}_2 B_{\tau1}\\&=\mathbb{V}_2[B_\tau]+B_{\tau1}[\mathbb{V}]\end{aligned}$$

另外, $[\mathbb{V}B_\tau]$ 也可写成

$$\begin{aligned}[\mathbb{V}B_\tau]&=\mathbb{V}_2 B_{\tau2}-\mathbb{V}_1 B_{\tau1}+\mathbb{V}_1 B_{\tau2}-\mathbb{V}_1 B_{\tau2}\\&=\mathbb{V}_1[B_\tau]+B_{\tau2}[\mathbb{V}]\end{aligned}$$

两式相加除以 2,

$$[\mathbb{V}B_\tau]=\widetilde{\mathbb{V}}[B_\tau]+\widetilde{B}_\tau[\mathbb{V}]$$

式中, $\widetilde{\mathbb{V}}=\frac{1}{2}(\mathbb{V}_1+\mathbb{V}_2)$, $\widetilde{B}_\tau=\frac{1}{2}(B_{\tau1}+B_{\tau2})$. 代入 (5.3-22) 式: $[\mathbb{V}\boldsymbol{B}_\tau]=(B_n^2/\mu j^2)[\boldsymbol{B}_\tau]$. 前已提及间断面两边 $\boldsymbol{B}_\tau$ 平行, 矢量记号可以去掉.

$$\widetilde{\mathbb{V}}[B_\tau]+\widetilde{B}_\tau[\mathbb{V}]=\frac{B_n^2}{\mu j^2}[B_\tau]$$

$$\widetilde{B}_\tau[\mathbb{V}]=\left(\frac{B_n^2}{\mu j^2}-\widetilde{\mathbb{V}}\right)[B_\tau] \tag{5.3-32}$$

动量法向分量守恒 (5.3-11) 式可改写为

$$\left(\frac{[p]}{[\mathbb{V}]}+j^2\right)[\mathbb{V}]=-\frac{1}{2\mu}[B_\tau^2]$$

式中 $[B_\tau^2]=B_{\tau2}^2-B_{\tau1}^2=2\widetilde{B}_\tau[B_\tau]$, 所以

$$\left(\frac{[p]}{[\mathbb{V}]}+j^2\right)[\mathbb{V}]=-\frac{1}{\mu}\widetilde{B}_\tau[B_\tau]$$

两边乘以 $\widetilde{B}_\tau$:

$$\left(\frac{[p]}{[\mathbb{V}]}+j^2\right)\widetilde{B}_\tau[\mathbb{V}]+\frac{1}{\mu}\widetilde{B}_\tau^2[B_\tau]=0$$

上式中的 $\widetilde{B}_\tau[\mathbb{V}]$ 用 (5.3-32) 式代入, 同时除以 $[B_\tau]$ 得到

$$\left(\frac{[p]}{[\mathbb{V}]}+j^2\right)\left(\frac{B_n^2}{\mu j^2}-\widetilde{\mathbb{V}}\right)+\frac{1}{\mu}\widetilde{B}_\tau^2=0$$

利用 $\widetilde{B}^2=\widetilde{B}_n^2+\widetilde{B}_\tau^2=B_n^2+\widetilde{B}_\tau^2$, 上式化为

$$-\left(\frac{[p]}{[\mathbb{V}]}+j^2\right)\widetilde{\mathbb{V}}+\frac{1}{\mu}\widetilde{B}^2+\frac{[p]}{[\mathbb{V}]}\frac{B_n^2}{\mu j^2}=0$$

两边乘 $j^2/\widetilde{\mathbb{V}}$:

$$j^4-j^2\left(\frac{\widetilde{B}^2}{\mu\widetilde{\mathbb{V}}}-\frac{[p]}{[\mathbb{V}]}\right)-\frac{[p]}{[\mathbb{V}]}\frac{B_n^2}{\mu\widetilde{\mathbb{V}}}=0 \tag{5.3-33}$$

$$j^2\left(j^2-\frac{\widetilde{B}^2}{\mu\widetilde{\mathbb{V}}}\right)=\frac{[p]}{[\mathbb{V}]}\left(\frac{B_n^2}{\mu\widetilde{\mathbb{V}}}-j^2\right)$$

通过激波后 $[p]=p_2-p_1>0$, $[\mathbb{V}]=\mathbb{V}_2-\mathbb{V}_1=1/\rho_2-1/\rho_1<0$, 所以 $[p]/[\mathbb{V}]<0$.

要求 (5.3-33) 式成立, 必须等式两边两个括号内的量符号相反, 也即 $(j^2-\widetilde{B}^2/\mu\widetilde{\mathbb{V}})$ 及 $(B_n^2/\mu\widetilde{\mathbb{V}}-j^2)$ 反号, 这有两种可能性: ① $j^2>\widetilde{B}^2/\mu\widetilde{\mathbb{V}}>B_n^2/\mu\widetilde{\mathbb{V}}$; ② $j^2<B^2/\mu\widetilde{\mathbb{V}}<\widetilde{B}^2/\mu\widetilde{\mathbb{V}}$.

对于例 ①:

$$j=\rho_1 v_{n1}=\frac{v_{n1}}{\mathbb{V}_1},\qquad j^2=\frac{v_{n1}^2}{\mathbb{V}_1^2}$$

$$j^2>\frac{B_n^2}{\mu\widetilde{\mathbb{V}}}\ \Rightarrow\ \frac{v_{n1}^2}{\mathbb{V}_1^2}>\frac{B_n^2}{\mu\widetilde{\mathbb{V}}}$$

$$v_{n1}^2>\frac{B_n^2}{\mu\widetilde{\mathbb{V}}}\mathbb{V}_1^2>\frac{B_n^2}{\mu}\mathbb{V}_1=\frac{B_n^2}{\mu\rho_1}=v_{A1}^2$$

说明激波前的速度大于 Alfvén 速度, 称为快激波.

例 ② $v_{n1}^2<v_{A1}^2$ 则为慢激波.

根据 (5.3-32) 式: $\widetilde{B}_\tau[\mathbb{V}]=(B_n^2/\mu j^2-\widetilde{\mathbb{V}})[B_\tau]$,

(1) 因为 $[\mathbb{V}]<0$, 若 $[B_\tau]>0$, 则 $(B_n^2/\mu j^2-\widetilde{\mathbb{V}})<0$, 也即 $B_n^2/(\mu\rho_1^2 v_{n1}^2)<\widetilde{\mathbb{V}}$,

$$\frac{B_n^2}{\mu\rho_1}<\rho_1 v_{n1}^2\widetilde{\mathbb{V}}<v_{n1}^2,\qquad v_{n1}^2>v_{A1}^2$$

因此 $[B_\tau] > 0$ 对应快激波.

(2) 若 $[B_\tau] < 0$, 是慢激波.

磁场的法向分量 B_n 连续, 所以切向磁场 B_τ 的变化会导致总磁场大小、方向的变化. 如果激波前磁场没有切向分量, 通过激波后产生切向磁场分量, 称为诱生 (switch-on) 激波, $[B_\tau] = B_{\tau 2} - B_{\tau 1} > 0$ 对应于快激波. 激波前有切向分量磁场, 通过激波后变成无切向分量, 称为消去 (switch-off) 激波 $[B_\tau] = B_{\tau 2} - B_{\tau 1} < 0$, 对应慢激波 (图 5.5).

因此慢激波, 对于 $\boldsymbol{B}_2$ 折向激波阵面的法线方向, $B_{\tau 2} < B_{\tau 1}$, 所以总的磁场强度减小. 快激波, 对于 $\boldsymbol{B}_2$ 曲折的方向偏离激波阵面的法向, $B_{\tau 2} > B_{\tau 1}$, 总磁场强度增加 (见表 5.3).

表 5.3 快、慢激波的对比

快激波	$v_{n1} > v_{A1}$	$[B_\tau] > 0$	$\boldsymbol{B}_1$ $\boldsymbol{B}_2$	诱生激波	$\|\boldsymbol{B}_2\| > \|\boldsymbol{B}_1\|$, $\boldsymbol{B}_2$ 偏离法向
慢激波	$v_{n1} < v_{A1}$	$[B_\tau] < 0$	$\boldsymbol{B}_1$ $\boldsymbol{B}_2$	消去激波	$\|\boldsymbol{B}_2\| < \|\boldsymbol{B}_1\|$, $\boldsymbol{B}_2$ 折向法向

总之, 通过激波面磁场的切向分量发生了变化. 换而言之, 磁力线被激波折射了. 因为磁场的切向分量不守恒, 因此流体的激波阵面上一般有面电流.

5.4 斜 激 波

5.4.1 跃变关系

磁场既有平行又有垂直激波阵面的分量 (见图 5.14), 假定速度矢量和磁场矢量位于 xy 平面 (这里的 x 相当于前面几节中的 $\boldsymbol{n}$, y 相当于 τ 方向), 守恒方程如下:

$$\rho_2 v_{2x} = \rho_1 v_{1x} \tag{5.4-1}$$

$$p_2 + \frac{1}{2\mu}B_2^2 - \frac{1}{\mu}B_{2x}^2 + \rho_2 v_{2x}^2 = p_1 + \frac{1}{2\mu}B_1^2 - \frac{1}{\mu}B_{1x}^2 + \rho_1 v_{1x}^2 \quad (\text{动量法向分量守恒}) \tag{5.4-2}$$

$$\rho_2 v_{2x} v_{2y} - B_{2y}B_{2x}/\mu = \rho_1 v_{1x} v_{1y} - B_{1x}B_{1y}/\mu \quad (\text{动量切向分量守恒}) \tag{5.4-3}$$

$$(p_2 + B_2^2/2\mu)v_{2x} - B_{2x}(\boldsymbol{B}_2 \cdot \boldsymbol{v}_2)/\mu + \left(\rho_2 e_2 + \frac{1}{2}\rho_2 v_2^2 + B_2^2/2\mu\right) v_{2x}$$

$$= (p_1 + B_1^2/2\mu)v_{1x} - B_{1x}(\boldsymbol{B}_1 \cdot \boldsymbol{v}_1)/\mu$$
$$+ \left(\rho_1 e_1 + \frac{1}{2}\rho_1 v_1^2 + B_1^2/2\mu\right) v_{1x} \quad (\text{能量守恒}) \tag{5.4-4}$$

$$B_{2x} = B_{1x} \tag{5.4-5}$$

$$v_{2x}B_{2y} - v_{2y}B_{2x} = v_{1x}B_{1y} - v_{1y}B_{1x} \tag{5.4-6}$$

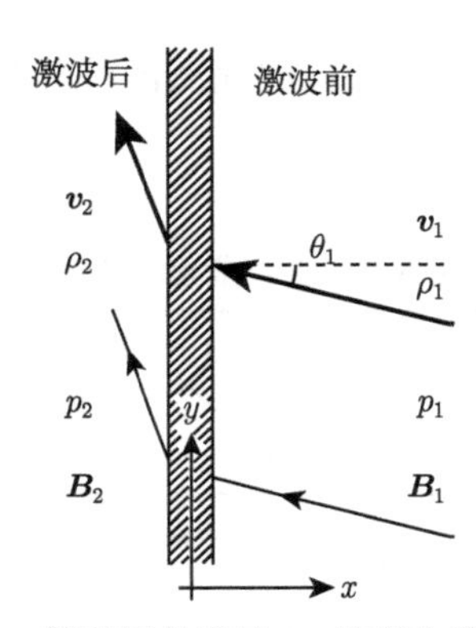

图 5.14 等离子体流速 $\boldsymbol{v}_1$ 取得与磁场平行

方程 (5.4-2)—(5.4-6) 与我们前面已列出的方程 (5.3-11)—(5.3-15) 是等价的. 内能 $e = p/[(\gamma-1)\rho]$.

(5.4-2) 式中 $\frac{1}{\mu}B_x^2$ 代表磁应力张量 $B_x\boldsymbol{B}/\mu$ 的 x 分量, 作用在 $x = \text{const}$ 的面上. (5.4-3) 式中 B_xB_y/μ 则为磁应力张量的 y 分量.

$\rho v_x v_y$ 是 y 分量的动量 ρv_y, 跨越激波阵面沿 x 方向单位面积的迁移.

(5.4-4) 中的 $B_x(\boldsymbol{B}\cdot\boldsymbol{v})/\mu$ 是磁应力张量单位时间做的功, $(p+B^2/2\mu)v_x$ 为总压强单位时间做的功 (压力能流), $\left(\rho e + \frac{1}{2}\rho v^2 + B^2/2\mu\right)v_x$ 代表能量 (内能、动能、磁能) 跨越激波阵面 (x 方向) 的迁移率 (能流).

(5.4-6) 式表示电场 v_xB 的切向分量连续, 总电场 $\boldsymbol{E}+\boldsymbol{v}\times\boldsymbol{B}$ 在间断面外可忽略 (因为忽略耗散).

跃变的物理量之间的关系在下述条件下可以简化.

取坐标在激波上, y 轴沿激波阵面, 在简单的情形中, 激波两侧 $\boldsymbol{v}_1 \parallel \boldsymbol{B}_1$, $\boldsymbol{v}_2 \parallel \boldsymbol{B}_2$ (图 5.14), 因此有

$$v_{1y} = v_{1x}\frac{B_{1y}}{B_{1x}} \tag{5.4-7}$$

同样有 $v_{2y}=v_{2x}(B_{2y}/B_{2x})$, (5.4-6) 式两边均等于零, 这是选择等离子流体的速度在激波面两侧均平行于磁场的结果, 因此电场 $\boldsymbol{E}$ 及 Poynting 矢量 $\boldsymbol{E}\times\boldsymbol{H}$ 均为零 (因为 $\boldsymbol{E}=-\boldsymbol{v}\times\boldsymbol{B}$, $\boldsymbol{v}\parallel\boldsymbol{B}$). 也就是说跨越激波的电磁能通量等于零. 选择流速平行于磁场, (5.4-4) 式两边与磁场有关的项等于 $\boldsymbol{E}\times\boldsymbol{H}=-(\boldsymbol{v}\times\boldsymbol{B})\times\boldsymbol{H}=0$, 该式就可简化成流体力学的形式.

$$\frac{\gamma p_2}{(\gamma-1)\rho_2}+\frac{1}{2}v_2^2=\frac{\gamma p_1}{(\gamma-1)\rho_1}+\frac{1}{2}v_1^2$$

现在用压缩比 $x=\rho_2/\rho_1$, 声速 $c_{s1}=(\gamma p_1/\rho_1)^{1/2}$ 和 Alfvén 速度 $v_{A1}=B_1/(\mu\rho_1)^{1/2}$ 来描述方程 (5.4-1)—(5.4-7).

a.

$$v_{2x}/v_{1x}=x^{-1} \tag{5.4-8}$$

$$\rho_1 v_{1x}=\rho_2 v_{2x},\quad \frac{v_{2x}}{v_{1x}}=\frac{\rho_1}{\rho_2}=\frac{1}{x}$$

b.

$$\frac{v_{2y}}{v_{1y}}=\frac{v_1^2-v_{A1}^2}{v_1^2-xv_{A1}^2} \tag{5.4-9}$$

c.

$$\frac{B_{2x}}{B_{1x}}=1,\quad 即\ B_{2x}=B_{1x}\ (法向连续) \tag{5.4-10}$$

d.

$$\frac{B_{2y}}{B_{1y}}=\frac{(v_1^2-v_{A1}^2)x}{v_1^2-xv_{A1}^2} \tag{5.4-11}$$

(5.4-9) 及 (5.4-11) 式的求证如下.

从 (5.4-3) 式:

$$\rho_2 v_{2x}v_{2y}-\rho_1 v_{1x}v_{1y}=B_{2x}B_{2y}/\mu-B_{1x}B_{1y}/\mu$$

$$v_{2y}-v_{1y}=\frac{1}{\mu}\frac{B_{1x}}{\rho_1 v_{1x}}(B_{2y}-B_{1y})$$

$$\frac{v_{2y}}{v_{1y}}-1=\frac{1}{\mu}\frac{B_{1x}}{\rho_1 v_{1x}}\cdot\frac{1}{v_{1y}}(B_{2y}-B_{1y})$$

$$\because\ v_{1y}=v_{1x}\frac{B_{1y}}{B_{1x}} \tag{5.4-7}$$

代入上式

$$\frac{v_{2y}}{v_{1y}}-1=\frac{1}{\mu}\frac{B_{1x}^2}{\rho_1 v_{1x}^2}\left(\frac{B_{2y}}{B_{1y}}-1\right)$$

$$v_1^2=v_{1x}^2+v_{1y}^2=v_{1x}^2+v_{1x}^2\left(\frac{B_{1y}}{B_{1x}}\right)^2$$

$$=v_{1x}^2\frac{B_1^2}{B_{1x}^2}\quad (B_1^2=B_{1x}^2+B_{1y}^2)$$

$$\therefore\ B_{1x}^2=\frac{B_1^2 v_{1x}^2}{v_1^2}$$

代入 $(v_{2y}/v_{1y}-1)$ 表达式,

$$\frac{v_{2y}}{v_{1y}}-1=\frac{1}{\mu}\frac{B_1^2}{\rho_1 v_1^2}\left(\frac{B_{2y}}{B_{1y}}-1\right)=\frac{v_{A1}^2}{v_1^2}\left(\frac{B_{2y}}{B_{1y}}-1\right)$$

根据 $\boldsymbol{E}$ 切向分量连续的表达式 (5.4-6), 有

$$B_{1x}(v_{2y}-v_{1y})=v_{2x}B_{2y}-v_{1x}B_{1y}$$

$$=v_{1x}\left(\frac{1}{x}B_{2y}-B_{1y}\right)$$

$$\frac{v_{2y}}{v_{1y}}-1=\frac{v_{1x}}{B_{1x}v_{1y}}\left(\frac{1}{x}B_{2y}-B_{1y}\right)$$

v_{1y} 用 (5.4-7) 代入,

$$\frac{v_{2y}}{v_{1y}}-1=\frac{1}{x}\frac{B_{2y}}{B_{1y}}-1$$

前已求得

$$\frac{v_{2y}}{v_{1y}}-1=\frac{v_{A1}^2}{v_1^2}\left(\frac{B_{2y}}{B_{1y}}-1\right)$$

$$\therefore\ \frac{v_{A1}^2}{v_1^2}\left(\frac{B_{2y}}{B_{1y}}-1\right)=\frac{1}{x}\frac{B_{2y}}{B_{1y}}-1$$

$$\left(\frac{1}{x}-\frac{v_{A1}^2}{v_1^2}\right)\frac{B_{2y}}{B_{1y}}=1-\frac{v_{A1}^2}{v_1^2}$$

$$\frac{B_{2y}}{B_{1y}}=\frac{(v_1^2-v_{A1}^2)x}{v_1^2-xv_{A1}^2}$$

$$\frac{v_{2y}}{v_{1y}} = \frac{1}{x}\frac{B_{2y}}{B_{1y}}$$
$$= \frac{v_1^2 - v_{A1}^2}{v_1^2 - xv_{A1}^2}$$

e.

$$\frac{p_2}{p_1} = x + \frac{(\gamma-1)xv_1^2}{2c_{s1}^2}\left(1 - \frac{v_2^2}{v_1^2}\right) \tag{5.4-12}$$

证明 (5.4-4) 式可写成

$$左边 = p_2v_{2x} + \frac{1}{\mu}B_2^2v_{2x} - \frac{1}{\mu}B_{2x}^2v_{2x} - \frac{1}{\mu}B_{2x}B_{2y}v_{2y} + \rho_2e_2v_{2x} + \frac{1}{2}\rho_2v_2^2v_{2x}$$
$$= 右边$$
$$= p_1v_{1x} + \frac{1}{\mu}B_1^2v_{1x} - \frac{1}{\mu}B_{1x}^2v_{1x} - \frac{1}{\mu}B_{1x}B_{1y}v_{1y} + \rho_1e_1v_{1x} + \frac{1}{2}\rho_1v_1^2v_{1x}$$

左边第一项与右边第一项相减:

$$p_2v_{2x} - p_1v_{1x} = v_{2x}\left(p_2 - \frac{v_{1x}}{v_{2x}}p_1\right) = v_{2x}(p_2 - p_1x) \quad (已利用\ (5.4\text{-}8)\ 式) \tag{5.4-13}$$

左边余下的项与右边余下的项相减:

$$\frac{1}{\mu}v_{2x}B_{1y}^2\left(\frac{B_{2y}^2}{B_{1y}^2} - x\right) - \frac{1}{\mu}B_{1x}(B_{2y}v_{2y} - B_{1y}v_{1y})$$
$$+ \frac{v_{2x}}{\gamma-1}(p_2 - p_1x) + \frac{1}{2}v_{2x}(\rho_2v_2^2 - \rho_1v_1^2x)$$

(利用 (5.4-9), (5.4-11), (5.4-7) 和 (5.4-8) 式)

$$= \frac{v_{2x}}{\gamma-1}(p_2 - p_1x) + \frac{1}{2}v_{2x}(\rho_2v_2^2 - \rho_1v_1^2x) \tag{5.4-14}$$

(5.4-13) 与 (5.4-14) 之和为零, 可解出

$$\frac{p_2}{p_1} = x + \frac{\gamma-1}{2c_{s1}^2}v_1^2x\left(1 - \frac{v_2^2}{v_1^2}\right)$$

实际上, 在目前的选择下: $\boldsymbol{v}_1 \parallel \boldsymbol{B}_1$, 已有能量方程形如

$$\frac{\gamma p_2}{(\gamma-1)\rho_2} + \frac{1}{2}v_2^2 = \frac{\gamma p_1}{(\gamma-1)\rho_1} + \frac{1}{2}v_1^2$$

这是 (5.4-4) 式的简化形式.

从上式可得

$$
\begin{aligned}
\frac{\gamma}{\gamma-1}\frac{p_1}{\rho_2}\left(\frac{p_2}{p_1}-\frac{\rho_2}{\rho_1}\right)&=\frac{1}{2}(v_1^2-v_2^2)\\
\frac{p_2}{p_1}-x&=\frac{\gamma-1}{2\gamma}v_1^2\left(1-\frac{v_2^2}{v_1^2}\right)\cdot\frac{\rho_2}{p_1}\\
\frac{p_2}{p_1}&=x+\frac{\gamma-1}{2\gamma}\frac{\rho_1}{p_1}xv_1^2\left(1-\frac{v_2^2}{v_1^2}\right)\\
&=x+\frac{\gamma-1}{2c_{s1}^2}xv_1^2\left(1-\frac{v_2^2}{v_1^2}\right)
\end{aligned}
$$

压缩比 x 是方程

$$
\begin{aligned}
&(v_1^2-xv_{A1}^2)^2\left\{xc_{s1}^2+\frac{1}{2}v_1^2\cos^2\theta[x(\gamma-1)-(\gamma+1)]\right\}\\
&+\frac{1}{2}v_{A1}^2v_1^2\sin^2\theta\cdot x\{[\gamma+x(2-\gamma)]v_1^2-xv_{A1}^2[(\gamma+1)-x(\gamma-1)]\}=0 \quad (5.4\text{-}15)
\end{aligned}
$$

的根, 式中 θ 是上游磁场 (激波前) 与激波阵面法向间的夹角 (图 5.14).

$$v_{1x}=v_1\cos\theta$$

(5.4-15) 式有三个根, 对应三支波, 即慢激波、中间 (或 Alfvén) 波和快激波 (图 5.15).

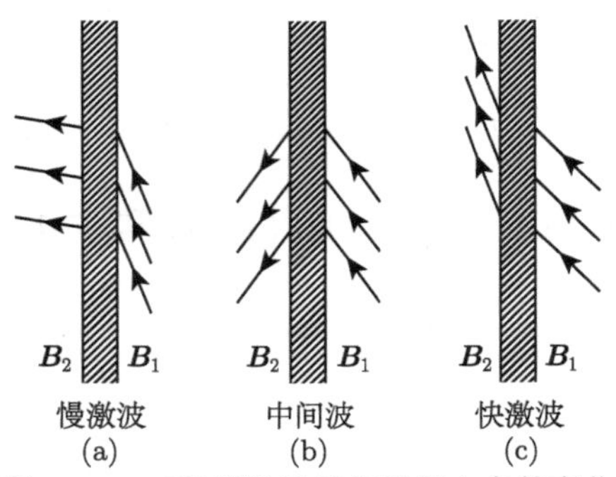

图 5.15 三种斜激波引起磁场方向的变化

在我们的推导中, 与 (5.4-15) 相当的方程是 (5.3-33):

$$j^4-j^2\left(\frac{\widetilde{B}^2}{\mu\widetilde{\mathbb{V}}}-\frac{[p]}{[\mathbb{V}]}\right)-\frac{[p]}{[\mathbb{V}]}\frac{B_n^2}{\mu\widetilde{\mathbb{V}}}=0 \quad (5.3\text{-}33)$$

对于弱激波, 即 $x\to1$,

$$\widetilde{\mathbb{V}} = \frac{1}{2}(\mathbb{V}_1 + \mathbb{V}_2) = \frac{1}{2}\left(\frac{1}{\rho_1} + \frac{1}{\rho_2}\right) \approx \frac{1}{\rho_1}$$

$$\widetilde{B}^2 = B_n^2 + \widetilde{B}_\tau^2 = B_n^2 + \frac{1}{4}(B_{\tau 1} + B_{\tau 2})^2 \approx B_n^2 + B_\tau^2 = B_1^2$$

$$j = \rho_1 v_{1n} = \rho_1 v_{1x}$$

$$\frac{\rho_1 - \rho_2}{\rho_1 \rho_2} = -\frac{\rho_2 - \rho_1}{\rho_1 \rho_2} \approx -\frac{1}{\rho^2}\mathrm{d}\rho$$

代入 (5.3-33) 式,

$$\rho_1^4 v_{1x}^4 - \rho_1^2 v_{1x}^2 \left(\frac{B_1^2}{\mu(1/\rho_1)} - \frac{p_2 - p_1}{1/\rho_2 - 1/\rho_1}\right) - \frac{p_2 - p_1}{1/\rho_2 - 1/\rho_1} \cdot \frac{B_n^2}{\mu(1/\rho_1)} = 0$$

$$v_{1x}^4 - v_{1x}^2 \left(\frac{B_1^2}{\mu\rho_1} + \frac{\mathrm{d}p}{\mathrm{d}\rho}\right) + \frac{\mathrm{d}p}{\mathrm{d}\rho}\frac{B_n^2}{\mu\rho_1} = 0$$

对于弱激波, 跨越激波后熵的增加量是三阶小量, 因此对于二阶量可看作等熵过程 (Landau and Lifshits, 1959),

$$\frac{\mathrm{d}p}{\mathrm{d}\rho} \approx \left(\frac{\mathrm{d}p}{\mathrm{d}\rho}\right)_s = c_{s1}^2$$

$$v_{1x}^4 - v_{1x}^2(v_{A1}^2 + c_{s1}^2) + v_{A1}^2 c_{s1}^2 \cos^2\theta = 0$$

已利用 $B_n = B_1\cos\theta$. 该式与磁声波的色散关系 (4.6-5) 式相同, 可见弱激波 ($x \to 1$), 退化成小扰动的快慢磁声波, v_{1x} 即 v_{n1}, 当 v_{n1} 大于或小于 v_{A1}, 则分别为快和慢磁声波.

5.4.2 快、慢激波小结

快、慢激波有以下性质:

(1) 压缩性 $x > 1$, $p_2 > p_1$.

(2) B_y 的符号不变, 因此 $B_{2y}/B_{1y} > 0$. 从图 5.15 可以看出, 对于慢和快激波 B_{2y} 与 B_{1y} 同号 (从解析式 (5.4-11) 看并不显然).

(3) 对于慢激波 $B_2 < B_1$, $\boldsymbol{B}$ 折向激波的法向, 激波后 $\boldsymbol{B}$ 的强度减小. $v_1^2 \leqslant v_{A1}^2$ ($< xv_{A1}^2$).

(4) 对于快激波, $B_2 > B_1$, $\boldsymbol{B}$ 折射偏离激波的法向, 激波后 $\boldsymbol{B}$ 的强度增大. $v_1^2 \geqslant xv_{A1}^2$ ($> v_{A1}^2$).

(快慢激波是激波的性质, v_1 与 v_{A1} 的关系并不是产生激波的条件.)

(5) 激波前的流速 (v_{1x}) 大于某个特征波速 (磁声波), 激波后的流速小于该波速, 也即对应于慢激波要超过慢磁声波速度, 对于快激波要超过快磁声波速度, 激波后的速度 v_{2x} 必小于特征波的速度, 从波的压缩性 $x > 1$, 以及 $v_{2x}/v_{1x} = x^{-1}$

可看出激波的作用减慢了 x 方向的流速 ($v_{2x} < v_{1x}$), 切向的流动 (y 方向) 对于慢激波则减慢 ($v_{2y} < v_{1y}$), 对于快激波则增加 (从 (5.4-9) 和 (5.4-11) 式可得到, $B_{2y}/B_{1y} = (v_{2y}/v_{1y})x$ 粗略可判断).

(6) 当磁场法向分量趋于零 ($B_{1x} \to 0$), 磁场变成纯切向场, 快激波变成垂直激波 (perpendicular shock) (图 5.16). 对于快激波, 流速要超过快磁声波

$$v_{p+}^2 = \frac{1}{2}(c_{s1}^2 + v_{A1}^2)\left[1 + \left(1 - \frac{2c_{s1}^2 v_{A1}^2 \cos^2\theta_B}{(c_{s1}^2 + v_{A1}^2)^2}\right)\right] \approx c_{s1}^2 + v_{A1}^2$$

θ_B: $\boldsymbol{k}$ 与 $\boldsymbol{B}$ 之间的夹角. 所以 $v_{1x} > v_{p+}$ (快激波的条件), 以及 $v_{1x} \perp \boldsymbol{B}$ ($\boldsymbol{B}$ 在 y 方向).

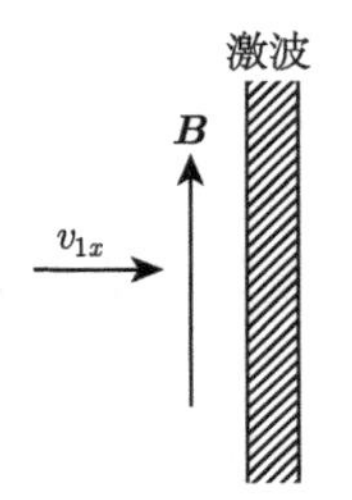

图 5.16　垂直激波

当 $B_{1x} \to 0$ 时, 慢激波退化成切向间断, 流动和磁场均在间断面上 [从 $v_{1y} = v_{1x}(B_{1y}/B_{1x})$], $v_{1y} \neq 0$, $B_{1y} \neq 0$, $B_{1x} \to 0$, 所以 $v_{1x} \to 0$, 对垂直激波不适用.

$$v_{1x} = v_{2x} = B_{1x} = B_{2x} = 0$$

因此只要满足 $p_2 + B_2^2/2\mu = p_1 + B_1^2/2\mu$ (总压强平衡), v_y, B_y 可任意变化.

(7) 考虑 $B_{2x} = B_{1x} \neq 0$, $v_{2x} = v_{1x} = 0$.

磁力线穿过间断面, 但没有物质流动, 可以得到 $[\boldsymbol{B}_\tau] = 0$, $[\boldsymbol{v}_\tau] = 0$, $[p] = 0$ (参考 5.3 节). 但密度和温度可不连续, 称为接触间断.

我们讨论的慢激波和快激波是压缩激波, $x > 1$. 从 (5.4-12) 式可知, $p_2 > p_1$ 切向磁场分量的符号保持不变, B_{2y}/B_{1y} 为正 (见 5.4.2 节之 (2)), 方程 (5.4-11) 右边分子和分母都为正或都为负.

例 1　$v_1^2 \leqslant v_{A1}^2$ $(< xv_{A1}^2)$ (v_1, v_{A1} 为 x, y 分量的合成).

从 (5.4-11) 式可知 $B_{2y} < B_{1y}$ 即 $[B_\tau] < 0$, 是消去激波, 总磁场强度 $B_2 < B_1$ (因为 $B_{1x} = B_{2x}$), 磁场折向激波法向. $\Bigg($令 $v_1^2 = v_{A1}^2/\alpha$, $\alpha \geqslant 1$, 则 (5.4-11) 变为 $B_{2y}/B_{1y} = \dfrac{(\alpha^{-1}-1)x}{\alpha^{-1}-x} > 0$, 则 $\dfrac{1}{\alpha} < x$. 要求 $B_{2y} < B_{1y}$, 即 $|\alpha^{-1}-1|\,x < |\alpha^{-1}-x|$, 所以 $(1-\alpha^{-1})\,x < x - \alpha^{-1}$, $x > 1$ 就可满足.$\Bigg)$

例 2 $v_1^2 \geqslant x v_{A1}^2\ (> v_{A1}^2)$.

有 $[B_y] > 0$, 即 $[B_\tau] > 0$ 是诱生激波, 磁场折射偏离法向, $B_2 > B_1$.

5.4.3 中间波

从 (5.4-7) 式: $v_{1y} = v_{1x}(B_{1y}/B_{1x})$ 及 (5.4-6) 式: $v_{2x}B_{2y} - v_{2y}B_{2x} = v_{1x}B_{1y} - v_{1y}B_{1x}$ 可得 $v_{2y} = v_{2x}(B_{2y}/B_{2x})$.

(1) 当激波以 Alfvén 速度前进时, 即 $v_1 = v_{A1}$. 因为 $(B_n^2/\mu\widetilde{\mathbb{V}})\mathbb{V}_1^2 = v_{A1}$, 必须 $\widetilde{\mathbb{V}}_1 = \dfrac{1}{2}(\mathbb{V}_1 + \mathbb{V}_2) = \dfrac{1}{2}(1/\rho_1 + 1/\rho_2) = 1/\rho_1$, 即 $\rho_1 = \rho_2$, $x = 1$, 则有 $\rho_1 = \rho_2$, $v_{1x} = v_{2x}$, 进而得 $v_{2y}/v_{1y} = B_{2y}/B_{1y}$ (参见 5.3.6 节).

因为 $x = 1$, 从 (5.4-9) 式: $v_{2y}/v_{1y} = (v_1^2 - v_{A1}^2)/(v_1^2 - x v_{A1}^2) = 1$, $v_{1y} = v_{2y}$, 所以 $v_1^2 = v_2^2$.

(2) 由 (5.4-12) 式可知 $p_1 = p_2$.

(3) 根据 (5.4-2) 式, 利用 $B_{1x} = B_{2x}$, 有

$$p_2 + \frac{1}{2\mu}B_{2y}^2 + \rho_2 v_{2x}^2 = p_1 + \frac{1}{2\mu}B_{1y}^2 + \rho_1 v_{1x}^2$$

直接有 $B_{2y}^2 = B_{1y}^2$. 因此除平庸解 $\boldsymbol{B}_2 = \boldsymbol{B}_1$ 外, 还有 $B_{2y} = -B_{1y}$, $B_{2x} = B_{1x}$.

(4) 因为 $\rho_1 v_{1x} = \rho_2 v_{2x}$, 所以 $v_{1x} = v_{2x}$ $(\rho_1 = \rho_2)$, 且已证得 $v_{1y} = v_{2y}$, 因此从 (5.4-6) 式得到

$$v_{1x}(B_{2y} - B_{1y}) = (v_{2y} - v_{1y})B_{1x}$$

又因为 $\rho_1 v_{1x} = \rho_2 v_{2x}$, $B_{1x} = B_{2x}$, 从 (5.4-3) 式得

$$\rho_1 v_{1x}(v_{2y} - v_{1y}) = \frac{1}{\mu}B_{1x}(B_{2y} - B_{1y})$$

综合两式, 有

$$\rho_1 v_{1x}(v_{2y} - v_{1y}) = \frac{1}{\mu}B_{1x}(v_{2y} - v_{1y})\frac{B_{1x}}{v_{1x}}$$

$$\rho_1 v_{1x}^2 = \frac{1}{\mu}B_{1x}^2, \quad \rho_2 v_{2x}^2 = \frac{1}{\mu}B_{2x}^2 \qquad (\because\ \rho_1 = \rho_2,\ v_{1x} = v_{2x},\ B_{1x} = B_{2x})$$

上式成立是因为

$$v_{1x} = v_{1y}\frac{B_{1x}}{B_{1y}} \quad \left(v_{1y} = v_{1x}\frac{B_{1y}}{B_{1x}}\right)$$

$$\rho_1 v_{1x}^2 = \rho_1 v_{1y}^2 \frac{B_{1x}^2}{B_{1y}^2} = \frac{1}{\mu}B_{1x}^2$$

于是可推出

$$\rho_1 v_{1y}^2 = \frac{1}{\mu} B_{1y}^2 \qquad \rho_2 v_{2y}^2 = \frac{1}{\mu} B_{2y}^2 \qquad (\text{已证得 } v_{1y} = v_{2y},\ B_{2y}^2 = B_{1y}^2)$$

$$\text{因此除了}\quad B_{2y} = B_{1y} \quad \text{对应有}\quad v_{2y} = v_{1y}\ \text{外}$$

$$\text{还有}\quad \begin{cases} B_{2y} = -B_{1y} & \text{对应有}\quad v_{2y} = -v_{1y} \\ B_{2x} = B_{1x} & \qquad\qquad v_{2x} = v_{1x} \end{cases}$$

这就是中间波 (intermediate wave) 或称旋转间断 (因为并没有激波), 通过间断面磁场的切向分量反转, 从而总磁场发生旋转 (图 5.15(b)), 总的幅度大小保持不变, 但压强和密度并没有变化, 这正是有限振幅的 Alfvén 波, 我们再回忆一下 Alfvén 波的不同寻常之处:

(i) 振幅大 (有限) 时, 传播时波形保持不变.

(ii) Alfvén 波的驱动力是磁张力, Alfvén 波不涉及密度或压强的变化.

(iii) Alfvén 波传播过程中, 磁场矢量旋转, 而总幅度不变 (圆偏振).

(iv) Alfvén 波可以是有限振幅, 不会变陡, 且不易耗散能量.

由于没有压强和密度的变化, 这不是激波, 只是一种间断 (与以前讨论的旋转间断相比较, $j \neq 0$, $[\mathbb{V}] = 0$). 由于欧姆损耗, 中间波间断面会增宽, 所以仅当小于欧姆衰减的时标内, 才可认为宽度不变 (三种波的比较见表 5.4).

表 5.4 三种波演化的比较

快激波	$v_{1y} = B_{1x} = 0$	$v_{1x} \perp B_{1y}$	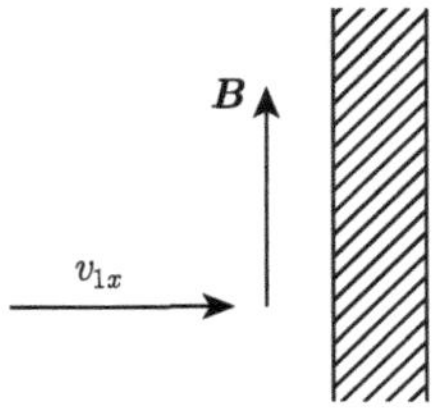 $\boldsymbol{B}$, v_{1x}	垂直激波
慢激波	$B_{1x} \to 0$	$v_{1x} = v_{2x} = 0$ $B_{1x} = B_{2x} = 0$	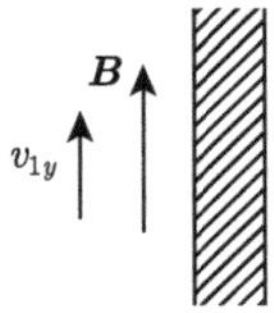 $\boldsymbol{B}$, v_{1y}	接触间断
中间波	$v_1 = v_{A1}$	$B_{2y} = -B_{1y}$ $B_{2x} = B_{1x}$ $v_{2y} = -v_{1y}$ $v_{2x} = v_{1x}$	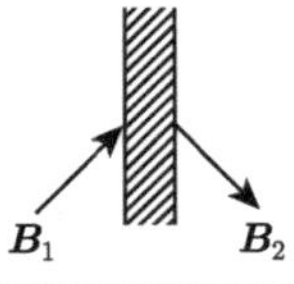 $\boldsymbol{B}_1$, $\boldsymbol{B}_2$	旋转间断

5.5 平行和垂直于磁场方向的激波传播

当流体方向与磁场平行时, 因为等离子流体质点沿磁场方向运动, 磁场对质点的运动不起作用, 则回归到一般的流体力学激波, 已详细讨论过.

另一种简单的激波称为垂直激波 (perpendicular shock), 有下述特征.

1. **激波的运动方向和等离子体流动方向均垂直于磁场, 磁场方向平行于激波的阵面 (图 5.17)**

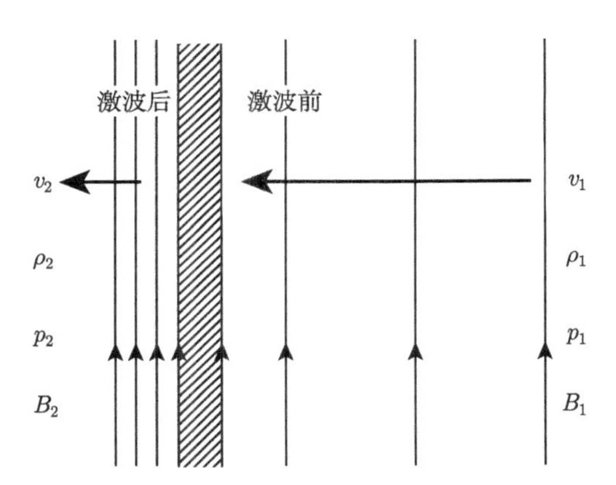

图 5.17 激波参考系中, 磁场平行波前, 垂直流动速度

从激波的守恒方程组可知

$$\rho_2 v_2 = \rho_1 v_1 \qquad (\text{速度的切向分量为零}) \tag{5.5-1}$$

前已推得法向动量守恒, 由 (5.3-4) 式表达,

$$p_2 + \frac{1}{2\mu}B_2^2 + \rho_2 v_2^2 = p_1 + \frac{1}{2\mu}B_1^2 + \rho_1 v_1^2 \quad (B_n = B_x = 0) \tag{5.5-2}$$

以及能量守恒由 (5.3-8) 表示,

$$\left[\rho v_n\left(e + \frac{1}{2}v^2\right) + p v_n + \frac{1}{\mu}v_n B_\tau^2 - \frac{1}{\mu}B_n(\boldsymbol{v}_\tau \cdot \boldsymbol{B}_\tau)\right] = 0 \tag{5.5-3}$$

$$B_1 = B_{\tau 1}, \quad B_2 = B_{\tau 2}, \quad v_{n1} = v_1, \quad v_{n2} = v_2,$$

$$B_n = 0 \quad (n \text{ 即为 } x \text{ 方向}, \tau \text{ 为 } y \text{ 方向})$$

两边除以 $\rho_2 v_2\ (=\rho_1 v_1)$, (5.5-3) 简化为

$$e_2+\frac{1}{2}v_2^2+\frac{p_2}{\rho_2}+\frac{B_2^2}{\mu\rho_2}=e_1+\frac{1}{2}v_1^2+\frac{p_1}{\rho_1}+\frac{B_1^2}{\mu\rho_1} \tag{5.5-4}$$

$\boldsymbol{E}$ 的切向连续: $B_n[\boldsymbol{v}_\tau]-j[\mathbb{V}\boldsymbol{B}_\tau]=0$, 因为 $[\boldsymbol{v}_\tau]=0$, 所以 $[\mathbb{V}\boldsymbol{B}_\tau]=0$, 可得 $B_1/\rho_1=B_2/\rho_2$. 利用 (5.5-1) 式, 则有

$$\frac{B_2}{B_1}=\frac{\rho_2}{\rho_1}=\frac{v_1}{v_2}$$

$$B_1 v_1=B_2 v_2 \tag{5.5-5}$$

2. 以下我们讨论产生垂直激波的条件

理想气体内能的表达式 $e=p/[(\gamma-1)\rho]$, 据此, (5.5-4) 式可改写为

$$\frac{\gamma p_1}{(\gamma-1)\rho_1}+\frac{1}{2}v_1^2+\frac{B_1^2}{\mu\rho_1}=\frac{\gamma p_2}{(\gamma-1)\rho_2}+\frac{1}{2}v_2^2+\frac{B_2^2}{\mu\rho_2} \tag{5.5-6}$$

记 $R=\dfrac{p_2}{p_1},\quad x=\dfrac{\rho_2}{\rho_1}=\dfrac{v_1}{v_2}=\dfrac{B_2}{B_1},\quad N^2=\gamma M_1^2=\dfrac{\gamma v_1^2}{c_{s1}^2},\quad \beta'=\dfrac{B_1^2}{2\mu p_1}$

式中 M_1 为激波前 Mach 数, c_{s1} 为激波前声速, β' 为磁压与气压之比 (与一般意义上的 β 正好相反).

(5.5-2) 式两边除以 p_1, 并利用上述符号

$$\frac{p_2}{p_1}+\frac{1}{2\mu}\frac{B_2^2}{p_1}+\frac{\rho_2 v_2^2}{p_1}=R+\frac{1}{2\mu}\frac{B_1^2}{p_1}x^2+\frac{\rho_1 v_1^2}{p_1 x}=R+\beta' x^2+N^2\cdot\frac{1}{x}$$

(5.5-2) 式的右边 $=1+\beta'+N^2$. 左边 $=$ 右边,

$$N^2\left(1-\frac{1}{x}\right)=(R-1)+\beta'(x^2-1) \tag{5.5-7}$$

(5.5-6) 式两边乘以 ρ_1/p_1, 有

$$\frac{\gamma}{\gamma-1}+\frac{1}{2}N^2+2\beta'=\frac{\gamma}{\gamma-1}\frac{R}{x}+\frac{1}{2}N^2\cdot\frac{1}{x^2}+2\beta' x$$

$$N^2\left(1-\frac{1}{x^2}\right)=\frac{2\gamma}{\gamma-1}\left(\frac{R}{x}-1\right)+4\beta'(x-1) \tag{5.5-8}$$

从 (5.5-7) 解出

$$R = N^2\left(1 - \frac{1}{x}\right) - \beta'(x^2 - 1) + 1$$

代入 (5.5-8) 式,

$$N^2(x^2 - 1) = \frac{2\gamma}{\gamma - 1}[N^2(x - 1) + \beta' x(1 - x^2) + x(1 - x)] + 4\beta'(x - 1)$$

两边消去 $(x-1)$, [$x = 1$, 对应于 $\rho_2 = \rho_1$, 表示没有激波, 因此消去 $(x-1)$ 项并未丢失有物理意义的根] 整理后有

$$\beta'(2 - \gamma)x^2 + \left[\gamma(\beta' + 1) + \frac{1}{2}(\gamma - 1)N^2\right]x - \frac{1}{2}(\gamma + 1)N^2 = 0 \tag{5.5-9}$$

若 x_1, x_2 为方程 (5.5-9) 的两个根, 则有

$$x_1 x_2 = -\frac{(\gamma + 1)N^2}{2\beta'(2 - \gamma)}$$

通常 $\gamma < 2$, 两根乘积为负, 必有一个负根, 负根没有物理意义, 如果正根对应于激波解, 我们已证得激波是压缩波, 则必须 $x = \rho_2/\rho_1 > 1$. (5.5-9) 式改写为

$$\beta'(2 - \gamma)x^2 + \left[\gamma(\beta' + 1) + \frac{1}{2}(\gamma - 1)N^2\right]x = \frac{1}{2}(\gamma + 1)N^2$$

$$\because x > 1$$

$$\therefore \frac{1}{2}(\gamma + 1)N^2 > \beta'(2 - \gamma) + \gamma(\beta' + 1) + \frac{1}{2}(\gamma - 1)N^2$$

$$N^2 > 2\beta' + \gamma$$

把 N^2, β' 表达式代入:

$$v_1^2 > \frac{B_1^2}{\mu\rho_1} + c_{s1}^2 = v_{A1}^2 + c_{s1}^2 = v_M^2$$

v_{A1} 为激波前的 Alfvén 速度.

当磁场垂直于等离子流体的速度和激波速度时, 横越磁场的压缩波的波速是 v_M, 而不是 c_{s1}, 流速 v_1 必须大于 v_M 才有激波.

3. 讨论垂直磁场对激波后物理量的影响

(1) 假设磁场为零 $\boldsymbol{B}=0$, 则 $\beta'=0$, (5.5-9) 式简化为

$$\left[\gamma+\frac{1}{2}(\gamma-1)N^2\right]x_n-\frac{1}{2}(\gamma+1)N^2=0 \tag{5.5-10}$$

x_n 设为 (5.5-10) 式的根.

改写 (5.5-9) 式为下面的形式:

$$\beta'(2-\gamma)x^2+\gamma\beta'x+\left[\gamma+\frac{1}{2}(\gamma-1)N^2\right]x-\frac{1}{2}(\gamma+1)N^2=0$$

$$\left[\gamma+\frac{1}{2}(\gamma-1)N^2\right]x-\frac{1}{2}(\gamma+1)N^2=-\beta'x[(2-\gamma)x+\gamma] \tag{5.5-11}$$

(5.5-11) 式减去 (5.5-10) 式,

$$\left[\gamma+\frac{1}{2}(\gamma-1)N^2\right](x-x_n)=-\beta'x[(2-\gamma)x+\gamma] \tag{5.5-12}$$

因为 $\gamma<2$, $x>0$, 所以 (5.5-12) 式右边小于零, 所以 $x<x_n$. x_n 为没有磁场时的 ρ_2/ρ_1, $x<x_n$ 说明有磁场时, 密度的压缩比起没有磁场时要小.

(2) 从 (5.5-7) 式 (包含有磁场) 可解得 $R=p_2/p_1=N^2(1-1/x)-\beta'(x^2-1)+1$, 方程 (5.5-9) 前面已讨论过, 仅正根是有意义的, 记为 x_0 代入 p_2/p_1 表达式

$$\frac{p_2}{p_1}=1+N^2\left(1-\frac{1}{x_0}\right)-\beta'(x_0^2-1) \tag{5.5-13}$$

因为 $\beta'>0$, $x_0>1$, 无磁场时

$$\frac{p_2}{p_1}=1+N^2\left(1-\frac{1}{x_n}\right) \tag{5.5-14}$$

通过 (5.5-12) 式已证得 $x<x_n$, 即 $x_0<x_n$, 因此 (5.5-14) > (5.5-13). 有磁场时, 激波引起的压强增加小于无磁场时激波的作用. 这是因为流动能量的一部分转化为磁场所致 (激波的磁场强度 $B_2>B_1$).

(3) 当 Mach 数很大, β' 相对固定时, (5.5-9) 式近似为

$$\beta'(2-\gamma)x^2+\frac{1}{2}(\gamma-1)N^2x-\frac{1}{2}(\gamma+1)N^2\approx 0$$

$$
\begin{aligned}
x_0 &= \frac{-\frac{1}{2}(\gamma-1)N^2 + \left[\frac{1}{4}(\gamma-1)^2N^4 + 2\beta'(2-\gamma)(\gamma+1)N^2\right]^{1/2}}{2\beta'(2-\gamma)} \\
&\approx \frac{\gamma+1}{\gamma-1}
\end{aligned}
$$

$$
x_0 = \frac{\rho_2}{\rho^1} = \frac{B_2}{B_1} = \frac{v_1}{v_2} \approx \frac{\gamma+1}{\gamma-1} \tag{5.5-15}
$$

将 x_0 代入 (5.5-13) 式, 求出压强比,

$$
\begin{aligned}
\frac{p_2}{p_1} &= 1 + N^2\left(1 - \frac{\gamma-1}{\gamma+1}\right) - \beta'\left[\left(\frac{\gamma+1}{\gamma-1}\right)^2 - 1\right] \\
&\approx 2N^2/(\gamma+1) = \frac{2\gamma}{\gamma+1}M_1^2
\end{aligned}
$$

当 Mach 数很大, β' 相对固定时, 密度、压强等的压缩比接近于无磁场的压缩比.

4. 小结

流动垂直于磁场时:

(1) 横越磁场的压缩波的速度为 v_M, 当流速 $v_1 > v_M$ 时, 有激波.

(2) $x < x_n$, 密度的压缩比无磁场时的激波压缩小.

(3) 有磁场时, 因激波的作用, 压强的增加小于无磁场时激波的作用.

(4) Mach 数很大时, $\rho_2/\rho_1 = B_2/B_1 = v_1/v_2 \approx (\gamma+1)/(\gamma-1)$, 磁场和密度的增加是有限的, 压强的增加也近似等于无磁场时的情形.

(5) 流速 $>$ 快磁声速 $= (v_{A1}^2 + c_{s1}^2)^{1/2} = v_M$, $B_2 > B_1$, 即 $[\boldsymbol{B}_\tau] > 0$, 可见为快激波.

第 6 章　太阳上层大气加热

6.1　日冕的加热

日冕充满磁场，弥散的背景上有三种结构: 冕洞、冕环和 X 亮点. 大量的冕环不断地相互作用, 冕环不是孤立结构, 实际上是以复杂的方式与磁环境耦合.

磁开放区 (冕洞) 等离子体快速外流 (快速太阳风). 磁封闭区磁场能箍缩等离子体并达到较高的密度. 利用软 X 射线或极紫外 (EUV) 可以看到黑子群上方的活动区呈现出冕环的复杂组合.

据近期估计, 加热日冕宁静太阳需要能量 100 $\mathrm{W \cdot m^{-2}}$; 对活动区中心需 $10^4\ \mathrm{W \cdot m^{-2}}$. 下述事实表明能量来自磁场: ① 较热的环一般有较强的磁场; ② 因日冕环的磁足点在光球上水平运动有充足的能量.

对于理想磁流体, 有 $\boldsymbol{E} = -\boldsymbol{v} \times \boldsymbol{B}$, Poynting 矢量 ($\boldsymbol{S} = \boldsymbol{E} \times \boldsymbol{H} = \boldsymbol{E} \times \boldsymbol{B}/\mu$) 从光球进入日冕,

$$\boldsymbol{S} = \frac{\boldsymbol{E} \times \boldsymbol{B}}{\mu} = \frac{\boldsymbol{B} \times (\boldsymbol{v} \times \boldsymbol{B})}{\mu} = \frac{\boldsymbol{v} B^2}{\mu} - \frac{\boldsymbol{B}(\boldsymbol{v} \cdot \boldsymbol{B})}{\mu}$$

假如流动 $\boldsymbol{v}$ 只有水平分量 $\boldsymbol{v}_h$, 则

$$\boldsymbol{S}_v = \frac{\boldsymbol{v}_h B^2}{\mu} - \frac{(\boldsymbol{B}_h + \boldsymbol{B}_v) v_h B_h}{\mu} = -\frac{v_h B_h}{\mu} \boldsymbol{B}_v$$

也即 Poynting 矢量的垂直分量是 $\boldsymbol{S}_v = -(v_h B_h/\mu) B_v$. 式中 B_h, B_v 分别是磁场的水平和垂直分量, $\boldsymbol{S}_v > 0$ 表示能量流入日冕, $\boldsymbol{S}_v < 0$ 则是流出日冕, 显然取决于 $v_h B_h \boldsymbol{B}_v$ 的符号.

随机运动导致磁力线相互缠绕, 因此这些磁力线倾向于落后于运动的足点, 与流动逆向 (图 6.1).

由图所示, Poynting 矢量总为正, 即流入日冕.

垂直方向磁场 B_v 在活动区的典型值为 100 至 500 G, 宁静区为 5 至 30 G. 磁通管的运动速度为 0.1 至 1 $\mathrm{km \cdot s^{-1}}$. 若取流动速度为 0.1 $\mathrm{km \cdot s^{-1}}$, B_v 为 200 G, 再取 B_h 为 100 G, 则 Poynting 矢量的数值为

$$\frac{\dfrac{100}{10^4} \cdot \dfrac{200}{10^4} \cdot 0.1 \times 10^3}{4\pi \times 10^{-7}} = \frac{2 \times 10^{-2}}{4\pi \times 10^{-7}} \sim 10^4\ \mathrm{W \cdot m^{-2}}$$

加热日冕的活动区需要能量恰为 $10^4\ \mathrm{W\cdot m^{-2}}$. 问题是垂直场 B_v 相比之下可较好地测量. 水平场 B_h 很不确定, 取决于加热机制本身.

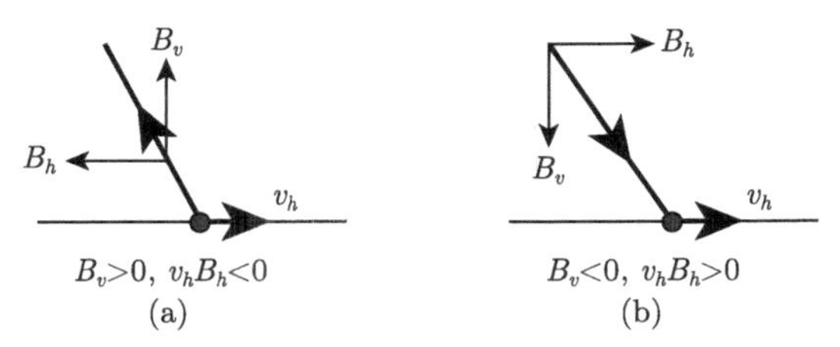

图 6.1 磁力线滞后于水平运动的足点, B_v 和 B_h 分别为磁场的垂直和水平分量, v_h 为水平速度分量

从光球进入色球和日冕的 Poynting 矢量, 因为在等离子体介质中传播, 写成积分形式

$$\int \boldsymbol{E}\times\boldsymbol{H}\cdot \mathrm{d}\boldsymbol{s}=\int\frac{\boldsymbol{E}\times\boldsymbol{B}}{\mu}\cdot\mathrm{d}\boldsymbol{s}$$

因为

$$\boldsymbol{\nabla}\cdot(\boldsymbol{E}\times\boldsymbol{B})=\boldsymbol{B}\cdot\boldsymbol{\nabla}\times\boldsymbol{E}-\boldsymbol{E}\cdot\boldsymbol{\nabla}\times\boldsymbol{B}=-\frac{\partial}{\partial t}\left(\frac{B^2}{2}\right)-\boldsymbol{E}\cdot\mu\boldsymbol{j}$$

将 $\boldsymbol{E}=-\boldsymbol{v}\times\boldsymbol{B}+\boldsymbol{j}/\sigma$ 代入上式

$$\text{右边第二项 }=\left[\left(-\boldsymbol{v}\times\boldsymbol{B}+\frac{\boldsymbol{j}}{\sigma}\right)\right]\cdot\mu\boldsymbol{j}=\mu\boldsymbol{v}\cdot(\boldsymbol{j}\times\boldsymbol{B})+\mu\frac{1}{\sigma}j^2$$

$$\int\frac{\boldsymbol{E}\times\boldsymbol{B}}{\mu}\cdot\mathrm{d}\boldsymbol{s}=-\int\left[\frac{\partial}{\partial t}\left(\frac{B^2}{2\mu}\right)+\boldsymbol{v}\cdot(\boldsymbol{j}\times\boldsymbol{B})+\frac{1}{\sigma}j^2\right]\mathrm{d}V$$

负号表示 Poynting 矢量耗散, Poynting 矢量耗散的原因是 Lorentz 力加速粒子, 欧姆耗散加热以及日冕磁能的增加.

在日冕, 等离子体速度通常远小于 Alfvén 速度, 例如日冕磁场取为 10 G. 数密度 $10^{15}\ \mathrm{m^{-3}}$, Alfvén 速度 $v_A=2.8\times10^{12}Bn^{-1/2}\sim1000\ \mathrm{km\cdot s^{-1}}$ (式中 B 用高斯代入).

在静力平衡时, 可计算 $\beta\approx3.5nT/10^{15}B^2$ (数密度 n 量纲为 $\mathrm{cm^{-3}}$, B 用高斯表示). 高层日冕 $n=10^8\ \mathrm{cm^{-3}}$, $B=2\times10^{-4}\ \mathrm{T}=2\ \mathrm{G}$, $T=10^6\ \mathrm{K}$, $\beta\sim1$，不是无力场; 低层日冕 $n=10^9\ \mathrm{cm^{-3}}$, $B=200\ \mathrm{G}$, $T=2\times10^6\ \mathrm{K}$, $\beta\ll1$, 属于无力场.

通常提出的加热模型有两类: ① MHD 波加热; ② 磁重联.

需要注意的是, 通过欧姆耗散的加热发生的标度是 Alfvén 波长, 但电流层很薄, 因此通过电阻使磁流体力学波耗散的机制失效. 所以未来需要无碰撞的加热模型.

MHD 波可通过相位混合或者共振吸收被耗散, 重联加热既可直接通过欧姆加热也可间接地通过波的产生或是等离子体喷流, 然后通过欧姆耗散或粘滞耗散能量.

日冕的波或重联加热过程也可用 MHD 湍动描述, 观测到日冕非热的谱线增宽, 代表未被分辨的流动, 可能来自发生重联的电流片或者来自波的叠加.

X 射线的亮点加热机制似乎已解决, 很可能起因于磁力线的足点运动驱动了日冕中的磁重联. 冕环和冕洞的加热目前尚不清楚, 对于外层日冕的加热可能是高频离子回旋波或动力学 Alfvén 波 (共振吸收层内激发的体波), 它们也可能驱动快速太阳风和用以解释谱线增宽 (Ionson, 1978).

众多的观测证据表明, 大部分低日冕的加热最可能是重联.

6.1.1 色球和日冕的特征

1. 循环时间

光球上的磁场高度离散, 又各自聚集形成强磁通管穿过日面, 而且是动态的: 宁静太阳的磁通不断浮现及分裂、磁合并及对消等. Close 等 (2004) 假定太阳磁场为势场, 跟踪磁图上的磁结构的运动发现宁静太阳所有磁力线改变连接状态仅需 1.4 小时, 称之为循环时间 (recycling time). 换言之, 如果这种假设是合理的, 也即磁场是通过势场状态进行演化, 那么大量的重联事件连续地发生, 足以加热色球和日冕.

2. 环的结构

Close 等 (2003) 从观测得到的光球磁图外延势场磁力线, 作统计研究. 在他们所考虑的区域 50% 的磁力线从光球算起 2.5 Mm 内封闭, 90% 在 25 Mm 内封闭, 剩余的 10% 伸至更远处或是开放 (图 6.2), 这个结果告诉我们, 在低层太阳大气中的磁场比高层更复杂, 因此日冕部分的冕洞或简单活动区, 磁场结构简单. 光球之下网络内米粒磁环的存在表明磁结构高度复杂.

3. 超米粒元胞之上的环结构

Gabriel (1976) 关于宁静区超米粒元胞上方的大气的模型: 光球上磁通集中于超米粒边界, 但光球之上磁力线展开在日冕上分布得相对均匀 (图 6.3(a)), 因此过渡区所得到的磁力线图像与超米粒的磁力线图像相仿, 而超米粒边界上方的磁场强度约为超米粒中心 10 倍, 然而在日冕这种类似过渡区的磁场图像就消失. 网络场的磁力线在无场的元胞内部上方形成一个冠盖, 但是宁静太阳的网络内场的磁力线会穿过冠盖或使冠盖成为闭合磁环 (图 6.3(b)). 三维情况中在网络内部有很多小的磁通量源, 超米粒组织上方的磁场更为复杂, 网络内场的快速演化以及产生重联对日冕加热和太阳风的加速有重要贡献.

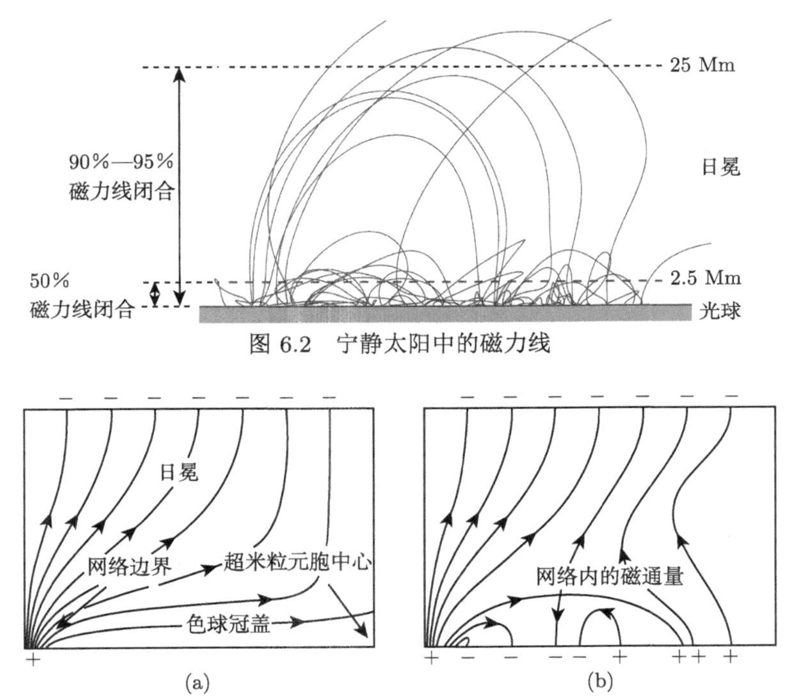

图 6.2 宁静太阳中的磁力线

图 6.3 半个超米粒元胞上方的磁力线. (a) Gabriel 模型: 来自光球的磁通量集中于左下角, 位于网络边界; (b) 改造的模型: 光球磁通量的一半位于元胞内部. 磁力线从底部的正极出发, 终止于顶部的负极

6.1.2 色球环和日冕环以及观测特征

从微观的角度考察, 磁能很可能在大量的薄电流片中转换成其他形式的能量, 这些电流片的厚度约几个离子回旋半径, 因此需要处理无碰撞等离子体. 从宏观角度看, 可以分两步构造 MHD 模型. 第一步, 因为磁场在运动方程中占主导地位以及相比于 Alfvén 时间 (Alfvén 波的周期) 冕环的变化缓慢, 所以忽略惯性项, 通过求解方程 $\boldsymbol{j} \times \boldsymbol{B} = 0$ 确定无力场位形. 第二步, 沿每根磁力线求解流体力学方程和能量平衡方程, 求出等离子体的性质.

现在把无力场按线性处理, 已经价值不大, 因为非线性解告诉我们每个磁场的起源倾向于既有正电流又有负电流, 特别是由局域的足点扭转产生的电流. 另一个困难是接近于光球时, 近似表达 $\boldsymbol{j} \times \boldsymbol{B} = 0$ 就不正确, 采用磁流体静力学解更好.

沿每根磁力线确定等离子体的结构也很复杂, 即使先设为定态, 能量平衡方程中的加热项的确定也是一个问题. 其次, 分析很窄的过渡区也很困难. 此外, 日冕特征与色球和光球的关系, 色球光球已不能假设辐射损失为光学薄, 色球的下边界条件不再确定. 除上述难点外, 整个大气是随时间变化的. 例如过渡区肯定不是色球和日冕之间的静态的薄层, 而是动态的等离子体, 借助等离子体或加热至日冕温度或是冷却至色球温度.

磁场对色球和日冕等离子体的影响有三个方面.

(1) 力的作用. 条件 $\boldsymbol{j}\times\boldsymbol{B}=0$ 决定环的形状, 如 X 射线亮点、冕环和活动区.

(2) 贮能. 贮藏于磁场的能量是电流通过欧姆耗散 (j^2/σ) 和流体粘滞耗散的热源.

(3) 热流的通道. 沿磁力线的热导系数 $\kappa_{\|}$ 比垂直于磁力线的热导系数 $\kappa_{\perp}$ 大得多, 因此磁场是等离子体有效的隔热体. 热流主要沿着磁场流动. 热传导在过渡区和日冕中是重要的能量传输手段, 温度和密度很受磁场结构的影响.

以此可以解释为什么当日食时, EUV 和 X 射线的图像常常是描绘出磁场位形. 日冕 (冕洞之外的区域) 主要由多重的热环构成.

早期对冕环按形态分类: 互联环 (interconnecting loops)、宁静区环 (quiet-region loops)、活动区环 (active-region loops)、耀斑后环 (post-flare loops) 和简单 (致密) 耀斑环. 近代按温度分类: 冷环 (0.1 MK $<T<$ 1 MK, 用 UV 谱线探测), 暖环 (1 MK $<T<$ 1.5 MK, 用 EUV 像观测), 热环 ($T>$ 2 MK, 软 X 射线和热 UV 谱线观测).

观测结果如下.

环长: 从 X 射线亮点的 1 Mm 至小活动区环的 10 Mm, 典型活动区环长 100 Mm 直至巨拱 (giant arch) 的 1000 Mm.

温度: 冷环 10^5 K. 活动区环约几个 MK, 耀斑环则为 MK 的数十倍.

密度: 活动区的亮环 10^{15}—10^{16} $\mathrm{m^{-3}}$, 耀斑环比该值高约 10 倍.

压强: 位于 10^4—1 $\mathrm{N{\cdot}m^{-2}}$.

磁场强度: 0.1 G 至 10 G 之间.

活动区有复杂的流动. 大多数环 1 MK 附近的冷谱线有 5—30 $\mathrm{km{\cdot}s^{-1}}$ 的红移, 弱辐射区的 2 MK 附近的热谱线有 5—30 $\mathrm{km{\cdot}s^{-1}}$ 的蓝移.

活动区核心有下沉流动, 位于下方的 3 MK 环和高处的 1 MK 环之间的环的边界有上升流 (Tripathi et al., 2009). 在 Doppler 图上 (Doschek et al., 2008) 有快速的局域外流 50 $\mathrm{km{\cdot}s^{-1}}$, 流动和谱线的非热致宽之间强相关 (Hara et al., 2008).

太阳活动极大年日冕中活动区主要是软 X 射线和 EUV 发射, 对于加热的贡献超过 80%. 典型活动区核心位置有温度 3 至 5 MK 热的亮环, 周边有较长的暖环温度为 1 至 2 MK.

在比辐射冷却和传导冷却的时标长的时间内, 热环相对稳定, 暖环较为活动, 常有冷却收缩或喷流和虹吸流. 过渡区上方, 谱斑之上有 EUV 发射单元构成的网状亮发射区, 由沿磁力线向冕环足点方向流动的日冕热量加热. 喷流或针状体穿插其间, 与之相互作用, 厚约 1 Mm, 温度 0.6—1.6 MK, 形如海绵, 称为冕藓 (moss) (Berger et al., 1999).

活动区的核心认为由纤耀斑 (nanoflare) 加热, 能量接近 10^7 J (10^{24} erg). 不过关键问题是这些纤耀斑是高频还是低频. 若是高频则重复时间短于冷却时间, 在再次加热之前, 环不能冷却至 10^5 K. 当有较多的暖环时, 高频事件在一个活动区生命的早期出现 (Warren et al., 2010), 低频事件则在后期出现 (Bradshaw et al., 2012).

以下事实支持上述图像: ① 年轻活动区中心没有暖辐射 (1—2 MK); ② 观测表明来自热环足点的一般冕藓的辐射是不变的 (Winebarger et al., 2008), 以及年轻活动区中心的软 X 射线发射可以稳定 6 小时 (Warren et al., 2011).

冕环 (用 EUV 或软 X 射线观测) 的纵横比为 10% 或小于该值, 半径为几个 Mm, 对于最薄的 TRACE 环可小至 1 Mm. 然而构造磁通管的模型认为这些环实际上由许多更细的束所构成 (Cargill, 1994). 由于横越磁场的热导率 $\kappa_{\perp}$ 小, 每个磁通量束与附近的磁束是热绝缘的. 因此每个磁通束的能量方程可以单独求解.

当磁环处于静态和等离子体的 β 小时, 模型变得特别简单, 因为每个磁束的形状由无力场平衡所决定. 沿各自分离的束内流体力学过程是互不相关的.

目前冕环空间上不能分辨, 观测到的 X 射线和 EUV 环通常并非等温, 而是多种温度 (沿视线方向不同磁通量束有许多种温度). CoMP 多通道日冕偏振仪的观测进一步暗示存在不同密度的磁通束. 高分辨的日冕图像在一个活动区磁环中看到了这些磁束的交织和扭转. 冕环沿长度方向常常具有相当一致的截面大小 (Klimchuk, 2000), 但对组成的环的磁束并非一定如此 (DeForest, 2007).

纤耀斑目前尚难以从观测上分辨. 它的脉冲加热很可能是起因于交织和扭转的磁力线的局域磁重联. 冕环由细磁束构成, 磁束的宽度由加热区域的宽度确定. 每个脉冲加热一根细磁束, 但是即使加热至 10 MK 仍难以观测到. 因为填充因子太小, 冷却快以及电离非平衡. 尽管有上述困难, 由脉冲加热的细磁束构成冕环的模型能够解释为什么环的寿命一般长于冷却时间, 为什么暖环 ($\sim$ 1 MK) 的形态比热环 (2—3 MK) 要清晰一点 (Guarrasi et al., 2010), 相比于更热的环 ($\gtrsim$ 6 MK) 像又显得比较模糊 (即 $\gtrsim$ 6 MK 图像较清晰) (Reale et al., 2011).

处于平衡态的孤立冷环突然遭遇局部的瞬态加热, 如纤耀斑的加热, 其响应有 4 步.

(1) 温度迅速增加. 起初是局部, 然后通过传导散布于整个环.

(2) 来自色球和光球的蒸发 (也即上升流动) 使密度增加, 因为环内的密度在新的温度条件下低于静力学平衡条件下的密度. 因此向上的压力超过重力, 假如持续加热时间足够长, 传导、辐射和加热会达到新的热平衡.

(3) 瞬态加热停止后, 温度逐渐下降, 先是通过传导冷却, 然后是辐射冷却 (Cargill et al., 1995) 或焓通量的下沉 (Bradshaw and Cargill, 2010). 这些过程的时标分别是 $\tau_C \approx L^2P/(\kappa_0 T^{7/2})$, $\tau_R \sim T^{3/2}/n$ 和 $\tau_v \approx L/v$, 所以冷却时间起主导作用. 高温低密度的情况下传导致冷重要, 低温高密度下辐射是主导过程, 当下沉速度足够快时焓起主要作用.

(4) 因为环内的密度过度高于静力学平衡时的值, 重力大于向上的压力, 物质就下沉至下层大气, 导致密度减少.

阶段 (2) 和阶段 (3) 实际上重叠, 因为温度开始下降后密度继续增加, 如果纤耀斑不能长期存在, 大部分的物质上升流动在阶段 (3) 内.

为使环间的重联可以发生, 孤立冕环中对纤耀斑加热的 4 阶段响应需要修正. 有观测事例佐证下述物理过程. 在阶段 (1) 的加热过程中, 产生超过 4 MK 的极热等离子体, 但由于密度低, 辐射较弱. 阶段 (2) 和阶段 (4) 分别有物质流上升和漏泄, 热等离子体上升, 冷等离子体下沉. 在阶段 (1) 到阶段 (3), 密度的变化滞后于温度的变化, 冕环内的密度应低于静力学平衡时的密度 (Cargill and Klimchuk, 2004), 这在对热环 ($T > 2$ MK) 的观测得到证实.

6.2　冕环模型的物理特征

静态模型中, 色球的温度通过狭窄的过渡区到日冕时急剧上升, 色球区中温度梯度小, 过渡区则非常大, 到了日冕温度达到极大值, 温度梯度趋于消失. 温度随高度变化曲线的拐点对应于温度梯度的极大值, 位于过渡区的基底附近 ($\approx 2\times10^4$ K). 然而形如 $\sim T^{7/2}$ 轮廓的温度曲线, 拐点 T_i 在 10^6 K 附近.

虽然太阳大气随时间变化, 但静态模型仍有助于说明重要的物理过程. 热平衡时,

$$C = H - R$$

式中 H 是加热, $-R$ 是辐射损失, C 是传导损失 ($C = \nabla\cdot\boldsymbol{q}$, $\boldsymbol{q}$ 为热流量, $\boldsymbol{q} = -\kappa\nabla T$, κ 为热导张量, 各向同性时可写成 $\boldsymbol{q} = -\kappa_0 T^{5/2}\nabla T$) 是下沉热流量的散度. 在拐点 T_i 之下, C 为负, 则传导输入热量但辐射损失超过加热, 拐点上方, C 为正, 加热起主导作用.

热平衡的温度由 R 和 H 确定. 色球中 R 和 H 均比较大, 而 C 小. 结果 ∇T 空间的变化缓慢 ($C \sim q/L \sim \nabla T/L$). 当 T 增加时, 辐射 R 在 10^4 和 10^5 K 之间增至极大值 (图 2.7), $R \gg H$ 被 C (传导输入热量) 平衡. 这时过渡区下方迫使

∇T 增大 ($C \sim \nabla T/L$) (上方传下的热量用于加热, 通过辐射冷却), 温度在 10^5 K 以上的区域, 辐射急剧下降, 最终与加热相等. 整个过渡区上方, 热流量 $\boldsymbol{q}$ 处于高值, 但相对稳定. 低日冕处, R 和 H 已降至较低的值, H 主要由 C 平衡 (图 6.4).

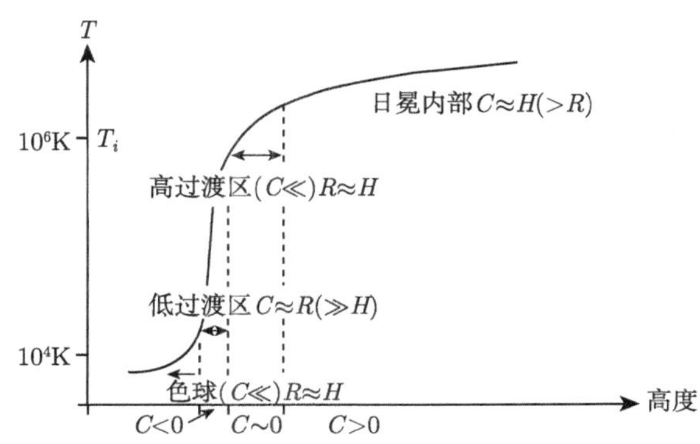

图 6.4 太阳上层大气静态模型温度结构, 传导、辐射和加热在不同高度的作用

磁力线开放区域, 温度大于极大值, 太阳风输运能量变得日益重要, 最终超过热导过程.

因此过渡区底部导致温度陡升的原因是, 10^4—10^5 K 处的辐射很强以致机械加热无法提供能量, 必须由来自过渡区上方的热传导 (或焓) 提供. 高度更高的地方, 积淀的热量不能通过辐射散失, 必须从温度极大的区域向内和向外传导.

表 6.1 列出了传导和辐射耗能以及等离子体压强的典型值. 加热项 H 可通过耗损项 (C 和 R) 的相加得到. 从表中可见, 冕洞比宁静区温度低而稀薄, 活动区则温度高且稠密.

表 6.1 上层大气的能耗 (1 W·m^{-2}=10^3 erg·cm^{-2}·s^{-1}) (Withbroe and Noyes, 1977)

		传导 (C) (W·m^{-2})	辐射 (R) (W·m^{-2})	温度 (MK)	压强 (N·m^{-2})
宁静区					
	色球下部		4×10^3		
	色球上部		3×10^2		2×10^{-2}
	日冕	2×10^2	10^2	1.1—1.6	
冕洞					
	色球下部	4×10^3			
	色球上部		3×10^2		7×10^{-3}
	日冕	6×10	10	1	
活动区					
	色球下部		2×10^4		
	色球上部		2×10^3		2×10^{-1}
	日冕	10^2—10^4	5×10^3	1—5	

6.2.1 冕环能量平衡的静态模型

当冕环处于静力学平衡而且热传导、光学薄辐射和加热之间达到热力学平衡时, 位于环上 s 处 (图 6.5) 的温度 (T)、电子密度 (n_e) 和压强 (p) 满足方程

$$\frac{1}{A}\frac{\mathrm{d}}{\mathrm{d}s}\left(\kappa_0 T^{5/2}\frac{\mathrm{d}T}{\mathrm{d}s}A\right)=n_e^2Q(T)-H_c \tag{6.2-1}$$

$$\frac{1}{\cos\theta}\frac{\mathrm{d}p}{\mathrm{d}s}=-m_p n_e g \tag{6.2-2}$$

$$p=2n_e k_B T \tag{6.2-3}$$

式中 $A(s)$ 是环的截面积, $\theta(s)$ 是环与垂直方向的交角, κ_0 ($\kappa_\parallel=\kappa_0 T^{5/2}$) 是标准导热系数 (参见方程 (2.3-4)), $Q(T)$ 是光学薄辐射的损耗函数 (方程 (2.3-8)). 加热项通常假设为 $H_c=H_{c0}n_e^{\beta^*}T^{(\alpha^*+\beta^*)}$, 其中 H_{c0}, α^*, β^* 均为常数 (也常假设 H_c 与位置或磁场有关), 均匀加热时令 $\alpha^*=\beta^*=0$.

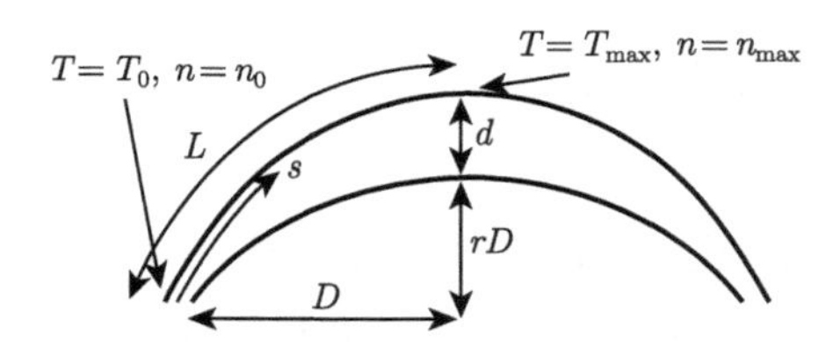

图 6.5　对称冕环的记号, 长为 $2L$, 足点 ($s=0$) 的温度为 T_0、密度为 n_0, 环顶 ($s=L$) 的温度和密度分别为 $T_{\max}$ 和 $n_{\max}$, r 是环高和基线一半长度 D 之比, d 是顶部和足点部分环截面直径之比

半长度为 L 的对称环, 若 $A(s)$ 和 $\theta(s)$ 的形式已知, 可以求解由 (6.2-1)—(6.2-3) 组成的三元联立方程,

$$\text{边值条件:}\quad \text{在环底 } s=0 \text{ 有 } p=p_0,\quad T=T_0 \tag{6.2-4}$$

$$\text{对称条件:}\quad \text{环顶 } s=L \text{ 有 } \frac{\mathrm{d}T}{\mathrm{d}s}=0 \tag{6.2-5}$$

方程的解确定了环顶的温度 $T_{\max}=T_{\max}(L,p_0,H_{c0})$ 是三个参数的函数, 即环长 ($2L$)、环底压强 (p_0) 和加热率 (H_{c0}). 温度极小附近或位于色球的温度平坦区 (参见图 1.2) 的温度取为 T_0 时, 我们认为环是热绝缘, 因此, 除上述三个边值条件外, 再补充

$$\frac{\mathrm{d}T}{\mathrm{d}s}=0\qquad (s=0) \tag{6.2-6}$$

从而可确定加热率 $H_{c0}=H_{c0}(L,p_0)$ 以及环顶温度 $T_{\max}=T_{\max}(L,p_0)$, 变为两个参数的函数.

6.2.2 压强均匀的环: 定标定律

位于低处的环, 环顶远低于日冕标高 (约 50 Mm), 环内压强均匀, 所以我们仅需求解方程 (6.2-1), 式中的 n_e 由 (6.2-3) 给出, $p = p_0 =$ 常数. 假设环的截面均匀, 辐射损失函数为 $Q(T) = \chi T^{-\alpha}$, 然后有 $n_e = p_0/2k_B T$, 能量方程 (6.2-1) 变为

$$\frac{\mathrm{d}}{\mathrm{d}s}\left(\kappa_0 T^{5/2}\frac{\mathrm{d}T}{\mathrm{d}s}\right) = \chi_0 p_0^2 T^{-2-\alpha} - H_c \tag{6.2-7}$$

式中 $\chi_0 = \chi/4k_B^2$, 左边项为热传导, 右边第一项为辐射损失, 加热项:

$$H_c = H_{c0}^* p_0^{\beta^*} T^{\alpha^*} \tag{6.2-8}$$

其中 $H_{c0}^* = H_{c0}/(2k_B)^{\beta^*}$. 假如温度从 $s = 0$ 增加至 $s = L$, $\alpha^* < 0$ 代表足点加热, $\alpha^* > 0$ 代表环顶的加热. 这可从下列讨论中看出, (6.2-8) 代入 (6.2-7) 式并展开 (6.2-7) 式左边.

$$\frac{5}{2}\kappa_0 T^{3/2}\frac{\mathrm{d}T}{\mathrm{d}s} + \kappa_0 T^{5/2}\frac{\mathrm{d}^2 T}{\mathrm{d}s^2} = \chi_0 p_0^2 T^{-2-\alpha} - H_{c0}^* p_0^{\beta^*} T^{\alpha^*} \tag{6.2-9}$$

环底 (足点) $s = 0$, $\mathrm{d}T/\mathrm{d}s = 0$, $T = T_{\min}$, $\mathrm{d}^2T/\mathrm{d}s^2 > 0$

$$\frac{\mathrm{d}^2 T}{\mathrm{d}s^2} = \frac{\chi_0}{\kappa_0} p_0^2 T^{-2-\alpha-5/2} - \frac{H_{c0}^*}{\kappa_0} p_0^{\beta^*} T^{\alpha^*-5/2} \sim T^{-2-\alpha-5/2} - T^{\alpha^*-5/2}$$

要求 $T^{-2-\alpha-5/2} > T^{\alpha^*-5/2}$. 显然当 $\alpha^* < 0$ 时, 当 T 增加, 不等式有可能满足.

环顶 $s = L$, $\mathrm{d}T/\mathrm{d}s = 0$, $T = T_{\max}$, $\mathrm{d}^2T/\mathrm{d}s^2 < 0$, 不等式变为 $T^{-2-\alpha-5/2} < T^{\alpha^*-5/2}$. 显然 $\alpha^* > 0$ 时, 有可能令不等式成立.

热绝缘环顶部温度的定标定律 (Rosner et al., 1978; Craig et al., 1978; Hood and Priest, 1979b) 是

$$T_{\max} \approx C(pL)^{1/3}$$

比较热传导和辐射项, 设 C 和 R 量级相同, 令 $Q(T) = \chi T^{-1/2}$, 也即 $\alpha = -\dfrac{1}{2}$, 利用 (6.2-9) 式, 环顶温度为极大, 该式简化为

$$\kappa_0 T^{5/2}\frac{T}{L^2} \approx \chi_0 p^2 T^{-5/2}, \qquad \text{式中 } T = T_{\max}, \text{ 因此 } \frac{\mathrm{d}T}{\mathrm{d}s} = 0$$

$$T_{\max} \approx \left(\frac{\chi_0}{\kappa_0}\right)^{\frac{1}{6}} (pL)^{1/3} = C(pL)^{1/3} \tag{6.2-10}$$

$C = (\chi_0/\kappa_0)^{1/6} \approx 10000$ (采用 MKS 单位制). 因为 $p \sim nT$, 代入 (6.2-10), 可求得 $T_{\max} \sim (n_{\max}L)^{1/2}$.

另一个加热的定标定律是

$$H_c \sim p^{7/6}L^{-5/6} \tag{6.2-11}$$

现在设加热项与传导项量级相同, $T_{\max}$ 可用 (6.2-10) 式表述. 式 (6.2-7) 在极大温度条件下, 可近似写成

$$\kappa_0 T^{5/2}\frac{T}{L^2} \approx H_c$$

T 用 (6.2-10) 式代入

$$\frac{T^{7/2}}{L^2} \approx H_c$$

$$H_c \sim p^{7/6}L^{-5/6}$$

p 和 L 均为常数, 其中 $H_c = H_{c0}n_e^{\beta^*}T^{\alpha^*+\beta^*}$. 在均匀加热情形下 $\alpha^* = \beta^* = 0$, $H_c = H_{c0} =$ 常数.

现在问题是: 哪些参数应看作给定的, 从而可导出其他参量. 对于冕环, 自然把环的长度和加热作为已知量. 通过能量平衡关系可求出温度和压强, 据此我们重新表述 (6.2-10) 和 (6.2-11) 式.

从 (6.2-11) 式解出, $p \sim H^{6/7}L^{5/7}$, 再代入 (6.2-10) 式,

$$T_{\max} \sim (pL)^{1/3} \sim H^{2/7}L^{4/7} \tag{6.2-12}$$

可以看出加热或拉伸环会使温度 $T_{\max}$ 和压强 p 增加.

6.2.3　色球环和冕环的动力学模型

太阳大气中有多种类型的流动, 如 Evershed 流、网络下沉流、日浪、针状体和冕雨. 有几种方法在环里产生流动. 两个足点之间的压差会驱动虹吸流 (图 6.6(a)), 冕环的脉冲加热如纤耀斑也能产生流动. 为建立模型, 日冕、过渡区和色球应作为相互关联的系统处理. 例如, 超过一半的日冕热量通过热传导下传至过渡区, 在过渡区中辐射. 因此过渡区的压强由热流决定. 在冕环的演变过程中过渡区位置会上下移动. 日冕加热, 日冕温度的提升增加了向过渡区输送的热流. 假如过渡区不能辐射这些增加的能量, 则等离子被加热蒸发向上流动 (图 6.6(d)), 另一方面减少冕环的加热, 则有相反的效果. 等离子体凝聚或漏泄下沉至色球 (图 6.6(c)).

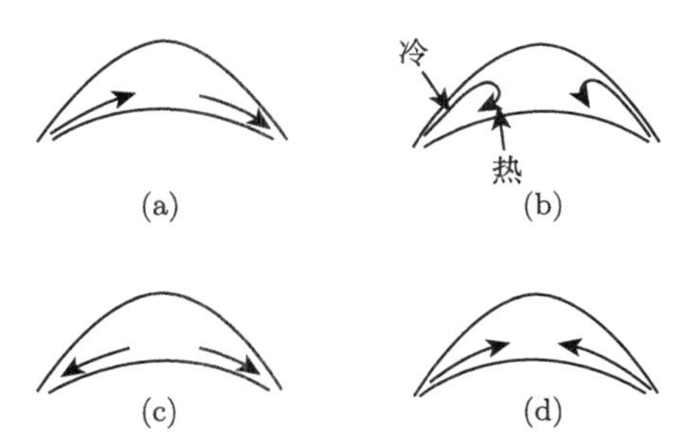

图 6.6 冕环中主要的流动: (a) 虹吸; (b) 针状体; (c) 漏泄; (d) 蒸发

1. *定常流动*

沿均匀截面, 环的定态流动较为简单, 满足质量、动量和能量守恒.

$$\frac{\mathrm{d}}{\mathrm{d}s}(\rho v)=0,\qquad \rho v\frac{\mathrm{d}v}{\mathrm{d}s}=-\frac{\mathrm{d}p}{\mathrm{d}s}-\rho g\cos\theta,\qquad \frac{\mathrm{d}}{\mathrm{d}s}\left(\frac{p}{\rho^{\gamma}}\right)=0$$

为简单起见, 已假设是理想绝热过程. 式中 s 是沿着环的长度, $\theta(s)$ 为环与垂直方向间的夹角. 设环长为 L, 因此对于半圆形的环有 $\pi R=L$. R 为半圆的半径. 对于任意角 θ, 有 $R\theta=s$, 所以 $\theta=\pi s/L$. 展开能量方程

$$\frac{\mathrm{d}}{\mathrm{d}s}\left(\frac{p}{\rho^{\gamma}}\right)=\frac{\mathrm{d}p}{\mathrm{d}s}\frac{1}{\rho^{\gamma}}-\frac{\gamma p}{\rho^{\gamma+1}}\frac{\mathrm{d}\rho}{\mathrm{d}s}=0,\qquad \frac{\mathrm{d}p}{\mathrm{d}s}=c_s^2\frac{\mathrm{d}\rho}{\mathrm{d}s}$$

式中 $c_s^2=\gamma p/\rho$ 为声速. 通过展开连续性方程求得, $\mathrm{d}\rho/\mathrm{d}s=-(\rho/v)\mathrm{d}v/\mathrm{d}s$, 代入运动方程

$$\rho v\frac{\mathrm{d}v}{\mathrm{d}s}=\rho\frac{c_s^2}{v}\frac{\mathrm{d}v}{\mathrm{d}s}-\rho g\cos\frac{\pi s}{L}$$

$$\left(v-\frac{c_s^2}{v}\right)\frac{\mathrm{d}v}{\mathrm{d}s}=-g\cos\frac{\pi s}{L}\tag{6.2-13}$$

在环顶 $s=\dfrac{1}{2}L$ 处, 当 $v=c_s$ 时有临界点. 压差小时流动是亚声速, 压差大时, 在环顶附近变成超声速, 形成激波, 在气流下沉部分, 冕环中的流速减慢 (图 6.7).

新浮现的磁通或原磁场演变后附加的磁通与附近黑子磁场的磁重联会导致日浪的生成. Evershed 流可能是虹吸流存在的证据. 产生虹吸的压差由磁场中的对流运动产生. 另外, 沿环上升和下沉的气流可能对应于环的加热和冷却, 加热导致等离子体的蒸发, 向上流动. 冷却导致向下的漏泄 (图 6.8).

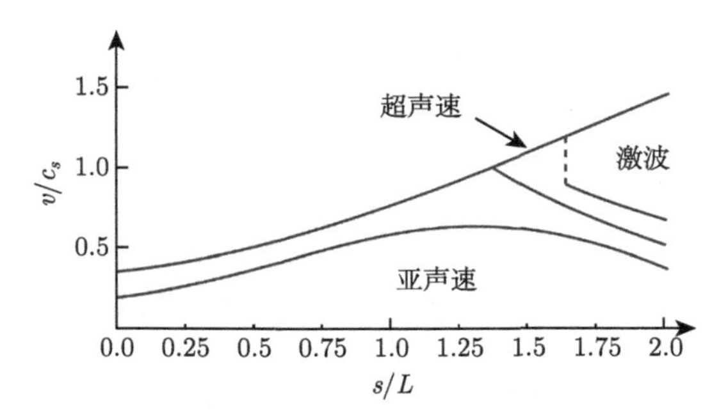

图 6.7 冕环长度 100 Mm, 沿着会聚的冕环不同位置处的虹吸流速度 (Cargill and Priest, 1980)

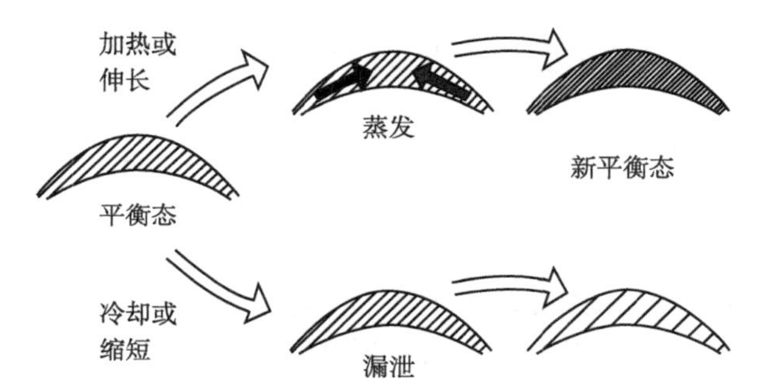

图 6.8 冕环通过蒸发或漏泄从一个平衡态演变至另一个平衡态, 取决于加热率 (或环长度) 的增加或减少

2. 不定常流动: 1D 和 0D (Ebtel) 模型

日冕由众多冕环构成, 我们现在要处理的是日冕等离子体随时间的演化. 因为磁冻结, 而且在低日冕和过渡区中, β 值低, 磁场起主导作用, 等离子体的运动和热传导沿着磁力线进行, 所以可按一维处理. 一维 (1D) 不定常流体力学方程是

$$\frac{\partial \rho}{\partial t}+\frac{\partial}{\partial s}(\rho v)=0 \tag{6.2-14}$$

$$\frac{\partial}{\partial t}(\rho v)+\frac{\partial}{\partial s}(\rho v^2)=-\frac{\partial p}{\partial s}+\rho g\cos\theta \tag{6.2-15}$$

$$\frac{3}{2}\frac{\partial p}{\partial t}+\frac{\partial}{\partial t}\left(\frac{1}{2}\rho v^2\right)=-\frac{5}{2}\frac{\partial}{\partial s}(pv)-\frac{\partial}{\partial s}\left(\frac{1}{2}\rho v^3\right)+\rho g v\cos\theta-\frac{\partial q}{\partial s}-L_r+H_c \tag{6.2-16}$$

式中 s 是沿着磁场方向的空间坐标. 以下是 (6.2-15) 式的推导.

对于标量函数 φ, 有关系式

$$\frac{\mathrm{d}}{\mathrm{d}t}\int_\tau \varphi\mathrm{d}\tau=\int_\tau\left[\frac{\partial\varphi}{\partial t}+\boldsymbol{\nabla}\cdot(\varphi\boldsymbol{v})\right]\cdot\mathrm{d}\tau=\int_\tau\frac{\partial\varphi}{\partial t}\mathrm{d}\tau+\int_s\varphi\boldsymbol{v}\cdot\mathrm{d}\boldsymbol{\sigma}$$

当 $\varphi=\rho v$ 时, 有

$$\text{上式}=\int\frac{\partial(\rho v)}{\partial t}\mathrm{d}\tau+\int\rho v\boldsymbol{v}\cdot\mathrm{d}\boldsymbol{\sigma}=\int\left[\frac{\partial(\rho v)}{\partial t}+\boldsymbol{\nabla}\cdot(\rho v\boldsymbol{v})\right]\mathrm{d}\tau$$

一维问题流动在 $\boldsymbol{s}$ 方向, $\boldsymbol{\nabla}\cdot(\rho v\boldsymbol{v})=\partial/\partial s(\rho v^2)$. 由此得到 (6.2-15) 式左边.

当 $\varphi=\dfrac{1}{2}\rho v^2$ 时, 有

$$\int\frac{1}{2}\rho v^2\boldsymbol{v}\cdot\mathrm{d}\boldsymbol{\sigma}=\int_\tau\boldsymbol{\nabla}\cdot\left(\frac{1}{2}\rho v^2\boldsymbol{v}\right)\mathrm{d}\tau$$

可推得 (6.2-16) 式右边第二项.

能量方程

$$\frac{\mathrm{D}p}{\mathrm{D}t}-\frac{\gamma p}{\rho}\frac{\mathrm{D}\rho}{\mathrm{D}t}=-(\gamma-1)\mathscr{L},\qquad\gamma=\frac{5}{3}$$

基于 $T\mathrm{d}S=\mathrm{d}e+p\mathrm{d}V$ 导出, (S 和 e 分别是单位质量的熵和内能), $\mathscr{L}$ 是能耗函数.

由连续性方程可得

$$\boldsymbol{\nabla}\cdot\boldsymbol{v}=-\frac{1}{\rho}\frac{\mathrm{D}\rho}{\mathrm{D}t}$$

代入上述能量方程改写为

$$\frac{\partial p}{\partial t}+\boldsymbol{v}\cdot\boldsymbol{\nabla}p+\frac{5}{3}p\boldsymbol{\nabla}\cdot\boldsymbol{v}=-(\gamma-1)\mathscr{L}$$

$$\frac{3}{2}\frac{\partial p}{\partial t}+\frac{3}{2}\boldsymbol{v}\cdot\boldsymbol{\nabla}p+\frac{5}{2}p\boldsymbol{\nabla}\cdot\boldsymbol{v}=-\mathscr{L}\tag{6.2-17}$$

流体力学运动方程

$$\rho\frac{\mathrm{D}\boldsymbol{v}}{\mathrm{D}t}=-\boldsymbol{\nabla}p+\rho\boldsymbol{g}$$

两边点乘 $\boldsymbol{v}$,

$$\rho\boldsymbol{v}\cdot\frac{\mathrm{D}\boldsymbol{v}}{\mathrm{D}t}=-\boldsymbol{v}\cdot\boldsymbol{\nabla}p+\rho\boldsymbol{g}\cdot\boldsymbol{v}$$

$$\rho\frac{\mathrm{D}}{\mathrm{D}t}\left(\frac{1}{2}v^2\right)=-v\frac{\partial p}{\partial s}+\rho gv\cos\theta\qquad(\theta\text{ 为 }v\text{ 与垂直方向间夹角})$$

$$\frac{\partial}{\partial t}\left(\frac{1}{2}\rho v^2\right)+\frac{\partial}{\partial s}\left(\frac{1}{2}\rho v^3\right)=-v\frac{\partial p}{\partial s}-\rho gv\cos\theta\tag{6.2-18}$$

(6.2-17) + (6.2-18):

$$\frac{3}{2}\frac{\partial p}{\partial t}+\frac{\partial}{\partial t}\left(\frac{1}{2}\rho v^2\right)=-\frac{5}{2}\frac{\partial}{\partial s}(pv)-\frac{\partial}{\partial s}\left(\frac{1}{2}\rho v^3\right)+\rho gv\cos\theta-\mathscr{L}\tag{6.2-19}$$

能量耗损函数

$$\mathscr{L} = \nabla \cdot \boldsymbol{q} + L_r - H_c$$

式中 $\boldsymbol{q}$ 为热流矢量.

$$\boldsymbol{q} = -\kappa \nabla T = -\kappa_{\parallel} \nabla_{\parallel} T = -\kappa_0 T^{5/2} \frac{\partial T}{\partial \boldsymbol{s}}$$

已设张量 $\boldsymbol{\kappa}$ 为标量, 一维情形 $q = -(\kappa_0 T^{5/2})\partial T/\partial s$, 辐射损失 $L_r = n_e^2 Q(T)$, $Q(T)$ 是光学薄辐射损失函数, H_c 为加热项, 单位体积的加热率. 将 L 的表达式代入 (6.2-19) 式, 得到

$$\frac{3}{2}\frac{\partial p}{\partial t} + \frac{\partial}{\partial t}\left(\frac{1}{2}\rho v^2\right) = -\frac{5}{2}\frac{\partial}{\partial s}(pv) - \frac{\partial}{\partial s}\left(\frac{1}{2}\rho v^3\right) + \rho g v \cos\theta - \frac{\partial q}{\partial s} - L_r + H_c \quad (6.2\text{-}16)$$

上述方程可应用于纤耀斑或耀斑模型、色球蒸发、冕雨、暗条形成和冕环的变亮等.

从该方程可导出几个时标. 运动方程表示在压力 (τ_p) 时标和引力 (τ_g) 时标内的流动加速. 从 (6.2-15) 式可得

$$\frac{\rho v}{\tau_p} \sim \frac{p}{L}, \qquad \tau_p = \frac{\rho v L}{p}, \qquad \text{同样可得 } \tau_g = \frac{v}{g}$$

根据能量方程可求出热传导时标 τ_c、辐射时标 τ_R 和焓时标 τ_v

$$\frac{p}{\tau_c} \sim \frac{q}{L} \sim \frac{\kappa_0 T^{7/2}/L}{L} = \frac{\kappa_0 T^{7/2}}{L^2}, \quad \tau_c = \frac{L^2 p}{\kappa_0 T^{7/2}}, \quad \tau_R = \frac{p}{n^2 Q} \sim \frac{nT}{n^2 T^{-1/2}} = \frac{T^{3/2}}{n}$$

(6.2-16) 左、右边第一项都与焓有关

$$\frac{p}{\tau_v} \sim \frac{pv}{L}, \qquad \tau_v \sim \frac{L}{v}$$

因为三维的 MHD 模拟不能恰当地处理单一冕环的复杂性, 较为可行的方法是令磁场为静止, 对构成冕环的细磁通管求解一维流体力学方程组. 对有限数目的细磁通管分开处理, 作时变的一维模拟. 但是把由细磁通管组成的冕环作为整体, 令各细磁通管有同样的加热率, 会给出不正确的结果. 活动区以至于太阳整体的细磁通管数太多, 加热参数的分布范围很大, 从而无法进行研究. 1D 模型处理光学厚的色球以及其他一些困难, 例如处理由许多小磁通管构成的冕环, 模拟过程太慢等, 促使 0D 模型的发展. 对沿长度变化的温度、压强和密度求平均, 从而在模拟过程中, 任意时刻只有一个值, 称之为 0D 模型. 可以求得简单解, 化解 1D 模型的困难.

EBTEL (冕环焓的热演化, Klimchuk et al., 2008; Cargill et al., 2012a, 2012b) 是改进的 0D 模型, 其中起主要作用的能量成分是焓. 假定细磁通管为静态平衡, 截面上的等离子体近似均匀, 输入细管的能量 (加热日冕) 和能量损失 (辐射和热传导) 达到平衡. 输入能量用于加热的一部分 (少于一半) 直接辐射到空间, 剩余的通过热传导带至过渡区, 再辐射出去. 如果增加加热的能量, 则会导致日冕温度上升. 流向过渡区的热通量也增加以致过渡区无法辐射这些增多的热能, 结果压力 (压强梯度) 增强, 使热等离子体流入细磁通管束. 这就是色球的蒸发过程. 当用以加热日冕的能量减少时, 日冕温度下降, 传入过渡区的热通量减少, 不足以支持过渡区的辐射, 等离子体冷却, 压力减小, 小于静力平衡值, 物质 (等离子体) 从日冕中的细磁通管中漏泄, 这就是凝聚过程. EBTEL 的基本想法就是使等离子体蒸发或凝聚的焓流量与过剩或欠缺的热流矢量相等. 显然热与过渡区的辐射损失相关. 过量的热驱动蒸发, 导致流体向上流动, 凝聚是等离子体的下沉流动, 是对热不足的补偿. EBTEL 模型具体处理时的主要假设是过渡区和日冕的辐射损失之间总体持固定的比例, 在静态平衡时也是同一比例.

改写 (6.2-16) 式为

$$\frac{\partial E}{\partial t} = -\frac{\partial}{\partial s}(Ev) - \frac{\partial}{\partial s}(pv) - \frac{\partial q}{\partial s} - n^2 Q(T) + H_c + \rho g_{\parallel} v \tag{6.2-20}$$

式中 $E = \frac{3}{2}p + \frac{1}{2}\rho v^2$, 压力能和动能之和, H_c 是日冕加热项, s 是沿磁场的空间坐标, $g_{\parallel}$ 是引力加速度沿磁场方向的分量. 假如流动是亚声速 $v < c_s = 1.5 \times 10^4 T^{1/2} = 2.6 \times 10^5\ \mathrm{m{\cdot}s^{-1}}$ ($T = 3$ MK), 冕环高度小于标高 $Z_{\mathrm{apex}} < H_g = k_B T/(\tilde{\mu} m g)$, ($\tilde{\mu} = 0.6$, $m = 1.67 \times 10^{-27}$ kg, $g = 274\ \mathrm{m{\cdot}s^{-2}}$, $T = 3$ MK, $H_g = 1.5 \times 10^8$ m). 于是势能 (引力项相关) 和动能可以忽略, 方程 (6.2-19) 简化为

$$\frac{3}{2}\frac{\partial p}{\partial t} \approx -\frac{5}{2}\frac{\partial (pv)}{\partial s} - \frac{\partial q}{\partial s} + H_c - n^2 Q(T) \tag{6.2-21}$$

(6.2-21) 式可应用于每一根小磁通管. 目前常用的 EBTEL 模型 (Klimchuk et al., 2008; Cargill et al., 2012a) 把冕环分成日冕和过渡区两部分, 有界面分开两部分, 这个界面称之为日冕底. 日冕底部定义是: 它的上方热传导是冷却项, 下方热传导是加热项. 日冕底部的值用下标 “0” 标记, 它的位置在过渡区的顶部, 是日冕和过渡区的边界. 我们试图用环底 (p_0, ρ_0, T_0, v_0) 和环顶的 (p_a, n_a, T_a, $v_a = 0$) 来表示焓流量 $\left(\frac{5}{2}p_0 v_0\right)$ 以及平均冕环压强 $\bar{p}(t)$、密度 $\bar{\rho}(t)$ 和温度 $\bar{T}(t)$. 对式 (6.2-21) 沿细磁通管日冕部分的长度积分, 我们假设冕环的形状是对称的, 所以环顶处因为对称性速度 v 和热通量 ($\boldsymbol{q} = -\kappa \boldsymbol{\nabla} T$) 均消失.

$$\int_0^L \frac{3}{2}\frac{\partial p}{\partial t}\mathrm{d}s = -\int_0^L \frac{5}{2}\frac{\partial (pv)}{\partial s}\mathrm{d}s - \int_0^L \frac{\partial q}{\partial s}\mathrm{d}s + \int_0^L H_c \mathrm{d}s - \int_0^L n^2 Q(T)\mathrm{d}s$$

$$\frac{3}{2}\frac{\partial \bar{p}}{\partial t}L = -\left.\frac{5}{2}(pv)\right|_0^L - q|_0^L + \bar{H}_c|_0^L - R_c$$

$$\frac{3}{2}L\frac{\partial \bar{p}}{\partial t} = \frac{5}{2}p_0 v_0 + q_0 + \bar{H}_c L - R_c \tag{6.2-22}$$

式中 $\frac{5}{2}p_0v_0$ 和 q_0 是日冕底的焓流量和热流矢量; R_c 是日冕单位截面积辐射冷却率 ($\mathrm{erg{\cdot}cm^{-2}{\cdot}s^{-1}}$); 字母上的短横表示沿冕环的空间平均; L 是从日冕底沿环上行至环顶的距离. 因为温度、压强和密度沿冕环的变化小于 2 倍, 所以平均值可看作是冕环的特征值. 热流矢量和焓流量都对过渡区提供能量.

对磁环的过渡区部分积分, 即从色球顶至日冕底积分 $\left(\int_l^0 \mathrm{d}s\right)$, 可得到与 (6.2-22) 式相仿的结果

$$\frac{3}{2}l\frac{\partial \bar{p}_{tr}}{\partial t} = -\frac{5}{2}p_0 v_0 - q_0 + l\bar{H}_{c\,tr} - R_{tr} \tag{6.2-23}$$

空间平均值是沿过渡区长度 l 的平均. R_{tr} 是过渡区辐射冷却率. 推导过程中, 蒸发向上流动的焓流量 $\frac{5}{2}pv$ 和热流矢量在色球顶 (过渡区的底部) 均被忽略. 大部分热流矢量耗损于过渡区内不断的升温过程, 冷凝过程中没有热流进入色球. 忽略色球顶上的焓流量是基于下述原因: 因为质量守恒, 蒸发和冷凝过程中通过过渡区的电子流几乎保持常数, $J = nv \approx J_0$, J_0 是日冕底的电子流. 理想气体定律

$$p = 2nk_BT \tag{6.2-24}$$

这里已经假定流体完全电离. 焓流量 $\frac{5}{2}pv = \frac{5}{2}\cdot 2nk_BTv = 5k_BTJ_0$, 式中 J_0 为常数, 可见焓流量正比于温度 T. 色球顶 (过渡区的下端) 的温度比日冕底 (过渡区顶端附近) 低很多. 所以 (6.2-23) 式中的焓流量积分在 l 处的值可以忽略. (6.2-23) 式右边仅存 $-\frac{5}{2}p_0v_0$. 考虑到过渡区的磁通管 $l \ll L$ (日冕环的半长度). 因此 (6.2-23) 式中可忽略含 l 的项, 简化成

$$\frac{5}{2}p_0 v_0 \approx -q_0 - R_{tr} \tag{6.2-25}$$

当 $|q_0| > R_{tr}$ 时, 扣除辐射损耗外, 尚有热流矢量驱动焓流量. 焓流量为正, 是蒸发, 日冕物质增加. 当 $|q_0| < R_{tr}$ 时, 热流矢量不足以支持辐射损失, 焓流量为负, 是冷凝过程, 日冕物质减少. $|q_0| = R_{tr}$, 则静态平衡.

结合 (6.2-22) 和 (6.2-25) 式, 有

$$\frac{\partial \bar{p}}{\partial t} \approx \frac{2}{3}\left[\bar{H}_c - \frac{1}{L}(R_c + R_{tr})\right] \tag{6.2-26}$$

假如 (6.2-23) 式中含 l 的项保留, 结合 (6.2-22) 式, 有

$$\frac{3}{2}\left(L\frac{\partial \bar{p}}{\partial t} + l\frac{\bar{p}_{tr}}{\partial t}\right) \approx L\bar{H}_c + l\bar{H}_{c\,tr} - (R_c + R_{tr})$$

令

$$\frac{\partial \bar{p}'}{\partial t} = \frac{L\dfrac{\partial \bar{p}}{\partial t} + l\dfrac{\partial \bar{p}_{tr}}{\partial t}}{L'}, \qquad \bar{H}'_c = \frac{L\bar{H}_c + l\bar{H}_{c\,tr}}{L'}$$

式中 $L' = L + l$.

$$\frac{3}{2}L'\frac{\partial \bar{p}'}{\partial t} \approx L'\bar{H}'_c - (R_c + R_{c\,tr})$$

$$\frac{\partial \bar{p}'}{\partial t} \approx \frac{2}{3}\left[\bar{H}'_c - \frac{1}{L'}(R_c + R_{c\,tr})\right] \tag{6.2-27}$$

与 (6.2-26) 式形式相同. 因此可以认为 $\bar{p}$ 和 $\bar{H}_c$ 是沿整个磁通管 (包括过渡区和日冕部分的磁环) 的空间平均, L 是总长度, 方程 (6.2-26) 就是日冕-过渡区系统的总能量方程, 进入该系统的能量仅为日冕加热项, 流出的能量仅通过辐射损失, 物质的流动和热传导使能量在日冕和过渡区间迁移, 并不改变系统的总能量. (6.2-26) 式中不包含热流矢量和焓流量, 说明在冕环中它们的作用是使能量再分配 (Klimchuk et al., 2008).

细磁束日冕部分的质量因蒸发和凝聚而变, 但遵从质量守恒, 连续性方程 $\partial n/\partial t + \boldsymbol{\nabla}\cdot(n\boldsymbol{v}) = 0$, 完全电离条件下 $n_e = n_i = n$. 一维情况

$$\frac{\partial n}{\partial t} + v\frac{\partial n}{\partial s} + n\frac{\partial v}{\partial s} = \frac{\mathrm{d}n}{\mathrm{d}t} + n\frac{\partial v}{\partial s} = 0$$

沿日冕部分的磁环积分

$$\int_0^L \frac{\mathrm{d}n}{\mathrm{d}t}\mathrm{d}s + \int_0^L n\frac{\partial v}{\partial s}\mathrm{d}s = 0$$

因为 $L \ll$ 标高, n 可用日冕底的 n_0 近似,

$$\left.\frac{\mathrm{d}\bar{n}}{\mathrm{d}t}s\right|_0^L + \left.n_0 v\right|_0^L = 0$$

在 L 处的 v 因对称性为零,

$$L\frac{\mathrm{d}\bar{n}}{\mathrm{d}t} - n_0 v_0 = 0$$

$$\frac{\mathrm{d}\bar{n}}{\mathrm{d}t} = \frac{n_0 v_0}{L} \tag{6.2-28}$$

理想气体定律 $p_0 = 2n_0 k_B T_0$ (日冕底),

$$p_0 v_0 = 2k_B T_0 n_0 v_0$$

利用 (6.2-25) 式,

$$n_0 v_0 = \frac{1}{2k_B T_0} p_0 v_0 = -\frac{1}{5k_B T_0}(q_0 + R_{tr}) \tag{6.2-29}$$

将 (6.2-29) 式代入 (6.2-28) 式,

$$\frac{\mathrm{d}\bar{n}}{\mathrm{d}t} = -\frac{1}{5k_B T_0 L}(q_0 + R_{tr}) \tag{6.2-30}$$

日冕温度的变化还受到理想气体定律的制约 $\bar{p} = 2\bar{n}k_B\bar{T}$,

$$\frac{\mathrm{d}\bar{p}}{\mathrm{d}t} = 2k_B\left(\frac{\mathrm{d}\bar{n}}{\mathrm{d}t}\bar{T} + \bar{n}\frac{\mathrm{d}\bar{T}}{\mathrm{d}t}\right)$$

两边除以 $\bar{p}$,

$$\frac{1}{\bar{T}}\frac{\mathrm{d}\bar{T}}{\mathrm{d}t} = \frac{1}{\bar{p}}\frac{\mathrm{d}\bar{p}}{\mathrm{d}t} - \frac{1}{\bar{n}}\frac{\mathrm{d}\bar{n}}{\mathrm{d}t} \tag{6.2-31}$$

因为 p, T 和 n 采用的是平均值, 它们之间的关系未必是严格意义上的理想气体关系.

热流矢量的经典表达式为 $q = -(\kappa_0 T^{5/2})\partial T/\mathrm{d}s$, 式中 $\kappa_0 = 1.0 \times 10^{-6}$ (CGS 单位制)

$$T^{5/2}\frac{\partial T}{\mathrm{d}s} = \frac{2}{7}\frac{\partial}{\partial s}T^{7/2}$$

在环高 L 位置, 因对称性热流矢量为零. 温度为 T_a, 日冕底的温度比环顶温度 T_a 小得多, 可忽略,

$$\frac{\partial}{\partial s}T^{7/2} \approx \frac{T_a^{7/2}}{L}$$

所以日冕底的热流矢量可近似为

$$q_0 \approx -\kappa_0 \frac{2}{7}\frac{T_a^{7/2}}{L} \tag{6.2-32}$$

现在我们有三个方程:

$$\begin{cases} \dfrac{\partial \bar{p}}{\partial t} \approx \dfrac{2}{3}\left[\bar{H}_c - \dfrac{1}{L}(R_c + R_{tr})\right] & (6.2\text{-}26) \\ \dfrac{\mathrm{d}\bar{n}}{\mathrm{d}t} = -\dfrac{1}{5k_B T_0 L}(q_0 + R_{tr}) & (6.2\text{-}30) \\ \dfrac{1}{\bar{T}}\dfrac{\mathrm{d}\bar{T}}{\mathrm{d}t} = \dfrac{1}{\bar{p}}\dfrac{\mathrm{d}\bar{p}}{\mathrm{d}t} - \dfrac{1}{\bar{n}}\dfrac{\mathrm{d}\bar{n}}{\mathrm{d}t} & (6.2\text{-}31) \end{cases}$$

未知量为 $\bar{T}, \bar{n}$ 和 $\bar{p}$. 式中 q_0 由 (6.2-32) 式表示.

$$R_c = L\bar{n}_e^2 Q(T), \qquad \frac{5}{2}v_0 p_0 = -q_0 - R_{tr}.$$

日冕有三个特征温度 $\bar{T}$, T_a 和 T_0. 引入三个参数 $c_1 = R_{tr}/R_c$, $c_2 = \bar{T}/T_a$, $c_3 = T_0/T_a$, 方程组中前两式变为

$$\frac{\partial \bar{p}}{\partial t} = \frac{2}{3}\left[\bar{H}_c - \frac{R_c}{L}(1 + c_1)\right] \tag{6.2-33}$$

$$\frac{\partial \bar{n}}{\partial t} = -\frac{c_2}{c_3}\frac{1}{5k_B\bar{T}L}(q_0 + c_1 R_c) \tag{6.2-34}$$

当 $\bar{H}_c$ 和 L 给定时, 假设 R_{tr}, T_0 和 T_a 已知, 通过上述方程组可以解出 $\bar{\rho}(t), \bar{p}(t)$, $\bar{T}(t)$ 以及 $v_0 p_0$. EBTEL 方法通过物理的考量和数值尝试, 设定 c_1, c_2 和 c_3 求解. 这种方法的优点是简单且符合质量和能量守恒 (Klimchuk et al., 2008; Cargill et al., 2012a, 2012b).

6.3 MHD 波加热

MHD 波在某些频段内可以被共振吸收, 但对于日冕加热贡献有限. Alfvén 波在非均匀介质中有可能有效耗散, 贡献能量.

6.3.1 边缘和足点驱动的共振吸收

MHD 波 (磁声波) 的频率与局地 Alfvén 或会切 ($c_T = [v_A^2 c_s^2/(v_A^2 + c_s^2)]^{1/2}$) 频率共振. 共振吸收的性质取决于驱动来自边缘还是来自足点. 边缘驱动 (如超米粒元胞内部, 冕环底部) 的波横越磁场 (图 6.9(a)). 先考虑边缘驱动, 利用非均匀介质的理想 MHD 理论, 假设不均匀磁场为 $B_0(x)\hat{\boldsymbol{z}}$, 速度扰动的形式为 $v_{1x} = v_{1x}(x)\mathrm{e}^{i(k_y y + k_z z - \omega t)}$, 设 $\beta \ll 1$, 则主要是 Alfvén 波的吸收. 理想 MHD 方

程 (4.10-17):

$$\frac{\mathrm{d}}{\mathrm{d}x}\left[\frac{\varepsilon(x)}{k_y^2+m_0^2(x)}\frac{\mathrm{d}v_{1x}}{\mathrm{d}x}\right]=\varepsilon(x)v_{1x},$$

因为 $\beta \ll 1$, 所以有 $c_s = 0$, $\varepsilon = \rho_0(\omega^2-\omega_A^2)$, 其中 $\omega_A = k_z v_A$, 这时 $m_0^2 = (\omega_A^2-\omega^2)/v_A^2$ (ω 离 ω_T 远, 所以是快波),

$$\frac{\varepsilon(x)}{k_y^2+m_0^2}=\frac{\rho_0(\omega^2-\omega_A^2)}{k_y^2v_A^2+\omega_A^2-\omega^2}\cdot v_A^2=\frac{\omega^2-\omega_A^2}{k^2v_A^2-\omega^2}\rho_0v_A^2,\quad \text{已利用 } k^2=k_y^2+k_z^2$$

$$\frac{\mathrm{d}}{\mathrm{d}x}\left[\frac{\omega^2-\omega_A^2}{\omega^2-k^2v_A^2}v_A^2\rho_0\frac{\mathrm{d}v_{1x}}{\mathrm{d}x}\right]+(\omega^2-\omega_A^2)\rho_0v_{1x}=0 \tag{6.3-1}$$

第 4 章 (波) 已推得

$$v_{1y}=\frac{ik_y}{m_0^2+k_y^2}\frac{\mathrm{d}v_{1x}}{\mathrm{d}x}=\frac{ik_yv_A^2}{\omega_A^2-\omega^2+k_y^2v_A^2}\frac{\mathrm{d}v_{1x}}{\mathrm{d}x}$$

$$\therefore\ iv_{1y}=\frac{k_yv_A^2}{\omega^2-k^2v_A^2}\frac{\mathrm{d}v_{1x}}{\mathrm{d}x} \tag{6.3-2}$$

上述关系描述的是 Alfvén 波和压缩 Alfvén 波, 即快磁声波 (快波). 当边缘驱动 (例如光球的运动) 的频率是连续谱中的一个 $\omega=\omega_d$ 时, 磁能以快波模式, 跨过磁场传播. 快波在共振层 ($x=x_r$) 与具有连续谱的 Alfvén 波耦合, $\omega_A(x_r)=\omega_d$. 这时 (6.3-1) 式变为

$$\frac{\omega^2-\omega_A^2}{\omega^2-k^2v_A^2}v_A^2\rho_0\frac{\mathrm{d}v_{1x}}{\mathrm{d}x}=C,\quad C \text{ 为常数}$$

$$\frac{\mathrm{d}v_{1x}}{\mathrm{d}x}=\frac{\omega^2-k^2v_A^2}{(\omega^2-\omega_A^2)v_A^2\rho_0}\cdot C$$

v_{1x} 有奇点, 也即快波以 v_{1x} 沿 x 方向传播在 $x=x_r$ $[\omega_A(x_r)=\omega_d=\omega]$ 有共振吸收 (图 6.9(a)). (相速度为零, 折射率为 ∞, 表明发生共振.) 当 $k_y\neq 0$ 时, 由 (6.3-2) 式可知 $v_{1y}\neq 0$, 表明 Alfvén 波与快波的耦合. 当 $k_y=0$ 时则无耦合, 因为 $k\cos\theta=k_y=0$, (k 与磁场方向夹角为 $\pi/2$) 没有 Alfvén 波传播, 也就没有与快波的耦合, Alfvén 波也不能携带能量横跨磁力线.

光球的边缘驱动频率有一个分布, 与各个频率相关的能量在不同层面上耗散, 因此进入日冕的波有可能在大范围内对日冕加热作出贡献. 日冕的共振加热, 需要更为详尽的模型, 例如考虑共振层中的非线性.

足点驱动 (图 6.9(b)) 比边缘驱动简单得多, 因为足点的运动可直接驱动 Alfvén 波, 无需快波带着磁能横越磁力线. 光球中的每根磁力线激发了大范围的波频率, 但是仅与共振频率相关的能量被消耗, 是总输入能量很小一部分, 所以不可能是重要的加热机制.

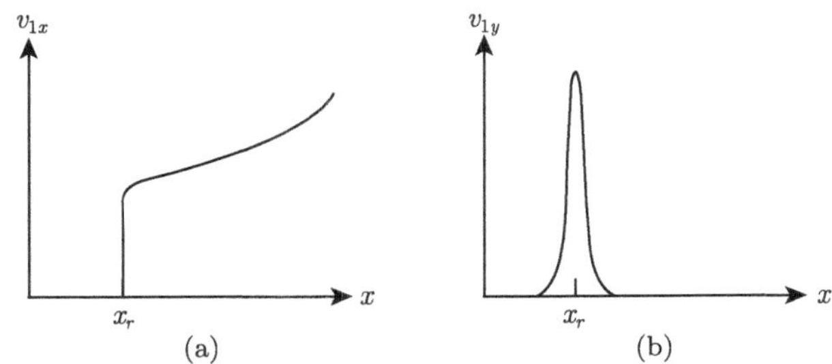

图 6.9 (a) 速度 v_{1x} 的快波, 由右向左传播, 在 $x = x_r$ 处共振吸收; (b) 足点驱动的 Alfvén 波, 有大的频率范围, 仅与共振频率相关的波在 $x = x_r$ 处被吸收

6.3.2 均匀介质中 Alfvén 波的衰减

感应方程

$$\frac{\partial \boldsymbol{B}}{\partial t} = \boldsymbol{\nabla} \times (\boldsymbol{v} \times \boldsymbol{B}) + \eta_m \nabla^2 \boldsymbol{B}$$

假定未受扰动流体的流速为零, 流体是不可压缩的, 流体中存在空间均匀的静磁场 $\boldsymbol{B}_0$. 因为只考虑 Alfvén 波, 不计声波, 可不考虑压强 p. 在小扰动作用下, 有

$$\boldsymbol{B} = \boldsymbol{B}_0 + \boldsymbol{B}'$$

$$\boldsymbol{v} = \boldsymbol{v}' \quad (\boldsymbol{v}_0 = 0)$$

加入扰动后的运动方程是

$$\rho \frac{\partial \boldsymbol{v}'}{\partial t} = -\boldsymbol{\nabla}\left(\frac{1}{\mu}\boldsymbol{B}_0 \cdot \boldsymbol{B}'\right) + \frac{1}{\mu}\boldsymbol{B}_0 \cdot \boldsymbol{\nabla}\boldsymbol{B}'$$

扰动区域外 $\boldsymbol{B}'$ 为零, 利用 $\boldsymbol{B}_0$ 均匀和 $\boldsymbol{\nabla} \cdot \boldsymbol{B}' = 0$ 可以推得调和函数 $(\boldsymbol{B}_0/\mu) \cdot \boldsymbol{B}' = 0$. 运动方程简化为

$$\rho \frac{\partial \boldsymbol{v}'}{\partial t} = \frac{1}{\mu}\boldsymbol{B}_0 \cdot \boldsymbol{\nabla}\boldsymbol{B}' \tag{6.3-3}$$

感应方程变为

$$\frac{\partial \boldsymbol{B}'}{\partial t} = (\boldsymbol{B}_0 \cdot \boldsymbol{\nabla})\boldsymbol{v}' + \eta_m \nabla^2 \boldsymbol{B}'$$

$$\left(\frac{\partial}{\partial t} - \eta_m \nabla^2\right)\boldsymbol{B}' = (\boldsymbol{B}_0 \cdot \boldsymbol{\nabla})\boldsymbol{v}' \tag{6.3-4}$$

(6.3-4) 两边对 t 求导, 再将 (6.3-3) 式代入,

$$\frac{\partial}{\partial t}\left(\frac{\partial}{\partial t}-\eta_m\nabla^2\right)\boldsymbol{B}'=\frac{1}{\mu\rho}(\boldsymbol{B}_0\cdot\boldsymbol{\nabla})^2\boldsymbol{B}'$$

令 $\boldsymbol{B}_0$ 沿 z 轴方向, 上式可写成

$$\frac{\partial}{\partial t}\left(\frac{\partial}{\partial t}-\eta_m\nabla^2\right)\boldsymbol{B}'=v_A^2\frac{\partial^2\boldsymbol{B}'}{\partial z^2} \tag{6.3-5}$$

现假定 $\boldsymbol{B}'=\boldsymbol{b}\mathrm{e}^{i(kz-\omega t)}$, 代入 (6.3-5) 式, 得到

$$\omega^2+ik^2\eta_m\omega-k^2v_A^2=0$$

$$\omega=-\frac{1}{2}ik^2\eta_m\pm\frac{1}{2}(4k^2v_A^2-k^4\eta_m^2)^{\frac{1}{2}} \tag{6.3-6}$$

考虑了磁扩散, Alfvén 波受到阻尼, 问题是日冕中磁雷诺数很大, (因为 $\eta\rightarrow 0$) 均匀介质中的 Alfvén 波基本上不提供加热日冕的能量.

6.3.3 相位混合加热色球和日冕

相位混合作为日冕加热机制比共振吸收加热更为有效 (Heyvaerts and Priest, 1983), 因为前者对整个日冕加热, 后者仅对狭窄的共振层局部加热. 相位混合会在磁力线开放区域 (如冕洞), 波行进的空间发生, 或者在时域上在闭合的短冕环的驻波中发生. 两种情况中每根磁力线上激发 Alfvén 波, 它们的振动频率相互独立, 归属于 Alfvén 连续谱. 相位混合也是共振吸收的一部分, 但相位混合加热中并不需要共振过程, 在整个频率范围内发生, 并不局限在共振频率.

1. 空间的相位混合

剪切 Alfvén 波在不均匀介质中传播, Alfvén 速度存在速度梯度, 不像磁声波具有共振频率, 但是具有强的相位混合, 相邻磁力线上的振荡很快变得不同相. 而且速度梯度大为增加, 导致粘滞和欧姆损耗的增加.

日冕是不均匀性的, 有多种几何结构, 简单起见, 令 $\hat{\boldsymbol{z}}$ 为未扰磁场方向. 沿 $\hat{\boldsymbol{x}}$ 方向则有不均匀性, 垂直于 yz 平面, 如图 6.10.

未扰时流动设为静止, 足点在 $\hat{\boldsymbol{y}}$ 方向的扰动为 $\boldsymbol{v}(x,0,t)$, 对于有限振幅的扰动, Alfvén 波的波动方程仍为线性. 基本的磁结构是

$$\boldsymbol{B}_0=B_0(x)\hat{\boldsymbol{z}},\qquad \rho=\rho_0(x),\qquad p=p_0(x)$$

设扰动与坐标 y 无关, 但发生在 $\hat{\boldsymbol{y}}$ 方向, 因此扰动态是

$$\boldsymbol{B}=B_0(x)\hat{\boldsymbol{z}}+b(x,z,t)\hat{\boldsymbol{y}}$$

$$\boldsymbol{v} = v(x, z, t)\hat{\boldsymbol{y}}$$

式中 $b\hat{\boldsymbol{y}}$ 和 $\boldsymbol{v}$ 为扰动量, 静态时流动速度已设为零, 对于剪切 Alfvén 波, 无耗损时, 有波动方程

$$\frac{\partial^2 v}{\partial t^2} - v_A^2(x)\frac{\partial^2 v}{\partial z^2} = 0 \tag{6.3-7}$$

式中

$$v_A^2(x) = \frac{B_0^2(x)}{\mu\rho_0(x)}$$

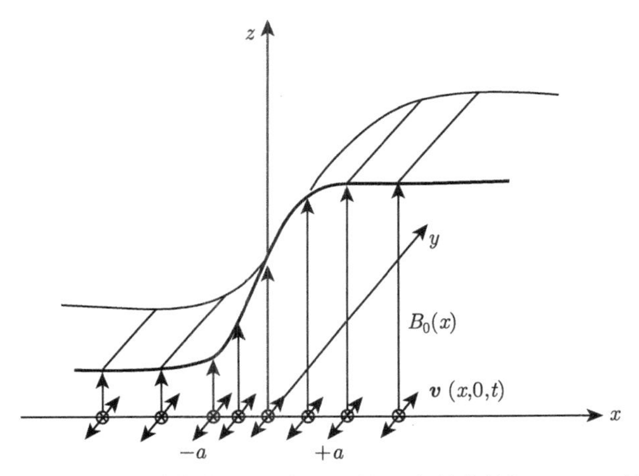

图 6.10 磁场的基本几何结构在 $\hat{\boldsymbol{y}}$ 方向运动的足点激发剪切 Alfvén 波. Alfvén 波速度随 x 而变 (Heyvaerts and Priest, 1983)

运动方程

$$\rho\frac{\mathrm{D}\boldsymbol{V}}{\mathrm{D}t} = -\boldsymbol{\nabla}\left(p + \frac{1}{2\mu}B^2\right) + \frac{1}{\mu}\boldsymbol{B}\cdot\boldsymbol{\nabla}\boldsymbol{B} + \mu'\nabla^2\boldsymbol{V} + \frac{1}{3}\mu'\boldsymbol{\nabla}\boldsymbol{\nabla}\cdot\boldsymbol{V}$$

μ': 动力学粘性系数.

小扰动情况下, 得到线性化的运动方程:

$$\rho_0\frac{\partial \boldsymbol{v}}{\partial t} = -\boldsymbol{\nabla}\left(\frac{1}{\mu}\boldsymbol{B}_0\cdot\boldsymbol{b}\right) + \frac{1}{\mu}\boldsymbol{B}_0\cdot\boldsymbol{\nabla}\boldsymbol{b} + \mu'\left(\frac{\partial^2\boldsymbol{v}}{\partial x^2} + \frac{\partial^2\boldsymbol{v}}{\partial z^2}\right) \tag{6.3-8}$$

因为考虑的是剪切 Alfvén 波, 流体是不可压缩的, 没有声波. 上述方程两边取散度

$$0 = -\nabla^2\left(\frac{1}{\mu}\boldsymbol{B}_0\cdot\boldsymbol{b}\right) + \frac{1}{\mu}\boldsymbol{\nabla}\cdot(\boldsymbol{B}_0\cdot\boldsymbol{\nabla}\boldsymbol{b}) + \mu'\boldsymbol{\nabla}\cdot\nabla^2\boldsymbol{v}$$

$$\boldsymbol{\nabla}\cdot(\boldsymbol{B}_0\cdot\boldsymbol{\nabla}\boldsymbol{b})=\boldsymbol{B}_0\cdot\boldsymbol{\nabla}(\boldsymbol{\nabla}\cdot\boldsymbol{b})+\boldsymbol{\nabla}\boldsymbol{B}_0:\boldsymbol{\nabla}\boldsymbol{b}=0$$

$$\boldsymbol{\nabla}\cdot\nabla^2\boldsymbol{v}=\frac{\partial}{\partial x_k}\frac{\partial}{\partial x_j\partial x_j}v_k=0$$

$$\therefore\ \nabla^2\left(\frac{1}{\mu}\boldsymbol{B}_0\cdot\boldsymbol{b}\right)=0$$

当区域外的 $\boldsymbol{b}$ 为零时, 根据调和函数的性质,

$$\frac{1}{\mu}\boldsymbol{B}_0\cdot\boldsymbol{b}=0.$$

引进运动学粘性系数 $\nu'=\mu'/\rho$, (6.3-8) 式简化为

$$\frac{\partial\boldsymbol{v}}{\partial t}=\frac{B_0(x)}{\mu\rho_0(x)}\frac{\partial\boldsymbol{b}}{\partial z}+\nu'\left(\frac{\partial^2\boldsymbol{v}}{\partial x^2}+\frac{\partial^2\boldsymbol{v}}{\partial z^2}\right)\tag{6.3-9}$$

感应方程:

$$\frac{\partial\boldsymbol{B}}{\partial t}=(\boldsymbol{B}\cdot\boldsymbol{\nabla})\boldsymbol{v}-(\boldsymbol{v}\cdot\boldsymbol{\nabla})\boldsymbol{B}+\eta_m\nabla^2\boldsymbol{B}$$

式中 η_m 为磁扩散系数, 假定 ν',η_m 为常数而且是小量. 前已假设 $\boldsymbol{B}_0=B_0(x)\hat{\boldsymbol{z}}$, 线性化的感应方程是

$$\frac{\partial\boldsymbol{b}}{\partial t}=B_0\frac{\partial}{\partial z}\boldsymbol{v}+\eta_m\left(\frac{\partial^2\boldsymbol{b}}{\partial x^2}+\frac{\partial^2\boldsymbol{b}}{\partial z^2}\right)\tag{6.3-10}$$

(6.3-9) 式两边求 t 的导数,

$$\frac{\partial^2\boldsymbol{v}}{\partial t^2}=\frac{B_0(x)}{\mu\rho_0(x)}\frac{\partial}{\partial z}\frac{\partial\boldsymbol{b}}{\partial t}+\nu'\left(\frac{\partial^2}{\partial x^2}+\frac{\partial^2}{\partial z^2}\right)\frac{\partial\boldsymbol{v}}{\partial t}$$

将 (6.3-10) 式代入上式, 得

$$\frac{\partial^2\boldsymbol{v}}{\partial t^2}=v_A^2(x)\frac{\partial^2}{\partial z^2}\boldsymbol{v}+\frac{B_0(x)}{\mu\rho_0(x)}\eta_m\left(\frac{\partial^2}{\partial x^2}+\frac{\partial^2}{\partial z^2}\right)\frac{\partial\boldsymbol{b}}{\partial z}+\nu'\left(\frac{\partial^2}{\partial x^2}+\frac{\partial^2}{\partial z^2}\right)\frac{\partial\boldsymbol{v}}{\partial t}\tag{6.3-11}$$

由 (6.3-9) 式, 得

$$\frac{B_0(x)}{\mu\rho_0(x)}\frac{\partial\boldsymbol{b}}{\partial z}=\frac{\partial\boldsymbol{v}}{\partial t}-\nu'\left(\frac{\partial^2}{\partial x^2}+\frac{\partial^2}{\partial z^2}\right)\boldsymbol{v}$$

代入 (6.3-11) 式:

$$\frac{\partial^2\boldsymbol{v}}{\partial t^2}=v_A^2(x)\frac{\partial^2\boldsymbol{v}}{\partial z^2}+\eta_m\left(\frac{\partial^2}{\partial x^2}+\frac{\partial^2}{\partial z^2}\right)\left[\frac{\partial\boldsymbol{v}}{\partial t}-\nu'\left(\frac{\partial^2}{\partial x^2}+\frac{\partial^2}{\partial z^2}\right)\boldsymbol{v}\right]$$

$$+\nu'\left(\frac{\partial^2}{\partial x^2}+\frac{\partial^2}{\partial z^2}\right)\frac{\partial \boldsymbol{v}'}{\partial t}$$

$\eta, \boldsymbol{v}' \ll 1$, 且 $\boldsymbol{v}$ 在 $\hat{\boldsymbol{y}}$ 方向, 上式简化为

$$\frac{\partial^2 v}{\partial t^2}\approx v_A^2(x)\frac{\partial^2 v}{\partial z^2}+(\eta_m+\nu')\left(\frac{\partial^2}{\partial x^2}+\frac{\partial^2}{\partial z^2}\right)\frac{\partial v}{\partial t}\quad (\text{在 } \hat{\boldsymbol{y}} \text{ 方向}) \tag{6.3-12}$$

假如完全忽略耗散, x 等于常数的所有磁表面上的磁力线振动与邻近磁表面上的磁力线振动无关. 开放磁力线的基部以固定频率 ω 激发的 Alfvén 波, 波长为

$$\lambda_\parallel(x)=\frac{2\pi}{k_\parallel(x)}=2\pi\frac{v_A(x)}{\omega}\quad (k_\parallel \text{ 沿 } \boldsymbol{B}_0 \text{ 方向}) (\text{例一}) \tag{6.3-13}$$

假如因为边界条件使波长固定 (相应于磁力线闭合的情形, 或者开放磁力线上的波反射), 每个磁表面有自己的振动频率 $\omega(x)$,

$$\omega(x)=k_\parallel v_A(x)\qquad (\text{例二}) \tag{6.3-14}$$

例一中频率 ω 固定. 例二中波长 $\lambda_\parallel$ 固定, 因此波数 $k_\parallel$ 固定. 所以二例中相应的 ω 和 $k_\parallel$ 不是 x 的函数. 行进很多波长后 (例一), 或是经过很多周期后 (例二), 不同 x 值的相邻磁表面上的振动位相越来越不一样. 足够高度或足够长时间后, x 方向的不均匀性将是耗散的主要原因. 以下就来证明这一论断. 假如 $k_\parallel a \ll 1$, 也即沿磁场方向的波长比不均匀区域的宽度 $2a$ 大得多, $\lambda_\parallel \gg a$, 则 $\hat{\boldsymbol{z}}$ 方向物理量近似均匀. (6.3-9) 和 (6.3-10) 式中可以令 $\partial^2/\partial z^2=0$, 方程 (6.3-12) 简化为

$$\frac{\partial^2 v}{\partial t^2}=v_A^2(x)\frac{\partial^2 v}{\partial z^2}+(\eta_m+\nu')\frac{\partial^2}{\partial x^2}\frac{\partial v}{\partial t} \tag{6.3-15}$$

现在估算因相位混合导致的阻尼. 寻找下述形式的解:

$$v(x,z,t)=\hat{v}(x,z)\exp i[\omega t-k_\parallel(x)z] \tag{6.3-16}$$

振幅 $\hat{v}'(x,z)$ 由边界条件可确定与 x 的关系, 由阻尼率确定与 z 的关系. 例一中 ω 固定 (不是 x 的函数). 将 (6.3-16) 式代入 (6.3-15) 式. 先求出各项导数

$$\frac{\partial v}{\partial t}=i\omega v,\qquad \frac{\partial^2 v}{\partial t^2}=-\omega^2 v$$

$$\frac{\partial v}{\partial z}=\left[\frac{\partial \hat{v}}{\partial z}-ik_\parallel(x)\hat{v}\right]\mathrm{e}^{i(\omega t-k_\parallel(x)z)}$$

$$\frac{\partial^2 v}{\partial z^2}=\left[\frac{\partial^2 \hat{v}}{\partial z^2}-2ik_{\|}(x)\frac{\partial \hat{v}}{\partial z}-k_{\|}^2(x)\hat{v}\right]\mathrm{e}^{i(\omega t-k_{\|}(x)z)}$$

$$\frac{\partial}{\partial x}\frac{\partial v}{\partial t}=i\omega\left(\frac{\partial \hat{v}}{\partial x}-i\hat{v}\frac{\mathrm{d}k_{\|}}{\mathrm{d}x}z\right)\mathrm{e}^{i(\omega t-k_{\|}(x)z)}$$

$$\frac{\partial^2}{\partial x^2}\frac{\partial v}{\partial t}$$

$$=i\omega\left[\frac{\partial^2 \hat{v}}{\partial x^2}-2i\frac{\mathrm{d}k_{\|}(x)}{\mathrm{d}x}z\frac{\partial \hat{v}}{\partial x}-iz\frac{\mathrm{d}^2k_{\|}(x)}{\mathrm{d}x^2}\hat{v}-\left(\frac{\mathrm{d}k_{\|}(x)}{\mathrm{d}x}\right)^2z^2\hat{v}\right]\cdot\mathrm{e}^{i\omega(\omega t-k_{\|}(x)z)}$$

代入 (6.3-15) 式:

$$\begin{aligned}-\omega^2\hat{v}+v_A^2(x)k_{\|}^2\hat{v}=&\,v_A^2(x)\left[\frac{\partial^2 \hat{v}}{\partial z^2}-2ik_{\|}(x)\frac{\partial \hat{v}}{\partial z}\right]\\&+(\eta_m+\nu')i\omega\left[\frac{\partial^2 \hat{v}}{\partial x^2}-2iz\frac{\mathrm{d}k_{\|}}{\mathrm{d}x}\frac{\partial \hat{v}}{\partial x}-iz\frac{\mathrm{d}^2k_{\|}}{\mathrm{d}x^2}\hat{v}-\left(\frac{\mathrm{d}k_{\|}}{\mathrm{d}x}\right)^2z^2\hat{v}\right]\end{aligned}\tag{6.3-17}$$

根据 (6.3-13) 式: $\omega=k_{\|}(x)v_A(x)$, (6.3-17) 式左边为零. 现在假设物理过程弱阻尼和强的相位混合, 因此 $\dfrac{1}{k_{\|}}\dfrac{\partial}{\partial z}\ll 1$, 扰动振幅 $\hat{v}(x,z)$ 随坐标变化缓慢. 物理量跨越磁力线的变化远大于沿磁力线方向的变化, $\mathrm{d}k_{\|}/\mathrm{d}x\gg k_{\|}/z$ (强相位混合). 沿 x 方向的梯度也是日冕不均匀的度量.

根据上述假设, 式 (6.3-17) 中可忽略:

(1) $\dfrac{\partial^2 \hat{v}}{\partial z^2}$;

(2) $\left(\dfrac{\mathrm{d}k_{\|}}{\mathrm{d}x}\right)^2z^2\hat{v}\gg\dfrac{\partial^2 \hat{v}}{\partial x^2}$　$\left(\text{因为 }\dfrac{\partial \hat{v}}{\partial x}\text{ 小}\right)$;

(3) $\left(\dfrac{\mathrm{d}k_{\|}}{\mathrm{d}x}\right)^2z^2\hat{v}>z\dfrac{\mathrm{d}k_{\|}}{\mathrm{d}x}\dfrac{\partial \hat{v}}{\partial x}$　(振幅缓变, $|z^2|>|z|$);

(4) $\left(\dfrac{\mathrm{d}k_{\|}}{\mathrm{d}x}\right)^2z^2\hat{v}>\dfrac{\mathrm{d}^2k_{\|}}{\mathrm{d}x^2}z\hat{v}$　$\left(\text{如果 }\dfrac{\mathrm{d}k_{\|}}{\mathrm{d}x}\text{ 变化趋于极值, 则 }\dfrac{\mathrm{d}^2k_{\|}}{\mathrm{d}x^2}\to 0,\ |z^2|>|z|;\ \left(\dfrac{k_{\|}}{x}\right)^2z\gg\dfrac{k_{\|}}{x^2},\ \text{因为 }z\gg\lambda_{\|}\right)$.

简化后的 (6.3-17) 式变为

$$0=-2ik_{\|}(x)v_A^2(x)\frac{\partial \hat{v}}{\partial z}-i\omega(\eta_m+\nu')\left(\frac{\mathrm{d}k_{\|}}{\mathrm{d}x}\right)^2z^2\hat{v}\tag{6.3-18}$$

可写成

$$\frac{\partial \hat{v}}{\partial z}+f(x)z^2\hat{v}=0 \tag{6.3-19}$$

v_A^2 由 (6.3-13) 式表示, 代入 (6.3-18) 式,

$$f=\frac{1}{2}(\eta_m+\nu')\left(\frac{\mathrm{d}k_\parallel}{\mathrm{d}x}\right)^2\frac{k_\parallel}{\omega}$$

方程 (6.3-19) 的解为

$$\begin{aligned}\hat{v}(x,z)&=\hat{v}(x,0)\mathrm{e}^{-\frac{1}{3}f(x)z^3}\\&=\hat{v}(x,0)\exp\left[-\frac{1}{6}(\eta_m+\nu')\frac{k_\parallel^2(x)}{v_A^3(x)}\left(\frac{\mathrm{d}v_A(x)}{\mathrm{d}x}\right)^2z^3\right]\end{aligned} \tag{6.3-20}$$

已利用

$$k_\parallel(x)=\frac{\omega}{v_A(x)},\qquad \frac{\mathrm{d}k_\parallel(x)}{\mathrm{d}x}=-\frac{\omega}{v_A^2(x)}\frac{\mathrm{d}v_A(x)}{\mathrm{d}x}$$

也可写成

$$\hat{v}(x,z)=\hat{v}(x,0)\exp\left[-\frac{1}{6}\left(\frac{\eta_m+\nu'}{\omega}\right)\left(\frac{\mathrm{d}\ln k_\parallel(x)}{\mathrm{d}x}\right)^2(k_\parallel(x)z)^3\right] \tag{6.3-21}$$

不均匀区域的特征长度 a, 与 Alfvén 速度变化的特征长度同量级, 所以有 $a=-v_A/(\mathrm{d}v_A/\mathrm{d}x)$. 定义雷诺数 $R_e^*=av_A/(\eta+\eta_v)$, 波长 $\lambda(x)=2\pi/k_\parallel(x)$. 位相混合的耗散长度 (高度)$Z_{\text{phase}}$ 按定义有

$$Z_{\text{phase}}^3\cdot\frac{1}{6}(\eta_m+\nu')\frac{k_\parallel^2(x)}{v_A^3(x)}\left(\frac{\mathrm{d}v_A(x)}{\mathrm{d}x}\right)^2=1$$

$$\begin{aligned}Z_{\text{phase}}&=\left[\frac{6v_A^3(x)}{\eta_m+\nu'}\frac{1}{k_\parallel^2(x)}\frac{1}{\left(\frac{\mathrm{d}v_A}{\mathrm{d}x}\right)^2}\right]^{\frac{1}{3}}\\&=\frac{\lambda}{2\pi}\left(12\pi R_e^*\frac{a}{\lambda}\right)^{\frac{1}{3}}\end{aligned}$$

振幅: $\hat{v}(x,z)=\hat{v}(x,0)\mathrm{e}^{-(z/Z_{\text{phase}})^3}$

可见向上传播几个波长后, 波明显衰减, 波长 λ 按下式估计:

$$
\begin{aligned}
\lambda(x) &= \frac{2\pi}{k_{\parallel}(x)} = \frac{v_A(x)}{\omega} \\
&= 2.8\times 10^3\left(\frac{P}{100\ \mathrm{s}}\right)\left(\frac{n}{10^{10}\ \mathrm{cm}^{-3}}\right)^{-\frac{1}{2}}\left(\frac{B}{1\ \mathrm{G}}\right)\ \mathrm{km} \\
&\sim 2.8\times 10^3\ \mathrm{km}\quad (P\ \text{为波的周期})
\end{aligned}
$$

若按日冕磁场 10 G 计, $\lambda(x)\sim 2.8\times 10^4$ km.

2. 时域的相位混合

短冕环中可能形成驻波, 振幅是位置的函数, 波数 $k_{\parallel}$ 固定, 每个由坐标 x 标记的磁面上的振荡与邻近面上的振荡无关, $\omega(x) = k_{\parallel}v_A(x) = \omega_A(x)$. 现在方程 (6.3-15) 寻求的解为

$$
v(x,z,t) = \hat{v}(x,t)\mathrm{e}^{i(k_{\parallel}z-\omega_A(x)t)} \tag{6.3-22}
$$

假设, 扰动振幅 $\hat{v}(x,t)$ 随 (x,t) 缓变, $\omega_A > 1/\tau$, τ 为特征时间, 先求出 (6.3-15) 式中的各项导数,

$$
\begin{aligned}
\frac{\partial v}{\partial t} &= \left[\frac{\partial\hat{v}}{\partial t} - \hat{v}(x,t)(i\omega_A(x))\right]\mathrm{e}^{i(k_{\parallel}z-\omega_A t)} \\
\frac{\partial^2 v}{\partial t^2} &= \left[\frac{\partial^2\hat{v}}{\partial t^2} - 2i\omega_A(x)\frac{\partial\hat{v}}{\partial t} - \omega_A^2(x)\hat{v}\right]\mathrm{e}^{i(k_{\parallel}z-\omega_A t)} \\
&\approx \left[-2i\omega_A(x)\frac{\partial\hat{v}}{\partial t} - \omega_A^2(x)\hat{v}\right]\mathrm{e}^{i(k_{\parallel}z-\omega_A t)}
\end{aligned}
$$

(上式已忽略 $\partial^2\hat{v}/\partial t^2$)

$$
\begin{aligned}
\frac{\partial v}{\partial z} &= ik_{\parallel}\hat{v}\,\mathrm{e}^{i(k_{\parallel}z-\omega_A t)} \\
\frac{\partial^2 v}{\partial z^2} &= -k_{\parallel}^2\hat{v}\,\mathrm{e}^{i(k_{\parallel}z-\omega_A t)} \\
\frac{\partial}{\partial x}\frac{\partial v}{\partial t} &\approx -i\left(\hat{v} + \frac{\partial\hat{v}}{\partial t}t + \omega_A\hat{v}t\right)\frac{\mathrm{d}\omega_A}{\mathrm{d}x}\,\mathrm{e}^{i(k_{\parallel}z-\omega_A t)}
\end{aligned}
$$

$\left(\text{忽略 } \partial/\partial t\left(\dfrac{\partial\hat{v}}{\partial x}\right),\ (i\omega_A)\partial\hat{v}/\partial x \text{ 两项}\right)$

$$
\frac{\partial^2}{\partial x^2}\frac{\partial v}{\partial t} \approx i\omega_A\left(\frac{\mathrm{d}\omega_A}{\mathrm{d}x}\right)^2\hat{v}t^2
$$

[因为 $\partial^2/\partial x^2(\partial v/\partial t)$ 项随 t^2 增加, 其他项相比之下可忽略.] 代入方程 (6.3-15) 得

$$-2i\omega_A(x)\frac{\partial \hat{v}}{\partial t} - \omega_A^2(x)\hat{v} = v_A^2(x)(-k_\parallel^2)\hat{v} + i(\eta_m + \nu')\omega_A \left(\frac{\mathrm{d}\omega_A}{\mathrm{d}x}\right)^2 \hat{v}t^2$$

利用 $\omega_A(x) = k_\parallel v_A(x)$,

$$\frac{\partial \hat{v}}{\partial t}(-2i\omega_A) = i(\eta_m + \nu')\omega_A \left(\frac{\mathrm{d}\omega_A}{\mathrm{d}x}\right)^2 \hat{v}t^2$$

$$\hat{v}(x,t) = \hat{v}(x,0)\exp\left[-\frac{1}{6}(\eta_m + \nu')\left(\frac{\mathrm{d}\omega_A}{\mathrm{d}x}\right)^2 t^3\right] \tag{6.3-23}$$

位相混合的耗散时标为

$$\tau_{\mathrm{phase}} = \left[\frac{6}{(\eta_m + \nu')\left(\frac{\mathrm{d}\omega_A}{\mathrm{d}x}\right)^2}\right]^{\frac{1}{3}} \tag{6.3-24}$$

利用 $\omega_A(x) = k_\parallel v_A(x)$, 可得到 $\mathrm{d}\omega_A/\mathrm{d}x = k_\parallel \mathrm{d}v_A/\mathrm{d}x$, 前已定义雷诺数 $R_e^* = av_A/(\eta_m + \nu')$, $a = -v_A/(\mathrm{d}v_A/\mathrm{d}x)$, 代入 (6.3-24) 式, 有

$$\tau_{\mathrm{phase}} = \frac{1}{\omega_A}\left[12\pi R_e^* \frac{a}{\lambda}\right]^{\frac{1}{3}}$$

式中 ω_A^{-1} 是 Alfvén 时间. 几个周期后, 扰动 (Alfvén 波) 就明显衰减. 总之, Alfvén 波在速度有梯度的不均匀介质中, 相位混合可以使剪切 Alfvén 波在磁环 (如冕环) 和磁开放区 (如冕洞) 行进中衰减. 剪切 Alfvén 波在磁环中会形成驻波, 不稳定性会导致衰减加强. 行进中的波对于 Kelvin-Helmholtz 和撕裂模扰动是稳定的, 但两种不稳定性在驻波中都存在, 因此磁环总处于 Kelvin-Helmholtz 扰动态和撕裂模扰动态.

6.4 磁重联加热

色球和日冕磁场是复杂的, 根植于光球的众多磁通管的足点在不断运动, 日冕的磁结构连续地改变位形, 相互间发生作用, 因此纤耀斑级的磁重联显然是加热日冕的方法 (Parker, 1972; Cargill and Klimchuk, 2004). 光球磁场的高分辨率观测表明磁结构复杂且极性经常改变, 色球和日冕的磁场也一样复杂, 也有很多磁通管. 光球的运动会生成很多电流片, 累积的能量通过欧姆损耗加热日冕. 磁重联能快速把磁能转换为热能和粒子的动能. 特别在有强磁场的活动区, 日冕是由

很多极小的微耀斑 (10^{19} J = 10^{26} erg) 或纤耀斑 (10^{16} J = 10^{23} erg) 加热. 光球的运动不断形成极小的电流片, 在这些小电流片中会产生这些小耀斑.

为理解磁耗散的加热特征, 作量级估计. 设磁能是通过 Poynting 矢量输入, $\boldsymbol{E}\times\boldsymbol{B}/\mu\sim vB^2/\mu$, 通过的面积为 L^2, 能量注入率为

$$\frac{\mathrm{d}W_m}{\mathrm{d}t}\sim\frac{vB^2}{\mu}L^2 \tag{6.4-1}$$

式中 v 是光球的运动速度. 光球的运动使磁场 B 扭转或剪切. 达到定态时, 注入的能量被欧姆损耗耗尽. 损耗过程发生在活动区, 空间大小为 L^3, 损耗速率为 $(j^2/\sigma)L^3$. 假设输入加热日冕的热量是 2×10^4 W·m^{-2}. 光球磁场设为 100 G. 通过 (6.4-1) 式, 单位面积注入的磁能 $vB^2/\mu\sim2\times10^4$ W·m^{-2}. 可以估计得到扭转速度 v 为 ~200 m·s^{-1}. 进一步可估计出整个活动区内均匀耗散涉及的电流密度. $(vB^2/\mu)L^2=(j^2/\sigma)L^3$. 式中电导率 $\sigma\sim10^6$ S·m^{-1}, 活动区典型尺度 $L\sim100$ Mm. $vB^2/\mu\sim2\times10^4$ W·m^{-2}, $j\sim14$ A·m^{-2}. 由安培定律 $\boldsymbol{\nabla}\times\boldsymbol{B}=\mu\boldsymbol{j}\sim2\times10^{-5}$ T·m^{-1} = 200 G/km ($\mu=4\pi\times10^{-7}$). 磁场梯度很大, 可见耗散发生在很狭窄的电流片内, 不是均匀分布在活动区. 电流片在活动区内占有的空间很小, 生存的时间也短.

卫星观测已提供了磁重联的证据, 部分日冕加热问题好像已经解决. 如 X 亮点. 为了产生纤耀斑, 有几种形成电流片的方法. 其中之一是 Parker 的磁力线的交织. 还有一个近期发展的磁通管的构造模型 (Priest and Forbes, 2002): 光球上众多的磁通管使得日冕磁场的拓扑结构十分复杂, 足点的运动使得电流片的形成比 Parker 模型更为容易, 然后磁能快速耗散. 该机制的本质是成对的磁通管之间的相互作用, 导致磁重联发生. 一旦电流片及其耗散机制形成, 就会快速释放储存的磁能一部分, 转换成热能, 其余被波动带走.

6.5　Alfvén 波的非线性耦合

(1) 当磁场比较弱以至于 $v_A<c_s$ (声速) 时, 两支沿磁力线传播但方向相反的 Alfvén 波能非线性地耦合, 生成一支声波, 声波会比较快地衰减. 假设两支 Alfvén 波的频率和波数分别为

$$\omega_0=k_0v_A,\qquad\omega_1=k_1v_A \tag{6.5-1}$$

声波为

$$\omega_2=k_2c_s \tag{6.5-2}$$

并假设所有的频率和波数为正. 如果发生两支入射波的耦合, 合成的声波必有

$$\omega_2=\omega_0+\omega_1\qquad(\text{能量守恒}) \tag{6.5-3}$$

波数为

$$k_2 = k_0 - k_1 \qquad (\text{动量守恒}) \tag{6.5-4}$$

因为在同一条磁力线上传播, 三支波的波矢可用标量表示, 两支 Alfvén 波的传播方向相反, 因此 (6.5-4) 式中有负号.

从 (6.5-1) 和 (6.5-2) 式中求出波数, 代入 (6.5-4) 式:

$$\frac{\omega_2}{c_s} = \frac{\omega_0}{v_A} - \frac{\omega_1}{v_A}, \qquad \frac{\omega_0 + \omega_1}{c_s} = \frac{\omega_0 - \omega_1}{v_A}, \qquad \text{可得}\ \frac{\omega_1}{\omega_0} = \frac{c_s - v_A}{c_s + v_A} \tag{6.5-5}$$

进一步可求出合成的声波的频率 ω_2, 从 (6.5-5) 式, 推得

$$\frac{\omega_1 + \omega_0}{\omega_0} = \frac{2c_s}{c_s + v_A}, \qquad \therefore\ \omega_2 = \frac{2\omega_0 c_s}{c_s + v_A} \tag{6.5-6}$$

(2) 强磁场区域有 $v_A > c_s$, 一支 Alfvén 波 (ω_0, k_0) 能衰减成另一支 Alfvén 波 (ω_1, k_1), 传播方向与 (ω_0, k_0) 的 Alfvén 波相反. 另外还有一支声波生成 (ω_2, k_2), 与 (ω_0, k_0) 的 Alfvén 波传播方向相同. 假如遵循选择规则, 即能量和动量守恒, 就有波的相互作用发生, 衰变所得的 Alfvén 波和声波频率可按下述简单运算求出:

$$-k_1 + k_2 = k_0$$

$$-\frac{\omega_1}{v_A} + \frac{\omega_2}{c_s} = \frac{\omega_0}{v_A}$$

$$\frac{v_A}{c_s} = \frac{\omega_1 + \omega_0}{\omega_2} = \frac{\omega_1 + \omega_0}{\omega_0 - \omega_1}$$

$$\omega_0 - \omega_1 = \frac{2\omega_0 c_s}{v_A + c_s} = \omega_2$$

$$\omega_1 = \omega_0 \frac{v_A - c_s}{v_A + c_s} \tag{6.5-7}$$

衰变所得的 Alfvén 波 (ω_1, k_1), 频率 ω_1 比原生波的频率 ω_0 小, 可以再衰减至另一频率更低的 Alfvén 波, 加上一支声波, 级联过程继续下去, 直至 Alfvén 波能量几乎全部转换成声波, 声波会快速衰减.

6.6 日冕加热研究的展望

日冕的加热比起之前的理解复杂得多, 牵涉到多个方面, 为确定加热的机制以及对于大气不同部分的加热贡献 (如色球、过渡区、日冕、X 射线亮点、冕环、冕洞、活动区、外层的弥散日冕), 有几个方面需要进一步研究.

(1) 色球和日冕的加热机制需要结合起来考虑, 等离子体持续加热和冷却, 通过针状体注入和回落, 通过蒸发和漏泄在不同高度上运动.

(2) 突出物理过程本质的简单模型是重要的. 但是能说明观测特征细节的不同加热机制则要求更为实际和复杂的方法包括数值模拟.

(3) 实际上磁重联和波加热的作用不能简单划分, 二者可能同时作用. 例如波可能驱动重联, 重联可能加速针状体或产生波, 然后波耗散.

(4) 考虑到多元流体、微观物理和耗散层的能量, 不但需要处理波的衰减 (起因于共振吸收或相位混合), 还要处理磁重联 (起因于纤耀斑), 涉及无碰撞重联、非经典粒子输运、热流量的饱和、非平衡电离等.

第 7 章　不稳定性

7.1　分析方法

实验室里要固定住大量的等离子体是十分困难的，但太阳日珥、冕环好像很容易稳定地维持住等离子体. 当然, 我们也希望知道太阳的磁结构, 以及为什么突然变成不稳定, 产生日珥爆发或耀斑等.

单粒子一维运动稳定性的研究方法的推广, 可应用于磁流体力学系统线性稳定性的研究.

假设单粒子质量为 m, 在保守力作用下, 沿 x 方向运动,

$$F(x)\hat{\boldsymbol{x}} = -\frac{\mathrm{d}W}{\mathrm{d}x}\hat{\boldsymbol{x}}$$

$W(x)$ 是势能, $\hat{\boldsymbol{x}}$ 为 x 方向单位矢量. 取平衡位置为 $x=0$, 运动方程为

$$m\ddot{x} = F(x) = -\frac{\mathrm{d}W}{\mathrm{d}x} \tag{7.1-1}$$

对于小位移, 上述方程可化为线性方程, $F(x)$ 展开为 Taylor 级数, 取两项

$$F(x) = F(0) + x\cdot\left.\frac{\mathrm{d}F(x)}{\mathrm{d}x}\right|_{x=0} \tag{7.1-2}$$

$F(0)$ 为平衡位置 $x=0$ 处的力, 应为零.

$$\text{上式} = x\cdot\left.\frac{\mathrm{d}F(x)}{\mathrm{d}x}\right|_{x=0} = -x\left(\frac{\mathrm{d}^2W}{\mathrm{d}x^2}\right) = F_1(x) \tag{7.1-3}$$

$F_1(x)$ 是 $F(x)$ 的一阶近似, 方程 (7.1-1) 遂变成

$$m\ddot{x} = -x\left(\frac{\mathrm{d}^2W}{\mathrm{d}x^2}\right)_0 \tag{7.1-4}$$

不稳性分析方法有两类.

(1) 简正模寻找形如 $x = x_0\mathrm{e}^{i\omega t}$ 的简正模 (normal-mode) 解, 将 x 表式代入 (7.1-4) 式, 可得

$$\omega^2 = \frac{1}{m}\left(\frac{\mathrm{d}^2W}{\mathrm{d}x^2}\right)_0 \tag{7.1-5}$$

① 假如势能 $W(x)$ 在原点有极小值 (图 7.1), 则 $(\mathrm{d}^2W/\mathrm{d}x^2)_0 > 0$, 所以 $\omega^2 > 0$. 粒子在 $x = 0$ 附近振荡, 作用力倾向于让粒子回到平衡位置, 这是稳定的情况.

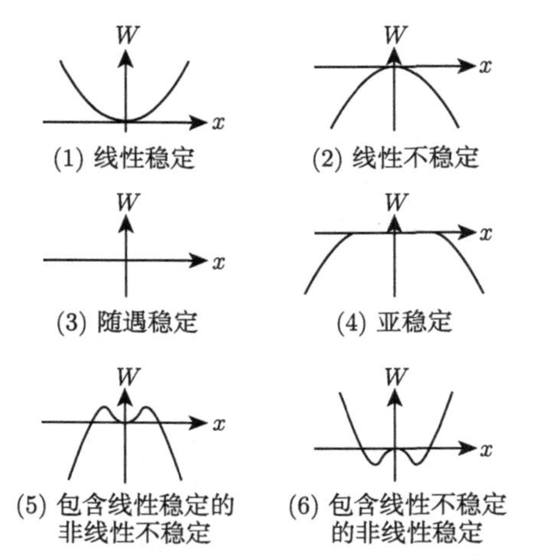

图 7.1 一维系统的势能 $W(x)$, $x = 0$ 为平衡位置

② $W(x)$ 有极大值, 则 $(\mathrm{d}^2W/\mathrm{d}x^2)_0 < 0$, 所以 $\omega^2 < 0$,

$$\omega = \pm i\Omega$$

$$x = x_0\mathrm{e}^{i\omega t} = x_0\mathrm{e}^{\mp\Omega t} = \begin{cases} x_0\mathrm{e}^{-\Omega t} \to 0, & \text{当 } t \to \infty \\ x_0\mathrm{e}^{\Omega t} \to \infty, & \text{当 } t \to \infty \end{cases}$$

这是不稳定的情况, $|x|$ 随着时间增加, 偏离平衡位置越来越远.

③ 当 $(\mathrm{d}^2W/\mathrm{d}x^2)_0 = 0$ 时, 称为随遇稳定 (neutral stability),

$$\omega^2 = \frac{1}{m}\left(\frac{\mathrm{d}^2W}{\mathrm{d}x^2}\right)_0 = 0, \qquad \text{所以 } \omega = 0,\ x = x_0\mathrm{e}^{i\omega t} = x_0$$

或由 (7.1-4) 式, $m\ddot{x} = 0$, 外力为零, 粒子保持原运动状态不变 (牛顿第一定律).

(2) 另一种处理粒子稳定性的方法: 能量原理.

考虑偏离平衡位置的位移 x, 引起势能变化 δW, 一阶近似下, $\delta W = x(\mathrm{d}W/\mathrm{d}x)_0$ (势能的变化是因为做了功, $\mathrm{d}W/\mathrm{d}x$ 是力).

根据 (7.1-2) 式, $F(0) = (\mathrm{d}W/\mathrm{d}x)_0 = 0$ ($x = 0$ 为平衡位置, 所以 $F(0) = 0$), 所以 $\delta W = 0$.

因此需要考虑二阶近似

$$W(x)=W_0+x\left(\frac{\mathrm{d}W}{\mathrm{d}x}\right)_0+\frac{x^2}{2}\left(\frac{\mathrm{d}^2W}{\mathrm{d}x^2}\right)_0$$

$$\delta W\equiv W(x)-W(0)=\frac{x^2}{2}\left(\frac{\mathrm{d}^2W}{\mathrm{d}x^2}\right)_0 \tag{7.1-6}$$

由 (7.1-3) 式,

$$F_1(x)=-x\left(\frac{\mathrm{d}^2W}{\mathrm{d}x^2}\right)_0$$

$$\therefore\ \delta W=-\frac{x}{2}F_1(x) \tag{7.1-7}$$

从 (7.1-7) 式可以看到, 势能的变化是因为做了功, 即

$$\delta W=-\int_0^x F_1(x)\mathrm{d}x \tag{7.1-8}$$

(7.1-7) 和 (7.1-8) 两式应该相等

$$\int_0^x F_1(x)\mathrm{d}x=\frac{x}{2}F_1(x) \tag{7.1-9}$$

如果对于平衡位置 $x=0$ 的偏移 $|x|>0$, 有 $\delta W>0$, 则为稳定. 若 $\delta W<0$, 则不稳定.

力学系统处于势能为极小的平衡状态, 则此平衡为稳定平衡, 对于满足边界条件的所有扰动 $\delta W>0$, 等离子体稳定. 如果至少有一种扰动, 使 $\delta W<0$, 则系统不稳定——能量原理.

由 (7.1-6) 式解出

$$\left(\frac{\mathrm{d}^2W}{\mathrm{d}x^2}\right)_0=\frac{2}{x^2}\delta W$$

代入 (7.1-5) 式得

$$\frac{1}{2}m\omega^2x^2=\delta W \tag{7.1-10}$$

从该式也可看到, 当 $\delta W>0$ 时, 有 $\omega^2>0$, 稳定; 当 $\delta W<0$ 时, 有 $\omega^2<0$, 不稳定. 与 (1) 是一致的.

以上为单粒子一维运动稳定性的研究方法, 磁流体力学系统的稳定性研究也是类似的, 先是线性化方程, 再寻找简正模解或者能量的改变量.

简正模法和能量原理各有优点. 简正模法能找到色散关系 $\omega = \omega(k)$、扰动的频率和波数之间的关系. 能量原理则可应用于更为复杂的平衡问题.

一般我们考虑线性稳定性问题, 如果偏离平衡位置的位移不是很小, 则要面对非线性稳定性问题.

① 小扰动是线性稳定, 大扰动为线性不稳定 (爆炸) (图 7.1-5).

② 小扰动线性不稳定, 大扰动非线性稳定 (图 7.1-6).

③ 亚稳定 (metastability) (图 7.1-4), 小振幅线性扰动, 系统随遇稳定. 当扰动是有限时振幅不稳定 ($\mathrm{d}^3W/\mathrm{d}x^3 = 0$ 和 $\mathrm{d}^4W/\mathrm{d}x^4 < 0$).

当系统参数发生变化时, 由稳定态经过一个中间稳定态变为不稳定态, 有两种途径:

① ω^2 为实数, 由大而小, 通过 $\omega = 0$ 的点, 这是单调变化, 中间临界态是定态 $\omega = 0$.

② ω 为复数, $\omega = \Omega + i\gamma$, $\mathrm{e}^{i\omega t} = \mathrm{e}^{i\Omega t} \cdot \mathrm{e}^{-\gamma t}$. 若虚部 γ 从正变为负, 就有一个增长的振荡状态, (当 $\gamma < 0$) 称之为过稳定 (overstability). 中间态 (即在衰减与增长振荡之间) 为某一频率的振荡.

7.2　方程的线性化

理想 (无耗散) 的磁流体系统的行为由下列方程制约

$$\frac{\partial \boldsymbol{B}}{\partial t} = \boldsymbol{\nabla} \times (\boldsymbol{v} \times \boldsymbol{B}) \tag{7.2-1}$$

$$\boldsymbol{\nabla} \cdot \boldsymbol{B} = 0 \tag{7.2-2}$$

$$\boldsymbol{j} = \boldsymbol{\nabla} \times \frac{\boldsymbol{B}}{\mu} \tag{7.2-3}$$

$$\rho \frac{\mathrm{D}\boldsymbol{v}}{\mathrm{D}t} = -\boldsymbol{\nabla} p + \boldsymbol{j} \times \boldsymbol{B} + \rho \boldsymbol{g} \tag{7.2-4}$$

$$\frac{\partial \rho}{\partial t} + \boldsymbol{\nabla} \cdot (\rho \boldsymbol{v}) = 0 \tag{7.2-5}$$

显然已经令磁粘滞系数和流体粘滞系数为 0. 上述方程组还要加上简化的能量方程 $\dfrac{\mathrm{D}}{\mathrm{D}t}(p/\rho^\gamma) = 0$ 成为完备.

我们知道由矩方程推导出磁流体力学方程组时, 有两种截断方法: ① 冷等离子体近似; ② 碰撞为主. 由第 ② 种方法可得到

$$\frac{\mathrm{D}}{\mathrm{D}t}\left(\frac{p}{\rho^\gamma}\right) = 0, \quad \frac{\mathrm{D}}{\mathrm{D}t} = \frac{\partial}{\partial t} + \boldsymbol{v} \cdot \boldsymbol{\nabla}$$

条件是电导率 σ 足够大. 当然在截断方程时还作了绝热近似, 或者系统的时标比热传导或热辐射时标小得多.

假设有一个静止的平衡态, 即速度 $\boldsymbol{v}_0=0$, 磁场为 $\boldsymbol{B}_0$, 等离子体压强为 p_0, 密度为 ρ_0, 以及电流为 $\boldsymbol{j}_0$. (以上各量均与时间无关)

(7.2-1), (7.2-5) 式显然是满足的, 因为等式两边均为 0, 其余的表达式在平衡态时为

$$0=-\nabla p_0+\boldsymbol{j}_0\times\boldsymbol{B}_0+\rho_0\boldsymbol{g} \tag{7.2-6}$$

$$\boldsymbol{j}_0=\nabla\times\frac{\boldsymbol{B}_0}{\mu} \tag{7.2-7}$$

$$\nabla\cdot\boldsymbol{B}_0=0 \tag{7.2-8}$$

施加小扰动, 对方程进行线性化处理 $\rho=\rho_0+\rho_1$, $\boldsymbol{v}=\boldsymbol{v}_1$, $p=p_0+p_1$, $\boldsymbol{B}=\boldsymbol{B}_0+\boldsymbol{B}_1$, $\boldsymbol{j}=\boldsymbol{j}_0+\boldsymbol{j}_1$, 处理过程中忽略二阶小量, (7.2-1) 式成为

$$\frac{\partial\boldsymbol{B}_1}{\partial t}=\nabla\times(\boldsymbol{v}_1\times\boldsymbol{B}_0) \tag{7.2-9}$$

(7.2-4) 式成为

$$\rho_0\frac{\partial\boldsymbol{v}_1}{\partial t}=-\nabla p_1+\boldsymbol{j}_0\times\boldsymbol{B}_1+\boldsymbol{j}_1\times\boldsymbol{B}_0+\rho_1\boldsymbol{g} \tag{7.2-10}$$

(7.2-5) 式成为

$$\frac{\partial\rho_1}{\partial t}+\nabla\cdot(\rho_0\boldsymbol{v}_1)=0 \tag{7.2-11}$$

(7.2-7) 式变为

$$\boldsymbol{j}_1=\nabla\times\frac{\boldsymbol{B}_1}{\mu},\quad \nabla\cdot\boldsymbol{B}_1=0$$

$$\frac{\partial\boldsymbol{j}_1}{\partial t}=\frac{1}{\mu}\nabla\times\frac{\partial\boldsymbol{B}_1}{\partial t} \tag{7.2-12}$$

能量方程小扰动后有

$$\frac{\partial p_1}{\partial t}=-\gamma p_0\nabla\cdot\boldsymbol{v}_1-(\boldsymbol{v}_1\cdot\nabla)p_0$$

$$\text{或}\ \frac{\partial p_1}{\partial t}-\frac{\gamma p_0}{\rho_0}\frac{\partial\rho_1}{\partial t}+\boldsymbol{v}_1\cdot\left[\nabla p_0-\frac{\gamma p_0}{\rho_0}\nabla\rho_0\right]=0$$

$$\frac{\partial p_1}{\partial t}=\frac{\gamma p_0}{\rho_0}\frac{\partial \rho_1}{\partial t}-p_0(\boldsymbol{v}_1\cdot\boldsymbol{\nabla})\ln\frac{p_0}{\rho_0^{\gamma}} \tag{7.2-13}$$

采用 Lagrange 变量, 则运动方程 $\boldsymbol{r}=\boldsymbol{r}(\boldsymbol{r}_0,t)$, 式中 $\boldsymbol{r}_0$ 是粒子的初始位置, 不是 t 的函数, 作为粒子的标号, 上面推得的线性化方程均为场方程, 采用 Euler 变量. 为了使方程组变为一个方程, 将 Euler 变量 $(\boldsymbol{r},t)$ (式中 $\boldsymbol{r}$ 为空间坐标) 变为 Lagrange 变量 $(\boldsymbol{r}_0,t)$ ($\boldsymbol{r}_0$ 为标号, 不是时间的函数), 等离子流体元离开平衡位置的位移 $\boldsymbol{\xi}(\boldsymbol{r}_0,t)$ 可写成 $\boldsymbol{\xi}(\boldsymbol{r}_0,t)=\boldsymbol{r}-\boldsymbol{r}_0$ ($\boldsymbol{r}$ 为 Euler 位置矢量, $\boldsymbol{r}_0$ 为 Lagrange 初始位置 (标号)) (图 7.2).

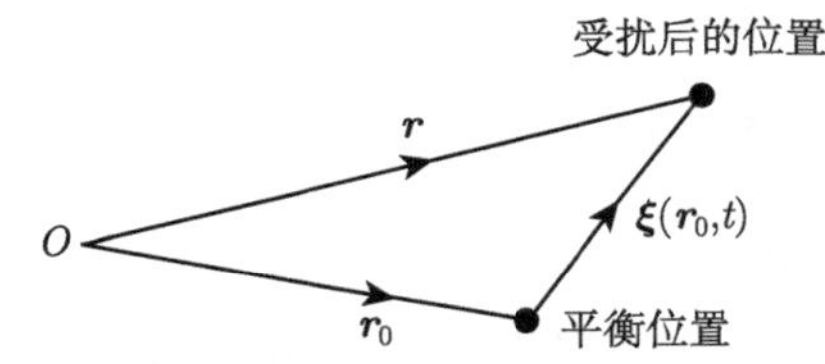

图 7.2 等离子流体元从平衡位置 $\boldsymbol{r}_0$ 移动至 $\boldsymbol{r}$, 位移用 $\boldsymbol{\xi}$ 表示

(7.2-9) 至 (7.2-13) 用 $\boldsymbol{\xi}$ 表示就使 Euler 变量 $(\boldsymbol{r},t)$ 变为 Lagrange 变量 $(\boldsymbol{r}_0,t)$. 速度写成

$$\boldsymbol{v}_1=\frac{\mathrm{D}\boldsymbol{r}}{\mathrm{D}t}=\frac{\mathrm{D}(\boldsymbol{\xi}(\boldsymbol{r}_0,t)+\boldsymbol{r}_0)}{\mathrm{D}t}=\frac{\partial\boldsymbol{\xi}}{\partial t}.$$

Euler $\to$ Lagrange 变量

$$\begin{aligned}p_1(\boldsymbol{r},t)&=p_1(\boldsymbol{r}_0+\boldsymbol{\xi},t)=p_1(\boldsymbol{r}_0,t)+\boldsymbol{\xi}\cdot\boldsymbol{\nabla}p_1(\boldsymbol{r}_0,t)\\&\approx p_1(\boldsymbol{r}_0,t)\qquad(\text{后一项为二阶小量})\end{aligned}$$

因为 $\boldsymbol{r}$ 可写成 $\boldsymbol{r}_0+\boldsymbol{\xi}(\boldsymbol{r}_0,t)$, 方程组已包含一阶小量, 作这种变换后, 对于零阶近似, 方程中不会出现 $\boldsymbol{r}$, 需由 $\boldsymbol{r}_0$ 取代, $\boldsymbol{\nabla}$ 则等同于 $\boldsymbol{\nabla}_0=\hat{\boldsymbol{x}}(\partial/\partial x_0)+\hat{\boldsymbol{y}}(\partial/\partial y_0)+\hat{\boldsymbol{z}}(\partial/\partial z_0)$, 约定记 $\boldsymbol{\nabla}_0$ 为 $\boldsymbol{\nabla}$. $\boldsymbol{v}_1=\partial\boldsymbol{\xi}/\partial t$, 整个方程组简化为一个方程. (7.2-9) 式化为

$$\begin{aligned}\frac{\partial \boldsymbol{B}_1}{\partial t}&=\boldsymbol{\nabla}\times(\boldsymbol{v}_1\times\boldsymbol{B}_0)\\&=\boldsymbol{\nabla}\times\left(\frac{\partial\boldsymbol{\xi}}{\partial t}\times\boldsymbol{B}_0\right)\end{aligned}$$

对 t 积分, 并利用条件 $t=0$ 时, $\boldsymbol{B}_1=\boldsymbol{\xi}=0$, 则有

$$\boldsymbol{B}_1=\boldsymbol{\nabla}\times(\boldsymbol{\xi}\times\boldsymbol{B}_0) \tag{7.2-14}$$

(7.2-11) 式变为

$$\frac{\partial \rho_1}{\partial t}+\boldsymbol{\nabla}\cdot\left(\rho_0\frac{\partial \boldsymbol{\xi}}{\partial t}\right)=0$$

对 t 积分, 当 $t=0$ 时, $\rho_1=\boldsymbol{\xi}=0$,

$$\rho_1=-\boldsymbol{\nabla}\cdot(\rho_0\boldsymbol{\xi}) \tag{7.2-15}$$

于是有

$$\rho_1\boldsymbol{g}=-[\boldsymbol{\nabla}\cdot(\rho_0\boldsymbol{\xi})]\boldsymbol{g}$$

$$\boldsymbol{j}_1=\boldsymbol{\nabla}\times\frac{\boldsymbol{B}_1}{\mu}=\boldsymbol{\nabla}\times\boldsymbol{\nabla}\times\left(\frac{\boldsymbol{\xi}\times\boldsymbol{B}_0}{\mu}\right)$$

(7.2-10) 式变换为

$$\begin{aligned}\rho_0\frac{\partial \boldsymbol{v}_1}{\partial t}&=-\boldsymbol{\nabla}p_1+\boldsymbol{j}_1\times\boldsymbol{B}_0+\boldsymbol{j}_0\times\boldsymbol{B}_1+\rho_1\boldsymbol{g}\\&=-\boldsymbol{\nabla}p_1+[\boldsymbol{\nabla}\times\boldsymbol{\nabla}\times(\boldsymbol{\xi}\times\boldsymbol{B}_0)]\times\frac{\boldsymbol{B}_0}{\mu}+\left(\boldsymbol{\nabla}\times\frac{\boldsymbol{B}_0}{\mu}\right)\\&\quad\times[\boldsymbol{\nabla}\times(\boldsymbol{\xi}\times\boldsymbol{B}_0)]-[\boldsymbol{\nabla}\cdot(\rho_0\boldsymbol{\xi})]\boldsymbol{g}\end{aligned}$$

$$\rho_0\frac{\partial^2\boldsymbol{\xi}}{\partial t^2}=\boldsymbol{F}(\boldsymbol{\xi}(r_0,t)) \tag{7.2-16}$$

其中扰动力

$$\begin{aligned}\boldsymbol{F}(\boldsymbol{\xi})=&\underset{①}{-\boldsymbol{\nabla}p_1}+\underset{②}{[\boldsymbol{\nabla}\times\boldsymbol{\nabla}\times(\boldsymbol{\xi}\times\boldsymbol{B}_0)]\times\frac{\boldsymbol{B}_0}{\mu}}\\&+\underset{③}{\left(\boldsymbol{\nabla}\times\frac{\boldsymbol{B}_0}{\mu}\right)\times[\boldsymbol{\nabla}\times(\boldsymbol{\xi}\times\boldsymbol{B}_0)]}-\underset{④}{[\boldsymbol{\nabla}\cdot(\rho_0\boldsymbol{\xi})]\boldsymbol{g}}\end{aligned} \tag{7.2-17}$$

一阶近似下, 扰动力 $\boldsymbol{F}$ 是 $\boldsymbol{\xi}$ 及 $\boldsymbol{\xi}$ 空间导数的线性函数. 如果假设

$$\boldsymbol{\xi}(\boldsymbol{r}_0,t)=\boldsymbol{\xi}(\boldsymbol{r}_0)\mathrm{e}^{i\omega t} \tag{7.2-18}$$

(7.2-16) 式变为

$$-\omega^2\rho_0\boldsymbol{\xi}(\boldsymbol{r}_0)=\boldsymbol{F}(\boldsymbol{\xi}(\boldsymbol{r}_0)) \tag{7.2-19}$$

(7.2-19) 式是简正模方法和能量原理的基础.

(7.2-13) 式转换成 Lagrange 变量:

$$\frac{\partial p_1}{\partial t}=\frac{\gamma p_0}{\rho_0}\left[-\boldsymbol{\nabla}\cdot\left(\rho_0\frac{\partial\boldsymbol{\xi}}{\partial t}\right)\right]-p_0\left(\frac{\partial\boldsymbol{\xi}}{\partial t}\cdot\boldsymbol{\nabla}\right)\ln\left(\frac{p_0}{\rho_0^{\gamma}}\right)$$

对 t 积分

$$p_1=-\frac{\gamma p_0}{\rho_0}\boldsymbol{\nabla}\cdot(\rho_0\boldsymbol{\xi})-p_0(\boldsymbol{\xi}\cdot\boldsymbol{\nabla})\ln\frac{p_0}{\rho_0^{\gamma}} \tag{7.2-20}$$

考虑两种特例:

(1) 均匀平衡态 ρ_0, p_0, B_0 均为常数, 则 $\boldsymbol{F}$ 式中第 ① 项

$$\boldsymbol{\nabla}p_1=-\rho_0c_s^2\boldsymbol{\nabla}(\boldsymbol{\nabla}\cdot\boldsymbol{\xi})$$

第 ② 项

$$\begin{aligned}[\boldsymbol{\nabla}\times\boldsymbol{\nabla}\times(\boldsymbol{\xi}\times\boldsymbol{B}_0)]\times\frac{\boldsymbol{B}_0}{\mu}&=\frac{B_0^2}{\mu}[\boldsymbol{\nabla}\times\boldsymbol{\nabla}\times(\boldsymbol{\xi}\times\widehat{\boldsymbol{B}}_0)]\times\widehat{\boldsymbol{B}}_0\\&=\rho_0v_A^2[\boldsymbol{\nabla}\times\boldsymbol{\nabla}\times(\boldsymbol{\xi}\times\widehat{\boldsymbol{B}}_0)]\times\widehat{\boldsymbol{B}}_0\end{aligned}$$

$c_s^2=\gamma p_0/\rho_0$ [利用 (7.2-20), $p_0(\boldsymbol{\xi}\cdot\boldsymbol{\nabla})\ln(p_0/\rho_0^{\gamma})=p_0(\boldsymbol{\xi}\cdot\boldsymbol{\nabla})C=0$], $\widehat{\boldsymbol{B}_0}$ 为单位向量, $v_A^2=B_0^2/\mu\rho_0$.

第 ③ 项为 0, [因为 $\boldsymbol{B}_0$ 为常数, $\boldsymbol{\nabla}\times\boldsymbol{B}_0/\mu=0$]. 所以

$$\boldsymbol{F}=-\rho_0c_s^2\boldsymbol{\nabla}(\boldsymbol{\nabla}\cdot\boldsymbol{\xi})-[\boldsymbol{\nabla}\cdot(\rho_0\boldsymbol{\xi})]\boldsymbol{g}+\rho_0v_A^2[\boldsymbol{\nabla}\times\boldsymbol{\nabla}\times(\boldsymbol{\xi}\times\widehat{\boldsymbol{B}}_0)]\times\widehat{\boldsymbol{B}}_0 \tag{7.2-21}$$

(2) 不可压缩, 即 $\mathrm{D}\rho/\mathrm{D}t=0$, $\rho_1=0$, 所以 $c_s\to\infty$, 因此 (7.2-13) 无法确定 p_1.

7.3　简正模方法

当边界条件和平衡位形确定时, 扰动量 $\rho_1, \boldsymbol{v}_1, p_1, \boldsymbol{j}_1$ 和 $\boldsymbol{B}_1$ 按 $\mathrm{e}^{i\omega t}$ 变化, 可由线性方程 (7.2-9)—(7.2-13) 确定, 解简正模式方程, 可求得边界条件限定下的 ω.

(1) 所有的简正模频率为实数 ($\omega^2>0$), 系统在平衡态附近振荡, 是稳定的.

(2) 如果至少有一个频率是虚数 ($\omega^2<0$), 系统为不稳定, 因为扰动将会按指数增长.

简正模方法可用于方程组 (7.2-9)—(7.2-13), 也可直接用于简正模式方程

$$-\omega^2\rho_0\boldsymbol{\xi}(\boldsymbol{r}_0)=\boldsymbol{F}(\boldsymbol{\xi}(\boldsymbol{r}_0)) \tag{7.2-19}$$

这时位移 $\boldsymbol{\xi}(\boldsymbol{r}_0,t)=\boldsymbol{\xi}(\boldsymbol{r}_0)\mathrm{e}^{i\omega t}$.

任意二阶常微分方程乘以适当函数之后, 总可表为 Sturm-Liouville 型方程. 加上相应边界条件成为 S-L 本征值问题, 所有本征值 $\geqslant 0$. 在我们的讨论中, 本征值即 ω^2, 所以 ω^2 不是虚数. 因此在静止、理想 MHD 系统中不会有过稳定性, 在剪切、转动或耗散等条件下有可能产生过稳定性.

以下作为例子讨论 Rayleigh-Taylor 不稳定性.

(1) 由磁场支撑受重力作用的等离子体, 是否稳定? 取坐标如图 7.3.

设密度为 ρ 的均匀等离子体位于 $z>0$ 空间, $\boldsymbol{B}$ 沿 $-\hat{\boldsymbol{y}}$ 方向, 且是均匀的, 但等离子体内部 $(z>0)$ 的磁场小于它外部 $(z<0)$ 的磁场. 重力沿 $-\hat{\boldsymbol{z}}$ 方向, 于是磁压强之差与重力相平衡. 这种平衡是否稳定? 以下用单粒子轨道理论来定性分析此平衡位形的稳定性.

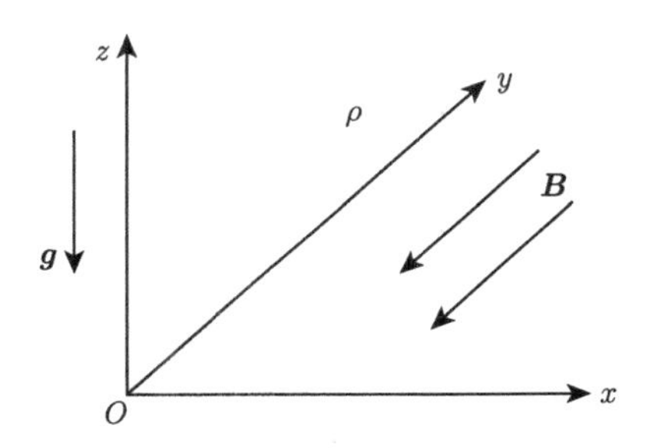

图 7.3 扰动前重力场和磁场间的边界

在重力和磁场的作用下, 带电粒子产生漂移运动

$$\boldsymbol{v}_g=\frac{m}{e}\frac{\boldsymbol{g}\times\boldsymbol{B}}{B^2}=-\frac{m}{e}\frac{g}{B}\hat{\boldsymbol{x}}\qquad(\text{MKS 制})$$

电子和离子的漂移速度不同, 方向也不一样, 在等离子体内产生电流, 电子质量 m 远小于离子质量 M. 所以主要是离子电流

$$\boldsymbol{j}=ne\boldsymbol{v}_{gi}=-n\frac{M}{B}g\hat{\boldsymbol{x}}$$

n 为等离子体的数密度. 等离子体内, 单位体积所受的电磁力为

$$\boldsymbol{j}\times\boldsymbol{B}=-\frac{nM}{B}gB[\hat{\boldsymbol{x}}\times(-\hat{\boldsymbol{y}})]=\rho_0 g\hat{\boldsymbol{z}}$$

式中 $\rho_0=nM$. 作用在离子上的重力为 $-\rho_0 g\hat{\boldsymbol{z}}$, 二者平衡, 这是重力场中磁场支撑等离子体的物理本质.

现在假设边界条件受到扰动, 如图 7.4. 由于电子和离子漂移方向不同, 因此等离子体界面上的电荷分离, 形成面电荷堆积, 产生电场 $\boldsymbol{E}_1$, 引起电漂移速度 $\boldsymbol{v}_{\boldsymbol{E}}=\boldsymbol{E}\times\boldsymbol{B}/B^2$, 方向指向初始扰动增加的方向. 因此这个平衡位形是不稳定的.

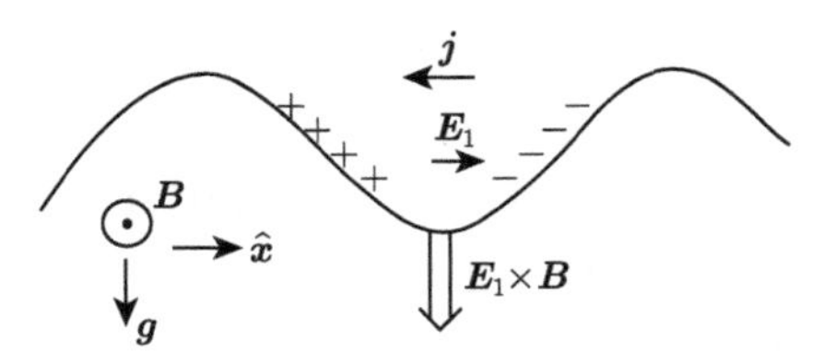

图 7.4　扰动后重力场和磁场间的边界

(2) 用能量原理处理上述例子.

(i) 边界面及两侧的物理量, 见图 7.5 (a).

(ii) 先考虑一个无磁场的简单例子, 见图 7.5 (b).

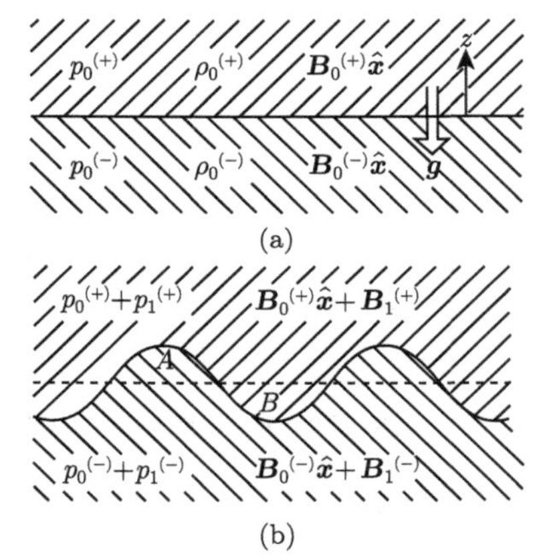

图 7.5　两种均匀等离子体界面间的 (a) 初态; (b) 扰动态

设边界面受一个位置扰动, 位移呈正弦状. 密度 $\rho_0^{(+)}$ 的等离子体现占据区域 B, 该处先前的密度为 $\rho_0^{(-)}$; 密度 $\rho_0^{(-)}$ 的等离子体占据区域 A, 先前的密度为 $\rho_0^{(+)}$, 也即 A 处的密度 $\rho_0^{(+)}$ 的等离子体已与 B 处 $\rho_0^{(-)}$ 的等离子体作了交换. 假如 $\rho_0^{(+)} < \rho_0^{(-)}$ (即界面上方的流体轻), 这意味着系统总势能增加. $\delta W = \rho_0^{(-)} g h_\uparrow - \rho_0^{(+)} g h_\downarrow$, 设 $h_\uparrow = h_\downarrow$, 则 $\delta W > 0$, 根据能量原理, 系统稳定. 若 $\rho_0^{(+)} > \rho_0^{(-)}$ (界面上方的流体重), 则有 $\delta W < 0$, 不稳定. 这就是中性流体的 Rayleigh-Taylor 不稳定性.

当磁场位于图 7.5 平面内 (xz 平面) 时, 扰动会拉伸磁力线起稳定作用. 当磁场垂直于图 7.5 平面 (yz 平面) 时, 扰动只是系统的整体位移 (这时磁场方位在 $\hat{\boldsymbol{x}}$ 方向). 为了数学上定量地描述, 考虑两个特例.

1. *磁场支撑等离子体*

均匀等离子体, 磁场支撑以抵消重力, 达到平衡态 (图 7.6).

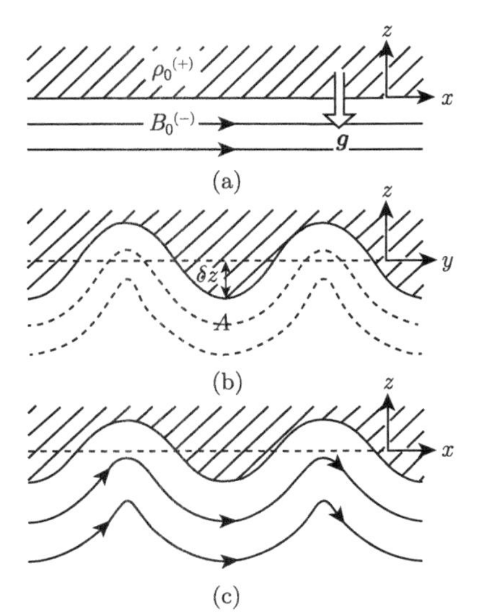

图 7.6 磁场 $B_0^{(-)}\hat{\boldsymbol{x}}$ 支撑等离子体 (阴影区), (a) 平衡位形; (b) $\hat{\boldsymbol{y}}$ 方向脉动; (c) $\hat{\boldsymbol{x}}$ 方向脉动

假定: ① $z<0$ 处的等离子体压强可忽略, $p_0^{(-)} \ll B_0^{(-)2}/2\mu$; ② 在压强平衡下 $p_0^{(+)}=B_0^{(-)2}/2\mu$, 界面处于平衡态; ③ 仅在沿 y 方向边界出现振荡的传播, 速度扰动有下述表式

$$\boldsymbol{v}_1=\mathrm{e}^{i\omega t}\boldsymbol{v}_1(z)\mathrm{e}^{iky} \tag{7.3-1}$$

④ 对于所有的扰动量, 都有 (7.3-1) 式的形式, (5) 不可压缩

$$\boldsymbol{\nabla}\cdot\boldsymbol{v}_1=0 \tag{7.3-2}$$

先导出界面上的边界条件. 把界面看作一薄层, 物理量在 z 方向的变化比 x, y 方向要大得多, 即 $\partial/\partial z \gg \partial/\partial x$, $\partial/\partial y$ (在边界面上成立). (7.2-10) 式:

$$\rho_0\frac{\partial \boldsymbol{v}_1}{\partial t}=-\boldsymbol{\nabla}p_1+\boldsymbol{j}_1\times\boldsymbol{B}_0+\boldsymbol{j}_0\times\boldsymbol{B}_1+\rho_1\boldsymbol{g}$$

两边对时间 t 再求一次导数, 取 z 分量

$$\rho_0\frac{\partial^2 v_{1z}}{\partial t^2}=-\frac{\partial}{\partial t}\left(\frac{\partial p_1}{\partial z}\right)-\frac{\partial j_{1y}}{\partial t}B_{0x}-j_{0y}\frac{\partial B_{1x}}{\partial t}-\frac{\partial \rho_1}{\partial t}g \tag{7.3-3}$$

注意 (7.2-10) 的 $\boldsymbol{j}_0\times\boldsymbol{B}_1$ 展开式中, $j_{0x}=(\partial B_{0z}/\partial y-\partial B_{0y}/\partial z)/\mu$, 因为 $\boldsymbol{B}_0=B_0\hat{\boldsymbol{x}}$, 所以 $j_{0x}=0$.

(7.2-11) 式在边界薄层变为

$$\frac{\partial \rho_1}{\partial t}+\boldsymbol{\nabla}\cdot(\rho_0\boldsymbol{v}_1)=0\ \rightarrow\ \frac{\partial \rho_1}{\partial t}=-\frac{\mathrm{d}}{\mathrm{d}z}(\rho_0 v_{1z})\quad\left(\text{因为}\ \frac{\partial}{\partial z}\gg\frac{\partial}{\partial x},\ \frac{\partial}{\partial y}\right) \tag{7.3-4}$$

(7.2-12) 变为

$$\boldsymbol{j}_1 = \nabla \times \frac{\boldsymbol{B}_1}{\mu} \;\to\; j_{1y} = \frac{1}{\mu}\frac{\partial B_{1x}}{\partial z} - \frac{1}{\mu}\frac{\partial B_{1z}}{\partial x} = \frac{1}{\mu}\frac{\partial B_{1x}}{\partial z} \tag{7.3-5}$$

$$\big(\text{因为 } B_{1z} = B_{1z}(z),\ B_{1x} = B_{1x}(z)\big)$$

(7.2-9) 为

$$\frac{\partial \boldsymbol{B}_1}{\partial t} = \nabla \times (\boldsymbol{v}_1 \times \boldsymbol{B}_0) \;\to\; \frac{\partial B_{1x}}{\partial t} = B_0 \frac{\partial v_{1x}}{\partial x} = 0 \tag{7.3-6}$$

$$(\text{设 } \boldsymbol{B}_0 \text{ 无梯度, 不可压缩 } \nabla \cdot \boldsymbol{v}_1 = 0,\ \boldsymbol{v}_1 \sim \boldsymbol{v}_1(z))$$

于是也有

$$\frac{\partial j_{1y}}{\partial t} = \frac{1}{\mu}\frac{\partial}{\partial t}\frac{\partial B_{1x}}{\partial z} = \frac{1}{\mu}\frac{\partial}{\partial z}\left(\frac{\partial B_{1x}}{\partial t}\right) = 0 \quad (\text{因为 (7.3-6) 式成立})$$

所以 (7.3-3) 式变为

$$\rho_0 \frac{\partial^2 v_{1z}}{\partial t^2} = -\frac{\partial}{\partial t}\left(\frac{\mathrm{d}p_1}{\mathrm{d}z}\right) - \frac{\partial \rho_1}{\partial t} g \tag{7.3-7}$$

将 (7.3-1) 式代入 (7.3-7), 利用 (7.3-4) 式, 有

$$z \text{ 分量: } -\rho_0 \omega^2 v_{1z} = -i\omega \frac{\mathrm{d}p_1}{\mathrm{d}z} + g\frac{\mathrm{d}}{\mathrm{d}z}(\rho_0 v_{1z}) \tag{7.3-8}$$

(7.3-8) 式跨越界面积分

$$-\rho_0 \omega^2 v_{1z} \mathrm{d}z = -i\omega \mathrm{d}p_1 + g\mathrm{d}(\rho_0 v_{1z})$$

$\mathrm{d}z \to 0$,

$$0 = -i\omega \mathrm{d}p_1 + g\mathrm{d}(\rho_0 v_{1z})$$

$$0 = -i\omega \int_{(-)}^{(+)} \mathrm{d}p_1 + g\int_{(-)}^{(+)} \mathrm{d}(\rho_0 v_{1z})$$

$$0 = -i\omega [p_1] + g[\rho_0 v_{1z}] \tag{7.3-9}$$

式中

$$[p_1] = p_1^{(+)} - p_1^{(-)}$$

$$[\rho_0 v_{1z}] = \rho_0^{(+)} v_{1z}^{(+)} - \rho_0^{(-)} v_{1z}^{(-)}$$

物理量跨越界面的跳跃.

不可压缩条件 (7.3-2) 式 $\boldsymbol{\nabla}\cdot\boldsymbol{v}_1=0$ 在 (7.3-1) 扰动下变为

$$\frac{\mathrm{d}v_{1z}}{\mathrm{d}z}+ikv_{1y}=0 \qquad (\text{扰动的振幅仅为 } z \text{ 的函数}) \tag{7.3-10}$$

方程 (7.2-10) 的 y 分量为

$$\rho_0\frac{\partial v_{1y}}{\partial t}=-\frac{\partial}{\partial y}p_1+j_{1z}B_0+j_{0z}B_{1x}-j_{0x}B_{1z}$$

由 $\boldsymbol{j}_0\times\boldsymbol{B}_1$ 得 $(\boldsymbol{j}_0\times\boldsymbol{B}_1)\cdot\hat{\boldsymbol{y}}=j_{0z}B_{1x}-j_{0x}B_{1z}$. $\boldsymbol{j}_0=\boldsymbol{\nabla}\times\boldsymbol{B}_0/\mu$, $\boldsymbol{B}_0=B_0\hat{\boldsymbol{x}}$, 只有 $\hat{\boldsymbol{x}}$ 分量, 可得 $j_{0z}=j_{0x}=0$. $\boldsymbol{j}_1=\boldsymbol{\nabla}\times\boldsymbol{B}_1/\mu$, $j_{1z}=(\partial B_{1y}/\partial x-\partial B_{1x}/\partial y)/\mu=0$ (因为扰动量振幅仅为 z 的函数). 因此 (7.2-10) 式 y 分量成为

$$\rho_0\frac{\partial v_{1y}}{\partial t}=-\frac{\partial}{\partial y}p_1$$

$$\begin{cases} i\rho_0\omega v_{1y}=-ikp_1 \\ \dfrac{\mathrm{d}v_{1z}}{\mathrm{d}z}+ikv_{1y}=0 \end{cases} \tag{7.3-10}$$

解出

$$p_1=-\frac{i\omega\rho_0}{k^2}\frac{\mathrm{d}v_{1z}}{\mathrm{d}z}$$

界面两侧的介质互不渗透也不分离, 则 v_{1z} 在界面两侧连续, p_1 表达式代入 (7.3-9), 得到

$$0=-\frac{\omega^2}{k^2}\left[\rho_0\frac{\mathrm{d}v_{1z}}{\mathrm{d}z}\right]+gv_{1z}[\rho_0]$$

考虑到边界下方 $p_0^{(-)}\ll B_0^{(-)2}/2\mu$, 近似为真空 $p_0^{(-)}\approx 0$, 最终的边界条件为

$$0=-\frac{\omega^2}{k^2}\rho_0^{(+)}\left(\frac{\mathrm{d}v_{1z}}{\mathrm{d}z}\right)^{(+)}+gv_{1z}^{(+)}\rho_0^{(+)} \tag{7.3-11}$$

下面要导出边界两侧 v_{1z} 的解.

假设初始的平衡态 $\boldsymbol{B}_0$, ρ_0, p_0 的值均匀, 方程 (7.3-2) 成立, 即不可压缩, (7.2-9) 式:

$$\begin{aligned}\frac{\partial\boldsymbol{B}_1}{\partial t}&=\boldsymbol{\nabla}\times(\boldsymbol{v}_1\times\boldsymbol{B}_0)\\ &=\boldsymbol{v}_1\boldsymbol{\nabla}\cdot\boldsymbol{B}_0-\boldsymbol{B}_0\boldsymbol{\nabla}\cdot\boldsymbol{v}_1+(\boldsymbol{B}_0\cdot\boldsymbol{\nabla})\boldsymbol{v}_1-(\boldsymbol{v}_1\cdot\boldsymbol{\nabla})\boldsymbol{B}_0\end{aligned}$$

$$= (\boldsymbol{B}_0 \cdot \boldsymbol{\nabla})\boldsymbol{v}_1$$

$$= B_0 \frac{\partial}{\partial x}(v_{1x}\hat{\boldsymbol{x}} + v_{1y}\hat{\boldsymbol{y}} + v_{1z}\hat{\boldsymbol{z}})$$

因为 $\boldsymbol{v}_1 = \boldsymbol{v}_1(z)$, 所以 $\partial \boldsymbol{B}_1/\partial t = 0$. (7.2-11) 式:

$$\frac{\partial \rho_1}{\partial t} + \boldsymbol{\nabla} \cdot (\rho_0 \boldsymbol{v}_1) = \frac{\partial \rho_1}{\partial t} + \rho_0 \boldsymbol{\nabla} \cdot \boldsymbol{v}_1 + \boldsymbol{v}_1 \cdot \boldsymbol{\nabla} \rho_0 = 0$$

所以在等离子体内部 $\partial \rho_1/\partial t = 0$ (与 (7.3-4) 式比较). 因此可令 $\boldsymbol{B}_1 = 0$, $\rho_1 = 0$. 于是 $\boldsymbol{j}_1 = \boldsymbol{\nabla} \times \boldsymbol{B}_1/\mu = 0$. (7.2-10) 式就简化成

$$\rho_0 \frac{\partial \boldsymbol{v}_1}{\partial t} = -\boldsymbol{\nabla} p_1$$

两边取旋度

$$\rho_0 \frac{\partial}{\partial t} \boldsymbol{\nabla} \times \boldsymbol{v}_1 = -\boldsymbol{\nabla} \times (\boldsymbol{\nabla} p_1) = 0$$

$$\therefore\ \boldsymbol{\nabla} \times \boldsymbol{v}_1 = 0, \quad \text{令与 } t \text{ 无关的常数为零}$$

$$\boldsymbol{\nabla} \times (\boldsymbol{\nabla} \times \boldsymbol{v}_1) = \boldsymbol{\nabla}(\boldsymbol{\nabla} \cdot \boldsymbol{v}_1) - \nabla^2 \boldsymbol{v}_1 = 0 \quad (\because\ \boldsymbol{\nabla} \cdot \boldsymbol{v}_1 = 0)$$

$$\therefore\ \nabla^2 \boldsymbol{v}_1 = 0$$

已设

$$\boldsymbol{v}_1 = \mathrm{e}^{i\omega t} \boldsymbol{v}_1(z) \mathrm{e}^{iky}$$
$$v_{1z} = \mathrm{e}^{i\omega t} v_{1z}(z) \mathrm{e}^{iky}$$

$\nabla^2 \boldsymbol{v}_1$ 的 z-分量为

$$\begin{aligned}\nabla^2 v_{1z} &= \frac{\mathrm{d}^2 v_{1z}}{\mathrm{d}z^2} + \frac{\mathrm{d}^2 v_{1z}}{\mathrm{d}y^2} + \frac{\mathrm{d}^2 v_{1z}}{\mathrm{d}x^2} \\ &= \frac{\mathrm{d}^2 v_{1z}}{\mathrm{d}z^2} + \frac{\mathrm{d}^2 v_{1z}}{\mathrm{d}y^2} \\ &= \frac{\mathrm{d}^2 v_{1z}}{\mathrm{d}z^2} - k^2 v_{1z} \\ &= 0\end{aligned}$$

解二阶常系数常微分方程

$$\frac{\mathrm{d}^2 v_{1z}}{\mathrm{d}z^2} - k^2 v_{1z} = 0$$

$$v_{1z} = A\mathrm{e}^{-kz} + B\mathrm{e}^{kz}$$

当 $z \to \pm\infty$ 时, 上式有限

$$v_{1z} = \begin{cases} A\mathrm{e}^{-kz}, & \text{当 } z > 0 \\ B\mathrm{e}^{kz}, & \text{当 } z < 0 \end{cases} \tag{7.3-12}$$

边界面上 $z=0$, $v_{1z}^{(+)}=v_{1z}^{(-)}$, 推得 $A=B$. 在 $z=0$ 处, $v_{1z}^{(+)}=A$, $(\mathrm{d}v_{1z}^{(+)}/\mathrm{d}z)|_{z=0}=-Ak$. 代入 (7.3-11) 式, 得 $\omega^2=-gk$, $\omega=-i(gk)^{1/2}$. 令 $\gamma=(gk)^{1/2}>0$, $\boldsymbol{v}_1=\mathrm{e}^{i\omega t}\boldsymbol{v}_1(z)\mathrm{e}^{iky}=\mathrm{e}^{\gamma t}\boldsymbol{v}_1(z)\mathrm{e}^{iky}$. 沿 y 方向的扰动 (由 e^{iky} 表示), 以 $\mathrm{e}^{\gamma t}$ 形式增长, 波长越短 (k 越大) 增长越快, 不稳定.

更为一般的扰动形式可写成 (徐家鸾和金尚宪, 1981):

$$\boldsymbol{v}_1=\mathrm{e}^{i\omega t}\boldsymbol{v}_1(z)\mathrm{e}^{i(k_x x+k_y y)} \tag{7.3-13}$$

边界条件为

$$0=-\frac{\omega^2}{k^2}\rho_0^{(+)}\left(\frac{\mathrm{d}v_{1z}}{\mathrm{d}z}\right)^{(+)}-\frac{k_x^2}{k^2}\frac{B_0^{(-)2}}{\mu}\left(\frac{\mathrm{d}v_{1z}}{\mathrm{d}z}\right)^{(-)}+gv_{1z}^{(+)}\rho_0^{(+)}$$

色散关系 (利用 (7.3-12) 式及 $v_{1z}^{(+)}=v_{1z}^{(-)}$)

$$\omega^2=-gk+\frac{k_x^2B_0^{(-)2}}{\mu\rho_0^{(+)}} \tag{7.3-14}$$

式中 $k^2=k_x^2+k_y^2$. 开方后,

$$\omega=\pm\left(-gk+\frac{k_x^2B_0^{(-)2}}{\mu\rho_0^{(+)}}\right)^{1/2}$$

当 $-gk+k_x^2B_0^{(-)2}/\mu\rho_0^{(+)}<0$ 及 $k_y=0$ 时, 显然有不稳定解性. 这时 $k=k_x$, 可解得

$$k=k_x<\frac{g\mu\rho_0^{(+)}}{B_0^{(-)2}}$$

令

$$k_{\mathrm{crit}}=\frac{g\mu\rho_0^{(+)}}{B_0^{(-)2}} \tag{7.3-15}$$

当 $0<k<k_{\mathrm{crit}}$ 时, 有不稳定性 (也属于交换不稳定性). 当短波长时, $k>k_{\mathrm{crit}}$, 则稳定. (与 e^{iky} 形式扰动下的结论相反. 因为磁张力起主导作用.) 对 (7.3-14) 式求 $\mathrm{d}\omega/\mathrm{d}k=0$, 得 $k=\dfrac{1}{2}k_{\mathrm{crit}}$, 是增长最快的模式.

2. 均匀磁场 ($B_0^{(+)} = B_0^{(-)}$)

考虑边界面两侧的磁场均匀相等 (以前的例子为 $B_0^{(+)} \ll B_0^{(-)}$), 界面两侧的等离子体密度分别为 $\rho_0^{(+)}$, $\rho_0^{(-)}$. 速度扰动的形式为 (7.3-13) 式. 扰动的边界条件为

$$\left(\frac{\omega^2}{k^2}\rho_0^{(+)} - \frac{k_x^2 B_0^2}{k^2\mu}\right)\left(\frac{\mathrm{d}v_{1z}}{\mathrm{d}z}\right)^{(+)} - \left(\frac{\omega^2}{k^2}\rho_0^{(-)} - \frac{k_x^2 B_0^2}{k^2\mu}\right)\left(\frac{\mathrm{d}v_{1z}}{\mathrm{d}z}\right)^{(-)}$$

$$= g\left(v_{1z}^{(+)}\rho_0^{(+)} - v_{1z}^{(-)}\rho_0^{(-)}\right)$$

积分从边界下 ($x = 0^{(-)}$) 至界面上 ($x = 0^{(+)}$). 式中 $k = (k_x^2 + k_y^2)^{1/2}$. 将 $(\mathrm{d}v_{1z}/\mathrm{d}z)^{(+)} = -(\mathrm{d}v_{1z}/\mathrm{d}z)^{(-)} = -k$, $v_{1z}^{(+)} = v_{1z}^{(-)} = 1$ 代入上式得

$$\omega^2 = -gk\frac{\rho_0^{(+)} - \rho_0^{(-)}}{\rho_0^{(+)} + \rho_0^{(-)}} + \frac{2B_0^2 k_x^2}{\mu(\rho_0^{(+)} + \rho_0^{(-)})} \tag{7.3-16}$$

从色散关系 (7.3-16) 可以看出:

(1) 当磁场为零 (无磁场时) $B_0 = 0$ 时, 重流体在上, $\rho_0^{(+)} > \rho_0^{(-)}$, 则 $\omega^2 < 0$, 界面不稳定.

(2) 沿磁场方向扰动均匀 (无起伏), $k_x = 0$, 则磁场对稳定性没有贡献. [(7.3-16) 中的磁场项, 显然有利于稳定.]

(3) 如果边界的扰动为 $k_y = 0$ (减少了不稳定的可能性, 即第一项中的 k 变小), $k_x \neq 0$, $k_x = k$, 则增加了稳定的可能性.

(4) 如果 $\rho_0^{(+)} > \rho_0^{(-)}$ (重流体在上方), $k_y = 0$, 从 (7.3-16) 可推出界面不稳定条件

$$0 < k = k_x < k_c \tag{7.3-17}$$

其中

$$k_c = \frac{(\rho_0^{(+)} - \rho_0^{(-)})g\mu}{2B_0^2} \qquad \text{(是 (7.3-16) 式, } \omega^2 = 0 \text{ 时的解)} \tag{7.3-18}$$

(5) 增长最快的模式, 为 $\gamma = -i\omega$ 的最大值, 只要求出 ω 的极大值, 对 (7.3-16) 求 $\mathrm{d}\omega/\mathrm{d}k = \mathrm{d}\omega/\mathrm{d}k_x = 0$, 得 $\omega = \dfrac{1}{2}k_c$.

(6) 对于长波 $\lambda > 2\pi/k_c$, 磁张力不足以抵消引力; 短波 $\lambda < 2\pi/k_c$, 磁张力强, 可使界面稳定. 因为张力 $\sim (B^2/\mu)(\hat{\boldsymbol{n}}/R_c)$, 长波的 R_c 大.

7.4 能量原理

所有可能的位移, 都有 $\delta W > 0$, 则稳定; 至少有一个位移, 使得 $\delta W < 0$, 则不稳定. 势能的表达式为 (对于一个平衡态)

$$W_0 = \int \left(\frac{1}{2\mu} B_0^2 + \rho_0 U_0 + \rho_0 g z\right) \mathrm{d}V$$

U_0 为单位质量的内能, 积分范围为整个等离子体占据的空间. 离开平衡态的一阶扰动 (ρ_1, p_1, $\boldsymbol{B}_1$), 可用位移矢量 $\boldsymbol{\xi}$ 表示. 方程 (7.4-1), (7.4-2) 及 (7.4-3) 即为表达式.

$$\frac{\partial p_1}{\partial t} = \frac{\gamma p_0}{\rho_0}\frac{\partial \rho_1}{\partial t} - p_0(\boldsymbol{v}_1 \cdot \boldsymbol{\nabla}) \ln\left(\frac{p_0}{\rho_0^\gamma}\right) \tag{7.4-1}$$

$$\boldsymbol{B}_1 = \boldsymbol{\nabla} \times (\boldsymbol{\xi} \times \boldsymbol{B}_0) \tag{7.4-2}$$

$$\rho_1 = -\boldsymbol{\nabla} \cdot (\rho_0 \boldsymbol{\xi}) \tag{7.4-3}$$

用 $\rho_0 + \rho_1$, $p_0 + p_1$, $\boldsymbol{B}_0 + \boldsymbol{B}_1$ 代入上述积分, 得到 W_0 以 $\boldsymbol{\xi}$ 表达的形式.

因为初始态为平衡态, 所以 $F(0) = \mathrm{d}W/\mathrm{d}x = 0$, 所以 $\boldsymbol{\xi}$ 的一阶量为零. (参见一维粒子稳定性的讨论.)

现在求 δW 的表式.

等离子流体元处于 $\boldsymbol{r}_0$, 有位移 $\boldsymbol{\xi}(\boldsymbol{r}_0, t)$,

$$\boldsymbol{\xi}(\boldsymbol{r}_0, t) = \boldsymbol{\xi}(\boldsymbol{r}_0)\mathrm{e}^{i\omega t} \tag{7.4-4}$$

线性化的运动方程

$$-\omega^2 \rho_0 \boldsymbol{\xi}(\boldsymbol{r}_0) = \boldsymbol{F}(\boldsymbol{\xi}(\boldsymbol{r}_0)) \tag{7.4-5}$$

即以前的 (7.2-19) 式, 其中

$$\boldsymbol{F}(\boldsymbol{\xi}) = -\boldsymbol{\nabla} p_1 + \rho_1 \boldsymbol{g} + \boldsymbol{j}_1 \times \boldsymbol{B}_0 + \boldsymbol{j}_0 \times \boldsymbol{B}_1 \tag{7.4-6}$$

是单位体积的力, 作用在等离子体上. 以 $\boldsymbol{F}$ 力做功, 则势能减少. 因此有

$$\delta W = -\frac{1}{2}\int \boldsymbol{\xi} \cdot \boldsymbol{F} \mathrm{d}V \tag{7.4-7}$$

当位移 $\boldsymbol{\xi} = 0$ 时, 为平衡态, 所以 $\boldsymbol{F} = 0$. 当为 $\boldsymbol{\xi}$ 时, 有力 $\boldsymbol{F}$, 所以 $\boldsymbol{\xi}$ 从 $0 \to \boldsymbol{\xi}$ 中, 平均作用力为 $\dfrac{1}{2}\boldsymbol{F}$.

(7.4-5) 式两边点乘 $\boldsymbol{\xi}$, 对整个空间积分

$$\omega^2 \int \frac{1}{2}\rho_0\xi^2 \mathrm{d}V = \delta W \tag{7.4-8}$$

左边是等离子体的动能. 势能的减少使等离子体获得动能.

能量原理通过求 δW 的极小及其符号, 来判断稳定性. 对于可忽略引力的特例中, 若扰动量 $\boldsymbol{\xi}$ 垂直于 $\boldsymbol{B}_0$ 的分量 ξ_y, ξ_z 给定, 与 $\boldsymbol{B}_0$ 平行的分量是 ξ_x, 要使 δW 最小, 显然对 ξ_x 的一阶导数为零. $\boldsymbol{\xi} = \xi_x \boldsymbol{i} + \xi_y \boldsymbol{j} + \xi_z \boldsymbol{k}$. 因为 ξ_y, ξ_z 给定, $\partial\xi_x/\partial x = 0$, 即为 $\nabla \cdot \boldsymbol{\xi} = 0$. 根据流体不可压缩的条件 $\nabla \cdot \boldsymbol{v} = 0$, 可得 $\dfrac{\partial}{\partial t}(\nabla \cdot \boldsymbol{\xi}) = 0$, 对时间积分, 初始态时 $\boldsymbol{\xi} = 0$, 积分常数为零. 所以 $\nabla \cdot \boldsymbol{\xi} = 0$, 这与 $\nabla \cdot \boldsymbol{v} = 0$ 是一样的. 形如不可压缩的扰动最不稳定. 因为改变不可压的初始状态需要耗损能量, 导致 $\delta W < 0$. 因此在寻找不稳定性时, 通常只要考虑使 $\nabla \cdot \boldsymbol{\xi} = 0$ 的扰动, 从而在 (7.4-7) 式中不计等离子体的压力项. (下面可看到 ∇p 与 $\nabla \cdot \boldsymbol{\xi}$ 的关系.)

重写 (7.4-7) 式, 将 $\boldsymbol{F} = -\nabla p_1 + \boldsymbol{j}_1 \times \boldsymbol{B}_0 + \boldsymbol{j}_0 \times \boldsymbol{B}_1 + \rho_1 \boldsymbol{g}$ 代入,

$$\delta W = \frac{1}{2}\int [\boldsymbol{\xi} \cdot \nabla p_1 - \boldsymbol{\xi} \cdot \rho_1 \boldsymbol{g} - \boldsymbol{\xi} \cdot (\boldsymbol{j}_1 \times \boldsymbol{B}_0 + \boldsymbol{j}_0 \times \boldsymbol{B}_1)] \mathrm{d}V \tag{7.4-9}$$

说明:

$$\begin{aligned}
(1) \quad & \int \boldsymbol{\xi} \cdot (\boldsymbol{j}_1 \times \boldsymbol{B}_0 + \boldsymbol{j}_0 \times \boldsymbol{B}_1) \mathrm{d}V \\
&= -\mu^{-1}\int [(\boldsymbol{\xi} \times \boldsymbol{B}_0) \times \boldsymbol{B}_1] \cdot \mathrm{d}\boldsymbol{s} - \mu^{-1}\int B_1^2 \mathrm{d}V + \int \boldsymbol{j}_0 \cdot (\boldsymbol{B}_1 \times \boldsymbol{\xi}) \mathrm{d}V \\
&= -\mu^{-1}\int B_1^2 \mathrm{d}V + \int \boldsymbol{j}_0 \cdot (\boldsymbol{B}_1 \times \boldsymbol{\xi}) \mathrm{d}V
\end{aligned} \tag{7.4-10}$$

利用公式 $\boldsymbol{a} \cdot (\boldsymbol{b} \times \boldsymbol{c}) = -\boldsymbol{b} \cdot (\boldsymbol{a} \times \boldsymbol{c})$, 其中 $\boldsymbol{a} = \boldsymbol{\xi}$, $\boldsymbol{b} = \nabla \times \boldsymbol{B}_1 = \mu \boldsymbol{j}_1$, $\boldsymbol{c} = \boldsymbol{B}_0$, 以及 $\nabla \cdot (\boldsymbol{a} \times \boldsymbol{b}) = \boldsymbol{b} \cdot \nabla \times \boldsymbol{a} - \boldsymbol{a} \cdot \nabla \times \boldsymbol{b}$, 其中 $\boldsymbol{a} = \boldsymbol{\xi} \times \boldsymbol{B}_0$, $\boldsymbol{b} = \boldsymbol{B}_1$, $\boldsymbol{B}_1 = \nabla \times (\boldsymbol{\xi} \times \boldsymbol{B}_0)$.

(2) 假设边界上, 无位移, (7.4-10) 式中的面积分为零.

同样, 下式含 $\nabla \cdot (\boldsymbol{\xi} p_1)$ 的体积分, 用面积分表示, 也为零.

$$\begin{aligned}
\int \boldsymbol{\xi} \cdot \nabla p_1 \mathrm{d}V &= \int [\nabla \cdot (\boldsymbol{\xi} p_1) - p_1 \nabla \cdot \boldsymbol{\xi}] \mathrm{d}V \\
&= -\int p_1 (\nabla \cdot \boldsymbol{\xi}) \mathrm{d}V
\end{aligned} \tag{7.4-11}$$

$$\frac{\partial p_1}{\partial t} = \underbrace{\frac{\gamma p_0}{\rho_0}\frac{\partial \rho_1}{\partial t}}_{\frac{\partial p_1^{(1)}}{\partial t}} - \underbrace{\left(\boldsymbol{v}_1 \cdot \boldsymbol{\nabla} p_0 - \frac{\gamma p_0}{\rho_0}\boldsymbol{v}_1 \cdot \boldsymbol{\nabla} \rho_0\right)}_{\frac{\partial p_1^{(2)}}{\partial t}} \tag{7.2-13}$$

① $p_1^{(1)}$:

$$\frac{\partial p_1^{(1)}}{\partial t} = \frac{\gamma p_0}{\rho_0}\frac{\partial \rho_1}{\partial t} = -\frac{\gamma p_0}{\rho_0}\frac{\partial}{\partial t}\boldsymbol{\nabla} \cdot (\rho_0 \boldsymbol{\xi})$$

$$p_1^{(1)} = -\frac{\gamma p_0}{\rho_0}\boldsymbol{\nabla} \cdot (\rho_0 \boldsymbol{\xi}) \qquad (\text{因为 } t=0,\ p_1^{(1)}=0, \text{所以积分常数为零}) \tag{7.4-12}$$

② $p_1^{(2)}$:

$$\frac{\partial p_1^{(2)}}{\partial t} = \boldsymbol{v}_1 \cdot \boldsymbol{\nabla} p_0 - \frac{\gamma p_0}{\rho_0}\boldsymbol{v}_1 \cdot \boldsymbol{\nabla} \rho_0$$

$$p_1^{(2)} = \boldsymbol{\xi} \cdot \boldsymbol{\nabla} p_0 - \frac{\gamma p_0}{\rho_0}\boldsymbol{\xi} \cdot \boldsymbol{\nabla} \rho_0 = 0 \tag{7.4-13}$$

(因为绝热过程 $p_0\rho_0^{-\gamma} = C$, 可求出 $\boldsymbol{\nabla} p_0 = (\gamma p_0/\rho_0)\boldsymbol{\nabla}\rho_0$, 所以积分常数为零.). 于是 (7.4-11) 式中

$$\begin{aligned}\boldsymbol{\xi} \cdot \boldsymbol{\nabla} p_1 &= -p_1 \boldsymbol{\nabla} \cdot \boldsymbol{\xi} = -p_1^{(1)} \boldsymbol{\nabla} \cdot \boldsymbol{\xi} \\ &= \left[\frac{\gamma p_0}{\rho_0}\boldsymbol{\nabla} \cdot (\boldsymbol{\xi}\rho_0)\right] \boldsymbol{\nabla} \cdot \boldsymbol{\xi}\end{aligned} \tag{7.4-14}$$

利用 (7.2-15) 式, 有

$$\begin{aligned}\boldsymbol{\xi} \cdot \rho_1 \boldsymbol{g} &= \boldsymbol{\xi} \cdot [-\boldsymbol{\nabla} \cdot (\rho_0 \boldsymbol{\xi})]\boldsymbol{g} \\ &= -(\boldsymbol{\xi} \cdot \boldsymbol{g})\boldsymbol{\nabla} \cdot (\rho_0 \boldsymbol{\xi})\end{aligned} \tag{7.4-15}$$

将 (7.4-10), (7.4-14), (7.4-15) 代入 (7.4-9) 得

$$\delta W = \frac{1}{2}\int \left[\frac{B_1^2}{\mu} - \boldsymbol{j}_0 \cdot (\boldsymbol{B}_1 \times \boldsymbol{\xi}) + \left[\frac{\gamma p_0}{\rho_0}\boldsymbol{\nabla} \cdot (\rho_0 \boldsymbol{\xi})\right] \boldsymbol{\nabla} \cdot \boldsymbol{\xi} + (\boldsymbol{\xi} \cdot \boldsymbol{g})\boldsymbol{\nabla} \cdot (\rho_0 \boldsymbol{\xi})\right] \mathrm{d}V \tag{7.4-16}$$

其中 $\boldsymbol{B}_1 = \boldsymbol{\nabla} \times (\boldsymbol{\xi} \times \boldsymbol{B}_0)$ (7.2-14).

以下作为例子讨论扭折不稳定性.

1. 定性讨论

如果平衡等离子体柱绕有磁力线 (图 7.7), 受到局部的微小弯曲, 则由于凹边 (图 7.7 的 A) 的环向磁场增加, 凸边 (B) 减少, 两边的磁压强差, 因此起始扰动

进一步增长. 等离子体柱不断弯曲, 直至与器壁相碰, 这就是扭折不稳定性 (kink instability). 若箍缩前, 在等离子体柱内已有纵向磁场, 则可以使某些扭折转为稳定.

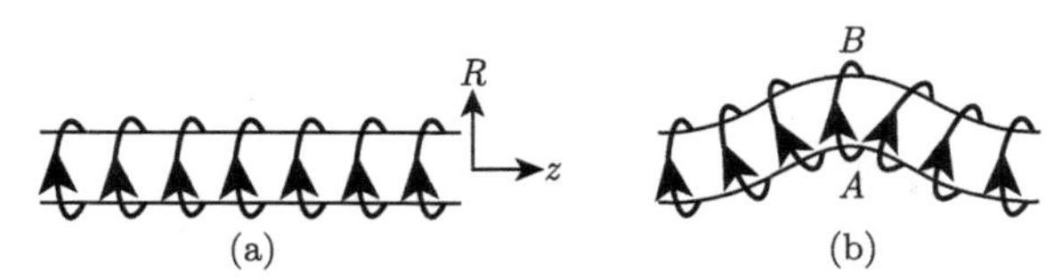

图 7.7　(a) 磁力线环绕平衡的等离子体柱; (b) 柱体受到扭折扰动

设弯曲部分的特征长度为 λ, 曲率半径为 R, 假定柱内有纵向磁场 B_z (图 7.8), 它的磁张力引起向左方向的恢复力为 $2\cdot(B_z^2/2\mu)\sin\alpha$ (磁应力沿磁力线方向为 B^2/μ, 减去压强 $B^2/2\mu$, 再投影到 R 方向), 柱半径为 a, 在 πa^2 面上的总恢复力为

$$\frac{B_z^2}{2\mu}\cdot\pi a^2\cdot 2\sin\alpha\approx\frac{B_z^2}{\mu}\pi a^2\alpha=\frac{1}{\mu}B_z^2\cdot\pi a^2\cdot\frac{\lambda}{2R}\approx\frac{B_z^2}{2\mu}\pi a^2\frac{\lambda}{R} \tag{7.4-17}$$

再求环向磁场 B_θ 引起的弯曲力. 设用半径等于 a 的假想圆筒, 把等离子体柱的弯曲部分包围起来, 圆筒的上下面位于通过曲率中心的平面 A, B 内. 圆筒的侧面离等离子体柱的变形部分较远, 因此假想圆筒上的磁场可近似认为不受形变影响. 扰动引起的弯曲力大致等于圆筒上下两面极向场压强引起的弯曲. 假想圆筒上下两面引起的磁压强均为 $B_\theta^2/2\mu$, 相应地使等离子体柱弯曲力为 $2\cdot(B_\theta^2/2\mu)\sin\alpha$. 两端面上总的弯曲力约为

$$2\sin\alpha\int_a^\lambda\frac{1}{2\mu}B_\theta^2\cdot 2\pi r\mathrm{d}r\approx\frac{\lambda}{R}\int_a^\lambda\frac{B_\theta^2}{2\mu}\cdot 2\pi r\mathrm{d}r \tag{7.4-18}$$

式中 $\alpha\approx\lambda/2R$. 根据安培定律, 环向磁场为 $B_\theta(r)=B_{\theta a}(a/r)$, 其中 $B_{\theta a}=\mu I/2\pi a$, 是等离子体柱面上的磁场. 代入上式

$$\text{上式}=\frac{\lambda}{R}\cdot\frac{B_{\theta a}^2}{2\mu}\cdot 2\pi a^2\ln\frac{\lambda}{a} \tag{7.4-19}$$

比较 (7.4-17) 和 (7.4-19) 式, 可知当恢复力大于弯曲力时, 可以致稳, 即

$$\frac{B_z^2}{B_{\theta a}^2}>2\ln\frac{\lambda}{a}$$

可使扭折不稳定性变得稳定.

根据平衡条件 $p+B_z^2/2\mu=B_{\theta a}^2/2\mu$, 有 $B_z^2/B_{\theta a}^2\leqslant 1$, 因此对于 λ/a 大的长波扰动, 仍很难稳定.

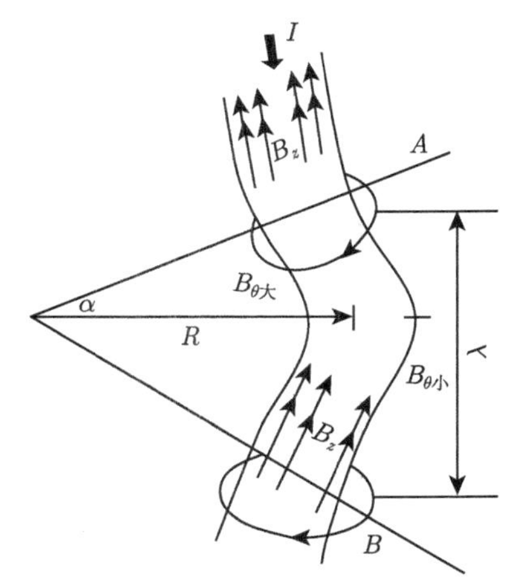

图 7.8 扭折不稳定性

如果磁通量管内, 并无 B_z 存在, 则磁通管的弯曲必然不稳定——扭折不稳定.

加入下列因素可趋于稳定:

(1) 轴向加入磁场;

(2) 气体压强梯度 (Giachetti et al., 1977; Hood and Priest, 1979a);

(3) 管两端植根于光球 (Raadu, 1972; Hood and Priest, 1979b).

进一步可以利用能量原理处理磁通管 (Newcomb, 1960), 处理无力场磁通管 (Anzer, 1968).

现在主要是介绍 Raadu 应用能量原理的方法.

2. 扭折不稳定性的能量原理应用

(1) 考虑柱对称的磁通管, 柱坐标 (R, ϕ, z) 下的平衡磁场

$$\boldsymbol{B}_0 = B_{0\varphi}(R)\widehat{\boldsymbol{\varphi}} + B_{0z}(R)\hat{\boldsymbol{z}} \tag{7.4-20}$$

电流密度

$$\mu \boldsymbol{j}_0 = -\frac{\mathrm{d}B_{0z}}{\mathrm{d}R}\widehat{\boldsymbol{\varphi}} + \frac{1}{R}\frac{\mathrm{d}}{\mathrm{d}R}(RB_{0\varphi})\hat{\boldsymbol{z}}$$

假设磁场为无力场 $\boldsymbol{j}_0 \times \boldsymbol{B}_0 = 0$. 将 $\boldsymbol{B}_0, \boldsymbol{j}_0$ 代入无力场表达式, 得到

$$\frac{\mathrm{d}}{\mathrm{d}R}(B_{0\varphi}^2 + B_{0z}^2) = -\frac{2B_{0\varphi}^2}{R}$$

因为无力场近似, 所以处于平衡态时, 引力、压强梯度均不考虑.

而且在扰动态中, 这两项也忽略, 这样 (7.4-16) 式的势能表达简化为

$$\delta W = (2\mu)^{-1}\int[B_1^2 - \mu \boldsymbol{j}_0 \cdot (\boldsymbol{B}_1 \times \boldsymbol{\xi})]\mathrm{d}V$$
$$= (2\mu)^{-1}\int[B_1^2 - \boldsymbol{B}_1 \cdot (\boldsymbol{\xi} \times \boldsymbol{\nabla} \times \boldsymbol{B}_0)]\mathrm{d}V \tag{7.4-21}$$

其中

$$\boldsymbol{B}_1 = \boldsymbol{\nabla} \times (\boldsymbol{\xi} \times \boldsymbol{B}_0) \tag{7.4-22}$$

为简单起见, 仅考虑特定的一类扰动 $\boldsymbol{\xi}$. 若 $\delta W < 0$, 系统肯定不稳定. 若 $\delta W > 0$, 系统仅对该类扰动而言是稳定的. 取这类扰动的形式为

$$\boldsymbol{\xi} = \boldsymbol{\xi}^* f(z) \tag{7.4-23}$$

式中

$$\boldsymbol{\xi}^* = \left[\xi^R(R)\widehat{\boldsymbol{R}} - i\frac{B_{0z}}{B_0}\xi^0(R)\widehat{\boldsymbol{\varphi}} + i\frac{B_{0\varphi}}{B_0}\xi^0(R)\hat{\boldsymbol{z}}\right]\mathrm{e}^{i(m\varphi+kz)}$$

(指数函数项, 意味着螺旋形)

$$f(0) = f(2L) = 0$$

(表示磁通管两端固定). 磁绳两端位于光球, 磁绳的大部分位于日冕.

从 (7.4-22) 式可以看出, 如果扰动 $\boldsymbol{\xi} \parallel \boldsymbol{B}_0$, 则 $\boldsymbol{B}_1 = 0$, $\delta W = 0$. 能量没有改变. 能量原理不能应用. 因此扰动 $\boldsymbol{\xi}$ 应限于垂直于 $\boldsymbol{B}_0$, 即

$$\boldsymbol{\xi} \cdot \boldsymbol{B}_0 = 0$$

我们的目的是选择任意函数 $f(z)$, $\xi^0(R)$, $\xi^R(R)$ 以使 δW 最小. $\mathrm{e}^{i(m\varphi+kz)}$ 表示扭曲是螺旋形的, 不只是平面上的弯曲.

(7.4-21) 式中的 $\mathrm{d}V$ 为

$$\mathrm{d}V = R\mathrm{d}R\mathrm{d}\varphi\mathrm{d}z$$

先对 R, φ 积分, 有

$$\delta W = \int_0^{2L}\left[A\left(\frac{\mathrm{d}f}{\mathrm{d}z}\right)^2 + Cf^2\right]\mathrm{d}z \tag{7.4-24}$$

其中

$$A = (2\mu)^{-1}\int_{R=0}^{\infty}\int_{\phi=0}^{2\pi}[B_0^2\xi^0(R)^2 + B_{0z}^2\xi^R(R)^2]R\mathrm{d}R\mathrm{d}\varphi$$

$$= (2\mu)^{-1}\int_{R=0}^{\infty}\int_{\phi=0}^{2\pi}[\hat{\boldsymbol{z}}\times(\boldsymbol{\xi}^*\times\boldsymbol{B}_0)]\cdot[\hat{\boldsymbol{z}}\times(\boldsymbol{\xi}^*\times\boldsymbol{B}_0)]R\mathrm{d}R\mathrm{d}\varphi$$

$$= (2\mu)^{-1}\int_{R=0}^{\infty}\int_{\phi=0}^{2\pi}[\hat{z}\times(\boldsymbol{\xi}^*\times\boldsymbol{B}_0)]^2R\mathrm{d}R\mathrm{d}\varphi \tag{7.4-25}$$

$$C = (2\mu)^{-1}\int_{R=0}^{\infty}\int_{\phi=0}^{2\pi}\nabla\times(\boldsymbol{\xi}^*\times\boldsymbol{B}_0)[\nabla\times(\boldsymbol{\xi}^*\times\boldsymbol{B}_0)+\nabla\times\boldsymbol{B}_0\times\boldsymbol{\xi}^*]R\mathrm{d}R\mathrm{d}\varphi \tag{7.4-26}$$

A, C 为常数.

对于 (7.4-24) 式的推导作下述说明:

(i) $\boldsymbol{B}_0 = B_{0\varphi}(R)\widehat{\boldsymbol{\varphi}} + B_{0z}(R)\hat{\boldsymbol{z}}$.

$$\boldsymbol{\xi} = \boldsymbol{\xi}^* f(z),\quad \boldsymbol{\xi}\cdot\boldsymbol{B}_0 = 0,\quad \nabla\cdot\boldsymbol{\xi} = 0$$

由 $\boldsymbol{\xi} = \boldsymbol{\xi}^* f(z)$ 及 $\boldsymbol{\xi}\cdot\boldsymbol{B}_0 = 0$, 得 $\boldsymbol{\xi}^*\cdot\boldsymbol{B}_0 = 0$.

$$\boldsymbol{\xi}^*\times\boldsymbol{B}_0 = \left\{\left[-i\frac{B_{0z}^2}{B_0}\xi^0(R) - i\frac{B_{0\varphi}^2}{B_0}\xi^0(R)\right]\widehat{\boldsymbol{R}} - B_{0z}\xi^R(R)\widehat{\boldsymbol{\varphi}} + B_{0\varphi}\xi^R(R)\hat{\boldsymbol{z}}\right\}\mathrm{e}^{i(m\phi+kz)}$$

$$= \left[-iB_0\xi^0(R)\widehat{\boldsymbol{R}} - B_{0z}\xi^R(R)\widehat{\varphi} + B_{0\varphi}\xi^R(R)\hat{\boldsymbol{z}}\right]\mathrm{e}^{i(m\phi+kz)}$$

$$\hat{\boldsymbol{z}}\times(\boldsymbol{\xi}^*\times\boldsymbol{B}_0) = (-iB_0\xi^0(R)\widehat{\boldsymbol{\varphi}} + B_{0z}\xi^R(R)\widehat{\boldsymbol{R}})\mathrm{e}^{i(m\phi+kz)}$$

$$[\hat{\boldsymbol{z}}\times(\boldsymbol{\xi}^*\times\boldsymbol{B}_0)]^2 = (-iB_0\xi^0(R)\widehat{\varphi} + B_{0z}\xi^R(R)\widehat{\boldsymbol{R}})^2\mathrm{e}^{i2(m\phi+kz)}$$

$$= (-B_0^2\xi^{0^2} + B_{0z}^2\xi^{R2})\mathrm{e}^{i2(m\phi+kz)} \tag{7.4-27}$$

(ii) 求 $\nabla\times(\boldsymbol{\xi}^*\times\boldsymbol{B}_0)$.

令 $\boldsymbol{D} = \boldsymbol{\xi}^*\times\boldsymbol{B}_0$,

$$\nabla\times(\boldsymbol{\xi}^*\times\boldsymbol{B}_0) = \nabla\times\boldsymbol{D}$$

$$= \left(\frac{1}{R}\frac{\partial D_z}{\partial\varphi} - \frac{\partial D_\varphi}{\partial z}\right)\widehat{\boldsymbol{R}} + \left(\frac{\partial D_R}{\partial z} - \frac{\partial D_z}{\partial R}\right)\widehat{\varphi}$$

$$+ \left[\frac{1}{R}\frac{\partial}{\partial R}(RD_\varphi) - \frac{1}{R}\frac{\partial D_R}{\partial\varphi}\right]\hat{\boldsymbol{z}}$$

$$\frac{1}{R}\frac{\partial D_z}{\partial\varphi} - \frac{\partial D_\varphi}{\mathrm{d}z} = \frac{1}{R}B_{0\varphi}\xi^R(R)im\mathrm{e}^{i(m\varphi+kz)} + B_{0z}\xi^R(R)ik\mathrm{e}^{i(m\varphi+kz)}$$

$$= \left[\frac{im}{R}B_{0\varphi}(R) + ikB_{0z}(R)\right]\xi^R(R)\mathrm{e}^{i(m\varphi+kz)},\qquad \widehat{\boldsymbol{R}}\text{ 方向分量}$$

$$\frac{\partial D_R}{\partial z}-\frac{\partial D_z}{\partial R}=-iB_0\xi^0(R)ik\mathrm{e}^{i(m\varphi+kz)}-\frac{\partial}{\partial R}[B_{0\varphi}\xi^R(R)]\mathrm{e}^{i(m\varphi+kz)}$$

$$=\left\{B_0\xi^0(R)k-\frac{\mathrm{d}}{\mathrm{d}R}[B_{0\varphi}\xi^R(R)]\right\}\mathrm{e}^{i(m\varphi+kz)},\qquad \hat{\boldsymbol{\varphi}}\text{ 方向分量}$$

$$\frac{1}{R}\frac{\partial}{\partial R}(RD_\varphi)-\frac{1}{R}\frac{\partial D_R}{\partial\varphi}$$

$$=\frac{\partial D_\varphi}{\partial R}+\frac{D_\varphi}{R}-\frac{1}{R}\frac{\partial D_R}{\partial\varphi}$$

$$=\left[-\frac{\mathrm{d}}{\mathrm{d}R}(B_{0z}\xi^R(R))-\frac{1}{R}B_{0z}\xi^R(R)-\frac{1}{R}(-iB_0\xi^0(R))im\right]\mathrm{e}^{i(m\varphi+kz)}$$

$$=\left[-\frac{\mathrm{d}}{\mathrm{d}R}(B_{0z}\xi^R(R))-\frac{1}{R}B_{0z}\xi^R(R)-\frac{m}{R}B_0\xi^0(R)\right]\mathrm{e}^{i(m\varphi+kz)},\qquad \hat{\boldsymbol{z}}\text{ 方向分量}$$

(iii) 求 $\nabla\times(\boldsymbol{\xi}\times\boldsymbol{B}_0)$ $(=\boldsymbol{B}_1)$.

$$\boldsymbol{\xi}\times\boldsymbol{B}_0=\boldsymbol{\xi}^*f(z)\times\boldsymbol{B}_0$$

$$=[-iB_0\xi^0(R)\widehat{\boldsymbol{R}}-B_{0z}\xi^R(R)\widehat{\boldsymbol{\varphi}}+B_{0\varphi}\xi^R(R)\hat{\boldsymbol{z}}]f(z)\mathrm{e}^{i(m\varphi+kz)}$$

$$\nabla\times(\boldsymbol{\xi}\times\boldsymbol{B}_0)$$

$$=\nabla\times(\boldsymbol{\xi}^*f(z)\times\boldsymbol{B}_0)$$

$$=\nabla\times[\boldsymbol{\xi}^*\times\boldsymbol{B}_0f(z)]$$

$$=\nabla\times[\boldsymbol{D}f(z)]$$

$$=\left[\frac{1}{R}\frac{\partial D_z}{\partial\varphi}f(z)-\frac{\partial(D_\varphi f(z))}{\partial z}\right]\widehat{\boldsymbol{R}}+\left[\frac{\partial(D_Rf(z))}{\partial z}-\frac{\partial D_z}{\partial R}f(z)\right]\widehat{\boldsymbol{\varphi}}$$

$$+\left[\frac{1}{R}\frac{\partial}{\partial R}(RD_\varphi)\cdot f(z)-\frac{1}{R}\frac{\partial D_R}{\partial\varphi}f(z)\right]\hat{\boldsymbol{z}}$$

$$\frac{1}{R}\frac{\partial D_z}{\partial\varphi}f(z)-\frac{\partial(D_\varphi f(z))}{\partial z}$$

$$=\frac{1}{R}B_{0\varphi}\xi^R(R)f(z)im\mathrm{e}^{i(m\varphi+kz)}$$

$$+\left[B_{0z}\xi^R(R)\frac{\mathrm{d}f(z)}{\mathrm{d}z}+B_{0z}\xi^R(R)f(z)ik\right]\mathrm{e}^{i(m\varphi+kz)}$$

$$=\left[\frac{im}{R}B_{0\varphi}f(z)+\left(B_{0z}\frac{\mathrm{d}f(z)}{\mathrm{d}z}+ikB_{0z}f(z)\right)\right]\xi^R(R)\mathrm{e}^{i(m\varphi+kz)},\quad \widehat{\boldsymbol{R}}\text{ 方向分量}$$

$$\frac{\partial}{\partial z}(D_R f(z)) - \frac{\partial D_z}{\partial R} f(z)$$
$$= -iB_0\xi^0(R)\frac{\mathrm{d}f(z)}{\mathrm{d}z}\mathrm{e}^{i(m\varphi+kz)} - iB_0\xi^0(R)f(z)ik\mathrm{e}^{i(m\varphi+kz)}$$
$$- \frac{\mathrm{d}}{\mathrm{d}R}(B_{0\varphi}\xi^R(R))f(z)\mathrm{e}^{i(m\varphi+kz)}$$
$$= \left[-iB_0\xi^0(R)\frac{\mathrm{d}f(z)}{\mathrm{d}z} + B_0\xi^0(R)f(z)k - \frac{\mathrm{d}}{\mathrm{d}R}(B_{0\varphi}\xi^R(R))\cdot f(z)\right]$$
$$\cdot\, \mathrm{e}^{i(m\varphi+kz)}, \qquad \widehat{\boldsymbol{\varphi}}\ \text{方向分量}$$

$$\frac{1}{R}\frac{\partial}{\partial R}(RD_\varphi)\cdot f(z) - \frac{1}{R}\frac{\partial D_R}{\partial \varphi} f(z)$$
$$= \left[-\frac{\mathrm{d}}{\mathrm{d}R}(B_{0z}\xi^R(R))\cdot f(z) - \frac{1}{R}B_{0z}\xi^R(R)f(z)\right.$$
$$\left.-\frac{m}{R}B_0\xi^0(R)f(z)\right]\mathrm{e}^{i(m\varphi+kz)}, \qquad \hat{\boldsymbol{z}}\ \text{方向分量}$$

$$\therefore\ \widehat{\boldsymbol{R}}: \boldsymbol{\nabla}\times(\boldsymbol{\xi}^*\times\boldsymbol{B}_0)_{\widehat{R}}\cdot f(z) + B_{0z}\frac{\mathrm{d}f(z)}{\mathrm{d}z}\xi^R(R)\mathrm{e}^{i(m\varphi+kz)} = \boldsymbol{\nabla}\times(\boldsymbol{\xi}\times\boldsymbol{B}_0)_{\widehat{R}}$$
$$\widehat{\boldsymbol{\varphi}}: \boldsymbol{\nabla}\times(\boldsymbol{\xi}^*\times\boldsymbol{B}_0)_{\widehat{\varphi}}\cdot f(z) - iB_0\xi^0(R)\frac{\mathrm{d}f(z)}{\mathrm{d}z}\mathrm{e}^{i(m\varphi+kz)} = \boldsymbol{\nabla}\times(\boldsymbol{\xi}\times\boldsymbol{B}_0)_{\widehat{\varphi}}$$
$$\hat{\boldsymbol{z}}: \boldsymbol{\nabla}\times(\boldsymbol{\xi}^*\times\boldsymbol{B}_0)_{\hat{z}}\cdot f(z) = \boldsymbol{\nabla}\times(\boldsymbol{\xi}\times\boldsymbol{B}_0)_{\hat{z}}$$

(iv) $\boldsymbol{\nabla}\times(\boldsymbol{\xi}\times\boldsymbol{B}_0)$ 与 $\boldsymbol{\nabla}\times(\boldsymbol{\xi}^*\times\boldsymbol{B}_0)$ 之间的关系:

$$\boldsymbol{\nabla}\times(\boldsymbol{\xi}\times\boldsymbol{B}_0) = \boldsymbol{\nabla}\times(\boldsymbol{\xi}^*\times\boldsymbol{B}_0)f(z) + [B_{0z}\xi^R(R)\widehat{\boldsymbol{R}} - iB_0\widehat{\xi}(R)\widehat{\boldsymbol{\varphi}}]\frac{\mathrm{d}f}{\mathrm{d}z}\mathrm{e}^{i(m\varphi+kz)}$$

(v)

$$\delta W = (2\mu)^{-1}\int\{B_1^2 - \boldsymbol{B}_1\cdot[\boldsymbol{\xi}\times(\boldsymbol{\nabla}\times\boldsymbol{B}_0)]\}\mathrm{d}V$$
$$= (2\mu)^{-1}\int\{[\boldsymbol{\nabla}\times(\boldsymbol{\xi}\times\boldsymbol{B}_0)]^2 - \boldsymbol{\nabla}\times(\boldsymbol{\xi}\times\boldsymbol{B}_0)\cdot[\boldsymbol{\xi}\times(\boldsymbol{\nabla}\times\boldsymbol{B}_0)]\}R\mathrm{d}R\mathrm{d}\varphi\mathrm{d}z$$
$$= (2\mu)^{-1}\int\left\{\left[\boldsymbol{\nabla}\times(\boldsymbol{\xi}^*\times\boldsymbol{B}_0)\cdot f(z) + (B_{0z}\xi^R(R)\widehat{\boldsymbol{R}} - iB_0\xi^0(R)\widehat{\boldsymbol{\varphi}})\frac{\mathrm{d}f}{\mathrm{d}z}\mathrm{e}^{i(m\phi+kz)}\right]^2\right.$$
$$+\left[\boldsymbol{\nabla}\times(\boldsymbol{\xi}^*\times\boldsymbol{B}_0)\cdot f(z) + (B_{0z}\xi^R(R)\widehat{\boldsymbol{R}} - iB_0\xi^0(R)\widehat{\boldsymbol{\varphi}})\frac{\mathrm{d}f}{\mathrm{d}z}\mathrm{e}^{i(m\phi+kz)}\right]$$

$$\left.\cdot(\nabla\times\boldsymbol{B}_0)\times\boldsymbol{\xi}^* f(z)\right\}\cdot R\mathrm{d}R\mathrm{d}\varphi\mathrm{d}z$$

$$\begin{aligned}&=(2\mu)^{-1}\int\left\{[\nabla\times(\boldsymbol{\xi}^*\times\boldsymbol{B}_0)]^2\cdot f^2(z)+(B_{0z}^2(\xi^R)^2-B_0^2(\xi^0)^2)\left(\frac{\mathrm{d}f}{\mathrm{d}z}\right)^2\mathrm{e}^{i2(m\phi+kz)}\right.\\&\quad+2\nabla\times(\boldsymbol{\xi}^*\times\boldsymbol{B}_0)\cdot(B_{0z}\xi^R(R)\widehat{\boldsymbol{R}}-iB_0\xi^0(R)\widehat{\boldsymbol{\varphi}})f\frac{\mathrm{d}f}{\mathrm{d}z}\mathrm{e}^{i(m\phi+kz)}\\&\quad+\nabla\times(\boldsymbol{\xi}^*\times\boldsymbol{B}_0)\cdot[(\nabla\times\boldsymbol{B}_0)\times\boldsymbol{\xi}^*]f^2(z)\\&\quad\left.+(B_{0z}\xi^R\widehat{\boldsymbol{R}}-iB_0\xi^0\widehat{\boldsymbol{\varphi}})\cdot(\nabla\times\boldsymbol{B}_0)\times\boldsymbol{\xi}^* f\frac{\mathrm{d}f}{\mathrm{d}z}\cdot\mathrm{e}^{i(m\phi+kz)}\right\}\cdot R\mathrm{d}R\mathrm{d}\varphi\mathrm{d}z\end{aligned}$$

式中:

①

$$(2\mu)^{-1}\int\nabla\times(\boldsymbol{\xi}^*\times\boldsymbol{B}_0)\cdot[\nabla\times(\boldsymbol{\xi}^*\times\boldsymbol{B}_0)+(\nabla\times\boldsymbol{B}_0)\times\boldsymbol{\xi}^*]f^2(z)R\mathrm{d}R\mathrm{d}\varphi=Cf^2(z)$$

$$C=(2\mu)^{-1}\int\nabla\times(\boldsymbol{\xi}^*\times\boldsymbol{B}_0)\cdot[\nabla\times(\boldsymbol{\xi}^*\times\boldsymbol{B}_0)+(\nabla\times\boldsymbol{B}_0)\times\boldsymbol{\xi}^*]R\mathrm{d}R\mathrm{d}\varphi$$

②

$$\begin{aligned}&(2\mu)^{-1}\int(B_{0z}^2(\xi^R)^2-B_0^2(\xi^0)^2)\left(\frac{\mathrm{d}f}{\mathrm{d}z}\right)^2\mathrm{e}^{i2(m\phi+kz)}R\mathrm{d}R\mathrm{d}\varphi\\&=(2\mu)^{-1}\int[\hat{\boldsymbol{z}}\times(\boldsymbol{\xi}^*\times\boldsymbol{B}_0)]^2\left(\frac{\mathrm{d}f}{\mathrm{d}z}\right)^2R\mathrm{d}R\mathrm{d}\varphi\\&=A\left(\frac{\mathrm{d}f}{\mathrm{d}z}\right)^2\end{aligned}$$

$$A=(2\mu)^{-1}\int[\hat{\boldsymbol{z}}\times(\boldsymbol{\xi}^*\times\boldsymbol{B}_0)]^2R\mathrm{d}R\mathrm{d}\varphi$$

③

$$\begin{aligned}&(2\mu)^{-1}\int[B_{0z}\xi^R\widehat{\boldsymbol{R}}-iB_0\xi^0(R)\widehat{\boldsymbol{\varphi}}]\cdot[2\nabla\times(\boldsymbol{\xi}^*\times\boldsymbol{B}_0)+(\nabla\times\boldsymbol{B}_0)\times\boldsymbol{\xi}^*]\\&\cdot f\frac{\mathrm{d}f}{\mathrm{d}z}\mathrm{e}^{i(m\phi+kz)}R\mathrm{d}R\mathrm{d}\varphi=Bf\frac{\mathrm{d}f}{\mathrm{d}z}\end{aligned}$$

$$B=(2\mu)^{-1}\int[B_{0z}\xi^R\widehat{\boldsymbol{R}}-iB_0\xi^0(R)\widehat{\boldsymbol{\varphi}}]\cdot[2\nabla\times(\boldsymbol{\xi}^*\times\boldsymbol{B}_0)+(\nabla\times\boldsymbol{B}_0)\times\boldsymbol{\xi}^*]$$

$$\cdot \mathrm{e}^{i(m\phi+kz)} R\mathrm{d}R\mathrm{d}\varphi\delta W = \int_0^{2L}\left[A\left(\frac{\mathrm{d}f}{\mathrm{d}z}\right)^2 + Cf^2\right]\mathrm{d}z$$

(2) 评论.

(i) 系数 A, B 和 C 中, 都包含有 $\mathrm{e}^{i(2kz)}$ 项, 并不是常数, 问题是因为 Raadu 利用

$$\boldsymbol{\xi}^* = \left(\xi^R\widehat{\boldsymbol{R}} - i\frac{B_{0z}}{B_0}\xi^0\widehat{\boldsymbol{\varphi}} + i\frac{B_{0\varphi}}{B_0}\xi^0\hat{\boldsymbol{z}}\right)\mathrm{e}^{i(m\phi+kz)}$$

带有 e^{ikz}. 上式的 $\boldsymbol{\xi}^*$ 是 (Anzer, 1968) 定义的, Raadu 为使磁绳两端固结令 $\boldsymbol{\xi}^* f(z)=\boldsymbol{\xi}$. 其实 $f(z)\sim\sin(\pi z/2L)$, 与 e^{ikz} 有某种程度的重复, 应重新考虑 $\boldsymbol{\xi}^*$.

(ii) 因为 $f(z)$ 形如 $\sin(\pi z/2L)$, 所以 $f\,\mathrm{d}f/\mathrm{d}z$ 积分为零. Raadu 原文中

$$\delta W = \int_0^{2L}\left\{A\left(\frac{\mathrm{d}f}{\mathrm{d}z}\right)^2 + Bf\frac{\mathrm{d}f}{\mathrm{d}z} + Cf^2\right\}\mathrm{d}z$$

有 $B\,\mathrm{d}f/\mathrm{d}z\cdot f$ 项, 并指出 A, B, C 均与 z 无关, 但没有列出 A, B, C 的表达式.

(iii) Priest (1982) 的 A, C 表达式与本书有不同之处.

Raddu 提出归一化条件可排除 $f(z)\equiv 0$.

求

$$\delta W = \int_0^{2L}\left[A\left(\frac{\mathrm{d}f}{\mathrm{d}z}\right)^2 + Cf^2\right]\mathrm{d}z$$

在归一化条件

$$\int_0^{2L} f^2(z)\mathrm{d}z = 1$$

下的极小值.

利用 Lagrange 乘子构造一个新函数

$$\delta W + \lambda\int_0^{2L} f^2(z)\mathrm{d}z = \int_0^{2L}[Af'^2 + Cf^2 + \lambda f^2(z)]\mathrm{d}z$$

问题转化为连接两个固定点 $(0, 2L)$ 之间的函数, 求积分的极值. 这是泛函求极值问题.

令

$$F = Af'^2 + (C+\lambda)f^2 = F(f, f')$$

极值的必要条件为满足 Euler-Lagrange 方程

$$\frac{\mathrm{d}}{\mathrm{d}z}\frac{\partial F}{\partial f'}-\frac{\partial F}{\partial f}=0$$

$$\frac{\partial F}{\partial f}=\frac{\mathrm{d}}{\mathrm{d}z}\frac{\partial F}{\partial f'}$$

$$(C+\lambda)f=Af'' \tag{7.4-28}$$

λ : Lagrange 乘子, 是常数.

解二阶常系数常微分方程 (7.4-28),

$$Ax^2-(C+\lambda)=0$$

$$x=\pm\sqrt{\frac{C+\lambda}{A}}=\pm ni$$

(因为不知道 λ 大小, 虚数解较为一般, n 可实可虚)

$$f=p\sin(nz+\varphi)$$

当 $z=0$ 时, $f(0)=0$, 所以 $\varphi=0$,

$$f=p\sin nz$$

当 $z=2L$ 时, $f(2L)=0$,

$$n\cdot 2L=s\pi\quad (s\ \text{为整数}\ -N,\ \cdots,\ 0,\ \cdots,\ N)$$

$$n=\frac{s\pi}{2L}=\frac{\pi}{2L}\quad (\text{取}\ s=1)$$

$$f=p\sin\left(\frac{\pi}{2L}z\right)$$

利用归一化条件, 确定 p,

$$\begin{aligned}1&=\int_0^{2L}f^2(z)\mathrm{d}z\\&=\int_0^{2L}p^2\sin^2\frac{\pi z}{2L}\mathrm{d}z\\&=p^2L\end{aligned}$$

$$p=\left(\frac{1}{L}\right)^{1/2}$$

最后

$$f(z)=\left(\frac{1}{L}\right)^{1/2}\sin\frac{\pi z}{2L} \tag{7.4-29}$$

将 (7.4-29) 式代入 (7.4-24) 式, 简单运算后有

$$\delta W=\left(\frac{\pi}{2L}\right)^2 A+C \tag{7.4-30}$$

磁绳两端的固定对系统有稳定作用. (7.4-30) 的第一项是大于零 (A 为平方项之和), 有助于 $\delta W>0$.

在 A [(7.4-25) 式] 和 C [(7.4-26) 式] 表达式中对 ϕ 积分, δW 变成

$$\delta W=\int_0^\infty\left[F\left(\frac{\mathrm{d}\xi^R}{\mathrm{d}R}\right)^2-G(\xi^R)^2+\frac{(k^2+h^2)R^2+1}{R}(B_0\xi^0-H)^2\right]\mathrm{d}R$$

式中

$$F(R)=\frac{R(B_{0\varphi}+kRB_{0z})^2+h^2R^3B_0^2}{1+(k^2+h^2)R^2} \tag{7.4-31}$$

$$\begin{aligned}G(R)=&-\frac{(B_{0\varphi}+RkB_{0z})^2}{R}-\frac{(B_{0\varphi}-kRB_{0z})^2}{R[1+(k^2+h^2)R^2]}-\frac{h^2RB_0^2}{1+(k^2+h^2)R^2}\\&+h^2RB_{0z}^2-\frac{\mathrm{d}}{\mathrm{d}R}\left(\frac{B_0^2+h^2R^2B_{0\varphi}^2}{1+(k^2+h^2)R^2}\right)\end{aligned} \tag{7.4-32}$$

$$H\left(R,\xi^R,\frac{\mathrm{d}\xi^R}{\mathrm{d}R}\right)=\frac{R}{1+(k^2+h^2)R^2}\left[\frac{\mathrm{d}\xi^R}{\mathrm{d}R}(kRB_{0\varphi}-B_{0z})-\frac{\xi^R}{R}(kRB_{0\varphi}+B_{0z})\right]$$

$$h=\frac{\pi}{2L}$$

取 $\xi^0=H/B_0$, 则

$$\delta W=\int_0^\infty\left[F\left(\frac{\mathrm{d}\xi^R}{\mathrm{d}R}\right)^2-G(\xi^R)^2\right]\mathrm{d}R \tag{7.4-33}$$

求 δW 关于 ξ^R 的极小值, 归结为求解 Euler-Lagrange 方程

$$\frac{\mathrm{d}}{\mathrm{d}R}\frac{\partial K}{\partial\xi^{R\prime}}-\frac{\partial K}{\partial\xi^R}=0$$

$$K=F\left(\frac{\mathrm{d}\xi^R}{\mathrm{d}R}\right)^2-G(\xi^R)^2=K(R,\xi^R,\xi^{R\prime})$$

$$\frac{\mathrm{d}}{\mathrm{d}R}\left(F\frac{\mathrm{d}\xi^R}{\mathrm{d}R}\right)+G\xi^R=0 \tag{7.4-34}$$

这是自然边界的变分问题, 即当 $R=0$ 时, $\mathrm{d}\xi^R/\mathrm{d}R=0$ 和 $\xi^R=1$ (ξ^R 也可以是 C). 注意: 由 (7.4-31) 式可见, $R=0$, 是方程 (7.4-34) 式的奇点.

Newcomb (1960) 的稳定性判据:

假如方程 (7.4-34) 的解 $\xi^R(R)>0$ (即对于所有的 R 方程无根), 则 $\delta W>0$ (稳定); 假如在某处 $\xi^R(R)$ 变为零 (即方程有根), 则不稳定.

Raadu 提出系统的稳定性是在解方程 (7.4-34) 的同时, 应满足 $\xi^R=\mathrm{const}$ $(=1)$. $\mathrm{d}\xi^R/\mathrm{d}R=0$, 方程无根则稳定 (图 7.9).

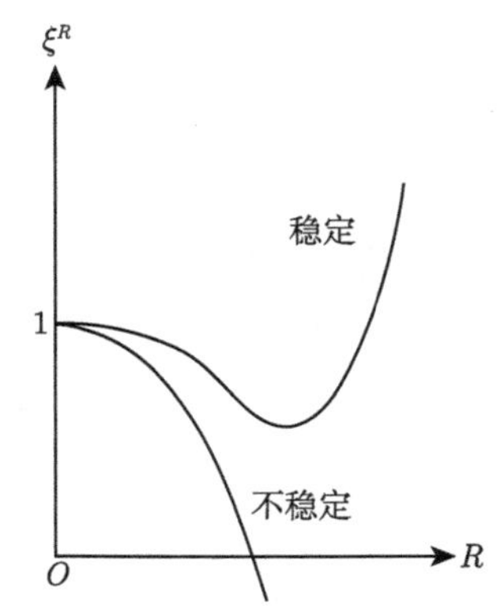

图 7.9　径向分量 ξ^R 作为半径 R 的函数. 磁通管的 Euler-Lagrange 方程 (7.4-34) 的典型解

例: 均匀扭折无力场

$$B_{0z}=\frac{B_0}{1+[\Phi R/(2L)]^2},\qquad B_{0\varphi}=\frac{B_0[\Phi R/(2L)]}{1+[\Phi R/(2L)^2]^2}$$

Φ: 磁力线绕轴从一端至另一端的扭转角度.

由图 7.10 可见, 磁通管受到 $\boldsymbol{\xi}=\boldsymbol{\xi}^*(R)f(z)$ 形式的扭折扰动, 当扭转超过约 3.3π (Φ_{crit}) 时开始不稳定. 当 $\Phi<2\pi$ 时, 磁通管肯定稳定 (注意仅对上述 $\boldsymbol{\xi}$ 扰动

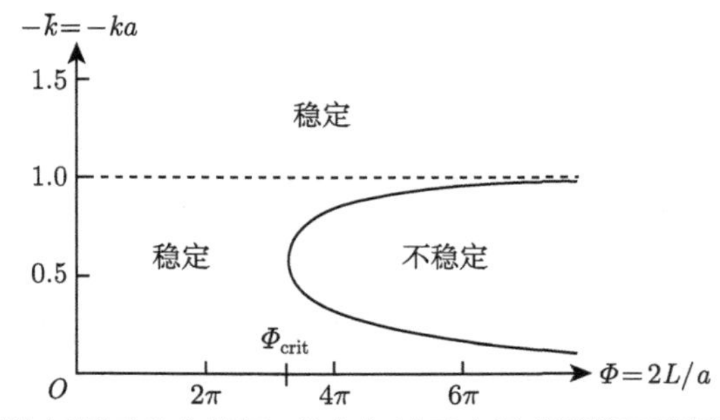

图 7.10　螺旋扭折不稳定性图. 均匀扭转无力场磁通管两端固定, 长为 $2L$, 等效宽度 a, 沿磁通管的扰动波数为 k, Φ 是扭转角度

稳定). 阈值 Φ_{crit} 的大小与扰动的形式有关. 扭转程度小, 即 $\Phi < 2\pi$ —— 稳定, 扭转程度大, 即 $\Phi > 3.3\pi$ —— 不稳定. 偏微分运动方程的完全解表明不稳定性的阈值位于 2.5π 附近. 现在, 没有合适的分层效应的模型而且考虑到等离子体压强梯度的情况下, 尚不清楚采取什么样的边界条件来模拟根部在光球的磁通管.

3. 利用能量原理分析扭折不稳定性小结

(1) 假设:

(i) 柱对称磁通管

$$\boldsymbol{B}_0 = B_{0\varphi}(R)\widehat{\boldsymbol{\varphi}} + B_{0z}(R)\hat{\boldsymbol{z}}$$

所以

$$\boldsymbol{j}_0 = -\frac{\mathrm{d}B_{0\varphi}}{\mathrm{d}R}\widehat{\boldsymbol{\varphi}} + \frac{1}{R}\frac{\mathrm{d}}{\mathrm{d}R}(RB_{0\varphi})\hat{\boldsymbol{z}}$$

(ii) 无力场, 因此平衡态时不计引力, 压强梯度项

$$\frac{\mathrm{d}}{\mathrm{d}R}(B_{0\varphi}^2 + B_{0z}^2) = -\frac{2B_{0\varphi}^2}{R}$$

(2)

$$\delta W = (2\mu)^{-1}\int\{B_1^2 - \boldsymbol{B}_1\cdot[\boldsymbol{\xi}\times(\boldsymbol{\nabla}\times\boldsymbol{B}_0)]\}\mathrm{d}V$$

$$\delta W = \int_0^{2L}\left[A\left(\frac{\mathrm{d}f}{\mathrm{d}z}\right)^2 + Cf^2\right]\mathrm{d}z$$

取扰动形式 $\boldsymbol{\xi} = \boldsymbol{\xi}^*(R)f(z)$. 因为 $\boldsymbol{\xi}\cdot\boldsymbol{B}_0 = 0$, 所以 $\boldsymbol{\xi}$ 为垂直 $\boldsymbol{B}_0$ 方向扰动.

磁通管两端固定 $f(0) = f(2L) = 0$. 另外, 从 $\boldsymbol{\xi}^*$ 表达式可见扰动与 R 方向有关,

$$\boldsymbol{\xi}^* = \left[\xi^R(R)\widehat{\boldsymbol{R}} - i\frac{B_{0z}}{B_0}\xi^0(R)\widehat{\boldsymbol{\varphi}} + i\frac{B_{0\varphi}}{B_0}\xi^0(R)\hat{\boldsymbol{z}}\right]\mathrm{e}^{i(m\varphi+kz)}$$

取 $\xi^0 = H/B_0$, 得 (7.4-33) 式:

$$\delta W = \int_0^{\infty}\left[F\left(\frac{\mathrm{d}\xi_R}{\mathrm{d}R}\right)^2 - G(\xi^R)^2\right]\mathrm{d}R$$

扭折不稳定性: 弯曲, 扭转 (螺旋形).

(3) 选择 $f(z)$, $\xi^0(R)$, $\xi^R(R)$ 使 δW 最小.

为排除 $f(z)\equiv 0$ 的情况, 引入归一化条件

$$\int_0^{2L} f^2(z)\mathrm{d}z = 1$$

引入 Lagrange 乘子 λ, 求 δW 极小.

(i) 构造新函数

$$F = Af'^2 + (C+\lambda)f^2 = F(f, f')$$

(ii) 极值的必要条件归结为满足 Euler-Lagrange 方程

$$\frac{\mathrm{d}}{\mathrm{d}z}\frac{\partial F}{\partial f'} - \frac{\partial F}{\partial f} = 0$$

(iii) 求得

$$f(z) = \left(\frac{1}{L}\right)^{1/2} \sin\frac{\pi z}{2L}$$

(iv)

$$\delta W = \left(\frac{\pi}{2L}\right)^2 A + C$$

第一项有利于稳定.

(v) 在 A, C 的表达式中, 对 φ 积分, 得

$$\delta W = \int_0^\infty \left[F\left(\frac{\mathrm{d}\xi^R}{\mathrm{d}R}\right)^2 - G\xi^{R2}\right]\mathrm{d}R$$

(vi) 归结为求 Euler-Lagrange 方程

$$\frac{\mathrm{d}}{\mathrm{d}R}\left(F\frac{\mathrm{d}\xi_R}{\mathrm{d}R}\right) + G\xi^R = 0$$

(4) Newcomb 判据

$$\begin{cases} \dfrac{\mathrm{d}}{\mathrm{d}R}\left(F\dfrac{\mathrm{d}\xi^R}{\mathrm{d}R}\right) + G\xi^R = 0 \\ \xi^R = 1 \\ \dfrac{\mathrm{d}\xi^R}{\mathrm{d}R} = 0 \end{cases}$$

无根则稳定, 有根则不稳定.

(5) 例: 均匀扭转 (twist).

扭转程度小, $\varPhi < 2\pi$, 稳定; 扭转程度大, $\varPhi > 3.3\pi$, 不稳定.

7.5 不稳定性例

7.5.1 交换不稳定性

1. 磁场中低 β 等离子体的交换不稳定性

假定: ① 低压等离子体 ($\beta \ll 1$), 冻结; ② 磁通量保持常数, 且不随 t 而变, 即磁场不变, 磁能保持不变.

如果等离子体压强低是源于气体稀薄, 可认为是无力场, 则对应于一个封闭系统的最小磁能状态, 任何使磁场变形的扰动均使磁能增加, 按能量原理, 系统是稳定的. 系统要回到原来的磁位形, 因此冻结在磁场中的气体也不能膨胀. 系统可能有的扰动只能是磁通量相同的相邻磁通管连同内部的等离子体一起进行交换. 这时磁能并无变化, 而内能会变化, 若是减少则引起交换不稳定性. Rayleigh-Taylor 不稳定性也属于这一类不稳定性. 这种不稳定性起因于压强不均匀性. 稳定条件为体积的变化 $\delta V < 0$ 或 $\delta \int \mathrm{d}l / B < 0$ (积分沿磁通管长度). 当同一根磁力线既有凸向等离子体 (稳定) 部分, 也有凹向等离子体 (不稳定) 部分时, 交换不稳定性的稳定条件是什么? 磁镜的磁位形便属于这一类型 (图 7.11). 能量原理是有效的分析方法.

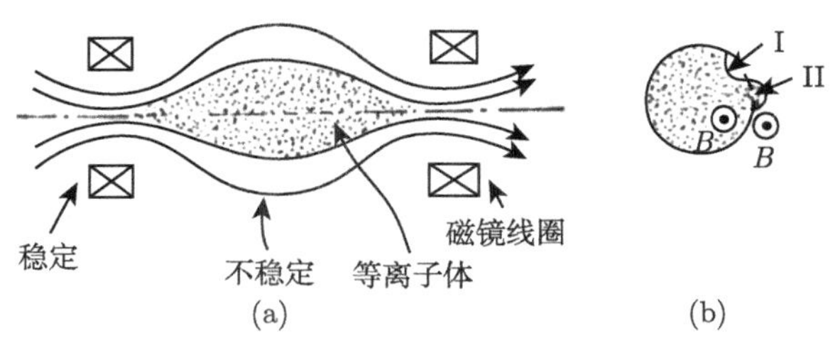

图 7.11 (a) 磁镜; (b) 交换扰动

设等离子体压强为标量, 系统是轴对称, 求交换扰动引起的系统位能的变化. 把平衡时位于 I 区域的等离子体连同磁力线一起移到 II 区域, 同时把位于 II 区域的等离子体连同磁力线一起移到 I 区域. 这时系统位能 (磁能、内能、引力能之和) 的变化是磁能和等离子体内能变化之和 (引力能忽略).

(1) 磁能的变化: 磁通管中的磁能为

$$W_{\mathrm{M}} = \int \mathrm{d}V \cdot \frac{B^2}{2\mu} = \int S \mathrm{d}l \frac{B^2}{2\mu}$$

其中, l 为管长, S 为横截面, 积分沿磁力线进行, 磁通 $\Phi = SB$ 设为常数, 所以

$$W_{\mathrm{M}} = \frac{\Phi^2}{2\mu} \int \frac{\mathrm{d}l}{S}$$

交换磁通管 I 和 II 引起的磁能变化为

$$\delta W_{\mathrm{M}}=\frac{1}{2\mu}\left[\left(\varPhi_1^2\int_2\frac{\mathrm{d}l}{S}+\varPhi_2^2\int_1\frac{\mathrm{d}l}{S}\right)-\left(\varPhi_1^2\int_1\frac{\mathrm{d}l}{S}+\varPhi_2^2\int_2\frac{\mathrm{d}l}{S}\right)\right]$$

(I, II 处的 B 为相同, 体积相同) 如果交换的是磁通量相同的管子, 则 $\delta W_{\mathrm{M}}=0$, 磁能保持不变 ($\varPhi_1=\varPhi_2$).

(2) 内能的变化: 体积为 V 的等离子体中所包含的内能是

$$W_p=\frac{pV}{\gamma-1}$$

假定交换扰动是绝热进行, 即满足 $pV^{\gamma}=\mathrm{const.}$ 当 p 为标量时, 由平衡方程 $\boldsymbol{j}\times\boldsymbol{B}=\boldsymbol{\nabla}p$, 有 $\boldsymbol{B}\cdot\boldsymbol{\nabla}p=0$, $\boldsymbol{B}$ 位于等压面上, 即沿磁力线的 p 为常数. 当管 I 和 II 中包含的等离子体作绝热交换时, 等离子体内能变化等于 I 的等离子体移到 II 时的内能变化加上 II 的等离子体移到 I 时的变化. 前者等于 $(p_{\mathrm{II}}'V_{\mathrm{II}}-p_{\mathrm{I}}V_{\mathrm{I}})/(\gamma-1)$, 其中 p_{II}' 为区域 I 的等离子体移到区域 II 时的压强. 因为绝热, 有 $p_{\mathrm{II}}'V_{\mathrm{II}}^{\gamma}=p_{\mathrm{I}}V_{\mathrm{I}}^{\gamma}$, 所以 $p_{\mathrm{II}}'=p_{\mathrm{I}}\left(\dfrac{V_{\mathrm{I}}}{V_{\mathrm{II}}}\right)^{\gamma}$. 后者也类似 $(p_{\mathrm{I}}'V_{\mathrm{I}}-p_{\mathrm{II}}V_{\mathrm{II}})/(\gamma-1)$, $p_{\mathrm{I}}'=p_{\mathrm{II}}(V_{\mathrm{II}}/V_{\mathrm{I}})^{\gamma}$. 交换后引起总的内能变化为

$$\delta W_p=\underbrace{\frac{1}{\gamma-1}\left[p_{\mathrm{I}}\left(\frac{V_{\mathrm{I}}}{V_{\mathrm{II}}}\right)^{\gamma}V_{\mathrm{II}}+p_{\mathrm{II}}\left(\frac{V_{\mathrm{II}}}{V_{\mathrm{I}}}\right)^{\gamma}V_{\mathrm{I}}\right]}_{\text{交换后}}-\underbrace{\frac{1}{\gamma-1}[p_{\mathrm{I}}V_{\mathrm{I}}+p_{\mathrm{II}}V_{\mathrm{II}}]}_{\text{交换前}}$$

两管很靠近, 可以令

$$p_{\mathrm{II}}=p_{\mathrm{I}}+\delta p$$

$$V_{\mathrm{II}}=V_{\mathrm{I}}+\delta V$$

代入上式

$$\begin{aligned}\delta W_p=&\frac{1}{\gamma-1}\left[p_{\mathrm{I}}\left(\frac{V_{\mathrm{I}}}{V_{\mathrm{I}}+\delta V}\right)^{\gamma}(V_{\mathrm{I}}+\delta V)+(p_{\mathrm{I}}+\delta p)\left(\frac{V_{\mathrm{I}}+\delta V}{V_{\mathrm{I}}}\right)^{\gamma}V_{\mathrm{I}}\right]\\&-\frac{1}{\gamma-1}[p_{\mathrm{I}}V_{\mathrm{I}}+(p_{\mathrm{I}}+\delta p)(V_{\mathrm{I}}+\delta V)]\end{aligned}$$

利用近似公式

$$(1+x)^{\gamma}=1+\gamma x+\frac{1}{2}\gamma(\gamma-1)x^2$$

$$(1+x)^{-\gamma+1}=1-(\gamma-1)x+\frac{1}{2}\gamma(\gamma-1)x^2$$

展开上式, 保留至二级小量, 记 $p_{\rm I}=p$, $V_{\rm I}=V$, 有

$$\delta W_p=\delta p\delta V+\gamma p\frac{(\delta V)^2}{V}=V^{-\gamma}\delta(pV^\gamma)\cdot\delta V$$

稳定条件为 $\delta W=\delta W_M+\delta W_p=\delta W_p>0$, 通常边界附近因为 $p_2\approx 0$, 所以 $\delta p=p_2-p_1\approx -p_1<0$, 于是要求 $\delta V<0$.

磁通管体积 $V=\int \mathrm{d}l\cdot S=\varPhi\int \mathrm{d}l\,/B$. 因为 $\varPhi=\text{const}$, $\delta V<0$, 即 $\delta\int \mathrm{d}l\,/B<0$, 积分沿整个磁通管长度进行. 量 $\int \mathrm{d}l\,/B$ 与体积有关, 所以稳定条件 $\delta V<0$ 告诉我们任何沿等离子体压强减小的方向 $(\delta p<0)$, 即 $\int \mathrm{d}l\,/B$ 减小的平衡位形是交换稳定的, 反之则不稳定.

磁通管中的等离子体像气体一样, 有通过膨胀增加自己体积的倾向, 也即磁通管 (内部的磁力线冻结在理想导电的等离子体中) 总是向 $\int \mathrm{d}l\,/B$ 增加的方向运动 (趋于不稳定).

可见量 $W=-\int \mathrm{d}l\,/B$ 有类似位能的作用, 包含等离子体的磁通管总是力图向 “位能” W 更低的方向 $(\delta V>0)$ 运动. 如果等离子体位于 W 极小处, 任何扰动引起的 “位能” 变化为正 $(\delta W>0)$, 也即 $\delta V<0$ 或 $\int \mathrm{d}l\,/B<0$, 则平衡位形交换稳定.

现在根据稳定条件 $\delta\int \mathrm{d}l\,/B<0$ 分析简单磁镜位形的交换稳定性 (图 7.12). 考虑磁镜中任意两个无限靠近的磁力线 1, 2. 对于凹向等离子体的磁力线曲率半径 $R<0$, 凸向则 $R>0$, 因此镜端的 $R>0$. 设磁力线 1 上任意点 a 和 2 上对应点 b 的距离为 h, 对于低 β 等离子体, 可忽略其中的抗磁电流, 所以 $\boldsymbol{\nabla}\times\boldsymbol{B}=0$, 可引进标量磁势 φ, $\boldsymbol{B}=\boldsymbol{\nabla}\varphi=\mathrm{d}\varphi/\mathrm{d}\boldsymbol{l}$.

$$\int\boldsymbol{\nabla}\times\boldsymbol{B}\cdot\mathrm{d}\boldsymbol{S}=\int\boldsymbol{B}\cdot\mathrm{d}\boldsymbol{l}=\int\boldsymbol{\nabla}\varphi\cdot\mathrm{d}\boldsymbol{l}=\int\frac{\mathrm{d}\varphi}{\mathrm{d}\boldsymbol{l}}\cdot\mathrm{d}\boldsymbol{l}=\int\mathrm{d}\varphi=\varphi$$

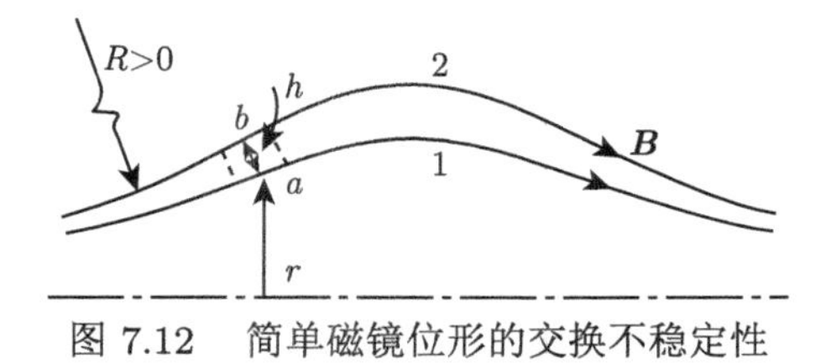

图 7.12 简单磁镜位形的交换不稳定性

$\varphi = \int \mathrm{d}lB$, 可以认为 a, b 两点的势相同

$$\delta\int\frac{\mathrm{d}l}{B} = \delta\int\frac{B\mathrm{d}l}{B^2} = \delta\int\frac{\mathrm{d}\varphi}{B^2} = \int \mathrm{d}\varphi\delta\left(\frac{1}{B^2}\right) < 0$$

变分是在两个无限靠近的磁力线之间垂直方向计算. 线 2 上有: $\boldsymbol{\nabla}\times\boldsymbol{B} = 0$, $\int \boldsymbol{B}\cdot\mathrm{d}\boldsymbol{l} = B\cdot 2\pi R = 0$. 线 1 上有: $B' = B+\delta B$, $R' = R-h$, $\int B'\mathrm{d}l' = B'\cdot 2\pi R' = 0$ (B 和 B' 近乎为零). 所以 $B\cdot 2\pi R = (B+\delta B)\cdot 2\pi(R-h)$,

$$1+\frac{\delta B}{B}-\frac{h}{R} = 1, \qquad \frac{\delta B}{B} = \frac{h}{R}$$

利用磁力线之间磁通为常数的条件, $2\pi rhB = \varPhi = \text{const}$, 式中 r 为离对称轴的半径, 可求得稳定条件:

$$\int \mathrm{d}\varphi\delta\left(\frac{1}{B^2}\right) = -\int 2\frac{\mathrm{d}\varphi}{B^2}\frac{\delta B}{B} = -\int 2\cdot\frac{B\mathrm{d}l}{B^2}\cdot\frac{h}{R} = -\int 2\cdot\frac{\mathrm{d}l}{B^2}\frac{\varPhi}{2\pi rR} < 0$$

所以

$$\int\frac{\mathrm{d}l}{B^2Rr} > 0$$

磁力线镜端部分 $R > 0$, 积分为正, 中间部分 $R < 0$, 积分为负. 由于简单磁镜中间部分大于镜端部分, 因此磁镜不满足稳定条件.

2. 槽纹不稳定性

相邻磁通管交换, 等离子体所占体积不变, 但磁能减少. 特例: 磁场约束等离子体, 等离子体内不含磁场, 磁场凹向等离子体 (图 7.13(a)). 凹面有一个槽型位移 (图 7.13(b)).

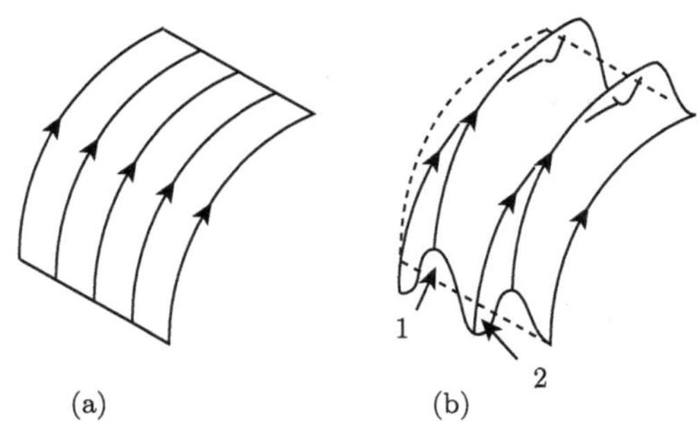

图 7.13　(a) 磁场约束等离子体, 磁场凹向等离子体; (b) 磁界面上的槽形位移

假如扰动前后等离子体所占体积 (V) 不变, 等离子体压强没有做功. 因此内能没有改变. 扰动后, 磁通量从 A_1 移到 A_2 (形如图 7.14), 但通量不变 $B_2A_2 = B_1A_1$. 能量的改变为

$$\delta W = \frac{B_2^2}{2\mu}V - \frac{B_1^2}{2\mu}V = \frac{B_1^2 V}{2\mu}\left(\frac{A_1^2}{A_2^2} - 1\right)$$

如果 $A_2 > A_1$, 就发生不稳定性.

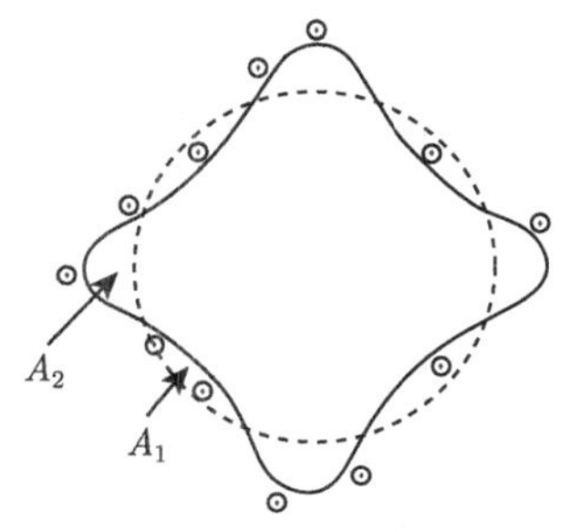

图 7.14 磁约束中的凹槽形不稳定性

设扰动引起的曲率半径为 R_c, 波数为 k, 磁力线的弯曲会引起惯性离心力, 有一个等效重力加速度

$$\boldsymbol{g}_1 = \frac{V_\parallel^2}{R_c^2}\boldsymbol{R}_c$$

其中 $\boldsymbol{R}_c$ 为径向矢量. 同时, 根据等离子体的单粒子轨道理论, 当 $|B|$ 随磁力线半径变化时, 有 $\boldsymbol{\nabla} B$ 出现, 通过 Lorentz 力可求出电荷为 q、质量为 m 的粒子加速度

$$\boldsymbol{g}_2 = \mp\frac{|q|}{2mc}V_\perp r_L \boldsymbol{\nabla} B$$

其中 r_L 为拉莫尔半径, $V_\perp$ 为垂直 $\boldsymbol{B}$ 的速度分量.

综合后

$$\begin{aligned}\boldsymbol{g} = \boldsymbol{g}_1 + \boldsymbol{g}_2 &= \frac{V_\parallel^2 + \dfrac{1}{2}V_\perp^2}{R_c^2}\boldsymbol{R}_c = \frac{2W_\parallel + W_\perp}{mR_c^2}\boldsymbol{R}_c \\ &= \frac{2kT}{mR_c^2}\boldsymbol{R}_c = \frac{2nkT}{\rho R_c^2}\boldsymbol{R}_c = \frac{2p}{\rho R_c^2}\boldsymbol{R}_c\end{aligned}$$

$\boldsymbol{g}$ 与 $\boldsymbol{R}_c$ 同方向 ($\boldsymbol{g} = +2p/\rho\boldsymbol{R}_c$). 当磁场凹向等离子体, $\boldsymbol{R}_c$ 为负. ($\boldsymbol{R}_c$ 的正负由凸、凹向等离子体确定.)

不稳定时

$$\omega^2 = -gk = -\frac{2pk}{\rho R_c} \tag{7.5-1}$$

以前已提及, 当磁通管两端根植于光球时, 相距为 L, 有利于稳定. 这时扰动沿磁力线传播. 速度为 $v_A = B/(\mu\rho)^{1/2}$. 不稳定性的增长率可近似修正为

$$\omega^2 = -\frac{2pk}{\rho R_c} + \frac{v_A^2}{L^2} \tag{7.5-2}$$

假如界面的方向垂直于磁场, 相距为 r_0, 最小波数约为 r_0^{-1} (最大波长约为 r_0) (图 7.15). 磁通管两端固定能稳定住的最长波的扰动 (r_0) 的条件是 (7.5-2) 中的 $\omega^2 > 0$.

$$\frac{v_A^2}{L^2} > \frac{2pk}{\rho R_c}$$

$$\frac{B^2}{\mu\rho L^2} > \frac{2pk}{\rho R_c}$$

$$\frac{r_0 R_c}{L^2} > \frac{2\mu p}{B^2}$$

波长小于 r_0 的扰动是不稳定的.

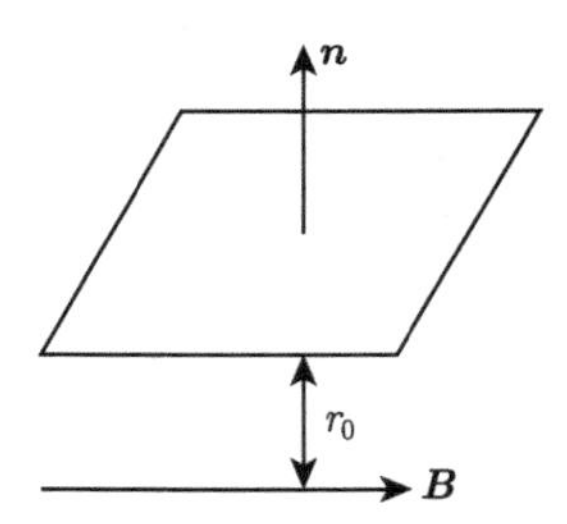

图 7.15 界面方向垂直磁场, 磁通管两端的固定能稳定长波扰动

事实上, 当界面是平面时, 两个区域中的磁力线交换很可能引起不稳定, 因为磁力线在扰动过程 (交换) 中没有拉伸, 无需反抗磁张力做功.

3. 电流不稳定性, 腊肠不稳定性 (交换不稳定性)

柱状等离子体半径为 a, 被环状磁场箍缩, 环状磁场由流过柱表面或柱内的电流产生, $\boldsymbol{j} = j\hat{\boldsymbol{z}}$ (图 7.16).

Lorentz 力 $\boldsymbol{j} \times \boldsymbol{B}$ 径向向内, 被向外的压强梯度平衡. 若等离子体 (p_0, ρ_0) 不包含磁场, 箍缩是不会稳定的. 因为磁场凹向等离子体, 称为腊肠不稳定性 (腊肠

不稳定性也属于交换不稳定性). 由 (7.5-1) 式, 可得增长率

$$i\omega = \left(\frac{2p_0 k}{\rho_0 a}\right)^{1/2}$$

若扰动波数 $k \approx a^{-1}$, 则

$$i\omega = \frac{(2p_0/\rho_0)^{1/2}}{a} \tag{7.5-3}$$

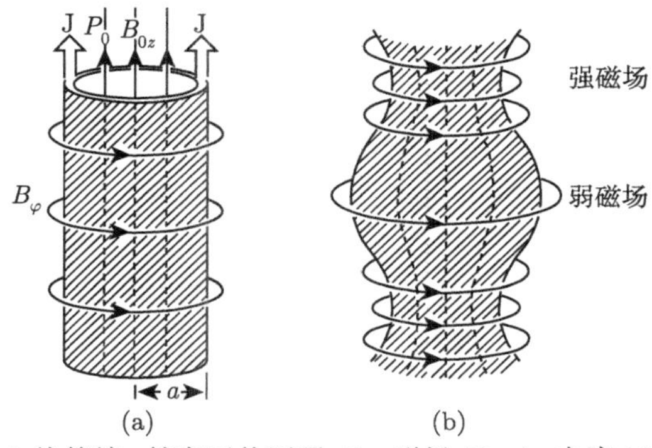

图 7.16 (a) 线箍缩. 等离子体压强 P_0. 磁场 $B_{0z}\hat{\boldsymbol{z}}$. 电流 j$\hat{\boldsymbol{z}}$ 沿表面流动产生磁场 $B_\varphi\widehat{\varphi}$. (b) 界面上的腊肠扰动

足够大的轴向磁场 B_{0z} 存在于等离子体内, 有助于线箍缩的稳定. 力平衡的条件, 变为

$$p_0 + \frac{B_{0z}^2}{2\mu} = \frac{B_{0\varphi}^2}{2\mu} \tag{7.5-4}$$

沿轴向传播的 Alfvén 波速是 $B_{0z}/(\mu\rho_0)^{1/2}$.

仿照 (7.5-2) 式, 色散关系 (7.5-3) 近似修正为

$$\omega^2 = -\frac{2p_0}{\rho_0 a^2} + \frac{B_{0z}^2}{\mu\rho_0 a^2}$$

系统的稳定条件显然是 $\omega^2 > 0$. 从 (7.5-4) 式解出 p_0 代入上式得

$$B_{0z}^2 > \frac{1}{2}B_\varphi^2$$

4. 扭折不稳定性

包括腊肠 (线箍缩) 不稳定性 ($m = 0$), 侧向扭折 (lateral kink) 不稳定性的扰动形如 $\sim \mathrm{e}^{i\phi}\cos kz$, 通过两个螺旋扭折扰动 $\mathrm{e}^{i(\phi+kz)}$, $\mathrm{e}^{i(\phi-kz)}$ 叠加得到. 螺旋扭

折 (helical kink) 不稳定性 ($m=1$) 扰动形式为 $\boldsymbol{\xi}=\boldsymbol{\xi}(R)\mathrm{e}^{i(m\phi+kz+\omega t)}$. 上述扰动下, 圆柱的截面保持为圆. 模式 $\sim \mathrm{e}^{i(m\phi+kz)}$, $m\geqslant 2$ 的扰动, 截面变形.

设磁场位形如图 7.16 (a). 环向场和柱外纵场在柱外形成螺旋磁场, 暂时假定柱内纵场为零, 等离子体柱扭转成螺旋状, 产生螺旋不稳定性.

(1) 原已推得的线性化扰动方程稍加变换再列于下.

$$\rho_0\frac{\partial \boldsymbol{v}_1}{\partial t}=-\boldsymbol{\nabla}p_1+\boldsymbol{j}_1\times\boldsymbol{B}_0+\boldsymbol{j}_0\times\boldsymbol{B}_1 \qquad \text{(忽略重力)} \tag{7.2-10}$$

$$\frac{\partial \rho_1}{\partial t}+\boldsymbol{\nabla}\cdot(\rho_0\boldsymbol{v}_1)=0 \tag{7.2-11}$$

$$\frac{\partial p_1}{\partial t}=-\gamma p_0\boldsymbol{\nabla}\cdot\boldsymbol{v}_1-(\boldsymbol{v}_1\cdot\boldsymbol{\nabla})p_0 \tag{7.2-13}$$

$$\frac{\partial \boldsymbol{B}_1}{\partial t}=\boldsymbol{\nabla}\times(\boldsymbol{v}_1\times\boldsymbol{B}_0) \tag{7.2-9}$$

$$\frac{\partial \boldsymbol{j}_1}{\partial t}=\frac{1}{\mu}\boldsymbol{\nabla}\times\frac{\partial \boldsymbol{B}_1}{\partial t} \tag{7.2-12}$$

用扰动位移 $\boldsymbol{\xi}(\boldsymbol{r}_0,t)$ 表示上述方程

$$\left.\begin{aligned}&\rho_1=-\boldsymbol{\nabla}\cdot(\rho_0\boldsymbol{\xi})\\&p_1=-\boldsymbol{\xi}\cdot\boldsymbol{\nabla}p_0-\gamma p_0\boldsymbol{\nabla}\cdot\boldsymbol{\xi}\\&\boldsymbol{B}_1=\boldsymbol{\nabla}\times(\boldsymbol{\xi}\times\boldsymbol{B}_0)\end{aligned}\right\} \tag{7.5-5}$$

(2) 边界条件.

(i) 等离子体-真空边界 (边界条件 (A)).

假定等离子体和真空区域之间存在一个平衡边界面 S_0, 面上有面电流流动, 因而等离子体压强和磁场可以有横过界面的不连续性. 平衡状态下, S_0 为等压面 (磁力线, 电流线分布在面上), 因此 S_0 上磁场法向分量为零. 所以 $B_n=0$, 而且横过界面的总压强连续:

$$p_0(\boldsymbol{r}_0)+\frac{B_{0i}^2(\boldsymbol{r}_0)}{2\mu}=\frac{B_{0e}^2(\boldsymbol{r}_0)}{2\mu} \tag{7.5-6}$$

其中, i 为柱内, e 为柱外, B_{0e} 为真空区域的磁场.

有位移时, 总压强也必须连续

$$p_0(\boldsymbol{r})+p_1(\boldsymbol{r})+\frac{1}{2\mu}[\boldsymbol{B}_{0i}(\boldsymbol{r})+\boldsymbol{B}_{1i}(\boldsymbol{r})]^2=\frac{1}{2\mu}[\boldsymbol{B}_{0e}(\boldsymbol{r})+\boldsymbol{B}_{1e}(\boldsymbol{r})]^2 \tag{7.5-7}$$

式中 $\boldsymbol{r}=\boldsymbol{r}_0+\xi_n\boldsymbol{n}_0$. $\boldsymbol{r}_0$ 为 S_0 面上的一点, $\boldsymbol{n}_0$ 为该点外法线单位矢量 $\xi_n=\boldsymbol{\xi}_0\cdot\boldsymbol{n}_0$. $p_0(\boldsymbol{r})$ 在 $\boldsymbol{r}_0$ 点展开

$$\begin{aligned}p_0(\boldsymbol{r}) &= p_0(\boldsymbol{r}_0) + (\boldsymbol{r} - \boldsymbol{r}_0) \cdot \nabla p_0(\boldsymbol{r}_0) + \cdots \\ &= p_0(\boldsymbol{r}_0) + \xi_n \boldsymbol{n}_0 \cdot \nabla p_0(\boldsymbol{r}_0) + \cdots \end{aligned} \tag{7.5-8}$$

由 (7.5-5) 式

$$p_1(\boldsymbol{r}) = -\boldsymbol{\xi} \cdot \nabla p_0(\boldsymbol{r}) - \gamma p_0(\boldsymbol{r}) \nabla \cdot \boldsymbol{\xi},$$

将 (7.5-8) 代入上式, 取一级近似, 即

$$p_1(\boldsymbol{r}) = -\boldsymbol{\xi} \cdot \nabla p_0(\boldsymbol{r}_0) - \gamma p_0(\boldsymbol{r}_0) \nabla \cdot \boldsymbol{\xi} \qquad (\text{注意右边宗量转为 } \boldsymbol{r}_0) \tag{7.5-9}$$

展开 (7.5-7) 式, 略去二阶小量

$$\begin{aligned}[\boldsymbol{B}_{0i}(\boldsymbol{r}) + \boldsymbol{B}_{1i}(\boldsymbol{r})]^2 &\approx B_{0i}^2(\boldsymbol{r}) + 2[\boldsymbol{B}_{0i}(\boldsymbol{r}) \cdot \boldsymbol{B}_{1i}(\boldsymbol{r})] \\ [\boldsymbol{B}_{0e}(\boldsymbol{r}) + \boldsymbol{B}_{1e}(\boldsymbol{r})]^2 &\approx B_{0e}^2(\boldsymbol{r}) + 2[\boldsymbol{B}_{0e}(\boldsymbol{r}) \cdot \boldsymbol{B}_{1e}(\boldsymbol{r})]\end{aligned} \tag{7.5-10}$$

将位移边界上的平衡磁压强用它在平衡位置 ($\boldsymbol{r}_0$) 上的值展开

$$B_0^2(\boldsymbol{r}) = B_0^2(\boldsymbol{r}_0) + \boldsymbol{\xi} \cdot \nabla B_0^2(\boldsymbol{r}_0) + \cdots \qquad (\text{对 } i,\, e \text{ 均成立}) \tag{7.5-11}$$

并且

$$\boldsymbol{B}_0(\boldsymbol{r}) \cdot \boldsymbol{B}_1(\boldsymbol{r}) = \boldsymbol{B}_0(\boldsymbol{r}_0) \cdot \boldsymbol{B}_1(\boldsymbol{r}_0) \qquad (\text{一级近似}) \ (\text{对 } i,\, e \text{ 均成立}) \tag{7.5-12}$$

将 (7.5-8)—(7.5-12) 代入 (7.5-7), 并利用压强连续条件 (7.5-6), 得到平衡边界面 S_0 上满足的边界条件之一:

$$\begin{aligned}&-\gamma p_0(\boldsymbol{r}_0) \nabla \cdot \boldsymbol{\xi} + \frac{\boldsymbol{B}_{0i}(\boldsymbol{r}_0) \cdot \boldsymbol{B}_{1i}(\boldsymbol{r}_0)}{\mu} + \frac{\xi_n}{2\mu} \frac{\partial}{\partial n} B_{0i}^2(\boldsymbol{r}_0) \\ &= \frac{\boldsymbol{B}_{0e}(\boldsymbol{r}_0) \cdot \boldsymbol{B}_{1e}(\boldsymbol{r}_0)}{\mu} + \frac{\xi_n}{2\mu} \frac{\partial}{\partial n} B_{0e}^2(\boldsymbol{r}_0)\end{aligned} \tag{7.5-13}$$

(ii) 边界条件 (B).

等离子体为理想导体 $\sigma \to \infty$, 所以 $\boldsymbol{E} + \boldsymbol{U} \times \boldsymbol{B}_0 = 0$.

在位移边界上, 电场切向分量连续, 真空中该切向场也为零 (等离子体之外). 所以

$$\boldsymbol{E}_t + [\boldsymbol{u} \times \boldsymbol{B}_{0e}]_t = 0 \tag{7.5-14}$$

可写成

$$\boldsymbol{n}_0 \times [\boldsymbol{E}_1 + \boldsymbol{u}_1 \times \boldsymbol{B}_{0e}] = 0,$$

下标 "1" 为扰动量, "e" 为真空中物理量, 平衡态 $\boldsymbol{u}_1 = 0$, $\boldsymbol{E}_1 = 0$, $\boldsymbol{B} = \boldsymbol{B}_0$.

$$\begin{aligned}\boldsymbol{n}_0 \times \boldsymbol{E}_1 &= -\boldsymbol{n}_0 \times (\boldsymbol{u}_1 \times \boldsymbol{B}_{0e}) \\ &= -\boldsymbol{u}_1(\boldsymbol{n}_0 \cdot \boldsymbol{B}_{0e}) + \boldsymbol{B}_{0e}(\boldsymbol{n}_0 \cdot \boldsymbol{u}_1) \\ &= u_{1n}\boldsymbol{B}_{0e}\end{aligned} \tag{7.5-15}$$

因为界面为等压面 $B_n = 0$.

$$\begin{aligned}\frac{\partial \boldsymbol{B}_1}{\partial t} &= -\nabla \times \boldsymbol{E}_1 \\ &= \nabla \times (\boldsymbol{u}_1 \times \boldsymbol{B}_{0e}) \\ &= \nabla \times \left(\frac{\partial \boldsymbol{\xi}}{\partial t} \times \boldsymbol{B}_{0e}\right)\end{aligned}$$

利用了 (7.5-14) 式, 磁场的法向分量可以用电场的切向分量表示, 所以 $\boldsymbol{B}_1$ 应为 $\boldsymbol{B}_{1e}$.

$$\boldsymbol{B}_{1e} = \nabla \times (\boldsymbol{\xi} \times \boldsymbol{B}_{0e})$$

$$\boldsymbol{n}_0 \cdot \boldsymbol{B}_{1e} = \boldsymbol{n}_0 \cdot [\nabla \times (\boldsymbol{\xi} \times \boldsymbol{B}_{0e})] \tag{7.5-16}$$

(3) 运动方程 (7.2-10), 用 ρ_1, p_1, $\boldsymbol{B}_1$ 代入得到扰动方程

$$\begin{aligned}\rho_0 \frac{\partial^2 \boldsymbol{\xi}}{\partial t^2} &= \boldsymbol{F}(\boldsymbol{\xi}) \\ &= -\nabla p_1 + \frac{1}{\mu}(\nabla \times \boldsymbol{B}_1) \times \boldsymbol{B}_0 + \frac{1}{\mu}(\nabla \times \boldsymbol{B}_0) \times \boldsymbol{B}_1\end{aligned} \tag{7.5-17}$$

$$\rho_0 \frac{\partial^2 \boldsymbol{\xi}}{\partial t^2} = -\nabla \left(p_1 + \frac{1}{\mu}\boldsymbol{B}_0 \cdot \boldsymbol{B}_1\right) + \frac{1}{\mu}[(\boldsymbol{B}_0 \cdot \nabla)\boldsymbol{B}_1 + (\boldsymbol{B}_1 \cdot \nabla)\boldsymbol{B}_0] \tag{7.5-18}$$

设 $\boldsymbol{B}_i$ 为柱边纵场 (柱内纵场已设为零), 即 $\boldsymbol{B}_0 \to \boldsymbol{B}_i$ (等同于当 $L \gg a$, 柱内纵场均匀, 即 $\boldsymbol{B}_i$ 不是 r 的函数, 也不是 z 的函数). 因为是面电流, $\boldsymbol{j}$ 沿边界面流动, 因为平衡态 $\nabla p_0 = \boldsymbol{j}_0 \times \boldsymbol{B}_0$, 内部 $\boldsymbol{j}_0 = 0$, $\boldsymbol{B}_0 = 0$, 所以 p_0 为常数, $(\boldsymbol{B}_1 \cdot \nabla)\boldsymbol{B}_i = 0$, (7.5-18) 式变为

$$\rho_0 \frac{\partial^2 \boldsymbol{\xi}}{\partial t^2} = -\nabla \left(p_1 + \frac{1}{\mu}\boldsymbol{B}_i \cdot \boldsymbol{B}_1\right) + \frac{1}{\mu}(\boldsymbol{B}_i \cdot \nabla)\boldsymbol{B}_{1i} \tag{7.5-18}$$

式中

$$\begin{aligned}\boldsymbol{B}_{1i} &= \nabla \times (\boldsymbol{\xi} \times \boldsymbol{B}_i) \\ &= \boldsymbol{\xi}\nabla \cdot \boldsymbol{B}_i - \boldsymbol{B}_i\nabla \cdot \boldsymbol{\xi} + (\boldsymbol{B}_i \cdot \nabla)\boldsymbol{\xi} - (\boldsymbol{\xi} \cdot \nabla)\boldsymbol{B}_i \\ &= B_i \frac{\partial}{\partial z}\boldsymbol{\xi}(r)\mathrm{e}^{i(m\varphi + kz)} = ikB_i\boldsymbol{\xi}(\boldsymbol{r})\end{aligned}$$

[$\boldsymbol{B}_i$ (即 $\boldsymbol{B}_0$) 是平衡态的场. 箍缩的等离子体看作不可压, $\boldsymbol{\nabla}\cdot\boldsymbol{\xi}=0$].

将 $\boldsymbol{\xi}(\boldsymbol{r},t)=\boldsymbol{\xi}(r)\exp i(m\varphi+kz+\omega t)$ $(=\boldsymbol{\xi}(\boldsymbol{r})\mathrm{e}^{i\omega t}$, 因为 $\boldsymbol{\xi}(\boldsymbol{r})=\boldsymbol{\xi}(r)\mathrm{e}^{i(m\phi+kz)})$ 及 $\boldsymbol{B}_{1i}$ 代入 (7.5-18),

$$-\omega^2\rho_0\boldsymbol{\xi}(\boldsymbol{r})=-\boldsymbol{\nabla}\left(p_1+\frac{1}{\mu}\boldsymbol{B}_i\cdot\boldsymbol{B}_{1i}\right)+\frac{1}{\mu}B_i\frac{\partial}{\partial z}(ikB_i\boldsymbol{\xi}(\boldsymbol{r}))$$

$$\left(-\omega^2\rho_0+\frac{k^2B_i^2}{\mu}\right)\boldsymbol{\xi}(\boldsymbol{r})=-\boldsymbol{\nabla}\left(p_1+\frac{1}{\mu}\boldsymbol{B}_i\cdot\boldsymbol{B}_{1i}\right)=-\boldsymbol{\nabla}\tilde{p} \tag{7.5-19}$$

两边求散度, 因为 B_i 不是 r, z 的函数, 所以左边 $\boldsymbol{\nabla}\cdot\boldsymbol{\xi}=0$. 于是有

$$\nabla^2\tilde{p}=0$$

Laplace 方程. 当上下界面边界条件是齐次时 (无限长圆柱, 端面外为真空, 当 $z\to\pm\infty$, $\tilde{p}\to 0$), 推得虚宗量 Bessel 方程

$$\left[\frac{\mathrm{d}^2}{\mathrm{d}r^2}+\frac{1}{r}\frac{\mathrm{d}}{\mathrm{d}r}-\left(k^2+\frac{m^2}{r^2}\right)\right]\tilde{p}(r)=0$$

令 $x=kr$, 上式化为

$$\left[\frac{\mathrm{d}^2}{\mathrm{d}x^2}+\frac{1}{x}\frac{\mathrm{d}}{\mathrm{d}x}-\left(1+\frac{m^2}{x^2}\right)\right]\tilde{p}(x)=0 \tag{7.5-20}$$

这是 m 阶虚宗量 Bessel 方程.

$x\to 0$, 即 $r\to 0$, 因此有限的解为 $I_m(kr)$,

$$\tilde{p}(r)=AI_m(kr)$$

A 为待定常数. 另一个线性无关的解为 $K_m(kr)\to\infty$ (当 $r\to 0$), 所以系数取为 0.

确定 $A=?$

当 $r=a$ (柱边界) 时, $\tilde{p}(r)=\tilde{p}(a)$,

$$\tilde{p}(r)=\tilde{p}(a)\frac{I_m(kr)}{I_m(ka)} \tag{7.5-21}$$

代入 (7.5-19), 可求得边界上的位移 $\xi_r(a)$. 具体的操作是: 右边取梯度的 $\hat{\boldsymbol{r}}$ 分量

$$\frac{\partial}{\partial r}\tilde{p}(r)=k\tilde{p}(a)\frac{I'_m(kr)}{I_m(ka)}$$

代入 (7.5-19), 令 $r=a$, 得边界上位移 $\xi_r(a)$,

$$\xi_r(a)=\frac{k}{\omega^2\rho_0-\dfrac{k^2B_i^2}{\mu}}\tilde{p}(a)\frac{I'_m(ka)}{I_m(ka)} \tag{7.5-22}$$

柱外真空区域, 扰动磁场满足 $\boldsymbol{\nabla}\times\boldsymbol{B}_{1e}=0$, 有标量磁势 ψ, $\boldsymbol{B}_{1e}=\boldsymbol{\nabla}\psi$, 满足

$$\nabla^2\psi=0 \tag{7.5-23}$$

柱坐标下, Laplace 方程分离变量 (仍为虚宗量方程), 对于无限远处有限的解为第二类虚宗量 Bessel 函数 $K_m(kr)$. 综合 φ, z 分量的解, 有

$$\psi=C\frac{K_m(kr)}{K_m(ka)}\exp i(m\varphi+kz) \tag{7.5-24}$$

C 为积分常数.

现在考虑边界条件, 也即柱的边界上的压强和磁场法向分量满足的条件. 压强平衡 (7.5-13) (边界条件 A) 变为

$$p_1+\frac{1}{\mu}\boldsymbol{B}_i\cdot\boldsymbol{B}_{1i}=\tilde{p}=\frac{\boldsymbol{B}_e\cdot\boldsymbol{B}_{1e}}{\mu}+\frac{\xi_r}{2\mu}\frac{\partial}{\partial r}B_e^2 \tag{7.5-25}$$

$\boldsymbol{B}_i$: 柱内场, $\boldsymbol{B}_{1i}$: 柱内扰动, $\boldsymbol{B}_{1e}$: 柱外扰动, $\boldsymbol{B}_e$: 柱外场.

[(7.5-13) 左边第三项 $\boldsymbol{B}_{0i}$ 在 $\hat{\boldsymbol{z}}$ 方向, 在柱侧面法向分量为 0. 左边第一项归为 p_1.]

柱外平衡磁场 $\boldsymbol{B}_e=\boldsymbol{B}_{ez}+\boldsymbol{B}_\varphi$, 无 $\hat{\boldsymbol{r}}$ 分量, B_{ez} 设为常数, $B_\varphi\sim 1/r$, 记为 $B_\varphi=B_\varphi^0/r$,

$$\begin{aligned}\frac{\partial}{\partial r}B_e^2&=\frac{\partial}{\partial r}(B_{ez}^2+B_\varphi^2)\\&=2B_\varphi\frac{\partial B_\varphi}{\partial r}=2B_\varphi\left(-\frac{B_\varphi^0}{r^2}\right)\\&=-\frac{2B_\varphi^2}{r}\end{aligned}$$

柱面处 $r=a$, 所以

$$\frac{\partial}{\partial r}B_e^2=-\frac{2B_\varphi^2(a)}{a}$$

$$\boldsymbol{B}_e\cdot\boldsymbol{B}_{1e}=(\boldsymbol{B}_{ez}+\boldsymbol{B}_\varphi)\cdot\boldsymbol{\nabla}\psi$$

$$= i\left(kB_{ez}+\frac{1}{a}B_\varphi m\right)C\exp i(m\varphi+kz) \quad (B_\varphi \text{ 的宗量 } r \text{ 也应用 } r=a \text{ 代入})$$

(7.5-25) 式成为 (边值 A 的结果)

$$\tilde{p}(a)=\frac{i}{\mu}\left(kB_{ez}+\frac{m}{a}B_\varphi\right)C-\frac{B_\varphi^2(a)}{\mu a}\xi_r(a) \tag{7.5-26}$$

由边界条件 (B), (7.5-16) 式, 在位移边界上 ($\boldsymbol{n}_0$ 即 $\boldsymbol{e}_r$)

$$\boldsymbol{e}_r\cdot\boldsymbol{B}_{1e}=\boldsymbol{e}_r\cdot[\boldsymbol{\nabla}\times(\boldsymbol{\xi}\times\boldsymbol{B}_{0e})] \tag{7.5-27}$$

$$\boldsymbol{e}_r\cdot\boldsymbol{B}_{1e}=\boldsymbol{e}_r\cdot\boldsymbol{\nabla}\psi=Ck\frac{K_m'(kr)}{K_m(ka)}\mathrm{e}^{i(m\varphi+kz)}$$

$$\begin{aligned}\boldsymbol{e}_r\cdot[\boldsymbol{\nabla}\times(\boldsymbol{\xi}\times\boldsymbol{B}_{0e})]&=\boldsymbol{e}_r\cdot[\boldsymbol{\nabla}\times(\boldsymbol{\xi}\times(\boldsymbol{B}_{ez}+\boldsymbol{B}_\varphi))]\\&=\boldsymbol{e}_r\cdot[\boldsymbol{\xi}\boldsymbol{\nabla}\cdot\boldsymbol{B}_{ez}-\boldsymbol{B}_{ez}\boldsymbol{\nabla}\cdot\boldsymbol{\xi}+(\boldsymbol{B}_{ez}\cdot\boldsymbol{\nabla})\boldsymbol{\xi}-(\boldsymbol{\xi}\cdot\boldsymbol{\nabla})\boldsymbol{B}_{ez}\\&\quad+\boldsymbol{\xi}\boldsymbol{\nabla}\cdot\boldsymbol{B}_\varphi-\boldsymbol{B}_\varphi\boldsymbol{\nabla}\cdot\boldsymbol{\xi}+(\boldsymbol{B}_\varphi\cdot\boldsymbol{\nabla})\boldsymbol{\xi}-(\boldsymbol{\xi}\cdot\boldsymbol{\nabla})\boldsymbol{B}_\varphi]\\&\quad(\ \boldsymbol{\nabla}\cdot\boldsymbol{\xi}=0,\ \boldsymbol{B}_{ez}=\text{const}\ )\end{aligned}$$

$$\begin{aligned}\text{上式}\ &=\boldsymbol{e}_r\cdot[(\boldsymbol{B}_{ez}\cdot\boldsymbol{\nabla})\boldsymbol{\xi}+(\boldsymbol{B}_\varphi\cdot\boldsymbol{\nabla})\boldsymbol{\xi}-(\boldsymbol{\xi}\cdot\boldsymbol{\nabla})\boldsymbol{B}_\varphi]\\&=\boldsymbol{e}_r\cdot B_{ez}\frac{\partial}{\partial z}(\xi_r(r)\hat{\boldsymbol{r}}+\xi_\varphi(r)\widehat{\boldsymbol{\varphi}}+\xi_z(r)\hat{\boldsymbol{z}})\mathrm{e}^{i(m\varphi+kz)}\\&\quad+\boldsymbol{e}_r\cdot B_\varphi\frac{1}{r}\frac{\partial}{\partial\varphi}(\xi_r(r)\hat{\boldsymbol{r}}+\xi_\varphi(r)\widehat{\boldsymbol{\varphi}}+\xi_z(r)\hat{\boldsymbol{z}})\mathrm{e}^{i(m\varphi+kz)}\\&\quad-\boldsymbol{e}_r\cdot\xi_r\frac{\partial}{\partial r}B_\varphi(r)\widehat{\boldsymbol{\varphi}}\mathrm{e}^{i(m\varphi+kz)}\end{aligned}$$

($B_\varphi=B_\varphi(r)$ 与 φ, z 无关.)

当 $r=a$ 时,

$$\begin{aligned}\text{上式}\ &=i\left(kB_{ez}+\frac{m}{a}B_\varphi\right)\xi_r(a)\cdot\mathrm{e}^{i(m\varphi+kz)}\\&=\boldsymbol{e}_r\cdot\boldsymbol{B}_{1e}\end{aligned}$$

边值 (B) 的结果:

$$i\left(kB_{ez}+\frac{m}{a}B_\varphi\right)\xi_r(a)=Ck\frac{K_m'(ka)}{K_m(ka)} \tag{7.5-28}$$

$$\begin{cases} \xi_r(a) = \dfrac{k}{\omega^2\rho_0 - \dfrac{k^2B_i^2}{\mu}}\tilde{p}(a)\dfrac{I'_m(ka)}{I_m(ka)} & (7.5\text{-}22) \\ \tilde{p}(a) = \dfrac{i}{\mu}\left(kB_{ez} + \dfrac{m}{a}B_\varphi\right)C - \dfrac{B_\varphi^2(a)}{\mu a}\xi_r(a) & (7.5\text{-}26) \\ i\left(kB_{ez} + \dfrac{m}{a}B_\varphi\right)\xi_r(a) = Ck\dfrac{K'_m(ka)}{K_m(ka)} & (7.5\text{-}28) \end{cases}$$

由 (7.5-28) 得

$$C = \frac{i\left(kB_{ez} + \dfrac{m}{a}B_\varphi\right)K_m(ka)\xi_r(a)}{kK'_m(ka)} \tag{7.5-29}$$

将 (7.5-29) 代入 (7.5-26),

$$\tilde{p}(a) = \left[-\frac{\left(kB_{ez} + \dfrac{m}{a}B_\varphi\right)^2 K_m(ka)}{\mu kK'_m(ka)} - \frac{B_\varphi^2(a)}{\mu a}\right]\xi_r(a) \tag{7.5-30}$$

将 (7.5-30) 代入 (7.5-22),

$$\xi_r(a) = \frac{k}{\omega^2\rho_0 - \dfrac{k^2B_i^2}{\mu}} \cdot \frac{I'_m(ka)}{I_m(ka)} \cdot \left[-\frac{\left(kB_{ez} + \dfrac{m}{a}B_\varphi\right)^2 K_m(ka)}{\mu kK'_m(ka)} - \frac{B_\varphi^2(a)}{\mu a}\right]\xi_r(a)$$

得到色散关系

$$\mu\rho_0\omega^2 = k^2B_i^2 - \left(kB_{ez} + \frac{m}{a}B_\varphi\right)^2 \frac{I'_m(ka)K_m(ka)}{I_m(ka)K'_m(ka)} - \frac{kB_\varphi^2}{a}\frac{I'_m(ka)}{I_m(ka)} \tag{7.5-31}$$

B_i 即 B_{0z}.

稳定条件是 $\omega^2 > 0$, 色散关系 (7.5-31) 式右边第一项恒为正, 起稳定作用. 因为柱内磁场变形时, 磁力线伸长, 产生了恢复力.

注意 $I_m(x)$ 和 $K_m(x)$ 的图形 (图 7.17).

可以看出, $K_m/K'_m < 0$, $I'_m/I_m > 0$. 所以第二项也为正值. 第二项与 B_{ez} 和 B_φ 有关, 均为柱外磁场, 因此是起源于柱外磁力线的伸长. 如果 $\boldsymbol{k}\cdot\boldsymbol{B} = kB_{ez} + (m/a)B_\varphi = 0$, 也即扰动螺距

$$|\zeta| = \frac{2\pi m}{k} \tag{7.5-32}$$

等于磁力线螺距

$$\zeta_B = 2\pi r \frac{B_{ez}}{B_\varphi} \tag{7.5-33}$$

则第二项为零, 这时柱外磁场不畸变, 因而不能起稳定作用, 扰动会继续发展, 引起螺旋不稳定性.

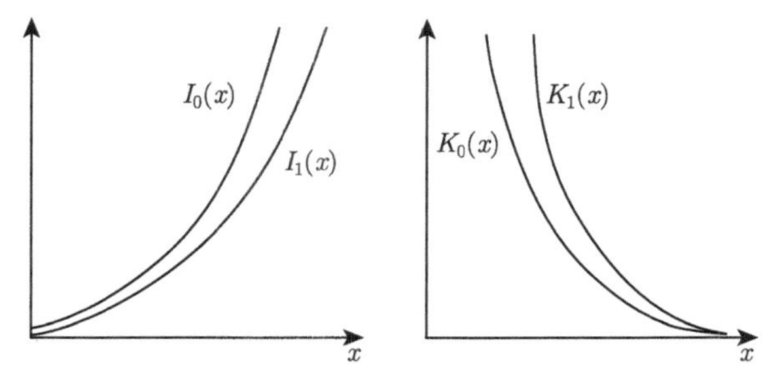

图 7.17 虚宗量 Bessel 方程的两个线性无关的解 $I_m(x)$ 和 $K_m(x)$

右边第三项总为负值, 与环形场有关, 因为该场的磁力线总是凹向等离子体, 是不稳定性的因素.

(4) 考察两种特例.

(i) $B_{ez} = 0$.

柱外真空区没有纵场, 当 $m = 0$ 时, 该模式的色散关系为

$$\omega^2 = \frac{B_i^2 k^2}{\mu_0 \rho_0}\left[1 - \frac{B_\varphi^2}{B_i^2}\frac{1}{ka}\frac{I_0'(ka)}{I_0(ka)}\right] \tag{7.5-34}$$

当 (7.5-34) 式括号中第二项取最大值时, 尚能稳定, 则系统总能稳定. 令 $x = ka$, 求 $I_0'(x)/xI_0(x)$ 的极大值, 它等于 $\frac{1}{2}$.

证明 方便起见, 取 $x \to \infty$ 时的渐近表式

$$I_0(x) = \frac{\mathrm{e}^x}{\sqrt{2\pi x}}, \quad I_0'(x) = \frac{\mathrm{e}^x}{(2\pi x)^{1/2}} - \frac{\mathrm{e}^x}{(8\pi)^{1/2}\cdot x^{3/2}}$$

$$\frac{\mathrm{d}}{\mathrm{d}x}\left[\frac{I_0'(x)}{xI_0(x)}\right] = -\frac{1}{x^2} + \frac{1}{x^3} = 0$$

解得: $x = 1$ 时有极值. 代入

$$\frac{I_0'(x)}{xI_0(x)} = \frac{2x-1}{2x^2} = \frac{1}{2}$$

稳定条件是

$$1-\frac{B_\varphi^2}{B_i^2}\frac{I_0'(ka)}{kaI_0(ka)}>0$$

$$\frac{B_\varphi^2}{B_i^2}<2$$

$$B_i^2>\frac{1}{2}B_\varphi^2 \tag{7.5-35}$$

箍缩柱对腊肠形扰动 ($m=0$) 稳定.

当 $m=1$ 时, 色散关系 (7.5-31) 成为 (记得外场 $B_{ez}=0$)

$$\begin{aligned}\omega^2&=\frac{B_i^2k^2}{\mu\rho_0}\left[1-\frac{B_\varphi^2}{kaB_i^2}\left(\frac{I_1'(ka)K_1(ka)}{kaI_1(ka)K_1'(ka)}+\frac{I_1'(ka)}{I_1(ka)}\right)\right]\\&=\frac{B_i^2k^2}{\mu\rho_0}\left[1-\frac{1}{ka}\frac{B_\varphi^2}{B_i^2}\cdot\frac{I_1'(ka)K_1(ka)+kaI_1'(ka)K_1'(ka)}{kaI_1(ka)K_1'(ka)}\right]\end{aligned}$$

$$K_\nu'(x)=-K_{\nu_{-1}}(x)-\frac{\nu}{x}K_\nu(x)\quad\left[K_1'(x)=-K_0(x)-\frac{1}{x}K_1(x)\right]$$

代入上式后有

$$\omega^2=\frac{B_i^2k^2}{\mu\rho_0}\left[1+\frac{B_\varphi^2}{B_i^2}\frac{I_1'(ka)K_0(ka)}{kaI_1(ka)K_1'(ka)}\right] \tag{7.5-36}$$

$I_1'/I_1>0$, $K_0(ka)/K_1'(ka)<0$, 所以括号中第二项为负.

这样当 $ka\gg 1$ 时, $\omega^2>0$ (短波扰动); 而当 $ka\to 0$ 时, $\omega^2<0$ (长波扰动).

当 $ka\to 0$ 时, (7.5-36) 式第二项利用下述公式可简化.

$$I_1'(x)=I_0(x)-\frac{1}{x}I_1(x)$$

$$K_1'(x)=-K_0(x)-\frac{1}{x}K_1(x)$$

$$K_0(x)=\ln\frac{2}{x}\qquad(x\to 0)$$

$$K_1(x)=\frac{\Gamma(1)}{x}=\frac{1}{x}\qquad(x\to 0)$$

$$I_0(x)=\frac{1}{\Gamma(1)}=1\qquad(x\to 0)$$

$$I_1(x)=\frac{x}{2\Gamma(2)}=\frac{x}{2}\qquad(x\to 0)$$

代入 $\dfrac{I_1'(x)K_0(x)}{xI_1(x)K_1'(x)}$ 后, 运算, 并利用 $ka \to 0$ (即 $x = ka$) 则得到

$$\frac{I_1'(x)K_0(x)}{xI_1(x)K_1'(x)} \approx -\ln\frac{2}{x}$$

$$\therefore\ \omega^2 = \frac{B_i^2 k^2}{\mu_0\rho_0}\left[1 - \frac{B_\varphi^2}{B_i^2}\ln\frac{2}{ka}\right] \tag{7.5-37}$$

可见即使 $B_\varphi = B_i$, 根据柱内外压强平衡 $p + B_i^2/2\mu = B_\varphi^2/2\mu$, 得到 $p = 0$ 的极限情形. 因为 $ka \to 0$, $\ln(2/ka) \gg 0$, $\omega^2 < 0$ 仍不稳定, 所以对于 $m = 1$ 的长波扰动, 箍缩柱是不稳定的.

(ii) $B_{ez} \gg B_\varphi$.

前已提及色散关系的第二项是正, 有利于稳定. 因此 $B_{ez} \gg B_\varphi$ 时最可能引起不稳定性的长波扰动是 $kB_{ez} + (m/a)B_\varphi \approx 0$. 所以我们只考虑长波极限 $ka \ll 1$.

利用 $x \to 0$ 的渐近表达式

$$I_m(x) = \frac{x^m}{2^m\Gamma(m+1)}, \qquad K_m(x) = \frac{2^{m-1}\Gamma(m)}{x^m}$$

以及关系式

$$I_m'(x) = I_{m-1}(x) - \frac{m}{x}I_m(x)$$

$$K_m'(x) = -K_{m-1}(x) - \frac{m}{x}K_m(x)$$

得到

$$\frac{I_m'(x)}{I_m(x)} = \frac{I_{m-1}(x)}{I_m(x)} - \frac{m}{x} = \frac{m}{x} = \frac{m}{ka} \qquad [\Gamma(m+1) = m\Gamma(m)]$$

$$\frac{K_m'(x)}{K_m(x)} = -\frac{K_{m-1}(x)}{K_m(x)} - \frac{m}{x} = -\frac{m}{x} = -\frac{m}{ka}$$

代入 (7.5-31) 式

$$\mu\rho_0\omega^2 = B_i^2 k^2 + \left(kB_{ez} + \frac{m}{a}B_\varphi\right)^2 - \frac{m}{a^2}B_\varphi^2 \tag{7.5-38}$$

求 ω^2 的极小值, 即 $\partial\omega^2/\partial k = 0$.

当 $k = -(m/a)\cdot B_{ez}B_\varphi/(B_{ez}^2 + B_i^2)$ 时, ω^2 有极小值

$$\omega_{\min}^2 = \frac{B_\varphi^2}{\mu\rho_0 a^2}\left(\frac{m^2 B_i^2}{B_{ez}^2 + B_i^2} - m\right) \tag{7.5-39}$$

利用平衡条件

$$p+\frac{1}{2\mu}B_i^2=\frac{1}{2\mu}B_{ez}^2+\frac{1}{2\mu}B_\varphi^2,\qquad \text{定义 } \beta=\frac{p}{\dfrac{1}{2\mu}(B_{ez}^2+B_\varphi^2)}$$

$$1-\beta=\frac{B_i^2}{B_{ez}^2+B_\varphi^2}\approx\frac{B_i^2}{B_{ez}^2}\quad (\text{本例即 } B_{ez}\gg B_\varphi)$$

$$\begin{aligned}\omega_{\min}^2&=\frac{B_\varphi^2}{\mu\rho_0 a^2}m\left(m\frac{B_i^2}{B_{ez}^2+B_i^2}-1\right)\qquad (\text{括号内第一项分子、分母除以 } B_{ez}^2)\\&=\frac{B_\varphi^2}{\mu\rho_0 a^2}m\left(m\frac{1-\beta}{2-\beta}-1\right)\end{aligned}\tag{7.5-40}$$

m 为扰动量的相位角的系数 $m\geqslant 0$.

当 $0<m<(2-\beta)/(1-\beta)$ 时, $\omega_{\min}^2<0$ ($m=0$, 为腊肠不稳定). 即低 β 时 (等离子体气压低), $m=1$ 模不稳定. 不论 B_{ez} 有多大 ($B_{ez}\to\infty$, $\beta\to 0$), 无限长箍缩柱对 $m=1$ 的长波 ($ka\ll 1$) 扰动, 总不稳定.

对于有限长箍缩柱, 扰动波长不可能超过柱长 L, 所以 $k>2\pi/L$. 由 (7.5-38) 式可知, 对于 $m=1$ 模的稳定条件是

$$B_i^2k^2+\left(kB_{ez}+\frac{1}{a}B_\varphi\right)^2-\frac{1}{a^2}B_\varphi^2>0$$

$$k^2B_i^2+kB_{ez}\left(kB_{ez}+\frac{2}{a}B_\varphi\right)>0$$

低 β 情形 ($p\approx 0$). $B_i\approx B_{ez}\equiv B_z$,

$$2kB_z>-\frac{2}{a}B_\varphi$$

$$-\frac{B_\varphi}{B_z}<ka$$

如果 $B_\varphi/B_z>0$, 上述不等式显然成立. 若 $B_\varphi/B_z<0$, 则上式表示

$$\left|\frac{B_\varphi}{B_z}\right|<ka\tag{7.5-41}$$

此即稳定条件. 对于长度 L 的箍缩柱

$$\left|\frac{B_\varphi}{B_z}\right|<\frac{2\pi a}{L}\tag{7.5-42}$$

螺距 $h = 2\pi a B_z/B_\theta$, (7.5-42) $\to h/L > 1$, 稳定, 安全因子定义为 $q = h/L$ (>1 稳定, <1 不稳定), 即磁力线的螺距大于箍缩柱的长度为稳定. 这就是强磁场中等离子体箍缩柱对螺旋不稳定性的稳定条件 (Kruskal-Shafranov 条件).

对于大半径为 R、小半径为 a 的环形系统, 波长不可能超过 $2\pi R$, 所以 $k > 1/R$, $B_\theta/B_z < (1/R)\cdot a$, 安全因子

$$q(a) = \frac{a}{R}\frac{B_z}{B_\theta} > 1 \tag{7.5-43}$$

7.5.2 撕裂不稳定性

考虑无限扩展的片电流箍缩, 片电流在外面产生均匀磁场. 以前讨论的 MHD 不稳定性, 均为理想流体 $\sigma \to \infty$. 现在则考虑有限电导率, 并由此引起不稳定性. 所谓撕裂不稳定性, 形式如图 7.18.

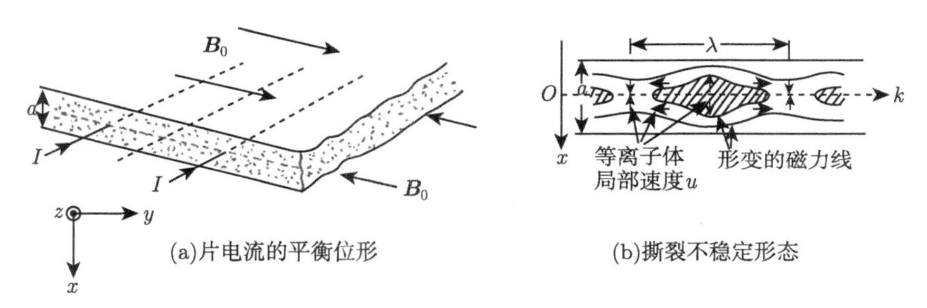

图 7.18 撕裂不稳定性

设在 yz 面上无限扩展的片电流沿 z 轴方向流动 (图 7.18 (a)). 这个电流在片的中心层 ($x = 0$ 面) 上下产生沿 y 轴但方向相反的磁场. 箍缩等离子体, 达到平衡态. 由欧姆定律

$$\sigma(\boldsymbol{E}_1 + \boldsymbol{u}_1 \times \boldsymbol{B}_0) = \boldsymbol{j}_1 \tag{7.5-44}$$

可见, 在 $x \approx 0$ 中心层附近 $\boldsymbol{B}_0 \sim 0$, 电阻有重要作用. 而离中心较远处 (下标 "1" 为扰动量) $\boldsymbol{u}_1 \times \boldsymbol{B}_0$ 较大. 可将等离子体看成理想导电, 因此可将片电流分成两个区域: 电阻性区域 $|x| < \varepsilon$ (内区), 无电阻区域 $a > |x| > \varepsilon$ (外区). 若电阻区里有扰动 $B_{1x} \sim B_{1x}(x)\mathrm{e}^{i(\omega t + ky)}$ ($\boldsymbol{k}$ 在 y 方向), 由 $\boldsymbol{\nabla} \times \boldsymbol{E}_1 = -\partial \boldsymbol{B}_1/\partial t$, 感应出垂直于 yx 或 kx 平面的电场

$$i\boldsymbol{k} \times \boldsymbol{E}_1 = ikE_{1z}\hat{\boldsymbol{x}} = -i\omega B_{1x}\hat{\boldsymbol{x}}$$

$$E_{1z} \sim \frac{\omega}{k}B_{1x}$$

电阻区 $\boldsymbol{B}_0 \sim 0$, 所以 $\boldsymbol{E}_1 = \boldsymbol{j}_1/\sigma$ 产生电流 $j_{1z}(\hat{\boldsymbol{z}})$. j_{1z} 和 $\boldsymbol{B}_0$ 产生的 Lorentz 力在 $\hat{\boldsymbol{x}}$ 方向, 指向使起始扰动增长的方向 (起始扰动 B_{1x} 在 $\hat{\boldsymbol{x}}$ 方向). 最终将片电流撕裂, 成图 7.18 (b) 所示形状.

简单计算不稳定性的增长率.

在电阻性区域, 由 $\boldsymbol{E}_1 = \boldsymbol{j}_1/\sigma$ 及磁感应方程可得

$$\frac{\partial \boldsymbol{B}_1}{\partial t} = \eta_m \nabla^2 \boldsymbol{B}_1$$

对于 $B_{1x} \sim B_{1x}(x)\exp(\gamma t + iky)$ 形式的扰动, 上式化为

$$\frac{\mathrm{d}^2 B_{1x}}{\mathrm{d}x^2} - \left(k^2 + \frac{\gamma}{\eta_m}\right) B_{1x} = 0$$

解为

$$B_{1x} \sim C\cosh\left[\left(k^2 + \frac{\gamma}{\eta_m}\right)^{1/2} x\right] \tag{7.5-45}$$

[另一个解 $\sim \sinh\left[(k^2+\gamma/\eta_m)^{1/2}x\right] \approx 0$ 当 $x \to 0$ 时, 不满足 $x = \pm\varepsilon$ 处的边界条件 (Hasegawa, 1975).]

无电阻区 (完全导电) $\boldsymbol{E}_1 + \boldsymbol{u}_1 \times \boldsymbol{B}_0 = 0$,

$$\boldsymbol{\nabla} \times \boldsymbol{E}_1 = -\frac{\partial \boldsymbol{B}_1}{\partial t}$$

$$\boldsymbol{\nabla} \times (\boldsymbol{u}_1 \times \boldsymbol{B}_0) = \frac{\partial \boldsymbol{B}_1}{\partial t}$$

$$\begin{aligned}\boldsymbol{\nabla} \times (\boldsymbol{u}_1 \times \boldsymbol{B}_0) &= (\boldsymbol{B}_0 \cdot \boldsymbol{\nabla})\boldsymbol{u}_1 \\ &= B_0 \frac{\partial}{\partial z} u_{1x}(x)\mathrm{e}^{\gamma t + ikz} \\ &= ikB_0 u_{1x}\end{aligned}$$

(流体不可压, 无电阻区域 $\boldsymbol{B}_0 = \boldsymbol{B}_0(x) \sim$ 常数)

$$ikB_0 u_{1x} = \gamma B_{1x}$$

另一个联系 u_{1x} 和 B_{1x} 的方程, 从运动方程和 Maxwell 方程得到

$$\rho_0 \frac{\mathrm{D}\boldsymbol{u}}{\mathrm{D}t} = \boldsymbol{j} \times \boldsymbol{B} - \boldsymbol{\nabla} p$$

$$\boldsymbol{\nabla} \times \boldsymbol{B} = \mu_0 \boldsymbol{j}$$

对运动方程取旋度, 假定等离子体不可压缩 $\nabla\cdot\boldsymbol{u}_1=0$, 利用 $\nabla\cdot\boldsymbol{B}=0$ 最后得波动方程:

$$\frac{\mathrm{d}^2B_{1x}}{\mathrm{d}x^2}-\left(k^2+\frac{B_0''}{B_0}\right)B_{1x}=\frac{\gamma^2}{k^2v_A^2}\left(\frac{\mathrm{d}^2}{\mathrm{d}x^2}-k^2\right)\frac{B_{1x}}{B_0} \tag{7.5-46}$$

对于 $\gamma^2\ll k^2v_A^2$ 情形, 简化为

$$\frac{\mathrm{d}^2B_{1x}}{\mathrm{d}x^2}-\left(k^2+\frac{B_0''}{B_0}\right)B_{1x}=0 \tag{7.5-47}$$

式中 $B_0=B_0(x)$, γ 增长率, $B_0''=\mathrm{d}^2B_0(x)/\mathrm{d}x^2$.

对于约束在 $|x|\leqslant a$ 的非均匀片电流, 由图 7.19 可见, B_0''/B_0 为负.

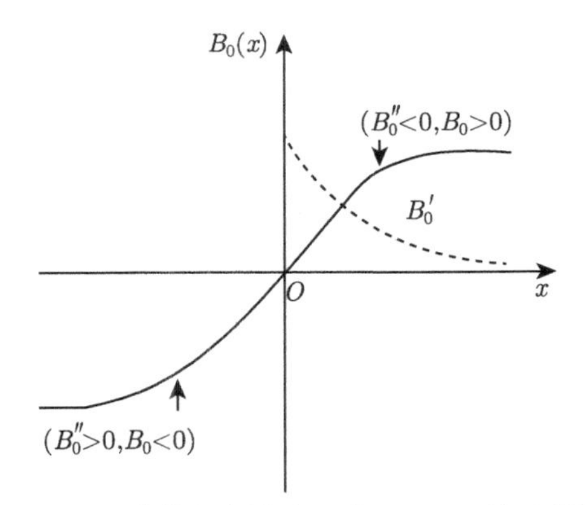

图 7.19 非均匀电流片 $B_0''/B_0<0$ 的示意图

令 $B_0''/B_0=-\lambda^{-2}$, (7.5-47) 变成

$$\frac{\mathrm{d}^2B_{1x}}{\mathrm{d}x^2}+\left(\frac{1}{\lambda^2}-k^2\right)B_{1x}=0 \tag{7.5-48}$$

当 k 小时, 有正弦解

$$B_{1x}=C\sin\left[\left(\frac{1}{\lambda^2}-k^2\right)^{1/2}x\right] \tag{7.5-49}$$

在边界上 $x=\varepsilon$, (7.5-45) = (7.5-49). (7.5-49) 式中略去 k^2, 令 $x=\varepsilon$,

$$C_2\sin\frac{\varepsilon}{\lambda}=C_1\cosh\left[\left(\frac{\gamma}{\eta_m}\right)^{1/2}\varepsilon\right] \tag{7.5-50}$$

因为 $\varepsilon < a$, 近似有

$$C_2\frac{\varepsilon}{a} = C_1\left(1 + \frac{1}{2}\frac{\gamma}{\eta_m}\varepsilon^2\right)$$

$$2\left(\frac{C_2}{C_1}\frac{\varepsilon}{a} - 1\right) = \frac{\gamma}{\eta_m}\varepsilon^2$$

$$\gamma \approx \frac{\eta_m}{\varepsilon^2}$$

注意: (1) $\sin x$ 最大值为 1, $\cosh x$ 的最小值为 1, 两条曲线要有交点, 必须有 $C_2 > C_1$.

(2) 若以 $\gamma = \eta_m/\varepsilon^2$ 代入 (7.5-50), 得 $C_2(\varepsilon/\lambda) \approx C_2(\varepsilon/a) = C_1\cosh 1 = C_1(\mathrm{e}+\mathrm{e}^{-1})/2 \approx 1.5C_1$, $(C_2/C_1)(\varepsilon/a) \approx 1.5$.

(7.5-47) 式的推导:

为简单起见, 设电流片是 yz 平面上一薄层等离子体, 薄层两侧的反向磁场沿 y 轴方向 (图 7.20). 平衡时, 所有的物理量 $\boldsymbol{B}_0$, p_1, ρ 只依赖于 x. 经过小扰动线性化处理后, 运动方程

$$\rho_0\frac{\partial \boldsymbol{v}_1}{\partial t} = -\nabla p_1 + \frac{1}{\mu}(\nabla\times\boldsymbol{B}_0)\times\boldsymbol{B}_1 + \frac{1}{\mu}(\nabla\times\boldsymbol{B}_1)\times\boldsymbol{B}_0$$

$$\frac{\partial \boldsymbol{B}_1}{\partial t} = \nabla\times(\boldsymbol{v}_1\times\boldsymbol{B}_0) + \eta_m\nabla^2\boldsymbol{B}_1$$

$\eta_m = 1/\mu\sigma$ 为磁粘滞系数. 若用 $-i\boldsymbol{\xi}$ 表示流体质点的位移, 则 $\boldsymbol{v}_1 = -i\,\partial\boldsymbol{\xi}/\partial t$, 考虑 xy 平面内扰动形式为

$$\boldsymbol{B}_1 = \boldsymbol{B}_1(x)\mathrm{e}^{iky+\gamma t}$$

$$\boldsymbol{\xi} = \boldsymbol{\xi}(x)\mathrm{e}^{iky+\gamma t}$$

所以 $\partial/\partial t = \gamma$, $\partial/\partial y = ik$, 没有 $\hat{z}$ 分量.

$$\boldsymbol{v}_1 = -i\gamma\boldsymbol{\xi}$$

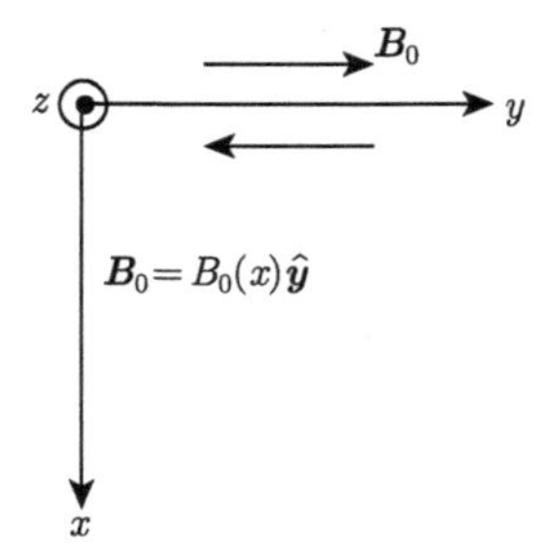

图 7.20　推导 (7.5-47) 的示意图

对运动方程取旋度, 可消去 p.

$$-i\gamma^2\nabla\times(\rho_0\boldsymbol{\xi})=\frac{1}{\mu}\nabla\times[(\nabla\times\boldsymbol{B}_0)\times\boldsymbol{B}_1]+\frac{1}{\mu}\nabla\times[(\nabla\times\boldsymbol{B}_1)\times\boldsymbol{B}_0] \tag{a}$$

(a) 式右边第一项

$$=\frac{1}{\mu}[(\nabla\times\boldsymbol{B}_0)\nabla\cdot\boldsymbol{B}_1-\boldsymbol{B}_1\nabla\cdot(\nabla\times\boldsymbol{B}_0)+(\boldsymbol{B}_1\cdot\nabla)\nabla\times\boldsymbol{B}_0-((\nabla\times\boldsymbol{B}_0)\cdot\nabla)\boldsymbol{B}_1]$$

其中

$$\begin{aligned}&(\nabla\times\boldsymbol{B}_0\cdot\nabla)\boldsymbol{B}_1\\&=\left[\left(\frac{\partial B_{0z}}{\partial y}-\frac{\partial B_{0y}}{\partial z}\right)\boldsymbol{i}+\left(\frac{\partial B_{0x}}{\partial z}-\frac{\partial B_{0z}}{\partial x}\right)\boldsymbol{j}+\left(\frac{\partial B_{0y}}{\partial x}-\frac{\partial B_{0x}}{\partial y}\right)\boldsymbol{k}\right]\cdot\nabla\boldsymbol{B}_1\\&=\frac{\partial B_{0y}}{\partial x}\frac{\partial}{\partial z}\boldsymbol{B}_1=0\end{aligned}$$

(a) 式右边第二项

$$\begin{aligned}&=\frac{1}{\mu}[(\nabla\times\boldsymbol{B}_1)\nabla\cdot\boldsymbol{B}_0-\boldsymbol{B}_0\nabla\cdot(\nabla\times\boldsymbol{B}_1)+(\boldsymbol{B}_0\cdot\nabla)\nabla\times\boldsymbol{B}_1-((\nabla\times\boldsymbol{B}_1)\cdot\nabla)\boldsymbol{B}_0]\\&=\frac{1}{\mu}[(\boldsymbol{B}_0\cdot\nabla)\nabla\times\boldsymbol{B}_1-(\nabla\times\boldsymbol{B}_1)\cdot\nabla\boldsymbol{B}_0]\end{aligned}$$

其中

$$\begin{aligned}&(\nabla\times\boldsymbol{B}_1)\cdot\nabla\boldsymbol{B}_0\\&=\left[\left(\frac{\partial B_{1z}}{\partial y}-\frac{\partial B_{1y}}{\partial z}\right)\boldsymbol{i}+\left(\frac{\partial B_{1x}}{\partial z}-\frac{\partial B_{1z}}{\partial x}\right)\boldsymbol{j}+\left(\frac{\partial B_{1y}}{\partial x}-\frac{\partial B_{1x}}{\partial y}\right)\boldsymbol{k}\right]\cdot\nabla\boldsymbol{B}_0\\&=\left(\frac{\partial B_{1y}}{\partial x}-\frac{\partial B_{1x}}{\partial y}\right)\cdot\frac{\partial}{\partial z}\boldsymbol{B}_0(x)=0\end{aligned}$$

所以

$$-i\gamma^2\nabla\times(\rho_0\boldsymbol{\xi})=\frac{1}{\mu}[(\boldsymbol{B}_1\cdot\nabla)\nabla\times\boldsymbol{B}_0+(\boldsymbol{B}_0\cdot\nabla)\nabla\times\boldsymbol{B}_1] \tag{b}$$

式中

$$
\begin{aligned}
&(\boldsymbol{B}_1\cdot\boldsymbol{\nabla})(\boldsymbol{\nabla}\times\boldsymbol{B}_0)\\
&=\boldsymbol{B}_1\cdot\boldsymbol{\nabla}\left[\left(\frac{\partial B_{0z}}{\partial y}-\frac{\partial B_{0y}}{\partial z}\right)\boldsymbol{i}+\left(\frac{\partial B_{0x}}{\partial z}-\frac{\partial B_{0z}}{\partial x}\right)\boldsymbol{j}+\left(\frac{\partial B_{0y}}{\partial x}-\frac{\partial B_{0x}}{\partial y}\right)\boldsymbol{k}\right]\\
&=\left(B_{1x}\frac{\partial}{\partial x}+B_{1y}\frac{\partial}{\partial y}\right)\frac{\partial B_{0y}}{\partial x}\boldsymbol{k}\qquad (B_{0y}=B_0(x)\ \text{在}\ \hat{\boldsymbol{y}}\text{方向})\\
&=B_{1x}\frac{\mathrm{d}^2}{\mathrm{d}x^2}B_0(x)\boldsymbol{k}
\end{aligned}
$$

$$
\begin{aligned}
(\boldsymbol{B}_0\cdot\boldsymbol{\nabla})(\boldsymbol{\nabla}\times\boldsymbol{B}_1)&=\left(B_0\frac{\partial}{\partial y}\right)\left(\frac{\partial B_{1y}}{\partial x}-\frac{\partial B_{1x}}{\partial y}\right)\boldsymbol{k}\\
&=B_0\left[\frac{\partial}{\partial x}\frac{\partial B_{1y}}{\partial y}-(ik)^2B_{1x}\right]\boldsymbol{k}\\
&=B_0\left[-\frac{\partial^2 B_{1x}}{\partial x^2}+k^2B_{1x}\right]\boldsymbol{k}
\end{aligned}
$$

$$
\because\ \boldsymbol{\nabla}\cdot\boldsymbol{B}_1=0,\ \frac{\partial B_{1x}}{\partial x}+\frac{\partial B_{1y}}{\partial y}=0,\ \therefore\ \frac{\partial B_{1y}}{\partial y}=-\frac{\partial B_{1x}}{\partial x}
$$

(b) 式中右边两项之和为

$$
\begin{aligned}
&\frac{1}{\mu}\left[B_{1x}\frac{\mathrm{d}^2B_0(x)}{\mathrm{d}x^2}-B_0\frac{\partial^2 B_{1x}}{\partial x^2}+k^2B_{1x}B_0\right]\boldsymbol{k}\\
&=-\frac{1}{\mu}B_0\left[\frac{\partial^2}{\partial x^2}-k^2-\frac{1}{B_0}\frac{\mathrm{d}^2B_0}{\mathrm{d}x^2}\right]B_{1x}\boldsymbol{k}
\end{aligned}
\tag{c}
$$

(b) 式左边:

$$
\begin{aligned}
&-i\gamma^2\boldsymbol{\nabla}\times(\rho_0\boldsymbol{\xi})\\
&=-i\gamma^2[\boldsymbol{\nabla}\rho_0\times\boldsymbol{\xi}+\rho_0\boldsymbol{\nabla}\times\boldsymbol{\xi}]\quad(\rho_0=\rho_0(x),\ \boldsymbol{\xi}=\boldsymbol{\xi}(x,y)=\xi_x\boldsymbol{i}+\xi_y\boldsymbol{j})\\
&=-i\gamma^2\left\{\frac{\partial\rho_0}{\partial x}\boldsymbol{i}\times\boldsymbol{\xi}+\rho_0\left[\left(\frac{\partial\xi_z}{\partial y}-\frac{\partial\xi_y}{\partial z}\right)\boldsymbol{i}+\left(\frac{\partial\xi_x}{\partial z}-\frac{\partial\xi_z}{\partial x}\right)\boldsymbol{j}+\left(\frac{\partial\xi_y}{\partial x}-\frac{\partial\xi_x}{\partial y}\right)\boldsymbol{k}\right]\right\}\\
&=-i\gamma^2\left[\frac{\partial\rho_0}{\partial x}\xi_y+\rho_0\left(\frac{\partial\xi_y}{\partial x}-ik\xi_x\right)\right]\boldsymbol{k}\\
&=-i\gamma^2\left[\frac{\partial}{\partial x}(\xi_y\rho_0)-ik\rho_0\xi_x\right]\boldsymbol{k}
\end{aligned}
$$

$$
\because\ \frac{\partial\xi_y}{\partial y}=ik\xi_y,\ \therefore\ \xi_y=\frac{1}{ik}\frac{\partial\xi_y}{\partial y},\ \boldsymbol{\nabla}\cdot\boldsymbol{\xi}=\frac{\partial\xi_x}{\partial x}+\frac{\partial\xi_y}{\partial y}
$$

$$
\therefore\ \frac{\partial\xi_y}{\partial y}=\boldsymbol{\nabla}\cdot\boldsymbol{\xi}-\frac{\partial\xi_x}{\partial x}
$$

将 $\xi_y = (\boldsymbol{\nabla}\cdot\boldsymbol{\xi} - \partial\xi_x/\partial x)/ik$ 代入上式,

$$\begin{aligned}\text{上式} &= -i\gamma^2\left[\frac{1}{ik}\frac{\partial}{\partial x}\left(\rho_0\left\{\boldsymbol{\nabla}\cdot\boldsymbol{\xi} - \frac{\partial\xi_x}{\partial x}\right\}\right) - ik\rho_0\xi_x\right]\boldsymbol{k}\\ &= \frac{\gamma^2}{k}\left[\frac{\partial}{\partial x}\left\{\rho_0\left(\frac{\partial\xi_x}{\partial x} - \boldsymbol{\nabla}\cdot\boldsymbol{\xi}\right)\right\} - k^2\rho_0\xi_x\right]\boldsymbol{k}\end{aligned} \tag{d}$$

(c) 式 = (d) 式,

$$\begin{aligned}&\mu\gamma^2\left[\frac{\partial}{\partial x}\left\{\rho_0\left(\frac{\partial\xi_x}{\partial x} - \boldsymbol{\nabla}\cdot\boldsymbol{\xi}\right)\right\} - k^2\rho_0\xi_x\right]\\ &= -kB_0\left[\frac{\partial^2}{\partial x^2} - k^2 - \frac{1}{B_0}\frac{\mathrm{d}^2B_0}{\mathrm{d}x^2}\right]B_{1x}\end{aligned} \tag{e}$$

因为不稳定性的增长, 时间 (增长率的倒数) 远大于 MHD 波的渡越时间, 而且等离子体流速是亚声速, 所以证明压缩性的影响很小. 对于撕裂模可以认为不可压缩, $\boldsymbol{\nabla}\cdot\boldsymbol{\xi} = 0$, 方程 (e) 变成

$$\mu\gamma^2\left[\frac{\partial}{\partial x}\left(\rho_0\frac{\partial\xi_x}{\partial x}\right) - k^2\rho_0\xi_x\right] = -kB_0\left(\frac{\partial^2}{\partial x^2} - k^2 - \frac{1}{B_0}\frac{\mathrm{d}^2B_0}{\mathrm{d}x^2}\right)B_{1x} \tag{f}$$

小扰动线性化后的磁感应方程为

$$\frac{\partial\boldsymbol{B}_1}{\partial t} = \boldsymbol{\nabla}\times(\boldsymbol{v}_1\times\boldsymbol{B}_0) + \eta_m\nabla^2\boldsymbol{B}_1$$

$$\boldsymbol{v}_1\times\boldsymbol{B}_0 = -i\gamma\boldsymbol{\xi}\times B_0\boldsymbol{j} = -i\gamma(\xi_x\boldsymbol{i} + \xi_y\boldsymbol{j})\times B_0\boldsymbol{j} = -i\gamma\xi_xB_0\boldsymbol{k}$$

$$\boldsymbol{\nabla}\times(\boldsymbol{v}_1\times\boldsymbol{B}_0) = \boldsymbol{\nabla}\times(-i\gamma\xi_xB_0\boldsymbol{k}) = -i\gamma\left[\frac{\partial(\xi_xB_0)}{\partial y}\boldsymbol{i} - \frac{\partial(\xi_xB_0)}{\partial x}\boldsymbol{j}\right]$$

$$\frac{\partial B_{1x}}{\partial t}\boldsymbol{i} + \frac{\partial B_{1y}}{\partial t}\boldsymbol{j} = -i\gamma\frac{\partial(\xi_xB_0)}{\partial y}\boldsymbol{i} + i\gamma\frac{\partial(\xi_xB_0)}{\partial x}\boldsymbol{j} + \eta_m\left(\frac{\partial^2}{\partial x^2} + \frac{\partial^2}{\partial y^2}\right)\boldsymbol{B}_1$$

(f) 式中仅出现 ξ_x, B_{1x}. 所以上式取 $\hat{\boldsymbol{x}}$ 分量就可以了, 因为 $\partial/\partial t = \gamma$, $\partial/\partial y = ik$.

$$\gamma B_{1x} = \gamma k\xi_xB_0 + \eta_m\left(\frac{\partial^2}{\partial x^2} - k^2\right)B_{1x}$$

解得

$$B_{1x} = k\xi_xB_0 + \frac{\eta_m}{\gamma}\left(\frac{\partial^2}{\partial x^2} - k^2\right)B_{1x} \tag{g}$$

(f) 和 (g) 组成求解 B_{1x}, ξ_{1x} 的微分方程组.

考虑 η_m 很小的情形, 即磁雷诺数 $R_m = av_A/\eta_m \gg 1$, 或者扩散的特征时间 $\tau_d = a^2/\eta_m \gg$ Alfvén 波传播的特征时间 $\tau_A = a/v_A$, a 为电流片厚度 (因为 $av_A/\eta_m = (a^2/\eta_m)(v_A/a) = \tau_d/\tau_A \gg 1$, 所以 $\tau_d \gg \tau_A$).

现在, 等离子体由无限扩展的片电流箍缩, 片电流产生的磁场是均匀的. 这种位形不会产生柱形箍缩中由于环向磁场径向减小而引起的不稳定性, 当电导率 $\sigma \to \infty$ 时, 平行磁场的位形, 由于磁压强和磁张力的存在, 对于因扰动引起的挤压, 会通过抗压作用而恢复, 平衡是稳定的.

当磁雷诺数很大时, 若令 $\eta_m \to 0$, 就是理想导体. 如上所述理想导体的这种磁位形是稳定的. 也就不存在不稳定性的增长问题. 所以 $\gamma \to 0$. 从而 (g) 式直接变为

$$B_{1x} = k\xi_x B_0(x) \tag{g'}$$

(f) 式简化为

$$\left(\frac{\partial}{\partial x^2} - k^2 - \frac{1}{B_0}\frac{\mathrm{d}^2 B_0}{\mathrm{d}x^2}\right) B_{1x} = 0 \tag{f'}$$

求解 ξ_x 和 B_{1x}. 得到 (f′) 式的条件是在 $\eta_m = 0$ 时, $\gamma = 0$. (f′) 式即 (7.5-47).

7.5.3　电阻不稳定性

宽为 l 的电流片, 磁扩散时标 $\tau_d = l^2/\eta_m$, $\eta_m = (\mu\sigma)^{-1}$, 磁扩散过程中, 磁能因电阻而耗散, 以同一速率转化为热能, 太阳中, τ_d 巨大. 除非 l 很小, 否则无法解释动力学过程的实际时标. Furth 等 (1963) 提出三种不稳定性: 引力模 (gravitational mode)、皱波模 (rippling mode) 和撕裂模 (tearing mode) 能以快得多的速率变磁能为热能和动能. 如果电流片足够宽, 满足 $\tau_d \gg \tau_A$ ($\tau_A = l/v_A$), 这些不稳定性就发生. 它们的时标可写成 $\tau_d(\tau_A/\tau_d)^\delta$, $0 < \delta < 1$. 通过不稳定性, $\tau_d \gg \tau_A$, 会在电流片内产生许多小尺度的磁环, 向外扩散, 释放磁能.

不稳定过程中, 在电流片中心附近, 磁场为零, 宽为 εl 的区域中, 磁场通过等离子体滑动, 在扩散区的边缘, 磁场强度为 εB_0 (图 7.21). 设等离子体进入扩散区的速度是 $v_x\hat{\boldsymbol{x}}$ (当 $x > 0$ 时, 有 $-v_x < 0$), $\boldsymbol{B}_0 = B_0(x)\hat{\boldsymbol{y}}$, 所以电流 $\boldsymbol{j} \approx \sigma(\boldsymbol{v} \times \boldsymbol{B}) = \sigma v_x(\varepsilon B_0)\hat{\boldsymbol{z}}$. 作用在这些流动等离子体上的 Lorentz 力,

$$\boldsymbol{F}_L = \boldsymbol{j} \times \boldsymbol{B} = \sigma v_x(\varepsilon B_0)\hat{\boldsymbol{z}} \times \varepsilon B_0\hat{\boldsymbol{y}} = -\sigma v_x(\varepsilon B_0)^2\hat{\boldsymbol{x}} \tag{7.5-51}$$

$\boldsymbol{F}_L$ 要阻止流体的运动. 如果 v_x 是一种扰动, 则 $\boldsymbol{F}_L$ 会阻止扰动的发展, 是一种恢复力. 如果有不稳定性发生, 那么恢复力应该小于驱动力 ($\boldsymbol{F}_d$), $\boldsymbol{F}_d$ 的大小近似与 $\boldsymbol{F}_L$ 相当. $\boldsymbol{F}_d \approx -\boldsymbol{F}_L$, 驱动力贡献的功率为

$$\boldsymbol{F}_d \cdot \boldsymbol{v} = -\boldsymbol{v} \cdot \boldsymbol{F}_L = (v_x\hat{\boldsymbol{x}}) \cdot \sigma v_x(\varepsilon B_0)^2\hat{\boldsymbol{x}} = \sigma v_x^2(\varepsilon B_0)^2 \tag{7.5-52}$$

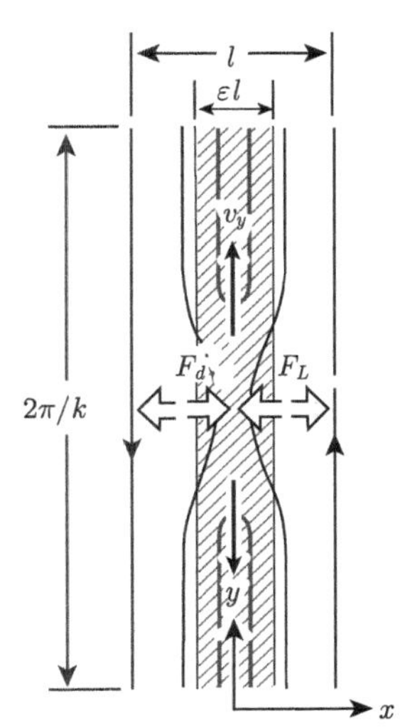

图 7.21 电流片中的电阻不稳定性. 驱动力 F_d 大于恢复力 F_L. 电流片宽度 l. 明显的扩散发生在 εl 部分. 图中仅显示众多波长中的一个波长

驱动力可在沿电流片长度 $2\pi/k$ 加速等离子体至速度 v_y. 假设在 $\hat{\boldsymbol{y}}$ 方向, 等离子体波数 $k \gg l^{-1}$, 对于不可压缩等离子体, $\boldsymbol{\nabla} \cdot \boldsymbol{v} = 0$.

$$\frac{\partial v_x}{\partial x} = -\frac{\partial v_y}{\partial y}, \qquad \frac{v_x}{\varepsilon l} = -\frac{v_y}{1/k} = -kv_y, \qquad v_y = -\frac{v_x}{k\varepsilon l}$$

表明 $\hat{\boldsymbol{y}}$ 方向的流动 v_y 是因为 $-v_x$. 时间 $(i\omega)^{-1}$ 内 ($i\omega$ 为上升率, 量纲为 $1/t$), 动能增加率

$$\frac{\rho_0 v_y^2}{(i\omega)^{-1}} = i\omega\rho_0 v_y^2 \approx \frac{i\omega\rho_0 v_x^2}{(k\varepsilon l)^2}$$

动能的增加是由驱动不稳定性的力做功的结果, 所以

$$\frac{i\omega\rho_0 v_x^2}{(k\varepsilon l)^2} = \boldsymbol{F}_d \cdot \boldsymbol{v} = \sigma v_x^2(\varepsilon B_0)^2$$

可求出

$$(\varepsilon l)^4 = \frac{i\omega\rho_0 l^2}{\sigma k^2 B_0^2}, \text{ 即 } \varepsilon^4 = \frac{i\omega\tau_A^2}{(kl)^2\tau_d} \tag{7.5-53}$$

(已利用 $\eta_m = (\mu\sigma)^{-1}$, σ 为电导率.)

对于三种电阻不稳定性中的两种, 从量级上考虑, 可以令驱动力和 Lorentz 力相等, $\boldsymbol{F}_d = -\boldsymbol{F}_L$, 从而找到 ε, ω, k 间的关系. 利用 (7.5-53) 式确定色散关系 $\omega = \omega(\boldsymbol{k})$. 就大尺度的磁位形的稳定性而言, 引力模和皱波模在电流片内产生的小尺度结构, 危害性相对较小, 不过有可能产生湍动扩散率.

1. 引力模

引力或与之相当的力方向为 $\rho g\hat{\boldsymbol{x}}$, 产生密度分层 $\rho_0(x)$, 等离子体的连续性方程 $\partial\rho/\partial t+\boldsymbol{v}\cdot\boldsymbol{\nabla}\rho=0$, 确定密度的变化. 加入扰动:

$$\rho=\rho_0+\rho_1,\quad v_0=0,\quad v_{1x}=v_x$$

$$\begin{pmatrix}\rho_1\\ v_1\end{pmatrix}\sim\begin{pmatrix}\rho_1(x)\\ v_1(x)\end{pmatrix}\cdot \mathrm{e}^{i\omega t+i\boldsymbol{k}\cdot\boldsymbol{r}}$$

$$\frac{\partial\rho_1}{\partial t}+v_x\frac{\mathrm{d}\rho_0}{\mathrm{d}x}=0,\quad i\omega\rho_1=-v_x\frac{\mathrm{d}\rho_0}{\mathrm{d}x},\quad \rho_1=-\frac{v_x}{i\omega}\frac{\mathrm{d}\rho_0}{\mathrm{d}x}$$

因扰动而产生的驱动力 $\boldsymbol{F}_d=\rho_1 g\hat{\boldsymbol{x}}$,

$$\boldsymbol{F}_d=\rho_1 g\hat{\boldsymbol{x}}=-\frac{v_x}{i\omega}\frac{\mathrm{d}\rho_0}{\mathrm{d}x}g\hat{\boldsymbol{x}}\tag{7.5-54}$$

若 $\mathrm{d}\rho_0/\mathrm{d}x>0$, 则驱动力压迫电流片.

$$\boldsymbol{F}_d=-\boldsymbol{F}_L$$

$$-\frac{v_x}{i\omega}\frac{\mathrm{d}\rho_0}{\mathrm{d}x}g=\sigma v_x(\varepsilon B_0)^2$$

$$i\omega=-\frac{1}{\sigma(\varepsilon B_0)^2}\frac{\mathrm{d}\rho_0}{\mathrm{d}x}g$$

由 (7.5-53) 式求出的 ε 代入上式,

$$(i\omega)^{3/2}=-\frac{kl\tau_d^{1/2}}{\sigma B_0^2\tau_A}\frac{\mathrm{d}\rho_0}{\mathrm{d}x}g$$

引进引力时标 $\tau_G=[-(g/\rho_0)\mathrm{d}\rho_0/\mathrm{d}x]^{-1/2}$,

$$i\omega=\left(\frac{(kl)^2\tau_A^2}{\tau_d\tau_G^4}\right)^{1/3}$$

可见当 $-(g/\rho_0)\mathrm{d}\rho_0/\mathrm{d}x>0$, 即重力加速度指向等离子体密度减小的方向时, 有不稳定性 (类似于 R-T 不稳定性).

2. 皱波模

当磁扩散率 $\eta_m=\eta_m(x)$, 也即跨越电流片时, η_m 发生变化, 就会发生皱波模不稳定, η_m 的变化可能因为温度分布的不均匀. $\eta_m=1/\mu\sigma=\eta_e/\mu$, η_e 为电阻率. 前已推得 $\eta_e=[\pi e^2m^{1/2}/(k_BT_e)^{3/2}]\ln\varLambda$, 与温度有关. 因为温度分布不均匀, 就有

温度梯度存在, 但等温面上有 $\mathrm{D}\eta_e/\mathrm{D}t=0$, 若 η_m 的演化与流体运动有关 (类似于不可压缩流体 $\mathrm{D}\rho/\mathrm{D}t=0$), 则

$$\frac{\partial \eta_m}{\partial t}+\boldsymbol{v}\cdot\boldsymbol{\nabla}\eta_m=0$$

因扰动, 设 $\eta_m=\eta_0+\eta_1$, $\boldsymbol{v}=\boldsymbol{v}_0+\boldsymbol{v}_1$, 取 $\boldsymbol{v}_0=0$, 则速度为扰动速度 $v_x\hat{\boldsymbol{x}}$,

$$\begin{pmatrix}\eta_1\\ v_x\end{pmatrix}\sim\begin{pmatrix}\eta_1(x)\\ v_x(x)\end{pmatrix}\cdot \mathrm{e}^{i\omega t+i\boldsymbol{k}\cdot\boldsymbol{r}}$$

$$\eta_1=-\frac{v_x}{i\omega}\frac{\mathrm{d}\eta_0}{\mathrm{d}x} \tag{7.5-55}$$

η_1 会产生额外的电流, $\boldsymbol{j}\to\boldsymbol{j}_0+\boldsymbol{j}_1$, $\boldsymbol{j}=\sigma\boldsymbol{E}_0=\boldsymbol{E}_0/\mu\eta_m$,

$$\boldsymbol{j}_0+\boldsymbol{j}_1=\frac{1}{\mu(\eta_0+\eta_1)}\boldsymbol{E}_0=\frac{1}{\mu\eta_0}\left(1-\frac{\eta_1}{\eta_0}\right)\boldsymbol{E}_0$$

$$\boldsymbol{j}_1=-\frac{\eta_1}{\eta_0}\boldsymbol{j}_0$$

额外的电流 $\boldsymbol{j}_1$, 所产生的 Lorentz 力是驱动力. 在扩散区边缘 (图 7.21) 右边 $x>0$. 磁场强度为 $\varepsilon B_0\hat{\boldsymbol{y}}$ (ε 为一个小的数). 原来未受扰动 (ε 尚未出现) 时的电流 $\boldsymbol{j}_0$ 量级为

$$\boldsymbol{j}_0=\frac{1}{\mu}\boldsymbol{\nabla}\times\boldsymbol{B}_0\approx\frac{B_0}{\mu l}\hat{\boldsymbol{z}}$$

l: 电流片宽度.

$$\boldsymbol{j}_1=-\frac{\eta_1}{\eta_0}\boldsymbol{j}_0=-\frac{\eta_1}{\eta_0}\frac{B_0}{\mu l}\hat{\boldsymbol{z}}$$

额外的 Lorentz 力是扰动增加的驱动力

$$\boldsymbol{F}_d=\boldsymbol{j}_1\times\varepsilon B_0\hat{\boldsymbol{y}}=\frac{\eta_1}{\eta_0}\frac{\varepsilon B_0^2}{\mu l}\hat{\boldsymbol{x}}=-\frac{v_x}{i\omega\eta_0}\frac{\mathrm{d}\eta_0}{\mathrm{d}x}\frac{\varepsilon B_0^2}{\mu l}\hat{\boldsymbol{x}} \tag{7.5-56}$$

驱动力 $\boldsymbol{F}_d$ 的方向如图 7.21 所示.

(1) 当 $x>0$ (图 7.21 的右边) 时, 上式中的扰动速度应是 $-v_x\hat{\boldsymbol{x}}$, $\mathrm{d}\eta_0/\mathrm{d}x<0$ (即中心部位磁扩散率也即电阻率最大, 随 x 增大而变小)

$$\boldsymbol{B}_0=\varepsilon B_0\hat{\boldsymbol{y}}$$

$$\boldsymbol{F}_d=\frac{v_x}{i\omega\eta_0}(-1)\left|\frac{\mathrm{d}\eta_0}{\mathrm{d}x}\right|\frac{\varepsilon B_0^2}{\mu l}\hat{\boldsymbol{x}}$$

$\boldsymbol{F}_d$ 在 $-\hat{\boldsymbol{x}}$ 方向, 与扰动速度方向 $-v_x\hat{\boldsymbol{x}}$ 一致, 导致不稳定.

(2) 当 $x<0$ (图的左边) 时, 扰动速度朝向电流片应为 $v_x\hat{\boldsymbol{x}}$, $\mathrm{d}\eta_0/\mathrm{d}x>0$ (x 增大表示向中心接近, 电阻率增大)

$$\boldsymbol{B}_0=-\varepsilon B_0\hat{\boldsymbol{y}}$$

$$\begin{aligned}\boldsymbol{F}_d=\boldsymbol{j}_1\times\varepsilon B_0(-\hat{\boldsymbol{y}})&=-\frac{\eta_1}{\eta_0}\frac{B_0}{\mu l}\hat{\boldsymbol{z}}\times\varepsilon B_0(-\hat{\boldsymbol{y}})=-\frac{\eta_1}{\eta_0}\frac{\varepsilon B_0^2}{\mu l}\hat{\boldsymbol{x}}\\&=-\frac{1}{\eta_0}\left(-\frac{v_x}{i\omega}\right)\frac{\mathrm{d}\eta_0}{\mathrm{d}x}\frac{\varepsilon B_0^2}{\mu l}\hat{\boldsymbol{x}}\\&=\frac{v_x}{i\omega\eta_0}\frac{\mathrm{d}\eta_0}{\mathrm{d}x}\frac{\varepsilon B_0^2}{\mu l}\hat{\boldsymbol{x}}\end{aligned}$$

$\boldsymbol{F}_d$ 的方向与扰动速度方向一致, 均在 $+\hat{\boldsymbol{x}}$, 不稳定.

(3) 磁扩散率 (或磁粘滞系数) $\eta_m=\eta_e/\mu$, η_e 为电阻率, 可见 $\eta_m\sim T_0^{-3/2}$. 若电流片中心 $x=0$, 有 η_m 极大, 则温度 T_0 应为极小, 所以当磁扩散率跨越电流片单调增加 (如在 $x<0$ 区域) 时, 不稳定性发生在电流片的左边 ($x<0$) 区域. 当 η_m 单调减小 ($x>0$ 区) 时, 不稳定性在 $x>0$ 区域发生. $\boldsymbol{F}_d=-\boldsymbol{F}_L$. $\boldsymbol{F}_L$ 由 (7.5-51) 式表示, 扰动为 $-v_x\hat{\boldsymbol{x}}$ ($x>0$).

(7.5-56) 式应为

$$\boldsymbol{F}_d=+\frac{v_x}{i\omega\eta_0}(-1)\left|\frac{\mathrm{d}\eta_0}{\mathrm{d}x}\right|\frac{\varepsilon B_0^2}{\mu l}\hat{\boldsymbol{x}}$$

$$\boldsymbol{F}_L=\sigma v_x(\varepsilon B_0)^2\hat{\boldsymbol{x}}$$

$$\therefore\ \frac{v_x}{i\omega\eta_0}\left|\frac{\mathrm{d}\eta_0}{\mathrm{d}x}\right|\frac{\varepsilon B_0^2}{\mu l}=\sigma v_x(\varepsilon B_0)^2$$

$$-\frac{v_x}{i\omega\eta_0}\frac{\mathrm{d}\eta_0}{\mathrm{d}x}\frac{\varepsilon B_0^2}{\mu l}=\sigma v_x(\varepsilon B_0)^2\qquad\left(\frac{\mathrm{d}\eta_0}{\mathrm{d}x}<0\right)$$

$$i\omega=-\frac{1}{\varepsilon l}\frac{\mathrm{d}\eta_0}{\mathrm{d}x}\qquad\left(\text{已利用 }\eta_0=\frac{1}{\mu\sigma}\right)$$

将 (7.5-53) 式的 ε 代入上式, $l^2/\eta_0=\tau_d$ (η_0 为平衡态时的磁扩散率 η_m)

$$i\omega=-\frac{1}{\eta_0}\frac{\mathrm{d}\eta_0}{\mathrm{d}x}\frac{l}{\tau_d}\left[\frac{(kl)^2\tau_d}{i\omega\tau_A^2}\right]^{1/4}$$

$$i\omega=\left[\left(\frac{l}{\eta_0}\frac{\mathrm{d}\eta_0}{\mathrm{d}x}\right)^4\frac{(kl)^2}{\tau_d^3\tau_A^2}\right]^{1/5}$$

注意: 如果电导率足够大, 则磁扩散率 η_m 很小, $\boldsymbol{v}_x \cdot \boldsymbol{\nabla}\eta_m \approx 0$ (二级小量), $\mathrm{d}\eta_0/\mathrm{d}x \approx 0$. (7.5-55) 式不成立, 皱波模式就被稳定住.

3. 撕裂模

撕裂模在三种模式中最为重要, 撕裂模对于日冕加热、太阳耀斑可能很重要. 撕裂模也常发生在剪切场中. 下面介绍 Furth 等 (1963) 和 Priest 和 Forbes (2000) 的撕裂模不稳定性分析.

1) 间断的存在

等离子体处于静止, 剪切磁场处于平衡态 (剪切即是不同高度上磁场方向不同)

$$\boldsymbol{B}_0 = B_{0y}(x)\hat{\boldsymbol{y}} + B_{0z}(x)\hat{\boldsymbol{z}} \tag{7.5-57}$$

(7.5-57) 式说明, yz 平面上的磁力线, 沿 x 轴移动时, 会旋转. 假定对平衡态的偏离, 满足感应方程和涡旋方程, 并假设不可压缩. 磁扩散系数均匀, 密度均匀. (运算中, 令 $k_z = 0$, 仅 $\boldsymbol{B}_0 = B_{0y}(x)\hat{\boldsymbol{y}}$ 起作用, 磁场的设定与以前讨论的例子一样.)

$$\frac{\partial \boldsymbol{B}}{\partial t} = \boldsymbol{\nabla} \times (\boldsymbol{v} \times \boldsymbol{B}) + \eta_m \nabla^2 \boldsymbol{B} \tag{7.5-58}$$

$$\mu\rho \frac{\mathrm{D}}{\mathrm{D}t}(\boldsymbol{\nabla} \times \boldsymbol{v}) = \boldsymbol{\nabla} \times [(\boldsymbol{\nabla} \times \boldsymbol{B}) \times \boldsymbol{B}] \tag{7.5-59}$$

(7.5-59) 式源于运动方程

$$\begin{gathered}\rho \frac{\mathrm{D}\boldsymbol{v}}{\mathrm{D}t} = -\boldsymbol{\nabla} p + \boldsymbol{j} \times \boldsymbol{B} \\ \boldsymbol{\nabla} \cdot \boldsymbol{B} = 0, \quad \boldsymbol{\nabla} \cdot \boldsymbol{v} = 0\end{gathered} \tag{7.5-60}$$

假设小扰动形如

$$\begin{pmatrix} \boldsymbol{v}_1 \\ \boldsymbol{B}_1 \end{pmatrix} \sim \begin{pmatrix} \boldsymbol{v}_1(x) \\ \boldsymbol{B}_1(x) \end{pmatrix} \mathrm{e}^{iky+\omega t} \tag{7.5-61}$$

对感应方程 (7.5-58) 及涡旋方程 (7.5-59) 作小扰动线性化处理,

$$\begin{aligned}\frac{\partial \boldsymbol{B}_1}{\partial t} &= \boldsymbol{\nabla} \times (\boldsymbol{v}_1 \times \boldsymbol{B}_0) + \eta_m \nabla^2 \boldsymbol{B}_1 \\ &= (\boldsymbol{B}_0 \cdot \boldsymbol{\nabla})\boldsymbol{v}_1 - (\boldsymbol{v}_1 \cdot \boldsymbol{\nabla})\boldsymbol{B}_0 + \eta_m \nabla^2 \boldsymbol{B}_1 \\ &= B_{0y}(x)\frac{\partial}{\partial y}\boldsymbol{v}_1 - \left(v_{1x}\frac{\partial}{\partial x} + v_{1y}\frac{\partial}{\partial y}\right) B_{0y}(x)\hat{\boldsymbol{y}} \\ &\quad + \eta_m \left(\frac{\partial^2}{\partial x^2} + \frac{\partial^2}{\partial y^2}\right) \boldsymbol{B}_1\end{aligned}$$

$\hat{\boldsymbol{x}}$ 分量

$$\omega B_{1x} = B_{0y}(x)ikv_{1x} + \eta_m(B''_{1x}(x) - k_y^2 B_{1x}(x))$$

$$\omega B_{1x} = iv_{1x}(\boldsymbol{k}\cdot\boldsymbol{B}_0) + \eta_m(B''_{1x}(x) - k^2 B_{1x}(x)) \tag{7.5-62}$$

$$(k = k_y)$$

电流片位于 yz 平面层内, 扰动也在 yz 平面内 (为简单起见, 设 $k_z = 0$). 根据以前的处理结果, 我们已经得到运动方程 (见 7.5.2 节中, (7.5-47) 式推导部分的 (f) 式)

$$\mu\omega^2\left[\frac{\partial}{\partial x}\left(\rho\frac{\partial\xi_x}{\partial x}\right) - k^2\rho\xi_x\right] = -kB_0\left(\frac{\partial^2}{\partial x^2} - k^2 - \frac{1}{B_0(x)}\frac{\mathrm{d}^2B_0(x)}{\mathrm{d}x^2}\right)B_{1x} \tag{f}$$

(原来式中的 γ 已换成 ω, 均匀的 ρ_0 换成 ρ, (f) 式中的 $\boldsymbol{B}_0 = B_0\hat{\boldsymbol{y}} = B_{0y}\hat{\boldsymbol{y}}$). 将 $\boldsymbol{v}_1 = -i\omega\boldsymbol{\xi}$, $v_{1x} = -i\omega\xi_x$ 代入, 已假设密度 ρ 均匀, 则 (f) 式改写为

$$\mu\omega^2\rho\left(\frac{\partial^2 v_{1x}}{\partial x^2}\cdot\frac{i}{\omega} - \frac{i}{\omega}k^2 v_{1x}\right) = i\mu\omega\rho\left(\frac{\partial^2 v_{1x}}{\partial x^2} - k^2 v_{1x}\right)$$

$$= -kB_0\left[\left(\frac{\partial^2}{\partial x^2} - k^2\right)B_{1x} - \frac{1}{B_0}\frac{\mathrm{d}^2B_0}{\mathrm{d}x^2}B_{1x}\right]$$

此为 $\hat{\boldsymbol{z}}$ 方向分量式.

$$\omega\left(\frac{\partial^2 v_{1x}}{\partial x^2} - k^2 v_{1x}\right) = \frac{i(\boldsymbol{k}\cdot\boldsymbol{B}_0)}{\mu\rho}\left[-B_{1x}\frac{\boldsymbol{k}\cdot\dfrac{\mathrm{d}^2}{\mathrm{d}x^2}\boldsymbol{B}_0}{\boldsymbol{k}\cdot\boldsymbol{B}_0} + \left(\frac{\partial^2}{\partial x^2} - k^2\right)B_{1x}\right] \tag{7.5-63}$$

式中 $\boldsymbol{k} = k_y\hat{\boldsymbol{y}}$, $\boldsymbol{k}\cdot\boldsymbol{B}_0 = k_yB_{0y}$ $(= kB_0$, (f) 式中的 B_0 即 $B_{0y})$, $\boldsymbol{B}_0 = B_{0y}(x)\hat{\boldsymbol{y}}$.

无量纲化:

利用场强 $\boldsymbol{B}_0$, 特征长度 l, 扩散速度 η_m/l, 扩散时间 l^2/η_m. $\overline{\boldsymbol{B}} = \boldsymbol{B}/B_0$, $\overline{\boldsymbol{v}}_1 = -\boldsymbol{v}_1(ikl^2/\eta)$, $\overline{k} = kl$ (k 不带矢量号), $\overline{\omega} = \omega l^2/\eta_m$, $\overline{x} = x/l$.

(7.5-62) 式可写成

$$\frac{\eta_m}{l^2}\overline{\omega}B_0\overline{B}_{1x} = -\frac{\eta_m}{kl^2}\overline{v}_{1x}B_0(\boldsymbol{k}\cdot\overline{\boldsymbol{B}}_0) + \eta_m\left(B_0\frac{\overline{B}''_{1x}}{l^2} - \frac{\overline{k}^2}{l^2}B_0\overline{B}_{1x}\right)$$

(仍用原来的 $\boldsymbol{k}$, $\mathrm{d}^2B_{1x}/\mathrm{d}x^2 = B_0(1/l^2)\mathrm{d}^2\overline{B}_{1x}/\mathrm{d}\overline{x}^2 = B_0(\overline{B}''_{1x}/l^2)$ 是对 $\overline{x}$ 的二阶导数)

$$\overline{\omega}\overline{B}_{1x} = -\overline{v}_{1x}\frac{\boldsymbol{k}\cdot\overline{\boldsymbol{B}}_0}{k} + (\overline{B}''_{1x} - \overline{k}^2\overline{B}_{1x})$$

令 $f=\boldsymbol{k}\cdot\overline{\boldsymbol{B}}_0/k$,

$$\overline{\omega}\overline{B}_{1x}=-\overline{v}_{1x}f+(\overline{B}''_{1x}-\overline{k}^2\overline{B}_{1x}) \tag{7.5-64}$$

(7.5-63) 式进行无量纲化处理,

$$\begin{aligned}
\text{左边}&=\frac{\eta_m}{l^2}\overline{\omega}\left[-\frac{\eta_m}{ikl^2}\cdot\frac{\partial^2\overline{v}_{1x}}{l^2\partial\overline{x}^2}+\frac{\overline{k}^2}{l^2}\frac{\eta}{ikl^2}\overline{v}_{1x}\right]\\
&=-\frac{\eta_m^2}{ikl^6}[\overline{v}''_{1x}-\overline{k}^2\overline{v}_{1x}]\overline{\omega}\\
\text{右边}&=i\frac{\boldsymbol{k}\cdot\overline{\boldsymbol{B}}_0}{\mu\rho}B_0\left[-B_0\overline{B}_{1x}\cdot\frac{1}{l^2}\frac{f''}{f}+\frac{B_0}{l^2}(\overline{B}''_{1x}-\overline{k}^2\overline{B}_{1x})\right]
\end{aligned}$$

式中

$$f''=\frac{\boldsymbol{k}\cdot\overline{\boldsymbol{B}}''_0}{k},\quad \frac{\boldsymbol{k}\cdot\boldsymbol{B}''_0}{\boldsymbol{k}\cdot\boldsymbol{B}_0}=\frac{\boldsymbol{k}\cdot\overline{\boldsymbol{B}}''_0\cdot B_0\frac{1}{l^2}}{\boldsymbol{k}\cdot\overline{\boldsymbol{B}}_0\cdot B_0}=\frac{\boldsymbol{k}\cdot\overline{\boldsymbol{B}}''_0\cdot\frac{1}{l^2}}{\boldsymbol{k}\cdot\overline{\boldsymbol{B}}_0}=\frac{f''}{f}\cdot\frac{1}{l^2}$$

$$\text{右边}=i\frac{\boldsymbol{k}\cdot\overline{\boldsymbol{B}}_0}{l^2}v_A^2\left[-\overline{B}_{1x}\frac{f''}{f}+(\overline{B}''_{1x}-\overline{k}^2\overline{B}_{1x})\right]$$

左边的系数 $-\eta_m^2/ikl^6$ 移到右边,

$$\begin{aligned}
\overline{\omega}[\overline{v}''_{1x}-\overline{k}^2\overline{v}_{1x}]&=\frac{l^2v_A^2}{\eta^2}\overline{k}^2f\left[-\overline{B}_{1x}\frac{f''}{f}+(\overline{B}''_{1x}-\overline{k}^2\overline{B}_{1x})\right]\\
&=\mathrm{Lu}^2\overline{k}^2f\left[-\overline{B}_{1x}\frac{f''}{f}+(\overline{B}''_{1x}-\overline{k}^2\overline{B}_{1x})\right]
\end{aligned}$$

式中 $\mathrm{Lu}=lv_A/\eta_m=\tau_d/\tau_A$ 为 Lundquist 数.

无量纲化后, 我们得到两个方程:

$$\overline{\omega}\overline{B}_{1x}=-\overline{v}_{1x}f+(\overline{B}''_{1x}-\overline{k}^2\overline{B}_{1x}) \tag{7.5-64}$$

$$\overline{\omega}(\overline{v}''_{1x}-\overline{k}^2\overline{v}_{1x})=\mathrm{Lu}^2\overline{k}^2f\left[-\overline{B}_{1x}\frac{f''}{f}+(\overline{B}''_{1x}-\overline{k}^2\overline{B}_{1x})\right] \tag{7.5-65}$$

假定 $\mathrm{Lu}\gg 1$, 就是冻结状态, 磁感应方程中的扩散项可以忽略. 但在电流片中心附近, 电阻起主导作用, 磁能近乎消耗殆尽 $\overline{\boldsymbol{B}}_0=0$, 冻结项 $\nabla\times(\boldsymbol{v}\times\boldsymbol{B})=0$, $f=\boldsymbol{k}\cdot\overline{\boldsymbol{B}}_0/k=0$, 或者 $\boldsymbol{k}\cdot\boldsymbol{B}_0=0$ (因为 $\boldsymbol{B}_0=0$), 设中心附近的薄层宽为 $2\varepsilon l$, 其中有磁力线扩散, 重联过程. 将电流片分为二个区域: $|x|>\varepsilon l$ 也即 $|\overline{x}|>\varepsilon$ 为外部区域; $|\overline{x}|<\varepsilon$ 为内部区域. 分别求解, 在边界上衔接.

外部区域: 因为 $f=\boldsymbol{k}\cdot\overline{\boldsymbol{B}}_0/k=\overline{B}_0$ (因为 k 仅有 $\hat{\boldsymbol{y}}$ 方向分量, $k=k_y$, $\boldsymbol{B}_0$ 也仅在 $\hat{\boldsymbol{y}}$ 方向).

所以 (7.5-64) 式变为

$$\overline{\omega}\overline{B}_{1x}=-\overline{v}_{1x}\overline{B}_0+(\overline{B}''_{1x}-\overline{k}^2\overline{B}_{1x}) \tag{7.5-66}$$

外部区域冻结, 有 $\mathrm{Lu}^{-1}\ll 1$, (7.5-65) 式右边的 $\mathrm{Lu}^2\overline{k}^2 f$ 移至左边, 并将左方忽略, 令为零, 有

$$0=-\overline{B}_{1x}\frac{f''}{f}+(\overline{B}''_{1x}-\overline{k}^2\overline{B}_{1x}),\quad f''=\overline{B}''_0$$

$$0=-\overline{B}_{1x}\frac{\overline{B}''_0}{\overline{B}_0}+(\overline{B}''_{1x}-\overline{k}^2\overline{B}_{1x}) \tag{7.5-67}$$

如果 $\overline{B}_0(x)$ 已知, 就可解出 $\overline{B}_{1x}$.

例如: $\overline{B}_0(x)$ 为阶梯函数

$$\overline{B}_0(x)=\begin{cases}1, & \text{当 } \overline{x}>1\\ \overline{x}, & \text{当 } |\overline{x}|<1\\ -1, & \text{当 } \overline{x}<-1\end{cases} \tag{7.5-68}$$

对于 $\overline{x}<1$ 的情形, $\overline{B}_0(x)=\overline{x}$, $\overline{B}''_0=0$, 因此可从 (7.5-67) 式解出

$$\overline{B}_{1x}=\begin{cases}a_1\sinh\overline{k}\overline{x}+b_1\cosh\overline{k}\overline{x}, & \overline{x}<1\\ a_0\exp(-\overline{k}\overline{x}), & \overline{x}>1\end{cases} \tag{7.5-69}$$

($\overline{x}>1$ 时, 已利用 $\overline{x}\to\infty$, $\overline{B}_{1x}$ 有限, 所以只保留 $\mathrm{e}^{-\overline{k}\overline{x}}$.)

在 $\overline{x}=1$ 处, $\overline{B}_{1x}$ 连续, 于是有

$$a_1\sinh\overline{k}+b_1\cosh\overline{k}=a_0\mathrm{e}^{-\overline{k}} \tag{7.5-69-1}$$

$\overline{B}'_{1x}$ 在 $\overline{x}=1$ 处连续, 于是有

$$a_1\overline{k}\cosh\overline{k}+b_1\overline{k}\sinh\overline{k}=-a_0\overline{k}\mathrm{e}^{-\overline{k}\overline{x}}$$

$$a_1\cosh\overline{k}+b_1\sinh\overline{k}=-a_0\mathrm{e}^{-\overline{k}} \tag{7.5-69-2}$$

由 (7.5-69-1) 解出

$$a_1 = a_0 \mathrm{e}^{-\overline{k}} \frac{1}{\sinh \overline{k}} - b_1 \frac{\cosh \overline{k}}{\sinh \overline{k}}$$

代入 (7.5-69-2),

$$a_0 \mathrm{e}^{-\overline{k}} \cosh \overline{k} - b_1 = -a_0 \mathrm{e}^{-\overline{k}} \sinh \overline{k}$$

$$\begin{cases} b_1 = a_0 \mathrm{e}^{-\overline{k}} (\cosh \overline{k} + \sinh \overline{k}) \\ a_1 = a_0 \mathrm{e}^{-\overline{k}} (-\sinh \overline{k} - \cosh \overline{k}) \end{cases} \tag{7.5-70}$$

同理, 有

$$\overline{B}_{1x} = \begin{cases} a_1' \sinh \overline{k}\overline{x} + b_1' \cosh \overline{k}\overline{x}, & \overline{x} > -1 \\ a_0 \exp(\overline{k}\overline{x}), & \overline{x} < -1 \end{cases} \tag{7.5-71}$$

在 $\overline{x} = -1$ 处连续:

$$a_1' \sinh(-\overline{k}) + b_1' \cosh(-\overline{k}) = -a_1' \sinh \overline{k} + b_1' \cosh \overline{k} = a_0 \mathrm{e}^{-\overline{k}} \tag{7.5-69-3}$$

$\overline{B}_{1x}'$ 在 $\overline{x} = -1$ 处连续:

$$a_1' \cosh \overline{k} - b_1' \sinh \overline{k} = a_0 \exp(-\overline{k}) \tag{7.5-69-4}$$

$$a_1' = b_1' \frac{\sinh \overline{k}}{\cosh \overline{k}} + a_0 \mathrm{e}^{-\overline{k}} \frac{1}{\cosh \overline{k}}$$

代入 (7.5-69-3) 得

$$\begin{cases} b_1' = a_0 \mathrm{e}^{-\overline{k}} (\cosh \overline{k} + \sinh \overline{k}) & [= b_1] \\ a_1' = a_0 \mathrm{e}^{-\overline{k}} (\cosh \overline{k} + \sinh \overline{k}) & [= -a_1] \end{cases}$$

由 (7.5-70) 及 (7.5-71) 可见, 在原点 $\overline{x} = 0$ 处, $\overline{B}_{1x}$ 连续, 但一阶导数 (斜率) 不连续.

$$\overline{B}_{1x}' = a_1 \overline{k} \cosh \overline{k}\overline{x} + b_1 \overline{k} \sinh \overline{k}\overline{x} \qquad (\overline{x} < 1)$$

$$\overline{B}_{1x}' = a_1' \overline{k} \cosh \overline{k}\overline{x} + b_1' \overline{k} \sinh \overline{k}\overline{x} \qquad (\overline{x} > -1)$$

$$\left.\begin{aligned} \overline{x} = 0^+, \quad \overline{B}_{1x}' = a_1 \overline{k} = a_0 \mathrm{e}^{-\overline{k}} (-\sinh \overline{k} - \cosh \overline{k}) \overline{k} \\ \overline{x} = 0^-, \quad \overline{B}_{1x}' = a_1' \overline{k} = a_0 \mathrm{e}^{-\overline{k}} (\sinh \overline{k} + \cosh \overline{k}) \overline{k} \end{aligned}\right\} \text{并不相等, 所以不连续}$$

因为 $\boldsymbol{B}_0(x)$ 的导数与电流密度有关 (当假设 $\boldsymbol{B}_0(x) = B_{0y}(x)\hat{\boldsymbol{y}} + B_{0z}(x)\hat{\boldsymbol{z}}$ 时, 从 $\nabla \times \boldsymbol{B} = \mu \boldsymbol{j}$ 尤其看得清楚), 在原点附近, 电流密度变大, 磁感应方程中的电阻项

变得重要. 另一个需要间断的理由是: 原点 $\overline{x}=0$ 处, $\overline{B}_0=0$, $\overline{B}_0''=0$, 所以从 (7.5-67) 可知 $\overline{B}_{1x}''-\overline{k}^2\overline{B}_{1x}=0$ (在 $x=0$ 处成立), 代入 (7.5-66) 可知在原点附近有 $\overline{v}_{1x}=-\overline{\omega}\overline{B}_{1x}/\overline{B}_0$, 因为 $\overline{B}_0\sim 0$, 所以 $\overline{v}_{1x}\to\infty$, 原点附近物理量有异常. 可认为 $\overline{B}_{1x}'/\overline{B}_{1x}$ 有跳跃, 记为

$$\Delta'=\left[\frac{\overline{B}_{1x}'}{\overline{B}_{1x}}\right]_{0^-}^{0^+} \tag{7.5-72}$$

Furth 等 (1963) 已解出对任意的 $\overline{k}=kl$, $\overline{\Delta}'=2(1/\overline{k}-\overline{k})$. $\overline{\Delta}'$ 是一个无量纲量. 我们考虑的是长波近似, 即 $\overline{k}=kl\ll 1$, 所以 $\overline{\Delta}'\approx 2/\overline{k}$.

2) 撕裂不稳定性的增长率

当 $\sigma\to\infty$ 时, 对于如图 7.22 (a) 的磁位形磁力线挤压后, 因磁张力和磁压力而恢复原形, 是稳定的. 当 $\sigma\neq\infty$ 时, 可能不稳定, 由于电阻的存在, 磁场向中心部位扩散, 如再加以挤压, 则磁位形可能如图 7.22 (b). 磁能的耗散, 引起磁重联, 出现图 7.22 (c) 的结果.

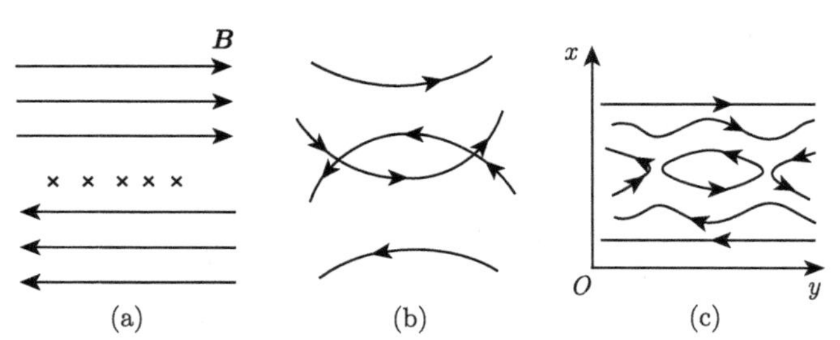

图 7.22　(a) $\sigma\to\infty$, 稳定位形; (b) $\sigma\neq\infty$, 磁扩散; (c) $\sigma\neq\infty$, 磁耗散, 重联

下面介绍常见的计算增长率的方法. 问题的难点在于磁感应方程的两项都需考虑.

设: ① 外部场为磁冻结, 内场则有电阻, 耗散; ② 不可压缩; ③ 二维问题 (v_{x1}, v_{y1}) (B_{x1}, B_{y1}); ④ $\boldsymbol{j}_0=j_z\hat{\boldsymbol{k}}$,

$$\begin{aligned}\boldsymbol{j}_1&=\frac{1}{\mu}\nabla\times\boldsymbol{B}_1\\&=\frac{1}{\mu}\left[-\frac{\partial B_{y1}}{\partial z}\boldsymbol{i}+\frac{\partial B_{x1}}{\partial z}\boldsymbol{j}+\left(\frac{\partial B_{y1}}{\partial x}-\frac{\partial B_{x1}}{\partial y}\right)\boldsymbol{k}\right]\end{aligned}$$

⑤ $\rho_0=$ 常数; ⑥ 冷等离子体, $T\approx 0$.

平衡态时, $\boldsymbol{B}_0=(0,B_0(x),0)$, $\boldsymbol{v}_0=0$, $p_0=p_0(x)$.

小扰动: $\boldsymbol{B}=\boldsymbol{B}_0+\boldsymbol{B}_1$, $\boldsymbol{v}=\boldsymbol{v}_1$, $p=p_0+p_1$.

$$
\begin{cases}
\nabla \cdot \boldsymbol{v}_1 = 0 & (7.5\text{-}73) \\
\rho_0 \dfrac{\partial \boldsymbol{v}_1}{\partial t} = -\nabla p_1 + \boldsymbol{j}_1 \times \boldsymbol{B}_0 + \boldsymbol{j}_0 \times \boldsymbol{B}_1 & (7.5\text{-}74) \\
\dfrac{\partial \boldsymbol{B}_1}{\partial t} = \nabla \times (\boldsymbol{v}_1 \times \boldsymbol{B}_0) + \eta_m \nabla^2 \boldsymbol{B}_1 & (7.5\text{-}75) \\
\nabla \cdot \boldsymbol{B}_1 = 0 & (7.5\text{-}76)
\end{cases}
$$

(7.5-73) 式可以写成

$$\frac{\partial v_{x1}}{\partial x} + \frac{\partial v_{y1}}{\partial y} = 0 \tag{7.5-77}$$

(7.5-74) 的分量式:

$$\rho_0 \frac{\partial v_{x1}}{\partial t} = -\frac{\partial p_1}{\partial x} - \left(\frac{\partial B_{y1}}{\partial x} - \frac{\partial B_{x1}}{\partial y} \right) \frac{B_0}{\mu} \tag{7.5-78}$$

$$\rho_0 \frac{\partial v_{y1}}{\partial t} = -\frac{\partial p_1}{\partial y} \tag{7.5-79}$$

(7.5-75), (7.5-76) 的分量式:

$$\frac{\partial B_{x1}}{\partial t} = B_0 \frac{\partial v_{x1}}{\partial y} + \eta_m \left(\frac{\partial^2 B_{x1}}{\partial x^2} + \frac{\partial^2 B_{x1}}{\partial y^2} \right) \tag{7.5-80}$$

$$\frac{\partial B_{y1}}{\partial t} = -\frac{\partial}{\partial x}(B_0 v_{x1}) + \eta_m \left(\frac{\partial^2 B_{y1}}{\partial x^2} + \frac{\partial^2 B_{y1}}{\partial y^2} \right) \tag{7.5-81}$$

(B_0 是 x 的函数)

$$\frac{\partial B_{x1}}{\partial x} + \frac{\partial B_{y1}}{\partial y} = 0 \tag{7.5-82}$$

假设扰动量为

$$\begin{pmatrix} B_{x1} \\ v_{y1} \end{pmatrix} = \begin{pmatrix} \overline{B}_{x1}(x) \\ \overline{v}_{y1}(x) \end{pmatrix} \mathrm{e}^{i\omega t} \sin ky$$

$$\begin{pmatrix} B_{y1} \\ v_{x1} \end{pmatrix} = \begin{pmatrix} \overline{B}_{y1}(x) \\ \overline{v}_{x1}(x) \end{pmatrix} \mathrm{e}^{i\omega t} \cos ky$$

$$p_1 = \overline{p}_1(x) \mathrm{e}^{i\omega t} \cos ky$$

电流片厚度为 δ (δ 相当于 ε, 区分电阻区和冻结区), 假定长波近似 $k\delta \ll 1$. 由 (7.5-77), (7.5-82) 式得到

$$\frac{\mathrm{d}\overline{v}_{x1}}{\mathrm{d}x} + k\overline{v}_{y1} = 0 \tag{7.5-83}$$

$$\frac{\mathrm{d}\overline{B}_{x1}}{\mathrm{d}x} - k\overline{B}_{y1} = 0 \tag{7.5-84}$$

电流片内

$$\frac{\mathrm{d}\overline{v}_{x1}}{\mathrm{d}x} \approx \frac{\overline{v}_{x1}}{\delta}, \qquad \frac{\mathrm{d}\overline{B}_{x1}}{\mathrm{d}x} \approx \frac{\overline{B}_{x1}}{\delta}$$

由 (7.5-83) 式可得

$$|\overline{v}_{x1}| \approx k\delta|\overline{v}_{y1}| \ll |\overline{v}_{y1}| \tag{7.5-85}$$

由 (7.5-84) 式可得

$$|\overline{B}_{x1}| \approx k\delta|\overline{B}_{y1}| \ll |\overline{B}_{y1}| \tag{7.5-86}$$

所以电流片中的动能以 $\frac{1}{2}\rho\overline{v}_{y1}^2$ 为主, 磁能以 $\overline{B}_{y1}^2/2\mu$ 为主.

(7.5-78) 式两边乘以 v_{x1} 得

$$\frac{1}{2}\rho_0\frac{\partial\overline{v}_{x1}^2}{\partial t} = -\overline{v}_{x1}\frac{\partial\overline{p}_1}{\partial x} - \left(\frac{\partial\overline{B}_{y1}}{\partial x} - k\overline{B}_{x1}\right)\cdot\frac{B_0}{\mu}\overline{v}_{x1}$$

(7.5-79) 式两边乘以 v_{y1} 得

$$\frac{1}{2}\rho_0\frac{\partial\overline{v}_{y1}^2}{\partial t} = k\overline{v}_{y1}\overline{p}_1$$

相加:

$$\frac{\partial}{\partial t}\left[\frac{1}{2}\rho_0(\overline{v}_{x1}^2 + \overline{v}_{y1}^2)\right] = -\left(\overline{v}_{x1}\frac{\partial\overline{p}_1}{\partial x} - k\overline{v}_{y1}\overline{p}_1\right) - \left(\frac{\partial\overline{B}_{y1}}{\partial x} - k\overline{B}_{x1}\right)\cdot\frac{B_0}{\mu}\overline{v}_{x1}$$

在冷等离子体近似下 ($T \approx 0$), 上式变为

$$\frac{\partial}{\partial t}\left[\frac{1}{2}\rho_0(\overline{v}_{x1}^2 + \overline{v}_{y1}^2)\right] = -\frac{B_0}{\mu}\left(\frac{\partial\overline{B}_{y1}}{\partial x} - k\overline{B}_{x1}\right)\overline{v}_{x1}$$

因为 $\partial\overline{B}_{y1}/\partial x \sim \overline{B}_{y1}/\delta$, 长波近似下已推得 (7.5-86) 式: $|\overline{B}_{x1}| \ll |\overline{B}_{y1}|$, $k\delta \ll 1$, 所以 $|\overline{B}_{y1}| \gg k\delta|\overline{B}_{x1}|$, $\overline{B}_{y1}/\delta = \partial\overline{B}_{y1}/\partial x \gg k|\overline{B}_{x1}|$, 再利用 (7.5-85) 式, 上式简化为

$$\frac{\partial}{\partial t}\left(\frac{1}{2}\rho_0\overline{v}_{y1}^2\right) = -\frac{B_0(x)}{\mu}\frac{\partial\overline{B}_{y1}}{\partial x}\overline{v}_{x1} \tag{7.5-87}$$

从 (7.5-77) 式可推得

$$\frac{\partial\overline{v}_{x1}}{\partial x}\cos ky + \overline{v}_{y1}k\cos ky = 0$$

$$\frac{\overline{v}_{x1}}{\delta} = -k\overline{v}_{y1}$$

$$\overline{v}_{y1}^2 = \frac{\overline{v}_{x1}^2}{(k\delta)^2} \tag{7.5-88}$$

同样, 根据 (7.5-82) 式,

$$\frac{\partial \overline{B}_{x1}}{\partial x}\sin ky - k\overline{B}_{y1}\sin ky = 0$$

$$\frac{\partial \overline{B}_{x1}}{\partial x} = k\overline{B}_{y1}$$

$$\frac{1}{k}\frac{\partial^2 \overline{B}_{x1}}{\partial x^2} = \frac{\partial \overline{B}_{y1}}{\partial x} \tag{7.5-89}$$

将 (7.5-88), (7.5-89) 式代入 (7.5-87) 式,

$$\frac{\partial}{\partial t}\left[\frac{1}{2}\rho_0\frac{\overline{v}_{x1}^2}{(k\delta)^2}\right] = -\frac{B_0}{\mu}\cdot\frac{1}{k}\frac{\partial^2 \overline{B}_{x1}}{\partial x^2}\overline{v}_{x1}$$

$$i\omega\overline{v}_{x1} = -\frac{k\delta^2 B_0}{\mu\rho_0}\frac{\mathrm{d}^2\overline{B}_{x1}}{\mathrm{d}x^2} \tag{7.5-90}$$

感应方程 (7.5-80) 在长波近似下,

$$i\omega\overline{B}_{x1} = -k\overline{v}_{x1}B_0 + \eta_m\left(\frac{\mathrm{d}^2\overline{B}_{x1}}{\mathrm{d}x^2} - k^2\overline{B}_{x1}\right) \tag{7.5-91}$$

因为 $k\delta \ll 1$, 所以 $k \ll 1/\delta$,

$$|k^2\overline{B}_{x1}| \ll \frac{\overline{B}_{x1}}{\delta^2} \sim \frac{\mathrm{d}^2\overline{B}_{x1}}{\mathrm{d}x^2}$$

据此, (7.5-91) 化简为

$$-i\omega\overline{B}_{x1} = k\overline{v}_{x1}B_0 - \eta_m\frac{\mathrm{d}^2\overline{B}_{x1}}{\mathrm{d}x^2} \tag{7.5-92}$$

从 (7.5-90), (7.5-92) 可求出 $\overline{v}_{x1}$, $\overline{B}_{x1}$. 由 (7.5-92)

$$\overline{v}_{x1} = \frac{\eta_m}{kB_0}\frac{\mathrm{d}^2\overline{B}_{x1}}{\mathrm{d}x^2} - \frac{i\omega}{kB_0}\overline{B}_{x1}$$

代入 (7.5-90),

$$\frac{\mathrm{d}^2\overline{B}_{x1}}{\mathrm{d}x^2}-\frac{(i\omega)^2}{\dfrac{(k\delta)^2B_0^2}{\mu\rho_0}+i\omega\eta_m}\overline{B}_{x1}=0 \tag{7.5-93}$$

(7.5-93) 式乘 $\overline{B}_{x1}$ 在电流片内积分 $(-\delta\to+\delta)$

$$\begin{aligned}\int_{-\delta}^{+\delta}\overline{B}_{x1}\frac{\mathrm{d}}{\mathrm{d}x}\left(\frac{\mathrm{d}\overline{B}_{x1}}{\mathrm{d}x}\right)\mathrm{d}x&=\overline{B}_{x1}\frac{\mathrm{d}\overline{B}_{x1}}{\mathrm{d}x}\Bigg|_{-\delta}^{+\delta}-\int_{-\delta}^{+\delta}\frac{\mathrm{d}\overline{B}_{x1}}{\mathrm{d}x}\mathrm{d}\overline{B}_{x1}\\&=\overline{B}_{x1}\frac{\mathrm{d}\overline{B}_{x1}}{\mathrm{d}x}\Bigg|_{-\delta}^{+\delta}-\int_{-\delta}^{+\delta}\left(\frac{\mathrm{d}\overline{B}_{x1}}{\mathrm{d}x}\right)^2\mathrm{d}x\end{aligned}$$

所以 (7.5-93) 式变为

$$\overline{B}_{x1}\frac{\mathrm{d}\overline{B}_{x1}}{\mathrm{d}x}\Bigg|_{-\delta}^{+\delta}=\int_{-\delta}^{+\delta}\left(\frac{\mathrm{d}\overline{B}_{x1}}{\mathrm{d}x}\right)^2\mathrm{d}x+\int_{-\delta}^{+\delta}\frac{(i\omega)^2}{\dfrac{(k\delta)^2B_0^2}{\mu\rho_0}+i\omega\eta_m}\overline{B}_{x1}^2\mathrm{d}x$$

等式右边一般不为零, 所以电流片两边的 $\mathrm{d}\overline{B}_{x1}/\mathrm{d}x$ 有间断. 引入

$$\Delta'=\frac{1}{\overline{B}_{x1}}\left[\frac{\mathrm{d}\overline{B}_{x1}(\delta)}{\mathrm{d}x}-\frac{\mathrm{d}\overline{B}_{x1}(-\delta)}{\mathrm{d}x}\right] \tag{7.5-94}$$

Δ' 是一个确定的数 (不是变量), 由内外区域的连接条件定. 利用 (7.5-94) 式可得电流片中的 $\overline{B}_{x1}$ 的二阶导数近似表式

$$\frac{\mathrm{d}^2\overline{B}_{x1}}{\mathrm{d}x^2}=\frac{\mathrm{d}}{\mathrm{d}x}\frac{\mathrm{d}\overline{B}_{x1}}{\mathrm{d}x}=\frac{\dfrac{\mathrm{d}\overline{B}_{x1}(\delta)}{\mathrm{d}x}-\dfrac{\mathrm{d}\overline{B}_{x1}(-\delta)}{\mathrm{d}x}}{\mathrm{d}x}=\frac{\Delta'\overline{B}_{x1}}{\delta} \tag{7.5-95}$$

将 (7.5-95) 代入 (7.5-93),

$$(i\omega)^2-\left(\frac{\eta_m\Delta'}{\delta}\right)(i\omega)-\frac{(k\delta)^2}{\mu\rho_0}B_0^2\left(\frac{\Delta'}{\delta}\right)=0 \tag{7.5-96}$$

此即色散关系.

在电流片中心部分, 扩散项是主要的, 所以 (7.5-92) 式 (感应方程) 量级上可近似为

$$i\omega\overline{B}_{x1}\approx\eta_m\frac{\mathrm{d}^2\overline{B}_{x1}}{\mathrm{d}x^2}\approx\eta_m\frac{\Delta'\overline{B}_{x1}}{\delta}$$

于是增长率

$$i\omega\approx\frac{\eta_m\Delta'}{\delta} \tag{7.5-97}$$

$$\Delta' \sim \frac{1}{\overline{B}_{x1}}\frac{\mathrm{d}\overline{B}_{x1}(\delta)}{\mathrm{d}x} \sim \frac{\overline{B}_{x1}}{\delta}\cdot\frac{1}{\overline{B}_{x1}} \sim \frac{1}{\delta}$$

所以 $i\omega = \gamma \sim \eta_m/\delta^2 = \eta_e/\delta^2\mu$ 与 (7.5-50) 式的结果相似 ($\varepsilon = \delta$).

将 (7.5-97) 式代入色散关系 (7.5-96),

$$\left(\frac{\eta_m\Delta'}{\delta}\right)^2 - \left(\frac{\eta_m\Delta'}{\delta}\right)^2 - \frac{(k\delta)^2}{\mu\rho_0}B_0^2\left(\frac{\Delta'}{\delta}\right) = 0$$

$$\frac{\eta_m^2\Delta'^2}{\delta^2} \approx \frac{(k\delta)^2}{\mu\rho_0}B_0^2\frac{\Delta'}{\delta}$$

$$\eta_m^2\Delta' \approx \frac{k^2\delta^3}{\mu\rho_0}B_0^2 \tag{7.5-98}$$

电流片中心处磁场为零 $B_0(0) = 0$,

$$\begin{aligned}B_0(x) &= B_0(0) + \left.\frac{\mathrm{d}B_0(x)}{\mathrm{d}x}\right|_{x=0}\cdot x + \cdots \\ &= \left.\frac{\mathrm{d}B_0(x)}{\mathrm{d}x}\right|_{x=0}\cdot\delta \\ &= B_0'\delta \end{aligned} \tag{7.5-99}$$

(7.5-98) 式中 $B_0 = B_0(x)$, 用 (7.5-99) 式代入, 解出 δ,

$$\delta^3 = \frac{\eta_m^2\Delta'\mu\rho_0}{k^2B_0^2(x)} = \frac{\eta_m^2\Delta'\mu\rho_0}{k^2B'^2\delta^2}$$

$$\delta = \left[\frac{\mu\rho_0\eta_m^2\Delta'}{k^2B_0'^2(x=0)}\right]^{1/5}$$

δ 为电流片厚度. 从而由 (7.5-97) 式表示的增长率为

$$\begin{aligned}i\omega &= \eta_m\Delta'\left[\frac{\mu\rho_0\eta_m^2\Delta'}{k^2B_0'^2(x=0)}\right]^{-1/5} \\ &= \left[\frac{k^2{B_0'}^2(x=0)\eta_m^3{\Delta'}^4}{\mu\rho_0}\right]^{1/5}\end{aligned}$$

δ 和 $i\omega$ 的表达式符合 Bateman(1978) 的结果.

引入特征长度 L. 扩散时标 $\tau_d = L^2/\eta_m$, Alfvén 波的渡越时标

$$\tau_A = \frac{L}{v_A} = \frac{L(\mu\rho_0)^{1/2}}{B_0}$$

$$i\omega = \tau_d^{-3/5}\tau_A^{-2/5}(\Delta' L)^{4/5}(kL)^{2/5}$$

精确计算的结果为

$$i\omega = 0.55\tau_d^{-3/5}\tau_A^{-2/5}(\Delta' L)^{4/5}(kL)^{2/5} \tag{7.5-100}$$

对于以上的讨论, $L = \delta$.

讨论:

(1) 撕裂模不稳定性要求 $\tau_A \ll \tau_d$.

已导得 (7.5-98) 式,

$$k^2\delta^3 \frac{B_0^2}{\mu\rho_0} = \eta_m^2 \Delta'$$

将 $\Delta' \sim 1/\delta$, $\delta \sim L$, $v_A^2 = B_0^2/\mu\rho_0$, $\tau_A = L/v_A$ 代入上式,

$$\frac{L^2k^2\delta^3}{\tau_A^2} = \eta_m^2 \frac{1}{\delta}$$

再利用

$$\tau_d = \frac{L^2}{\eta_m} \sim \frac{\delta^2}{\eta_m}$$

上式变为

$$\frac{L^2k^2}{\tau_A^2} \cdot \tau_D^2 = 1$$

$$L^2k^2 = \frac{\tau_A^2}{\tau_D^2}$$

推导 (7.5-100) 式的整个过程中假定了长波近似, 即 $kL \ll 1$. 所以 $\tau_A \ll \tau_D$.

(2) 产生撕裂模不稳定性要求 $k\delta \ll 1$ (长波近似), 电流片中电阻区的厚度即为 2δ.

(3) 撕裂模不稳定性的特点具有较快的增长率.

耀斑爆发的时标 $\tau_{\text{flare}} \sim 10^2$—$10^3$ sec. 撕裂模不稳定性的时标短, 能很快将粒子加速到高能量状态, 有可能解释某些局部过程.

我们已导出 (7.5-100) 式,

$$i\omega = 0.55\tau_d^{-3/5} \cdot \tau_A^{-2/5}(\Delta' L)^{4/5} \cdot (kL)^{2/5}$$

式中 L 为特征长度, 即等于 l. Δ' 是有量纲量, 量纲为 1/长度. 所以 $\Delta' L = \overline{\Delta}'$. $kL = kl = \bar{k}$. 用 $\overline{\Delta}' \approx 2/\bar{k}$ 代入上式, 可得上升率

$$
\begin{aligned}
i\omega &= 0.55\tau_d^{-3/5}\tau_A^{-2/5}(2/\bar{k})^{4/5}\cdot(\bar{k})^{2/5} \\
&\approx \tau_d^{-3/5}\tau_A^{-2/5}(\bar{k})^{-2/5} = \tau_d^{-3/5}\tau_A^{-2/5}(kl)^{-2/5}
\end{aligned}
$$

Priest 和 Forbes (2000) 求解时, 对于 $\bar{k} \ll 1$, 直接给出 $\overline{\Delta}' = 2/\bar{k}$, 进而求出无量纲上升率 $\bar{\omega} = [(8\mathrm{Lu})/(9\bar{k})]^{2/5}$.

回归到有量纲的表达式, $\bar{\omega} = \omega(l^2/\eta_m) = \omega\tau_d$, Lundquist 数 $\mathrm{Lu} = \tau_d/\tau_A$. 所以

$$
\omega = \frac{1}{\tau_d}\left(\frac{\tau_d}{\tau_A}\right)^{2/5}\cdot(kl)^{-2/5} = \tau_d^{-3/5}\cdot\tau_A^{-2/5}\cdot(kl)^{-2/5}
$$

撕裂模与上两种电阻模式不同之处, 在于上两种模式为短波近似, 即 $k \gg l^{-1}$. l 为电流片宽度. 而撕裂模为长波近似 $kl \ll 1$, 上升率可表达为 $i\omega \approx [\tau_d^3\tau_A^2(kl)^2]^{-1/5}$, 与我们先前的结果一致.

最后可以得到色散关系如图 7.23 所示, 发现极大值 $\bar{\omega}_{\max} \approx 0.6\mathrm{Lu}^{1/2}$. 回到有量纲表示: $\bar{\omega} = \omega\tau_d = 0.6(\tau_d/\tau_A)^{1/2}$, $\omega_{\max} = 0.6(\tau_d\tau_A)^{-1/2}$, 即上升率中的极大为 $i\omega \approx (\tau_d\tau_A)^{-1/2}$. 磁扩散频率和 Alfvén 频率的几何平均. 结果这是最不稳定的撕裂模, 会形成长而窄的磁岛, 比电流片的宽度长很多. 极大部分外部区域的能量在内部电阻区因欧姆耗散, 小于 6 % 的能量转至流体的运动.

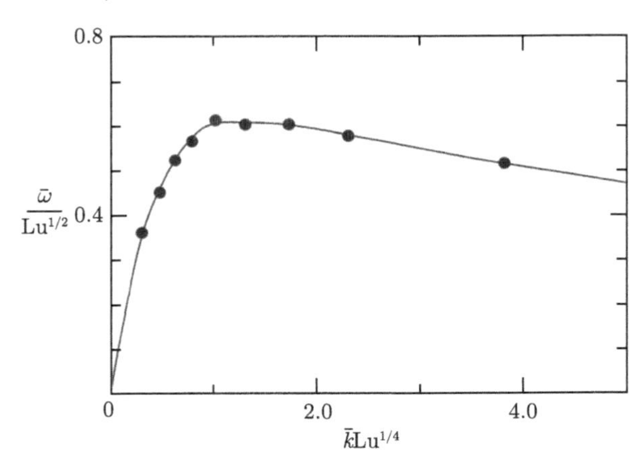

图 7.23 撕裂模的色散关系 $\omega = \omega(k)$ ($kl \ll 1$, l 是电流片的半宽度). Lu 是 Lundquist 数

7.5.4 电流对流不稳定性

设有均匀磁场 $\boldsymbol{B}_0$ 沿 z 方向, 沿着 $\boldsymbol{B}_0$ 有很弱的电流 $\boldsymbol{j} = \sigma\boldsymbol{E}$, 因为弱, $\boldsymbol{j}$ 产生的磁场远小于 $\boldsymbol{B}_0$.

弱电离等离子体中, 电导率梯度可由密度梯度产生 (事实上, 弱电离时, 电导率通过库仑对数对密度有弱的依赖. 完全电离的等离子体中, 电导率只与电子温度有关). 因为 $\sigma = n_e e|\mu_e| + n_i e|\mu_i| \sim 1/n$, μ 为迁移率. 加入扰动形如

$$\begin{pmatrix} n_1 \\ \sigma_1 \\ E_1 \\ \varphi_1 \end{pmatrix} \sim \exp(-i\omega t + ik_y y + ik_z z)$$

$\boldsymbol{j} = \boldsymbol{j}_0 + \boldsymbol{j}_1 = (\sigma_0 + \sigma_1)(\boldsymbol{E}_0 + \boldsymbol{E}_1)$, 设 $j_0 \approx 0$, $\boldsymbol{E}_0 = E_0\hat{\boldsymbol{z}}$.

纵向扰动电流

$$j_{1z} = \sigma_1 E_0 + \sigma_0 E_{1z} \tag{7.5-101}$$

从式 $\mathrm{d}\sigma_1/\mathrm{d}x \sim -(1/n_0^2)\mathrm{d}n_1/\mathrm{d}x$ 可见, 设 $\mathrm{d}\sigma_1/\mathrm{d}x$ 小于零, 则 $\mathrm{d}n_1/\mathrm{d}x > 0$, 沿 x 增加方向, n_1 增大, 等效于 $\hat{\boldsymbol{x}}$ 方向有引力 $(\mathrm{d}n_1/\mathrm{d}x)\hat{\boldsymbol{x}} = \tilde{g}\hat{\boldsymbol{x}}$, 与 $\boldsymbol{B} = B_0\hat{\boldsymbol{z}}$ 作用有漂移速度 $(\tilde{g}/e)\hat{\boldsymbol{x}} \times B\hat{\boldsymbol{z}} = (1/e)\tilde{g}B(-\hat{\boldsymbol{y}})$, 因此正电荷聚于 $-\hat{\boldsymbol{y}}$ 方向, 负电荷在 $+\hat{\boldsymbol{y}}$ 方向. 如图 7.24 所示, 产生的扰动电场在 $E\hat{\boldsymbol{y}}$, 再与 $\boldsymbol{B}$ 作用. 有漂移速度 $\sim (EB/B^2)\hat{\boldsymbol{x}} \sim (E/B)\hat{\boldsymbol{x}}$. 进一步推动 $\mathrm{d}\sigma_1/\mathrm{d}x < 0$ —— 不稳定.

$$v_{1x} = \frac{E_{1y}B_0}{B_0^2} = \frac{E_{1y}}{B_0}$$

设电场无旋 $(\boldsymbol{\nabla} \times \boldsymbol{E} = 0)$, 则 $\boldsymbol{E}_1 = -\boldsymbol{\nabla}\varphi_1$, $E_{1y} = -ik_y\varphi_1$. 因为有密度梯度, 类似于 $\mathrm{D}\eta_m/\mathrm{D}t = 0$, 有 $\mathrm{D}\sigma/\mathrm{D}t = 0$.

$$\frac{\partial \sigma}{\partial t} + \boldsymbol{v} \cdot \boldsymbol{\nabla}\sigma = 0$$

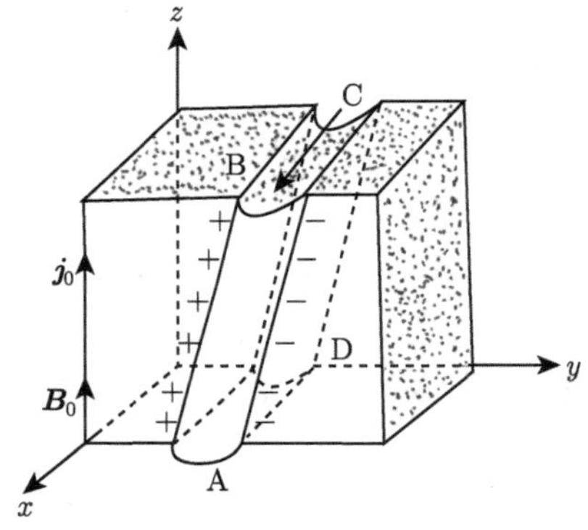

图 7.24　电流对流不稳定性 (current convective instability) 的形变增长

扰动后, 有

$$\frac{\partial \sigma_1}{\partial t}+v_{1x}\frac{\mathrm{d}\sigma_0}{\mathrm{d}x}=0$$

$$-i\omega\sigma_1+\frac{E_{1y}}{B_0}\frac{\mathrm{d}\sigma_0}{\mathrm{d}x}=-i\omega\sigma_1-\frac{ik_y\varphi_1}{B_0}\frac{\mathrm{d}\sigma_0}{\mathrm{d}x}=0 \tag{7.5-102}$$

扰动的增长时间远大于等离子体中电荷的弛豫时间, 因此可以认为整个过程中, 等离子体保持准电中性, 因此纵向扰动电流 $j_{1z}=0$.

对于 (7.5-101) 式,

$$\sigma_1\boldsymbol{E}_0+\sigma_0\boldsymbol{E}_1=j_{1z}\hat{\boldsymbol{z}}=0$$

$$E_{1z}=-ik_z\varphi_1$$

$$\sigma_1E_0-ik_z\varphi_1\sigma_0=0 \tag{7.5-103}$$

由 (7.5-102),

$$i\omega=-\frac{ik_y\varphi_1}{B_0\sigma_1}\frac{\mathrm{d}\sigma_0}{\mathrm{d}x} \tag{7.5-104}$$

由 (7.5-103),

$$\sigma_1=\frac{ik_z\varphi_1}{E_0}\sigma_0 \tag{7.5-105}$$

将 (7.5-105) 代入 (7.5-104):

$$\gamma=-i\omega=\frac{k_y}{k_z}\frac{E_0}{B_0}\frac{1}{\sigma_0}\frac{\mathrm{d}\sigma_0}{\mathrm{d}x} \tag{7.5-106}$$

γ 的符号与 k_y/k_z 的符号有关, 即与扰动相对于 z 轴的倾斜有关. 当 k_y/k_z 的符号与 $\mathrm{d}\sigma_0/\mathrm{d}x$ 的符号一致时, 引起电流对流不稳定性.

扰动 → 电荷分离 → E_{1y} → 漂移速度 v_{1x} ⎫
n_1 → σ_1 → 电导率受扰动 σ_1 的方程 ⎭ → (7.5-102) 式 ⎫
电中性 $j_{1z}=0$ (7.5-103) 式 ⎭ → (7.5-106) 式

7.5.5 辐射驱动的热不稳定性

假如热传导效率不高, 日冕及其上层大气中将发生不稳定性. 设等离子体处于平衡态, 温度为 T_0, 密度为 ρ_0. 单位体积内 (机械) 加热的量为 $h\rho_0$ (h 为常数), 光学薄的辐射为 $\chi\rho_0^2T^\alpha$ (χ, α 为常数), 二者平衡

$$h\rho_0=\chi\rho_0^2T_0^\alpha$$

$$h=\chi\rho_0T_0^\alpha \tag{7.5-107}$$

下标 “0” 为平衡态值.

(7.5-107) 式为每单位质量 h 的表达式.

压强不变 (p_0) 时, 扰动下的能量方程 (对于单位质量)

$$c_p \frac{\partial T}{\partial t} = h - \chi \rho T^\alpha \tag{7.5-108}$$

$$\rho_0 = \frac{m p_0}{k_B T}$$

因为压强不变, 所以用 c_p.

将 (7.5-107) 式代入 (7.5-108),

$$\begin{aligned} c_p \frac{\partial T}{\partial t} &= \chi \rho_0 T_0^\alpha - \chi \rho T^\alpha \\ &= \chi \rho_0 T_0^\alpha \left(1 - \frac{\rho}{\rho_0} \frac{T^\alpha}{T_0^\alpha}\right) \end{aligned}$$

$$\because \ \frac{p_0}{\rho_0} = RT_0, \qquad \frac{p_0}{\rho} = RT \qquad (p = p_0 \text{ 保持不变})$$

$$\therefore \ \frac{\rho}{\rho_0} = \frac{p_0/(RT)}{p_0/(RT_0)} = \frac{T_0}{T}$$

$$c_p \frac{\partial T}{\partial t} = \chi \rho_0 T_0^\alpha \left(1 - \frac{T^{\alpha-1}}{T_0^{\alpha-1}}\right) \tag{7.5-109}$$

若 $\alpha < 1$, T 因扰动少量减少, 即 $T < T_0$. 则右边为负, 即 $\partial T/\partial t < 0$. 扰动将继续, 导致不稳定.

热不稳定性的时标 $\tau_{\rm rad} = c_p/(\chi \rho_0 T_0^{\alpha-1})$. 系统单位质量存有能量 $c_p T_0$, 辐射单位时间单位质量耗散为 $\chi \rho_0 T_0^\alpha$ (二者均为单位质量), 所以 $\tau_{\rm rad} = c_p/\chi \rho_0 T_0^{\alpha-1}$.

7.5.6 Kelvin-Helmholtz 不稳定性

两种不同密度的理想流体, 若 $\rho_2 > \rho_1$, 按 Rayleigh-Taylor 的理论判断是稳定的, 但只要 $\boldsymbol{v}_1 \neq \boldsymbol{v}_2$ 仍为不稳定, 此即流体的 K-H 不稳定性 (图 7.25).

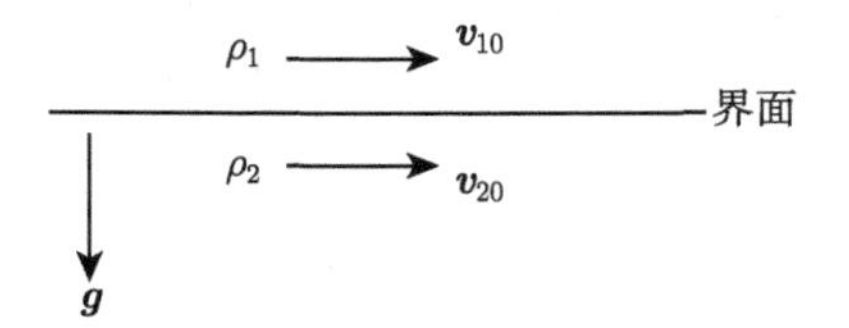

图 7.25 流体 Kelvin-Helmholtz 不稳定性

色散关系为

$$\frac{\omega}{k}=\frac{(\rho_1 v_{10}+\rho_2 v_{20})\pm i(v_{20}-v_{10})\sqrt{\rho_1\rho_2}}{\rho_1+\rho_2}$$

可见 $\boldsymbol{v}_1\neq\boldsymbol{v}_2$, ω 一定有虚部 → 不稳定.

计入重力后

$$\omega=\frac{1}{\rho_1+\rho_2}[k(\rho_1 v_{10}+\rho_2 v_{20})\pm(-\rho_1\rho_2 k^2(v_{10}-v_{20})^2+gk(\rho_2^2-\rho_1^2))^{1/2}]$$

重力有致稳作用.

磁流体力学中, 磁力的作用也有致稳作用.

假设等离子气体为不可压缩, 因为完全导电, $\sigma\to\infty$, 完全气体, 因此粘滞 $\nu=0$ (不考虑重力作用)

方程:

$$\begin{aligned}
&\boldsymbol{\nabla}\cdot\boldsymbol{v}_i=0\\
&\rho\frac{\mathrm{D}\boldsymbol{v}_i}{\mathrm{D}t}=-\boldsymbol{\nabla}\left(p_i+\frac{1}{2\mu}B_i^2\right)+\frac{\boldsymbol{B}_i}{\mu}\cdot\boldsymbol{\nabla}\boldsymbol{B}_i\\
&\frac{\partial\boldsymbol{B}_i}{\partial t}=\boldsymbol{\nabla}\times(\boldsymbol{v}_i\times\boldsymbol{B}_i)\\
&\boldsymbol{\nabla}\cdot\boldsymbol{B}_i=0
\end{aligned}\tag{7.5-110}$$

$i=1,2$ 为界面两侧的量.

讨论小扰动, 令界面两边等离子体的物理量为

$$\boldsymbol{v}=\boldsymbol{v}_{i0}+\boldsymbol{v}_i',\quad \boldsymbol{B}=\boldsymbol{B}_{i0}+\boldsymbol{B}_i',\quad p=p_{i0}+p_i'$$

因为气体不可压缩, 扰动量 $\rho_i'=0$, $\rho=\rho_i+\rho_i'=\rho_i$. 带 “′” 为扰动量, 代入 (7.5-110) 得到线性方程组

$$\left.\begin{aligned}
&\boldsymbol{\nabla}\cdot\boldsymbol{v}_i'=0 &(1)\\
&\frac{\partial\boldsymbol{v}_i'}{\partial t}+(\boldsymbol{v}_{i0}\cdot\boldsymbol{\nabla})\boldsymbol{v}_i'=-\frac{1}{\rho_i}\boldsymbol{\nabla}\left(p_i'+\frac{1}{\mu}\boldsymbol{B}_{i0}\cdot\boldsymbol{B}_i'\right)+\left(\frac{\boldsymbol{B}_{i0}}{\mu\rho_i}\cdot\boldsymbol{\nabla}\right)\boldsymbol{B}_i' &(2)\\
&\frac{\partial\boldsymbol{B}_i'}{\partial t}=(\boldsymbol{B}_{i0}\cdot\boldsymbol{\nabla})\boldsymbol{v}_i'-(\boldsymbol{v}_{i0}\cdot\boldsymbol{\nabla})\boldsymbol{B}_i' &(3)\\
&\boldsymbol{\nabla}\cdot\boldsymbol{B}_i'=0 &(4)
\end{aligned}\right\}\tag{7.5-111}$$

假定扰动形式为

$$(p_i',\boldsymbol{v}_i',\boldsymbol{B}_i')=(\overline{p}_i',\overline{\boldsymbol{v}}_i',\overline{\boldsymbol{B}}_i')\mathrm{e}^{i(\omega t-k_x x-k_y y)\pm kz}\begin{cases}+, & 当\ z>0\\ -, & 当\ z<0\end{cases}$$

即波在 xy 平面上传播. $\boldsymbol{k}=(k_x,k_y,0)$.

将上述假定的扰动形式代入 (7.5-111-2) 及 (7.5-111-3) 式中, 取 z 分量

$$\rho_i(\omega-\boldsymbol{k}\cdot\boldsymbol{v}_{i0})\overline{v}'_{iz}=\pm ik\left(\overline{p}'_i+\frac{1}{\mu}\boldsymbol{B}_{i0}\cdot\overline{\boldsymbol{B}}'_i\right)-\frac{1}{\mu}(\boldsymbol{k}\cdot\boldsymbol{B}_{i0})\overline{B}'_{iz} \tag{7.5-112}$$

$$(\omega-\boldsymbol{k}\cdot\boldsymbol{v}_{i0})\overline{B}'_{iz}=-(\boldsymbol{k}\cdot\boldsymbol{B}_{i0})\overline{v}'_{iz} \tag{7.5-113}$$

解出

$$\overline{B}'_{iz}=\frac{-(\boldsymbol{k}\cdot\boldsymbol{B}_{i0})\overline{v}'_{iz}}{\omega-\boldsymbol{k}\cdot\boldsymbol{v}_{i0}}$$

代入 (7.5-112),

$$\left[\rho_i(\omega-\boldsymbol{k}\cdot\boldsymbol{v}_{i0})^2-\frac{1}{\mu}(\boldsymbol{k}\cdot\boldsymbol{B}_{i0})^2\right]\overline{v}'_{iz}=\pm ik\left(\overline{p}'_i+\frac{1}{\mu}\boldsymbol{B}_{i0}\cdot\overline{\boldsymbol{B}}'_i\right)(\omega-\boldsymbol{k}\cdot\boldsymbol{v}_{i0}) \tag{7.5-114}$$

边界条件: 界面两边压强相等,

$$\left[p+\frac{1}{2\mu}B^2\right]=0$$

[ ] 表示界面 1 减界面 2 的压强差.

对于平衡态可写成

$$p_{10}+\frac{1}{2\mu}B_{10}^2=p_{20}+\frac{1}{2\mu}B_{20}^2 \tag{7.5-115}$$

有扰动时, 边界平衡条件写成

$$p'_1+\frac{1}{\mu}\boldsymbol{B}_{10}\cdot\boldsymbol{B}'_1=p'_2+\frac{1}{\mu}\boldsymbol{B}_{20}\cdot\boldsymbol{B}'_2 \tag{7.5-116}$$

边界面的扰动位移

$$z=\overline{\zeta}\mathrm{e}^{i(\omega t-k_xx-k_yy)}$$

$$v'_{iz}=\frac{\mathrm{d}z}{\mathrm{d}t}=\frac{\partial z}{\partial t}+(\boldsymbol{v}_{i0}\cdot\boldsymbol{\nabla})z$$

$$\overline{v}'_{iz}=i(\omega-\boldsymbol{k}\cdot\boldsymbol{v}_{i0})\overline{\zeta} \tag{7.5-117}$$

将 (7.5-117) 式代入 (7.5-114) 式,

$$\overline{\zeta}\left[\rho_i(\omega-\boldsymbol{k}\cdot\boldsymbol{v}_{i0})^2-\frac{1}{\mu}(\boldsymbol{k}\cdot\boldsymbol{B}_{i0})^2\right]=\pm k\left(\overline{p}'_i+\frac{1}{\mu}\boldsymbol{B}_{i0}\cdot\overline{\boldsymbol{B}}'_i\right)$$

(按界面 1, 2 写成两个方程, 由 (7.5-116), 右边相等, 消去).

根据 (7.5-116) 式, 上式可化为

$$\rho_1(\omega-\boldsymbol{k}\cdot\boldsymbol{v}_{10})^2-\frac{1}{\mu}(\boldsymbol{k}\cdot\boldsymbol{B}_{10})^2=-\left[\rho_2(\omega-\boldsymbol{k}\cdot\boldsymbol{v}_{20})^2-\frac{1}{\mu}(\boldsymbol{k}\cdot\boldsymbol{B}_{20})^2\right]$$

(右边的负号是因为边界两边 $\boldsymbol{k}$ 差一个符号)

$$\rho_1(\omega-\boldsymbol{k}\cdot\boldsymbol{v}_{10})^2+\rho_2(\omega-\boldsymbol{k}\cdot\boldsymbol{v}_{20})^2=\frac{1}{\mu}[(\boldsymbol{k}\cdot\boldsymbol{B}_{10})^2+(\boldsymbol{k}\cdot\boldsymbol{B}_{20})^2]$$

$$\begin{aligned}\omega=&\frac{1}{\rho_1+\rho_2}\left\{\rho_1(\boldsymbol{k}\cdot\boldsymbol{v}_{10})+\rho_2(\boldsymbol{k}\cdot\boldsymbol{v}_{20})\right.\\&\left.\pm\left[\frac{\rho_1+\rho_2}{\mu}[(\boldsymbol{k}\cdot\boldsymbol{B}_{10})^2+(\boldsymbol{k}\cdot\boldsymbol{B}_{20})^2]-\rho_1\rho_2(\boldsymbol{k}\cdot\boldsymbol{v}_{10}-\boldsymbol{k}\cdot\boldsymbol{v}_{20})^2\right]^{1/2}\right\}\end{aligned} \tag{7.5-118}$$

可见磁流体力学切向间断稳定条件为

$$\frac{1}{\mu}[(\boldsymbol{k}\cdot\boldsymbol{B}_{10})^2+(\boldsymbol{k}\cdot\boldsymbol{B}_{20})^2]\geqslant\frac{\rho_1\rho_2}{\rho_1+\rho_2}(\boldsymbol{k}\cdot\boldsymbol{v}_{10}-\boldsymbol{k}\cdot\boldsymbol{v}_{20})^2 \tag{7.5-119}$$

若两边的动能差大于总磁能, 则不稳定.

从 (7.5-119) 式可知 $\boldsymbol{B}=0$, 肯定不稳定.

若取 $\boldsymbol{v}_{10}-\boldsymbol{v}_{20}$ 的方向沿 $\hat{\boldsymbol{x}}$ 方向, 稳定条件 (7.5-119) 变为

$$\frac{1}{\mu}[(k_xB_{10x}+k_yB_{10y})^2+(k_xB_{20x}+k_yB_{20y})^2]\geqslant\frac{\rho_1\rho_2}{\rho_1+\rho_2}k_x^2(\boldsymbol{v}_{10}-\boldsymbol{v}_{20})^2$$

$$\begin{aligned}&\frac{1}{\mu}\left[(B_{10x}^2+B_{20x}^2)+2\cdot\frac{k_y}{k_x}(B_{10x}B_{10y}+B_{20x}B_{20y})+\left(\frac{k_y}{k_x}\right)^2(B_{10y}^2+B_{20y}^2)\right]\\\geqslant&\frac{\rho_1\rho_2}{\rho_1+\rho_2}(\boldsymbol{v}_{10}-\boldsymbol{v}_{20})^2\end{aligned} \tag{7.5-120}$$

讨论:

(1) 当 $\boldsymbol{B}_{10},\boldsymbol{B}_{20}\parallel(\boldsymbol{v}_{10}-\boldsymbol{v}_{20})$, 即 $\boldsymbol{B}$ 沿 $\hat{\boldsymbol{x}}$ 方向时,

$$B_{10y}=B_{20y}=0$$

$$\frac{1}{\mu}(B_{10}^2+B_{20}^2)\geqslant\frac{\rho_1\rho_2}{\rho_1+\rho_2}(\boldsymbol{v}_{10}-\boldsymbol{v}_{20})^2$$

边界能否稳定与扰动传播方向 $\boldsymbol{k}$ 及波长无关, $\boldsymbol{B}\parallel\boldsymbol{v}$ 时磁场致稳很有效.

(2) 当 $\boldsymbol{B}_{10}$, $\boldsymbol{B}_{20} \perp (\boldsymbol{v}_{10} - \boldsymbol{v}_{20})$, 即 $\boldsymbol{B}$ 在 $\hat{\boldsymbol{y}}$ 方向时, $B_x = 0$, 稳定条件变为

$$\frac{1}{\mu}\left(\frac{k_y}{k_x}\right)^2 (B_{10}^2 + B_{20}^2) \geqslant \frac{\rho_1\rho_2}{\rho_1+\rho_2}(\boldsymbol{v}_{10} - \boldsymbol{v}_{20})^2$$

(i) 如果扰动仅在 $\hat{\boldsymbol{x}}$ 方向, $k_x \neq 0$, $k_y = 0$. 因为 $\boldsymbol{B}_{10}$, $\boldsymbol{B}_{20}$ 在 $\hat{\boldsymbol{y}}$ 方向. (7.5-119) 左边 $\boldsymbol{k}\cdot\boldsymbol{B} = 0$, 绝对不稳定. 这时沿 $\hat{\boldsymbol{y}}$ 方向的整条磁力线在 $\hat{\boldsymbol{x}}$ 方向一起运动, 没有形变, 没有张力.

(ii) 若 $k_x = 0$, $k_y \neq 0$, 扰动沿 $\hat{\boldsymbol{y}}$ 方向, 则绝对稳定.

(iii)

$$\tan\theta_c = \left|\frac{k_y}{k_x}\right| = \left[\frac{\rho_1\rho_2}{\rho_1+\rho_2}\frac{(\boldsymbol{v}_{10} - \boldsymbol{v}_{20})^2}{B_{10}^2 + B_{20}^2}\cdot\mu\right]^{1/2}$$

当 $\boldsymbol{k}$ 与 x 轴夹角 $\theta \geqslant \theta_c$ 时稳定, 反之不稳定 (图 7.26).

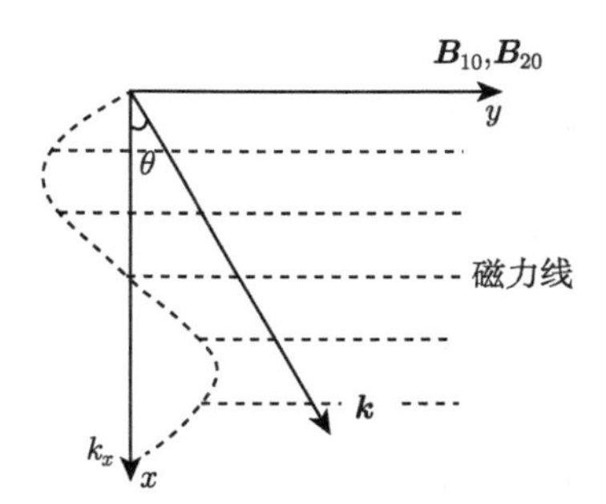

图 7.26　磁流体 Kelvin-Helmholtz 不稳定性

(3) $\boldsymbol{B}_{10}$, $\boldsymbol{B}_{20}$ 的 x, y 分量均不为零, 即 $\boldsymbol{B}_{10}$, $\boldsymbol{B}_{20}$ 不平行于 $(\boldsymbol{v}_{10} - \boldsymbol{v}_{20})$, 夹角 $\neq 0$ (与 (1) 对照), 也不垂直于 $(\boldsymbol{v}_{10} - \boldsymbol{v}_{20})$ 夹角 $\neq \pi/2$ (与 (2) 对照).

记 (7.5-120) 左边为

$$f\left(\frac{k_y}{k_x}\right) = \frac{1}{\mu}\left[(B_{10x}^2 + B_{20x}^2) + \frac{2k_y}{k_x}(B_{10x}B_{10y} + B_{20x}B_{20y}) + \left(\frac{k_y}{k_x}\right)^2 (B_{10y}^2 + B_{20y}^2)\right]$$

由

$$\frac{\mathrm{d}f}{\mathrm{d}\left(\dfrac{k_y}{k_x}\right)} = 0, \quad \frac{\mathrm{d}^2 f}{\mathrm{d}\left(\dfrac{k_y}{k_x}\right)^2} > 0$$

求得

$$\frac{k_y}{k_x} = -\frac{B_{10x}B_{10y} + B_{20x}B_{20y}}{B_{10y}^2 + B_{20y}^2}$$

$$f_{\min} = \frac{1}{\mu}\frac{(B_{10x}B_{20y} - B_{10y}B_{20x})^2}{B_{10y}^2 + B_{20y}^2}$$

若

$$f_{\min} \geqslant \frac{\rho_1\rho_2}{\rho_1+\rho_2}(\boldsymbol{v}_{10} - \boldsymbol{v}_{20})^2$$

则 MHD 切向间断面稳定性必要条件为

$$\frac{1}{\mu}\frac{(B_{10x}B_{20y} - B_{10y}B_{20x})^2}{B_{10y}^2 + B_{20y}^2} \geqslant \frac{\rho_1\rho_2}{\rho_1+\rho_2}(\boldsymbol{v}_1 - \boldsymbol{v}_2)^2$$

这是 K-H 不稳定性变成稳定的真正的条件.

第 8 章 黑　子

对太阳黑子的理论理解有待于磁流体力学的发展.

本章要讨论一些基本问题, 诸如磁对流 (magnetoconvection)、磁浮力 (magnetic buoyancy)、黑子的冷却、黑子的平衡结构、强磁通管、本影和半影的精细结构, 以及黑子的演化等.

8.1 磁 对 流

• 磁场中的热对流简称为磁对流.

• 处理太阳对流区的运动较为困难: 非线性、可压缩流体, 非定常问题, 很可能受穿过该区的强磁流管的影响. 在数值模拟和理论分析方面已取得很大进展.

• 对流使在米粒和超米粒边界的小型磁通管集中.

• 对流在管内的受抑制可能说明黑子为什么冷却.

8.1.1 物理效应

1. 对流不稳定性

在没有磁场的情况下, 当温度梯度超过绝热情况下的温度梯度时, 底部加热的理想流体是对流不稳定的.

利用流体元解释: 当垂直温度梯度 $-\mathrm{d}T/\mathrm{d}r$ 很大时, 不稳定性就发生.

(1) 考虑分层等离子体在静力学平衡下的压强 $p(r)$、温度 $T(r)$、密度 $\rho(r)$.

流体元从 r 移动到 $r+\delta r$, 流体元内的密度改变 $\delta\rho_i$, 而周围环境密度的改变 $\delta\rho$ (图 8.1).

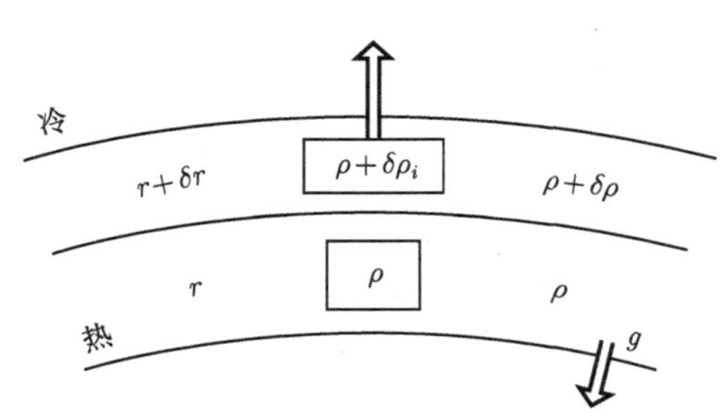

图 8.1　等离子流体元从 r 移动至 $r+\delta r$, 流体元内部密度减少 $-\delta\rho_i$, 流体元外减少 $-\delta\rho$

我们假定流体元的垂直方向运动很慢, 因此水平方向的压强保持平衡 $\delta p_i = \delta p$. 若流体元内外密度有差别, 则有浮力存在. 如果满足

$$\delta \rho_i < \delta \rho \tag{8.1-1}$$

就一直上升.

(2) 理想气体定律

$$p = \frac{k_B}{m} \rho T$$

k_B 为 Boltzmann 常数, ρ 为质量密度. 可得出压强、密度和温度变化间的关系

$$\frac{\delta p_i}{p} = \frac{\delta \rho_i}{\rho} + \frac{\delta T_i}{T}$$

$$\frac{\delta p}{p} = \frac{\delta \rho}{\rho} + \frac{\delta T}{T} \tag{8.1-2}$$

注意: 我们已假设水平方向压强平衡, 即 $\delta p = \delta p_i$. 根据 (8.1-1)、(8.1-2) 式, 可得出 $\delta T_i > \delta T$, 即 $-\delta T_i < -\delta T$ (即流体元内温度变化的绝对值小于环境温度变化的绝对值). 若满足 (8.1-1) 式, 流体元就不断上升, 所以

$$-\frac{\mathrm{d}T}{\mathrm{d}r} > -\frac{\mathrm{d}T_i}{\mathrm{d}r} \tag{8.1-3}$$

成立, 流体元就上升, 发生不稳定.

从 (8.1-3) 式看, 环境温度随高度下降, 比流体元内的温度 T_i 下降快, 就有不稳定性, 即环境温度梯度绝对值大于流体元内温度梯度的绝对值就有不稳定性.

(3) 流体元由下列关系制约

$$p_i = \frac{k_B}{m} \rho_i T_i$$

$$\frac{\mathrm{d}p_i}{\mathrm{d}r} = -\rho_i g$$

由理想气体定律可得出

$$\frac{\mathrm{d}T_i}{\mathrm{d}r} = \frac{m}{k_B} \left(\frac{1}{\rho_i} \frac{\mathrm{d}p_i}{\mathrm{d}r} - p_i \rho_i^{-2} \frac{\mathrm{d}\rho_i}{\mathrm{d}r} \right)$$

假如运动很快, 因此与周围环境无热交换, 或者说运动的特征时间远小于热交换的时间, 则流体元的运动是绝热过程.

$$\frac{p_i}{\rho_i^{\gamma}} = \mathrm{const}$$

$$\frac{\mathrm{d}\rho_i}{\mathrm{d}r} = \frac{1}{\gamma}\frac{\rho_i}{p_i}\frac{\mathrm{d}p_i}{\mathrm{d}r}$$

将 $\mathrm{d}\rho_i/\mathrm{d}r$, $\mathrm{d}p_i/\mathrm{d}r$ 表达式代入 $\mathrm{d}T_i/\mathrm{d}r$ 表达式

$$\frac{\mathrm{d}T_i}{\mathrm{d}r} = -\frac{\gamma - 1}{\gamma}\frac{gm}{k_B} \tag{8.1-4}$$

$\mathrm{d}T_i/\mathrm{d}r$ 称为绝热温度梯度. 因此对流不稳定的判定式 (8.1-3), 可以改写为

$$-\frac{\mathrm{d}T}{\mathrm{d}r} > \frac{\gamma - 1}{\gamma}\frac{gm}{k_B} \tag{8.1-5}$$

称为 Schwarzchild 条件.

(8.1-5) 式中有几点值得注意: $\mathrm{d}T$ 为流体元周围环境的温度变化, 本身为负. (8.1-5) 式右边总大于零. 由此可推得 δT_i, δT 本身均为负. (8.1-3) 式可写为 $|\mathrm{d}T/\mathrm{d}r| > |\mathrm{d}T_i/\mathrm{d}r|$.

2. 流体的粘性会改变产生对流不稳定的判据

可作如下估计:

等离子流体元上升时, 浮力为 $g\Delta\rho$ ($\Delta\rho = \rho_{\mathrm{e}} - \rho_{\mathrm{i}}$, e 指环境, i 指流体元内部), 被粘滞力所平衡.

流体力学的运动方程, 粘滞力项为 $\rho\nu'\left(\boldsymbol{\nabla}^2\boldsymbol{v} + \frac{1}{3}\boldsymbol{\nabla}(\boldsymbol{\nabla}\cdot\boldsymbol{v})\right)$. 其中 ν' 为运动学粘性系数 (可参阅流体力学书籍), 近似为 $\sim \rho\nu' v/d^2$, v 为垂直方向速度, d 为移动距离.

密度差 $\Delta\rho = \rho\alpha\Delta T$, 式中 α 为体膨胀系数. 因为压强一定时一定质量气体的体积由盖-吕萨克 Gay-Lussac 定律表示, 体积 $V_t = V_0(1 + \alpha T)$, 式中 α 为体膨胀系数, 可推出 $\Delta\rho$ 的表示式. 浮力和粘滞力的平衡即为

$$\rho g\alpha\Delta T \approx \pi^2\rho\nu' v/d^2$$

如果等离子流体元不处于绝热过程, 有热量流入, 热传导系数为 κ, 不稳定性条件显然要变化, 我们作一粗略估计, 旨在寻找不稳定条件.

能量方程

$$\rho T\frac{\mathrm{D}S}{\mathrm{D}t} = -\mathscr{L}$$

S : 熵, $\mathscr{L}$: 能量损耗函数 (能量产生和消失的总效果). 该方程告诉我们: 单位体积的热量增加率起因于能量的输入.

$\mathscr{L}$ = 能量损耗率 − 能量增加率 $= \boldsymbol{\nabla}\cdot\boldsymbol{q} + L_r - j^2/\sigma - H$.

$\boldsymbol{q}$: 热流矢量. 流体质点传导所致.

L_r : 净辐射.

j^2/σ : 欧姆损耗.

H : 其他加热源之和.

作为粗略估计, 仅考虑热流矢量

$$\boldsymbol{q} = -\kappa\boldsymbol{\nabla}T$$

设 κ 为标量, $\rho\,\mathrm{D}Q/\mathrm{D}t = \kappa\nabla^2 T$, κ 为热传导系数.

用特征标度代入, 作为近似

$$\frac{Q}{t} \sim \kappa\frac{T}{d^2}$$

t 为特征时间, d 为流体元移动距离,

$$\frac{Q/T}{d/v} \sim \frac{\kappa}{d^2}$$

热量的变化 Q 近似为内能 U 的改变, $Q \sim U \sim k_B T$,

$$\frac{Q}{T} \sim k_B$$

$$\frac{d}{v} \sim \frac{d^2}{\kappa}$$

文献中记为

$$\frac{d}{v} < \frac{d^2}{\pi^2\kappa}$$

即流体元移动距离 d 的时间 d/v 小于热扩散平滑扰动的时间 (时标为 $d^2/\pi\kappa$), 则有不稳定性产生.

解出 $v > \pi^2\kappa/d$, 再由 $\rho g\alpha\Delta T \approx \pi^2\rho\nu' v/d^2$ 解出 $v = g\alpha\Delta T(d^2/\pi^2\nu')$.

$$g\alpha\Delta T\frac{d^2}{\pi^2\nu'} > \frac{\pi^2\kappa}{d}$$

$$\mathrm{Ra} = \frac{g\alpha\Delta T d^3}{\kappa\nu'} > \pi^4 \tag{8.1-6}$$

该式为对流起动的判据, Ra 称为 Rayleigh 数.

3. 磁场的影响

磁张力能起恢复作用, 所以对对流不稳定性能起稳定作用.

通过图 8.2 作物理解释.

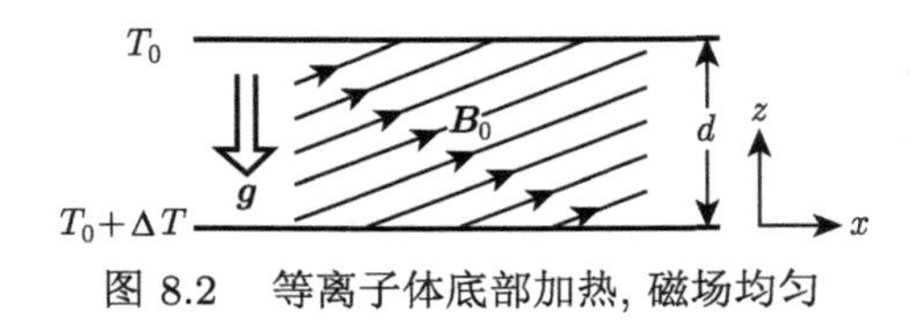

图 8.2 等离子体底部加热, 磁场均匀

取一水平层, 底部加热, 温差为 ΔT, 厚为 d, $\boldsymbol{g}$ 在 $-\hat{\boldsymbol{z}}$ 方向, 平衡态: 均匀的 ρ_0, $\boldsymbol{B}_0$ (在 xz 平面内), 速度为零. 各层的温度可表达为

$$T_0(z) = T_0 + \Delta T(1 - z/d)$$

假设磁力线在垂直方向有一个小位移 ξ, 磁力线形成正弦曲线, 波数为 k, $z = \xi \sin kx$, 曲率半径

$$\begin{aligned} R &= -\frac{(1+z'^2)^{3/2}}{z''} \qquad \text{(凸的部分取负号)} \\ &= -\frac{[1+(\xi k\cos kx)^2]^{3/2}}{-\xi k^2 \sin kx} \end{aligned}$$

在 $kx = \pi/2$ 处, 曲率半径为 $R = 1/k^2\xi$, Lorentz 力 $= \boldsymbol{j}\times\boldsymbol{B} = (\boldsymbol{B}\cdot\boldsymbol{\nabla})\boldsymbol{B}/\mu - \boldsymbol{\nabla}(B^2/2\mu)$, 磁张力: $(\boldsymbol{B}\cdot\boldsymbol{\nabla})\boldsymbol{B}/\mu$.

令 $\boldsymbol{B} = B\boldsymbol{s}$, $\boldsymbol{s}$: 沿磁力线方向的单位矢量, 磁张力可写成 $(B/\mu)\dfrac{\mathrm{d}}{\mathrm{d}s}(B\boldsymbol{s})$.

$$\begin{aligned} \frac{B}{\mu}\frac{\mathrm{d}}{\mathrm{d}s}(B\boldsymbol{s}) &= \frac{B}{\mu}\frac{\mathrm{d}B}{\mathrm{d}s}\boldsymbol{s} + \frac{B^2}{\mu}\frac{\mathrm{d}\boldsymbol{s}}{\mathrm{d}s} \\ &= \frac{\mathrm{d}}{\mathrm{d}s}\left(\frac{B^2}{2\mu}\right)\boldsymbol{s} + \frac{B^2}{\mu}\frac{\boldsymbol{n}}{R} \end{aligned}$$

右边第一项为张力部分, 用以抵消各向同性的磁压力 [在 $-\boldsymbol{s}$ 方向]. 第二项为净张力. 净磁张力可以产生恢复力. 将 $R = 1/R^2\xi$ 代入, 则为 $(B_0^2/\mu)k^2\xi$.

密度 ρ 的变化 $\Delta\rho = \rho_0\alpha\Delta T$. 温度梯度 $\Delta T/d$, 向上位移 ξ, 温度减少 $\xi(\Delta T/d)$, 从而密度减少 $\rho_0\alpha(\xi\,\Delta T/d)$.

浮力: $g\,\Delta\rho$, 因此浮力的变化为 $g\rho_0\alpha\xi(\Delta T/d)$.

如果有不稳定性存在, 也即浮力的变化使位移 ξ 进一步增大, 则要求浮力能克服磁张力

$$\frac{\rho_0 g\alpha\Delta T}{d} > \frac{k^2 B_0^2}{\mu} \tag{8.1-7}$$

4. 对流 (浮力大于张力的流动, 翻滚的对流) 发生的条件

(1) 假如磁场足够弱, 或者扰动波长足够长.

(2) 流体元沿磁力线方向滚动 (因为沿磁力线方向运动, 没有 Lorentz 力, 从而没有磁张力).

5. 讨论热传导系数 κ, 磁扩散率 η_m 的作用

以上为发生急速的翻滚对流的条件. 若上述条件不被满足, 耗散效应仍然允许较为平和的对流产生, 起因于漏泄 (leak) 不稳定性, 或者是过稳定性 (增长的振荡状态).

1) 漏泄不稳定

磁扩散率 η_m 和热传导系数 κ 的作用就是使磁场和热量在等离子体中扩散. η_m 和 κ 越大, 张力和浮力就越小. 因此 (8.1-7) 式的张力部分 (右边) 要除以 η_m, 浮力部分 (左边) 除以 κ

$$\frac{\rho_0 g\alpha\Delta T}{d\kappa} > \frac{k^2 B_0^2}{\mu\eta_m}$$

$$\frac{\rho_0 g\alpha\Delta T\eta_m}{d} > \frac{k^2 B_0^2\kappa}{\mu} \tag{8.1-8}$$

假如 $\kappa < \eta_m$, 则对于较小的 ΔT, 仍有不稳定性存在.

小结:

(1) 若条件 $\rho_0 g\alpha\Delta T/d > k^2 B_0^2/\mu$ (产生翻滚对流的条件) 不满足, 则通过耗散作用仍能产生较平和的对流.

(2) 磁扩散率 η_m 和热传导系数 κ, 使磁场和热量在等离子体中扩散.

(3) η_m, κ 越大, 磁张力和浮力变得越小, 因为磁耗散削弱了磁场, 热传导减少了 ΔT. 因此 (8.1-7) 式两边应分别乘 κ^{-1}、η_m^{-1}, 得到漏泄不稳定条件 (8.1-8) 式.

(4) 如果 $\kappa < \eta_m$, 则当温差 ΔT 小于翻滚对流的 (8.1-7) 式中的 ΔT 时, 仍使 (8.1-8) 式满足, 则仍有不稳定性——漏泄不稳定 (leak instability).

2) 过稳定 (图 8.3)

(1) 假如 $\kappa > \eta_m$, 且 (8.1-7) 式不满足 (即无翻滚现象), 等离子体仍会有过稳定.

(2) 该例中, 张力占主导, 超过浮力, 会产生垂直方向振荡.

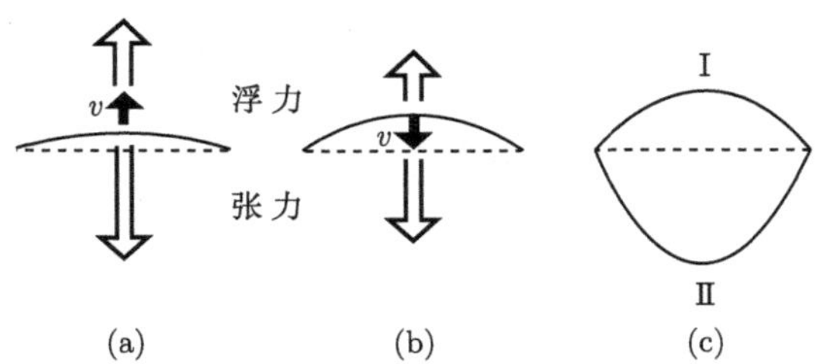

图 8.3 过稳定振荡. (a) 等离子体上升时, 恢复力 (张力) 超过浮力 (浮力起减稳作用); (b) 等离子体向下运动时, 张力和浮力都因扩散减小, 但合力增加 (因为 $\kappa > \eta_m$); (c) 显示下半周的振荡 II 的振幅超过上半周 I 的振幅, 这样的过程继续进行

(3) 振荡过程中, 热传导减少了层间的温差, 从而减小了浮力.

(4) 当等离子体趋于回到平衡位置时, 产生不稳定性的力 (浮力) 和恢复力都已经减小, 但指向平衡位置的合力增大, 形成过稳定.

浮力和恢复力的减小:

$$\frac{k^2B_0^2}{\mu} - \frac{k^2B_0^2}{\mu}\eta_m \gg \frac{\rho_0 g\alpha\Delta T}{d} - \frac{\rho_0 g\alpha\Delta T}{d}\kappa$$

可以得到过稳定的条件:

$$\frac{\rho_0 g\alpha\Delta T\kappa}{d} > \frac{k^2B_0^2\eta_m}{\mu}$$

8.1.2 线性稳定性分析

(1) 不可压缩等离子流体的标准方程组

$$\rho\frac{\mathrm{D}\boldsymbol{v}}{\mathrm{D}t} = -\boldsymbol{\nabla}p + \boldsymbol{j}\times\boldsymbol{B} + \rho\nu'\nabla^2\boldsymbol{v} - \rho g\hat{\boldsymbol{z}} \quad ①$$

$$\frac{\partial\boldsymbol{B}}{\partial t} = \boldsymbol{\nabla}\times(\boldsymbol{v}\times\boldsymbol{B}) + \eta_m\nabla^2\boldsymbol{B} \quad ②$$

$$\frac{\mathrm{D}T}{\mathrm{D}t} = \kappa\nabla^2 T \quad ③$$

对能量方程 ③ 加以说明.

(i) 能量方程为

$$\rho T\frac{\mathrm{D}S}{\mathrm{D}t} = -\mathscr{L}$$

(ii) 太阳内部 (光球层以下), 能量的输运主要是辐射和对流, 粒子的热传导退于次要地位. 现在主要考虑辐射

$$L_r = \boldsymbol{\nabla}\cdot\boldsymbol{q}_r$$

$$\boldsymbol{q}_r = -\kappa_r \boldsymbol{\nabla} T$$

κ_r: 辐射传导系数, $\boldsymbol{q}_r$: 辐射流量

$$L_r = -\kappa_r \nabla^2 T$$

(iii) 能量方程可以写成多种形式, 其中之一为

$$\rho \frac{\mathrm{D}}{\mathrm{D}t}(c_p T) - \frac{\mathrm{D}p}{\mathrm{D}t} = -\mathscr{L}$$

定义热扩散率

$$\kappa = \frac{\kappa_r}{\rho c_p}$$

假定压强不变, 就得到 ③ 式.

(2) 小扰动线性化方程组.

作下述假设:

$\kappa =$ 常数.

忽略声波, 即不计压力, $\boldsymbol{\nabla} \cdot \boldsymbol{v} = 0$.

流体可压缩的部分归入浮力, 即密度扰动仅包含在引力项 (称为 Boussinesq 近似), 写成

$$\rho = \rho_0(1 + \alpha T_1)$$

$$\Delta\rho = \rho - \rho_0 = \alpha \rho_0 T_1 \quad (= \rho_1)$$

$$g\Delta\rho = \rho_1 g = \text{浮力}$$

$\boldsymbol{B} = \boldsymbol{B}_0 + \boldsymbol{B}_1$ (注意 $\boldsymbol{B}_0$ 没有给定方向), $\boldsymbol{B}_0$ 均匀;

$\boldsymbol{v} = \boldsymbol{v}_1$ (即假设 $\boldsymbol{v}_0 = 0$);

$T = T_0(z) + T_1$.

下标 “1” 指小扰动量, 也即二阶及二阶以上的量可以忽略.

① 式变成

$$\rho \frac{\mathrm{D}\boldsymbol{v}}{\mathrm{D}t} = \frac{1}{\mu}\left[(\boldsymbol{B} \cdot \boldsymbol{\nabla})\boldsymbol{B} - \frac{1}{2}\boldsymbol{\nabla} B^2\right] + \rho\nu' \nabla^2 \boldsymbol{v} - \rho g \hat{\boldsymbol{z}}$$

$$\frac{\partial \boldsymbol{v}_1}{\partial t} = -\frac{1}{\rho_0 \mu}\boldsymbol{\nabla}(\boldsymbol{B}_1 \cdot \boldsymbol{B}_0) + \frac{1}{\rho_0 \mu}(\boldsymbol{B}_0 \cdot \boldsymbol{\nabla})\boldsymbol{B}_1 + \nu' \nabla^2 \boldsymbol{v}_1 - \alpha g T_1 \hat{\boldsymbol{z}} \quad ④$$

② 式变成

$$\frac{\partial \boldsymbol{B}_1}{\partial t} = (\boldsymbol{B}_0 \cdot \boldsymbol{\nabla})\boldsymbol{v}_1 + \eta_m \nabla^2 \boldsymbol{B}_1 \quad ⑤$$

③ 式: 平衡态时, $\partial T_0/\partial t = 0 = \kappa\nabla^2 T_0$,

$$T_0 = T_0(z), \qquad \therefore\ \frac{\mathrm{d}T_0(z)}{\mathrm{d}z} = \text{const}$$

$$\frac{\partial T_1}{\partial t} + \boldsymbol{v}_1 \cdot \boldsymbol{\nabla} T_0 = \kappa\nabla^2 T_1 \tag{⑥}$$

(3) (a) 用 $\boldsymbol{\nabla}\times\boldsymbol{\nabla}\times$ 作用于 ④ 式两边得到

$$\frac{\partial}{\partial t}\nabla^2\boldsymbol{v}_1 = \frac{1}{\rho_0\mu}\nabla^2(\boldsymbol{B}_0\cdot\boldsymbol{\nabla})\boldsymbol{B}_1 + \nu'\nabla^2(\nabla^2\boldsymbol{v}_1) + \alpha g\left(\frac{\partial^2}{\partial x^2}+\frac{\partial^2}{\partial y^2}\right)T_1\hat{\boldsymbol{z}}$$

$\hat{\boldsymbol{z}}$ 分量式为

$$\left(\frac{\partial}{\partial t} - \nu'\nabla^2\right)\nabla^2 v_{1z} = \frac{1}{\rho_0\mu}\nabla^2(\boldsymbol{B}_0\cdot\boldsymbol{\nabla})B_{1z} + \alpha g\left(\frac{\partial^2}{\partial x^2}+\frac{\partial^2}{\partial y^2}\right)T_1 \tag{⑦}$$

(b) 用算符 $(\partial/\partial t - \eta_m\nabla^2)$ 作用于 ⑦ 式两边

$$\begin{aligned}&\left(\frac{\partial}{\partial t} - \eta_m\nabla^2\right)\left(\frac{\partial}{\partial t} - \nu'\nabla^2\right)\nabla^2 v_{1z}\\ =& \frac{1}{\rho_0\mu}\nabla^2(\boldsymbol{B}_0\cdot\boldsymbol{\nabla})\left(\frac{\partial}{\partial t} - \eta_m\nabla^2\right)B_{1z} + \alpha g\left(\frac{\partial}{\partial t} - \eta_m\nabla^2\right)\left(\frac{\partial^2}{\partial x^2}+\frac{\partial^2}{\partial y^2}\right)T_1\end{aligned}$$

将 ⑤ 式代入上式

$$右边 = \frac{1}{\rho_0\mu}\nabla^2(\boldsymbol{B}_0\cdot\boldsymbol{\nabla})(\boldsymbol{B}_0\cdot\boldsymbol{\nabla})v_{1z} + \alpha g\left(\frac{\partial}{\partial t} - \eta_m\nabla^2\right)\left(\frac{\partial^2}{\partial x^2}+\frac{\partial^2}{\partial y^2}\right)T_1 \tag{⑧}$$

(c) 再用算符 $(\partial/\partial t - \kappa\nabla^2)$ 作用于 ⑧ 式两边, 并利用 ⑥ 式

$$\begin{aligned}&\left(\frac{\partial}{\partial t} - \kappa\nabla^2\right)\left(\frac{\partial}{\partial t} - \eta_m\nabla^2\right)\left(\frac{\partial}{\partial t} - \nu'\nabla^2\right)\nabla^2 v_{1z}\\ =& \frac{(\boldsymbol{B}_0\cdot\boldsymbol{\nabla})^2}{\mu\rho_0}\left(\frac{\partial}{\partial t} - \kappa\nabla^2\right)\nabla^2 v_{1z} + \alpha g\left(\frac{\partial}{\partial t} - \eta_m\nabla^2\right)\left(\frac{\partial^2}{\partial x^2}+\frac{\partial^2}{\partial y^2}\right)v_{1z}\left(-\frac{\mathrm{d}T_0}{\mathrm{d}z}\right)\end{aligned}$$

因为 $\mathrm{d}T_0/\mathrm{d}z = \text{const}$, 令 $\Delta T/d = -\mathrm{d}T_0/\mathrm{d}z$,

$$\begin{aligned}&\left(\frac{\partial}{\partial t} - \kappa\nabla^2\right)\left(\frac{\partial}{\partial t} - \eta_m\nabla^2\right)\left(\frac{\partial}{\partial t} - \nu'\nabla^2\right)\nabla^2 v_{1z}\\ =& \frac{(\boldsymbol{B}_0\cdot\boldsymbol{\nabla})^2}{\mu\rho_0}\left(\frac{\partial}{\partial t} - \kappa\nabla^2\right)\nabla^2 v_{1z} + \frac{g\alpha\Delta T}{d}\left(\frac{\partial}{\partial t} - \eta_m\nabla^2\right)\left(\frac{\partial^2 v_{1z}}{\partial x^2}+\frac{\partial^2 v_{1z}}{\partial y^2}\right)\end{aligned} \tag{8.1-9}$$

(Savage, 1969).

(4) 取 (8.1-9) 式的解, 形如

$$v_{1z} \sim \mathrm{e}^{\omega t}\mathrm{e}^{i(k_x x+k_y y)}\sin k_z z \tag{8.1-10}$$

注意 $\mathrm{e}^{\omega t}$ 指数没有虚数 i.

边界条件: 下边界 $z=0$ 和上边界 $z=d$ 处, $v_{1z}=0$.

显然 $z=0$ 时, (8.1-10) 式为零; $z=d$ 时, 欲使 $v_{1z}=0$, 则 $k_z d=\pi$, $k_z=\pi/d$.

将 (8.1-10) 式代入 (8.1-9) 式中, 有

$$\begin{aligned}&(\omega+\kappa k^2)(\omega+\eta_m k^2)(\omega+\nu' k^2)k^2\\=&-\frac{(\boldsymbol{B}_0\cdot\boldsymbol{k})^2}{\mu\rho_0}(\omega+\kappa k^2)k^2+\frac{g\alpha\Delta T}{d}(\omega+\eta_m k^2)(k_x^2+k_y^2)\end{aligned} \tag{8.1-11}$$

其中 $k^2=k_x^2+k_y^2+k_z^2$.

(i) 设 $\boldsymbol{B}=B_0\hat{\boldsymbol{x}}$, 无耗散即 $\kappa=\eta_m=\nu'=0$,

$$(\boldsymbol{B}_0\cdot\boldsymbol{k})^2=B_0^2k_x^2$$

$$\omega^2=-\frac{B_0^2}{\mu\rho_0}k_x^2+\frac{g\alpha\Delta T}{d}\frac{k_x^2+k_y^2}{k^2}$$

① 上式表示, 当 $k_x=0$ 时, 即波沿垂直于 $\boldsymbol{B}_0=B_0\hat{\boldsymbol{x}}$ 方向传播. v_{1z} 则随时间不断增加. 只要 $k_y\neq 0$, 就是不稳定, 就有对流运动.

② 若 $k_x\neq 0$, 当 $\omega^2<0$ 时, $\omega=\pm i\omega$. v_{1z} 为振荡解, 属于稳定 (无对流), 即满足

$$\frac{B_0^2}{\mu\rho_0}>\frac{g\alpha\Delta T}{dk_x^2}\cdot\frac{k_x^2+k_y^2}{k^2}$$

式中 $k^2=k_x^2+k_y^2+(\pi/d)^2$. 当 k_y 变化时, $(k_x^2+k_y^2)/k^2$ 的极大值为 1 (当 $k_y\to\infty$), 因此当磁场足够强时, 对于给定的 $k_x\neq 0$, 任意的 k_y, 下式成立:

$$\frac{B_0^2}{\mu\rho_0}>\frac{g\alpha\Delta T}{dk_x^2}$$

张力大于浮力, 稳定.

(ii) 设 $\boldsymbol{B}_0=B_0\hat{\boldsymbol{z}}$, 耗散系数均不为零

$$(\omega+\kappa k^2)(\omega+\eta_m k^2)(\omega+\nu' k^2)k^2$$

$$= -\frac{B_0^2}{\mu\rho_0}k^2(\omega+\kappa k^2)+\frac{g\alpha\Delta T}{d}(\omega+\eta_m k^2)(k_x^2+k_y^2) \tag{8.1-12}$$

① $\omega^2>0$, 不稳定.

② $\omega=\omega_r+i\omega_i$, 其中 $\omega_r>0$, 则发生过稳定: 振荡增长的不稳定状态. $\mathrm{e}^{\omega t}\sim\mathrm{e}^{\omega_r t}\cdot\mathrm{e}^{i\omega_i t}$.

(5) 不稳定性发生的临界条件为 $\omega=0$, (8.1-12) 式变为

$$\kappa\eta_m\nu' k^8=-\frac{B_0^2}{\mu\rho_0}k^4k_z^2\kappa+\frac{g\alpha\Delta T}{d}\eta_m k^2(k_x^2+k_y^2)$$

Hartmann 数

$$\mathrm{Ha}=\frac{B_0 d}{(\mu\rho\nu'\eta_m)^{1/2}}\qquad\left(\frac{\text{磁力}}{\text{粘滞扩散力}}\right)$$

对于太阳, $\mathrm{Ha}\gg 1$, $\rho\approx\rho_0$.

Rayleigh 数

$$\mathrm{Ra}=\frac{g\alpha\Delta T d^3}{\kappa\nu'}\qquad\left(\frac{\text{浮力}}{\text{非磁扩散的稳定作用}}\right)$$

将 Ha 和 Ra 的表达式代入上式, 得

$$d^6k^6=-\mathrm{Ha}^2k^2d^2(d^2k_z^2)+\mathrm{Ra}\,d^2k^2-\mathrm{Ra}\,(d^2k_z^2)$$

利用了 $k^2=k_x^2+k_y^2+k_z^2$,

$$\text{因为 } k_z=\frac{\pi}{d}$$

$$\text{所以 } \mathrm{Ra}\,(d^2k^2-\pi^2)=\pi^2\mathrm{Ha}^2d^2k^2+d^6k^6 \tag{8.1-13}$$

$$\mathrm{Ra}=\frac{1}{d^2k^2-\pi^2}(\pi^2\mathrm{Ha}^2d^2k^2+d^6k^6)$$

作 $k\sim\mathrm{Ra}$ 图 (图 8.4). 图 8.4 显示了磁场均匀, 对流稳定曲线边缘的形状, k 为波数, Ra 为 Rayleigh 数.

有一个 Ra 的最小值 Ra^*, 对应于 k^*. 对于实数 k^2 的存在, 可以通过 (8.1-13) 式转换成三次代数方程. 根据存在三个实数根 (d^2k^2 作为变量) 的条件, 可确定 Ra^*.

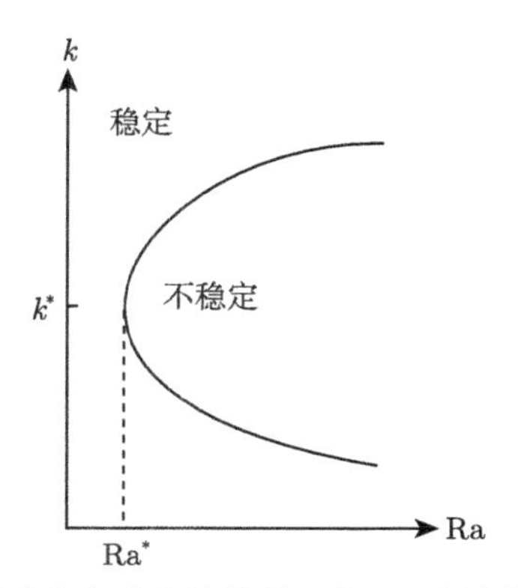

图 8.4 磁场均匀, 对流稳定曲线边缘的形状. k 为波数, Ra 为 Rayleigh 数

根与方程系数的关系如下:

$$x^3 + px + q = 0$$

$$p = -(\mathrm{Ra} - \pi^2\mathrm{Ha}^2)$$

$$q = \mathrm{Ra}\,\pi^2$$

三根为实数的条件:

$$\frac{q^2}{4} + \frac{p^3}{27} \leqslant 0$$

(8.1-13) 式可写成: $x = d^2k^2$,

$$x^3 + \pi^2\mathrm{Ha}^2 x = \mathrm{Ra}\,(x - \pi^2)$$

$$x^3 - (\mathrm{Ra} - \pi^2\mathrm{Ha}^2)x + \mathrm{Ra}\,\pi^2 = 0$$

三根为实数的条件为

$$\frac{1}{4}(\mathrm{Ra}\pi^2)^2 + \frac{1}{27}[-(\mathrm{Ra} - \pi^2\mathrm{Ha}^2)]^3 \leqslant 0$$

$$(\mathrm{Ra} - \pi^2\mathrm{Ha}^2)^3 \geqslant \frac{27}{4}\pi^4\mathrm{Ra}^2$$

最小值:

$$(\mathrm{Ra}^* - \pi^2\mathrm{Ha}^2)^3 = \frac{27}{4}\pi^4\mathrm{Ra}^{*2} \tag{8.1-14}$$

Ra 的最小值 Ra^*, 可以从上述方程中求出.

上述方程解出的 Ra 就是最小值点吗?

令

$$f(\mathrm{Ra}) = (\mathrm{Ra} - \pi^2\mathrm{Ha}^2)^3 - \frac{27}{4}\pi^4\mathrm{Ra}^2$$

$$f'(\mathrm{Ra}) = 3(\mathrm{Ra} - \pi^2\mathrm{Ha}^2)^2 - \frac{27}{2}\pi^4\mathrm{Ra}$$

$$f''(\mathrm{Ra}) = 6\mathrm{Ra} - \left(6\pi^2\mathrm{Ha}^2 + \frac{27}{2}\pi^4\right)$$

$f'(\mathrm{Ra}) = 0$, 求出 Ra, 代入 $f''(\mathrm{Ra})$, 如果 $f''(\mathrm{Ra}) > 0$ 为极小.

为简单起见, 直接将数据代入作为估算. $\mathrm{Ha} = 10$, $\mathrm{Ra} = 2650$. 代入后, 可见 $f''(\mathrm{Ra}) > 0$, 所以解出的 $\mathrm{Ra} = \mathrm{Ra}^*$ 为极小值点 (本例中即为最小值, 对照图 8.4).

(6) 考虑 (8.1-14) 式, 当磁场消失. 根据 Ha 的定义, 则 $\mathrm{Ha} = 0$, $\mathrm{Ra}^* = 27\pi^4/4$, 该式为发生对流不稳定的判据 (8.1-6) 式的精确形式. 当 $\mathrm{Ra} > \mathrm{Ra}^*$ 就有对流不稳定.

对于太阳, 虽然 $\mathrm{Ha} \gg 1$, 但 $\mathrm{Ra}^* \ggg 1$, (8.1-14) 可写成

$$\mathrm{Ra}^{*3}\left(1 - \frac{\pi^2\mathrm{Ha}^2}{\mathrm{Ra}^*}\right)^3 = \frac{27}{4}\pi^4\mathrm{Ra}^{*2} \approx 658\mathrm{Ra}^{*2}$$

$$\mathrm{Ra}^*\left(1 - \frac{3\pi^2\mathrm{Ha}^2}{\mathrm{Ra}^*}\right) \approx 658$$

$$\mathrm{Ra}^* \gg 658, \qquad \text{可以令右边为零}$$

$$\therefore\ \mathrm{Ra}^* \approx \pi^2\mathrm{Ha}^2 \tag{8.1-15}$$

从 (8.1-15) 式可知, 当 Ha 增加时, Ra^* 增加. 与 Ra^* 相对应的 k^* 也增加, 与 (8.1-8) 式相似.

$$(8.1\text{-}15)\ \text{式}: \frac{g\alpha\Delta T d^3}{\kappa\nu'} \approx \pi^2\frac{B_0^2 d^2}{\mu\rho\nu'\eta_m}$$

$$\text{即}\ \frac{\rho g\alpha\Delta T\eta_m}{d} \approx \pi^2\frac{B_0^2\kappa}{\mu d^2} = k_z^2\frac{B_0^2\kappa}{\mu}$$

这就是 (8.1-8) 式 ((8.1-8) 式中的 k 在 xz 坐标系, 就是 k_z).

说明: Ha 增加, Ra^* 增加显然可见. 但 k^* 的增加并不显然. 根据我们的推导. 对 (8.1-15) 式略为严格的结果是 $\mathrm{Ra}^* \approx 3\pi^2\mathrm{Ha}^2$.

在 (8.1-13) 式中, Ra 用它的最小值 Ra^* 代入, 则 k 应写成 k^*,

$$\mathrm{Ra}^* = \frac{1}{d^2k^{*2} - \pi^2}\left(\frac{1}{3}\mathrm{Ra}^* d^2k^{*2} + d^6k^{*6}\right)$$

d 为 $T_0 + \Delta T$ 至 T_0 的深度. 若不是浅水波, 则有 $d \gg \lambda$, 即 $dk \gg 1$

$$\mathrm{Ra}^* \approx \frac{1}{1 - \dfrac{\pi^2}{d^2 k^{*2}}} \left(\frac{1}{3}\mathrm{Ra}^* + d^4 k^{*4} \right)$$

忽略 π^2/d^2k^2,

$$\mathrm{Ra}^* \approx \frac{3}{2} d^4 k^{*4}$$

所以 Ra^* 增加, k^* 也增加.

因此增强磁场 (即增加 Ha), 使等离子体更稳定.

(7) 磁场在垂直方向, $\boldsymbol{B}_0 = B_0 \hat{\boldsymbol{z}}$, 耗散系数不为零. 过稳定性产生的临界条件是 $\omega_r = 0$. 展开 (8.1-12) 式:

$$\begin{aligned} &\omega^3 + (\kappa + \eta_m + \nu')k^2\omega^2 + (\kappa\eta_m + \kappa\nu' + \nu'\eta_m)k^4\omega + \kappa\eta_m\nu' k^6 \\ &= -\frac{B_0}{\mu\rho_0} k_z^2(\omega + \kappa k^2) + \frac{g\alpha\Delta T}{dk^2}(\omega + \eta_m k^2)(k_x^2 + k_y^2) \end{aligned}$$

将 $\omega = \omega_r + i\omega_i$ 代入上式,

实部:

$$\begin{aligned} &\omega_r^3 - 3\omega_r\omega_i^2 + (\kappa + \eta_m + \nu')k^2(\omega_r^2 - \omega_i^2) + (\kappa\eta_m + \kappa\nu' + \eta_m\nu')k^4\omega_r + \kappa\eta_m\nu' k^6 \\ &= -\frac{B_0^2}{\mu\rho_0}k_z^2\omega_r^2 - \frac{B_0^2}{\mu\rho_0}k_z^2\kappa k^2 + \frac{g\alpha\Delta T}{dk^2}(k_x^2 + k_y^2)\omega_r + \frac{g\alpha\Delta T}{d}(k_x^2 + k_y^2)\eta_m \end{aligned}$$

将 $\omega_r = 0$ 代入上式,

$$-(\kappa + \eta_m + \nu')k^2\omega_i^2 + \kappa\eta_m\nu' k^6 = -\frac{B_0^2}{\mu\rho_0}\kappa k_z^2 k^2 + \frac{g\alpha\Delta T}{d}\eta_m(k_x^2 + k_y^2) \tag{8.1-16}$$

虚部:

$$\begin{aligned} &3\omega_r^2\omega_i - \omega_i^3 + (\kappa + \eta_m + \nu')k^2 \cdot 2\omega_r\omega_i + (\kappa\eta_m + \kappa\nu' + \eta_m\nu')k^4\omega_i \\ &= -\frac{B_0^2}{\mu\rho_0}k_z^2\omega_i + \frac{g\alpha\Delta T}{dk^2}(k_x^2 + k_y^2)\omega_i \end{aligned}$$

将 $\omega_r = 0$ 代入上式,

$$\omega_i^2 = (\kappa\eta_m + \kappa\nu' + \eta_m\nu')k^4 + \frac{B_0^2}{\mu\rho_0}k_z^2 - \frac{g\alpha\Delta T}{dk^2}(k_x^2 + k_y^2) \tag{8.1-17}$$

将 (8.1-17) 代入 (8.1-16), 并注意 $k_z = \pi/d$, Ha, Ra 的表达式, 整理后:

$$-\mathrm{Ra}\left(k^2-\frac{\pi^2}{d^2}\right)\frac{\kappa\nu'}{d^4}(\kappa+\nu')=-\pi^2\mathrm{Ha}^2\frac{k^2}{d^4}\nu'\eta_m(\nu'+\eta_m)-(\eta_m+\kappa)(\eta_m+\nu')(\kappa+\nu')k^6$$

两边乘 $(-d^2)$, 并除以 $(\kappa\nu'/d^4)(\kappa+\nu')$ 得

$$\mathrm{Ra}(d^2k^2-\pi^2)=\pi^2\mathrm{Ha}^2d^2k^2\frac{\eta_m(\nu'+\eta_m)}{\kappa(\kappa+\nu')}+d^6k^6\frac{(\eta_m+\kappa)(\eta_m+\nu')}{\kappa\nu'} \tag{8.1-18}$$

作 $k \sim \mathrm{Ra}$ 图, 类似于图 8.4.

利用三次代数方程三个根为实数的条件, 确定最小的 Ra 值.

令 $x = d^2k^2$, (8.1-18) 式变为

$$x^3-\frac{\mathrm{Ra}-\pi^2\mathrm{Ha}^2\dfrac{\eta_m(\nu'+\eta_m)}{\kappa(\kappa+\nu')}}{\dfrac{(\eta_m+\kappa)(\eta_m+\nu')}{\kappa\nu'}}x+\frac{\mathrm{Ra}\pi^2}{\dfrac{(\eta_m+\kappa)(\eta_m+\nu')}{\kappa\nu'}}=0$$

三根为实数的条件要求:

$$\frac{1}{4}\left[\frac{\mathrm{Ra}\pi^2}{\dfrac{(\eta_m+\kappa)(\eta_m+\nu')}{\kappa\nu'}}\right]^2+\frac{1}{27}\left[-\frac{\mathrm{Ra}-\pi^2\mathrm{Ha}^2\dfrac{\eta_m(\nu'+\eta_m)}{\kappa(\kappa+\nu')}}{\dfrac{(\eta_m+\kappa)(\eta_m+\nu')}{\kappa\nu'}}\right]^3\leqslant 0$$

利用运动学粘性系数 $\nu' \ll \eta_m, \kappa$, 得到

$$\mathrm{Ra}\left(1-3\pi^2\mathrm{Ha}^2\frac{\eta_m^2}{\kappa^2}\cdot\frac{1}{\mathrm{Ra}}\right)\frac{\kappa\nu'}{(\eta_m+\kappa)\eta_m}\leqslant\frac{27}{4}\pi^4\approx 0$$

$$\because\ \frac{\kappa\nu'}{(\eta_m+\kappa)\eta_m}\ll 1,\ \therefore\ \mathrm{Ra}\left(1-3\pi^2\mathrm{Ha}^2\frac{\eta_m^2}{\kappa^2}\cdot\frac{1}{\mathrm{Ra}}\right)\approx 0$$

$$\mathrm{Ra}\left(1-3\pi^2\mathrm{Ha}^2\frac{\eta_m^2}{\kappa^2}\cdot\frac{1}{\mathrm{Ra}}\right)\approx 0$$

$$\mathrm{Ra}\approx 3\pi^2\mathrm{Ha}^2\frac{\eta_m^2}{\kappa^2}>\pi^2\mathrm{Ha}^2\frac{\eta_m^2}{\kappa^2} \tag{8.1-19}$$

将 Ra, Ha 代入 (8.1-19) 式,

$$\frac{\rho g\alpha\Delta T\kappa}{d}>\frac{\pi^2}{d^2}\cdot\frac{B_0^2\eta_m}{\mu}=k_z^2\frac{B_0^2}{\mu}\cdot\eta_m\approx k^2\frac{B_0^2\eta_m}{\mu}$$

(8.1-19) 式本质上与 8.1.1 节中过稳定条件一样.

过稳定性显示了一个振幅增长的 Alfvén 驻波, 能量来自于引力能.

8.1.3 磁通量的排挤及集中

磁场穿过一个参与对流运动的流体元, 假如磁能密度 $B^2/2\mu$ 比动能密度 $\frac{1}{2}\rho v^2$ 小得多, 磁场不能阻止对流运动. 假如磁雷诺数 $R_m \gg 1$, 流动就带着磁场运动, 使磁场缠绕, 这一过程中磁力线拉长. 从磁冻结的推导中, 有关系式 $\mathrm{d}l = \varepsilon(B/\rho)$. $\mathrm{d}l$ 为流体元的长度, ε 为比例常数. 因为若 $\mathrm{d}l$ 变长, 对于不可压缩流体, B 会增强, 直至磁能与动能相当 (流体速度减慢) 或者局部磁雷诺数变为量级为 1. 这是因为流速变小, R_m 亦变小, 磁力线就会从等离子体中向外滑出. 在这后一例子中, 磁通量从流体元中心被排挤而累积于流体元的边界.

Parker (1963a) 提出一个简单的模型, 通过一个超米粒元来解释磁通量的运动学集中. 以下为论文中与本课有关的内容.

1. 理想流体的磁感应方程

磁感应方程

$$\frac{\partial \boldsymbol{B}}{\partial t} = \nabla \times (\boldsymbol{v} \times \boldsymbol{B})$$

上式的解对于不可压缩流体为

$$B_i(x_k) = B_j(x_{0k}) \frac{\partial x_i}{\partial x_{0j}} \cdot \frac{1}{J} \tag{I1}$$

Parker 的论文中引用 Lundquist (1952) 的结果, x_i 表示初始位置在 x_0 处的流体元, 在时刻 t 的位置. $B_j(x_{0k})$ 表示初始场. J 表示 $\partial x_i/\partial x_{0j}$ 变换的雅可比行列式, 对于不可压缩流体, 则 $J = 1$.

我们粗略地给出一个证明:

$$\begin{aligned}
\frac{\partial \boldsymbol{B}}{\partial t} &= \nabla \times (\boldsymbol{v} \times \boldsymbol{B}) \\
&= (\delta_{il}\delta_{jm} - \delta_{im}\delta_{jl}) \left(v_l \frac{\partial B_m}{\partial x_j} + B_m \frac{\partial v_l}{\partial x_j} \right) \\
&= v_i \frac{\partial B_j}{\partial x_j} + B_j \frac{\partial v_i}{\partial x_j} - v_j \frac{\partial B_i}{\partial x_j} - B_i \frac{\partial v_j}{\partial x_j}
\end{aligned}$$

$$\nabla \cdot \boldsymbol{B} = \frac{\partial B_j}{\partial x_j} = 0, \qquad \nabla \cdot \boldsymbol{v} = \frac{\partial v_j}{\partial x_j} = 0$$

$$\frac{\partial B_i}{\partial t} + v_j \frac{\partial B_i}{\partial x_j} = B_j \frac{\partial v_i}{\partial x_j}$$

假设 v_j 是 $v_j = v_j(t, x_j, B_i)$, 与 B_i 的导数无关.

上述方程归结为准一阶线性偏微分方程求解.

右边非齐次项相当于 $R = R(B_i, x_j, t)$,

$$\frac{\mathrm{d}t}{1} = \frac{\mathrm{d}x_j}{v_j} = \frac{\mathrm{d}B_i}{B_j\dfrac{\partial v_i}{\partial x_j}}$$

$$\begin{aligned}\mathrm{d}B_i &= B_j\frac{\partial v_i}{\partial x_j}\mathrm{d}x_j\cdot\frac{1}{v_j}\\ &= B_j\frac{\partial^2 x_i}{\partial x_j\partial t}\cdot\frac{1}{\dfrac{\partial x_j}{\partial t}}\cdot\mathrm{d}x_j\\ &= B_j\mathrm{d}\frac{\partial x_i}{\partial x_j}\end{aligned}$$

B_j 不是 $\partial x_i/\partial x_j$ 的函数

$$B_i(x_k) = B_j(x_k)\frac{\partial x_i}{\partial x_j}$$

当 $x_k \to x_{0k}$ (初始坐标) 时, $B_j(x_k) \to B_j(x_{0k})$, 定出系数 B_j 的值

$$\begin{aligned}B_i(x_k) &= B_j(x_{0k})\frac{\partial x_i}{\partial x_j}\\ &= B_j(x_{0k})\frac{\partial x_i}{\partial x_{0j}}\frac{\partial x_{0j}}{\partial x_j}\end{aligned}$$

对于不可压缩流体, 初始位于 x_0 的质点, 和 t 时刻的变化是同样的, $\partial x_{0j}/\partial x_j = 1$, 所以

$$B_i(x_k) = B_j(x_{0k})\frac{\partial x_i}{\partial x_{0j}}$$

2. 不可压缩无旋流体 $\boldsymbol{\omega} = \nabla\times\boldsymbol{v} = 0$

引入速度势 φ, $\boldsymbol{v} = \nabla\varphi$.

无源时, 满足 Laplace 方程 $\nabla^2\varphi = 0$, 我们处理二维问题.

构造一个复解析函数, $w = \varphi + i\psi$.

φ 为速度势, 则 ψ 为流线.

根据复变函数的柯西-黎曼 (Cauchy-Riemann, C-R) 方程

$$\begin{cases}\dfrac{\partial\varphi}{\partial x} = \dfrac{\partial\psi}{\partial y}\\ \dfrac{\partial\psi}{\partial x} = -\dfrac{\partial\varphi}{\partial y}\end{cases}$$

可推出

$$\frac{\partial\varphi}{\partial x}\frac{\partial\psi}{\partial x}+\frac{\partial\varphi}{\partial y}\frac{\partial\psi}{\partial y}=0$$

可见流线和速度势正交.

$\psi=\text{const}$ 的曲线簇为流线. 以下求 ψ.

取坐标 y 为垂直方向, x 为水平方向, 给定速度

$$v_x=v\sin kx$$

$$v_y=-vky\cos kx$$

v: 常数.

当 $kx=(2n+1)\pi$, $n=0,\pm1,\pm2,\cdots$ 时, $v_x=0$, $v_y\neq0$, 代表流体元上涌, 因为 $v_y>0$ (其实 $kx=2n\pi, n=0,\pm1,\pm2,\cdots$, 也使 $v_x=0$, 但 v_y 总是小于零, 表示流体元下沉).

当 $y=0$ 时, $v_y=0$, 表示没有流体穿过 $y=0$ 的平面 (顶端面).

由 C-R 方程有

$$\frac{\partial\varphi}{\partial x}=\frac{\partial\psi}{\partial y}$$

$$v_x=\frac{\partial\varphi}{\partial x}=v\sin kx$$

$$\frac{\partial\psi}{\partial y}=v\sin kx$$

$$\psi=vy\sin kx+C(x)$$

由 C-R 方程有

$$\frac{\partial\psi}{\partial x}=-\frac{\partial\varphi}{\partial y}$$

$$\begin{aligned}\frac{\partial\psi}{\partial x}&=vky\cos kx+\frac{\mathrm{d}C(x)}{\mathrm{d}x}\\&=-\frac{\partial\varphi}{\partial y}=-v_y=vky\cos kx\end{aligned}$$

可见 $\mathrm{d}C(x)/\mathrm{d}x=0$, $C(x)=\text{const}$. 令 $C=0$, 所以

$$\begin{aligned}\psi&=vky\int\cos kx\mathrm{d}x\\&=vy\sin kx\end{aligned}$$

当 $vy\sin kx=\text{const}$ 或 $y\sin kx=\text{const}$ 时, 即为流线簇. 参见图 8.5.

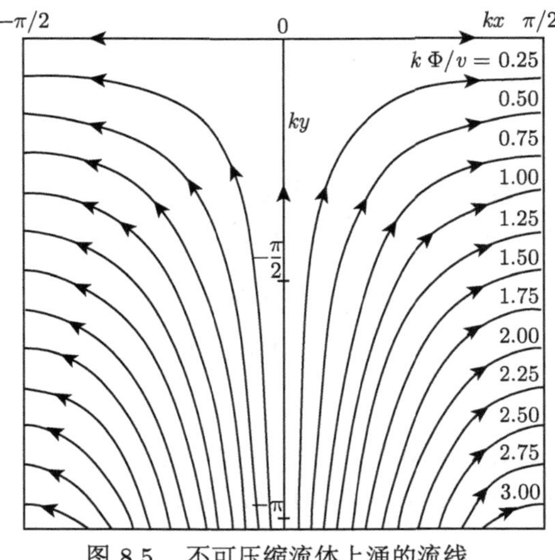

图 8.5　不可压缩流体上涌的流线

记 $y\sin kx = y_0 \sin kx_0 = C$. 下标 "0" 表示 $t=0$ 时刻的坐标.

$$t = \int_{x_0}^{x} \frac{\mathrm{d}x}{v_x} = \int_{y_0}^{y} \frac{\mathrm{d}y}{v_y}$$

令 $\xi = kx$, $\eta = ky$, $\tau = kvt$,

$$v_x = v\sin kx = v\sin\xi, \qquad v_y = -vky\cos kx = -v\eta\cos\xi$$

$$t = \int_{x_0}^{x} \frac{\mathrm{d}x}{v\sin\xi} = \int_{\xi_0}^{\xi} \frac{\mathrm{d}\xi}{kv\sin\xi} = \left(\ln\tan\frac{1}{2}kx\right)\cdot\frac{1}{kv}\bigg|_{x_0}^{x}$$

$$kvt = \ln\tan\frac{1}{2}kx - \ln\tan\frac{1}{2}kx_0$$

$$\tan\frac{1}{2}\xi = \left(\tan\frac{1}{2}\xi_0\right)\cdot \mathrm{e}^{\tau} \tag{I2}$$

$$t = \int_{y_0}^{y} \frac{\mathrm{d}y}{v_y} = -\int_{y_0}^{y} \frac{\mathrm{d}y}{vky\cos kx}$$

流线上 y 与 x 并不互相独立, 因为 $y\sin kx = C = y_0\sin kx_0$. 两边平方可求出 $y\cos kx = (y^2 - C^2)^{1/2}$, 代入积分表达式

$$t = -\int_{y_0}^{y} \frac{\mathrm{d}y}{vk(y^2-C^2)^{1/2}} = -\frac{1}{vk}\ln\left[y+\sqrt{y^2-C^2}\right]_{y_0}^{y}$$

$$= -\frac{1}{vk}\ln\frac{y+\sqrt{y^2-y_0^2\sin^2 kx_0}}{y_0+\sqrt{y_0^2-y_0^2\sin^2 kx_0}}$$

由 $y_0/y=\sin kx/\sin kx_0$ 可得

$$1-\frac{y_0^2}{y^2}\sin^2 kx_0=\cos^2 kx$$

$$t=-\frac{1}{vk}\ln\frac{y(1+\cos kx)}{y_0(1+\cos kx_0)}$$

$$y(1+\cos kx)=y_0(1+\cos kx_0)\mathrm{e}^{-\tau}$$

$$\text{即 }\eta(1+\cos\xi)=\eta_0(1+\cos\xi_0)\mathrm{e}^{-\tau} \tag{I3}$$

再求 η_0, 用 η 和 ξ 来表示.

由 (I2) 式, 可得

$$\cos^2\frac{1}{2}\xi_0=\frac{1}{1+\left(\tan^2\frac{1}{2}\xi\right)\cdot\mathrm{e}^{-2\tau}}$$

$$1+\cos\xi_0=\frac{2}{1+\left(\tan^2\frac{1}{2}\xi\right)\cdot\mathrm{e}^{-2\tau}} \tag{I4}$$

(I3) 式改写为

$$\eta_0=\eta\frac{1+\cos\xi}{(1+\cos\xi_0)\mathrm{e}^{-\tau}}$$

(I4) 代入上式

$$\eta_0=\frac{1}{2}\eta(1+\cos\xi)\left[1+\left(\tan^2\frac{1}{2}\xi\right)\cdot\mathrm{e}^{-2\tau}\right]\cdot\mathrm{e}^{\tau} \tag{I5}$$

为推导下列方程, 把要用的关系式归纳如下:

$$\eta\sin\xi=\eta_0\sin\xi_0 \tag{1}$$

$$\tan\frac{1}{2}\xi_0=\left(\tan\frac{1}{2}\xi\right)\cdot\mathrm{e}^{-\tau} \tag{2}$$

$$\eta_0=\frac{1}{2}\eta(1+\cos\xi)\left[1+\left(\tan^2\frac{1}{2}\xi\right)\cdot\mathrm{e}^{-2\tau}\right]\cdot\mathrm{e}^{\tau} \tag{3}$$

① 求 $\partial\xi/\partial\xi_0$.

(2) 式改写为 $\tan\frac{1}{2}\xi=\mathrm{e}^{\tau}\tan\frac{1}{2}\xi_0$,

$$\frac{\partial\xi}{\partial\xi_0}=\frac{1+\left(\tan^2\frac{1}{2}\xi\right)\cdot \mathrm{e}^{-2\tau}}{1+\tan^2\frac{1}{2}\xi}\cdot \mathrm{e}^{\tau} \tag{4}$$

② 求 $\partial\eta/\partial\xi_0$ (注意用 η, ξ 表示).

对 (1) 式两边微分开始.

$$\frac{\partial\eta}{\partial\xi_0}=\eta\sin\xi\cdot\sinh\tau$$

③ 求 $\partial\eta/\partial\eta_0$.

对 (3) 式两边微分开始.

$$\frac{\partial\eta}{\partial\eta_0}=\frac{\left(1+\tan^2\frac{1}{2}\xi\right)\cdot \mathrm{e}^{-\tau}}{1+\left(\tan^2\frac{1}{2}\xi\right)\cdot \mathrm{e}^{-2\tau}}$$

④ 求 $\partial\xi/\partial\eta_0$.

从 (1) 式出发,

$$\frac{\partial\xi}{\partial\eta_0}=0$$

总结如下:

$$\frac{\partial\xi}{\partial\xi_0}=\frac{1+\left(\tan^2\frac{1}{2}\xi\right)\cdot \mathrm{e}^{-2\tau}}{1+\tan^2\frac{1}{2}\xi}\cdot \mathrm{e}^{\tau}$$

$$\frac{\partial\eta}{\partial\xi_0}=\eta\sin\xi\sinh\tau$$

$$\frac{\partial\eta}{\partial\eta_0}=\frac{\left(1+\tan^2\frac{1}{2}\xi\right)\cdot \mathrm{e}^{-\tau}}{1+\left(\tan^2\frac{1}{2}\xi\right)\cdot \mathrm{e}^{-2\tau}}$$

$$\frac{\partial\xi}{\partial\eta_0}=0$$

3. 理想不可压缩流体的磁感应方程的解

解为 $B_i(x_k)=B_j(x_{0k})\partial x_i/\partial x_{0j}$.

i 可以等于 j.

i 可以取 x, y, 即 ξ,η ($x_x=\xi$, $x_y=\eta$, $x_{0x}=\xi_0$, $x_{0y}=\eta_0$).

① B 仅在 y 方向, 初值为 B_0, $B_{x0}=0$.

$$\begin{aligned}B_y &= B_{x0}\frac{\partial\eta}{\partial\xi_0}+B_{y0}\frac{\partial\eta}{\partial\eta_0}\\ &= B_0\frac{\partial\eta}{\partial\eta_0}\\ B_x &= B_{x0}\frac{\partial\xi}{\partial\xi_0}+B_{y0}\frac{\partial\xi}{\partial\eta_0}\\ B_x &= 0\end{aligned} \tag{I6}$$

$$\begin{aligned}B_y(x) &= B_0\frac{\left(1+\tan^2\dfrac{1}{2}\xi\right)\cdot \mathrm{e}^{-\tau}}{1+\left(\tan^2\dfrac{1}{2}\xi\right)\cdot \mathrm{e}^{-2\tau}}\\ &= B_0\frac{\mathrm{e}^{-kvt}}{\cos^2\dfrac{1}{2}kx+\sin^2\dfrac{1}{2}kx\cdot \mathrm{e}^{-2kvt}}\end{aligned} \tag{I7}$$

② B 仅在 x 方向, 初始值为 B_0, $B_{y0}=0$.

$$\begin{aligned}B_x &= B_{x0}\frac{\partial\xi}{\partial\xi_0}\\ B_y &= B_{x0}\frac{\partial\eta}{\partial\xi_0}\\ B_x &= B_0\frac{1+\left(\tan^2\dfrac{1}{2}\xi\right)\cdot \mathrm{e}^{-2\tau}}{1+\tan^2\dfrac{1}{2}\xi}\cdot \mathrm{e}^{\tau}\\ &= B_0\left(\cos^2\frac{1}{2}kx+\sin^2\frac{1}{2}kx\cdot \mathrm{e}^{-2kvt}\right)\cdot \mathrm{e}^{kvt}\end{aligned} \tag{I8}$$

$$B_y = B_0 ky\sin kx\sinh kvt \tag{I9}$$

(垂直方向, 即 $\hat{\boldsymbol{y}}$ 方向, 没有场的聚合)

由 (I7) 式可见: (无论流体元沉浮, B 保持在 y 方向)

a. $x=0$, $v_x=0$, $v_y<0$, 有下沉.

$B_y=B_0\mathrm{e}^{-kvt}$ 磁场扩散 (从 $x=0$ 处向外扩散, y 垂直于光球层方向).

b. $x=\pi/k$, $v_x=0$, $v_y>0$, 有上涌.

$B_y=B_0\mathrm{e}^{kvt}$ 磁场聚合 (在 $x=\pi/k$ 处磁场随时间增强, 见图 8.6).

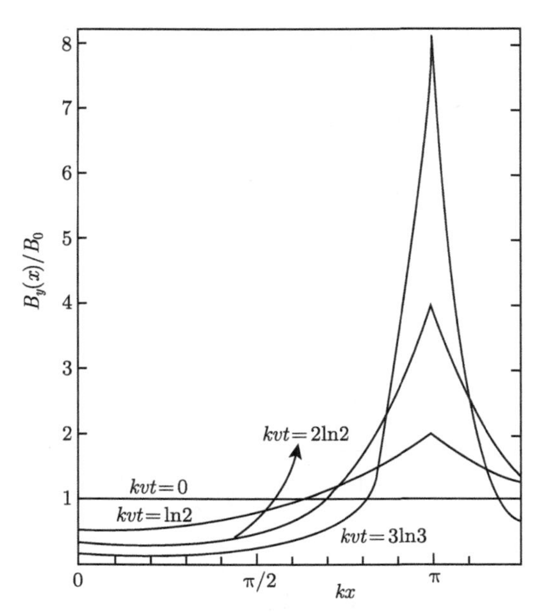

图 8.6　图 8.5 的上涌流体中垂直的磁通量密度在流体元边缘逐渐聚集

由 (I8)、(I9) 式可见:

a. $x=0$, $v_x=0$, $v_y<0$, 下沉.

$B_x=B_0\mathrm{e}^{kvt}$ (向中心) 聚合 (x 平行于光球层).

$B_y=0$.

b. $x=\pi/k$, $v_x=0$, $v_y>0$, 上涌.

$B_x=B_0\mathrm{e}^{-kvt}$ 从 $x=\pi/k$ 处扩散.

$B_y=0$.

Parker (1963a) 模型的补充

(1) $\boldsymbol{v}=\boldsymbol{\nabla}\times\boldsymbol{e}_z\Phi(x,y)$, $\Phi(x,y)=vy\sin kx$ ($\hat{\boldsymbol{e}}_z$ 为单位矢量).

展开旋度算符, Φ 仅有 $\hat{\boldsymbol{z}}$ 分量, 得

$$v_x=\frac{\partial\Phi(x,y)}{\partial y}=v\sin kx$$

$$v_y=-\frac{\partial\Phi(x,y)}{\partial x}=-vky\cos kx$$

(2) 流线图.

$$ky\sin kx=\mathrm{const}=\frac{k\Phi}{v}=-0.25$$

$$0\leqslant kx\leqslant\pi,\quad \sin kx\geqslant 0,\quad ky<0$$

$$-\pi \leqslant kx \leqslant 0, \quad \sin kx \leqslant 0, \quad \frac{k\varPhi}{v} = 0.25, \quad ky < 0$$

(3) 不同方向 B 的表达.

① B 仅在 y 方向, 初值为 B_0, $B_{x0} = 0$.

$$\begin{cases} B_y(x,y) = B_0 \dfrac{\mathrm{e}^{-kvt}}{\cos^2 \dfrac{1}{2}kx + \sin^2 \dfrac{1}{2}kx \cdot \mathrm{e}^{-2kvt}} \\ B_x = 0 \end{cases}$$

$$\text{当 } x = 0 \text{ 时}, \quad \begin{cases} v_x = 0, \\ v_y = -vky, \end{cases} \quad \text{下沉} \quad B_y = B_0 \mathrm{e}^{-kvt}$$

$$\text{当 } x = \pm\frac{\pi}{k} \text{ 时}, \quad \begin{cases} v_x = 0, \\ v_y = vky, \end{cases} \quad \text{上涌} \quad B_y = B_0 \mathrm{e}^{kvt}$$

② B 仅在 x 方向, 初值为 B_0, $B_{y0} = 0$.

$$B_x(x,y) = B_0 \left(\cos^2 \frac{1}{2}kx + \sin^2 \frac{1}{2}kx \cdot \mathrm{e}^{-2kvt} \right) \cdot \mathrm{e}^{kvt}$$

$$B_y(x,y) = B_0 ky \sin kx \sinh kvt$$

(4) $B_i(x_k)$ 的说明.

$$B_i(x_k) = B_j(x_{0k}) \frac{\partial x_i}{\partial x_{0j}}, \quad i = x, y, \quad j = x, y \quad (i \neq j \text{ 和 } i = j)$$

$B_i(x_k)$: 位置 x_k 即 (x,y) 处的 B 的 i 分量. 如 $B_y = B_y(x,y)$, 它等于初始位置 $x_{0k} = (x_0, y_0)$ 的 B 值 ($B(x_{0k})$ 有两个分量: $B_x(x_0,y_0)$ 和 $B_y(x_0,y_0)$) 乘坐标 x_i 对初始坐标求导, 如 $x_i = y$, 初始坐标 x_0, y_0, 即

$$\frac{\partial x_i}{\partial x_{0j}} = \frac{\partial y}{\partial x_0} + \frac{\partial y}{\partial y_0}$$

所以 i 为 y 分量, 则

$$B_y(x,y) = B_x(x_0,y_0) \frac{\partial y}{\partial x_0} + B_y(x_0,y_0) \frac{\partial y}{\partial y_0}$$

(5) 边缘磁场的增强 ($kx = \pm\pi$), 与磁重联无关. 依赖于: ① 流动带来的磁场; ② 牺牲 B 的 x 分量.

4. 磁通量从涡元中心排挤到边缘的数值模拟

Weiss (1966) 数值模拟磁通被排挤的运动学过程 (经典论文).

(1) 忽略磁场对流体的反作用.

(2) 二维涡旋. 不可压流动速度用流函数表示

$$\Psi = \frac{UL}{\pi}\cos\frac{\pi x}{L}\cos\frac{\pi z}{L}$$

U, L 分别是典型速度和特征长度.

(3) 初始时刻均匀的磁场 $B_0\hat{\boldsymbol{z}}$, 时间演化由磁感应方程确定

$$\frac{\partial \boldsymbol{B}}{\partial t} = \boldsymbol{\nabla} \times (\boldsymbol{v} \times \boldsymbol{B}) + \eta_m \nabla^2 \boldsymbol{B} \tag{8.1-20}$$

在所有的边界上, 对称性成立.

磁雷诺数 $R_m = UL/\eta_m$, 图 8.7 为 $R_m = 250$ 的结果.

① 涡元中心附近, 磁场首先增强;

② 磁重联发生. 如图 8.7 之 4 所示;

③ 开始衰减;

④ 时刻 $6L/U$ 之后, 几乎所有的磁通量从涡元中心排挤出去 (如图 8.7 之 10 所示);

⑤ 达到定态.

5. 涡旋元边界层的极大磁场 B_1 和定态场 B_m 的量级估计

(1) 扩散前, 场强 B 增大的时标

$$\tau \approx \frac{L}{U} \tag{8.1-21}$$

该式通过 (8.1-20) $\partial \boldsymbol{B}/\partial t = \boldsymbol{\nabla} \times (\boldsymbol{v} \times \boldsymbol{B}) + \eta_m \nabla^2 \boldsymbol{B}$, 认为扩散未开始之前, 处于磁冻结状态, $\partial \boldsymbol{B}/\partial t = \boldsymbol{\nabla} \times (\boldsymbol{v} \times \boldsymbol{B})$, 右边实质上是动生电动势对磁场增强的贡献.

(2) 扩散时标.

扩散的发生表示磁冻结已不成立. 假设涡元的能量守恒. 涡旋运动带着磁力线运动. 缠绕 (冻结). 流线元的长度和 B/ρ 成正比

$$\mathrm{d}\boldsymbol{l} = \varepsilon \frac{\boldsymbol{B}}{\rho}$$

如果流体元在运动过程中伸长, $|\mathrm{d}\boldsymbol{l}| > |\mathrm{d}\boldsymbol{l}_0|$, $\mathrm{d}\boldsymbol{l}_0$ 为初始时刻流线元的长度, 则 $|\boldsymbol{B}/\rho| > |\boldsymbol{B}_0/\rho_0|$. 如果流体不可压缩则 $|\boldsymbol{B}| > |\boldsymbol{B}_0|$, 可见在总能量守恒的条件下, 能量可在流动和磁场之间转移.

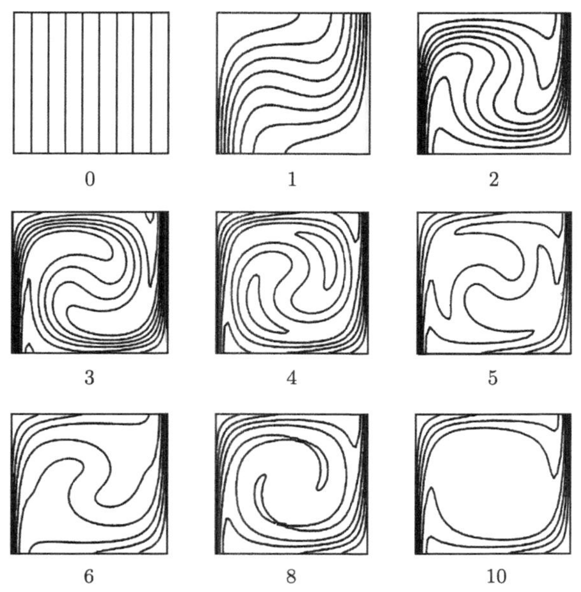

图 8.7 磁通从涡元中心排挤. $R_m = UL/\eta = 250$, 经过时间 $t/\tau = 1 - 10$ 后的磁力线分布. 式中 $\tau = 5L/8U$

因此磁力线的缠绕拉长, 意味着磁能的增加, 动能减少, 速度变小, 于是磁雷诺数变小, 扩散开始起作用. 这就是从冻结渐变为扩散的物理过程.

$$\text{扩散时标}\ \tau_d \approx \frac{l^2}{\eta_m} \tag{8.1-22}$$

l: 卷绕场的横向标长. 根据磁通量守恒,

$$l \approx \frac{B_0}{B} L \tag{8.1-23}$$

(3) 极大磁场强度 B_1 的估计.

需要经过时间 τ, 才增至某一极大值. 然后经 τ_d 衰减. 所以当 $\tau = \tau_d$ 时, 可达到 B 的极大值

$$\frac{L}{U} \approx \frac{l^2}{\eta_m} \approx \frac{\left(\dfrac{B_0}{B} L\right)^2}{\eta_m} = \left(\frac{B_0}{B_1}\right)^2 \frac{L^2}{\eta_m}$$

B_1 为极大值, 所以

$$B_1 = R_m^{1/2} B_0 \tag{8.1-24}$$

R_m 为磁雷诺数.

(4) 厚度为 d 的横向边界层.

对流和扩散达到平衡, 处于定态.

对流带来了磁场 (流动带来磁场, 是为冻结), 扩散耗散磁场. 所以冻结和扩散均已考虑.

流入边界层的速度:

$$\frac{d}{\tau} = d\frac{U}{L}$$

扩散速度:

$$\frac{d}{\tau_d} = \frac{d}{d^2/\eta_m} = \frac{\eta_m}{d}$$

平衡

$$d\frac{U}{L} = \frac{\eta_m}{d}$$

$$d = R_m^{-1/2} \cdot L \tag{8.1-25}$$

(5) 边界上, 磁通量聚合, 磁场达到极大 B_m, 可由磁通守恒求得.

$$B_m d = B_0 L \tag{8.1-26}$$

将 (8.1-25) 式代入上式,

$$B_m = \frac{L}{d}B_0$$

$$= R_m^{1/2} B_0 \tag{8.1-27}$$

与 (8.1-24) 一样, B_m 为定态值 (实际上磁通已被排挤到边界层).

(6) 二维流体元, 磁通量在流体元的两边聚合是等同的. 但三维轴对称流体元磁通量集中于中心, 中心场强比二维情况下的值 (由 (8.1-27) 式确定) 大得多. 因为通量守恒表达式 (8.1-26), 在磁通管 (半径为 d) 的情况下, 变为 $B_m d^2 \approx B_0 L^2$. 将 (8.1-25) 式代入, 则

$$B_m = \frac{L^2}{d^2} B_0 = R_m B_0$$

(7) (8.1-24) 式对极大磁场 B_1 的估计, $B_1 \approx R_m^{1/2} B_0$ 是基于简单的扩散. 实际上很可能发生撕裂模不稳定性 (撕裂模不稳定性是基于有电阻存在时产生的不稳定性). 因此磁场的极大值就将被限制于更小的值 B_1^* 和 B_1^{**}. 现在对此作估计.

令 τ 等于撕裂模的时标. (τ 的定义见 (8.1-21) 式) 撕裂模最大增长率 $\gamma = (\tau_d \tau_A)^{-1/2}$, $\tau_d = l^2/\eta_m$, $\tau_A = l/v_A$ (Alfvén 波的渡越时标), 撕裂模时标 $\tau_{\rm tmi} =$

$1/\gamma = (\tau_d \tau_A)^{1/2} = [(l^2/\eta_m)(l/v_A)]^{1/2}$, $\tau = \tau_{\text{tmi}}$, 式中, τ 用 (8.1-21) 代入, τ_{tmi} 中的 l 用 (8.1-23) 式代入.

$$\frac{v_A}{v_{A0}} = \frac{B}{B_0}, \qquad v_A = \frac{B}{B_0} v_{A0}$$

$$\frac{L}{U} = \frac{\left(\dfrac{B_0}{B} L\right)^{3/2}}{(\eta_m v_{A0})^{1/2} \left(\dfrac{B}{B_0}\right)^{1/2}}$$

$$B_1^* = B = \left(\frac{R_m U}{v_{A0}}\right)^{1/4} \cdot B_0 \tag{8.1-28}$$

也即当撕裂模发生时, 磁场的极大值由 B_1 变成 B_1^*, 由 (8.1-28) 表达.

Priest (1981) 指出, 撕裂模仅当 $B_0 < (\eta_m/v_A L)^{1/2} B$ 满足时发生. B 为增强中的磁场.

$$B_0 < \left(\frac{\eta_m}{v_{A0}\dfrac{B}{B_0}L}\right)^{1/2} \cdot B = \left(\frac{\eta}{v_{A0}L}\right)^{1/2} \cdot B^{1/2} B_0^{1/2}$$

$$B_0^{1/2} < \left(\frac{\eta_m}{LU} \cdot \frac{U}{v_{A0}}\right)^{1/2} \cdot B^{1/2}$$

$$B_1^{**} = B > \left(\frac{v_{A0}}{U}\right) R_m B_0$$

B_1^{**} 为增长中的磁场 B 的极大值, 取为 $B_1^{**} = (v_{A0}/U) R_m B_0$. 如果 $B_1^{**} > B_1^*$, 即 $(v_{A0}/U) R_m > (R_m U/v_{A0})^{1/4}$,

$$\left(\frac{v_{A0}}{U}\right)^5 > \frac{1}{R_m^3}$$

就取聚合场极大 B_1 为 B_1^{**}, 若该不等式成立, 则取 $B_1 = B_1^*$.

6. 三维流体元的数值模拟 (Galloway and Moore, 1979), 考虑三维轴对称流体元

(1) 场强较高时, 长时间的渐近行为是磁场在流体元的对称轴上集中, 形成磁绳, 但磁通管内没有运动, 管外的运动仅稍微受到磁绳的影响. 因此有两个分立的区域: 静止的磁绳, 无场的对流区 (图 8.8).

(2) 场强进一步增强. Galloway 和 Moore (1979) 发现, 磁绳内有过稳定性, 然后到处都发生过稳定性. 过稳定性的表现是: 对流体元周期性地变换运动方向.

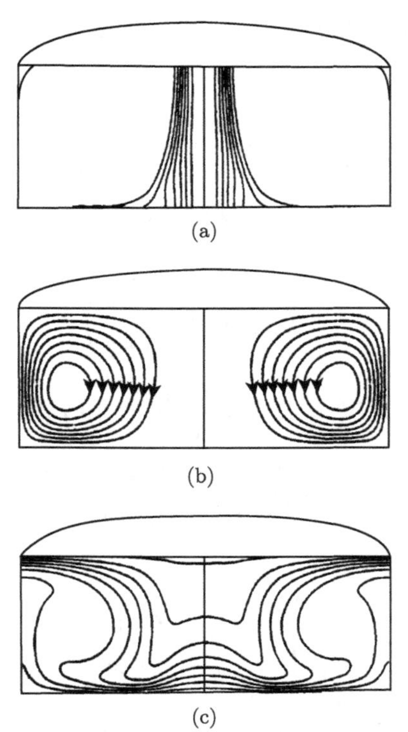

图 8.8　(a) 磁力线; (b) 流线; (c) 轴对称磁对流非线性定态的等温线. 流体元中大部分磁通量已被排除, 集中于以轴为中心的磁通管内

(3) 起初我们以为集中后的场强只能达到能量均分值的大小, 即 $B = B_e$, $B_e^2/2\mu = \dfrac{1}{2}\rho U^2$. 数值模拟的结果是 B 的数值可以是 B_e 的 6 倍之多. 关键是虽然 Lorentz 力不能平衡惯性项 $\rho \boldsymbol{v} \cdot \boldsymbol{\nabla} \boldsymbol{v}$, 但可以被压强梯度所平衡. 因此光球中, 磁场的极大值由光球的压强 p_e 限定. B 最多只能达到 B_p, $B_p^2/2\mu = p_e$, 磁通管内部的气压, 这时可以忽略.

(4) 他们发现磁绳的初始磁场 B_0, 增大到 B_m, 服从 $B_m \approx R_m B_0$. 达到极大后, 就减小.

(5) 浮力所做的功, 首先被粘滞产生的热所平衡

$$B_m \approx \left(\frac{R_a}{H_a^3}\right)^{2/3} \frac{\kappa}{\eta_m} \frac{B_0}{\log \dfrac{B_m}{B_0}}$$

以后欧姆耗散占主导

$$B_m \approx \left(\frac{R_a}{H_a^2}\right)^{2/3} \frac{\kappa}{\eta_m} B_0$$

(6) 理想情况下的计算. Galloway 等 (1978) 发现, B_m 的极大: $B_{\max} = (U/\eta)^{1/2} B_e$, 因为湍动扩散率 $\widetilde{\nu} \approx \widetilde{\eta}$, 则 $B_{\max} \approx B_e$, 这意味着光球上为几百高斯, 对流区底部附近 10^4 G.

8.2 磁 浮 力

磁浮力包括三个内容 (Hughes, 2007): ① 水平方向等温磁通管比周围环境轻, 不能处于平衡态, 会上升; ② 分层的磁场处于平衡态, 但是当形成上升的磁通管时, 可能变得不稳定; ③ 处于平衡态的孤立磁通管也能变成不稳定.

8.2.1 定性描述

对流层内, 磁场倾向于集合在磁通管内, 被湍流运动所左右. 如场能小于湍动能, 磁力线会被拉伸, 致使磁能增加, 流体动能减少, 进而使磁雷诺数减小, 出现扩散.

Parker (1955a) 提出, 一旦磁通管形成, 便因磁浮力而上升, 穿过光球表面, 形成一对黑子 (图 8.9).

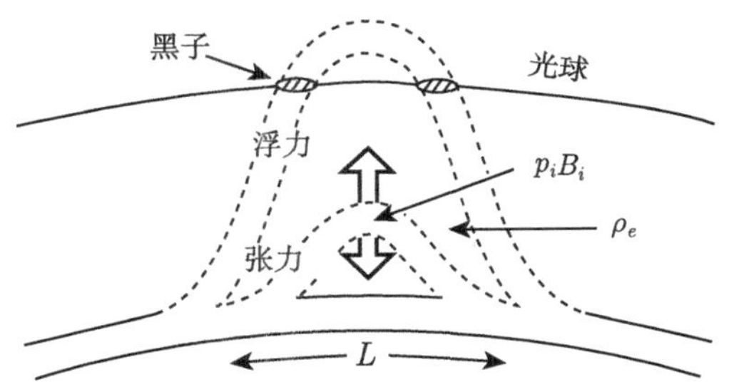

图 8.9 对流区的磁绳因磁浮力上升, 穿过光球形成一对黑子

假定磁通管内气压 p_i, 磁场强度 B_i, 周围环境的气压在同一高度为 p_e, 管侧的压强平衡: $p_e = p_i + B_i^2/2\mu$. 再设温度 T 为均匀, 相应的密度为 ρ_e 和 ρ_i, 上式变为

$$\frac{k_B T \rho_e}{m} = \frac{k_B T \rho_i}{m} + \frac{1}{2\mu} B_i^2 \tag{8.2-1}$$

可见 ρ_e 必大于 ρ_i, 磁通管内的等离子感受到浮力 $(\rho_e - \rho_i)g$ /cm^3 致使磁通管上升. 磁通管弯曲, 磁张力要使它变直, 但当张力不够大, 则不能完全抵消浮力, 就会上升.

净张力等于 $(B^2/2\mu) \cdot (\boldsymbol{n}/R)$, $R = \dfrac{1}{2}L$,

$$(\rho_e - \rho_i)g > \frac{B_i^2}{\mu L}$$

或者从 (8.2-1) 式

$$\frac{k_BT}{m}(\rho_e-\rho_i)=\frac{1}{2\mu}B_i^2$$

两边除以 $\frac{1}{2}L$, 得

$$\frac{2}{L}\frac{k_BT}{mg}(\rho_e-\rho_i)g=\frac{B_i^2}{\mu L}$$

若 $(2/L)(k_BT/mg)<1$, 则 $(\rho_e-\rho_i)g>(1/\mu L)B_i^2$. 因此要求 $L>2\cdot(k_BT/mg)=2\Lambda$, 则磁流管上升.

结论: 磁流管的长度大于标高的两倍. 磁流管就因浮力上升. 注意 L 的定义. Λ: 标高. 标高由磁流体静力学平衡方程确定

$$\Lambda(z)=\frac{k_BT(z)}{mg}\quad\left(=\frac{p}{\rho g}\right)$$

估计磁浮力的影响:

由 (8.2-1) 式

$$\frac{\rho_e-\rho_i}{\rho_e}=\frac{B_i^2}{2\mu}\frac{m}{k_BT}\cdot\frac{1}{\rho_e}$$

(1) 光球层以下 2×10^4 km 处, $\rho_e=0.25\ \mathrm{kg\cdot m^{-3}}$, $T\approx2.5\times10^5$ K, $B_i\approx10^3$ G $=0.1$ T, $k_B=1.38\times10^{-23}$, $m=1.67\times10^{-27}$ kg (质子), $\mu=4\pi\times10^{-7}\ \mathrm{Hm^{-1}}$,

$$\frac{\rho_e-\rho_i}{\rho_e}\approx10^{-5}$$

磁浮力的影响是小的.

(2) 光球层以下 10^3 km, $\rho_e\approx0.8\times10^{-5}\ \mathrm{kg\cdot m^{-3}}$, $T\approx1.5\times10^4$ K, $B_i\approx10^3$ G,

$$\frac{\rho_e-\rho_i}{\rho_e}\approx4$$

在对流区的上部, 浮力要大得多.

(3) 有人认为黑子的冷却是一个比较浅层的现象, 在光球层下面 2000 km 处. 磁通管本身可能起源于对流区深处.

8.2.2　磁浮力不稳定

1. 磁浮力不稳定的条件

考虑水平磁场 $B_0(z)\hat{\boldsymbol{x}}$, 处于平衡态, 引力在负 $\hat{\boldsymbol{z}}$ 方向. 假如磁场强度随高度的减少足够快, 则系统是不稳定的 (图 8.10 (a)).

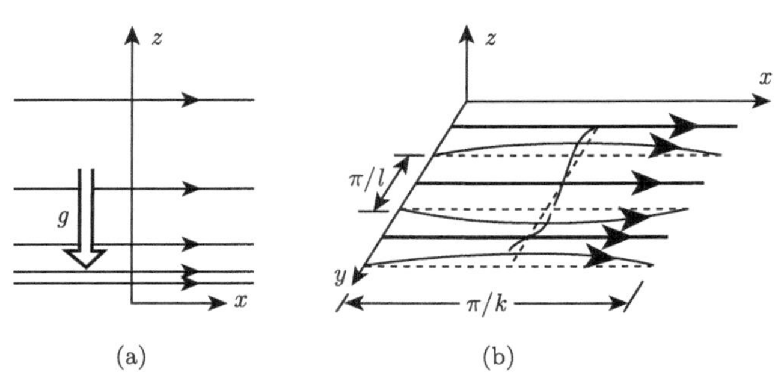

图 8.10 磁浮力效应的磁力线: (a) 竖直平面上, 场处于平衡态; (b) 某一高度处, 受到扰动的磁力线

先假定磁力线为直线, 假如场强的减少比密度的减少要快, 有 $\mathrm{d}/\mathrm{d}z(B_0/\rho_0) < 0$, 则系统不稳定 (Moffatt, 1978; Acheson, 1979a).

证明 (1) 磁通管上升 δz, 管内场强、密度和压强改变 δB, $\delta\rho$, δp. 周围环境相应的变化为 δB_0, $\delta\rho_0$, δp_0. (平衡态: $B = B_0$, $\rho = \rho_0$, $p = p_0$)

水平方向的平衡:

$$p_0 + \frac{1}{2\mu}B_0^2 = p + \frac{1}{2\mu}B^2$$

$$\delta p_0 + \frac{1}{\mu}B_0\delta B_0 = \delta p + \frac{1}{\mu}B\delta B$$

因为水平面上平衡, 所以 $B = B_0$ (δB 可以不等于 δB_0),

$$\delta p_0 + \frac{1}{\mu}B_0\delta B_0 = \delta p + \frac{1}{\mu}B_0\delta B$$

$$\delta p = \frac{k_B}{m}T_0\delta\rho, \quad \delta p_0 = \frac{k_B}{m}T_0\delta\rho_0 \quad (\text{管内外 } T = T_0)$$

$$\frac{k_B}{m}T_0\delta\rho + \frac{1}{\mu}B_0\delta B = \frac{k_B}{m}T_0\delta\rho_0 + \frac{1}{\mu}B_0\delta B_0 \tag{8.2-2}$$

磁通管能不断上升的条件是 $\delta\rho < \delta\rho_0$, 从上式可知 $\delta B_0 < \delta B$.

(2) 如果质量和磁通守恒, 则有 $B/\rho = \text{const.}$

(设磁力线垂直穿过面积 A, 厚度为 d, 磁通量为 Φ, 质量 M, 则 $B = \Phi/A$, $\rho = M/Ad$, $B/\rho = \Phi d/M$, 现面积变为 A', 厚度仍为 d, $B' = \Phi/A'$, $\rho' = M/A'd$, $B'/\rho' = \Phi d/M = B/\rho = \text{const.}$)

$$\frac{\rho\delta B - B\delta\rho}{\rho^2} = 0, \quad \frac{\delta B}{B} = \frac{\delta\rho}{\rho}$$

因为水平面上平衡 $B = B_0$, $\rho = \rho_0$,

$$\frac{\delta B}{B_0} = \frac{\delta \rho}{\rho_0} \tag{8.2-3}$$

将磁通管上升的条件 $\delta\rho < \delta\rho_0$ 代入 (8.2-2), 有

$$\frac{k_B}{m}T_0\delta\rho_0 + \frac{1}{\mu}B_0\delta B > \frac{k_B}{m}T_0\delta\rho_0 + \frac{1}{\mu}B_0\delta B_0$$

推得 $\delta B_0 < \delta B$.

记得 $\delta\rho < \delta\rho_0$, 所以 (8.2-3) 变为 $\delta B/B_0 < \delta\rho_0/\rho_0$, 进一步有

$$\frac{\delta B_0}{B_0} < \frac{\delta B}{B_0}$$

最后得

$$\frac{\delta B_0}{B_0} < \frac{\delta \rho_0}{\rho_0}$$

即

$$\frac{\mathrm{d}}{\mathrm{d}z}\left(\frac{B_0}{\rho_0}\right) < 0 \tag{8.2-4}$$

(3) 磁力线没有扭转 (Acheson, 1979a)

$$\nu' = \eta_m = \kappa = 0$$

有重力作用, 磁场在水平方向, 而且随高度 z 改变. 磁通管从 z 上升至 $z + \mathrm{d}z$. 磁通管上升到新位置, 与周围环境平衡, 总压强必须达到当地值

$$\delta p + \frac{1}{\mu}B_0\delta B = \delta p_0 + \frac{1}{\mu}B_0\delta B_0 \tag{8.2-5}$$

"0" 指管外的值. 磁流管内等熵: $p\rho^{-\gamma} = \mathrm{const}$.

$$\frac{\delta p}{p} = \frac{\gamma\delta\rho}{\rho}$$

令 $p = a^2\rho$ (a: 等温声速)

$$\delta p = \frac{\gamma p}{\rho}\delta\rho = \gamma a^2\delta\rho$$

从 (8.2-3) 得 $\delta B = (B_0/\rho_0)\delta\rho$. 将 δp 和 δB 表达式代入 (8.2-5),

$$(\gamma a^2 + v_A^2)\delta\rho = \delta p_0 + \frac{1}{\mu}B_0\delta B_0$$

两边除以 $\mathrm{d}z$, 记得 $\delta\rho < \delta\rho_0$,

$$\frac{\delta p_0}{\mathrm{d}z} - \gamma a^2\frac{\delta\rho_0}{\mathrm{d}z} < v_A^2\rho_0\left[\frac{1}{\rho_0}\frac{\delta\rho_0}{\mathrm{d}z} - \frac{1}{B_0}\frac{\delta B_0}{\mathrm{d}z}\right] \tag{8.2-6}$$

$$\begin{aligned}\text{上式左边} &= \frac{\delta p_0}{\mathrm{d}z} - \frac{\gamma p_0}{\rho_0}\frac{\delta\rho_0}{\mathrm{d}z}\\ &= \frac{p_0\gamma}{g}\cdot N^2\end{aligned}$$

式中

$$N^2 = \frac{g}{\gamma}\left[\frac{1}{p_0}\frac{\delta p_0}{\mathrm{d}z} - \frac{\gamma}{\rho_0}\frac{\delta\rho_0}{\mathrm{d}z}\right] \quad \left(= \frac{g}{\gamma}\frac{\mathrm{d}}{\mathrm{d}z}\ln(p_0\rho_0^{-\gamma})\right)$$

N 是 Brunt 频率.

回到 (8.2-6), 所以

$$\begin{aligned}\frac{p_0\gamma}{g}N^2 &< v_A^2\rho_0\left[\frac{1}{\rho_0}\frac{\delta\rho_0}{\mathrm{d}z} - \frac{1}{B_0}\frac{\delta B_0}{\mathrm{d}z}\right]\\ &= v_A^2\rho_0\frac{\gamma a^2}{g}\cdot\left(-\frac{g}{\gamma a^2}\right)\left[\frac{1}{B_0}\frac{\delta B_0}{\mathrm{d}z} - \frac{1}{\rho_0}\frac{\delta\rho_0}{\mathrm{d}z}\right]\\ &= -v_A^2\rho_0\frac{\gamma a^2}{g}\left(\frac{g}{\gamma a^2}\right)\frac{\mathrm{d}}{\mathrm{d}z}\ln\frac{B_0}{\rho_0}\end{aligned}$$

$$-\frac{g}{\gamma a^2}\frac{\mathrm{d}}{\mathrm{d}z}\ln\frac{B_0}{\rho_0} > \frac{N^2}{v_A^2} \qquad \left(\text{已利用 } a^2 = \frac{p_0}{\rho_0}\right) \tag{8.2-7}$$

(8.2-6) 与 (8.2-7) 式是等价的. 因为 (8.2-7) 的获得, 没有添加任何假设, 仅仅是代数运算, 实际上和 (8.2-4) 式一样, 不过是一种新的不稳定性条件的表述. (8.2-7) 式也可写成

$$\frac{1}{\Lambda}\frac{\rho_0}{B_0}\frac{\mathrm{d}}{\mathrm{d}z}\left(\frac{B_0}{\rho_0}\right) < -\frac{\gamma N^2}{v_A^2},$$

式中 Λ 为标高.

2. 弯曲磁场磁浮力驱动不稳定性

假如磁场弯曲, 就会有更多的不稳定因素. Parker (1966, 1979a) 和 Gilman (1970) 发现背景磁场随高度减少的话, 磁浮力会驱动一种不稳定性, 即

$$\frac{\mathrm{d}B_0}{\mathrm{d}z} < 0$$

扰动使磁通管稍微弯曲, 从而等离子体从高处向下漏泄, 高处因物质减少, 密度变低, 增强了浮力效应. 磁浮力不稳定性实际上就是磁流体 Rayleigh-Taylor 不稳定性. 因为 $\mathrm{d}B_0/\mathrm{d}z < 0$ 意味着磁场反抗重力支撑物质, 使得密度随高度的减小程度比无磁场时要小得多.

以下通过 Gilman (1970) 的分析, 来探讨不稳定性问题.

(1) 平衡态时, 变量为 $p_0(z)$, $\rho_0(z)$, $T_0(z)$, $B_0(z)$, 满足完全气体定律:

$$p_0 = \frac{k_B}{m}\rho_0 T_0 \tag{8.2-8}$$

和磁流体静力学平衡方程

$$\frac{\mathrm{d}}{\mathrm{d}z}\left(p_0 + \frac{1}{2\mu}B_0^2\right) + \rho_0 g = 0 \tag{8.2-9}$$

一般情况下, 这类稳定性问题的讨论会涉及一定边界条件下, 求解扰动变量的常微分方程组. 但对于二维问题可考虑特例, 等温声速和 Alfvén 速度在不同高度上均为常数

$$c_{s0} = \left(\frac{p_0}{\rho_0}\right)^{1/2}, \qquad v_{A0} = \frac{B_0}{(\mu\rho_0)^{1/2}}$$

因此在最后的色散关系中, 系数为常数.

根据方程 (8.2-8) 和 (8.2-9) 有

$$\frac{1}{\rho_0}\frac{\mathrm{d}}{\mathrm{d}z}p_0 + \frac{1}{\rho_0}\frac{\mathrm{d}}{\mathrm{d}z}\left(\frac{1}{2\mu}B_0^2\right) = -g \tag{8.2-10}$$

$$\mathrm{d}\left(\frac{p_0}{\rho_0}\right) = \frac{1}{\rho_0}\mathrm{d}p_0 - c_s^2\mathrm{d}\ln\rho_0$$

因为 $p_0/\rho_0 = c_{s0}^2 = \text{const}$, 上式左边为零

$$\frac{\mathrm{d}p_0}{\rho_0} = c_{s0}^2\mathrm{d}\ln\rho_0$$

上式两边除以 $\mathrm{d}z$, 代入 (8.2-10), (8.2-10) 变为

$$c_{s0}^2\frac{\mathrm{d}}{\mathrm{d}z}\ln\rho_0+\frac{1}{2\rho_0}\frac{\mathrm{d}}{\mathrm{d}z}\left(\frac{B_0^2}{\mu\rho_0}\cdot\rho_0\right)=-g$$

$$c_{s0}^2\frac{\mathrm{d}}{\mathrm{d}z}\ln\rho_0+\frac{1}{2}v_{A0}^2\frac{\mathrm{d}}{\mathrm{d}z}\ln\rho_0=-g$$

因为 v_{A0} 为常数, 所以可提出来, 不必求导.

$$\left(c_{s0}^2+\frac{1}{2}v_{A0}^2\right)\frac{\mathrm{d}}{\mathrm{d}z}\ln\rho_0=-g$$

$$\rho_0=A\exp\left(-\frac{g}{c_{s0}^2+\dfrac{1}{2}v_{A0}^2}z\right)$$

A 为待定常数. 令

$$\Lambda_B=\frac{c_{s0}^2+\dfrac{1}{2}v_{A0}^2}{g}=\frac{\dfrac{p_0}{\rho_0}+\dfrac{1}{2\mu}\dfrac{B_0^2}{\rho_0}}{g}$$

因为 c_{s0}^2 和 v_{A0}^2 分别为常数, 所以

$$c_{s0}^2=\frac{p_0}{\rho_0}=\frac{p_0^*}{\rho_0^*}$$

$$v_{A0}^2=\frac{B_0^2}{\mu\rho_0}=\frac{B_0^{*2}}{\mu\rho_0^*}$$

“$*$” 表示 $z=0$ 时的相应值.

因此有

$$\Lambda_B=\frac{p_0^*+\dfrac{1}{2\mu}B_0^{*2}}{\rho_0^*g},\qquad \text{是有磁场时的标高}$$

当 $z=0$ 时, $\rho_0=\rho_0^*$, 所以 $A=\rho_0^*$,

$$\rho_0(z)=\rho_0^*\mathrm{e}^{-z/\Lambda_B}$$

$$\begin{aligned}p_0&=c_{s0}^2\rho_0\\&=\frac{p_0^*}{\rho_0^*}\cdot\rho_0^*\mathrm{e}^{-z/\Lambda_B}\end{aligned}$$

$$p_0(z) = p_0^* \mathrm{e}^{-z/\Lambda_B}$$

$$\begin{aligned} B_0 &= v_{A0}(\mu\rho_0)^{1/2} \\ &= \frac{B_0^*}{(\mu\rho_0^*)^{1/2}}(\mu\rho_0)^{1/2} \end{aligned}$$

$$B_0(z) = B_0^* \mathrm{e}^{-z/\Lambda_B}$$

以上便是方程 (8.2-8) 和 (8.2-9) 关于 $p_0(z)$, $\rho_0(z)$ 和 $B_0(z)$ 的解.

(2) Gilman 的分析作以下基本假设:

① g 在 $-\hat{\boldsymbol{z}}$ 方向.

② 处于静止态 $v_0 = 0$.

③ 变量仅为 z 的函数, $\rho = \rho(z)$, $p = p(z)$, $T = T(z)$, $\boldsymbol{B} = B(z)\hat{\boldsymbol{x}}$.

④ 满足完全气体状态方程 $p = \rho RT$.

⑤ 满足静力学平衡方程 $\partial/\partial z(p + B^2/8\pi) + \rho g = 0$ (这里用高斯单位制). 如果已知 B 和 T, 则由上述两个方程可确定 ρ 和 p.

⑥ 无粘性, 电导率无穷大, 理想流体.

⑦ 气体热弛豫过程足够快, 时标短, 因此任何温度的变化可以通过辐射和传导平滑, 可认为是等温过程, 从而忽略能量方程.

⑧ c_{s0} 和 v_{A0} 设为常数 (不随高度变化).

(3) 不稳定性所需之能量来源.

① 磁场随高度 z 减少, 磁压力沿 z 方向向上支撑物质, 物质具有势能, 向下输运时, 释放势能 (Rayleigh-Taylor 不稳定性).

② 磁通量向上输运 (扩散) 时, 释放磁能.

(4) MHD 方程组 (采用高斯单位制)

$$\begin{cases} \dfrac{\partial \boldsymbol{v}}{\partial t} + (\boldsymbol{v} \cdot \boldsymbol{\nabla})\boldsymbol{v} = -\dfrac{1}{\rho}\boldsymbol{\nabla} p + \dfrac{1}{4\pi\rho}\boldsymbol{\nabla} \times \boldsymbol{B} \times \boldsymbol{B} - g\hat{\boldsymbol{z}} \\ \dfrac{\partial \boldsymbol{B}}{\partial t} = \boldsymbol{\nabla} \times (\boldsymbol{v} \times \boldsymbol{B}) \\ \dfrac{\partial \rho}{\partial t} + \boldsymbol{\nabla} \cdot (\rho \boldsymbol{v}) = 0 \\ p = \rho RT \end{cases}$$

等温过程, 能量方程不再需要. 对 $B(z)$, $p(z)$ 和 $\rho(z)$ 给以扰动 (T 不必扰动, 等温), 扰动形式为

$$\phi = \phi(z)\mathrm{e}^{i(kx+ly-\omega t)}$$

$\phi(z)$ 代表 B, p 和 ρ 仅为 z 的函数 ($\phi = \phi(x,y,z,t)$, ϕ 不同于 $\phi(z)$)

$$\rho' = \rho'(z)\mathrm{e}^{i(kx+ly-\omega t)}$$

$$B' = B'(z)\mathrm{e}^{i(kx+ly-\omega t)}$$

带 "′" 为扰动量. 扰动量 $\boldsymbol{v}' = u\hat{\boldsymbol{x}} + v\hat{\boldsymbol{y}} + w\hat{\boldsymbol{z}}$,

$$\left.\begin{aligned} u &= u(z) \\ v &= v(z) \\ w &= w(z) \end{aligned}\right\} \mathrm{e}^{i(kx+ly-\omega t)}$$

$$\boldsymbol{B}' = a\hat{\boldsymbol{x}} + b\hat{\boldsymbol{y}} + c\hat{\boldsymbol{z}}$$

$$\left.\begin{aligned} a &= a(z) \\ b &= b(z) \\ c &= c(z) \end{aligned}\right\} \mathrm{e}^{i(kx+ly-\omega t)} \tag{8.2-11}$$

$$\therefore\ \boldsymbol{B} = \boldsymbol{B}_0 + \boldsymbol{B}', \qquad \text{平衡态时 } \boldsymbol{B}_0 = B_0(z)\hat{\boldsymbol{x}}$$

$$= (B_0 + a)\hat{\boldsymbol{x}} + b\hat{\boldsymbol{y}} + c\hat{\boldsymbol{z}}$$

① $\partial \boldsymbol{B}/\partial t = \nabla \times (\boldsymbol{v} \times \boldsymbol{B})$.
已设 $\boldsymbol{v}_0 = 0$, 扰动方程:

$$\frac{\partial \boldsymbol{B}'}{\partial t} = \nabla \times (\boldsymbol{v}' \times \boldsymbol{B}_0) \tag{8.2-12}$$

设

$$\boldsymbol{A} = \boldsymbol{v}' \times \boldsymbol{B}_0 = \begin{vmatrix} \hat{\boldsymbol{x}} & \hat{\boldsymbol{y}} & \hat{\boldsymbol{z}} \\ u & v & w \\ B_0(z) & 0 & 0 \end{vmatrix} = wB_0(z)\hat{\boldsymbol{y}} - vB_0(z)\hat{\boldsymbol{z}}$$

$$\nabla \times \boldsymbol{A} = \begin{vmatrix} \hat{\boldsymbol{x}} & \hat{\boldsymbol{y}} & \hat{\boldsymbol{z}} \\ \dfrac{\partial}{\partial x} & \dfrac{\partial}{\partial y} & \dfrac{\partial}{\partial z} \\ 0 & wB_0(z) & -vB_0(z) \end{vmatrix}$$

$$= \left[-vB_0(z)il - \frac{\partial}{\partial z}(wB_0(z))\right]\hat{\boldsymbol{x}} + vB_0(z)ik\hat{\boldsymbol{y}} + wB_0(z)ik\hat{\boldsymbol{z}}$$

分量式

$$\hat{\boldsymbol{x}}: \quad -i\omega a = -B_0 ilv - \frac{\partial}{\partial z}(wB_0) \tag{8.2-13a}$$

$$\hat{\boldsymbol{y}}: \quad -i\omega b = B_0 ikv \tag{8.2-13b}$$

$$\hat{\boldsymbol{z}}: \quad -i\omega c = B_0 ikw \tag{8.2-13c}$$

② 连续性方程.

$$\frac{\partial \rho'}{\partial t} + \boldsymbol{\nabla}\cdot(\rho_0 \boldsymbol{v}') = 0$$

$$\boldsymbol{v}' = [u(z)\hat{\boldsymbol{x}} + v(z)\hat{\boldsymbol{y}} + w(z)\hat{\boldsymbol{z}}]\mathrm{e}^{i(kx+ly-\omega t)}$$

$$\rho_0 = \rho_0(z)$$

$$-i\omega\rho' = -\rho_0(iku + ilv) - \frac{\partial}{\partial z}(\rho_0 w) \tag{8.2-14}$$

③ 状态方程.

$$p_0 = \rho_0 RT_0$$

$$p' = \rho' RT_0 \tag{8.2-15}$$

④ 运动方程.

无扰动时

$$\rho_0 \frac{\partial \boldsymbol{v}_0}{\partial t} - \rho_0(\boldsymbol{v}_0\cdot\boldsymbol{\nabla})\boldsymbol{v}_0 = -\boldsymbol{\nabla} p_0 + \frac{1}{4\pi}\boldsymbol{B}_0\cdot\boldsymbol{\nabla}\boldsymbol{B}_0 - \frac{1}{4\pi\cdot 2}\boldsymbol{\nabla} B_0^2 - \rho_0 g\hat{\boldsymbol{z}}$$

加入扰动

$$\rho = \rho_0 + \rho', \quad p = p_0 + p', \quad \boldsymbol{v} = \boldsymbol{v}' \ (\boldsymbol{v}_0 = 0)$$

$$\rho_0\frac{\partial v'}{\partial t} = -\boldsymbol{\nabla} p_0 + \boldsymbol{\nabla} p' + \frac{1}{4\pi}(\boldsymbol{B}_0+\boldsymbol{B}')\cdot\boldsymbol{\nabla}(\boldsymbol{B}_0+\boldsymbol{B}') - \frac{1}{2}\cdot\frac{1}{4\pi}\boldsymbol{\nabla}(\boldsymbol{B}_0+\boldsymbol{B}')^2 - \rho_0 g\hat{\boldsymbol{z}} - \rho' g\hat{\boldsymbol{z}}$$

减去无扰动运动方程, 得

$$\rho_0\frac{\partial \boldsymbol{v}'}{\partial t} = -\boldsymbol{\nabla} p' + \frac{1}{4\pi}[\boldsymbol{B}'\cdot\boldsymbol{\nabla}\boldsymbol{B}_0 + \boldsymbol{B}_0\cdot\boldsymbol{\nabla}\boldsymbol{B}' - \boldsymbol{\nabla}(\boldsymbol{B}_0\cdot\boldsymbol{B}')] - \rho' g\hat{\boldsymbol{z}}$$

$$
\begin{aligned}
-i\omega\rho_0\boldsymbol{v}' = & -ikp'\hat{\boldsymbol{x}} - ilp'\hat{\boldsymbol{y}} - \frac{\partial p'}{\partial z}\hat{\boldsymbol{z}} \\
& + \frac{1}{4\pi}(a\hat{\boldsymbol{x}} + b\hat{\boldsymbol{y}} + c\hat{\boldsymbol{z}}) \cdot \left(\frac{\partial}{\partial x}\hat{\boldsymbol{x}} + \frac{\partial}{\partial y}\hat{\boldsymbol{y}} + \frac{\partial}{\partial z}\hat{\boldsymbol{z}}\right) B_0(z)\hat{\boldsymbol{x}} \\
& + \frac{1}{4\pi}\left[B_0(z)\hat{\boldsymbol{x}} \cdot \frac{\partial}{\partial x}\hat{\boldsymbol{x}}(a\hat{\boldsymbol{x}} + b\hat{\boldsymbol{y}} + c\hat{\boldsymbol{z}})\right] \\
& - \frac{1}{4\pi}\left[\frac{\partial}{\partial x}\hat{\boldsymbol{x}} + \frac{\partial}{\partial y}\hat{\boldsymbol{y}} + \frac{\partial}{\partial z}\hat{\boldsymbol{z}}\right](B_0(z) \cdot a) \\
& - \rho' g\hat{\boldsymbol{z}}
\end{aligned}
$$

注意 a, b, c 的表达式 (8.2-11). 分量式

$\hat{\boldsymbol{x}}$:

$$
-i\omega\rho_0 u = -ikp' + \frac{1}{4\pi}c(z)\frac{\partial B_0(z)}{\partial z} \tag{8.2-16a}
$$

$\hat{\boldsymbol{y}}$:

$$
\begin{aligned}
-i\omega\rho_0 v &= -ilp' + \frac{1}{4\pi}B_0(z)ikb(z) - \frac{1}{4\pi}B_0(z)ila(z) \\
&= ikb(z) \cdot \frac{B_0(z)}{4\pi} - il\left(p' + a(z)\frac{B_0(z)}{4\pi}\right)
\end{aligned} \tag{8.2-16b}
$$

$\hat{\boldsymbol{z}}$:

$$
\begin{aligned}
-i\omega\rho_0 w &= -\frac{\partial p'}{\partial z} + \frac{1}{4\pi}B_0(z)ikc(z) - \frac{1}{4\pi}\frac{\partial}{\partial z}(B_0(z)a(z)) - \rho' g \\
&= -\frac{\partial}{\partial z}\left(p' + a(z) \cdot \frac{B_0(z)}{4\pi}\right) - \rho' g + ikc(z)\frac{B_0(z)}{4\pi}
\end{aligned} \tag{8.2-16c}
$$

i. 我们仅限于讨论 $l \to \infty$ 的情形, 即 $\hat{\boldsymbol{y}}$ 方向的扰动波长 λ 与 $\hat{\boldsymbol{x}}$ 和 $\hat{\boldsymbol{z}}$ 方向特征长度相比很小, $\hat{\boldsymbol{y}}$ 方向的扰动很窄, 因此在 $\hat{\boldsymbol{y}}$ 方向的扩散效应是重要的. λ 大, 扩散可忽略; λ 小, 扩散不能忽略. 这样选取 l 的值, 使得热扩散比扰动增长时间要快 (保持等温过程), 但粘滞和欧姆扩散时间比扰动增长要慢 (可不计算粘滞和欧姆损耗).

ii. 当 $k \to \infty$ 时, 不产生不稳定性, 因为扰动使磁力线弯曲产生的力超过其他力 (曲率半径与扰动波数的关系 $R = 1/k^2\xi$, ξ: 扰动振幅, 磁张力 $\sim B^2/R$, $k \to \infty$, 则 $R \to 0$, 磁张力就很大).

iii. 垂直方向的特征尺度限制得很小, 也有利于稳定, 因为气压和磁压梯度将克服磁浮力.

iv. 当 $l \to \infty$ 时, 由 (8.2-16b) 式可得

$$
p' + \frac{1}{4\pi}B_0(z)a(z) = 0 \tag{8.2-17}
$$

(注: Gilman 原文中分母多一个 $\overline{\rho}$, 可能印刷错误).

v. 将 (8.2-17) 式代入 (8.2-16c) 式得

$$-i\omega w = ikc(z)\frac{B_0}{4\pi\rho_0} - \frac{\rho' g}{\rho_0} \tag{8.2-18}$$

vi. 同理, (8.2-14) 式中的 $v \to 0$, v 是 $\hat{\boldsymbol{y}}$ 方向的速度扰动, 扰动主要限于 xz 平面.

vii. (8.2-13a) 和 (8.2-14) 式中均出现 lv, 当 $l \to \infty$ 时, $v \to 0$, lv 为有限值. 假如予以忽略, 则 (8.2-13a) 变为

$$-i\omega a = -\frac{\partial}{\partial z}(wB_0)$$

$$i\omega a = \frac{\partial w}{\partial z}B_0 + \frac{\partial B_0}{\partial z}w \tag{8.2-19}$$

(8.2-14) 式变为

$$\begin{aligned} i\omega\rho' &= \rho_0 iku + \frac{\partial}{\partial z}(\rho_0 w) \\ &= iku\rho_0 + \frac{\partial\rho_0}{\partial z}w + \rho_0\frac{\partial w}{\partial z} \end{aligned} \tag{8.2-20}$$

从 (8.2-19) 求出

$$\frac{\partial w}{\partial z} = \frac{i\omega a}{B_0} - w\frac{\partial}{\partial z}\ln B_0$$

代入 (8.2-20), 两边乘 B_0/ρ, 得到

$$i\omega a + ikuB_0 - i\omega\frac{B_0}{\rho_0}\rho' + \left(B_0\frac{\partial}{\partial z}\ln\rho_0 - \frac{\partial B_0}{\partial z}\right)w = 0 \tag{8.2-21}$$

最后我们得到方程组:

$$\begin{cases} -i\omega\rho_0 u = -ikp' + \dfrac{1}{4\pi}c(z)\dfrac{\partial B_0(z)}{\partial z} & (8.2\text{-}16\text{a}) \\ -i\omega c(z) = ikB_0(z)w & (8.2\text{-}13\text{c}) \\ p' = \rho' RT_0 & (8.2\text{-}15) \\ p' + \dfrac{1}{4\pi}B_0(z)a(z) = 0 & (8.2\text{-}17) \\ -i\omega w = ik\dfrac{1}{4\pi}c(z)\dfrac{B_0}{\rho_0} - \dfrac{\rho' g}{\rho_0} & (8.2\text{-}18) \\ i\omega a + ikuB_0 - i\omega\dfrac{B_0}{\rho_0}\rho' + \left(B_0\dfrac{\partial}{\partial z}\ln\rho_0 - \dfrac{\partial B_0}{\partial z}\right)w = 0 & (8.2\text{-}21) \end{cases}$$

求解 6 个变量: u, w, a, c, p', ρ'. 其中 v 和 b 为零 (见 vi), a, b 和 c 来自 B', u, v 和 w 来自 v'. 分析其余的方程式为何不必列入:

(8.2-16b) 式因为 $b = v = 0$, 以及 (8.2-17) 式, 左边 = 右边 = 0.

(8.2-13a) 式变为 (8.2-21) 式 (见 vii).

(8.2-13b) 式 $b = v = 0$, 左 = 右 = 0.

(8.2-14) 式在求出 (8.2-21) 式已用过一次 (见 vii).

这是一个代数方程组, 因为这 6 个变量不含有对 z 的导数, 移动各个方程等号右边的项至左边. 为使方程有非零解, 系数行列式为零

$$
\begin{array}{cccccc}
u & w & a & c & p' & \rho'
\end{array}
$$

$$
\begin{vmatrix}
-i\omega\rho_0 & 0 & 0 & -\dfrac{1}{4\pi}\dfrac{\partial B_0}{\partial z} & ik & 0 \\
0 & -ikB_0 & 0 & -i\omega & 0 & 0 \\
0 & 0 & 0 & 0 & 1 & -RT_0 \\
0 & 0 & \dfrac{1}{4\pi}B_0 & 0 & 1 & 0 \\
0 & -i\omega & 0 & -ik\dfrac{B_0}{4\pi\rho_0} & 0 & \dfrac{g}{\rho_0} \\
ikB_0 & B_0\frac{\partial}{\partial z}\ln\rho_0 - \dfrac{\partial B_0}{\partial z} & i\omega & 0 & 0 & -i\omega\dfrac{B_0}{\rho_0}
\end{vmatrix} = 0
$$

运算后简化成 3×3 行列式, 结果为

$$
\omega^2\rho_0\left[\omega^2 - \frac{k^2B_0^2}{4\pi\rho_0}\right]\left[1 + \frac{B_0^2}{4\pi\rho_0 RT_0}\right] + k^2\frac{B_0^3 g}{16\pi^2\rho_0 RT_0}\cdot\frac{\partial B_0}{\partial z}
$$

$$
-\frac{k^2B_0^2}{4\pi}\left[\omega^2 - \frac{k^2B_0^2}{4\pi\rho_0}\right] + \omega^2\frac{B_0 g}{4\pi RT_0}\left(B_0\frac{\partial}{\partial z}\ln\rho_0 - \frac{\partial B_0}{\partial z}\right) = 0
$$

$$
v_{A0}^2 = \frac{B_0^2}{4\pi\rho_0}, \quad c_{s0}^2 = RT_0 \text{ (等温声速) 均为 } z \text{ 的函数}
$$

$$
\omega^4(c_{s0}^2 + v_{A0}^2) - \omega^2 v_{A0}^2\left[(2c_{s0}^2 + v_{A0}^2)k^2 + g\frac{\partial}{\partial z}\ln\frac{B_0}{\rho_0}\right] + k^2 v_{A0}^4\left(c_{s0}^2 k^2 + g\frac{\partial}{\partial z}\ln B_0\right) = 0 \tag{8.2-22}
$$

这就是 Gilman 得到的色散关系, 用以处理磁浮力不稳定性. (8.2-22) 式可以变成

$$
(c_{s0}^2 + v_{A0}^2)\omega^4 - v_{A0}^2\left[(2c_{s0}^2 + v_{A0}^2)k^2 + \frac{c_{s0}^2}{2\Lambda\Lambda_B}\right]\omega^2 + k^2 v_{A0}^2 c_{s0}^2\left(k^2 - \frac{1}{2\Lambda\Lambda_B}\right) = 0 \tag{8.2-23}
$$

得到 (8.2-23) 需作以下证明.

(a) 求证: $(1/B_0(z))\partial B_0(z)/\partial z = -1/2\Lambda_B$,

$$\Lambda_B = \frac{p^* + \dfrac{1}{2\mu}B^{*2}}{\rho^* g}, \quad \text{“}*\text{” 表示 } z=0 \text{ 时的相应值}$$

有磁场时的标高. $B^{*2}/8\pi \to B^{*2}/2\mu$ 单位制变换

$$\rho_0(z) = \rho^* \mathrm{e}^{-z/\Lambda_B}$$
$$p(z) = p^* \mathrm{e}^{-z/\Lambda_B}$$
$$B_0(z) = B_0^* \mathrm{e}^{-z/\Lambda_B}$$

$$\text{因为 } \frac{\mathrm{d}}{\mathrm{d}z}\left(p + \frac{1}{2\mu}B_0^2\right) = -\rho g \qquad (\text{已计入 } \boldsymbol{g} \text{ 在 } -\hat{\boldsymbol{z}} \text{ 方向})$$

$$\frac{\mathrm{d}p}{\mathrm{d}z} + \frac{B_0}{\mu}\frac{\mathrm{d}B_0}{\mathrm{d}z} = -\rho g$$

上式右边的 ρ 移至左边, 并代入 ρ 的表式, 再代入 $\dfrac{\mathrm{d}p}{\mathrm{d}z} = p^* \mathrm{e}^{-z/\Lambda_B}\left(-\dfrac{1}{\Lambda_B}\right)$,

$$\frac{p^* \mathrm{e}^{-z/\Lambda_B}}{\rho^* \mathrm{e}^{-z/\Lambda_B}}\left(-\frac{1}{\Lambda_B}\right) + v_{A0}^2 \cdot \frac{1}{B_0}\frac{\mathrm{d}B_0}{\mathrm{d}z} = -g \tag{8.2-24}$$

$$c_{s0}^2 = \frac{p^*}{\rho^*}, \quad \text{等温声速}$$

(8.2-24) 式变为

$$-\frac{1}{\Lambda_B}c_{s0}^2 + v_{A0}^2 \cdot \frac{1}{B_0}\frac{\mathrm{d}B_0}{\mathrm{d}z} = -g \tag{8.2-25}$$

$$\Lambda_B = \frac{p^* + \dfrac{1}{2\mu}B_0^{*2}}{\rho^* g} = \frac{p^*}{\rho^* g}\left(1 + \frac{\dfrac{1}{2\mu}B_0^{*2}}{p^*}\right)$$
$$= \Lambda\left(1 + \frac{1}{2}\frac{v_{A0}^2}{c_{s0}^2}\right)$$

式中

$$\Lambda = \frac{p^*}{\rho^* g} = \frac{c_{s0}^2}{g} \tag{8.2-26}$$

由 (8.2-25) 式

$$\frac{1}{B_0}\frac{\mathrm{d}B_0}{\mathrm{d}z}=\frac{-g\Lambda_B+c_{s0}^2}{\Lambda_B v_{A0}^2}$$

$$=\frac{-g\Lambda\left(1+\dfrac{1}{2}\dfrac{v_{A0}^2}{c_{s0}^2}\right)+c_{s0}^2}{\Lambda_B v_{A0}^2}$$

将 (8.2-26) 的 Λ 代入上式

$$\frac{1}{B_0}\frac{\mathrm{d}B_0}{\mathrm{d}z}=-\frac{1}{2\Lambda_B}$$

(b) (8.2-22) 式中

$$g\frac{\partial}{\partial z}\ln B_0=g\frac{1}{B_0}\frac{\mathrm{d}B_0}{\mathrm{d}z}$$

$$=-\frac{g}{2\Lambda_B}\cdot\frac{\rho^*p^*}{\rho^*p^*}=-\frac{1}{2\Lambda_B\Lambda}\cdot c_{s0}^2$$

(c) (8.2-22) 式中 ω^2 项的最后一项为 $g\,\partial/\partial z[\ln(B_0/\rho_0)]$, 已推得

$$g\frac{\partial}{\partial z}\ln B_0=-\frac{1}{2\Lambda_B\Lambda}c_{s0}^2$$

再求:

$$g\frac{\mathrm{d}}{\mathrm{d}z}\ln\rho_0=\frac{g}{\rho_0}\frac{\mathrm{d}\rho_0}{\mathrm{d}z}$$

寻找 ρ_0 与 B_0 的关系.

$$v_{A0}^2=\frac{B_0^2}{\mu\rho_0}=\text{const},\qquad \rho_0=\frac{B_0^2}{\mu v_{A0}^2}$$

$$\frac{g}{\rho_0}\frac{\mathrm{d}\rho_0}{\mathrm{d}z}=\frac{g}{\rho_0}\frac{2}{\mu v_{A0}^2}B_0\frac{\mathrm{d}B_0}{\mathrm{d}z}$$

$$\because\ -\frac{1}{B_0}\frac{\mathrm{d}B_0}{\mathrm{d}z}=\frac{1}{2\Lambda_B}$$

$$\frac{g}{\rho_0}\frac{\mathrm{d}\rho_0}{\mathrm{d}z}=\frac{g}{\rho_0}\frac{2B_0^2}{\mu v_{A0}^2}\cdot\frac{1}{B_0}\frac{\mathrm{d}B_0}{\mathrm{d}z}$$

$$=-g\cdot\frac{1}{\Lambda_B}$$

$$= -\frac{1}{\Lambda_B}\frac{gp\rho_0}{p\rho_0}$$

$$= -\frac{c_{s0}^2}{\Lambda\Lambda_B} = g\frac{\mathrm{d}}{\mathrm{d}z}\ln\rho_0$$

$$\therefore\ g\frac{\partial}{\partial z}\ln\frac{B_0}{\rho_0} = -\frac{c_{s0}^2}{2\Lambda_B\Lambda} + \frac{c_{s0}^2}{\Lambda\Lambda_B} = \frac{c_{s0}^2}{2\Lambda\Lambda_B}$$

利用证得的关系代入 (8.2-22) 相应项, (8.2-22) 可变换为 (8.2-23) 式,

$$(c_{s0}^2 + v_{A0}^2)\omega^4 - v_{A0}^2\left[(2c_{s0}^2 + v_{A0}^2)k^2 + \frac{c_{s0}^2}{2\Lambda\Lambda_B}\right]\omega^2 + k^2 v_{A0}^2 c_{s0}^2\left(k^2 - \frac{1}{2\Lambda\Lambda_B}\right) = 0 \tag{8.2-23}$$

这就是线性化 MHD 方程组的色散关系.

3. 稳定性判据 (Gilman, 1970)

(1) (8.2-22) 式描写的不稳定性, 根源在于磁场, 假如无磁场, 则 $v_{A0} = 0$, 显然 $\omega = 0$.

(2) 当 $0 < k^2 < -(g/c_{s0}^2)\partial/\partial z(\ln B_0) = 1/2\Lambda\Lambda_B$ 时, 则有不稳定性.

证明 令

$$\omega^2 = \Omega, \qquad v_{A0}^2\left[(2c_{s0}^2 + v_{A0}^2)k^2 + \frac{c_{s0}^2}{2\Lambda\Lambda_B}\right] = M$$

$$k^2 v_{A0}^2 c_{s0}^2\left(k^2 - \frac{1}{2\Lambda\Lambda_B}\right) = N$$

(8.2-23) 式变为

$$\Omega^2(c_{s0}^2 + v_{A0}^2) - \Omega M + N = 0$$

$$\omega^2 = \Omega = \frac{M \pm [M^2 - 4N(c_{s0}^2 + v_{A0}^2)]^{\frac{1}{2}}}{2(c_{s0}^2 + v_{A0}^2)}$$

为使 $\omega^2 < 0$, 必须 $[M^2 - 4N(c_{s0}^2 + v_{A0}^2)]^{1/2} > M$, 即 $-N(c_{s0}^2 + v_{A0}^2) > 0$,

$$\therefore\ \text{要求}\ N < 0, \qquad \text{即}\ k^2 v_{A0}^2 c_{s0}^2\left(k^2 - \frac{1}{2\Lambda\Lambda_B}\right) < 0$$

$$0 < k^2 < \frac{1}{2\Lambda\Lambda_B} \tag{8.2-27}$$

因此我们可得到结论为:

① 满足方程 (8.2-8) 和 (8.2-9) (其中磁场随高度减少) 的任何静力学磁流体, 波长较长但有限, 会发生不稳定性. 形式是磁通管及其物质的升和降. 值得注意的是, 不论磁场的强度, 都要发生不稳定性.

② (8.2-27) 式是 Parker 早先的不稳定条件 $L > 2k_BT/mg = 2\Lambda$ (参见 8.2.1 节) 的更新. 对于足够小的波数 k, 磁浮力克服磁张力, 磁通管继续上升.

(3) 假如 $c_{s0}^2 \geqslant v_{A0}^2$ 即 Gilman 的 $\beta \leqslant 1$ 例子 (注意 Gilman 文中的 $\beta = v_{A0}^2/c_{s0}^2$ 与通常意义下的 β 定义正好相反). Gilman 定义无量纲波数 K 为: $k = K/H$, H 为标高, 从而波长 $\lambda = 2\pi H/K$, Gilman 得到的结果是无论磁场强或弱, $1 \lesssim \beta \lesssim 10$ 都有最大的增长率. 当 $\beta \leqslant 1$ 时, 最不稳定的波长位于 $K \sim 0.4$ 附近, 而 $\lambda \sim 16\Lambda$ (图 8.11).

(4) 如果沿 x 方向磁场无变化, 则 $k = 0$ (k 为 x 方向波数, $l \to \infty$ 为 y 方向), (8.2-23) 式简化为

$$(c_{s0}^2 + v_{A0}^2)\omega^4 - \frac{v_{A0}^2 c_{s0}^2}{2\Lambda\Lambda_B}\omega^2 = 0$$

$$\omega^2 = \frac{v_{A0}^2 c_{s0}^2}{2\Lambda\Lambda_B(c_{s0}^2 + v_{A0}^2)}$$

属于稳定.

(5) 假定初始磁场随高度均匀, 即 $\mathrm{d}B/\mathrm{d}z = 0$, $(1/B)\mathrm{d}B/\mathrm{d}z = -1/2\Lambda_B$, 所以 $1/\Lambda_B = 0$, (8.2-23) 式变为

$$(c_{s0}^2 + v_{A0}^2)\omega^4 - v_{A0}^2(2c_{s0}^2 + v_{A0}^2)k^2\omega^2 + k^4 v_{A0}^2 c_{s0}^2 = 0$$

解出

$$\omega^2 = \frac{v_{A0}^2(2c_{s0}^2 + v_{A0}^2)k^2}{2(c_{s0}^2 + v_{A0}^2)}\left[1 \pm \sqrt{1 - \frac{4(c_{s0}^2 + v_{A0}^2)c_{s0}^2}{(2c_{s0}^2 + v_{A0}^2)^2}}\right]$$

设下面的条件成立

$$\frac{4(c_{s0}^2 + v_{A0}^2)c_{s0}^2}{(2c_{s0}^2 + v_{A0}^2)^2} \ll 1 \qquad \text{(类似于 Alfvén 波的讨论)}$$

(只要 $c_{s0} \ll v_{A0}$ 上式即成立, 但 $v_{A0} \ll c_{s0}$ 则不行). 于是

$$\omega^2 = \frac{v_{A0}^2(2c_{s0}^2 + v_{A0}^2)k^2}{2(c_{s0}^2 + v_{A0}^2)}\left[1 \pm \left(1 - \frac{2(c_{s0}^2 + v_{A0}^2)c_{s0}^2}{(2c_{s0}^2 + v_{A0}^2)^2}\right)\right]$$

① 取 "+" 号, 利用 $c_{s0} \ll v_{A0}$, 并忽略括号内的第二项

$$\omega^2 \approx k^2 v_{A0}^2$$

稳定解, 代表 Alfvén 波.

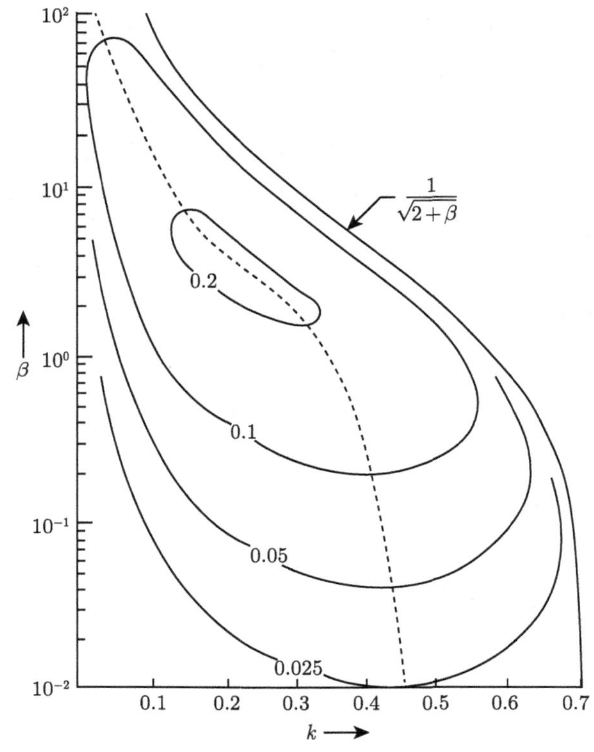

图 8.11　无量纲稳定性图. 轮廓线是上升率. 虚线代表最不稳定的波长

② 取 "−" 号, 括号内第二项有贡献, 使我们得到

$$\omega^2 \approx \frac{v_{A0}^2 c_{s0}^2 k^2}{2c_{s0}^2 + v_{A0}^2}$$

稳定解是慢磁声波.

(6) 太阳大气的分层对稳定性有附加的影响, 要修正 (8.2-27) 式, 稳定条件在分层时, 应计入重力波 (原来 (8.2-27) 式中 k 为扰动波波数)

$$\frac{1}{\Lambda B_0}\frac{\mathrm{d}B_0}{\mathrm{d}z} < -k^2 - \frac{\gamma N^2}{v_A^2} \tag{8.2-28}$$

$$N^2 = -g\left(\frac{1}{\rho_0}\frac{\mathrm{d}\rho_0}{\mathrm{d}z} + \frac{g}{c_s^2}\right)$$

c_s^2: 声速 (对应于 $\gamma p_0/\rho_0$), N 为 Brunt 频率, 被看作是分层介质中的一种共振频率. (8.2-27) 式可写成

$$0 < k^2 \Lambda < \frac{1}{2\Lambda_B} \equiv -\frac{1}{B_0}\frac{\mathrm{d}B_0}{\mathrm{d}z}$$

以上是磁浮力的简单分析, 如计入耗散影响 (ν, η_m, κ) 和转动 (Ω) 而且转动方向与垂直方向成 θ 角, 就相当复杂, 磁和热扩散减少了因分层而趋于稳定的影响, 不稳定性判据 (8.2-7) 修改成

$$\frac{1}{\Lambda}\frac{\rho_0}{B_0}\frac{\mathrm{d}}{\mathrm{d}z}\left(\frac{B_0}{\rho_0}\right) < -\frac{\eta_m}{\kappa}\frac{\gamma N^2}{v_A^2} \qquad (k=0)$$

(8.2-28) 式修改成

$$\frac{1}{\Lambda B_0}\frac{\mathrm{d}B_0}{\mathrm{d}z} < -k^2 - \frac{\eta_m}{\kappa}\frac{\gamma N^2}{v_A^2} \qquad (k \neq 0)$$

(Acheson, 1979a).

(7) Gilman (1970) 表明, 仅仅快速旋转就能抵抗磁浮力, 而使系统稳定. 当 Gilman 计入转动就有 Coriolis 力和离心力, 设离心力小于引力, 只要定义的引力 g 包括离心力即可.

转动矢量 $\boldsymbol{\Omega}_0$ 在 yz 平面内与垂直方向成 θ 角, Coriolis 力: $-2\boldsymbol{\Omega}_0 \times \boldsymbol{v}'$,

$$\boldsymbol{v}' = u\hat{\boldsymbol{x}} + v\hat{\boldsymbol{y}} + w\hat{\boldsymbol{z}}$$

$$-2\boldsymbol{\Omega}_0 \times \boldsymbol{v}' = (2\Omega_0\cos\theta v - 2\Omega_0\sin\theta w)\hat{\boldsymbol{x}} - 2\Omega_0\cos\theta u\hat{\boldsymbol{y}} + 2\Omega_0\sin\theta u\hat{\boldsymbol{z}}$$

当 $l \to \infty$ 时, 由扰动形式 $\mathrm{e}^{i(kx+ly-\omega t)}$ 可见, y 方向扰动波长很短, 可认为 y 方向扰动速度 $v \to 0$ (因为 $v = \omega/k$), 忽略 $2\Omega_0\cos\theta v$.

运动方程 y 方向的分量表式 (8.2-16b)

$$-i\omega\rho_0 v = ikb(z)\frac{B_0(z)}{4\pi} - il\left(p' + \frac{1}{4\pi}a(z)B_0(z)\right)$$

应改变为

$$-i\omega\rho_0 v = ikb(z)\frac{B_0(z)}{4\pi} - il\left(p' + \frac{1}{4\pi}a(z)B_0(z)\right) - 2\Omega_0\cos\theta u$$

因为 $v \to 0$, 从 (8.2-16b) 式可知

$$\left| ikb(z)\frac{B_0(z)}{4\pi} \right| \approx \left| il\left(p' + \frac{1}{4\pi}a(z)B_0(z)\right) \right|$$

这两项均 $\gg 2\Omega_0 \cos\theta u$, 这两项之差与这两项的大小相当, Coriolis 力的该分量可忽略. 其中 Coriolis 力的 $\hat{z}$ 分量归入 g, 令 $g' = g - 2\Omega_0 \sin\theta u$, 只有垂直于引力方向的转动分量有影响, (8.2-16a) 式变为

$$-i\omega\rho_0 u = -ikp' + \frac{1}{4\pi}c(z)\frac{\mathrm{d}B_0(z)}{\mathrm{d}z} - 2\Omega_0 \sin\theta w \tag{8.2-29}$$

(8.2-18) 式变为

$$\begin{aligned}-i\omega w &= ikc(z)\frac{B_0}{\rho_0} - \frac{\rho' g'}{\rho_0} \\ &= ikc(z)\frac{B_0}{\rho_0} - \frac{\rho'}{\rho_0}(g - ju)\end{aligned} \tag{8.2-30}$$

式中 $j = 2\Omega_0 \sin\theta$.

Gilman 的 MHD 方程组改由下列诸式组成

$$\begin{cases} -i\omega\rho_0 u = -ikp' + \dfrac{1}{4\pi}c(z)\dfrac{\mathrm{d}B_0(z)}{\mathrm{d}z} - 2\Omega_0 \sin\theta w & (8.2\text{-}29) \\ -i\omega c(z) = ikB_0(z)w & (8.2\text{-}13\text{c}) \\ p' = \rho' RT_0 & (8.2\text{-}15) \\ p' + \dfrac{1}{4\pi}B_0(z)a(z) = 0 & (8.2\text{-}17) \\ -i\omega w = ikc(z)\dfrac{B_0}{\rho_0} - \dfrac{\rho'}{\rho_0}(g - ju) & (8.2\text{-}30) \\ i\omega a + ikuB_0 - i\omega\dfrac{B_0}{\rho_0}\rho' + \left(B_0\dfrac{\partial}{\partial z}\ln\rho_0 - \dfrac{\mathrm{d}B_0}{\mathrm{d}z}\right)w = 0 & (8.2\text{-}21) \end{cases}$$

解 6 个变量 u, w, a, c, p', ρ'.

令系数行列式等于零, 得

$$\underset{(1)}{(c_{s0}^2 + v_{A0}^2)\omega^4} - \underset{(2)}{\left\{v_{A0}^2\left[(2c_{s0}^2 + v_{A0}^2)k^2 + g\frac{\partial}{\partial z}\ln\frac{B_0}{\rho_0}\right] + j^2(c_{s0}^2 + v_{A0}^2)\right\}\omega^2}$$

$$+ jkv_{A0}^2\left(g - c_{s0}^2\frac{\partial}{\partial z}\ln\rho_0 - v_{A0}^2\frac{\partial}{\partial z}\ln B_0\right)\omega + k^2v_{A0}^4\left(k^2c_{s0}^2 + g\frac{\partial}{\partial z}\ln B_0\right) = 0 \tag{8.2-31}$$

(3) (4)

我们不讨论一般性的例子, 仅考虑等温和 Alfvén 速度为常数的例子. 作下列代换, 以简化 (8.2-31) 式

$$\beta = \frac{v_{A0}^2}{c_{s0}^2},\quad \omega = \frac{c_{s0}}{H}\Omega \quad (H \text{ 为标高}, H = \Lambda),\quad k = \frac{K}{H},\quad G = \frac{jH}{c_{s0}}$$

然后两边乘 H^4/c_{s0}^6.

第 (1) 项:

$$(c_{s0}^2 + v_{A0}^2)\omega^4 = c_{s0}^2(1+\beta)\frac{c_{s0}^4}{H^4}\Omega^4,\quad \text{乘}\frac{H^4}{c_{s0}^6}\text{变为}(1+\beta)\Omega^4$$

第 (2) 项:

$$\left\{v_{A0}^2\left[(2c_{s0}^2 + v_{A0}^2)k^2 + g\frac{\partial}{\partial z}\ln\frac{B_0}{\rho_0}\right] + j^2(c_{s0}^2 + v_{A0}^2)\right\}\omega^2$$

$$= \left\{c_{s0}^2\beta\left[c_{s0}^2(2+\beta)\frac{K^2}{H^2} - \frac{c_{s0}^2}{2IH} + \frac{c_{s0}^2}{IH}\right] + \frac{c_{s0}^2G^2}{H^2}c_{s0}^2(1+\beta)\right\}\frac{c_{s0}^2}{H^2}\Omega^2$$

$$\text{式中 } I = \Lambda_B = H\left(1 + \frac{1}{2}\beta\right),\ \text{即 } \Lambda_B = \Lambda\left(1 + \frac{1}{2}\beta\right)$$

$$= \left\{\frac{c_{s0}^4}{H^2}\beta\left[K^2(2+\beta) + \frac{1}{2+\beta}\right] + \frac{c_{s0}^4}{H^2}G^2(1+\beta)\right\}\frac{c_{s0}^2}{H^2}\Omega^2 \quad \left(\times\frac{H^4}{c_{s0}^6}\right)$$

$$\Rightarrow \left\{\beta\left[K^2(2+\beta) + \frac{1}{2+\beta}\right] + G^2(1+\beta)\right\}\Omega^2$$

第 (3) 项:

$$jkv_{A0}^2\left(g - c_{s0}^2\frac{\partial}{\partial z}\ln\rho_0 - v_{A0}^2\frac{\partial}{\partial z}\ln B_0\right)\omega$$

$$= j\frac{K}{H}c_{s0}^2\beta\left(g + \frac{c_{s0}^2}{I} + \frac{v_{A0}^2}{2I}\right)\Omega$$

$$= \frac{c_{s0}^4}{H^3}GK\beta\left[g + \frac{2c_{s0}^2 + v_{A0}^2}{H(2+\beta)}\right]\Omega$$

$$\text{式中}\ \left(\frac{\partial}{\partial z}\ln\rho_0 = -\frac{1}{\Lambda_B}\right)$$

因为

$$\frac{2c_{s0}^2+v_{A0}^2}{H(2+\beta)} = \frac{c_{s0}^2(2+\beta)}{H(2+\beta)} = \frac{p/\rho}{p/(\rho g)} = g$$

所以 上式$=\dfrac{c_{s0}^4}{H^3}GK\beta\cdot 2g\Omega$, 左式乘$\dfrac{H^4}{c_{s0}^6}$变为$\dfrac{H}{c_{s0}^2}2K\beta g\Omega G=\dfrac{1}{g}2K\beta g\Omega G=2K\beta G\Omega$

第 (4) 项:

$$k^2v_{A0}^4\left[k^2c_{s0}^2+g\frac{\partial}{\partial z}\ln B_0\right] = \frac{K^2}{H^2}c_{s0}^4\beta^2\left(\frac{K^2}{H^2}c_{s0}^2-\frac{g}{2I}\right)$$

$$\left(\times\frac{H^4}{c_{s0}^6}\right)\Rightarrow K^2\beta^2\left(K^2-\frac{H^2}{c_{s0}^2}\frac{g}{H(2+\beta)}\right) = K^2\beta^2\left(K^2-\frac{1}{2+\beta}\right)$$

最后有

$$(1+\beta)\Omega^4-\left\{\beta\left[K^2(2+\beta)+\frac{1}{2+\beta}\right]+G^2(1+\beta)\right\}\Omega^2$$
$$+2K\beta G\Omega+\beta^2K^2\left(K^2-\frac{1}{2+\beta}\right)=0 \tag{8.2-32}$$

4. 讨论

(1) 恒星中, G 较小 ($G=jH/c_{s0}$) (G 中的 $j=2\Omega_0\sin\theta$ 与转动有关), 太阳对流层下 $G\sim 10^{-3}$. 假如 $G\ll 1$, $\beta\gg G^2$, (8.2-32) 式回归 (8.2-22) 式, 无旋转项出现, 旋转效应不重要.

(2) 方程 (8.2-32) 的数值估计, 当 $\beta<2G^2$ 时, 没有不稳定性问题 (文中未列).

(3) 转动抑制浮力不稳定的物理解释 (图 8.12).

① 流体元沿 $\hat{\boldsymbol{z}}$ 方向, 以速度 $\boldsymbol{v}$ 上升, $\boldsymbol{\Omega}_0$ 在 (yz) 平面.

② Coriolis 力, $-2\boldsymbol{\Omega}_0\times\boldsymbol{v}$, 沿 $-\hat{\boldsymbol{x}}$ 方向.

③ 流体速度从 $\hat{\boldsymbol{z}}$ 方向偏入 ($-\hat{\boldsymbol{x}}$, $\hat{\boldsymbol{z}}$) 平面, 不能直接向上.

④ 接着 Coriolis 力进一步使流动方向朝下.

⑤ 流体元不能朝上浮起, 抑制了不稳定性.

⑥ 下沉的流体元则相反.

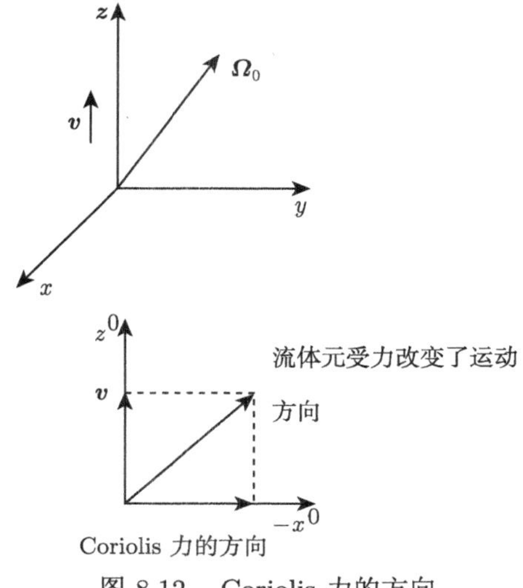

图 8.12 Coriolis 力的方向

(4) 一般定义 $\beta_0 =$ 气压/磁压 $= c_{s0}^2/v_{A0}^2 = 1/\beta$, β 为 Gilman 的定义. Gilman 的稳定条件 $\beta < 2G^2$ 则变为 $\beta_0 > 1/2G^2 = c_{s0}^2/2j^2H^2 = \dfrac{1}{2}[1/(jH/c_{s0})^2]$. 要求该不等式成立, 就要求 $jH/c_{s0} > 1$, H 即为标高. 所以 $2\Omega_0 \sin\theta\,(\Lambda/c_{s0}) > 1$, 只要转动足够快就可.

(5) Roberts 和 Stewartson (1977) 发现耗散能抵消转动, 从而对于大的 β_0, 仍有磁浮力不稳定性发生.

不稳定性的增长与欧姆扩散的时标相当. 当太阳内部计入湍动的扩散时, 不稳定增长过程中, 耗散就变得重要.

(6) Acheson (1979a) 把扩散和转动一起考虑. 转动使不稳定性的增长时间远小于 Alfvén 速率 v_A/Λ. 假如 $v_A^2/2\Omega\eta < 0$ 成立, 扩散效应本质上抑制了不稳定性.

8.2.3 太阳磁通管的上升

1. 黑子的形成

Parker (1955a) 提出环状磁流管, 长约几个标高. 在磁浮力作用下分段上升, 在黑子分布区, 沿着纬度线穿过太阳表面, 形成黑子. 黑子对有一个小的, 约为 10° 的倾角, 很可能是起因于 Coriolis 力 (图 8.13).

磁通管上升的时标 (按照 Parker (1975)) 是 Alfvén 时间

$$\tau = \frac{\Lambda}{v_A} \tag{8.2-33}$$

随深度不同, 变化显著.

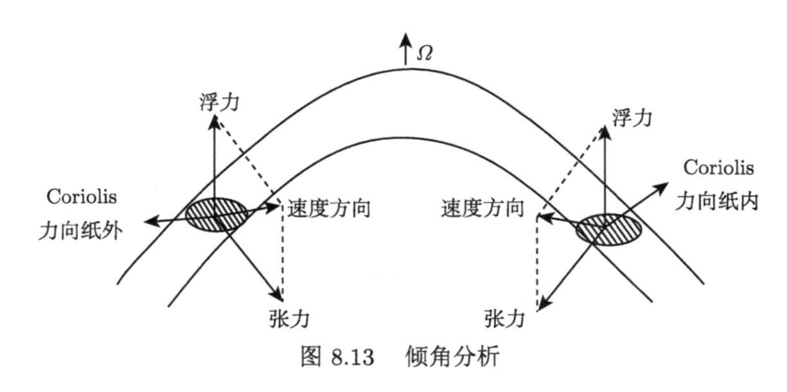

图 8.13　倾角分析

2. 磁通管上升时间的估计 (Acheson, 1979a)

Acheson 给出上升速度的公式, 上升速度 $= v_A(\delta/\Lambda)^{1/2}$, 式中 $v_A = B/(\mu\rho)^{1/2}$, δ: 磁流管半径. $\Lambda = a^2/g$, $a^2 = p/\rho$ 等温声速, Λ 为标高. 物理量经过半径 δ 会有显著变化, 所以取 $\delta = \Lambda$, 上升速度 $= v_A$.

发电机生成磁场的时标为 10 年. 因此磁场需从对流区的底部 (光球下 2×10^5 km) 开始上升. 而且磁场越强, 磁通管上升越快. 结论是, 磁通管上升太快. 表 8.1 列出不同位置和不同磁场强度的磁通管浮出的时间.

表 8.1　磁通管浮出时间

磁通管的磁场强度	位置	ρ	v_A	浮出时间
100 G	光球下 2×10^4 km	$4\ \text{kg·m}^{-3} =$ $4\times10^{-3}\ \text{g·cm}^{-3}$	$4.5\times10^2\ \text{cm·s}^{-1}$	~ 2 个月
100 G	对流层中间 $0.875R_\odot$, 等于光球下 $0.125R_\odot = 8.75\times10^4$ km	$0.01\ \text{g·cm}^{-3}$	$2.8\times10^2\ \text{cm·s}^{-1}$	~ 1 年

3. 不同看法

(1) Schüssler (1977) 认为上升过程中磁通管膨胀, 能使上升速度减慢很多. (可能是因为磁通管膨胀, B 变小, ρ 也变小. 上升速度为 Alfvén 速度

$$v_A = \frac{B}{4\pi\rho^{1/2}} = \frac{\Phi/(\pi r^2)}{4\pi\left(\dfrac{M}{\pi r^2 h}\right)^{1/2}}$$

当 r 增至 $r+\Delta r$,

$$v_A' = \frac{\Phi/[\pi(r+\Delta r)^2]}{4\pi\left[\dfrac{M}{\pi h(r+\Delta r)^2}\right]^{1/2}} = \frac{\dfrac{\Phi}{\pi r^2}\dfrac{1}{\left(1+\dfrac{\Delta r}{r}\right)^2}}{4\pi\left(\dfrac{M}{\pi r^2 h}\right)^2\dfrac{1}{1+\dfrac{\Delta r}{r}}}$$

$v_A' = v_A/(1+\Delta r/r) < v_A$, 上升速度变慢.)

(2) Acheson (1979b) 得出: 转动使浮力不稳定性的发展时标变得更长. 不稳定性增长的时标 $\tau = 4\Omega\Lambda^2/v_A^2$, 条件是 $v_A^2 \ll \Omega^2\Lambda^2 \ll a^2$, a 为等温声速. 快速旋转对磁浮力系统有强的趋稳作用. 这样位于光球下 3×10^4 km 处, 100 G, 上升时间需要 10 年 (或者 1×10^5 km, 10^3 G, 需 10 年).

8.3 黑子的冷却

1. *磁场抑制对流 (这是广为接受的对黑子冷却的解释)*

(1) 不存在对流时, 光球以下的温度随深度增加的速度快于绝热过程的增温.

(2) 对流混合了不同温度的各层, 使温度趋于相同, 减少了温度梯度, 从而使上层温度的下降变慢.

(3) Biermann (1941) 提出, 磁场在对流区顶部几千公里处, 完全抑制了对流, 排除了不同层的温度混合过程. 所以黑子内部温度向上的减少明显比周围的对流区更快, 导致黑子温度较低. 换言之, 磁场抑制了热流, 使黑子冷却.

(4) Cowling (1953) 对上述概念的修正.

黑子内部有一些对流, 但不如外部区域剧烈, 传递的热量要少一些. 根据线性理论, 当磁场增加时 ($\kappa > \eta_m$), 过程按下述方式进行: 定态对流 → 较弱的过稳振荡对流 → 对流完全抑制. 观测到本影内存在弱对流运动, 是对流受到部分抑制的观测支持.

2. *上述理论的困难 (磁场抑制对流理论)*

(1) 黑子内部对流弱, 温度梯度大, 温度向上减少得快. 因为磁场的抑制, 黑子内没有生成的热流, 应分散于黑子周围. 在太阳表面应该显现为绕黑子有一个亮环.

(2) 黑子下面热量的堆积, 使得温度和压力上升, 导致磁场的弥散 (因为温度高, 冻结容易解除).

3. 解决困难的方案

对于困难 (1), Spruit (1977) 对黑子下面热流的模型计算表明: 假如黑子深度超过 10^4 km, 对流能有效地转移热量, 以至于在黑子下面只有少量的热量堆积. 热量散布到黑子周围如此大的区域, 以至于不易观测到亮球. 关于产生亮环的提法, 现在不太重视, 因为散失的热流因湍动热扩散通过对流区广为散布.

对于困难 (2), (磁场的弥散, 磁通管的瓦解) 有两种办法:

(i) 沿磁通管各处的磁场足够强, 足以阻止增强了的压力对黑子的破坏 (温度降低引起的总压力变化不显著).

(ii) 有外加的力固定住磁通管. Meyer 等 (1974) 指出这种外力产生于环状对流体元. 所以仅在长寿黑子的晚期才有可能 (因为这种对流体元只有长寿黑子的晚期才有可能出现), 仅当黑子深 (10^4 km) 而且小时 (半径 $> 10^3$ km) 才有足够大的力.

4. 抑制对流的另一种可能性

Parker (1974b) 和 Roberts (1976) 提出: 过稳定的对流 (convective overstability) 把热变成 Alfvén 波, 向下辐射 (向上辐射部分占波能量较小的份额). (Parker, 1979a)

Parker 估计: 黑子下面过稳定区, 向上辐射的 Alfvén 波的能通量密度为 2.5×10^7 W·m^{-2}.

光球上 Alfvén 速度为 15 km·s^{-1}, 场强为 3×10^3 G, 相应的波振幅为 3 km·s^{-1} (质点振动的速度), Alfvén 波周期 $\sim 10^2$ s (50—300 s).

定义: 能通量密度 $\overline{U}$ 单位时间内通过单位面积的能量

$$\overline{U} = \overline{\varepsilon}\cdot v$$

$$\overline{\varepsilon} = \frac{1}{2}\rho a^2\omega^2 \qquad a\text{: 波振幅}, \omega\text{: 频率}$$

$$(x = a\sin\omega t,\ \dot{x} = a\omega\cos\omega t,\ \text{所以}a\omega\ \text{为质点运动速度})$$

现在 $v\to v_A$, 由 v_A 和 B 可求出 (高斯单位制) Alfvén 波能通量密度

$$\rho = \frac{B^2}{4\pi v_A^2} = \frac{(3\times10^3)^2}{4\pi(15\times10^5)^2} = 3\times10^{-7}\,\text{g·cm}^{-3}$$

$$\begin{aligned}\overline{v} &= \frac{1}{2}\rho v^2\cdot v_A = \frac{1}{2}\cdot 3\times10^{-7}\times(3\times10^5)^2\cdot 1.5\times10^6\\ &= 2\times10^{10}\,\text{erg·cm}^{-2}\text{·s}^{-1} = 2\times10^7\,\text{W·m}^{-2}\end{aligned}$$

式中 $v = a\omega = 3\times10^5$ cm·s^{-1}.

5. Parker (1979a) 的论文, 有以下几点可供参考

(1) 论文 1009 页的 (22) 式下的部分.

太阳磁通管内, 光球的剧烈的密度梯度会产生 Alfvén 波的反射.

[先介绍波反射的概念:

折射率 $n = ck/\omega = c/v_\phi$, v_ϕ 为相速度. 当折射率为零, 即 $\lambda \to \infty$, $v_\phi \to \infty$, 称为截止. 这时波从 n 大的区域向 n 小、最后变为零的区域行进. 相当于由光密区域进入光疏的区域, 波路弯曲并被反射. 对于 Alfvén 波, ρ 从大变小, 则 $v_\phi = v_A$ 从小变大直至 $\to \infty$, 则被反射.]

Alfvén 波在本影内被强反射, 透过的波不多, 从而散失的能量不足以有效冷却黑子.

认为黑子是产生 Alfvén 波的源, 沿磁力线向上传播的结论不正确. 无论强度如何, 波向下传播. 从而限制了对流区产生的 Alfvén 波的耗散作为加热日冕的机制.

观测事实: 波幅 0.27 km·s^{-1} (不是 Alfvén 波的幅度), 光球层内小的垂直磁通管内场强 1500 G, $\rho = 3 \times 10^{-7}$ g·cm^{-3}, $v_A = 7$ km·s^{-1} (与声速同量级), 波能通量 (密度) 6×10^7 erg·cm^{-2}·s^{-1} (观测值应是向上辐射的能量), 约为总能量的 10^{-3}. 黑子、冕拱, 波能通量观测值上限为总能量的 10^{-3}.

没有直接的观测手段来确定: ① 磁通管内 Alfvén 波的产生; ② 冷却; ③ 下沉波可能占总能量的主要部分.

(2) 流函数 (stream function)

$$W = \psi + i\varphi$$

$$\uparrow \quad \uparrow$$

流线 势函数

利用柯西-黎曼方程

$$\frac{\partial \psi}{\partial x} = \frac{\partial \varphi}{\partial y}$$

$$\frac{\partial \varphi}{\partial x} = -\frac{\partial \psi}{\partial y}$$

$$v_x = -\frac{\partial \varphi}{\partial x} = \frac{\partial \psi}{\partial y}, \qquad v_y = -\frac{\partial \varphi}{\partial y} = -\frac{\partial \psi}{\partial x}$$

8.4　黑子的平衡结构

8.4.1　磁流体静力学平衡

为简单起见, 考虑分层大气平衡, 仅有垂直磁场 $B(r)\hat{\boldsymbol{z}}$ (图 8.14), 设在轴上 $r=0$ 处, $B(r=0)$ 有极大值 B_i.

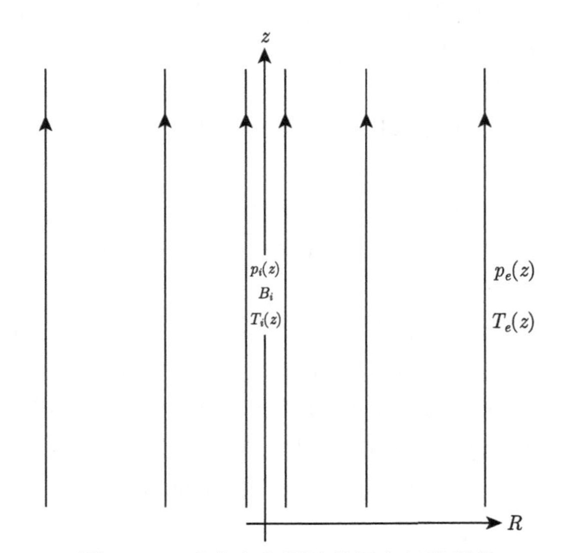

图 8.14　垂直方向通过分层大气的磁场

当 r 变大时, $B(r)\to 0$. p_i, p_e 为 z 的函数, 与 r 无关.

水平方向平衡

$$p_i(z)+\frac{1}{2\mu}B^2(r)=p_e(z) \tag{8.4-1}$$

垂直方向平衡

$$\frac{\partial p}{\partial z}=-\rho g \tag{8.4-2}$$

注意 (8.4-2) 式, 对于黑子内 (i) 和外 (e) 均成立.

(1) 离 z 轴远时, 因为 $B=0$, (8.4-2) 式可写成

$$\frac{\mathrm{d}p_e}{\mathrm{d}z}=-\rho_e g \tag{8.4-3}$$

由于 p_e 由密度和温度决定, 因此尚需一个能量方程与 (8.4-3) 联立, 才能确定温度结构 $T_e(z)$.

在轴上 ($r=0$), (8.4-1) 式可写成

$$p_i(z)+\frac{1}{2\mu}B_i^2=p_e(z) \tag{8.4-4}$$

当 p_e 知道, $p_i(z)$ 就可求出.

这时 (8.4-2) 式变为

$$\frac{\mathrm{d}p_i}{\mathrm{d}z}=-\rho_i g \tag{8.4-5}$$

(8.4-4) 式对 z 求导. 注意 B_i 为常数 (当 $r\neq 0$ 仅为 r 的函数)

$$\frac{\mathrm{d}p_e}{\mathrm{d}z}=\frac{\mathrm{d}p_i}{\mathrm{d}z}$$

由 (8.4-3), (8.4-5) 得

$$\rho_i=\rho_e \tag{8.4-6}$$

(2) 对于任意离 z 轴的距离 r, 从 (8.4-1) 式可知, 黑子内的压力 p_i 小于包围它的压力 p_e, (8.4-1) 两边除以 p_e,

$$\frac{p_i}{p_e}+\frac{1}{2\mu}\frac{B_i^2(r)}{p_e}=1$$

记得 (8.4-6) 式, 有

$$\frac{T_i}{T_e}=1-\frac{1}{2\mu}\frac{B_i^2(r)}{p_e(z)}$$

垂直磁场的存在对横向 (r 方向) 密度并无影响 (因为 $\rho_i=\rho_e$), 但产生了压力的差异, 也即温度有了差别, 旨在保持水平方向的平衡.

等离子体热平衡产生了这种温度差异, 是由于磁力线是直线, 但是通常情况下磁力线是弯曲的.

(3) 磁绳中

$$p_i(z)+\frac{1}{2\mu}B_i^2=p_e(z) \tag{8.4-4}$$

B_i 为轴上的场强, 现在用以代表磁绳的场强. 由上式可见

$$\frac{1}{2\mu}B_i^2<p_e$$

该不等式在光球下面可能是正确的, 但在光球层面上, 磁压强为 2.4×10^4 N·m^{-2} (2.4×10^5 dyn·cm^{-2}), 场强为 3×10^3 G, 超过气压 1.4×10^4 N·m^{-2} (在 $\tau_{5000}=1$

处), 因此磁力线不能被包含在磁通管内, 要分散出去, 如图 8.15 所示, 导致 B_i^2 减少.

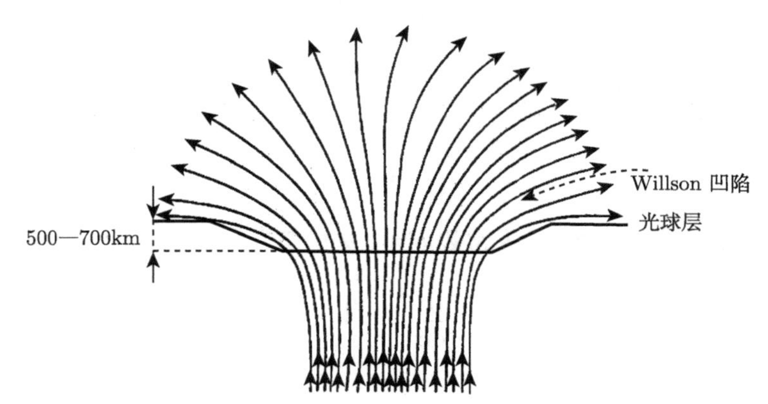

图 8.15　黑子 (单一磁通管) 的磁力线

Willson 效应起因于黑子比它周围 (光球) 更为透明 (因为黑子本影的温度, 密度比同一高度宁静太阳更低, 所以可看到更深处的光线).

B_i^2 的进一步减少, 从 (8.4-4) 式可看出黑子内的压强梯度 $\mathrm{d}p_i/\mathrm{d}z$ 将大于 $\mathrm{d}p_e/\mathrm{d}z$, 根据 (8.4-3) 和 (8.4-5) 式, 则有

$$-\rho_i g > -\rho_e g$$

$$\rho_i < \rho_e \qquad (\text{弯曲磁场 } \rho_i < \rho_e)$$

黑子内部密度的减少, 产生了 Willson 效应.

实际上, 这时的 B_i^2 是 z 的函数, 且 $\mathrm{d}B_i^2/\mathrm{d}z < 0$, 所以由 (8.4-4)

$$\frac{\mathrm{d}p_i}{\mathrm{d}z} + \frac{\mathrm{d}B_i^2}{2\mu \mathrm{d}z} = \frac{\mathrm{d}p_i}{\mathrm{d}z} - \frac{1}{2\mu}\left|\frac{\mathrm{d}B_i^2}{\mathrm{d}z}\right| = \frac{\mathrm{d}p_e}{\mathrm{d}z}$$

$$\therefore \ \frac{\mathrm{d}p_i}{\mathrm{d}z} > \frac{\mathrm{d}p_e}{\mathrm{d}z}$$

(4) 光球以下几千公里处, 等离子体压强超过 $10^7\ \mathrm{N{\cdot}m^{-2}}$, 如果没有相应的磁压, 磁通管可能被湍流运动挤碎, 所以有人认为黑子下面的磁通管只能深入至约 10000 公里, 比较浅. 也有人认为对流层中深处, 磁通管仍比周围冷.

(5) Schlüter 和 Temesváry (1958) 静力学模型

根据 $0 = -\nabla p + \boldsymbol{j} \times \boldsymbol{B} - \rho g \hat{\boldsymbol{z}}$ 作以下假设.

① 柱坐标, 轴对称 $(\partial/\partial\varphi = 0)$, z 轴垂直太阳表面, 指向太阳中心 (这是 Schlüter 等的假设, 平衡表达为 $0 = -\nabla p + \boldsymbol{j} \times \boldsymbol{H} + \rho \boldsymbol{g}$).

② 当 $r=0$ 时, 磁场强度 $\boldsymbol{H}$ 的分量 $H_r=0$, $\boldsymbol{j}=0$, H_z 有极大.

③ 黑子设为准静态平衡, 也即所有的变量对时间的导数为零 (对于寿命较长的黑子似乎是合理的假设).

④ 当 $z=-\infty$ 和 $r=\infty$ 时, 磁场强度及其导数为零.

⑤ 忽略黑子内物质的运动.

⑥ 磁场无扭转, 即任何地点 $H_\varphi=0$, 磁力线位于垂直太阳表面的平面内.

⑦ 磁场的垂直分量为 $H_z(z,r)$, 同样深度 z 处的中心强度即在 $r=0$ 处, $H_r=0$, $H(z)=H_z(z,0)$.

引进比例因子 $\zeta(z)$ 来表达 $H_z(z,r)/H(z)$ 对 z 的依赖关系.

$$\frac{H_z(z,r)}{H(z)}=\frac{D(\alpha)}{D(0)} \quad \text{(公式序号为 (Schlüter and Temesváry, 1958) 中的标记)} \tag{1}$$

$$\alpha=\zeta(z)r$$

$\zeta(z)$ 描写磁流管直径对深度 z 的依赖关系.

$D(\alpha)$ 决定了磁通管的形状.

磁力线的连续性 $\nabla\cdot\boldsymbol{H}=0$, 在轴上即 $r=0$, 有 $H(z)=H_z(z,0)$. 截面小, $H(z)$ 就大 (因为连续性), 轴上的磁通管形状由 $D(0)$ 决定.

$$H(z)\sim\frac{D(0)}{r^2}, \quad \text{写作 } H(z)=\zeta^2(z)D(0) \tag{2}$$

将 (2) 式代入 (1) 式:

$$H_z(z,r)=\zeta^2(z)D(\alpha) \tag{3}$$

现在要推导出

$$H_r(z,r)=-\frac{\mathrm{d}\zeta}{\mathrm{d}z}\alpha D(\alpha)$$

证明 $\nabla\cdot\boldsymbol{H}=0$, 用柱坐标表示. 根据假设 ⑥, $H_\varphi=0$,

$$\nabla\cdot\boldsymbol{H}=\frac{1}{r}\frac{\partial}{\partial r}(rH_r)+\frac{\partial}{\partial z}H_z=0$$

$$\frac{1}{r}\frac{\partial}{\partial r}(rH_r)=-\frac{\partial}{\partial z}H_z$$

将 (3) 式代入上式:

$$\begin{aligned}\frac{1}{r}\frac{\partial}{\partial r}(rH_r)&=-\frac{\partial}{\partial z}[\zeta^2(z)D(\alpha)]\\&=-2\zeta(z)D(\alpha)\frac{\mathrm{d}\zeta(z)}{\mathrm{d}z}-r\zeta^2\frac{\mathrm{d}D(\alpha)}{\mathrm{d}\alpha}\frac{\mathrm{d}\zeta}{\mathrm{d}z}\end{aligned}$$

$$\because\ \alpha=\zeta(z)\cdot r$$

$$\therefore\ \frac{\partial}{\partial r}(rH_r)=-2\alpha D(\alpha)\frac{\mathrm{d}\zeta(z)}{\mathrm{d}z}-\alpha^2\frac{\mathrm{d}\zeta(z)}{\mathrm{d}z}\frac{\mathrm{d}D(\alpha)}{\mathrm{d}\alpha}$$

$$rH_r=-2\frac{\mathrm{d}\zeta(z)}{\mathrm{d}z}\int\alpha D(\alpha)\partial r-\frac{\mathrm{d}\zeta(z)}{\mathrm{d}z}\int\alpha^2\frac{\mathrm{d}D(\alpha)}{\mathrm{d}\alpha}\partial r$$

将 $\partial\alpha=\zeta(z)\partial r$, $\partial r=(1/\zeta(z))\partial\alpha$ 代入上式

$$\begin{aligned}rH_r&=-2\frac{\mathrm{d}\zeta(z)}{\mathrm{d}z}\cdot\frac{1}{\zeta(z)}\int\alpha D(\alpha)\mathrm{d}\alpha-\frac{1}{\zeta(z)}\frac{\mathrm{d}\zeta(z)}{\mathrm{d}z}\int\alpha^2\frac{\mathrm{d}D(\alpha)}{\mathrm{d}\alpha}\mathrm{d}\alpha\\&=-2\cdot\frac{1}{\zeta(z)}\frac{\mathrm{d}\zeta(z)}{\mathrm{d}z}\int\alpha D(\alpha)\mathrm{d}\alpha-\frac{1}{\zeta(z)}\frac{\mathrm{d}\zeta(z)}{\mathrm{d}z}\left[\alpha^2D(\alpha)-2\int\alpha D(\alpha)\mathrm{d}\alpha\right]\\&=-\frac{\alpha^2}{\zeta(z)}\frac{\mathrm{d}\zeta(z)}{\mathrm{d}z}D(\alpha)\end{aligned}$$

$$\begin{aligned}H_r&=-\frac{\alpha^2}{r\zeta(z)}\frac{\mathrm{d}\zeta(z)}{\mathrm{d}z}D(\alpha)\qquad[\alpha=\zeta(z)r]\\&=-\frac{\mathrm{d}\zeta(z)}{\mathrm{d}z}\alpha D(\alpha)\qquad(\text{推导完成, 目的是为以后求解 }H_r,\ H_z)\end{aligned}\tag{4}$$

$$\frac{H_r}{H_z}=\frac{-\dfrac{\mathrm{d}\zeta}{\mathrm{d}z}\alpha D(\alpha)}{\zeta^2D(\alpha)}=-\frac{\alpha}{\zeta^2}\frac{\mathrm{d}\zeta}{\mathrm{d}z}=-r\frac{\mathrm{d}\ln\zeta}{\mathrm{d}z}\tag{5}$$

α: Alfvén 在报告后的评论中指出, 本文采用相似变换. α 可理解为按比例 ζ 缩小后的离轴的距离.

当 $\alpha(\zeta,r)=\zeta(z)\cdot r=\text{const}$ 时, 就确定了磁力线, 也即沿磁力线 α 是常数.

通过半径为 r 的水平圆的磁通量为

$$2\pi\int_0^r H_zr\mathrm{d}r=2\pi\int_0^r\zeta^2(z)D(\alpha)r\mathrm{d}r$$

在确定的 z 处, 有 $\mathrm{d}\alpha=\zeta(z)\mathrm{d}r$, $r=\alpha/\zeta$. $\mathrm{d}r$ 从 $0\to r$ 积分, 对应 $\mathrm{d}\alpha$ 从 $0\to\alpha$ 积分. 磁通量

$$\begin{aligned}F&=2\pi\int_0^r H_zr\mathrm{d}r\\&=2\pi\int_0^\alpha\alpha D(\alpha)\mathrm{d}\alpha\end{aligned}\tag{6}$$

z 轴和一根给定的磁力线之间的磁通量与深度 z 无关.

⑧ 求 H_z, H_r, p_i, p_e.

前已提及平衡关系式

$$0 = -\boldsymbol{\nabla} p + \boldsymbol{j} \times \boldsymbol{B} - \rho g \hat{\boldsymbol{z}} \tag{7}$$

已作假定 $\boldsymbol{B} = (B_R(R,z), 0, B_z(R,z))$ 用 Schlüter 的符号则为

$$0 = -\boldsymbol{\nabla} p + \boldsymbol{j} \times \boldsymbol{H} + \rho \boldsymbol{g}$$

$\boldsymbol{H} = (H_r(r,z), 0, H_z(r,z))$, (7) 式有分量式

$\hat{\boldsymbol{r}}$ 分量:

$$0 = -\frac{\partial p}{\partial r} + \frac{H_z}{4\pi}\left(\frac{\partial H_r}{\partial z} - \frac{\partial H_z}{\partial r}\right)$$

$\hat{\boldsymbol{z}}$ 分量:

$$0 = -\frac{\partial p}{\partial z} - \frac{H_r}{4\pi}\left(\frac{\partial H_r}{\partial z} - \frac{\partial H_z}{\partial r}\right) + \rho g$$

$\hat{\boldsymbol{r}}$ 分量:

$$H_z\left(\frac{\partial H_r}{\partial z} - \frac{\partial H_z}{\partial r}\right) = 4\pi \frac{\partial p}{\partial r} \tag{7-1}$$

式中

$$\begin{aligned}
H_z \frac{\partial H_r}{\partial z} &= \zeta^2(z) D(\alpha) \frac{\partial}{\partial z}\left(-\frac{\mathrm{d}\zeta}{\mathrm{d}z}\alpha D(\alpha)\right) \qquad [\text{将 (3), (4) 代入}] \\
&= -\zeta^2(z)\alpha D^2(\alpha)\frac{\mathrm{d}^2\zeta}{\mathrm{d}z^2} - \zeta^2(z) D(\alpha)\frac{\mathrm{d}\zeta}{\mathrm{d}z}\frac{\partial}{\partial \alpha}(\alpha D(\alpha))\frac{\partial \alpha}{\partial z} \\
&= -\zeta^2(z)\alpha D^2(\alpha)\frac{\mathrm{d}^2\zeta}{\mathrm{d}z^2} - \alpha\zeta(z) D(\alpha)\left(\frac{\mathrm{d}\zeta}{\mathrm{d}z}\right)^2 \frac{\partial}{\partial \alpha}(\alpha D(\alpha))
\end{aligned} \tag{7-2}$$

$$\text{已利用 } \left(\frac{\partial \alpha}{\partial z} = r\frac{\partial \zeta}{\partial z}\right)$$

(7-1) 式中

$$\begin{aligned}
H_z \frac{\partial H_z}{\partial r} &= \zeta^2(z) D(\alpha) \frac{\partial}{\partial r}(\zeta^2(z) D(\alpha)) \\
&= \zeta^2(z) D(\alpha) \zeta^2(z) \frac{\partial}{\partial \alpha} D(\alpha) \frac{\partial \alpha}{\partial r} \\
&= \zeta^5(z) D(\alpha) \frac{\partial}{\partial \alpha} D(\alpha)
\end{aligned} \tag{7-3}$$

(7-1) 式中

$$\frac{\partial p}{\partial r}=\frac{\partial p}{\partial \alpha}\frac{\partial \alpha}{\partial r}=\zeta(z)\frac{\partial p}{\partial \alpha} \tag{7-4}$$

将 (7-2), (7-3), (7-4) 代回 (7-1) 式, 记 $\zeta''=\mathrm{d}^2\zeta/\mathrm{d}z^2$, 有

$$\alpha D^2(\alpha)\zeta\zeta''+\frac{1}{2}\frac{\mathrm{d}}{\mathrm{d}\alpha}[\alpha D(\alpha)]\zeta'^2+\frac{1}{2}\frac{\mathrm{d}}{\mathrm{d}\alpha}(D^2(\alpha))\cdot\zeta^4=-4\pi\frac{\mathrm{d}p}{\mathrm{d}\alpha} \tag{7-5}$$

对 r 积分, 也即对 α 积分, 从轴 $(r=0)$ 到无穷远处 $(r=\infty)$ 积分也即 α 从 0 到 ∞, 积分 (7-5) 式

$$\zeta\zeta''\int_0^\infty \alpha D^2(\alpha)\mathrm{d}\alpha+\frac{1}{2}\zeta'^2\alpha D(\alpha)\Big|_0^\infty+\frac{1}{2}\zeta^4D^2(\alpha)\Big|_0^\infty=-4\pi\Delta p$$

当 $\alpha=0$ 和 $\alpha=\infty$ 时, $\alpha D(\alpha)=0$. 当 $\alpha=\infty$ 时, 磁通管应消失, 所以 $D(\alpha)=0$.

$$\zeta\zeta''\int_0^\infty \alpha D^2(\alpha)\mathrm{d}\alpha-\frac{1}{2}\zeta^4D^2(0)=-4\pi\Delta p \tag{7-6}$$

$$\Delta p=p(\infty,z)-p(0,z)$$

为简洁起见, 令 (2) 式 $H(z)=\zeta^2(z)D(0)=y^2$,

$$f=\frac{2}{D(0)}\int_0^\infty \alpha D^2(\alpha)\mathrm{d}\alpha \tag{8}$$

于是有

$$\zeta D^{1/2}(0)=y$$

$$\zeta''D^{1/2}(0)=y''$$

代入 (7-6) 式得

$$fyy''-y^4+8\pi\Delta p=0 \tag{9}$$

(9) 式是磁场的基本方程.

y^4 相当于 H^2 (参见 (2) 式), 代表磁压强效应. fyy'' 来自于 $H_z\partial H_r/\partial z$, 张力项, 表示磁力线弯曲.

(7) 式的 z 分量, 当 $r\to 0$ 时, $H_r\to 0$, 简化为

$$\frac{\mathrm{d}p_i}{\mathrm{d}z}=-\rho_i g \qquad (\text{下标 } i \text{ 代表 } r\to 0 \text{ 时的值}) \tag{8.4-7}$$

$D(\alpha)$ 表示磁通管的形状, 当 $r\to\infty$ 时, 磁通管消失, 根据 (4) 式, 所以 $H_r\to 0$

$$\frac{\mathrm{d}p_e}{\mathrm{d}z} = -\rho_e g \qquad (\text{下标 } e \text{ 代表 } r \to \infty \text{ 时的值}) \tag{8.4-8}$$

⑨ 把需要求解的方程归纳如下:

$$fyy'' - y^4 + 8\pi\Delta p = 0 \tag{9}$$

$$\frac{\mathrm{d}p_i}{\mathrm{d}z} = -\rho_i g \tag{8.4-7}$$

$$\frac{\mathrm{d}p_e}{\mathrm{d}z} = -\rho_e g \tag{8.4-8}$$

求 p_i, p_e, H_z, H_r (其中 H_z, H_r 均用 y 及其导数表达).

因此知道: ⓐ 温度结构 (与 Δp 有关); ⓑ 通量 $F = 2\pi\int \alpha D(\alpha)\mathrm{d}\alpha$ (通过 F 可求出 f, $F = 2\pi f$); ⓒ 磁通管的形状因子 (例如 $D(\alpha) = D(0)\mathrm{e}^{-\alpha^2}$); ⓓ 边值: 当 $z = 0$ 时, ζ^2 (即 B_i), $\mathrm{d}\zeta^2/\mathrm{d}z$ (即 $\mathrm{d}B_i/\mathrm{d}z$) 的值已知.

从 (9), (8.4-7), (8.4-8) 三个方程可求出 y, $p_i(z)$, $p_e(z)$. 于是从 (3) 式: $H_z(z,r) = \zeta^2(z)D(\alpha)$, (4) 式: $H_r = -\dfrac{\mathrm{d}\zeta(z)}{\mathrm{d}z}(\alpha D(\alpha))$, 求出 H_z, H_r ($H_\varphi = 0$ 是已作的假设).

(6) Schlüter 等工作的延伸.

① Deinzer (1965) 的工作.

利用能量方程确定温度, 计入对热流 (heat flux) 的阻碍作用.

② Jakimiec (1965), Yun (1968), Landman 和 Finn (1979) 的工作.

进一步对该模型研究. 然而不求助于自相似 (self-similar) 假设 (该假设与实际不符), 我们仍需求解方程 (7) 以及能量平衡方程 (包括磁场中的对流效应).

③ Osherovich (1979, 1982) 的工作.

从两方面改进了 Schlüter-Temesvary 理论: ⓐ 计入角向场 B_φ; ⓑ 克服了对磁力线倾斜的限制 (原来理论暗含磁力线偏离垂直方向最多约 67°), 其结果与典型黑子表面的 $B_R(R)$, $B_z(R)$ 观测值符合很好.

(7) Meyer 等 (1977) 建立简单的磁流体静力学模型.

黑子用磁通量管表示, 内部的压强为 p_i, 密度为 ρ_i, 场强 B_i 占据体积 V_i, 被无场区域 V_e 包围, 压强为 p_e, 密度为 ρ_e, 如图 8.16 所示. 内外两个区域的平衡方程:

$$\text{内}: 0 = -\boldsymbol{\nabla}\left(p_i + \frac{1}{2\mu}B_i^2\right) + (\boldsymbol{B}_i \cdot \boldsymbol{\nabla})\frac{\boldsymbol{B}_i}{\mu} + \rho_i \boldsymbol{g} \tag{8.4-9}$$

$$\text{外}: \boldsymbol{\nabla} p_e = \rho_e \boldsymbol{g} \tag{8.4-10}$$

边界条件: 接合面 S 上压强连续

$$p_i + \frac{1}{2\mu}B_i^2 = p_e$$

光球附近, 本影内的 (气) 压比磁压小得多, 可采用更简单的模型. 内部压力 p_i 及重力忽略, 称之为真空模型 (vacuum model). 因为内部压力 p_i 被忽略, 于是等离子体密度也忽略 $n_i \to 0$ (真空), 由此引起的电流也忽略. 所以磁场 B_i 是势场 (需要注意的是这样的推论并非普遍, 静力平衡时 $-\boldsymbol{\nabla} p_i + \boldsymbol{j} \times \boldsymbol{B}_i + \rho_i \boldsymbol{g} = 0$, 忽略 $\boldsymbol{j} \times \boldsymbol{B}_i = 0$. 有两种情况满足上式: ① $\boldsymbol{\nabla} \times \boldsymbol{B} \parallel \boldsymbol{B}$, $\boldsymbol{\nabla} \times \boldsymbol{B} = \alpha \boldsymbol{B}$, 无力场; ② $\boldsymbol{\nabla} \times \boldsymbol{B} = 0$, $\boldsymbol{B} = -\boldsymbol{\nabla}\varphi$, 势场. 对于真空模型, $n_i \to 0$, $\boldsymbol{j} \to 0$).

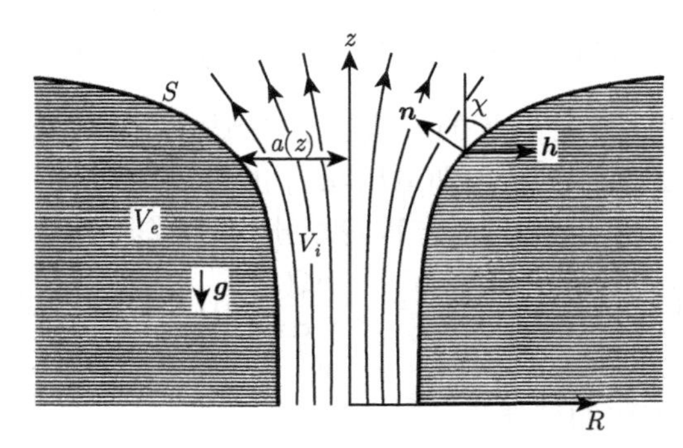

图 8.16 等离子体包围的磁绳. 等离子体中没有磁场

用柱坐标中的通量函数 (flux function) $\Psi(r, z)$ 来表示. 直角坐标中, 对于无力场, 与 y 无关的 $\boldsymbol{A}$ 的 $\hat{\boldsymbol{y}}$ 分量 $A(x, z)\hat{y}$, 称为通量函数. 在柱坐标中, 则与 φ 无关, 通量函数 $\Psi = RA_\varphi$.

推导过程与第 3 章 (3.5-23) 式一样, 得到 (8.4-11) 式.

$$\Delta_1 \Psi + \frac{\mathrm{d}}{\mathrm{d}\Psi}\left(\frac{1}{2}b_\theta^2\right) = 0 \tag{8.4-11}$$

式中

$$\Delta_1 = \frac{\partial^2}{\partial R^2} - \frac{1}{R}\frac{\partial}{\partial R} + \frac{\partial^2}{\partial z^2}$$

注意 Δ_1 不是 Laplace 算符, $\Delta = \nabla^2$.

Meyer 处理的例子是: $\boldsymbol{B}_i = (1/R)\left(-\dfrac{\partial \Psi}{\partial z}, 0, \dfrac{\partial \Psi}{\partial R}\right)$, $b_\theta = 0$.

$\Psi(R, z)$ 满足 (8.4-12) 式:

$$\frac{\partial^2 \Psi}{\partial R^2} - \frac{1}{R}\frac{\partial \Psi}{\partial R} + \frac{\partial^2 \Psi}{\partial z^2} = 0 \tag{8.4-12}$$

边界条件: (已忽略黑子内部气压、引力) 边界面 $a=a(z)$ 上, 有 $B_i^2/2\mu=p_e(z)$. 边界条件的上限和下限是: 当 $z\to\infty$ 时, 可设场为单极场, 边界面上的场几乎为水平方向 (因为假设为单极场). 通量 $F=B\cdot 2\pi a^2$ (半球面面积),

$$B_R\approx B_i\approx\frac{F}{2\pi a^2}$$

当 $z\to-\infty$ 是垂直场时,

$$B_z\approx B_i\approx\frac{F}{\pi a^2}\qquad(\text{圆柱底部面积 }\pi a^2)$$

我们的目的是对于无场区域, 给定等离子体压强 $p_e(z)$, 给定通量 $F=2\pi(\Psi)_s$, 求出界面的半径 $a(z)$ 和通量函数. ($(\Psi)_s$ 是边界面上的值, 通量 $F=2\pi(\Psi)_s$ 是给定的边界条件.)

可以这样理解通量 $F=2\pi(\Psi)_s$,

$$F=2\pi a^2B,\qquad Ba^2\sim\frac{1}{R}\frac{\partial\Psi}{\partial R}a^2\sim\frac{\Psi}{a^2}\cdot a^2=\Psi$$

不过对于相反问题的求解更容易一些, 即选择 (8.4-12) 的解析解, 再推出 $p_e(z)$, $\Psi\to B_i\to p_e(z)$.

几个真空场的简单例子.

例 1 Bessel 函数模型.

解 (8.4-12) 得到势函数

$$\Psi=ARJ_1(kR)\mathrm{e}^{-kz}\quad(J_1(kR)>0)$$

黑子内磁场

$$\boldsymbol{B}_i=\frac{1}{R}\left(-\frac{\partial\Psi}{\partial z},\,0,\,\frac{\partial\Psi}{\partial R}\right)$$

径向场

$$\begin{aligned}B_R&=-\frac{1}{R}\frac{\partial\Psi}{\partial z}\\&=AkJ_1(kR)\mathrm{e}^{-kz}\end{aligned}$$

式中 A,k 为常数, 对应于图 8.16. 在边界面上有

$$F=2\pi\Psi(R,z),\quad B_R=\frac{k\Psi}{R}=\frac{kF}{2\pi R}$$

上式 B_R 为界面上的值, $R=a(z)$, 当 z 增大时, $R(z)$ $(=a(z))$ 也增大, B_R 减小.

当 kR 增大时, Bessel 函数递减. 根据 8.4.2 节的讨论, 该磁场到处稳定.

例 2　有孔电流片模型.

引入扁球面坐标 (oblate spherical coordinates) $(u,\ v,\ \phi)$, $R=\cosh u\sin v$, $z=\sinh u\cos v$, 引入标势 $\varPhi$, $\boldsymbol{B}=-\boldsymbol{\nabla}\varPhi$, $\nabla^2\varPhi=0$. 令 $v=\text{const}$, $\varPhi=\varPhi(u)$, 有

$$B_R=\frac{\tanh u\sin v}{\cosh^2 u-\sin^2 v}$$

(参考 (Meyer et al, 1977) 的 4.3 节). 但是没有一个模型得出的 $p_e(z)$ 与太阳的各层相符. Meyer 遂采用平均模型 (mean model). 假设横切通量管有一平均场 $\overline{B}_i(z)$, 近似等于边界上的值. 对于细磁通管该假设是适用的. Meyer 的真空模型中有关系式 $B_i^2/2\mu=p_e(z)$, 平均模型中变成

$$\overline{B}_i(z)\approx[2\mu p_e(z)]^{1/2} \tag{8.4-13}$$

$p_e(z)$ 根据混合长理论建立的对流区的标准模型得到. 通量 F 给定时, 通量管的半径由下式确定

$$\pi a^2(z)\overline{B}_i(z)=F \tag{8.4-14}$$

(8) Parker (1979b) 对于传统的黑子图像——单一的大磁通管——提出不同看法.

① 他认为黑子是由许多分离的磁通管组成, 在光球下面约 1000 km 处, 小磁通管直径降至 300 km (图 8.17), 起因于交换或 (翻滚) 对流不稳定性.

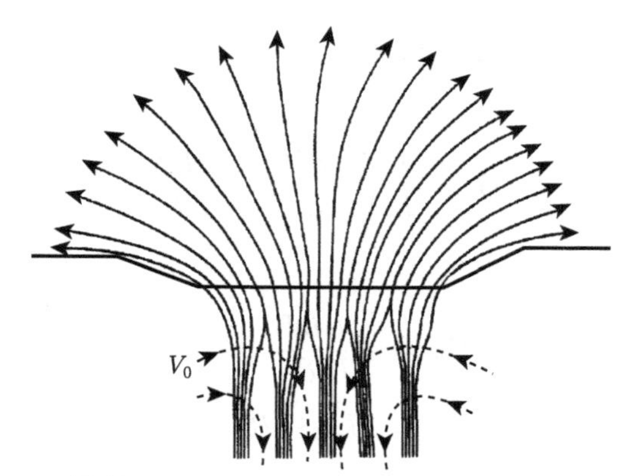

图 8.17　Parker 模型. 黑子由磁通管束组成. 磁浮力和黑子下方的下沉气流 (虚线所示) 的作用维持这种位形

② 面条 (spaghetti) 模型中, 太阳表面磁通管的松散集合是借助于磁浮力和黑子下面的下沉气流.

③ 在 1000 公里深处, 磁通管内部, 热输运极大地受到阻碍, 场强为 5000 G, 小磁通管被没有磁场的气体所分开. 通常情况下, 气体可通过对流传递热量. 气体通过对流传热的净效果是仅为正常热量的五分之一送到本影之下.

④ 表面下的下沉气流向黑子的轴的方向流动, 穿行在各个小磁通管之间, 并通过对小磁通管的气体动力学拖曳, 提供束缚力 (confining force).

⑤ 下沉气流也移走了一些堆积在黑子下面的剩余热量, 从而减少了对束缚力的要求 (因为热会使气体膨胀).

⑥ 下沉气流如何产生? Parker (1979c) 指出下沉气流与上升的磁通管有关. 对流的力 (convective force) 推动磁通管使下沉气流增加. 而且观测到位于下沉气流中的各个磁通管很可能位于米粒和超米粒之间. 不过这种对流体元可能仅仅在黑子形成的早期阶段存在. 因为几天之后, 环流体元 (moat cell) 出现了, 它的环流方向与之相反.

但是 Spruit (1981b) 认为, 小磁通管可能聚在一起, 是因为根植于对流区的底部.

下列事实支持 Parker 模型.

① 常有本影亮点 (bright umbral dots) 的存在.

② 黑子本影的表面温度似乎与直径无关, 不论直径 4000 km 还是 40000 km 表面温度都约 3900 K, 场强接近 3000 G. 单一磁通管理论难以解释这一现象, 因为单一磁通管内气体少并难以对流, 使温度一致. 各个磁通管附近的气体若是温度不同则难以趋于一致.

虽然 Parker 模型有许多令人感兴趣的特征, 但是由于我们对于强磁通管 (intense flux tube) 行为的理解快速发展, 因此关于强磁通管之间的相互作用的理论我们仍认为处于初期阶段.

③ Spruit (1981a) 提出上浮时的吸力平衡了磁通管之间的磁斥力.

④ Piddington (1978) 支持黑子由分离的磁通管构成的观点, 他认为黑子不是由弱而均匀的场 (100 G) 集结而成. 在黑子出现之前, 黑子已集结到千高斯的强度.

8.4.2 黑子的稳定性

线性理论表明: 有弱磁场时, 常态的对流 (即翻滚的对流 (overturning convection)) 的发生不受磁场影响. 中等大小的磁场当 $\kappa > \eta_m$ 时, 仅形成较弱的过稳振荡对流 (overstable oscillatory convection), 强磁场则抑制对流的发生.

黑子的平衡结构颇为复杂, 因为牵涉到三个力的平衡: 重力、磁力和压力. 因此稳定性问题迄今尚不能作全面的分析. Meyer 等 (1977) 的分析使平衡问题取得很大进展. 他在光球附近考虑局部稳定性问题. 有两个因素存在竞争: 第一个是不稳定因素, 因为扇状磁力线使黑子边界弯曲, 位于黑子外部区域的等离子气体压力比较高, 假如不计重力, 这种磁位形属于交换或槽型不稳定性; 第二个是稳定因素, 黑子扇出到外部的磁场位于较为稠密的外部等离子体的上面, 属于 Rayleigh-Taylor 模式的稳定 (假如不考虑磁力线的弯曲).

Meyer 等 (1977) 的稳定性判据 (对于太阳黑子) 根据以下方程得出.

$$\boldsymbol{\nabla}\left(p_i+\frac{1}{2\mu}B_i^2\right)=\rho_i\boldsymbol{g}+(\boldsymbol{B}_i\cdot\boldsymbol{\nabla})\frac{\boldsymbol{B}_i}{\mu}\qquad\text{(黑子内部)}\tag{8.4-15}$$

$$\boldsymbol{\nabla}p_e=\rho_e\boldsymbol{g}\qquad\text{(黑子外部, 无磁场)}\tag{8.4-16}$$

$$p_i+\frac{1}{2\mu}B_i^2=p_e\tag{8.4-17}$$

加上能量原理

$$\delta W=\delta W_i+\delta W_e+\delta W_s\tag{8.4-18}$$

δW 为任意绝热位移 $\boldsymbol{\xi}$ 产生的能量改变, δW_i 为黑子内部的能量改变, δW_e 为黑子外部, δW_s 为界面上的能量变化.

对于表面不稳定性体积项 δW_i, δW_e 的贡献大于零 (因为不考虑对流之类的不稳定性), 则稳定性的充要条件是

$$\delta W_s>0$$

$$\delta W_s=\frac{1}{2}\int_s(\boldsymbol{n}\cdot\boldsymbol{\xi})^2\boldsymbol{n}\cdot\left[\boldsymbol{\nabla}\left(p_i+\frac{1}{2\mu}B_i^2\right)-\boldsymbol{\nabla}p_e\right]\mathrm{d}s\tag{8.4-19}$$

(Priest, 1982).

也即 (8.4-19) 式的被积函数为正 (稳定性的充要条件)

$$\boldsymbol{n}\cdot\left[\boldsymbol{\nabla}\left(p_i+\frac{1}{2\mu}B_i^2\right)-\boldsymbol{\nabla}p_e\right]>0\tag{8.4-20}$$

将 (8.4-15), (8.4-16) 代入 (8.4-20),

$$\boldsymbol{\nabla}\left(p_i+\frac{1}{2\mu}B_i^2\right)-\boldsymbol{\nabla}p_e=(\boldsymbol{B}_i\cdot\boldsymbol{\nabla})\frac{\boldsymbol{B}_i}{\mu}-(\rho_e-\rho_i)\boldsymbol{g}\tag{8.4-21}$$

$$\boldsymbol{n}\cdot[(\boldsymbol{B}_i\cdot\boldsymbol{\nabla})\boldsymbol{B}_i-(\rho_e-\rho_i)\boldsymbol{g}]>0$$

在边界上, 中括号内的量代表界面两边的力的作用. 取水平方向矢量 $\boldsymbol{h}$ (图 8.16), 点乘 (8.4-21), 则引力项可排除. $(\boldsymbol{B}\cdot\boldsymbol{\nabla})\boldsymbol{B}$ 为张力项, 平行于 $\boldsymbol{n}$, $\boldsymbol{n}$ 和 $\boldsymbol{h}$ 夹角大于

$90°$, 所以 $\boldsymbol{h}\cdot[(\boldsymbol{B}\cdot\boldsymbol{\nabla})\boldsymbol{B}]<0$ 为稳定条件. 即界面 S 上, 沿 $\boldsymbol{B}$ 方向的方向导数, 在水平方向 $\boldsymbol{h}$ 的投影必须减少.

假设磁绳沿水平方向分层, $p_i=p_i(z)$. 根据 (8.4-15),

$$\boldsymbol{\nabla}\left(p_i+\frac{1}{2\mu}B_i^2\right)=\rho_i\boldsymbol{g}+(\boldsymbol{B}_i\cdot\boldsymbol{\nabla})\frac{\boldsymbol{B}_i}{\mu}$$

$$\boldsymbol{h}\cdot\boldsymbol{\nabla}\left(p_i(z)+\frac{1}{2\mu}B_i^2\right)=\boldsymbol{h}\cdot\frac{\mathrm{d}p_i(z)}{\mathrm{d}z}\hat{\boldsymbol{z}}+\frac{1}{2\mu}\boldsymbol{h}\cdot\boldsymbol{\nabla}B_i^2=\frac{1}{2\mu}\boldsymbol{h}\cdot\boldsymbol{\nabla}B_i^2$$

$$\boldsymbol{h}\cdot\rho_i\boldsymbol{g}+\boldsymbol{h}\cdot(\boldsymbol{B}_i\cdot\boldsymbol{\nabla})\frac{\boldsymbol{B}_i}{\mu}=\frac{1}{\mu}\boldsymbol{h}\cdot(\boldsymbol{B}_i\cdot\boldsymbol{\nabla})\boldsymbol{B}_i$$

所以由上两式及稳定条件可见

$$\frac{1}{2}\boldsymbol{h}\cdot\boldsymbol{\nabla}B_i^2=\boldsymbol{h}\cdot(\boldsymbol{B}_i\cdot\boldsymbol{\nabla})\boldsymbol{B}_i<0$$

$$\boldsymbol{h}\cdot\boldsymbol{\nabla}B_i^2<0\qquad(\text{在界面 } S \text{ 上成立})$$

圆形黑子, 取柱坐标, 轴对称 $(B_r,\,0,\,B_z)$. $\boldsymbol{h}$ 为水平方向, 实际上即为 $\hat{\boldsymbol{r}}$ 方向

$$\boldsymbol{h}\cdot\left(B_r\frac{\partial}{\partial r}+B_z\frac{\partial}{\partial z}\right)(\boldsymbol{B}_r+\boldsymbol{B}_z)=B_r\frac{\partial B_r}{\partial r}+B_z\frac{\partial B_r}{\partial z}<0$$

在界面上 B 几乎水平方向 $B_z\approx 0$, $B\approx B_r$. 在黑子下方, $B=B_z$, $B_r=0$. 界面以外, z 方向的 $B_z\neq 0$. 随着 z 增加, B_r 减小, $B_z\,\partial B_r/\partial z<0$. B_z 总大于零, 因此有

$$\left.\frac{\partial B_r}{\partial z}\right|_s<0 \tag{8.4-22}$$

此即论文 (Meyer et al., 1977) 中的 (2.13) 式.

所以沿着磁通管边界向上 (z 增加方向), 磁场径向分量减少, 则稳定.

由 (8.4-21),

$$\boldsymbol{n}\cdot[(\boldsymbol{B}_i\cdot\boldsymbol{\nabla})\boldsymbol{B}_i-(\rho_e-\rho_i)\boldsymbol{g}]>0$$

式中

$$\frac{1}{\mu}(\boldsymbol{B}_i\cdot\boldsymbol{\nabla})\boldsymbol{B}_i=\frac{B_i}{\mu}\frac{\mathrm{d}}{\mathrm{d}s}(B_i\boldsymbol{s})=\frac{\mathrm{d}}{\mathrm{d}s}\left(\frac{B_i^2}{2\mu}\right)\boldsymbol{s}+\frac{B_i^2}{\mu}\frac{\boldsymbol{n}'}{R_c} \tag{8.4-23}$$

$\boldsymbol{B}_i=B_i\boldsymbol{s}$, $\boldsymbol{s}$ 为磁力线方向. $\boldsymbol{n}$ 为界面法向, 显然垂直界面上的磁力线. 所以 (8.4-23) 左边第一项点乘 $\boldsymbol{n}$ 为零. $\boldsymbol{n}'$ 沿曲率半径的反方向 (曲率半径方向, 平行 $\boldsymbol{n}$), 所以反

平行 $\boldsymbol{n}$, 因此有

$$-\frac{B^2}{\mu R_c} > (\rho_e - \rho_i)\boldsymbol{n}\cdot\boldsymbol{g}$$

$$= (\rho_e - \rho_i)g\cos\left(\frac{\pi}{2}+\chi\right) = -(\rho_e - \rho_i)g\sin\chi$$

$$\frac{B_i^2}{\mu R_c} < (\rho_e - \rho_i)g\sin\chi$$

在温度均匀的条件下,

$$p_e = \rho_e\frac{kT}{m}, \quad p_i = \rho_i\frac{kT}{m}$$

$$p_e - p_i = (\rho_e - \rho_i)\frac{kT}{m}$$

由 (8.4-17) 得

$$\frac{1}{2\mu}B_i^2 = p_e - p_i$$

$$= (\rho_e - \rho_i)\frac{kT}{m}$$

所以

$$\frac{1}{\mu R_c}B_i^2 = 2(\rho_e - \rho_i)\frac{kT}{m}\cdot\frac{1}{R_c} < (\rho_e - \rho_i)g\sin\chi$$

$$R_c\sin\chi > \frac{2kT/m}{g} = \frac{2p_e}{\rho_e g} = 2\Lambda_e \tag{8.4-24}$$

界面半径 R_c 足够大就稳定.

Parker (1979b) 对于 (8.4-24) 式有简单推导. 他认为浮力大于张力时给出稳定判据. 虽然形式上得到 (8.4-24) 式, 但浮力大于张力, 分明导致对流不稳定.

(8.4-24) 式中的 R_c, χ 用磁通管半径 a 及其导数表示 (图 8.16), 曲率半径的公式为

$$R_c = \frac{(1+y'^2)^{3/2}}{y''}$$

其中曲线 $y = f(x)$, 现即为磁通管半径 $a = a(z)$.

$$R_c = \frac{(1+a'^2)^{3/2}}{a''}$$

式中 $a' = \mathrm{d}a/\mathrm{d}z$, $a'' = \mathrm{d}^2a/\mathrm{d}z^2$. 根据图 8.16,

$$\tan\chi = \frac{\mathrm{d}a}{\mathrm{d}z} = a', \qquad \sin\chi = \frac{a'}{(1+a'^2)^{1/2}}$$

将 R_c, $\sin\chi$ 代入 (8.4-24),

$$R_c\sin\chi=\frac{(1+a'^2)^{3/2}}{a''}\cdot\frac{a'}{(1+a'^2)^{1/2}}$$

$$=\frac{a'(1+a'^2)}{a''}>2\varLambda_e \tag{8.4-25}$$

Meyer 等 (1977) 对真空模型应用 (8.4-24) 式的稳定性条件: 黑子顶部 $B_R=B_i=F/2\pi a^2$, $2\pi a^2$ 为半球面积. 忽略黑子内部气压, $B_i^2/2\mu\approx p_e(z)$, 该式在黑子顶部, 底部均满足, 所以 $B_R^2=2\mu p_e(z)=(F/2\pi a^2)^2$.

在界面弯曲部分 (图 8.16), 随着 z 增加 $a(z)$ 增加, 直至 $a\to\infty$, 所以 B_R 随着 z 增加减小 $(\mathrm{d}B_r/\mathrm{d}z)|_s<0$, 界面稳定. 黑子底部 $B_R/B_z=\mathrm{d}a/\mathrm{d}z$, $B_R=B_z\,\mathrm{d}a/\mathrm{d}z$, $B_z=B_i=F/\pi a^2$, 所以 $B_R=B_z\,\mathrm{d}a/\mathrm{d}z\sim(\mathrm{d}a/\mathrm{d}z)\cdot(1/a^2)$, $B_i^2=B_z^2=2\mu p_e(z)$, $p_e\sim 1/a^4$, $a\sim p_e(z)^{-1/4}$,

$$\frac{\mathrm{d}a}{\mathrm{d}z}=\frac{\mathrm{d}a}{\mathrm{d}p_e(z)}\cdot\frac{\mathrm{d}p_e(z)}{\mathrm{d}z}\sim-\frac{1}{4}p_e(z)^{-5/4}\cdot\frac{\mathrm{d}p_e(z)}{\mathrm{d}z}$$

代入 B_R 表达式:

$$B_R\sim\frac{\mathrm{d}a}{\mathrm{d}z}\cdot\frac{1}{a^2}\sim-\frac{1}{4}p_e(z)^{-5/4}\cdot\frac{1}{p_e(z)^{-1/2}}\frac{\mathrm{d}p_e(z)}{\mathrm{d}z}$$

$$=-\frac{1}{p_e(z)^{3/4}}\frac{\mathrm{d}p_e(z)}{\mathrm{d}z}$$

$$B_R\approx-4\frac{\mathrm{d}p_e(z)^{1/4}}{\mathrm{d}z}$$

设 $p_e(z)\sim z^n$, 代入 B_R 表达式, 可以发现当 $n>4$ 时, $\mathrm{d}B_R/\mathrm{d}z$ 才能小于零. 因此 $p_e(z)$ 沿 $-z$ 方向的增加, 必须快于 z^4 才有稳定的位形.

在所有高度上, Bessel 函数模型是稳定的, 因为方程 $B_R=AkJ_1(kR)\mathrm{e}^{-kz}$, $B_R=k\varPsi/R$, 势 $\varPsi=ARJ_1(kR)\mathrm{e}^{-kz}$, 在向上移动过程中即 z 增加, 沿 S 面, 黑子半径 R 增加, B_R 减小, 所以 $\mathrm{d}B_R/\mathrm{d}z<0$, 稳定.

Meyer 等 (1977) 考虑平均模型

$$\overline{B}_i(z)\approx[2\mu p_e(z)]^{1/2} \tag{8.4-13}$$

$$\pi a^2(z)\overline{B}_i(z)=F \tag{8.4-14}$$

解出

$$a=\left[\frac{F}{\pi(2\mu)^{1/2}}\right]^{1/2}\frac{1}{p_e(z)^{1/4}}$$

$$\frac{\mathrm{d}a}{\mathrm{d}z}=\frac{\mathrm{d}a}{\mathrm{d}p_e}\frac{\mathrm{d}p_e}{\mathrm{d}z}=\left[\frac{F}{\pi(2\mu)^{1/2}}\right]^{1/2}\left(-\frac{1}{4}\right)p_e(z)^{-5/4}\frac{\mathrm{d}p_e(z)}{\mathrm{d}z}$$

由 (8.4-10) $\nabla p_e=\rho_e\boldsymbol{g}$, $\mathrm{d}p_e/\mathrm{d}z=-\rho_e g$, 代入上式, 注意 $\Lambda_e=p_e/\rho_e g$,

$$\frac{\mathrm{d}a}{\mathrm{d}z}=\frac{a}{4\Lambda_e}$$

$$\frac{\mathrm{d}^2a}{\mathrm{d}z^2}=\frac{a}{16\Lambda_e^2}\left(1-4\frac{\mathrm{d}\Lambda_e}{\mathrm{d}z}\right)$$

把上面求得的 $a'=\mathrm{d}a/\mathrm{d}z$, $a''=\mathrm{d}^2a/\mathrm{d}z^2$ 代入稳定性条件

$$\frac{a'(1+a'^2)}{a''}>2\Lambda_e \tag{8.4-25}$$

得

$$a^2>8\Lambda_e^2\left(-4\frac{\mathrm{d}\Lambda_e}{\mathrm{d}z}-1\right)$$

$$\frac{F}{\pi[2\mu p_e(z)]^{1/2}}>8\Lambda_e^2\left(-4\frac{\mathrm{d}\Lambda_e}{\mathrm{d}z}-1\right)$$

$$F>8\pi[2\mu p_e(z)]^{1/2}\Lambda_e^2\left(-4\frac{\mathrm{d}\Lambda_e}{\mathrm{d}z}-1\right) \tag{8.4-26}$$

(1) 对于给定的 $p_e(z)$ 和 $\Lambda_e(z)$ 以及 $\mathrm{d}\Lambda_e/\mathrm{d}z<-\dfrac{1}{4}$ (保证 (8.4-26) 式的括号内 $\geqslant 0$. 如果括号内 <0, 因为 F 总是 >0, (8.4-26) 式永远满足, 显然这并不正确), 磁通量足够小的磁通管是不稳定的. 换言之, 细磁通管当 $\mathrm{d}\Lambda_e/\mathrm{d}z<-\dfrac{1}{4}$ 时, 局部有槽纹不稳定. 这样的结论对高度范围 $-700\ \mathrm{km}<z<30\ \mathrm{km}$ 标准模型大气成立.

(2) 相反的极端例子, 大黑子 $R_c\approx a\gg\Lambda_e$, $\sin\chi>\dfrac{1}{2}$, 稳定条件 $R_c\sin\chi>2\Lambda_e$ 很容易满足.

(3) Meyer 等利用 (8.4-26) 式以及他们的标准模型求得 $p_e(z)$, 估计区分稳定和不稳定磁通管的临界磁通量, 结论是: 当磁通量超过约 10^{11} Wb (10^{19} Mx) 时, 真空模型的磁通管随着深度增加而单调地汇聚, 是稳定的.

(4) 在某个深度以下, 磁通管气压超过它的磁压, 真空模型失效.

(5) Parker (1979b) 考虑黑子模型有一个浅 “喉” 或 “细腰”, 它下面的场是岔开的, 这种磁通管的上部, 磁力线是扇出的. 浮力虽然能使上部稳定, 但对喉部及

喉部下的下部边界, 对于交换模依然是局部不稳定的. 按照 Parker 的看法, 就是这个原因, 导致单一的磁通管分裂成多股.

(6) 一个黑子群的前导黑子倾向于比后随黑子长命, 所以许多活动区只有一个前导黑子. Meyer 等认为这是因为当一些磁场从对流区深处上升, 角速度的减少导致磁通管的前导部分几乎变成垂直, 因此稳定 ($R_c \to \infty$, $\sin\chi \sim 1$). 后随部分偏离垂直方向, 使内边缘 (inner edge) 易于成槽, 使后随黑子解体.

(7) 将来, 应用完整的真空模型, 包括热力学并计及周围的对流体元来考察对磁流管稳定特征的影响.

8.5 黑子半影

简述各种模型.

1. Danielson (1961) 的经典模型

亮 (热) 物质上升, 暗 (冷) 物质下沉.

利用色散关系

$$\omega^2 = -\frac{B_0^2}{\mu\rho_0}k_x^2 + \frac{g\alpha\Delta T}{d}\frac{k_x^2 + k_y^2}{k^2} \tag{8.5-1}$$

$\boldsymbol{B}_0 = B_0\hat{\boldsymbol{x}}$, 忽略耗散因素, 由 (8.1-11) 式可得上式. 从该式可见, 流体元与磁场平行时, $k_x = 0$, 是不稳定的, 对于倾斜的场, 最不稳定的扰动是流体元的 $k_x = 0$, Danielson 发现当磁场几乎水平时, 对流就开始.

2. Meyer 等 (1977) 的工作

在分散的半影场下面, 对流体元可能驱动局部 (等离子体连同磁场) 交换, 对流体元渗透磁场, 在光球产生亮纤维.

3. Parker (1979b) 的工作

半影纤维是松散集合的磁通管的一部分, 磁通管构成了黑子.

4. Spruit (1981a) 的工作

亮纤维的上升, 应倾向于驱动内流 (inflow), 暗纤维的下沉导致等离子体外流.

要理解半影仍有很多工作要做. 已作了磁对流的非线性数学模拟, 主要针对垂直场. 场倾斜时, 半影中等离子体压力不能忽略, 而且半影模型必须能解释 Evershed 流动 (光球上沿半影的径向外流, 平行于磁场, 平均速度为 25 km·s^{-1}. 在色球上外流变慢, 最终回流).

8.6 黑子的演化

8.6.1 黑子的形成

1. Meyer 等 (1974) 的描述

磁通管浮上光球, 轴近乎垂直, 在下面两个阶段中, 磁通管的压缩是黑子处于增长状态的标志.

阶段 1. 超米粒组织向下流动至 (至少) 10000 km 处, 使磁场集中 (图 8.18). 能量均分, 所以有 $B^2/2\mu = \frac{1}{2}\rho v^2$. 光球上 $\rho = 3 \times 10^{-4}$ kg·m^{-3}, $v = 0.3$ km·s^{-1} (超米粒组织的向下流速), 可求得 B 仅为 50 G, 局部情况下, 亦可通过米粒组织下沉, 速度可达 2 km·s^{-1}, 磁场可更强一些, 约 400 G. 磁绳内部, 该场已足够强, 足以阻止翻滚对流 (overturning convection) (浮力大于张力的流动).

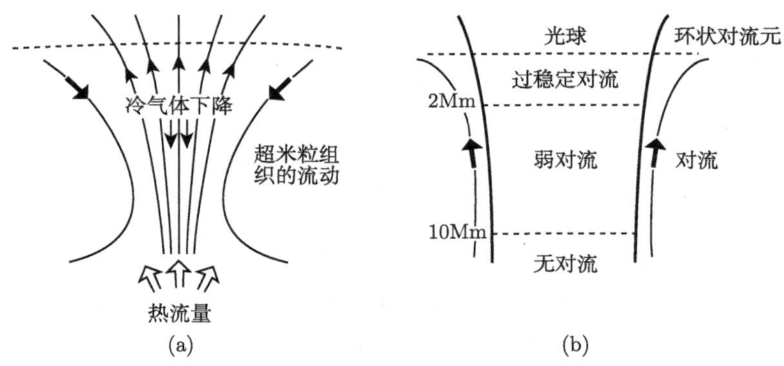

图 8.18 (a) 黑子的增长阶段; (b) 长寿命黑子的缓慢衰减

阶段 2. 等离子体冷却下沉, 磁场进一步增加, 外部气压与内部磁压大致平衡, $B_p^2/2\mu = p_e$, 这时在 200 km 深处. 当光球气压为 2×10^4 N·m^{-2} 时, 给出 $B \sim 2200$ G, 光球气压为 5×10^4 N·m^{-2}, $B \sim 3500$ G.

黑子下面集结热量, 然后阻止超米粒组织的流动——黑子停止增长——此刻许多黑子分裂, 特别是后随黑子, 其磁绳与垂直方向有些偏离.

假如磁绳垂直向下深至 (至少) 10000 km, 就形成环状对流体元 (或称之为 moat) (图 8.18 (b)) 围绕黑子, 运动方向 (由下向上) 与前述超米粒组织的运动方向相反. 环状对流体元的运动是由黑子下面漏泄的热量驱动, 从而使得缓慢衰减中的黑子仍能存活许多周.

2. Parker (1979a; 1979b) 的面条模型

小的磁通管因为流体力学的吸引, 使之集合成束. 穿过对流区上升时, 伯努利效应使它们相互吸引.

理想、正压、质量力有势的流体, 如果运动是定常, 则可得到伯努利积分

$$\frac{v^2}{2}+\widetilde{V}+\Pi=C(\Psi)$$

$\widetilde{V}$ 为质量力的势函数, $F=-\mathrm{grad}\widetilde{V}$, 正压 $\Pi=\int \mathrm{d}p/\rho(p)$ $((1/\rho)\nabla p=\nabla\Pi)$. $C(\Psi)$ 为积分常数, 不同的流线取不同的值, 是流线号码 Ψ 的函数. 对于不可压缩重力流体

$$\Pi=\int\frac{\mathrm{d}p}{\rho(p)}=\frac{p}{\rho},\qquad \widetilde{V}=gz$$

伯努利积分:

$$\frac{v^2}{2}+gz+\frac{p}{\rho}=C(\Psi)$$

如果重力可忽略, 上式变为

$$\frac{v^2}{2}+\frac{p}{\rho}=C(\Psi)$$

考虑两个半径为 a 的水平柱体, 以常速 u 并排上升, 相距 $2x$. 因流体在两柱体间的间隙中得到加速, 由略去重力的伯努利积分可见, 间隙中的压强减小 (图 8.19 (a)).

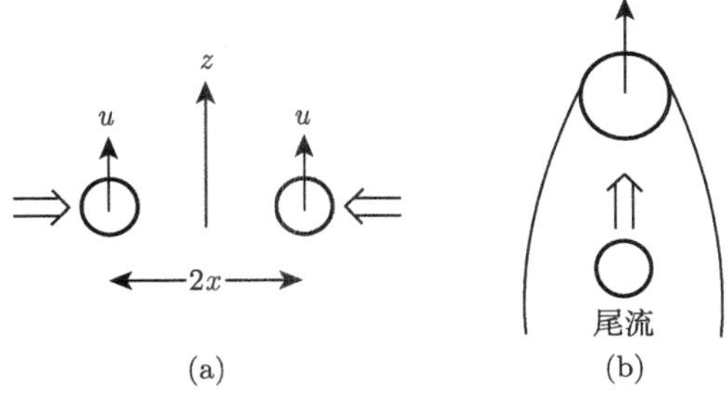

图 8.19 两根磁通管的流体力学吸引. (a) 并排上升, 速度为 u; (b) 前后相随

下面我们介绍 Parker (1979a) 的推导, 目的是求出磁通管相互吸引的力. 考虑两柱体, 半径为 a, 对称, 平行于 z 轴两侧. 当 $t=0$ 时, 两柱在 x 方向有速度 u_0, 同时在 y 方向分别为 v_0 和 $-v_0$, 因此两柱分开的距离随时而变, $\mathrm{d}h/\mathrm{d}t=v(t)$, x 方向的速度为 $u(t)$ (图 8.20), 流体和柱的运动在 19 世纪后期已经解决. 假如流体做无旋运动, 则有速度势和流函数构成解析的复变函数, 两柱以及流体的总动能为 $2T$,

$$T=\frac{1}{2}R(u^2+v^2)$$

R 为圆柱质量加上与圆柱相关的运动流体的有效质量, 是 $2h$ 的函数.

$$R(h) = \pi a^2 \sigma + \pi a^2 \rho \left[1 + 2\sum_{n=1}^{\infty} \frac{(1-q)^2 q^n}{(1-q^{n+1})^2}\right]$$

(R 应是单位长度的质量), ρ 为流体的密度, σ 是柱的密度, q 定义为 $q = q(t) = \mathrm{e}^{-2\alpha}$, α 是与分离距离 $2h$ 和半径 a 相关的参数.

$$h(t) = a \cosh \alpha(t)$$

下标 “0” 表示初值, 无下标的 u, v, h, q, α 表时刻 t 的值

$$\begin{aligned}\alpha &= \operatorname{arccosh} \frac{h(t)}{a} \\ &= \ln\left[\frac{h}{a} + \left(\frac{h^2}{a^2} - 1\right)^{1/2}\right]\end{aligned}$$

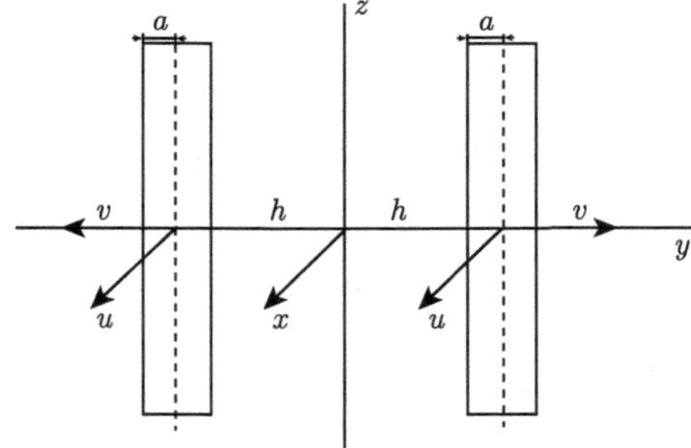

图 8.20　流体中两个圆截面的平行磁通管, 同沿 x 方向运动时的相互吸引

(图 8.21). 质量函数 R 是正的, 随着 h 增加, 单调减少. 当 $h \to \infty$ 时, 则 $\alpha \to \infty$, $q \to 0$, $R = \pi a^2(\rho + \sigma)$. 由此式可见, 孤立圆柱运动 ($h \to \infty$), 有相应质量的流体伴随运动, 流体质量等于取代圆柱位置的流体质量.

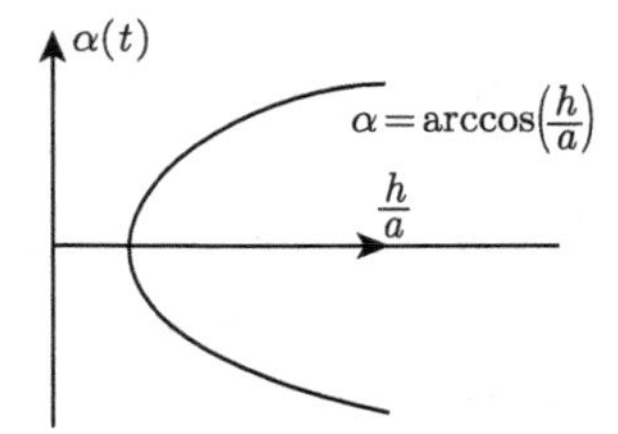

图 8.21　α 作为 h/a 的函数图

考虑两柱体相互远离, $h \gg a$, 则 $\alpha \approx \ln(2h/a)$,

$$q = \mathrm{e}^{-2\alpha} = \left(\mathrm{e}^{-\ln\frac{2h}{a}}\right)^2 = \left(\frac{a}{2h}\right)^2 \ll 1$$

$$\begin{aligned}
R(h) &= \pi a^2\sigma + \pi a^2\rho\left\{1 + 2(1-q^2)\sum_{n=1}^{\infty}\frac{q^n}{(1-q^{n+1})^2}\right\} \\
&= \pi a^2\sigma + \pi a^2\rho\left\{1 + 2\left[1-\left(\frac{a}{2h}\right)^4\right]\frac{\left(\frac{a}{2h}\right)^2}{\left[1-\left(\frac{a}{2h}\right)^4\right]^2} + \cdots\right\} \\
&= \pi a^2\sigma + \pi a^2\rho\left\{1 + 2\cdot\frac{\left(\frac{a}{2h}\right)^2}{1-\left(\frac{a}{2h}\right)^4} + \cdots\right\} \\
&= \pi a^2\sigma + \pi a^2\rho\left\{1 + 2\left(\frac{a}{2h}\right)^2\left[1+\left(\frac{a}{2h}\right)^4\right] + \cdots\right\} \\
&= \pi a^2\left[\sigma + \rho\left(1 + \frac{a^2}{2h^2}\right) + \cdots\right]
\end{aligned}$$

计算作用于圆柱体上的吸引力.

设外力可以用势能描述 $V(x,y)$, Lagrange 函数

$$\begin{aligned}
L &= T - V \\
&= \frac{1}{2}R(u^2+v^2) - V(x,y)
\end{aligned}$$

R 为单位长度的质量. u 在 $\hat{\boldsymbol{x}}$ 方向, v 在 $\hat{\boldsymbol{y}}$ 方向. 广义坐标为 x, y,

$$\frac{\mathrm{d}}{\mathrm{d}t}\frac{\partial L}{\partial\dot{q}_\alpha} - \frac{\partial L}{\partial q_\alpha} = 0 \quad (\alpha = x,\, y)$$

$$\begin{aligned}
\hat{\boldsymbol{x}}:\ \frac{\mathrm{d}}{\mathrm{d}t}\frac{\partial L}{\partial\dot{x}} - \frac{\partial L}{\partial x} &= \frac{\mathrm{d}}{\mathrm{d}t}\frac{1}{2}(u^2+v^2)R + \frac{\partial V}{\partial x} \\
&= \frac{\mathrm{d}}{\mathrm{d}t}(Ru) + \frac{\partial V}{\partial x} = 0 \qquad (\dot{x} = u)
\end{aligned}$$

注意 $R(h)$, h 为两柱体间的间隔, 是变量, 即 y.

$$\hat{\boldsymbol{y}}:\ \frac{\mathrm{d}}{\mathrm{d}t}\frac{\partial L}{\partial\dot{y}} - \frac{\partial L}{\partial y} = \frac{\mathrm{d}}{\mathrm{d}t}(Rv) - \frac{1}{2}(u^2+v^2)\frac{\mathrm{d}R}{\mathrm{d}y} + \frac{\partial V}{\partial y} = 0$$

$$\begin{cases} \dfrac{\mathrm{d}}{\mathrm{d}t}(Ru) + \dfrac{\partial V}{\partial x} = 0 \\ \dfrac{\mathrm{d}}{\mathrm{d}t}(Rv) - \dfrac{1}{2}(u^2 + v^2)\dfrac{\mathrm{d}R}{\mathrm{d}y} + \dfrac{\partial V}{\partial y} = 0 \end{cases}$$

假设外力 $(V(x,y))$ 的作用使 u, v 均为常数,

$$\frac{\partial V}{\partial x} = -\frac{\mathrm{d}}{\mathrm{d}t}(Ru) = -u\frac{\mathrm{d}R}{\mathrm{d}t} = -u\frac{\mathrm{d}R}{\mathrm{d}h}\frac{\mathrm{d}h}{\mathrm{d}t}$$

$$\frac{\partial V}{\partial y} = -\frac{\mathrm{d}}{\mathrm{d}t}(Rv) + \frac{1}{2}(u^2+v^2)\frac{\mathrm{d}R}{\mathrm{d}y} = -v\frac{\mathrm{d}R}{\mathrm{d}h}\frac{\mathrm{d}h}{\mathrm{d}t} + \frac{1}{2}(u^2+v^2)\frac{\mathrm{d}R}{\mathrm{d}h}$$

$$v = \frac{\mathrm{d}h}{\mathrm{d}t}$$

$$\frac{\partial V}{\partial y} = \frac{1}{2}(u^2 - v^2)\frac{\mathrm{d}R}{\mathrm{d}h}, \qquad \frac{\partial V}{\partial x} = -uv\frac{\mathrm{d}R}{\mathrm{d}h}$$

前已导出单位长度的质量 $R(h) = \pi a^2[\sigma + \rho(1 + a^2/2h^2 + \cdots)]$ (在分离远时成立). 当两柱体分离甚远时, 为保持常速运动的力为

$$F_x = -\frac{\partial V}{\partial x} = -\pi a^2 \rho \frac{uv}{a}\left(\frac{a}{h}\right)^3$$

$$F_y = -\frac{\partial V}{\partial y} = \pi a^2 \rho \frac{u^2 - v^2}{2a}\left(\frac{a}{h}\right)^3$$

当平行运动时, $v = 0$ (y 方向速度), 吸引力为

$$F_y = \pi a^2 \rho \frac{u^2}{2a}\left(\frac{a}{h}\right)^3$$

表面上看量纲为 erg·cm^{-2}, 但 R 为单位长度质量, 还应乘上长度, 所以量纲为 $\mathrm{erg} \cdot \mathrm{cm}^{-1} =$ 力.

对于长度 L 的柱体, 吸力为

$$F_a = \frac{1}{2}\pi a \rho u^2 \left(\frac{a}{h}\right)^3 \cdot L$$

现在考虑两个同极性磁荷之间的斥力. 利用磁的库仑定律.

磁荷 $M = \phi/2\pi$ (高斯单位制), ϕ 为磁通量, 半空间的立体角为 2π. 两磁荷相距 $2h$, 斥力为 $(M/2h)^2$ (在整个空间). 实际情况是场只存在于表面上方的半空间. 在太阳表面以下磁场被压缩成孤立的磁通管没有磁相互作用 (Parker, 1979a).

(磁棒的顶端有相互作用, 棒体的作用不予考虑 (图 8.22 (a), (b)).) 斥力为上式的一半, 太阳表面以下只有流体力学的作用力, 起因于磁通管的快速上升.

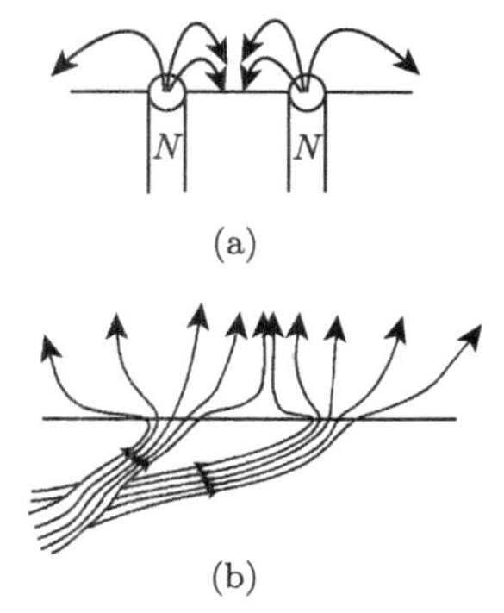

图 8.22 (a) 相邻磁棒的顶端有相互作用; (b) 两相邻磁通管上升, 通过表面后扩张

磁荷半径为 a, 场强为 B_0, $\phi = \pi a^2 B_0$, 斥力

$$F_r = \frac{1}{2}\left(\frac{M}{2h}\right)^2 = \frac{1}{8}B_0^2 a^2 \left(\frac{a}{2h}\right)^2$$

这是在太阳表面之上的斥力.

$$v_A^2 = \frac{B_0^2}{4\pi\rho} \quad (\text{高斯单位制})$$

代入斥力表达式

$$F_r = \frac{1}{8}\pi a^2 \rho v_A^2 \left(\frac{a}{h}\right)^2$$
$$F_r \leqslant F_a$$

求得

$$L \geqslant \frac{1}{4}h\frac{v_A^2}{u^2}$$

所以圆柱长度超过 $L = \dfrac{1}{4}h(v_A^2/u^2)$, 吸引力就将克服斥力.

当 $v_A \sim u$ ($\hat{\boldsymbol{x}}$ 方向的速度) 时, 两磁通管相距 $2h$, 因此长度超过 $L = \dfrac{1}{4}h$, 也即超过间距 $2h$ 的 $\dfrac{1}{8}$ 时, 就足以克服斥力, 两磁通管就相互靠拢. 两个相同极性的磁荷间的斥力好像很容易被上升磁通管的流体力学吸力所克服. 磁通管的吸引和结合起因于流体力学的吸力, 只要磁通管在上升, 这个效应就继续存在. 一旦磁通管达到垂直位置, 就停止上升, 不再有吸力. 分离的磁荷相互排斥, 聚合的磁通管形成黑子, 但倾向于再次分离成分立的磁荷 (除非有别的外力使它们结合在一起). Parker 还提出一个磁通管上升, 在它尾流中跟随上升的磁通管也会被吸引 (图 8.19 (b)). 磁通管在太阳表面开始成束时, 表面之下, 有下沉气流, 使磁通管聚在一起.

讨论黑子的衰减之前, 我们重温一下对流不稳定性.

(1) 实验证明具有粘滞、热传导的水平流体层面, 底部加热, 假如上下层温差足够大就有不稳定性发生.

(2) 温差用 Rayleigh 数 Ra 表示, $\mathrm{Ra} = g\alpha\theta d^3/\kappa\nu'$, α 为体积膨胀系数, κ 为导热系数, ν 为运动学粘性系数, θ 为温差, d 为层厚. Rayleigh 证明 $\mathrm{Ra} >$ 临界值 Ra^*, 就产生不稳定性, 发展成对流.

(3) 转动阻碍对流. 由 Taylor 数描述

$$\mathscr{T} = 4\varOmega^2 d^4/\nu'^2$$

式中 $\varOmega$ 为转动流体的角速度, 临界 Rayleigh 数 Ra^* 随 $\mathscr{T}$ 而增加.

(4) 不稳定性开始时是稳态对流 (stationary convection), 但当普朗特数 $\mathrm{Pr} = \nu'/\kappa < 1$ 时, $\mathscr{T}$ 又足够大, 不稳定性呈现为过稳定 (如 $\mathrm{Pr} = 0.1$, $\mathscr{T} > 730$).

(5) 竖直方向的磁场, 平行于 $\boldsymbol{g}$, 阻碍对流运动.

(6) 不稳定性依赖于 κ/η_m 之比.

(i) $\kappa < \eta_m$, 漏泄不稳定性开始 (因为 η_m 大, 磁场容易漏泄, 对运动的阻碍小, 不容易制止不稳定性), 产生的是稳态对流.

(ii) $\kappa > \eta_m$, 不稳定性开始时, 若 Hartman 数 ($\mathrm{Ha} = B_0 d/(\mu\rho\eta_m\nu')^{1/2}$, μ 为磁导率 (permeability), η_m 为磁扩散率) $\mathrm{Ha} <$ 临界 Ha^* 是稳态对流; $\mathrm{Ha} > \mathrm{Ha}^*$ 成为过稳定性. Ha^* 依赖于普朗特数 Pr 和磁普朗特数 $\mathrm{P_m} = \nu'/\eta_m$.

8.6.2 黑子的衰减

1. 慢衰减状态

对于慢衰减状态, Meyer 等 (1974) 提出黑子结构, 如图 8.18 (b) 所示, 黑子外面, 在环状对流体元的流动 (annula moat flow) 中存在着小尺度的对流, 可用涡旋扩散系数代表, 黑子内部对流受磁场影响, 依赖于比例 κ/η_m. 发生对流不稳定的条件是 (8.1-15) 式, $\mathrm{Ra}^* \approx \pi^2\mathrm{Ha}^2$, Ra 是 Rayleigh 数, $\mathrm{Ra} = g\alpha\Delta T d^3/\kappa\nu'$. Ra^* 是 Ra 的最小值, 由 (8.1-6) 式知, $\mathrm{Ra} > \pi^4$ 即有不稳定性. $\mathrm{Ha} = B_0 d/(\mu\rho\eta_m\nu')^{1/2}$ 是 Hartman 数, 式中 d 为层的深度. 将 Ra, Ha 代入 (8.1-15) 式, 有

$$\Delta T = \frac{\pi^2}{\alpha}\frac{\kappa}{\eta_m}\frac{B^2}{\mu\rho g d} \tag{8.6-1}$$

(1) 假如 $\kappa < \eta_m$, 在上述温差下 (由 (8.6-1) 式给出), 因漏泄不稳定性引起对流 (由于 η_m 大, 磁力线容易漏泄, 因此容易产生对流). 式中 $(B^2/\mu)/\rho gd$ 是磁张力与浮力 ($\sim \rho gd$) 之比.

(2) 假如 $\kappa > \eta_m$, 根据产生过稳定性的条件 (8.1-19): $\mathrm{Ra} \approx 3\pi^2\mathrm{Ha}^2(\eta_m^2/\kappa^2)$, 把 Ra, Ha 的表达式代入, 得到

$$\Delta T = \frac{\pi^2}{\alpha}\frac{\eta_m}{\kappa}\frac{B^2}{\mu\rho gd} \tag{8.6-2}$$

在此温差下, 对流开始.

(3) 翻滚对流 (overturning convection) (浮力大于张力的流动) 输送热量最有效, 下列条件满足时, 就发生.

$$\text{浮力} > \text{张力}, \qquad \frac{\rho g\alpha\Delta T}{d} > \frac{k^2B_0^2}{\mu} \tag{8.1-7}$$

$$\begin{aligned}\Delta T &= \frac{k^2 d}{\alpha}\frac{B_0^2}{\mu\rho g}\\ &= \frac{\pi^2}{\alpha}\frac{B_0^2}{\mu\rho gd}\end{aligned} \tag{8.6-3}$$

$k = \pi/d$.

2. η_m 和 κ 随深度的变化 (图 8.23)

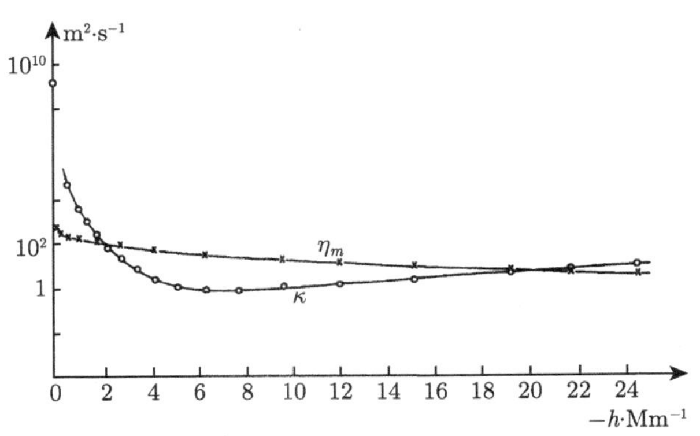

图 8.23　光球下磁扩散率 η_m (单位为 $\mathrm{m^2\cdot s^{-1}}$) 和导热率 κ 随深度 ($-h$, 单位为 Mm) 的变化. 作为比较, 光球上的涡流磁扩散率为 10^7—10^9 $\mathrm{m^2\cdot s^{-1}}$

由图可见, 黑子在深至 2000 km 处, ($\kappa > \eta_m$) 有过稳定振荡. 黑子柱内有平行于磁场的运动. 2000 至 10000 km 之间, 假如 ΔT 位于 (8.6-1) 式 ($\kappa < \eta_m$)

和 (8.6-3) 式给出的值之间, 则有小尺度漏泄对流. 在 6000 km 深度处, 流体元尺度 (cell-size) d 约 2000 km, $\Delta T \sim 50$ K, 等离子体速度 20 $\mathrm{m \cdot s^{-1}}$, 给出热流 10^7 $\mathrm{W \cdot m^{-2}}$, 与观测值相当. 假如 ΔT 大于 (8.6-3) 式给出的值, 就发生翻滚 (overturning). 磁场可能集中到磁通管内 (图 8.17) 形成 Parker 的面条模型.

3. 黑子消失时活动区的磁通道减少

早就意识到黑子的慢衰减不可能是简单的欧姆扩散. 因为扩散时间 $\tau_d = l^2/\eta_m$ 太长. 例如: 特征长度 3000 km, 磁扩散率 $\eta_m = 300\ \mathrm{m^2 \cdot s^{-1}}$, $\tau_d \approx 1000$ yr. 观测到的寿命为几个月而已.

Meyer 等 (1974) 提出磁通量以涡旋扩散率 $\widetilde{\eta}$ 缓慢地从黑子漏出, 然后通过周围的环流, 迅速越过环状对流体元 (moat).

Wallenhorst 和 Howard (1982) 发现, 黑子消失时, 活动区磁通量减少. 它们认为磁通量不是简单地发散出去, 而是下沉到表面以下或是重联.

为了对黑子中心区 (2000 至 10000 km) 构造扩散模型, 考虑柱坐标下磁感应方程的垂直分量. 中心区的场近于垂直 $B(R,t)\hat{\boldsymbol{z}}$, 不考虑流动, 即 $\boldsymbol{v} = 0$, 则有

$$\frac{\partial \boldsymbol{B}}{\partial t} = \widetilde{\eta}\nabla^2 \boldsymbol{B}$$

$\hat{\boldsymbol{z}}$ 分量

$$\frac{\partial B}{\partial t} = \frac{\widetilde{\eta}}{R}\frac{\partial}{\partial R}\left(R\frac{\partial B}{\partial R}\right)$$

解为

$$B = \frac{\phi_0}{(4\pi\widetilde{\eta}t)^{1/2}}\exp\left(-\frac{R^2}{4\widetilde{\eta}t}\right) \tag{8.6-4}$$

假设黑子的边缘 $R = a(t)$ 处, 磁场为 B_s, 则黑子的通量为

$$F = \int_0^a 2\pi BR\mathrm{d}R$$

将 (8.6-4) 式代入, 注意 $B_s = \phi_0/(4\pi\widetilde{\eta}t)^{1/2}\exp(-a^2/4\widetilde{\eta}t)$, 有

$$F = F_0 - 4\pi\widetilde{\eta}B_s t$$

通量的减少率:

$$-\frac{\mathrm{d}F}{\mathrm{d}t} = 4\pi\widetilde{\eta}B_s \tag{8.6-5}$$

根据图 8.24, 磁通量减少率为常数

$$-\frac{\mathrm{d}F}{\mathrm{d}t} = 1.2 \times 10^8 B_{\max}\ \mathrm{m^2 \cdot s^{-1}} \tag{8.6-6}$$

场强的极大值 $B_{\max}$ 单位是 T.

从 (8.6-5), (8.6-6) 式, 当取 $B_s = 1500$ G, $B_{\max} = 3000$ G 时, $\widetilde{\eta} = 2 \times 10^7\ \mathrm{m^2 \cdot s^{-1}}$. 在 6000 km 深处, 对小尺度, 由对流引起的涡旋扩散率的估计值与上述推导相符.

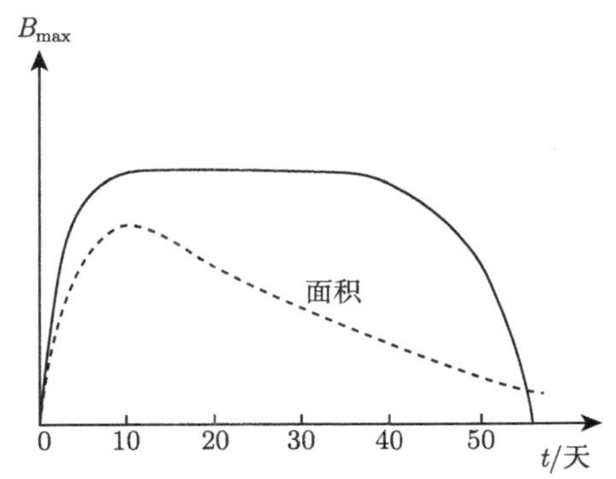

图 8.24 磁场强度极大值 (实线) 和大黑子的面积 (虚线) 随时间的典型变化. 场强的峰值位于 3 kG. 面积极大值是太阳半球的 4×10^{-4} (Cowling, 1946)

8.7 强 磁 通 管

光球观测表明, 光球磁通量大部分集中于强磁通管内, 它的场强为 1500 G 到 2000 G, 直径只有 100 到 300 km, 典型的通量值为 5×10^9 Wb (5×10^{17} Mx). 它们很可能位于超米粒边界附近的米粒之间. 与网斑、小尺度光斑有关联. 然而由于强磁通管的磁场特别强, 因此不能用磁场能量与米粒的动能均分来解释. 因为按均分计算, 光球上的磁场仅约 200 G, 1000 km 深处为 600 G. 强磁通管的强磁场的一种可能的来源是磁对流将磁场集中至相当的强度, 超过均分值 (如图 8.7 的数值模拟). 磁通管也可能因槽纹不稳定性 (即交换不稳定性) 不断地被撕开. 实际上有可能是整个对流区由对流体元与强磁通管缠结的网混合而成. 8.7.2 节将提出另一种高场强的解释.

首先介绍细磁通管的性质 (slender flux tube).

细磁通管不仅限于光球, 太阳大气中都有. 利用这些性质, 方可讨论光球的强磁通管的行为.

(i) 细磁通管很狭小, 因此宽度方向上的磁场近似均匀, 这意味着通量可写成 $F = \pi a^2 B(s)$, a 为半径, B 为磁通管 s 处的场强, 磁通管表面的场强 (用作表面的边界条件) 与中心处的场强没有很大的不同.

(ii) 磁通管宽度 a 远小于外部等离子体的标高 Λ_e.

(iii) 宽度远小于所考虑的波的波长, 从而可作长波近似.

8.7.1 细磁通管的平衡

(1) 细磁通管的性质. 细磁通管, 假设重力在 $-\hat{\boldsymbol{z}}$ 方向 (图 8.25). 假设周围介质静力学平衡

$$0=-\frac{\mathrm{d}p}{\mathrm{d}z}-\rho g$$

$$p_e(z)=p_e(0)\mathrm{e}^{-\overline{m}_e(z)} \tag{8.7-1}$$

$\left(\text{上式来自第 3 章}, p=p_0\exp\left[-\int_0^z(1/\Lambda(z))\mathrm{d}z\right], \Lambda(z)=k_BT/mg=p/\rho g\text{标高}\right)$

式中 $\overline{m}_e(z)=\int_0^z\Lambda_e(z)^{-1}\mathrm{d}z$, 参考点 $z=0$ 之上的标高, Λ_e 是 (磁通管的) 外标高.

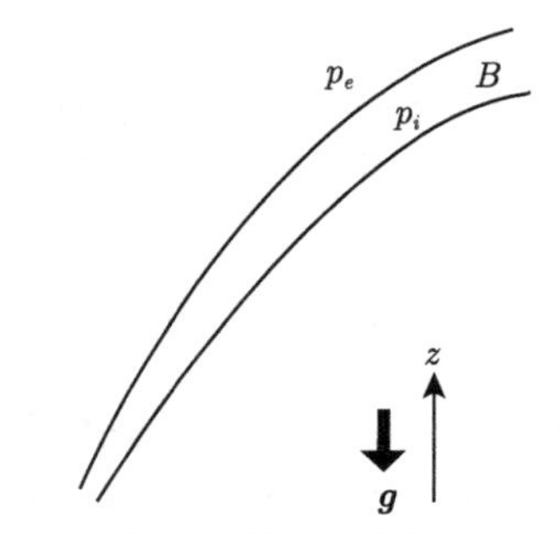

图 8.25 细磁通管由外界压强 (p_e) 界定

再假设管处于 MHD 平衡: 压力、引力、Lorentz 力平衡. 平衡力沿管的方向 (即 B 的方向, 所以 Lorentz 力 $\boldsymbol{j}\times\boldsymbol{B}$ 无沿 B 分量) 分量计算如下.

s 为沿磁力线方向, 与垂直方向夹角为 θ,

$$0=-\frac{\mathrm{d}p}{\mathrm{d}s}-\rho g\cos\theta$$

$$\mathrm{d}s\cos\theta=\mathrm{d}z$$

$$0=-\frac{\mathrm{d}p}{\mathrm{d}z}-\rho g$$

可求得内压强

$$p_i(z)=p_i(0)\mathrm{e}^{-\overline{m}_i(z)} \tag{8.7-2}$$

$$\overline{m}_i(z)=\int_0^z \Lambda_i(z)^{-1}\mathrm{d}z$$

Λ_i 为内标高.

管子表面压强平衡

$$p_i+\frac{1}{2\mu}B_i^2=p_e \tag{8.7-3}$$

用 (8.7-1), (8.7-2) 代入上式

$$\frac{1}{2\mu}B^2(z)=p_e(0)\mathrm{e}^{-\overline{m}_e(z)}-p_i(0)\mathrm{e}^{-\overline{m}_i(z)} \tag{8.7-4}$$

B 为管内, 高度 z 处的磁场的磁场强度.

从 (8.7-4) 式可知, 磁通管内外在某高度 z 处的压强已知. 各处的温度已知, 则沿整个管子的磁场强度可由该式确定.

磁通管的通量守恒

$$B(z)\pi a^2(z)=B(0)\pi a^2(0)$$

a 为管子的半径.

$$a^2(z)=\frac{a^2(0)B(0)}{B(z)} \tag{8.7-5}$$

(2) 磁通管内外温度相同 (压强可以不同), 则有 $\overline{m}_e(z)=\overline{m}_i(z)=\overline{m}(z)$. 因为

$$\overline{m}=\int_0^z\frac{1}{\Lambda}\mathrm{d}z=\int_0^z\frac{\rho g}{p}\mathrm{d}z=\int_0^z\frac{mg}{kT}\mathrm{d}z$$

(8.7-4) 式变为

$$B^2(z)=2\mu[p_e(0)-p_i(0)]\mathrm{e}^{-\overline{m}(z)}$$

当 $z=0$ 时, 由 $\overline{m}$ 表达式可知 $\overline{m}(0)=0$, 因此 $B^2(0)=2\mu[p_e(0)-p_i(0)]$, 代入 $B^2(z)$ 表达式, 有

$$B(z)=B(0)\mathrm{e}^{-\frac{1}{2}\overline{m}(z)} \tag{8.7-6}$$

将 (8.7-6) 式代入 (8.7-5), 有

$$a(z)=a(0)\mathrm{e}^{\frac{1}{4}\overline{m}(z)}$$

因为温度相同, 所以 $\Lambda(z)=k_BT/mg=\mathrm{const}$.

$$\overline{m}(z)=\frac{1}{\Lambda}z$$

因此随着高度 (z) 增加, $\overline{m}(z)$ 增加, 从而 $a(z)$ 增加, 即磁通管变粗, 而磁场强度 $B(z)$ 变小.

(3) 当管内温度比外部低 ΔT,

$$\begin{aligned}p_i(z)&=p_i(0)\exp\left(-\int_0^z \Lambda_i(z)^{-1}\mathrm{d}z\right)\\&=p_i(0)\exp\left(-\int_0^z \frac{m_i g}{k_B T(z)}\mathrm{d}z\right)\end{aligned}$$

因为 T 小于管外的温度, 所以 $p_i(z)$ 下降比 $p_e(z)$ 快.

大范围的冷却, 管子上部的物质大部分漏走 (设管外温度为常数 T, 管内则为 $T-\Delta T$. 若 ΔT 为一定值, p_i 随 z 增加迅速下降, 意味着物质的减少)

$$\begin{aligned}p_i(z)&=p_i(0)\exp\left[-\int_0^z \frac{mg}{k_B T_e(z)\left(1-\dfrac{\Delta T}{T_e(z)}\right)}\mathrm{d}z\right]\\&=p_i(0)\exp\left[-\int_0^z \frac{mg}{k_B T_e(z)}\mathrm{d}z\right]\cdot\exp\left[-\int_0^z \frac{mg}{k_B T_e(z)}\frac{\Delta T}{T_e(z)}\mathrm{d}z\right]\end{aligned}$$

$p_i(z)$ 要比 $p_e(z)$ 小得多, 于是有

$$\frac{1}{2\mu}B^2\approx p_e \tag{8.7-7}$$

(4) 管内的等离子体压强可忽略时, 内部场为势场 (电流也可忽略). 内部磁场 B 可由 p_e 决定. p_e 由 (8.7-1) 式定, 即

$$\frac{\mathrm{d}p_e}{\mathrm{d}z}=-\frac{p_e}{\Lambda_e} \tag{8.7-8}$$

磁通管的半径可由下式确定

$$\pi a^2(z)B(z)=F \tag{8.7-9}$$

F 应为常数.

(5) 为了在偏离细磁通管时仍能使用, 须记得 (8.7-7) 式中的 $B(z)$ 为管的表面值. (8.7-9) 式中的 $B(z)$ 为平均值.

8.7.2　强磁场不稳定性

从弥散的磁场形成强磁通管的图像, 如图 8.26 所示.

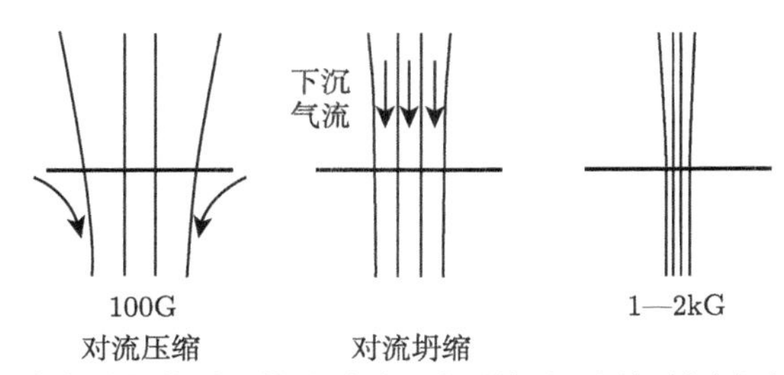

图 8.26 千高斯量级的磁通管是通过对流压缩以及因辐射冷却气流下沉导致对流坍缩而形成的

(1) 早期的图像是: 弥散的垂直磁场首先移动至超米粒组织的角落和边界 (参见 8.1.3 节), 形成中等强度的磁通管 (几百高斯). 这种磁通管遭遇对流坍缩 (convective collapse).

(2) 坍缩过程中, 管内等离子体冷却, 下沉, 这可能解释 0.5—2.0 km·s^{-1} 的下沉气流. 假如新的不稳定的磁通管不断形成的话, 在超米粒的边界上能发现这些下沉气流.

(3) 同时, 场强增强, 磁通管变窄直至增强至 1—2 kG, 实际上是在超米粒组织内浮现很多磁通, 形成网络内磁场和瞬现活动区集中在米粒和超米粒的边缘. 一旦强磁通管形成就被流动拖曳, 细磁通管或合并, 或抵消, 或可能解体, 或扩散.

垂直的细磁通管随高度缓慢发散. 其中的垂直运动可用 (非线性) 细磁通管方程描述.

轴上的密度 $\rho(z,t)$、压强 $p(z,t)$、垂直速度 $v(z,t)$、磁场 $B(z,t)$ 由连续性方程、垂直及横向动量方程和等熵能量表示.

现在介绍 (Roberts and Webb, 1978; Roberts, 1979) 与本课题有关的部分工作. 理想导体 ($\sigma \to \infty$), 无粘滞完全气体, 等熵运动的磁流体力学方程组 (注: 下面公式序号 (1)—(22) 是原文献 (Roberts and Webb, 1978) 中的公式序号, (1′)—(16′) 是本书作者对该论文的补充公式序号):

$$\frac{\partial \rho}{\partial t} + \boldsymbol{\nabla} \cdot (\rho \boldsymbol{v}) = 0 \tag{1}$$

$$\rho \frac{\mathrm{D}\boldsymbol{v}}{\mathrm{D}t} = -\boldsymbol{\nabla} p + \rho \boldsymbol{g} + \boldsymbol{j} \times \boldsymbol{B} \tag{2}$$

$$\frac{\partial \boldsymbol{B}}{\partial t} = \boldsymbol{\nabla} \times (\boldsymbol{v} \times \boldsymbol{B}) \tag{3}$$

$$\frac{\mathrm{D}p}{\mathrm{D}t} = \frac{\gamma p}{\rho} \left(\frac{\partial \rho}{\partial t} + \boldsymbol{v} \cdot \boldsymbol{\nabla} \rho \right) \tag{4}$$

$$p = \frac{k_B}{m} \rho T \tag{5}$$

$$\nabla \cdot \boldsymbol{B} = 0, \quad \mu \boldsymbol{j} = \nabla \times \boldsymbol{B} \tag{6}$$

$$\text{设 } \boldsymbol{B} = B(0,\, 0,\, B(z,t)),\ \boldsymbol{v} = (0,\, 0,\, v(z,t)) \tag{7}$$

轴对称、垂直、无扭转的强磁通管, 选柱坐标, $\partial/\partial\varphi = 0$, $\boldsymbol{g}$ 在 $-\hat{\boldsymbol{z}}$ 方向. 垂直方向 (即 $\hat{\boldsymbol{z}}$ 方向) 的方程为

$$\frac{\partial \rho}{\partial t} + \rho \frac{\partial v}{\partial z} + v \frac{\partial \rho}{\partial z} = 0 \tag{8}$$

$$\rho \left(\frac{\partial v}{\partial t} + v \frac{\partial v}{\partial z} \right) = -\frac{\partial p}{\partial z} - \rho g \tag{9}$$

$$\left(\boldsymbol{j} \times \boldsymbol{B} = \begin{vmatrix} \hat{\boldsymbol{r}} & \hat{\boldsymbol{\varphi}} & \hat{\boldsymbol{z}} \\ j_r & j_\varphi & j_z \\ 0 & 0 & B \end{vmatrix} \text{展开后可见 } \hat{\boldsymbol{z}} \text{ 分量为零} \right)$$

$$\frac{\partial B}{\partial t} = -v \frac{\partial B}{\partial z} \tag{10}$$

$$\frac{\partial p}{\partial t} + v \frac{\partial p}{\partial z} = c_{s0}^2 \left(\frac{\partial \rho}{\partial t} + v \frac{\partial \rho}{\partial z} \right) \tag{11}$$

$$c_{s0}^2 = \frac{\gamma p}{\rho} \tag{12}$$

从状态方程 (5) 可得 $T = \dfrac{m}{k_B} \dfrac{p}{\rho}$.

强磁通管内有气体和磁场. 可以期望关于 v 的方程应该包括与流体力学和磁学相关的物理量. 但直接对上述方程组用小扰动线性化的方法处理, 得到的关于 v 的方程, 其系数与 B 无关, 显然不符合物理上的定性分析.

通过连续性方程和磁感应方程可以得另一个方程

$$\frac{\partial}{\partial t} \left(\frac{\rho}{B} \right) + \frac{\partial}{\partial z} \left(\frac{\rho v}{B} \right) = 0 \tag{13}$$

利用该式作小扰动线性化处理.

下面推导 (13) 式.

$$\frac{\partial \rho}{\partial t} + \nabla \cdot (\rho \boldsymbol{v}) = 0$$

$$\frac{\partial \rho}{\partial t} + \frac{\partial}{\partial z}(\rho v) = 0$$

$$\frac{1}{B} \frac{\partial \rho}{\partial t} + \frac{1}{B} \frac{\partial}{\partial z}(\rho v) = 0 \tag{1'}$$

$\boldsymbol{B}$ 沿 z 方向, 对于完全导电等离子体, 感应方程为

$$\frac{\partial \boldsymbol{B}}{\partial t} = \boldsymbol{\nabla} \times (\boldsymbol{v} \times \boldsymbol{B})$$

$$\frac{\partial B}{\partial t} = -v\frac{\partial B}{\partial z}$$

两边乘 ρ/B^2 有

$$\frac{\rho}{B^2}\frac{\partial B}{\partial t} + \frac{\rho v}{B^2}\frac{\partial B}{\partial z} = 0$$

$$\rho\frac{\partial}{\partial t}\left(\frac{1}{B}\right) + \rho v\frac{\partial}{\partial z}\left(\frac{1}{B}\right) = 0 \tag{2'}$$

$(1') + (2')$:

$$\frac{1}{B}\frac{\partial \rho}{\partial t} + \rho\frac{\partial}{\partial t}\left(\frac{1}{B}\right) + \frac{1}{B}\frac{\partial}{\partial z}(\rho v) + \rho v\frac{\partial}{\partial z}\left(\frac{1}{B}\right) = 0$$

可得到 (13) 式:

$$\frac{\partial}{\partial t}\left(\frac{\rho}{B}\right) + \frac{\partial}{\partial z}\left(\frac{\rho v}{B}\right) = 0$$

根据动量方程、管内 $\hat{\boldsymbol{z}}$ 方向的平衡, 得到

$$\rho\left(\frac{\partial v}{\partial t} + v\frac{\partial v}{\partial z}\right) = -\frac{\partial p}{\partial z} - \rho g \tag{8.7-10}$$

根据管内外的平衡, 有

$$p + \frac{1}{2\mu}B^2 = p_e \tag{8.7-11}$$

上式左边表示管内的物理量, 下标 “e” 表示管外. 管外假设没有磁场.

等熵要求理想绝热过程, $\frac{\mathrm{D}}{\mathrm{D}t}(p/\rho^\gamma) = 0$, 展开后有

$$\frac{\partial p}{\partial t} + v\frac{\partial p}{\partial z} = \frac{\gamma p}{\rho}\left(\frac{\partial \rho}{\partial t} + v\frac{\partial \rho}{\partial z}\right) \tag{8.7-12}$$

考虑管内的平衡态位形用下标 “0” 表示, $B_0(z)$, $p_0(z)$, $\rho_0(z)$, $\partial/\partial t = 0$, 设 $\boldsymbol{v} = 0$.

平衡态时: 方程 (9) 给出

$$\frac{\mathrm{d}p_0}{\mathrm{d}z} = -\rho_0 g \tag{14}$$

p_0, ρ_0 仍为 z 的函数.

$$p_0(z) = p_0(0)\exp\left[-\int_0^z \Lambda_0(z')^{-1}\mathrm{d}z'\right] \tag{15}$$

$$\Lambda_0(z) = \frac{kT_0(z)}{mg} \qquad (z=0,\ \text{在}\ \tau_{5000}=1\ \text{的位置})$$

管外有

$$p_e(z) = p_e(0)\exp\left[-\int_0^z \Lambda_e(z')^{-1}\mathrm{d}z'\right] \tag{16}$$

$$\Lambda_e(z) = \frac{kT_e(z)}{mg}$$

管内外平衡:

$$p_e(z) = p_0(z) + \frac{1}{2\mu}B_0^2(z) \tag{17}$$

$$\frac{\mathrm{d}p_e}{\mathrm{d}z} = \frac{\mathrm{d}p_0}{\mathrm{d}z} + \frac{\mathrm{d}}{\mathrm{d}z}\left(\frac{1}{2\mu}B_0^2\right)$$

$$\frac{\mathrm{d}}{\mathrm{d}z}\left(\frac{1}{2\mu}B_0^2\right) = g(\rho_0 - \rho_e) \tag{18}$$

由 (8.7-11), (15), (16) 式可得

$$\frac{1}{2\mu}B_0^2(z) = p_e(0)\mathrm{e}^{-\overline{m}_e(z)} - p_0(0)\mathrm{e}^{-\overline{m}(z)}$$

$$\overline{m}(z) = \int_0^z \frac{1}{\Lambda}\mathrm{d}z$$

当 $T_0(z) = T_e(z)$, 则 $\overline{m}_e(z) = \overline{m}(z)$,

$$B_0^2(z) = 2\mu[p_e(0) - p_0(0)]\mathrm{e}^{-\overline{m}(z)}$$

当 $z=0$, 有 $\overline{m}(0)=0$, 所以

$$B^2(0) = 2\mu[p_e(0) - p(0)]$$

$$B_0^2(z) = B^2(0)\mathrm{e}^{-\overline{m}(z)}$$

$$B_0^2(z) = B_0^2(0)\frac{p_e(z)}{p_e(0)} = B_0^2(0)\frac{p_0(z)}{p_0(0)} \tag{19}$$

$$B_0(z) \sim p_e^{1/2}(z)$$

现在假设 $T_0(z)=T_e(z)$ (是否相等或者不等, 均无观测证据)

$$c_{s0}^2(z)=\frac{\gamma p_0(z)}{\rho_0(z)},\quad v_A^2(z)=\frac{B_0^2(z)}{\mu\rho_0(z)} \tag{20}$$

密度标高 (density scale-height) $H_0(z)$,

$$H_0(z)^{-1}=-\frac{\rho_0'(z)}{\rho_0(z)}=-\left.\frac{\mathrm{d}\rho_0(z)}{\mathrm{d}z}\right/\rho_0(z) \tag{21}$$

Brunt 频率可以表达为

$$N_0^2=\frac{g}{H_0(z)}-\frac{g^2}{c_{s0}^2(z)}$$

N_0^2 可以大于或者小于零.

现在求 $\rho_0(z)$ 的表达式

$$\frac{\Lambda(z)}{\Lambda(0)}=\frac{p_0(z)/[\rho_0(z)g]}{p_0(0)/[\rho_0(0)g]}=\frac{p_0(z)\rho_0(0)}{p_0(0)\rho_0(z)}=\frac{\mathrm{e}^{-\overline{m}(z)}\cdot\rho_0(0)}{\rho_0(z)}$$

所以

$$\rho_0(z)=\rho_0(0)\frac{\Lambda_0(0)\mathrm{e}^{-\overline{m}(z)}}{\Lambda_0(z)}$$

已求得

$$p_0(z)=p_0(0)\mathrm{e}^{-\overline{m}(z)}$$

$$B_0(z)=B_0(0)\mathrm{e}^{-\frac{1}{2}\overline{m}(z)}$$

$$\frac{c_0^2(z)}{v_A^2(z)}=\frac{\mu\gamma p_0(z)}{B_0^2(z)}=\frac{\mu\gamma p_0(0)}{B_0^2(0)}=\frac{c_{s0}^2(0)}{v_A^2(0)}=\text{const.} \tag{22}$$

现将方程组归纳如下:

$$\begin{cases}\dfrac{\partial}{\partial t}\left(\dfrac{\rho}{B}\right)+\dfrac{\partial}{\partial z}\left(\dfrac{\rho v}{B}\right)=0 & (13)\\ \rho\left(\dfrac{\partial v}{\partial t}+v\dfrac{\partial v}{\partial z}\right)=-\dfrac{\partial p}{\partial z}-\rho g & (9)\\ p+\dfrac{1}{2\mu}B^2=p_e & (8.7\text{-}11)\\ \dfrac{\partial p}{\partial t}+v\dfrac{\partial p}{\partial z}=\dfrac{\gamma p}{\rho}\left(\dfrac{\partial\rho}{\partial t}+v\dfrac{\partial\rho}{\partial z}\right) & (8.7\text{-}12)\end{cases}$$

细磁管内的 p, ρ, v 和 B 为未知量, 下标为 0 表示管内的平衡态的量. 小扰动线性化方程组, 设 $v_0 = 0$, 带 “′” 量为小扰动量, 则

(13) 式变为

$$B_0\frac{\partial\rho'}{\partial t}-\rho_0\frac{\partial B'}{\partial t}+v'\left(B_0\frac{\mathrm{d}\rho_0}{\mathrm{d}z}-\rho_0\frac{\mathrm{d}B_0}{\mathrm{d}z}\right)+\rho_0B_0\frac{\partial v'}{\partial z}=0 \tag{3'}$$

利用 (14) 式, (19) 式变为

$$\rho_0\frac{\partial v'}{\partial t}=-\frac{\partial p'}{\partial z}-\rho'g \tag{4'}$$

假设 p_e 没有受扰动, (8.7-11) 式变为

$$p'+\frac{1}{\mu}B_0B'=0 \tag{5'}$$

(8.7-12) 式变为

$$\frac{\partial p'}{\partial t}+v'\frac{\mathrm{d}p_0}{\mathrm{d}z}=c_{s0}^2(z)\left(\frac{\partial\rho'}{\partial t}+v'\frac{\mathrm{d}\rho_0}{\mathrm{d}z}\right) \tag{6'}$$

线性化后的方程组归纳如下:

$$\begin{cases}B_0\dfrac{\partial\rho'}{\partial t}-\rho_0\dfrac{\partial B'}{\partial t}+v'\left(B_0\dfrac{\mathrm{d}\rho_0}{\mathrm{d}z}-\rho_0\dfrac{\mathrm{d}B_0}{\mathrm{d}z}\right)+\rho_0B_0\dfrac{\partial v'}{\partial z}=0 & (3')\\ \rho_0\dfrac{\partial v'}{\partial t}=-\dfrac{\partial p'}{\partial z}-\rho'g & (4')\\ p'+\dfrac{1}{\mu}B_0B'=0 & (5')\\ \dfrac{\partial p'}{\partial t}+v'\dfrac{\mathrm{d}p_0}{\mathrm{d}z}=c_{s0}^2(z)\left(\dfrac{\partial\rho'}{\partial t}+v'\dfrac{\mathrm{d}\rho_0}{\mathrm{d}z}\right) & (6')\end{cases}$$

B_0, ρ_0, p_0, c_{s0} 均为 z 的函数, 未知量为 ρ', B', v', p', 相应有 4 个方程. 设扰动量的形式为: $\sim\overline{A}(z)\mathrm{e}^{i\omega t}$, 扰动量振幅 $\overline{A}(z)$ 是 z 的函数. 代入上述方程组.

$$(3'):\quad i\omega B_0\overline{\rho}'-i\omega\rho_0\overline{B}'+\overline{v}'\left(B_0\frac{\mathrm{d}\rho_0}{\mathrm{d}z}-\rho_0\frac{\mathrm{d}B_0}{\mathrm{d}z}\right)+\rho_0B_0\frac{\mathrm{d}\overline{v}'}{\mathrm{d}z}=0 \tag{7'}$$

$$(4'):\quad i\omega\rho_0\overline{v}'=-\frac{\mathrm{d}\overline{p}'}{\mathrm{d}z}-\overline{\rho}'g \tag{8'}$$

$$(5'):\quad \overline{B}'=-\frac{\mu}{B_0}\overline{p}' \tag{9'}$$

$$(6'):\quad i\omega\overline{p}'+\overline{v}'\frac{\mathrm{d}p_0}{\mathrm{d}z}=c_{s0}^2\left(i\omega\overline{\rho}'+\overline{v}'\frac{\mathrm{d}\rho_0}{\mathrm{d}z}\right) \tag{10'}$$

(10′) 式可进一步写成

$$i\omega\overline{p}'+\overline{v}'\left(\frac{\mathrm{d}p_0}{\mathrm{d}z}-c_{s0}^2\frac{\mathrm{d}\rho_0}{\mathrm{d}z}\right)=i\omega c_{s0}^2\overline{\rho}'$$

$$\overline{\rho}'=\frac{\overline{p}'}{c_{s0}^2}+\overline{v}'\left(\frac{1}{i\omega c_{s0}^2}\frac{\mathrm{d}p_0}{\mathrm{d}z}-\frac{1}{i\omega}\frac{\mathrm{d}\rho_0}{\mathrm{d}z}\right) \tag{11'}$$

将 (9′) (11′) 代入 (7′):

$$\overline{p}'\left(1+\frac{c_{s0}^2}{v_{A0}^2}\right)+\frac{\overline{v}'}{i\omega}\left(\frac{\mathrm{d}p_0}{\mathrm{d}z}-\rho_0\frac{c_{s0}^2}{B_0}\frac{\mathrm{d}B_0}{\mathrm{d}z}\right)+\frac{1}{i\omega}\rho_0c_{s0}^2\frac{\mathrm{d}\overline{v}'}{\mathrm{d}z}=0 \tag{12'}$$

利用

$$\frac{\mathrm{d}p_0}{\mathrm{d}z}=-\rho_0 g \tag{14}$$

推导 (19) 式时曾用到下面的关系式:

$$B_0(z)=B_0(0)\mathrm{e}^{-\frac{1}{2}\overline{m}(z)}$$

$$\begin{aligned}\frac{\mathrm{d}B_0(z)}{\mathrm{d}z}&=-\frac{1}{2}B_0(0)\mathrm{e}^{-\frac{1}{2}\overline{m}(z)}\frac{\mathrm{d}\overline{m}(z)}{\mathrm{d}z}\\&=-\frac{1}{2}B_0(z)\frac{1}{\Lambda_0(z)}\\&=-\frac{1}{2}B_0(z)\frac{\rho_0 g}{p_0}\end{aligned} \tag{13'}$$

将 (14), (13′) 代入 (12′) 式:

$$\overline{p}'=\frac{1}{i\omega(1+c_{s0}^2/v_{A0}^2)}\left[\left(1-\frac{\gamma}{2}\right)\rho_0 g\overline{v}'-\rho_0c_{s0}^2\frac{\mathrm{d}\overline{v}'}{\mathrm{d}z}\right] \tag{14'}$$

(14′) 式对 z 求导, $(c_{s0}^2(z)/v_{A0}^2(z)=\text{const})$

$$\begin{aligned}\frac{\mathrm{d}\overline{p}'}{\mathrm{d}z}=\frac{1}{i\omega(1+c_{s0}^2/v_{A0}^2)}&\left[\left(1-\frac{\gamma}{2}\right)g\frac{\mathrm{d}\rho_0}{\mathrm{d}z}\overline{v}'+\left(1-\frac{\gamma}{2}\right)\rho_0 g\frac{\mathrm{d}\overline{v}'}{\mathrm{d}z}\right.\\&\left.-\frac{\mathrm{d}}{\mathrm{d}z}(\rho_0c_{s0}^2)\frac{\mathrm{d}\overline{v}'}{\mathrm{d}z}-\rho_0c_{s0}^2\frac{\mathrm{d}^2\overline{v}'}{\mathrm{d}z^2}\right]\end{aligned}$$

利用 (14) 式及 $\rho c_{s0}^2=\gamma p_0$,

$$上式 =\frac{1}{i\omega(1+c_{s0}^2/v_{A0}^2)}\left[\left(1-\frac{\gamma}{2}\right)g\frac{\mathrm{d}\rho_0}{\mathrm{d}z}\overline{v}'+\left(1+\frac{\gamma}{2}\right)\rho_0 g\frac{\mathrm{d}\overline{v}'}{\mathrm{d}z}-\rho_0 c_{s0}^2\frac{\mathrm{d}^2\overline{v}'}{\mathrm{d}z^2}\right] \tag{15'}$$

将 (14′) 代入 (11′) 式:

$$\begin{aligned}\overline{\rho}' &=\frac{1}{i\omega(1+c_{s0}^2/v_{A0}^2)c_{s0}^2}\left[\left(1-\frac{\gamma}{2}\right)\rho_0 g\overline{v}'-\rho_0 c_{s0}^2\frac{\mathrm{d}\overline{v}'}{\mathrm{d}z}\right]+\overline{v}'\left[\frac{1}{i\omega c_{s0}^2}(-\rho_0 g)-\frac{1}{i\omega}\frac{\mathrm{d}\rho_0}{\mathrm{d}z}\right]\\ &=\left[\frac{1}{i\omega(1+c_{s0}^2/v_{A0}^2)c_{s0}^2}\left(1-\frac{\gamma}{2}\right)\rho_0 g-\frac{\rho_0 g}{i\omega c_{s0}^2}-\frac{1}{i\omega}\frac{\mathrm{d}\rho_0}{\mathrm{d}z}\right]\overline{v}'-\frac{1}{i\omega(1+c_{s0}^2/v_{A0}^2)}\rho_0\frac{\mathrm{d}\overline{v}'}{\mathrm{d}z}\end{aligned} \tag{16'}$$

将 (15′), (16′) 代入 (8′) 式:

$$\begin{aligned}i\omega\rho_0\overline{v}' =&-\frac{1}{i\omega(1+c_{s0}^2/v_{A0}^2)}\left[\left(1-\frac{\gamma}{2}\right)g\frac{\mathrm{d}\rho_0}{\mathrm{d}z}\overline{v}'+\left(1+\frac{\gamma}{2}\right)\rho_0 g\frac{\mathrm{d}\overline{v}'}{\mathrm{d}z}-\rho_0 c_{s0}^2\frac{\mathrm{d}^2\overline{v}'}{\mathrm{d}z^2}\right]\\ &-\left[\frac{1}{i\omega(1+c_{s0}^2/v_{A0}^2)c_{s0}^2}\left(1-\frac{\gamma}{2}\right)\rho_0 g^2-\frac{\rho_0 g^2}{i\omega c_{s0}^2}-\frac{g}{i\omega}\frac{\mathrm{d}\rho_0}{\mathrm{d}z}\right]\overline{v}'\\ &+\frac{\rho_0 g}{i\omega(1+c_{s0}^2/v_{A0}^2)}\frac{\mathrm{d}\overline{v}'}{\mathrm{d}z}\end{aligned}$$

两边乘 $i\omega/\rho_0$:

$$\left[\omega^2-\underset{①}{\frac{1}{1+c_{s0}^2/v_{A0}^2}\left(1-\frac{\gamma}{2}\right)\frac{g}{\rho_0}\frac{\mathrm{d}\rho_0}{\mathrm{d}z}}-\underset{②}{\frac{1}{(1+c_{s0}^2/v_{A0}^2)c_{s0}^2}\left(1-\frac{\gamma}{2}\right)g^2}+\underset{③}{\frac{g^2}{c_{s0}^2}}+\underset{④}{\frac{g}{\rho_0}\frac{\mathrm{d}\rho_0}{\mathrm{d}z}}\right]\overline{v}'$$

$$-\left[\frac{1}{1+c_{s0}^2/v_{A0}^2}\left(1+\frac{\gamma}{2}\right)g-\frac{g}{1+c_{s0}^2/v_{A0}^2}\right]\frac{\mathrm{d}\overline{v}'}{\mathrm{d}z}+\frac{c_{s0}^2}{1+c_{s0}^2/v_{A0}^2}\frac{\mathrm{d}^2\overline{v}'}{\mathrm{d}z^2}=0$$

$$c_T^2=\frac{c_{s0}^2 v_{A0}^2}{v_{A0}^2+c_{s0}^2},\qquad \text{两边除以 } c_T^2\ (c_T \text{ 为管速})$$

上式中 ①, ② 两项变为

$$-\frac{1}{c_{s0}^2}\left(1-\frac{\gamma}{2}\right)\left[\frac{g}{\rho_0}\frac{\mathrm{d}\rho_0}{\mathrm{d}z}+\frac{g^2}{c_{s0}^2}\right]=-\frac{\left(1-\frac{1}{2}\gamma\right)}{c_{s0}^2}g\left[\frac{1}{\rho_0}\frac{\mathrm{d}\rho_0}{\mathrm{d}z}+\frac{g}{c_{s0}^2}\right]=\frac{\left(1-\frac{\gamma}{2}\right)}{c_{s0}^2}N_0^2$$

其中

$$N_0^2=-g\left(\frac{g}{c_{s0}^2}+\frac{1}{\rho_0}\frac{\mathrm{d}\rho_0}{\mathrm{d}z}\right)$$

③, ④ 项变为

$$\frac{1}{c_T^2}\left(\frac{g^2}{c_{s0}^2}+\frac{g}{\rho_0}\frac{\mathrm{d}\rho_0}{\mathrm{d}z}\right)=\frac{g}{c_T^2}\left(\frac{g}{c_{s0}^2}+\frac{1}{\rho_0}\frac{\mathrm{d}\rho_0}{\mathrm{d}z}\right)=-\frac{N_0^2}{c_T^2}$$

所以 $\overline{v}'$ 项的系数为

$$\frac{\omega^2-N_0^2}{c_T^2}+\left(1-\frac{\gamma}{2}\right)\frac{N_0^2}{c_{s0}^2}$$

$\mathrm{d}\overline{v}'/\mathrm{d}z$ 项的系数为

$$-\left(\frac{1}{c_{s0}^2}\frac{\gamma}{2}g\right)=-\frac{1}{2}\frac{\rho_0 g}{p_0}=-\frac{1}{2\Lambda_0}$$

最后有

$$\frac{\mathrm{d}^2\overline{v}'}{\mathrm{d}z^2}-\frac{1}{2\Lambda_0}\frac{\mathrm{d}\overline{v}'}{\mathrm{d}z}+\left[\frac{\omega^2-N_0^2}{c_T^2}+\left(1-\frac{\gamma}{2}\right)\frac{N_0^2}{c_{s0}^2}\right]\overline{v}'=0 \tag{8.7-13}$$

对于特例, 等温大气, 则 Λ_0, c_{s0}, H_0 均为常数, $v_A=\text{const}$. 因为 $\Lambda_0=p_0/\rho_0 g=k_BT(z)/mg$, 等温 $T(z)=T(0)$, $\Lambda_0=\text{const}$, $c_{s0}^2=\gamma p_0(z)/\rho_0(z)=\gamma k_BT(z)/m=\text{const}$.

$$H_0^{-1}=-\frac{\mathrm{d}\rho_0(z)/\mathrm{d}z}{\rho_0(z)},\quad \rho_0(z)=\rho_0(0)\frac{\Lambda_0(0)\mathrm{e}^{-\overline{m}(z)}}{\Lambda_0(z)}$$

$$\rho_0(z)=\rho_0(0)\mathrm{e}^{-\overline{m}(z)}$$

$$\frac{\mathrm{d}\rho_0(z)}{\mathrm{d}z}=-\rho_0(z)\frac{1}{\Lambda_0(z)},\qquad \therefore\ H_0^{-1}=\frac{1}{\Lambda_0(z)}=\text{const}$$

$$v_A^2=\frac{B_0^2}{\mu\rho_0}=\frac{B_0^2(0)\mathrm{e}^{-z/\Lambda_0}}{\mu\rho_0(0)\mathrm{e}^{-z/\Lambda_0}}=\text{const}$$

可以推得

$$\begin{aligned}N_0^2&=-g\left(\frac{g}{c_{s0}^2}+\frac{1}{\rho_0}\frac{\mathrm{d}\rho_0}{\mathrm{d}z}\right)\\&=-g\left(\frac{g}{c_{s0}^2}-\frac{1}{H_0}\right)\\&=\text{const}\end{aligned}$$

$$c_T^2=\text{const}$$

因此在此特例下, 方程 (8.7-13) 成为二阶常系数线性微分方程.

$$令\ K=\left[\frac{\omega^2-N_0^2}{c_T^2}+\left(1-\frac{\gamma}{2}\right)\frac{N_0^2}{c_{s0}^2}\right]$$

$$x^2-\frac{1}{2\Lambda_0}x+K=0$$

$$x=\frac{1}{4\Lambda_0}\pm\frac{1}{2}i\left(4K-\frac{1}{4\Lambda_0^2}\right)^{1/2}$$

通解:

$$\overline{v}'(z)=\mathrm{e}^{\frac{1}{4\Lambda_0}z}\left[A\cos\frac{1}{2}\left(4K-\frac{1}{4\Lambda_0^2}\right)^{1/2}\cdot z+B\sin\frac{1}{2}\left(4K-\frac{1}{4\Lambda_0^2}\right)^{1/2}\cdot z\right]$$

设定方程 (8.7-13) 的边界条件: 在 $z=0$ 和 $z=-d$ 时, $\overline{v}'(z)=0$. 则当 $z=0$ 时, $\overline{v}'(0)=0$, 有 $A=0$. 当 $z=-d$ 时, $\overline{v}'(-d)=0$,

$$\overline{v}'(-d)=\mathrm{e}^{-\frac{d}{4\Lambda_0}}\cdot B\sin\frac{1}{2}\left(4K-\frac{1}{4\Lambda_0^2}\right)^{1/2}(-d)$$

如果 $B=0$, 则 $\overline{v}'(z)$ 恒为零, 为平庸解. 为使 $\overline{v}'(z)$ 有解, 必须 $\sin\frac{1}{2}(4K-1/4\Lambda_0^2)^{1/2}(-d)=\sin(-kd)=0$, 归结为本征值问题

$$\begin{aligned}
k&=\frac{1}{2}\left(4K-\frac{1}{4\Lambda_0^2}\right)^{1/2}\\
-kd&=\pi\\
k^2&=\left(K-\frac{1}{16\Lambda_0^2}\right)=\left(\frac{\pi}{d}\right)^2\\
K&=\frac{1}{16\Lambda_0^2}+k^2=\frac{\omega^2-N_0^2}{c_T^2}+\left(1-\frac{\gamma}{2}\right)\frac{N_0^2}{c_{s0}^2}\\
\omega^2&=N_0^2+\frac{c_T^2}{16\Lambda_0^2}+k^2c_T^2-\left(1-\frac{\gamma}{2}\right)\frac{N_0^2c_T^2}{c_{s0}^2}\\
&=\left(\frac{1}{v_{A0}^2}+\frac{\gamma}{2c_{s0}^2}\right)c_T^2N_0^2+\left(\frac{1}{16\Lambda_0^2}+\frac{\pi^2}{d^2}\right)c_T^2
\end{aligned}$$

最后有

$$\begin{aligned}
v'(z,t)&=\overline{v}'(z)\mathrm{e}^{i\omega t}\\
&=B\mathrm{e}^{\frac{1}{4\Lambda_0}z}\cdot\mathrm{e}^{i(\omega t+lz)}
\end{aligned}$$

由 ω^2 的表达式, 即色散关系可知, 当 $N_0^2>0$ 时, $\omega^2>0$, 强磁通管稳定; 当 $N_0^2<0$ 时, 如果 d 足够大 (即 $(\pi/d)^2$ 可忽略), 从而有不稳定. ($N_0^2(z)$ 还可写成 $N_0^2(z)=(g/\Lambda_0)[(\gamma-1)/\gamma+\mathrm{d}\Lambda_0/\mathrm{d}z]$, 展开右边即可证得与本节中表达式一致. 取强磁通管的典型数据: $c_{s0}=v_{A0}$, $\gamma=1.2$, $\Lambda_0=150\ \mathrm{km}$, $\mathrm{d}\Lambda_0/\mathrm{d}z=-0.25$, 可推得 $\omega^2<0$.)

当强磁通管稳定时, 在该处就有强磁场. 所以一旦强磁通管能稳定存在, 就有强磁场的聚集, 是一种产生强场的方法.

非线性方程 (13) 和 (8.7-10)—(8.7-12) 迄今尚未仔细研究过, Roberts 和 Mangeney (1982) 曾得到孤立子解, Spruit (1979) 得到一个可能的平衡解.

从建立对流不稳定性对磁场影响的模型的角度上看, 上述解释实际上与磁对流增强磁场没什么不同, 是相互补充的试探.

8.7.3 针状体的产生

强磁通管是光球和日冕间流体运动的自然通道. 米粒组织间的挤压使等离子体沿此通道朝上抛射, 它们也是针状体物质以及来自日冕的等离子体的回落通路. 针状体 (10^5 个) 和强磁通管 (4×10^4 个) 数量相当, 均集中于超米粒组织边界上方的网络上. 针状体 (8—15 min) 和米粒组织 (5—10 min) 寿命相近, 它们之间应该有关系.

米粒组织的挤压增加了磁通管的压力, 驱动沿管向上的大振幅流动, 管子越细, 向上的流动越快. 当外界的振荡性驱动的相速度接近管内传播的纵波速度 (管速 (tube speed)) c_T, 就产生共振效应.

我们要确定因管外压力的变化, 在管内会感应出什么运动.

设均匀磁场 $B_0\hat{\boldsymbol{z}}$, 可压缩理想气体 (完全气体), 线性绝热运动 $\boldsymbol{v}=(v_x,0,v_z)$, 由下述方程来描述其运动 (Cowling, 1976; Roberts, 1979),

$$\frac{\partial^2}{\partial t^2}\Delta=c_0^2\nabla^2\Delta+v_A^2\nabla^2(\Delta-\Gamma) \tag{8.7-14}$$

$$\frac{\partial^2\Gamma}{\partial t^2}=c_0^2\frac{\partial^2}{\partial z^2}\Delta \tag{8.7-15}$$

考虑二维问题, 在 xz 平面. 式中

$$\Delta=\frac{\partial v_x}{\partial x}+\frac{\partial v_z}{\partial z},\quad \Gamma=\frac{\partial v_z}{\partial z}$$

$$\nabla^2=\frac{\partial^2}{\partial x^2}+\frac{\partial^2}{\partial z^2},\quad c_0=\left(\frac{\gamma p_0}{\rho_0}\right)^{1/2},\quad v_A=\frac{B_0}{(\mu\rho_0)^{1/2}}$$

寻求下述形式的解

$$v_x = \hat{v}_x(x)\cos\omega t\cos kz \tag{8.7-16}$$

$$v_z = \hat{v}_z(x)\cos\omega t\sin kz \tag{8.7-17}$$

$$p = \hat{p}(x)\sin\omega t\cos kz$$

$$b_x = \hat{b}_x(x)\sin\omega t\sin kz$$

$$b_z = \hat{b}_z(x)\sin\omega t\cos kz$$

$$\rho = \hat{\rho}(x)\sin\omega t\cos kz$$

这里 $\boldsymbol{b} = (b_x, 0, b_z)$, p 和 ρ 均为扰动量. (8.7-15) 式即

$$\frac{\partial^2\Gamma}{\partial t^2} = \frac{\partial^2}{\partial t^2}\left(\frac{\partial v_z}{\partial z}\right) = c_0^2\frac{\partial^2}{\partial z^2}\left(\frac{\partial v_x}{\partial x} + \frac{\partial v_z}{\partial z}\right)$$

根据 (8.7-17)

$$\frac{\partial v_z}{\partial z} = k\hat{v}_z\cos\omega t\cos kz$$

$$\frac{\partial}{\partial t}\left(\frac{\partial v_z}{\partial z}\right) = -\omega k\hat{v}_z\sin\omega t\cos kz$$

$$\frac{\partial^2}{\partial t^2}\left(\frac{\partial v_z}{\partial z}\right) = -\omega^2 k\hat{v}_z\cos\omega t\cos kz \tag{8.7-18}$$

由 (8.7-16)

$$\frac{\partial v_x}{\partial x} = \frac{\mathrm{d}\hat{v}_x}{\mathrm{d}x}\cos\omega t\cos kz$$

$$\frac{\partial}{\partial z}\left(\frac{\partial v_x}{\partial x}\right) = -k\frac{\mathrm{d}\hat{v}_x}{\mathrm{d}x}\cos\omega t\sin kz$$

$$\frac{\partial^2}{\partial z^2}\left(\frac{\partial v_x}{\partial x}\right) = -k^2\frac{\mathrm{d}\hat{v}_x}{\mathrm{d}x}\cos\omega t\cos kz \tag{8.7-19}$$

$$\frac{\partial}{\partial z}\left(\frac{\partial v_z}{\partial z}\right) = -k^2\hat{v}_z\cos\omega t\sin kz$$

$$\frac{\partial^2}{\partial z^2}\left(\frac{\partial v_z}{\partial z}\right) = -k^3\hat{v}_z\cos\omega t\cos kz$$

将 (8.7-18), (8.7-19) 代入 (8.7-15)

$$(\omega^2 - k^2 c_0^2)\hat{v}_z = k c_0^2 \frac{\mathrm{d}\hat{v}_x}{\mathrm{d}x} \tag{8.7-20}$$

将 $\partial v_x/\partial x$, $\partial v_z/\partial z$ 代入 (8.7-14),

$$\begin{aligned}\frac{\partial}{\partial t}\Delta &= \frac{\partial}{\partial t}\left(\frac{\partial v_x}{\partial x} + \frac{\partial v_z}{\partial z}\right)\\ &= -\omega\frac{\mathrm{d}\hat{v}_x}{\mathrm{d}x}\sin\omega t\cos kz - \omega k\hat{v}_x\sin\omega t\cos kz\end{aligned}$$

$$\frac{\partial^2}{\partial t^2}\Delta = -\omega^2\frac{\mathrm{d}\hat{v}_x}{\mathrm{d}x}\cos\omega t\cos kz - \omega^2 k\hat{v}_z\cos\omega t\cos kz \tag{8.7-21}$$

$$\begin{aligned}\nabla^2\Delta &= \frac{\partial^2}{\partial x^2}\left(\frac{\partial v_x}{\partial x} + \frac{\partial v_z}{\partial z}\right) + \frac{\partial^2}{\partial z^2}\left(\frac{\partial v_x}{\partial x} + \frac{\partial v_z}{\partial z}\right)\\ &= \left(\frac{\mathrm{d}^3\hat{v}_x}{\mathrm{d}x^3} + k\frac{\mathrm{d}^2\hat{v}_z}{\mathrm{d}x^2} - k^2\frac{\mathrm{d}\hat{v}_x}{\mathrm{d}x} - k^3\hat{v}_z\right)\cos\omega t\cos kz\end{aligned} \tag{8.7-22}$$

$$\begin{aligned}\Delta - \Gamma &= \frac{\partial v_x}{\partial x} + \frac{\partial v_z}{\partial z} - \frac{\partial v_z}{\partial z}\\ &= \frac{\partial v_x}{\partial x}\\ \nabla^2(\Delta - \Gamma) &= \frac{\partial^2}{\partial x^2}\frac{\partial v_x}{\partial x} + \frac{\partial^2}{\partial z^2}\frac{\partial v_x}{\partial x}\\ &= \left(\frac{\mathrm{d}^3\hat{v}_x}{\mathrm{d}x^3} - k^2\frac{\mathrm{d}\hat{v}_x}{\mathrm{d}x}\right)\cos\omega t\cos kz\end{aligned} \tag{8.7-23}$$

将 (8.7-21), (8.7-22), (8.7-23) 代入 (8.7-14): 两边消去 $\cos\omega t\cos kz$,

$$-\omega^2\frac{\mathrm{d}\hat{v}_x}{\mathrm{d}x} - \omega^2 k\hat{v}_z = c_0^2\left(\frac{\mathrm{d}^3\hat{v}_x}{\mathrm{d}x^3} + k\frac{\mathrm{d}^2\hat{v}_z}{\mathrm{d}x^2} - k^2\frac{\mathrm{d}\hat{v}_x}{\mathrm{d}x} - k^3\hat{v}_z\right) + v_A^2\left(\frac{\mathrm{d}^3\hat{v}_x}{\mathrm{d}x^3} - k^2\frac{\mathrm{d}\hat{v}_x}{\mathrm{d}x}\right) \tag{8.7-24}$$

由 (8.7-20) 式解出

$$\hat{v}_z = \frac{kc_0^2}{\omega^2 - k^2c_0^2}\frac{\mathrm{d}\hat{v}_x}{\mathrm{d}x} \tag{8.7-25}$$

$$\begin{aligned}\frac{\mathrm{d}\hat{v}_z}{\mathrm{d}x} &= \frac{kc_0^2}{\omega^2 - k^2c_0^2}\frac{\mathrm{d}^2\hat{v}_x}{\mathrm{d}x^2}\\ \frac{\mathrm{d}^2\hat{v}_z}{\mathrm{d}x^2} &= \frac{kc_0^2}{\omega^2 - k^2c_0^2}\frac{\mathrm{d}^3\hat{v}_x}{\mathrm{d}x^3}\end{aligned} \tag{8.7-26}$$

将 (8.7-25), (8.7-26) 代入 (8.7-24)

$$\left(k^2c_0^2+\frac{k^4c_0^2}{\omega^2-k^2c_0^2}+k^2v_A^2-\omega^2-\omega^2\frac{k^2c_0^2}{\omega^2-k^2c_0^2}\right)\frac{\mathrm{d}\hat{v}_x}{\mathrm{d}x}=\left(c_0^2+\frac{k^2c_0^4}{\omega^2-k^2c_0^2}+v_A^2\right)\frac{\mathrm{d}^3\hat{v}_x}{\mathrm{d}x^3}$$

两边乘 $\mathrm{d}x$, 积分, 令积分常数为零.

$$\frac{\mathrm{d}^2\hat{v}_x}{\mathrm{d}x^2}-m_0^2\hat{v}_x=0 \tag{8.7-27}$$

$$m_0^2=\frac{(k^2c_0^2-\omega^2)(k^2v_A^2-\omega^2)}{(k^2c_T^2-\omega^2)(c_0^2+v_A^2)} \tag{8.7-28}$$

式中 $c_T^2=c_0^2v_A^2/(c_0^2+v_A^2)$ 是管速, 既是亚声速, 又是亚 Alfvén 速.

(1) 方程 (8.7-27) 是从磁通管推出的, 也可应用于无界介质. 对于无界介质, 寻求平面波解 e^{ilx}, (8.7-27) 式变为 $l^2+m_0^2=0$, 将 (8.7-28) 式代入

$$l_0^2+\frac{(k^2c_0^2-\omega^2)(k^2v_A^2-\omega^2)}{(k^2c_T^2-\omega^2)(c_0^2+v_A^2)}=0$$

整理后得

$$\omega^4-(k^2+l^2)(c_0^2+v_A^2)\omega^2+k^2(k^2+l^2)c_0^2v_A^2=0 \tag{8.7-29}$$

这是磁声波色散关系.

管速 c_T 是沿磁场方向慢 (磁声波) 波的群速度.

(2) 对于磁通管 $|x|<x_0$, 求解 (8.7-27) 式

$$\hat{v}_x=A_1\mathrm{e}^{m_0x}+A_2\mathrm{e}^{-m_0x}$$

当 $x\to 0$ (管轴上), 有 $\hat{v}_x\to 0$, 所以 $A_1=-A_2$,

$$\begin{aligned}\hat{v}_x&=A_1(\mathrm{e}^{m_0x}-\mathrm{e}^{-m_0x})\\&=\frac{A_1}{2}\sinh m_0x\\&=A_0\sinh m_0x\end{aligned} \tag{8.7-30}$$

$A_0=\dfrac{1}{2}A_1$ 待定. 假设米粒组织的挤压以扰动流动 v_e 的形式出现, 密度为 ρ_e, 可用振荡压强来表示 $\delta p_e=\dfrac{1}{2}\rho_ev_e^2\sin\omega t\cos kz$, 作用于管壁, 也即作用于边界.

在边界上管内、外压强平衡

$$p_e = p_0 + \frac{1}{2\mu}B_0^2$$

受扰动时,

$$\begin{aligned}p_e + \hat{p}_e &= p_0 + \hat{p} + \frac{1}{2\mu}B_0^2\left(1 + \frac{\boldsymbol{b}}{\boldsymbol{B}_0}\right)^2 \\ &= p_0 + \hat{p} + \frac{1}{2\mu}B_0^2 + \frac{1}{\mu}\boldsymbol{B}_0 \cdot \boldsymbol{b} \\ &= p_0 + \hat{p} + \frac{1}{2\mu}B_0^2 + \frac{1}{\mu}B_0\hat{b}_z \qquad (\text{因为 } \boldsymbol{B}_0 = B_0\hat{\boldsymbol{z}})\end{aligned}$$

$$\hat{p}_e = \hat{p} + \frac{1}{\mu}B_0\hat{b}_z$$

(注意: 前已提及 $\boldsymbol{b}$, p, ρ 均为扰动量.) 上式也可写为 $p_e = p + (1/\mu)B_0 b_z$.

p 和 b_z 的形式类似于 (8.7-16), 现在找出 $\hat{p}(x)$, $\hat{b}_z(x)$ 的具体表达式.

运动方程

$$\rho_0\frac{\mathrm{D}\boldsymbol{v}}{\mathrm{D}t} = -\boldsymbol{\nabla}\left(p_0 + \frac{1}{2\mu}B_0^2\right) + \frac{1}{\mu}\boldsymbol{B}_0 \cdot \boldsymbol{\nabla}\boldsymbol{B}_0 \qquad (\text{不计重力})$$

小扰动线性化方程. 设 $\boldsymbol{v}_0 = 0$.

$$\begin{aligned}&(\rho_0 + \rho_1)\left(\frac{\partial \boldsymbol{v}_1}{\partial t} + \boldsymbol{v}_1 \cdot \boldsymbol{\nabla}\boldsymbol{v}_1\right) \\ &= -\boldsymbol{\nabla}\left[p_0 + p_1 + \frac{1}{2\mu}(\boldsymbol{B}_0 + \boldsymbol{b})^2\right] + \frac{1}{\mu}(\boldsymbol{B}_0 + \boldsymbol{b}) \cdot \boldsymbol{\nabla}(\boldsymbol{B}_0 + \boldsymbol{b})\end{aligned}$$

注意下列事实: ① 平衡态磁场 $\boldsymbol{B}_0 = B_0\hat{\boldsymbol{z}}$ 为均匀磁场, $\boldsymbol{\nabla}\boldsymbol{B}_0 = 0$; ② 带下标 “1” 为扰动量, $\boldsymbol{b}$ 为扰动场; ③ 方程 (8.7-27) 描述的是管内的运动, 是因为管外的挤压引起的. 所以是一种扰动运动. 因此 (8.7-16), (8.7-17) 以及该二式下的 p, b_x, b_z 和 ρ 式的各项应该是扰动运动的形式解, 可以表示扰动量. 于是我们有

$$\rho_0\frac{\partial \boldsymbol{v}_1}{\partial t} = -\boldsymbol{\nabla}\left(p_1 + \frac{1}{\mu}B_0 b_z\right) + \frac{1}{\mu}\boldsymbol{B}_0 \cdot \boldsymbol{\nabla}\boldsymbol{b}$$

写成分量式:

$$\rho_0\frac{\partial v_{1x}}{\partial t} = -\frac{\partial}{\partial x}\left(p_1 + \frac{1}{\mu}B_0 b_z\right) + \frac{1}{\mu}B_0\frac{\partial b_x}{\partial z} \tag{8.7-31}$$

$$\rho_0\frac{\partial v_{1z}}{\partial t} = -\frac{\partial}{\partial z}\left(p_1 + \frac{1}{\mu}B_0 b_z\right) + \frac{1}{\mu}B_0\frac{\partial b_z}{\partial z} \tag{8.7-32}$$

将 (8.7-16), (8.7-17) 以及 p, b_x, b_z 等式代入,
(8.7-31) 式:

$$-\rho_0\omega\hat{v}_x(x)\sin\omega t\cos kz = -\frac{\partial\hat{p}(x)}{\partial x}\sin\omega t\cos kz - \frac{1}{\mu}B_0\frac{\partial\hat{b}_z(x)}{\partial x}\sin\omega t\cos kz + \frac{1}{\mu}B_0k\hat{b}_x(x)\sin\omega t\cos kz \tag{8.7-33}$$

(8.7-31) 式:

$$-\rho_0\omega\hat{v}_z(x)\sin\omega t\sin kz = k\hat{p}(x)\sin\omega t\sin kz+\frac{B_0}{\mu}k\hat{b}_z(x)\sin\omega t\sin kz - k\frac{1}{\mu}B_0\hat{b}_z(x)\sin\omega t\sin kz \tag{8.7-34}$$

(8.7-33), (8.7-34) 整理后:

$$-\rho_0\omega\hat{v}_x(x) = -\frac{\mathrm{d}\hat{p}(x)}{\mathrm{d}x} - \frac{B_0}{\mu}\frac{\mathrm{d}\hat{b}_z(x)}{\mathrm{d}x} + \frac{B_0}{\mu}k\hat{b}_x(x) \tag{8.7-35}$$

$$-\rho_0\omega\hat{v}_z(x) = k\hat{p}(x) \tag{8.7-36}$$

由 (8.7-36) 解出

$$\hat{p}(x) = -\frac{\omega}{k}\rho_0\hat{v}_z(x)$$

由 (8.7-25) 式, 知 $\hat{v}_z(x) = [kc_0^2/(\omega^2 - k^2c_0^2)]\mathrm{d}\hat{v}_x/\mathrm{d}x$, $\hat{v}_x$ 由 (8.7-30) 表示, $\hat{v}_x = A_0\sinh m_0x$, 代入上式

$$\hat{p}(x) = -\omega\rho_0\frac{c_0^2}{\omega^2 - k^2c_0^2}m_0A_0\cosh m_0x \tag{8.7-37}$$

再寻找 $\hat{b}_z(x)$ 的表达式.

对于理想流体, 感应方程

$$\frac{\partial\boldsymbol{B}}{\partial t} = \boldsymbol{\nabla}\times(\boldsymbol{v}\times\boldsymbol{B})$$

小扰动线性化后

$$\frac{\partial\boldsymbol{b}}{\partial t} = \boldsymbol{\nabla}\times(\boldsymbol{v}_1\times\boldsymbol{B}_0)$$

因为 $\boldsymbol{B}_0$ 均匀, 所以 $\boldsymbol{v}_1\cdot\boldsymbol{\nabla}\boldsymbol{B}_0=0$. 现在处理的是可压缩流体

$$\begin{aligned}\frac{\partial \boldsymbol{b}}{\partial t}&=(\boldsymbol{B}_0\cdot\boldsymbol{\nabla})\boldsymbol{v}_1-\boldsymbol{B}_0\boldsymbol{\nabla}\cdot\boldsymbol{v}_1\\&=B_0\frac{\partial}{\partial z}\boldsymbol{v}_1-\left(\frac{\partial v_{1x}}{\partial x}+\frac{\partial v_{1z}}{\partial z}\right)B_0\hat{\boldsymbol{z}}\end{aligned}$$

写成分量式

$$\begin{cases}\dfrac{\partial b_x}{\partial t}=B_0\dfrac{\partial v_x}{\partial z}\\\dfrac{\partial b_z}{\partial t}=B_0\dfrac{\partial v_z}{\partial z}-B_0\left(\dfrac{\partial v_x}{\partial x}+\dfrac{\partial v_z}{\partial z}\right)\end{cases}$$

用 (8.7-16), (8.7-17) 以及 b_x, b_z 代入上式:

$$\begin{cases}\omega\hat{b}_x(x)\cos\omega t\sin kz=-kB_0\hat{v}_x(x)\cos\omega t\sin kz\\\omega\hat{b}_z(x)\cos\omega t\cos kz=kB_0\hat{v}_z(x)\cos\omega t\cos kz-B_0\dfrac{\mathrm{d}\hat{v}_x(x)}{\mathrm{d}x}\cos\omega t\cos kz\\\qquad\qquad-kB_0\hat{v}_z(x)\cos\omega t\cos kz\end{cases}$$

$$\begin{cases}\omega\hat{b}_x(x)=-kB_0\hat{v}_x(x)\\\omega\hat{b}_z(x)=kB_0\hat{v}_z(x)-B_0\dfrac{\mathrm{d}\hat{v}_x(x)}{\mathrm{d}x}-kB_0\hat{v}_z(x)=-B_0\dfrac{\mathrm{d}\hat{v}_x}{\mathrm{d}x}\end{cases}$$

将 (8.7-30) 式代入 $\omega\hat{b}_z(x)=-B_0\dfrac{\mathrm{d}\hat{v}_x}{\mathrm{d}x}$:

$$\hat{b}_z(x)=-\frac{B_0}{\omega}A_0m_0\cosh m_0x \tag{8.7-38}$$

于是

$$\begin{aligned}\hat{p}+\frac{1}{\mu}B_0\hat{b}_z(x)&=-\omega\rho_0\frac{c_0^2}{\omega^2-k^2c_0^2}A_0m_0\cosh m_0x-\frac{B_0^2}{\mu\omega}A_0m_0\cosh m_0x\\&=-\rho_0\frac{\omega^2c_0^2+v_A^2(\omega^2-k^2c_0^2)}{(\omega^2-k^2c_0^2)\omega}A_0m_0\cosh m_0x\\&=-\rho_0\frac{(k^2c_T^2-\omega^2)(c_0^2+v_A^2)}{(k^2c_0^2-\omega^2)\omega}A_0m_0\cosh m_0x\end{aligned}\tag{8.7-39}$$

$$p+\frac{1}{\mu}B_0b_z=-\rho_0\frac{(k^2c_T^2-\omega^2)(c_0^2+v_A^2)}{(k^2c_0^2-\omega^2)\omega}A_0m_0\cosh m_0x\sin\omega t\cos kz$$

边界上 $x=\pm x_0$, (8.7-39) 式应等于外界湍动压强 $\delta p_e(z,t)=\frac{1}{2}\rho_e u_e^2\sin\omega t\cos kz$. ρ_e: 管外的密度; u_e: 湍流的典型速度. ω, k 由管外条件确定. 假定光球上产生的典型频率为 ω ($\approx 0.02\ \mathrm{s}^{-1}$), k 为湍流产生的 (任意) 波数.

$$\left[p+\frac{1}{\mu}B_0 b_z\right]_{x=\pm x_0}=\delta p_e|_{x=\pm x_0}$$

$$-\rho_0\frac{(k^2c_T^2-\omega^2)(c_0^2+v_A^2)}{(k^2c_0^2-\omega^2)\omega}A_0 m_0\cosh m_0 x_0=\frac{1}{2}\rho_e u_e^2$$

因此可确定水平方向 ($\hat{\boldsymbol{x}}$) 速度 v_x 的振幅 $\hat{v}_x(x)$,

$$A_0=-\frac{1}{2}\left(\frac{\rho_e}{\rho_0}\right)\frac{\omega(k^2c_0^2-\omega^2)}{(k^2c_T^2-\omega^2)(c_0^2+v_A^2)}\cdot u_e^2\frac{1}{m_0\cosh m_0 x_0}$$

$v_z=\hat{v}_z(x)\cos\omega t\sin kz$, 将 (8.7-25) 式代入上式, 有 $v_z=[kc_0^2/(\omega^2-k^2c_0^2)](\mathrm{d}\hat{v}_x/\mathrm{d}x)\cdot\cos\omega t\sin kz$, 再将 $\hat{v}_x=A_0\sinh m_0 x$ 继续代入

$$\begin{aligned}v_z&=\frac{kc_0^2}{\omega^2-k^2c_0^2}A_0 m_0\cosh m_0 x\cos\omega t\sin kz\\&=\frac{1}{2}\left(\frac{\rho_e}{\rho_0}\right)u_e^2\frac{k\omega c_0^2}{(k^2c_T^2-\omega^2)(c_0^2+v_A^2)}\cdot\frac{\cosh m_0 x}{\cosh m_0 x_0}\cos\omega t\sin kz\end{aligned}$$

在磁通管的轴上 $x=0$, 有

$$\frac{v_z(x=0)}{c_T}=\frac{1}{2}\left(\frac{\rho_e}{\rho_0}\right)\left(\frac{u_e}{v_A}\right)^2\cdot\frac{k\omega c_0^2v_A^2}{(k^2c_T^2-\omega^2)(c_0^2+v_A^2)\cdot c_T}\cdot\frac{1}{\cosh m_0 x_0}\cos\omega t\sin kz$$

$$(\cosh m\cdot 0=1)$$

令

$$f(k)=\frac{\omega k c_T}{(k^2c_T^2-\omega^2)\cosh m_0 x_0}\tag{8.7-40}$$

$$v_z(x=0)=\frac{1}{2}\left(\frac{\rho_e}{\rho_0}\right)\left(\frac{u_e}{v_A}\right)^2 c_T f(k)\cos\omega t\sin kz\tag{8.7-41}$$

引入无量纲参数

$$\kappa=\frac{kc_T}{\omega},\quad a=\frac{\omega x_0}{c_T},\quad \lambda=\frac{c_0^2}{v_A^2},\quad z_0=m_0 x_0$$

$f(k)$ 变为

$$f(\kappa)=\frac{\kappa}{(\kappa^2-1)\cosh z_0}\tag{8.7-42}$$

由 (8.7-28) 式

$$m_0^2 = \frac{(k^2 c_0^2 - \omega^2)(k^2 v_A^2 - \omega^2)}{(k^2 c_T^2 - \omega^2)(c_0^2 + v_A^2)}$$

$$\begin{aligned}
z_0^2 &= m_0^2 x_0^2 \\
&= m_0^2 \frac{c_T^2}{\omega^2} a^2 \\
&= \frac{(k^2 c_0^2 - \omega^2)(k^2 v_A^2 - \omega^2)}{(k^2 c_T^2 - \omega^2)(c_0^2 + v_A^2)} \cdot \frac{c_0^2 v_A^2}{c_0^2 + v_A^2} \cdot \frac{a^2}{\omega^2} \\
&= \frac{\left(\kappa^2 - \dfrac{1}{1+\lambda}\right)\left(\kappa^2 - \dfrac{\lambda}{1+\lambda}\right)}{\kappa^2 - 1} a^2
\end{aligned} \tag{8.7-43}$$

$f(\kappa)$ 与两个参数有关: a (磁通管的无量纲半径) 和 λ (声速与 Alfvén 速度之比). $f(\kappa)$ 有一个极大值, 从简单的数学运算不易得到, 我们从物理上考虑. 在 $z = 0$ 处, 在 $t = 0$ 时开始挤压磁通管, 我们期望 $z > 0$, 有上升的流动, $z < 0$ 有向下的流动, 将 $t = 0$, $z > 0$ 和 $z < 0$ 分别代入 (8.7-41) 式, 可知 $f(\kappa)$ 必须为正, 也即要求 $(\kappa^2 - 1)\cosh z_0 > 0$.

光球上的强磁通管的典型条件是 $\lambda = 1$, 即 $c_0 = v_A$. (8.7-43) 式简化为

$$z_0^2 = \frac{\left(\kappa^2 - \dfrac{1}{2}\right)^2 a^2}{\kappa^2 - 1} \tag{8.7-44}$$

例 1 $z_0^2 > 0$.

当 $\kappa > 1$, 即 $\omega < kc_T$ (注意: $z_0 = mx_0$, 与坐标 z 轴不同) 时, 可见 $z_0^2 > 0$. 当 $\kappa \to 1$, 即 $c_T \to \omega/k$ (相速) 时, 有 $\cosh z_0 \to \infty$, $f(\kappa) \to 0$. 当 $\kappa \to \infty$ 时, $f(\kappa) \to 0$. $f(\kappa)$ 式大于零. 所以在 $\kappa = 1$ 至 ∞ 必有一极大值.

由 (8.7-42) 式和 (8.7-44) 式, 可以求出 $f(\kappa)$ 的极大值 $f^{\max}$ (注意 z_0 也是 κ 的函数). 对 $f(\kappa)$ 的极大值随着管径变细而增大. 当 $a \to 0$, 即使 $\kappa \to 1$ 即 c_T 与相速接近, 仍有 $f(\kappa) \to \infty$.

例 2 $z_0^2 < 0$.

当 $0 < \kappa < 1$ 时, 有 $z_0^2 < 0$ (对于 $\lambda = 1$),

$$z_0^2 = \frac{\left(\kappa^2 - \dfrac{1}{2}\right)^2 a^2}{\kappa^2 - 1} < 0$$

$$\hat{z}_0^2 = -z_0^2 = \frac{\left(\kappa^2 - \dfrac{1}{2}\right)^2 a^2}{1-\kappa^2}$$

$$\cosh z_0 = \cosh(i\hat{z}_0) = \cos\hat{z}_0$$

$$f(\kappa) = -\frac{\kappa}{(1-\kappa^2)\cos\hat{z}_0}$$

当 $\kappa \to 1\ (0<\kappa<1)$ 时, $|f(\kappa)| \to \infty$, 而且在 $\cos\hat{z}_0$ 的零点, $|f(\kappa)| \to \infty$, 即

$$\hat{z}_0^2 \frac{\left(\kappa^2 - \dfrac{1}{2}\right)^2 a^2}{1-\kappa^2} = (2N+1)^2 \cdot \left(\frac{\pi}{2}\right)^2$$

$$\frac{\left(\kappa^2 - \dfrac{1}{2}\right)^2}{1-\kappa^2} = (2N+1)\cdot\frac{\pi^2}{4a^2}, \qquad N = 0,\ 1,\ 2,\ \cdots$$

因此 $|f(\kappa)| \to \infty$ 有无穷多个点.

我们对 $\kappa > 1,\ z_0^2 > 0$ 的情况感兴趣.

讨论:

(1) 外界的压力脉动有可能驱动磁通管内的垂直流动, 流动的幅度对管子的半径很敏感, 而且依赖于外界驱动的湍动压力波的相速度. 当外界湍动的波速 ω/k 与管速 c_T 相当时, 就有大幅度的流动. 假如 ω 已经给定, 对频率 ω、波数 k 的外界扰动压力, 当 $k \approx \omega/c_T$ 时, 会对管内流动有选择地放大. 管子越细, v_z 的共振峰值越大, 对于大的 v_z, 在 ω/c_T 附近的弥散也更大. 光球上, 强磁通管的典型条件下取 $c_0 = v_A$, 可求出 $c_T = \dfrac{1}{\sqrt{2}}c_0$, $k \approx \sqrt{2}\omega/c_0$, 声速 $c_0 = 9\ \mathrm{km\cdot s^{-1}}$, $\omega = 0.02\ \mathrm{s^{-1}}$, 得: $k = 3.1\times 16^{-3}\ \mathrm{km^{-1}}$ (波长约 2000 km). 在这个模型中, 垂直流动速度的幅度可与当地声速相比, 甚至大于声速.

(2) 所有的讨论要在线性模型的框架内. 在上面讨论中预期大速度流动产生之前, 非线性项已变得很重要. 线性假设意味着 $|\hat{b}_z| \ll B_0$. 从 (8.7-38) 式可见 $|\hat{b}_z/B_0| = |A_0 m_0 \cosh m_0 x/\omega|$, 由 (8.7-25) 式 $\hat{v}_z = [kc_0^2/(\omega^2 - k^2c_0^2)]\mathrm{d}\hat{v}_x/\mathrm{d}x$, $\hat{v}_x = A_0 \sinh m_0 x$, 所以 $\hat{v}_z = [kc_0^2/(\omega^2 - k^2c_0^2)]A_0 m_0 \cosh m_0 x$, 求出 $A_0 m_0 \cosh m_0 x = [(\omega^2 - k^2c_0^2)/kc_0^2]\hat{v}_z$ 代入 $|\hat{b}_z/B_0| = |(k^2c_0^2 - \omega^2)\hat{v}_z/kc_0^2\omega| \ll 1$. $\hat{b}_z/B_0$ 式右边可化为 $\hat{v}_z(c_0^2 - \omega^2/k^2)/(c_0^2\omega/k) = [1-(\omega^2/k^2)\cdot(1/c_0^2)]/(\omega/k)$, 所以 $\hat{v}_z \ll |(\omega/k)/(1-\omega^2/k^2c_0^2)|$. 若取数据 $k = 3.1\times 10^{-3}$, $\omega = 0.02\ \mathrm{s^{-1}}$, $(\omega^2/k^2)\cdot(1/c_0^2) \ll 1$ ($\omega/k = c_0$ 是例外), 所以至少 $\hat{v}_z(0)$ 要满足上述条件. 因此线性假设也要求 $\hat{v}_z(0) \ll \omega/k$, 共振流动发生的条件是 $\omega \approx kc_T$. 所以线性理论有效的条件是 $\hat{v}_z(0) \ll c_T$. 当然耗

散效应也会影响共振. 很可能因此阻止 $f(k)$ 成为无穷大. 总之线性模型确实表明, 外部的共振振荡会驱动高速的垂直流动.

(3) 高速流动的发展可能产生激波.

(4) 光球上垂直方向流动的产生, 可能发展为色球上观测到的针状体. 共振驱动垂直流动仅仅是产生针状体的起始流动 (seed-flow).

(5) 当外界气体密度和压力随高度下降, 强磁通管将发散, 直至与邻近磁通管的磁力线相遇, 见磁场结构图 (图 8.27).

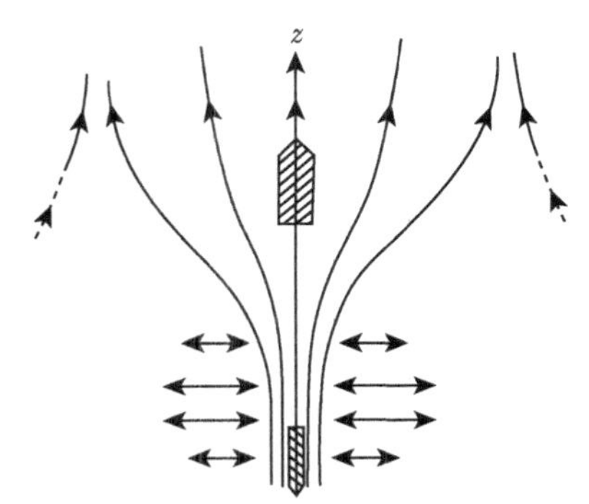

图 8.27 光球上方磁通管扩张. 米粒组织的湍动压迫磁通管 (由图中符号 $\leftrightarrow$ 表示) 驱动流动沿管上升 $z>0$ 和下沉 $z<0$

总之, 针状体是起始流动在色球层面的表现形式, 是由米粒组织的扰动, 共振撞击 kG 量级的磁通管壁而产生. 光球上产生的初始流动在磁通管延伸至色球扩展区域得到加速.

先前对于针状体的形成及其驱动色球物质向上运动还曾提出两个模型:

① 米粒的冲击激发慢磁声-重力波, 发展成激波, 驱动色球物质向上. 问题是不能产生足够高或足够快的针状体.

② 磁重联加速, 但没有发现重联的磁位型. 近年的研究表明, 这两个模型都得到观测支持 (De Pontieu et al., 2004; Lites et al., 2008).

8.7.4 管波

强磁通管是光球和色球之间磁交换的有效通道, 特别是波的自然通道. 不过比起均匀介质, 现在有很多种波能在这种并非简单的结构中传播.

对于二维 (x, z) 扰动, 即: 令速度分量 v_y 及 波数 l (即 k_y) 为零. $v_x(x)=\hat{v}_x(x)\mathrm{e}^{i(\omega t+kz)}$, 前已求得 (8.7-27) 式

$$\frac{\mathrm{d}^2\hat{v}_x}{\mathrm{d}x^2}-m_0^2\hat{v}_x=0 \qquad (|x|<a)$$

式中

$$m_0^2=\frac{(kc_0^2-\omega^2)(k^2v_A^2-\omega^2)}{(c_0^2+v_A^2)(k^2c_T^2-\omega^2)},\qquad c_T^2=\frac{c_0^2v_A^2}{c_0^2+v_A^2}$$

k 是波矢在 z 方向的投影. m_0^2 可以为正或负. a 为薄层的边界.

$$\hat{v}_x=A_1\mathrm{e}^{m_0x}+A_2\mathrm{e}^{-m_0x}$$

薄层 (参见图 8.28 (a)) 的边界条件: $v_x(x)$ 和 p 在边界 $x=\pm a$ 处连续. $x=\pm\infty$, 扰动消失. 产生于磁场的波 (即在管内. 管外无磁场) 在薄层之外随 $|x|$ 增加逐渐消失.

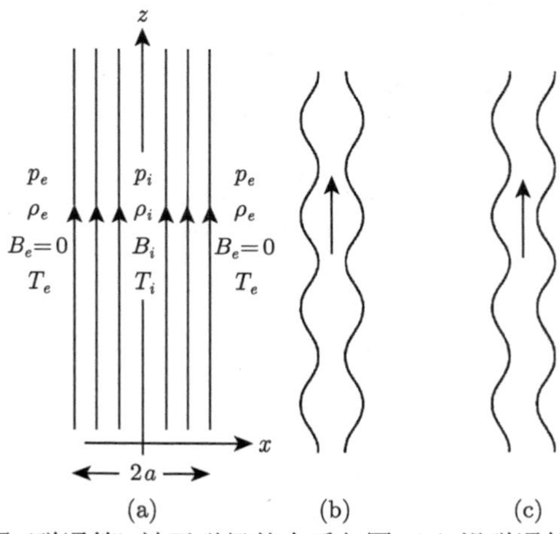

图 8.28　(a) 磁薄层 (磁通管) 被无磁场的介质包围; (b) 沿磁通管传播的腊肠型扰动; (c) 扭折型扰动的传播

1. 腊肠型, v_x 关于 x 是奇函数

当 $x\to 0$ 时, 有 $\hat{v}_x\to 0$, 所以 $A_1=-A_2=A'$. 薄层内 (即管内) $\hat{v}_x=A'(\mathrm{e}^{m_0x}-\mathrm{e}^{-m_0x})=A_0\sinh m_0x$, $A_0=2A'$ 待定, $\sinh m_0x$ 为奇函数.

(1) 在 $x>a$ 的区域内, 当 $x\to\infty$, $\hat{v}_x\to 0$ 时, 解为

$$\hat{v}_x=B\mathrm{e}^{-m_ex}$$

在 $x=a$ 处, $A_0\sinh m_0a=B\mathrm{e}^{-m_ea}$,

$$B=\frac{A_0\sinh m_0a}{\mathrm{e}^{-m_ea}}$$

薄层外 (管外)

$$\hat{v}_x(x)=A_0\frac{\sinh m_0a}{\mathrm{e}^{-m_ea}}\mathrm{e}^{-m_ex}$$

(2) 在 $x<-a$ 区域内, $x\to-\infty$, $\hat{v}_x\to 0$, 解为

$$\hat{v}_x = B'\mathrm{e}^{m_e x}$$

在 $x=-a$ 处,

$$-A_0\sinh m_0 a = B'\mathrm{e}^{-m_e a}$$

$$B' = -A_0\frac{\sinh m_0 a}{\mathrm{e}^{-m_e a}}$$

$$\hat{v}_x = -A_0\frac{\sinh m_0 a}{\mathrm{e}^{-m_e a}}\cdot\mathrm{e}^{m_e x}$$

强磁通管内部总压强

$$\begin{aligned}\hat{p}+\frac{1}{\mu}B_0\hat{b}_z(x) &= -\rho_0\frac{(k^2c_T^2-\omega^2)(c_0^2+v_A^2)}{(k^2c_0^2-\omega^2)\omega}A_0 m_0\cosh m_0 x \\ &= -A_0\rho_0\frac{1}{m_0}\frac{1}{\omega}(k^2v_A^2-c_0^2)\cosh m_0 x\end{aligned}\tag{8.7-39}$$

(把 m_0^2 表达式代入 (8.7-39) 式即可).

现在求薄层外 (管外) 的 $\hat{p}_e$, 由 (8.7-36), (8.7-25) 式得

$$\hat{p} = -\frac{\rho_0\omega}{k}\hat{v}_z(x) = -\frac{\rho_0\omega}{k}\frac{kc_0^2}{\omega^2-k^2c_0^2}\cdot\frac{\mathrm{d}\hat{v}_x}{\mathrm{d}x}$$

上式管内物理量 ρ_0, c_0 和 m_0^2 分别用管外相应的量 ρ_e, c_e 和 m_e^2 代入, 就得到管外的 $\hat{p}_e$, 管外没有磁场,

$$m_e^2 = \frac{k^2c_e^2-\omega^2}{c_e^2},$$

$$\hat{v}_x = -A_0\frac{\sinh m_0 a}{\mathrm{e}^{-m_e a}}\mathrm{e}^{m_e x}\quad (x<-a)$$

$$\therefore\ \hat{p}_e = A_0\frac{\sinh m_0 a}{\mathrm{e}^{-m_e a}}\rho_e\omega m_e\mathrm{e}^{m_e x}\cdot\frac{c_e^2}{\omega^2-k^2c_e^2}$$

$$\hat{p}_e = -A_0\frac{\sinh m_0 a}{\mathrm{e}^{-m_e a}}\rho_e\omega\cdot\frac{1}{m_e}\mathrm{e}^{m_e x}\quad (x<-a)$$

$$\hat{p}_e = -A_0\frac{\sinh m_0 a}{\mathrm{e}^{-m_e a}}\rho_e\omega\frac{1}{m_e}\mathrm{e}^{-m_e x}\quad (x>a)$$

$x=a$ 处, 内外压强连续.

$$-A_0\frac{\sinh m_0 a}{\mathrm{e}^{-m_e a}}\frac{\rho_e\omega}{m_e}\mathrm{e}^{-m_e a} = -A_0\rho_0\frac{1}{m_0\omega}(k^2v_A^2-\omega^2)\cosh m_0 a$$

$$(k^2v_A^2 - \omega^2)m_e = \frac{\rho_e}{\rho_0}\omega^2 m_0 \tanh m_0 a \tag{8.7-45a}$$

2. 扭折型, v_x 关于 x 是偶函数

(8.7-27) 式的解 $\hat{v}_x = A_1\mathrm{e}^{m_0x} + A_2\mathrm{e}^{-m_0x}$ 不在 $x = 0$ 处确定系数 A_1 和 A_2. 利用管壁条件, 当 $x = a$ 时, $\hat{v}_x^+ = A_1\mathrm{e}^{m_0a} + A_2\mathrm{e}^{-m_0a}$; 当 $x = -a$ 时, $\hat{v}_x^- = A_1\mathrm{e}^{-m_0a} + A_2\mathrm{e}^{m_0a}$. 对称, $\hat{v}_x^+ = \hat{v}_x^-$. 两式相减

$$\begin{aligned} 0 &= (A_1 - A_2)\mathrm{e}^{m_0a} + (A_2 - A_1)\mathrm{e}^{-m_0a} \\ &= (A_1 - A_2)(\mathrm{e}^{m_0a} - \mathrm{e}^{-m_0a}) \end{aligned}$$

$$\therefore\ A_1 = A_2 = A_e'$$

管内:

$$\begin{aligned} \hat{v}_x &= A_e'(\mathrm{e}^{m_0x} + \mathrm{e}^{-m_0x}) \\ &= A_e \cosh m_0 x \qquad (\text{此为偶函数}) \end{aligned}$$

$$\begin{aligned} \hat{p} = -\frac{\rho_0\omega}{k}\hat{v}_z(x) &= -\rho_0\omega\frac{c_0^2}{\omega^2 - k^2c_0^2}\frac{\partial\hat{v}_x}{\partial x} \\ &= -\rho_0\omega\frac{c_0^2}{\omega^2 - k^2c_0^2}A_e m_0 \sinh m_0 x \end{aligned}$$

8.7.3 节中已求出

$$\begin{aligned} \hat{b}_z &= -\frac{B_0}{\omega}\frac{\partial\hat{v}_x}{\partial x} \\ &= -\frac{B_0}{\omega}A_e m_0 \sinh m_0 x \end{aligned}$$

薄层内总压强

$$\hat{p} + \frac{1}{\mu}B_0\hat{b}_z = -\rho_0\omega\frac{c_0^2}{\omega^2 - k^2c_0^2}A_e m_0 \sinh m_0 x - \frac{1}{\mu}\frac{B_0}{\omega}A_e m_0 \sinh m_0 x$$

管外: 在 $x > a$ 区域, $\hat{v}_x = B_e\mathrm{e}^{-m_ex}$, 在 $x = a$ 处: $A_e \cosh m_0 a = B\mathrm{e}^{-m_ea}$, $B_e = A_e(\cosh m_0 a/\mathrm{e}^{-m_ea})$.

外部压强

$$\begin{aligned} \hat{p}_e &= -\rho_e\omega\frac{c_e^2}{\omega^2 - k^2c_e^2}\frac{\partial}{\partial x}(B_e\mathrm{e}^{-m_ex}) \\ &= -\rho_e\omega\frac{c_e^2}{\omega^2 - k^2c_e^2}(-m_e)A_e\frac{\cosh m_0 a}{\mathrm{e}^{-m_ea}}\mathrm{e}^{-m_ex} \end{aligned}$$

将 $m_e^2=(k^2c_e^2-\omega^2)/c_e^2$ 代入上式

$$\hat{p}_e=-\rho_e\omega\frac{1}{m_e}A_e\frac{\cosh m_0a}{\mathrm{e}^{-m_ea}}\mathrm{e}^{-m_ex}$$

边界上 $x=a$, 压强连续

$$\hat{p}+\frac{1}{\mu}B_0\hat{b}_z=\hat{p}_e$$

$$-A_em_0\sinh m_0a\cdot\rho_0\left[\frac{\omega c_0^2}{\omega^2-k^2c_0^2}+\frac{v_A^2}{\omega}\right]=-\rho_e\omega\frac{1}{m_e}A_e\frac{\cosh m_0a}{\mathrm{e}^{-m_ea}}\mathrm{e}^{-m_ea}$$

$$(k^2v_A^2-\omega^2)m_e=\frac{\rho_e}{\rho_0}\omega^2m_0\coth m_0a \tag{8.7-45b}$$

对于第一例中的奇函数 $\hat{v}_x=A_0\sinh m_0x$, 在 $x=0$ 处确定系数. 管轴 $(x=0)$ 保持不受扰动. 当波沿着管子传播时, 边界则呈脉动成为腊肠模式. 第二例中, 偶函数 $\hat{v}_x=A_e\cosh m_0x$, 当波通过时, 管轴受扰动偏离平衡位置 $x=0$, 称为扭折模式 (见图 8.28 (b)). 二例的比较列于表 8.2.

表 8.2 腊肠型和扭折型管内外波动的比较 ($\hat{v}_x$ 为振幅)

管内	管外
$\hat{v}_x$ 奇函数: $\hat{v}_x=A_0\sinh m_0x$	$\hat{v}_x=A_0\sinh m_0a\exp[-m_e(x-a)]\quad(x>a)$ $\hat{v}_x=-A_0\sinh m_0a\exp[m_e(x+a)]\quad(x<a)$
$\hat{v}_x$ 偶函数: $\hat{v}_x=A_e\cosh m_0x$	$\hat{v}_x=A_e\cosh m_0a\exp[-m_e(x-a)]\quad(x>a)$ $\hat{v}_x=A_e\sinh m_0a\exp[m_e(x+a)]\quad(x<a)$

(1) m_e^2 正或负的区别.

① 若 $m_e^2>0$, 管外的波 $v_x=\hat{v}_x\sin\omega t\cos kz\sim\mathrm{e}^{\mp m_ex}\sin\omega t\cos kz$. 当 $x\to\pm\infty$ 时, 以 $\mathrm{e}^{\mp m_ex}$ 衰减至零.

② 若 $m_e^2<0$, 则

$$v_x=\hat{v}_x\sin\omega t\cos kz\sim\mathrm{e}^{\mp im_ex}\cdot\frac{1}{2i}(\mathrm{e}^{i\omega t}-\mathrm{e}^{-i\omega t})\cos kz$$

$$\sim\sin(\omega t\mp m_ex)$$

有指向或者离开磁通管的波.

(2) m_0^2 正或负的区别.

① 若 $m_0^2=-n_i^2<0$ (管内), 则管内扰动为 $\mathrm{e}^{i(\omega t+kz\pm n_ix)}$, 表示是管内的波, 称之为体波 (body waves), 有可能解释本影振荡.

② 若 $m_0^2>0$, 则管内扰动为 $\mathrm{e}^{i(\omega t+kz)\pm m_0x}$, 是表面波 (surface waves). m_0^2 和 m_e^2 对管内外波的影响列于表 8.3.

表 8.3　m_0^2 和 m_e^2 与磁通管内外波的关系

磁通管外	磁通管内
$m_e^2 > 0$　衰减的波	$m_0^2 > 0$　表面波
$m_e^2 < 0$　x 方向有波传播	$m_0^2 < 0$　体波

(3) 更为一般的方程, 并非 (8.7-27) 式, 应是

$$\frac{\mathrm{d}}{\mathrm{d}x}\left[\frac{\varepsilon(x)}{l^2+m_0^2}\frac{\mathrm{d}\hat{v}_x}{\mathrm{d}x}\right]=\varepsilon(x)\hat{v}_x$$

$$\varepsilon(x)=\rho_0(x)(\omega^2-k^2v_A^2)$$

l 为波矢在 y 方向的投影分量. 该方程的一个解是 $\varepsilon(x)=0$, 即 $\omega=kv_A$, 表示沿磁通管传播的 Alfvén 波 (管外没有磁场, 没有 Alfvén 波). 因为交界面上无扰动 ($\varepsilon(x)=0$ 是方程的解, 与扰动 v_x 无关), 所以不引起向外的运动. 因此对于磁通管而言, 这种 Alfvén 波只能对应于扭转 Alfvén 波 (没有向外运动的分量). 其他与磁场有关的均为磁声波模式. 在可压缩流体中没有真正的 Alfvén 表面波.

(4) 长波极限下, $ka \ll 1$, a 为磁通管半径

$$\tanh m_0a=\frac{\sinh m_0a}{\cosh m_0a}\approx\frac{m_0a}{1}$$

(8.7-45a) 简化为

$$(k^2v_A^2-\omega^2)m_e=\frac{\rho_e}{\rho_0}\omega^2m_0^2a \tag{8.7-46}$$

(5) 当 ka 趋近于零时 (相当于 $a\to 0$), (8.7-46) 式有两个解

①

$$m_0\to\infty,\qquad \omega=kc_T \tag{8.7-47}$$

由 m_0 表达式可见, 当 $\omega=kc_T$ 时, $m_0\to\infty$ 称为管波 (tube wave) 或慢表面波 (slow surface wave).

②

$$m_e\to 0,\qquad \omega=kc_e \tag{8.7-48}$$

从 m_e^2 的表达式可以看出 $\omega=kc_e$ (c_e 为管外的声速), 称为快波, 可能是表面波, 也可能是体波, 取决于 m_0^2 的符号 (见上表).

(6) $ka \ll 1$. 图 8.29 中另外两个模式的波.

① 慢体波 (slow body waves).

对于腊肠型及扭折型都有 $\omega=kc_T$.

② 慢表面波.

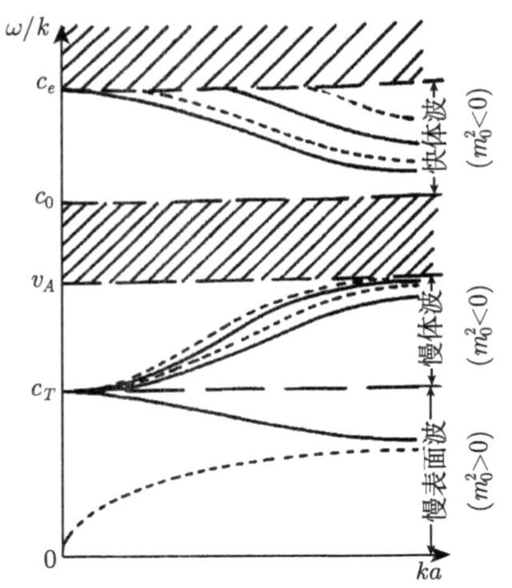

图 8.29 宽度 $2a$ 的薄层 (磁通管) 内的管波. 当 $c_e > c_0 > v_A$ 时, 相速度 (ω/k) 作为波数 k 的函数. 实线为腊肠模式, 短划线为扭折模式, 阴影区域 (薄层之外) 不存在波模式

对于扭折模式: 因为是扭折模式, 所以

$$(k^2v_A^2 - \omega^2)m_e = \frac{\rho_e}{\rho_0}\omega^2 m_0 \coth m_0 a \tag{8.7-45b}$$

$$\coth m_0 a \approx \frac{1}{m_0 a}$$

$$(k^2v_A^2 - \omega^2)m_e\frac{\rho_0}{\rho_e}a = \omega^2$$

令

$$A = \frac{\rho_0}{\rho_e}am_e$$

$$(k^2v_A^2 - \omega^2)A = \omega^2$$

$$\omega^2 = \frac{k^2v_A^2}{1+A}A \approx k^2v_A^2(1-A)\cdot A$$

$$\approx k^2v_A^2\frac{\rho_0}{\rho_e}m_e a$$

因为 $ka \ll 1$, A 为小量.

因为长波 $k \to 0$, 声速 $c_e = \omega/k \to \infty$,

$$m_e^2 = \frac{k^2c_e^2 - \omega^2}{c_e^2}$$

$$= k^2 - \frac{\omega^2}{c_e^2}$$

$$\approx k^2$$

所以

$$\omega = kv_A \left(\frac{\rho_0}{\rho_e} ka\right)^{1/2} \tag{8.7-49}$$

(7) 在不可压缩的情况下

$$\frac{c_0^2}{v_A^2} \to \infty, \quad c_T^2 = \frac{c_0^2 v_A^2}{c_0^2 + v_A^2} \to v_A^2, \quad m_0^2 = \frac{(k^2c_0^2-\omega^2)(k^2v_A^2-\omega^2)}{(c_0^2+v_A^2)(k^2c_T^2-\omega^2)} \to k^2 - \frac{\omega^2}{c_0^2} \to k^2$$

$$m_e^2 = \frac{k^2c_e^2 - \omega^2}{c_e^2} = k^2 - \frac{\omega^2}{c_e^2} \to k^2, \quad \therefore\ m_0 = m_e = k$$

方程 (8.7-45) 简化为

$$k^2v_A^2 - \omega^2 = \frac{\rho_e}{\rho_0}\omega^2 \tanh ka \qquad (\text{腊肠型})$$

$$k^2v_A^2 - \omega^2 = \frac{\rho_e}{\rho_0}\omega^2 \coth ka \qquad (\text{扭折型})$$

因此图 8.29 中 c_T 升至 v_A 处. c_0 变成 ∞ 而消失. 体波无论快慢均消失, 只有下面的慢表面波存在. 对于 $ka \ll 1$, (8.7-47) 式中的 c_T 变为 v_A,

$$\omega = kv_A \qquad (\text{腊肠型}) \tag{8.7-50}$$

$$\omega = kv_A \left(ka\frac{\rho_0}{\rho_e}\right)^{1/2} \qquad (\text{扭折型}) \tag{8.7-51}$$

这两支波常被称为 Alfvén 表面波.

(8) 慢扭折模的 Parker (1979a) 推导.

设 $\rho_0 = \rho_e$, 薄层横向 (y 方向) 小位移 $\xi(z,t) = \varepsilon \exp i(\omega t - kz)$, ε, $ka \ll 1$ (意即薄层边界的位移).

管外流体初始时静止, 因此无涡旋. $\boldsymbol{v}(y,z,t) = -\boldsymbol{\nabla}\Phi(y,z,t)$. 设流体为不可压缩 $\boldsymbol{\nabla} \cdot \boldsymbol{v} = 0$. $\partial v_y/\partial y + \partial v_z/\partial z = 0$, $\nabla^2\Phi = 0$, $\partial^2\Phi/\partial y^2 + \partial^2\Phi/\partial z^2 = 0$.

设 $\Phi = A(y)\mathrm{e}^{i(\omega t - kz)}$,

$$\frac{\mathrm{d}^2 A(y)}{\mathrm{d}y^2} - k^2 A(y) = 0$$

$$A(y) = K_1\mathrm{e}^{ky} + K_2\mathrm{e}^{-ky}$$

当 $y > a$, $y \to \infty$ 时, $A(y) \to 0$, 所以 $K_1 = 0$, $A(y) = K_2 \mathrm{e}^{-ky}$,

$$\varPhi = K_2 \mathrm{e}^{-ky} \cdot \mathrm{e}^{i(\omega t - kz)}$$

$$-\left.\frac{\partial \varPhi}{\partial y}\right|_{y=a} = v_y\big|_{y=a} = \frac{\partial \xi}{\partial t} = i\omega\varepsilon \mathrm{e}^{i(\omega t - kz)} \qquad \text{(边界处的速度)}$$

$$K_2 k \mathrm{e}^{-ka} \cdot \mathrm{e}^{i(\omega t - kz)} = i\omega\varepsilon \mathrm{e}^{i(\omega t - kz)}$$

$$K_2 = \frac{i\omega\varepsilon}{k} \mathrm{e}^{ka}$$

$$\varPhi = \frac{i\omega\varepsilon}{k} \mathrm{e}^{-k(y-a)} \cdot \mathrm{e}^{i(\omega t - kz)} \qquad (y > a) \tag{8.7-52}$$

同理, 对于 $y < -a$ 区域有

$$\varPhi = K' \mathrm{e}^{ky} \mathrm{e}^{i(\omega t - kz)}$$

$$K' = \frac{i\omega\varepsilon}{k} \mathrm{e}^{ka}$$

$$\varPhi = i\frac{\omega\varepsilon}{k} \mathrm{e}^{k(y+a)} \cdot \mathrm{e}^{i(\omega t - kz)} \tag{8.7-53}$$

运动方程

$$\frac{\partial \boldsymbol{v}}{\partial t} + \boldsymbol{v} \cdot \boldsymbol{\nabla} \boldsymbol{v} + \frac{1}{\rho} \boldsymbol{\nabla} p = 0$$

$$\boldsymbol{v} \cdot \boldsymbol{\nabla} \boldsymbol{v} = (\boldsymbol{\nabla} \times \boldsymbol{v}) \times \boldsymbol{v} + \frac{1}{2} \boldsymbol{\nabla}(v^2),$$

无旋, 不可压缩流体, 所以有

$$\boldsymbol{\nabla} \left[-\frac{\partial \varPhi}{\partial t} + \frac{1}{2} (\boldsymbol{\nabla} \varPhi)^2 + \frac{p}{\rho} \right] = 0$$

$$\frac{\partial \varPhi}{\partial t} = \frac{p}{\rho} + \frac{1}{2} (\boldsymbol{\nabla} \varPhi)^2 + \text{const}$$

略去二阶小量 ($\varPhi \sim \varepsilon$ 小量), 令常数为零

$$p = \rho \frac{\partial \varPhi}{\partial t}$$

$$\begin{aligned} p(y, z, t) &= -\rho\varepsilon \frac{\omega^2}{k} \mathrm{e}^{-k(y-a)} \cdot \mathrm{e}^{i(\omega t - kz)} \\ p(-y, z, t) &= \rho\varepsilon \frac{\omega^2}{k} \mathrm{e}^{k(y+a)} \cdot \mathrm{e}^{i(\omega t - kz)} \end{aligned} \tag{8.7-54}$$

现在管子 (即薄层) 因扰动有曲率 $1/R_c$ 在 yz 平面内

$$\frac{1}{R_c} = \frac{-y''}{(1+y'^2)^{3/2}}$$

$$y' = \frac{\partial \xi}{\partial z} = -ik\varepsilon \mathrm{e}^{i(\omega t - kz)}$$

$$y'' = \frac{\partial^2 \xi}{\partial z^2} = -k^2 \varepsilon \mathrm{e}^{i(\omega t - kz)}$$

$$\frac{1}{R_c} = \frac{-k^2 \varepsilon \mathrm{e}^{i(\omega t - kz)}}{[1 + k^2 \varepsilon^2 \mathrm{e}^{2i(\omega t - kz)}]^{3/2}} \approx -k^2 \varepsilon \mathrm{e}^{i(\omega t - kz)}$$

单位面积磁应力为 B^2/μ, 磁张力为 $(B^2/\mu) \cdot (1/R_c) = (B^2/\mu)\partial^2\xi/\partial z^2$, 薄层总的恢复力为 $(2aB^2/\mu)\partial^2\xi/\partial z^2$. 单位面积上受的力差为 $-[p(a,z,t)-p(-a,z,t)]$. 薄层的运动方程:

$$2a\rho \frac{\partial^2 \xi}{\partial t^2} = 2a\frac{1}{\mu}B^2 \frac{\partial^2 \xi}{\partial z^2} - [p(a,z,t) - p(-a,z,t)]$$

$\partial^2\xi/\partial t^2 = -\omega^2 \varepsilon \, \mathrm{e}^{i(\omega t - kz)}$, 代入 (8.7-54), 有

$$\omega^2 = \frac{k^2 v_A^2}{1 + 1/ka}$$

$$\frac{\omega}{k} = \frac{v_A (ka)^{1/2}}{(1+ka)^{1/2}} \approx v_A (ka)^{1/2}$$

此即 $\rho_0 = \rho_e$ 时慢表面波扭折模式的色散关系 (8.7-49).

(9) 以上讨论的磁通管为二维的特例. 现考虑细磁通管的色散关系.

采用柱坐标, 径向速度的衰减正比于 $1/R^2$, 而不是前述的 e^{-kx},

$$\Phi = \frac{a^2 i\omega\varepsilon}{R} \mathrm{e}^{i(\omega t - kz)} \sin\phi$$

ϕ 从 x 轴量起, $\sin\phi$ 可以看作 r 在 y 轴上的投影因子. 径向速度在 $r = a$ 处连续

$$v_r = -\frac{\partial \Phi}{\partial R} = \sin\phi \frac{\partial \xi}{\partial t}$$

前已导得

$$p = \rho \frac{\partial \Phi}{\partial t} = -\rho a^2 \omega^2 \varepsilon \cdot \frac{1}{R} \sin\phi \, \mathrm{e}^{i(\omega t - kz)} = p(R, \phi, t)$$

在 y 方向, 在磁通管内切出一薄片宽为 $\mathrm{d}x$. y 方向长度为 $2a\sin\phi$ (图 8.30).

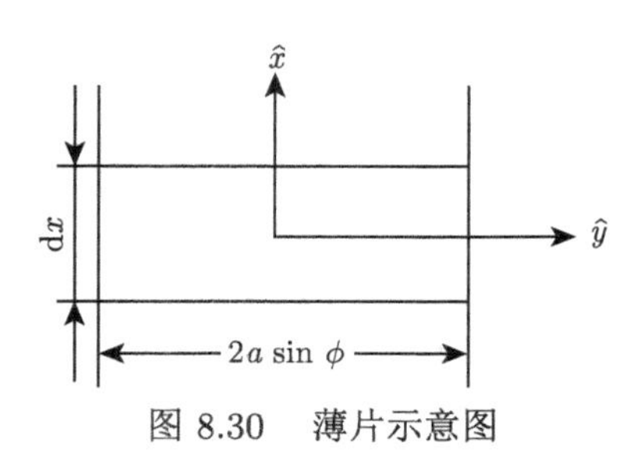

图 8.30 薄片示意图

运动方程:

$$2\rho a\sin\phi\,\mathrm{d}x\frac{\partial^2\xi}{\partial t^2}=2a\sin\phi\,\frac{1}{\mu}B^2\mathrm{d}x\frac{\partial^2\xi}{\partial z^2}-[p(a,\phi,t)-p(a,-\phi,t)]$$

代入后可解得

$$\frac{\omega^2}{k^2}=\frac{1}{2}v_A^2,\qquad \frac{\omega}{k}=\frac{1}{\sqrt{2}}v_A$$

第 9 章　发电机理论

9.1　磁场的维持

光球中的磁行为主要体现在黑子, 下述行为通常认为主要与对流区中的发电机有关:

(1) 太阳黑子数的 11 年周期.

(2) 黑子大体上限于两个纬度带内.

(3) 黑子带向赤道移动.

(4) 黑子群向赤道倾斜.

(5) 黑子极性定律: 同一 11 年周期内, 北半球所有前导黑子的极性一样, 新周期中则反转. 南半球则相反.

(6) 黑子数极大期附近, 极区磁场反转.

但是等离子体与磁场相互作用的细节尚未完全理解. 所以我们面临的问题首先是维持住磁场, 然后考虑上列特征.

太阳总体磁场的衰减由扩散时间 $R_\odot^2/\eta$ 来表征, 约 10^{10} 年, 与太阳的寿命相当. 据此可以认为太阳磁场是原生的. 情况其实并非如此. 上述的磁场衰减时间是粗略且偏高的估计值. 下列因素就有可能减少衰减时间: 电阻不稳定性可能使特征长度远小于 $R_\odot$; 磁浮力倾向于排斥磁通; 对流区的湍动会增大磁扩散系数, $\widetilde{\eta} \sim 10^9\ \mathrm{m^2 \cdot s^{-1}}$. 因此约 10 年就可耗散该区域中的磁场. 于是我们需要寻找发电机来维持太阳磁场.

发电机理论: 磁场借助于电流而得以维持. 电流的产生是通过等离子体横越磁力线的流动产生动生电场 $\boldsymbol{v} \times \boldsymbol{B}$. 该电场通过欧姆定律产生电流 $\boldsymbol{j} = \sigma(\boldsymbol{E} + \boldsymbol{v} \times \boldsymbol{B})$. 再通过安培定律 $\boldsymbol{j} = \boldsymbol{\nabla} \times \boldsymbol{B}/\mu$ 产生磁场, 磁场通过 Faraday 定律 $\boldsymbol{\nabla} \times \boldsymbol{E} = -\partial \boldsymbol{B}/\partial t$ 产生电场, 同时有 Lorentz 力 $\boldsymbol{j} \times \boldsymbol{B}$ 抵制等离子体流动 (图 9.1).

① 通过欧姆定律 $\boldsymbol{j} = \sigma(\boldsymbol{E}+\boldsymbol{v}\times\boldsymbol{B})$ 产生电流 $\boldsymbol{j}$; ② 由安培定律 $\boldsymbol{j} = \boldsymbol{\nabla}\times\boldsymbol{B}/\mu$ 产生 $\boldsymbol{B}$; ③ Faraday 定律 $\boldsymbol{\nabla} \times \boldsymbol{E} = -\partial \boldsymbol{B}/\partial t$ 产生 $\boldsymbol{E}$; ④ Lorentz 力 $\boldsymbol{j} \times \boldsymbol{B}$ 抵制流动. 抵制力 $\boldsymbol{F} = \boldsymbol{j} \times \boldsymbol{B}$.

这是一个非线性发电机问题, 需求解完整的磁流体力学方程组. 并要证明: ① 存在速度 $\boldsymbol{v}$, 足以维持变化的磁场; ② 有作用力维持运动本身. 这两步牵涉到求解磁感应方程和运动方程. 问题的求解相当困难. 以至于大部分的努力仅限于第一步, 称为运动学发电机问题, 换而言之, 问题变成构造一个速度场, 是否能产生一个 (单调或振荡) 增长的磁场. 实际上构造一个现实的发电机还没有全面开始. 运动学发电机是磁流体力学发电机的一种近似.

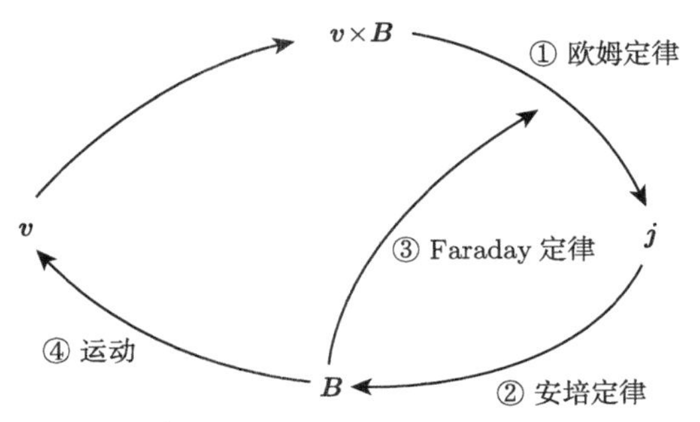

图 9.1 等离子体和磁场的相互作用

9.2 Cowling 定理

9.2.1 无发电机定理

等离子体的稳定流动不能维持确定于空间有限区域且轴对称的磁场.

Cowling (1933) 指出: 定态的轴对称磁场不能维持.

证明 定态轴对称磁场可以写成

$$\boldsymbol{B} = B_{\varphi}\widehat{\boldsymbol{\varphi}} + \boldsymbol{B}_{\mathrm{P}} \tag{9.2-1}$$

其中 $B_{\varphi}\widehat{\boldsymbol{\varphi}}$ 称为环向场 (toroidal component), 磁力线环绕太阳自转轴, 大致与纬度圈平行, 即柱坐标和球坐标中的 $\widehat{\boldsymbol{\varphi}}$ 方向. $\boldsymbol{B}_{\mathrm{P}}$ 为极向场 (poloidal), 磁力线在子午面内, 球坐标中有 $\hat{\boldsymbol{r}}$ 和 $\hat{\boldsymbol{\theta}}$ 分量. 柱坐标中, 极向场为径向 $\hat{\boldsymbol{r}}$ 和轴向 $\hat{\boldsymbol{z}}$ 分量之和.

因为轴对称, 所有通过对称轴的子午面内的磁位型都一样, 且由封闭的磁力线构成. 每个子午面必存在至少一个 O 型中性点. 在这个中性点 $\boldsymbol{B}_{\mathrm{P}} = 0$, 以至于只有环向场 $B_{\varphi}\widehat{\boldsymbol{\varphi}} \neq 0$ (图 9.2). 在 N 点, $\boldsymbol{B}_{\mathrm{P}} = 0$, 只有垂直于纸面的环向场.

欧姆定律

$$\frac{\boldsymbol{j}}{\sigma} = \boldsymbol{E} + \boldsymbol{v} \times \boldsymbol{B}$$

环绕通过 N 点的封闭磁力线积分 (图 9.3)

$$\oint_C \frac{\boldsymbol{j}}{\sigma} \cdot \mathrm{d}\boldsymbol{l} = \oint_C \boldsymbol{E} \cdot \mathrm{d}\boldsymbol{l} + \oint_C \boldsymbol{v} \times \boldsymbol{B} \cdot \mathrm{d}\boldsymbol{l}$$

d$\boldsymbol{l}$ 为 C 的线元. $\boldsymbol{j}$ 的 $\widehat{\varphi}$ 分量平行于 d$\boldsymbol{l}$, S 为 C 所围的面积.

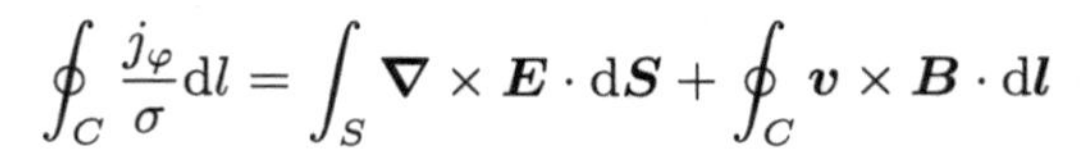

$$\oint_C \frac{j_\varphi}{\sigma}\mathrm{d}l = \int_S \boldsymbol{\nabla}\times\boldsymbol{E}\cdot\mathrm{d}\boldsymbol{S} + \oint_C \boldsymbol{v}\times\boldsymbol{B}\cdot\mathrm{d}\boldsymbol{l}$$

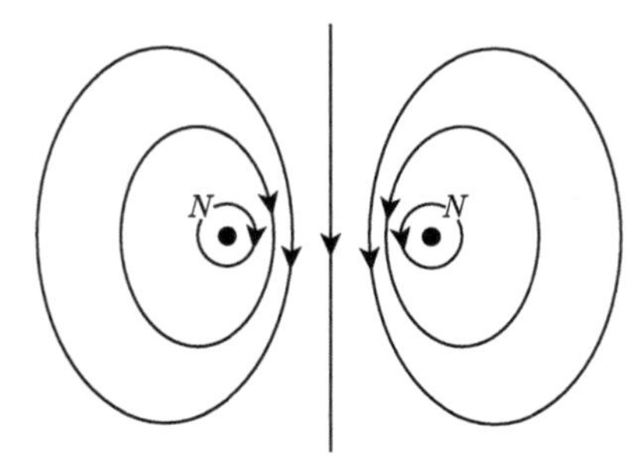

图 9.2　轴对称磁场子午面内的磁力线

右边第一项为感生电动势, 第二项为动生电动势. 根据假设, 磁场为定态, $\partial\boldsymbol{B}/\partial t = 0$, 感生电动势为零, 在 N 点, $\boldsymbol{B}_{\mathrm{P}} = 0$, 所以 $\boldsymbol{B} = B_\varphi\widehat{\boldsymbol{\varphi}}$, $\boldsymbol{B}_\varphi \parallel \mathrm{d}\boldsymbol{l}$, $\boldsymbol{B}_\varphi \perp (\boldsymbol{v}\times\boldsymbol{B}_\varphi)$, 所以 d$\boldsymbol{l} \perp (\boldsymbol{v}\times\boldsymbol{B})$. 因此动生电动势亦为零. 上式右边两项均为零. 但是 j_φ 在 N 点不等于零, 即 $\oint (j_\varphi/\sigma)\mathrm{d}l = 0$ 不能满足, 所以定态场不可能是轴对称的. 25 年以后才开始有了转机.

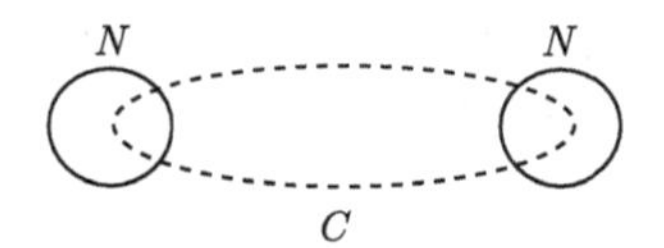

图 9.3　过 N 点的封闭磁力线积分

9.2.2　发电机效应简例——盘单极发电机

(1) 圆盘在磁场中旋转, 角速度 $\boldsymbol{\omega}$, 线速度 $\boldsymbol{v} = \boldsymbol{\omega}\times\boldsymbol{r} = \omega\hat{\boldsymbol{z}}\times r\hat{\boldsymbol{r}} = \omega r\widehat{\boldsymbol{\varphi}}$. 作用在单位正电荷上的 Lorentz 力 $\boldsymbol{F} = \boldsymbol{v}\times\boldsymbol{B} = \omega rB\hat{\boldsymbol{r}}$. 圆盘外径 r_2 和内径 r_1 之间的电势差

$$\begin{aligned}\varepsilon = \Delta\varphi &= \int \boldsymbol{F}\cdot\mathrm{d}\boldsymbol{r} = \int_{r_1}^{r_2} \boldsymbol{v}\times\boldsymbol{B}\cdot\mathrm{d}\boldsymbol{r}\\ &= \omega B(r_2^2 - r_1^2)\end{aligned}$$

外部电流回路的设定如图 9.4 所示. 可以产生轴向磁场. 因为 $\boldsymbol{\nabla}\times\boldsymbol{B} = \mu\boldsymbol{j}$, 由 $\int \boldsymbol{B}\cdot\mathrm{d}\boldsymbol{l} = \mu I$ 可见电流 I 越大, 产生的磁场 B 越大. 记 $\Delta\varphi = k\omega I$, 式中 $k = (r_2^2 - r_1^2)B/I$.

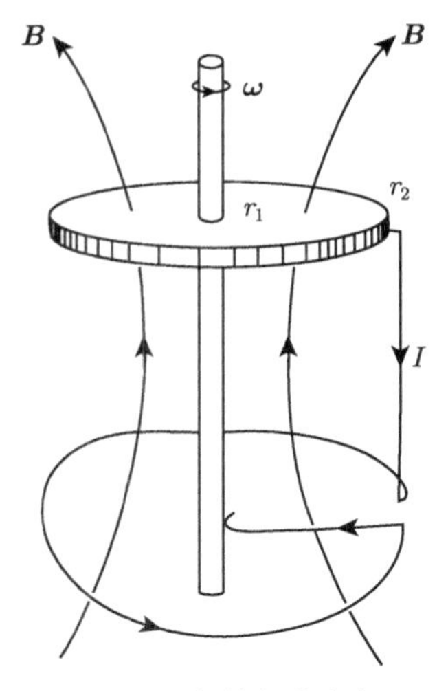

图 9.4 盘单极发电机

当圆盘转得较快时, $\Delta\varphi$ 和回路电流 I 就大. 有可能补偿回路中的耗散, 增强磁场, 维持发电机过程, 当 ω 小时, 不足以补偿耗散, 磁场逐渐衰减.

电流回路的电感为 L, 电阻 R, 回路方程

$$L\frac{\mathrm{d}I}{\mathrm{d}t} = (k\omega - R)I \tag{9.2-2}$$

导出临界转速 $\omega_{\mathrm{c}} = R/k$.

$\omega > \omega_{\mathrm{c}}$, 回路电流随时间指数增加;

$\omega = \omega_{\mathrm{c}}$, 维持恒稳状态;

$\omega < \omega_{\mathrm{c}}$, 电流随时间衰减, 不能维持发电机过程.

(2) 圆盘的旋转方向必须与外回路中的电流方向一致, 否则不能维持发电机过程. 在圆盘上方可连接类似回路, 电流方向也应该与转动方向一致, 因此对于圆盘而言, 上下回路镜像不对称 (图 9.5).

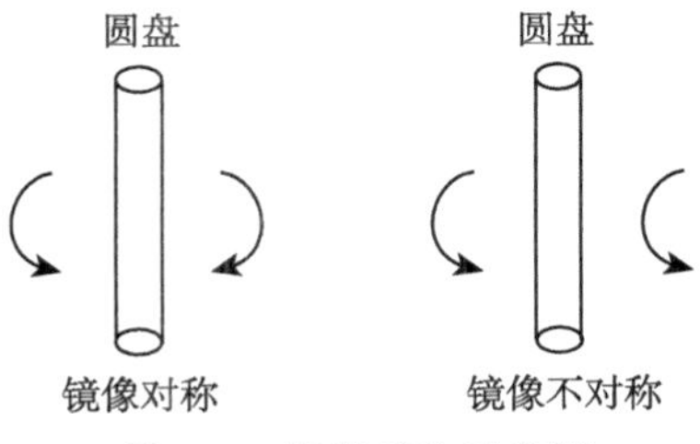

图 9.5 镜像对称示意图

(3) 盘单极发电机中, 如果外部回路与转动导体固定连接, 则没有磁通量的变化, 也没有动生电动势. (固定相当于回路是转动体的一部分, 犹如贴在圆盘上一样, 圆盘内部不会有电流).

盘单极发电机的启示是: 在转盘和静止导线之间, 角速度不连续. 系统的角速度并不单一, 可理解为系统有较差旋转. 另外不能有反射对称, 这是理解发电机性质的关键之一.

9.2.3 自持发电机的特性

磁感应方程的扩散项使磁场衰减, 对流项应该不断产生新的电流, 从而使新生的磁场抵消磁场的耗散.

1. *磁场的衰减和维持*

运动学发电机理论是磁流体力学发电机理论的简化. 导电流体的运动速度给定, 只讨论流场作用下的磁场变化规律, 忽略磁场对流场的作用.

磁感应方程两边标乘 $\boldsymbol{B}$, 有

$$\boldsymbol{B}\cdot\frac{\partial \boldsymbol{B}}{\partial t}=\boldsymbol{B}\cdot\boldsymbol{\nabla}\times(\boldsymbol{v}\times\boldsymbol{B})+\eta_m\boldsymbol{B}\cdot\nabla^2\boldsymbol{B}$$

式中

$$\boldsymbol{B}\cdot\boldsymbol{\nabla}\times(\boldsymbol{v}\times\boldsymbol{B})=-\mu\boldsymbol{v}\cdot(\boldsymbol{j}\times\boldsymbol{B})$$

$$\because\ \boldsymbol{\nabla}\cdot(\boldsymbol{a}\times\boldsymbol{b})=\boldsymbol{b}\cdot(\boldsymbol{\nabla}\times\boldsymbol{a})-\boldsymbol{a}\cdot(\boldsymbol{\nabla}\times\boldsymbol{b})$$

令 $\boldsymbol{a}=\boldsymbol{v}\times\boldsymbol{B}$, $\boldsymbol{b}=\boldsymbol{B}$, 则有

$$\boldsymbol{B}\cdot\boldsymbol{\nabla}\times(\boldsymbol{v}\times\boldsymbol{B})=\boldsymbol{\nabla}\cdot[(\boldsymbol{v}\times\boldsymbol{B})\times\boldsymbol{B}]+(\boldsymbol{v}\times\boldsymbol{B})\cdot\boldsymbol{\nabla}\times\boldsymbol{B}$$

其中 $\boldsymbol{\nabla}\cdot[(\boldsymbol{v}\times\boldsymbol{B})\times\boldsymbol{B}]$ 转换成面积分时为零.

$$\boldsymbol{B}\cdot\boldsymbol{\nabla}\times(\boldsymbol{v}\times\boldsymbol{B})=\mu\boldsymbol{j}\cdot(\boldsymbol{v}\times\boldsymbol{B})=-\mu\boldsymbol{v}\cdot(\boldsymbol{j}\times\boldsymbol{B})$$

右边第二项中的

$$\boldsymbol{B}\cdot\nabla^2\boldsymbol{B}=-\boldsymbol{B}\cdot\boldsymbol{\nabla}\times\boldsymbol{\nabla}\times\boldsymbol{B}=-\mu\boldsymbol{B}\cdot\boldsymbol{\nabla}\times\boldsymbol{j}\qquad(\because\ \boldsymbol{\nabla}\times\boldsymbol{\nabla}\times\boldsymbol{B}=-\nabla^2\boldsymbol{B})$$

利用公式 $\boldsymbol{\nabla}\cdot(\boldsymbol{B}\times\boldsymbol{j})=\boldsymbol{j}\cdot\boldsymbol{\nabla}\times\boldsymbol{B}-\boldsymbol{B}\cdot\boldsymbol{\nabla}\times\boldsymbol{j}$

$$\begin{aligned}\boldsymbol{B}\cdot\boldsymbol{\nabla}\times\boldsymbol{j}&=\boldsymbol{j}\cdot\boldsymbol{\nabla}\times\boldsymbol{B}-\boldsymbol{\nabla}\cdot(\boldsymbol{B}\times\boldsymbol{j})\\&=\mu j^2\end{aligned}$$

$\nabla\cdot(\boldsymbol{B}\times\boldsymbol{j})$ 转成面积分有 $\boldsymbol{B}\times\boldsymbol{j}\sim\boldsymbol{B}\times\sigma(\boldsymbol{v}\times\boldsymbol{B})\sim\sigma vB^2\mathrm{d}S\to 0$.

标乘 $\boldsymbol{B}$ 后的磁感应方程变为

$$\frac{1}{2}\frac{\partial B^2}{\partial t}=-\mu\boldsymbol{v}\cdot(\boldsymbol{j}\times\boldsymbol{B})-\mu^2\eta_m j^2$$

将 $\eta_m=1/\sigma\mu$ 代入上式, 两边积分

$$\frac{\partial}{\partial t}\int\frac{1}{2\mu}B^2\mathrm{d}\tau=-\int\boldsymbol{v}\cdot(\boldsymbol{j}\times\boldsymbol{B})\mathrm{d}\tau-\int\frac{j^2}{\sigma}\mathrm{d}\tau \tag{9.2-3}$$

$\mathrm{d}\tau$ 为体积元.

(9.2-3) 式右边第一项表示导电流体运动所做的功, 可以使磁能增加或者减少. 第二项为焦耳耗散, 使磁场衰减. 自持发电机要求机械能转换为磁能的速率足以抵偿焦耳耗散的速率.

2. 环向场和极向场的产生

任何无源场可分解为环向场和极向场之和. 因此需要确立通过流场产生磁场的环向和极向分量. 定性地看, 太阳赤道区比极区转速快, 即存在较差转动, 趋向于拉伸极向场, 产生环向场 (图 9.6(a)). 等离子流体元上升带动环向场, 通过 Coriolis 力的作用, 扭转产生极向场 (图 9.6(b)).

$$\boldsymbol{B}=\boldsymbol{B}_{\mathrm{T}}+\boldsymbol{B}_{\mathrm{P}}$$

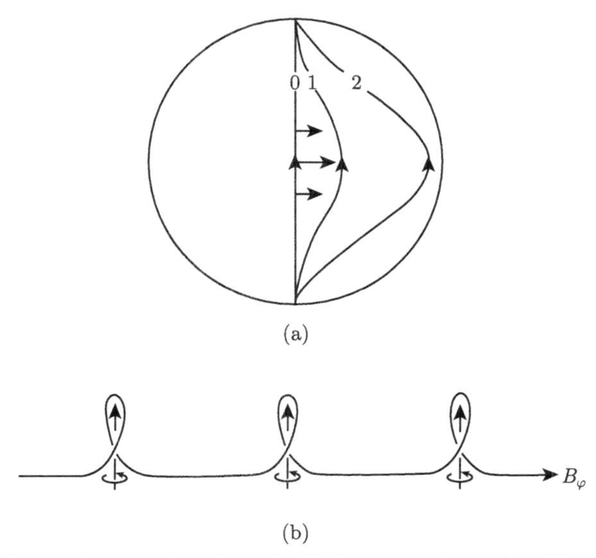

图 9.6 (a) 初始极向场的磁力线 (标注为 0) 因较差转动拉伸至 1 和 2 的位置 (实线箭头); (b) 磁力线上升和扭转使环向场变成极向场

其中环向场 $\boldsymbol{B}_{\mathrm{T}}$ 可写成 $\boldsymbol{B}_{\mathrm{T}}=\nabla\times(\boldsymbol{r}T(\boldsymbol{r}))=-\boldsymbol{r}\times\nabla T$, 极向场 $\boldsymbol{B}_{\mathrm{P}}=\nabla\times\nabla\times(\boldsymbol{r}P(\boldsymbol{r}))$, 式中, $T(\boldsymbol{r})$ 和 $P(\boldsymbol{r})$ 是 $\boldsymbol{r}$ 的标量函数, $\boldsymbol{r}T(\boldsymbol{r})$ 和 $\boldsymbol{r}P(\boldsymbol{r})$ 相当于矢势. 有 $\nabla\cdot(\boldsymbol{r}T(\boldsymbol{r}))=0$, $\nabla\cdot(\boldsymbol{r}P(\boldsymbol{r}))=0$.

环向场 $\boldsymbol{B}_{\mathrm{T}}$ 的旋度 $\nabla\times\boldsymbol{B}_{\mathrm{T}}$ 为极向场. 反之亦然. (参见 3.5.3 节常 α 无力场的一般解.)

由 $\nabla\cdot\boldsymbol{B}=0$, $\boldsymbol{B}=\nabla\times\boldsymbol{A}$

$$\begin{aligned}\boldsymbol{B}&=\boldsymbol{B}_{\mathrm{T}}+\boldsymbol{B}_{\mathrm{P}}\\&=\nabla\times(\boldsymbol{r}T)+\nabla\times\nabla\times(\boldsymbol{r}P)\\&=\nabla\times(\boldsymbol{r}T-\boldsymbol{r}\times\nabla P)\\&=\nabla\times\boldsymbol{A}\end{aligned}$$

$$\therefore\ \boldsymbol{A}=\boldsymbol{r}T-\boldsymbol{r}\times\nabla P\quad(\because\ \boldsymbol{A}+\nabla\Phi\ \text{也是解, 令}\ \nabla\Phi=0).$$

可见 $\boldsymbol{r}T$、$-\boldsymbol{r}\times\nabla P$ 相当于矢势.

对于不可压缩流体 $\nabla\cdot\boldsymbol{v}=0$, 也有 $\boldsymbol{v}=\boldsymbol{v}_{\mathrm{T}}+\boldsymbol{v}_{\mathrm{P}}$.

3. *感应方程的环向和极向场方程*

设极向分量为轴对称 $\partial/\partial\varphi=0$, 在柱坐标中仅为 (r,z) 的函数, 球坐标中为 (r,θ) 的函数.

(1) 球坐标下的通量函数. $T=T(r,\theta)$, $P=P(r,\theta)$,

$$\boldsymbol{B}_{\mathrm{T}}=-\boldsymbol{r}\times\nabla T$$

$$\nabla T=\hat{\boldsymbol{r}}\frac{\partial T}{\partial r}+\hat{\boldsymbol{\theta}}\frac{1}{r}\frac{\partial T}{\partial\theta}$$

$$\begin{aligned}\boldsymbol{B}_{\mathrm{T}}&=-\boldsymbol{r}\times\left(\hat{\boldsymbol{r}}\frac{\partial T}{\partial r}+\hat{\boldsymbol{\theta}}\frac{1}{r}\frac{\partial T}{\partial\theta}\right)\\&=-\widehat{\boldsymbol{\varphi}}\frac{\partial T}{\partial\theta}=(0,0,B_\varphi)\\B_\varphi&=-\frac{\partial T}{\partial\theta}\\\boldsymbol{B}_{\mathrm{P}}&=\nabla\times\nabla\times(\boldsymbol{r}P)\end{aligned}$$

$\nabla\times(\boldsymbol{r}P)$ 为环向场, $\boldsymbol{A}_{\mathrm{T}}=\nabla\times(\boldsymbol{r}P)=-\boldsymbol{r}\times\nabla P$.

类同于 $\boldsymbol{B}_{\mathrm{T}}$, 可知 $\boldsymbol{A}_{\mathrm{T}}=-\widehat{\boldsymbol{\varphi}}\,\partial P/\partial\theta=(0,0,A_\varphi)$, $A_\varphi=-\partial P/\partial\theta$.

$$\boldsymbol{B}_{\mathrm{P}}=\nabla\times\boldsymbol{A}_{\mathrm{T}}=\nabla\times(A_\varphi\widehat{\boldsymbol{\varphi}})$$

$$= \left(\frac{1}{r\sin\theta}\frac{\partial}{\partial\theta}(\sin\theta A_\varphi), -\frac{1}{r}\frac{\partial}{\partial r}(rA_\varphi), 0\right)$$

引进通量函数 $\psi(r,\theta) = -r\sin\theta A_\varphi$,

$$\boldsymbol{B}_{\mathrm{P}} = \left(-\frac{1}{r^2\sin\theta}\frac{\partial\psi}{\partial\theta}, \frac{1}{r\sin\theta}\frac{\partial\psi}{\partial r}, 0\right)$$

$$\boldsymbol{\nabla}\psi = \frac{\partial\psi}{\partial r}\hat{\boldsymbol{r}} + \frac{1}{r}\frac{\partial\psi}{\partial\theta}\hat{\boldsymbol{\theta}} + \frac{1}{r\sin\theta}\frac{\partial\psi}{\partial\varphi}\hat{\boldsymbol{\varphi}}$$

$$\boldsymbol{B}_{\mathrm{P}}\cdot\boldsymbol{\nabla}\psi = -\frac{1}{r^2\sin\theta}\frac{\partial\psi}{\partial\theta}\cdot\frac{\partial\psi}{\partial r} + \frac{1}{r^2\sin\theta}\frac{\partial\psi}{\partial r}\cdot\frac{\partial\psi}{\partial\theta} = 0$$

$\boldsymbol{B}_{\mathrm{P}}\perp\boldsymbol{\nabla}\psi$, 二维平面上 $\psi = \mathrm{const}$ 的线族代表极向场的磁力线.

(2) 环向场和极向场磁感应方程.

对于不可压缩流体 $\boldsymbol{\nabla}\cdot\boldsymbol{v} = 0$, 有 $\boldsymbol{v} = \boldsymbol{v}_{\mathrm{P}} + \boldsymbol{v}_{\mathrm{T}}$, 连同 $\boldsymbol{B} = \boldsymbol{B}_{\mathrm{P}} + \boldsymbol{B}_{\mathrm{T}}$ 代入磁感应方程. 式中

$$\begin{aligned}\boldsymbol{v}\times\boldsymbol{B} &= (\boldsymbol{v}_{\mathrm{P}} + \boldsymbol{v}_{\mathrm{T}})\times(\boldsymbol{B}_{\mathrm{P}} + \boldsymbol{B}_{\mathrm{T}}) \\ &= \underset{(\text{极向})}{(\boldsymbol{v}_{\mathrm{P}}\times\boldsymbol{B}_{\mathrm{T}})} + \underset{(\text{极向})}{(\boldsymbol{v}_{\mathrm{T}}\times\boldsymbol{B}_{\mathrm{P}})} + \underset{(\text{环向})}{(\boldsymbol{v}_{\mathrm{P}}\times\boldsymbol{B}_{\mathrm{P}})} + \underset{(=0)}{(\boldsymbol{v}_{\mathrm{T}}\times\boldsymbol{B}_{\mathrm{T}})}\end{aligned}$$

(判断极向 $F(r,\theta)$ 和环向 $F(\varphi)$ 时, 利用 $\boldsymbol{v}_{\mathrm{T}} = (0,0,v_\varphi)$, $\boldsymbol{v}_{\mathrm{P}} = (v_r, v_\theta, 0)$ 及 $\boldsymbol{B}_{\mathrm{T}}$ 和 $\boldsymbol{B}_{\mathrm{P}}$ 类似关系进行矢乘.)

磁感应方程分解为极向与环向的两个方程

$$\frac{\partial\boldsymbol{B}_{\mathrm{P}}}{\partial t} = \boldsymbol{\nabla}\times(\boldsymbol{v}_{\mathrm{P}}\times\boldsymbol{B}_{\mathrm{P}}) + \eta_m\nabla^2\boldsymbol{B}_{\mathrm{P}} \tag{9.2-4}$$

(环向场 $\boldsymbol{v}_{\mathrm{P}}\times\boldsymbol{B}_{\mathrm{P}}$ 的旋度为极向场, ∇^2 中不含 $\partial^2/\partial\varphi^2$, 因为轴对称)

$$\frac{\partial\boldsymbol{B}_{\mathrm{T}}}{\partial t} = \boldsymbol{\nabla}\times(\boldsymbol{v}_{\mathrm{P}}\times\boldsymbol{B}_{\mathrm{T}} + \boldsymbol{v}_{\mathrm{T}}\times\boldsymbol{B}_{\mathrm{P}}) + \eta_m\nabla^2\boldsymbol{B}_{\mathrm{T}} \tag{9.2-5}$$

将 $\boldsymbol{B}_{\mathrm{P}} = \boldsymbol{\nabla}\times\boldsymbol{A}_{\mathrm{T}}$ 代入 (9.2-4) 式,

$$\boldsymbol{\nabla}\times\frac{\partial\boldsymbol{A}_{\mathrm{T}}}{\partial t} = \boldsymbol{\nabla}\times[\boldsymbol{v}_{\mathrm{P}}\times(\boldsymbol{\nabla}\times\boldsymbol{A}_{\mathrm{T}})] + \eta_m\nabla^2(\boldsymbol{\nabla}\times\boldsymbol{A}_{\mathrm{T}}) \tag{9.2-6}$$

$$\boldsymbol{\nabla}\times\boldsymbol{A} = \varepsilon_{ijk}\frac{\partial A_k}{\partial r_j}, \quad \nabla^2\boldsymbol{A} = \frac{\partial^2 A_k}{\partial r_l\partial r_l}$$

$$\nabla^2(\boldsymbol{\nabla}\times\boldsymbol{A})=\frac{\partial^2}{\partial r_l\partial r_l}\left(\varepsilon_{ijk}\frac{\partial A_k}{\partial r_j}\right)=\varepsilon_{ijk}\frac{\partial}{\partial r_j}\left(\frac{\partial^2 A_k}{\partial r_l\partial r_l}\right)=\boldsymbol{\nabla}\times\nabla^2\boldsymbol{A}$$

(9.2-6) 式化成

$$\begin{cases}\dfrac{\partial \boldsymbol{A}_{\mathrm{T}}}{\partial t}=\boldsymbol{v}_{\mathrm{P}}\times\boldsymbol{\nabla}\times\boldsymbol{A}_{\mathrm{T}}+\eta_m\nabla^2\boldsymbol{A}_{\mathrm{T}} & (9.2\text{-}7)\\ \dfrac{\partial \boldsymbol{B}_{\mathrm{T}}}{\partial t}=\boldsymbol{\nabla}\times(\boldsymbol{v}_{\mathrm{P}}\times\boldsymbol{B}_{\mathrm{T}}+\boldsymbol{v}_{\mathrm{T}}\times\boldsymbol{B}_{\mathrm{P}})+\eta_m\nabla^2\boldsymbol{B}_{\mathrm{T}} & (9.2\text{-}5)\end{cases}$$

(3) 对极向场和环向场用柱坐标表示, $\boldsymbol{v}_{\mathrm{P}}=(v_{pr},0,v_{pz})$, $\boldsymbol{A}_{\mathrm{T}}=(0,A_\varphi,0)$.
(9.2-7) 右第一项:

$$\begin{aligned}\boldsymbol{v}_{\mathrm{P}}\times\boldsymbol{\nabla}\times\boldsymbol{A}_{\mathrm{T}}&=(\hat{\boldsymbol{r}}v_{pr}+\hat{\boldsymbol{z}}v_{pz})\times\left[\hat{\boldsymbol{r}}\left(-\frac{\partial A_\varphi}{\partial z}\right)+\hat{\boldsymbol{z}}\frac{1}{r}\frac{\partial}{\partial r}(rA_\varphi)\right]\\&=-\widehat{\boldsymbol{\varphi}}v_{pr}\frac{1}{r}\frac{\partial}{\partial r}(rA_\varphi)-\widehat{\boldsymbol{\varphi}}\left[v_{pz}\frac{1}{r}\frac{\partial}{\partial z}(rA_\varphi)\right]\\&=-\widehat{\boldsymbol{\varphi}}\frac{1}{r}\boldsymbol{v}_{\mathrm{P}}\cdot\boldsymbol{\nabla}(rA_\varphi)\end{aligned}$$

(9.2-7) 式右第二项:

$$\nabla^2\boldsymbol{A}_{\mathrm{T}}=\nabla^2(A_\varphi\widehat{\boldsymbol{\varphi}})=\widehat{\boldsymbol{\varphi}}\nabla^2A_\varphi+A_\varphi\nabla^2\widehat{\boldsymbol{\varphi}}$$

$$\nabla^2\widehat{\boldsymbol{\varphi}}=\boldsymbol{\nabla}\cdot\boldsymbol{\nabla}\widehat{\boldsymbol{\varphi}}=\boldsymbol{\nabla}\cdot\left(-\frac{1}{r}\widehat{\boldsymbol{\varphi}}\hat{\boldsymbol{r}}\right)\qquad(\boldsymbol{\nabla}\widehat{\boldsymbol{\varphi}}\ \text{为张量})$$

$$\text{张量}\ \mathbf{T}=-\frac{1}{r}\widehat{\boldsymbol{\varphi}}\hat{\boldsymbol{r}},\quad T_{r\varphi}=-\frac{1}{r}\ (=T_{\varphi r})$$

$$\nabla^2\widehat{\boldsymbol{\varphi}}=\boldsymbol{\nabla}\cdot\mathbf{T}$$

$$(\boldsymbol{\nabla}\cdot\mathbf{T})_\varphi=\frac{1}{r^2}\frac{\partial}{\partial r}(r^2T_{r\varphi})=\frac{1}{r^2}\frac{\partial}{\partial r}\left[r^2\cdot\left(-\frac{1}{r}\right)\right]=-\frac{1}{r^2}$$

$$\therefore\ \nabla^2\boldsymbol{A}_{\mathrm{T}}=\widehat{\boldsymbol{\varphi}}\nabla^2A_\varphi-\frac{A_\varphi}{r^2}\widehat{\boldsymbol{\varphi}}=\left(\nabla^2-\frac{1}{r^2}\right)A_\varphi\widehat{\boldsymbol{\varphi}}$$

(9.2-7) 式中, 改写 $\boldsymbol{A}_{\mathrm{T}}=A_\varphi\widehat{\boldsymbol{\varphi}}$,

$$\frac{\partial A_\varphi}{\partial t}+\frac{1}{r}\boldsymbol{v}_{\mathrm{P}}\cdot\boldsymbol{\nabla}(rA_\varphi)=\eta_m\left(\nabla^2-\frac{1}{r^2}\right)A_\varphi\qquad(9.2\text{-}8)$$

(9.2-5) 式右边:

$$\nabla \times (\boldsymbol{v}_\mathrm{P} \times \boldsymbol{B}_\mathrm{T}) = \boldsymbol{v}_\mathrm{P} \nabla \cdot \boldsymbol{B}_\mathrm{T} - \boldsymbol{B}_\mathrm{T} \nabla \cdot \boldsymbol{v}_\mathrm{P} + (\boldsymbol{B}_\mathrm{T} \cdot \nabla)\boldsymbol{v}_\mathrm{P} - (\boldsymbol{v}_\mathrm{P} \cdot \nabla)\boldsymbol{B}_\mathrm{T}$$
$$= (\boldsymbol{B}_\mathrm{T} \cdot \nabla)\boldsymbol{v}_\mathrm{P} - (\boldsymbol{v}_\mathrm{P} \cdot \nabla)\boldsymbol{B}_\mathrm{T}$$

$\because$ $\boldsymbol{B}_\mathrm{T} = B_\varphi \widehat{\boldsymbol{\varphi}}$, $\boldsymbol{v}_\mathrm{P}$ 无 $\widehat{\boldsymbol{\varphi}}$ 分量, $\therefore$ $[\nabla \times (\boldsymbol{v}_\mathrm{P} \times \boldsymbol{B}_\mathrm{T})]_\varphi = -(\boldsymbol{v}_\mathrm{P} \cdot \nabla) B_\varphi \widehat{\boldsymbol{\varphi}}$
同理,

$$\nabla \times (\boldsymbol{v}_\mathrm{T} \times \boldsymbol{B}_\mathrm{P}) = (\boldsymbol{B}_\mathrm{P} \cdot \nabla)\boldsymbol{v}_\mathrm{T} - (\boldsymbol{v}_\mathrm{T} \cdot \nabla)\boldsymbol{B}_\mathrm{P}$$

$\boldsymbol{v}_\mathrm{T}$ 在 $\widehat{\boldsymbol{\varphi}}$ 方向, $\boldsymbol{B}_\mathrm{P}$ 无 $\widehat{\boldsymbol{\varphi}}$ 分量,

$$\therefore\ [\nabla \times (\boldsymbol{v}_\mathrm{T} \times \boldsymbol{B}_\mathrm{P})]_\varphi = (\boldsymbol{B}_\mathrm{P} \cdot \nabla)\boldsymbol{v}_\mathrm{T} = (\boldsymbol{B}_\mathrm{P} \cdot \nabla) v_\varphi \widehat{\boldsymbol{\varphi}}$$

继续 (9.2-5) 式的演算

$$\frac{\partial B_\varphi}{\partial t} = -(\boldsymbol{v}_\mathrm{P} \cdot \nabla) B_\varphi + (\boldsymbol{B}_\mathrm{P} \cdot \nabla) v_\varphi + \eta_m \left(\nabla^2 - \frac{1}{r^2}\right) B_\varphi$$

上式右边第三项的获得类同于 $\nabla^2 \boldsymbol{A}_\mathrm{T}$ 的推算.

$$\text{上式} = -v_{pr}\frac{\partial}{\partial r} B_\varphi - v_{pz}\frac{\partial}{\partial z} B_\varphi + B_{pr}\frac{\partial}{\partial r} v_\varphi + B_{pz}\frac{\partial}{\partial z} v_\varphi + \eta_m \left(\nabla^2 - \frac{1}{r^2}\right) B_\varphi \tag{9.2-5-1}$$

$$\because\ -r\boldsymbol{v}_\mathrm{P} \cdot \nabla \frac{B_\varphi}{r} = -r v_{pr}\frac{\partial}{\partial r}\left(\frac{B_\varphi}{r}\right) - r v_{pz}\frac{\partial}{\partial z}\left(\frac{B_\varphi}{r}\right)$$
$$= -v_{pr}\frac{\partial B_\varphi}{\partial r} + \frac{1}{r} v_{pr} B_\varphi - v_{pz}\frac{\partial B_\varphi}{\partial z} \tag{9.2-5-2}$$

$$r\boldsymbol{B}_\mathrm{P} \cdot \nabla \frac{v_\varphi}{r} = B_{pr}\frac{\partial v_\varphi}{\partial r} - \frac{1}{r} B_{pr} v_\varphi + B_{pz}\frac{\partial v_\varphi}{\partial z} \tag{9.2-5-3}$$

因为 $\nabla \cdot \boldsymbol{B} = 0$ 和 $\nabla \cdot \boldsymbol{v} = 0$ 是同一类微分方程, 设初始条件是: $\boldsymbol{B}$ 不平行于 $\boldsymbol{v}$ 和

$$\frac{B_{pr}}{v_{pr}} = \frac{B_\mathrm{T}}{v_\mathrm{T}} = \frac{B_\varphi}{v_\varphi} = \alpha,$$

则以后 α 保持常数.

$$B_{pr} v_\varphi = B_\varphi v_{pr}$$

将 (9.2-5-2) + (9.2-5-3) 代入 (9.2-5-1) 右边:

$$\therefore\ \frac{\partial B_\varphi}{\partial t} = -r\boldsymbol{v}_\mathrm{P} \cdot \nabla \frac{B_\varphi}{r} + r\boldsymbol{B}_\mathrm{P} \cdot \nabla \frac{v_\varphi}{r} + \eta_m \left(\nabla^2 - \frac{1}{r^2}\right) B_\varphi \tag{9.2-9}$$

通量函数 ψ 在柱坐标下为 $\psi = rA_\varphi$ (球坐标下为 $-r\sin\theta A_\varphi$) 代入 (9.2-8) 式,

$$\begin{aligned}\frac{\partial\psi}{\partial t} &= r\frac{\partial A_\varphi}{\partial t} = r\left[-\frac{1}{r}\boldsymbol{v}_{\rm P}\cdot\boldsymbol{\nabla}(rA_\varphi) + \eta_m\left(\nabla^2 - \frac{1}{r^2}\right)A_\varphi\right]\\ &= \boldsymbol{v}_{\rm P}\cdot\boldsymbol{\nabla}(-\psi) + \eta_m\left(\nabla^2 - \frac{2}{r}\frac{\partial}{\partial r}\right)\psi\end{aligned}$$

(9.2-8) 式用通量函数 ψ 表达是

$$\frac{\partial\psi}{\partial t} + \boldsymbol{v}_{\rm P}\cdot\boldsymbol{\nabla}\psi = \eta_m\left(\nabla^2 - \frac{2}{r}\frac{\partial}{\partial r}\right)\psi$$

从上式或从 (9.2-8) 式可以看到右边为耗散项. 所以 A_φ 即 $\boldsymbol{A}_{\rm T}$ 要不断衰减. $\boldsymbol{B}_{\rm P} = \boldsymbol{\nabla}\times\boldsymbol{A}_{\rm T}$, 所以 $\boldsymbol{B}_{\rm P}$ 也不断衰减.

结论:

(1) 因为 $\boldsymbol{A}_{\rm T}$ 处于不断衰减状态, 极向场 $\boldsymbol{B}_{\rm P}$ 无法维持.

(2) 利用 $\omega = v_\varphi/r$, 代入 (9.2-9) 式,

$$\frac{1}{r}\frac{\partial B_\varphi}{\partial t} + \boldsymbol{v}_{\rm P}\cdot\boldsymbol{\nabla}\frac{B_\varphi}{r} = \boldsymbol{B}_{\rm P}\cdot\boldsymbol{\nabla}\omega + \frac{\eta_m}{r}\left(\nabla^2 - \frac{1}{r^2}\right)B_\varphi$$

$$\frac{\rm D}{{\rm D}t}\left(\frac{B_\varphi}{r}\right) = \boldsymbol{B}_{\rm P}\cdot\boldsymbol{\nabla}\omega + \frac{\eta_m}{r}\left(\nabla^2 - \frac{1}{r^2}\right)B_\varphi$$

若 $\boldsymbol{B}_{\rm P}\cdot\boldsymbol{\nabla}\omega > 0$ 起源项作用, 较差转动通过 $\boldsymbol{B}_{\rm P}$ 产生 $\boldsymbol{B}_\varphi$, 但由于 $\boldsymbol{B}_{\rm P}$ 不断减少 (结论 (1)) 源项最后也不起作用. 整个发电机过程难以维持.

(3) 为了维持自激发电机过程, 要寻求将环向场放大为极向场的机制, 使两个磁场分量都有源项以抵消扩散效应.

9.3 运动学发电机

发电机可分为两类. 一类是层流发电机 (例如弱轴对称发电机); 另一类是湍流发电机, 后一类发电机与太阳的关系更为密切. 涉及湍流的问题显得比较复杂. 湍流状态的基本特点是存在不同尺度的涡旋系列. 而且涡旋的能量要相互交换. 能量主要是大尺度涡旋向小尺度转移, 最后通过粘性而消耗. 磁流体力学湍流更为复杂, 除了流体力学的能量交换外, 还有与磁能的交换、磁能与涡旋能量的耦合.

9.3.1 平均场和涨落场方程

对于湍流问题求得平均场和涨落场方程甚为重要.

1. 平均场

我们面临的问题是速度 $\boldsymbol{v}$ 和磁场 $\boldsymbol{B}$ 由平均和涨落两部分构成. 涨落场或者说随机速度场可以是通常意义上的湍动速度场, 如对流不稳定性引起的湍动, 也可以是波的随机叠加. 系统内部以及边界上有波存在, 比如重力波等.

假定随机运动由特征长度 l_0 表征, l_0 比起表征平均量变化的尺度 L 小得多. L 通常与流体占据的区域的线性尺度同量级. 如流体在半径为 R 的球形区域内, 则 $L = O(R)$. 在湍流的情形中 l_0 可粗略定义为具有能量的涡旋的尺度. 对于随机波可认为是组分波中能量极大的波的波长.

对于中间尺度 a 的物理量, 满足不等式 $l_0 \ll a \ll L$, 则对于大尺度的平均量, 例如平均速度和平均磁场可认为几乎均匀. 这里任何物理量 $\psi(\boldsymbol{r}, t)$ 的空间 "平均值" 定义为

$$\langle\psi(\boldsymbol{r}, t)\rangle_a = \frac{3}{4\pi a^3}\int_{|\xi|<a}\psi(\boldsymbol{r}+\boldsymbol{\xi}, t)\mathrm{d}\boldsymbol{\xi}$$

在满足上述不等式的条件下, 平均值对于 a 的具体值并不敏感. 因此速度场的平均特征, 在尺度 a 范围内改变很弱, 可按均匀处理.

同样可用时标定义平均量. 设 T 是总体场变化的时标, t_0 是涨落场的时标, $t_0 \ll T$, 对于中间时标 τ, 满足 $t_0 \ll \tau \ll T$, 有

$$\langle\psi(\boldsymbol{r}, t)\rangle_\tau = \frac{1}{2\tau}\int_{-\tau}^{+\tau}\psi(\boldsymbol{r}, t+\tau')\mathrm{d}\tau'$$

在 τ 满足上述不等式的条件下, $\langle\psi\rangle_\tau$ 对于 τ 的取值不敏感.

还可以对系综求平均, 系综数取 ∞. 并满足 $t_0/T \ll 1$, $l_0/L \ll 1$. 三种平均值一致. 因此平均值就用 $\langle\psi\rangle$ 表示.

2. 涨落场

物理量分成平均值与涨落值之和

$$\boldsymbol{B} = \boldsymbol{B}_0 + \boldsymbol{b}, \qquad \boldsymbol{V} = \boldsymbol{V}_0 + \boldsymbol{v}$$

$\boldsymbol{B}_0$, $\boldsymbol{V}_0$ 为平均场, $\boldsymbol{b}$ 和 $\boldsymbol{v}$ 为涨落 (或随机) 场, 有 $\langle\boldsymbol{b}\rangle = \langle\boldsymbol{v}\rangle = 0$,

$$\boldsymbol{V}\times\boldsymbol{B} = (\boldsymbol{V}_0+\boldsymbol{v})\times(\boldsymbol{B}_0+\boldsymbol{b}) = \boldsymbol{V}_0\times\boldsymbol{B}_0 + \boldsymbol{v}\times\boldsymbol{B}_0 + \boldsymbol{V}_0\times\boldsymbol{b} + \boldsymbol{v}\times\boldsymbol{b}$$

$$\begin{aligned}\langle\boldsymbol{V}\times\boldsymbol{B}\rangle &= \boldsymbol{V}_0\times\boldsymbol{B}_0 + \langle\boldsymbol{v}\times\boldsymbol{b}\rangle + \langle\boldsymbol{v}\times\boldsymbol{B}_0\rangle + \langle\boldsymbol{V}_0\times\boldsymbol{b}\rangle \\ &= \boldsymbol{V}_0\times\boldsymbol{B}_0 + \langle\boldsymbol{v}\times\boldsymbol{b}\rangle\end{aligned}$$

代入磁感应方程

$$\frac{\partial(\boldsymbol{B}_0+\boldsymbol{b})}{\partial t}=\boldsymbol{\nabla}\times(\boldsymbol{V}_0\times\boldsymbol{B}_0)+\boldsymbol{\nabla}\times(\boldsymbol{v}\times\boldsymbol{B}_0)+\boldsymbol{\nabla}\times(\boldsymbol{V}_0\times\boldsymbol{b})+\boldsymbol{\nabla}\times(\boldsymbol{v}\times\boldsymbol{b})+\eta_m\nabla^2(\boldsymbol{B}_0+\boldsymbol{b}) \tag{9.3-1}$$

$$\langle\boldsymbol{B}\rangle=\boldsymbol{B}_0,\qquad \langle\boldsymbol{V}\rangle=\boldsymbol{V}_0$$

平均场方程为

$$\begin{aligned}\left\langle\frac{\partial\boldsymbol{B}}{\partial t}\right\rangle=\frac{\partial\boldsymbol{B}_0}{\partial t}&=\boldsymbol{\nabla}\times\langle\boldsymbol{V}\times\boldsymbol{B}\rangle+\eta_m\nabla^2\langle\boldsymbol{B}\rangle\\&=\boldsymbol{\nabla}\times(\boldsymbol{V}_0\times\boldsymbol{B}_0)+\boldsymbol{\nabla}\times\langle\boldsymbol{v}\times\boldsymbol{b}\rangle+\eta_m\nabla^2\boldsymbol{B}_0\end{aligned} \tag{9.3-2}$$

两式相减得到涨落场方程

$$\frac{\partial\boldsymbol{b}}{\partial t}=\boldsymbol{\nabla}\times(\boldsymbol{V}_0\times\boldsymbol{b})+\boldsymbol{\nabla}\times(\boldsymbol{v}\times\boldsymbol{B}_0)+\boldsymbol{\nabla}\times(\boldsymbol{v}\times\boldsymbol{b}-\langle\boldsymbol{v}\times\boldsymbol{b}\rangle)+\eta_m\nabla^2\boldsymbol{b} \tag{9.3-3}$$

若速度场 $\boldsymbol{V}_0$ 和 $\boldsymbol{v}$ 已知, 方程关于 $\boldsymbol{b}$ 为线性方程, 可以求解.

9.3.2　一阶平滑近似

令 (9.3-3) 式中的 $\boldsymbol{I}=\boldsymbol{v}\times\boldsymbol{b}-\langle\boldsymbol{v}\times\boldsymbol{b}\rangle$.

估计涨落方程 (9.3-3) 各项的量级, l_0 和 t_0 为涨落速度场的特征长度和特征时间. 定义 $v_0=\langle\boldsymbol{v}^2\rangle^{1/2}$, $b_0=\langle\boldsymbol{b}^2\rangle^{1/2}$.

$$O\left(\frac{\partial\boldsymbol{b}}{\partial t}\right)=\frac{b_0}{t_0} \tag{a}$$

$$O[\boldsymbol{\nabla}\times(\boldsymbol{V}_0\times\boldsymbol{b})]=\frac{V_0b_0}{l_0}\text{ 和 }\frac{V_0b_0}{L} \tag{b}$$

$$O[\boldsymbol{\nabla}\times(\boldsymbol{v}\times\boldsymbol{B}_0)]=\frac{B_0v_0}{l_0}\text{ 和 }\frac{B_0v_0}{L} \tag{c}$$

$$O[\boldsymbol{\nabla}\times\boldsymbol{I}]=\frac{v_0b_0}{l_0} \tag{d}$$

$$O(\eta_m\nabla^2\boldsymbol{b})=\frac{\eta_mb_0}{l_0^2} \tag{e}$$

如果 (c) 的量级不高于 (b), 即

$$B_0v_0\lesssim V_0b_0,\quad O\left(\frac{v_0}{V_0}\right)\lesssim O\left(\frac{b_0}{B_0}\right) \tag{9.3-4}$$

(d) 的量级相对较小 (二阶小量). 因此在方程中可忽略 $\boldsymbol{\nabla}\times\boldsymbol{I}$ 项, 称为一阶平滑近似. 该近似不仅是一种数学近似, 还有确定的物理意义.

$$\frac{(\mathrm{d})}{(\mathrm{c})}=\frac{O(\boldsymbol{\nabla}\times\boldsymbol{I})}{O[\boldsymbol{\nabla}\times(\boldsymbol{v}\times\boldsymbol{B}_0)]}=\frac{b_0}{B_0}\ll 1$$

由 (9.3-4) 可推知

$$\frac{v_0}{V_0}\ll 1$$

一阶平滑近似要求涨落场比平均场至少小一个数量级. 利用一阶平滑近似, 涨落场方程 (9.3-3) 简化为

$$\frac{\partial \boldsymbol{b}}{\partial t}=\boldsymbol{\nabla}\times(\boldsymbol{V}_0\times\boldsymbol{b}-\boldsymbol{B}_0\times\boldsymbol{v})+\eta_m\nabla^2\boldsymbol{b} \tag{9.3-5}$$

当平均速度 $\boldsymbol{V}_0=0$ 时, 有

$$\frac{\partial \boldsymbol{b}}{\partial t}=\boldsymbol{\nabla}\times(\boldsymbol{v}\times\boldsymbol{B}_0)+\eta_m\nabla^2\boldsymbol{b} \tag{9.3-6}$$

(9.3-5), (9.3-6) 均为涨落量的线性方程.

进一步讨论 (9.3-6) 式:

(1) 如果涨落速度的量级为 l_0/t_0 (传统湍流).

$O(v_0)=l_0/t_0$, 则 (9.3-6) 式左边的量级为 $\partial\boldsymbol{b}/\partial t\sim O(\partial\boldsymbol{b}/\partial t)\sim b_0/t_0$. 根据 (d) 式, $O(\boldsymbol{\nabla}\times\boldsymbol{I})\sim v_0b_0/l_0\sim b_0/t_0$ (已利用 $v_0\sim l_0/t_0$). 可见 $O(\partial b/\partial t)$ 和 $O(\boldsymbol{\nabla}\times\boldsymbol{I})$ 为同量级. 当小尺度磁雷诺数 $R_m=v_0l_0/\eta_m=O(l_0^2/\eta_m t_0)\ll 1$ 时, $\partial\boldsymbol{b}/\partial t$ 和 $\boldsymbol{\nabla}\times\boldsymbol{I}$ 两项相比于 $\eta_m\nabla^2\boldsymbol{b}$ 均可忽略. (9.3-6) 式简化为

$$\nabla^2\boldsymbol{b}=-\frac{1}{\eta_m}\boldsymbol{\nabla}\times(\boldsymbol{v}\times\boldsymbol{B}_0) \tag{9.3-7}$$

显然满足 $v_0t_0/l_0=O(1)$, 这是传统湍流满足的关系. 也就是说 (9.3-7) 式描述的是传统湍流.

(9.3-6) 和 (9.3-7) 描写的物理过程不同, 但实质上描述的同一件事: 涨落 $\boldsymbol{b}(\boldsymbol{r},t)$ 是由 $\boldsymbol{v}$ 与平均场 $\boldsymbol{B}_0$ 相互作用所产生的. (9.3-7) 表示在扩散的影响下很大时, 涨落磁场 b 不随时间变化. 而 (9.3-6) 式中, 显然 $\boldsymbol{b}(\boldsymbol{r},t)$ 是和 $\boldsymbol{v}(\boldsymbol{r},t)$ 的历史有关, 也即与 $\boldsymbol{v}(\boldsymbol{r},t')$, $t'\leqslant t$ 有关 (否则没有 $\partial\boldsymbol{b}/\partial t$ 项). 可以期望当小尺度磁雷诺数 $\ll 1$ 时, (9.3-6) 的解近似于 (9.3-7) 的解. (9.3-6) 的解是更为一般的解, 适用于普通湍流的情况.

(2) 当 $O(v_0)\ll l_0/t_0$ 时, 也即 $v_0t_0/l_0\ll 1$ (9.3-8)

这是随机波满足的关系 (带电粒子振动的速度 $v_0 \ll$ 相速 l_0/t_0)

$$O(|\boldsymbol{\nabla} \times \boldsymbol{I}|) \sim v_0 b_0/l_0 \ll \frac{l_0}{t_0}\frac{b_0}{l_0} = \frac{b_0}{t_0} \sim O\left(\frac{\partial b}{\partial t}\right)$$

已利用关系 $v_0 \ll l_0/t_0$, 所以

$$O(|\boldsymbol{\nabla} \times \boldsymbol{I}|) \ll O\left(\frac{\partial \boldsymbol{b}}{\partial t}\right)$$

(9.3-3) 和 (9.3-6) 式左边 $\partial \boldsymbol{b}/\partial t$ 项不能忽略. (9.3-6) 式右边两项之比为

$$O\left(\frac{|\eta_m \nabla^2 \boldsymbol{b}|}{|\boldsymbol{\nabla} \times (\boldsymbol{v} \times \boldsymbol{B}_0)|}\right) = O\left(\frac{b}{B_0}\right) \cdot \frac{\eta_m}{v_0 l_0}$$

考虑到 $b_0/B_0 \ll 1$, 如果磁雷诺数 $R_m = v_0 l_0/\eta_m$ 不是很小, 则耗散效应可忽略, (9.3-6) 式化为

$$\frac{\partial \boldsymbol{b}}{\partial t} = \boldsymbol{\nabla} \times (\boldsymbol{v} \times \boldsymbol{B}_0) \tag{9.3-9}$$

(3) 当磁雷诺数 $R_m \sim 1$ 时, 耗散效应不能忽略. 方程 (9.3-6) 不变. 式中三项均不能忽略, 条件 (9.3-8) 称随机波动近似条件.

在一阶平滑近似下, 得到的方程 (9.3-6) 式是线性方程, 求出 $\boldsymbol{b}$ 后, 就可求出涨落电场 $\langle \boldsymbol{v} \times \boldsymbol{b} \rangle$.

9.3.3 α 效应和 β 效应

1. α 和 β 的意义

方程 (9.3-5) 和 (9.3-6) 表明平均场 $\boldsymbol{B}_0$ 和涨落场 $\boldsymbol{b}$ 之间有线性关系. 从 (9.3-2) 式可见 $\boldsymbol{\varepsilon} = \langle \boldsymbol{v} \times \boldsymbol{b} \rangle$ 与 $\boldsymbol{B}_0$ 呈线性关系, 可以展开成级数. $\boldsymbol{B}_0$ 的尺度大于湍动场 $\boldsymbol{b}$ 的尺度. 所以级数收敛很快. 如果知道涨落 $\boldsymbol{v}$ 的性质, 一般可将涨落电场表示为

$$\langle \boldsymbol{v} \times \boldsymbol{b} \rangle_i = \alpha_{ij} B_{0j} + \beta_{ijk} \frac{\partial B_{0j}}{\partial x_k} + \gamma_{ijkl} \frac{\partial^2 B_{0j}}{\partial x_k \partial x_l} + \cdots \tag{9.3-10}$$

其中的系数 α_{ij}, β_{ijk} 和 γ_{ijkl} 等由涨落速度 $\boldsymbol{v}$ 的统计特性决定, 但与平均磁场 $\boldsymbol{B}_0$ 无关. 因为速度是极向矢量 (反演变换①下, 改变方向), 磁场为轴向矢量 (反演下

① 反演变换 (inversion transformation): 同时改变所有坐标轴的符号, 右旋坐标系变为左旋系 (镜面反射). 反演不变表明空间的对称性. 在经典力学中, 不引入守恒定律. 在量子力学中有宇称守恒. 真标量反演不变, 赝张量 (包括赝标量、赝矢量等) 反演变号. 矢量 $\boldsymbol{A}$ 和 $\boldsymbol{B}$ 矢乘 $(\boldsymbol{A} \times \boldsymbol{B})_k = \sum_{ij} \varepsilon_{ijk} A_i B_j$ 为赝矢量 (因为 ε_{ijk} 是赝张量, 所以 $\langle \boldsymbol{v} \times \boldsymbol{b} \rangle$ 为赝矢量), $\boldsymbol{A} \cdot (\boldsymbol{B} \times \boldsymbol{C}) = \sum_{ijk} \varepsilon_{ijk} A_i B_j C_k$ 为赝标量, δ_{ij} 为张量.

转动指向不改变), 所以 $\langle \boldsymbol{v} \times \boldsymbol{b} \rangle$ 为极向矢量, 是赝矢量. 这样 α_{ij}, β_{ijk} 和 γ_{ijkl} 等均为赝张量. 若平均速度 $\boldsymbol{V}_0 = 0$, 而且湍流是均匀和各向同性, 则有

$$\alpha_{ij} = \alpha \delta_{ij}$$

$$\beta_{ijk} = \beta \varepsilon_{ijk}$$

其中 α 为赝标量, β 为纯标量 (因为 β_{ijk} 和 ε_{ijk} 均为赝张量). 赝标量在反演变换时, 改变符号. 如果湍流反演不变号, 有 $\alpha = -\alpha = 0$, 则是镜面对称. 所以具有非零的 α 效应时, 要求湍流具有反演不对称性.

2. α 和 β 的估算

以 (9.3-9) 式为例,

$$\frac{\partial \boldsymbol{b}}{\partial t} = \boldsymbol{\nabla} \times (\boldsymbol{v} \times \boldsymbol{B}_0)$$

对时间积分

$$\boldsymbol{b}(\boldsymbol{r}, t) = \boldsymbol{b}(\boldsymbol{r}, t_0) + \int_{t_0}^{t} \boldsymbol{\nabla} \times [\boldsymbol{v}(\boldsymbol{r}, t') \times \boldsymbol{B}_0(\boldsymbol{r}, t')] \mathrm{d}t'$$

当 $t - t_0$ 远大于关联时间, $\boldsymbol{b}(\boldsymbol{r}, t)$ 和 $\boldsymbol{b}(\boldsymbol{r}, t_0)$ 之间没有相关性, 则上式右边第一项为零.

涨落电场

$$\langle \boldsymbol{v}(\boldsymbol{r}, t) \times \boldsymbol{b}(\boldsymbol{r}, t) \rangle = \int_{-\infty}^{t} \langle \boldsymbol{v}(\boldsymbol{r}, t) \times \boldsymbol{\nabla} \times [\boldsymbol{v}(\boldsymbol{r}, t') \times \boldsymbol{B}_0(\boldsymbol{r}, t')] \rangle \mathrm{d}t'$$

令 t_0 为 $-\infty$, 因为只有 $t - t_0$ 小于关联时间时 $\boldsymbol{b}(\boldsymbol{r}, t)$ 不为零, 所以 t_0 可取为 $-\infty$. 作变量变换, $t' = t - T$, 当 $t' = -\infty$ 时, $T = +\infty$; 当 $t' = t$ 时, $T = 0$ (T 作为积分变量), $\mathrm{d}t' = -\mathrm{d}T$,

$$\langle \boldsymbol{v}(\boldsymbol{r}, t) \times \boldsymbol{b}(\boldsymbol{r}, t) \rangle = \int_{0}^{\infty} \langle \boldsymbol{v}(\boldsymbol{r}, t) \times \boldsymbol{\nabla} \times [\boldsymbol{v}(\boldsymbol{r}, t - T) \times B_0(\boldsymbol{r}, t - T)] \rangle \mathrm{d}T \quad (9.3\text{-}11)$$

(9.3-11) 式只有当 $t - t_0$ 小于关联时间时, 才不为零. 平均场 $\boldsymbol{B}_0$ 在关联时间内变化不大, 有 $\boldsymbol{B}_0(\boldsymbol{r}, t - T) \approx \boldsymbol{B}_0(\boldsymbol{r}, t)$,

$$\begin{aligned} \boldsymbol{\nabla} \times (\boldsymbol{v} \times \boldsymbol{B}_0) &= (\boldsymbol{B}_0 \cdot \boldsymbol{\nabla}) \boldsymbol{v} - (\boldsymbol{v} \cdot \boldsymbol{\nabla}) \boldsymbol{B}_0 \qquad (\text{已利用 } \boldsymbol{\nabla} \cdot \boldsymbol{B}_0 = 0,\ \boldsymbol{\nabla} \cdot \boldsymbol{v} = 0) \\ &= B_{0m} \frac{\partial v_k}{\partial x_m} - v_m \frac{\partial B_{0k}}{\partial x_m} \end{aligned}$$

$$\boldsymbol{a}\times\boldsymbol{b}=\varepsilon_{ijk}a_jb_k$$

(9.3-11) 式改写为

$$\int_0^\infty \varepsilon_{ijk}\left\langle v_j(\boldsymbol{r},t)\left[\frac{\partial v_k}{\partial x_m}B_{0m}-v_m\frac{\partial B_{0k}}{\partial x_m}\right]_{(\boldsymbol{r},t-T)}\right\rangle \mathrm{d}T$$

与涨落电场展开式 (9.3-10) 相比较, 得到

$$\alpha_{ij}=\int_0^\infty \varepsilon_{ikl}\left\langle v_k(\boldsymbol{r},t)\frac{\partial v_l(\boldsymbol{r},t-T)}{\partial x_j}\right\rangle \mathrm{d}T \tag{9.3-12}$$

(ε_{ijk} 下标改为 ε_{ikl} 是为了使 α 的下标成为 ij)

$$\begin{aligned}\beta_{ijk}\frac{\partial B_{0j}}{\partial x_k}&=\int_0^\infty \varepsilon_{ijk}\left\langle v_j(\boldsymbol{r},t)\left(-v_m\frac{\partial B_{0k}}{\partial x_m}\right)_{(\boldsymbol{r},t-T)}\right\rangle \mathrm{d}T\\&=\int_0^\infty \varepsilon_{ilj}\left\langle v_l(\boldsymbol{r},t)\left(-v_k\frac{\partial B_{0j}}{\partial x_k}_{\ (\boldsymbol{r},t-T)}\right)\right\rangle \mathrm{d}T\end{aligned}$$

$$\beta_{ijk}=\int_0^\infty \varepsilon_{ijl}\langle v_lv_k\rangle\mathrm{d}T=\int_0^\infty \varepsilon_{ijl}\langle v_l(\boldsymbol{r},t)v_k(\boldsymbol{r},t-T)\rangle\mathrm{d}T \tag{9.3-13}$$

对于局部均匀和各向同性的情形, 有

$$\alpha_{ij}=\alpha\delta_{ij}=3\alpha \qquad (当\ i=j)$$

$$\beta_{ijk}=\beta\varepsilon_{ijk}=\int_0^\infty \varepsilon_{ijl}\langle v_l(\boldsymbol{r},t)v_k(\boldsymbol{r},t-T)\rangle\mathrm{d}T$$

$$\begin{aligned}\therefore\ \alpha&=\frac{1}{3}\int_0^\infty \varepsilon_{ikl}\left\langle v_k(\boldsymbol{r},t)\left.\frac{\partial v_l}{\partial x_i}\right|_{(\boldsymbol{r},t-T)}\right\rangle \mathrm{d}T\\&=\frac{1}{3}\int_0^\infty \left\langle v_k\varepsilon_{kli}\frac{\partial v_l}{\partial x_i}\right\rangle \mathrm{d}T\\&=-\frac{1}{3}\int_0^\infty \left\langle v_k\varepsilon_{kil}\frac{\partial v_l}{\partial x_i}\right\rangle \mathrm{d}T\\&=-\frac{1}{3}\int_0^\infty \langle \boldsymbol{v}(\boldsymbol{r},t)\cdot\boldsymbol{\nabla}\times\boldsymbol{v}(\boldsymbol{r},t-T)\rangle\mathrm{d}T\\&=-\frac{1}{3}\langle \boldsymbol{v}(\boldsymbol{r},t)\cdot\boldsymbol{\nabla}\times\boldsymbol{v}(\boldsymbol{r},t-T)\rangle t_c\end{aligned} \tag{9.3-14}$$

定义湍流的螺度 $h_* = \langle \boldsymbol{v} \cdot \boldsymbol{\nabla} \times \boldsymbol{v} \rangle$.

可给出 (9.3-14) 关于 α 的量级

$$\alpha = -\frac{1}{3} h_* \cdot t_c \tag{9.3-15}$$

式中 t_c 为相关时间. (9.3-15) 式表明湍流的螺度很好地量度了 α 效应. 因为 α 是赝标量, 所以湍流螺度是一个赝标量. 当螺度为零时, 湍流是镜面 (即反演) 对称, 不存在 α 效应.

计入湍动后的平均场的欧姆定律为 $\boldsymbol{j} = \sigma(\boldsymbol{E}_0 + \boldsymbol{V}_0 \times \boldsymbol{B}_0 + \langle \boldsymbol{v} \times \boldsymbol{b} \rangle)$. 湍流电场

$$\begin{aligned}
\boldsymbol{\varepsilon} = \langle \boldsymbol{v} \times \boldsymbol{b} \rangle &= \alpha \boldsymbol{B}_0 + \beta \varepsilon_{ijk} \frac{\partial B_{0j}}{\partial x_k} + \cdots \\
&= \alpha \boldsymbol{B}_0 + \beta \varepsilon_{ikj} \frac{\partial B_{0k}}{\partial x_j} + \cdots \\
&= \alpha \boldsymbol{B}_0 - \beta \varepsilon_{ijk} \frac{\partial B_{0k}}{\partial x_j} \qquad \text{(仅保留前两项)} \\
&= \alpha \boldsymbol{B}_0 - \beta \boldsymbol{\nabla} \times \boldsymbol{B}_0 \\
&= \alpha \boldsymbol{B}_0 - \beta \mu \boldsymbol{j} \qquad \text{(在各向同性、均匀条件下)}
\end{aligned}$$

将上式代入欧姆定律: $\boldsymbol{j} = \sigma(\boldsymbol{E}_0 + \boldsymbol{V}_0 \times \boldsymbol{B}_0 + \alpha \boldsymbol{B}_0 - \mu\beta \boldsymbol{j})$, 可求出等效电导率:

$$\sigma_{\text{eff}} = \frac{\sigma}{1 + \mu\beta\sigma} \tag{9.3-16}$$

可见湍流的作用使电导率减少. 另外, 可以看到 α 效应给出一个平均电流 $\alpha\sigma\boldsymbol{B}_0$, 平行于平均场.

9.3.4 Braginsky 的弱非轴对称理论

1. 弱非轴对称发电机概念

根据 Cowling 定理, 完全轴对称的发电机过程不能维持轴对称磁场. 现在讨论近于轴对称的过程, 由一个基本的轴对称场和一个弱非轴对称场叠加而成. 当电阻耗散较小时, 通过一个小而有限的速度可使环向场转换为轴向场. 再加上较差自转, 则可以维持几乎轴对称的发电机过程. 在此过程中有两种不同的尺度: 平均场的大尺度和非轴对称场的小尺度.

2. 地球发电机

(1) 在柱坐标 (r, φ, z) 中, 记流场和磁场为

$$\boldsymbol{V}(r, \varphi, z, t) = \boldsymbol{V}_0(r, z) + \epsilon \boldsymbol{V}_1(r, \varphi, z, t) \tag{9.3-17}$$

$$\boldsymbol{B}(r,\varphi,z,t)=\boldsymbol{B}_0(r,z)+\epsilon\boldsymbol{B}_1(r,\varphi,z,t) \tag{9.3-18}$$

其中 $\epsilon\ll 1$ (意味着 $\boldsymbol{V}_1$, $\boldsymbol{B}_1$ 量级为 $O(1)$), 下标 “0” 的量表示对 φ 平均, 如

$$\boldsymbol{V}_0(r,z)=\frac{1}{2\pi}\int_0^{2\pi}\boldsymbol{V}(r,\varphi,z)\mathrm{d}\varphi$$

下标 “1” 为非轴对称部分, 对 φ 的平均为零, $\langle\boldsymbol{V}_1\rangle=\langle\boldsymbol{B}_1\rangle=0$.

湍流理论中我们将速度和磁场表示为平均场和涨落场之和. 与 (9.3-17) 和 (9.3-18) 相比, 形式上类同, 但物理意义显然不同.

(2) 利用磁场无源 $\nabla\cdot\boldsymbol{B}=0$, 流体不可压缩 $\nabla\cdot\boldsymbol{V}=0$, 将平均场表示为环向分量和极向分量之和

$$\boldsymbol{V}_0(r,z)=V_\varphi(r,z)\widehat{\boldsymbol{\varphi}}+\boldsymbol{V}_{\mathrm{P}}(r,z) \tag{9.3-19}$$

$$\boldsymbol{B}_0(r,z)=B_\varphi(r,z)\widehat{\boldsymbol{\varphi}}+\boldsymbol{B}_{\mathrm{P}}(r,z) \tag{9.3-20}$$

代入平均场方程 (9.3-2)

$$\frac{\partial\boldsymbol{B}_0}{\partial t}=\nabla\times(\boldsymbol{V}_0\times\boldsymbol{B}_0)+\nabla\times\boldsymbol{\varepsilon}+\eta_m\nabla^2\boldsymbol{B}_0$$

其中环向分量满足 (9.2-9) 式, 即

$$\frac{\partial B_\varphi}{\partial t}+r\left(\boldsymbol{V}_{\mathrm{P}}\cdot\nabla\frac{B_\varphi}{r}\right)=r\boldsymbol{B}_{\mathrm{P}}\cdot\nabla\frac{V_\varphi}{r}+(\nabla\times\boldsymbol{\varepsilon})_\varphi+\eta_m\left(\nabla^2-\frac{1}{r^2}\right)B_\varphi \tag{9.3-21}$$

(9.2-9) 式推导过程中未考虑涨落电场 $\boldsymbol{\varepsilon}$. (9.3-21) 式中加入该项, 式中的 Laplace 算子

$$\nabla^2=\frac{1}{r}\frac{\partial}{\partial r}\left(r\frac{\partial}{\partial r}\right)+\frac{\partial^2}{\partial z^2}$$

平均电场 $\boldsymbol{\varepsilon}(r,z)=\epsilon^2\langle\boldsymbol{V}_1\times\boldsymbol{B}_1\rangle$, $\langle\ \rangle$ 是对 φ 平均.

对于极向场 $\boldsymbol{B}_{\mathrm{P}}$, 引入磁矢势 $\boldsymbol{A}_{\mathrm{T}}$, $\boldsymbol{B}_{\mathrm{P}}=\nabla\times\boldsymbol{A}_{\mathrm{T}}$, $\boldsymbol{A}_{\mathrm{T}}=A_\varphi\widehat{\boldsymbol{\varphi}}$,

$$\boldsymbol{B}_{\mathrm{P}}=\nabla\times[A_\varphi(r,z)\widehat{\boldsymbol{\varphi}}]$$

极向场可用 A_φ 表示

$$\frac{\partial A_\varphi}{\partial t}+\frac{1}{r}(\boldsymbol{V}_{\mathrm{P}}\cdot\nabla)(rA_\varphi)=\varepsilon_\varphi+\eta_m\left(\nabla^2-\frac{1}{r^2}\right)A_\varphi \tag{9.3-22}$$

式中 ε_φ 为平均电场 $\boldsymbol{\varepsilon}$ 的 $\widehat{\boldsymbol{\varphi}}$ 分量.

方程 (9.3-21) 表明, 角速度 $\omega = V_\varphi/r$ 沿极向场的梯度 $\boldsymbol{B}_\mathrm{P}\cdot\boldsymbol{\nabla}\omega$, 可作为环向场的源, 或者说较差转动能使极向场产生环向场. (9.3-22) 表示非轴对称分量的平均电场 ε_φ 可以产生极向场, 而极向场通过较差转动产生环向场 (9.3-21), 从而构成自持的发电机过程.

(3) 为了使极向场的产生率与耗散相当, (9.3-22) 式右边两项量级应相同, 即要求 η_m 为 ϵ^2 的量级. 记 $\eta_m = \epsilon^2\eta_{m0}$, 假设当 $\epsilon\to 0$ 时, $\eta_{m0} = O(1)$.

磁雷诺数的量级为

$$R_m = \frac{V_0L_0}{\eta_m} = \epsilon^{-2}\left(\frac{V_0L_0}{\eta_{m0}}\right) \tag{9.3-23}$$

其中 V_0 为环向速度的典型值, L_0 为特征长度.

Braginsky 的方法基于下述假定. 即平均速度的主要部分是环向速度 $V_\varphi\widehat{\boldsymbol{\varphi}}$, 而且 $\boldsymbol{V}_\mathrm{P} = \epsilon^2\boldsymbol{V}_{1p}$, $\boldsymbol{V}_{1p} = O(1)$, $\boldsymbol{V} = \boldsymbol{V}_\varphi\widehat{\boldsymbol{\varphi}} + \epsilon\boldsymbol{V}_1 + \epsilon^2\boldsymbol{V}_{1p}$.

这表示磁雷诺数

$$R_{m0} = \frac{V_0L_0}{\eta_{m0}} = O(1)$$

$$R_m = \epsilon^{-2}R_{m0} = \epsilon^{-2}$$

可得出小参数 ϵ 的量级为 $\epsilon = O(R_m^{-1/2}) \ll 1$, $R_m \gg 1$, 表明弱非轴对称近似的发电机过程是一类大磁雷诺数问题. 耗散项贡献小, 磁场容易维持.

9.3.5 平均场电动力学, 湍流发电机

1. 湍流发电机概念

Parker 认为, 对众多小尺度对流运动平均的净效果是生成大尺度电场 (αB_φ, 因为 $\langle\boldsymbol{v}\times\boldsymbol{b}\rangle\sim\alpha B$, 即动生电场 $\sim\alpha B$). 从而有极向磁场的产生 (通过 $\boldsymbol{\nabla}\times\boldsymbol{A}_\varphi$). 有学者据此进一步研究, 他们考虑小尺度的湍流运动 $\boldsymbol{v}$, 统计上稳定 (steady) 和均匀 (homogeneous) 但并不各向同性. 结果在小尺度 l 上产生涨落磁场 $\boldsymbol{b}$ 维持了大得多尺度 L 上的磁场 $\boldsymbol{B}_0$, 因此总磁场为 $\boldsymbol{B} = \boldsymbol{B}_0 + \boldsymbol{b}$. 当平均速度为 0 时感应方程成为

$$\frac{\partial}{\partial t}(\boldsymbol{B}_0 + \boldsymbol{b}) = \boldsymbol{\nabla}\times[\boldsymbol{v}\times(\boldsymbol{B}_0 + \boldsymbol{b})] + \eta_m\nabla^2(\boldsymbol{B}_0 + \boldsymbol{b}) \tag{9.3-24}$$

对居于 l 和 L 之间的某个尺度作平均. 结果是涨落速度和涨落磁场的平均 $\langle\boldsymbol{v}\rangle = \langle\boldsymbol{b}\rangle = 0$, (9.3-24) 式变为

$$\frac{\partial\boldsymbol{B}_0}{\partial t} = \boldsymbol{\nabla}\times\langle\boldsymbol{v}\times\boldsymbol{b}\rangle + \eta_m\nabla^2\boldsymbol{B}_0 \tag{9.3-25}$$

(9.3-24) 式减去 (9.3-25) 式, 得到用 $\boldsymbol{B}_0$ 表示 $\boldsymbol{b}$ 的方程

$$\frac{\partial \boldsymbol{b}}{\partial t}=\boldsymbol{\nabla}\times(\boldsymbol{v}\times\boldsymbol{B}_0+\boldsymbol{v}\times\boldsymbol{b}-\langle\boldsymbol{v}\times\boldsymbol{b}\rangle)+\eta_m\nabla^2\boldsymbol{b} \tag{9.3-26}$$

即 (9.3-2) 和 (9.3-3) 式. 为使方程 (9.3-25)、(9.3-26) 封闭 (现有 9 个变量 $\boldsymbol{B}_0$、$\boldsymbol{v}$、$\boldsymbol{b}$, 6 个方程) 有必要对 $\langle\boldsymbol{v}\times\boldsymbol{b}\rangle$ 的形式作一些假设.

通常考虑赝各向同性湍动 (pseudo-isotropic turbulence), 也即流动关于原点反射不再是不变量. 没有 (镜像) 对称是可能发生的, 例如快速旋转、分层等就会造成不对称.

假设 $\langle\boldsymbol{v}\times\boldsymbol{b}\rangle=\alpha\boldsymbol{B}_0-\beta\boldsymbol{\nabla}\times\boldsymbol{B}_0$, 代入方程 (9.3-25)

$$\begin{aligned}\frac{\partial \boldsymbol{B}_0}{\partial t}&=\boldsymbol{\nabla}\times(\alpha\boldsymbol{B}_0)-\beta\boldsymbol{\nabla}\times(\boldsymbol{\nabla}\times\boldsymbol{B}_0)+\eta_m\nabla^2\boldsymbol{B}_0\\&=\boldsymbol{\nabla}\times(\alpha\boldsymbol{B}_0)+(\eta_m+\beta)\nabla^2\boldsymbol{B}_0\end{aligned} \tag{9.3-27}$$

可见湍流的影响是提供了额外的涡旋电场 $(\alpha\boldsymbol{B}_0)$, 通过 $\beta\nabla^2\boldsymbol{B}_0$ 增加了大尺度的扩散.

不同场合下系数 α 和 β 的估算可参考文献 (Moffatt, 1978). 一般情况下, (9.3-26) 式的求解是困难的, 因为存在非线性项 $\boldsymbol{\nabla}\times(\boldsymbol{v}\times\boldsymbol{b}-\langle\boldsymbol{v}\times\boldsymbol{b}\rangle)$, 但是当 $O(v_0)=l_0/t_0$ 而且小尺度 (指的是湍流) 的磁雷诺数 (v_0l_0/η_m) 小时 (表示扩散项是主导), 这些非线性项可忽略. 这是一种准线性近似 (或一阶平滑近似), (9.3-26) 可简化为

$$0=\boldsymbol{\nabla}\times(\boldsymbol{v}\times\boldsymbol{B}_0)+\eta_m\nabla^2\boldsymbol{b} \tag{9.3-7}$$

因为 $\partial\boldsymbol{b}/\partial t$ 和 $\boldsymbol{\nabla}\times(\boldsymbol{v}\times\boldsymbol{b})$ 同量级, 一并忽略, 即以前的 (9.3-7) 式.

假定不可压缩 $\boldsymbol{\nabla}\cdot\boldsymbol{v}=0$ 和大尺度平均值 $\boldsymbol{B}_0=\langle\boldsymbol{B}\rangle$ 均匀, 则 $(\boldsymbol{v}\cdot\boldsymbol{\nabla})\boldsymbol{B}_0=0$. (9.3-7) 式改写为

$$0=(\boldsymbol{B}_0\cdot\boldsymbol{\nabla})\boldsymbol{v}+\eta_m\nabla^2\boldsymbol{b}$$

这个方程关于 $\boldsymbol{v}$ 和 $\boldsymbol{b}$ 是线性的. 可利用 Fourier 变换求解 $\boldsymbol{b}$, 利用 $\boldsymbol{v}$ 和 $\boldsymbol{B}_0$ 求得 $\langle\boldsymbol{v}\times\boldsymbol{b}\rangle$.

2. 稳定随机矢量场的谱张量

为了求解方程 (9.3-7), 我们需要理解随机速度场的一些性质.

随机速度场 $\boldsymbol{v}(\boldsymbol{r},t)$, 从统计角度来讲, 在坐标空间中均匀, 就时间而言稳定. 作 Fourier 变换

$$\boldsymbol{u}(\boldsymbol{k},\omega)=\frac{1}{(2\pi)^4}\iint\boldsymbol{v}(\boldsymbol{r},t)\mathrm{e}^{-i(\boldsymbol{k}\cdot\boldsymbol{r}-\omega t)}\mathrm{d}\boldsymbol{r}\mathrm{d}t \tag{9.3-28}$$

反变换

$$\boldsymbol{v}(\boldsymbol{r},t)=\iint \boldsymbol{u}(\boldsymbol{k},\omega)\mathrm{e}^{i(\boldsymbol{k}\cdot\boldsymbol{r}-\omega t)}\mathrm{d}\boldsymbol{k}\mathrm{d}\omega \tag{9.3-29}$$

$\boldsymbol{v}$ 为实数, 容易证明, 对所有的 $(\boldsymbol{k},\omega)$ 有

$$\boldsymbol{u}(-\boldsymbol{k},-\omega)=\boldsymbol{u}^*(\boldsymbol{k},\omega) \tag{9.3-30}$$

"$*$" 号代表复共轭.

假设不可压缩, 则 $\nabla\cdot\boldsymbol{v}(\boldsymbol{r},t)=0$, 有

$$\boldsymbol{k}\cdot\boldsymbol{u}(\boldsymbol{k},\omega)=0 \tag{9.3-31}$$

现在考虑平均量

$$\langle u_i(\boldsymbol{k},\omega)u_j^*(\boldsymbol{k}',\omega')\rangle=\frac{1}{(2\pi)^8}\iiiint\langle v_i(\boldsymbol{r},t)v_j(\boldsymbol{r}',t')\rangle \cdot \mathrm{e}^{-i(\boldsymbol{k}\cdot\boldsymbol{r}-\boldsymbol{k}'\cdot\boldsymbol{r}'-\omega t+\omega' t')}\mathrm{d}\boldsymbol{r}\mathrm{d}\boldsymbol{r}'\mathrm{d}t\mathrm{d}t' \tag{9.3-32}$$

指数部分可写成 $-i[\boldsymbol{k}\cdot(\boldsymbol{r}-\boldsymbol{r}')+(\boldsymbol{k}-\boldsymbol{k}')\cdot\boldsymbol{r}'-\omega(t-t')-(\omega-\omega')t']$. 设 $\boldsymbol{\xi}=\boldsymbol{r}-\boldsymbol{r}'$, $\tau=t-t'$, 在重积分计算中, 先对 $\boldsymbol{r}$ 积分, $\boldsymbol{r}'$ 保持常数, $\mathrm{d}\boldsymbol{r}\to\mathrm{d}\boldsymbol{\xi}$, 同理有 $\mathrm{d}t\to\mathrm{d}\tau$.

(9.3-32) 式化成

$$\langle u_i(\boldsymbol{k},\omega)u_j^*(\boldsymbol{k}',\omega')\rangle=\frac{1}{(2\pi)^8}\iiiint\langle v_i(\boldsymbol{r},t)v_j(\boldsymbol{r}',t')\rangle \cdot \mathrm{e}^{-i(\boldsymbol{k}\cdot\boldsymbol{\xi}-\omega\tau)-i[(\boldsymbol{k}-\boldsymbol{k}')\cdot\boldsymbol{r}'-(\omega-\omega')t']}\mathrm{d}\boldsymbol{\xi}\mathrm{d}\boldsymbol{r}'\mathrm{d}\tau\mathrm{d}t' \tag{9.3-33}$$

假设湍流场统计上稳定和均匀, 则相关张量仅依赖于时空坐标的差值 $\boldsymbol{r}-\boldsymbol{r}'$ 和 $t-t'$, 也即仅依赖于 $\boldsymbol{\xi}$ 和 τ. 所以当 $\boldsymbol{k}=\boldsymbol{k}'$, $\omega=\omega'$ 时平均值才不为零.

$$\langle v_i(\boldsymbol{r},t)v_j(\boldsymbol{r}',t')\rangle=R_{ij}(\boldsymbol{\xi},\tau) \tag{9.3-34}$$

根据 δ 函数的性质,

$$\iint \mathrm{e}^{-i(\boldsymbol{k}-\boldsymbol{k}')\cdot\boldsymbol{r}'}\cdot\mathrm{e}^{i(\omega-\omega')t'}\mathrm{d}\boldsymbol{r}'\mathrm{d}t'=(2\pi)^4\delta(\boldsymbol{k}-\boldsymbol{k}')\delta(\omega-\omega')$$

因此 (9.3-33) 式可写成

$$\langle u_i(\boldsymbol{k},\omega)u_j^*(\boldsymbol{k}',\omega')\rangle=\varPhi_{ij}(\boldsymbol{k},\omega)\delta(\boldsymbol{k}-\boldsymbol{k}')\delta(\omega-\omega') \tag{9.3-35}$$

式中

$$\Phi_{ij}(\boldsymbol{k},\omega)=\frac{1}{(2\pi)^4}\iint R_{ij}(\boldsymbol{\xi},\tau)\mathrm{e}^{-i(\boldsymbol{k}\cdot\boldsymbol{\xi}-\omega\tau)}\mathrm{d}\boldsymbol{\xi}\mathrm{d}\tau \tag{9.3-36}$$

$$R_{ij}(\boldsymbol{\xi},\tau)=\iint \Phi_{ij}(\boldsymbol{k},\omega)\mathrm{e}^{i(\boldsymbol{k}\cdot\boldsymbol{\xi}-\omega\tau)}\mathrm{d}\boldsymbol{k}\mathrm{d}\omega \tag{9.3-37}$$

(9.3-34) 式中的 $R_{ij}(\boldsymbol{\xi},\tau)$ 描写了时空点之间的湍动的相关程度.

$$\Phi_{ji}(-\boldsymbol{k},-\omega)\delta(-\boldsymbol{k}+\boldsymbol{k}')\delta(-\omega+\omega')=\langle u_j(-\boldsymbol{k},-\omega)u_i^*(-\boldsymbol{k}',-\omega')\rangle$$

根据 (9.3-30) 式,

$$\text{上式}=\langle u_j^*(\boldsymbol{k},\omega)u_i(\boldsymbol{k}',\omega')\rangle=\Phi_{ij}(\boldsymbol{k},\omega)\delta(-\boldsymbol{k}+\boldsymbol{k}')\delta(-\omega+\omega')$$

$$\therefore\ \Phi_{ij}(\boldsymbol{k},\omega)=\Phi_{ji}(-\boldsymbol{k},-\omega)$$

由 (9.3-35) 推得

$$\begin{aligned}\Phi_{ji}(\boldsymbol{k},\omega)\delta(\boldsymbol{k}-\boldsymbol{k}')\delta(\omega-\omega')&=\langle u_j(\boldsymbol{k},\omega)u_i^*(\boldsymbol{k}',\omega')\rangle\\ \Phi_{ji}^*(\boldsymbol{k},\omega)\delta(\boldsymbol{k}-\boldsymbol{k}')\delta(\omega-\omega')&=\langle u_j^*(\boldsymbol{k},\omega)u_i(\boldsymbol{k}',\omega')\rangle\\ &=\Phi_{ij}(\boldsymbol{k},\omega)\delta(\boldsymbol{k}'-\boldsymbol{k})\delta(\omega'-\omega)\end{aligned}$$

δ 为偶函数. 最后有

$$\Phi_{ij}(\boldsymbol{k},\omega)=\Phi_{ji}(-\boldsymbol{k},-\omega)=\Phi_{ji}^*(\boldsymbol{k},\omega) \tag{9.3-38}$$

根据 $\boldsymbol{\nabla}\cdot\boldsymbol{v}(\boldsymbol{r},t)=0$, 经 Fourier 变换 $i\boldsymbol{k}\cdot\boldsymbol{u}(\boldsymbol{k},\omega)=0$, 即 $k_iu_i=0$, $k_iu_iu_j^*=0$, 所以

$$k_i\Phi_{ij}=0 \tag{9.3-39-1}$$

同理, $k_ju_j=0$, 两边共轭 (k_j 为实数), $k_ju_j^*=0$, $k_ju_iu_j^*=0$,

$$k_j\Phi_{ij}=0 \tag{9.3-39-2}$$

定义能谱张量 $E(k,\omega)$

$$E(k,\omega)=\frac{1}{2}\int_{S_k}\Phi_{ii}(\boldsymbol{k},\omega)\mathrm{d}S \tag{9.3-40}$$

积分在 $\boldsymbol{k}$ 空间, 半径为 k 的球面上进行,

$$\frac{1}{2}\langle\boldsymbol{v}^2\rangle=\frac{1}{2}R_{ii}(0,0)$$

$$= \frac{1}{2}\iint \Phi_{ii}(\boldsymbol{k},\omega)\mathrm{d}\boldsymbol{k}\mathrm{d}\omega = \iint E(k,\omega)\mathrm{d}k\mathrm{d}\omega \tag{9.3-41}$$

(9.3-41) 式的获得是因为

$$R_{ij}(\boldsymbol{\xi},\tau) = \iint \Phi_{ij}(\boldsymbol{k},\omega)\mathrm{e}^{i(\boldsymbol{k}\cdot\boldsymbol{\xi}-\omega\tau)}\mathrm{d}\boldsymbol{k}\mathrm{d}\omega$$

当 $i=j$ 时, 有 $\boldsymbol{\xi}=\boldsymbol{r}-\boldsymbol{r}'=0$, $\tau=t-t'=0$, 所以

$$\frac{1}{2}R_{ii}(0,0) = \frac{1}{2}\iint \Phi_{ii}(\boldsymbol{k},\omega)\mathrm{d}\boldsymbol{k}\mathrm{d}\omega = \iint E(k,\omega)\mathrm{d}k\mathrm{d}\omega$$

$\mathrm{d}\boldsymbol{k}$ 为 $\boldsymbol{k}$ 空间体元, 当各向同性时有 $\mathrm{d}\boldsymbol{k}=4\pi k^2\mathrm{d}k$, 一般情况下 $\mathrm{d}\boldsymbol{k}$ 为体元, $\mathrm{d}\boldsymbol{k}=\mathrm{d}S\mathrm{d}k$, k 的积分限为从零至 ∞, ρ 为质量密度, 则 $\rho E(k,\omega)\mathrm{d}k\mathrm{d}\omega$ 为波数 $(k,k+\mathrm{d}k)$, 频率 $(\omega,\omega+\mathrm{d}\omega)$ 范围内的动能密度 (注意 (9.3-41) 式).

标量 Φ_{ii} 对所有的 $\boldsymbol{k}$ 和 ω 不为负 (见 (9.3-41) 式). 因此有

$$E(k,\omega)\geqslant 0 \quad 对所有的\ k,\omega\ 成立 \tag{9.3-42}$$

对于涡旋 (vortex) 场 $\boldsymbol{\omega}(\boldsymbol{r},t)=\boldsymbol{\nabla}\times\boldsymbol{v}(\boldsymbol{r},t)$, Fourier 变换后有 $\boldsymbol{\omega}(\boldsymbol{k},\omega)=i\boldsymbol{k}\times\boldsymbol{u}(\boldsymbol{k},\omega)$,

$$\langle\omega_i(\boldsymbol{k},\omega)\omega_j^*(\boldsymbol{k}',\omega')\rangle = \frac{1}{(2\pi)^4}\int\langle\omega_i(\boldsymbol{r},t)\omega_j(\boldsymbol{r}',t')\mathrm{e}^{-i(\boldsymbol{k}\cdot\boldsymbol{\xi}-\omega t)}\mathrm{d}\boldsymbol{\xi}\mathrm{d}\tau\delta(\boldsymbol{k}-\boldsymbol{k}')\delta(\omega-\omega')$$

令 $\Theta_{ij}(\boldsymbol{\xi},\tau)=\langle\omega_i(\boldsymbol{r},t)\omega_j(\boldsymbol{r}',t')\rangle$, $\langle\omega_i(\boldsymbol{k},\omega)\omega_j^*(\boldsymbol{k}',\omega')\rangle=\Omega_{ij}(\boldsymbol{k},\omega)\delta(\boldsymbol{k}-\boldsymbol{k}')\delta(\omega-\omega')$, 有

$$\Omega_{ij}(\boldsymbol{k},\omega) = \frac{1}{(2\pi)^4}\int\Theta_{ij}(\boldsymbol{\xi},\tau)\mathrm{e}^{-i(\boldsymbol{k}\cdot\boldsymbol{\xi}-\omega\tau)}\mathrm{d}\boldsymbol{\xi}\mathrm{d}\tau$$

同时

$$\begin{aligned}\langle\omega_i(\boldsymbol{k},\omega)\omega_j^*(\boldsymbol{k}',\omega')\rangle &= \varepsilon_{ikm}k_k\varepsilon_{jpq}k_p\langle u_i(\boldsymbol{k},\omega)u_j^*(\boldsymbol{k}',\omega')\rangle \\ &= \varepsilon_{ikm}k_k\varepsilon_{jpq}k_p\frac{1}{(2\pi)^4}\int\langle v_m(\boldsymbol{r},t)v_q(\boldsymbol{r}',t')\mathrm{e}^{-i(\boldsymbol{k}\cdot\boldsymbol{\xi}-\omega\tau)} \\ &\quad\cdot(2\pi)^4\delta(\boldsymbol{k}-\boldsymbol{k}')\delta(\omega-\omega')\mathrm{d}\boldsymbol{\xi}\mathrm{d}\tau \\ &= \varepsilon_{ikm}k_k\varepsilon_{jpq}k_p\Phi_{mq}(\boldsymbol{k},\omega)\delta(\boldsymbol{k}-\boldsymbol{k}')\delta(\omega-\omega')\end{aligned}$$

(已利用 (9.3-34), (9.3-36))

$$\therefore \ \Omega_{ij}(\boldsymbol{k},\omega)=\varepsilon_{ikm}\varepsilon_{jpq}k_k k_p \Phi_{mq} \tag{9.3-43}$$

根据 (9.3-39-1) 和 (9.3-39-2) 式, $k_i\Phi_{ij}=0$, $k_j\Phi_{ij}=0$, 在 (9.3-43) 式中显然有 $m\neq k$ (若 $m=k$, 则 $\varepsilon_{ikm}=0$), 但 k 不能等于 q ($k=q$, 则 $k_q\Phi_{mq}=0$). 同理 $p\neq q$, 且 $p\neq m$. 方便起见, 记 $\varepsilon_{ikm}=\varepsilon_{123}$, $\varepsilon_{jpq}=\varepsilon_{123}$. 满足 $k=2\neq q=3$, $p=2\neq m=3$, 所以

$$\Omega_{ii}=k^2\Phi_{ii}(\boldsymbol{k},\omega) \tag{9.3-44}$$

类比 (9.3-41):

$$\frac{1}{2}\langle\boldsymbol{\omega}^2\rangle=\frac{1}{2}\iint\Omega_{ii}\mathrm{d}\boldsymbol{k}\mathrm{d}\omega=\iint k^2E(k,\omega)\mathrm{d}k\mathrm{d}\omega \tag{9.3-45}$$

$\langle\omega^2\rangle$ 在坐标空间, 类比能谱张量 $E(k,\omega)$, 定义螺度谱函数 (helicity spectrum function)

$$F(k,\omega)=i\int_{S_k}\varepsilon_{ikl}k_k\Phi_{il}(\boldsymbol{k},\omega)\mathrm{d}S \tag{9.3-46}$$

考虑运动学螺度 $\boldsymbol{v}\cdot\nabla\times\boldsymbol{v}$, $\boldsymbol{\omega}(\boldsymbol{r},t)=\nabla\times\boldsymbol{v}(\boldsymbol{r},t)$.

$$\begin{aligned}\langle u_i(\boldsymbol{k},\omega)\omega_j^*(\boldsymbol{k}',\omega')\rangle&=\frac{1}{(2\pi)^4}\int\langle v_i(\boldsymbol{r},t)\omega_j(\boldsymbol{r}',t')\rangle\\&\quad\cdot\mathrm{e}^{-i(\boldsymbol{k}\cdot\boldsymbol{\xi}-\omega\tau)}\mathrm{d}\boldsymbol{\xi}\mathrm{d}\tau(2\pi)^4\delta(\boldsymbol{k}-\boldsymbol{k}')\delta(\omega-\omega')\\&=\langle u_i(\boldsymbol{k},\omega)u_q^*(\boldsymbol{k}',\omega')\rangle i\varepsilon_{jpq}k_p\end{aligned}$$

$$\begin{aligned}\therefore \ \langle v_i(\boldsymbol{r},t)\omega_j(\boldsymbol{r}',t')\rangle&=i\varepsilon_{jpq}k_p\langle v_i(\boldsymbol{r},t)v_q(\boldsymbol{r}',t')\rangle\\&=i\varepsilon_{jpq}k_p\int\Phi_{iq}(\boldsymbol{k},\omega)\mathrm{e}^{i(\boldsymbol{k}\cdot\boldsymbol{\xi}-\omega\tau)}\mathrm{d}\boldsymbol{k}\mathrm{d}\omega\end{aligned}$$

当 $j=i$, $\boldsymbol{r}=\boldsymbol{r}'$, $t=t'$ 时, 有

$$\langle v_i(\boldsymbol{r},t)\omega_i(\boldsymbol{r},t)\rangle=i\varepsilon_{ipq}k_p\int\Phi_{iq}(\boldsymbol{k},\omega)\mathrm{d}\boldsymbol{k}\mathrm{d}\omega \qquad (\mathrm{d}\boldsymbol{k}\text{ 为 }\boldsymbol{k}\text{ 空间体元, }\mathrm{d}\boldsymbol{k}=\mathrm{d}S\mathrm{d}k)$$

$$=\iint F(k,\omega)\mathrm{d}k\mathrm{d}\omega=\langle\boldsymbol{v}\cdot\nabla\times\boldsymbol{v}\rangle \tag{9.3-47}$$

螺度谱函数 $F(k,\omega)$ 是实数可正可负. 考察 F 的表达式 (9.3-46), $\Phi_{il}(\boldsymbol{k},\omega)$ 是虚数, 因为从 (9.3-38) 式可知, $\Phi_{ij}=\Phi_{ji}^*$, Φ_{ij} 为厄米矩阵, 与厄米算符相对应, 厄米算符必定带有虚数. ε_{ikl} 是赝张量, 所以 $F(k,\omega)$ 是赝标量. 当速度场有反射对称

时, $F(k,\omega)=0$. 前已指出, 发电机理论中, 不存在反射对称是一个至关重要的条件. 因此不让 $F(k,\omega)$ 为零. 对于不存在反射对称的随机速度场 $\boldsymbol{v}$, 利用平均螺度是最简易的处理方法.

假如随机速度场 $\boldsymbol{v}$, 从统计上讲为各向同性 (这里各向同性的意思是旋转不变), 且均匀. 利用函数 $E(k,\omega)$ 和 $F(k,\omega)$ 足以完全描述 $\Phi_{ij}(\boldsymbol{k},\omega)$, 根据 (9.3-40)、(9.3-41) 及 (9.3-47), $\Phi_{ij}(\boldsymbol{k},\omega)$ 最一般的形式是

$$\Phi_{ij}(\boldsymbol{k},\omega)=\frac{E(k,\omega)}{4\pi k^4}(k^2\delta_{ij}-k_ik_j)+\frac{iF(k,\omega)}{8\pi k^4}\varepsilon_{ijk}k_k \tag{9.3-48}$$

推导:

(1) 各向同性介质中, 单位张量的表达式.

$\boldsymbol{k}$ 为波矢. 取 $\boldsymbol{k}$ 沿 z 轴, 对于各向同性介质, 当有波时, 波的传播方向就是一个特殊方向:

$$\frac{\boldsymbol{k}}{k}=(0,0,1)$$

$$单位张量\ \mathbf{I}=\begin{pmatrix}1&0&0\\0&1&0\\0&0&1\end{pmatrix}=\mathbf{I}_L+\mathbf{I}_T$$

$$\mathbf{I}_L=\frac{\boldsymbol{kk}}{k^2}=\begin{pmatrix}0&0&0\\0&0&0\\0&0&1\end{pmatrix}=\frac{k_ik_j}{k^2}$$

$$\mathbf{I}_T=\mathbf{I}-\mathbf{I}_L=\begin{pmatrix}1&0&0\\0&1&0\\0&0&0\end{pmatrix}=\delta_{ij}-\frac{k_ik_j}{k^2}$$

(2) 根据 (9.3-41) 式

$$\frac{1}{2}\langle v^2\rangle=\frac{1}{2}\iint\Phi_{ii}(\boldsymbol{k},\omega)\mathrm{d}\boldsymbol{k}\mathrm{d}\omega$$

各向同性时,

$$上式=\frac{1}{2}\iint\Phi_{ii}(k,\omega)4\pi k^2\mathrm{d}k\mathrm{d}\omega=\iint E(k,\omega)\mathrm{d}k\mathrm{d}\omega$$

可见

$$\Phi_{ii}(k,\omega)=\frac{E(k,\omega)}{2\pi k^2}$$

(3) 根据 (9.3-47) 式

$$
\begin{aligned}
\langle \boldsymbol{v} \cdot \boldsymbol{\nabla} \times \boldsymbol{v} \rangle = \langle v_i(\boldsymbol{r},t)\omega_i(\boldsymbol{r},t)\rangle &= i\int \varepsilon_{ikl}k_k\Phi_{il}(\boldsymbol{k},\omega)\mathrm{d}\boldsymbol{k}\mathrm{d}\omega \\
&= i\varepsilon_{ikl}\int k_k\Phi_{il}(k,\omega)4\pi k^2\mathrm{d}k\mathrm{d}\omega \qquad (\text{各向同性}) \\
&= \int F(k,\omega)\mathrm{d}k\mathrm{d}\omega
\end{aligned}
$$

$$
\therefore\ i\varepsilon_{ikl}k_k\Phi_{il}(k,\omega) = \frac{F(k,\omega)}{4\pi k^2}
$$

$$
\Phi_{il}(k,\omega) = \frac{F(k,\omega)}{4\pi k^2 k_k i\varepsilon_{ikl}}
$$

$$
\text{下标 } l\to j, \quad \Phi_{ij} = \frac{F(k,\omega)}{4\pi k^2 k_k i\varepsilon_{ijk}}
$$

$$
\varepsilon_{ijk} = -\varepsilon_{ikj}, \quad \varepsilon_{ijk}\varepsilon_{ijp} = 2\delta_{kp},
$$

$$
\begin{aligned}
\Phi_{ij} &= \frac{iF(k,\omega)}{4\pi k^2\varepsilon_{ijk}k_k\varepsilon_{ijp}k_p}\varepsilon_{ijp}k_p \\
&= \frac{iF(k,\omega)}{8\pi k^4}\varepsilon_{ijk}k_k
\end{aligned}
$$

(4) 湍动或者随机波动场中没有反射对称, 但在转动参考系内有一个特殊方向, 即 $\boldsymbol{\omega}$ 方向. 相当于 $\boldsymbol{k}$ 方向. $\boldsymbol{v}$ 在 $\boldsymbol{\omega}$ 方向投影不为零, $\langle \boldsymbol{v}\cdot\boldsymbol{\omega}\rangle \neq 0$. 属于纵波部分. $\boldsymbol{v}\cdot\boldsymbol{v} = \boldsymbol{v}^2$ 算作横波部分, 横波有两个分量. 当 $i=j$ 时, 有 Φ_{ii} 是两个分量之和 $\Phi_{ii} = \Phi_{11} + \Phi_{22} = E(k,\omega)/2\pi k^2$, 一个分量即 $E(k,\omega)/4\pi k^2$, 所以一般情况为

$$
\frac{E(k,\omega)}{4\pi k^2}\left(\delta_{ij} - \frac{k_ik_j}{k^2}\right)
$$

因此 $\Phi_{ij}(k,\omega) = \dfrac{E(k,\omega)}{4\pi k^4}(k^2\delta_{ij} - k_ik_j) + \dfrac{iF(k,\omega)}{8\pi k^4}\varepsilon_{ijk}k_k$.

不具反射对称性的湍动 (或随机波动) 场, 在转动参考系中出现是自然的. 转动参考系中, 涡量 $\boldsymbol{\omega}$ 的方向是一个特殊的方向, 不会有关于坐标原点的反射对称性. Φ_{ij} 绕轴转动是一个不变量, 但绕原点转动则不是, 也就是说我们讨论的是赝各向同性.

3. 一阶平滑近似, 确定随机速度场的 α_{ij}

假定 $\boldsymbol{v}$ 是 $(\boldsymbol{r},t)$ 的稳态随机函数, 有 Fourier 变换

$$\boldsymbol{u}(\boldsymbol{k},\omega)=\frac{1}{(2\pi)^4}\iint \boldsymbol{v}(\boldsymbol{r},t)\mathrm{e}^{-i(\boldsymbol{k}\cdot\boldsymbol{r}-\omega t)}\mathrm{d}\boldsymbol{r}\mathrm{d}t \tag{9.3-28}$$

对于不可压缩流体 $\boldsymbol{\nabla}\cdot\boldsymbol{v}=0$. 一阶平滑近似下. 设平均速度 $\boldsymbol{v}_0=0$. 平均磁场 $\boldsymbol{B}_0$ 均匀. 由涨落量表示的磁感应方程为

$$\frac{\partial \boldsymbol{b}}{\partial t}=\boldsymbol{\nabla}\times(\boldsymbol{v}\times\boldsymbol{B}_0)+\eta_m\nabla^2\boldsymbol{b}=(\boldsymbol{B}_0\cdot\boldsymbol{\nabla})\boldsymbol{v}+\eta_m\nabla^2\boldsymbol{b} \tag{9.3-6}$$

经 Fourier 变换后, 有

$$(-i\omega+\eta_m k^2)\boldsymbol{b}(\boldsymbol{k},\omega)=i(\boldsymbol{B}_0\cdot\boldsymbol{k})\boldsymbol{u}(\boldsymbol{k},\omega) \tag{9.3-49}$$

现在要计算 $\langle\boldsymbol{v}\times\boldsymbol{b}\rangle=\langle\boldsymbol{v}(\boldsymbol{r},t)\times\boldsymbol{b}(\boldsymbol{r},t)\rangle$, 由 (9.3-49) 解出

$$\boldsymbol{b}(\boldsymbol{k},\omega)=\frac{i\boldsymbol{B}_0\cdot\boldsymbol{k}}{-i\omega+\eta_m k^2}\boldsymbol{u}(\boldsymbol{k},\omega)=\frac{\boldsymbol{u}(\boldsymbol{k},\omega)i\boldsymbol{B}_0\cdot\boldsymbol{k}}{\omega^2+\eta_m^2k^4}(\eta_m k^2+i\omega)$$

$$\because\ \langle v_i(\boldsymbol{r},t)v_j(\boldsymbol{r}',t')\rangle=R_{ij}(\boldsymbol{\xi},\tau) \tag{9.3-34}$$

$$=\iint \varPhi_{ij}(\boldsymbol{k},\omega)\mathrm{e}^{i(\boldsymbol{k}\cdot\boldsymbol{\xi}-\omega\tau)}\mathrm{d}\boldsymbol{k}\mathrm{d}\omega \tag{9.3-37}$$

$$\varPhi_{ij}(\boldsymbol{k},\omega)\delta(\boldsymbol{k}-\boldsymbol{k}')\delta(\omega-\omega')=\langle u_i(\boldsymbol{k},\omega)u_j^*(\boldsymbol{k}',\omega')\rangle \tag{9.3-35}$$

所以 $\langle v_i(\boldsymbol{r},t)\times v_j(\boldsymbol{r}',t')\rangle$ 对应 $\langle u_i(\boldsymbol{k},\omega)\times u_j^*(\boldsymbol{k}',\omega')\rangle$.

$$\begin{aligned}&\langle\boldsymbol{v}(\boldsymbol{r},t)\times\boldsymbol{b}(\boldsymbol{r},t)\rangle\\&=\iiiint\frac{\langle\boldsymbol{u}(\boldsymbol{k},\omega)\times\boldsymbol{u}^*(\boldsymbol{k}',\omega')\rangle i\boldsymbol{B}_0\cdot\boldsymbol{k}}{-i\omega+\eta_m k^2}\mathrm{e}^{i(\boldsymbol{k}-\boldsymbol{k}')\cdot\boldsymbol{r}-i(\omega-\omega')t}\mathrm{d}\boldsymbol{k}\mathrm{d}\boldsymbol{k}'\mathrm{d}\omega\mathrm{d}\omega'\\&=\iint\frac{\langle\boldsymbol{u}(\boldsymbol{k},\omega)\times\boldsymbol{u}^*(\boldsymbol{k},\omega)\rangle iB_{0j}k_j}{\omega^2+\eta_m^2k^4}(\eta_m k^2+i\omega)\mathrm{d}\boldsymbol{k}\mathrm{d}\omega\\&=\iint\frac{i\varepsilon_{ikl}\langle u_k u_l^*\rangle B_{0j}k_j}{\omega^2+\eta_m^2k^4}(\eta_m k^2+i\omega)\mathrm{d}\boldsymbol{k}\mathrm{d}\omega\end{aligned}$$

$\langle u_k u_l^*\rangle=\varPhi_{kl}(\boldsymbol{k},\omega)$ 是虚数, 所以 $i\varPhi_{kl}$ 为实数, B_{0j} 和 k_j 均为实数. $\boldsymbol{v}(\boldsymbol{r},t)$ 和 $\boldsymbol{b}(\boldsymbol{r},t)$ 也为实数. $\boldsymbol{\varepsilon}=(\boldsymbol{v}\times\boldsymbol{b})$ 是实数, 所以与 $i\omega$ 相乘的项必须为零,

$$\varepsilon_i=(\boldsymbol{v}\times\boldsymbol{b})_i=i\eta_m\varepsilon_{ikl}\iint(\omega^2+\eta_m^2k^4)^{-1}k^2k_jB_{0j}\varPhi_{kl}(\boldsymbol{k},\omega)\mathrm{d}\boldsymbol{k}\mathrm{d}\omega \tag{9.3-50}$$

由上式我们得到

$$\varepsilon_i = \alpha_{ij} B_{0j}$$

其中

$$\alpha_{ij} = i\eta_m \varepsilon_{ikl} \iint (\omega^2 + \eta_m^2 k^4)^{-1} k^2 k_j \Phi_{kl}(\boldsymbol{k}, \omega) \mathrm{d}\boldsymbol{k} \mathrm{d}\omega \tag{9.3-51}$$

当各向同性时, $\alpha = \dfrac{1}{3}\alpha_{ii}$ (一致于 $\alpha_{ij} = \alpha\delta_{ij}$). 由 (9.3-46) 式:

$$F(k, \omega) = i \int_{S_k} \varepsilon_{ikl} k_k \Phi_{il}(\boldsymbol{k}, \omega) \mathrm{d}S$$

将 (9.3-51) 式中, 下标 j 改为 i,

$$\alpha_{ii} = i\eta_m \varepsilon_{ikl} \iint (\omega^2 + \eta_m^2 k^4)^{-1} k^2 k_i \Phi_{kl} \mathrm{d}\boldsymbol{k} \mathrm{d}\omega$$

将 ε_{ikl} 变为 ε_{kil}, $\varepsilon_{kil} = -\varepsilon_{ikl}$, 则 $k_i \Phi_{kl} \to k_k \Phi_{il}$, 目的为符合 (9.3-46) 式. 所以

$$\alpha = -\frac{1}{3}\eta_m \iint \frac{k^2 F(k, \omega)}{\omega^2 + \eta_m^2 k^4} \mathrm{d}k \mathrm{d}\omega \tag{9.3-52}$$

由于 F 的定义 (9.3-46) 式, 并未规定表面 S_k 为球面, 所以上式无论随机速度场 $\boldsymbol{v}$ 是否各向同性都成立.

很显然, α 是螺度谱函数 F 的带权积分. $F(k, \omega)$ 可正亦可负.

假设 $F(k, \omega)$ 对于所有的 k 和 ω 不为负, 不恒等于零,

$$\langle \boldsymbol{v} \cdot \boldsymbol{\omega} \rangle > 0 \tag{9.3-47$'$}$$

则从 (9.3-52) 式可见, $\alpha < 0$. 对所有的 k、ω, $F(k, \omega) \leqslant 0$, 但不恒等于零, 有 $\alpha > 0$.

在湍流情况下, 采用一阶平滑近似, 有

$$O(\boldsymbol{\nabla} \times \boldsymbol{I}) = \frac{vb}{l_0}$$

一阶平滑近似的条件是 $O(\boldsymbol{\nabla} \times \boldsymbol{I})$, 比起其他项至少小一个量级. 因此有

$$\frac{\eta_m b}{l_0^2} \gg \frac{vb}{l_0} \sim O(\boldsymbol{\nabla} \times \boldsymbol{I})$$

$$\frac{\eta_m}{l_0} \gg v = \frac{l_0}{t_0} \ \Rightarrow \ \frac{\eta_m}{l_0^2} \gg \frac{1}{t_0} \ \Rightarrow \ \eta_m k^2 \gg \omega$$

因此一阶平滑近似成立时有 $\eta_m k^2 \gg \omega$, $(\omega^2+\eta_m^2 k^4)^{-1} \approx \eta_m^{-2} k^{-4}$. 代入 (9.3-52)

$$\alpha = -\frac{1}{3\eta_m}\int k^{-2}F(k)\mathrm{d}k \tag{9.3-53}$$

$$F(k) = \int F(k,\omega)\mathrm{d}\omega$$

螺度是小尺度流动的不对称性的量度. 从 (9.3-53) 式可见, α 效应取决于非零的螺度, 相应于绕转动方向的扭转. 例如, 由于 Coriolis 力作用产生的扭转. 在 Parker 的研究中正需要这种扭转效应, 以使环向磁通量转换成极向磁通量. 非零螺度的存在对于发电机理论的成功似乎是十分需要的.

9.3.6 平均场电动力学的 α^2 发电机

在一阶平滑近似下, 平均场电动力学的湍流运动学发电机方程归结为

$$\frac{\partial \boldsymbol{B}_0}{\partial t} = \boldsymbol{\nabla}\times(\boldsymbol{V}_0\times\boldsymbol{B}_0)+\boldsymbol{\nabla}\times\boldsymbol{\varepsilon}+\eta_m\nabla^2\boldsymbol{B}_0 \tag{9.3-2}$$

$$\varepsilon_i = \langle \boldsymbol{v}\times\boldsymbol{b}\rangle_i = \alpha_{ij}B_{0j}+\beta_{ijk}\frac{\partial B_{0j}}{\partial x_k}+\cdots \tag{9.3-10}$$

对于均匀且各向同性的湍流, 有

$$\boldsymbol{\varepsilon} = \alpha\boldsymbol{B}_0 - \beta\boldsymbol{\nabla}\times\boldsymbol{B}_0+\cdots \tag{9.3-54}$$

代入 (9.3-2),

$$\frac{\partial \boldsymbol{B}_0}{\partial t} = \boldsymbol{\nabla}\times(\boldsymbol{V}_0\times\boldsymbol{B}_0)+\boldsymbol{\nabla}\times(\alpha\boldsymbol{B}_0)-\boldsymbol{\nabla}\times(\beta\boldsymbol{\nabla}\times\boldsymbol{B}_0)+\eta_m\nabla^2\boldsymbol{B}_0 \tag{9.3-55}$$

在柱坐标下, 将平均场分解为环向分量和极向分量之和

$$\boldsymbol{V}_0 = r\omega\widehat{\boldsymbol{\varphi}}+\boldsymbol{V}_{\mathrm{P}} \tag{9.3-56}$$

$$\boldsymbol{B}_0 = B_\varphi\widehat{\boldsymbol{\varphi}}+\boldsymbol{B}_{\mathrm{P}} \tag{9.3-57}$$

代入平均场方程 (9.3-2), 可分解为环向和极向两个方程:

$$\frac{\partial B_\varphi}{\partial t}+r\left(\boldsymbol{V}_{\mathrm{P}}\cdot\boldsymbol{\nabla}\frac{B_\varphi}{r}\right) = r\boldsymbol{B}_{\mathrm{P}}\cdot\boldsymbol{\nabla}\frac{V_\varphi}{r}+(\boldsymbol{\nabla}\times\boldsymbol{\varepsilon})_\varphi+\eta_m\left(\nabla^2-\frac{1}{r^2}\right)B_\varphi \tag{9.3-21}$$

$$\frac{\partial A_\varphi}{\partial t}+\frac{1}{r}(\boldsymbol{V}_{\mathrm{P}}\cdot\boldsymbol{\nabla})(rA_\varphi) = \varepsilon_\varphi+\eta_m\left(\nabla^2-\frac{1}{r^2}\right)A_\varphi \tag{9.3-22}$$

$$\nabla \times \boldsymbol{\varepsilon} = \nabla \times (\alpha \boldsymbol{B}_0) - \nabla \times (\beta \nabla \times \boldsymbol{B}_0)$$
$$= \nabla \times (\alpha \boldsymbol{B}_0) + \beta \nabla^2 \boldsymbol{B}_0$$

$$(\nabla \times \boldsymbol{\varepsilon})_\varphi = [\nabla \times (\alpha \boldsymbol{B}_\mathrm{P})]_\varphi + \beta \nabla^2 (\boldsymbol{B}_\varphi \hat{\boldsymbol{\varphi}}) = [\nabla \times (\alpha \boldsymbol{B}_\mathrm{P})]_\varphi + \beta \left(\nabla^2 - \frac{1}{r^2}\right) B_\varphi \widehat{\boldsymbol{\varphi}} \tag{9.3-58}$$

$$\varepsilon_\varphi = \alpha B_\varphi - \beta (\nabla \times \boldsymbol{B}_\mathrm{P})_\varphi = \alpha B_\varphi - \beta [\nabla \times (\nabla \times A_\varphi \widehat{\boldsymbol{\varphi}})]_\varphi = \alpha B_\varphi + \beta \nabla^2 (A_\varphi \widehat{\boldsymbol{\varphi}})$$
$$= \alpha B_\varphi + \beta \left(\nabla^2 - \frac{1}{r^2}\right) A_\varphi \tag{9.3-59}$$

将 (9.3-58), (9.3-59) 代入 (9.3-21) 和 (9.3-22), 令 $\eta_{me} = \eta_m + \beta$, 有

$$\frac{\partial B_\varphi}{\partial t} + r(\boldsymbol{V}_\mathrm{P} \cdot \nabla) \frac{B_\varphi}{r} = r(\boldsymbol{B}_\mathrm{P} \cdot \nabla)\omega + [\nabla \times (\alpha \boldsymbol{B}_\mathrm{P})]_\varphi + \eta_{me} \left(\nabla^2 - \frac{1}{r^2}\right) B_\varphi \tag{9.3-60}$$

$$\frac{\partial A_\varphi}{\partial t} + \frac{1}{r}(\boldsymbol{V}_\mathrm{P} \cdot \nabla)(r A_\varphi) = \alpha B_\varphi + \eta_{me} \left(\nabla^2 - \frac{1}{r^2}\right) A_\varphi \tag{9.3-61}$$

η_{me} 称为等效磁扩散系数.

(9.3-61) 式表明, α 效应可使环向场变为极向场. (9.3-60) 式中, 如果右边第二项比第一项大得多, 即

$$O\left(\frac{|r(\boldsymbol{B}_\mathrm{P} \cdot \nabla)\omega|}{|\nabla \times (\alpha \boldsymbol{B}_\mathrm{P})|}\right) = O\left(\frac{L_0 \omega_0'}{\alpha_0}\right) \ll 1 \tag{9.3-62}$$

式中 α_0 和 ω_0' 分别为 α 和 $|\nabla\omega|$ 的典型值. (9.3-62) 表明 α 效应使极向场转化为环向场的过程比较差自转的转化过程更重要. α 效应既是极向场的源 [(9.3-61) 式, 通过 αB_φ 起作用], 又是环向场的源 [(9.3-60) 式, 通过 $\nabla \times (\alpha \boldsymbol{B}_\mathrm{P})$ 起作用]. 发电机过程由两个 α 效应构成, 称为 α^2 发电机.

α^2 发电机方程中如果 $\boldsymbol{V}_0 = 0$, 则 $\boldsymbol{V}_0 \times \boldsymbol{B}_0$ 可忽略. 则 (9.3-55) 式简化为

$$\frac{\partial \boldsymbol{B}_0}{\partial t} = \alpha \nabla \times \boldsymbol{B}_0 + \eta_{me} \nabla^2 \boldsymbol{B}_0 \tag{9.3-63}$$

式中 α 和 η_{me} 均设为常数.

9.3.7 发电机波

简单发电机方程的解是移动的发电机波, 也即黑子向赤道方向迁移同时振幅增长. 选取一个足够小的环向场区域, 因此场可看作均匀. 该区域内定义一个直

角坐标系 (ξ,η,ζ). η 平行环向场, 指向东; ζ 径向向外; ξ 指向南, 与子午圈相切. 子午面平行 $\zeta\xi$ 平面. 通过运动学发电机方程, 进一步研究磁场的演变 (Parker, 1955a).

流体元因径向对流沿 ζ 轴运动穿过环向场, 因 Coriolis 力绕 ζ 轴旋转. 为简单起见, 考虑流体绕 ζ 轴转动. 沿 ζ 轴方向, 有无限长流柱. 假定环向场在 ζ 方向为薄层, 厚为 a, 作上述假设后, 理想流体运动与环向场的相互作用, 在流体有无限电导率条件下, 可严格计算.

考虑地核附近分布有大量磁环, 球坐标 (r,θ,ϕ), $\theta=0$ 代表地球的转轴方向. 每个局部直角坐标系 (ξ,η,ζ) 的 ζ 轴在 $\hat{\boldsymbol{r}}$ 方向, ξ 轴在 $\hat{\boldsymbol{\theta}}$ 方向, η 轴在 $\widehat{\boldsymbol{\phi}}$ 方向. 假设所有的磁环位于子午面或 $\zeta\xi$ 平面上.

设 (R,Θ,Φ) 为子午磁环中心的球坐标, (ρ,ϑ,φ) 是相对于磁环中心的坐标系. 某一点的坐标为 (r,θ,ϕ), 即 (ξ,η,ζ), 坐标原点位于地核中心 (图 9.7).

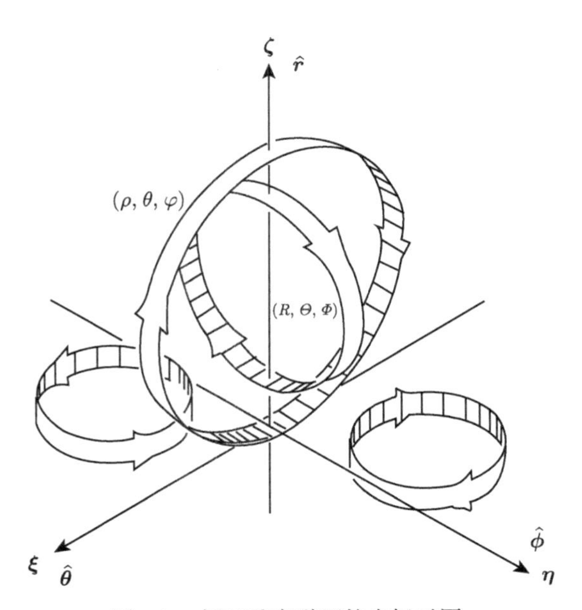

图 9.7 相互垂直磁环的坐标示图

该点与子午磁环中心的关系为

$$r=R+\rho,\quad \theta=\Theta+\vartheta,\quad \phi=\Phi+\varphi$$

所讨论的子午磁环的尺度为 a, 相比于地核半径 P 是小量, 因此 ρ,ϑ,φ 为小量, 量级为 a/P 分别乘 r,θ,ϕ.

当 $a\to 0$ 时, 各个磁环的组元变得不相关, 最终消失, $r\to\rho$, $\theta\to\vartheta$, 这时 (r,θ,ϕ) 与 (ξ,η,ζ) 的关系为 $r\to\zeta$, $\theta\to\xi$, 所以有 $\rho\to\zeta$, $\vartheta\to\xi$, 为方便起见用

直角坐标系来描写磁环

$$B_\rho \equiv B_\zeta = -B_0 \frac{R}{a} \vartheta \exp\left[-\frac{\rho^2 + R^2\vartheta^2 + R^2 \sin^2 \Theta\, \varphi^2}{a^2}\right] \tag{9.3-64}$$

$$B_\vartheta = B_\xi = B_0 \frac{\rho}{a} \exp\left[-\frac{\rho^2 + R^2\vartheta^2 + R^2 \sin^2 \Theta\, \varphi^2}{a^2}\right] \tag{9.3-65}$$

$$B_\varphi = B_\eta = 0 \tag{9.3-66}$$

($\xi = R\vartheta$, $\eta = R\sin\Theta\,\varphi$, $\zeta = \rho$, B_0 为积分常数.)

在局部直角坐标系 (ξ, η, ζ) 中, 由 (9.3-64)—(9.3-66) 描述的磁环可用矢势表示:

$$A_\zeta = A_\xi = 0 \tag{9.3-67}$$

$$A_\eta = \frac{1}{2} B_0 a \exp\left[-\frac{\xi^2 + \eta^2 + \zeta^2}{a^2}\right] \tag{9.3-68}$$

证明 因为 $\boldsymbol{B} = \boldsymbol{\nabla} \times \boldsymbol{A}$, B_ζ 和 B_ξ 不等于 0, $\boldsymbol{B}$ 只有 $\widehat{\boldsymbol{\xi}}$ 和 $\widehat{\boldsymbol{\zeta}}$ 分量.

因为磁环在子午面上, 所以 $B_\eta = 0$, 与 η 坐标 (相当于 y 坐标) 无关. 因此可引入通量函数 $A_\eta(\xi, \zeta)\widehat{\boldsymbol{\eta}}$, 取 $A_\zeta = A_\xi = 0$.

$$\boldsymbol{B} = \boldsymbol{\nabla} \times \boldsymbol{A} = -\frac{\partial A_\eta}{\partial \zeta} \widehat{\boldsymbol{\xi}} + \frac{\partial A_\eta}{\partial \xi} \widehat{\boldsymbol{\zeta}} = \left(-\frac{\partial A_\eta}{\partial \zeta}, b_\eta, \frac{\partial A_\eta}{\partial \xi}\right)$$

A_η 在 $\widehat{\boldsymbol{\eta}}$ 方向, 在 $(R\Theta\Phi)$ 坐标系中, 离磁环中心的距离在量级为 a 范围内不会等于零.

$$B_\zeta = \frac{\partial A_\eta}{\partial \xi}$$

$$A_\eta = \int -B_0 \frac{R}{a} \vartheta \exp\left[-\frac{\xi^2 + \eta^2 + \zeta^2}{a^2}\right] \mathrm{d}\xi$$

$$\xi = R\vartheta, \quad \eta = R\sin\Theta\,\varphi, \quad \zeta = \rho$$

$$\begin{aligned}
\text{上式} &= -B_0 \frac{1}{a} \exp\left(-\frac{\eta^2 + \zeta^2}{a^2}\right) \int \xi \mathrm{e}^{-\frac{\xi^2}{a^2}} \mathrm{d}\xi \\
&= \frac{1}{2} B_0 a \exp\left(-\frac{\xi^2 + \eta^2 + \zeta^2}{a^2}\right)
\end{aligned}$$

假如环流运动给定. A_η 的产生率只正比于环向场 $B\widehat{\boldsymbol{\eta}}$, 记为 B_η, 假设环流小而多, 平均效果产生 A_η. 因此有

$$\frac{\partial A_\eta}{\partial t}=\alpha B_\eta \tag{9.3-69}$$

即小尺度环流平均值对大尺度场的贡献, A_η 即为极向场, αB_η 为 α 效应的贡献.

B_η 是环向场, α 是环流剧烈程度的量度, 可以是位置的函数. 考虑耗散, 有

$$\frac{\partial A_\eta}{\partial t}=\alpha B_\eta+\frac{1}{\mu\sigma}\nabla^2 A_\eta \tag{9.3-70}$$

$$\begin{aligned}
&\because\ \frac{\partial \boldsymbol{B}}{\partial t}\sim\frac{1}{\mu\sigma}\nabla^2\boldsymbol{B}=\frac{1}{\mu\sigma}\nabla^2(\boldsymbol{\nabla}\times\boldsymbol{A})=\frac{1}{\mu\sigma}\boldsymbol{\nabla}\times\nabla^2\boldsymbol{A}\\
&\therefore\ \frac{\partial \boldsymbol{A}}{\partial t}\sim\frac{1}{\mu\sigma}\nabla^2\boldsymbol{A}
\end{aligned}$$

假设有流体运动存在, B_η 和 A_η 均为环向分量, $\boldsymbol{v}=v\widehat{\boldsymbol{\eta}}$ ($\widehat{\boldsymbol{\eta}}$ 为环向场方向) 代表非均匀转动, 因为 A_η 和 v 在子午面 ($\xi\zeta$) 平面内, 与变量 η 无关. 但 A_η 和 v 的方向均在 $\widehat{\boldsymbol{\eta}}$ 方向.

磁感应方程可写成

$$\frac{\partial \boldsymbol{B}}{\partial t}=\boldsymbol{\nabla}\times[\boldsymbol{v}\times(\boldsymbol{\nabla}\times\boldsymbol{A})]+\frac{1}{\mu\sigma}\nabla^2\boldsymbol{B} \tag{9.3-71}$$

(式中的 $\boldsymbol{A}$ 与上面的 A 不同, $A=A_\eta$). 已知 A_η, $\boldsymbol{v}$, B_η 均在 $\widehat{\boldsymbol{\eta}}$ 方向. 与坐标 η 无关, $A_\zeta=A_\xi=0$,

$$\begin{aligned}
\boldsymbol{\nabla}\times\boldsymbol{A}&=\left(\frac{\partial A_\zeta}{\partial\eta}-\frac{\partial A_\eta}{\partial\zeta}\right)\widehat{\boldsymbol{\xi}}+\left(\frac{\partial A_\xi}{\partial\zeta}-\frac{\partial A_\zeta}{\partial\xi}\right)\widehat{\boldsymbol{\eta}}+\left(\frac{\partial A_\eta}{\partial\xi}-\frac{\partial A_\xi}{\partial\eta}\right)\widehat{\boldsymbol{\zeta}}\\
&=-\frac{\partial A_\eta}{\partial\zeta}\widehat{\boldsymbol{\xi}}+\frac{\partial A_\eta}{\partial\xi}\widehat{\boldsymbol{\zeta}}\\
\boldsymbol{v}\times\boldsymbol{\nabla}\times\boldsymbol{A}&=v\widehat{\boldsymbol{\eta}}\times\left(-\frac{\partial A_\eta}{\partial\zeta}\widehat{\boldsymbol{\xi}}+\frac{\partial A_\eta}{\partial\xi}\widehat{\boldsymbol{\zeta}}\right)
\end{aligned}$$

令 $\boldsymbol{K}=\boldsymbol{v}\times\boldsymbol{\nabla}\times\boldsymbol{A}$,

$$\boldsymbol{K}=v\frac{\partial A_\eta}{\partial\zeta}\widehat{\boldsymbol{\zeta}}+v\frac{\partial A_\eta}{\partial\xi}\widehat{\boldsymbol{\xi}}$$

$$\boldsymbol{\nabla}\times\boldsymbol{K}=\frac{\partial}{\partial\eta}\left(v\frac{\partial A_\eta}{\partial\zeta}\right)\widehat{\boldsymbol{\xi}}+\left[\frac{\partial}{\partial\zeta}\left(v\frac{\partial A_\eta}{\partial\xi}\right)-\frac{\partial}{\partial\xi}\left(v\frac{\partial A_\eta}{\partial\zeta}\right)\right]\widehat{\boldsymbol{\eta}}+\left[-\frac{\partial}{\partial\eta}\left(v\frac{\partial A_\eta}{\partial\xi}\right)\right]\widehat{\boldsymbol{\zeta}}$$

$$
\begin{aligned}
(\boldsymbol{\nabla}\times\boldsymbol{K})_\eta &= \frac{\partial}{\partial\zeta}\left(v\frac{\partial A_\eta}{\partial\xi}\right)-\frac{\partial}{\partial\xi}\left(v\frac{\partial A_\eta}{\partial\zeta}\right)\\
&=\frac{\partial v}{\partial\zeta}\frac{\partial A_\eta}{\partial\xi}-\frac{\partial v}{\partial\xi}\frac{\partial A_\eta}{\partial\zeta}
\end{aligned}
$$

$$
\therefore\ \frac{\partial B_\eta}{\partial t}=\left(\frac{\partial v}{\partial\zeta}\frac{\partial A_\eta}{\partial\xi}-\frac{\partial v}{\partial\xi}\frac{\partial A_\eta}{\partial\zeta}\right)+\frac{1}{\mu\sigma}\nabla^2 B_\eta \tag{9.3-72}
$$

$$
\left(\frac{\partial}{\partial t}-\frac{1}{\mu\sigma}\nabla^2\right)B_\eta=\frac{\partial v}{\partial\zeta}\frac{\partial A_\eta}{\partial\xi}-\frac{\partial v}{\partial\xi}\frac{\partial A_\eta}{\partial\zeta}
$$

在直角坐标的边界条件下求解发电机方程 (9.3-70) 和 (9.3-72) 比球边界有意义. 因此考虑球状地核为矩形. 局部直角坐标 (ξ,η,ζ) 成为矩形地核的直角坐标. 进一步假设用均匀剪切替代非均匀转动

$$
\frac{\partial v}{\partial\zeta}=H=\text{const},\qquad \frac{\partial v}{\partial\xi}=0 \tag{9.3-73}
$$

代入 (9.3-72), $A=A_\eta$,

$$
\frac{\partial B_\eta}{\partial t}=H\frac{\partial A}{\partial\xi}+\frac{1}{\mu\sigma}\nabla^2 B_\eta \tag{9.3-74}
$$

式 (9.3-70) $(\partial/\partial t-(1/\mu\sigma)\nabla^2)A=\alpha B_\eta$ 中, α 是位置的函数, 假定涡旋 (即环流) 在空间均匀分布, 则 α 等于常数. 于是 (9.3-70) 和 (9.3-74) 是关于变量 A 和 B_φ 的两个线性方程的联立

$$
\begin{cases}
\left(\dfrac{\partial}{\partial t}-\dfrac{1}{\mu\sigma}\nabla^2\right)A=\alpha B_\eta & (9.3\text{-}70)\\[2ex]
\left(\dfrac{\partial}{\partial t}-\dfrac{1}{\mu\sigma}\nabla^2\right)B_\eta=H\dfrac{\partial A}{\partial\xi} & (9.3\text{-}74)
\end{cases}
$$

令

$$
A=A_0\exp[i(\omega t+k\xi)],\quad B_\eta=B_0\exp[i(\omega t+k\xi)] \tag{9.3-75}
$$

代入 (9.3-70) 和 (9.3-74) 得

$$
\begin{cases}
A_0\left(i\omega+\dfrac{k^2}{\mu\sigma}\right)-B_0\alpha=0\\[2ex]
-A_0(ikH)+B_0\left(i\omega+\dfrac{k^2}{\mu\sigma}\right)=0
\end{cases} \tag{9.3-76}
$$

令 A_0 和 B_0 的系数行列式为零, 得

$$\left(i\omega+\frac{k^2}{\mu\sigma}\right)^2-ikH\alpha=0$$

对于 $i\omega$ 的实部为负的解, 相应的波将衰减, 我们对长时间存在的波有兴趣, 即 $i\omega$ 的实部为正.

$$i\omega=\left(\varOmega-\frac{k^2}{\mu\sigma}\right)\pm i\varOmega \tag{9.3-77}$$

式中 $\varOmega=(|kH\alpha|/2)^{1/2}$, $kH\alpha$ 取绝对值. 对于 $kH\alpha<0$ 的情形, $i\omega$ 右边第二项的符号为负. 将 (9.3-77) 代入 (9.3-76) 式, 得到

$$A_0=-\frac{B_0\varOmega}{kH}(i\mp 1)\quad\begin{pmatrix}kH\alpha>0,\ \text{对应}\ (i-1)\\ kH\alpha<0,\ \text{对应}\ (i+1)\end{pmatrix}$$

(Parker 的 (118) 式为 $A_0=-B_0[(1\pm i)\varOmega/kH]$, 似乎有误, 参见 (Parker, 1955a).)

发电机方程的解, (9.3-75) 式变为移动的发电机波 (dynamo waves)

$$B_\eta=B_0\exp\left[\left(\varOmega-\frac{k^2}{\mu\sigma}\right)t\right]\exp[i(k\xi\pm\varOmega t)] \tag{9.3-78}$$

$$A=-B_0\frac{\varOmega}{kH}(i\mp 1)\exp\left[\left(\varOmega-\frac{k^2}{\mu\sigma}\right)t\right]\exp[i(k\xi\pm\varOmega t)] \tag{9.3-79}$$

矢势 A 与磁场 B_η 相位差为 $\pi/4$.

(9.3-78) 式的指数部分可写成以下形式

$$Pt+ik\xi=\left[-\frac{k^2}{\mu\sigma}+\varOmega(1\pm i)\right]t+ik\xi$$

$$P=-\eta_m k^2+(1\pm i)\varOmega,\qquad \eta_m=\frac{1}{\mu\sigma} \tag{9.3-80}$$

$$B_\eta=B_0\exp(Pt+ik\xi)$$

只要 P 的实部为正, 表示通过 α 效应会产生磁场, 其中 $\eta_m k^2$ 给出欧姆耗散.

P 表式 (9.3-80) 中, 实部的两项的平方之比:

$$\frac{\varOmega^2}{(\eta_m k^2)^2}=\pm\frac{kH\alpha}{2\eta_m^2 k^4}$$

$$= \pm \frac{\dfrac{\partial v}{\partial \zeta} \cdot \alpha}{2\eta_m^2 k^3} = \pm N_D \quad \begin{cases} + : \ kH\alpha > 0 \\ - : \ kH\alpha < 0 \end{cases} \tag{9.3-81}$$

N_D 称为发电机数.

讨论:

(1) 发电机位于太阳对流区. 厚度 10^5 km, 足够薄, 可按平面层处理. 不计曲率, 平面层的发电机方程给出波动解.

(2) 太阳对流区中的环流在极区附近较强, 赤道附近弱. 但近赤道处, 剪切 (较差旋转) 强. 因剪切 ($\partial v/\partial \zeta = H$) 产生的环向场强. 极向场 (与 A 相关) 的产生正比于 αB, α 与环流相关. 因此极区附近极向场强. 太阳黑子是太阳环向场受磁浮力的作用形成的. 由此可期望太阳黑子所在位置环向场是强的. 环向场强的区域在低纬地带. 因此可以解释太阳黑子更多地出现在低纬区域.

(3) 从 (9.3-78) 式可知

$$B_\eta \sim \exp[i(k\xi \pm \varOmega t)] = \exp[ik(\xi \pm v_D t)]$$

$$v_D = \frac{\varOmega}{k}$$

$$\varOmega = \left(\frac{|kH\alpha|}{2}\right)^{1/2}$$

(i) 当 $kH\alpha > 0$ 时, 有

$$\varOmega = \left(\frac{kH\alpha}{2}\right)^{1/2}, \quad v_D > 0$$

$$B_\eta \sim \exp[ik(v_D t + \xi)] = \exp[i(\varOmega t + k\xi)]$$

波沿 $-\hat{\boldsymbol{\xi}}$ 方向传播.

(ii) 当 $kH\alpha < 0$ 时, (9.3-77) 取形式:

$$i\omega = \left(\varOmega - \frac{k^2}{\mu\sigma}\right) - i\varOmega$$

(9.3-78) 式形如

$$B_\eta \sim \exp[-i(k\xi - \varOmega t)]$$

波沿 $+\hat{\boldsymbol{\xi}}$ 方向 (南) 传播. 也即 $kH\alpha > 0$ 时, $N_D > 0$, 波沿 $-\hat{\boldsymbol{\xi}}$ 方向 (北) 传播. 当 $kH\alpha < 0$ 时, $N_D < 0$, 波沿 $+\hat{\boldsymbol{\xi}}$ 方向 (南) 传播.

(4) 若 $\Omega > k^2/\mu\sigma = \eta_m k^2$, 即 $|N_D| > 1$, 则振幅随时间指数增加, 是增长解. 若 $\Omega \gg \eta_m k^2$, 则 $B_\eta = B_0 \exp(\Omega t)\exp[i(k\xi \pm \Omega t)]$, 每经历一个波长 $2\pi/k$, 即时间上经历一个周期, $T = 2\pi/\Omega$, 振幅增大 $e^{2\pi}$ 倍, 约 500 倍.

(5) 矢势 A 与磁场 B 相位差为 $\pi/4$.

(6) 发电机波的传播速度 $\Omega/k \sim k^{1/2}/k = k^{-1/2}$, 也即传播速度随 $\lambda^{1/2}$ 增加.

(7) 发电机数 N_D 还与 $H = \partial v/\partial\zeta$ 有关. v 在 $\widehat{\boldsymbol{\eta}}$ 方向, 是环向速度. $\widehat{\boldsymbol{\zeta}}$ 为径向, 向外为正. 深度增加就是 ζ 减小, ζ 接近原点, 因此环向速度随深度增加, 即 $\mathrm{d}v/\mathrm{d}\zeta < 0$, $N_D < 0$. 波向南, 向赤道方向行进, 反之, 则向极区行进.

(8)

$$P = R(p) + iI(p) \tag{9.3-82}$$

$$R(p) = -\eta_m k^2 + \Omega, \quad I(p) = \Omega$$

Ω 的量纲为角速度. Ω 中的 α 量纲为速度 ($\boldsymbol{\varepsilon} \sim \alpha\boldsymbol{B}, \rightarrow \boldsymbol{v}\times\boldsymbol{B} \sim \alpha\boldsymbol{B}$) 发电机数表示场的产生 (因 α 效应和较差转动) 与耗散 (欧姆损耗) 之比.

(9) 若发电机波衰减, 则有 $\eta_m k^2 \gg \Omega$, 取 $R_\odot$ 作为波长的特征量. 波的周期从 (9.3-82) 式, $T \sim R(p)^{-1} \sim 1/\eta_m k^2 \sim R_\odot^2/\eta_m$, 相当于衰减时间.

$R_\odot \sim 7\times 10^8$ m, η_m 用 $10^9\ \mathrm{m}^2\cdot\mathrm{s}^{-1}$ (米粒组织的 $\widetilde{\eta}$ 典型值) 则衰减时间为 5×10^8 秒, 与太阳活动周的时间相当.

(10) 以上考虑的波为沿 $\widehat{\boldsymbol{\xi}}$ 方向的一维波, 现在考虑沿 $\hat{\boldsymbol{x}}$ (即为 $\widehat{\boldsymbol{\xi}}$) $\hat{\boldsymbol{y}}$ ($\widehat{\boldsymbol{\eta}}$) 方向的二维波.

设

$$A = A_0 \exp[i(\omega t + k_x x + k_y y)]$$

$$B_\eta = B_0 \exp[i(\omega t + k_x x + k_y y)]$$

代入 (9.3-70) 和 (9.3-74) 式中

$$\begin{cases} A_0\left(i\omega + \dfrac{1}{\mu\sigma}(k_x^2 + k_y^2)\right) - B_0\alpha = 0 \\ -A_0 i k_x H + B_0\left(i\omega + \dfrac{1}{\mu\sigma}(k_x^2 + k_y^2)\right) = 0 \end{cases}$$

$$k^2 = k_x^2 + k_y^2, \quad H = \frac{\partial v}{\partial\zeta} = \frac{\partial v_y}{\partial z} \quad \left(\frac{\partial v}{\partial\zeta}\ \text{中的}\ v\ \text{在}\ \widehat{\boldsymbol{\eta}}\ \text{方向, 环向, 现为}\ \hat{\boldsymbol{y}}\right)$$

可求出

$$i\omega = \left(\Omega - \frac{1}{\mu\sigma}k^2\right) \pm i\Omega$$

式中

$$\Omega = \left[\frac{\left| \alpha k_x \dfrac{\partial v_y}{\partial z} \right|}{2} \right]^{1/2}$$

$$B_\eta = B_0 \exp\left[\left(\Omega - \frac{1}{\mu\sigma} k^2 \right) t \right] \exp[i(k_x x + k_y y \pm \Omega t)]$$

记

$$P = \left[-\frac{1}{\mu\sigma} k^2 + \Omega(1 \pm i) \right]$$

实部两项的平方之比为

$$N_D = \frac{\alpha k_x}{2\eta^2 k^4} \frac{\mathrm{d}v_y}{\mathrm{d}z}$$

当 $|N_D| > 1$, $R(p) > 0$ 即 $\Omega - \eta_m k^2 > 0$ 时为增长解.

9.3.8　太阳活动周模型——α-ω 发电机

一阶平滑近似下, 平均场电动力学湍流运动学发电机方程归结为

$$\frac{\partial \boldsymbol{B}_0}{\partial t} = \nabla \times (\boldsymbol{V}_0 \times \boldsymbol{B}_0) + \nabla \times \boldsymbol{\varepsilon} + \eta_m \nabla^2 \boldsymbol{B}_0 \tag{9.3-2}$$

式中 $\langle \boldsymbol{B} \rangle = \boldsymbol{B}_0$, $\langle \boldsymbol{V} \rangle = \boldsymbol{V}_0$ 为平均场.

$\boldsymbol{\varepsilon}$ 为感应电场, 在均匀各向同性条件下, 有

$$\boldsymbol{\varepsilon} = \alpha \boldsymbol{B}_0 - \beta \nabla \times \boldsymbol{B}_0 \cdots$$

代入 (9.3-2) 式得

$$\frac{\partial \boldsymbol{B}_0}{\partial t} = \nabla \times (\boldsymbol{V}_0 \times \boldsymbol{B}_0) + \nabla \times (\alpha \boldsymbol{B}_0) - \nabla \times (\beta \nabla \times \boldsymbol{B}_0) + \eta_m \nabla^2 \boldsymbol{B}_0 \tag{9.3-83}$$

右边第二、三项是小尺度结构对大尺度位型的贡献, $\nabla \times (\alpha \boldsymbol{B})$ 给出湍流发电机效应, 可以使环向场放大为极向场, 或者使极向场放大为环向场, $-\nabla \times (\beta \nabla \times \boldsymbol{B}_0)$ 为湍流扩散项, 是不同于电阻扩散的耗散. 可以并入 η_m, 有 $\widetilde{\eta} = \eta_m + \beta$, 是湍流扩散系数. 通常 $\widetilde{\eta} \gg \eta_m$. 大尺度的场为 $\boldsymbol{V}_0 = \langle \boldsymbol{V} \rangle$, $\boldsymbol{B}_0 = \langle \boldsymbol{B} \rangle$, 小尺度运动的影响由湍流扩散系数和 α 效应标志.

$$\frac{\partial \boldsymbol{B}_0}{\partial t} = \nabla \times (\boldsymbol{V}_0 \times \boldsymbol{B}_0) + \nabla \times (\alpha \boldsymbol{B}_0 - \widetilde{\eta} \nabla \times \boldsymbol{B}_0) \tag{9.3-84}$$

在柱坐标下, 将平均场分解为环向分量和极向分量之和

$$\boldsymbol{V}_0 = r\omega\widehat{\boldsymbol{\varphi}} + \boldsymbol{V}_{\mathrm{P}}$$

$$\boldsymbol{B}_0 = B_\varphi\widehat{\boldsymbol{\varphi}} + \boldsymbol{B}_{\mathrm{P}}$$

引入矢势 $\boldsymbol{A}_{\mathrm{T}}$, $\boldsymbol{B}_{\mathrm{P}} = \boldsymbol{\nabla}\times(A_{\mathrm{T}}(r,z)\widehat{\boldsymbol{\varphi}})$, 仿照方程 (9.2-8) 和 (9.2-9) 的推导, (9.3-84) 可化为

$$\frac{\partial B_\varphi}{\partial t} + r(\boldsymbol{V}_{\mathrm{P}}\cdot\boldsymbol{\nabla})\left(\frac{B_\varphi}{r}\right) = r(\boldsymbol{B}_{\mathrm{P}}\cdot\boldsymbol{\nabla})\omega + \boldsymbol{\nabla}\times(\alpha\boldsymbol{B}_{\mathrm{P}}) + \widetilde{\eta}\left(\nabla^2 - \frac{1}{r^2}\right)B_\varphi \quad (9.3\text{-}85)$$

$$\frac{\partial A_{\mathrm{T}}}{\partial t} + \frac{1}{r}(\boldsymbol{V}_{\mathrm{P}}\cdot\boldsymbol{\nabla})(rA_{\mathrm{T}}) = \alpha B_\varphi + \widetilde{\eta}\left(\nabla^2 - \frac{1}{r^2}\right)A_{\mathrm{T}} \quad (9.3\text{-}86)$$

($A_{\mathrm{T}} = A_\varphi$, $\widetilde{\eta}$ 为湍流扩散系数.)

注意 (9.3-84) 式中多了一项 $\boldsymbol{\nabla}\times(\alpha\boldsymbol{B}_0) = \boldsymbol{\nabla}\times(\alpha B_\varphi\widehat{\boldsymbol{\varphi}} + \alpha\boldsymbol{B}_{\mathrm{P}})$, 分别在 (9.3-85)、(9.3-86) 式中出现.

从 (9.3-86) 式中可见 $\partial A_{\mathrm{T}}/\partial t \sim \alpha B_\varphi$. 这便是 (9.3-70) 式的依据.

方程 (9.3-85) 和 (9.3-86) 类似于 (9.2-9) 和 (9.2-8) 式. 只是现在考虑了湍流扩散系数, 并计入 α 效应. (9.3-85) 式右边有两项是源项, 能够通过 $\boldsymbol{B}_{\mathrm{P}}$ 产生 B_φ.

取 α_0 为 α 的典型值, ω_0' 是 $\partial\omega/\partial r$ 的典型值 (即设 $\omega = \omega_0' r$). 当转动的影响小时

$$O\left(\frac{|r\boldsymbol{B}_{\mathrm{P}}\cdot\boldsymbol{\nabla}\omega|}{|\boldsymbol{\nabla}\times(\alpha\boldsymbol{B}_{\mathrm{P}})|}\right) = O\left(\frac{L_0^2\omega_0'}{\alpha_0}\right) \ll 1$$

其中 L_0 为特征长度. 若 $|\alpha_0| \gg |\omega_0' L_0^2|$, 则与转动有关的项可以忽略. 环向场和极向场仅由 α 效应产生, 发电机过程由两个 α 效应构成, 称为 α^2 发电机. 产生的磁场稳定, 不振荡, 接近于地球发电机.

对于太阳, 转动的影响较大,

$$O\left(\frac{L_0^2\omega_0'}{\alpha_0}\right) \gg 1, \qquad |\alpha_0| \ll |L_0^2\omega_0'|$$

(9.3-85) 式右边第二项可忽略, 环向场由较差旋转维持, 极向场由 α 效应维持, 称为 α-ω 发电机.

场的结构和发电机的存在取决于发电机数, 这里定义为 $X = \alpha_0\omega_0' R_\odot^3/\widetilde{\eta}^2$, 与 N_D 一样是场的产生与耗散之比. 因为 (9.3-85) 和 (9.3-86) 是 B_φ 和 A_{T} 的线性方程, 有形如 e^{pt} 的解. 因此需要确定 p 作为 X 的函数形式. 特别是确定最小的 X 值的大小. 在 X 为最小值时, ① α 效应可以克服耗散而有增长模式, 也即

$R(p) > 0$, 式中 $R(p)$ 为 p 的实部. ② $I(p)$ (虚部) $\neq 0$ 时的振荡模式或者 $I(p) = 0$ 的无振荡模式, 当 $\alpha_0\,\mathrm{d}\omega/\mathrm{d}r = \alpha_0\omega_0' < 0$ 时 (也就是 $X < 0$). Roberts (1972b) 发现振荡模式的发电机最容易激发.

Roberts (1972a) 的 α-ω 发电机模型的周期为 $2\pi R_\odot^2/100\widetilde{\eta}$, 小于 9.3.7 节中粗略的估计值 $R_\odot^2/\widetilde{\eta}$, 原因是当尺度小于 $R_\odot$ 时, 已经有扩散发生了. 显然周期依赖于采用的湍动扩散系数 $\widetilde{\eta}$. 对于米粒组织, $\widetilde{\eta} \approx 10^9\ \mathrm{m^2\cdot s^{-1}}$. 周期仅为一年 (当然米粒本身不能维持这么久. 平均寿命为 8 min, 因此不足以通过 Coriolis 力得到足够的螺度). 超米粒组织很可能产生 α 效应. 湍流扩散系数稍大一些, 周期更短. 为了得到相当于 22 年的周期必须取 $\widetilde{\eta} \approx 10^8\ \mathrm{m^2\cdot s^{-1}}$. 还假设 $\alpha_0 > 0$, $\mathrm{d}\omega/\mathrm{d}r < 0$ 表示 ω 随深度而增加 (从而使发电机波向赤道迁移). 黑子根植于更深处. 黑子比光球等离子体转得更快, $\mathrm{d}\omega/\mathrm{d}r < 0$ 的假设符合观测事实.

对于太阳活动周一些特征的细节的研究, 比如蝴蝶图, 很多作者利用更复杂的 α-ω 发电机进行探讨, 如 α 效应存在于一个或两个径向层内. 有计入 ω 随 θ 变化, 甚至令 ω 和 α 随 R 和 θ 变化, 以及 α 在某些深度处反号等.

9.3.9　α-ω 发电机的发电机波

对流区厚约 2×10^5 km, 比较薄, 可认为是平面层, 因此可采用直角坐标来讨论发电机波.

平均场满足方程

$$\frac{\partial \boldsymbol{B}_0}{\partial t} = \boldsymbol{\nabla}\times(\boldsymbol{V}_0\times\boldsymbol{B}_0) + \boldsymbol{\nabla}\times\boldsymbol{\varepsilon} + \eta_m\nabla^2\boldsymbol{B}_0 \tag{9.3-2}$$

$$\boldsymbol{B}_0 = \langle\boldsymbol{B}\rangle,\quad \boldsymbol{\varepsilon} = \langle\boldsymbol{v}\times\boldsymbol{b}\rangle,\quad \boldsymbol{V}_0 = \langle\boldsymbol{V}\rangle$$

假设各向同性, 有 $\alpha_{ij} = \alpha\delta_{ij}$, $\beta_{ijk} = \beta\varepsilon_{ijk}$, 所以 $\boldsymbol{\varepsilon} = \alpha\boldsymbol{B}_0 - \beta\boldsymbol{\nabla}\times\boldsymbol{B}_0$ (如果湍动或随机波构成的背景是各向异性, 则上式不成立). 当 $\boldsymbol{V}_0$, $\boldsymbol{B}_0$ 和 $\boldsymbol{\varepsilon}$ 为轴对称, 则

$$\boldsymbol{V}_0 = r\omega(r,z)\widehat{\boldsymbol{\varphi}} + \boldsymbol{V}_\mathrm{P}$$

$$\boldsymbol{B}_0 = B_\varphi(r,z)\widehat{\boldsymbol{\varphi}} + \boldsymbol{B}_\mathrm{P}$$

$$\boldsymbol{\varepsilon} = \varepsilon_\varphi\widehat{\boldsymbol{\varphi}} + \boldsymbol{\varepsilon}_\mathrm{P}$$

$$\boldsymbol{B}_\mathrm{P} = \boldsymbol{\nabla}\times A_\varphi(r,z)\widehat{\boldsymbol{\varphi}}$$

平均场的感应方程可用环向分量和极向分量表示

$$\frac{\partial B_\varphi}{\partial t} + r(\boldsymbol{V}_\mathrm{P}\cdot\boldsymbol{\nabla})\left(\frac{B_\varphi}{r}\right) = r(\boldsymbol{B}_\mathrm{P}\cdot\boldsymbol{\nabla})\omega + (\boldsymbol{\nabla}\times\boldsymbol{\varepsilon}_\mathrm{P})_\varphi + \eta_m\left(\nabla^2 - \frac{1}{r^2}\right)B_\varphi$$

$$\frac{\partial A_{\varphi}}{\partial t}+\frac{1}{r}(\boldsymbol{V}_{\mathrm{P}}\cdot\boldsymbol{\nabla})(rA_{\varphi})=\varepsilon_{\varphi}+\eta_{m}\left(\nabla^{2}-\frac{1}{r^{2}}\right)A_{\varphi}$$

利用 $\boldsymbol{\varepsilon}$ 的表达式, 上式化为

$$\frac{\partial B_{\varphi}}{\partial t}+r(\boldsymbol{V}_{\mathrm{P}}\cdot\boldsymbol{\nabla})\left(\frac{B_{\varphi}}{r}\right)=r(\boldsymbol{B}_{\mathrm{P}}\cdot\boldsymbol{\nabla})\omega+\boldsymbol{\nabla}\times(\alpha\boldsymbol{B}_{\mathrm{P}})+\eta_{me}\left(\nabla^{2}-\frac{1}{r^{2}}\right)B_{\varphi}$$

$$\frac{\partial A_{\varphi}}{\partial t}+\frac{1}{r}(\boldsymbol{V}_{\mathrm{P}}\cdot\boldsymbol{\nabla})(rA_{\varphi})=\alpha B_{\varphi}+\eta_{me}\left(\nabla^{2}-\frac{1}{r^{2}}\right)A_{\varphi}$$

式中 $\eta_{me}=\eta_m+\beta$ 是等效扩散系数, 以上为柱坐标.

直角坐标中, 平均场方程 (9.3-2) 的环向和极向分量方程为

$$\frac{\partial\boldsymbol{A}_{\mathrm{T}}}{\partial t}=\boldsymbol{V}_{\mathrm{P}}\times\boldsymbol{\nabla}\times\boldsymbol{A}_{\mathrm{T}}+\boldsymbol{\varepsilon}_{\mathrm{T}}+\eta_{m}\nabla^{2}\boldsymbol{A}_{\mathrm{T}} \tag{9.2-7$'$}$$

$$\frac{\partial\boldsymbol{B}_{\mathrm{T}}}{\partial t}=\boldsymbol{\nabla}\times(\boldsymbol{V}_{\mathrm{P}}\times\boldsymbol{B}_{\mathrm{T}}+\boldsymbol{V}_{\mathrm{T}}\times\boldsymbol{B}_{\mathrm{P}})+(\boldsymbol{\nabla}\times\boldsymbol{\varepsilon}_{\mathrm{P}})+\eta_{m}\nabla^{2}\boldsymbol{B}_{\mathrm{T}} \tag{9.2-5$'$}$$

是原来的 (9.2-5)、(9.2-7) 式中添加感生电场 $\boldsymbol{\varepsilon}$. 下标 "T" 为环向, 在 $\hat{\boldsymbol{y}}$ 方向. "P" 则为极向, 由 $\hat{\boldsymbol{x}}$ 和 $\hat{\boldsymbol{z}}$ 方向组成.

直角坐标下:

$$\boldsymbol{A}_{\mathrm{T}}=(0,A_y,0)$$

$$\boldsymbol{V}_{\mathrm{T}}=(0,V_y,0)$$

$$\boldsymbol{B}_{\mathrm{T}}=(0,B_y,0)$$

速度 $\boldsymbol{V}=V_y\hat{\boldsymbol{y}}+\boldsymbol{V}_{\mathrm{P}}$, 磁场 $\boldsymbol{B}=B_y\hat{\boldsymbol{y}}+\boldsymbol{B}_{\mathrm{P}}$, $\boldsymbol{B}_{\mathrm{P}}=\boldsymbol{\nabla}\times(A_y\hat{\boldsymbol{y}})$. (9.2-7′) 右边第一项

$$\begin{aligned}\boldsymbol{V}_{\mathrm{P}}\times\boldsymbol{\nabla}\times\boldsymbol{A}_{\mathrm{T}}&=(V_x\hat{\boldsymbol{x}}+V_z\hat{\boldsymbol{z}})\times\left(-\frac{\partial A_y}{\partial z}\hat{\boldsymbol{x}}+\frac{\partial A_y}{\partial x}\hat{\boldsymbol{z}}\right)\\&=-V_x\frac{\partial A_y}{\partial x}\hat{\boldsymbol{y}}-V_z\frac{\partial A_y}{\partial z}\hat{\boldsymbol{y}}\\&=-(\boldsymbol{V}_{\mathrm{P}}\cdot\boldsymbol{\nabla})A_y\hat{\boldsymbol{y}}\end{aligned}$$

(9.2-7′) 右边第三项

$$\nabla^2\boldsymbol{A}_{\mathrm{T}}=(\nabla^2A_y)\hat{\boldsymbol{y}}$$

(9.2-5′) 右边第一项

$$\boldsymbol{\nabla}\times(\boldsymbol{V}_{\mathrm{P}}\times\boldsymbol{B}_{\mathrm{T}})|_{\hat{\boldsymbol{y}}}=-(\boldsymbol{V}_{\mathrm{P}}\cdot\boldsymbol{\nabla})B_y\hat{\boldsymbol{y}}$$

$$\nabla\times(\boldsymbol{V}_{\rm T}\times\boldsymbol{B}_{\rm P})|_{\hat{\boldsymbol{y}}}=(\boldsymbol{B}_{\rm P}\cdot\nabla)V_y\hat{\boldsymbol{y}}$$

(9.2-7′) 式化为

$$\frac{\partial A_y}{\partial t}=\alpha B_y-\boldsymbol{V}_{\rm P}\cdot\nabla A_y+\eta_{me}\nabla^2 A_y \tag{9.3-87}$$

(9.2-5′) 式化为

$$\frac{\partial B_y}{\partial t}=-(\boldsymbol{V}_{\rm P}\cdot\nabla)B_y+(\boldsymbol{B}_{\rm P}\cdot\nabla)V_y+\nabla\times(\alpha\boldsymbol{B}_{\rm P})+\eta_{me}\nabla^2 B_y \tag{9.3-88}$$

式中 $\eta_{me}=\eta_m+\beta$. (9.3-88) 式右边有两个源项均含有 $\boldsymbol{B}_{\rm P}$, 使极向场转化为环向场. V_y 代表环向速度, 可以是较差转动, 对于 α-ω 发电机, 较差转动占主导地位, 所以 $\nabla\times(\alpha\boldsymbol{B}_{\rm P})$ 可忽略. (9.3-88) 式简化为

$$\frac{\partial B_y}{\partial t}=-(\boldsymbol{V}_{\rm P}\cdot\nabla)B_y+(\boldsymbol{B}_{\rm P}\cdot\nabla)V_y+\eta_{me}\nabla^2 B_y \tag{9.3-89}$$

求解 (9.3-87), (9.3-89) 方程, 环向量 A_y 和 B_y 有下列形式的解:

$$(A_y,B_y)=(A_0,B_0)\exp(Pt+i\boldsymbol{k}\cdot\boldsymbol{r}) \tag{9.3-90}$$

式中 $\boldsymbol{k}=(k_x,0,k_z)$, 注意 P 前未加 "i". $\boldsymbol{V}_{\rm P}$, α 和 ∇V_y 在有限区域内可看作均匀. (9.3-90) 式代入 (9.3-87) 式:

$$PA_0+i\boldsymbol{k}\cdot\boldsymbol{V}_{\rm P}A_0=\alpha B_0-\eta_{me}k^2A_0$$

令

$$\widetilde{P}=P+\eta_{me}k^2+i\boldsymbol{V}_{\rm P}\cdot\boldsymbol{k} \tag{9.3-91}$$

则有 $\widetilde{P}A_0=\alpha B_0$. 将 (9.3-90) 式代入 (9.3-89) 式

$$PB_0+i\boldsymbol{V}_{\rm P}\cdot\boldsymbol{k}B_0=(\boldsymbol{B}_{\rm P}\cdot\nabla V_y)\cdot(\exp(Pt+i\boldsymbol{k}\cdot\boldsymbol{r}))^{-1}-\eta_{me}k^2B_0$$

式中

$$\begin{aligned}\boldsymbol{B}_{\rm P}\cdot\nabla V_y&=(\nabla\times A_y\hat{\boldsymbol{y}})\cdot\nabla V_y\\&=[i(\boldsymbol{k}\times A_0\hat{\boldsymbol{y}})\cdot\nabla V_y]\cdot\exp(Pt+i\boldsymbol{k}\cdot\boldsymbol{r})\\&=\left[i\left(k_x\frac{\partial V_y}{\partial z}-k_z\frac{\partial V_y}{\partial x}\right)A_0\right]\cdot\exp(Pt+i\boldsymbol{k}\cdot\boldsymbol{r})\\&=[-i(\boldsymbol{k}\times\nabla V_y)_{\hat{\boldsymbol{y}}}A_0]\cdot\exp(Pt+i\boldsymbol{k}\cdot\boldsymbol{r})\end{aligned}$$

因此有 $\widetilde{P}B_0=-i(\boldsymbol{k}\times\boldsymbol{\nabla}V_y)_{\hat{\boldsymbol{y}}}A_0$,

$$\begin{cases}\widetilde{P}A_0-\alpha B_0=0\\ i(\boldsymbol{k}\times\boldsymbol{\nabla}V_y)_{\hat{\boldsymbol{y}}}A_0+\widetilde{P}B_0=0\end{cases}\tag{9.3-92}$$

$$\widetilde{P}^2+i\alpha(\boldsymbol{k}\times\boldsymbol{\nabla}V_y)_{\hat{\boldsymbol{y}}}=0$$

令 $\gamma=-\dfrac{1}{2}\alpha(\boldsymbol{k}\times\boldsymbol{\nabla}V_y)_{\hat{\boldsymbol{y}}}$,

$$\widetilde{P}^2=2i\gamma\tag{9.3-93}$$

解的性质主要取决于 γ 的符号.

(1) $\gamma>0$ (例 1)

$$\begin{aligned}\widetilde{P}&=\pm\sqrt{2}\mathrm{e}^{i\frac{\pi}{4}}\gamma^{1/2}\\&=\pm(1+i)\gamma^{1/2}\end{aligned}$$

代入 $\widetilde{P}$ 的表达式 (9.3-91), 解出 P,

$$\begin{aligned}P&=-\eta_{me}k^2-i\boldsymbol{V}_{\mathrm{P}}\cdot\boldsymbol{k}+\widetilde{P}\\&=-\eta_{me}k^2\pm\gamma^{1/2}+i(\pm\gamma^{1/2}-\boldsymbol{V}_{\mathrm{P}}\cdot\boldsymbol{k})\end{aligned}\tag{9.3-94}$$

假如 $R_eP\geqslant0$, 则 (9.3-90) 式不衰减. 因此当 (9.3-94) 式中 γ 取 "+" 号, 只要 $\gamma\geqslant\eta_{me}^2k^4$, 就可满足 $R_eP\geqslant0$, 也即

$$-\alpha(\boldsymbol{k}\times\boldsymbol{\nabla}V_y)_{\hat{\boldsymbol{y}}}\geqslant2\eta_{me}^2k^4\tag{9.3-95}$$

波的振幅增长 (至少不衰减), 波的相位是

$$\exp[i\boldsymbol{k}\cdot\boldsymbol{r}+i(\gamma^{1/2}-\boldsymbol{V}_{\mathrm{P}}\cdot\boldsymbol{k})t]$$

代入方程 (9.3-87), (9.3-89) 的解中, 可看到

$$Pt+i\boldsymbol{k}\cdot\boldsymbol{r}=(-\eta_{me}k^2+\gamma^{1/2})t+i(\gamma^{1/2}-\boldsymbol{V}_{\mathrm{P}}\cdot\boldsymbol{k})t+i\boldsymbol{k}\cdot\boldsymbol{r}$$

右边第一项表示波振幅的增减, 其余的项构成波的相位, 因此波的传播方向可以确定. $\gamma^{1/2}-\boldsymbol{V}_{\mathrm{P}}\cdot\boldsymbol{k}<0$, 沿 $+\boldsymbol{k}$ 方向传播; $\gamma^{1/2}-\boldsymbol{V}_{\mathrm{P}}\cdot\boldsymbol{k}>0$, 沿 $-\boldsymbol{k}$ 方向传播.

(2) $\gamma<0$ (例 2)

$$\widetilde{P}^2=2i\gamma=-2i|\gamma|$$

$$
\begin{aligned}
\widetilde{P} &= \pm\sqrt{2}i\mathrm{e}^{i\frac{\pi}{4}}|\gamma|^{1/2} \\
&= \pm(1-i)|\gamma|^{1/2}
\end{aligned}
$$

代入 (9.3-91), 有

$$
\begin{aligned}
P &= -\eta_{me}k^2 - i\boldsymbol{V}_\mathrm{P}\cdot\boldsymbol{k} + \widetilde{P} \\
&= -\eta_{me}k^2 - i\boldsymbol{V}_\mathrm{P}\cdot\boldsymbol{k} \pm (1-i)|\gamma|^{1/2} \\
&= -\eta_{me}k^2 \pm |\gamma|^{1/2} + i(\mp|\gamma|^{1/2} - \boldsymbol{V}_\mathrm{P}\cdot\boldsymbol{k})
\end{aligned} \tag{9.3-96}
$$

上述结果可以解释黑子向赤道方向的迁移.

对流层的靠外部分, 在北半球, 取直角坐标, OX 向南, OY 向东, OZ 垂直向外.

假设环向流动 (在 $\hat{\boldsymbol{y}}$ 方向) 取决于垂直方向的剪切 $(\partial V_y/\partial z)$ (这是较差转动, $\hat{\boldsymbol{z}}$ 方向即为球坐标中的径向)

$$
\begin{aligned}
\gamma &= -\frac{1}{2}\alpha(\boldsymbol{k}\times\boldsymbol{\nabla}V_y)_{\hat{\boldsymbol{y}}} \\
&\approx \frac{1}{2}\alpha k_x\frac{\partial V_y}{\partial z}
\end{aligned} \tag{9.3-97}
$$

磁扰动向赤道平面迁移与否取决于 $\alpha\,\partial V_y/\partial z < 0$ 或 > 0.

当 $\alpha\,\partial V_y/\partial z < 0$, 则 $\gamma < 0$ (例 2).

从波的相位考察 $\exp[i\boldsymbol{k}\cdot\boldsymbol{r} + i|\gamma|^{1/2}t]$ (已令 $\boldsymbol{V}_\mathrm{P} = 0$). 观测 $\hat{\boldsymbol{x}}$ 方向, $\boldsymbol{k}\cdot\boldsymbol{r} = k_x x$. (9.3-96) 式中, 若取 $P = -\eta_{me}k^2 - |\gamma|^{1/2} + i(|\gamma|^{1/2})$, 因为波振幅的衰减, 波会消失. 因此 P 右边第二项应该取 $+|\gamma|^{1/2}$, $P = -\eta_{me}k^2 + |\gamma|^{1/2} - i|\gamma|^{1/2}$, 波有可能增长. 这时, 波的相位: $\mathrm{e}^{ik_x x + i\gamma^{1/2}}t = \mathrm{e}^{i(k_x x - |\gamma|^{1/2}t)}$. 波向 $+\hat{\boldsymbol{x}}$ 方向传播. 当 $\gamma > 0$, 即例 1 时, 同样 (9.3-94) 式中 $\gamma^{1/2}$ 前不能取负. 波的相位为 $\mathrm{e}^{i(k_x x + |\gamma|^{1/2}t)}$, 波沿 $-\hat{\boldsymbol{x}}$ 方向传播. 以上均在北半球讨论. 直角坐标中的 $\alpha\,\partial V_y/\partial z$ 与球坐标中的 $\alpha\,\partial\omega/\partial r$ 相当, Parker 论文中的 $\varOmega = \gamma^{1/2}$.

环向场通过磁浮力形成黑子, 黑子向赤道方向迁移, 也即环向场向赤道方向的迁移. 作为 $\alpha\omega$ 效应的结果 (α 效应和较差转动的共同作用) 被数值计算确认.

若 (9.3-94) 或 (9.3-96) 式中的 $\boldsymbol{V}_\mathrm{P} \neq 0$, 则发电机波的相速度受到调制.

假如 $|\gamma|^{1/2} = \boldsymbol{V}_\mathrm{P}\cdot\boldsymbol{k}$. (9.3-94) 式中, $\gamma^{1/2}$ 取 “+” 号, 有 $P = -\eta_{me}k^2 + \gamma^{1/2}$. (9.3-96) 式中, 当 $|\gamma|^{1/2} = -\boldsymbol{V}_\mathrm{P}\cdot\boldsymbol{k}$, 取 $\mp i|\gamma|^{1/2}$ 的负号, 则 $P = -\eta_{me}k^2 + |\gamma|^{1/2}$, 没有振荡成分. 因此, 适当的极向平均速度通过 $\alpha\omega$ 效应使振荡场 $B(x)\mathrm{e}^{i\omega t}$ 变为形如 $\mathrm{e}^{(-\eta_{me}k^2 + \gamma^{1/2})t + i\boldsymbol{k}\cdot\boldsymbol{r}}$ 有空间周期的非振荡磁场. 一定条件下是随时间增强磁场的源.

子午环流 $\boldsymbol{V}_{\mathrm{P}}$ 确定了所激发的磁场是定态模式或是振荡模式.

记 $(\boldsymbol{k}\times\boldsymbol{\nabla}V_y)_{\hat{\boldsymbol{y}}}=kG$. G 代表平均剪切率. $R_eP=-\eta_{me}k^2\pm|\gamma|^{1/2}$. 当 $|\gamma|^{1/2}=\eta_{me}k^2$ 时, 有 $R_eP=0$. 可求出临界波数

$$k_c=\left(\frac{|\alpha G|}{2\eta_{me}^2}\right)^{1/3}$$

波的增长率, 即 R_eP 的极值也可求出. $R_eP=-\eta_{me}k^2+\left|\frac{1}{2}\alpha kG\right|^{1/2}$, 为避免波的衰减, $|\gamma|^{1/2}$ 前应取 "+" 号.

$$(R_eP)'=-2\eta_{me}k+\frac{1}{2}\left|\frac{1}{2}\alpha kG\right|^{-1/2}\cdot\left|\frac{1}{2}\alpha G\right|=0$$

解出

$$k_{\max}=2^{-4/3}k_c$$

从增长率的极大波数 $k_{\max}$ 可求出最不稳定的尺度

$$L\sim k_{\max}^{-1}\sim k_c^{-1}\sim\left(\frac{\eta_{me}^2}{|\alpha G|}\right)^{1/3} \tag{9.3-98}$$

随机运动的空间尺度 l, $L\gg l$, 从而有

$$\frac{\eta_{me}^2}{|\alpha G|l^3}\gg 1 \tag{9.3-99}$$

(式中 α 为 α 效应的系数).

对于弱扩散, 我们取估计值 $|\alpha|\sim u_0$ (随机速度的根均方值),

$$\eta_{me}\sim u_0 l \tag{9.3-100}$$

(9.3-99) 式变成

$$\frac{u_0}{l}\gg|G| \tag{9.3-101}$$

可见随机剪切 (u_0/l) 大于平均剪切 (G). 在湍动领域, 通常条件 (9.3-101) 是满足的.

α-ω 模型适用的条件是环向场主要由较差转动起作用. 应该满足 $\alpha_0\ll L_0^2\omega_0'$, α_0, ω_0' 为 α 和 $|\boldsymbol{\nabla}\omega|$ 的典型值 $(\omega=\omega_0'r)$. $L_0^2\omega_0'$ 相当于 $L_0^2\,\partial\omega/\partial r\sim L\,\partial V/\partial r\sim L|G|$. 所以采用平均剪切, α-ω 效应的适用条件为 $|\alpha|\ll L|G|$. 当 $|\alpha|\sim u_0$ 时, 该条件变为

$$\frac{u_0}{l}\ll\frac{|G|L}{l} \tag{9.3-102}$$

9.4 发电机理论的困难

发电机理论旨在对太阳磁场的存在以及随太阳活动周的变化提供一个解释，已经开展多时，有些问题有待克服.

(1) 对流区中磁通管的汇聚以及磁场可能是纤维状的影响需要加以考虑.

(2) 利用一阶平滑近似粗略地使湍流发电机方程组封闭并计算了 α. 但是：① 当 $O(v_0) \ll l_0/t_0$ 时，其中 l_0, t_0 为特征长度和时间，有 $O(|\boldsymbol{\nabla}\times\boldsymbol{I}|) \ll O(\partial\boldsymbol{b}/\partial t)$. 在高电导率时，$R_m \gg 1$ (该条件在对流区仍然成立)，涨落场方程变为

$$\frac{\partial\boldsymbol{b}}{\partial t} = \boldsymbol{\nabla}\times(\boldsymbol{v}\times\boldsymbol{B}_0) \tag{9.3-9}$$

当 $R_m \sim 1$ 时，为

$$\frac{\partial\boldsymbol{b}}{\partial t} = \boldsymbol{\nabla}\times(\boldsymbol{v}\times\boldsymbol{B}_0) + \eta_m\nabla^2\boldsymbol{b} \tag{9.3-6}$$

② 如果涨落速度的量级为 l_0/t_0, $O(v_0) = l_0/t_0$, v_0 是均方根涨落速度，可以看到涨落场方程 (9.3-3) 中，$\partial b/\partial t$ 和 $\boldsymbol{\nabla}\times\boldsymbol{I}$ 为同量级. 假如小尺度的 $R_m = v_0 l_0/\eta_m = O(l_0^2/\eta_m t_0) \ll 1$，上述两项相比于扩散项均可忽略，方程简化为

$$0 = \boldsymbol{\nabla}\times(\boldsymbol{v}\times\boldsymbol{B}_0) + \eta_m\nabla^2\boldsymbol{b} \tag{9.3-7}$$

若 $R_m \ll 1$ 不成立，表示扩散项贡献很小，则 $\boldsymbol{\nabla}\times\boldsymbol{I}$、$\partial\boldsymbol{b}/\partial t$ 均不能忽略，一级平滑近似不能应用.

太阳的情况正是 $v_0 = l_0/t_0$, $R_m \gg 1$.

(3) 通过 B_P 与 B_φ 之比可估计 α 的数值，在 1—10 $\mathrm{cm\cdot s^{-1}}$ 内. 但 (例如从混合长理论) 计算所得的 α 要大得多 (典型值为 100 $\mathrm{m\cdot s^{-1}}$). 换言之，按目前的理论，湍动对磁场的影响太大. 但是考虑 Lorentz 力的作用以及磁通量聚合成磁通管的过程，可减弱这种影响，α 的张量性质需要详细计算，可能会产生磁抽运.

(4) 根据混合长理论估算或通过活动区消散的观测估计，得到的 $\widetilde{\eta}$ 典型值量级为 $10^9\ \mathrm{m^2\cdot s^{-1}}$ 或更大，比某些运动学模型所要求的 $\widetilde{\eta}$ 大了 10 倍，$\widetilde{\eta}$ 值的严格测算是重要的.

(5) 鉴于 $\mathrm{d}\omega/\mathrm{d}r$ 的符号在发电机理论中的重要性，通过观测可靠地确定 $\mathrm{d}\omega/\mathrm{d}r$ 的值至为重要. 观测到光球下方的磁元的转动比光球等离子体快百分之几，符合某些发电机模型要求 $\mathrm{d}\omega/\mathrm{d}r < 0$ (使磁场向赤道漂移). 而较差自转模型倾向于 $\mathrm{d}\omega/\mathrm{d}r > 0$. 准确测量表面速度及其随太阳活动周的变化也很重要.

(6) 整个磁场湍动扩散的概念需要置于更为坚实的基础之上，因为通过涡旋排除全部磁通量以及简单的扩散使磁场在流体元边界湮灭需要较长的时间. 显然需要结合快速磁重联效应.

9.5　将来需要研究的问题

(1) 尚未很好理解某些冕洞表观上的刚体转动. 可能代表一种发电机波沿纬度线的传播, 或者反映一种大尺度香蕉形的对流图样.

(2) 相比于正常活动区, 发电机理论需要考虑大量磁通的浮现形成的瞬现活动区 (即 X 射线亮点). 需要解释太阳极小时, 总磁通浮现率近似为常数, 而亮点数最多.

(3) 说明太阳活动周的其他观测现象: 太阳半径、光度和表面温度的变化.

总之, 发电机理论虽然有上述困难, 但得到了很大的发展, 不失为太阳磁流体力学成功的分支之一, 仍将是令人感兴趣的课题.

第 10 章 太阳耀斑

10.1 磁重联的概述

本章主要讨论简单磁环、双带耀斑和 CME 的磁流体力学的问题, 通过磁重联释放能量. 磁重联是一个基本的物理过程, 主要的影响是: ① 通过欧姆耗散把磁能转换成热能; ② 转换成动能加速等离子体; ③ 形成激波, 产生湍流, 协同强电场加速快粒子; ④ 改变磁力线的连接, 影响粒子流和热流量, 二者主要沿磁力线流动.

暗条爆发伴随日冕物质抛射 (CME), 发生在活动区内的 CME 是激烈的, 与强磁场有关, 伴有双带耀斑和高能粒子的加速. 双带耀斑、CME 和暗条爆发应看作是一个磁爆发过程的分别表现. 暗条的存在表明有大量磁能的存在, 足以爆发, 是爆发的示踪物. 触发耀斑或 CME 的机制:

(1) 磁流体力学系统处于非平衡态, 或者灾变;

(2) 环 (torus) 或扭折不稳定性;

(3) 磁拱和位于上方的反向磁场发生重联爆发;

(4) 磁通浮现.

10.2 重联概念的总观

(1) 研究磁场的零点结构及其消失、电流片的形成、扩散和二维磁重联.

(2) 当 $\boldsymbol{E}+\boldsymbol{v}\times\boldsymbol{B}=0$ 时, 磁通量守恒 $\left(\dfrac{\mathrm{D}}{\mathrm{D}t}\left(\displaystyle\int\boldsymbol{B}\cdot\mathrm{d}\boldsymbol{s}\right)=0\right)$ 和磁力线守恒 $(\delta\boldsymbol{l}=\varepsilon(\boldsymbol{B}/\rho))$, 不发生磁重联, 从而磁拓扑不变 [理想位移条件下, 无磁位形 (如漏泄、打结等) 的变化, 拓扑性质保持不变].

(3) 扩散和重联是不同的. 重联是一个综合过程, 总是包括被理想流体包围的局域中所发生的扩散, 但扩散并不一定包含重联.

(4) 二维 (2D) 和三维 (3D) 重联的区别.

(i) 2D 重联只发生在磁场的 X-点. 在扩散区, 磁力线在等离子流体中滑移, 仅在 X-点改变连接.

(ii) 3D 重联不具备上述性质, 重联发生在零点附近或无零点的地方.

(iii) 当扩散区长且薄时, 快速向外的喷流常由 2D 过程加速, 但对于所有相似的扩散区, 3D 重联不总是有向外的喷流.

10.3 二维零点

零点即磁场消失的位置, 特别是 X-形 (即双曲线) 零点是二维磁位形中势能偏小, 倾向于形成电流片. 二维零点的结构, 比如磁场 $\boldsymbol{B}_0 = y\hat{\boldsymbol{x}} + x\hat{\boldsymbol{y}}$ 的例子, 在第 2 章已介绍过. 这类零点的结构不稳定, 随着不稳定性的发展, 磁力线靠拢, 电流密度和欧姆加热增加.

10.4 电流片的形成

日冕磁场在光球上的足点快速移动, 常常促使 X-点的磁场崩溃, 演变成电流片. 另外, 假如足点的运动慢, 比波穿过系统的渡越时间长. 经历一系列的平衡态也可能产生电流片. 一旦电流片形成, 或是形成过程中, 有向外扩散的倾向, 常常是不稳定的, 有撕裂模不稳定, 某些情况下形成准定态的重联. 以下讨论假设不发生重联, 磁位形是由平面、剪切或者磁力线编织运动造成的.

1. 简单电流片模型

磁场 $B_x = y$, $B_y = x$ (图 10.1(a)). 假设通过场源的缓慢运动, 形成一系列包含电流片的平衡态. 数学描述的最终平衡态如图 10.1(b) 所示: 电流片外面没有电流, 电流片外的磁场满足 $\nabla \times \boldsymbol{B} = 0$, $\nabla \cdot \boldsymbol{B} = 0$, 或者对于二维例子

$$\frac{\partial B_y}{\partial x} - \frac{\partial B_x}{\partial y} = 0 \qquad 和 \qquad \frac{\partial B_x}{\partial x} + \frac{\partial B_y}{\partial y} = 0 \tag{10.4-1}$$

令 $B_y + \mathrm{i}B_x = f(z)$ 是可微的复变函数, 复变量 $z = x + \mathrm{i}y$, 满足柯西-黎曼方程

$$\begin{cases} \dfrac{\partial B_y}{\partial x} = \dfrac{\partial B_x}{\partial y} \\ \dfrac{\partial B_x}{\partial x} = -\dfrac{\partial B_y}{\partial y} \end{cases}$$

因此 (10.4-1) 式自动满足. 电流片可看作复平面上的割线. 认为 $f(z)$ 是具有这种割线的函数. $f(z)$ 的初态形式是

$$B_y + \mathrm{i}B_x = x + \mathrm{i}y = z \tag{10.4-2}$$

Green (1965) 发现电流片从 $z=-\mathrm{i}L$ 拉伸至 $z=\mathrm{i}L$, 周围的磁场可用下式表示

$$B_y+\mathrm{i}B_x=(z^2+L^2)^{1/2} \tag{10.4-3}$$

当 $z\gg L$ 时, 磁场的行为如同只与 z 有关; 当 $L=0$ 时, 则回归至 z. 因此 L 数值上增加可以描述电流片经过一系列平衡态缓慢增长的演化过程.

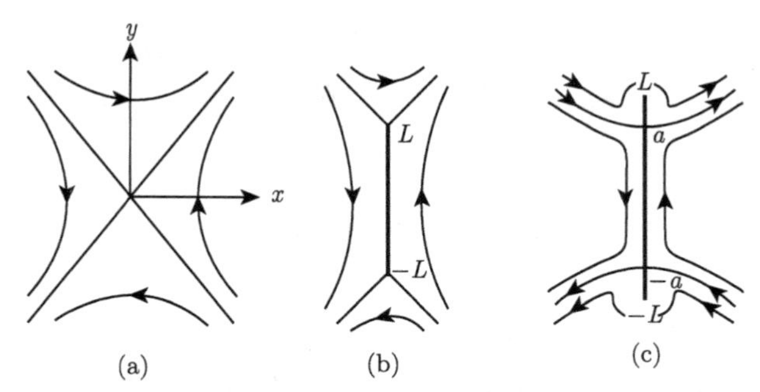

图 10.1　(a) X 型中性点附近的磁场, 演化为有电流片的场, 其端点如 (b) Y 型, 或者如 (c) 反向电流和奇点

2. 端点奇异的电流片

初始场 (10.4-2) 式的演化可以有比 (10.4-3) 式更为一般的表达 (Somov and Syrovatskii, 1976)

$$B_y+\mathrm{i}B_x=\frac{z^2+a^2}{(z^2+L^2)^{1/2}} \tag{10.4-4}$$

式中 $a^2<L^2$ (图 10.1(c)), 电流片的端点 $z=\pm\mathrm{i}L$ 是中性点. 现在一般已由奇点取代. 因为 $(z^2+L^2)^{-1/2}=[(z+\mathrm{i}L)(z-\mathrm{i}L)]^{-1/2}$, 当 $z\to\pm\mathrm{i}L$ 时, 有 $(z-\mathrm{i}L)$ 和 $(z+\mathrm{i}L)$ 趋于零. 所以 $z\to\pm\mathrm{i}L$ 有奇点. 当 $a\to L$ 时, 就回到 (10.4-3) 式. 电流片右边场的大小 ($x=0^+$, $y^2<L^2$) 是

$$B_x(0^+,y)=\frac{a^2-y^2}{(L^2-y^2)^{1/2}}$$

((10.4-4) 式中, 将 $z=x+\mathrm{i}y$ 代入, 令 $x=0$, 即得到上式). 当 $y=\pm a$ 时, $B_x=0$. 电流片中单位长度的电流在 $\hat{\boldsymbol{z}}$ 方向是

$$J=\int j\mathrm{d}y=\int\frac{\partial B_x}{\partial y}\mathrm{d}y=\frac{1}{\mu}[B_x(0^+,y)-B_x(0^-,y)]=\frac{2}{\mu}\frac{a^2-y^2}{(L^2-y^2)^{1/2}}$$

(电流片两侧的磁场方向相反), 这是中性点 (a) 和电流片端点 (L) 之间的反向电流.

10.5 磁 重 联

试图建立稳态磁重联过程模型, 基本方程是欧姆定律

$$\boldsymbol{E}+\boldsymbol{v}\times\boldsymbol{B}=\eta_e\boldsymbol{\nabla}\times\boldsymbol{B}/\mu \tag{10.5-1}$$

运动方程:

$$\rho(\boldsymbol{v}\cdot\boldsymbol{\nabla})\boldsymbol{v}=-\boldsymbol{\nabla}p+\boldsymbol{\nabla}\times\boldsymbol{B}\times\boldsymbol{B}/\mu,\quad \boldsymbol{\nabla}\cdot\boldsymbol{B}=0 \tag{10.5-2}$$

因为考虑的是定态过程, 所以 $\rho\,\partial\boldsymbol{v}/\partial t=0$.

连续性方程:

$$\boldsymbol{\nabla}\cdot(\rho\boldsymbol{v})=0 \tag{10.5-3}$$

同理, $\partial\rho/\partial t=0$.

10.5.1 单向场

由于扩散, 电流片趋于变宽. 如果新的磁通量不断加入, 可以平衡向外的扩散, 建立定态. 随磁通量的进入, 带来了等离子体, 但等离子体必须沿电流片逸出, 否则在中性线附近就有质量堆积.

1. 不可压缩流体的驻点流

该过程可以用不可压缩流体在驻点附近的二维流动——驻点流 (stagnation point flow) 描述.

$$v_x=-v_0\frac{x}{a},\quad v_y=v_0\frac{y}{a} \tag{10.5-4}$$

$$\boldsymbol{B}=B(x)\hat{\boldsymbol{y}}\quad(\text{单向场}) \tag{10.5-5}$$

式中 v_0、a 为常数.

2. 由运动方程确定压强

定态时的运动方程:

$$\rho\boldsymbol{v}\cdot\boldsymbol{\nabla}\boldsymbol{v}=-\boldsymbol{\nabla}p+(\boldsymbol{\nabla}\times\boldsymbol{B})\times\boldsymbol{B}/\mu$$

为简单起见, 仅取 $\hat{\boldsymbol{x}}$ 分量, $\boldsymbol{B}=B(x)\hat{\boldsymbol{y}}$,

$$\begin{aligned}\rho v_x\frac{\mathrm{d}v_x}{\mathrm{d}x}\hat{\boldsymbol{x}}&=-\frac{\mathrm{d}p}{\mathrm{d}x}\hat{\boldsymbol{x}}+\frac{\mathrm{d}B_y}{\mathrm{d}x}\hat{\boldsymbol{z}}\times\frac{1}{\mu}B\hat{\boldsymbol{y}}\\&=-\frac{\mathrm{d}p}{\mathrm{d}x}\hat{\boldsymbol{x}}-\frac{B}{\mu}\frac{\mathrm{d}B}{\mathrm{d}x}\hat{\boldsymbol{x}}\end{aligned}$$

$$\frac{1}{2}\rho v_x^2 + \frac{1}{2\mu}B^2 = -p + \text{const} \tag{10.5-6}$$

一般地可写成 $p = \text{const} - \frac{1}{2}\rho v^2 - B^2/2\mu$ (流体力学中的伯努利积分的推广, 伯努利积分是在定常条件下求得).

3. 欧姆定律

$$\begin{aligned}
&\boldsymbol{E} + \boldsymbol{v} \times \boldsymbol{B} = \eta_e \boldsymbol{\nabla} \times \boldsymbol{B}/\mu \\
&\boldsymbol{\nabla} \times \boldsymbol{B} = \frac{\mathrm{d}B_y}{\mathrm{d}x}\hat{\boldsymbol{z}} = \frac{\mathrm{d}B}{\mathrm{d}x}\hat{\boldsymbol{z}}, \quad \boldsymbol{B} = B(x)\hat{\boldsymbol{y}} \\
&\boldsymbol{v} \times \boldsymbol{B} = \left(-v_0\frac{x}{a}\hat{\boldsymbol{x}} + v_0\frac{y}{a}\hat{\boldsymbol{y}}\right) \times B(x)\hat{\boldsymbol{y}} = -v_0\frac{x}{a}B(x)\hat{\boldsymbol{z}} \\
&E_z - v_0\frac{x}{a}B = \frac{\eta_e}{\mu}\frac{\mathrm{d}B}{\mathrm{d}x} = \eta_m\frac{\mathrm{d}B}{\mathrm{d}x}
\end{aligned} \tag{10.5-7}$$

当 $E_z = \text{const}$ 时, (10.5-7) 式可解. 如图 10.2 所示.

(1) 若扩散不存在, 即 $\eta_m = 0$. (10.5-7) 式的解为 $B = Ea/v_0x$, 图 10.2(b) 中, 用虚线表示. 当内流 $v_0(x/a)$ 速度减至零时, 磁场强度增至 ∞.

(2) 若扩散存在 $\eta_m \neq 0$, 当电流密度 $(1/\mu)\mathrm{d}B/\mathrm{d}x$ 增大时, 结果 (10.5-7) 式右边项变得重要. 于是磁场就会在等离子体中扩散 (滑移), 磁场的增强过程就结束.

扩散区的宽度 l 通过扩散 (耗损磁场) 与内流 (带进磁场) 平衡而求得.

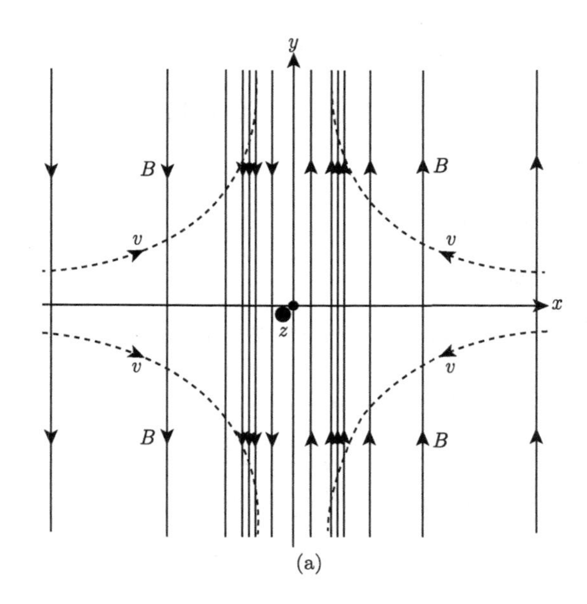

(a)

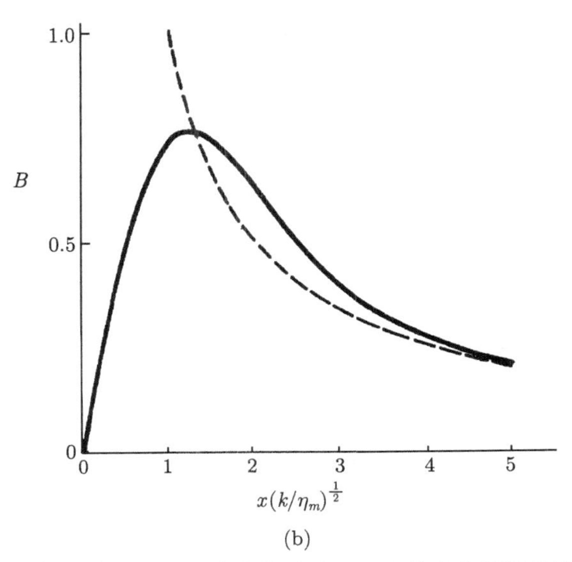

(b)

图 10.2 电流片中的磁湮灭. (a) 驻点流动 (– – –) 将方向相反的磁力线 (——) 从两侧带入电流片. 扩散区 (阴影区) 内磁场不再冻结, 磁能通过欧姆耗散转换为热能; (b) 磁场强度 B 作为 x 的函数, $k = v_0/a$ 归入单位中. 虚线表示 $\eta_m = 0$ 时, B 与 x 的关系

扩散的特征时间 $\tau_d = l^2/\eta_m$, 内流的特征时间 $\tau_i = l/(v_0 x/a)$, 当 $x = l$ 时, 有 $\tau_i = a/v_0$.

$$\frac{l^2}{\eta_m} = \frac{a}{v_0}, \quad \therefore\ l = \left(\frac{\eta_m a}{v_0}\right)^{1/2} = \left(\frac{\eta_m}{v_0 a}\right)^{1/2} \cdot a$$

利用磁雷诺数来表示, $R_m = LV_0/\eta_m$, 上式中 a 为特征长度, $a = L$, $l = (\eta_m L/V_0)^{1/2} = L/R_m^{1/2}$.

(3) 当磁场不是理想的反向平行, 而是任意角时, 磁场相互靠拢, 方向会转动, 大小会改变, 在电流片的中心部分有非零场. 靠拢过程中有一部分磁能湮灭.

10.5.2 扩散区

太阳大气的极大部分可以认为是理想导电, 所以 $\boldsymbol{E} + \boldsymbol{v} \times \boldsymbol{B} \approx 0$, 磁冻结成立. 电流片或扩散区内, 电流密度很高, 以至于 (10.5-1) 式: $\boldsymbol{E} + \boldsymbol{v} \times \boldsymbol{B} = \eta_e \boldsymbol{\nabla} \times \boldsymbol{B}/\mu$, 的右边不再是小量, 扩散变得重要. 实际上扩散区的长度是有限的. 先前的一维模型在扩散区的端点附近不再适用, 该磁场沿 $\hat{\boldsymbol{y}}$ 方向. 现在有 $\hat{\boldsymbol{x}}$ 方向的分量出现.

图 10.3 中, 磁力线从两侧被带入扩散区, 速度是 v_i, 通过顶部和底部离开扩散区, 速度为 v_o. 在这个过程中, 认为在中性点 N 附近, 磁场消失, 磁力线已重联.

外流场 B_o 小于内流场 B_i. 对于定态、二维、电场 E 为常数的条件下, 内流磁能 EB_i 大于外流磁能 EB_o, 部分内流的磁能转化为热能和动能 (因为 $v_o > v_i$).

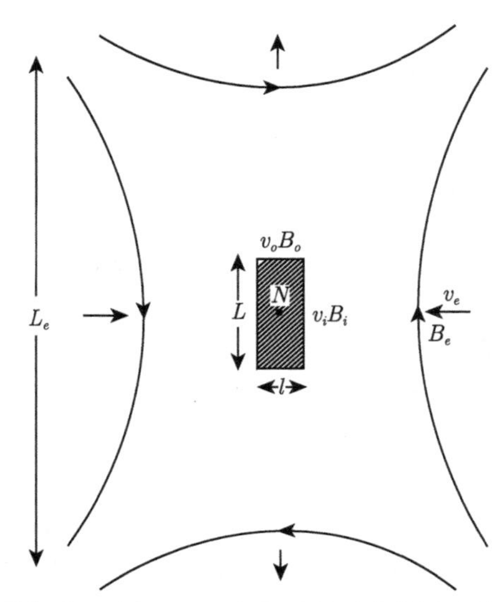

图 10.3　定态磁重联位形. 强度 B_e 方向相反的磁力线因冻结在等离子流体被速度 v_e 的汇聚流动带动, 相互靠拢, 进入尺度为 l 和 L 的扩散区, 在中性点 N 重联, 然后从两端抛射出去

对于定态、可压缩流动, Sweet (1958) 和 Parker (1963a) 导出输入和输出之间的量级关系

$$\text{流出速度 } v_o = v_A^* = \frac{B_i}{(\mu\rho_c)^{1/2}} \tag{10.5-8}$$

ρ_c 为扩散区内的密度.

事实上, 输入能量为 $\dfrac{1}{2}\rho_i v_i^2 + B_i^2/2\mu$, 输出能量为 $\dfrac{1}{2}\rho_c v_o^2 + B_o^2/2\mu$ (暂时不把输出能量细分为动能、热能、磁能等). 扩散区 N 附近 $B_o < B_i$, $v_o > v_i$, 近似有 $B_i^2/2\mu \approx \dfrac{1}{2}\rho_c v_o^2$, $v_o = B_o/(\mu\rho_c)^{1/2} = v_A^*$. v_A^* 称为混合 Alfvén 速度, 由内流的磁场和电流片内的密度组成. 当扩散 (耗损磁场) 与内流 (带入磁场) 平衡时, 有

$$\tau_d = \frac{l^2}{\eta_m} = \frac{l}{v_i}, \quad v_i = \frac{\eta_m}{l} \tag{10.5-9}$$

其中 l 为扩散区宽度.

质量守恒

$$\rho_i v_i L = \rho_c v_o l \tag{10.5-10}$$

其中 L 为扩散区长度.

$v_i=\rho_c v_o l/\rho_i L$, 当 $l/L \ll 1$ 时, 有 $v_i \cdot (L/l)=(\rho_c/\rho_i)v_o$, 所以 $v_i \ll (\rho_c/\rho_i)v_o$. 利用 (10.5-8) 式 $v_i \ll (\rho_c/\rho_i)v_A^*$.

(1) 大多数应用中, 为简单起见, 采用不可压缩假设 $\rho_c=\rho_i$. 从方程 (10.5-8) 至方程 (10.5-10) 可用以确定 v_o, 并利用给定的输入量 v_i 和 B_i 确定扩散区的尺度 (l, L). 例如, 设已知 v_i, B_i, ρ_i 和 η_m, 由 (10.5-8) 式确定 v_o; 由 (10.5-9) 求出 l; 由 (10.5-10) 求出 L. 当扩散区与周围环境有温差时, ρ_c/ρ_i 不等于 1.

(2) 对于薄扩散区 $l \ll L$, 扩散区与周围压强平衡, 即

$$p_c=p_i+\frac{1}{2\mu}B_i^2$$

可以认为扩散区内的磁场湮灭.

$$\rho_c k_B T_c=\rho_i k_B T_i+\frac{1}{2\mu}B_i^2 m$$

其中 m 为等离子气体质量. 两边除以 $\rho_i k_B T_c$,

$$\begin{aligned}\frac{\rho_c}{\rho_i}&=\frac{T_i}{T_c}\left(1+\frac{1}{2\mu}\frac{B_i^2}{p_i}\right)\\&=\frac{T_i}{T_c}(1+\beta_i^{-1})\end{aligned} \tag{10.5-11}$$

内流的 $\beta_i=p_i/(B_i^2/2\mu)$.

因此, 当内流的参数 $(v_i, B_i, \rho_i, \eta_m, T_i, \beta_i)$ 给定, 可确定用温度 T_c 表示的外流参数 $(v_o,\ l,\ L,\ \rho_c)$, 温度则由能量方程确定

$$E=J+H+K-R \tag{10.5-12}$$

E: 通过电流片转换成的热能.

J, H, K: 焦耳加热, 机械加热, 传导至对流片的能量.

R: 辐射损失.

(3) Milne 和 Priest (1981) 近似求解扩散区内的流动方程, 改进了对扩散区的量级处理.

(i) 电流片比以前的预测值厚 10 倍.

(ii) 存在一个 β 的限制, β 太小则无解, 起因于辐射损失达到了极大.

(iii) 当低 β 时, 电流片内速度有极陡的梯度.

10.5.3　Petscheck 机制

电流片定义为两个等离子体系统间的不动边界. 磁场与边界面相切, 换言之可粗略地看作切向间断. 通过间断面没有物质流动, 而两侧的磁场切向分量并不守恒, 只要满足 $p_2 + B_2^2/2\mu = p_1 + B_1^2/2\mu$, 切向场的大小、方向任意. 这属于斜激波的中间波的情形, 即 Alfvén 波的传输. 总磁场可以旋转, 总幅度不变, 这正是有限振幅的 Alfvén 波 (传播过程中磁矢量旋转, 总幅度不变) 是圆偏振波. 当然电流片可以是曲面, 因为张力项对压强并无贡献.

电流片很像激波, 可看作间断面. 宽度和内部过程由扩散过程确定. 不过所谓相似性也就到此为止. 因为电流片不像激波可以传播. 电流片只有扩散和等离子体以 (混合) Alfvén 速度从端部喷出.

下面我们讨论 Petscheck 机制.

1. *磁场反转区* (图 10.4)

(1) 耗散起作用的区域——扩散区;

(2) 扩散区 + 重联区 = 磁场反转区 (field reversal region);

(3) 反转区外电流极弱, 电流集中于反转区内.

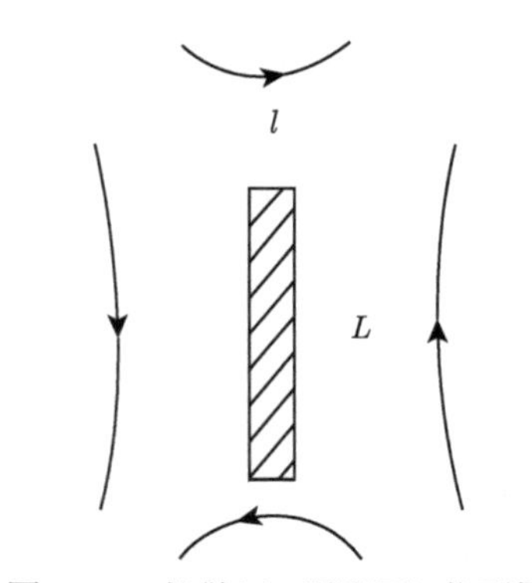

图 10.4　扩散区 (阴影区) 位形图

2. *扩散区和重联区*

扩散区是反转区很小的一部分, 大部分是重联区, 重联区与外场的交界形成慢激波 (慢激波有关系式 $[\boldsymbol{B}_\tau] < 0$, 显然 $B_{\tau_2} - B_{\tau_1} < 0$, B_{τ_2} 为重联区切向场). 从两侧来的气体带着磁通量跨过慢激波到达重联区, 磁场减弱. 若要产生慢激波, 流速要大于慢磁声波, $v_{\rho-}^2 = c_s^2 v_A^2 \cos\theta_B/(c_s^2 + v_A^2)$, 各向异性. 垂直磁场的波速为零. 因此在中央扩散区波速为零. 反转区外带着磁力线的流动速度大于慢磁声波形成驻定的慢激波, 两组 (四个) 慢激波构成反转区的边界.

Petscheck 模型中, 磁场和流场的分布如图 10.5 所示. 实线为磁力线, 长划线为流线, 有两对慢激波, 由点线表示.

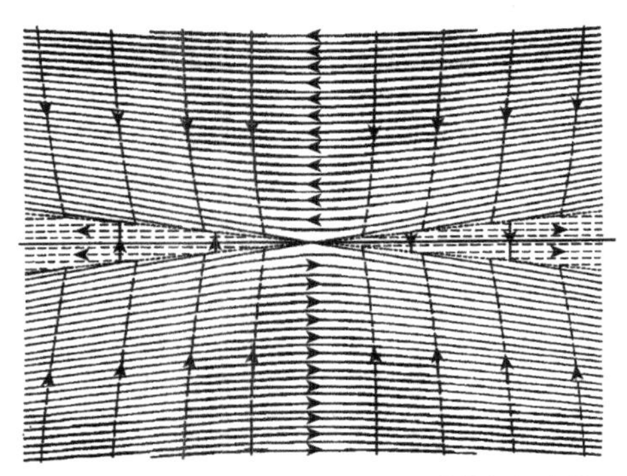

图 10.5 Petscheck 模型. 实线为磁力线, 长划线为流线, 点线为慢激波

3. Vasyliunas (1975) 的计算

考虑不可压缩流体在磁场中运动的二维定常问题. 所有区域满足 Maxwell 方程、运动方程和连续性方程, 外场满足冻结条件, 即 $\boldsymbol{E}+\boldsymbol{v}\times\boldsymbol{B}=0$. 反转区满足下列形式的广义欧姆定律

$$\boldsymbol{E}+\boldsymbol{v}\times\boldsymbol{B}=\eta_e\boldsymbol{j}+\frac{m_e}{ne^2}\boldsymbol{\nabla}\cdot(\boldsymbol{jv}+\boldsymbol{vj})+\frac{1}{ne}\boldsymbol{\nabla}\cdot\mathbf{P}^{(e)}+\frac{1}{ne}\boldsymbol{j}\times\boldsymbol{B} \tag{10.5-13}$$

式中 η_e 是电阻率, m_e、e 是电子的质量、电荷, n 是电子或离子数的密度. $\mathbf{P}^{(e)}$ 是电子气的应力张量. η_e 可以是由库仑碰撞产生的经典电阻率, 也可以是微观不稳定性后的反常电阻率. 右边第二项是由电子对流产生的电子惯性项, 最后一项是 Hall 项. 取流线与磁力线所在平面为 xz 平面, 则一切量都不依赖于 y. 我们考虑的是二维定常问题, 因为定常 $\boldsymbol{\nabla}\times\boldsymbol{E}=0$, E_y 与 x、z 无关, 所以 $E_y=$ 常数 $=E$.

$$\begin{aligned}
\boldsymbol{\nabla}\times\boldsymbol{B}&=\mu\boldsymbol{j},\\
\boldsymbol{\nabla}\times\boldsymbol{B}&=\left(\frac{\partial B_z}{\partial y}-\frac{\partial B_y}{\partial z}\right)\boldsymbol{i}+\left(\frac{\partial B_x}{\partial z}-\frac{\partial B_z}{\partial x}\right)\boldsymbol{j}\\
&\quad+\left(\frac{\partial B_y}{\partial x}-\frac{\partial B_x}{\partial y}\right)\boldsymbol{k}\\
&=\left(\frac{\partial B_x}{\partial z}-\frac{\partial B_z}{\partial x}\right)\boldsymbol{j}
\end{aligned}$$

磁力线在 xz 平面上, 所以 $B_y=0$, 从上式可见只有 $j_y\neq 0$, $\boldsymbol{j}=(0,j,0)$.

(1) 扩散区.

扩散区是反转区的中央部分, 这里 $\boldsymbol{v}\times\boldsymbol{B}$ 与 $\boldsymbol{E}$ 相比可以忽略. 由于扩散区中 $\boldsymbol{B}\to 0$, 近似把扩散区看作长 $2x^*$、宽 $2z^*$ 的长方形 (图 10.6), 并假设无穷远处的流速和磁场均匀, 上下两面即为外场的流速和磁场 (流向扩散区), 左右为重联区的流速和磁场 (流出扩散区).

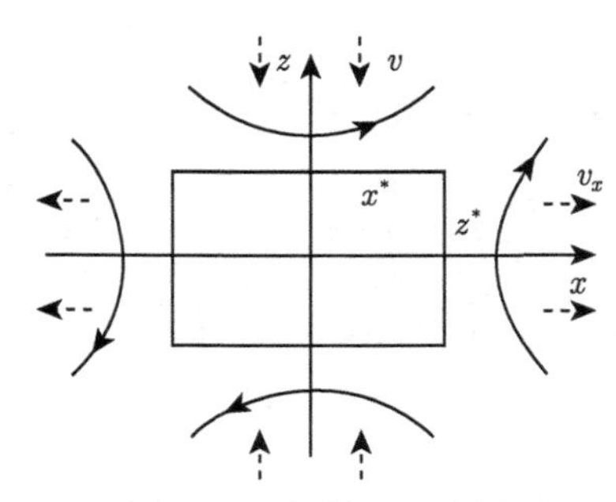

图 10.6 扩散区示意图

对长方形应用质量守恒定律

$$vx^* = v_x z^* \tag{10.5-14}$$

v 为外场流速, 平行于 z 轴; v_x 为重联区流速的 x 分量.

对长方形第一象限部分应用安培定律

$$\mu\iint j\,\mathrm{d}x\mathrm{d}z = \iint\left(\frac{\partial B_x}{\partial z}-\frac{\partial B_z}{\partial x}\right)\mathrm{d}x\mathrm{d}z = B_x x^* - B_z z^* \tag{10.5-15}$$

B_x 为恰在扩散区上方或下方的磁场 (平行于 x 轴); B_z 为重联区磁场的 z 分量. 面积分是对第一象限进行.

同样地把欧姆定律 (10.5-13) 式 y 分量, 对第一象限求积分, 略去 $\boldsymbol{v}\times\boldsymbol{B}$ (因为第一象限中, B 趋于零), 因此亦忽略了 $\boldsymbol{j}\times\boldsymbol{B}$,

$$Ex^*z^* = \eta_e\iint j\,\mathrm{d}z\mathrm{d}x + \frac{m_e}{ne^2}v_x\int_0^{z^*} j\,\mathrm{d}z - \frac{z^*}{ne}\int\frac{\partial p}{\partial y}\,\mathrm{d}x\mathrm{d}z$$

① (10.5-13) 式右边第 2 项中散度项的处理如下:

$$\begin{aligned}\boldsymbol{\nabla}\cdot(\boldsymbol{j}\boldsymbol{v}+\boldsymbol{v}\boldsymbol{j}) &= (\boldsymbol{\nabla}\cdot\boldsymbol{j})\boldsymbol{v}+(\boldsymbol{j}\cdot\boldsymbol{\nabla})\boldsymbol{v}+(\boldsymbol{\nabla}\cdot\boldsymbol{v})\boldsymbol{j}+(\boldsymbol{v}\cdot\boldsymbol{\nabla})\boldsymbol{j}\\ &= v_x\frac{\partial}{\partial x}j_y\hat{\boldsymbol{y}}\end{aligned}$$

(根据电荷守恒定律, 当定态时, 有 $\nabla \cdot \boldsymbol{j} = 0$, $\partial/\partial y = 0$, 设等离子体流动不可压缩).

求面积分, 根据 (10.5-14) 式, 如果 x^* 和 z^* 为确定值, 则 v_x 为常数, 有

$$\iint v_x \frac{\partial j_y}{\partial x} \mathrm{d}x\mathrm{d}z = v_x \iint \mathrm{d}j_y \mathrm{d}z = v_x \int_0^{z^*} j \,\mathrm{d}z$$

② 对于 (10.5-13) 式右边第 3 项, 认为外场的压强各向同性, $\nabla \cdot \mathbf{P} = -\nabla p$.

① 中的量为 $\hat{\boldsymbol{y}}$ 方向, 可以认为 x^*z^* 平面的方向在 $\hat{\boldsymbol{y}}$ 方向. $(\mathrm{d}p/\mathrm{d}y)\hat{\boldsymbol{y}} = 0$, p 只在 xz 平面上, 在 $\hat{\boldsymbol{y}}$ 方向为零或常量. 所以

$$Ex^*z^* = \eta_e \iint j \,\mathrm{d}z\mathrm{d}x + \frac{m_e}{ne^2} v_x \int_0^{z^*} j \,\mathrm{d}z \tag{10.5-16}$$

B_z 为重联区磁场的 z 分量, B_x 近似等于外磁场 B. 外磁场的能量主要转换为重联区的动能, 所以 $B_z \ll B$. 因此 (10.5-15) 式可近似为

$$\mu \iint j \,\mathrm{d}z\mathrm{d}x \approx Bx^*$$

对 x^* 微商:

$$\int j \,\mathrm{d}z \approx \frac{1}{\mu} B$$

代入 (10.5-16) 右边 (外电场 $\boldsymbol{E} = E_y\hat{\boldsymbol{y}}, \boldsymbol{v} = -v\hat{\boldsymbol{z}}, \boldsymbol{B} = B\hat{\boldsymbol{x}}$, 外磁场冻结). 利用 $E = vB$ 和 (10.5-14) 式, 可得

$$vBx^*z^* = \frac{\eta_e}{\mu} Bx^* + \frac{m_e}{ne^2} v_x \frac{1}{\mu} B$$

$$v_x z^{*2} = \frac{\eta_e}{\mu} \frac{v_x}{v} z^* + \frac{m_e}{ne^2\mu} v_x$$

$$z^{*2} - \frac{\eta_e}{\mu v} z^* - \frac{m_e}{ne^2\mu} = 0$$

令 $\lambda = \eta_e/\mu v$, $\lambda_e = (m_e/ne^2\mu)^{1/2}$, 上式简化为

$$z^{*2} - \lambda z^* - \lambda_e^2 = 0 \tag{10.5-17}$$

λ 为电阻长度, λ_e 为电子惯性长度.

从 (10.5-17) 式可求得扩散区的厚度

$$z^* = \frac{\lambda}{2} + \left(\frac{\lambda^2}{4} + \lambda_e^2\right)^{1/2} \tag{10.5-18}$$

i. 当 $\lambda \gg \lambda_e$ 时, $z^* \approx \lambda$ 扩散区的厚度与电阻率成正比, 与外场流速成反比. 这正是 Sweet (1958) 和 Parker (1963b) 的结果, 他们没有考虑电子惯性项. 所以当 $\eta_e \to 0$ 时, 扩散区厚度 $z^* \to 0$.

ii. 当 $\eta_e \to 0$ 时, $\lambda \to 0$, 但考虑电子惯性后, 当 $\lambda \ll \lambda_e$ 时, $z^* \approx \lambda_e$, 这时扩散区厚度不趋于零.

把 z^* 代入 (10.5-14) 式, 则得到 v_x 和 x^* 满足的关系

$$vx^* = v_x z^*, \quad \frac{v}{v_x} = \frac{z^*}{x^*} \Rightarrow \left(\frac{v}{v_x}\right)^2 = \frac{z^{*2}}{x^{*2}}$$

由 (10.5-17) 式可得 $z^{*2} = \lambda z^* + \lambda_e^2$, 代入上式

$$\left(\frac{v}{v_x}\right)^2 = \frac{\lambda z^* + \lambda_e^2}{x^{*2}} = \lambda \frac{v}{v_x} \cdot \frac{1}{x^*} + \frac{\lambda_e^2}{x^{*2}}$$

定义

$$\lambda^* = \frac{\eta_e}{\mu v_x} \quad \left(= \frac{\eta_e}{\mu v} \cdot \frac{v}{v_x} = \lambda \frac{v}{v_x}\right)$$

$$\left(\frac{v}{v_x}\right)^2 = \frac{\lambda^*}{x^*} + \frac{\lambda_e^2}{x^{*2}}$$

$$\therefore \ \frac{v}{v_x} = \sqrt{\frac{\lambda^*}{x^*} + \frac{\lambda_e^2}{x^{*2}}} \tag{10.5-19}$$

已知 v_x (重联区流速的 x 分量), 根据 λ^* 的定义, 由 (10.5-19) 可求出扩散区长度 x^* (外场流速 v 和 η_e 为已知量). 关于 v_x 的计算需要考虑运动方程.

当电阻起主要作用时, $\lambda^* \gg \lambda_e$, $v/v_x \approx (\lambda^*/x^*)^{1/2}$; 当电子惯性起主要作用时, $v/v_x \approx \lambda_e/x^*$. 如果取 $v_x = v_A$ $(= B_i/(\mu\rho_c)^{1/2})$, 反转区的长度 L 作为 x^*, 则合并率 (表示磁合并的快慢 $M_A = v_i/v_A$) $v/v_A = (\lambda^*/x^*)^{1/2} = [(\eta_e/\mu)(1/v_A L)]^{1/2}$.

因为来流速度 v_i 一般小于外流速度 v_A, 所以合并率 $M_A < 1$. 但由式 $v/v_A = (\lambda^*/x^*)^{1/2}$ 算出的值, 因为实际情况是 $x^* \ll L$, 计算中令 $x^* = L$, L 又在分母中, 所以合并率 $M_A = v/v_A$ 太小.

因此, 求 v_x 时, 不仅仅只考虑扩散区, 还要考虑重联区, 扩散区长度 x^* 不能只从扩散区来求, 而是依赖于整个场.

(2) 外场和重联区.

外场和重联区的计算是以合并率 M_A 作为小参数展开.

① 外场:

冻结, 所以有

$$\boldsymbol{E}+\boldsymbol{v}\times\boldsymbol{B}=0$$

动量方程: (定态)

$$\rho\boldsymbol{v}\cdot\nabla\boldsymbol{v}+\nabla p=\frac{1}{\mu}(\nabla\times\boldsymbol{B})\times\boldsymbol{B} \tag{10.5-20}$$

考虑二维不可压缩的情形, (10.5-20) 式两边取旋度

$$\mu\rho\nabla\times(\boldsymbol{v}\cdot\nabla\boldsymbol{v})=\nabla\times\left[(\boldsymbol{B}\cdot\nabla)\boldsymbol{B}-\frac{1}{2}\nabla B^2\right]=\nabla\times[(\boldsymbol{B}\cdot\nabla)\boldsymbol{B}]$$

上式左边

$$\begin{aligned}\nabla\times(\boldsymbol{v}\cdot\nabla\boldsymbol{v})&=\varepsilon_{ijk}\frac{\partial}{\partial x_j}\left(v_l\frac{\partial v_k}{\partial x_l}\right)\\&=\varepsilon_{ijk}\left(\frac{\partial v_l}{\partial x_j}\frac{\partial v_k}{\partial x_l}+v_l\frac{\partial^2 v_k}{\partial x_j\partial x_l}\right)\\&=\varepsilon_{ijk}\left(\frac{\partial v_l}{\partial x_l}\frac{\partial x_l}{\partial x_j}\frac{\partial v_k}{\partial x_l}+v_l\frac{\partial^2 v_k}{\partial x_j\partial x_l}\right)\end{aligned}$$

不可压缩: $\partial v_l/\partial x_l=0$, 上式 $=\varepsilon_{ijk}v_l(\partial^2 v_k/\partial x_l\partial x_j)$, 而

$$(\boldsymbol{v}\cdot\nabla)\nabla\times\boldsymbol{v}=v_l\frac{\partial}{\partial x_l}\varepsilon_{ijk}\frac{\partial}{\partial x_j}v_k=\varepsilon_{ijk}v_l\frac{\partial^2 v_k}{\partial x_l\partial x_j}$$

$$\therefore\ \mu\rho\nabla\times(\boldsymbol{v}\cdot\nabla\boldsymbol{v})=\mu\rho(\boldsymbol{v}\cdot\nabla)\nabla\times\boldsymbol{v}$$

同理

$$\nabla\times(\boldsymbol{B}\cdot\nabla\boldsymbol{B})=(\boldsymbol{B}\cdot\nabla)\nabla\times\boldsymbol{B}$$

$$\mu\rho(\boldsymbol{v}\cdot\nabla)\nabla\times\boldsymbol{v}=(\boldsymbol{B}\cdot\nabla)\nabla\times\boldsymbol{B} \tag{10.5-21}$$

以合并率 M_A 作为小参数, 展开 $\boldsymbol{B}$ 和 $\boldsymbol{v}$

$$\left(\boldsymbol{B}=\boldsymbol{B}_0+\boldsymbol{B}'M_A+\frac{1}{2}\boldsymbol{B}''M_A^2+\cdots=\boldsymbol{B}_0+\boldsymbol{B}_1+\boldsymbol{B}_2+\cdots\right)$$

$$\boldsymbol{B}=\boldsymbol{B}_0+\boldsymbol{B}_1+\boldsymbol{B}_2+\cdots$$

$$\boldsymbol{v} = \boldsymbol{v}_1 + \boldsymbol{v}_2 + \cdots \qquad (\text{合并率为零时, 来流速度为零, 所以 } v_0 = 0)$$

其中 $\boldsymbol{B}_n$ 和 $\boldsymbol{v}_n$ 为 $O(M_A^n)$ 量级.

($O(M_A^n)$ 表示在精确解中, 所含的 M_A 的更高次幂, 即 M_A^{n+1}, 与近似解中所保留的项 (最高次幂为 M_A^n) 相比, 可以忽略.)

$\boldsymbol{B}_0$ 为两个反向的均匀场, 即无磁合并时的场 (外场).

$$\text{一级量} \begin{cases} \boldsymbol{E} + \boldsymbol{v}_1 \times \boldsymbol{B}_0 = 0 & (10.5\text{-}22\text{a}) \\ (\boldsymbol{B}_0 \cdot \nabla)\nabla \times \boldsymbol{B}_1 = 0 & (10.5\text{-}22\text{b}) \end{cases}$$

((10.5-21) 式左边没有一级量).

$$\text{二级量} \begin{cases} \boldsymbol{v}_1 \times \boldsymbol{B}_1 + \boldsymbol{v}_2 \times \boldsymbol{B}_0 = 0 & (10.5\text{-}23\text{a}) \\ (\boldsymbol{B}_0 \cdot \nabla)\nabla \times \boldsymbol{B}_2 + (\boldsymbol{B}_1 \cdot \nabla)\nabla \times \boldsymbol{B}_1 = \mu\rho(\boldsymbol{v}_1 \cdot \nabla)\nabla \times \boldsymbol{v}_1 & (10.5\text{-}23\text{b}) \end{cases}$$

以上是欧姆定律与动量方程 (10.5-20) 的一级和二级量, 零级的 $\boldsymbol{E} =$ 常量.

从 (10.5-22a) 可得 $\boldsymbol{E} = -\boldsymbol{v}_1 \times \boldsymbol{B}_0$,

$$\begin{aligned} \boldsymbol{E} \times \boldsymbol{B}_0 &= \boldsymbol{B}_0 \times (\boldsymbol{v}_1 \times \boldsymbol{B}_0) \\ &= \boldsymbol{v}_1 B_0^2 - \boldsymbol{B}_0(\boldsymbol{B}_0 \cdot \boldsymbol{v}_1) \end{aligned}$$

设 $\boldsymbol{v}_{1\perp}$ 和 $\boldsymbol{v}_{1\parallel}$ 为 $\boldsymbol{v}_1$ 垂直和平行于 $\boldsymbol{B}_0$ 的分量, 因此有 $\boldsymbol{v}_{1\perp} + \boldsymbol{v}_{1\parallel} = \boldsymbol{E} \times \boldsymbol{B}_0 / B_0^2$.

$\boldsymbol{v}_1$ 是流入速度的展开项. $\boldsymbol{v}$ 沿 $\hat{\boldsymbol{z}}$ 轴流动, 上下则反平行, 在 $x = 0$ 平面上抵消, 所以处处有 $\boldsymbol{v}_{1\parallel} = 0$. 因此 $\boldsymbol{v}_1 = \boldsymbol{v}_{1\perp}$, 因为 $\boldsymbol{E}$、$\boldsymbol{B}_0$ 为常量, 所以 $\boldsymbol{v}_{1\perp}$ 为常量,

$$\boldsymbol{v}_1 = \frac{\boldsymbol{E} \times \boldsymbol{B}_0}{B_0^2} \tag{10.5-24}$$

从 (10.5-22b) 可知, $\nabla \times \boldsymbol{B}_1$ 沿磁力线 $\boldsymbol{B}_0$ 方向不变. Petscheck 假定, 所考虑区域边缘 $x \approx \pm L$ 处, 磁场保持均匀, 即边缘上 $\nabla \times \boldsymbol{B}_1 = 0$ (边界条件). (10.5-22b) 式对整个场适用, 所以处处有 $\nabla \times \boldsymbol{B}_1 = 0$. $\boldsymbol{B}_1$ 是无电流的势场. 由于 $\boldsymbol{v}_1 = \boldsymbol{v}_{1\perp} =$ 常矢量, 从 (10.5-23b) 可知左边第二项及右边均为零. 可推出 $\nabla \times \boldsymbol{B}_2 = 0$, 还可进一步证明 $\nabla \times \boldsymbol{B}_3 = 0$, 这样外场中的电流最多是三阶以上的小量. 电流都集中在反转区内形成的电流片.

② 重联区.

$\boldsymbol{B}_0$ 平行于 x 轴, $\boldsymbol{v}_1$ $(= \boldsymbol{v}_{1\perp})$ 平行于 z 轴. 据此求解反转区的场 ($\boldsymbol{B}_0 \parallel \hat{\boldsymbol{x}}$, $\boldsymbol{v}_1 \parallel \hat{\boldsymbol{z}}$).

i. Petscheck 把狭窄的反转区称为边界层. 重联区的边缘, 即慢激波的形状 $z = Z(x)$ 是未知的. 因为电流片十分窄, 应该是 M_A 的一阶量. 仍然假设 v_x (反转区内流速的 x 分量) 和 B_z 在横跨边界层方向上的变化很小, 近似看作与 z 无关.

考虑第一象限: $0 \leqslant z \leqslant Z(x')$, $0 \leqslant x' \leqslant x$. 该区域不再是长方形, 上边界为 $z = Z(x)$ (图 10.7). 质量守恒

$$v_1 x = v_x(x) Z(x) \tag{10.5-25}$$

$(\boldsymbol{v} \approx \boldsymbol{v}_1, \boldsymbol{v}_0 = 0)$.

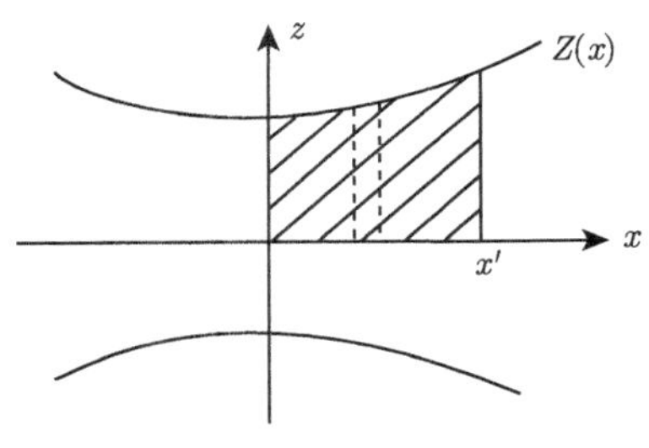

图 10.7 反转区示意图

安培定律 $\mu \boldsymbol{j} = \boldsymbol{\nabla} \times \boldsymbol{B}$ 用于第一象限

$$\mu \int_0^x \mathrm{d}x' \int_0^{Z(x')} j\,\mathrm{d}z = \int_0^x \mathrm{d}x' \int_0^{Z(x')} \left(\frac{\partial B_x}{\partial z} - \frac{\partial B_z}{\partial x} \right) \mathrm{d}z \quad (\boldsymbol{j} \text{ 在 } \hat{\boldsymbol{y}} \text{ 方向})$$

$$B_x = B_0$$

$$\begin{aligned} \text{上式} &\approx \int_0^x B_0\,\mathrm{d}x' - B_z(x) Z(x) \qquad (\text{已利用 } B_z \text{ 与 } z \text{ 无关}) \\ &\approx \int_0^x B_0\,\mathrm{d}x' \end{aligned} \tag{10.5-26}$$

扩散区外 $Z(x) \ll x$. B_z 是反转区内磁场, 是合并率 M_A 的一级小量, $B_z \ll B_0$.

$$\mu \int j\,\mathrm{d}x'\mathrm{d}z = \int \boldsymbol{\nabla} \times \boldsymbol{B} \cdot \mathrm{d}\boldsymbol{S} = \int_0^x B_0\,\mathrm{d}x'$$

两边对 x 求导

$$\mu \int j\,\mathrm{d}z \approx B_0 \tag{10.5-27}$$

ii. 重联区内对广义欧姆定律积分时, 还必须考虑 $\boldsymbol{v}\times\boldsymbol{B}$ 项 (在扩散区 $\boldsymbol{B}=0$, 该项可以忽略)

$$\begin{aligned}\boldsymbol{v}\times\boldsymbol{B}&=(v_1\hat{\boldsymbol{z}}+v_x\hat{\boldsymbol{x}})\times(B_x\hat{\boldsymbol{x}}+B_z\hat{\boldsymbol{z}})\\&=(v_1B_x-v_xB_z)\hat{\boldsymbol{y}}\end{aligned}$$

$\boldsymbol{v}\times\boldsymbol{B}$ 在第一象限内积分, 利用质量守恒 $v_1x=v_x(x)Z(x)$,

$$\begin{aligned}\int(v_1B_x-v_xB_z)\,\mathrm{d}x'\mathrm{d}z=&\int_0^x\int_0^{Z(x')}\frac{v_x(x')Z(x')}{x'}B_x\,\mathrm{d}x'\mathrm{d}z\\&-\int_0^x\int_0^{Z(x')}B_z\frac{v_1x'}{Z(x')}\,\mathrm{d}x'\mathrm{d}z\end{aligned}$$

前面已经求得 v_1 为常量, 所以 $v_1=v_xZ(x)/x=\mathrm{const}$.

$$\int_0^x\mathrm{d}x'\int_0^{Z(x')}\frac{v_xZ(x)}{x}B_x\,\mathrm{d}z=\int_0^{Z(x)}v_1xB_x\mathrm{d}z=\int_0^{Z(x)}B_xv_xZ(x)\,\mathrm{d}z$$

$$\int_0^x\int_0^{Z(x')}B_z\frac{v_1x'}{Z(x')}\,\mathrm{d}x'\mathrm{d}z=\int_0^{Z(x')}\frac{1}{Z(x')}\mathrm{d}z\int_0^xB_zv_1x'\,\mathrm{d}x'=\int_0^xB_zv_1x'\,\mathrm{d}x'$$

B_z 已设为与 z 无关.

$$\int(v_1B_x-v_xB_z)\,\mathrm{d}x'\mathrm{d}z=\int_0^{Z(x)}B_xv_xZ(x)\,\mathrm{d}z-\int_0^xB_zv_1x'\,\mathrm{d}x'$$

B_x 是反转区磁场的 x 分量, 最多与 B_z 同阶. $\boldsymbol{v}$ 为一级及一级以上小量, 所以 $v_x\lesssim v_1$. Z 为一级小量, $Z\ll x$, 所以 $B_xv_xZ<B_zv_1x$, 因此有

$$\int(\boldsymbol{v}\times\boldsymbol{B})\cdot\mathrm{d}\boldsymbol{S}=\int_0^x\mathrm{d}x'\int_0^{Z(x')}\hat{\boldsymbol{y}}\cdot(\boldsymbol{v}\times\boldsymbol{B})\,\mathrm{d}z\approx-v_1\int_0^xB_zx'\,\mathrm{d}x'$$

iii. 广义欧姆定律的其他项与扩散区的处理相仿.

a. $\boldsymbol{E}$ 为常量, 可利用外场 (冻结) 来定, $\boldsymbol{E}=-\boldsymbol{v}\times\boldsymbol{B}=-(-v_1\hat{\boldsymbol{z}})\times B_0\hat{\boldsymbol{x}}=v_1B_0\hat{\boldsymbol{y}}$,

$$\begin{aligned}E\int_0^x\mathrm{d}x'\int_0^{Z(x')}\mathrm{d}z&=v_1B_0\int_0^xZ(x')\,\mathrm{d}x'\\&=v_x(x)B_0\frac{Z(x)}{x}\int_0^xZ(x')\,\mathrm{d}x'\end{aligned}$$

b.

$$\boldsymbol{E}+\boldsymbol{v}\times\boldsymbol{B}=\eta_e\boldsymbol{j}+\frac{m_e}{ne^2}\nabla\cdot(\boldsymbol{jv}+\boldsymbol{vj})-\frac{1}{ne}\nabla\cdot\mathsf{P}+\frac{1}{ne}\boldsymbol{j}\times\boldsymbol{B}$$

右边最后一项因为 $\boldsymbol{j}$ 在 $\hat{\boldsymbol{y}}$ 方向, 与前几项方向不同. 右边第一项在扩散区中已求得

$$\int_0^{Z(x)} j\,\mathrm{d}z=\frac{1}{\mu}B_x,\quad \mu\int_0^x\int_0^{Z(x')} j\,\mathrm{d}x'\mathrm{d}z\approx B_x x\quad (\text{扩散区中 } B_x=B\approx B_0)$$

右边第二项

$$\frac{m_e}{ne^2}v_x\int_0^{Z(x)} j\,\mathrm{d}z=\frac{m_e}{ne^2}v_x\cdot\frac{1}{\mu}B_x$$

综合以上广义欧姆定律的积分为

$$\begin{aligned}&v_x(x)B_0\frac{Z(x)}{x}\int_0^x Z(x')\,\mathrm{d}x'-\int_0^x B_z v_1 x'\,\mathrm{d}x'\\ =&\frac{\eta_e}{\mu}B_x x+\frac{m_e}{ne^2\mu}v_x B_x\\ =&\frac{\eta_e}{\mu}B_x\frac{v_x Z(x)}{v_1}+\frac{m_e}{ne^2\mu}v_x B_x\end{aligned}$$

$$\frac{Z(x)}{x}\int_0^x Z(x')\,\mathrm{d}x'=\frac{\eta_e}{\mu v_1}\frac{B_x}{B_0}Z(x)+\frac{m_e}{ne^2\mu}\frac{B_x}{B_0}+\frac{v_1}{v_x(x)}\int_0^x\frac{B_z}{B_0}x'\,\mathrm{d}x'$$

$B_x=B_0$, v_1 为常量, 可提出积分号外, 把 $v_1=v_x Z/x$ 代入上式, 整理后得

$$\frac{Z(x)}{x}\int_0^x Z(x')\,\mathrm{d}x'-\lambda Z(x)-\lambda_e^2-\frac{Z(x)}{x}\int_0^x\frac{B_z}{B_0}x'\,\mathrm{d}x'=0\tag{10.5-28}$$

当 $x\to 0$ 时, $Z\to z^*$. (10.5-28) 式即为扩散区的 (10.5-17) 式. 因为这时 (10.5-28) 式变成

$$z^{*2}-\lambda z^*-\lambda_e^2=0$$

由于方程 (10.5-28) 中有 B_z, 所以从 (10.5-28) 不能求出 $Z(x)$ ($Z(x)$ 即为慢激波的形状), 必须考虑动量方程, 为此我们把动量方程的 x 分量用于图 10.7 的虚线区域, 由 $(x', x'+\Delta x')$ 和 $0\leqslant z\leqslant Z(x')$ 确定的长条区域. $\nabla\cdot\left(\rho\boldsymbol{vv}-\dfrac{\boldsymbol{BB}}{\mu}\right)+\nabla\left(p+\dfrac{1}{2\mu}B^2\right)=0$, 在定态条件下, 净流入这个区域的 x 方向的总动量

流为 $\int \frac{\mathrm{d}}{\mathrm{d}x}(\rho v_x v_x Z)\mathrm{d}\tau$, $\mathrm{d}\tau$ 是体元. 在不可压缩近似下, 跨过慢激波, 总压强连续, 反转区内总压强等于外场的总压强, 而外场的总压强零级近似下与 x 无关, 所以对动量的改变没有贡献, 只有磁张力有贡献.

$$\begin{aligned}\int \nabla\cdot(\rho\boldsymbol{v}\boldsymbol{v})\,\mathrm{d}\tau &= \frac{1}{\mu}\int \nabla\cdot(\boldsymbol{B}\boldsymbol{B})\,\mathrm{d}\tau\\ &= \frac{1}{\mu}\int \boldsymbol{B}\boldsymbol{B}\cdot\mathrm{d}\boldsymbol{S}\\ &= \frac{1}{\mu}\int \boldsymbol{B}B_z\,\mathrm{d}x\mathrm{d}y\end{aligned}$$

只有 $B_n = B_z$ 分量不为零.

x 分量:

$$\begin{aligned}\int \frac{\mathrm{d}}{\mathrm{d}x}(\rho v_x v_x)\,\mathrm{d}x\mathrm{d}y\mathrm{d}z &= \int \frac{\mathrm{d}}{\mathrm{d}x}(\rho v_x^2)Z(x)\,\mathrm{d}x\mathrm{d}y\\ &= \int \left[\frac{\mathrm{d}}{\mathrm{d}x}(\rho v_x^2 Z(x)) - \rho v_x^2\frac{\mathrm{d}}{\mathrm{d}x}Z(x)\right]\,\mathrm{d}x\mathrm{d}y\\ &\qquad \left(\frac{\mathrm{d}}{\mathrm{d}x}Z(x)\ \text{为二阶小量}\right)\\ &\approx \int \frac{\mathrm{d}}{\mathrm{d}x}(\rho v_x^2 Z(x))\,\mathrm{d}x\mathrm{d}y\\ &= \frac{1}{\mu}\int B_0 B_z\,\mathrm{d}x\mathrm{d}y,\end{aligned}$$

$$\therefore\ \frac{\mathrm{d}}{\mathrm{d}x}(\rho v_x^2 Z(x)) = \frac{1}{\mu}B_0 B_z \tag{10.5-29}$$

现在可以从下列方程求解 v_x, B_z 和 $Z(x)$,

$$\begin{cases} v_1 x = v_x(x)Z(x) & (10.5\text{-}25)\\ \dfrac{Z(x)}{x}\displaystyle\int_0^x Z(x')\,\mathrm{d}x' - \lambda Z(x) - \lambda_e^2 - \dfrac{Z(x)}{x}\displaystyle\int_0^x \dfrac{B_z}{B_0}x'\,\mathrm{d}x' = 0 & (10.5\text{-}28)\\ \dfrac{\mathrm{d}}{\mathrm{d}x}(\rho v_x^2 Z(x)) = \dfrac{1}{\mu}B_0 B_z & (10.5\text{-}29)\end{cases}$$

从 (10.5-25) 和 (10.5-29) 消去 v_x (ρ 和 v_1 为常量)

$$v_1^2\rho\frac{\mathrm{d}}{\mathrm{d}x}\left(\frac{x^2}{Z(x)}\right) = \frac{1}{\mu}B_0 B_z,\qquad M_A = \frac{v_1}{v_A}$$

$$\frac{B_z}{B_0} = \frac{\mu\rho v_1^2}{B_0^2}\frac{\mathrm{d}}{\mathrm{d}x}\left(\frac{x^2}{Z(x)}\right) = M_A^2\frac{\mathrm{d}}{\mathrm{d}x}\left(\frac{x^2}{Z(x)}\right) \tag{10.5-30}$$

其中 $Z(x)$ 为一阶量, 所以 B_z 为一阶量. 将 (10.5-30) 中的 B_z 代入 (10.5-28), 可得到 $Z(x)$ 满足的方程:

$$\frac{Z(x)}{x}\int_0^x Z(x')\mathrm{d}x' - \lambda Z(x) - \lambda_e^2 - \frac{Z(x)}{x}\int_0^x M_A^2\frac{\mathrm{d}}{\mathrm{d}x}\left(\frac{x'^2}{Z(x')}\right)x'\mathrm{d}x' = 0$$

令 $\chi = M_A x/Z(x)$, $\zeta = M_A x$, 有 $Z(x)/x = M_A/\chi$, 将 $\mathrm{d}x' = (1/M_A)\mathrm{d}\zeta$ 代入上式

$$\frac{M_A}{\chi}\int_0^{\frac{\zeta}{M_A}}\frac{\zeta}{\chi}\cdot\frac{1}{M_A}\mathrm{d}\zeta - \lambda\frac{\zeta}{\chi} - \lambda_e^2 - \frac{M_A}{\chi}\int M_A^3\frac{\mathrm{d}}{\mathrm{d}\zeta}(\zeta\chi)\frac{1}{M_A^2}\cdot\zeta\mathrm{d}\zeta\cdot\frac{1}{M_A^2} = 0$$

$$\int\left(\frac{\zeta}{\chi} - \chi\zeta - \zeta^2\frac{\mathrm{d}\chi}{\mathrm{d}\zeta}\right)\mathrm{d}\zeta - \lambda\zeta - \lambda_e^2\chi = 0$$

对 ζ 求导

$$\frac{\zeta}{\chi} - \chi\zeta - \zeta^2\frac{\mathrm{d}\chi}{\mathrm{d}\zeta} - \lambda - \lambda_e^2\frac{\mathrm{d}\chi}{\mathrm{d}\zeta} = 0$$

两边除以 ζ

$$\left(\zeta + \frac{\lambda_e^2}{\zeta}\right)\frac{\mathrm{d}\chi}{\mathrm{d}\zeta} + \chi - \frac{1}{\chi} + \frac{\lambda}{\zeta} = 0 \tag{10.5-31}$$

边界条件是当 $x = 0$ 时, $Z = z^*$, 求出 $Z(x)$ 后, 从 (10.5-25), (10.5-29) 可求出 v_x, B_z.

第一, 离扩散区很远处 ($M_A x \gg z^*$), (10.5-31) 的渐近解.

因为 $\zeta \gg 1$, (10.5-31) 简化为

$$\zeta\frac{\mathrm{d}\chi}{\mathrm{d}\zeta} + \chi - \frac{1}{\chi} = 0$$

解出

$$\chi^2 = 1 - \frac{\mathrm{const}}{\zeta^2}$$

当 $M_A x \to \infty$, 即 $\zeta \to \infty$ 时, 有 $|\chi| \to 1$, 所以 $Z = M_A|x|$.

$Z(x)$ 是慢激波的形状, 是斜率为 M_A 的直线.

由 (10.5-25) 式, $v_x = v_1 x/Z(x) = v_1/M_A = v_A$. 流出速度即为 (混合) Alfvén 速度.

从 (10.5-29) 式可得

$$\frac{\mathrm{d}}{\mathrm{d}x}(\rho v_x^2 Z) = \frac{\mathrm{d}}{\mathrm{d}x}(\rho v_A^2 M_A|x|)$$

$$\rho v_A^2 M_A = \frac{1}{\mu} B_0 B_z$$

$$B_z = \frac{\mu\rho v_A^2 M_A}{B_0} = \sqrt{\mu\rho} v_A M_A = v_A\sqrt{\mu\rho}\frac{v_1}{v_A} = v_1\sqrt{\mu\rho}$$

第二, 当 $\lambda \ll \lambda_e$ 时, 略去 λ/ζ 项.

$$\left(\zeta + \frac{\lambda_e^2}{\zeta}\right)\frac{\mathrm{d}\chi}{\mathrm{d}\zeta} + \chi - \frac{1}{\chi} = 0$$

$$\chi^2 = 1 - \frac{C}{\zeta^2 + \lambda_e^2}, \qquad C \text{ 为积分常数}$$

$$\chi = \frac{M_A x}{Z} = \frac{\zeta}{Z}$$

$$\therefore \ \frac{\zeta^2}{Z^2} = 1 - \frac{C}{\zeta^2 + \lambda_e^2}, \qquad Z^2 = \frac{\zeta^2(\zeta^2 + \lambda_e^2)}{\zeta^2 + \lambda_e^2 - C}$$

利用边界条件, 当 $x = 0$ 时, $C = \lambda_e^2$ $(\lambda \ll \lambda_e)$,

$$Z^2 = \zeta^2 + \lambda_e^2, \qquad Z = (M_A^2 x^2 + \lambda_e^2)^{1/2}$$

从 (10.5-25) 可解出

$$v_x = \frac{v_1 x}{Z} = \frac{M_A v_A x}{Z}$$

$$v_x = v_A \frac{M_A|x|}{Z}$$

再从 (10.5-29) 式求 B_z, 得

$$\begin{aligned}\frac{\mathrm{d}}{\mathrm{d}x}(\rho v_x^2 Z) &= \frac{\mathrm{d}}{\mathrm{d}x}\left(\rho v_A^2 \frac{M_A^2 x^2}{Z^2}\cdot Z\right)\\ &= \rho v_A^2 M_A^2\left(\frac{2x}{Z} - \frac{M_A^2 x^3}{Z^3}\right)\\ &= \frac{1}{\mu} B_0 B_z\end{aligned}$$

$$B_z = B_0 M_A \left(\frac{2M_A x}{Z} - \frac{M_A^3 x^3}{Z^3} \right)$$

结果如图 10.8, 反转区的边界由 $Z = (M_A^2 x^2 + \lambda_e)^{1/2}$ 描述.

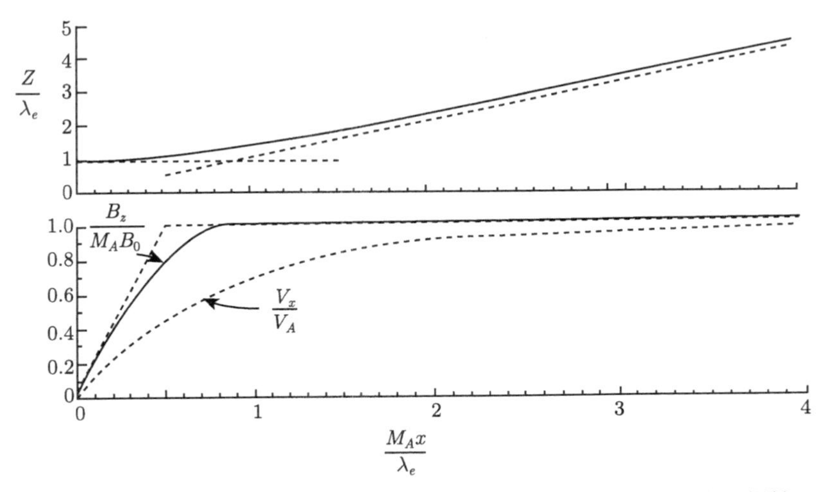

图 10.8 计算的厚度 Z 和 B_z 作为距中心线的距离 x 的函数 (计入电子惯性). 虚线是 Petscheck 得到的对于 x 大和 x 小的渐近结果. 上图 Z 用 λ_e 归一成为 Z/λ_e, 下图对于 x 大的情况, B_z 和 v_x 分别用它们的渐近值归一

当 $M_A x$ 很小时,

$$v_x = v_A \frac{M_A|x|}{Z} = v_A \frac{M_A|x|}{(M_A^2 x^2 + \lambda_e)^{1/2}} \approx v_A \frac{M_A}{\lambda_e}|x|$$

$$B_z \approx B_0 M_A \cdot \frac{2M_A}{Z} x = \frac{2B_0 M_A^2}{\lambda_e} x$$

v_x, B_z 与 x 为线性关系.

当 x 增大时

$$v_x \approx v_A \frac{M_A|x|}{M_A|x|} = v_A$$

$$B_z \approx B_0 M_A \left(2 - \frac{M_A^3 x^3}{(M_A x)^3} \right) = B_0 M_A$$

v_x, B_z 趋于常量.

上述计算对于 x 大时, 结果较好, x 越小, 结果越差.

10.6 简单磁环耀斑

10.6.1 磁通浮现模型

Heyvaerts 等 (1977) 描述的耀斑模型是光球下浮现出新的磁通后, 就发生耀斑. 耀斑的类型取决于出现新磁通区域的磁环境. 通常就产生一个 X 射线的亮点. 在单极黑子附近, 或是进入活动区边缘附近的单极区域, 浮现的新的磁通可能形成简单磁环耀斑. 假如新磁通出现在活动区暗条 (filament) 周围剪切场附近, 则可能产生双带耀斑. 浮现的磁通触发了储存于大范围磁场的能量的释放.

不同的磁通系统演化时, 在系统的交界面上形成电流片. 光球的水平运动就如垂直运动一样, 也会形成电流片.

应该指出的是并非所有浮现的磁通都产生耀斑, 仅当有足够的磁通浮现, 抬高了新旧磁通的界面间的电流片位置, 当达到临界高度 (该高度与浮现速度及磁场强度有关) 时, 才有简单磁环耀斑的触发. (双带耀斑还需要大尺度磁场的高度剪切, 以存储必要的能量.)

磁通浮现模型提出: 浮现磁通与原有磁场的相互作用, 发生简单磁环耀斑 (simple-loop flare), 可分为三个阶段 (图 10.9).

(1) 耀斑前阶段 (图 10.9(a)): 浮现磁通与上方先前存在的磁场磁重联, 从一个小电流片展现成激波 (类同于激波, 实质为电流片的扩展), 加热等离子体 (阴影区域).

(2) 脉冲相 (在 γ 射线, 硬 X 光, 厘米波段) (图 10.9(b)).

电流片内开始扰动, 引起快速扩张, 电场加速粒子, 粒子绕磁力线旋转, 并沿磁力线逃逸, 产生脉冲微波爆发. 向下运动的部分, 通过碰撞激发, 产生硬 X 射线 (而且有可能有 Hα 结), 向上运动到达开放场的粒子, 产生 Ⅲ 型射电爆发.

(3) 闪相和主相 (Hα 光学, 软 X 射线, 分米波段) (图 10.9(c)).

湍动电阻刚达到磁重联的条件, 磁重联使电流片达到新定态, 该电阻比以前 (指阶段 (2) 中) 大得多, 热流和粒子向下, 到达低层色球, 产生 Hα 耀斑.

新磁通侵入 (原先) 场的周围, 电流片被抬高, 达到临界高度 h_{crit} 时, 电流密度超过发生微观湍流的阈值, 触发耀斑. 该条件可用电流片温度 T_c 近似写成

$$T_c^2 > T_{\text{turb}}^2 \equiv 1.8 \times 10^{16} \frac{B_i}{v_i}$$

T_c 为电流片温度, 流入的磁场 B_i 以 T 作单位, 向内流动的速度为 v_i, 单位为 $\text{m}\cdot\text{s}^{-1}$.

为确定 T_c, 必须研究电流片内的能量平衡. 方程 (10.5-12) 式: $E = J + H + K - R$. E: 在电流片中通过对流转移的热量. J: 焦耳加热. H: 进入电流片的机

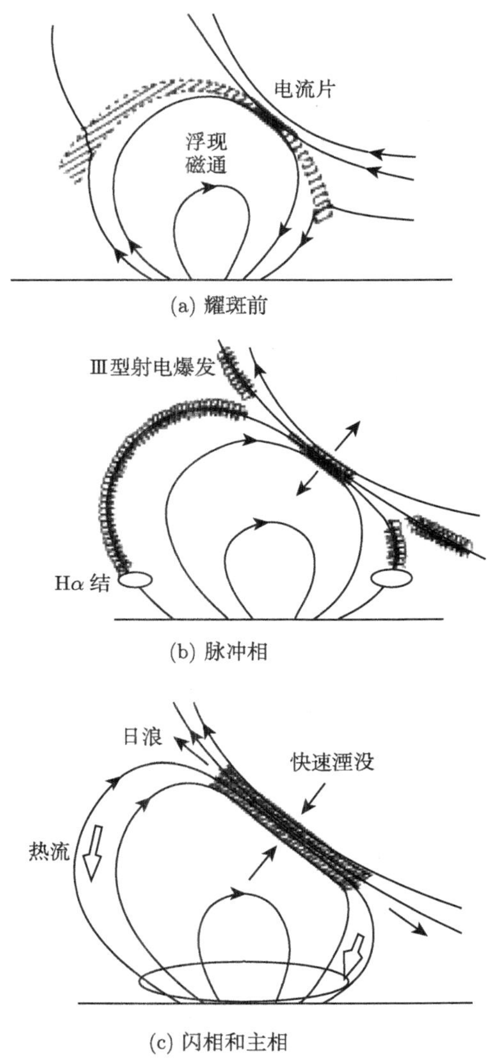

(a) 耀斑前

(b) 脉冲相

(c) 闪相和主相

图 10.9 简单磁环耀斑 (小耀斑) 磁通浮现机制

械加热. K: 热传导 (进入电流片). R: 辐射损失. 解出 $T_c = T_c(h)$, h 是光球以上的高度 (光球顶为零).

求解的结果是: ① 低层大气能量方程有单一解, 主要是辐射和焦耳加热间的平衡, $T_c < T_{\text{turb}}$; ② 达到临界高度时, 超过临界高度则不存在热平衡, 因此电流片是处于亚稳态. 迅速加热, 假如温度超过 T_{turb}, 就触发耀斑. 由于湍动电阻率的出现, 电流片迅速变宽, 产生强电场. 将粒子加速至高能, 形成脉冲相. (电流片宽度

$l=\eta_m/v_i$, $\eta_m\nearrow$, $l\nearrow$; $E=\eta_m\,\mathrm{d}B/\mathrm{d}x+(v_0x/a)B$, $\eta_m\nearrow$, $E\nearrow$, 参见 10.5.1 节.)

Milne 和 Priest (1981) 对扩散区的研究表明 (10.5.2 节) 临界高度 h_{crit} 随 B_i 增加而减少. β 太低不能得到平衡解.

进一步需要做的工作是: ① 理论上, 寻找新的平衡态的过程中, 动力学理论需要随之跟上; ② Mercier 和 Heyvaerts (1980) 提出演化至重联的非定态问题 (即随时间 t 的演化问题), 或是演化至定态, 考虑引力的影响是重要的; ③ 观测上, 迫切需要对在耀斑前阶段新浮现磁通的磁场、速度场的测量.

10.6.2 热不平衡

通常认为磁场是耀斑的能量来源, 但 Hood 和 Priest (1981) 认为当活动区的磁环冷的芯部不再处于热平衡状态时, 可能发生简单磁环耀斑. 通过近似求解能量平衡方程可以证明有热不平衡的可能性. 假如起初处于 10^4 K 量级低温下的热平衡, 逐渐加热或是减少环的压强, 最后达到亚平衡的临界态. 超越临界态后, 冷平衡就不存在. 等离子体爆发地升温, 在典型温度 10^7 K, 到达新的准平衡态. 在这种热耀斑过程中, 包含等离子体的强磁通管, 保持位置不变. 粒子的加速则是次要问题. (注: 10^7 K 为高温耀斑区, 主要发射高能粒子, 10^4 K 为低温耀斑, 是较低能量的次级现象.)

热不平衡是产生某些简单磁环耀斑的本质所在. 另外, 热不平衡也可能触发双带耀斑, 其过程是: 活动区暗条出现 “耀斑前” 温度上升, 等离子体沿暗条膨胀, 暗条慢慢上升至临界高度, 磁位形变成 MHD 不稳定, 随后剧烈向外爆发.

根据 Field (1965) 的假设: 辐射和加热的平衡, 达到等温基态. 因此先前认为由辐射驱动的热不稳定性 (7.5.7 节), 会触发耀斑, 然后 Hood 和 Priest (1981) 进一步在冕环的不均匀基态加入了热传导的影响. 结果是通过非平衡过程可能发生快速的加热, 而不是通过不稳定性升温, 二者的差别在于后者 (不稳定性) 是平衡态变成不稳定, 而前者是平衡态全然不存在, 随之而来的是更为激烈的变化.

Sturrock (1966) 和 Sweet (1969) 强调耀斑前的磁位形必须是正处于释放能量前的亚稳态, 因此耀斑是一个爆发过程. 换言之, 线性不稳定性不足以解释耀斑, 因为线性分析意义上, 系统处于临界稳定状态, 但是受到有限扰动后, 在邻近不能找到平衡位置, 系统的非线性行为可能仅是演化至邻近的另一个平衡态, 而不伴有剧烈的变化过程. 热不平衡确能满足产生亚稳态的条件.

Hood 和 Priest (1981) 考虑一个简单的静态平衡

$$\frac{\mathrm{d}}{\mathrm{d}s}\left(\kappa_0T^{5/2}\frac{\mathrm{d}T}{\mathrm{d}s}\right)=n_e^2Q(T)-H \tag{10.6-1}$$

式中 $n_e=p/2k_BT$ $(n_e=n_i)$, 压强均匀; s 表示沿磁力线量度的距离, $\dfrac{\mathrm{d}}{\mathrm{d}s}(\kappa_0T^{5/2}\,\mathrm{d}T/\mathrm{d}s)$

表示沿磁场的热传导. $n_e^2Q(T)$ 是光学薄介质的辐射. H 是单位体积的加热, 设为均匀. 环顶温度 T_1 与压强 p、加热项 H 和环长 $2L$ 有关. 对于确定的 p 和 T_1 对 H 和 L 的依赖关系示于图 10.10, 其中传导项近似用量级表达:

$$\frac{\mathrm{d}}{\mathrm{d}s}\left(\kappa_0 T^{5/2}\frac{\mathrm{d}T}{\mathrm{d}s}\right)=n_e^2Q-H \;\Rightarrow\; \frac{1}{L^2}(\kappa_0 T^{7/2})\approx n_e^2Q-H$$

$$\Rightarrow \frac{Qn_e^2}{\kappa_0 T^{7/2}}\cdot L^2 \;\Rightarrow\; \left(\frac{Q}{\kappa_0 T^{7/2}}\right)^{1/2}\cdot n_eL=\overline{L} \quad (\text{作为图中的参数})$$

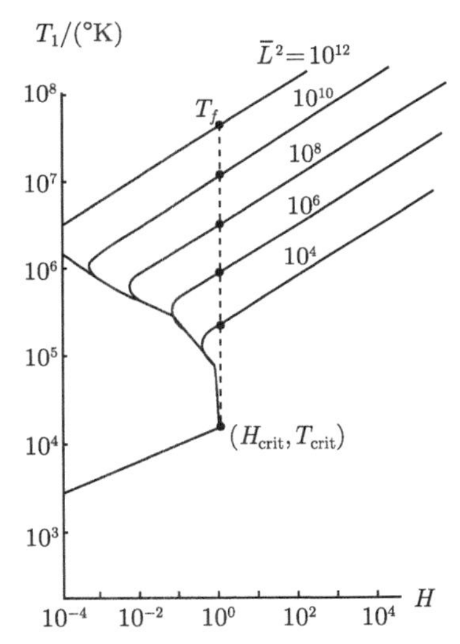

图 10.10 环顶的平衡温度 T_1 作为加热项 H 的函数 (H 以 $T = 2\times10^4$ K 和 $n_e = 5\times10^4\ \mathrm{m}^{-3}$ 时的辐射损失为单位). 不同数值的无量纲半长度 ($\overline{L} = [Q/(\kappa_0T^{7/2})]^{1/2}n_eL$) 作为参数 (Hood and Priest, 1981)

当加热速率缓慢增加, 顶端温度经过一系列平衡态增高, 由下面的分支表示. 当加热过程超过临界值 H_{crit}, 附近就不再有平衡态, 等离子体沿虚线迅速升温上升至准稳态耀斑温度 T_f, 大于 10^6 K (以 • 表示, 具体位置取决于 $\overline{L}$ 值, 即热传导的大小).

其他几个例子也得到类似结果, 这些例子中可以有: ① 不同的加热形式; ② (10.6-1) 的完全解 (而不是用量级表示); ③ 包括引力.

如果减小压强, 也会产生无平衡态的结果.

需要指出的是, T_f 仅为耀斑温度的粗略估计, T_f 的数值以及由低温向高温的过渡取决于等离子体动力学的详细过程.

10.6.3　扭折不稳定性

观测到的冕环是一种相当稳定的结构, 但偶尔也会不稳定, 产生耀斑. 根据 MHD 稳定性的分析, 当磁通管扭转时, 有不稳定性产生, 但加入致稳因素, 仍可使磁通管稳定. 如冕环的端点固结于稠密的光球中. 由于光球等离子体的惯性大, 日冕中的任何小扰动, 传至环的足点则变为零. 犹如足点粘附于重物之上. 结果是较小的扭转, 并不影响环的稳定性. 但扭转很大时, 就有扭折不稳定性.

磁力线的绕转用 $\varPhi$ 来表示, 不稳定性的临界 $\varPhi$, 取决于环的纵横比 L/a ($2L$ 为环长, $2a$ 为环宽 (直径)), 还随气压磁压比 (β) 而改变, 亦与横向磁场的细节有关. $\varPhi$ 的典型值在 2π 和 6π 之间.

压强梯度有时能起致稳作用. Hood 和 Priest (1979a) 考虑到加入压强梯度, 在环端固结的情况下, 讨论冕环的稳定性问题, 与能量原理密切相关.

考虑长为 $2L$ 的圆柱磁通管, 处于平衡态, 压强为 $p(R)$, 磁场为 $(0, B_\phi(R), B_z(R))$, 满足力平衡关系:

$$0 = \frac{\mathrm{d}p}{\mathrm{d}R} + \frac{\mathrm{d}}{\mathrm{d}R}\left(\frac{B_\phi^2 + B_z^2}{2\mu}\right) + \frac{B_\phi^2}{\mu R} \tag{10.6-2}$$

设等离子体的位移

$$\xi = \left[\xi^R(R), -i\frac{B_z}{B}\xi^0(R), i\frac{B_\phi}{B}\xi^0(R)\right]\left(\cos\frac{\pi z}{2L}\right)\cdot \mathrm{e}^{i(m\phi+kz)} \tag{10.6-3}$$

(参考第 7 章扭折不稳定性的讨论, $\cos(\pi z/2L)$ 相当于 f, $f(0) = f(2L) = 0$. 本例中, $z = \pm L$ 时, $\xi = 0$. 坐标原点 $z = 0$, 取在环中间位置.)

(10.6-3) 式, 在环的端点 $z = \pm L$ 处位移为零. 能量的改变量:

$$\delta W = \frac{1}{2}\int\left[\frac{B_1^2}{\mu} - \boldsymbol{j}_0\cdot(\boldsymbol{B}_1\times\boldsymbol{\xi}) + \left[\frac{\gamma p_0}{\rho_0}\boldsymbol{\nabla}\cdot(\rho_0\boldsymbol{\xi})\right](\boldsymbol{\nabla}\cdot\boldsymbol{\xi}) + (\boldsymbol{\xi}\cdot\boldsymbol{g})\boldsymbol{\nabla}\cdot(\rho_0\boldsymbol{\xi})\right]\mathrm{d}V \tag{7.4-16}$$

$\boldsymbol{B}_1$ 为 $\boldsymbol{B}_0$ 的扰动量.

当 $\boldsymbol{g} = 0$ 时,

$$\delta W = \frac{1}{2}\int\left[\frac{B_1^2}{\mu} - \boldsymbol{j}_0\cdot(\boldsymbol{B}_1\times\boldsymbol{\xi}) + \frac{\gamma p_0}{\rho_0}\boldsymbol{\nabla}\cdot(\rho_0\boldsymbol{\xi})\boldsymbol{\nabla}\cdot\boldsymbol{\xi}\right]\mathrm{d}V$$

关于 ξ^0 求极小 (参见 7.4.1 节)

$$\delta W = \frac{1}{\mu}\int_0^\infty\left[F\left(\frac{\mathrm{d}\xi^R}{\mathrm{d}R}\right)^2 - G\xi^{R^2}\right]\mathrm{d}R \tag{10.6-4}$$

式中 F、G 是 R、p、B_ϕ、B_z、k 和 m 的函数, 与 (7.4-31)、(7.4-32) 式相似, 但多了一个与 p 有关的项. 为了求关于径向扰动 ξ^R 极小, 解 Euler-Lagrange 方程

$$\frac{\mathrm{d}}{\mathrm{d}R}\left(F\frac{\mathrm{d}\xi^R}{\mathrm{d}R}\right)+G\xi^R=0 \tag{10.6-5}$$

边界条件: $\xi^R=1$, $\mathrm{d}\xi^R/\mathrm{d}R=0$, (在 $R=0$ 处), $m=1$. (参考第 7 章, 不稳定性) 是一个自然边界问题. 对于形如 (10.6-3) 式的扰动, 当 $\xi^R(R)$ 最终变为零, 则不稳定. ξ^R 总是大于零, 则稳定 (第 7 章图 7.9).

详细结果与 $p(R)$、$B_\phi(R)$、$B_z(R)$ 的函数形式有关, 例如:

(1) 均匀扭转 (图 3.4) 无力场, 稳定性由图 7.10 表示.

(2) 均匀轴向场 $B_z=B_0$, 扭转为

$$\varPhi(R)=\frac{2LB_\phi}{RB_z}=\frac{\varPhi_0}{1+R^2/a^2} \tag{10.6-6}$$

压强为

$$p(R)=p_\infty+\left(\frac{\varPhi a}{2L}\right)^2\cdot\frac{B_0^2}{2\mu} \tag{10.6-7}$$

轴中心, $R=0$, $\varPhi$、p 为极大, 随 R 增大而减小. 扭转有变化的场 ($\varPhi(R)$ 的变化例如由 (10.6-6) 所示) 可用以表示局部扭转对均匀场的影响, 其稳定性与 5 个参数有关: k、m、L/a、$\varPhi_0$ 和 β (远离轴处的气压/磁压 $=2\mu p_\infty/B_0^2$). 图 10.11(a) 是计算所得的 $\beta=0$ 的稳定曲线, 类似于无力场情况下的图 7.10. 虚线代表 Kruskal-Shafranov (简称 K-S) 极限 (对于任何扭转, 当波数 $k\geqslant-\varPhi/2L$ 时, 磁通管对于螺旋扭转是不稳定的, 式中 $\varPhi=2LB_\varphi/(RB_z)$, 参阅 (7.5-41) 式), 写成

$$\frac{1}{2}\varPhi(0)=-\frac{2L}{a}\overline{k},\quad \overline{k}=ka\quad (\text{在 } r=a \text{ 处})$$

(上式变为 $2Lk=\dfrac{1}{2}\varPhi(0)=\varPhi(a)$, $k=-\varPhi(a)/2L$, $\varPhi(R)>\varPhi(a)$, 所以 $k\geqslant-\varPhi(R)/2L$) 该极限 (虚线所示) 是对无压强梯度和固结情形下, 产生不稳定性的临界扭转. 可以看出, 对于大的 k 值, 比起 K-S 极限, 磁环更不稳定 (实线包围区为不稳定, 实线高于虚线), 小的 k 值更稳定因为固结起作用.

每一个 L/a 值, 有一个临界扭转 $\varPhi_{\rm crit}$ (在 $r=a$ 处), 大于临界值, 在 k 的某个范围内, 磁环不稳定, $\varPhi_{\rm crit}$ 随 L/a 增加, 从而稳定区域扩大, 系统更稳定. $\varPhi_{\rm crit}$ 随 L/a 和 β 的变化示于图 10.11(b), 当 β 增大, 压强增加, 加大了 δW 中的正值 ((7.4-16) 式) 使之更为稳定. 典型活动区的磁环, 纵横比 $L/a=10$, 导致

不稳定性的最小扭转为 2.8π ($\beta = 0$), 当 $\beta = 1$ 时, 约为 3.3π (K-S 稳定条件: $B_\varphi/B_z < 2\pi a/L$).

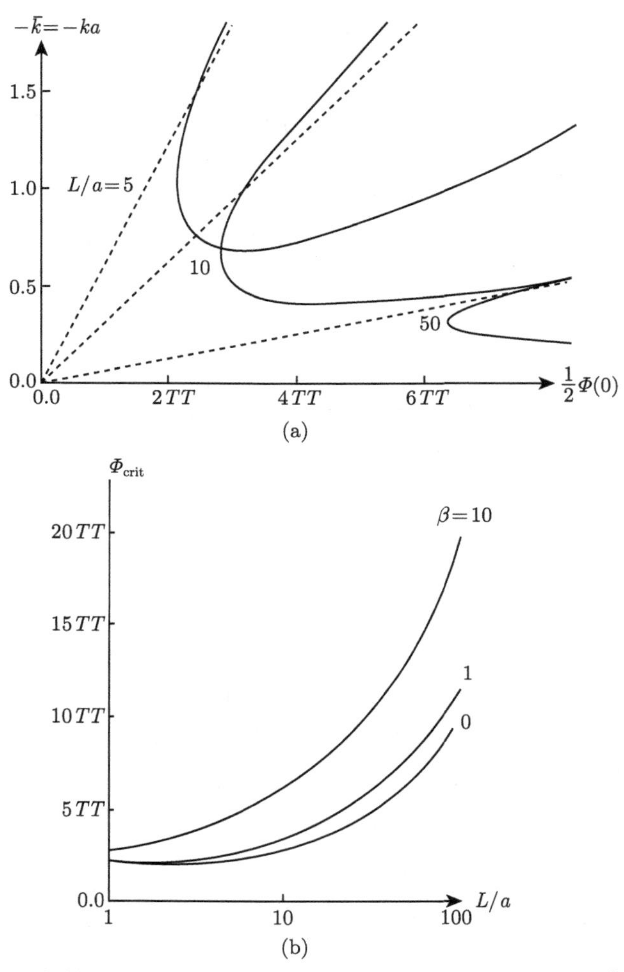

图 10.11　不同扭转 (Φ) 磁场的扭折不稳定性 ($m = 1$), $\beta = 2\mu p_\infty/B_0^2$, p_∞ 是日冕压强, B_0 是沿轴的均匀场. (a) $\beta = 0$ 和环的纵横比 L/a 不同的稳定图. 在 (10.6-3) 式所示的扰动下, 每根曲线的左边是稳定的, 右边不稳定. 当 $R = a$ (在环的边缘) 时扭转是 $\dfrac{1}{2}\Phi(0)$. (b) 当 $R = a$ 时, L/a 和 β 改变时的临界 $\Phi_{\rm crit}$ 的变化

将来扭折不稳定性有三个方向需要进一步研究: ① 非线性发展; ② 磁环曲率的影响; ③ 有限电导率. 有电阻存在时, 扭折模变为电阻扭曲或柱撕裂模 (见 10.6.4 节). Spicer (1981) 强调柱撕裂模对耀斑很重要. 他指出双撕裂的增长率比普通撕裂模快, 并计入非线性效应, 从而增加了耗散, 但没有考虑固结的影响.

10.6.4 电阻扭折不稳定性

上一节讨论的是磁力线固结对理想扭折不稳定性的影响. 在非线性发展过程中, 磁通管可能局部高度弯曲, 以至于有限电导率的影响在局域电流片中变得重要, 因此有可能在理想扭折不稳定性发生之前, 磁环可能先产生电阻不稳定性.

计入电阻后, (小扰动) 线性化的磁感应方程为

$$\frac{\partial \boldsymbol{B}_1}{\partial t} = \nabla \times (\boldsymbol{v}_1 \times \boldsymbol{B}_0) - \nabla \times (\eta_m \nabla \times \boldsymbol{B}_1)$$

$$\left(\frac{\partial \boldsymbol{B}}{\partial t} = -\nabla \times (-\boldsymbol{v} \times \boldsymbol{B} + \boldsymbol{j}/\sigma) = \nabla \times (\boldsymbol{v} \times \boldsymbol{B}) - \nabla \times (\eta_m \nabla \times \boldsymbol{B})\right)$$

在奇异层 (singular layer, 电流片中的内区, 靠近中心, 有电阻的区域) 中, 右边第二项变得重要不能忽略, 第一项可以忽略.

$$\nabla \times (\boldsymbol{v}_1 \times \boldsymbol{B}_0) \equiv (\boldsymbol{B}_0 \cdot \nabla)\boldsymbol{v}_1 - \boldsymbol{B}_0(\nabla \cdot \boldsymbol{v}_1) = 0 \tag{10.6-8}$$

(撕裂模的研究中, 有电阻区 (singular layer) $\boldsymbol{B}_0 = 0$, 不可压缩条件仍被利用, 所以上式为零) 所以 $\nabla \times (\boldsymbol{v}_1 \times \boldsymbol{B}_0)$ 项不再可能平衡 $\partial \boldsymbol{B}_1/\partial t$.

[奇点: 函数在该点不可微, 无法在此延拓. 奇异层 (有电阻): 理想导体的条件不能延拓到有电阻区域.]

设扰动形式为 $\boldsymbol{v}_1 \sim \mathrm{e}^{i\boldsymbol{k}\cdot\boldsymbol{r}}$, 对于不可压缩流体 $\nabla \cdot \boldsymbol{v}_1 = 0$, 奇异层满足 (10.6-8) 式, 所以 $(\boldsymbol{B}_0 \cdot \nabla)\boldsymbol{v}_1 = B_{0x}\,\partial \boldsymbol{v}_1/\partial x + B_{0y}\,\partial \boldsymbol{v}_1/\partial y + B_{0z}\,\partial \boldsymbol{v}_1/\partial z = i(\boldsymbol{k}\cdot\boldsymbol{B}_0)\boldsymbol{v}_1 = 0$. 奇异层的位置由 $\boldsymbol{k}\cdot\boldsymbol{B}_0 = 0$ 确定.

例如, 对于柱体 $\boldsymbol{v}_1 \sim \mathrm{e}^{i(m\phi+kz)}$ ($m\phi + kz$ 相当于 $\boldsymbol{k}\cdot\boldsymbol{r}$), 位置 $R = R_s$, 利用 $\boldsymbol{B}\cdot\nabla = (B_R\,\partial/\partial R + (B_\phi/R)\partial/\partial\phi + B_z\,\partial/\partial z)$ 可得

$$kB_{0z}(R_s) + \frac{m}{R_s}B_{0\phi}(R_s) = 0 \quad (\text{即条件 } \boldsymbol{k}\cdot\boldsymbol{B} = 0)$$

柱坐标中最简单的无力场平衡是常 α 场

$$B_z = B_0 J_0(\alpha R), \quad B_\phi = B_0 J_1(\alpha R) \tag{3.3-17}$$

为研究稳定性问题, 对线性化有电阻的 MHD 方程组, 寻找形如 $\boldsymbol{B}_1 = \boldsymbol{B}_1(R)\,\mathrm{e}^{\omega t + i(m\phi+kz)}$ 的解, 式中的 ω 为增长率. 假设理想的扭折是稳定的, 环端点也没有固结, 那么磁通管会发生柱撕裂模 (cylindrical tearing mode, or resistive internal kink mode) 不稳定性. 在 $m = 1$, 长波条件下, $kR_s \ll 1$, 最快增长率为

$$\omega \approx [R_s^2|(\boldsymbol{k}\cdot\boldsymbol{B})'_s|/B_0]^{2/3}\tau_d^{-1/3}\tau_A^{-2/3}$$

R_s 为特征长度, $\tau_d = R_s^2/\eta_m$ 为电阻扩散时间; $\tau_A = R_s/v_A$ 为 Alfvén 波渡越时间. 换言之, $\omega \sim \tau_d^{-1/3}\tau_A^{-2/3}$. 对于磁雷诺数大的情况, 即 $R_m = LV/\eta_m = R_s v_A/\eta_m = R_S v_A/(R_S^2/\tau_d) = (v_A/R_s)\cdot\tau_d = \tau_d/\tau_A \gg 1$, 增长率 $\tau_d^{-1} < \omega \approx \tau_d^{-1/3}\tau_A^{-2/3} < \tau_A^{-1}$, 因为

$$\frac{\tau_d^{-1}}{\tau_d^{-1/3}\tau_A^{-2/3}} = \left(\frac{\tau_A}{\tau_d}\right)^{2/3} \ll 1, \quad \frac{\tau_A^{-1}}{\tau_d^{-1/3}\tau_A^{-2/3}} = \left(\frac{\tau_d}{\tau_A}\right)^{1/3} \gg 1$$

柱撕裂模的增长率 $\omega \approx \tau_d^{-1/3}\tau_A^{-2/3}$ 大于平面撕裂模的增长率 $(\tau_d\tau_A)^{-1/2}$.

(详细内容可参考 (Furth et al., 1963).)

撕裂模非线性发展的若干特征:

(1) 20%–30% 储存的磁能在 3—4 个线性增长时间 (增长率的倒数) 内释放, 然后不稳定性的发展达到饱和, 动能和小尺度磁能均分 (van Hoven and Cross, 1973).

(2) 双撕裂模 (两个靠近的奇异层, 层中 $\boldsymbol{k}\cdot\boldsymbol{B}_0 = 0$, k 是一样的) 线性增长率更快 ($\omega \approx \tau_d^{-1/4}\tau_A^{-3/4}$) (Furth et al., 1973).

(3) 来自相近的磁岛相互作用 (共振重叠)——非线性作用 (Finn, 1975).

(4) 另一个非线性作用是: 撕裂模与不同螺度的耦合 (Waddell et al., 1979), 但最后的增长率比电阻扭折模的增长率小很多 (可用于解释环耀斑的时标).

以上线性及非线性分析均不包括固结的作用.

10.7 双 带 耀 斑

一般认为双带耀斑是: 通过一系列无力场平衡态的演化, 磁拱在光球的足点的缓慢移动, 磁拱 (支撑耀斑暗条) 发生相应变化. 因足点运动的剪切达到某个临界程度, 磁位形变成不稳定, 向外喷发 (图 10.12).

图 10.12 的说明如下: 双带耀斑中的磁拱的行为

(1) 可能是因为热不平衡 (thermal nonequilibrium), 磁通量浮现或者某种 MHD 不稳定性的初始阶段, 暗条作为耀斑先兆缓慢上升. (a) 的上图是周围磁场受到剪切, 下图是可能有一个磁岛, 暗条沿磁通管分布.

(2) 磁拱和暗条的爆发不稳定.

(3) 暗条下的磁力线拉伸直至磁重联开始.

(4) 当磁重联继续进行时, 耀斑后环 (post-flare loops) 上升, Hα 双带耀斑偏离磁中性线向外运动.

耀斑爆发后, 磁力线闭合产生一系列磁环和 Hα 双带, 但主要的问题是解释爆发不稳定性 (eruptive instability). 有两种方法可试用. ① 寻找相关边界条件下,

无力场方程的平衡解及其解的多重性 (10.7.1 节). 假如场通过一组平衡态缓慢演化, 当新的平衡态能量更低或相近的平衡态不存在, 就有可能爆发. ② 构造各种磁拱直接研究 MHD 不稳定性 (10.7.2 节).

两种方法是相互补充的, 对于相对简单的平衡位形, 第二种方法容易. 第一种方法可处理较为复杂的平衡态, 可以假设平衡态发生快速的演化. 第二种方法的优点是可以证明低阈值下的不稳定性. 第一种方法的优点是揭示不平衡状态或者用第二种方法证明是线性稳定的状态, 但第一种方法可能认为是非线性不稳定的.

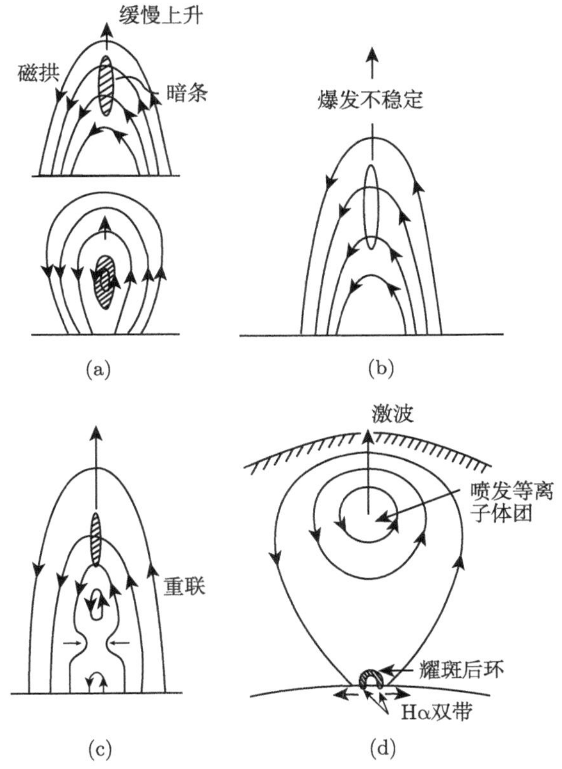

图 10.12 磁拱演变成双带耀斑的全过程. 说明见正文

喷发不稳定性可能自发发生, 或由其他机制触发, 如热不平衡态、撕裂模、磁通浮现 (当附近出现快速浮现的强磁通, 暗条倾向于爆发).

10.7.1 无力平衡解的存在及解的多重性

冕拱的长度大于其宽度, 因此可忽略精细结构, 考虑二维无力场 (与纵向坐标 y 无关)

$$B_x(x,z)=\frac{\partial A}{\partial z},\quad B_z(x,z)=-\frac{\partial A}{\partial x},\quad B_y(A) \tag{10.7-1}$$

自动满足 $\boldsymbol{\nabla}\cdot\boldsymbol{B}=0$ $[\partial^2A/\partial x\partial z+\partial B_y/\partial y-\partial^2A/\partial z\partial x=0$, $B_y(A)$ 不是 y 的函数] 这里 $A=A_y(x,z)$, $\boldsymbol{B}=-\boldsymbol{\nabla}\times\boldsymbol{A}$ (与电动力学中的定义差一个负号, 不影响结果) $\boldsymbol{A}=A(x,z)\hat{\boldsymbol{y}}$ 为磁矢势或称为通量函数, B_x 和 B_z 位于垂直暗条轴的平面上, B_y 是 A 的函数, 满足

$$\nabla^2A+\frac{\mathrm{d}}{\mathrm{d}A}\left(\frac{1}{2}B_y^2\right)=0 \tag{3.5-22}$$

已作出了很大的努力求解该方程, 以求得磁拱的位形.

$z=0$ 平面作为光球, 边界 $(z=0)$ 条件为:

(1) 垂直分量 $(B_z)_{z=0}=B_n(x)$;

(2) 第二边界条件考虑分两种类型:

(i) $B_y=f(A)$ 轴向场 (沿暗条的轴, 即 y 轴), 函数形式 $f(A)$ 已知.

(ii) 指定光球上每根磁力线的连接状况, 即 $d=d(x)$ 表示足点偏离 x 轴的位移 $d(x)$ 已知, 见图 10.13. 磁力线原来位于 xz 平面, 足点偏离 x 轴. (也即在 y 轴上, 不再处于 $y=0$ 位置.) 目的是通过足点运动, 经历一系列的平衡态, 跟踪无力场的演化.

对不同形式 $B_n(x)$ 和 $f(A)$ 求解该方程可参考 Birn 和 Schindler (1981) 的综述.

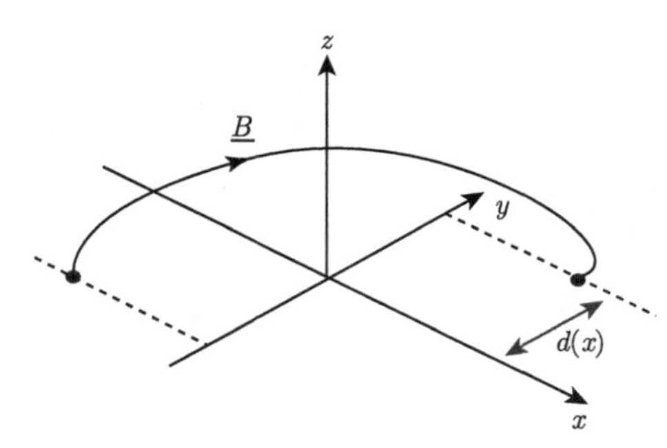

图 10.13　无力场磁力线足点在光球 xy 平面上的位移 $d(x)$. 原先磁力线位于 xz 平面, $d=0$

10.7.2　爆发不稳定性

Hood 和 Priest (1980) 结合磁力线在光球上的固结 (致稳), 分析磁拱位形、活动区附近的暗条. 爆发 (eruptive) 前的磁场结构的细节至今不清楚. 所以考虑两种类型:

(1) 简单的剪切磁拱. 拓扑类似于图 10.14(a), 足点从 $z=0$ 移至光球下 $z=h$ 处, 或类似于图 10.12(a), 有磁力线穿过暗条.

(2) 磁拱包含有大的磁通管 (图 10.15), 拓扑类似于图 10.14(b) (平面横截磁拱) 或如图 10.12(a) 的下图. 暗条沿着磁通管分布.

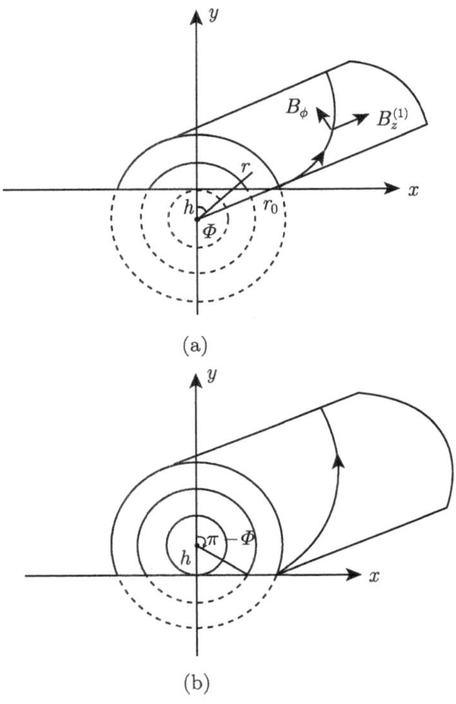

图 10.14 对称的圆柱磁拱. 对称轴 y 位于: (a) 光球 ($y=0$) 以下 h 处; (b) 光球以上 h 处. 磁力线在垂直的 xy 平面上的投影是圆弧 (根据 (Priest and Milne, 1980))

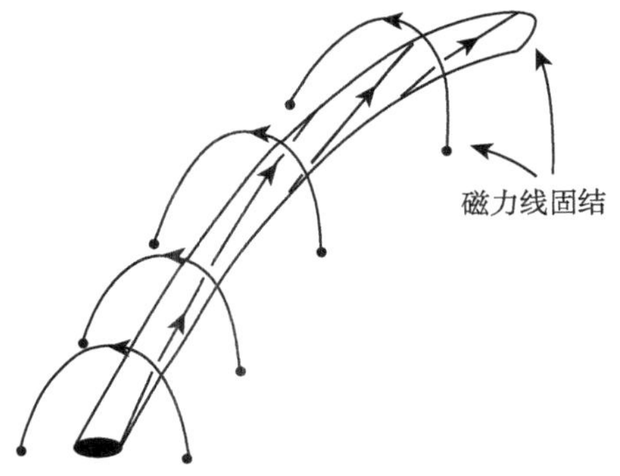

图 10.15 耀斑前兆可能的磁位形, 假设耀斑纤维沿磁通管分布. 弱扭转的磁通管位于磁拱内, 锚定在它的端点上

对于这两种磁位形, 选取柱对称, 无力场基态 $\boldsymbol{B}=(0, B_\phi(R), B_z(R))$. 利用

能量原理分析扰动的影响 (在光球上 $z=0$, 扰动则为零). 仅考虑一些特殊的扰动形式, 确实有不稳定性存在. 对于第 (1) 类的磁拱剪切, Hood 和 Priest 没有找到不稳定性.

(2) 类属于耀斑前兆的磁位形, 磁拱位于暗条之上, 包围暗条, 磁拱的磁力线固结, 磁场主要沿暗条方向. 观测上常看到有沿谱斑纤维的运动表明这种磁结构比较符合实际情况. 构造一个 (2) 类的模型.

柱对称磁场, 长为 $2L$, 两端固结, 均匀扭转, 被磁拱包围, 磁轴位于光球 ($z=0$) 之上 d 处, 类似图 10.14(b),

$$B_\theta=\frac{B_0(R/a)}{1+R^2/a^2},\quad B_z=\frac{B_0}{1+R^2/a^2},\quad R\leqslant d \tag{10.7-2}$$

(说明: 3.3.3 节第 6 部分中, 对方程 (3.3-3) $\mathrm{d}p/\mathrm{d}R+\mathrm{d}[(B_\theta^2+B_z^2)/2\mu]/\mathrm{d}R+B_\theta^2/\mu R=0$. 有一简单解 $B_z=B_0/(1+R^2/a^2)$, 从而 $B_\theta=\Phi RB_z/2L$. 该方程不是无力场方程, 因为有 $\mathrm{d}p/\mathrm{d}R\neq 0$.

均匀扭转, 无力场方程有解

$$B_\theta=\frac{B_0\Phi R/(2L)}{1+\Phi^2R^2/(2L)^2},\quad B_z=\frac{B_0}{1+\Phi^2R^2/(2L)^2} \tag{3.3-19}$$

(10.7-2) 并非假设无力场, 可取 $B_z=B_0/(1+R^2/a^2)$ 解. 但当均匀扭转时, 类比于 (3.3-16) 取 $\Phi/2L\to 1/a$.)

式中 a 为磁通管半径, 长 $2L$, 可绕转 $2L/2\pi a$ 圈. 总的扭转角度 $\Phi=2\pi\cdot(2L/2\pi a)=2L/a$, $B_\theta=\Phi\cdot(R/2L)B_z=(R/a)B_z=(B_0R/a)/(1+R^2/a^2)$ $(0<R\leqslant a)$. 因为处理的问题不是无力场, 而是 (3.3-3) 式的方程, 因此不稳定性的处理类似于 10.6.3 节的扭折不稳定性 (kink instability), 归结为求解形如 (10.6-5) 式的 Euler-Lagrange 方程, 得到不稳定性的充分条件.

产生不稳定的临界扭转角 Φ 依赖于轴向波数 k, 磁轴在光球上方的高度 d, 以及常数 a, 结果见图 10.16, $\Phi>\Phi_{\mathrm{crit}}$, k 的值就有一个范围, 在此范围内, 磁通管不稳定, 对于扰动

$$\xi=\begin{cases}\left[\xi^R(R),-\dfrac{iB_z}{B}\xi^0(R),\dfrac{iB_\theta}{B}\xi^0(R)\right]\cdot\sin\dfrac{\pi z}{L}\,\mathrm{e}^{i(m\theta+kz)}, & R<d\\ 0,\quad R>d\ (R\ \text{从圆柱中心度量}) & \end{cases}$$

图 10.16 中每根曲线的右边, 肯定不稳定. 例如 $d=3b$, $\Phi>4.2\pi$ 磁位形必定变成不稳定. 当 $\Phi\leqslant 2\pi$, 对所有的扭折扰动, 不论 d 的大小, 磁通管总稳定.

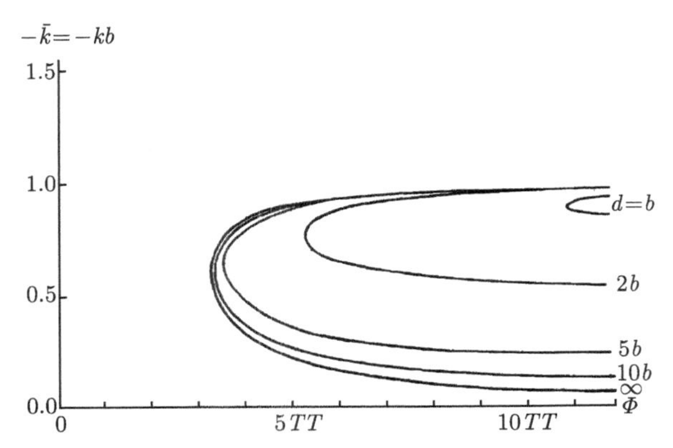

图 10.16 发生不稳定性的充分条件. 磁通管位于磁拱内, 产生不稳定性所需之扭转量 $\Phi = 2L/b$. 磁通管长为 $2L$, 轴位于光球上方高度 d 处. Φ 大于临界值 (即每根曲线的右方) 就有一组波数对应不稳定

(说明: 磁通管在光球上方的高度 d, 理解为圆柱中心离光球的距离. 因此可算作圆柱的半径 a, d 取不同的值 $b, 2b, 5b, \cdots$, 相当于 a 取这些值.)

鉴于上述分析, 第 I 类, 磁拱经历简单的剪切, 似乎总是稳定. 对于第 II 类, 假如长度、扭转或暗条高度太大的话, 会变成不稳定. 比如: ① 假如磁通管长度或扭转增加, 而高度 d 固定, 两端的固结效应渐渐减小, 直至最终发生不稳定, 例如 $d = 5b$, $\Phi_{\text{crit}} = 3.6\pi$ ($\leqslant \Phi_{\text{crit}}$ 为稳定区), 增加 Φ (即增加扭转), 就进入不稳定区; ② 高度 d 增加, 而长度和扭转固定, 位于暗条上方的磁拱的致稳作用逐渐减小, 最终也不稳定, 如 $\Phi = 5\pi$, $d_{\text{crit}} = 2.2b$, 当 d 增加大于 $2.2b$ 时, $\Phi = 5\pi$ 对应区域变成不稳定.

对于谱斑纤维 (造成双带耀斑) 和宁静纤维的爆发有关的磁不稳定性很可能是同样的, 因此通过宁静暗条爆发的观测很可能获悉双带耀斑的起因. 宁静暗条的磁结构在大尺度上比起谱斑暗条简单得多.

10.7.3 主相: 耀斑后环

包含有暗条的磁拱爆发以后, 耀斑的主相由上升的耀斑后环标志. 起初迅速上升 (10—50 $\text{km}\cdot\text{s}^{-1}$), 后来就慢得多. 在一天或更长些时间内, 上升速度为 0—1 $\text{km}\cdot\text{s}^{-1}$. 冷的 H$\alpha$ 环 (内有强的向下流动) 位于热 X 射线环之下. X 环的高度为 10^5 km, 环的足点位于 Hα 发射的双带. 当环上升时, 双带分开运动. 早期阶段环顶温度 10^7—10^8 K, 密度 $10^{16}\ \text{m}^{-3}$. 宁静暗条爆发时, 不发生 Hα 耀斑, 但爆发现象的本质相同.

Kopp 和 Pneuman (1976) 模型: 利用磁重联说明耀斑环. 初始爆发后, 先是磁力线打开, 而后又形成闭合的位形.

1. 磁重联导致耀斑后环

环状日珥常见于主耀斑爆发之后, 耀斑开始后的几分钟, 用 Hα 谱线可见环内冷物质沿环两侧近似以自由落体速度向下流向色球, 环以速度 10—20 km·s^{-1} 向上扩张. 通常位于热的日冕物质凝聚区中. 典型的耀斑后环延续约 10 小时, 送入色球的质量 10^{15}—10^{16} 克. Kopp 等认为耀斑后环是耀斑爆发后的开放磁力线重新联结 (重联) 的结果.

先前的解释是:

暗条的凝聚物质来自包围暗条的热的日冕. 这类解释的问题是: ① 观测到的向下流动的总质量超过凝聚的日冕物质的总量很多; ② 日冕处于磁冻结. 日冕物质怎样跨越磁力线进入日珥.

另外, 使耀斑区域发出的能量粒子在日冕中进入热运动状态, 要求强的无序磁场容纳这些粒子. Kopp 等认为暗条的质量来源是耀斑爆发后随太阳风而外流的质量, 通过磁力线重联, 再次闭合, 捕获外流粒子, 送入暗条.

环系统的扩张本身就是重联过程的证据之一. 向上进入日冕, 在更高位置形成新的闭环.

因耀斑而破坏的磁位形, 通过重联恢复原来形态, 这个过程中暗条得到质量, 使日珥系统有一定的寿命.

2. 耀斑后环因磁重联而形成

Kopp 等假定: 耀斑爆发前, 位于耀斑位置上方有很多闭合磁环, 处于力平衡状态. 爆发后, 分两个阶段, 第一阶段磁力线开放, 如图 10.17(a). 有太阳风吹出, 倾向于减小气体压强, 使压强小于爆发状态时的压强, 结果向着中性片方向的磁压力与气体压力不再平衡, 驱动磁力线向中性片方向运动, 从而从日冕底部向上, 开始发生磁重联, 这是第二阶段, 如图 10.17(b). 开放磁力线在上升的中性点附近闭合, 中性点继续上升, 直至恢复耀斑前的位形.

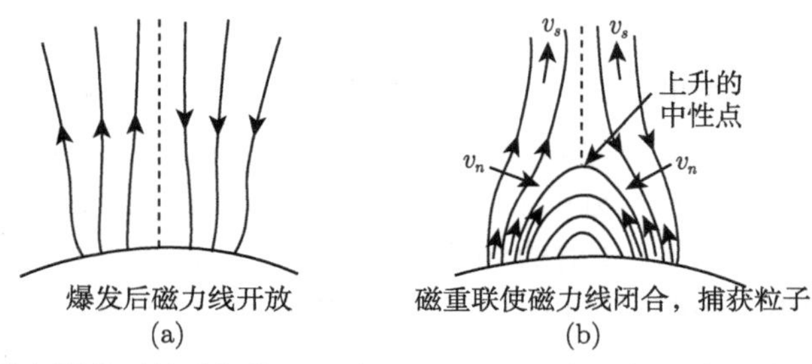

图 10.17　耀斑爆发后的磁场位形 (磁位形). (a) 正负两极开放的磁力线, 中间 (虚线) 为中性片; (b) 耀斑后, 磁重联期间, 磁环上升. v_s: 沿开放磁力线的太阳风速度; v_n: 磁力线本身向中性片运动速度. 中性片隔开了方向相反的磁场

考虑任一磁通管在此过程中的变化, 可以看到, 几何形状作为时间的函数变化巨大, 几何形状的变化对磁通管内的流体动力学过程有深刻影响. 开始时如图 10.17(a), 近似沿太阳径向的外流, 受离心力和 Coriolis 力的影响. 另外, 磁通管向中性点靠拢时, 又受到截面变化的影响. 向上运动的速度, 特别在磁通管行将闭合前的时刻, 明显增加. 当磁通管闭合, 中性点以下的所有物质被捕获在闭合区内, 物质继续向上流动, 进入新的闭合区, 直到产生声扰动或者产生激波. 波从中性点向日冕底部传播, 这时向上的流动终止. 该激波使日冕气体温度上升至 3×10^6—4×10^6 K, 也因为激波, 形成物质凝聚, 接着因激波压缩的气体辐射冷却, 产生 Hα 日珥. 然后在更高位置的磁环内, 有新的凝聚物质产生.

理想导电流体, 沿磁力线流动的运动方程

$$\frac{\mathrm{D}\boldsymbol{v}}{\mathrm{D}t} = -\frac{1}{\rho}\boldsymbol{\nabla}p - G\frac{M_\odot}{r^2}\hat{\boldsymbol{e}}_r$$

ρ 为密度, p 是流体压强, G 是引力常数, $M_\odot$ 是太阳质量, r 是离开太阳中心的径向距离, $\hat{\boldsymbol{e}}_r$ 是径向单位矢量. 考虑轴对称的子午面, $\boldsymbol{v} = v_s\hat{\boldsymbol{e}}_s + v_n\hat{\boldsymbol{e}}_n$, v_s 是沿磁力线方向 $\hat{\boldsymbol{e}}_s$ 的流速分量, v_n 是垂直磁力线方向 $\hat{\boldsymbol{e}}_n$ 的速度分量, 以及连续性方程: $\partial\rho/\partial t + \boldsymbol{\nabla}\cdot(\rho\boldsymbol{v}) = 0$ 和能量方程. 在假设等温过程的条件下, 能量方程可写成 $p = \rho a^2$, 式中 $a^2 = kT/m$ 是等温声速, m 为粒子的平均质量$\left(m = \frac{1}{2}m_p,\ m_p \text{ 是质子质量}\right)$. 再假设 v_n 和磁通管的几何形状 [α: 太阳径向与磁力线之间的夹角; A: 磁通管截面; R: 磁力线的曲率半径] 作为时间的函数且已知. 从而可通过数值计算求出单一磁通管的 v_s, ρ 和 p.

3. 讨论

重联过程中的日珥系统, 每一个闭合的环, 连续经过三个阶段 (图 10.18). ① 受压缩的热区位于最新近闭合的磁通管内 (用"日冕凝聚"描述). ② 中间阶段. 这时物质继续通过辐射而冷却, 开始下落. ③ Hα 阶段. 物质温度已降至 10^4—10^5 K, 物质继续朝色球方向下落. 箭头指流动方向.

(1) 日冕凝聚.

在最新近闭合的磁通管内, 继续日冕凝聚. 一旦磁力线重联而闭合, 在磁通管内形成向下传播的激波, 加热和压缩激波后的气体. 未受激波作用的日冕气体温度 1.5×10^6—2×10^6 K, 激波后为 3×10^6—4×10^6 K. 当被激波后加热的气体开始冷却, 在它的上方有新的凝聚出现.

(2) 中间阶段.

当磁重联继续发生时, 气体继续堆积在位于较低位置的闭合磁通管内直至激波到达日冕底部. 气体从凝聚处温度开始经辐射而冷却. 但气体仍然很热以致看不到 Hα.

(3) Hα 环.

假如物质其时仍在日冕高度, 温度已降至 10^4—10^5 K, 可以观测到 Hα, 物质已在下落. 因此仅通过观测 Hα 估计某磁通管释放物质的总量有点困难. Hα 能否被观测到与捕获物质的密度有关. 有些事件甚至可能没有 Hα 发射, 有些 Hα 出现在足点附近 (冕雨), 恰好在撞到色球之前.

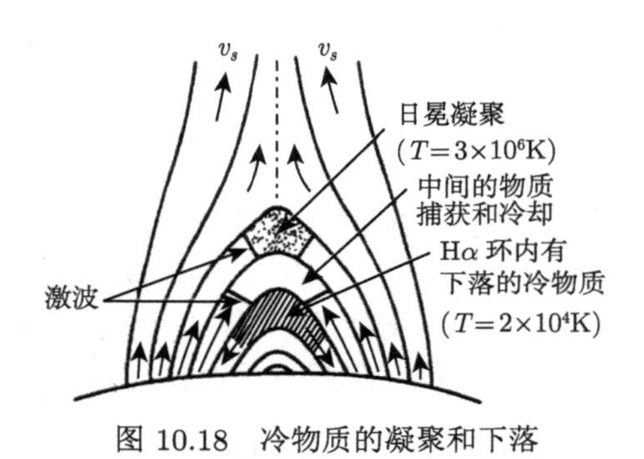

图 10.18　冷物质的凝聚和下落

上述模型虽然是早年的工作, 但可作为练习, 学习先辈们如何考虑物理问题、开展研究.

第 11 章　日珥 (暗条)

本章主要讨论宁静日珥的磁性质 (辐射转移、能量平衡超出本书范围). 活动区 (或谱斑) 日珥的爆发通常是剧烈的, 可能出现日喷 (spray), 通常引起双带耀斑. 宁静日珥尺度更大, 磁场更弱, 爆发较为平和, 通常不产生 Hα 耀斑. 宁静日珥的爆发和活动区日珥爆发很可能起因于同样的不稳定性.

日珥是冷而稠密的等离子体, 位于日冕内, 分为如下两类.

1. 宁静暗条

(1) 结构非常稳定, 可持续许多月.

(2) 典型参数:

密度 (n_e)	10^{17} m^{-3}
温度 (T_e)	7×10^3 K
磁场 (B)	5 – 10 G
长度	2×10^5 km
高度	5×10^4 km
宽度	6×10^3 km

2. 活动暗条

(1) 位于活动区内, 常与耀斑伴生.

(2) 具有剧烈运动的动力学结构, 寿命仅数分至数小时.

(3) 有不同的类型, 如日浪 (surges)、日喷和环状暗条 (磁场约 100 G 以及平均温度均比宁静暗条高得多).

11.1　宁静日珥的观测特征

(1) 通过观测, 宁静日珥的主要特征如下:

相比于周围的日冕, 暗条的密度高一百多倍, 温度低一百多倍. 借助于磁位形中的凹陷部分支撑等离子体, 通过热不平衡的辐射冷却等离子体. 暗条的总质量相当大, 不可能来自于周围的日冕, 需要色球或光球的物质向上流动.

(2) 暗条位于光球纵向磁场的中性线上方 (即 PIL (polarity-inversion line)). 磁场的主要分量是水平方向平行 PIL. 磁结构主要是水平的有磁螺度的磁绳. 但是磁绳通过磁浮力浮现的可能性很小. 因为磁绳中捕获的等离子体密度高, 比较重, 会阻止磁绳的上浮. 在暗条形成之前已观测到 PIL 的存在.

(3) 观测到暗条的磁场随高度 (z) 增加. 磁力线有凹陷 (图 11.1) Lorentz 力等于 $\boldsymbol{j}\times\boldsymbol{B}=-(1/2\mu)(\partial B^2/\partial z)\hat{\boldsymbol{z}}+(B^2/\mu R_c)\hat{\boldsymbol{z}}$ (磁压力和磁张力之和), 假设近似为无力场, 则 $\boldsymbol{j}\times\boldsymbol{B}=0$, 因为 $R_c>0$ (R_c 是凹陷的曲面半径), 可推得 $\partial B^2/\partial z>0$, 所以随高度增加, 磁场增强. 磁张力应稍大于磁压力, 如果计入引力, 则张力还能平衡引力.

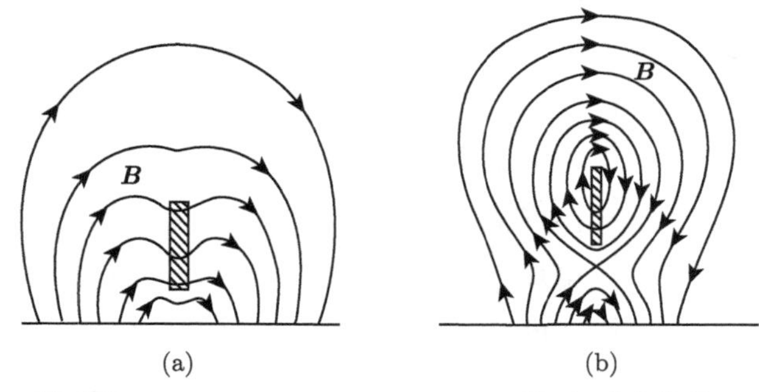

图 11.1 日珥的磁位形. (a) Kippenhahn-Schlüter 模型, 磁力线的凹陷产生的张力支撑日珥; (b) Kuperus-Raadu 模型. 支撑日珥的力来自磁场垂直方向的梯度

(4) 暗条爆发前, 对纤维及其流动的观测常表现出磁场有轻度扭转. 爆发期间, 磁重联将磁螺度从互螺度变为自螺度使扭转增加.

(5) 长寿命的宁静暗条在 PIL 上形成. 在 PIL 上两个磁通系统相互挤压, 可能会导致磁通的对消. 暗条通道的磁对消是重要的, 因为通过磁重联会自然生成磁绳.

(6) 总体上暗条的磁场很可能是轻度扭转的磁绳. 太阳边缘有等离子体密度低的区域, 称为冕腔 (coronal cavity).

(7) 有暗条通道 (filament channel) 就表示日冕上有剪切的非势磁场. 右旋 (左旋) 暗条有负 (正) 磁螺度. 为什么北半球右旋暗条为主?

(8) 暗条有倒钩 (barbs, feet). 暗条由精细的丝状体组成. 倒钩和丝状体的性质、丝状体的磁场方向尚不清楚.

(9) 暗条有大范围的振荡. 利用暗条的日震技术可推断暗条的物理性质. 暗条

存在的必要条件是: ① 包含非势剪切的强水平磁场的极性反转线 (PIL) 上有纤维通道; ② 有磁通对消, 通过磁通对消使互螺度变成自螺度, 在剪切的水平磁场上生成磁绳.

11.2 形　成

考虑热的日冕等离子体, 温度 T_0, 密度 ρ_0, 在热平衡状态下有 $H-R=0$ (参考 6.2 节), 单位体积的机械加热 $h\rho_0$ 和辐射 $\widetilde{Q}\rho_0^2$, $\widetilde{Q}=\widetilde{\chi}T^{\alpha}$ 是温度的函数, 简单起见, 设 h 和 $\widetilde{Q}$ 为常数. 因为平衡, 所以有

$$0=h-\widetilde{Q}\rho_0 \tag{11.2-1}$$

能量方程的形式前已推得, 当压强为常数时, 由 (2.3-2) 表示,

$$\rho c_p\frac{\mathrm{D}T}{\mathrm{D}t}=-\mathscr{L} \tag{2.3-2}$$

$\mathscr{L}$: 能量耗损函数,

$$\mathscr{L}=\nabla\cdot\boldsymbol{q}+L_r-j^2/\sigma-H$$

扰动后:

$$T=T_0+T_1,\quad \rho=\rho_0+\rho_1,\quad \boldsymbol{v}=\boldsymbol{v}_0+\boldsymbol{v}_1=\boldsymbol{v}_1\ (\text{令}\ \boldsymbol{v}_0=0)$$

(2.3-2) 左边:

$$\rho_0\left(1+\frac{\rho_1}{\rho_0}\right)c_p\left[\frac{\partial(T_0+T_1)}{\partial t}+\boldsymbol{v}_1\cdot\nabla(T_0+T_1)\right]=\rho_0c_p\frac{\partial T_1}{\partial t}$$

因为热平衡时, 整个系统温度为 T_0, 所以 $\nabla T_0=0$.

热传导

$$\boldsymbol{q}=-\boldsymbol{\kappa}\cdot\nabla T\approx-\kappa_{\parallel}\nabla T$$

$$\nabla\cdot\boldsymbol{q}=-\kappa_{\parallel}\frac{\partial^2}{\partial s^2}T$$

$\kappa_{\parallel}$ 为沿磁场方向的热导率, s 为沿磁力线方向的距离. 扰动后方程变为

$$\nabla\cdot\boldsymbol{q}_1=-\kappa_{\parallel}\frac{\partial^2T_1}{\partial s^2}$$

辐射损失: 对于光学薄, 有 $L_r = n_e n_p Q(T)$, 式中 n_e 为电子密度, n_p 为质子密度 (对于完全电离, 有 $n_e = n_p$). 记 $L_r = \widetilde{\chi}\rho^2 T^\alpha = \widetilde{Q}\rho^2$, 单位体积的辐射损失和加热平衡: $\widetilde{Q}\rho_0 - h = 0$, 扰动后: $\widetilde{Q}(\rho_0+\rho_1) - h = \widetilde{Q}\rho_1$.

压强不变时的能量方程:

$$\begin{aligned}\rho_0 c_p \frac{\mathrm{D}T}{\mathrm{D}t} &= -\mathscr{L} \\ &= -\boldsymbol{\nabla}\cdot\boldsymbol{q} + h\rho_0 - \widetilde{Q}\rho_0^2 \\ &= \kappa_{\parallel}\frac{\partial^2}{\partial s^2}T + h\rho_0 - \widetilde{Q}\rho_0^2 \qquad (11.2\text{-}2)\end{aligned}$$

扰动后:

$$c_p \frac{\partial T_1}{\partial t} = \frac{\kappa_{\parallel}}{\rho_0}\frac{\partial^2}{\partial s^2}T_1 - \widetilde{Q}\rho_1 \qquad (11.2\text{-}3)$$

$$\rho_0 = \frac{mp_0}{k_B T_0} \qquad (\text{受扰后 (压强不变)})$$

$$\rho_0 + \rho_1 = \frac{mp_0}{k_B T_0}\left(1 - \frac{T_1}{T_0}\right) = \rho_0 - \rho_0\frac{T_1}{T_0}$$

$$\therefore\ \rho_1 = -\rho_0\frac{T_1}{T_0} \qquad (\text{代入 (11.2-3)})$$

$$c_p \frac{\partial T_1}{\partial t} = \frac{\kappa_{\parallel}}{\rho_0}\frac{\partial^2 T_1}{\partial s^2} + \widetilde{Q}\frac{\rho_0}{T_0}T_1 \qquad (11.2\text{-}4)$$

设等离子体处于长度为 L 的磁结构中, 在结构的端点, 扰动消失, 所以可以取

$$T_1 \sim \exp\left(\omega t + 2\pi i\frac{s}{L}\right)$$

代入 (11.2-4) 式

$$\omega = \frac{\widetilde{Q}\rho_0}{c_p T_0} - \frac{\kappa_{\parallel}}{c_p\rho_0}\cdot\frac{4\pi^2}{L^2} \qquad (11.2\text{-}5)$$

假如传导项为零, 即 $\kappa_{\parallel} = 0$, 则 $\omega > 0$, 系统是热不稳定.

热传导项可以帮助等离子体稳定. 令 $\omega < 0$, 从 (11.2-5) 可解出

$$L < L_m = 2\pi\left(\frac{\kappa_{\parallel}T_0}{\widetilde{Q}\rho_0^2}\right)^{1/2} \qquad (11.2\text{-}6)$$

(参阅 (Smith and Priest, 1977)).

当 $L > L_m$ 时, 等离子体热不稳定, 因此要求等离子体冷却, T_0 下降, 以达到新的平衡态, 形成类似暗条的凝聚体.

考虑到辐射损失与温度有关, 可对上述 L_m 的量级估计进行修正. 单位体积机械加热为 $h\rho$, 辐射损失写为 $\widetilde{\chi}\rho^2T^\alpha$, 式中 h, $\widetilde{\chi}$ 和 α 设为常数, 则当单位体积热平衡时有

$$0 = h - \widetilde{\chi}\rho_0 T_0^\alpha \tag{11.2-7}$$

经扰动后

$$c_p\frac{\partial T}{\partial t} = h - \widetilde{\chi}\rho T^\alpha \qquad (\rho = \rho_0 + \rho_1,\ T = T_0 + T_1) \tag{11.2-8}$$

由 (11.2-7) 解出 h 代入 (11.2-8)

$$c_p\frac{\partial T}{\partial t} = \widetilde{\chi}\rho_0 T_0^\alpha\left(1 - \frac{\rho}{\rho_0}\frac{T^\alpha}{T_0^\alpha}\right)$$

$\rho_0 = mp_0/(k_BT_0)$, 由压强不变, 可求出 $\rho/\rho_0 = T_0/T$, 所以

$$c_p\frac{\partial T}{\partial t} = \widetilde{\chi}\rho_0 T_0^\alpha\left(1 - \frac{T^{\alpha-1}}{T_0^{\alpha-1}}\right) \tag{11.2-9}$$

当因扰动 $T < T_0$, 在 $\alpha < 1$ 时, 可见 $\partial T/\partial t < 0$, 于是有热不稳定.

注意式 (11.2-9) 中的 $T = T_0 + T_1$, 代入 (11.2-9), 有

$$\begin{aligned}
c_p\frac{\partial T_1}{\partial t} &= \widetilde{\chi}\rho_0 T_0^\alpha\left[1 - \frac{T_0^{\alpha-1}\left(1+\dfrac{T_1}{T_0}\right)^{\alpha-1}}{T_0^{\alpha-1}}\right]\\
&\approx \widetilde{\chi}\rho_0 T_0^\alpha\left[1 + \left(1 - (\alpha-1)\frac{T_1}{T_0}\right)\right]\\
&= -\widetilde{\chi}\rho_0 T_0^\alpha\cdot\frac{T_1(\alpha-1)}{T_0}\\
&= -\widetilde{\chi}\rho_0 T_0^{\alpha-1}(\alpha-1)T_1
\end{aligned}$$

(1) 令 $\alpha = 0$,

$$\frac{\partial T_1}{\partial t} = \frac{T_1}{c_p/(\widetilde{\chi}\rho_0 T_0^{-1})}, \qquad \text{时标 } \tau_{\text{rad}} = \frac{c_p}{\widetilde{\chi}\rho_0 T_0^{-1}} \qquad (\alpha = 0\ \text{是热不稳定})$$

(2) 令 $\alpha \neq 0$,

$$\tau_{\rm rad} = \frac{c_p}{(\alpha-1)\widetilde{\chi}\rho_0 T_0^{\alpha-1}}$$

(3) 引入热传导, 即加入一项 $(\kappa_{\|}/\rho_0)\partial^2 T/\partial s^2$, 一般情况下热传导比辐射散热快, 所以有 $c_p\dfrac{\partial T_1}{\partial t} \sim \left(\dfrac{\kappa_{\|}}{\rho_0 L^2}\right)T_1$, 其中 L 为磁场的特征长度. 因为 $\kappa_{\|} = \kappa_0 T_0^{5/2}$, κ_0 为常数, $c_p\dfrac{\partial T_1}{\partial t} \sim \left(\dfrac{\kappa_0 T_0^{5/2}}{\rho_0 L^2}\right)T_1$, 热传导时标 $\tau_c = c_p\rho_0 L^2/(\kappa_0 T_0^{5/2})$.

当 L 很小时, 以至于 $\tau_c < \tau_{\rm rad}$, 稳定. τ_c 比较小表示热传导快. 热传导有助于稳定, 前已提及 L 小时, $\omega < 0$ 稳定.

L 的极大值, 即 (11.2-6) 式

$$L_m = 2\pi\left[\frac{\kappa_{\|}T_0}{\widetilde{Q}\rho_0^2}\right]^{1/2} = 2\pi\left[\frac{\kappa_0 T_0^{7/2}}{\widetilde{Q}\rho_0^2}\right]^{1/2}$$

或者令 $\tau_c = \tau_{\rm rad}$, $\alpha = 0$, 解出 $L = \left[\kappa_0 T_0^{7/2}/\widetilde{\chi}\rho_0^2\right]^{1/2}$ (当 $\alpha = 0$ 时, $\widetilde{Q} = \widetilde{\chi}$), 与 L_m 仅差一个系数.

重要之点是: 假如热传导在能量平衡中起主导作用, 一般而言初始的平衡态是均匀的. 在不稳定点附近, 粗略地讲辐射 (损失) 和热传导同样重要, 因此 (热) 平衡是不均匀的 (各处的温度很容易不同). 然后, 当 L 慢慢增加 (L 是磁结构的长度, 例如环的长度、电流片的长度) 达到热不平衡态, 而不是不稳定态 (热不平衡即没有同一温度; 不稳定态坐标空间中形状变化). 附近不再存在平衡态, 等离子体冷却趋向一个新平衡态, 冷却速率可能比线性不稳定性的增长率大得多. 用这个机制可解决早期暗条形成模型中的一个困难, 即观测要求在一天左右的时间内, 暗条就会形成.

本节要描述三种磁位形中, 暗条如何开始形成, 即磁环、磁拱和电流片.

11.2.1 活动区暗条在环中的形成

Hood 和 Priest (1979b) 已求解了能量平衡方程

$$\frac{\rm d}{{\rm d}s}\left(\kappa_0 T^{5/2}\frac{{\rm d}T}{{\rm d}s}\right) = \rho^2\widetilde{\chi}T^{\alpha} - h\rho \tag{11.2-10}$$

右边第一项为辐射损失, 第二项为加热项.

((11.2-10) 式的原形为 $(1/A){\rm d}/{\rm d}s[\kappa_0 T^{5/2}({\rm d}T/{\rm d}s)A] = \chi n_e^2 T^{\alpha} - H$, $n_e^2 \to \rho^2$, $\chi \to \widetilde{\chi}$, 现在考虑沿一个截面均匀的磁环, 所以 $A = {\rm const.}$) (11.2-10) 式中的

$$\rho = \frac{mp}{k_B T} \tag{11.2-11}$$

认为冕环像单一磁力线一致, 压强均匀.

他们发现假如压强 p 或热环的长度 $2L$ 过大, 或者加热项 h 太小 (前已指出, 热传导有助于等离子体稳定), 就会出现热不平衡的状态 (p 大, 如果 p_0 对应于 T_0, 则 $T < T_0$ 易满足, 容易有热不稳定, 参见 (11.2-9) 式). 附近不再存在平衡态 (图 11.2), 温度陡降, 磁环冷却, 趋于新平衡态, 温度即为暗条的温度, 远低于 $T_{\rm crit}$. 这个暗条的形成机制, 对于众多的加热形式都适用, 加入引力后也可用, 不过这时环的压强不再均匀.

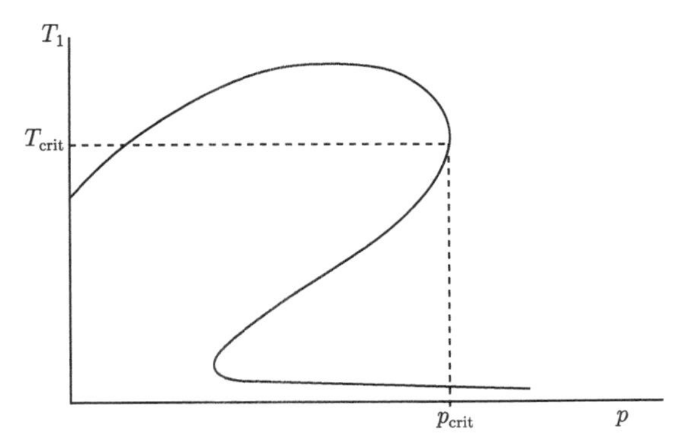

图 11.2　静态冕环顶的温度 T_1 作为压强 (p) 的函数. 当达到 $p_{\rm crit}$ 时, 等离子体沿虚线冷却至一个新平衡态, 温度远低于 $T_{\rm crit}$

上述关于沿单一磁力线的温度-密度结构的分析可以应用到整个磁结构, 其中的压强在不同的磁力线上是不同的. 例如我们可以处理冕拱, 可以处理扭转的冕环, 将此看作柱对称结构, 设压强梯度和 Lorentz 力达到平衡

$$\frac{{\rm d}p}{{\rm d}R} = -\frac{\rm d}{{\rm d}R}\left(\frac{B_\phi^2 + B_z^2}{2\mu}\right) - \frac{B_\phi^2}{\mu R} \tag{11.2-12}$$

扭转角度为

$$\phi(R) = \frac{2LB_\phi}{RB_z} \tag{11.2-13}$$

当冕环因足点运动而扭转时, 可以期望磁场向外弯曲, 为简单起见, 也因为冕环的截面确实相当均匀, 以及冕环会有相应的径向压强改变, 我们可忽略这种变形.

给定轴向场 B_z 和扭转 Φ, 从 (11.2-12) 和 (11.2-13) 可以解出 $p(R)$, 从 (11.2-10) 和 (11.2-11) 可确定对于半径一定的沿磁力线的 $T(s)$ (温度) 和 $N(s)$ (密度). 为确定扭转对磁环热结构的影响, 已利用上述步骤求解过均匀扭转的场和扭转有变化的场 (见第 3 章). 当扭转角增加, 轴向压强增加, 从而向外的压强梯度 (即压力) 可以平衡增加的向内的张力. 当加热超过辐射, 会产生一个热鞘层 (sheath).

当辐射超过加热时, 会增加辐射损失, 且降低温度, 最后在环的轴上达到热不平衡. 假如继续扭转, 因为环芯处的等离子体温度已降至暗条温度, 环芯就会变粗.

上述分析可能与沿着磁通管的活动区暗条的形成有关. 这时的磁通管已被拉长很多, 以至于热传导不再对凝聚过程起稳定作用. 这种磁位形与暗条两端位于极性相反的区域相一致, 也可以用来解释暗条爆发. 对于由扭转磁环的集合构成的宁静暗条, 上述分析也可应用. 但这种暗条很可能位于简单的冕拱中.

11.2.2 冕拱中形成的暗条

位于无力场的磁拱中, 处于热和静力学平衡的日冕等离子体的温度和密度已经求出 (Priest and Smith, 1979). 但是当日冕气体的压强过大, 平衡态就不存在. 等离子体冷却形成宁静日珥. 当冕拱的宽度或者剪切超过临界值时, 加热率低的情况下, 上述的等离子体冷却过程也会发生. 因此 Priest 和 Smith 认为暗条的模型应该有一种动力学结构, 其中的等离子体不断下泄, 新物质沿磁拱的磁力线吸入, 进入非平衡状态区域, 然后冷却形成新的暗条物质 (图 11.3). 这可能用以解释过渡区暗条边上的上升速度 6—10 km·s^{-1}, 不过对这种环流尚未详细分析, Ribes 和 Unno (1980) 认为是磁拱的虹吸流.

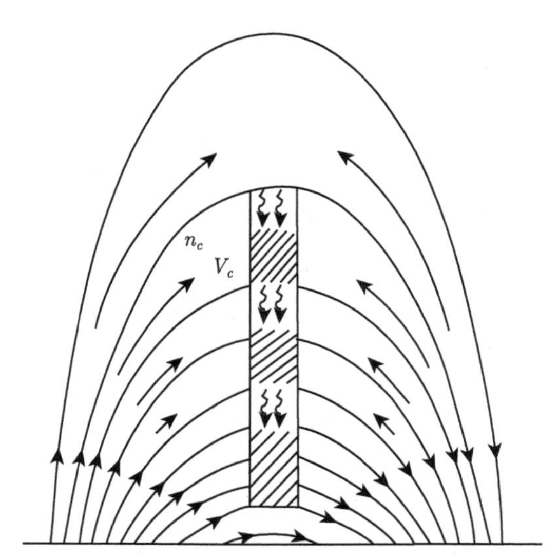

图 11.3 暗条的动力学模型. 日冕等离子体密度 n_c 从两边进入速度 V_c 暗条, 然后沿磁场逐渐慢慢落下

假设冕拱处于外力平衡的状态, 即

$$0 = -\boldsymbol{\nabla} p + \boldsymbol{j} \times \boldsymbol{B} - \rho g \hat{\boldsymbol{z}} \tag{11.2-14}$$

假如磁力占主导位置, 则垂直于磁场方向的力的分量近似为

$$\boldsymbol{j} \times \boldsymbol{B} = 0 \tag{11.2-15}$$

沿磁场方向的力的分量近似为

$$\frac{\mathrm{d}p}{\mathrm{d}z} = -\rho g \tag{11.2-16}$$

$$p = \frac{k_B}{m}\rho T$$

可以从 (11.2-15) 式求解磁场; 利用能量方程求解 (11.2-16) (因为式中的 p 与 T 有关, 因此涉及能量方程). 能量方程形如

$$\frac{\mathrm{d}}{\mathrm{d}s}\left(\kappa_{\|}\frac{\mathrm{d}T}{\mathrm{d}s}\right) - \frac{\kappa_{\|}}{B}\frac{\mathrm{d}B}{\mathrm{d}s}\frac{\mathrm{d}T}{\mathrm{d}s} = \rho^2\widetilde{\chi}T^{\alpha} - h\rho \tag{11.2-17}$$

其中 ρ、T 均为沿每根磁力线的值, $\kappa_{\|} = \kappa_0 T^{5/2}$.

当磁拱宽为 L, 用常 α 的无力场来描述, (3.5-8) 式

$$\begin{aligned} B_x &= -\frac{L}{\pi a}B_0\cos\frac{\pi x}{L}\mathrm{e}^{-z/a} \\ B_y &= \left(1-\frac{L^2}{\pi^2 a^2}\right)^{1/2}B_0\cos\frac{\pi x}{L}\mathrm{e}^{-z/a} \\ B_z &= B_0\sin\frac{\pi x}{L}\mathrm{e}^{-z/a} \end{aligned} \tag{11.2-18}$$

(与 (3.5-8) 式比较, $k = \pi/L$, $l = 1/a$.)

磁力线相对于水平方向 $\hat{\boldsymbol{x}}$ 的倾角:

$$\tan\gamma = \frac{B_y}{B_x} = \frac{(1-L^2/\pi^2 a^2)^2}{-L/\pi a} = -\left(\frac{\pi^2 a^2}{L^2}-1\right)^{1/2}$$

$$\sec^2\gamma = 1+\tan^2\gamma = \frac{\pi^2 a^2}{L^2}, \qquad \therefore\ \gamma = \operatorname{arcsec}\left(\frac{\pi a}{L}\right)$$

求解 (11.2-16) 和 (11.2-17) 式的边界条件:

$$\left.\begin{aligned} n(\equiv \rho/(2m)) = n_0 = 5\times 10^{14}\ \mathrm{m}^{-3} \\ T = T_0 = 10^6\ \mathrm{K} \end{aligned}\right\} \quad \text{在底部 } z=0 \text{ 处}$$

$$\frac{\mathrm{d}T}{\mathrm{d}s} = 0 \qquad \text{在顶部 } z=H \text{ 处}$$

于是可求出冕拱的高度 H. 设足点离 y 轴的距离为 x_0, 已求得 xz 平面上磁力线的形状 (3.5.2 节) 为

$$z = \frac{1}{l}\ln\cos kx + C$$

当 $x = \pm x_0$ 时, $z = 0$, 所以 $C = -(1/l)\ln\cos kx_0$, $z = (1/l)\ln(\cos kx/\cos kx_0)$. 换用本节符号 $1/l = a$, $z = a\ln(\cos kx/\cos kx_0)$. 冕拱顶部位于 $x = 0$, $H = -a\ln\cos kx_0 = -a\ln\cos(\pi x_0/L)$ $(k = \pi/L)$.

冕拱模型取决于 5 个参数 ρ_0, T_0, h, L 和 γ.

(1) 假如基底 (冕拱底部) 加热超过辐射 $(h\rho > \rho^2\tilde{\chi}T^\alpha)$, 则温度随高度而增加, 否则开始阶段温度下降, 当后来辐射变得小于加热时, 温度才最终开始上升. 增加基底温度 T_0 的影响是使得热传导变得更为重要, 从而有更多的等离子体通过热传导而处于等温状态.

(2) 基底密度 ρ_0 的提高, 使辐射变得更重要, 产生的影响与 (1) 相反.

(3) 增加加热项 h, 使等离子体更热, 而密度有所下降, 磁拱中心区域比起偏离轴的区域密度要高一点, 温度则低一点.

(4) 磁拱加宽 $(L = 2x_0)$ 加大了密度和温度的相对变化, 在高处, 温度上升, 密度下降.

发现当 ρ_0 超过临界值 (典型值为 $10^{15}\ \mathrm{m}^{-3} = n_0$) 时, 热平衡 (hot equilibrium) 不再可能, 等离子体冷却形成暗条, 过程中吸收新物质, 新物质沿磁力线向上.

当冕拱宽度或者剪切 γ 增加时, 临界密度减小, 在高加热率的情况下这是产生热不平衡的唯一方法. 但在低加热率 (小于基底的辐射) 时, 要成为热的不平衡, 宽度 L 或剪切 γ 则变得太大 (热不平衡时, 可形成暗条).

热不平衡
- (1) $\rho_0 >$ 临界值
- (2) 降低临界值 (使 1 容易满足)
  - h 大时, 通过 L 增长或 γ 增加使临界值下降
  - h 小时, L 或 γ 增加太多

  (意即不太可能到达热不平衡)

场的剪切导致不平衡的理由是剪切增强了磁场, 使磁力线变长, 降低了热传导的致稳效应 (热传导有致稳作用, 磁力线伸长, 即 $\mathrm{d}/\mathrm{d}s$ 中 $\mathrm{d}s$ 增加, 热传导变小).

磁拱中, 在较高的位置, 磁力线长度增加. 方程 (11.2-17) 中的热传导项倾向于减小 (不利于致稳), 同时密度减小 (高的地方, 密度小) 降低了辐射损失 (有利

于稳定), 二者竞争的结果决定某一高度处是否产生热的不平衡. 假如热传导处处超过辐射, 整个磁拱充满热而稳定的等离子体, 温度超过 10^6 K. 假定某一高度范围, 辐射起主导作用, 等离子体就冷却形成暗条. 暗条之下, 磁力线足够短, 阻止了不平衡的产生. 然而在暗条之上, 密度足够低 (辐射减小), 也阻止了不平衡的出现, 这些特征可用下面的量级处理证实.

忽略加热项, 热传导项近似为

$$\kappa_0 T_1^{5/2} \frac{T_0 - T_1}{H^2} = -\widetilde{\chi} \rho_1^2 T_1^{\alpha} \tag{11.2-19}$$

式中 ρ_1 和 T_1 是位于磁力线顶部 $z = H$ 处的值, 由上式可确定 T_1 作为 H 的函数. 根据 (11.2-16) 式: $\mathrm{d}p/\mathrm{d}z = -\rho g$, $p = (k_B/m)\rho T$, 有

$$\frac{\mathrm{d}(\rho T)}{\mathrm{d}z} \cdot \frac{k_B}{m} = -\frac{\rho T}{T} g$$

$$\rho T = A \mathrm{e}^{-\frac{mg}{k_B T} \cdot z}$$

当 $z = 0$ 时, $\rho_0 T_0 = A$, 所以

$$\rho = \frac{\rho_0 T_0}{T} \mathrm{e}^{-\frac{mg}{k_B T} z}$$

令 $\rho = \rho_1$ 时有 $T = T_1$,

$$\rho_1 = \frac{\rho_0 T_0}{T_1} \mathrm{e}^{-\frac{H T_0}{\Lambda_0 T_1}}, \qquad \Lambda_0 = \frac{k_B T_0}{mg} \ (\text{标高}) \tag{11.2-20}$$

从 (11.2-19) 式可得

$$\begin{aligned} T_1^{5/2-\alpha}(T_0 - T_1) &= -\widetilde{\chi} \cdot \frac{1}{\kappa_0} \rho_1^2 H^2 \\ &= -\widetilde{\chi} \frac{1}{\kappa_0} \frac{H^2}{T_1^2} \rho_0^2 T_0^2 \cdot \mathrm{e}^{-\frac{2T_0}{\Lambda_0} \frac{H}{T_1}} \end{aligned}$$

令 $f(T_1) = T_1^{5/2-\alpha}(T_0 - T_1)$, $\xi = \dfrac{H}{T_1}$, 有

$$f(T_1) \sim \rho_0^2 \xi^2 \mathrm{e}^{-\frac{2T_0}{\Lambda_0} \xi} = g(\xi)$$

图 11.4 画出三种类型的解. $T_1 = T_1(H)$ 为磁拱顶部 H 的温度. 左边是 f、g 图, 右边是 $T_1(H)$. 对于确定的 H, 使 $f = g$, 有两个 T_1 解. 当 ρ_0 很大以至于

$n_0 > 1.8 \times 10^{15}\ \mathrm{m}^{-3}$, g 的极大值超过 f 的极大, 可以发现有一个区域, 其中没有热平衡解, 这种情况首先出现在 $H_I = 45000$ 公里处.

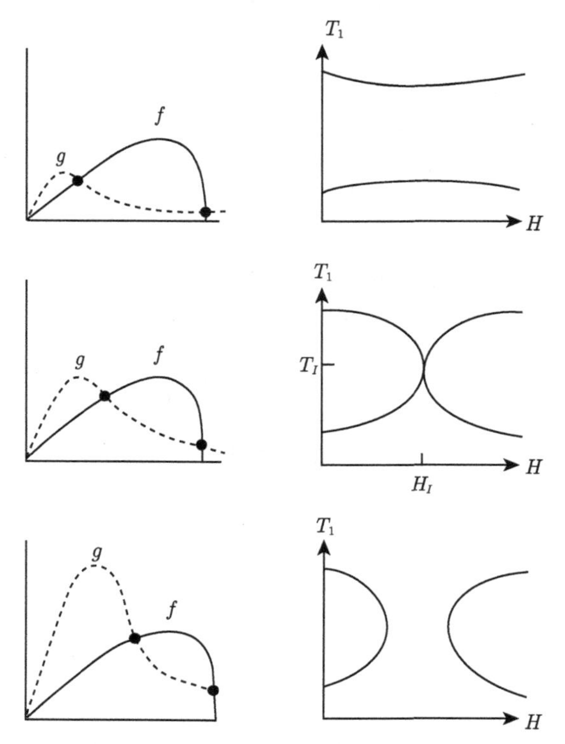

图 11.4 左边为 f 和 g 的略图; 右边为磁拱顶部温度 (T_1) 作为高度 (H) 的函数

等离子体沿磁力线流入暗条, 类似 Pikel'Ner (1971) 的虹吸流动, 不过驱动机制很不一样. Pikel'Ner 认为磁力线凹陷区中加热的减少导致流动开始. 本例中日冕平衡的破坏, 形成暗条时, 凝聚过程中驱动了流动. 一旦暗条形成, 暗条中的向下流动就从暗条两侧吸入新的物质, 向上流动的典型速度为 5 km·s^{-1}.

11.2.3 在电流片中形成的暗条

活动区 (或谱斑) 暗条常位于活动区中部, 在黑子间穿行. 这种情况下磁位形很可能是伸展的磁通管, 或者是磁拱. 但有时暗条位于活动区边缘或是磁场方向相反的两个活动区之间的边界上. 这时暗条所在位置很可能就是大尺度的电流片.

宁静暗条也可能在大电流片中形成. 有时出现在两个极性相反的弱磁场区之间的边界附近, 这两个弱磁场一起运动. 这种情况通常发生在老的活动区遗迹向极区磁场挤压, 形成极冠的时候. 宁静暗条也常位于冕流的底部. Kuperus 和 Tandberg-Hanssen (1967) 曾提出一个暗条形成的模型: 活动区的闭合磁力线首先通过耀斑活动而吹开, 暗条在电流片中凝聚形成, 在此过程中有些磁力线在暗条上方闭合, 产生冕流位形.

在电流片中形成暗条的理论有几个优点. 当等离子体凝聚并随之拖动磁力线靠拢时, 积聚起来的磁压 (磁压会阻止凝聚) 通过撕裂模不稳定性的出现而解除, 形成磁环, 磁环可以隔离等离子体. 此外磁重联在电流片底部产生闭合磁场, 有助于支撑凝聚的等离子体.

11.2.4 热不平衡

(11.2-6) 式: $L < L_m = 2\pi(\kappa_\parallel T_0/\widetilde{Q}\rho_0^2)^{1/2}$, 表明在低日冕的温度和密度条件下, 当中性片长度 L 大于约 100000 km 时, 有热不稳定性. 考虑中性片的能量平衡, 可得更正确的估计值 (Smith and Priest, 1977).

设中性片内为平衡态 (磁和热都平衡), 等离子体压强 p_{20}, 密度 ρ_{20}, 温度 T_{20}, 其中的磁场消失, 中性片外的相应量为 p_1, ρ_1, T_1 和 B (图 11.5). 为简单起见, 不考虑中性片的结构, 忽略引力. 当水平方向的力平衡及热平衡时, 有

$$p_{20} = p_1 + \frac{1}{2\mu}B^2 \tag{11.2-21}$$

$$\frac{\mathrm{d}}{\mathrm{d}y}\left(\kappa_0 T^{5/2}\frac{\mathrm{d}T}{\mathrm{d}y}\right) - \rho^2\widetilde{\chi}T^\alpha + h\rho = 0 \quad (\text{中性片内无磁场}) \tag{11.2-22}$$

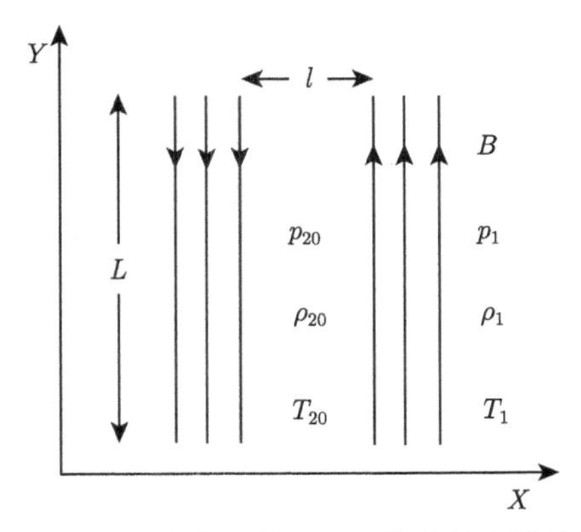

图 11.5　长度 L 和宽度 l 的处于平衡态的中性片的符号图

式中

$$p_{20} = \frac{k_B}{m}\rho_{20}T_{20} \tag{11.2-23}$$

假定中性片外辐射与加热平衡, 即 $h = \rho_1\widetilde{\chi}_1 T_1^{\alpha_1}$. 式 (11.2-22) 中的传导项近似写

成 $\kappa_0 T_{20}^{5/2}(T_1 - T_{20})/L^2$, (11.2-22) 式变为

$$\kappa_0 T_{20}^{5/2}(T_1 - T_{20})/L^2 - \rho_{20}^2 \widetilde{\chi} T_{20}^{\alpha} + h\rho_{20} = 0 \quad (\text{对于中性片内})$$

根据中性片外, 通过辐射与加热的平衡求出的 h 代入上式, 方程两边除以 ρ_{20}, 得

$$\kappa_0 T_{20}^{5/2} \frac{T_1 - T_{20}}{\rho_{20} L^2} - \rho_{20}^2 \widetilde{\chi} T_{20}^{\alpha} + \rho_1 \widetilde{\chi}_1 T_1^{\alpha_1} = 0 \tag{11.2-24}$$

中性片内外的 $\widetilde{\chi}$ 和 $\widetilde{\chi}_1$, α 和 α_1 不同.

从 (11.2-21), (11.2-23), (11.2-24) 三个方程可确定 ρ_{20}, p_{20} 和 T_{20}, 全部用 L 和 B 表示. 日冕条件下, $T_1 = 10^6$ K, 数密度 $= 10^{14}\ \text{m}^{-3}$, 结果示于图 11.6(a). 由图可见, 当中性片长度增加, 从右下方沿平衡曲线移动, 温度从日冕的温度值 10^6 K 起, 稍有下降. 假如长度超过极大值 $L_{\max}$, 热平衡不再存在, 等离子体沿虚线冷却, 在暗条温度 T_{prom} 下达到新的平衡 (图 11.6(a) 中的 $L_{\max}$ 和 T_{prom} 均对应于 $B = 1$ G). 例如磁场强度 1 G, 极大长度 50000 km, 近似等于宁静暗条的高度.

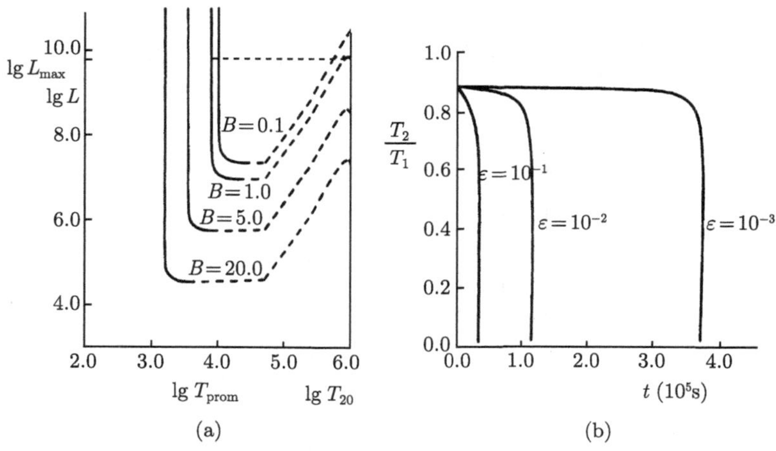

图 11.6　中性片中的暗条形成. (a) 外场 B (G) 取不同值时, 处于平衡态的中性片长度 (m) 作为温度 (T_{20}) 的函数; (b) 暗条形成过程中, 中性片温度 T_2 的时间演化. 中性片长度为 $L(1+\varepsilon)$, 磁场强度为 0.8 G, T_1 (10^6 K) 是周围环境的日冕温度

热不平衡开始后, 电流片的冷却可用下述粗略模型解释: 因为冷却过程比磁流体力学的波的传播慢得多, 所以中性片与周围环境仍可保持总压强平衡

$$p_2(t) = p_1 + \frac{1}{2\mu} B^2, \qquad p_2(t) = \frac{k_B}{m} \rho_2(t) T_2(t)$$

我们不考虑中性片的结构, 即不考虑 T_2 与坐标的关系. 能量方程中 $c_p\mathrm{D}T_2/\mathrm{D}t$ 可简化为 $c_p\,\partial T_2/\partial t$, 所以有

$$c_p\frac{\partial T_2}{\partial t}=\rho_1\widetilde{\chi}_1T_1^{\alpha}-\rho_2\widetilde{\chi}T_2^{\alpha}+\kappa_0T_2^{5/2}\frac{T_1-T_2}{\rho_2L^2}\tag{11.2-25}$$

与 (11.2-24) 式相比, $\rho_{20}\to\rho_2(t)$, $T_{20}\to T_2(t)$, (11.2-25) 式中已利用了量级近似表示热传导项, $p_2(t)$ 的表达式以及 (11.2-25) 式, 可用来研究图 11.6(a) 中平衡曲线的热稳定性. 图中实线代表稳定的平衡, 虚线则为不稳定. (11.2-25) 式中可用 $H'(L,T_2)$ 代表右方, 则

$$c_p\frac{\partial T_2}{\partial t}=H'(L,T_2)$$

将常数 c_p 归入右边, 记为 H, 则

$$\frac{\partial T_2}{\partial t}=H(L,T_2)\tag{11.2-26}$$

当 $T_2=T_{20}$, $L=L$ 时, 满足 (11.2-24) 式, 也即平衡条件为 $H(L,T_{20})=0$. 假设在平衡温度 T_{20} 时, 受到小扰动

$$T_2=T_{20}+A\mathrm{e}^{\sigma t},\qquad A\text{ 为常数}$$

显然 $\sigma>0$ 为不稳定. $\sigma<0$ 为稳定.

(11.2-26) 式在 $T=T_{20}$ 展开成 Taylor 级数

$$\begin{aligned}H(L,T_2)&=H(L,T_{20})+\frac{\partial H}{\partial T_2}(T_2-T_{20})+\cdots\\&\doteq\frac{\partial H}{\partial T_2}(T_2-T_{20})\end{aligned}$$

将 T_2 的扰动式代入两边, 有

$$\sigma=\left.\frac{\partial H}{\partial T_2}\right|_{T_2=T_{20}}$$

图 11.6(a) 是根据 (11.2-24) 式得到的, 也即在平衡态. 从图 11.6(a) 和 (b) 两图粗略比较可见

$$k=\frac{\mathrm{d}\lg L}{\mathrm{d}\lg T_{20}},\qquad\frac{\mathrm{d}L}{\mathrm{d}T_{20}}=k\frac{L}{T_{20}}\ \Rightarrow\ \text{斜率大致有两个值}$$

$$\frac{\mathrm{d}}{\mathrm{d}t}\left(\frac{T_2}{T_1}\right) = \frac{1}{T_1}\frac{\mathrm{d}T_2}{\mathrm{d}t} \Rightarrow \text{斜率也有两个值, 与上述相仿 } (T_1 = \text{const})$$

因此有

$$\frac{\partial T_2}{\partial t} = H = \left.\frac{\partial H}{\partial T_2}\right|_{T_2=T_{20}} \cdot (T_2 - T_{20})$$

$$\frac{1}{T_1}\frac{\partial T_2}{\partial t} = \left.\frac{\partial H}{\partial T_2}\right|_{T_{20}} (T_2 - T_{20}) \cdot \frac{1}{T_1} \quad \| \quad \frac{\mathrm{d}L}{\mathrm{d}T_{20}} = k\frac{L}{T_{20}}$$

$$\frac{\partial H}{\partial T_2} \quad \| \quad \frac{\mathrm{d}L}{\mathrm{d}T_{20}}$$

在 $L = L_{\max}$ 处, 有 $\dfrac{\mathrm{d}L}{\mathrm{d}T_{20}} = 0$, 即 $\dfrac{\partial H}{\partial T_2} = 0$. 因为极大, 所以 $\left.\dfrac{\partial^2 H}{\partial T_2^2}\right|_{T_{20}} < 0$.

$$\begin{aligned}\frac{\partial T_2}{\partial t} &= \left.\frac{\partial H}{\partial T_2}\right|_{T_{20}} (T_2 - T_{20}) + \frac{1}{2}\left.\frac{\partial^2 H}{\partial T_2^2}\right|_{T_{20}} (T_2 - T_{20})^2 + \cdots \\ &\doteq \frac{1}{2}(T_2 - T_{20})^2 \left.\frac{\partial^2 H}{\partial T_2^2}\right|_{T_{20}}\end{aligned}$$

当 $T_2 > T_{20}$ 时, 有 $\partial T_2/\partial t < 0$, 回归平衡.

当 $T_2 < T_{20}$ 时, 因为有 $\partial T_2/\partial t < 0$, 属于不平衡, T_2 继续减小. 因此温度转折点 T_{20} 对于扰动二次项不稳定. 对于这些转折点 (对应不同的磁场 B) 气体持续冷却.

在长度极大处 $L = L_{\max}$. 按照线性理论处理有随遇稳定 (neutrally stable), 但考虑二阶项, 当等离子体冷却时, $T_2 < T_{20}$ 是不稳定的, 不同于通常利用色散关系分析不稳定性的方法.

(线性理论在极大位置 $L = L_{\max}$, 随遇稳定 $(\mathrm{d}^2W/\mathrm{d}x^2)|_{x=0} = 0$, $\mathrm{d}F/\mathrm{d}x = 0$, F 为力, 相当于 (11.2-25) = 0, 即为 (11.2-24) 式, 这对应于平衡态.)

假设中性片逐渐增加长度, 冷却过程实际上依赖 $L_{\max}(1+\varepsilon)$, 随时间的变化可通过 (11.2-25) 式的积分来估算, 积分中令 $L = L_{\max}(1+\varepsilon_1)$, 且保持不变. 随后 ε 变至 ε_2, 再令 L 不变, 如此就可得到不同 ε, 也即不同 L 的曲线如图 11.6(b) 所示. 温度降至暗条温度值的时间取决于 ε, 观测到的时间约为 10^5 s (约 1 天), 应选取 $\varepsilon = 10^{-2}$. 对于小的 ε 值. 开始阶段温度下降缓慢 (曲线顶部平坦). 当 t 接近下降时刻 τ 时, 突然下降. 上述分析是对冷凝过程的粗略模型, 将来应求解描写冷却过程的偏微分方程. Somov 和 Syrovatskii (1980, 1982) 已考虑了电流片内, 沿电流片任意波长的暗条形成问题. Chiuderi 和 van Hoven (1979) 研究了一维无力场, 磁场对暗条形成的动力学影响.

11.3 简单磁拱的静力学支撑

11.3.1 Kippenhahn-Schlüter 模型

Kippenhahn-Schlüter (1957) 模型是: 暗条是一等温薄片, 所有的变量依赖一个坐标 x, 因此称之为一维. 因为暗条中的等离子体稠密, 致使磁力线向下弯曲. 如图 11.7 所示, 下弯的磁力线有两个作用: 一是磁张力提供一个向上的力以平衡重力, 支撑暗条; 二是随着离开 Z 轴距离增加磁压力增加, 平衡等离子体的压强梯度.

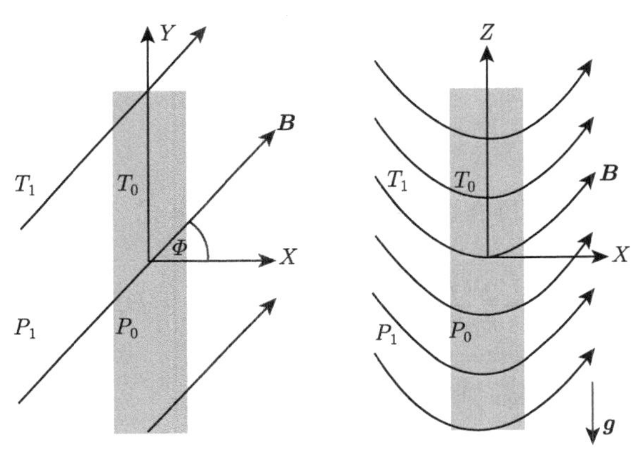

图 11.7 Z 轴垂直太阳表面, Y 轴沿着暗条走向. Kippenhahn-Schlüter 模型令温度均匀 ($T_1 = T_0$), Z 轴和 Y 轴之间的剪切角为零

暗条达到平衡态:

$$0 = -\boldsymbol{\nabla} p - \rho g \hat{\boldsymbol{z}} - \boldsymbol{\nabla}\frac{1}{2\mu}B^2 + (\boldsymbol{B}\cdot\boldsymbol{\nabla})\boldsymbol{B}/\mu \tag{11.3-1}$$

状态方程:

$$\rho = \frac{mp}{k_B T} \tag{11.3-2}$$

以上两式中 T 和 $\boldsymbol{B}$ 的水平分量 B_x 和 B_y 均假定为均匀. 压强 $p(x)$ 和密度 $\rho(x)$ 和垂直方向的磁场 $B_z(x)$ 假定只是关于 x 的函数. $\boldsymbol{\nabla}\cdot\boldsymbol{B} = 0$. 方程 (11.3-1) 的 x 分量和 z 分量写成

$$\hat{\boldsymbol{x}}: \qquad 0 = -\frac{\mathrm{d}}{\mathrm{d}x}\left(p + \frac{B^2}{2\mu}\right) \tag{11.3-3}$$

$$\hat{\boldsymbol{z}}: \qquad 0 = -\rho g + \frac{1}{\mu}B_x\frac{\mathrm{d}}{\mathrm{d}x}B_z(x) \tag{11.3-4}$$

$\boldsymbol{B}=(B_x,B_y,B_z(x))$, B_x、B_y 均匀, 但不为零.

边界条件:

$$当\ x\to\pm\infty\ 时,\qquad p\to 0,\qquad B_z\to\pm B_{z\infty}(B_z\ 是\ x 的函数) \tag{11.3-5}$$

一般 $\mathrm{d}B_z(x)/\mathrm{d}x\neq 0$, 但根据对称性,

$$在\ x=0\ 处,\qquad B_z=0 \tag{11.3-6}$$

(11.3-3) 式积分: $p+B_z^2/2\mu=C$.

利用边界条件 (11.3-5), $C=B_{z\infty}^2/2\mu$, 所以

$$p=\frac{1}{2\mu}(B_{z\infty}^2-B_z^2) \tag{11.3-7}$$

将 (11.3-7) 式代入 (11.3-2), 然后代入 (11.3-4) 式, 得

$$0=-\frac{mg}{k_BT}\cdot\frac{1}{2\mu}(B_{z\infty}^2-B_z^2)+\frac{1}{\mu}B_x\frac{\mathrm{d}B_z}{\mathrm{d}x}$$

因为 $\varLambda=k_BT/mg$ 为标高, 则有

$$0=-\frac{1}{2\varLambda}(B_{z\infty}^2-B_z^2)+B_x\frac{\mathrm{d}B_z}{\mathrm{d}x}$$

$$\frac{1}{B_{z\infty}}\mathrm{arctanh}\frac{B_z}{B_{z\infty}}=\frac{x}{2\varLambda B_x}$$

积分常数 $=0$ (利用 $x=0$ 时, 有 $B_z=0$).

$$B_z=B_{z\infty}\tanh\frac{B_{z\infty}}{2\varLambda B_x}x \tag{11.3-8}$$

代入 (11.3-7) 式

$$\begin{aligned}p&=\frac{1}{2\mu}B_{z\infty}^2-\frac{1}{2\mu}B_{z\infty}^2\tanh^2\frac{B_{z\infty}x}{2\varLambda B_x}\\&=\frac{1}{2\mu}B_{z\infty}^2\mathrm{sech}^2\frac{B_{z\infty}x}{2\varLambda B_x}\end{aligned} \tag{11.3-9}$$

(B_z 和 p 见图 11.8).

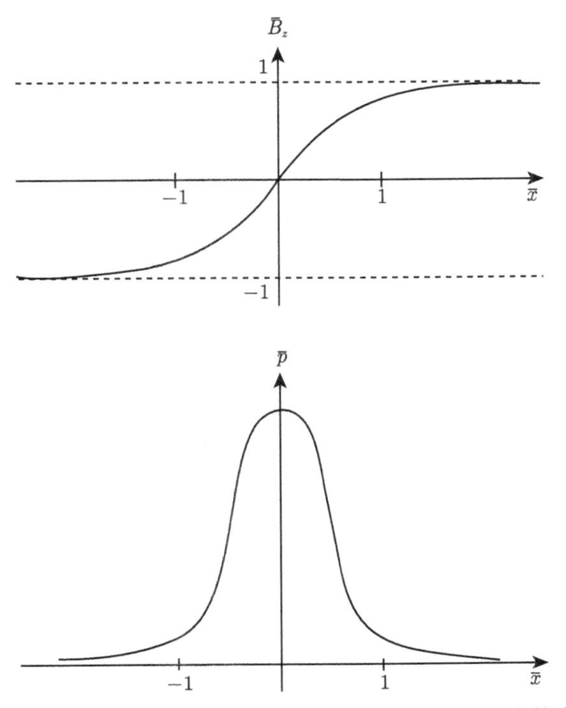

图 11.8 Kippenhahn-Schlüter 模型. 垂直方向的磁场 (B_z) 和等离子体压强 (p) 作为 x (横跨暗条的距离) 的函数. 定义 $\overline{B}_z = B_z/B_{z\infty}$, $\overline{p} = 2\mu p/B_{z\infty}^2$ 和 $\overline{x} = xB_{z\infty}/(B_x\Lambda)$

(1) 从 (11.3-9) 式可以看到, 等离子体中心的压强等于等离子体外的磁场垂直分量在边界产生的磁压强 (当 $x = 0$ 中心处, $\operatorname{sech}(x = 0) = 1$). 暗条的半宽度的量级为 $B_x\Lambda/2B_{z\infty}$ (等离子体压强从中心峰值处明显下降. 可令 $\operatorname{sech}(B_{z\infty}x/(2\Lambda B_x)) = \overline{x} = 1$ 进行估算).

(2) 从 (11.3-8) 式和 (11.3-9) 式可见, B_y 不影响该模型的结构. 对这个模型的限制之一是暗条周围的气体压强必须为零 (从边界条件 (11.3-5) 式可以看到), 否则需要有垂直方向的力来托住暗条外的物质. 限制之二是暗条与光球相关联的磁场并未考虑在内, 而且假定温度要均匀.

11.3.2 Kippenhahn-Schlüter 的普遍模型

Milne 等 (1979) 提出利用磁流体静力学平衡和能量平衡处理日冕中的暗条的简单平衡模型. 主要目的是确定水平场和剪切对暗条结构的影响. 因此能量平衡不再如 Heasley 和 Mihalas (1976) 那样涵盖很多方面 (同时求解辐射转移和静力学平衡方程). 求解方程 (11.3-2)—(11.3-4), 加上热平衡条件 ($\mathscr{L} = 0$)

$$\frac{\mathrm{d}}{\mathrm{d}x}\left(\kappa_0 T^{5/2}\frac{\mathrm{d}T}{\mathrm{d}x}\frac{B_x^2}{B^2}\right)=\widetilde{\chi}\rho^2T^\alpha-h\rho \tag{11.3-10}$$

式中 B_x^2/B^2 的出现是因为考虑了热传导主要沿磁力线传播, 并非主要在 x 方向传播. 说明如下: 热平衡的表达式为

$$\boldsymbol{\nabla}\cdot(\kappa\boldsymbol{\nabla}T)=\widetilde{\chi}\rho^2T^\alpha-h\rho$$

因为 $\kappa_\perp \ll \kappa_\parallel$, 上式变为

$$\boldsymbol{\nabla}_\parallel\cdot(\kappa_\parallel\boldsymbol{\nabla}_\parallel T)=\widetilde{\chi}\rho^2T^\alpha-h\rho$$

$\parallel$ 表示沿磁力线方向, $\boldsymbol{\nabla}_\parallel T=\partial T/\partial\boldsymbol{s}$, $\boldsymbol{s}=\boldsymbol{B}/B$,

$$\begin{aligned}\frac{\partial T}{\partial\boldsymbol{s}}&=\frac{\partial T}{\partial x}\cos\alpha\boldsymbol{i}+\frac{\partial T}{\partial y}\cos\beta\boldsymbol{j}+\frac{\partial T}{\partial z}\cos\gamma\boldsymbol{k}\\&=\frac{\partial T}{\partial x}\frac{B_x}{B}\boldsymbol{i}+\frac{\partial T}{\partial y}\frac{B_y}{B}\boldsymbol{j}+\frac{\partial T}{\partial z}\frac{B_z}{B}\boldsymbol{k}\end{aligned}$$

$$\boldsymbol{\nabla}_\parallel\cdot(\kappa_\parallel\boldsymbol{\nabla}_\parallel T)=\frac{\partial}{\partial x}\cos\alpha\cdot\kappa_\parallel\frac{\partial T}{\partial x}\frac{B_x}{B}=\frac{\mathrm{d}}{\mathrm{d}x}\left(\kappa_\parallel\frac{\mathrm{d}T}{\mathrm{d}x}\frac{B_x^2}{B^2}\right)=\widetilde{\chi}\rho^2T^\alpha-h\rho_x$$

按照 Kippenhahn-Schlüter 的做法, 假定所有的变量只依赖 x; B_x 和 B_y 均匀.

1. *方程*

$$0=-\frac{\mathrm{d}}{\mathrm{d}x}\left(p+\frac{1}{2\mu}B^2\right)$$

$$0=-\rho g+\frac{1}{\mu}B_x\frac{\mathrm{d}B_z}{\mathrm{d}x}$$

$$\rho=\frac{mp}{k_BT}$$

$$\frac{\mathrm{d}}{\mathrm{d}x}\left(\kappa_\parallel\frac{\mathrm{d}T}{\mathrm{d}x}\frac{B_x^2}{B^2}\right)=\widetilde{\chi}\rho^2T^\alpha-h\rho$$

边界条件:

$$x=\pm\varLambda_1 \text{ 处},\ \rho=\rho_1,\ T=T_1 \qquad \left(\varLambda_1=\frac{RT_1}{g}=\frac{k_BT_1}{mg}\right)$$

根据对称性, 在 $x=0$ 处, $B_z=\mathrm{d}T/\mathrm{d}x=0$.

下标 “1” 表示日冕上的值 (暗条的周围). 典型值为: $T_1=2\times10^6$ K, $\rho_1=1.67\times10^{-13}$ kg·m^{-3} ($n_1=10^{14}$ m^{-3}, $m_i=1.67\times10^{-27}$ kg), $p_1=2.76\times10^{-3}$ N·m^{-2}, $g=2.74\times10^2$ m·s^{-2}, $\varLambda_1=RT_1/g=p_1/\rho_1g=6.02\times10^7$ m.

2. 无量纲化

$$p = \overline{p}p_1, \quad T = \overline{T}T_1, \quad \rho = \left(\frac{p_1}{RT_1}\right)\overline{\rho}, \quad x = \left(\frac{RT_1}{g}\right)\overline{x} = \overline{x}\Lambda_1, \quad \boldsymbol{B} = B_0\overline{\boldsymbol{B}}$$

式中 $B_0 = B_x$.

无量纲化的方程组:

$$\beta\frac{\mathrm{d}\overline{p}}{\mathrm{d}\overline{x}} = -2\overline{B}_z\frac{\mathrm{d}\overline{B}_z}{\mathrm{d}\overline{x}} \tag{11.3-11}$$

$$\frac{\mathrm{d}\overline{B}_z}{\mathrm{d}\overline{x}} = \frac{1}{2}\beta\overline{\rho} \tag{11.3-12}$$

$$\overline{p} = \overline{\rho}\overline{T} \tag{11.3-13}$$

$$\frac{\mathrm{d}}{\mathrm{d}\overline{x}}\left(\frac{\overline{T}^{5/2}}{\overline{B}^2}\frac{\mathrm{d}\overline{T}}{\mathrm{d}\overline{x}}\right) = C\overline{\rho}^2\overline{T}^{\alpha} - C_1\overline{\rho} \tag{11.3-14}$$

$\kappa_{\|} = \kappa_0 T^{5/2}$, $\beta = 2\mu p_1/B_0^2$ (日冕等离子气体压强与垂直电流片的水平磁场分量 B_x 之比).

(11.3-14) 式的推导:

$$\frac{\mathrm{d}}{\mathrm{d}x}\left(\kappa_{\|}\frac{B_x^2}{B^2}\frac{\mathrm{d}T}{\mathrm{d}x}\right) = \widetilde{\chi}\rho^2T^{\alpha} - h\rho$$

$\boldsymbol{B} = [B_0, B_y, B_z(x)]$, B_0、B_y 为常数 (B_0 即为 B_x).

$\boldsymbol{B}_0 = B_0\overline{\boldsymbol{B}}$, $B^2 = B_0^2 + B_y^2 + B_z^2 = B_0^2\overline{B}^2$, 也即 $\overline{B}^2 = 1 + \overline{B}_y^2 + \overline{B}_z^2$

$\kappa_{\|} = \kappa_0 T^{5/2}$

$$\frac{1}{\Lambda_1}\frac{\mathrm{d}}{\mathrm{d}\overline{x}}\left(\kappa_0 T_1^{5/2}\overline{T}^{5/2}\frac{B_0^2}{B_0^2\overline{B}^2}\frac{T_1\mathrm{d}\overline{T}}{\mathrm{d}\overline{x}}\cdot\frac{1}{\Lambda_1}\right) = \widetilde{\chi}\left(\frac{p_1}{RT_1}\right)^2\overline{\rho}^2T_1^{\alpha}\overline{T}^{\alpha} - h\left(\frac{p_1}{RT_1}\right)\overline{\rho}$$

令

$$C = \frac{\tilde{\chi}p_1^2T_1^{\alpha-3.5}}{\kappa_0 g^2} \qquad \text{(辐射的系数与热传导系数之比)}$$

Milne 等 (1979) 的论文的表 1 中有 C/C_1 栏, $C_1 = 2.944\times10^{-4}$ 是 $\overline{T} = \overline{\rho} = 1$ 时的 C 值, 也即 $\overline{T} = T/T_1 = \overline{\rho} = \rho/\rho_1 = 1$, $T = T_1$, $\rho = \rho_1$. ρ_1 的值示于 “1. 方程” 部分 T_1 的值按 Milne 等 (1979) 论文表 1, 当 $C = C_1$ 时, $T_1 \geqslant 8\times10^5$ K. 边

界条件共 4 个. 根据对称性要求, 温度梯度及磁场的垂直分量在中心位置: $\overline{x}=0$ 为零, 即

$$\overline{B}_z=\frac{\mathrm{d}\overline{T}}{\mathrm{d}\overline{x}}=0 \qquad 在\ \overline{x}=0\ 位置$$

$$\overline{\rho}=\overline{T}=1 \qquad 在\ \overline{x}=1\ (x=标高)\ 位置$$

也即水平方向离开电流片中心等于标高处 $|x|=\Lambda_1\ (=k_BT/mg)$, 温度和密度达到日冕上的值. $T_1=2\times10^6$ K, 数密度为 $10^{14}\ \mathrm{m}^{-3}$. 方程的解与两个参数 $\beta=2\mu p_1/B_x^2$ 和 $B_y/B_x\ (B_x=B_0)$ 有关. 改变 β 等效于变化水平分量的磁场强度 (B_x), 减小 B_x 即增加 β_0, 保持等离子气体气压不变, 变化 B_y/B_x 等效于改变剪切角. 从无量纲化关系 $\boldsymbol{B}=B_x\overline{\boldsymbol{B}}$ 可知 $B_y=B_x\overline{B}_y$, 剪切角 $\Phi=\arctan(B_y/B_x)=\arctan(B_y/B_0)=\arctan\overline{B}_y$ (图 11.7).

3. 特例 (非数值解)

由方程 (11.3-12)

$$\frac{\mathrm{d}\overline{B}_z}{\mathrm{d}\overline{x}}=\frac{1}{2}\beta\overline{\rho}$$

用 (11.3-13) 式代入

$$\overline{T}\frac{\mathrm{d}\overline{B}_z}{\mathrm{d}\overline{x}}=\frac{1}{2}\beta\overline{\rho}$$

上式对 $\overline{x}$ 求导

$$\frac{\mathrm{d}}{\mathrm{d}\overline{x}}\left(\overline{T}\frac{\mathrm{d}\overline{B}_z}{\mathrm{d}\overline{x}}\right)=\frac{\mathrm{d}}{\mathrm{d}\overline{x}}\left(\frac{1}{2}\beta\overline{p}\right)=\frac{1}{2}\beta\frac{\mathrm{d}\overline{p}}{\mathrm{d}\overline{x}}$$

将 (11.3-11) 式代入上式右边:

$$\frac{\mathrm{d}}{\mathrm{d}\overline{x}}\left(\overline{T}\frac{\mathrm{d}\overline{B}_z}{\mathrm{d}\overline{x}}\right)=-\overline{B}_z\frac{\mathrm{d}\overline{B}_z}{\mathrm{d}\overline{x}}$$

$$\frac{\mathrm{d}}{\mathrm{d}\overline{x}}\left(\overline{T}\frac{\mathrm{d}\overline{B}_z}{\mathrm{d}\overline{x}}\right)+\overline{B}_z\frac{\mathrm{d}\overline{B}_z}{\mathrm{d}\overline{x}}=0 \tag{11.3-15}$$

解方程 (11.3-15): 积分一次

$$T\frac{\mathrm{d}\overline{B}_z}{\mathrm{d}\overline{x}}+\frac{1}{2}\overline{B}_z^2=C \tag{11.3-16}$$

确定待定常数 C:

对 (11.3-11) 式积分

$$\beta\overline{p} = -\overline{B}_z^2 + K$$

$$\overline{B}_z^2 = -\beta\overline{p} + K$$

在 $\overline{x}=0$ 处, 有 $\overline{p}=\overline{p}_0=\overline{p}(0)$ (注: 该条件在 Milne 等 (1979) 原文中并未列为边值条件, 在此特例中, 额外加入), $\overline{B}_z=0$ (边值条件), 所以

$$K = \beta\overline{p}_0, \qquad \overline{B}_z^2 = -\beta\overline{p} + \beta\overline{p}_0 \tag{11.3-17}$$

将 (11.3-17) 式代入 (11.3-16) 式:

$$\overline{T}\frac{\mathrm{d}\overline{B}_z}{\mathrm{d}\overline{x}} + \frac{1}{2}(-\beta\overline{p} + \beta\overline{p}_0) = C \tag{11.3-18}$$

在 $\overline{x}=1$ 处, 有 $\overline{T}=\overline{\rho}=1$. 根据 (11.3-13) 式, 则有 $\overline{p}=1$, (11.3-12) 式变为

$$\frac{\mathrm{d}\overline{B}_z}{\mathrm{d}\overline{x}} = \frac{1}{2}\beta \qquad (\text{在 } \overline{x}=1 \text{ 处})$$

所以在 $\overline{x}=1$ 处, (11.3-18) 式变为

$$\frac{1}{2}\beta - \frac{1}{2}\beta = C - \frac{1}{2}\beta\overline{p}_0$$

$$\therefore\ C = \frac{1}{2}\beta\overline{p}_0$$

(11.3-16) 式成为

$$\overline{T}\frac{\mathrm{d}\overline{B}_z}{\mathrm{d}\overline{x}} + \frac{1}{2}\overline{B}_z^2 = \frac{1}{2}\beta\overline{p}_0 \tag{11.3-19}$$

解方程 (11.3-19), 令 $D^2=\beta\overline{p}_0$,

$$\overline{T}\frac{\mathrm{d}\overline{B}_z}{\mathrm{d}\overline{x}} = -\frac{1}{2}\overline{B}_z^2 + \frac{1}{2}D^2$$

$$\frac{\mathrm{d}\overline{B}_z}{D^2 - \overline{B}_z^2} = \frac{1}{2\overline{T}}\mathrm{d}\overline{x}$$

$$\frac{1}{D}\mathrm{arctanh}\frac{\overline{B}_z}{D} = \frac{1}{2}\int_0^{\overline{x}}\frac{\mathrm{d}\overline{x}'}{\overline{T}(\overline{x}')} \qquad (\text{当 } \overline{B}_z < D \text{ 时})$$

令 $l(\overline{x}) = \int_0^{\overline{x}} \frac{\mathrm{d}\overline{x}'}{\overline{T}}$,

$$\operatorname{arctanh}\frac{\overline{B}_z}{D} = \frac{D}{2}l(\overline{x}) + H$$

在 $\overline{x} = 0$ 处, 有 $\overline{B}_z = 0$, $l(0) = 0$, $\therefore\ H = 0$

因此

$$\frac{\overline{B}_z}{D} = \tanh\frac{1}{2}Dl(\overline{x})$$

$$\overline{B}_z = (\beta\overline{p}_0)^{1/2}\tanh\left[\frac{1}{2}(\beta\overline{p}_0)^{1/2}l(\overline{x})\right]$$

回到有量纲的表达式:

$$\frac{B_z}{B_0} = \left(\frac{2\mu p_1}{B_0^2}\cdot\frac{p_0}{p_1}\right)^{1/2}\tanh\left[\frac{1}{2}\left(\beta\frac{p_0}{p_1}\right)^{1/2} l\left(\frac{x}{\Lambda_1}\right)\right]$$

$$B_z = (2\mu p_0)^{1/2}\tanh\left[\frac{1}{2}\left(\beta\frac{p_0}{p_1}\right)^{1/2} l\left(\frac{x}{\Lambda_1}\right)\right]$$

$\left(\text{注意 Priest (1982) 定义 } l(x) = T_1/\Lambda_1\int_0^x \mathrm{d}x/T.\right)$

由 (11.3-17) 式, 得

$$\begin{aligned}\overline{p} &= \overline{p}_0 - \frac{1}{\beta}\overline{B}_z^2\\ &= \overline{p}_0 - \frac{1}{\beta}(\beta\overline{p}_0)\tanh^2\left[\frac{1}{2}(\beta\overline{p}_0)^{1/2}l(\overline{x})\right]\\ &= \overline{p}_0\operatorname{sech}^2\left[\frac{1}{2}(\beta\overline{p}_0)^{1/2}l(\overline{x})\right]\end{aligned}$$

回到有量纲表示

$$p = p_0\operatorname{sech}^2\left[\frac{1}{2}\left(\beta\frac{p_0}{p_1}\right)^{1/2} l\left(\frac{x}{\Lambda_1}\right)\right]$$

边界条件 $x = 0$ 时, $B_z(0) = 0$ 自动满足. 从无量纲化过程中可推出

$$p = \rho RT, \quad p_1\overline{p} = \frac{p_1}{RT_1}\overline{\rho}\cdot T_1\overline{T}\cdot R, \qquad \therefore\ \overline{p} = \overline{\rho}\overline{T}$$

在 $\overline{x}=1$ 处, 有 $\overline{\rho}=\overline{T}=1$. 所以 $\overline{p}(\overline{x}=1)=1$. 代入 $\overline{p}$ 表达式

$$1=\overline{p}_0\mathrm{sech}^2\left[\frac{1}{2}(\beta\overline{p}_0)^{1/2}l(1)\right]$$

$$\overline{p}_0^{1/2}=\cosh\left[\frac{1}{2}(\beta\overline{p}_0)^{1/2}l(1)\right] \tag{11.3-20}$$

即

$$p_0^{1/2}=p_1^{1/2}\cosh\left[\frac{1}{2}\left(\beta\frac{p_0}{p_1}\right)^{1/2}l(1)\right]$$

$$l(1)=\int_0^1\frac{\mathrm{d}\overline{x}}{\overline{T}}=\frac{T_1}{\Lambda_1}\int_0^{\Lambda_1}\frac{\mathrm{d}x}{T}\quad\left(l(x)=\frac{T_1}{\Lambda_1}\int_0^{\frac{x}{\Lambda_1}}\frac{\mathrm{d}x'}{T}\right)$$

因此常数 p_0 可以确定.

(11.3-20) 式为形如 $Z=\cosh(\lambda z)$ 的方程, $z=p_0^{1/2}$, $\lambda=\dfrac{1}{2}l(1)(\beta/p_1)^{1/2}$, 存在 $\lambda_{\max}$,

(i) 当 $\lambda<\lambda_{\max}$ 时, 有两个 p_0 解;

(ii) 当 $\lambda=\lambda_{\max}$ 时, 有一个 p_0 解;

(iii) 当 $\lambda>\lambda_{\max}$ 时, 无解.

λ 临界值 $\lambda_{\max}$ 的确定. 联立求解

$$\begin{cases}\cosh(\lambda z)=z & (11.3\text{-}21)\\ \dfrac{\mathrm{d}}{\mathrm{d}z}\cosh(\lambda z)=1\quad(\text{改变 }\lambda\text{, 可改变双曲余弦函数的形状}) & (11.3\text{-}22)\end{cases}$$

从 (11.3-22) 式得

$$\sinh(\lambda z)=\frac{1}{\lambda},\qquad \therefore\ \cosh(\lambda z)=(1+\lambda^{-2})^{1/2}$$

$$\therefore\ z=(1+\lambda^{-2})^{1/2}$$

代入 (11.3-21):

$$\cosh[\lambda(1+\lambda^{-2})^{1/2}]=\cosh(1+\lambda^2)^{1/2}=z$$

$$\cosh(1+\lambda^2)^{1/2}=(1+\lambda^{-2})^{1/2} \tag{11.3-23}$$

$\lambda_{\max}$ 为 (11.3-23) 式的根. 经过数值求解 $\lambda_{\max}\approx0.66$.

给定 $T(x)$, $l_1(\overline{x}=1)=\int_0^1 \mathrm{d}\overline{x}/\overline{T} \Rightarrow l_1(\Lambda_1)=(T_1/\Lambda_1)\int_0^1 \mathrm{d}x/T(x)$, 可以确定 $l_1(x=\Lambda_1)$. 根据 $\lambda=\frac{1}{2}l_1(\beta/p_1)^{1/2}$, 对应于 $\lambda_{\max}$, 有 $\beta_{\max}=4\lambda_{\max}^2(p_1/l_1^2)\approx 1.74p_1/l_1^2$ (p_1 为日冕上的压强值), 因此有平衡解的存在, 我们期望方程的解具有静力学非平衡解的特征, 即当 $\beta<\beta_{\max}$ 时, p_0 有两个解; 当 $\beta>\beta_{\max}$ 时, 无解.

特别地, 考虑等温情况下 $T\equiv T_1$, 对 (11.3-11) 式: $\beta\,\mathrm{d}\overline{p}/\mathrm{d}\overline{x}=-2\overline{B}_z\,\mathrm{d}\overline{B}_z/\mathrm{d}\overline{x}$, 两边从 0 到 Λ_1 积分, 回归到有量纲的表达式

$$
\begin{aligned}
p(\Lambda_1)-p(0)&=-\frac{1}{2\mu}[B_z^2(\Lambda_1)-B_z^2(0)]\\
&=-\frac{1}{2\mu}B_z^2(\Lambda_1), \qquad \because \text{在 } x=0 \text{ 处}, B_z(0)=0
\end{aligned}
$$

(11.3-12) 式用有量纲的表达式: $0=-\rho g+(B_0/\mu)\mathrm{d}B_z/\mathrm{d}x$ ($B_x=B_0$), 作量级考虑有 $0\approx-\rho g+(1/\mu)(B_0B_z/\Lambda_1)$, 式中 $\Lambda_1=p_1/\rho_1 g$,

$$
0\approx-\mu\frac{\rho_0 g}{\rho_1 g}p_1+B_0B_z, \qquad p_1=\rho_1RT_1=\rho_1RT_0 \quad (\text{等温})
$$

$$
0\approx-\mu\rho_0RT_0+B_0B_z=-\mu p_0+B_0B_z
$$

$$
\therefore\ B_z=\frac{\mu p_0}{B_0}
$$

代入 $p(\Lambda_1)-p(0)$ 表达式:

$$
p(\Lambda_1)-p(0)=-\frac{1}{2\mu}\frac{\mu^2p_0^2}{B_0^2}=-\frac{1}{4}\beta\frac{p_0^2}{p_1}
$$

$$
\beta p_0^2-4p_1p_0+4p_1^2=0
$$

$$
p_0=\frac{2p_1}{\beta}[1\pm(1-\beta)^{1/2}] \tag{11.3-24}
$$

其中 p_0 为中心 ($x=0$) 处的压强. 上式成立要求 $\beta<1$.

上述通过量级估算的粗略近似也可预言当 β 大于某个极大值时, 解不存在. 只是 $\beta_{\max}$ 不是上述的 $\beta_{\max}=1.74p_1/l_1^2$, 而是 $\beta_{\max}=1$.

当 β 是小的值 ($\beta<1$) 时, 两个解可能是

(1)

$$
p_0\approx\frac{2p_1}{\beta}\left(1-1+\frac{1}{2}\beta\right)=p_1
$$

$$B_z = \frac{\mu p_0}{B_0} \approx \frac{\mu p_1}{B_0} = \frac{1}{2}\beta B_0$$

或者是另一组解:

(2)

$$p_0 \approx \frac{2p_1}{\beta}\left(1+1-\frac{1}{2}\beta\right) \approx \frac{4p_1}{\beta}$$

$$B_z = \frac{\mu p_0}{B_0} = \frac{4\mu p_1}{\beta B_0} = 2B_0$$

因此, ① 当磁压强 $B_z^2/B_0^2 \sim \beta^2$ (见 (1)), β 很小时, 有等离子体压强 p_0 (中心位置) $= p_1$ (日冕环境), 或者有 ② 当磁压强 $B_z^2/B_0^2 \sim 1$ (见 (2)), 等离子体压强 $p_0 \sim 1/\beta$ 很大. 解 (1) 相对于日冕条件有小的偏离. 解 (2) 当包括了温度的变化时, 一定程度上是暗条类型方程的根.

太阳大气中, 通常 $\beta < 1$, 考虑特例 β $(= 2\mu p_1/[B_0^2(= B_x^2)]) \to 0$, 相当于 B_0, 即水平方向的磁场分量 $B_0 \to \infty$, 并令 $B_z = 0$, 气体压强均匀, 即等压 $p = p_1$ (日冕压强). Milne 关于方程

$$\frac{\mathrm{d}}{\mathrm{d}x}\left(\kappa_0 T^{5/2}\frac{\mathrm{d}T}{\mathrm{d}x}\frac{B_x^2}{B^2}\right) = \tilde{\chi}\rho^2 T^{\alpha} - h\rho \tag{11.3-25}$$

的数值解表明: $\beta = 0$, $B_y = B_z = 0$, 即 $\Phi = 0$, 对于暗条任意中心温度 T_0, 要达到 $T = T_1$ (日冕温度) 的非等温解 $(T_0 \neq T_1)$, 距离中心最小的距离 $x = 7.6\Lambda_1$.

考察 B_y/B_0 的影响.

因为 $B^2 = B_0^2 + B_y^2 + B_z^2 = B_0^2 + B_y^2 = B_0^2[1 + (B_y/B_0)^2] = \mathrm{const}$ $(B_z = 0)$, 该项出现在热传导项的分母 (11.3-25) 式, 所以可令

$$x' = \left[1 + \left(\frac{B_y}{B_0}\right)^2\right]^{1/2} \cdot x$$

Milne 的解 (示于图 11.9) 对所有的 B_y 成立, 只要令 x' 替代 x. 所以为了使 $x = \Lambda_1$, 达到 $T = T_1$, 只要 $x' \geqslant 7.6\Lambda_1$ 即可. 将 $x = \Lambda_1$, $x' = 7.6\Lambda_1$ 代入 x' 表达式, 可求出 $B_y/B_0 \geqslant 7.54$.

从图 11.9 可以看到对于任何暗条中心的温度 T_0/T_1 (无量纲化关系 $T = T_1\overline{T}$) (由 x 轴表示), 可以求出 T/T_1 $(= \overline{T})$, 分别等于 1.0, 0.9, 0.8 等. 可见暗条中心处温度低, 离中心越远 $(\overline{x} = x/\Lambda_1)$, 也就是 $\overline{x}$ 大, 温度越高.

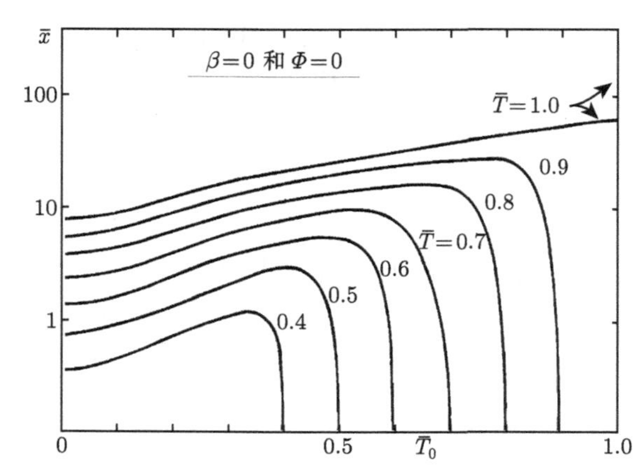

图 11.9　$\overline{T}$ 为 1.0, 0.9, 0.8, $\cdots$ 时, $\overline{x}$ 作为中心温度 $\overline{T}_0$ 的函数 (对于特例 $\beta=0$ 和 $\overline{B}_y=0$). $\overline{T}$ 定义为 T/T_1, T_1 是日冕温度 $T_1=2\times10^6$ K

不论中心温度 $\overline{T_0}$ 等于多少, 当边缘温度达到 $\overline{T}=1$, 即 $T/T_1=1$, $T=T_1$ (暗条周围的日冕温度), 离开中心的距离 $\overline{x}\approx7.6$, 即 $x\approx7.6\Lambda_1$, 又 $[1+(B_y/B_x)^2]^{1/2}=x'\gtrsim7.6$, 所以 $B_y/B_x\approx7.54$. 剪切角 $82.5°$, 即在 $\beta\to0$ 条件下, 存在暗条型的解, 剪切角应大于 $82.5°$.

磁场有两个作用: ① 反抗重力, 支撑物质; ② 水平方向约束物质. 当水平方向磁场 B_0 $(=B_x)$ 固定, β 就成了日冕气压的量度. 存在着一个 $\beta_{\max}$ 即日冕有一个极大的气体压强 p_1. 如果日冕的气体压强超过 $p_{1\max}$, 磁场就失去上述的两个作用. 因为日冕的压强随高度而减少, 所以, 暗条不能在低于某个高度处形成. 活动区的磁场强, 所以 B_x 大. 允许的 p_1 极大值可以更大 (保证有同样的 $\beta_{\max}$). 暗条则可以在较低的区域形成 (因为低处压强大) 宁静暗条则位于较高的位置.

当 $\beta_{\max}\approx1.7$ 时, 宁静暗条和活动区暗条形成的高度以及磁场和气压范围, 见表 11.1.

表 11.1　宁静暗条和活动区暗条的形成高度

	宁静暗条	活动区暗条
B	1 – 10 G	100 G
$p_{1\max}$	6.6×10^{-3} – 6.7×10^{-1} N·m^{-2}	66 N·m^{-2}
$h_{\min}$	4×10^4 – 8.4×10^2 km	色球中部之下
(h: 太阳大气中的高度)		

假如 p_1 固定, $\beta_{\max}$ 对应于 $B_{x\min}$, 当 $B_x<B_{x\min}$, 磁场就不能支撑等离子体, 等离子体就带着磁力线下垂, 生成 “脚” (feet), 常在宁静暗条中观测到.

剪切是一个能量问题. 增加剪切 ($B_y\nearrow$ 或 $B_x\searrow$, 或两者同时发生), 热传导项中 $B_x^2/B^2=1/[1+(B_y/B_x)^2+(B_z/B_x)^2]$ 下降, 传入的热量减少. 因此要等到

没有冷却 (如辐射可以不计) 时, 温度才上升. 当剪切极大时, 暗条迅速加热, 暗条的气体压强, 密度和宽度减小, 同时磁力线上弹可能产生暗条爆发.

将来可以展开的研究工作: ① 考虑二维或三维结构, 不设置 $x = \Lambda_1$ 处的边界条件. 因为并不清楚那些边界条件是否符合实际, 而采取与某种磁场位形如磁拱相匹配. ② 更仔细地考虑辐射、传导和加热. 但是期望解的基本特征仍能保持. ③ 对于暗条内外磁场结构作更多的观测, 从而暗条特征随剪切、水平场强度的变化可与理论相比较.

11.3.3 外场

Anzer (1972) 的模型: 磁场包围暗条, 认为暗条是无限薄的电流片, 从原点沿 z 轴 (垂直方向) 延伸至 H 处 (图 11.10). 假定周围的场在 xz 平面, 二维问题是势场. 所以 $\boldsymbol{\nabla} \times \boldsymbol{B} = 0$,

$$\boldsymbol{\nabla} \times (\boldsymbol{\nabla} \times \boldsymbol{B}) = -\nabla^2 \boldsymbol{B} = 0$$

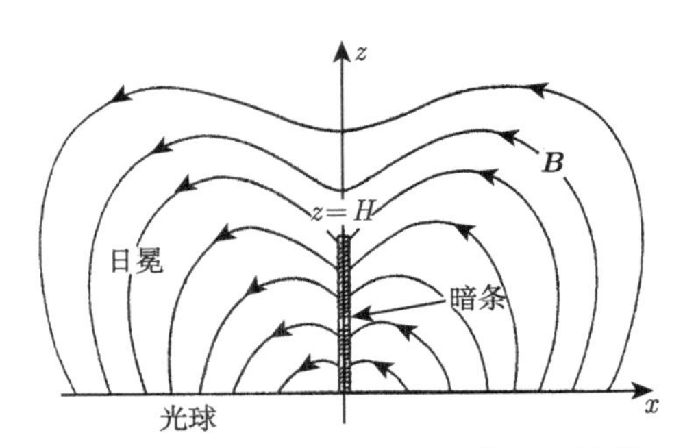

图 11.10 宁静暗条附近磁场的二维模型

问题归结为求解 xz 平面第一象限中的方程

$$\nabla^2 \boldsymbol{B} = 0 \tag{11.3-26}$$

边界条件:

$$B_z(x) = \begin{cases} 0, & \text{在 } x = 0 \text{ 和 } z > H \text{ 处} \\ 0, & \text{在 } z = 0 \text{ 和 } x > \sqrt{a} \text{ 处} \\ f(x), & \text{在 } z = 0,\ 0 \leqslant x \leqslant \sqrt{a} \text{ 处} \end{cases} \tag{11.3-27}$$

$$B_x = g(z), \quad \text{在 } x = 0,\ 0 \leqslant z \leqslant H \text{ 处}$$

函数 g 原则上可通过观测太阳边缘的日珥而确定. f 可从对光球上位于太阳中心, 同样由暗条近旁的观测而推得 (假定暗条从太阳边缘运动至中心, 物理条件保持不变).

我们用通量函数来表示磁场

$$B_x = \frac{\partial A}{\partial z}, \qquad B_z = -\frac{\partial A}{\partial x} \tag{11.3-28}$$

仿照上式, 写出

$$B_x = \frac{\partial u}{\partial z}, \qquad B_z = -\frac{\partial u}{\partial x} \tag{11.3-29}$$

问题归结为确定 $(u + iv)$ 作为 $(x + iz)$ 的解析函数. 在 xz 平面的第一象限, 在 z 轴上, 0 至 H 之间, 规定 $v = 0$. 在 $z = 0$、$x \geqslant 0$ 时和 $x = 0$, $0 \leqslant z \leqslant H$ 时的 u 给定. 当 $x = 0$, $H < z$ 时, $\partial u/\partial x = 0$, 通过复变函数求解.

在复平面 $\zeta = \xi + i\eta$ 上, 寻找复函数 $\Phi(\zeta) = u(\xi, \eta) + iv(\xi, \eta)$. 对于 $\eta > 0$ 是解析的. 满足边界条件:

$$\begin{aligned} &u^+(\xi, 0) = f(\xi), \quad a \leqslant \xi \leqslant b, \qquad \xi \text{ 在 } I_{ab} \text{ 中} \\ &v^+(\xi, 0) = g(\xi) \quad\ \ \xi < a,\ \xi > b, \quad \xi \text{ 在 } \overline{I}_{ab} \text{ 中} \end{aligned}$$

Muskhelishvili (1983) 给出问题的解

$$\Phi(\zeta) = u + iv = \frac{1}{\pi i}\frac{(\zeta - a)^{1/2}}{(\zeta - b)^{1/2}}\int_R \frac{(t - b)^{1/2} h(t)}{(t - a)^{1/2}(t - \zeta)}\mathrm{d}t + C\frac{(\zeta - a)^{1/2}}{(\zeta - b)^{1/2}}$$

其中

$$h(t) = \begin{cases} f(t), & \text{在 } I_{ab} \text{ 中, 即 } a \leqslant t \leqslant b \\ ig(t), & \text{在 } \overline{I}_{ab} \text{ 中, 即 } t < a,\ t > b \end{cases}$$

R 为实轴, C 为任意常数. 一般当 $\zeta\,(= \xi + i\eta) \to a$ 时, Φ 有限. 但当 $\zeta \to b$ 时, Φ 发散. 假如我们选

$$C = -\frac{1}{\pi i}\int_R \frac{h(t)}{(t - a)^{1/2}(t - b)^{1/2}}\mathrm{d}t$$

则当 $\zeta \to b$ 时, Φ 亦为有限. 于是有

$$\Phi(\zeta) = \frac{1}{\pi i}(\zeta - a)^{1/2}(\zeta - b)^{1/2}\int_R \frac{h(t)}{(t - a)^{1/2}(t - b)^{1/2}(t - \zeta)}\mathrm{d}t$$

我们取 $b \to \infty$ 时,

$$\begin{cases} f(t) \equiv 0, & t > a_1 \\ f(t) \neq 0, & a \leqslant t \leqslant a_1 \end{cases}$$

$$\Phi(\zeta)=\frac{1}{\pi i}(\zeta-a)^{1/2}\int_R\frac{h(t)}{(t-a)^{1/2}(t-\zeta)}\mathrm{d}t \tag{11.3-30}$$

当 $t<a$ (t 是积分变量可任意取. 实际上在实轴上积分, 就是在 ξ 轴上积分, $t<a$ 就是 $\xi<h\equiv-H^2$) 有 $g(t)\equiv 0$. 最后有

$$\Phi(\zeta)=u+iv=\frac{1}{\pi i}(\zeta-a)^{1/2}\int_a^{a_1}\frac{f(t)}{(t-a)^{1/2}(t-\zeta)}\mathrm{d}t$$

利用保角变换 (conformal transformation) (图 11.11) $\zeta'=\sqrt{\zeta}$,

$$\Phi'(\zeta')=\frac{1}{\pi i}(\zeta'^2-a'^2)^{1/2}\left\{\int_0^{a_1'}\frac{2f(\tau^2)\tau\mathrm{d}\tau}{(\tau^2+a'^2)^{1/2}(\tau^2-\zeta'^2)}\right.$$
$$\left.+\int_0^{a'}\frac{2f(-\tau^2)\tau\mathrm{d}\tau}{(-\tau^2+a'^2)^{1/2}(-\tau^2-\zeta'^2)}\right\}$$

然后再变回到 xz 平面, 可求得 u (通量函数). 通过 u 就可求出 B_x 和 B_z. 具体计算可参考 (Anzer, 1972).

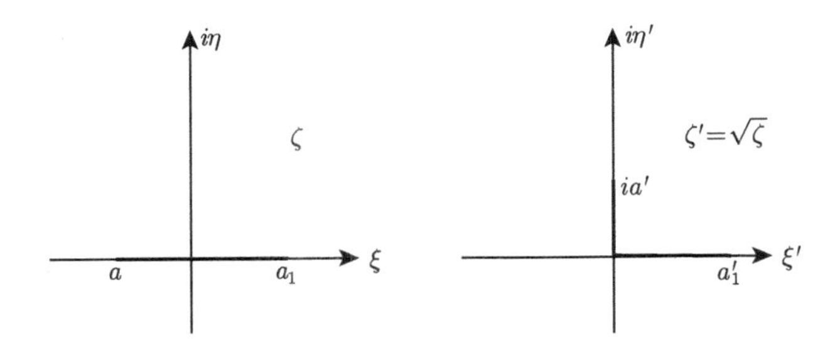

图 11.11 半平面 (保角) 变换成四角形

Anzer 处理一个具体的暗条 (图 11.12). $H=40000$ km ($a=H$) 平均光球磁场 4 G. 对暗条有影响的磁场, 两边横向各扩展 100000 km, 超过该距离, 磁场强度为 0, 即 $0\leqslant x\leqslant a_1=10^5$ km, $f(x)=4$ G, $x>10^5$ km, $f(x)=0$.

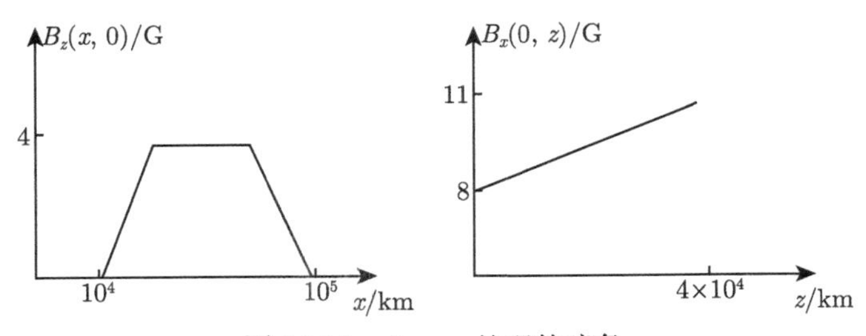

图 11.12 Anzer 处理的暗条

对太阳边缘的磁场观测表明, 场强随高度增加. 据此取光球附近, 磁场为 8 G, 线性增加, 在约 4×10^4 km 处到达暗条顶部, 近似取为 11 G.

无限薄的电流片位于 xz 平面内, 宽度为 d (在 x 方向). 电流片内有电流在 y 方向, j_y. 无限薄片内的面电流可写成 $J = \lim\limits_{d \to 0} j_y d$, Lorentz 力:

$$F_L = \lim_{d \to 0} j_y d B_x = J B_{x0} \tag{11.3-31}$$

$\mu j_y = \partial B_x/\partial z - \partial B_z/\partial x \approx -\partial B_z/\partial x \approx -B_{zd}/\frac{1}{2}d$, B_{zd} 是 $x = \frac{1}{2}d$ 处的 B_z.

$J = 2B_{zd}/\mu$ 流过暗条的电流 (垂直纸面). B_{zd} 由方程的解求出. 薄片宽度为 d, $x = -\frac{1}{2}d$ 和 $x = \frac{1}{2}d$ 的 B_{zd} 因为对称性, 相等. B_{x0} 已给定 ($x < 0$ 处的 B_x).

$$F_L = \frac{1}{\mu} 2B_{zd} \cdot B_{x0}$$

Anzer 的计算表明, $z \gtrsim 17000$ km, Lorentz 力为正, 可以支撑面密度 $nd \approx 1.8 \times 10^{24}$ m^{-2} (数密度) 的等离子体. 而小于 17000 km, Lorentz 力为负, Anzer 承认, Lorentz 力为负的结果不能令人满意, 可能的解决方法是在 z 轴上设定暗条底部位置. 低于该位置, $B_z = 0$.

11.3.4 磁流体力学稳定性

Anzer (1969) 利用能量原理研究 Kippenhahn-Schlüter 模型的稳定性. 把暗条看作垂直的薄等离子体片. 沿 z 方向, 宽度为 d. 电流 $J = 2B_{zd}/\mu$ (在 y 方向), 当 $d \to 0$ 时, 由扰动 $\boldsymbol{\xi}$ 产生的能量改变为

$$\delta W = \frac{1}{2} \iint \left(J \frac{\mathrm{d}B_{x0}}{\mathrm{d}z} \xi_x^2 - B_{x0} \frac{\mathrm{d}J}{\mathrm{d}z} \xi_z^2 \right) \mathrm{d}y \mathrm{d}z + G$$

G 为 δW 表达式中的其余项, 为正, B_{x0} 是 $x = 0$ 处的 B_x.

系统稳定的充分条件是 ($\delta W > 0$)

$$J \frac{\mathrm{d}B_{x0}}{\mathrm{d}z} \geqslant 0 \tag{11.3-32}$$

$$B_{x0} \frac{\mathrm{d}J}{\mathrm{d}z} \leqslant 0 \tag{11.3-33}$$

Anzer 还证明上述条件也是必要条件.

观测似乎可确认 (11.3-32) 式正确, 判断 (11.3-33) 式是否成立还是相当复杂的, 不过可得到一些推论, 例如:

(1) 假如暗条物质仅由 Lorentz 力支撑, 则

$$\rho dg = B_{x0}J \tag{11.3-34}$$

(J 为面电流, ρd 为面密度).

(11.3-34) 式左边为正, 所以 $B_{x0}J > 0$, 表明 B_{x0} 和 J 的符号相同. 结合 (11.3-33) 式, 有 $J\,\mathrm{d}J/\mathrm{d}z \leqslant 0$, $\mathrm{d}J^2/\mathrm{d}z \leqslant 0$, 因此对于稳定的暗条 (因为已利用了稳定条件 (11.3-33)), 电流的值随高度而减小.

(2) (11.3-34) 式关于 z 求导

$$\frac{\mathrm{d}\rho}{\mathrm{d}z}dg = J\frac{\mathrm{d}B_{x0}}{\mathrm{d}z} + B_{x0}\frac{\mathrm{d}J}{\mathrm{d}z}$$

根据 (11.3-32) 式和 (11.3-33) 式, 右边两项的符号相反, 因此暗条中的密度 ρ 有可能随高度增加而减小, 或随高度增加而增加, 取决于哪一项占主导地位.

(3) 假设 B_{x0} 和 J 均为正号 (不失一般性), 记暗条边缘 $x = \frac{1}{2}d$ 处的 B_x 为 B_{xd}. 假如暗条电流很小, 以至于 $B_{xd} \approx B_{x0}$. (11.3-32) 式表示 $\mathrm{d}B_{xd}/\mathrm{d}z > 0$ (因为 J 设为正). 进一步假设暗条外的场是无电流场 (势场) ($j = 0$):

$\because$ j 在 $\hat{\boldsymbol{y}}$ 方向, $\therefore$ $\partial B_{zd}/\partial x - \partial B_{xd}/\partial z = 0$ ($\boldsymbol{\nabla} \times \boldsymbol{B} = 0$);

$\because$ $\partial B_{xd}/\partial z > 0$, $\therefore$ $\partial B_{zd}/\partial x > 0$.

对于一个稳定的位形, B_z 随 x 增加, 表示磁力线必须弯曲, 凹面向上.

对于将来的研究, 考虑到暗条的内部结构、外部磁场, 以及暗条在光球上的固结, 试图对稳定性作全面的分析是重要的. 这方面的工作已经开始, Brown (1958) 已考虑纯水平或纯垂直场的位移. Nakagawa (1970) 尝试场水平剪切的稳定性研究.

11.3.5 螺旋结构

Anzer 和 Tandberg-Hanssen (1970) 提出一个简单模型来描述某些暗条中可能存在的螺旋结构 (helical structure). 这种结构在爆发时可以看到. Anzer 等认为这种结构在宁静日珥稳定态中也是常存在的, 只是 20 世纪 70 年代仪器空间分辨率还不够, 不能分辨螺旋结构, 在状态突变时, 日珥的磁位形尚不清楚.

宁静日珥常出现在盔流①底部. 盔的上部位于从光球算起一个或一个多太阳半径处, 磁场主要是径向. 但在日珥的甚低高度处, 在太阳边缘上方约 50000 km 处, 我们假设暗条起初是由水平场来支撑的.

① 盔流: 位于暗条上方 (活动区冕流位于活动区上方), 由磁力线闭合的底部 (或磁拱) 及覆盖其上的开放磁力线构成. 从侧面看像扇子, 从底上看像头盔. 当磁力线闭合区域中的等离子体变得足够热时以至于打开了磁力线时, 就有冕流产生.

$$\boldsymbol{B}_0 = (B_x^0, B_y^0, 0) \tag{11.3-35}$$

x 轴水平方向, 垂直日珥的长轴, y 轴沿日珥方向, 日珥为圆柱, 半径为 R, z 轴在垂直方向. 与 Kippenhahn 和 Schlüter (1957) 模型相比, 现在假设 $\boldsymbol{B}_0$ 在沿着日珥的轴的方向有分量.

日珥中有电流 $\boldsymbol{j}_1=(0,j_y,0)$ 沿圆柱流动, 产生磁场 $\boldsymbol{B}_1$. 再假设引力和 Lorentz 力平衡, 这个假设可能并不好, 但有助于表达磁位形的正确图像. 这是 Anzer 等的主要目的.

磁位形的计算:

假设所有磁场分量与 y 无关, 支撑日珥的磁场分量 B_x^0 总不为零. $\boldsymbol{B}_0$ 的所有分量都用 B_x^0 除, φ 是 x 与磁场方向夹角. $B_y^0 = B_x^0 \tan\varphi$.

$$\begin{aligned}\boldsymbol{B}_0 &= (B_x^0, B_y^0, 0) = (B_x^0, B_x^0 \tan\varphi, 0)\\ &= B_x^0(1, \tan\varphi, 0)\end{aligned} \tag{11.3-36}$$

假定电流的分布为

$$j_y = \begin{cases} j_0, & \text{当 } r \leqslant R \\ 0, & \text{当 } r > R \end{cases} \tag{11.3-37}$$

其中 j_0 为常数. 暗条中的总电流

$$I = \pi R^2 j_0 \tag{11.3-38}$$

j_0 产生磁场,

$$B_{1\phi} = \begin{cases} \dfrac{\mu I r}{2\pi R^2}, & \text{当 } r \leqslant R \\ \dfrac{\mu I}{2\pi r}, & \text{当 } r > R \end{cases} \tag{11.3-39}$$

上述表达式中的 $r = (x^2 + z^2)^{1/2}$. 也可改写为

$$\boldsymbol{B}_1 = -\frac{\mu j_0}{2} \cdot \begin{cases} (z, 0, -x), & \text{当 } r \leqslant R \\ \left(\dfrac{R^2}{r^2} z, 0, -\dfrac{R^2}{r^2} x\right), & \text{当 } r > R \end{cases} \tag{11.3-40}$$

$$\frac{\mu I}{2\pi r} = \frac{\mu j_0 \pi R^2}{2\pi r^2} \cdot r = \frac{\mu j_0}{2}\left(\frac{R^2}{r^2} z, 0, -\frac{R^2}{r^2} x\right) \quad (j_0 \parallel \hat{\boldsymbol{y}}, \text{ 则 } \boldsymbol{B}_1 \parallel -\widehat{\boldsymbol{\varphi}})$$

引入无量纲量:

$$\hat{\boldsymbol{x}} = \frac{\boldsymbol{x}}{R}, \quad \hat{\boldsymbol{z}} = \frac{\boldsymbol{z}}{R}, \quad \hat{\boldsymbol{r}} = \frac{\boldsymbol{r}}{R}, \quad \widehat{\boldsymbol{B}}_1 = \frac{\boldsymbol{B}_1}{B_x^0}$$

$$\boldsymbol{B}_1 = -\frac{\mu j_0 R}{2} \cdot \begin{cases} (\hat{z}, 0, -\hat{x}), & \text{当 } \hat{r} \leqslant 1 \\ \left(\dfrac{\hat{z}}{r^2}, 0, -\dfrac{\hat{x}}{r^2}\right), & \text{当 } \hat{r} > 1 \end{cases} \tag{11.3-41}$$

定义无量纲参数

$$C = \frac{\mu j_0 R}{2B_x^0} = \frac{\mu I}{2\pi R B_x^0}$$

即暗条中的电流在 $r = R$ (边缘) 处产生的磁场 $B_{1\phi}$ 与暗条不存在时的磁场 B_x^0 之比. 总磁场是 $\boldsymbol{B}_0$ 和 $\boldsymbol{B}_1$ (由 j_0 产生) 的叠加.

$$\boldsymbol{B} = \boldsymbol{B}_0 + \boldsymbol{B}_1, \qquad \widehat{\boldsymbol{B}} = \frac{\boldsymbol{B}}{B_x^0} \tag{11.3-42}$$

我们对磁力线投影在 xz 平面上的形状感兴趣.

利用通量函数计算磁力线. Anzer 等记通量函数为 F:

$$F(\hat{\boldsymbol{x}}, \hat{\boldsymbol{z}}) = \int_{\hat{\boldsymbol{r}}_0}^{\hat{\boldsymbol{r}}} \boldsymbol{B}_0 \cdot \boldsymbol{n} \mathrm{d}s \tag{11.3-43}$$

$\mathrm{d}s$ 为路径 L 的线元. $\boldsymbol{n} \perp$ 线元. $\hat{\boldsymbol{r}}_0$ 至 $\hat{\boldsymbol{r}}$ 的积分沿着路径 L, $\widehat{B}_x = \dfrac{\partial F}{\partial \hat{z}}$, $\widehat{B}_z = -\dfrac{\partial F}{\partial \hat{x}}$, 当 $F =$ 常数时, 代表磁力线.

设 $F(\hat{\boldsymbol{x}} = 0, \hat{\boldsymbol{z}} = 0) = 0$, 有

$$F = F_0 + F_1 \tag{11.3-44}$$

$B_x^0 = \partial F_0/\partial z$, 归一化 $1 = \partial F_0/\partial \hat{\boldsymbol{z}}$, 所以 $F_0 = \hat{\boldsymbol{z}} + K$ (K 为 x 的任意函数).

因为已设 $F(\hat{\boldsymbol{x}} = 0, \hat{\boldsymbol{z}} = 0) = 0$, 可得 $K = 0$

$$F_0 = \hat{\boldsymbol{z}}$$

利用 (11.3-40) 式, 得 $\widehat{\boldsymbol{B}}_{1x} = -C\hat{\boldsymbol{z}}$, $B_{1x} = \partial F_1/\partial z$, 归一化后, 有

$$F_1(\hat{\boldsymbol{x}}, \hat{\boldsymbol{z}}) = -\frac{C}{2}\hat{\boldsymbol{z}}^2 + M(\hat{\boldsymbol{x}})$$

因为 $B_{1z} = -\partial F_1/\partial x$, 由 (11.3-40) 式, $B_{1z} = C\hat{\boldsymbol{x}}$, 连同 $F_1(x, z)$ 表达式代入, 得

$$-C\hat{\boldsymbol{x}} = \frac{\mathrm{d}M(\hat{\boldsymbol{x}})}{\mathrm{d}\hat{\boldsymbol{x}}}$$

$$M(\hat{\boldsymbol{x}}) = -\frac{1}{2}C\hat{\boldsymbol{x}}^2 + Q$$

设当 $\hat{\boldsymbol{x}} = 0$ 时, $M(\hat{\boldsymbol{x}}) = 0$, 所以 $Q = 0$

$$F_1(\hat{\boldsymbol{x}}, \hat{\boldsymbol{z}}) = -\frac{C}{2}(\hat{\boldsymbol{x}}^2 + \hat{\boldsymbol{z}}^2) = -\frac{C}{2}\hat{\boldsymbol{r}}^2 \qquad (\text{当 } \hat{\boldsymbol{r}} \leqslant 1) \tag{11.3-45}$$

当 $\hat{\boldsymbol{r}} > 1$ 时, 根据 (11.3-41) 式, 可得 $\widehat{B}_{1x} = -C\hat{z}/\hat{r}^2$, $\widehat{B}_{1z} = C\hat{x}/\hat{r}^2$.

$$B_{1x} = \frac{\partial F_1}{\partial z} \Rightarrow \widehat{B}_{1x} = \frac{\partial F_1}{\partial \hat{z}} \Rightarrow F_1 = -C\int \frac{\hat{z}}{\hat{r}^2}\mathrm{d}\hat{z} = -C\int \frac{1}{2}\frac{\mathrm{d}(\hat{x}^2 + \hat{z}^2)}{\hat{r}^2}$$

$$= -\frac{1}{2}\ln \hat{r}^2 + M'(\hat{x})$$

代入 $\widehat{B}_{1z}$ 的表达式

$$\widehat{B}_{1z} = C\frac{\hat{x}}{\hat{r}^2} = -\frac{\partial F_1}{\partial \hat{x}} = -\left[-\frac{1}{2}C\frac{1}{\hat{r}^2}\cdot 2\hat{x} + \frac{\mathrm{d}M'(\hat{x})}{\mathrm{d}\hat{x}}\right] = C\frac{\hat{x}}{\hat{r}^2} - \frac{\mathrm{d}M'(\hat{x})}{\mathrm{d}\hat{x}}$$

$$\therefore\ C\frac{\hat{x}}{\hat{r}^2} = C\frac{\hat{x}}{\hat{r}^2} - \frac{\mathrm{d}M'(\hat{x})}{\mathrm{d}\hat{x}}$$

$$\frac{\mathrm{d}M'(\hat{x})}{\mathrm{d}\hat{x}} = 0, \qquad M'(\hat{x}) = \text{const} \quad (\text{与 } x \text{ 无关}) = N$$

已求出 $F_1 = -\dfrac{1}{2}C\ln \hat{r}^2 + N$.

当 $\hat{r} = 1$ 时, 由表达式 (11.3-45), 可知 $F_1 = -C/2$. 代入 $\hat{r} > 1$ 时的 F_1 表达式, 得 $N = -\dfrac{1}{2}C$. 所以当 $\hat{r} > 1$ 时, $F_1 = -\dfrac{1}{2}C[1 + \ln \hat{r}^2]$.

$$F_1 = -\frac{C}{2}\begin{cases}\hat{r}^2, & \text{当 } \hat{r} \leqslant 1\\ 1 + \ln \hat{r}^2, & \text{当 } \hat{r} > 1\end{cases}$$

$F = F_0 + F_1$, $F =$ 常数即为磁力线, 对于不同的 C 值计算磁力线示于图 11.13, 磁力线密度代表磁场强度.

取值 $C : 0$ 到 1 之间, 磁力线开放; $C > 1$ 封闭的磁力线越来越多.

因为我们假设 $\boldsymbol{B}_0$ 有 $\hat{\boldsymbol{y}}$ 分量, 所以在图 11.13 看上去封闭的磁力线, 实际上为沿 $\hat{\boldsymbol{y}}$ 轴的螺旋.

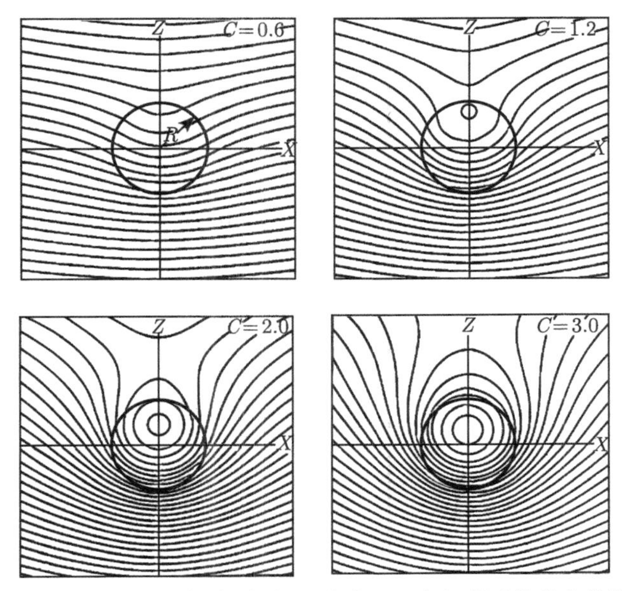

图 11.13 位于 xz 平面的暗条模型 (粗黑线的圆) 内和附近的磁力线投影, 参数 C 取不同的值

11.4 对有螺旋场的磁位形的支撑

11.4.1 电流片的支撑

Kuperus 和 Raadu (1974) 考虑电流片中形成的暗条的支撑问题. 撕裂模的初始阶段导致电流暗条 (current filament) 形成. 如图 11.14(a), 电流暗条位于中性片中, 电流从纸面向内流动, 支撑力来自 Lorentz 力, 向上, 因为光球附近, 磁力线呈扇形展开 (图 11.14(b)). 这种位形可以看作垂直方向 (电流片) 的场和电流暗条的场叠加. 电流暗条的场由一系列闭合的磁力线构成. 电流暗条的场又可看作是两个线电流产生的场, 即光球之上高度 h 处的电流 I 和光球之下 h 处的电流 I. 支撑力就是两根线电流的排斥力 (电流方向相反, 所以是斥力) (图 11.15).

两根无限长的平行导线之间有相互作用力. 导线 (1) 在导线 (2) 处产生的磁感应强度为 $B_1 = \mu I_1/2\pi r$, 方向从纸面向内、垂直于 (2), 导线 (2) 的一段 $\mathrm{d}l_2$ 受到的力的大小为

$$F_{12} = I_2 \mathrm{d}l_2 B_1 = \frac{\mu I_1 I_2}{2\pi r}\mathrm{d}l_2$$

反过来, 导线 (2) 产生的磁场作用在导线 (1) 的一段 $\mathrm{d}l_1$ 上的力的大小为

$$F_{21} = \frac{\mu I_1 I_2}{2\pi r}\mathrm{d}l_1$$

导线单位长度上的作用力大小为

$$f=\frac{F_{12}}{\mathrm{d}l_2}=\frac{F_{21}}{\mathrm{d}l_1}=\frac{\mu I_1 I_2}{2\pi r}$$

当 $I_1=I_2=I$, $r=2h$ 时, 作用在光球上方的电流暗条的力为 $\mu I^2/(4\pi h)$. 显然 B 在 $\hat{\phi}$ 方向, 记为 B_ϕ, 由 $B_\phi=\mu I/(2\pi r)$, 求出 $I=2B_\phi\pi r/\mu$. 这个力因为电流方向相关, 是斥力, 可支撑暗条. 电流暗条单位长度的质量为 $m=\pi r^2\rho$, 平衡时有

$$\frac{\mu I^2}{4\pi h}=mg \tag{11.4-1}$$

将 I 的表达式代入. 式中的 r 及 m 表达式中的 r 均用 $2h$ 代入, 得

$$\frac{B_\phi^2}{\mu h}=\rho g \tag{11.4-2}$$

ρ: 10^{-10} kg·m^{-3}, h: 10^4 km, 求得的 $B_\phi\approx 6$ G 比较合理.

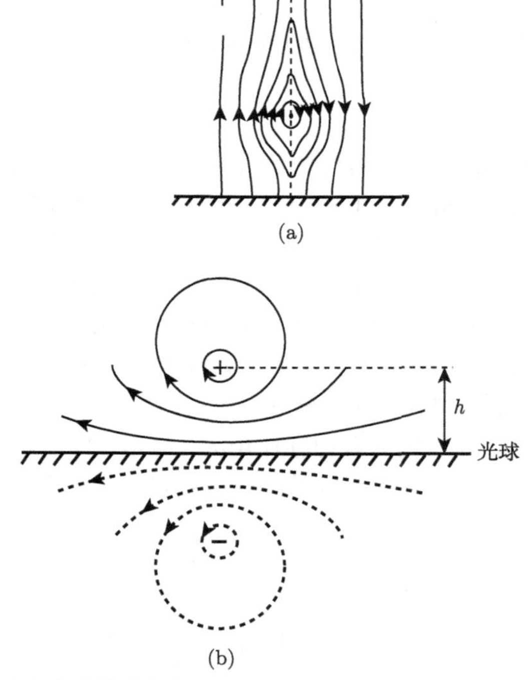

图 11.14 电流片内生成的暗条的支撑. (a) 中性片内电流暗条的磁位形; (b) 光球上方 h 处暗条产生的磁场 (实线)

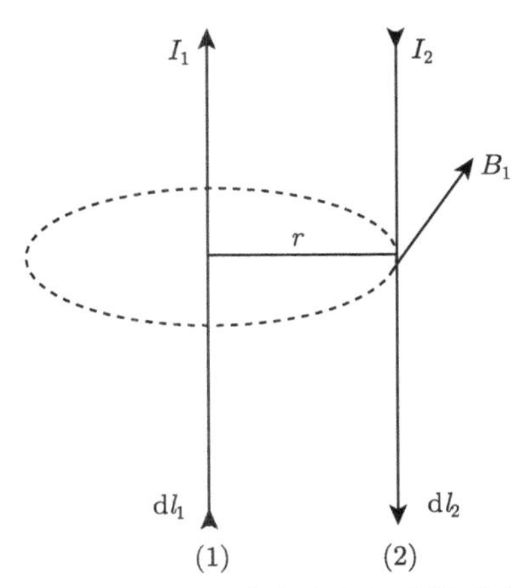

图 11.15 两根线电流之间的排斥力

为证明上述模型的可行性, 必须跟踪整个凝聚过程直至达到定态. 一个潜在的困难是: 等离子体压缩一百倍后, 光球附近的磁力线可能向中性片方向倾斜, 而不是离开中性片而扇出. 极端例子是磁力线几乎与光球面的法向平行. Lorentz 力变得平行于光球面, 暗条失去支撑, 等离子体跌落, 到达电流片的底部, 然后该处电流暗条产生的封闭磁力线, 可支撑等离子体. 这与 Kippenhahn-Schlüter 模型类似. 图 11.14(a) 位形中的电流, 因凝聚会超过凝聚前的初始电流.

Kuperus 和 Raadu 考虑了电流暗条在 z 方向偏离平衡态的小扰动, 运动方程为

$$\rho\ddot{z} = -\frac{B_\phi^2}{\mu h^2}\cdot z$$

证明 平衡态时的关系由 (11.4-2) 式描述. $\hat{\boldsymbol{z}}$ 方向有偏离, 于是有力 $\rho\ddot{z}$:

$$\rho\ddot{z} = \frac{B_\phi^2}{\mu(h+z)} - \rho g = \frac{B_\phi^2}{\mu h}\left(1-\frac{z}{h}\right) - \rho g = -\frac{B_\phi^2}{\mu h^2}z$$

进一步利用 (11.4-2), 上式变为

$$\rho\ddot{z} = -\rho g z/h$$

$$\ddot{z} = -\frac{g}{h}z$$

表明暗条是稳定的, 因为方程 $\ddot{z} + (g/h)z = 0$ 两根为虚数. 振荡解为稳定. 振荡频率 $\omega = (g/h)^{1/2}$, 周期 $T = 1/f = 2\pi/\omega = 2\pi(h/g)^{1/2}$. 当 $h = 10000$ km, 周期 $T \sim 20$ 分.

我们已讨论过两种模型, 解释日冕暗条在垂直方向的平衡.

(1) Kippenhahn-Schlüter 模型 (K-S 模型).

暗条中的物质受到向下的引力作用. 因为暗条中有电流和周围有磁场的存在, 所以有向上的 Lorentz 力 (张力), 二者达到平衡. 磁场是背景的势场和暗条电流产生的场的叠加, 在光球表面并不处于纯水平状态. 这种模型没有涉及电流的回路问题.

(2) Kuperus-Raadu 模型.

暗条及其电流 (电流暗条) 位于电流片内 (图 11.16). 磁场由电流片磁场的垂直分量与暗条电流产生的磁场叠加. 而暗条电流的场是由暗条电流及其镜像电流产生的, 产生斥力, 平衡引力.

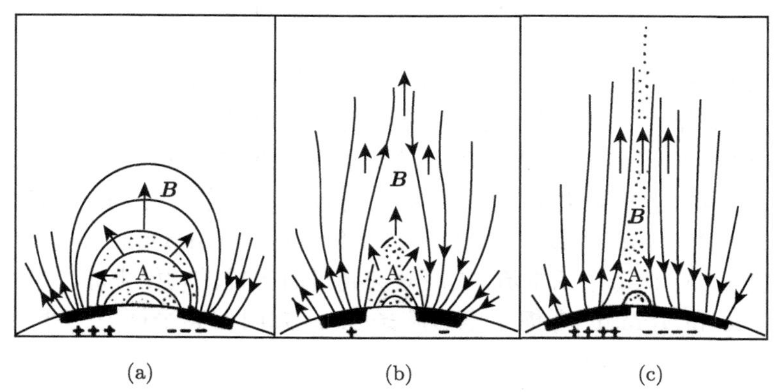

图 11.16　电流片内暗条的形成, 活动区上方有磁场, 活动过程中磁场形态. (a) 活动早期; (b) 主相; (c) 后期

van Tend 和 Kuperus (1978) 与 Kuperus 和 van Tend (1981) 提出一个普遍模型. 高度 h 处的电流受到三种力的作用达到平衡. 设日冕电流带有质量, 每单位长度的质量大于周围环境的质量. 这些力是

(i) 水平方向的势场 $\boldsymbol{B}$ 产生 Lorentz 力. 如果取势场 $\boldsymbol{B}$ 在正 $\hat{\boldsymbol{x}}$ 方向, 暗条电流取正 $\hat{\boldsymbol{y}}$ 方向, Lorentz 力向下, 即 $-\hat{\boldsymbol{z}}$ 方向 (如果势场 $\boldsymbol{B}$ 在负 $\hat{\boldsymbol{x}}$ 方向, Lorentz 力向上, 是 K-S 模型).

(ii) 位于高度 $(-h)$ 处的镜像电流引起的 Lorentz 力向上. 镜像电流在暗条位置处的磁场强度 $B = \mu I/2\pi r$, $r = 2h \Rightarrow B = \mu I/4\pi h$, Lorentz 力 $= \mu I^2/4\pi h$ 即 (11.4-1) 式左边.

(iii) 暗条单位长度的引力 mg, 方向向下.

(在 K-S 模型中利用的力为 (i) 和 (iii). Kuperus-Raadu 模型利用 (ii) 和 (iii).)

普遍模型中垂直方向平衡:

$$\frac{\mu I^2}{4\pi h} = IB + mg \tag{11.4-3}$$

求解关于 I 的一元二次代数方程

$$I = \frac{2\pi hB}{\mu} \pm \frac{2}{\mu}[(\pi hB)^2 + \pi hmg\mu]^{1/2}$$

显然方程有正、负两个解, 起初根据 $\hat{\boldsymbol{y}}$ 方向的电流以及相应的磁位形建立方程, 所以 $+I$ (沿着 $\hat{\boldsymbol{y}}$ 方向) 是合理的解. $-I$ 会使磁场的位形完全改变, 是不合理的.

式中的磁场强度与高度 h 的关系是:

(i) 高度低的地方, 势场几乎水平, 势场与高度无关, 所以 $h < h_1$, 可以取 $B = B_0$. 中性线周围有垂直方向, 弱的光球磁场, 该区域的尺度是 h_1.

(ii) 当高度与 h_1 相当时, 磁场与电流线附近的场相似, $B \sim \dfrac{1}{h}$, 即 $h_1 < h < h_2$ 范围, 有 $B = B_0(h_1/h)$. (因为 $B \sim I/h$.) h_2 是与活动区相当的典型尺度.

(iii) $h > h_2$.

场有偶极场的特征, 即远离有电流区域看到的场是偶极场 $B \sim \boldsymbol{m}_0 \cdot \boldsymbol{R}_0/R_0^4 \sim IS/R_0^3$, $\boldsymbol{m} = IS\boldsymbol{n}$ 是磁矩, I: 电流, S: 面积. 活动区面积的尺度为 h_2^2, I 是电流所在区域 ($\sim h_1$) 测得的值, $B \sim I/h_1$, 所以 $I \sim h_1 B$, R_0 是 B (B 是待求的量) 的位置 $\sim h$, 所以 $B \sim h_1 h_2^2/h^3$.

$$B(h) = \begin{cases} B_0, & h < h_1 \\ B_0 \dfrac{h_1}{h}, & h_1 < h < h_2 \\ B_0 \dfrac{h_1 h_2^2}{h^3}, & h_2 < h \end{cases}$$

在活动区以外 (暗条位于活动区上方), 当 $h = h_2$ 时有 B 的极大值, 等于 $B_0(h_1/\ h_2)$. 也即当 $h = h_2$ 时, 有电流极大值. h_2 约几倍于 10^4 km. 这意味电流超过 $I_{\max}$ 暗条会向外爆发寻找另一个平衡位置.

日冕磁场的演化示于图 11.17, 最后成为如图 11.18 所示 (van Tend and Kuperus, 1978).

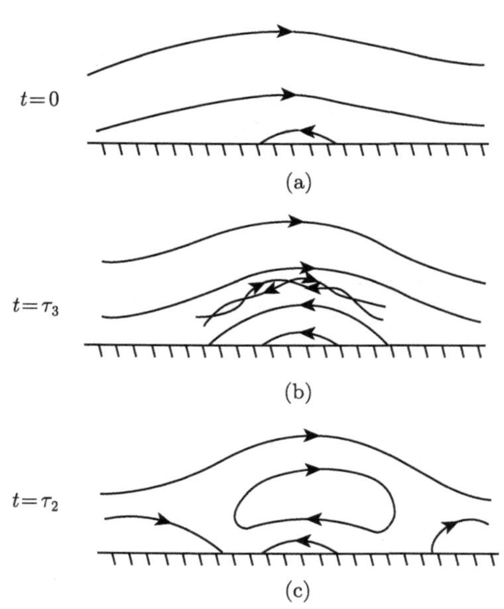

图 11.17　(a) 反向磁通量从光球上浮现; (b) 新磁通上升至日冕形成电流片; (c) 电流片中出现撕裂, 并合

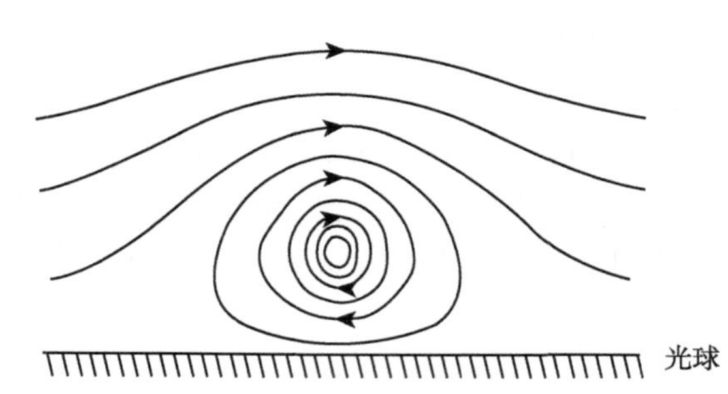

图 11.18　背景场为水平、均匀, 图上显示的是背景场, 暗条电流及镜像电流场的叠加

11.4.2　在水平场中的支撑

Lerche 和 Low (1980) 把 Kuperus-Raadu (11.4.1 节) 模型普遍化. 分析以光球作为下边界, 由水平场支撑的柱状暗条的静力学问题.

1. Lerche 和 Low (1980) 论文的摘要

(1) 水平、柱状带有电流的暗条以光球作为边界条件 (van Tend and Kuperus, 1978), 关于 Lorentz 力、气体压力和引力静力学平衡的正确非线性解.

(2) 考虑有限半径的暗条, 满足静力学平衡, 圆形暗条边界上压强连续. 磁场的法向、切向分量连续.

(3) 解可能有多个.

2. van Tend 和 Kuperus 模型的缺陷

van Tend 和 Kuperus (1978) 的模型中, 电流回路是通过光球的表面电流完成的. 因此采用光球之下、反向的镜像电流. 该模型忽略了柱状暗条的半径. 有限半径的暗条的支撑是多年来有待解决的关键.

3. Lerche and Low (1980) 模型中的孤立等离子体柱的静力学平衡

$$\frac{1}{\mu}\boldsymbol{\nabla}\times\boldsymbol{B}\times\boldsymbol{B}-\boldsymbol{\nabla}p-\rho g\hat{\boldsymbol{z}}=0$$

$$\boldsymbol{\nabla}\cdot\boldsymbol{B}=0$$

$$p=\rho\frac{kT}{m}$$

取磁场形式为

$$\boldsymbol{B}=\left(\frac{\partial A}{\partial z},B_y,-\frac{\partial A}{\partial x}\right) \tag{11.4-4}$$

xz 平面上的二维问题, 设沿着暗条轴 (在 $\hat{\boldsymbol{y}}$ 方向), B_y 为均匀. 暗条半径为 R_0, 暗条轴位于 $x=0$、$z=h$ 处, 光球位于 $z=0$ 平面. 圆柱面上取柱坐标, $z=h+R_0\cos\varphi$, 圆柱中心位于: $x=R_0\sin\varphi$. 半径 $R_0<h$ (保证柱体不与光球相交).

4. 边界条件

暗条外面的磁场为势场, 有 $\nabla^2A=0$. A 起源于水平场 $B_0\hat{\boldsymbol{x}}$ 及两个相等而方向相反的电流, 位于 $(x=0,z=h)$ 和 $(x=0,z=-h)$ 处.

边界条件为:

(1) 无穷远

$$\left.\begin{array}{l}B_x\to B_0\\B_z\to 0\end{array}\right\}\quad \text{当 } z\to\infty \tag{11.4-5}$$

(2) 光球面上

$$B_z=0,\quad \text{当 } z=0 \tag{11.4-6}$$

(3) 暗条表面: B_R、B_ϕ 在表面上连续, 即

$$(y,z)=(R_0\sin\varphi,h+R_0\cos\varphi) \tag{11.4-7}$$

有

$$\left.\frac{\partial A}{\partial r}\right|_{r=R-0}=\left.\frac{\partial A}{\partial r}\right|_{r=R+0};\quad A(r=R-0)=A(r=R+0).$$

位于导电光球边界之上, $z=a$ 处的线电流产生的矢势 F_0 在 $z\geqslant 0$ 处为

$$F_0=F_*\ln\frac{(z-a)^2+x^2}{(z+a)^2+x^2}$$

F_* 是常数. 势 F_0 满足在光球上的磁边界条件.

取水平方向 ($\hat{\boldsymbol{x}}$ 方向) 磁场为 $B_0\hat{\boldsymbol{x}}$. 所以 $B_0=\partial A/\partial z$, B_0 为常数. 矢势 $A=F_0+B_0z$. 柱的中心坐标为 $z=h, x=0$. 取 $a=(h^2-R_0^2)^{1/2}$, 表示柱的表面

$$F_0=2F_*\ln\frac{h-(h^2-R_0^2)^{1/2}}{h+(h^2-R_0^2)^{1/2}}=\text{const}$$

是等势面 (势场 A 在柱面上的边界条件), 对于表面 $z=h+R_0\cos\varphi, x=R_0\sin\varphi$, 所有的 φ 均满足. 画出磁力线如图 11.19.

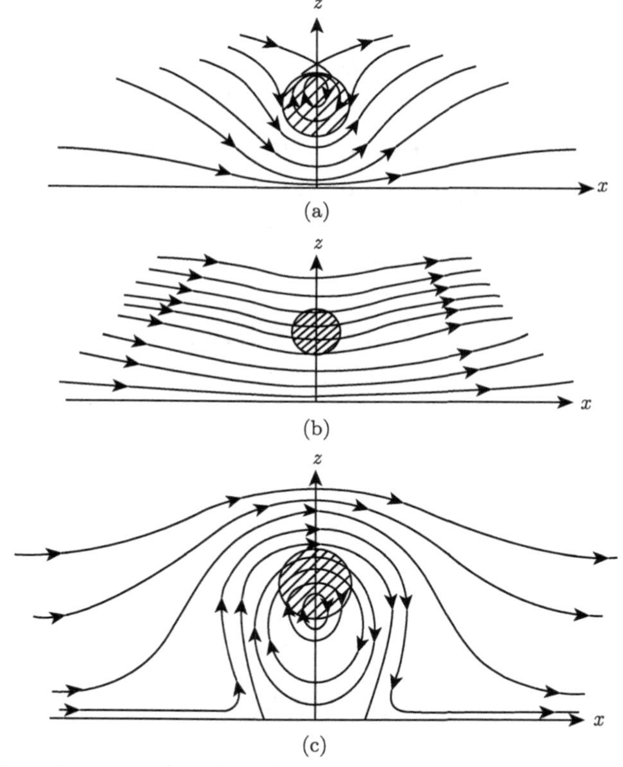

图 11.19 柱状暗条模型. (a) 中性点在暗条上方 ($B_0R_0/F_*<-1$); (b) ($-1<B_0R_0/F_*<0$) 在柱状暗条之上, 无中性点 (中性点满足 $\dfrac{\partial A}{\partial x}=0=\dfrac{\partial A}{\partial z}$, 位于垂直于光球面, 通过等离子体圆柱中心的线上); (c) 中性点 ($0<B_0R_0/F_*<1$) 在暗条之下; ($1<B_0R_0/F_*$ 或者小于 0) 暗条之下无中性点

圆柱暗条内部, 力的平衡可用 (3.6-4) 式表示:

$$\nabla^2 A+\frac{\mathrm{d}}{\mathrm{d}A}\left(\frac{1}{2}B_y^2(A)\right)=-\mu\frac{\mathrm{d}}{\mathrm{d}A}p(A,z) \tag{3.6-4}$$

左边第二项是电流密度 $J(A)=\frac{\mathrm{d}}{\mathrm{d}A}\left(\frac{1}{2}B_y^2(A)\right)$. 因此右边项也是电流密度, 设 B_y 均匀, 则有

$$\nabla^2 A=\mu J \qquad (\nabla^2 \boldsymbol{A}=-\mu\boldsymbol{J}\ \text{的分量式}) \tag{11.4-8}$$

$$J=-\frac{\mathrm{d}p}{\mathrm{d}A} \tag{11.4-9}$$

Lerche 和 Low 假设 J 为已知, 写成

$$J=\sum_{n=0}^{\infty} j_n R^n \cos n\phi \tag{11.4-10}$$

然后求解方程 (11.4-8), 利用边界条件 (11.4-7), 确定常数 j_n, 最后结果为

$$J=\frac{4F_*(1-2\psi_0^2R^2)}{R_0^2(1+\psi_0^2R^2+2\psi_0R\cos\varphi)^2}$$

式中

$$\psi_0=\frac{h-(h^2-R_0^2)^{1/2}}{R_0^2}$$

从 (11.4-9) 式可求出压强 p. 为保证电流 J 不为零, 要求 $2\psi_0^2R^2\leqslant 2\psi_0^2R_0^2\leqslant 1$, 从不等式中可解出, 必须有 $h^2\geqslant 9R_0^2/8$. 否则 $J=0$, 无力支撑等离子体.

可以写出比 (11.4-10) 更为一般的解:

$$J=\sum_{m,n=0}^{\infty} j_{mn}R^m\cos n\varphi$$

因此电流并不能由边界条件唯一确定. 也不再有额外的边界条件帮助确定双重无限多个的常数 j_{mn}. 也就是说相应于给定的外场, 暗条内的电流分布不止一个, 内部的磁场分布也不止一个.

11.5 日冕瞬变现象

观测表明日冕中存在着频繁的瞬变现象, 主要是日冕物质抛射 (coronal mass ejection, CME). 日冕瞬变 (coronal transient) 现象伴随着爆发的日珥 (暗条), 表

现为向外运动的环或是云状物质. 这些物质很可能来自低层日冕, 位于暗条之上, 不像是暗条内部的物质. 形态复杂多样, 典型的形态是膨胀的泡状环, 前端为亮环面, 中间是暗腔, 最后是亮核. 亮核的双腿根植于太阳, 环所在平面低处可能与暗条垂直, 但高处可能与相关暗条倾角小于 20°. Skylab 的观测期内 (与太阳周的下降期一致), 观测到 110 个日冕瞬变现象, 发生率约为每天一次.

至少有 70% 的瞬变现象与爆发暗条 (暗条物质部分或全部抛出) 相关, 剩下部分大都在日喷和大耀斑中发生. 可能所有的瞬变现象与爆发暗条伴生, 其中仅一部分产生耀斑. CME 与耀斑是共生还是因果尚不清楚.

瞬变现象涉及的动能可能是一个大耀斑辐射能的两倍, 可见日冕瞬变现象的重要性. 而且瞬变现象会引起日冕大尺度结构的改变以及日冕物质的消耗, 所涉及的质量典型值是暗条物质的十倍, 占总的太阳质量损失的 5%.

瞬变的加速现象大多发生在 $2R_\odot$ 以下, 所以在 2—$6R_\odot$ 范围内, 瞬变现象的速度是常速或者是略有增加. 瞬变现象 (如 CME) 的速度有一个大的范围, 从小于 100 km·s^{-1} 至 1200 km·s^{-1}. 在天空实验室 (Skylab) 的仪器视场范围内, 平均速度为 470 km·s^{-1}. 与大耀斑相关的瞬变相比较, 比与爆发暗条相关的逃逸速度快得多, 平均值分别为 775 km·s^{-1} 和 330 km·s^{-1}. 速度大于 400 km·s^{-1} 的大部分事件还与 Ⅱ 型或 Ⅳ 型射电爆发相关, Ⅱ 型射电爆发由激波产生. (各种统计结果尚不一致, 有关数据仅供参考.)

假设为同步辐射. 射电数据表示磁场强度甚大, 在 3—$5R_\odot$ 距离内为 4—5 G. 反过来表明 β 仅为 0.1, 因此驱动力必定与磁场有关.

CME 的各种特征参数本身的变化范围很大, 如速度、加速度、质量和能量的变化范围可达 2 至 3 个量级. 根据太阳风天文卫星 (Solwind) 的资料, CME 的质量为 10^{14}—10^{16} 克, 能量为 10^{29}—6×10^{31} erg. 过去常把观测到的日地空间和地球物理现象, 如行星际激波、高能粒子事件、磁暴、极光和电离层扰动等几乎全归因于耀斑. 近期的研究表明 CME 造成的日地空间及地球物理效应并不亚于太阳耀斑. 但二者产生的效应有不同的特征. 耀斑对粒子的加速是脉冲式的, 流量不大. 而 CME 则驱动快速激波, 通过激波加速大流量的高能粒子.

日冕瞬变与爆发暗条相关, 在宁静区和活动区均会发生. 大约 1/3 的事件为环状, 性质在上面已叙述. 不过有些性质尚未确定, 如: 相对于暗条的方位尚不确定; 磁场强度未确定, 很可能在 1—10 G 内; 三维的位形并不确切知道, 一般认为是环状, 不是拱状或壳状.

本节总结环状瞬变 (loop transient) 的理论, 需要解释的主要性质如下:

(1) 驱动力, 很可能是磁力. 因为 β 是 0.1 或更小.

(2) 速度均匀. 瞬变顶部观测到的速度: 在 $3R_\odot$—$5R_\odot$ 内. 与宁静态暗条相关的典型值为 300—400 km·s^{-1}, 在谱斑暗条附近与双带耀斑伴生的速度为 700—

800 km·s^{-1}.

(3) 太阳中心对瞬变两侧所张的角度固定.

(4) 环宽 (h) 随距离 R 的增加有关系 $R^{0.8}$.

(5) 环顶的曲率半径 R_c 的增加形如 $R^{1.6}$.

(6) 与周围日冕密度相比, 环顶处密度增强的因子在 5—10 倍, 而瞬变下方, 密度减少的因子是 2.

11.5.1 扭转环模型

Mouschovias 和 Poland (1978) 提出环状瞬变看作为扭转的磁通管, 一种按量级考虑的模型.

1. 基本假设

(1) 白光环状瞬变是一个磁环升起于日冕等离子体背景及磁场之中. 因为背景密度小于环内等离子体密度 1 到 2 个量级, 环中的磁场比背景磁场强, 所以忽略背景日冕对环的拖曳.

(2) 环内及其紧邻存在纵向场分量 B_l 和环向场分量 B_{az}, 也即假设环内的场是螺旋形的, 跨越表面是连续的. 图 11.20(a).

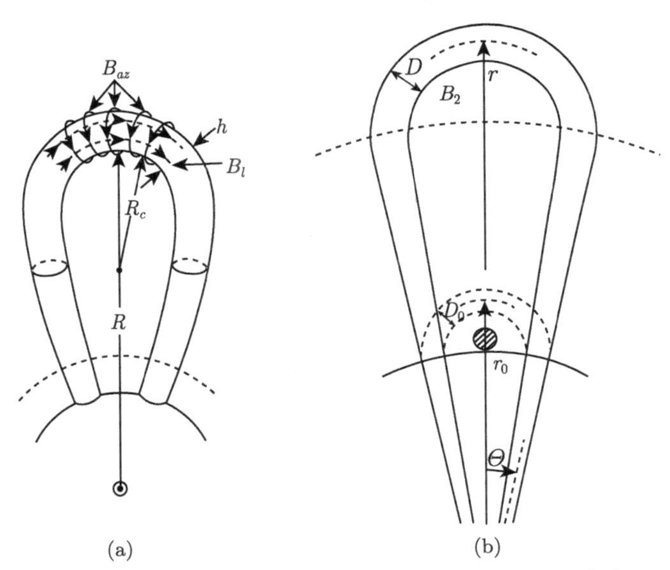

图 11.20 瞬变的几何位形. (a) Mouschovias 和 Poland (1978) 模型; (b) Pneuman (1980) 模型

(3) 环内, 磁力 (比起热压力) 占主导地位.

(4) 磁场处于冻结状态.

(5) 假设环内磁场在垂直于环的轴的方向的变化有一个特征尺度, 取环的宽度也就是环截面的直径 h 作为特征长度. (我们不能把特征长度取得远大于 h, 否则环会变得十分弥散, 不成其环) (图 11.20 (a)). R: 太阳中心至环顶的距离; h: 环宽 (环的直径); R_c: 环的曲率半径; 环的厚度 (第三维) 和 h 相当.

从理论研究的角度, 主要关心环状瞬变的顶部及其动力学行为, 关心角度确定的部分的环 (典型值为 10°), 参见图 11.20 (b). 该范围内的质量 (10° 范围内) 在瞬变运动过程中 (在日冕仪视场 1.6—6.0$R_\odot$ 范围) 几乎不变, 仅变化百分之几. 目前尚不清楚是否这是环状瞬变的一般性质. 观测到的膨胀速率变化在 10% 之内, 可看作不变. 假如克服太阳引力而维持等速膨胀的力的性质清楚, 那么理解大于引力的力的性质也就相对简单.

2. *考虑环顶等速向外运动*

引力 ρg 向下, ρ 为环内的质量密度, 与向上的力平衡. 向上的力是由磁场的环向分量产生的向上的力与纵向分量向下的张力之差构成.

$$\frac{1}{h}\delta\left(\frac{1}{2\mu}B_{az}^2\right)-\frac{1}{\mu}\frac{\overline{B}_l^2}{\overline{R}_c} \tag{11.5-1}$$

该式等价于 MHD 运动方程, 根据假设 (1)—(5) 的简化.

$\delta(B_{az}^2/2\mu)$ 表示环底和环顶间的磁压强差, 梯度用特征长度 h^{-1} 表示. $\overline{B}_l$ 和 $\overline{R}_c$ 表示对于环宽的平均.

计算 (11.5-1) 式左边第一项

$$\begin{aligned}\delta(B_{az}^2)&=B_{az}^2(\text{底})-B_{az}^2(\text{顶})\\&=\left[\overline{B}_{az}\cdot\frac{\overline{R}_c}{R_c(\text{底})}\right]^2-\left[\overline{B}_{az}\cdot\frac{\overline{R}_c}{R_c(\text{顶})}\right]^2\end{aligned}$$

(相当于磁通守恒 $\overline{B}\cdot\overline{R}_c=B_{\text{底}}\cdot R_c(\text{底})$)

利用

$$2\overline{R}_c=R_c(\text{底})+R_c(\text{顶})$$

$$h=R_c(\text{顶})-R_c(\text{底})$$

$$R_c^2(\text{顶})\cdot R_c^2(\text{底})\approx\overline{R}_c^4$$

$$\delta(B_{az}^2)\approx 2\overline{B}_{az}^2\cdot\frac{h}{\overline{R}_c} \tag{11.5-2}$$

因此有

$$\frac{1}{h}\cdot\frac{2\overline{B}_{az}^2}{2\mu}\cdot\frac{h}{\overline{R}_c}-\frac{\overline{B}_l^2}{\mu\overline{R}_c}=\overline{\rho}g$$

$$\frac{\overline{B}_{az}^2}{\mu\overline{R}_c}-\frac{\overline{B}_l^2}{\mu\overline{R}_c}=\overline{\rho}g \tag{11.5-3}$$

因为 (11.5-3) 式右边大于零, 应有不等式

$$\overline{B}_{az}>\overline{B}_l \tag{11.5-4}$$

注意腊肠不稳定性, 假如 $\overline{B}_{az}>1.41\overline{B}_l$, 倾向于沿长度方向使磁通管断裂. 为避免这种不稳定性, 又保证有向上的力, 必须有

$$1.41\overline{B}_l>\overline{B}_{az}>\overline{B}_l \tag{11.5-5}$$

(11.5-5) 式是相当严格的条件, 因此环会遭遇腊肠不稳定性. 我们期望并且已经观测到环在长度方向折断的瞬变现象. 沿着环的方向观测到一些亮珠 (beads), 是否就是不稳定性的结果, 尚不能证实, 但是是一种可能的解释.

还有一种不稳定性可能发生, 螺旋 (扭折) 不稳定性, 可以相信这种不稳定性会先于腊肠不稳定性发生. 判据为

$$\overline{B}_{az}>\frac{2\pi h}{L}\overline{B}_l\text{①} \tag{11.5-6}$$

式中 L 为环长. 因为典型的 $h/L\sim0.1$, 这种不稳定性似乎难以避免. 但是螺旋不稳定性发展的特征时间, 本质上是 Alfvén 波跨越环的宽度的渡越时间 h/v_A. 因为 h 的典型值为 $0.5R_\odot$, $v_A\approx350\ \mathrm{km\cdot s^{-1}}$, 时标近似为 17 分. 与日冕瞬变的动力学时标相当, 甚至大于瞬变的时标. 换而言之, 理想的稳定性分析所得到的判据 (11.5-6) 式不能应用于我们所考虑的动力学系统 (Mouschovias and Poland, 1978)②.

为推导可观测量之间的关系, 记 $g=GM_\odot/R^2$,

$$\frac{\overline{B}_{az}^2}{\mu\overline{R}_c}-\frac{\overline{B}_l^2}{\mu\overline{R}_c}=\frac{nmGM_\odot}{R^2} \tag{11.5-7}$$

其中 n 是数密度.

① 根据 (7.5-42) 式, h 应该用 $\frac{1}{2}h=a$ 代入, a 为环半径.——作者注

② 现在日冕的 Alfvén 速度典型值为 3000 km/s.——作者注

固定角度 ($\sim 10°$) 范围内, 环的质量不变 $\frac{1}{4}\pi h^2 \cdot R\theta \cdot n = \text{const}$. 式中 $\frac{1}{4}\pi h^2$ 为截面, $R\theta$ 为长度, n 为数密度, 有

$$nh^2R = \text{const} \tag{11.5-8}$$

纵向场 B_l, 磁通守恒

$$B_l h^2 = \text{const} \tag{11.5-9}$$

环向场 B_{az} 磁通守恒

$$\begin{aligned} &h \cdot R\theta B_{az} = \text{const} \\ &B_{az}hR = \text{const} \quad (\because\ \theta = 常数) \end{aligned} \tag{11.5-10}$$

B_{az} 总是超过 B_l 约 40 % (根据 (11.5-5) 式), 取 $B_{az}/B_l = a = 1.4$. 从 (11.5-9) 和 (11.5-10) 式可得

$$\frac{B_{az}hR}{B_l h^2} = \frac{aR}{h} = \text{const}$$

$$\therefore\ h \sim R \tag{11.5-11}$$

从 (11.5-7) 式, 略去平均号 "$\bar{\ }$", 有 $B_{az}^2 - B_l^2 = C(nR_c/R^2)$, C 为常数,

$$(a^2-1)B_l^2 = C\frac{nR_c}{R^2} \tag{11.5-12}$$

式中 (a^2-1) 也是常数.

利用 (11.5-9) 式, $B_l \sim 1/h^2$; 利用 (11.5-8) 式, $n \sim 1/h^2R$. 将 B_l、n 代入 (11.5-12) 式, 有

$$\frac{1}{h^4} \sim \frac{1}{h^2R}\frac{R_c}{R^2}, \quad 推得\ R_c \sim \frac{R^3}{h^2}$$

再利用 (11.5-11) 式, 可得

$$R_c \sim R \tag{11.5-13}$$

$$\left.\begin{aligned} 由\ (11.5\text{-}11) \Rightarrow h \sim R \\ 由\ (11.5\text{-}9) \Rightarrow B_l \sim \frac{1}{h^2} \end{aligned}\right\} \Rightarrow B_l \sim R^{-2} \tag{11.5-14}$$

$$h \sim R \tag{11.5-15}$$

(11.5-11) 和 (11.5-13) 式可由观测验证.

(11.5-11) 式表示环顶的宽度 h 与环顶与太阳中心的距离 R 之间的关系, 与观测符合甚好. 但理论的曲率半径 (11.5-13) 太小, 可能是由背景场的忽略造成的, 因为背景场对环有拖曳作用, 使环的顶部变平 (从而使 R_c 变大). (11.5-14) 式给出 $R=2R_\odot$ 时的场强为 1.0 G (该处 $n=3.9\times10^{13}\ \text{m}^{-3}$, $R_c=0.4R_\odot$). $R=5R_\odot$ 处为 0.3 G ($n=4.1\times10^{12}\ \text{m}^{-3}$, $R_c=1.8R_\odot$). Alfvén 速度分别为 360 km·s^{-1} 和 330 km·s^{-1} (见 11.5.1 节的注 3). B_l 的衰减如 $B_l\sim1/R^2$, 比起背景场 B_l 将越来越占主导地位, 因为背景场的衰减为 $\sim1/R^3$.

该简单模型的一个困难是: 虽然暗条常是扭转的, 但在环状瞬变中没有扭转的迹象, 而且 (11.5-7) 式表示 B_{az} 要大于 B_l, 说明扭转很大以至于磁通管上升过程中很可能有螺旋扭折不稳定性出现.①

Anzer (1978) 用圆环电流作为瞬变现象的模型, 研究瞬变通过磁力作用的初始加速及后期的常速运动 (图 11.21).

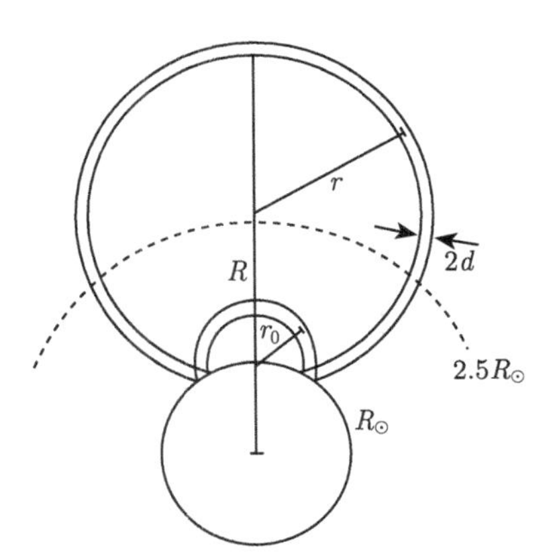

图 11.21 Anzer 模型的几何示意图. 初始时刻环为半径 r_0 的半圆. 逐渐变大, 直至占半径为 r 的大圆. 图中 $R=2.5R_\odot$

首先计算作用于圆环上的力, 假定流过环的电流均匀.

圆环的初始状态为半圆, 半径为 r_0, 以后发展变大, 占据半径为 r 的全圆的大部分, $0<d\ll r$. 电流系统的自感

$$L\approx\mu r\left[\ln\left(\frac{8r}{d}\right)-\frac{7}{4}\right]\qquad(\text{MKS 制})$$

$$\left(\text{高斯单位制的表达式为 } L\approx4\pi r\left[\ln\left(\frac{8r}{d}\right)-\frac{7}{4}\right]\right)\tag{11.5-16}$$

① 考虑第 633 页的脚注 ② 的数据, 螺旋扭折不稳定性可能出现.——作者注

(Batygin and Toptygin, 1964). 环内的总电流 I, 可以计算磁能 W、穿过环的磁通量 ϕ 和电动势:

$$W = \frac{1}{2}LI^2 \tag{11.5-17}$$

$$\phi = LI \tag{11.5-18}$$

$$\text{电动势: } U = -\frac{\mathrm{d}\phi}{\mathrm{d}t} \tag{11.5-19}$$

计算径向单位长度所受的力 F_r. 考虑环在径向有虚位移 δr, 系统的总能量守恒, 因此有

$$2\pi r F_r \delta r + \delta W + UI\delta t = 0 \tag{11.5-20}$$

式中 δt 是发生 δr 位移的时间.

利用 (11.5-17)—(11.5-19) 式:

$$\begin{aligned} F_r &= -\frac{1}{2\pi r\delta r}[\delta W + UI\delta t] \\ &= -\frac{1}{2\pi r\delta r}\left[\frac{1}{2}I^2\delta L - I\mathrm{d}\phi\right] \quad (I = \text{常数}) \end{aligned} \tag{11.5-21}$$

利用 (11.5-18), 将 $\mathrm{d}\phi = I\mathrm{d}L$ 代入上式

$$\begin{aligned} F_r &= \frac{1}{2\pi r\delta r}\cdot\frac{1}{2}I^2\delta L \\ &= -\frac{\phi^2}{4\pi r}\frac{\partial}{\partial r}\left(\frac{1}{L}\right) \\ &= \frac{\phi^2}{(4\pi)^2 r^3}\cdot\frac{\ln\dfrac{8r}{d} - \dfrac{3}{4}}{\left(\ln\dfrac{8r}{d} - \dfrac{7}{4}\right)^2} \qquad (\text{高斯单位制}) \end{aligned} \tag{11.5-22}$$

已将 (11.5-16) 式的 L 代入 (11.5-21) 式.

这就是作用于环上、径向向外的磁力. 磁力作为穿过环的通量的函数. 我们不考虑环的内部结构, 因此不计气体压力等. 但直径仍为有限.

采用下述简单位形:

初始时刻, 垂直的半圆环, 半径 r_0. 向日冕扩展, 至最大高度 $R = R_\odot + r_0$ (图 11.21). 假设有电流沿环流动, 每单位长度瞬变物质的质量为 m_0, 沿着环 m_0 为常数. $t = t_0$ 时, 环静止. 再假定每一点的引力作用与磁力方向相反. 显然, 这个假定仅对于瞬变的顶部适用.

3. 环顶高度和环半径的关系

考虑环的扩张, 但太阳表面上方的环始终保持是圆的一部分, 环的足点在太阳表面上, 距离保持不变, 环顶的高度 R 和环半径有近似关系

$$R = R_{\odot} + r + \sqrt{r^2 - r_0^2}$$

解出

$$r = \frac{R^2 + R_{\odot}^2 + r_0^2 - 2RR_{\odot}}{2(R - R_{\odot})} \tag{11.5-23}$$

4. 环向外运动时, 磁力的演化

开始时刻, 半圆近似地位于太阳表面上. 假设电流沿着环流入光球以下, 从而电流构成回路 (当然下半圆并非物理实在). 因此穿过光球面以上的半圆环的磁通量为 $\frac{1}{2}\phi$, 没有穿过太阳表面的磁力线. 为简单起见, 假设环演化过程中, 环的磁场总是由圆环电流贡献. 设通过光球表面上方的圆环部分的磁通量 ϕ_1 守恒. 因此假想中的全圆环 (包括光球以下部分) 的磁通量为 $2\phi_1$, 当环向外运动时变为 ϕ_1, 所以

$$\phi = \frac{\phi_1}{f_a(r)} \tag{11.5-24}$$

$f_a(r)$ 从 $r = r_0$ 时的 $\sim \frac{1}{2}$ 增至 $r \to \infty$ 时的 1. 设演化过程中, 环的总质量保持不变而且分布均匀, 因此环的长度从半圆增至全圆, $m_0 \pi r_0 = m \cdot 2\pi r$, m_0 为单位长度质量, r_0 为半圆长, $2\pi r$ 为全圆长.

$$m = \frac{m_0 r_0}{2r}$$

定义函数 f_1, 当 $r = r_0$ 时, $f_1 = \frac{1}{2}$; 当 $r \to \infty$ 时, $f_1 = 1$.

$$m = m_0 \frac{r_0 f_1(r_0)}{r f_1(r)} \tag{11.5-25}$$

5. 运动方程

$$m\frac{\mathrm{d}^2 R}{\mathrm{d}t^2} = F_r - \frac{m M_{\odot} G}{R^2} \tag{11.5-26}$$

$$\frac{\mathrm{d}^2 R}{\mathrm{d}t^2} = \frac{C}{f(r) r^2} - \frac{M_{\odot} G}{R^2} \tag{11.5-27}$$

$$\frac{F_r}{m} = \frac{C}{f(r) r^2} \tag{11.5-28}$$

利用 (11.5-24) 式 $\phi = \phi_1/f_a(r)$, 并定义

$$f(r) = f_a^2(r)/f_1(r) \tag{11.5-29}$$

利用 $f_1(r_0) = \dfrac{1}{2}$ 代入得到

$$C = \frac{\phi_1^2}{8\pi^2 m_0 r_0} \cdot \frac{\ln \dfrac{8r}{d} - \dfrac{3}{4}}{\left(\ln \dfrac{8r}{d} - \dfrac{7}{4}\right)^2} \quad \text{(高斯单位制)} \tag{11.5-30}$$

(11.5-27) 式中 r 是环的半径, R 是太阳中心至环顶的距离.

方程 (11.5-26) 的解与参量 ϕ_1^2/m_0 和 r_0 有关. ① 当 ϕ_1^2/m_0 是小量, 以至于磁驱动力也是小量, 数值解表明, 环会达到一个极大速度, 然后减速. ② 引入参量 $a = 4C/M_\odot G$, 是一个无量纲量, 表征磁力与引力之比. 当 a 增加 (或者初始电流增加), 也即 ϕ_1^2/m_0 增至中间值, 速度增加, 没有减速出现. a 在一个大的范围内 ($2.5R_\odot$ 至 $5R_\odot$), 速度几乎为常数, 随高度略有增加, 与观测符合甚好.

磁通量和平均磁场强度也可估算. 设初始的环半径为 $r_0 = \dfrac{1}{2}R_\odot$, $d/r = 0.2$, 初始环单位长度质量为 $1.5 \times 10^4\ \mathrm{g{\cdot}cm^{-1}}$ (相应的数密度 $n_0 = 10^8\ \mathrm{cm^{-3}}$) 得到 $a = \phi^2 \times 2.7 \times 10^{-43}$ (高斯单位制), 对描述观测而言, 对于 $\phi \approx 2 \times 10^{21}\ \mathrm{G{\cdot}cm^2}$, a 的适当的量级是 1, 这样算得的平均场 $\overline{B} \approx 0.5$ G. 因此结论是: 1 G 量级的磁场足以驱动日冕瞬变.

上述模型只适用于环顶. 足部的引力基本上与环平行, 不能阻止足部侧向扩展. 为限制环下方的扩展, 要求日冕下方有强的径向场 (环电流产生的不是径向场). 环电流产生的场约 1 G. 径向场有几个高斯就可抑制环的足部的侧向活动.

Anzer 强调不是只有电流环能产生环的瞬变, 任何近似按 $1/R^2$ 衰减的驱动力 (参见方程 (11.5-27)) 都能产生类似的速度轮廓.

11.5.2 无扭转环模型

是因为瞬变的出现致使暗条爆发还是促使暗条爆发的机制也造成瞬变? Pneuman (1980) 持后一种观点, 理由是: 耀斑和瞬变之后, 观测到日冕中有磁环系统的上升, 这些环可解释为大尺度磁场的磁重联弛豫的标志, 爆发过程打开了大尺度磁场的磁力线. 日冕瞬变事件与暗条爆发通常一起发生, 因此理论模型应该将这两事件作为统一的现象考虑.

Mouschovias 和 Poland (1978) 与 Anzer (1978) 分别提出了 MHD 模型, 认为瞬变由内部自身磁场的推动, 两个模型本质上是同样的驱动机制, 但数学表述不一样. ① Mouschovias 等考虑螺旋状的磁力线和扭转的磁通管以常速向外运动,

主要的驱动力是来自环底和环顶之间的磁压差. ② Anzer 考虑环形的电流环, 轴向电流和环向场作用产生的 Lorentz 力推动环向外运动.

无扭转的磁通管不会有磁压强梯度以平衡磁张力和引力 (如 Mouschovias 等的例子), 必须借助于不同的力. Pneuman (1980) 模型是把环状瞬变简单地看作位于暗条之上的环, 暗条的轴与磁力线垂直. 暗条上升, 增加了日盔下的压力, 驱动瞬变向外运动, 图 11.20(b) 虚线表示磁通管在平衡位置的圆边界, 宽度为 D_0, 顶部距太阳中心的距离为 r_0. 实线表示以后时刻磁通管的位置, 宽度为 D, 距离为 r. B_2 是瞬变后方的驱动场, B 是顶部磁通管中心的场, θ 是两足之间的半角. 模型的位形见图 11.22. 空腔 (cavity) 由较为稀薄的物质组成. 空腔周围是盔流, 日盔的上方、侧面是沿着开放磁力线的太阳风. 简单起见, 认为日盔为单一的磁通量环或磁拱.

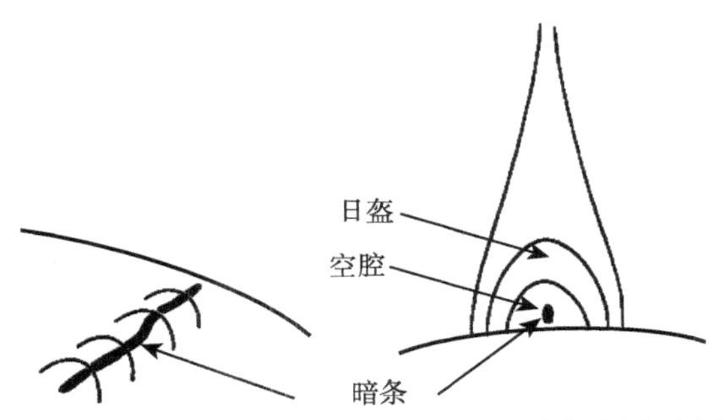

图 11.22 日冕上的暗条和日盔位形. 左边是暗条在日面上的形态, 右边是日面边缘的形态

r_1 和 r_2 分别为层 (1) 和层 (2) 磁力线的位移 (图 11.23), 垂直磁通管. 磁力线的运动方程: 垂直于磁力线方向的力为

$$\rho\frac{\mathrm{d}^2 r_1}{\mathrm{d}t^2}=\frac{B^2}{\mu D}-\frac{B^2}{\mu R_c}-\frac{GM_\odot}{r^2}\rho \tag{11.5-31}$$

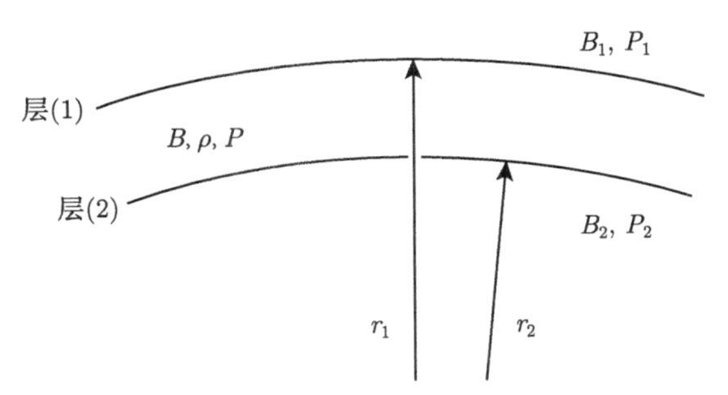

图 11.23 B, ρ 和 P 是磁通管内的磁场、密度和气体压强. 磁通管上方和下方用下标 "1" 和 "2" 表示相应的物理量. r_1 和 r_2 表示层 (1) 和层 (2) 磁力线的位移

磁压力:

$$-\frac{\partial}{\partial r}\frac{B^2}{2\mu} \approx -\frac{1}{D/2}\frac{B_1^2 - B^2}{2\mu}$$

下标 "1" 表示上边界. D 为层 (1) 和层 (2) 之间的垂直距离, B 为两层之间的中心处的值. 假设瞬变顶部外的磁场 (即 B_1) 为零, 磁压力的表达式即变为 $B^2/\mu D$. $R_c = r\tan\theta/(1+\tan\theta)$ 是曲率半径.

磁通管的顶端即为日盔, 前方 (即日冕瞬变的前方) 的磁场 B_1 由开放的磁力线构成 (参见图 11.22), 带有太阳风. 当日盔向外运动时, 将这些磁力线推至两侧, 对日盔的运动影响不大. 所以可略去 B_1. 类似地有

$$\rho\frac{\mathrm{d}^2 r_2}{\mathrm{d}t^2} = -\frac{B^2 - B_2^2}{\mu D} - \frac{B^2}{\mu R_c} - \frac{GM_\odot}{r^2}\rho \tag{11.5-32}$$

$$r = \frac{1}{2}(r_1 + r_2), \quad D = r_1 - r_2$$

Pneuman 假定环的磁通量和质量守恒. 因此磁场和密度可由初始平衡态时的值 (B_0, ρ_0) 确定

$$B = B_0\frac{D_0^2}{D^2}, \quad \rho = \rho_0\frac{D_0^2 r_0}{D^2 r} \qquad \left(\frac{1}{4}\pi D_0^2 \cdot 2\pi r_0 = \text{环的初始体积}\right) \tag{11.5-33}$$

再假定瞬变的后方 (层 (2)) 扩张时, 磁通量守恒

$$B_2 = B_{20}\frac{r_0^2}{r^2}, \qquad D_0\text{、}B_{20}\ \text{均为初始值} \tag{11.5-34}$$

根据初始处于平衡态的条件, 可令 (11.5-31)、(11.5-32) 左边为零. 可求出

$$B_{20} = \sqrt{2}B_0$$

再从 (11.5-31) 的初始平衡方程:

$$\frac{B_0^2}{\mu D_0} - \frac{B_0^2}{\mu R_c} = \frac{GM_\odot}{r_0^2}\rho_0$$

求出

$$D_0 = \frac{B_0^2}{\dfrac{B_0^2}{R_c} + \dfrac{\mu GM_\odot}{r_0^2}\rho_0} = \frac{r_0}{\dfrac{1+\tan\theta}{\tan\theta} + \dfrac{\mu\rho_0 GM_\odot}{r_0 B_0^2}}$$

初始曲率半径

$$R_c = \frac{r_0 \tan\theta}{1 + \tan\theta}$$

上述 B_{20}、D_0 对于把瞬变事件看作环或拱都适用. 典型的日盔 $B_0 = 5$ G, $\rho_0 = 1.7 \times 10^{-12}$ kg·m^{-3}, $\theta = 20°$, $r_0 = 1.2R_\odot$, 得到 $B_{20} = 7$ G. 这些数据处于观测到的暗条磁场范围内. $D_0 = 0.24R_\odot$ 也是合理的值.

为模拟暗条上升, 环状瞬变下方的磁场 (层 (2)) 增加. Pneuman 把 B_{20} 从 7 G 增至 $B_{20} = 8$ G. 解方程 (11.5-31)、(11.5-32). 初始条件是 $r = r_0$, $D = D_0$, $\mathrm{d}r/\mathrm{d}t = \mathrm{d}D/\mathrm{d}t = 0$ (当 $t = 0$ 时), 结果是: 瞬变的速度、宽度 D、密度 ρ 以及场强 B (对于拱和环) 作为径向距离 (从太阳中心起算) 的函数示于下列四个图中 (图 11.24—图 11.27).

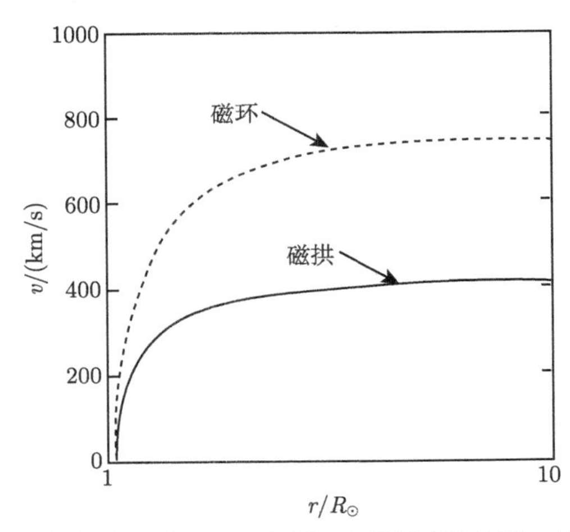

图 11.24 瞬变的速度-径向距离 ($r/R_\odot$) 图. 实线是磁拱的图. 虚线是磁环. 速度在光球附近随高度快速增加, 很快接近常值

结果表明: ① 瞬变事件的速度随高度 (在 $2R_\odot$ 范围内) 增加很快. 然后达到常速, 约 750 km·s^{-1}; ② 渐近解为 $v \sim (1 - \kappa/r)^{1/2}$, κ 为常数, 宽度 D 随 r 线性增加 $D \sim r$. 以上结果与观测基本符合.

瞬变现象中, 磁场按 $\sim 1/r^2$ 下降 (瞬变的顶部比较平坦, 张力较小). 引力也按 $1/r^2$ 下降. 这意味着向外的力与向内的力之比, 与离开太阳的距离无关. 因此假如盔下面向外的磁压力因驱动场 (B_2) 的增加而增加 (例如暗条的上升、膨胀), 则净作用力总是向外, 驱动力略超过向内的力, 整个磁位形将滑行至无穷远.

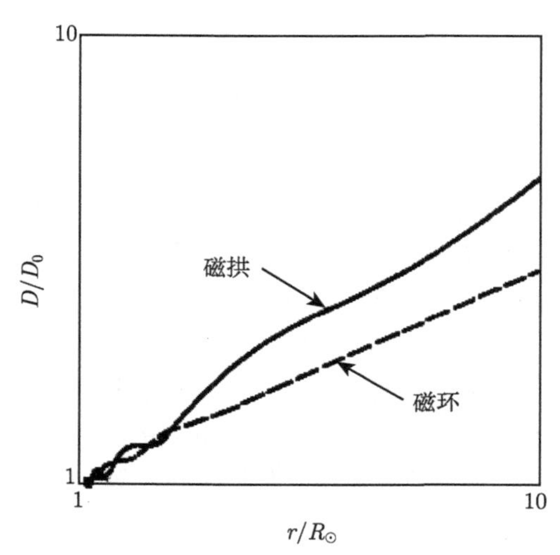

图 11.25　归一化的宽度 (D/D_0)-径向距离 $(r/R_\odot)$ 图. 实线对应磁拱, 虚线是磁环. 初始的振荡是因为驱动力的变换不连续所致. 宽度随高度很快变得几乎线性增长

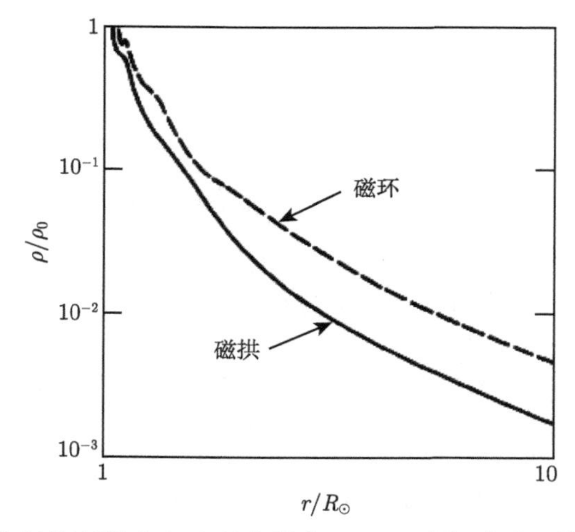

图 11.26　归一化气体密度 (ρ/ρ_0)-径向距离 $(r/R_\odot)$ 图. 密度下降 $\sim 1/r^2$ 比周围的太阳风下降快, 因此地球附近瞬变物质密度低于太阳风的密度

当瞬变现象按磁拱处理, 守恒定律 (11.5-33) 式略有改变. 磁通量: 近似为 $r\theta D \cdot B$,

$$Br\theta D = B_0 r_0 \theta D_0, \qquad \therefore\ B = B_0 \frac{D_0 r_0}{Dr}$$

密度仍为

$$\rho = \rho_0 \frac{D_0 r_0^2}{Dr^2}$$

方程的解与环的解类似, 只是终端速度较小. 约为 400 km·s^{-1}.

Pneuman 认为, 瞬变的顶部比较平. 因为引力垂直于环的分量在顶部为最大. 上述结果的获得是因为较小的驱动力在长距离内起作用. Pneuman 证明假如暗条及其磁驱动场不一直作用于瞬变, 而是在一个较短的距离内, 作用于一个较大的力, 结果也是类似的, 即瞬变在无穷远处, 接近于常速.

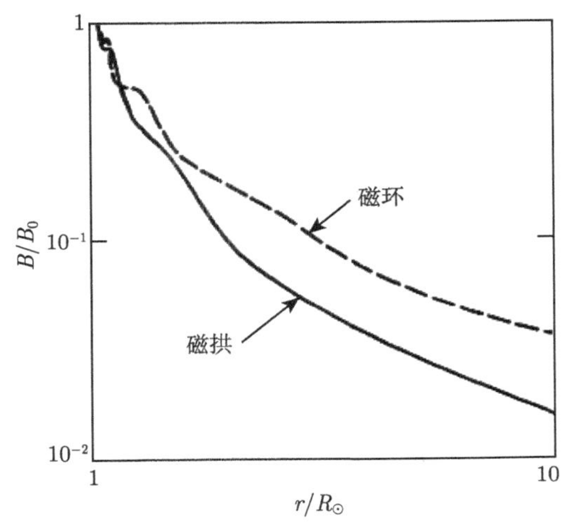

图 11.27 磁场 (B/B_0)-径向距离 $(r/R_\odot)$ 图. 磁场衰减 $\sim 1/r^2$

Anzer 和 Pneuman (1982) 进一步改进这个模型, 变得更为复杂. 他们认为驱动力来自由于磁重联而上升的暗条, 增加了磁压力. 方程类似于 (11.5-31) 和 (11.5-32). 再增加爆发暗条的两个方程, 与位移 r_3 (爆发暗条顶部)、r_4 (暗条底部) 有关. r_1, r_2 则同以前一样, 加上中性点 (图 10.17(b)) 的上升速率. 结果: 速度和瞬变现象的宽度与白光日冕仪的观测符合甚好.

改进的模型允许物质离开暗条, 而不再守恒, 速度可变得更高; 速度的增加还可以通过增加瞬变下方重联后的磁通量而达到.

存在的问题: 瞬变之下磁力线闭合的证据尚不坚实.

11.5.3 数值模型

日冕瞬变的数值模拟利用的驱动力是热压力, 不是磁力, 日冕底部因耀斑而增温、膨胀, 磁场起阻碍和分导膨胀的作用, 利用热脉冲作为扰动源.

11.5.4 模型的比较和展望

1. 解析模型和数值模型相互补充

两种模型的成功之处和不足之处列于表 11.2.

表 11.2 解析模型和数值模型的比较

	解析模型	数值模型
成功之处	磁力驱动 瞬变加速, 最后近似常速 描述环顶的运动	热驱动力, 不计 Alfvén 波 波前为壳层而不是环 与观测比较甚佳
不足之处	应描述整个环 加入压强梯度然后预言的 等离子体密度与观测比较	应加入磁效应, 结合磁重联和磁驱动

2. 待做的工作

(1) 是暗条爆发引起瞬变还是瞬变事件促使暗条爆发, 尚不清楚.

(2) 未详细处理周边磁场的作用. 通过瞬变事件上升过程中的转动, 演变成与背景场方向一致, 周边磁场可能将拖曳作用减至最小.

(3) 需要理解瞬变形成的早期阶段, 包括内部的质量流动.

(4) 与耀斑相关的瞬变比与宁静暗条爆发相关的瞬变发展更快、更亮, 运动也快得多.

(5) 瞬变不只是环状, 还发现有其他形状: 满瓶 (filled bottles)、冕流分离 (streamer separations)、云 (clouds)、注入冕流 (injections into streamers), 以及未归入分类的形状.

参考文献

陈耀. 2016. 等离子体物理学导论. 威海: 山东大学 (威海分校)

郭敦仁. 1977. 数学物理方法. 北京: 人民教育出版社

吴望一. 1982. 流体力学. 北京: 北京大学出版社

徐家鸾, 金尚宪. 1981. 等离子体物理. 北京: 原子能出版社

Acheson D J. 1979a. Solar Phys., 62: 23

Acheson D J. 1979b. Nature, 27: 41

Altschuler M D, Newkirk G. 1969. Solar Phys., 9: 131

Anzer U, Pneuman G W. 1982. Solar Phys., 79: 129

Anzer U, Tandberg-Hanssen E. 1970. Solar Phys., 11: 61

Anzer U. 1968. Solar Phys., 3: 298

Anzer U. 1969. Solar Phys., 8: 37

Anzer U. 1972. Solar Phys., 24: 324

Anzer U. 1978. Solar Phys., 57: 111

Bateman G. 1978. MHD Instabilities. Cambridge: MIT Press

Batygin V V, Toptygin I N. 1964. Problems in Electrodynamics. London: Academic Press

Berger T E, de Pontieu B, Fletcher L, et al. 1999. Solar Phys., 90: 409

Biermann L. 1941. V. Astron. Ges., 76: 194

Birn J, Schindler K. 1981. Priest E R. Solar Flare Magnetohydrodynamics. London: Gordon and Breach, Ch.6

Boyd T J M, Sanderson J J. 1969. Plasma Dynamics. London: Thomas Nelson

Boyd T J M. 2003. The Physics of Plasmas. Cambridge: Cambridge University Press

Bradshaw S J, Cargill P J. 2010. Astrophys. J. Letts., 710: L39

Bradshaw S J, Klimchuk J A, Reep J W. 2012. Astrophys. J., 758: 53

Brown A. 1958. Astrophys. J., 128: 646

Browning P K, Priest E R. 1982. Geophysical and Astrophysical Fluid Dynamics, 21: 237

Cargill P J, Klimchuk J A. 2004. Astrophys. J., 605: 911

Cargill P J, Priest E R. 1980. Solar Phys., 65: 251

Cargill P J, Mariska J T, Antiochos S K. 1995. Astrophys. J., 439: 1034

Cargill P J, Bradshaw S J, Klimchuk J A. 2012a. Astrophys. J., 752: 161

Cargill P J, Bradshaw S J, Klimchuk J A. 2012b. Astrophys. J., 758: 5

Cargill P J. 1994. Astrophys. J., 422: 381

Chiuderi C, van Hoven G. 1979. Astrophys. J. Letts., 232: L69

Close R M, Parnell C E, Longcope D W, et al. 2004. Astrophys. J. Lett., 612: L81

Close R M, Parnell C E, Mackay D H, et al. 2003. Solar Phys., 212: 251

Courant R, Hilbert D. 1963. Methods of Mathematical Physics, Vol. 2. New York: Interscience: 367

Cowling T G. 1946. Mon. Not. Roy. Astron. Soc., 106: 446

Cowling T G. 1953. Solar Electrodynamics. Kuiper G P. Chicago: The University of Chicago Press: 532-591

Cowling T G. 1976. Magnetohydrodynamics. Bristol: Adam Hilger

Cowling T G. 1933. Mon. Not. Roy. Astron. Soc., 94: 39

Cox D P, Tucker W H. 1969. Astrophys. J., 157: 1157

Craig I J D, McClymont A N, Underwood J H. 1978. Astron. Astrophys., 70: 1

Danielson R E. 1961. Astrophys. J., 134: 289

De Pontieu B, Erdélyi R, James S P. 2004. Nature, 430: 536

DeForest C E. 2007. Astrophys. J., 661: 532

Deinzer W. 1965. Astrophys. J., 141: 548

Dere K P, Landi E, Young P R, et al. 2009. Astron. Astrophys., 498: 915

Doschek G A, Warren H P, Mariska J T, et al. 2008. Astrophys. J., 686: 1362

Dungey J W. 1953. Philosophical Magazine, 44: 725

Field G B. 1965. Astrophys. J., 142: 531

Finn J M. 1975. Nuclear Fusion, 15: 845

Furth H P, Killeen J, Rosenbluth M N. 1963. Physics of Fluids, 6: 459

Furth H P, Rutherford P H, Selberg H. 1973. Physics of Fluids, 16: 1054

Gabriel A H. 1976. Philosophical Transactions of the Royal Society of London Series A, 281: 339

Galloway D J, Moore D R. 1979. Geophysical and Astrophysical Fluid Dynamics, 12: 73

Galloway D J, Proctor M R E, Weiss N O. 1978. Journal of Fluid Mechanics, 87: 243

Giachetti R, van Hoven G, Chiuderi C. 1977. Solar Phys., 55: 371

Gilman P A. 1970. Astrophys. J., 162: 1019

Green R M. 1965. IAU Symposium, Vol. 22, Stellar and Solar Magnetic Fields. Lust R. North Hollaud: Amsterdam: 398-404

Guarrasi M, Reale F, Peres G. 2010. Astrophys. J., 719: 576

Hara H, Watanabe T, Harra L K, et al. 2008. Astrophys. J. Lett., 678: L67

Hasegawa A. 1975. Plasma Instabilities and Nonlinear Effects, Physics and Chemistry in Space. Berlin, Heidelberg: Springer-Verlag

Heasley J N, Mihalas D. 1976. Astrophys. J., 205: 273

Heyvaerts J, Priest E R. 1983. Astron. Astrophys., 117: 220

Heyvaerts J, Priest E R, Rust D M. 1977. Astrophys. J., 216: 123

Hood A W, Priest E R. 1980. Solar Phys., 66: 113

Hood A W, Priest E R. 1981. Solar Phys., 73: 289

Hood A W, Priest E R. 1979a. Solar Phys., 64: 303

Hood A W, Priest E R. 1979b. Astron. Astrophys., 77: 233

Hughes D W. 2007. The Solar Tachocline. Hughes D W, et al. Cambridge: Cambridge University Press: 275-298

Imshennik V S, Syrovatskii S I. 1967. Soviet Journal of Experimental and Theoretical Physics, 25: 656

Ionson J A. 1978. Astrophys. J., 226: 650

Jakimiec J. 1965. Acta Astron., 15: 145

Kippenhahn R, Schlüter A. 1957. Zeitschrift für Astrophysik, 43: 36

Klimchuk J A, Patsourakos S, Cargill P J. 2008. Astrophys. J., 682: 1351

Klimchuk J A. 2000. Solar Phys., 193: 53

Kopp R A, Pneuman G W. 1976. Solar Phys., 50: 85

Kuperus M, Raadu M A. 1974. Astron. Astrophys., 31: 189

Kuperus M, Tandberg-Hanssen E. 1967. Solar Phys., 2: 39

Kuperus M, van Tend W. 1981. Solar Phys., 71: 125

Lüst R, Schlüter A. 1954. Zeitschrift fr Astrophysik, 34: 263

Landau L D, Lifshits E M. 1959. Fluid Mechanics, London: Pergamon Press

Landman D A, Finn G D. 1979. Solar Phys., 63: 221

Leighton R B. 1960. IAU Symposium, Vol. 12, Aerodynamic Phenomena in Stellar Atmospheres. Thomas R N. Bologna: Nicola Zanichelli: 321-327

Lerche I, Low B C. 1980. Solar Phys., 66: 285

Lites B W, Kubo M, Socas-Navarro H, et al. 2008. Astrophys. J., 672: 1237

Low B C. 1974. Astrophys. J., 193: 243

Low B C. 1982. Astrophys. J., 263: 952

Low B C. 1973. Astrophys. J., 181: 209

Lundquist S. 1952. Ark. f. Fysik., 5: 297

Martens P C H, Kankelborg C C, Berger T E. 2000. Astrophys. J., 537: 471

Mercier C, Heyvaerts J. 1980. Solar Phys., 68: 151

Meyer F, Schmidt H U, Weiss N O, et al. 1974. Mon. Not. Roy. Astron. Soc., 169: 35

Meyer F, Schmidt H U, Weiss N O. 1977. Mon. Not. Roy. Astron. Soc., 179: 741

Milne A M, Priest E R. 1981. Solar Phys., 73: 157

Milne A M, Priest E R, Roberts B. 1979. Astrophys. J., 232: 304

Moffatt H K. 1978. Magnetic Field Generation in Electrically Conducting Fluids. Cambridge: Cambridge University Press

Mouschovias T C, Poland A I. 1978. Astrophys. J., 220: 675

Muskhelishvili N I. 1983. Singular Integral Equations. Dordrecht: Springer

Nakagawa Y, Raadu M A. 1972. Solar Phys., 25: 127

Nakagawa Y. 1970. Solar Phys., 12: 419

Newcomb W A. 1960. Annals of Physics, 10: 232

Osherovich V A. 1979. Solar Phys., 64: 261

Osherovich V A. 1982. Solar Phys., 77: 63

Parker E N. 1955a. Astrophys. J., 122: 293

Parker E N. 1955b. Astrophys. J., 121: 491

Parker E N. 1963a. Astrophys. J., 138: 552

Parker E N. 1963b. Astrophys. J. Suppl. Ser., 8: 177

Parker E N. 1966. Astrophys. J., 145: 811

Parker E N. 1972. Astrophys. J., 174: 499

Parker E N. 1974a. Astrophys. J., 191: 245

Parker E N. 1974b. Solar Phys., 36: 249

Parker E N. 1975. Astrophys. J., 198: 205

Parker E N. 1977. Ann. Rev. Astro. Astrophys, 15: 45

Parker E N. 1979a. Cosmical Magnetic Fields. Oxford: Oxford University Press

Parker E N. 1979b. Astrophys. J., 230: 905

Parker E N. 1979c. Astrophys. J., 232: 282

Piddington J H. 1978. Astrophys. Space Sci., 55: 401

Pikel'Ner S B. 1971. Solar Phys., 17: 44

Pneuman G W. 1980. Solar Phys., 65: 369

Priest E R, Forbes T G. 2000. Magnetic Reconnection: MHD Theory and Applications. Cambridge: Cambridge University Press

Priest E R, Forbes T G. 2002. Astron. Astrophys. Rev., 10: 313

Priest E R, Milne A M. 1980. Solar Phys., 65: 315.

Priest E R, Smith E A. 1979. Solar Phys., 64: 267

Priest E R. 1981. Solar Flare Magnetohydrodynamics. Priest E R. London: Gordon and Breach, Ch.3

Priest E R. 1982. Solar Magnetohydrodynamics, Geophysics and Astrophysics Monographs. Netherlands: Springer

Priest E R. 2014. Magnetohydrodynamics of the Sun. Cambridge: Cambridge University Press

Raadu M A, Kuperus M. 1973. Solar Phys., 28: 77

Raadu M A. 1972. Solar Phys., 22: 425

Reale F, Guarrasi M, Testa P, et al. 2011. Astrophys. J. Lett., 736: L16

Ribes E, Unno W. 1980. Astron. Astrophys., 91: 129

Roberts B, Mangeney A. 1982. Mon. Not. Roy. Astron. Soc., 198: 7P

Roberts B, Webb A R. 1978. Solar Phys., 56: 5

Roberts B. 1979. Solar Phys., 64: 77

Roberts B. 1981. Solar Phys., 69: 27

Roberts B. 1976. Astrophys. J., 204: 268

Roberts B. 1979. Solar Phys., 61: 23

Roberts G O. 1972a. Philosophical Transactions of the Royal Society of London Series A, 271: 411

Roberts P H, Stewartson K. 1977. Astronomische Nachrichten, 298: 311

Roberts P H. 1972b. Philosophical Transactions of the Royal Society of London Series A, 272: 663

Rosner R, Tucker W H, Vaiana G S. 1978. Astrophys. J., 220: 643

Sakurai T. 1982. Solar Phys., 76: 301

Savage B D. 1969. Astrophys. J., 156: 707

Schüssler M. 1977. Astron. Astrophys., 56: 439

Schlüter A, Temesváry S. 1958. IAU Symposium, Vol. 6, Electromagnetic Phenomena in Cosmical Physics. Lehnert B. Cambridge: Cambridge University Press: 263-274

Schmidt H U. 1964. On the Observable Effects of Magnetic Energy Storage and Release Connected With Solar Flares, Vol. 50, NASA Symp. on phys. of Solar Flares. Hess W. Washington: NASA: 107-114

Shu F H. 1992. The Physics of Astrophysics. Volume II: Gas Dynamics. Mill Valley, California: University Science Books

Smith E A, Priest E R. 1977. Solar Phys., 53: 25

Somov B V, Syrovatskii S I. 1980. Soviet Astronomy Letters, 6: 310

Somov B V, Syrovatskii S I. 2012. Neutral Current Sheets in Plasmas. Basov N G. LPIS, Vol. 74. New York: Springer: 13

Somov B V. 1982. Solar Phys., 75: 237

Spicer D S. 1981. Solar Phys., 70: 149

Spiegel E A. 1957. Astrophys. J., 126: 202

Spitzer L. 1962. Physics of Fully Ionized Gases. New York: Interscience

Spruit H C. 1979. Solar Phys., 61: 363

Spruit H C. 1981a. The Physics of Sunspots. Proceeding of the Coference, Sunspot, NM. Cram L E, Thomas J H. 98-103

Spruit H C. 1977. Solar Phys., 55: 3

Spruit H C. 1981b. Space Sci. Rev., 28: 435

Sturrock P A. 1966. Nature, 211: 695

Sweet P A. 1958. IAU Symposium, Vol. 6, Electromagnetic Phenomena in Cosmical Physics. Lehnert B. 123

Sweet P A. 1969. Ann. Rev. Astro. Astrophys, 7: 149

Syrovatskii S I. 1966. Soviet Astron., 10: 270

Tripathi D, Mason H E, Dwivedi B N, et al. 2009. Astrophys. J., 694: 1256

van Hoven G, Cross M A. 1973. Phys. Rev. A, 7: 1347

van Tend W, Kuperus M. 1978. Solar Phys., 59: 115

Vasyliunas V M. 1975. Reviews of Geophysics and Space Physics, 13: 303

Waddell B V, Carreras B, Hicks H R, et al. 1979. Physics of Fluids, 22: 896

Wallenhorst S G, Howard R. 1982. Solar Phys., 76: 203

Warren H P, Brooks D H, Winebarger A R. 2011. Astrophys. J., 734: 90

Warren H P, Winebarger A R, Brooks D H. 2010. Astrophys. J., 711: 228

Weiss N O. 1966. Proceedings of the Royal Society of London Series A, 293: 310

Wilmot-Smith A L, Priest E R, Hornig G. 2005. Geophysical and Astrophysical Fluid Dynamics, 99: 177

Winebarger A R, Warren H P, Falconer D A. 2008. Astrophys. J., 676: 672

Withbroe G L, Noyes R W. 1977. Ann. Rev. Astro. Astrophys, 15: 363

Woltjer L. 1958. Proceedings of the National Academy of Science, 44: 489

Yeh K C, Liu C H, Liu C. 1972. Theory of Ionospheric Waves, Computer Science and Applied Mathematics. London: Academic Press

Yun H S. 1968. PhD thesis, Indiana University

Zombeck M V. 1982. Handbook of Space Astronomy and Astrophysics. Cambridge: Cambridge University Press

Zweibel E G, Hundhausen A J. 1982. Solar Phys., 76: 261

后　记

回想起来是在 2009 年 4 月 14 日, 国家天文台苏江涛、云南天文台刘煜和我一起议论深入学习磁流体力学事, 直至深夜. 这一动议很快就得到国家天文台张洪起的鼎力支持. 是年 6 月 19 日正式开讲. 张洪起退休后, 又得到国家天文台的邓元勇、王东光、张枚和王薏的全力支持. 之后还有包星明、张宇宗、张洪起、杨尚斌、侯俊峰、杨潇等进一步策划, 提供建设性的建议. 讲座历时七年之久, 直至 2016 年底. 云南天文台的同学因相距过远, 时间拖得过长等诸多不便, 不能前来一起切磋学习, 引为憾事. 讲座采用讲解和讨论的互动模式, 重要的章节特别予以重复, 目的是加深对基础理论的理解. 讲稿是备课时写就, 汇编成集仍是手写本. 从 2013 年底开始陆续打印, 几年的累积, 篇幅多而繁杂, 整理上千页的手稿, 视为畏途, 但是国家天文台怀柔太阳观测站的年轻饱学之士百忙之中, 一如我英勇将士, 枪林弹雨之中唯恐落后, 力排障碍, 一年半之后终成正果. 他们是: 杨潇 (第 1, 2, 4, 8, 11 章), 刘锁 (第 2, 5, 6 章), 白先勇 (第 3, 7 章), 高裕 (第 9 章) 和侯俊峰 (第 10 章). 其中杨潇发挥了杰出的组织和编辑才能, 全部打印完成的稿件包括图表, 由她整理、编排和修订, 毫不夸张地说没有她数年的辛勤耕耘, 成书之日还十分遥远. 说起百余幅的插图, 远在上海的刘玲得知我有难处, 提刀相助, 慨然承担全部制图重任, 并邀请一位制图专家一路护航, 任何手绘示图, 随时协助完成, 制作精良. 二位的义举, 冰释我心头重负, 使全书臻于完美. 关心并积极参与讲座的还有陈洁、徐海清、滕飞、郝娟、郭娟、孙英姿、刘继宏、谢文彬、张洋、魏烨艳、闫岩、郭晶晶、Priya 等诸位同仁. 不遗余力帮我寻找资料的有: 张洪起、杨潇、苏江涛、张宇宗、郝娟、白先勇、包星明等. 最后感谢我的家人, 他们在生活上、精神上和物质上的支持, 作出了不可或缺的贡献, 特别是 2015 年的困难时刻, 共克时艰, 相互扶持, 走出阴霾.

本书献给国家天文台怀柔太阳观测站.

毛信杰

2023 年 9 月于北京